U0236260

民族植物资源
化学与生物活性研究

杨小龙　康利平　杨健　主编

Research Progress on
Chemistry and Bioactivity
of
Ethnobotany
Resources

化学工业出版社

·北京·

内容简介

本书系统地整理了我国傣族、纳西族、哈尼族、景颇族、壮族、白族、土家族、维吾尔族、苗族、蒙古族、藏族共 11 个民族的 88 种代表性药用植物，每种药用植物详细介绍了其生物学特征及资源分布、化学成分、药理活性等方面的研究进展，并附有详尽的文献，可为进一步研究与开发利用民族药提供一定的参考和依据。

本书可供医药学、天然产物化学等领域的研究人员和相关专业师生参考。

图书在版编目（CIP）数据

民族植物资源化学与生物活性研究/杨小龙，康利平，杨健主编. —北京：化学工业出版社，2022.2
ISBN 978-7-122-40847-1

Ⅰ.①民… Ⅱ.①杨… ②康… ③杨… Ⅲ.①民族医学-药用植物-植物资源-药物化学-研究②民族医学-药用植物-生物活性-研究 Ⅳ.①S567②R282.71

中国版本图书馆 CIP 数据核字（2022）第 033442 号

责任编辑：彭爱铭
责任校对：刘曦阳
装帧设计：王晓宇

出版发行：化学工业出版社
　　　　　（北京市东城区青年湖南街 13 号　邮政编码 100011）
印　　装：北京建宏印刷有限公司
787mm×1092mm　1/16　印张 42¾　字数 1126 千字
2022 年 6 月北京第 1 版第 1 次印刷

购书咨询：010-64518888
售后服务：010-64518899
网　　址：http://www.cip.com.cn
凡购买本书，如有缺损质量问题，本社销售中心负责调换。

定　　价：298.00 元　　　　　　　　　　　版权所有　违者必究

本书编写人员名单

主　　编：**杨小龙**　中南民族大学

　　　　　康利平　中国中医科学院中药资源中心

　　　　　杨　健　中国中医科学院中药资源中心

副 主 编：**麻兵继**　河南农业大学

　　　　　付海燕　中南民族大学

　　　　　韩晓乐　中南民族大学

　　　　　杨胜祥　浙江农林大学

参编人员：**刘庆培**　中南民族大学

　　　　　王文静　中南民族大学

　　　　　李　静　中南民族大学

　　　　　姚　明　中南民族大学

　　　　　陈亨业　中南民族大学

　　　　　龙婉君　中南民族大学

　　　　　刘　淼　河南农业大学

　　　　　王　丽　河南农业大学

　　　　　文春南　河南农业大学

　　　　　阮　元　河南农业大学

民族植物资源

化学与生物活性

研究

Research Progress on
Chemistry and Bioactivity
of
Ethnobotany
Resources

传统医药是人类在生存、生产、生活中与自然环境斗争中逐渐积累下来的防病治病经验与方法。传统医药在历史上很长的时期内为人类的生命健康做出了巨大的贡献，推动了人类社会的发展，并依然在现代社会中发挥着重要作用。

由于地域和气候条件、自然资源、生活习惯等方面的差异，世界上不同地域的人们在生产生活实践中积累了具有地域特色的医药学体系。世界现存的传统医学体系主要有中医药学、印度阿育吠陀医药学和阿拉伯医药学。此外，历史上还曾出现古埃及-希腊-罗马医药学、美洲印第安传统医药学等。

在我国，发源于少数民族地区，由少数民族在历史上创造的医药成果统称为民族医药。据统计，在我国 55 个少数民族中，有独立民族医药体系的约占 1/3。各民族医药既具有本民族的特点，它们彼此之间却也并不是独立存在的。历史上，由于民族融合、文化交流等原因，很多民族医药之间产生了广泛而深入的交流，相互影响。比如藏医药、蒙医药的形成受到印度阿育吠陀医药学的重要影响，但同时也极大地融汇了中医药的特点。藏医药与蒙医药理论中，将构成物质的基本元素划分为土、水、火、气、空，药味分为酸、甘、苦、咸、辛、涩六味，与中医药理论中的五行和五味理论相似。在与其他民族交流的过程中，各民族医药吸取其他民族医药的精华，结合本民族医药的理论体系和经验积累，从而形成了具有鲜明的地域性和民族传统的民族医药。

我国民族医药在各民族生存和发展进程中做出了重要贡献，民族医药与中医药共同构成了祖国的传统医药学，是中华民族优秀文化的一部分。我国有丰富的民族药资源，12800 多种药物资源中，85%属于民族药。民族药是一座巨大的宝库，值得深入挖掘和开发利用。中华人民共和国成立后，尤其是 20 世纪 70 年代以后，民族医药得到迅速发展，在民族药古籍文献的发掘和整理、民族药教育事业、民族药科研与开发利用、民族药产业发展等方面取得很多可喜的成绩。民族药既是一门古老的学科，但同时又是一门新兴的学科。民族药的研究建立在各民族医药理论体系基础之上，结合现代科学技术与方法，从生药学研究，药用植物栽培、组织培养、新品种培育，药物质量评价，化学成分与生物活性，药物代谢动力学，药物制剂以及药物的临床研究等方面开展。

当前，我国民族药研究日益兴盛，对民族药的研究不断深入，内容日益广泛，且取得了很大的成绩。针对民族药的现代研究已成功开发一些新药，例如，从纳西族药物岩白菜开发的药物"岩白菜素片"；用哈尼族药物青叶胆开发的治疗肝炎药物"青叶胆片"；以苗药头花蓼为主药的成方制剂"热淋清颗粒"，以及著名的云南白药，等等。与此同时，从民族药中筛选、研制保健食品也有着巨大的市场前景。尽管如此，在中医药走向现代化和产业化进程中，我国民族医药发展任务仍然十分艰巨，仍要加大力度以民族药物为资源开展新药研发，利用现代科学技术手段阐释民族医药理论，注重民族药的现代化和产业化研究，同时保持民族药生态资源可持续发展，促进民族药的健康发展。

民族药的化学成分及其生物活性研究是民族药物走向现代化的基础。近年来，国内外学者针对民族药化学成分以及药理活性的研究取得了丰硕的研究成果。本书集中整理了我国傣族、纳西族、哈尼族、景颇族、壮族、白族、土家族、维吾尔族、苗族、蒙古族、藏族共 11 个民族的 89 种代表性药用植物的化学成分与药理活性的研究进展，希望通过系统归纳整理相关文献，把握民族药研究的最新动态与最新进展，为进一步研究与开发利用民族药提供一定的参考和依据。

本书编写分工如下：杨小龙负责编写前言和傣族药物部分；康利平负责编写纳西族和哈尼族药物部分；杨健负责编写景颇族和蒙古族药物部分；麻兵继和阮元负责编写壮族药物；付海燕和韩晓乐负责编写维吾尔族药物；刘淼、王丽和文春南编写白族和土家族药物；杨胜祥编写藏族药物；刘庆培、李静、姚明、王文静、陈亨业和龙婉君编写苗族药物。

本书的出版得到了国家重点研发计划"中医药现代化研究"重点专项（2020YFC1712703）的大力支持。

本书涉及 89 种药用植物的生物学特征及其分布、化学成分、药理活性等多学科内容，整理的相关文献非常丰富，因此编写工作十分艰巨；而编者对各民族医药的认识和理解未必十分准确，在编纂过程中难免存在一定的疏漏和不完善的地方，敬请读者不吝提出宝贵意见和建议。

编者
2021 年 11 月

目录 CONTENTS

001　　　第一章　　　第一节　灯台叶　　　　　/ 002
　　　　傣族药物　　　第二节　倒心盾翅藤　　　/ 012
　　　　　　　　　　　第三节　人面果　　　　　/ 019
　　　　　　　　　　　第四节　珠子草　　　　　/ 028
　　　　　　　　　　　第五节　肾茶　　　　　　/ 042
　　　　　　　　　　　第六节　龙血竭　　　　　/ 057
　　　　　　　　　　　第七节　九翅豆蔻　　　　/ 068
　　　　　　　　　　　第八节　竹叶兰　　　　　/ 074
　　　　　　　　　　　第九节　铁刀木　　　　　/ 082

097　　　第二章　　　第一节　岩白菜　　　　　/ 098
　　　　纳西族药物　　第二节　铁破锣　　　　　/ 105
　　　　　　　　　　　第三节　三尖杉　　　　　/ 110
　　　　　　　　　　　第四节　金丝马尾连　　　/ 117
　　　　　　　　　　　第五节　绿绒蒿　　　　　/ 121
　　　　　　　　　　　第六节　雪茶　　　　　　/ 125

131　　　第三章　　　第一节　青叶胆　　　　　/ 132
　　　　哈尼族药物　　第二节　昆明山海棠　　　/ 140
　　　　　　　　　　　第三节　臭牡丹　　　　　/ 150
　　　　　　　　　　　第四节　炮仗花　　　　　/ 163

169　　　第四章　　　第一节　倒扣草　　　　　/ 170
　　　　景颇族药物　　第二节　鹅掌藤　　　　　/ 176
　　　　　　　　　　　第三节　蒌叶　　　　　　/ 182
　　　　　　　　　　　第四节　毛大丁草　　　　/ 187

195 第五章
壮族药物

第一节 半边旗 / 196
第二节 苦丁茶 / 203
第三节 罗汉果 / 210
第四节 两面针 / 218
第五节 广西莪术 / 229
第六节 大驳骨 / 237
第七节 鸡骨草 / 245
第八节 番石榴 / 252
第九节 千斤拔 / 266
第十节 救必应 / 276
第十一节 溪黄草 / 282
第十二节 草珊瑚 / 289
第十三节 叶下珠 / 297
第十四节 了哥王 / 304
第十五节 龙眼 / 312

321 第六章
白族药物

第一节 青羊参 / 322
第二节 阴地蕨 / 328
第三节 银线草 / 332
第四节 野坝子 / 341
第五节 血满草 / 345
第六节 铁箍散 / 349
第七节 西南鬼灯檠 / 355
第八节 滇紫参 / 359

365 第七章
土家族药物

第一节 水黄连 / 366
第二节 山乌龟 / 372
第三节 文王一支笔 / 379
第四节 矮地茶 / 384
第五节 头顶一颗珠 / 391

第六节　江边一碗水　　　　　　/ 400
第七节　隔山消　　　　　　　　/ 406
第八节　七叶一枝花　　　　　　/ 414

423　　第八章
维吾尔族药物

第一节　芜菁　　　　　　　　　/ 424
第二节　新疆圆柏实　　　　　　/ 432
第三节　甘松　　　　　　　　　/ 442
第四节　罗勒　　　　　　　　　/ 451
第五节　洋甘菊　　　　　　　　/ 458
第六节　一枝蒿　　　　　　　　/ 469
第七节　唇香草　　　　　　　　/ 478
第八节　菊苣　　　　　　　　　/ 480
第九节　蒺藜　　　　　　　　　/ 490
第十节　天仙子　　　　　　　　/ 500
第十一节　金丝草　　　　　　　/ 507

515　　第九章
苗族药物

第一节　吉祥草　　　　　　　　/ 516
第二节　大果木姜子　　　　　　/ 524
第三节　大丁草　　　　　　　　/ 528
第四节　小花清风藤　　　　　　/ 532
第五节　头花蓼　　　　　　　　/ 538
第六节　艾纳香　　　　　　　　/ 547
第七节　草玉梅　　　　　　　　/ 557
第八节　刺梨根　　　　　　　　/ 563

571　　第十章
蒙古族药物

第一节　多叶棘豆　　　　　　　/ 572
第二节　苦豆子　　　　　　　　/ 579
第三节　冷蒿　　　　　　　　　/ 586
第四节　条叶龙胆　　　　　　　/ 591

第五节　肋柱花　　　　　　　　/ 596

第六节　香青兰　　　　　　　　/ 602

611　　第十一章
　　　藏族药物

第一节　诃子　　　　　　　　　/ 612

第二节　余甘子　　　　　　　　/ 621

第三节　土木香　　　　　　　　/ 631

第四节　甘青青兰　　　　　　　/ 638

第五节　波棱瓜子　　　　　　　/ 644

第六节　广枣　　　　　　　　　/ 650

第七节　大托叶云实　　　　　　/ 657

第八节　菥蓂子　　　　　　　　/ 661

第九节　石榴子　　　　　　　　/ 666

民族植物资源

化学与生物活性

研究

Research Progress on
Chemistry and Bioactivity
of
Ethnobotany
Resources

第一章

傣族药物

傣族医药学是傣族人民在漫长的历史长河中，在生产生活实践过程中不断积累诊治疾病的经验和药方，形成以"四塔五蕴""风病论""解药论"等理论为核心的一门民族医药学，并通过不断完善，形成了具有民族特色和典型地域特征的傣医药文化。同时，傣药又与其他民族药物有交叉，如傣药人面果，在侗药中又称长寿果。近年来傣药药物学和化学成分的研究取得了丰硕的成果，研究工作者对多个傣族民间用药进行了资源调查、生药学鉴定、化学成分分析及药理药效学研究，分离鉴定出具有生物活性的化合物千余种，发表学术论文千余篇。这些傣药现代化研究取得的成果，促进了傣药理论体系的初步形成，为傣药事业的进一步发展打下了坚实的基础。

本章选取了灯台叶、倒心盾翅藤、人面果、珠子草、肾茶、龙血竭、九翅豆蔻、竹叶兰、铁刀木等 9 种影响力大、常用的大宗傣药，对其植物资源分布、生物学特征、化学成分及药理作用进行了总结，为今后傣药的深入开发提供了研究思路。如常用傣药珠子草主要活性成分为鞣质，其具有较好的抑菌抗病毒作用，此外，该药还具有抗肿瘤、抗血栓及抗氧化等多种药理活性，可为珠子草进一步研究和开发提供理论研究参考。

第一节
灯台叶

灯台叶为夹竹桃科鸡骨常山属植物糖胶树（*Alstonia scholaris*）的干燥叶子，主产于广西、广东及云南等地，为少数民族用药，其叶轮生若灯烛之台，故名"灯台叶"，傣语称为"摆埋丁别"。灯台叶有清火解毒、消肿止痛、止咳化痰的功效，主治咳嗽气喘、百日咳、胃痛、泄泻、疟疾、跌打损伤、溃疡出血等疾病，是傣医临床极为常用的傣药材[1~4]。现代研究表明，灯台叶中主要含有生物碱、三萜、黄酮三大类成分，同时具有抗炎镇痛、止咳平喘、调节血压血脂血糖、改善免疫、抗肿瘤等生物活性[5]。

一、生物学特征及资源分布

1. 生物学特征

糖胶树为常绿乔木，高 10～30m，直径 28cm，全株各部折断均有白色乳汁流出。枝轮生，皮孔密集，具白色乳汁，无毛。单叶 3～8 枚轮生，叶片长圆形或倒卵状长圆形，革质，长 12～20cm，宽 4～6cm，先端钝尖，基部阔楔形，全缘，侧脉羽状平行。侧脉密生而平行，25～50 对，近水平横出至叶缘连接，叶柄长 1.0～3.0cm。聚伞花序顶生，总花梗长 4～7cm；花冠白色，高脚碟状，花冠筒长 6～10 mm，中部以上膨大，内面有柔毛，裂片在花蕾期或裂片基部向左旋转覆盖，长圆形或卵状长圆形，长 2～4 mm，宽 2～3mm；雄蕊长圆形，长约 1mm，着生在花冠筒膨大处。蓇葖果对生，细长，可达 25cm，径 0.5cm，下垂。种子红棕色，长圆形，两端有红棕色长缘毛，缘毛长 1.5～2cm。花期 6～11 月。果期 12 月至翌年春[1]。

2．资源分布

糖胶树属次生阔叶林主要树种，喜湿润肥沃土壤，原产于亚洲热带地区和澳大利亚。分布在印度、尼泊尔、越南、缅甸、泰国、马来西亚、澳大利亚等地。在中国广西南部和西部、云南南部均有野生分布。生长于海拔 650m 以下的丘陵、山地、疏林、向阳路旁或水沟边。对分布在云南西双版纳勐腊县和思茅江城县的野生灯台树进行野外实地调查发现，海拔高达 1300 m 左右的丘陵、山地、疏林、向阳路旁和森林中有分布，在我国台湾、广东、广西、湖南等地有栽培[6]。

二、化学成分研究

1．黄酮类化合物

惠婷婷等[7]从灯台叶中分离得到山柰酚、槲皮素、异鼠李素、山柰酚-3-*O*-*β*-D-半乳糖苷、槲皮素-3-*O*-*β*-D-半乳糖苷、异鼠李素-3-*O*-*β*-D-半乳糖苷、山柰酚-3-*O*-*β*-D-半乳糖(2→1)-*O*-*β*-D-木糖苷、槲皮素-3-*O*-*β*-D-半乳糖(2→1)-*O*-*β*-D-木糖苷等 8 种黄酮类化合物。戴云等[8]从灯台叶粗提物的正丁醇部位分离得到 3 个黄酮类化合物，分别是 quercertin-3-*O*-*β*-D-glucopyranoside、kaempferol-3-*O*-*β*-D-glucopyranoside。杜国顺等[9]从灯台叶中分离得到 7,3′,4′-三甲氧基-5-羟基黄酮、1-羟基-3,5-二甲氧基-双苯吡酮。Jong-Anurakkun 等[10]从灯台叶甲醇提取物中分离得到 quercetin-3-*O*-*β*-D-xylopyranosyl(1′→2″)-*β*-D-galactopyranoside（表 1-1，图 1-1，表 1-1 中化合物的序号跟图 1-1 中一致）。

表 1-1　灯台叶中的黄酮类化合物

序号	化合物名称	参考文献	序号	化合物名称	参考文献
1	山柰酚	[7]	8	槲皮素-3-*O*-*β*-D-半乳糖(2→1)-*O*-*β*-D-木糖苷	[7]
2	槲皮素	[7]			
3	异鼠李素	[7]	9	quercertin-3-*O*-*β*-D-glucopyranoside	[8]
4	山柰酚-3-*O*-*β*-D-半乳糖苷	[7]	10	kaempferol-3-*O*-*β*-D-glucopyranoside	[8]
5	槲皮素-3-*O*-*β*-D-半乳糖苷	[7]	11	7,3′,4′-三甲氧基-5-羟基黄酮	[9]
6	异鼠李素-3-*O*-*β*-D-半乳糖苷	[7]	12	1-羟基-3,5-二甲氧基-双苯吡酮	[9]
7	山柰酚-3-*O*-*β*-D-半乳糖(2→1)-*O*-*β*-D-木糖苷	[7]	13	quercetin-3-*O*-*β*-D-xylopyranosyl(1′→2″)-*β*-D-galactopyranoside	[10]

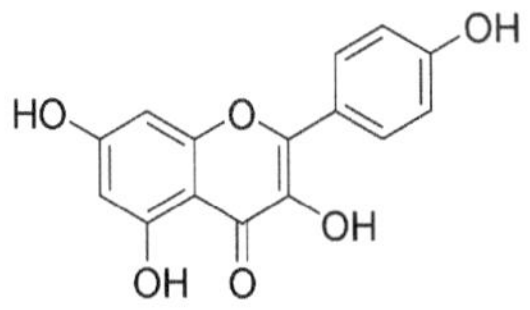

1

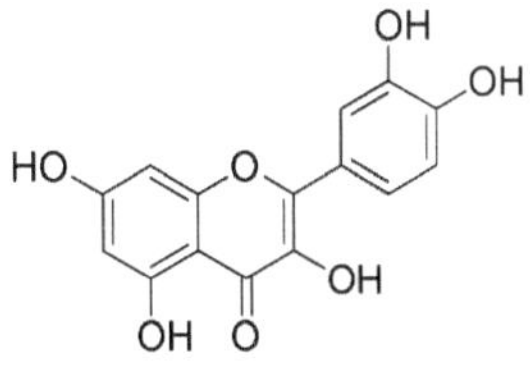

2

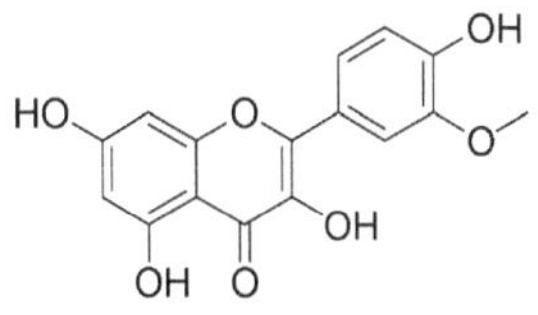

3

图 1-1

4

5

6

7

8

9

10

11

12

13

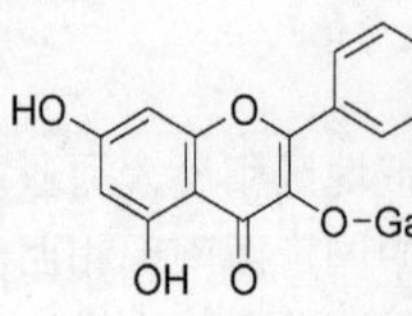

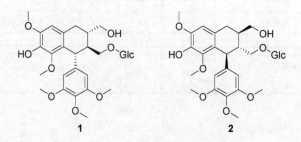

图 1-1　灯台叶黄酮类化合物

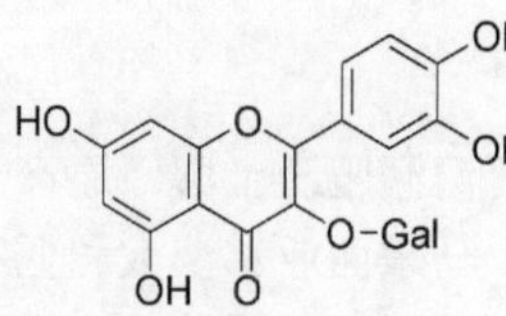

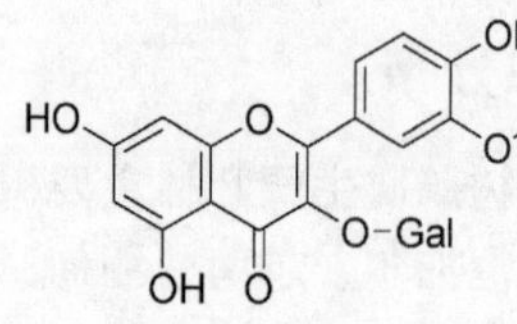

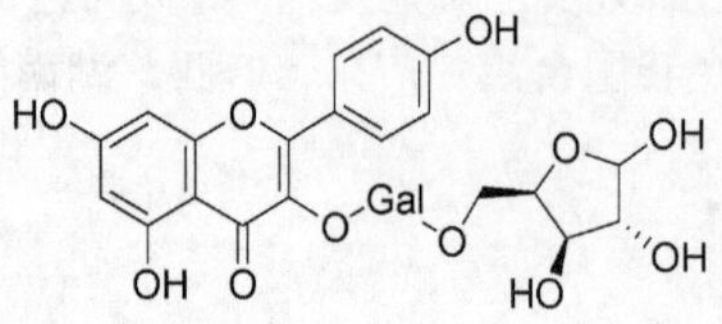

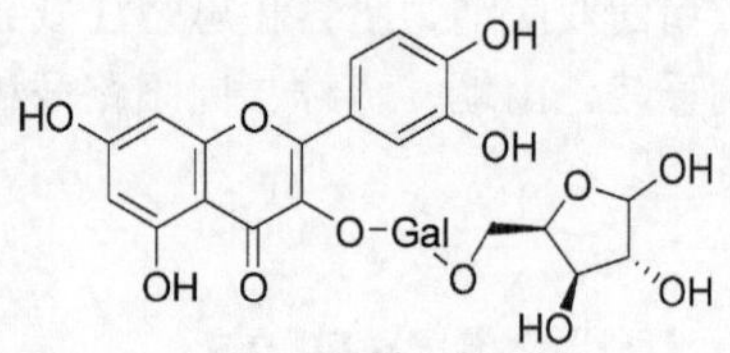

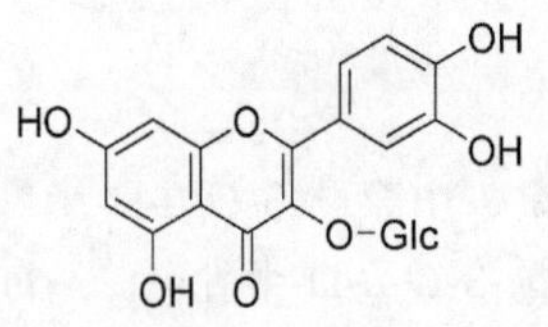

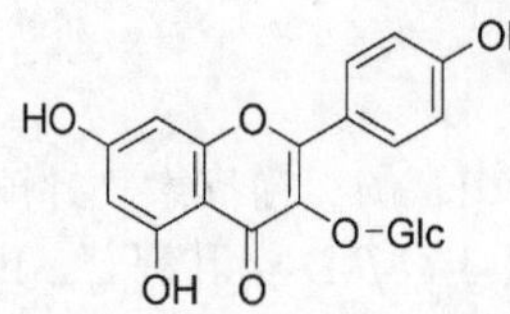

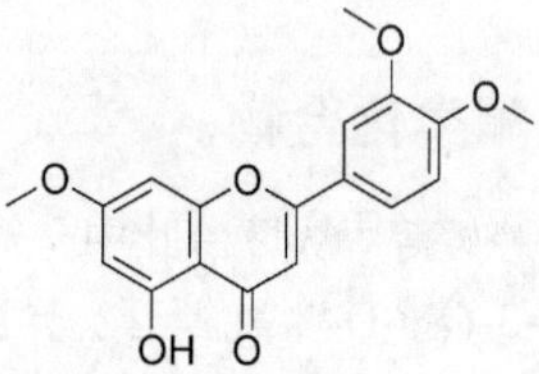

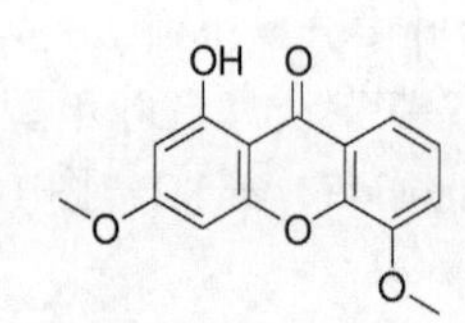

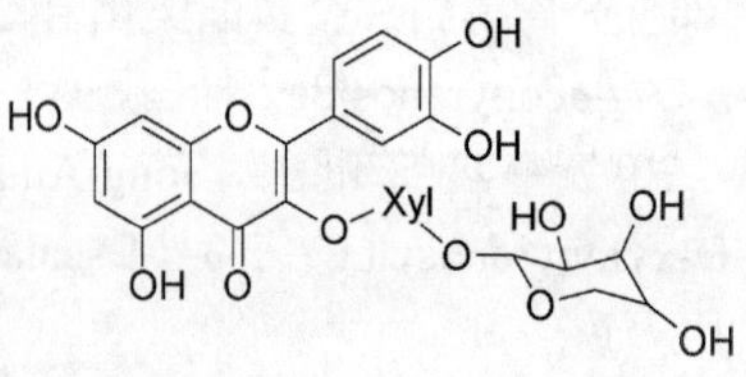

2．木脂素类化合物

Jong-Anurakkun 等[10]从灯台叶甲醇提取物中分离得(−)-lyoniresinol-3-*O*-*β*-D-glucopyranoside (**1**)、(+)-lyoniresinol-3-*O*-*β*-D-glucopyranoside (**2**)（图 1-2）。

1

2

图 1-2　灯台叶木脂素类化合物

3．萜类化合物

灯台叶中萜类化合物包括齐墩果酸、角鲨烯、乙酰-*α*-香树脂醇、灯台叶素 A、betulin、betulinic acid、ursolic acid、alstonic acid A、alstonic acid B、cycloeucalenol、cycloartanol、lupeol、lupeol acetate

等[11~14]。杜国顺等[9]从灯台叶中分离纯化得到 β-香树脂醇-3-棕榈酸酯、羽扇豆-20(29)-烯-3-醇、羽扇豆-20(29)-烯-3-棕榈酸酯。惠婷婷[15]从灯台叶中还分离得到 cylicodiscic acid（表 1-2，图 1-3）。

表 1-2　灯台叶中的萜类化合物

序号	化合物名称	参考文献	序号	化合物名称	参考文献
1	齐墩果酸	[11]	**10**	cycloeucalenol	[13]
2	角鲨烯	[11]	**11**	cycloartanol	[13]
3	乙酰-α-香树脂醇	[11]	**12**	lupeol	[12]
4	灯台叶素 A	[11]	**13**	lupeol acetate	[12]
5	betulin	[13]	**14**	β-香树脂醇-3-棕榈酸酯	[9]
6	betulinic acid	[14]	**15**	羽扇豆-20(29)-烯-3-醇	[9]
7	ursolic acid	[12]	**16**	羽扇豆-20(29)-烯-3-棕榈酸酯	[9]
8	alstonic acid A	[12]	**17**	cylicodiscic acid	[15]
9	alstonic acid B	[12]			

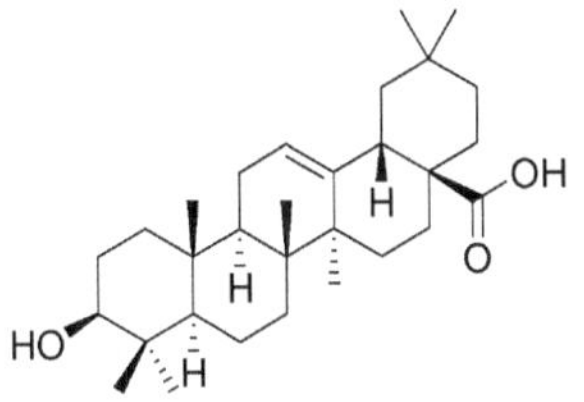

1

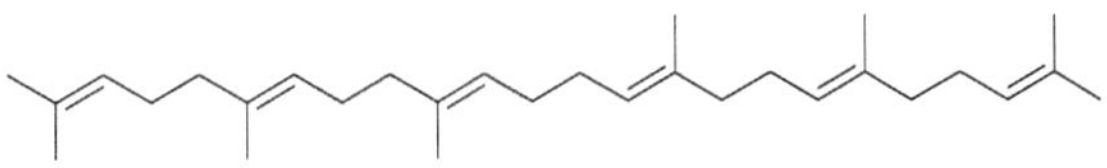

2

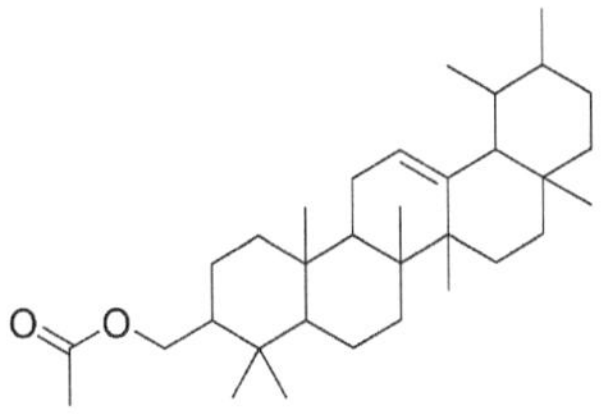

3

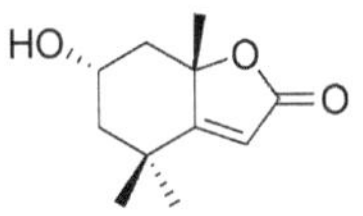

4

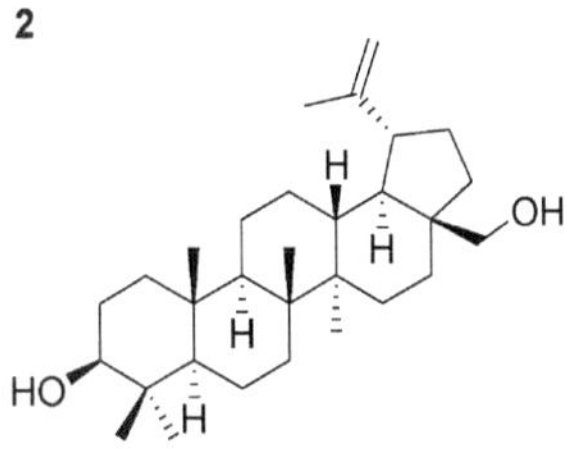

5

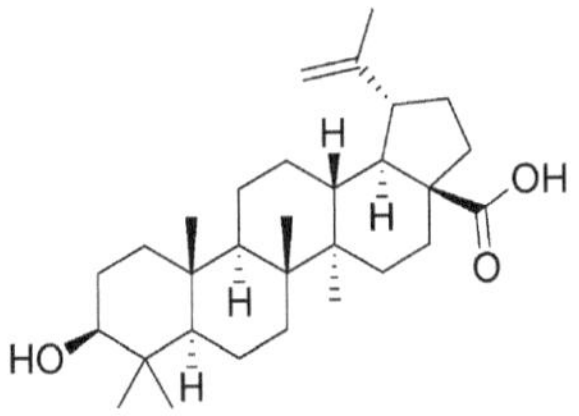

6

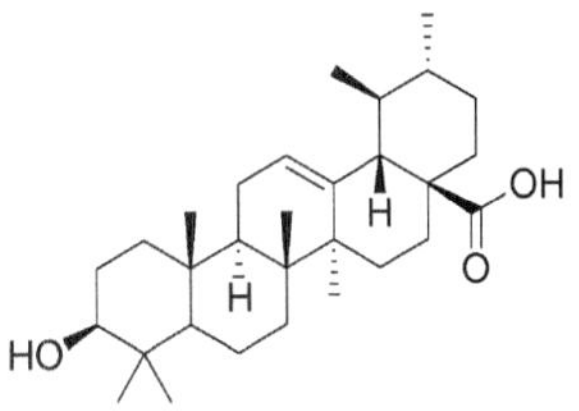

7

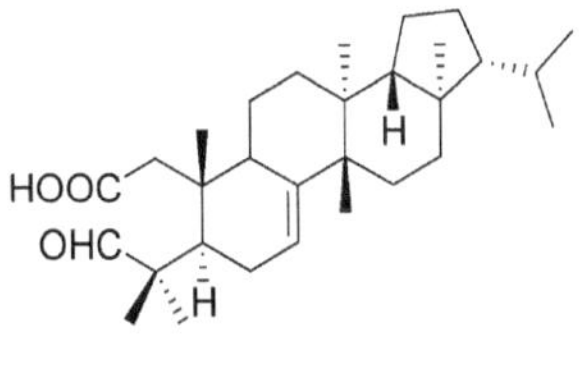

8

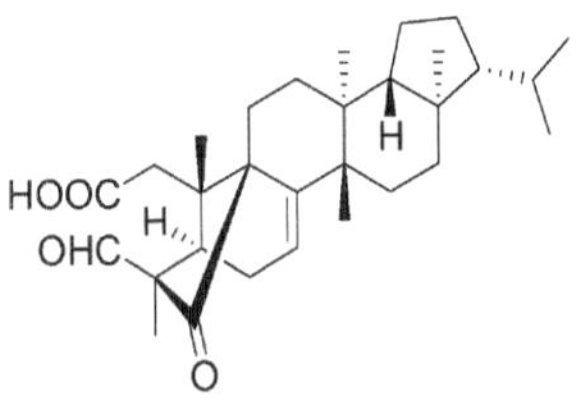

9

图 1-3

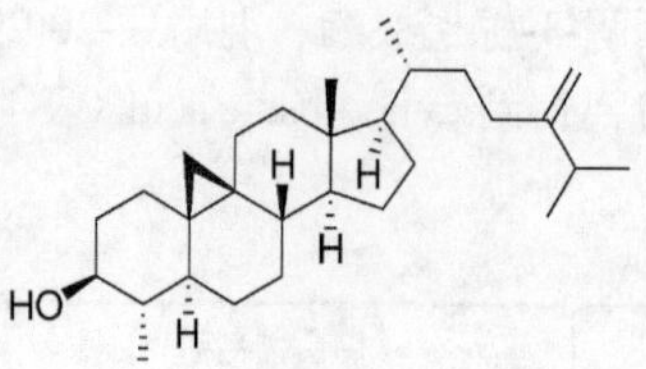

10

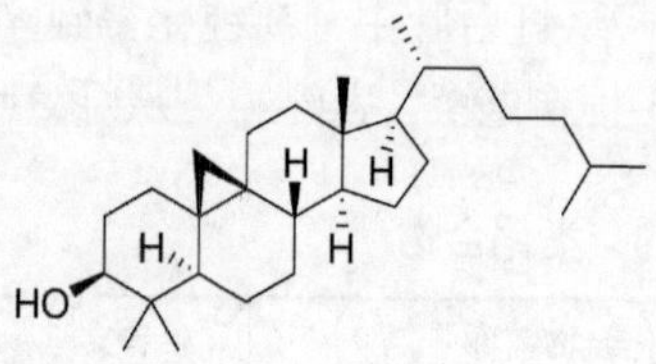

11

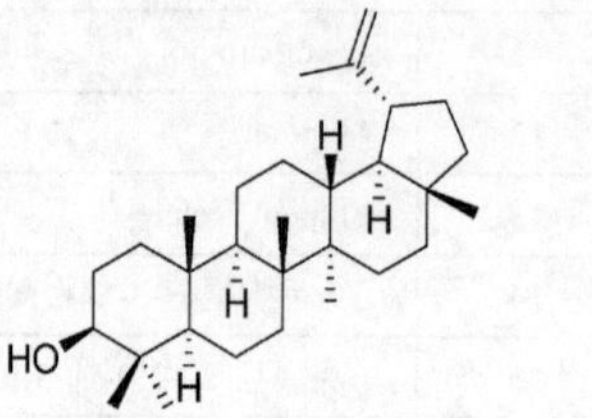

12

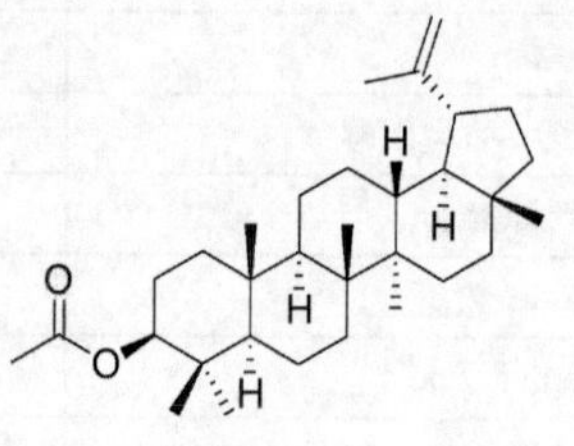

13

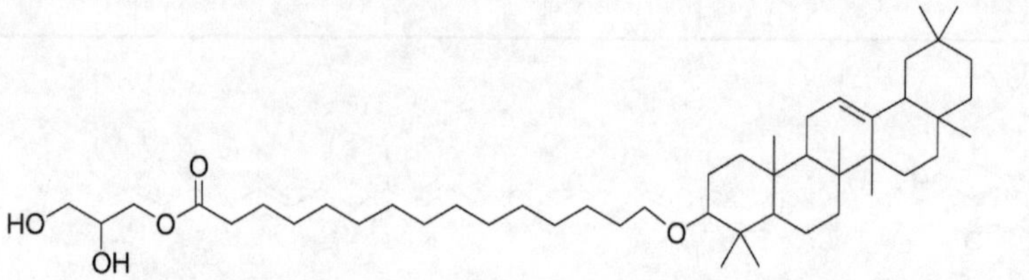

14

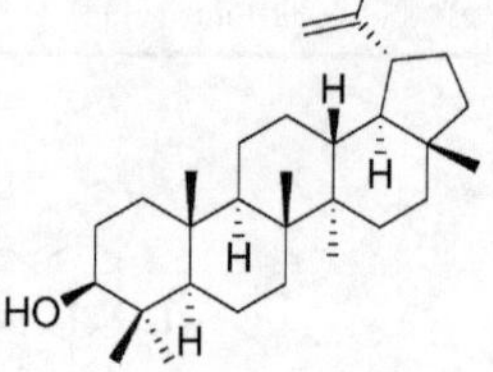

15

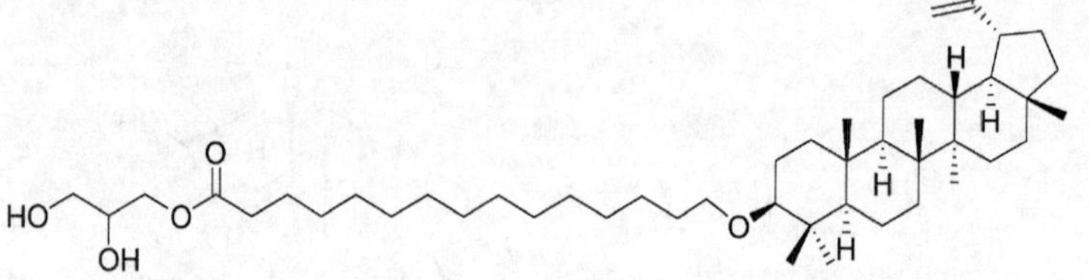

16

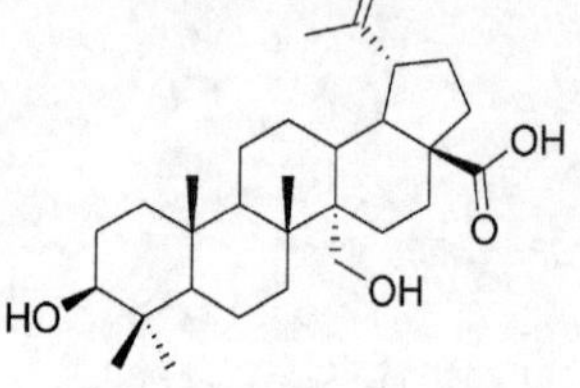

17

图 1-3　灯台叶萜类化合物

4．挥发性成分

灯台叶中含有柠檬醛、香茅醇、香叶醇、柠檬烯、芳樟醇、乙酸芳樟酯、α-蒎烯和异松油烯等挥发性成分[16]。

5．生物碱类化合物

目前，从灯台叶中得到的生物碱主要是单萜吲哚生物碱，按其基本骨架主要分为 8 个类型：劲直胺型、狄他树皮碱型、灯台树明碱型、狄他树皮定型、土波台文碱型、鸭脚木明碱型、糖胶树碱型、育亨宾碱型。另外还有其他生物碱类型（表 1-3，图 1-4）。

6．其他成分

杜国顺等[9]从灯台叶中分离纯化得到 *α*-生育酚（**1**）、*α*-生育醌（**2**）、邻苯二甲酸二（2-乙基）

己酯（**3**）、邻苯二甲酸二丁酯（**4**）、*β*-谷甾醇（**5**）等成分（图 1-5）。

表 1-3 灯台叶中的生物碱类化合物

序号	化合物名称	参考文献	序号	化合物名称	参考文献
1	鸭脚树叶碱（picrinine）	[17～20]	**12**	阿枯米辛碱（akuammicine）	[24,25]
2	鸭脚树叶醛（picralinal）	[17～20]	**13**	瑟瓦任（sewarine）	[24,25]
3	劲直胺（strictamine）	[21]	**14**	alstovine	[26]
4	阿枯米灵（akuammiline）	[21]	**15**	土波台文碱（tubotaiwine）	[19,27]
5	5-甲氧基劲直胺（5-methoxy-strictamine）	[21]	**16**	20-*epi*-tubotaiwine	[19,27]
6	灯台碱（echitamine）	[22]	**17**	鸭脚木明碱（alstonamine）	[17,19]
7	灯台树明碱（alschomine）	[18]	**18**	20-epoxy-ustilobin B	[17,19]
8	异灯台树明碱（isoalschomine）	[18]	**19**	及拉兹马宁碱（rhazimanine）	[23]
9	糖胶树碱（nareline）	[17,28]	**20**	二氢西特斯日钦碱（dihydrositsirikine）	[29]
10	灯台树次碱（scholaricine）	[20]	**21**	鸡骨常山碱（alstonine）	[30]
11	狄他树皮定（echitamidine）	[17]	**22**	扦卡品（talcarpine）	[31]

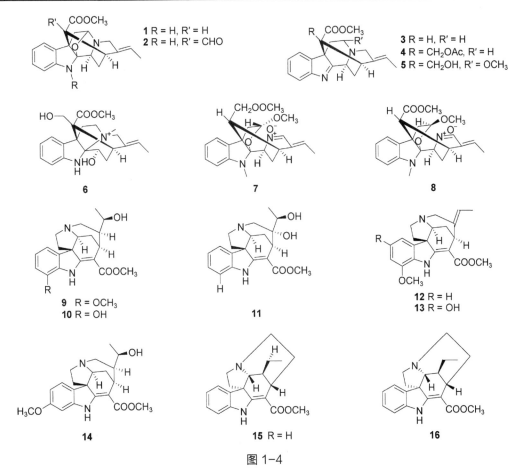

图 1-4

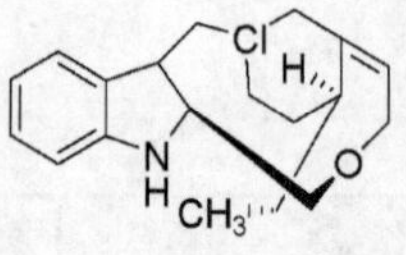

17

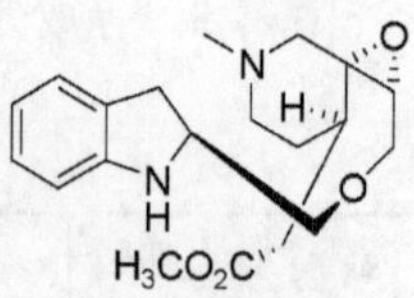

18

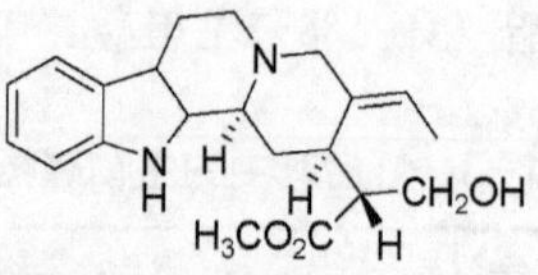

19

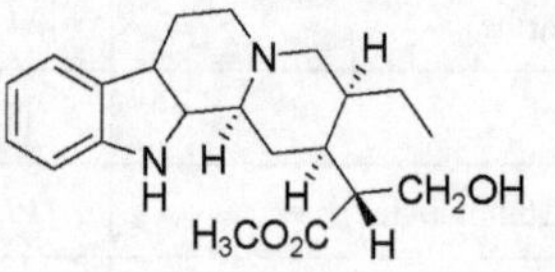

20

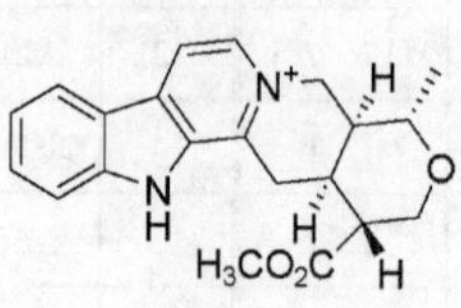

21

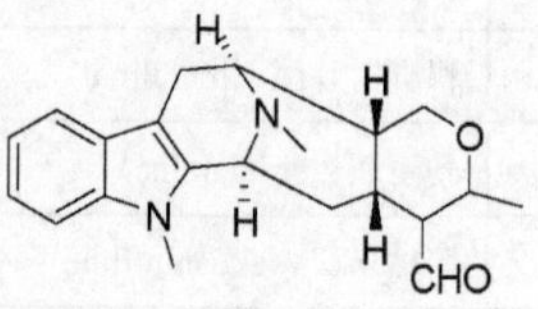

22

图 1-4 灯台叶生物碱类化合物

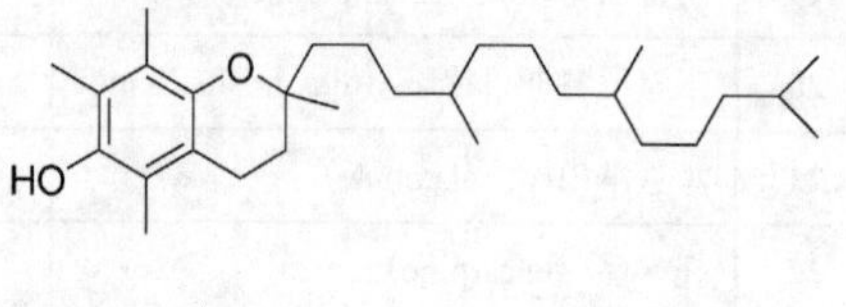

1

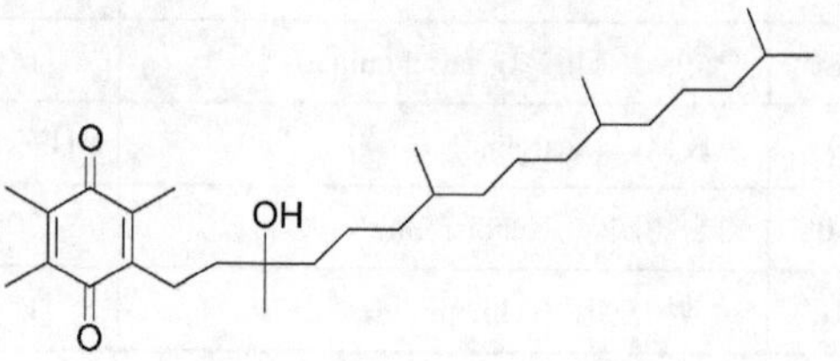

2

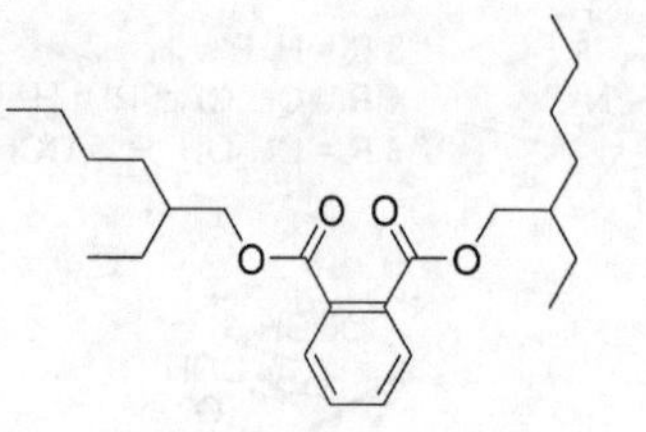

3

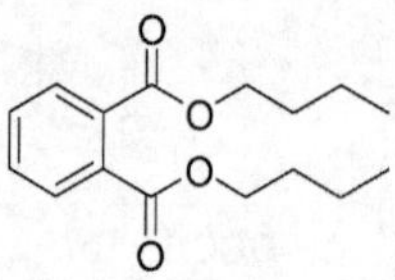

4

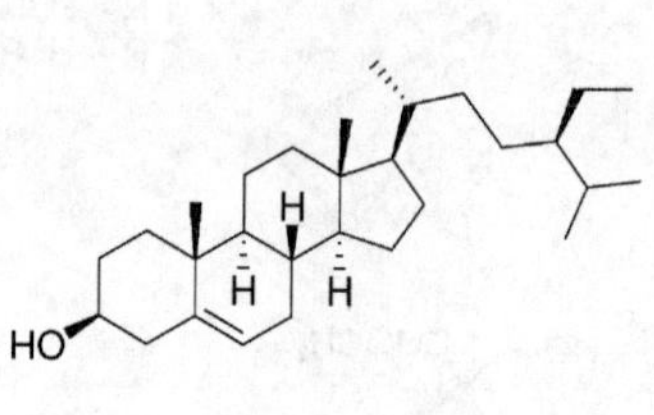

5

图 1-5 灯台叶其他成分

三、药理活性

1. 祛痰、镇咳、平喘

单萜吲哚类生物碱是灯台叶止咳平喘的主要成分，同时黄酮类成分也兼有一定的平喘作用，这与抑制平滑肌细胞的外钙内流、内钙释放及蛋白激酶 C 信号传导系统有关，而镇咳以外周作用为主[32]。杨泳等[33]采用枸橼酸喷雾法构建豚鼠咳嗽模型观察灯台叶不同有效部位的止咳作用，采用小鼠气管酚红排泄模型观察灯台叶不同有效部位的祛痰作用。结果表明生物碱部位具有较强的镇咳作用，黄酮部位具有较强的平喘作用，而混合成分不仅具有较强的镇咳平喘作用，同时还具有较好的祛痰作用。Channa 等[34]研究表明灯台叶 51%～95%的乙醇提取物对大鼠有明显的气管收缩作用，该提取物的气管收缩作用不依赖于肾上腺素、毒蕈碱受体或前列腺素，主要是通过内皮细胞舒血管因子和 NO 发挥作用，且此作用受前列腺素、钙拮抗因子和内皮细胞舒血管因子的调控。杨坤芬和赵云丽[35]采用豚鼠枸橼酸引咳法及组胺和氯化乙酰胆碱引喘法，探索灯台叶碱对镇咳、平喘的最低有效剂量，发现其平喘的最低有效剂量为 7.5mg/kg。

2．抗炎镇痛

研究表明灯台叶碱的抗炎作用与抑制炎性递质环氧合酶（COX）、5-脂氧合酶（5-LOX）有关，镇痛作用与抑制外周的炎性介质有关[36]。杨泳等[33]发现灯台叶的黄酮类成分有较强的抗急性炎症作用，灯台叶的生物碱和黄酮类混合成分也具有显著抗炎作用。Arulmozhi 等[37]发现灯台叶的醇提物对弗氏完全佐剂（FCA）法诱导关节炎大鼠模型具有良好的抗炎作用，可降低关节炎指数、体质量和白细胞浸润，明显减少关节组织脂质过氧化水平，显著增加谷胱甘肽过氧化物酶和超氧化物歧化酶活力。Singh 等[38]发现灯台叶的甲醇提取物对慢性阻塞性坐骨神经损伤（CCI）诱发大鼠神经性疼痛具有显著改善作用，这可能是甲醇提取物中具有抗炎抗氧化作用的山奈酚含量较高。Rajic 等[39]研究发现羽扇豆醇和 α-香树脂醇以及这些化合物的酯类衍生物，具有抗炎和抑制蛋白激酶 A 的作用。Shang 等[32]研究发现灯台叶乙醇提取物的石油醚和乙酸乙酯部位以及总生物碱部位能够抑制二甲苯诱发的耳肿胀，采用小鼠空气袋模型，研究发现总生物碱部位能够显著增强超氧化物歧化酶活性，同时显著降低 NO、前列腺素 E2 水平。杨泳等[33]采用二甲苯小鼠耳廓肿胀模型观察灯台叶的不同有效部位抗炎作用，结果表明黄酮部位、生物碱和黄酮混合部位均有明显的抗炎作用。杨坤芬等[40]采用二甲苯致小鼠耳廓肿胀模型、鸡蛋清致大鼠足趾肿胀模型、大鼠慢性肉芽肿炎症模型、小鼠醋酸致痛模型，观察研究灯台叶碱的抗炎、镇痛作用，结果表明灯台叶碱连续灌胃给药 3 天，能明显抑制二甲苯致小鼠耳廓肿胀和蛋清致大鼠足趾肿胀；一次给药，能明显抑制醋酸所致小鼠的扭体性疼痛；连续灌胃给药 10 天，能明显抑制大鼠慢性棉球肉芽肿，表明灯台叶碱具有明显的抗炎、镇痛作用。

3．抗氧化

灯台叶的不同部位提取物均能有效抑制氧化自由基，表现出明显的抗氧化活性。Arulmozhi 等[41]研究表明灯台叶的乙醇提取物具有清除自由基，与金属离子螯合，清除超氧阴离子，清除过氧化氢的作用。该提取物可阻止氧化诱导的脂质过氧化和自由基链式反应，与常用抗氧化剂丁基羟基茴香醚（BHA）、二丁基羟基甲苯（BHT）、L-抗坏血酸和维生素 E 的作用相当[42]。此外，灯台树皮的乙醇提取物具有较强的氮氧化物清除作用[43]。Antony 等[44]采用 1,1-二苯基-2-苦基肼（DPPH）、2,2′-联氮-双-3-乙基苯并噻唑啉-6-磺酸（ABTS）和铁离子还原抗氧化能力（FRAP）法，研究灯台叶水、正丁醇、乙酸乙酯提取物的抗氧化活性，发现水和正丁醇提取物作用较明显。戴云等[45]采用分光光度法，研究醇提物的体外抗氧化能力，以清除活性氧、抑制DNA 损伤、抑制脂质过氧化能力为指标，与茶多酚相关能力进行对比，发现灯台叶乙醇和正丁醇提取物的以上指标与茶多酚相当。

4．免疫调节

莫菁莲[46]探究灯台叶醇提物对 H22 肝癌移植小鼠免疫的影响时发现，高剂量醇提物能增强小鼠的碳廓清能力，提高机体体液免疫能力。韩芳[47]研究灯台叶醇提物对 C57BL/6 荷瘤小鼠免疫功能的影响时发现：高、中剂量组能显著提高小鼠血清白细胞介素-6、白细胞介素-10、γ-干扰素的水平，而且高剂量组还能增强 T 淋巴细胞增殖能力，降低 $CD4^+/CD8^+$ 比例，从免疫分子和免疫细胞水平提高荷瘤小鼠免疫功能。灯台叶总生物碱对醋酸泼尼松致免疫抑制状态小鼠的非特异性免疫、体液免疫和细胞免疫（迟发性超敏反应）有明显增强作用[36]。

5．调节血糖

Arulmozhi[37]在研究灯台叶乙醇提取物对链脲霉素诱导糖尿病大鼠的降糖作用过程中发现，它能显著降低血糖、糖化血红蛋白和脂质过氧化水平，同时具有增加体质量、肝糖原、肌糖原和抗氧化的能力。Ragasa 等[13]从灯台叶二氯甲烷提取物中分离到 cycloeu-calenol、cycloartanol、lupeol、lupeol acetate 和 betulin 等萜类成分，通过葡萄糖耐受实验（OGTT）发现，前三者的混合物具有降血糖活性。Jong-Anurakkun 等[10]研究表明灯台叶甲醇提取物具有 α-葡萄糖苷酶抑制活性，可降低血糖，经分离得到 2 个黄酮类成分，分别是槲皮素-3-O-β-D-吡喃木糖($1'\rightarrow$ $2''$)-β-D-galactopyranoside 和(−)-lyoniresinol-3-O-β-D-吡喃葡萄糖苷，前者仅对麦芽糖酶有抑制活性，其 IC_{50} 值为 1.96mmol/L；后者对蔗糖酶和麦芽糖酶均有抑制活性，其 IC_{50} 值分别为 1.9mmol/L 和 1.43mmol/L。

6．抗肿瘤

恶性肿瘤是危害人类健康最严重的疾病之一，且其发病率呈逐年上升趋势，近年来对灯台叶的抗肿瘤作用关注较多。灯台叶醇提物对人卵巢癌细胞 C200、人乳腺癌细胞 MNK-7 及 MCF-7、人肝癌细胞 SNU-398 及 H22、Lewis 肺癌细胞、人宫颈癌细胞、Hep G2、KB、HL-60、人皮肤癌细胞等具有明显的抑制作用，但机制尚不明确[46~53]。韩芳[53]采用 MTT 法和 PI/Annexin-V 染色法，研究灯台叶醇提物对体外培养的肿瘤细胞增殖和凋亡的影响，发现其质量浓度在 0.1~2.0mg/mL 时，能剂量依赖性地显著抑制人卵巢癌、乳腺癌和肝癌细胞的增殖，具有一定细胞毒作用，在 1~1000μg/mL 时，对鸡胚尿囊膜血管生成有显著抑制作用，可能与其抗肿瘤作用相关。另外，其高剂量组能显著提高 C57BL/6 荷瘤小鼠血清中 γ-干扰素、白细胞介素-6、白细胞介素-10 的水平，对肿瘤生长有明显抑制作用，而且呈剂量依赖性增加，从免疫水平提高了荷瘤小鼠的抗肿瘤作用。同时，灯台叶醇提物还能清除自由基，降低移植瘤细胞的活性氧 ROS，减轻机体氧化损伤，进而抑制肿瘤生长。

7．其他

Chao 等[54]从灯台叶提取物中分离的五环三萜类化合物具有抗菌活性，并能与抗生素协同作用于细菌病原体。Khan 等[55]用 25 种细菌、11 种真菌对灯台树的叶、茎、根的甲醇粗提物及石油醚、二氯甲烷、乙酸乙酯及丁醇提取物抗菌活性进行检测，结果表明丁醇提取物抗菌活性最强。除了抗菌作用外，灯台叶还具有退热作用，以灯台叶水提液按生药量 4g/kg 灌服，对家兔实验性发热具有短暂的退热作用[56]。

参考文献

[1] 中国科学院中国植物志编辑委员会. 中国植物志: 第六十三卷[M]. 北京: 科学出版社, 1977.

[2] 朱成兰, 赵应红, 马伟光. 傣药学[M]. 北京: 中国中医药出版社, 2007.

[3] 中华人民共和国卫生部药典委员会. 中华人民共和国药典[S]. 北京: 人民卫生出版社, 1977.

[4] 云南省食品药品监督管理局. 云南省中药材标准: 第七册[S]. 昆明: 云南科技出版社, 2005.

[5] 杨妮娜, 赵应红. 傣药摆埋丁别的应用研究[J]. 中国民族医药杂志, 2017, 23(7): 51-53.

[6] 胡宗达, 吴兆录, 闫海忠, 等. 滇西南灯台树种植适宜区规划研究[J]. 云南大学学报:自然科学版, 2005, 27(1): 86-92.

[7] 惠婷婷, 孙赟, 朱丽萍, 等. 云南傣族药物灯台叶中黄酮类成分[J]. 中国中药杂志, 2009, 34(9): 1111-1113.

[8] 戴云, 冯伟博, 邓杰文, 等. 灯台叶正丁醇部分化学成分研究[A]//中国植物学会七十五周年年会论文摘要汇编 (1933-2008)〔C〕. 兰州: 兰州大学出版社, 2008.

[9] 杜国顺, 蔡祥海, 尚建华, 等. 灯台叶中的非碱性成分[J].中国天然药物, 2007, (4): 259-262.

[10] Jong-Anurakkun N, Bhandari M R, Kawabata J. α-Glucosidase inhibitors from Devil tree (*Alstonia scholaris*)[J]. Food Chemistry, 2007, 103(4): 1319-1323.

[11] El-Askary, H. I, El-Olemy, *et al*. Bioguided isolation of pentacyclic triterpenes from the leaves of *Alstonia scholaris* (Linn.) R. Br. growing in Egypt[J]. Natural Product Research, 2012, 26(18): 1755-1758.

[12] Wang F, Ren F C, Liu J K. Alstonic acids A and B, unusual 2, 3-secofernane triterpenoids from *Alstonia scholaris*[J]. Phytochemistry, 2009, 70(5): 650-654.

[13] Ragasa C Y, Lim K F, Shen C C, *et al*. Hypoglycemic Potential of Triterpenes from *Alstonia scholaris*[J]. Pharmaceutical Chemistry Journal, 2015, 49(2): 143-143.

[14] Liang F, Yan C, Ling Y, *et al*. A combination of alkaloids and triterpenes of *Alstonia scholaris* (Linn.) R. Br. leaves enhances immunomodulatory activity in C57BL/6 mice and induces apoptosis in the A549 cell line[J]. Molecules, 2013, 18(11): 13920-13939.

[15] 惠婷婷. 灯台叶和灯台叶颗粒的化学成分研究[D]. 昆明: 云南中医学院, 2008.

[16] 中国医学科学院药物研究所. 中药志[M]. 北京: 人民卫生出版社, 1959.

[17] Yamauchi T, Abe F, Cherl R F, *et al*. Padolin & alkaloids from the leaves of *Alstonia scholaris* in Taiwan, Thailand, Indonesia and Philippines[J]. Phytochemistry, 1990, 29(11): 3547-3552.

[18] Chen R F, Yamauchi T, Marubayashi N, *et al*. Alschomine and isoalschomine, new alkaloids from the leaves of *Alstonia scholaris*[J]. Chemical and Pharmaceutical Bulletin, 1989, 37(4): 887-890.

[19] Yamauchi T, Eabe G, Padolina W, *et al*. Alkaloids from leaves and bark of *Alstonia scholaris* in the Philippines[J]. Phytochemistry, 1990, 29(10): 3321-3325.

[20] Atta-Ur-Rahman M A, Ghazala M, Fatima J, *et al*. Scholaricine, an alkaloid from *Alstonia scholaris*[J]. Phytochemistry, 1985, 24(11): 2771-2773.

[21] Zhou H, He H P, Luo X D, *et al*. Three new indole alkaloids from leaves of *Alstonia scholaris*[J]. Helvetica Chimica Acta, 2005, 88: 2508-2512.

[22] Saraswathi V, Ramamurthy N, Subramanian S, *et al*. Enhancement of the cytotoxic effects of echitamine chloride by vitamin A: an in vitro study on Ehrlich ascites carcinoma cell culture[J]. Indian Journal of Physiology and Pharmacology, 1997, 29: 244-249.

[23] Atta-Ur-Rahman M A, Alvi K A. Indole alkaloids from *Alstonia scholaris*[J]. Phytochemistry, 1987, 26(7): 2139-2142.

[24] Kam T S, Nyeoh K R, Sim K M, *et al*. Alkaloids from *Alstonia scholaris*[J]. Phytochemistry, 1997, 45(6): 1303-1305.

[25] Boonchuay W, Couit W E. Minor alkaloids of *Alstonia schnolaris* root[J]. Phytochemistry, 1976, 15(5): 821.

[26] Baneoi A, Siddhanta A. Scholarine: an indole alkaloid of *Alstonia scholaris*[J]. Phytochemistry, 1980, 20(3): 540-542.

[27] Atta-Ur-Rahman M A, Alvi K A, Muzaffar A. Isolation and ^{1}H/^{13}C-NMR studies on 19, 20-dihydrocondylocarpine: An alkaloid from the leaves of Ervatamia coronria and *Alstonia scholaris*[J]. Planta Medica, 1986, 52(4): 325-326.

[28] Banerji A, Benerji J, Chatterjee A. *Alstonia scholaris*: Strukturdes indole alkaloids nareline[J]. Helvetica Chimica Acta, 1977, 60(4): 1419-1434.

[29] 朱伟明. 五种药用植物资源化学的初步研究[D]. 昆明: 中国科学院昆明植物研究所, 2001.

[30] Keawpradub N, Houghton P J, Eno-Amooquaye E, *et al*. Activity of extracts and alkaloids of Thai Alstonia species against human lung cancer cell lines[J]. Planta Medica, 1997, 63: 97-101.

[31] Beljanski M, Beljanski M S. Selective inhibition of in vitro synthesis of cancer DNA by alkaloids of betacarboline class[J]. Experimental Cell Biology, 1982, 50(2): 79-87.

[32] Shang J H, Cai X H, Zhao Y L, *et al*. Pharmacological evalua-tion of *Alstonia scholaris*: anti-tussive,anti-asthmatic and ex-pectorant activities[J]. Journal of Ethnopharmacology, 2010, 129(3): 293-298.

[33] 杨泳, 周玲, 李颖, 等. 灯台叶止咳平喘的药效学研究[J]. 云南中医中药杂志, 2007, 28(1): 38-39.

[34] Channa S, Darb A, Ahmedb S, *et al*. Evaluation of *Alstonia scholaris* leaves for broncho-vasodilatory activity[J]. Journal of Ethnopharmacology, 2005, 97(3): 469-476.

[35] 杨坤芬, 赵云丽. 灯台叶碱对豚鼠镇咳平喘最低有效剂量探究[J]. 云南中医中药杂志, 2013, 34(10): 58-59.

[36] 蔡祥海, 尚建华, 冯涛, 等. 天然药物5类新药灯台叶总生物碱临床前研究[A]//第十届全国药用植物及植物药学术研讨会论文摘要集[C]. 昆明: 2011.

[37] Arulmozhi S, Mazumder P M, Sathiyanarayanan L, *et al*. Anti-arthritic and antioxidant activity of leaves of *Alstonia scholaris* Linn. R.Br[J]. European Journal of Integrative Medicine, 2011, 3(2): 83-90.

[38] Singh H, Arora R, Arora S, *et al*. Ameliorative potential of *Alstonia scholaris (Linn.) R. Br.* against chronic constriction injury-induced neuropathic pain in rats[J]. BMC Complementary & Alternative Medicine, 2017, 17(1): 63.

[39] Rajic A, Kweifio-Okai G, Macrides T, *et al*. Inhibition of serine proteases by anti-inflammatory triterpenoids[J]. Planta Medica, 2000, 66(3): 206-210.

[40] 杨坤芬, 赵云丽, 尚建华. 灯台叶碱抗炎镇痛作用研究[J]. 云南中医中药杂志, 2012, 33(4): 61-62+4.

[41] Arulmozhi S, Mitra-Mazumder P, Ashok P, *et al*. Antinociceptive and anti-inflammatory activities of *Alstonia scholaris* Linn. R. Br.[J]. Pharmacognosy Magazine, 2007, 3: 106-111.

[42] Arulmozhi S, Mitra-Mazumder P, Ashok P, *et al*. Pharmacological activities of *Alstonia scholaris* Linn. (Apocynaceae): a review[J]. Pharmacognosy Reviews, 2007, 1(1): 163-170.

[43] Jagetia G C, Baliga M S. The evaluation of nitric oxide scavenging activity of certain Indian medicinal plants in vitro: a preliminary study[J]. Journal of Medicinal Food, 2004, 7(3): 343-348.

[44] Antony M, Menon D B, Joel J, *et al*. Phytochemical analysis and antioxidant activity of *Alstonia scholaris*[J]. Pharmacognosy Journal, 2011, 3(26): 13-18.

[45] 戴云, 杨新星, 程春梅, 等. 傣药灯台叶醇提取物体外抗氧化活性[J]. 中药材, 2009, 32(12): 1883-1885.

[46] 莫菁莲. 灯台叶醇提物对H22肝癌移植小鼠免疫和抗氧化功能的影响[J]. 中国热带医学, 2013, 13(4): 414-416.

[47] 韩芳. 灯台叶醇提物对C57BL/6荷瘤小鼠免疫功能的影响[J]. 西北药学杂志, 2013, 28(2): 168-170.

[48] Jagetia G C, Baliga M S. Effect of *Alstonia scholaris* in enhancing the anticancer activity of berberine in the Ehrlich ascites carcinoma-bearing mice[J]. Journal of Medicinal Food, 2004, 7(2): 235-244.

[49] Jagetia G C, Baliga M S. The effect of seasonal variation on the antineoplastic activity of *Alstonia scholaris* R. Br. in HeLa cells[J]. Journal of Ethnopharmacology, 2005, 96(1-2): 37-42.

[50] Jagetia G C, Baliga M S. Evaluation of anticancer activity of the alkaloid fraction of *Alstonia scholaris* (Sapthaparna) in vitro and in vivo[J]. Phytotherapy Research, 2010, 20(2): 103-109.

[51] Jahan S, Chaudhary R, Goyal P K. Anticancer activity of an Indian medicinal plant, *Alstonia scholaris*, on skin carcinogenesis in mice[J]. Integrative Cancer Therapies, 2009, 8(3): 273-279.

[52] Baliga M S. *Alstonia scholaris* Linn. R. Br. in the treatment and prevention of cancer: past, present, and future[J]. Integrative Cancer Therapies, 2010, 9(3): 261-269.

[53] 韩芳. 灯台叶醇提物体外抗肿瘤作用研究[J]. 现代中药研究与实践, 2013, (2): 30-32.

[54] Wang C M, Chen H T, Wu Z Y. Antibacterial and synergistic activity of pentacyclic triterpenoids isolated from *Alstonia scholaris*[J]. Molecules, 2016, 21(3): 1-11.

[55] Khan M R, Omoloso A D, Kihara M. Antibacterial activity of *Alstonia scholaris* and Leea tetramera[J]. Fitoterapia, 2003, 74(7-8): 736-740.

[56] 左爱学, 饶高雄, 唐丽萍, 等. 傣药"灯台叶"的现代研究进展 [J]. 中国民族民间医药杂志, 2005, (增刊): 76-77.

第二节
倒心盾翅藤

　　倒心盾翅藤（*Aspidopterys obcordata* Hemsl.）为金虎尾科盾翅藤属的植物，药用部位为其木质藤茎[1]。被《云南省中药材标准傣族药》（2005 年版）[2]收载，为西双版纳傣医常用药材。此药味微苦，凉，具有消炎利尿，清热排石之功效[3]，临床常用于急慢性肾炎、肾盂炎、膀胱炎、尿路感染、泌尿系统结石、前列腺炎等引起的水肿、小便热涩疼痛、脘腹痉挛剧痛、尿中央有沙石、风湿骨痛、产后体虚、食欲不振，也用于治疗产后消瘦、恶露不尽[4]。另外，倒心盾翅藤是傣医传统经方"五淋化石胶囊"的主要组方药材，同时也是目前傣医临床用量最大的一味药材[5]，在傣医临床应用中占有重要地位。倒心盾翅藤中主要含有鞣质、甾体、酚酸、糖类、三萜、蒽醌以及黄酮类化合物[6~7]，其药理作用研究主要集中于对肾结石的预防和治疗。

一、生物学特征及资源分布

1．生物学特征

倒心盾翅藤为木质藤本，枝被丁字毛，叶对生，叶柄长 2～3cm，被淡棕色绒毛，纸质或薄革质，叶片倒卵状心形，先端凹有小尖头，基部圆形或心形，长、宽 8～10cm，全缘，背面被灰色丁字绒毛，圆锥花序腋生，花小，两性，绿白色，花梗纤细，中部以下有节；萼短，5 深裂，裂片卵状长圆形，很小；花瓣 5，倒卵状长圆形，长约 3.5mm；雄蕊 10；子房 3 裂，裂片背部平坦，侧边有翅，花柱 3，柱头头状。果实盾翅形，由 3 颗具薄翅的线形种子合成。花期 3～4 月，果期 4～5 月[8]。

2．资源分布

倒心盾翅藤在国内主要分布于云南省西南、南部至东南部各地，分布范围为东经 97°48′～103°16′，北纬 21°16′～24°29′。西至潞西，东达金平，北界为景东，南部分布区和缅甸、老挝、越南接壤。倒心盾翅藤属于热带性质较强的植物，国外分布于缅甸、越南北部、泰国等地。资源集中分布的地区为西双版纳州的景洪市、勐腊县，普洱的西盟县、澜沧县和孟连县等。景东为倒心盾翅藤分布的北界，分布较少。资料记载倒心盾翅藤分布于海拔 450～1800m 之间，其中以海拔 800～1200m 分布较为集中。倒心盾翅藤分布于云南热区，生长在阳光充足、降雨充沛的地带，主要生长在山地雨林、沟谷雨林及季雨林的林缘、疏林及灌丛中。资源主要以散生为主，未见大面积群落[8~10]。

二、化学成分研究

1．甾体和萜类化合物

倒心盾翅藤中富含甾体和萜类化合物，目前已分离得到 22 个单体成分，分别为甾醇类化合物 β-谷甾醇[11]、胡萝卜苷[12]、豆甾醇[13]；孕甾烷类化合物 $3\beta, 6\alpha$-二羟基豆甾烷[14]、obcordatas A-I[15]；三萜类化合物木栓酮[13]、无羁萜-3β-醇[13]、木栓醇[11]以及二萜类化合物 sonderianol[16]、spruceanol[16]、aspidoptoids A-D[16]（表 1-4，图 1-6）。

表 1-4　倒心盾翅藤中的甾体和萜类化合物

序号	化合物名称	参考文献	序号	化合物名称	参考文献
1	β-谷甾醇	[11]	3	豆甾醇	[13]
2	胡萝卜苷	[12]	4	$3\beta, 6\alpha$-二羟基豆甾烷	[14]

序号	化合物名称	参考文献	序号	化合物名称	参考文献
5	obcordata A	[15]	**9**	sonderianol	[16]
6	木栓酮	[13]	**10**	spruceanol	[16]
7	无羁萜-3β-醇	[13]	**11**	aspidoptoid A	[16]
8	木栓醇	[11]	**12**	aspidoptoid B	[16]

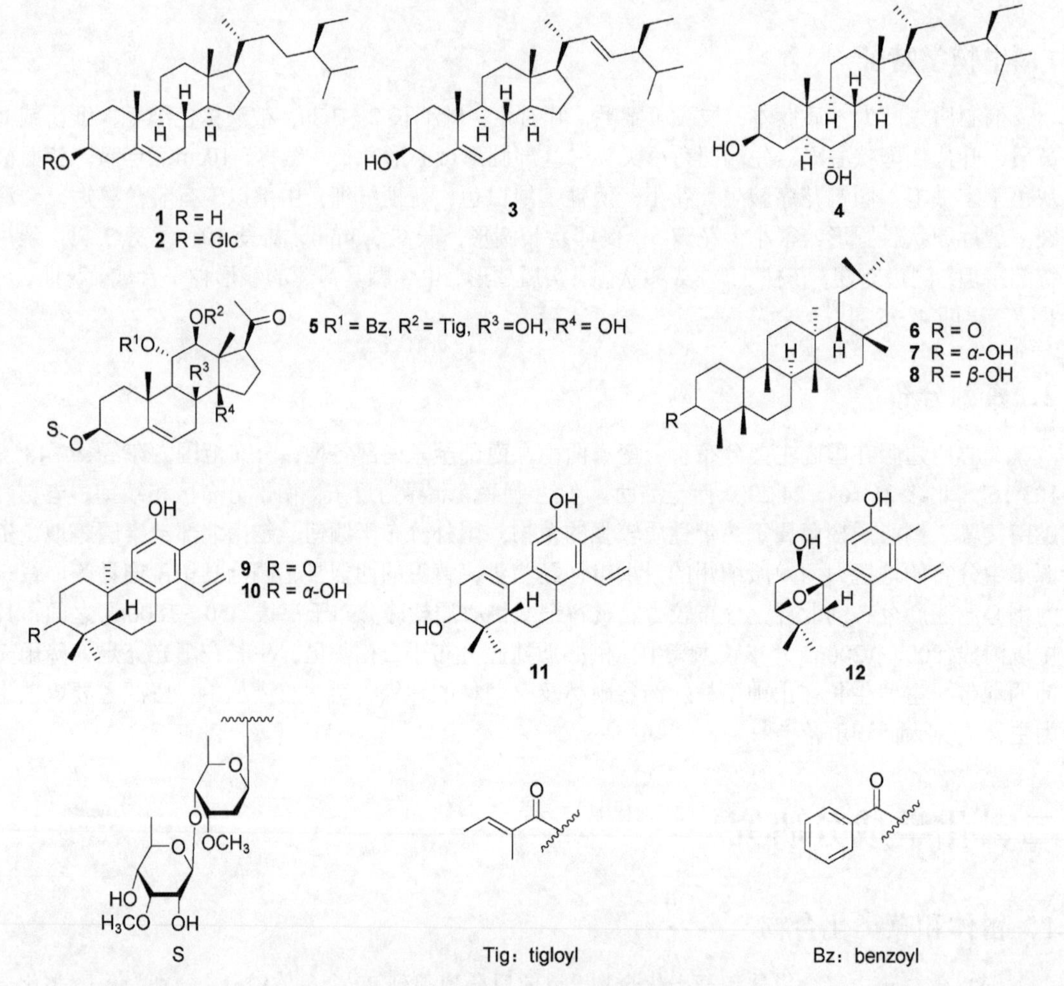

图 1-6　倒心盾翅藤中的甾体和萜类化合物

2. 酚类化合物

目前，倒心盾翅藤中已分离报道的酚类成分主要包括木脂素类化合物 nudiposide、lyoniresinol-4-O-α-L-鼠李糖基-9′-O-β-D-木糖苷、lyoniresinol、(+)-lyoniresinol-4-O-β- glucopyranoside、lyonside；苯丙素类化合物(2′S)-3-hydroxy-2-[4-(3-hydroxypropyl)-2- methoxyphenoxy] propyl-β-D-glucopyranoside、(2′R)-3-hydroxy-2-[4-(3-hydroxypropyl)-2-methoxy-phenoxy] propyl-β-D-glucopyranoside、二氢刺五加苷 B[14]；酚酸类化合物 3,4-二羟基苯酚乙酸酯[12]、1,2,4-三羟基苯酚- 1-O-α-L-鼠李糖苷、2,6-二甲氧基-1-羟基-4-葡萄糖苷、2,6-二甲氧基-4-羟基-1-葡萄糖苷、2,4,6-三甲氧基

-1-O-β-D-葡萄糖苷、rhyncoside C、1-(α-L-rhamnosyl(1-6)-β-D-glucopyranosyl)-3,4,5- trimethoxy-benzene[14]、3,4-二羟基苯甲酸、3,4-二羟基苯甲酸-3-O-α-L-鼠李糖苷（倒心盾翅藤苷）[12]、3,4-二羟基苯甲酸-4-O-α-L-鼠李糖苷[14]以及其他酚类成分 cinnacasolide C[12]、儿茶素[12]、daphnetin-8-glucopyranoside[13]。

表 1-5　倒心盾翅藤中的酚类化合物

序号	化合物名称	参考文献	序号	化合物名称	参考文献
1	nudiposide	[14]	12	2,6-二甲氧基-4-羟基-1-葡萄糖苷	[14]
2	lyoniresinol-4-O-α-L-鼠李糖基-9′-O-β-D-木糖苷	[14]	13	2,4,6-三甲氧基-1-O-β-D-葡萄糖苷	[14]
3	lyoniresinol	[14]	14	rhyncoside C	[14]
4	(+)-lyoniresinol-4-O-β-glucopyranoside	[14]	15	1-(α-L-rhamnosyl(1-6)-β-D-glucopyranosyl)-3,4,5-trimethoxybenzene	[14]
5	lyonside	[14]			
6	(2′S)-3-hydroxy-2-[4-(3-hydroxypropyl)-2-methoxyphenoxy] propyl-β-D-glucopyranoside	[14]	16	3,4-二羟基苯甲酸	[12]
7	(2′R)-3-hydroxy-2-[4-(3-hydroxypropyl)-2-methoxyphenoxy] propyl-β-D-glucopyranoside	[14]	17	3,4-二羟基苯甲酸-3-O-α-L-鼠李糖苷（倒心盾翅藤苷）	[12]
			18	3,4-二羟基苯甲酸-4-O-α-L-鼠李糖苷	[14]
8	二氢刺五加苷 B	[14]	19	cinnacasolide C	[12]
9	3,4-二羟基苯酚乙酸酯	[12]	20	儿茶素	[12]
10	1,2,4-三羟基苯酚-1-O-α-L-鼠李糖苷	[14]	21	daphnetin-8-glucopyranoside	[13]
11	2,6-二甲氧基-1-羟基-4-葡萄糖苷	[14]			

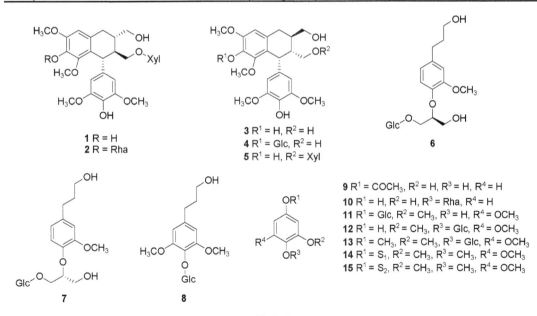

1 R = H
2 R = Rha

3 R^1 = H, R^2 = H
4 R^1 = Glc, R^2 = H
5 R^1 = H, R^2 = Xyl

9 R^1 = COCH$_3$, R^2 = H, R^3 = H, R^4 = H
10 R^1 = H, R^2 = H, R^3 = Rha, R^4 = H
11 R^1 = Glc, R^2 = CH$_3$, R^3 = H, R^4 = OCH$_3$
12 R^1 = H, R^2 = CH$_3$, R^3 = Glc, R^4 = OCH$_3$
13 R^1 = CH$_3$, R^2 = CH$_3$, R^3 = Glc, R^4 = OCH$_3$
14 R^1 = S$_1$, R^2 = CH$_3$, R^3 = CH$_3$, R^4 = OCH$_3$
15 R^1 = S$_2$, R^2 = CH$_3$, R^3 = CH$_3$, R^4 = OCH$_3$

图 1-7

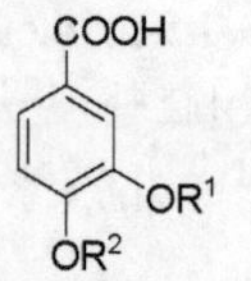

16 R^1 = H, R^2 = H
17 R^1 = Rha, R^2 = H
18 R^1 = H, R^2 = Rha

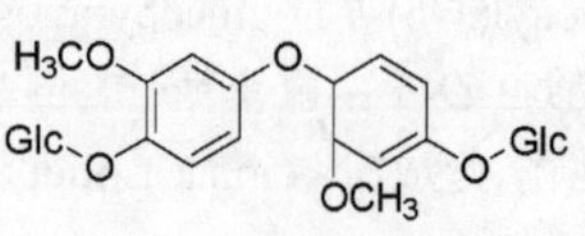

19

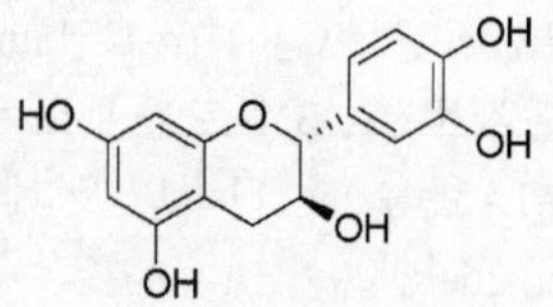

20

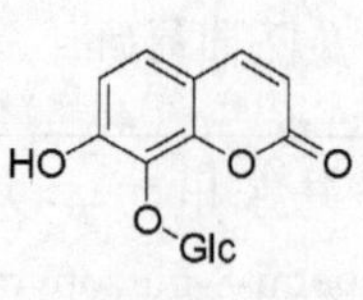

21

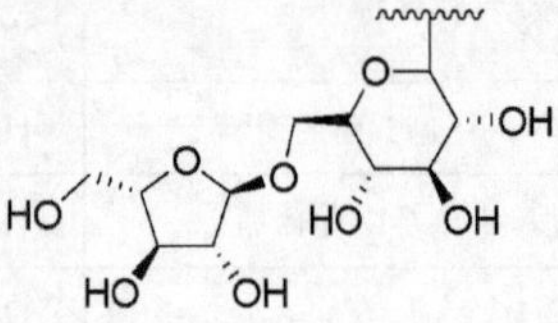

S_2

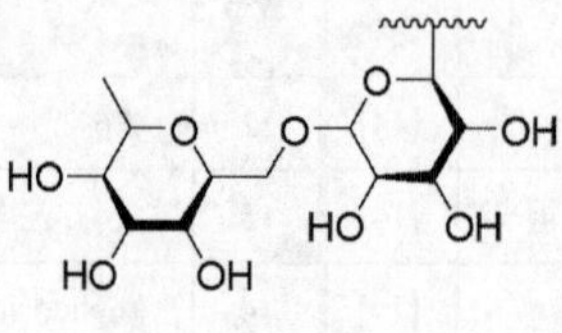

S_1

图 1-7 倒心盾翅藤中的酚类化合物

3．其他类化合物

此外，倒心盾翅藤中还含有尿囊素(**1**)[12]、1-*β*-D-rifuranosy-1, 2, 4-triazole(**2**)、尿嘧啶苷(**3**)、asperphenamate(**4**)、(*α*-D-吡喃葡萄糖基)-3-异噁唑啉-5-酮(**5**)、(6*R*,9*S*)-3-*O*-*α*-ionol apiofuranosylglucopyranoside(**6**)[14]、棕榈酸(**7**)[11]、廿二烷酸甲酯(**8**)[13]和10-廿九烷醇(**9**)[13]等其他类化合物。

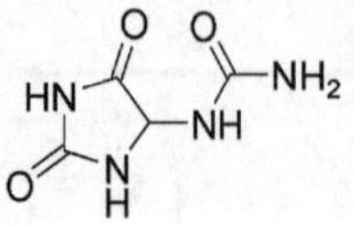

1

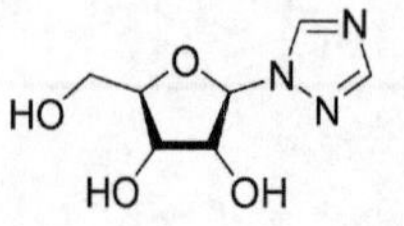

2

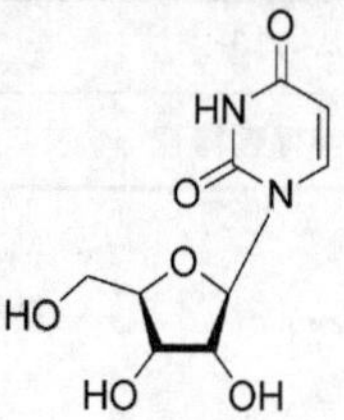

3

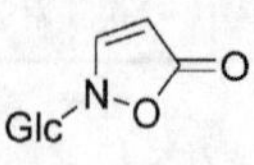

5

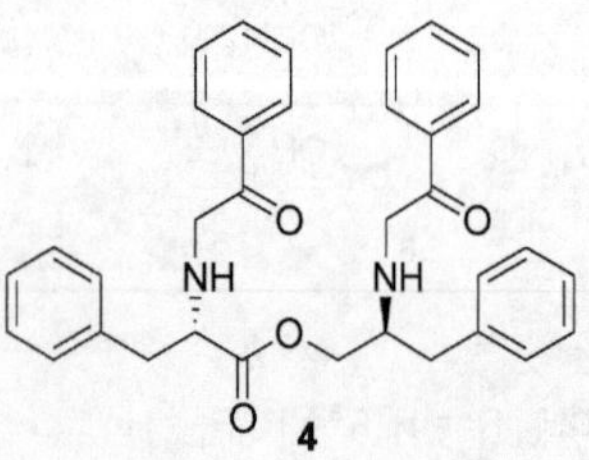

4

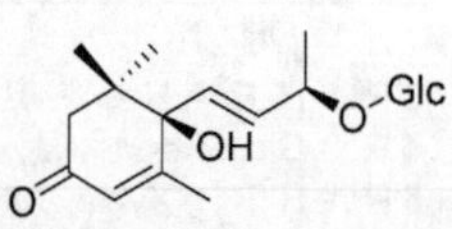

6

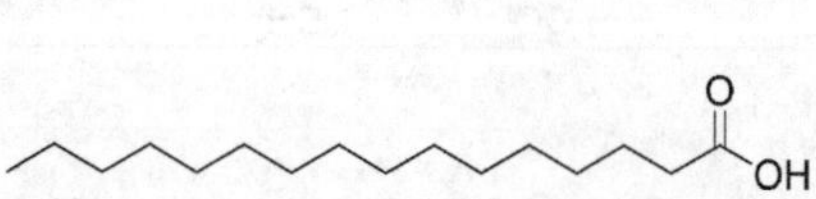

7

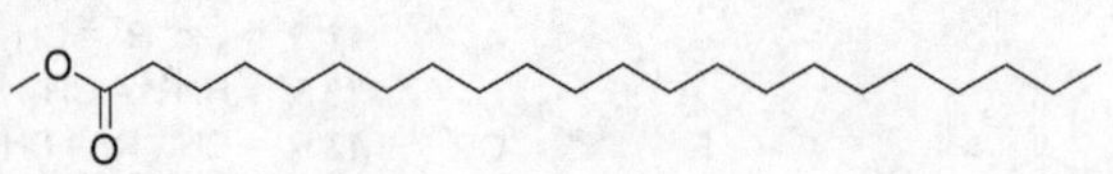

8

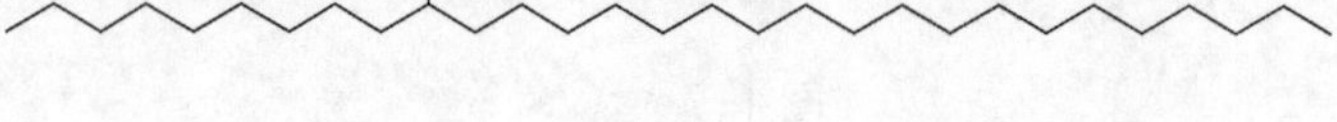

9

图 1-8 倒心盾翅藤中的其他类化合物

三、药理活性

1．抗肾结石作用

研究表明，肾小管上皮细胞的损伤与肾结石形成关系密切，草酸盐结晶黏附或沉积到受损的肾小管上皮细胞是肾结石形成的重要因素[17]。宋美芳等[18~20]采用肾结石模型大鼠和草酸钠致肾小管上皮细胞（HK-2）损伤模型研究傣药倒心盾翅藤不同溶剂提取液和不同极性部分对草酸钠致 HK-2 细胞损伤的保护作用。研究发现，倒心盾翅藤水提液和 95%醇提液高剂量[20g(生药)/kg]组能明显降低大鼠血清 Cr、血尿素氮（BUN）、肾 Ca^{2+} 含量及肾组织草酸钙结晶沉积，并可提高草酸钠诱导建立的肾小管上皮模型细胞的细胞活力，对草酸钠所致的 HK-2 细胞损伤有明显保护作用。其中 95%醇提取液的乙酸乙酯部位、正丁醇部位及水部位对草酸钠诱导的HK-2 细胞损伤具有显著的保护作用，表明倒心盾翅藤有明显的抗肾结石活性，且乙酸乙酯部位、正丁醇部位及水部位可能是其体外抗结石活性的有效部位。Li 等[21]研究了倒心盾翅藤中obcordata A 对草酸钙结晶损伤的肾小管上皮细胞的疗效。通过开展蛋白免疫印迹实验、DPPH自由基清除实验、DCFH-DA 实验等多个实验，发现 obcordata A 能抑制 NADPH 氧化酶（NOX）的表达，减少活性氧（ROS）基团或分子的产生，调节 NOX4/ROS/p38 MAPK 通路，降低炎症因子水平，从而保护肾小管上皮细胞免受草酸钙结晶的损伤和黏附，对肾结石有预防作用。此外，临床结果表明，倒心盾翅藤和五淋化石胶囊配合治疗肾结石疗效显著，无毒副作用[22~23]。玉腊波等[24]采用傣中药自拟方和五淋化石胶囊结合治疗泌尿系结石，其自拟方中的一味主药为倒心盾翅藤，临床观察结果显示治愈有效率达 89%。

2．对磷酸二酯酶 4 的抑制作用

雷玉等[14]利用倒心盾翅藤 95%乙醇粗提物、正丁醇和乙酸乙酯萃取物及 13 个单体化合物进行了对磷酸二酯酶 4（PDE 4）抑制作用的测定，结果表明，浓度为 1mg/mL 时，95%乙醇提取物、正丁醇和乙酸乙酯萃取物对 PDE 4 的抑制率分别为 68.66%、62.4%、7.13%。同时，发现儿茶素在 10μmol/L 浓度下，对 PDE 4 具有显著的抑制作用，抑制率达到 90%，其余单体化合物也显示出不同程度的抑制作用。

3．抗胆囊结石作用

谭志刚[25]用倒心盾翅藤对患有胆囊结石的病人给予了治疗。取倒心盾翅藤的藤茎 30g 水煎日服 500～1000mL，15 天后胆囊结石排出，且 B 超检查报告显示胆囊、肝、脾、胰、肾均正常。该病例临床上用于治疗胆囊结石病，并排出胆囊结石尚属首例，表明其在治疗胆囊结石方面有一定的临床疗效，但其抗胆囊结石的机制尚不明确，有待进一步研究。

4．抗肿瘤活性

Hu 等[15]通过细胞毒性实验研究倒心盾翅藤中分离得到的 9 个聚氧化孕烷苷(obcordatas A-I)对人肿瘤细胞 AGS、SW480、HuH-7 和 MCF-7 的细胞毒活性。结果发现，化合物 obcordatas A-F和 I 对 HuH-7 细胞均显示出显著的细胞毒活性；化合物 obcordatas A-I 对 AGS 和 SW480 细胞系表现出中等强度的细胞毒活性，而对 MCF-7 细胞系表现出轻微或无细胞毒活性。此外，细胞周期实验显示大多数的 HuH-7 细胞是在 G1 期被阻断，这为 obcordatas A-I 进一步的细胞毒活性的深入研究奠定了基础。

5．产后调节作用

傣族生活地区大多在海拔 1000m 以下，环境高温多湿，妇女产后虚弱，多易引起湿邪侵体犯病，倒心盾翅藤功在清热利尿，可去除体内的湿邪，用于产妇产后调节。赵应红[26]对傣医康朗腊治疗月子病的方药进行归纳总结，发现倒心盾翅藤和尖叶火桐树煎汤剂能很好地用于产后调节。

参考文献

[1] 中国科学院昆明植物研究所. 云南植物志: 第八卷[M]. 北京: 科学出版社, 1997.

[2] 云南省食品药品监督管理局.云南省中药材标准: 第三册·傣族药[M]. 昆明: 云南科技出版社, 2005.

[3] 中国科学院华南植物研究所. 广东植物志: 第二卷[M]. 广州: 广东科技出版社, 1991.

[4] 林艳芳, 依专, 赵应红. 中国傣医药彩色图谱[M]. 昆明: 云南民族出版社, 2003.

[5] 国家药典委员会. 中华人民共和国药典: 一部[S]. 北京: 中国医药科技出版社, 2010.

[6] 李晓花, 牛迎凤, 元超, 等. 傣药倒心盾翅藤化学成分预实验[J]. 中医药导报, 2014, 20(5): 17-21.

[7] 姜明辉, 张洁, 彭霞, 等. 倒心盾翅藤生药学研究[J]. 中国民族医药杂志, 2008, 14(1): 30-31.

[8] 中国科学院中国植物志编辑委员会. 中国植物志: 第四十三卷第三分册[M]. 北京: 科学出版社, 1997.

[9] 李海涛, 彭朝忠, 管燕红, 等. 傣药倒心盾翅藤资源调查[J]. 时珍国医国药, 2011, 22(12): 2999-3000.

[10] 管燕红, 张丽霞, 李海涛. 倒心盾翅藤和盾翅藤的显微鉴别[J]. 时珍国医国药, 2012, 23(5): 1224-1225.

[11] 李晓花, 牛迎凤, 宋美芳, 等. 傣药倒心盾翅藤化学成分研究[J]. 亚太传统医药, 2016, 12(14): 30-32.

[12] 雷玉, 梁уа豪, 田怡婧, 等. 倒心盾翅藤中的 1 个新鼠李糖苷[J]. 中草药, 2019, 50(5): 1039-1042.

[13] 伍睿, 叶其, 陈能煜, 等. 倒心盾翅藤的化学成分研究[J]. 天然产物研究与开发, 2001, 13(1): 14-16.

[14] 雷玉. 倒心盾翅藤化学成分研究[D]. 广州: 广州中医药大学, 2019.

[15] Hu M, Li Y, Sun Z, et al. New polyoxypregnane glycosides from Aspidopterys obcordata vines with antitumor activity[J]. Fitoterapia, 2018, 129: 203-209.

[16] Sun P, Cao D, Xiao Y, et al. Aspidoptoids A-D: four new diterpenoids from Aspidopterys obcordata vine[J]. Molecules, 2020, 25(3): 529.

[17] 吴浩然, 胡波, 施国伟. 草酸钙结晶-肾小管细胞损伤机制研究进展[J]. 临床泌尿外科杂志, 2014, 29(4): 365-367.

[18] 宋美芳, 李宜航, 张忠廉, 等. 傣药倒心盾翅藤抗肾结石活性研究[J]. 中国新药杂志, 2015, 24(9): 1047-1052.

[19] 宋美芳, 李宜航, 李学兰, 等. 倒心盾翅藤对肾小管上皮细胞损伤的保护作用[J]. 医药导报, 2016, 35(2): 249-252.

[20] 宋美芳, 李光, 陈曦, 等. 倒心盾翅藤提取物对大鼠肾草酸钙结石形成的抑制作用[J]. 中国药房, 2015, 26(10): 1329-1332.

[21] Li Y, Ma G, Lv Y, et al. Efficacy of obcordata A from Aspidopterys obcordata on kidney stones by inhibiting NOX4 expression[J]. Molecules, 2019, 24(10): 1957.

[22] 玉腊波, 胡建波. 傣药盾翅藤与五淋化石胶囊结合治疗肾结石[J]. 中国民族医药杂志, 2009, 15(10): 25.

[23] 杨鸿, 林艳芳, 赵应红. 傣药五淋化石胶囊治疗泌尿系结石41例临床疗效观察[J]. 中国民族医药杂志, 2012, 18(6): 13-14.

[24] 玉腊波, 谭志刚, 黄勇. 傣中药结合治疗泌尿系结石 38 例临床观察[J]. 中国民族医药杂志, 2009, 15(2): 17-18.

[25] 谭志刚. 嘿盖贯(倒心盾翅藤)治疗胆囊结石 1 例[J]. 中国民族医药杂志, 2010, 16(10): 35, 43.

[26] 赵应红. 名老傣医康朗腊治疗拢匹勒(月子病)方药介绍[J]. 中国民族医药杂志, 2011, 17(11): 26-28.

第三节
人面果

　　人面果（*Garcinia xanthochymus*）是藤黄科植物，别名叫冷饭团，又名银莲果、长寿果。人面果为我国傣族传统药用植物，其茎、叶、根、果实、浆汁、茎皮和种子均可入药，种子夏季果实成熟时采，茎、皮、叶、浆汁全年可采，随采随用。傣药名"锅麻拉"，有驱虫、清火退热、解食物中毒的功效，主治"答爹缅梗毫朗"（蚂蟥入鼻），"拢恒"（高热惊厥、四肢抽搐），"匹档斤"（误食禁忌或不洁之物引起的恶心呕吐、头昏目眩、冷汗淋漓）[1]。对人面果根部、果实及叶的化学成分研究已经分离得到二苯甲酮衍生物[2~5]、黄酮[6~8]、三萜[9]、𠮿酮[10~11]类等化合物。人面果具有广泛的生物活性，如抗菌、抗 HIV 病毒、抗细胞毒素等，也可用于驱虫，解救食物中毒，治疗腹泻、痢疾及肝胆疾病[1]等。

一、生物学特征及资源分布

1. 生物学特征

　　常绿大乔木，高达 20 余米；幼枝具条纹，被灰色绒毛。奇数羽状复叶长 30～45cm，有小叶 5～7 对，叶轴和叶柄具条纹，疏披毛；小叶互生，近革质，长圆形，自下而上逐渐增大，长 5～14.5cm，宽 2.5～4.5cm，先端渐尖，基部常偏斜，阔楔形至近圆形，全缘，两面沿中脉疏被微柔毛，叶背脉腋具灰白色髯毛，侧脉 8～9 对，近边缘处弧形上升，侧脉和细脉两面突起；小叶柄短，长 2～5mm。圆锥花序顶生或腋生，比叶短，长 10～23cm，疏被灰色微柔毛；花白色，花梗长 2～3mm，被微柔毛；萼片阔卵形或椭圆状卵形，长 3.5～4mm，宽约 2mm，先端钝，两面被灰黄色微柔毛，花瓣披针形或狭长圆形，长约 6mm，宽约 1.7mm，无毛，芽中先端彼此黏合，开花时外卷，具 3～5 条暗褐色纵脉；花丝线形，无毛，长约 3.5mm，花药长圆形，长约 1.5mm；花盘无毛，边缘浅波状；子房无毛，长 2.5～3mm，花柱短，长约 2mm。核果扁球形，长约 2cm，径约 2.5cm，成熟时黄色，果核压扁，径 1.7～1.9cm，上面盾状凹入，5 室，通常 1～2 室不育；种子 3～4 颗。

2. 资源分布

　　人面果多生长在潮湿温暖的热带密林中，是我国传统傣药之一，分布于海拔 100～1000m 的沟谷、丘陵、潮湿的密林中，主要分布在云南南部和西南部地区。

二、化学成分研究

1. 黄酮类化合物

　　Li 等[12]从人面果中提取鉴定了 3 种双黄酮类化合物，即表 1-6 中化合物 **1～3**。Trisuwan

等[13]从人面果枝条甲醇提取物中分离得到 3 个双黄酮，即表 1-6 中化合物 **4**～**6**。刘流等[15]采用正、反相硅胶柱色谱及半制备高效液相色谱等方法，从人面果叶子 95%乙醇提取物的乙酸乙酯部位分离得到 15 个化合物，包括 6 个黄酮类化合物。人面果中分离得到的黄酮类化合物及结构如表 1-6 和图 1-9 所示。

表 1-6　人面果中的黄酮类化合物

序号	化合物名称	参考文献	序号	化合物名称	参考文献
1	GB2a glucoside	[12]	**8**	6-prenyl-4′,5,7-trihydroxyflavone	[14]
2	GB2a	[12]	**9**	芹菜素(apigenin)	[14]
3	fukugetin	[12]	**10**	5,7,4′-trihydroxy-6-(3-hydroxy-3-methylbutyl)-flavone	[15]
4	volkensiflavone	[13]			
5	morelloflavone	[13]	**11**	3,8′-biapigenin	[15]
6	amentoflavone	[13]	**12**	白果素(bilobetin)	[15]
7	naringenin	[14]	**13**	fukugiside	[15]

1 R=Glc
2 R=H

3

4 R=H
5 R=OH

6

7

8

9

10

11

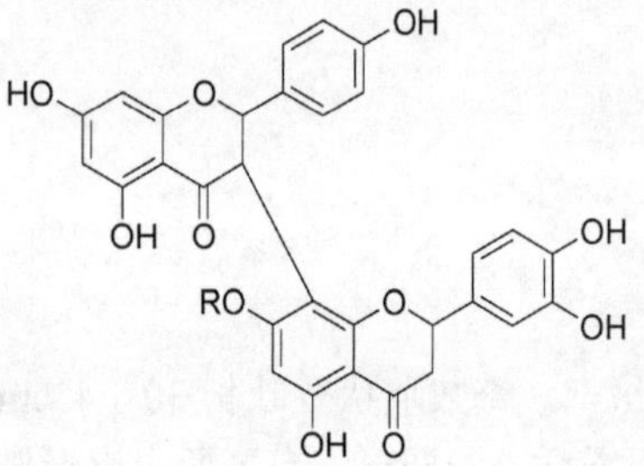

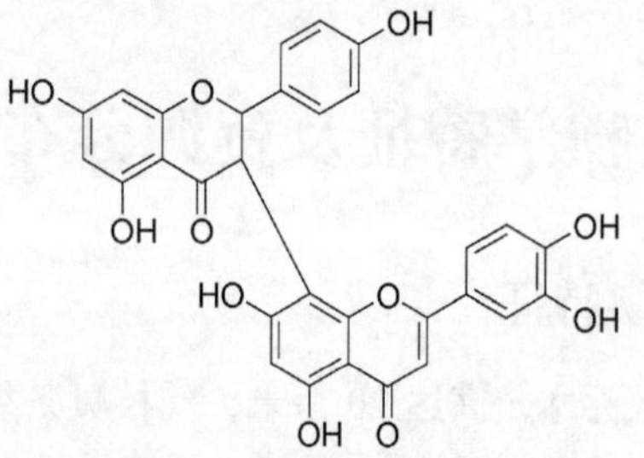

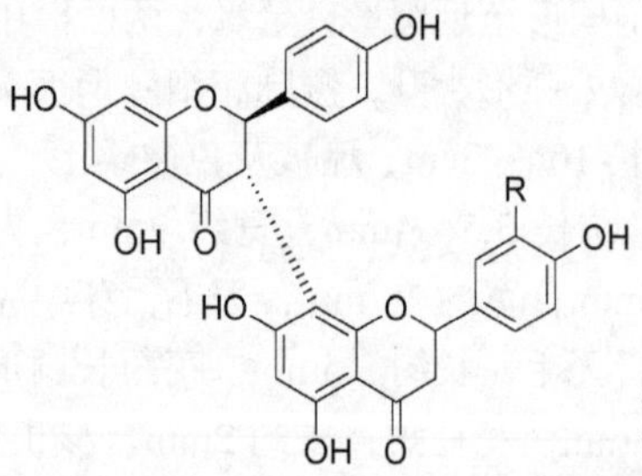

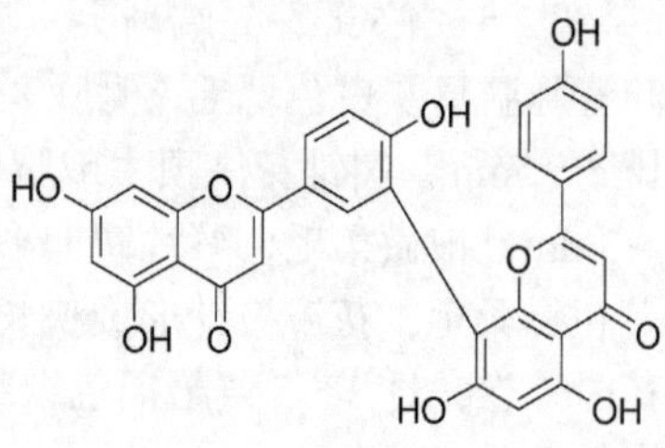

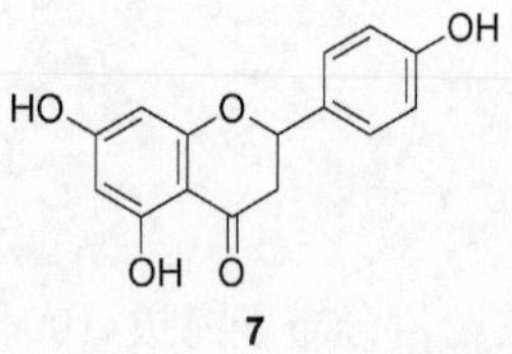

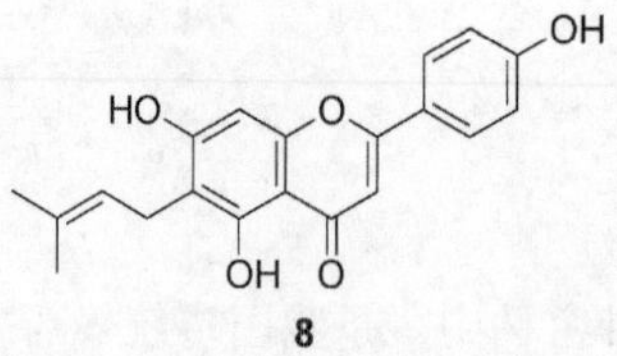

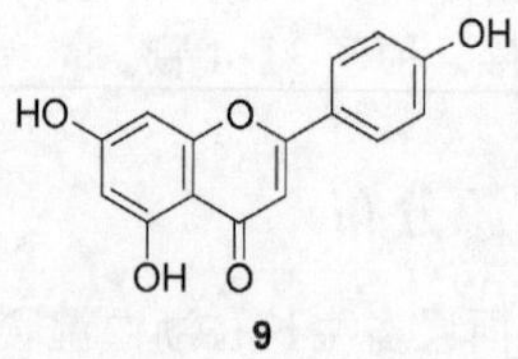

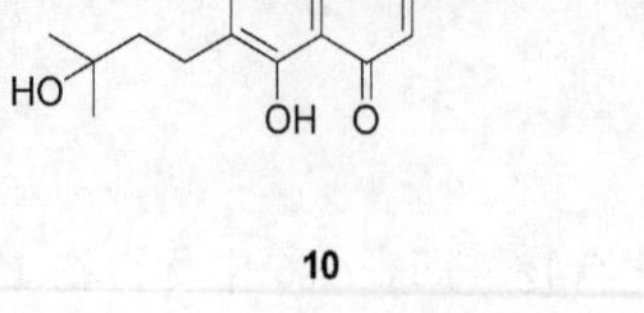

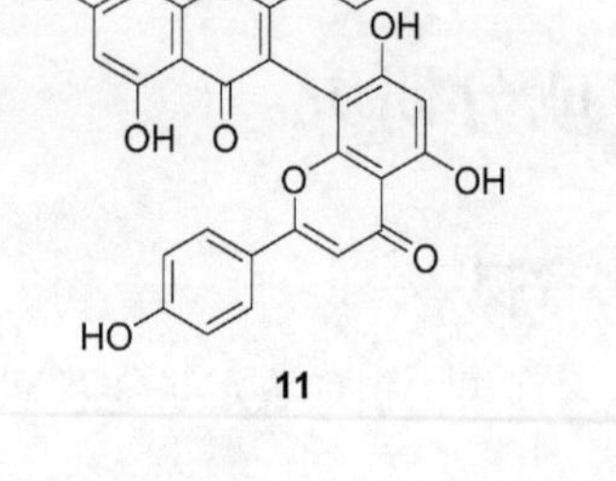

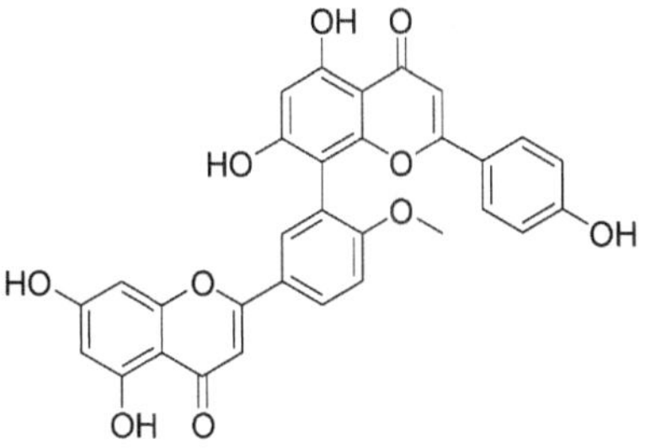

图 1-9 人面果黄酮类化合物

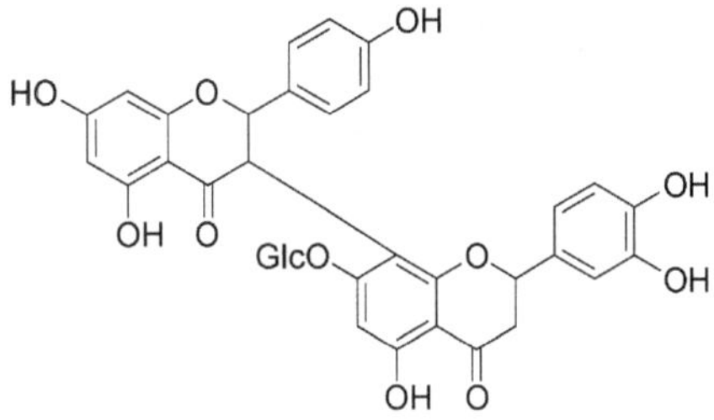

2. 咄酮类化合物

钟芳芳等[16]运用正相和反相硅胶柱色谱对人面果树皮中乙酸乙酯提取物进行分离纯化，用波谱技术分析鉴定化合物的结构，共分离得到 4 个成分，4 个化合物均为首次从人面果中发现。陈玉等[17]运用正相和反相硅胶柱色谱对人面果的化学成分进行研究，并用波谱技术鉴定化合物结构。从其乙酸乙酯部位分得 10 个咄酮类化合物，所有化合物均为首次从人面果中分离得到。Zhong 等[21]从人面果皮的乙酸乙酯提取物中分离得到 5 个新的咄酮类化合物。Trisuwan 等[13]从人面果枝条甲醇提取物中分离得到 4 个咄酮类化合物。Zhong 等[20]采用 95%乙醇对人面果皮干燥粉末进行提取，提取液用 90%甲醇/水、石油醚、乙酸乙酯、正丁醇先后萃取得到不同的极性部位，并最终分离得到 7 种化合物。Yu 等[14]从人面果的果实中分离得到的化合物中包括 4 个咄酮类化合物。Youn 等[29]从人面果的果实中分离到两个新的咄酮类化合物，通过一维、二维 NMR 和 HRMS 实验对其结构进行了鉴定。化合物名称见表 1-7，结构如图 1-10 所示。

表 1-7 人面果中的咄酮类化合物

序号	化合物名称	参考文献	序号	化合物名称	参考文献
1	1,7-dihydroxyxanthone	[16]	15	garcinenone F	[20]
2	1,3,5,7-tetrahydroxyxanhone	[16]	16	1,4,5-trihydroxyxanthone	[20]
3	1-O-methylsymphoxanthone	[17]	17	jacarelhyperol B	[25]
4	globuxanthone	[17]	18	garcinenone Y	[25]
5	6-deoxyjacareubin	[17]	19	1,4,5-trihydroxy-6′, 6-dimethylpyrano (2′,3′,6,7) xanthone	[26]
6	pyranojacareubin	[17]			
7	1,5-dihydroxy-3-methoxyxanthone	[18]	20	symphoxanthone	[27]
8	1,6-dihydroxy-4,5-dimethoxyxanthone	[19]	21	garcinenone X	[28]
9	garcinenone A	[21]	22	1,4,5,6-tetrahydroxy-7-(3-methylbut-2-enyl) xanthone	[28]
10	1,2,5-trihydroxy-6-methoxyxanthone	[22]			
11	1,5,6-trihydroxy-7-(3-methyl-2-butenyl)-8-(3-hydroxy-3-methylbutyl)furano(2′,3′,3,4) xanthone	[23]	23	1,3,5-trihydroxyxanthone	[14]
			24	garcinoxanthocin A	[29]
12	1,2,5-trihydroxyxanthone	[24]	25	garcinoxanthocin B	[29]
13	xanthochymone A	[13]	26	jacareubin	[30]
14	garcinexanthone A	[13]	27	1,3,6,7-tetrahydroxyxanthone	[31]

3．其他类化合物

Yu 等[14]从人面果的果实中分离得到 3 个新的金刚烷基衍生物，2 个新的重排二苯甲酮，命名为 garcixanthochymones A-E（表 1-8）。Youn 等[29]从人面果的果实中分离出的化合物包括表 1-8 中化合物 **5**～**7**。化学结构见图 1-11。

1

2

3

4

5

6

7

8

9

10

11

12

13

14

15

16

17

18

19

20

21

22

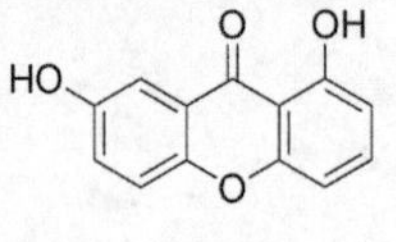

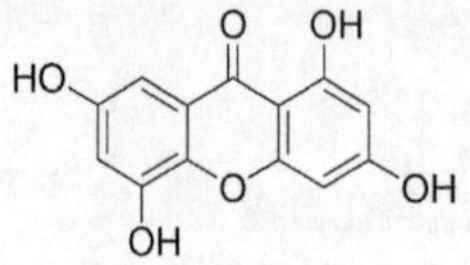

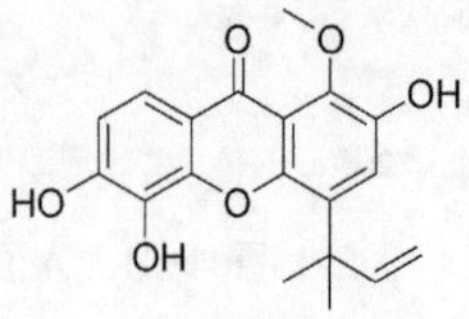

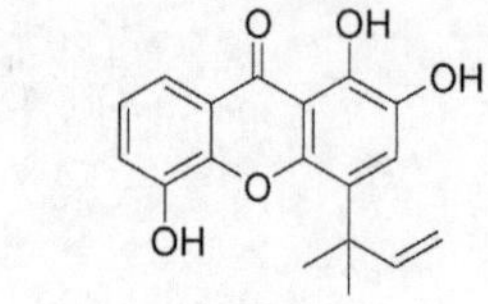

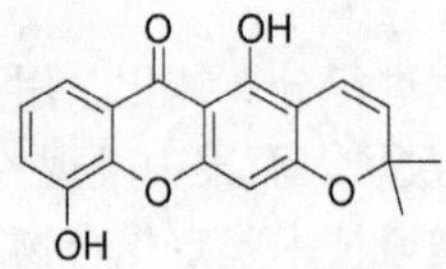

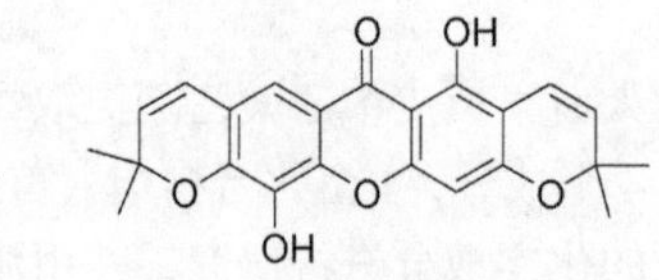

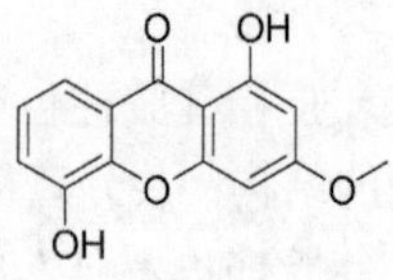

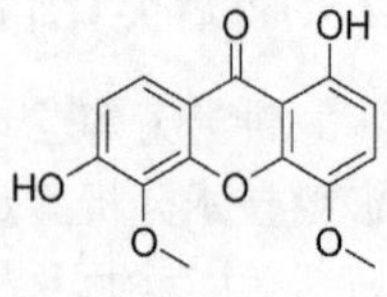

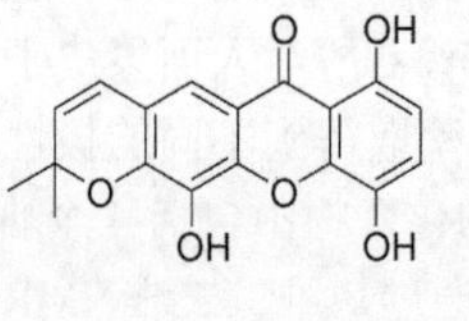

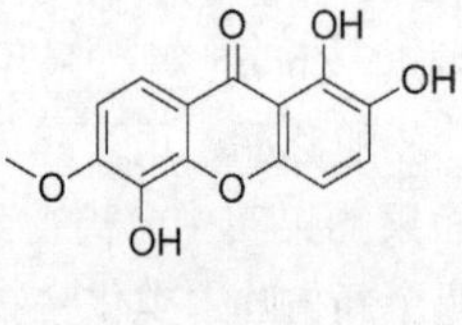

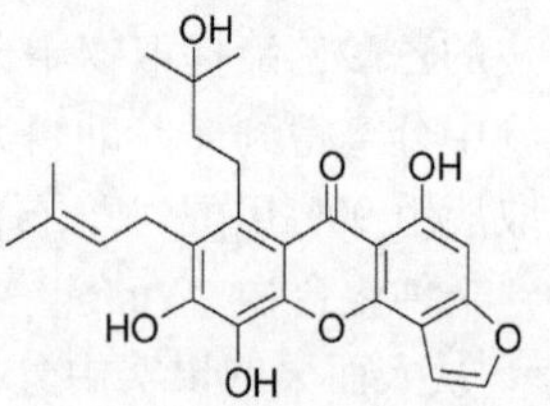

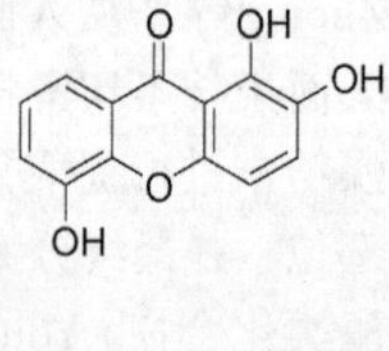

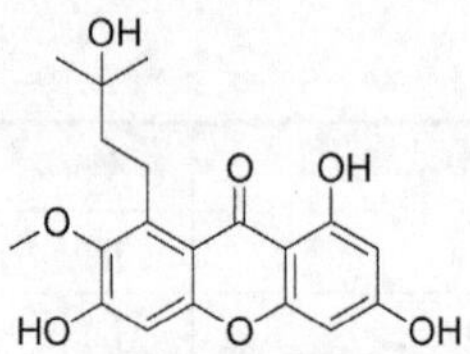

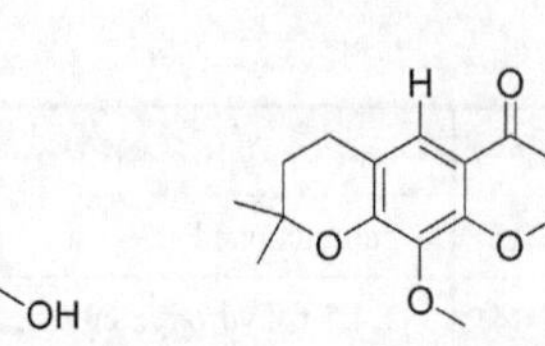

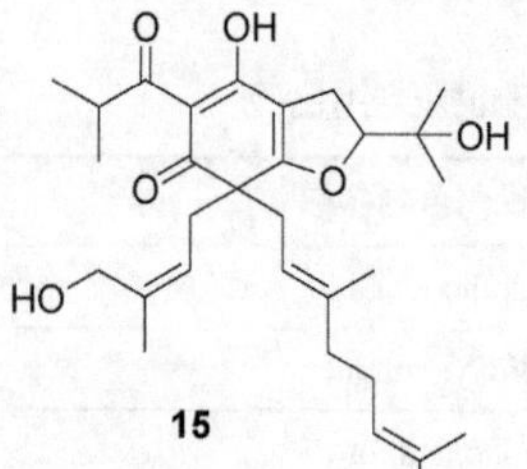

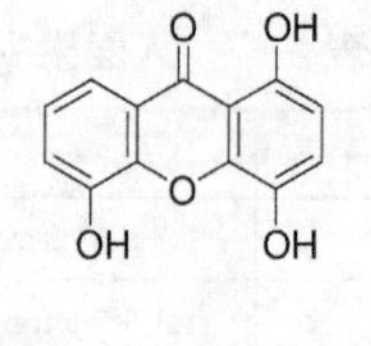

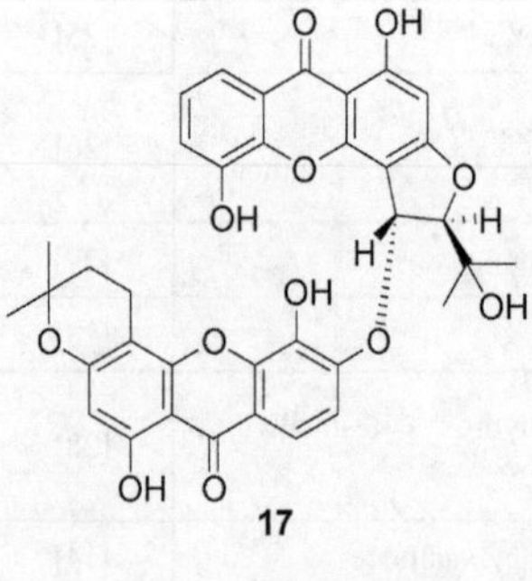

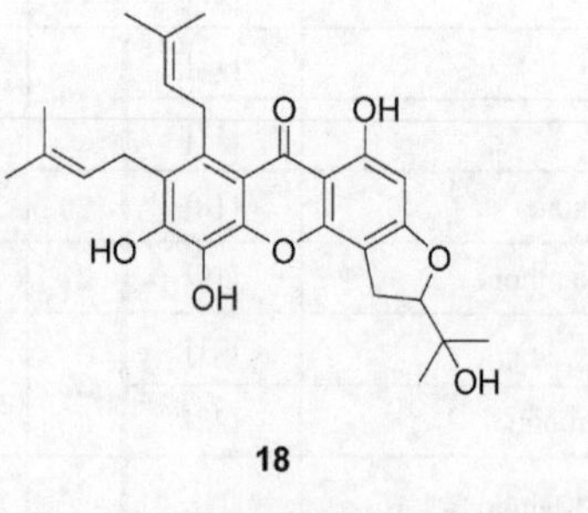

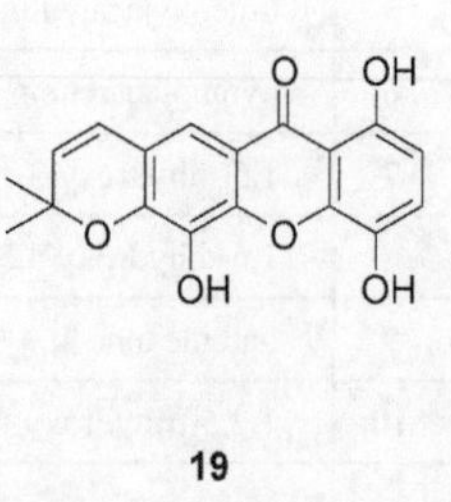

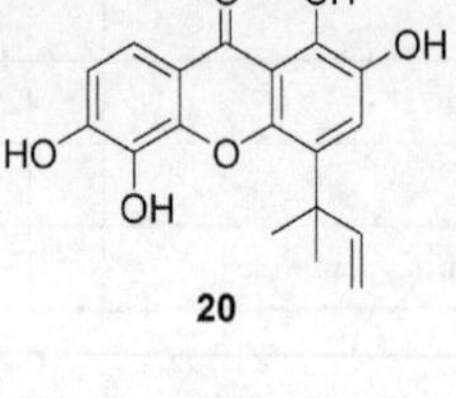

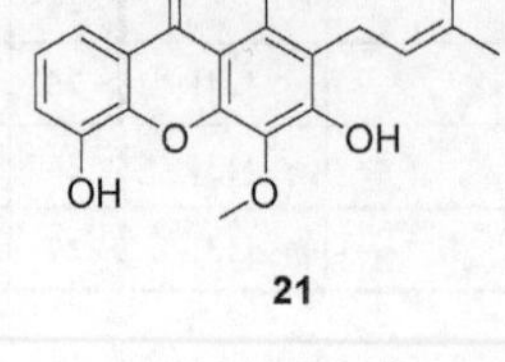

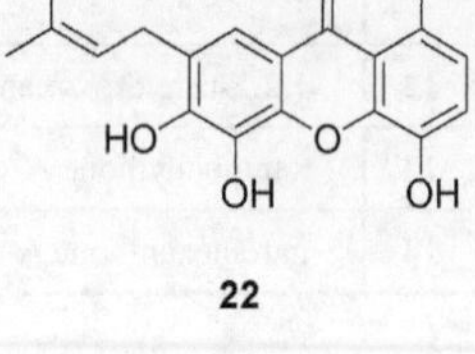

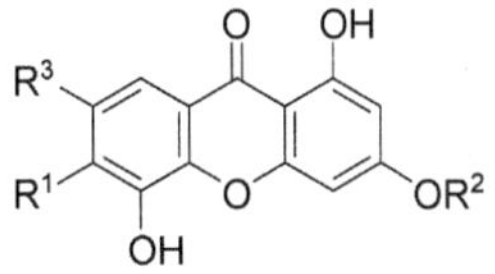

23 R^1 = H, R^2 = H, R^3 = H

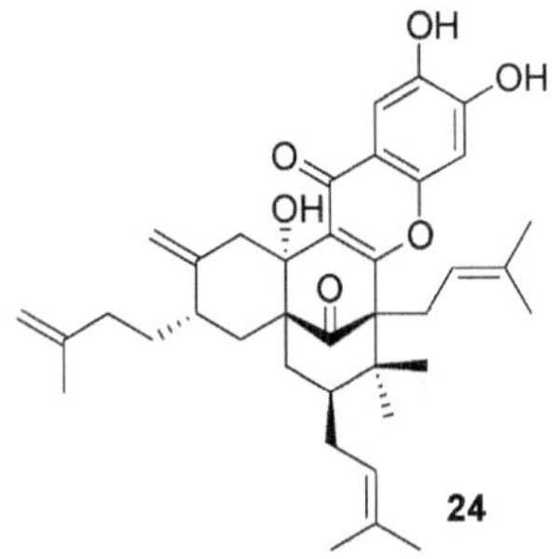

24

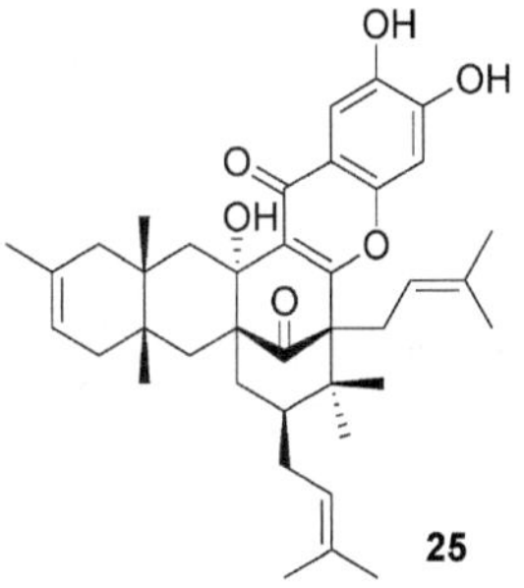

25

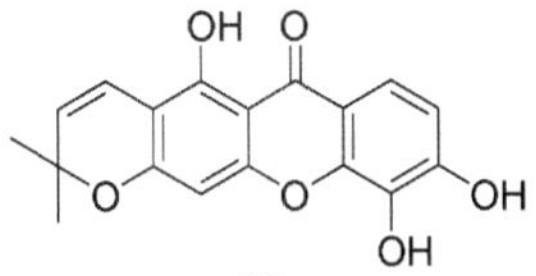

26

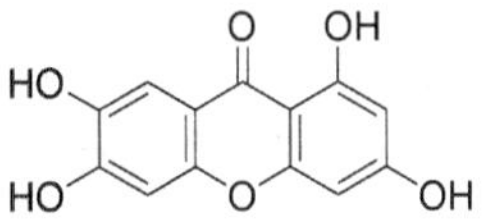

27

图 1-10　人面果𠮷酮类化合物

表 1-8　人面果中的其他类化合物

序号	化合物名称	参考文献	序号	化合物名称	参考文献
1	angelicoin B	[13]	**8**	3,24,25-trihydroxytirucall-7-ene	[15]
2	garciniadepsidone A	[23]	**9**	4-hydroxicinnamic acid	[15]
3	garcixanthochymone A	[14]	**10**	柠檬酸	[32]
4	garcinol	[31]	**11**	香豆酸	[32]
5	garcinol phenylpropanic acid	[29]	**12**	邻苯二甲酸二丁酯	[32]
6	garcicowin C	[29]	**13**	6-羟基-2,6-二甲基-2,7-辛二烯酸	[32]
7	isogarcinol	[29]			

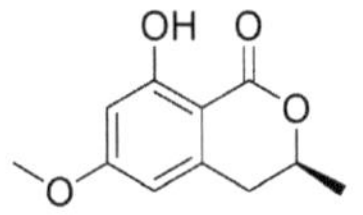

1

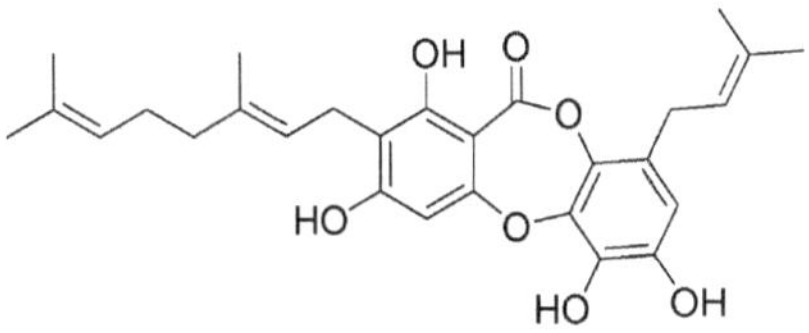

2

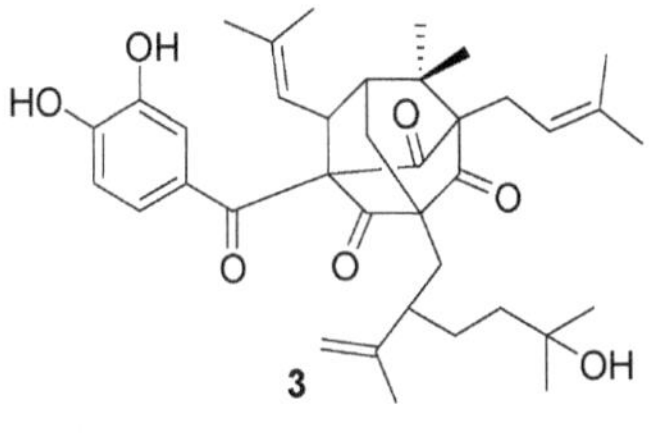

3

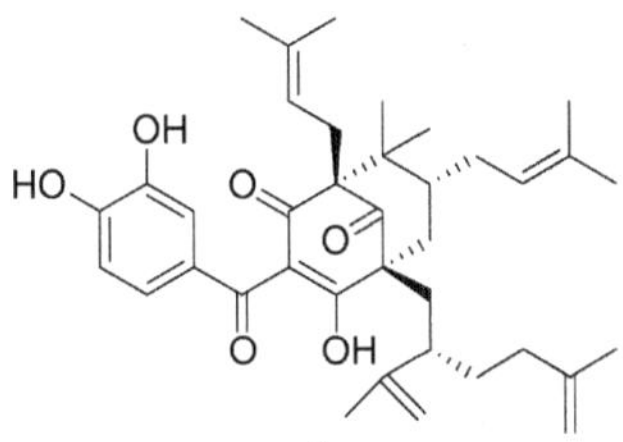

4

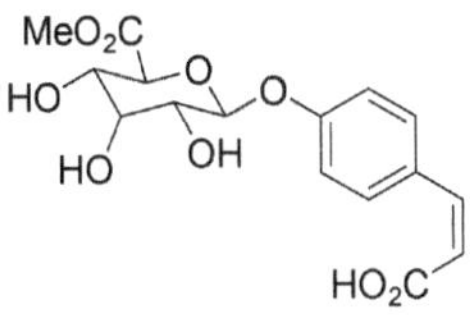

5

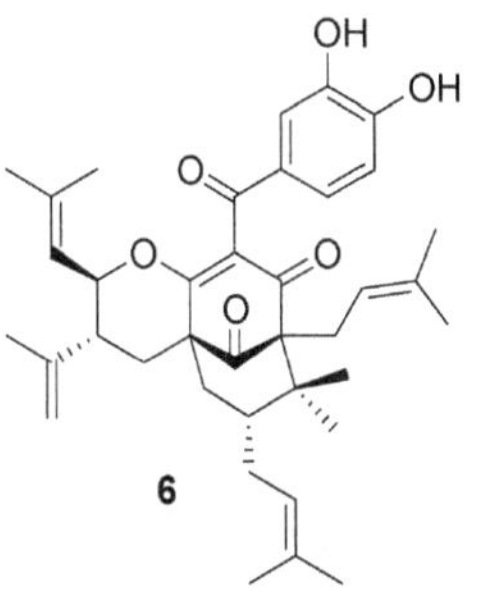

6

图 1-11

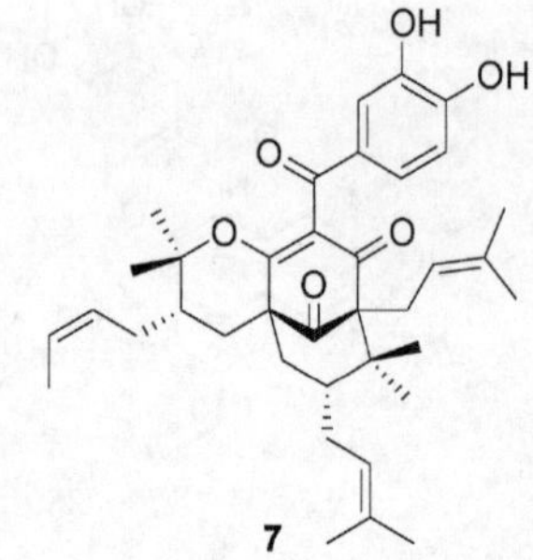

图 1-11　人面果其他类化合物

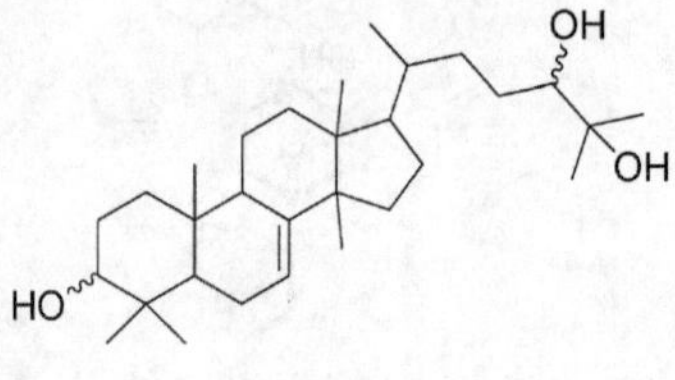

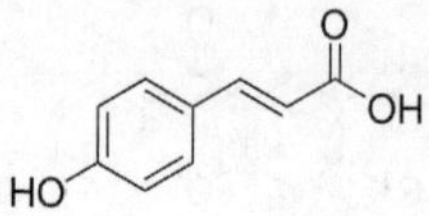

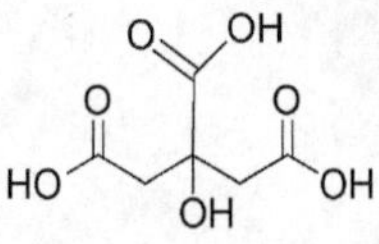

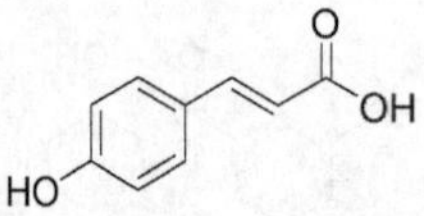

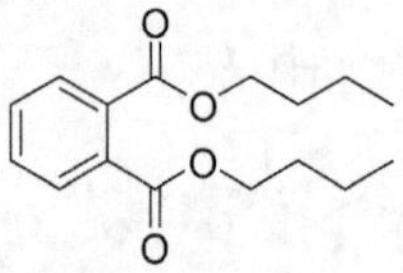

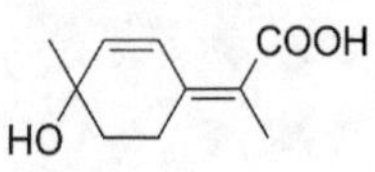

三、药理活性

1. 降血糖

Li[12]等发现人面果叶子乙酸乙酯提取物具有抗氧化和抗糖尿病活性，采用磁纳米垂钓法与 HPLC 联用快速筛选技术从叶子提取物得到 3 个双黄酮类化合物，其中的 GB2a glucoside、fukugetin 对 α-淀粉酶具有明显的抑制活性。刘流[15]等采用正、反相硅胶柱色谱及半制备高效液相色谱等方法从人面果叶子 95%乙醇提取物的乙酸乙酯部分分离得到 15 个化合物，通过试验证明其中白果素对 α-淀粉酶具有抑制活性，和阿卡波糖对 α-淀粉酶的半数抑制浓度分别为 8.12μmol/L、4.32μmol/L。付蒙等[33]为了评价人面果叶子、根部、果实提取物体外抗糖尿病活性，相应测定了其石油醚提取物（PFr.）、乙酸乙酯提取物（EFr.）、正丁醇提取物（BFr.）、水提取物（WFr.）的 α-葡萄糖苷酶与 α-淀粉酶抑制活性，以及 HepG2 细胞的促葡萄糖消耗能力，结果果实乙酸乙酯提取物（IC$_{50}$=17.81μg/mL±1.09μg/mL）、叶子乙酸乙酯提取物（IC$_{50}$=18.60μg/mL±1.56μg/mL）、根部乙酸乙酯提取物（IC$_{50}$=14.05μg/mL±0.24μg/mL）、根部正丁醇提取物（IC$_{50}$=13.01μg/mL±0.38μg/mL）显示了较好的 α-葡萄糖苷酶抑制活性。而根部乙酸乙酯与正丁醇提取物在 600μg/mL 的浓度下就显示了 90%的 α-葡萄糖苷酶抑制率，在 1.5mg/mL 的浓度下显示了 90%的 α-淀粉酶抑制率。Li[24]等从人面果中得到的 12b-hydroxy-des-D-garcigerrinA 和 1,2,5,6-tretrahydroxy-4-(1,1-dimethyl-2-propenyl)-7-(3-methyl-2-butenyl) xanthone 被发现能够显著刺激葡萄糖摄取骨骼肌肉细胞，其作用与胰岛素和二甲双胍相当。通过分子机制研究发现，它们均通过激活磷脂酰肌醇-3 激酶（PI3K）/丝氨酸/苏氨酸激酶蛋白激酶 B（PKB/AKT）信号通路和 AMPK 活化蛋白激酶（AMPK）信号通路促进葡萄糖摄取，导致 GLUT4 在 L6 肌管中易位，而不影响 GLUT4 的表达，有望成为治疗糖尿病的先导物。

2. 抗氧化

付蒙[34]等采用相应的实验体系测定人面果不同部位的石油醚提取物、乙酸乙酯提取物、正丁醇提取物、水提取物的总酚含量、还原能力、清除自由基能力、抑制 DNA 损伤作用，结果显示各部位提取物均显示抗氧化活性，其中叶子部位乙酸乙酯提取物的抗氧化活性与人工合成抗氧化剂 BHT 相当。杨红梅[35]等分别采用高效液相色谱法和可见分光光度法检测傣药人面果根部甲醇提取物清除 DPPH 自由基的能力。高效液相色谱法测得人面果根部甲醇提取物清除 DPPH 自由基的 IC_{50} 为 0.116mg/mL，可见分光光度法测得人面果根部甲醇提取物清除 DPPH 自由基的 IC_{50} 为 0.108mg/mL，且 DPPH 自由基清除率与人面果根部甲醇提取物质量浓度呈正相关，实验结果表明，傣药人面果根部甲醇提取物对 DPPH 自由基具有较好的清除能力。Zhong[30]等从人面果树皮乙酸乙酯可溶性部位分离得到 5 个新的𠮿酮类化合物 garcinenones A-E，以及 7 个已知化合物，并通过波谱特别是 2D-NMR 技术对其结构进行了鉴定。所得化合物对 1,1-二苯基-2-苦基肼（DPPH）自由基具有较强的清除活性，IC_{50} 值为 6.0～23.2μmol/L，表明人面果是一种很有前途的天然抗氧化剂来源。另外在 1,1-二苯基-2-苦基肼（DPPH）自由基清除试验中，bigarcinenone A 表现出强大的抗氧化活性，IC_{50} 值为 9.2μmol/L，而阳性对照是众所周知的抗氧化剂丁基羟基甲苯（BHT），IC_{50} 值为 20μmol/L，而 bigarcinenone A 是 Zhong[20]等从人面果树皮中分离得到的𠮿酮类化合物。

3. 抗菌

Trisuwan[13]等从人面果嫩枝的甲醇提取物中分离得到三个新的𠮿酮，xanthochymones A-C，其中，化合物 xanthochymone C 对金黄色葡萄球菌具有中等抑菌活性，其最小抑菌浓度（MIC 值）为 64μg/mL，xanthochymone B 和 C 对耐甲氧西林金黄色葡萄球菌具有弱抑菌活性，xanthochymone B 对耐甲氧西林金黄色葡萄球菌的 MIC 值为 128μg/mL，对其余菌株的 MIC 值为 200μg/mL。Jackson[31]等从黄花藤果实中分离得到的异戊二烯二苯甲酮类化合物 xanthochymol 和 garcinol 对白色念珠菌生物膜具有多种活性，两种化合物均能有效防止真菌芽管的出现，并具有抑菌作用，MIC 为 1～3μmol/L，xanthochymol 在抗真菌治疗和真菌凋亡的研究中具有潜在的辅助作用。

4. 保护细胞损伤

Xu[36]等探讨了人面果对嗜铬细胞瘤 PC12 细胞 H_2O_2 诱导氧化损伤的保护作用及其机制，用人面果果实乙酸乙酯部分预孵育 PC12 细胞（12.5～50μmol/L），显著提高细胞活力，提高抗氧化酶［超氧化物歧化酶、过氧化氢酶和血红素加氧酶-1（HO-1）］的活性，抑制乳酸脱氢酶的释放和脂质过氧化丙二醛的生成，抑制基质金属蛋白酶（MMP）的下降，清除活性氧（ROS），还降低了 BAX 和细胞色素 C 的表达，提高了 BCL-2 的表达，从而降低了 BAX 与 BCL-2 的比例，不仅如此更激活 NRF2 核转位，增加 HO-1，诱导 AKT 磷酸化，其细胞保护作用被特异性 PI3K 抑制剂 LY294002 所破坏。综上所述，人面果果实的乙酸乙酯提取物可通过上调 HO-1 的表达，激活 PI3K/AKT 通路，抑制 H_2O_2 诱导的氧化损伤，从而增强细胞的抗氧化防御能力，至少在一定程度上是通过上调 HO-1 的表达和激活 PI3K/AKT 通路来实现的。

5. 抗肿瘤

Youn 等[29]对从人面果果实中分离到的化合物对 U251MG 胶质母细胞瘤和 MDA-MB-231 乳腺癌细胞的抑制活性进行了评估，并与正常的 NIH3T3 小鼠成纤维细胞进行了比较，U251MG

胶质母细胞瘤和 MDA-MB-231 乳腺癌细胞具有异常活跃的信号转导和转录 3(STAT3)激活，其中化合物 garcinoxanthocins A 和 B、14-deoxygarcinol、xanthochymol、garcicowin、isogarcinol 和 cycloxanthochymol 对胶质瘤癌细胞的活性具有抑制作用，IC_{50} 值在 1.6～6.5μmol/L 范围内，此外，U251MG 和化合物 xanthochymol 和 garcicowin 分别抑制了细胞内 STAT3 酪氨酸磷酸化和胶质瘤细胞的体外迁移[29]。Yu[14]等从人面果果实中分离得到 5 个新的化合物，命名为 garcixanthochymones A-E，将分离得到的化合物对 HepG2、A549、SGC7901、MCF-7 等 4 种人肿瘤细胞的抗增殖活性进行了检测，发现 5 个新化合物对 4 种人癌细胞均显示出潜在的抑制活性，IC_{50} 值为 5.16～16.45μmol/L。Feng[28]等从人面果的茎中分离出 7 个化合物，其中 4 个物质 garcinenone Y、1,4,5, 6-tetrahydroxy-7-(3-methylbut-2-enyl) xanthone、1,4,5,6-tetrahydroxy-7,8-di (3-methylbut-2-enyl) xanthone、1,3,5,6-tetrahydroxy-4,7,8-tri (3-methylbut-2-enyl) xanthone)对 PC-3 细胞的生长表现出明显的抑制作用，且其 IC_{50} 值分别为 14.3μmol/L、15.5μmol/L、11.1μmol/L 和 6.8μmol/L。Jin[37]等从人面果树皮中分离并鉴定了一个新的呫酮 (garcininiaxanthone I) 并对 4 种人肿瘤细胞株 (HepG2、A549、SGC7901、MCF-7) 进行了抗增殖活性测定，结果表明，呫酮类化合物的抗增殖活性与戊烯基的数量和位置有关，进一步发现 garcinaxanthone I (GXI) 可以诱导 HepG2 细胞凋亡，并增强 cleaved caspase-8、caspase-9 和 caspase-3 的表达，GXI 还能提高 BAX 水平，同时降低 HepG2 细胞内 Bcl-2、Bcl-XL、Mcl-1 的过表达和存活，通过抑制 MMP-7 和 MMP-9 的表达来抑制 HepG2 细胞的迁移。综上所述，GXI 可通过线粒体途径诱导 HepG2 细胞凋亡，可能成为肝癌治疗的先导化合物。

参考文献

[1] 林艳芳, 依专, 赵应红. 中国傣医药彩色图谱[M]. 昆明: 云南民族出版社, 2003.

[2] Baslas R K, Kumar P. Chemical examination of the fruits of *Garcinia xanthochymus*[J]. Current Science, 1979, 48: 814-815.

[3] Baslas R K, Kumar P. Isolation and characterisation of biflavanone and xanthones in the fruits of *Garcinia xanthochymus* [J]. Acta Ciencia Indica, 1981, 7: 31-34.

[4] Chanmahasathien W, Li Y, Satake M, *et al*. Prenylated xanthones with NGF-potentiating activity from *Garcinia xanthochymus*[J]. Phytochemistry, 2003, 64(5): 981-986.

[5] Chanmahasathien W, Li Y, Satake M, *et al*. Prenylated xanthones from *Garcinia xanthochymus*[J]. Chemical & Pharmaceutical Bulletin, 2003, 51(11): 1332-1334.

[6] Han Q B, Qiao C F, Song J Z, *et al*. Cytotoxic prenylated phenolic compounds from the twig bark of *Garcinia xanthochymus*[J]. Chemistry & Biodiversity, 2010, 4(5): 940-946.

[7] Singh M P, Parveen N, Khan N U, *et al*. Constituents of *Garcinia xanthochymus*[J]. Fitoterapia, 1991, 62: 286-289.

[8] Karanjgoakar C G, Rao A, Venkataraman K, *et al*. The constitution of xanthochymol and isoxanthochymol[J]. Tetrahedron Letters, 1973, 14(50): 4977-4980.

[9] Blount J F, Williams T H. Revised structure of xanthochymol[J]. Tetrahedron Letters, 1976, 34: 2921-2924.

[10] Tandon R N, Srivastava O P, Baslas R K, *et al*. Preliminary investigation on the antimicrobial activity of a phytochemical, xanthochymol from the fruits of *Garcinia xanthochymus* Hook.f.[J]. Current Science, 1980, 49: 472-473.

[11] Baggett S, Protiva P, Mazzola E P, *et al*. Bioactive benzophenones from *Garcinia xanthochymus* fruits[J]. Journal of Natural Products, 2005, 68(3): 354-360.

[12] Li Y F, Chen Y, Xiao C Y, *et al*. Rapid screening and identification of α-amylase inhibitors from *Garcinia xanthochymus* using enzyme-immobilized magnetic nanoparticles coupled with HPLC and MS[J]. Journal of Chromatography B, 2014, 960: 166-173.

[13] Trisuwan K, Boonyaketgoson S, Rukachaisirikul V, *et al*. Oxygenated xanthones and biflavanoids from the twigs of *Garcinia xanthochymus*[J]. Tetrahedron Letters, 2014, 55(26): 3600-3602.

[14] Yu C, Fei G, Shan J, *et al*. Adamantyl derivatives and rearranged benzophenones from *Garcinia xanthochymus* fruits[J]. RSC Advances, 2017, 7(28): 17289-17296.

[15] 刘流, 李芸芳, 甘飞, 等. 人面果叶子的化学成分研究[J]. 中国中药杂志, 2016, 41(11): 2098-2104.

[16] 钟芳芳, 梅之南, 杨光忠, 等. 傣药人面果化学成分研究[J]. 中国民族医药杂志, 2008, 2(2): 46-47.

[17] 陈玉, 蒋艳, 钟芳芳, 等. 人面果异戊烯基𠮿酮成分的研究[A]//中华中医药学会 2009 年药用植物化学与中药资源可持续发展学术研讨会[C]. 西宁: 2009.

[18] 程旺元, 钟芳芳, 赵应红, 等. 人面果抗氧化活性成分研究[J]. 天然产物研究与开发, 2008, 20(5): 836-838, 895.

[19] Fang F, Yu C B, Zhi N, *et al*. Xanthones from the bark of *Garcinia Xanthochymus*[J]. Chinese Chemical Letters, 2007, 18: 849-851.

[20] Zhong F F, Chen Y, Yang G Z. Chemical constituents from the bark of *Garcinia xanthochymus* and their 1, 1-diphenyl-2-picrylhydrazyl (DPPH) radical-scavenging activities[J]. Helvetica Chimica Acta, 2008, 91(9): 1695-1703.

[21] Zhong F F, Chen Y, Wang P, *et al*. Xanthones from the bark of *Garcinia xanthochymus* and their DPPH radical-scavenging activity[J]. Chinese Journal of Chemistry, 2009, 27(1): 74-80.

[22] 钟芳芳, 陈玉, 宋发军, 等. 大叶藤黄中三个新𠮿酮类成分(英文)[J]. 药学学报, 2008, 43(9): 938-941.

[23] Chen Y, Fan H, Yang G Z, *et al*. Prenylated xanthones from the bark of *Garcinia xanthochymus* and their 1, 1-diphenyl-2-picrylhydrazyl (DPPH) radical scavenging activities[J]. Molecules, 2010, 15(10): 7438-7449.

[24] Li Y, Zhao P, Chen Y, *et al*. Depsidone and xanthones from *Garcinia xanthochymus* with hypoglycemic activity and the mechanism of promoting glucose uptake in L6 myotubes[J]. Bioorganic & Medicinal Chemistry, 2017, 25: 6605-6613.

[25] 石宽. 傣药飞扬草和人面果化学成分的研究[D]. 武汉: 中南民族大学, 2017.

[26] 钟芳芳, 梅之南, 杨光忠, 等. 人面果树皮中新酚性成分的研究A.//第九届全国中药和天然药物学术研讨会[C]. 南昌: 2007.

[27] Jin S, Shi K, Liu L, *et al*. Xanthones from the bark of *Garcinia xanthochymus* and the mechanism of induced apoptosis in human hepatocellular carcinoma HepG2 cells via the mitochondrial pathway[J]. International Journal of Molecular Sciences, 2019, 20(19): 4803-4817.

[28] Feng J, Lia Z, Liu G, *et al*. Xanthones with antiproliferative effects on prostate cancer cells from the stem bark of *Garcinia xanthochymus*[J]. Natural Product Communications, 2012, 7(1): 53-56.

[29] Youn U J, Sripisut T, Miklossy G, *et al*. Bioactive polyprenylated benzophenone derivatives from the fruits extracts of *Garcinia xanthochymus*[J]. Bioorganic & Medicinal Chemistry Letters, 2017, 27: 3760-3765.

[30] Zhong F F, Chen Y, Wang P, *et al*. Xanthones from the bark of *Garcinia xanthochymus* and their 1,1-diphenyl-2-picrylhydrazyl radical-scavenging activity[J]. Chinese Journal of Chemistry, 2010, 27(1):74-80.

[31] Jackson D N, Yang L, Wu S B, *et al*. *Garcinia xanthochymus* benzophenones promote hyphal apoptosis and potentiate activity of fluconazole against *Candida albicans* Biofilms[J]. Antimicrobial Agents and Chemotherapy, 2015, 59(10): 6032-6038.

[32] 陈玉, 甘飞, 刘慧, 等. 人面果果实化学成分的研究[J]. 中南民族大学学报(自然科学版), 2016, 35(4): 9-11.

[33] 付蒙, 胡鑫, 徐婧, 等. 人面果叶子、根部、果实提取物体外抗糖尿病活性研究(英文)[J]. 天然产物研究与开发, 2014, 26(2): 255-259.

[34] 付蒙, 冯慧瑾, 陈玉, 等. 人面果叶子、根部、果实提取物体外抗氧化活性研究(英文)[J]. 中国天然药物, 2012, 10(2): 129-134.

[35] 杨红梅, 王忠诚, 余抒寰, 等. 傣药人面果根部清除 DPPH 自由基能力及实验方法比较[J]. 云南民族大学学报(自然科学版), 2016, 25(1): 1-4.

[36] Xu J, Gan S, Li J, *et al*. *Garcinia xanthochymus* extract protects PC12 cells from H_2O_2-induced apoptosis through modulation of PI3K/AKT and NRF2/HO-1 pathways[J]. Chinese Journal of Natural Medicines, 2017, 15(11): 825-833.

[37] Jin S, Shi K, Liu L, *et al*. Xanthones from the Bark of *Garcinia xanthochymus* and the mechanism of induced apoptosis in human hepatocellular carcinoma HepG2 cells via the mitochondrial pathway[J]. International Journal of Molecular Sciences, 2019, 20(19): 4803-4816.

第四节
珠子草

珠子草（*Phyllanthus niruri* L.）为大戟科叶下珠属植物，是我国和印度的一种常用传统民间草药。珠子草傣语称为"芽害巴"，入风、水塔，具有清热解毒、利湿通淋的功能，临床用于黄疸肋痛、泻利水肿、小便不利的治疗。近年来，国内外学者对珠子草的化学成分和药理活性开展了大量研究。根据文献报道，珠子草的化学成分包括生物碱、香豆素、黄酮、木脂素、酚酸、单宁、三萜等多种类型。现代药理学研究显示，珠子草具有抗乙肝病毒、降血糖、排泌尿系统结石、抗肿瘤、肝保护、降血脂、抑菌、止痛、抗溃疡和胃保护作用、抗疟疾、肾保护作用等多种活性。

一、生物学特性及资源分布

一年生草本，高达 50cm；茎略带褐红色，通常自中上部分枝；枝圆柱形，橄榄色；全株无毛。叶片纸质，长椭圆形，长 5～10mm，宽 2～5mm，顶端钝、圆或近截形，有时具不明显的锐尖头，基部偏斜；侧脉每边 4～7 条；叶柄极短；托叶披针形，长 1～2mm，膜质透明。通常1 朵雄花和 1 朵雌花双生于每一叶腋内，有时只有 1 朵雌花腋生。雄花：花梗长 1～1.5mm；萼片 5，倒卵形或宽卵形，长 1.2～1.5mm，宽 1～1.5mm，顶端钝或圆，中部黄绿色，基部有时淡红色，边缘膜质；花盘腺体 5，倒卵形，宽 0.25～0.4mm；雄蕊 3，花丝长 0.6～0.9mm，2/3至 3/4 合生成柱，花药近球形，长 0.25～0.4mm，药室纵裂；花粉粒长球形，具 3 孔沟，少数 4孔沟，沟狭长。雌花：花梗长 1.5～4mm；萼片 5，不相等，宽椭圆形或倒卵形，长 1.5～2.3mm，宽 1.2～1.8mm，顶端钝或圆，中部绿色，边缘略带黄白色，膜质；花盘盘状；子房圆球形，3室，花柱 3，分离，顶端 2 裂，裂片外弯。蒴果扁球状，直径约 3mm，褐红色，平滑，成熟后开裂为 3 个 2 裂的分果片，轴柱及萼片宿存；种子长 1～1.5mm，宽 0.8～1.2mm，有小颗粒状排成的纵条纹。花果期 1 月～10 月。产于台湾、广东、海南、广西、云南等省区，生于旷野草地、山坡或山谷向阳处。分布于印度、中南半岛、马来西亚、菲律宾至热带美洲。

二、化学成分

1. 黄酮类化合物

朱红霖[1]利用大孔树脂吸附和多种柱色谱方法，从珠子草中分离得到 5 个化合物，其中芦丁为黄酮类化合物。Vinícios[2]从珠子草醇提物中分离鉴定槲皮素等三个单体化合物。Hossain[3]从珠子草中分离得到一种新的异黄酮，根据光谱分析，该化合物为 6-hydroxy-7,8,2′,3′,4′-pentamethoxyisoflavone。Than[4]从珠子草 70% 乙醇提取物中分离得到等多个化合物，niruriflavone、isoquercetin 等属于黄酮类化合物，其中，化合物 quercetin-3-*O*-*β*-D-glucopyranosyl(1→4)-*α*-rhamnopyranoside 为新黄酮。Ahmed[5]基于质子核磁共振（H-NMR）的代谢组学方法，研究了珠子草不同乙醇水比（0%、50%、70%、80%和100%）提取的代谢产物变化，结果表明，80%乙醇提取物中黄酮类化合物主要有儿茶素、表儿茶素等。Mirtha[6]采用 UPLC-ESI-TQ-MS 对富集的酚类提取物进行了研究，从提取物中鉴定出 20 种酚酸和原花青素，其中 5 个原花青素二聚体（B1、B2、B3、B4、B5）在珠子草中首次发现。Ibrahim[7]对珠子草中黄酮类化合物 catechin、astragalin 等免疫调节作用进行了深入研究。李晓花[8]对珠子草化学成分进行系统分离，通过波谱解析法对分离得到的化合物进行结构鉴定，结果得到多个化合物，其中山奈酚-3-O-芸香糖苷为黄酮类化合物（表 1-9，图 1-12）。

表 1-9 珠子草黄酮类化合物

序号	名称	文献来源	序号	名称	文献来源
1	quercetin-3-O-glucoside II	[9]	7	儿茶素	[5]
2	eridictyol-7-rhamnopyranoside	[10]	8	表儿茶素	[5]
3	fisetin	[10]	9	procyanidin B1	[6]
4	芦丁	[1]	10	astragalin	[7]
5	6-hydroxy-7,8,2′,3′,4′-pentamethoxyisoflavone	[3]	11	山奈酚-3-O-芸香糖苷	[8]
6	niruriflavone	[4]			

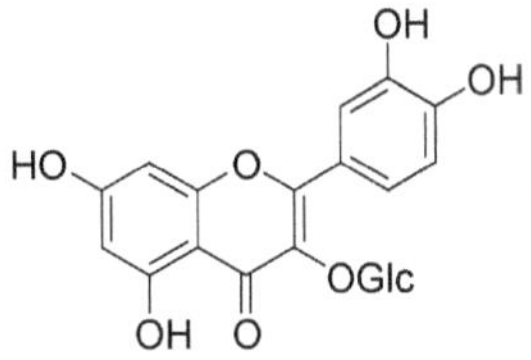

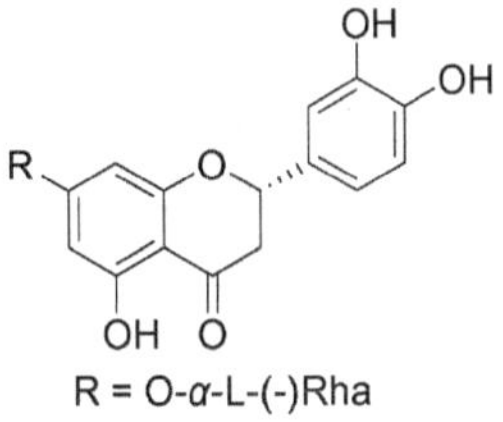

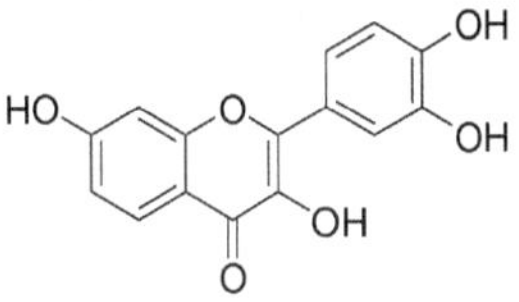

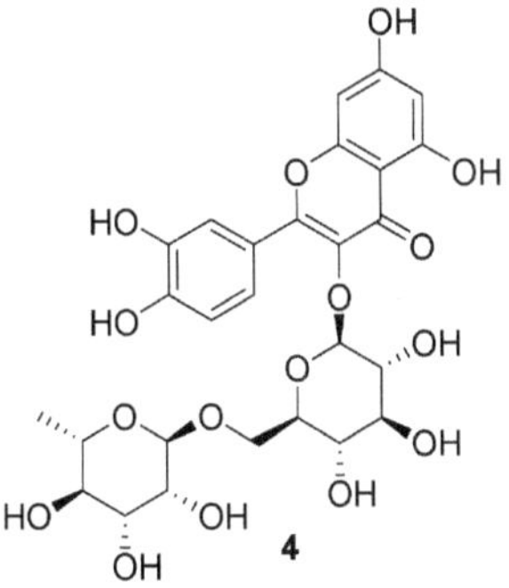

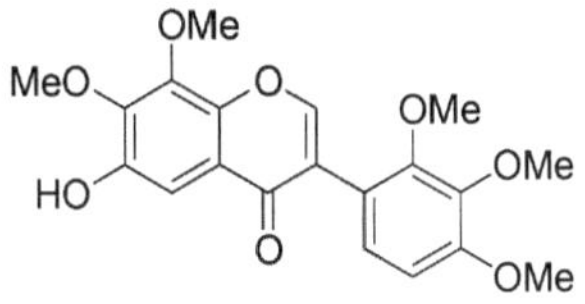

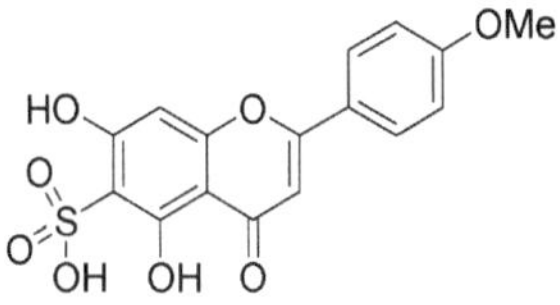

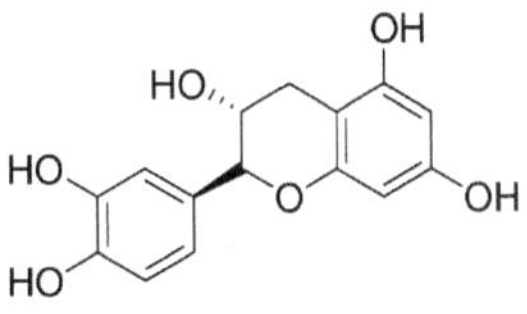

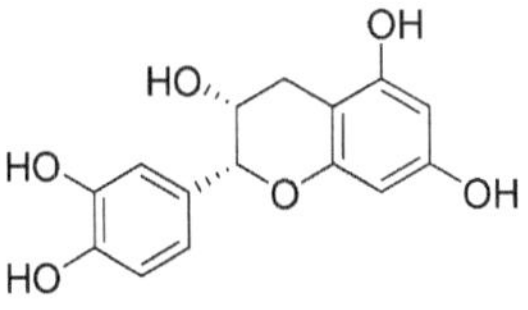

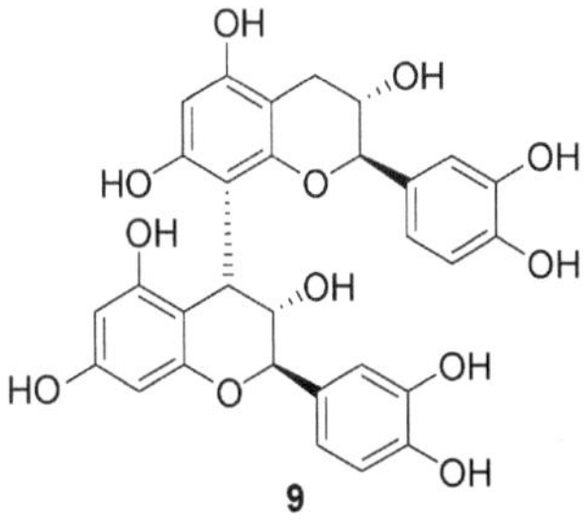

图 1-12

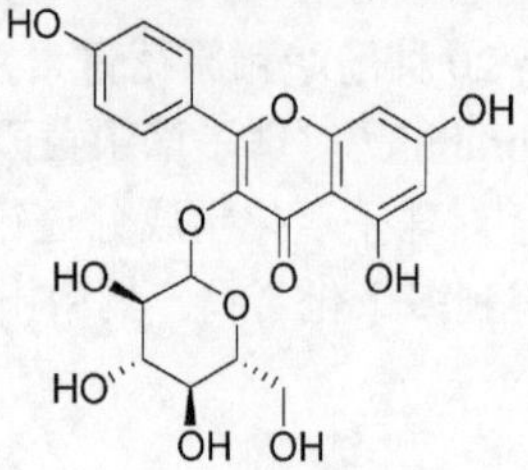

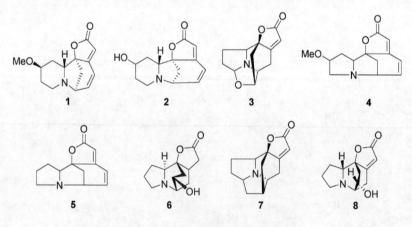

图 1-12　珠子草黄酮类化合物

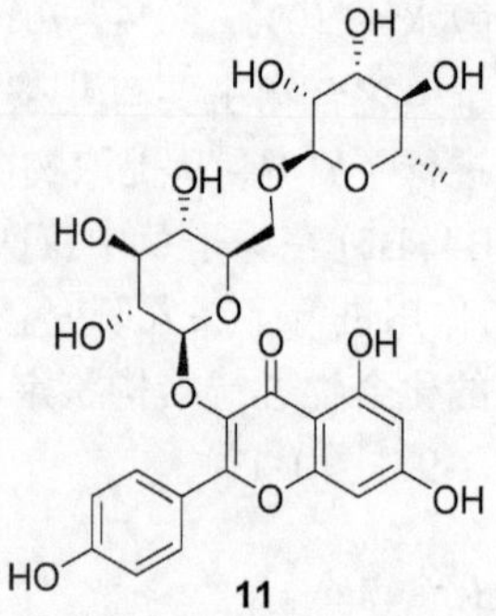

2. 生物碱类化合物

朱红霖[1]利用大孔树脂吸附和多种柱色谱方法，从珠子草中分离得到 5 个化合物，其中 isobubbialine 为生物碱类化合物，并根据 2D-NMR 修正了其部分碳信号归属。Min[11]首次报道了从珠子草中分离到一种生物碱 epibubbialine，通过光谱学方法和 x 射线单晶衍射分析确定了该晶体的结构（表 1-10，图 1-13）。

表 1-10　珠子草生物碱类化合物

序号	名称	文献来源	序号	名称	文献来源
1	4-methoxysecurinine	[9]	5	nor-securin	[10]
2	4-hydroxysecurinine	[9]	6	epibubbialine	[11]
3	nirurine	[9]	7	nirurin	[9]
4	4-methoxy-nor-securin	[10]	8	isobubbialine	[1]

图 1-13　珠子草生物碱类化合物

3. 萜类化合物

李晓花[8]采用乙醇提取，不同极性溶剂萃取，用各种柱色谱方法，结合制备液相色谱技术对珠子草化学成分进行系统分离，通过波谱解析法对分离得到的化合物进行结构鉴定，结果得到 14 个化合物，其中木栓酮、lupeol 为萜类化合物。Putra[12]从珠子草茎中分离得到了一种新的倍半萜苷，即 tinocordifolioside（表 1-11，图 1-14）。

表 1-11　珠子草萜类化合物

序号	名称	文献来源	序号	名称	文献来源
1	tinocordifolioside	[12]	3	lupeol	[8]
2	木栓酮	[8]			

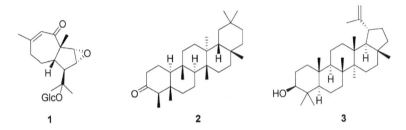

图 1-14　珠子草萜类化合物

4. 木脂素和苯丙素类化合物

Than[4]从珠子草 70%乙醇提取物中分离得到等多个化合物，methyl brevifolin carboxylate 为苯丙素类化合物。Ahmed[5]基于质子核磁共振（^{1}H-NMR）的代谢组学方法，研究了珠子草不同乙醇水比（0%、50%、70%、80%和100%）提取的代谢产物变化，结果表明，80%乙醇提取物中。叶黄素和酚类化合物含量较高，其中绿原酸为苯丙素类化合物。Mirtha[6]采用 UPLC-ESI-TQ-MS 对富集的酚类提取物进行了研究，从提取物中鉴定出 20 种酚酸，*p*-coumaric acid、ferulic acid 为苯丙素类化合物。Ibrahim[7]对珠子草中木脂素 phyltetralin 等多种化学成分的免疫调节作用进行了深入研究。Min[11]从珠子草中分离到多个化合物，通过光谱学方法进行结构鉴定，phyllanthin、hypophyllanthin、neonirtetralin 为木脂素类化合物。Wan[13]从珠子草中分离得到了一种新的木脂素，nirtetralin B 及其两个已知的木脂素 nirtetralin、nirtetralin A。刘盛[14]采用快速柱色谱法从珠子草活性石油醚部位分离得到 4 种木脂素，经 IR、MS、NMR 等光谱数据分析，确定其结构分别为 niranthin 等。Zheng[15]为了研究珠子草的抗肿瘤成分，从其乙酸乙酯部分采用生物导向和不同的色谱方法进行了抗肿瘤成分的分离，通过 ^{1}H-NMR、^{13}C-NMR、2D-NMR 和质谱分析鉴定为 ethyl brevifolin carboxylate（表 1-12，图 1-15）。

表 1-12　珠子草木脂素和苯丙素类化合物

序号	名称	文献来源	序号	名称	文献来源
1	hinokinin	[9]	7	hypophyllanthin	[11]
2	4-hydroxysesamin	[9]	8	neonirtetralin	[11]
3	hpophyllanthin	[10]	9	nirtetralin	[13]
4	lintetralin	[10]	10	nirtetralin A	[13]
5	isolintetralin	[10]	11	nirtetralin B	[13]
6	phyllanthin	[11]	12	caffeic acid	[9]

序号	名称	文献来源	序号	名称	文献来源
13	niranthin	[14]	22	hydroxyniranthin	[10]
14	methyl brevifolin carboxylate	[4]	23	nirphyllin	[10]
15	ethyl brevifolin carboxylate	[15]	24	2,3-desmethoxy seco-isolintetralin	[10]
16	绿原酸	[5]	25	2,3-desmethoxyseco-isolintetralin diacetate	[10]
17	*p*-coumaric acid	[6]	26	linnanthin	[10]
18	ferulic acid	[6]	27	demethylenedioxy niranthin	[10]
19	phyltetralin	[7]	28	seco-4-hydroxy lintetralin	[10]
20	ethyl brevifolin carboxylate	[9]	29	dibenzylbutyrolactone	[10]
21	seco-isolariciresinol trimethylether	[10]	30	phylnirurin	[10]

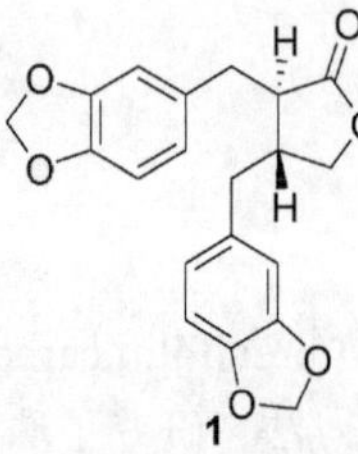

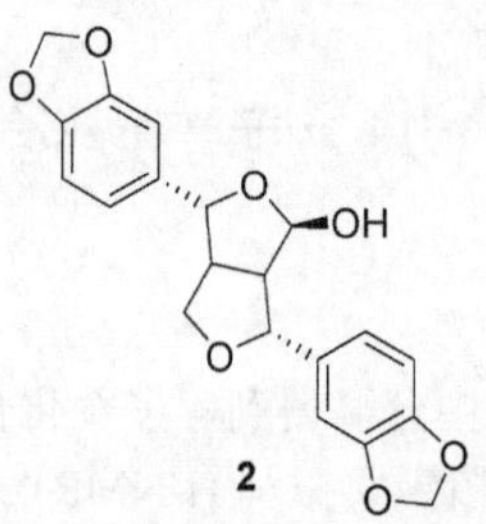

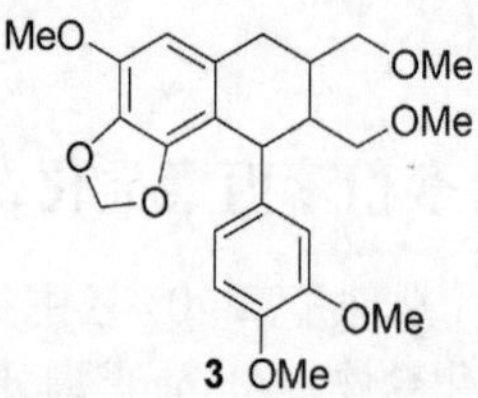

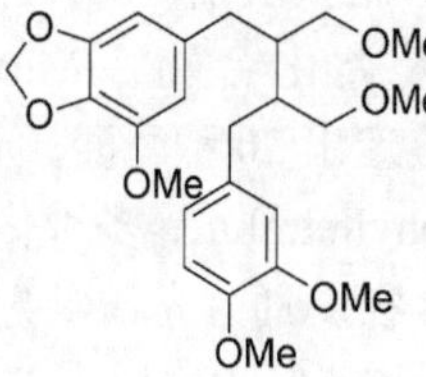

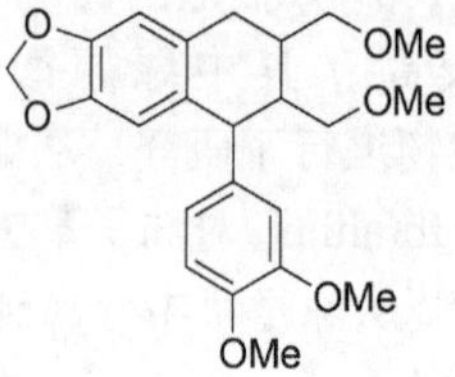

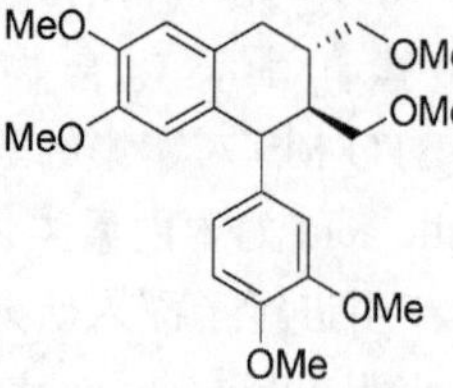

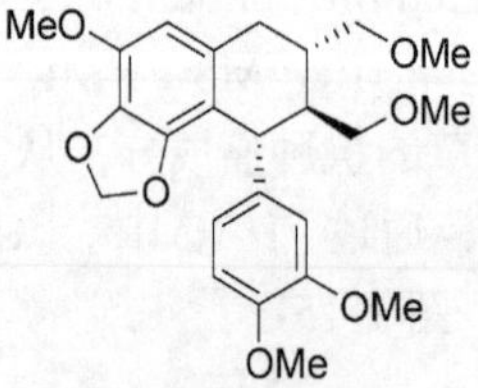

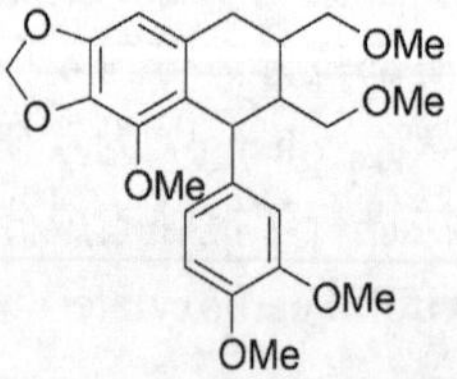

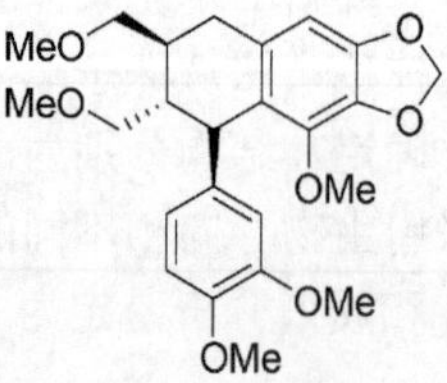

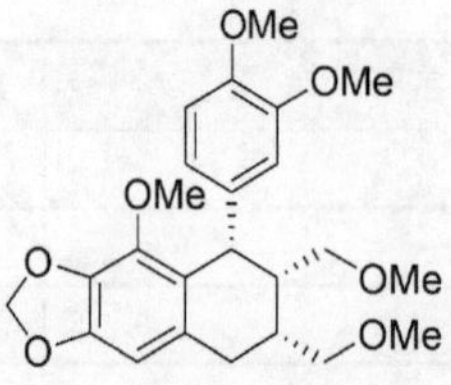

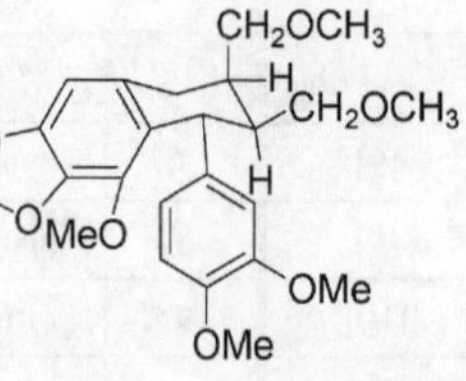

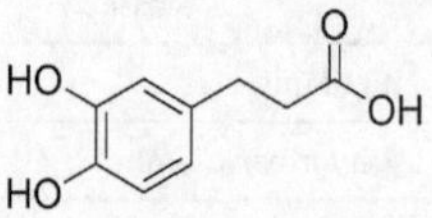

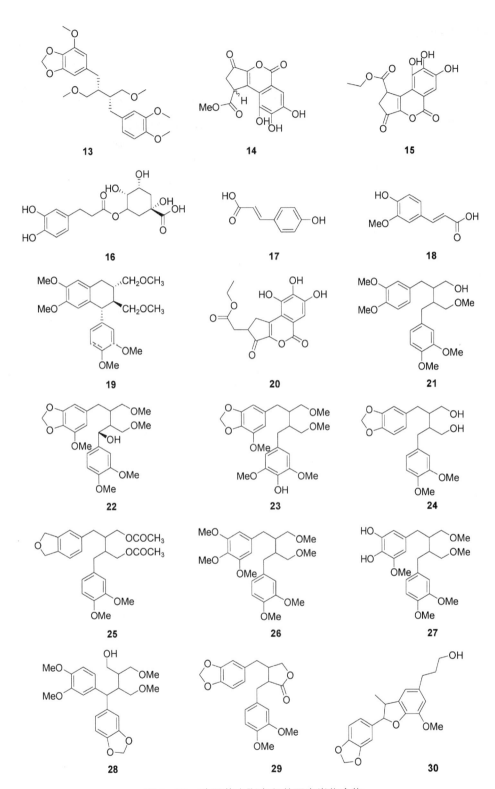

图 1-15　珠子草木脂素和苯丙素类化合物

5. 酚酸类化合物

朱红霖[1]利用大孔树脂吸附和多种柱色谱方法，从珠子草中分离得到 5 个化合物，其中没食子酸为酚酸类化合物。Than[4]从珠子草 70%乙醇提取物中分离得到等多个化合物，brevifolin carboxylic acid 为酚酸类化合物。Mirtha[6]采用 UPLC-ESI-TQ-MS 对富集的酚类提取物进行了研究，从提取物中鉴定出 20 种酚酸，包括 salicylic acid、4-hydroxybenzoic acid、protocatechuic acid、vanillic acid 等。Min[11]从珠子草中分离到 ellagic acid 等多个化合物，通过光谱学方法进行了结构鉴定。王信[16]对建立反相高效液相色谱法同时测定珠子草中 brervifolincaboxylic acid、短叶苏木酚、ellagic acid 等 5 个化学成分的含量进行了方法学考察（表 1-13，图 1-16）。

表 1-13 珠子草酚酸类化合物

序号	名称	文献来源	序号	名称	文献来源
1	phyllanthusiin E	[9]	11	ellagic acid	[11]
2	fumalic acid	[9]	12	brervifolincaboxylic acid	[16]
3	棓儿茶素（gallo catechin）	[9]	13	corilagin	[16]
4	表没食子儿茶素（epigallocatechin）	[9]	14	短叶苏木酚	[16]
5	ethyl brevifolin carboxylic acid	[10]	15	ellagic acid	[16]
6	methyl brevifolin carboxylic acid	[10]	16	brevifolin carboxylic acid	[4]
7	epicatechin	[10]	17	salicylic acid	[6]
8	epicatechin-3-*O*-gallate	[10]	18	4-hydroxybenzoic acid	[6]
9	epigallocatechin-3-*O*-gallate	[10]	19	protocatechuic acid	[6]
10	没食子酸	[1]	20	vanillic acid	[6]

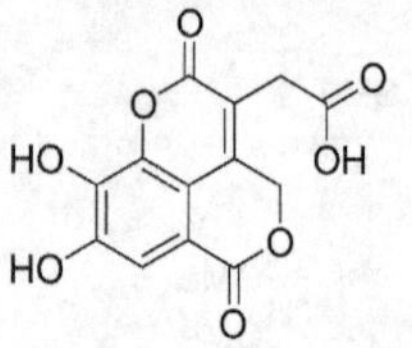

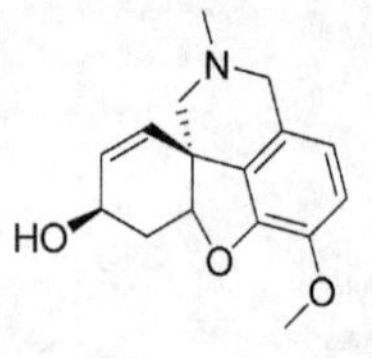

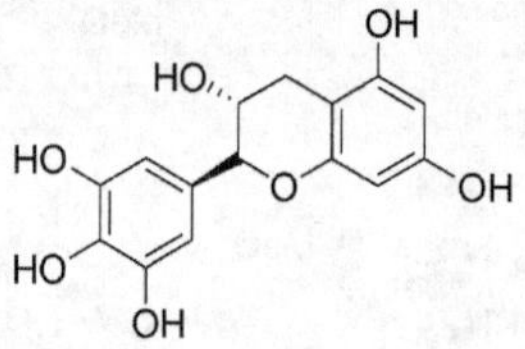

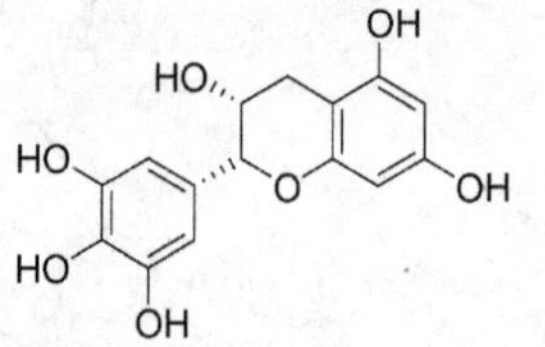

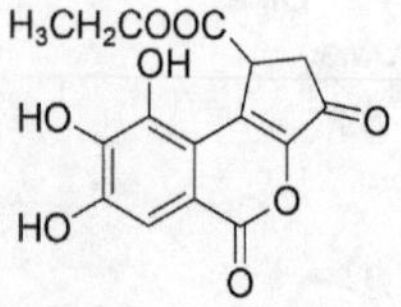

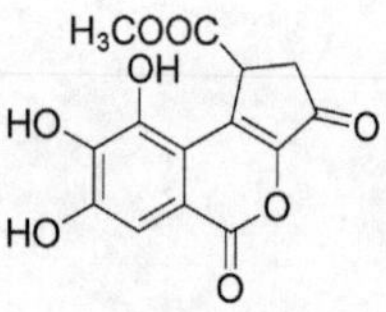

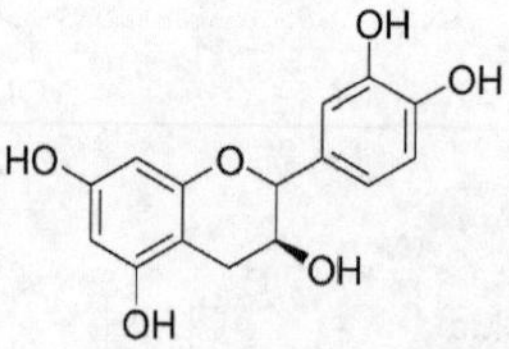

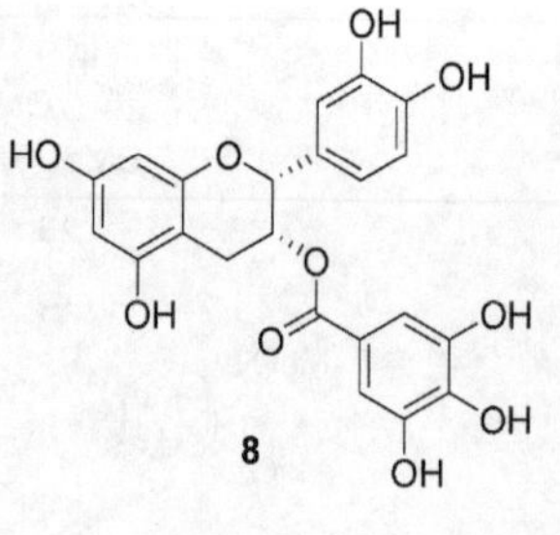

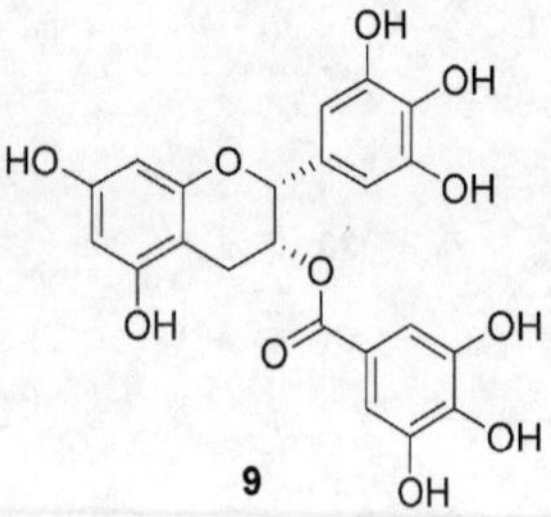

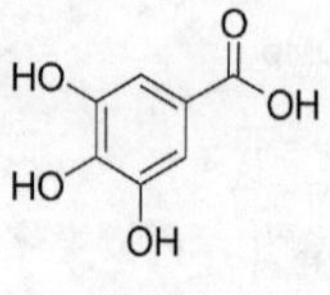

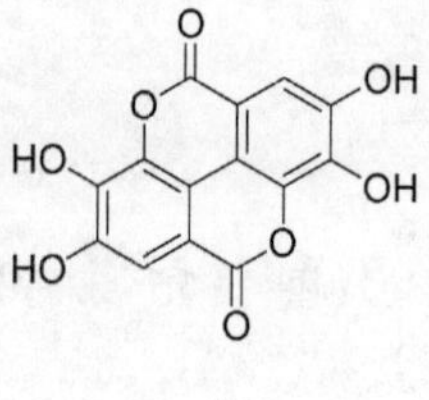

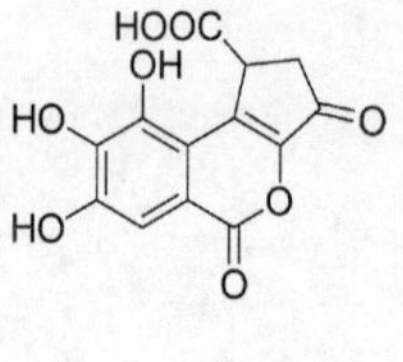

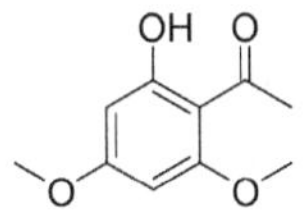

13

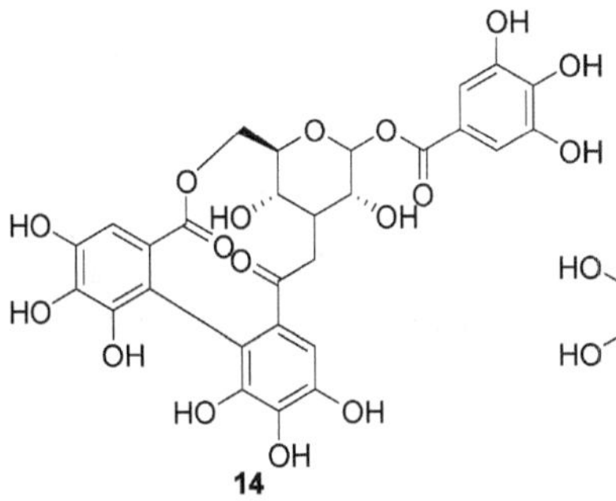

14

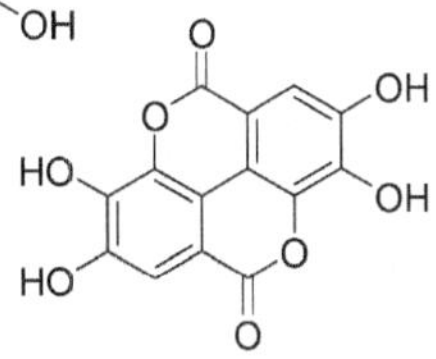

15

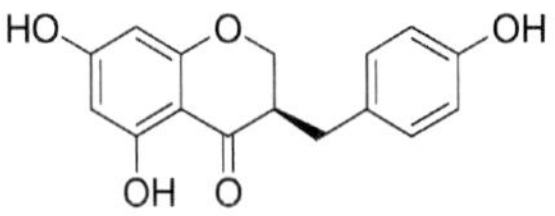

16

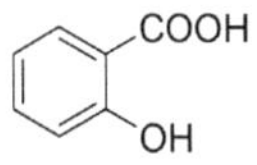

17

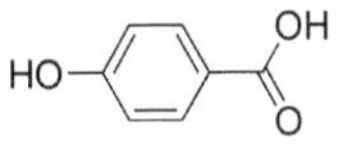

18

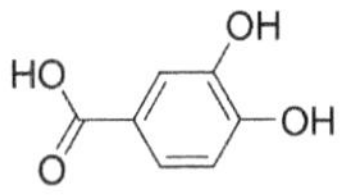

19

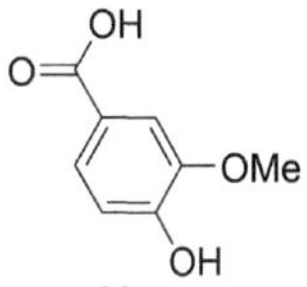

20

图 1-16　珠子草酚酸类化合物

6．单宁类化合物

Ibrahim[7]对珠子草中单宁类化合物 geraniin、chebulagic acid 等多种化学成分的免疫调节作用进行了深入研究（表 1-14，图 1-17）。

表 1-14　珠子草单宁类化合物

序号	名称	文献来源	序号	名称	文献来源
1	单宁酸	[10]	5	phyllanthusin D	[10]
2	isocorilagin	[10]	6	amariin	[10]
3	geraniin	[7]	7	amariinic acid	[10]
4	chebulagic acid	[7]	8	elaeocarpusin	[10]

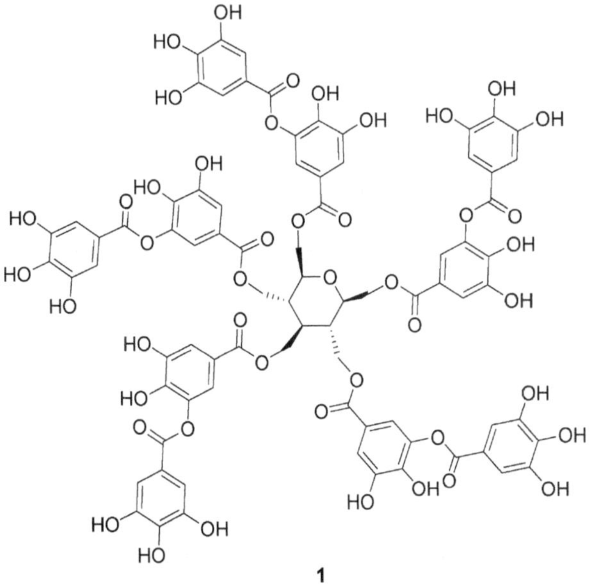

1

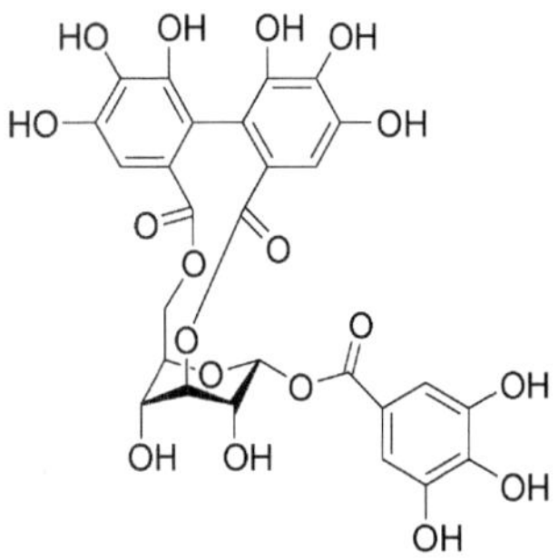

2

图 1-17

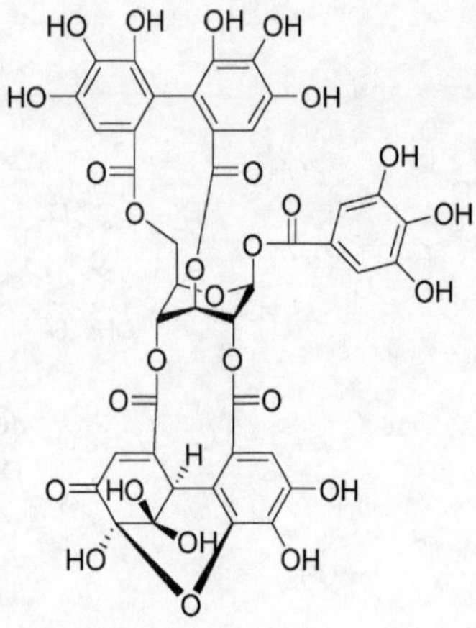

3

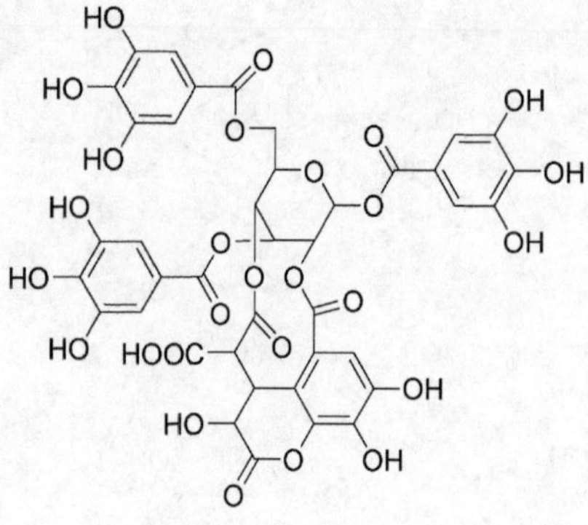

4

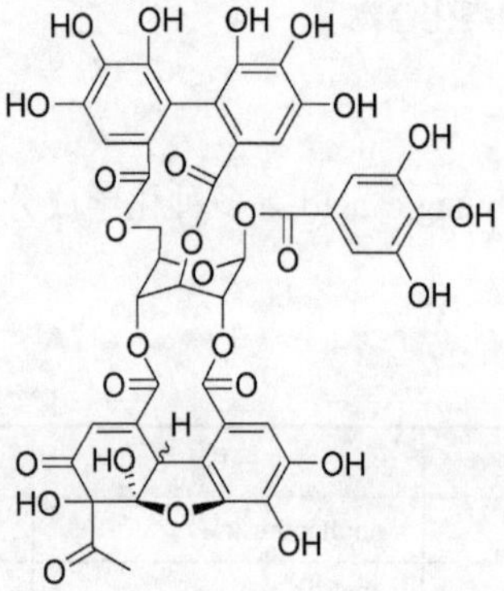

5

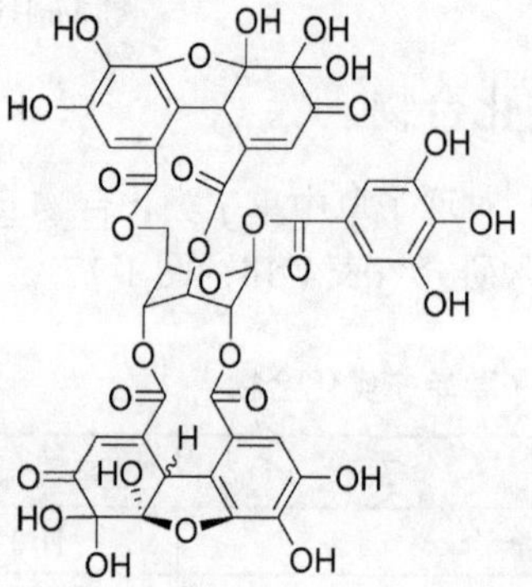

6

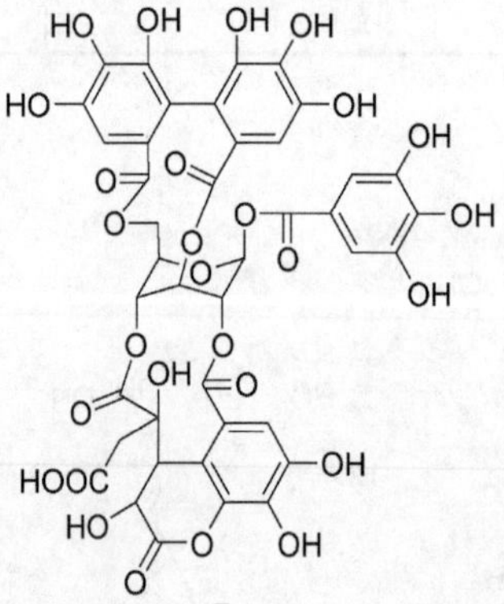

7

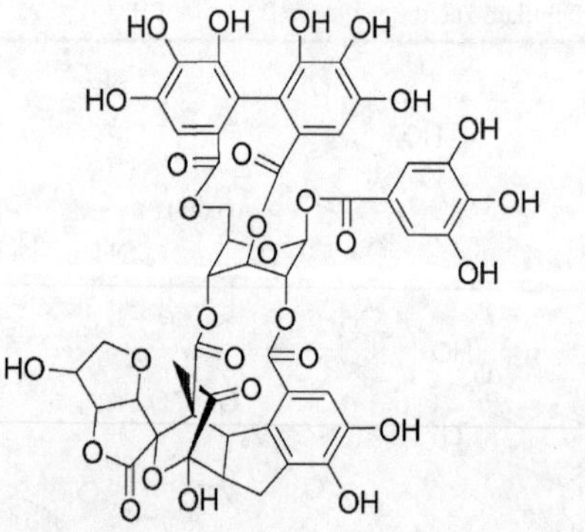

8

图 1-17　珠子草单宁类化合物

7. 其他类化合物

朱红霖[1]利用大孔树脂吸附和多种柱色谱方法，从珠子草中分离得到丁二酸等 5 个化合物。Than[4]从珠子草 70%乙醇提取物中分离得到 6,10,14-trimethyl-2-pentadecanone 等多个化合物。Ahmed[5]采用质子核磁共振（^{1}H-NMR）的代谢组学方法对珠子草 80%乙醇提取物的主成分分析，鉴定了苹果酸等多个化合物（表 1-15，图 1-18）。

表 1-15　珠子草其他类化合物

序号	名称	文献来源	序号	名称	文献来源
1	丁二酸	[1]	5	ricinoleic acid	[10]
2	1,12-diazacyclodocosane-2,11-dione	[11]	6	亚油酸（linoleic acid）	[9]
3	6,10,14-trimethyl-2-pentadecanone	[4]	7	亚麻油酸（linolenic acid）	[9]
4	苹果酸	[5]			

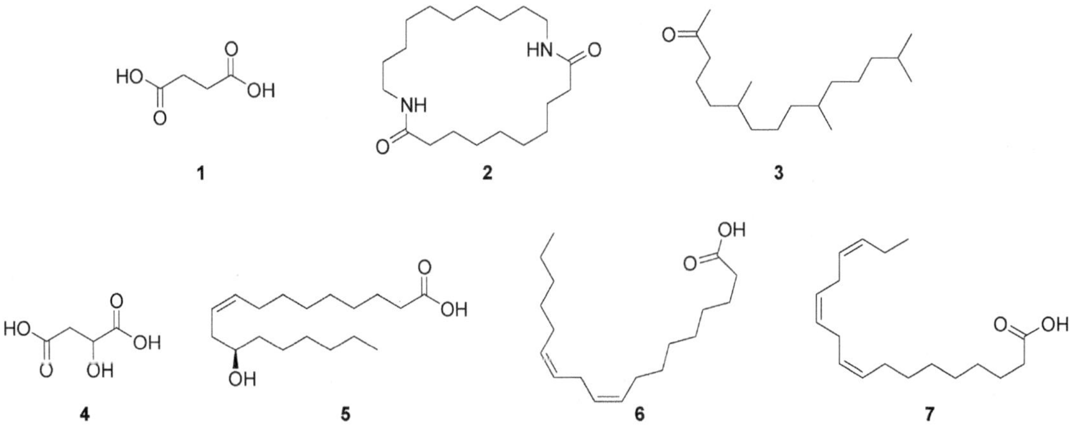

图 1-18　珠子草其他类化合物

三、药理活性

1．增强免疫

Nworu[17]研究表明，珠子草（PN）对免疫缺陷及肿瘤控制有一定的影响，在转基因 T 细胞激活模型中，PN 处理能以浓度依赖性显著增加主要组织相容性复合体-II 的表达，使异硫氰酸酯-葡聚糖荧光素胞饮减少，上清液中 IL-12 升高，更有效地将 Ova 抗原呈递到 OT-1 小鼠的 Ova 特异性 CD8 和 plusT 细胞。Makoshi[18]采用对乙酰氨基酚致新西兰白家兔的肝毒性实验评估珠子草水提物的肝保护作用，发现在 25mg/kg 剂量组中，提取物的愈合和肝保护作用最显著，且在肝组织和组织学上均无明显变化。除给药 25mg/kg 组外，其余各组肝脏酶活性及血清白蛋白、球蛋白水平均略有升高。Shilpa[19]采用硝基蓝四唑法研究珠子草水提物、甲醇提物和乙醇提物的体外免疫调节活性，发现药用植物中含有的多酚类化合物具有较强的抗癌和免疫调节活性。

2．抑菌

Sumathi[20]测定四种植物提取物对大肠杆菌、伤寒沙门菌和金黄色葡萄球菌等 4 种革兰阴性菌和 1 种革兰阳性菌的抑菌活性。结果表明，珠子草提取物对伤寒沙门菌和金黄色葡萄球菌具有抑菌活性（MIC=50g/mL）。Ranilla[21]研究了珠子草水提物对幽门螺杆菌和嗜酸乳杆菌、干酪乳杆菌和植物乳杆菌等不同乳酸菌的抑菌活性，发现提取物对幽门螺杆菌均有一定的抑制作用，但对乳酸菌的生长没有影响。初步研究表明，对幽门螺杆菌的抑制作用不是单纯的多酚类物质对脯氨酸脱氢酶的氧化磷酸化的抑制作用，可能是通过一种未知的机制与单宁等非酚类化合物有关。Sharma[22]采用井扩散法测定珠子草叶片、根、茎、种子和愈伤组织的乙醇提取物（EPN）的抑菌活性,结果明确表明 EPN 可作为一种潜在的抗菌源。Singh[23]利用珠子草乙醇和甲醇提取物对 6 株主要的人体病原微生物绿脓杆菌、金黄色葡萄球菌、枯草芽孢杆菌、大肠杆菌、链球菌和沙门菌的抑菌活性进行了研究，结果表明，甲醇和乙醇提取物均有显著抑菌活性。

3. 抗炎镇痛

Tara[24]为评价珠子草醇提物能否逆转类固醇抑制大鼠创面愈合，采用烧伤创面和地塞米松抑制烧伤创面模型分别对其进行口服和外用，结果表明外用和口服均能逆转地塞米松对烧伤创面愈合的抑制作用，且局部（32.5%）给药的创伤愈合率效果优于口服剂型（21.3%）。Moreira[25]采用化学和热学方法建立小鼠痛觉模型，并采用扭体法对从珠子草中分离得到化合物 corilagin 进行镇痛活性评价。对小鼠进行福尔马林（$ID_{50}=18.38\mu mol/kg$）、辣椒素（3mg/kg 时即表现出显著的活性）、谷氨酸和热板试验（$ID_{50}=6.46\mu mol/kg$）时，实验结果表明，该化合物具有镇痛作用，可能与谷氨酸能系统相互作用有关。Okoli[26]建立小鼠急性毒性试验，发现了珠子草地上部甲醇提取物（ME）、二氯甲烷提取物（DCMF）可抑制小鼠耳部局部水肿、大鼠脚部全身水肿、肉芽肿组织生长和甲醛致全身水肿反应的发生，其中，DCMF 表现出最大的抑制作用，提示其抗炎作用可能与该部位所含的生物碱、树脂、甾醇和萜类物质有关。Sijuade[27]采用小鼠标准热板法和大鼠镇痛仪法，对珠子草甲醇提取物的镇痛作用进行评价，以 300mg/kg、600mg/kg、750mg/kg 不同剂量灌胃给药，结果表明，600mg/kg、750mg/kg 组具有显著的镇痛效果。Shanmugam[28]探讨珠子草生物碱部位对实验性肝炎大鼠的肝保护作用，发现 PN 生物碱治疗后肝炎大鼠丙氨酸转氨酶（ALT）、天冬氨酸转氨酶（AST）活性升高，胆红素（BL）、肌酐（CR）水平升高，尿素氮（UR）水平降低，肝指标均明显恢复到接近正常水平。Begum[29]以瑞士白化病鼠为实验模型，研究 100mg/kg、200mg/kg 和 400mg/kg 的珠子草叶甲醇提取物的抗炎和抗溃疡活性，结果表明甲醇提取物对乙醇酸诱导的大鼠胃黏膜损伤也有较好的保护作用，大剂量甲醇提取物（400mg/kg）对乙醇酸诱导的胃溃疡有较好的抑制作用，胃糜烂率均有极显著降低，珠子草甲醇提取物治疗后黏膜层再生明显，从黏膜层再生和实质性预防出血、水肿的形成两方面证实了其具有抗炎作用，对溃疡有保护作用。

4. 抗氧化

Rivai[30]研究不同比例（100∶0、80∶20、70∶30、60∶40、50∶50）乙醇-水对珠子草叶提取物酚类化合物及抗氧化活性的影响，结果表明以 60%乙醇水为提取溶剂时提取具有抗氧化活性的酚类化合物效果最好。Raja[31]发现珠子草叶提取物对紫外线诱导小鼠骨髓细胞染色体畸变的遗传毒性作用和抗氧化能力（$IC_{50}=68.76\mu mol/kg$）。Singh[32]采用 DPPH 自由基清除法和过氧化氢清除法，测定了珠子草乙醇和水提取物的抗氧化活性，结果两个部位均显示出抗氧化活性，但乙醇提取物的清除活性均高于水提取物。Nurcholis[33]研究表明珠子草等四种植物乙醇粗提物的自由基清除活性与酚类化合物含量呈正相关。

5. 利尿

Udupa[34]以 10mg/kg 标准的氢氯噻嗪为对照，测定 200mg/kg 和 400mg/kg 珠子草水提物的利尿活性，发现大鼠尿量及钠、钾、氯排泄量均有显著增加。Viera[35]发现具有利尿作用，并能增加白化家鼠的钠排泄量。Asare[36]用雄性大鼠研究珠子草水提液对某些雄性激素和其他毒理学性质的影响，取血样进行孕激素、雌激素和睾酮、细胞毒性和血液学等生化指标检测，结果显示其具有轻度、细胞毒性和雄性抗生育特性。Castro-Chaves[37]研究表明珠子草乙醇提取物具有明显利尿活性。Giribabu[38]研究表明 PN 通过改善糖尿病大鼠的氧化应激、炎症、纤维化和凋亡，促进糖尿病大鼠肾脏的增殖，有助于维持接近正常水平的肾功能，防止组织病理学改变。

6．毒性

Asare[39]为了确定珠子草水提取物给雌性大鼠服用是否具有毒性，用雌性大鼠进行 14 天的毒副反应实验，采集尿液和血液样本并进行全血计数和血红蛋白、胆红素、丙氨酸转氨酶（ALT）、天冬氨酸转氨酶（AST）等生化检查，结果发现在给药水平下没有观察到毒性。Asare[40]用外周血单个核细胞培养的提取液，对多染红细胞（PCE）/常染红细胞（NCE）进行一般毒性、遗传毒性、亚慢性毒性测定，得出珠子草乙醇提取物对细胞和基因无毒，亚慢性给药一般无毒的结论。

7．降血糖

Okoli[41]以四氧嘧啶糖尿病大鼠为研究对象，采用降血糖、餐后抑制血糖活性、血红蛋白糖基化及测体重等方法，观察珠子草地上部甲醇提取物对糖尿病大鼠葡萄糖吸收和储存的影响，结果表明该提取物能降低糖尿病大鼠的血糖，抑制餐后血糖升高，降低血红蛋白含量，增加肝脏绝对重量、相对重量和糖原含量，且降血糖作用可能与抑制葡萄糖吸收、提高葡萄糖储存有关。Beidokhti[42]采用 α-葡萄糖苷酶、肌肉葡萄糖转运、肝脏葡萄糖生成和脂肪生成的测定方法，研究了珠子草地上部分水提和乙醇提物对 α-葡萄糖苷酶的抑制活性，结果均表现出对 α-葡萄糖苷酶的抑制活性，IC_{50} 值分别为（3.7±1.1）g/mL 和（6.3±4.8）g/mL，经鉴定 corilagin（IC_{50}=0.9μmol/kg±0.1μmol/kg）和 repandusinic acid（IC_{50}=1.9μmol/kg±0.02μmol/kg）是水提物中的 α-葡萄糖苷酶抑制剂。Egwim[43]初步验证了珠子草醇提物具有一定的降糖活性。

8．抗肿瘤

Sharma[44]研究了珠子草对化学诱导的皮肤癌变的调节潜能及其对氧化应激和抗氧化防御系统的影响，发现珠子草提取物（PNE）处理组皮肤和肝脏抗氧化指标较致癌物质处理组显著升高，PNE 可显著抑制致癌物治疗阳性对照组的脂质过氧化水平，表明珠子草提取物具有通过增强皮肤抗氧化防御系统来减少皮肤乳头状瘤的作用。Ooi[45]研究了珠子草主要成分 phyllanthin 对人肝癌 HepG2 细胞的凋亡机制及对四氯化碳诱导的小鼠肝毒性的抗增殖活性，发现 phyllanthin 对 HepG2 细胞的生长抑制作用呈剂量依赖性和时间依赖性，并通过降低丙氨酸转氨酶和天冬氨酸转氨酶有效预防肝损伤，并提出珠子草提取物治疗肝病的作用可能与磷脂的存在有关。Sawitri[46]发现珠子草提取物能够诱导 Sprague-Dawley 大鼠的直肠癌细胞凋亡。Cao[47]用珠子草水相体系提取到 phyllanthin、hypophyllanthin 分别对人肺癌细胞株 A549、肝癌细胞株 SMMC-7721、qastrio 细胞株 MGC-803 进行了抗肿瘤活性评价。结果表明，二者对 3 种细胞系均有明显的抗肿瘤活性，但仅对 SMMC-7721 细胞系有显著的抗肿瘤活性。此外，还初步探索了两种化合物在相关蛋白活性位点内的作用靶点。

9．抗疟原虫

Kikakedimaul[48]对珠子草水、甲醇、二氯甲烷提取部位抗疟原虫活性展开研究，结果表明，三部分均具有较强的抗疟原虫活性，水提物的 IC_{50} 为 3.98μg/50μL，醇提物的 IC_{50} 值为 9.5～19μg/50μL，二氯甲烷提取物的 IC_{50} 值为 5.3μg/50μL，且其与发现的酚类化合物相关。Ifeoma[49]发现在 100mg/kg 的剂量下，氯仿部分（F1）对寄生虫病的抑制率为 85.29%，乙醇部分（F2）和水提部分（F3）对寄生虫病的抑制率分别为 67.06%和 51.18%。对最有效的部分 F1 作进一步的抗疟原虫筛选，发现甲醇提取物（ME）降低了寄生虫血症（15.8%～62.96%），而 F1 显著降低了寄生虫血症（44.36%～90.48%），效果与氯喹相当（96.48%）。另外，ME 的抗疟原虫活性（抑制率 92.50%）显著优于乙胺嘧啶（85.00%）。

10. 抗乙型肝炎

Yu[50]利用乙型肝炎病毒（DHBV）感染鸭体外和体内模型，探究从珠子草中分离得到的化合物 nirtetralin B 的生物活性，发现 nirtetralin B 显著降低了 DHBV 感染的雏鸭血清中 HbeAg 含量（HbeAg IC_{50}=63.9μmol/L），有效抑制 HepG2.2.15 肝细胞中 HBV 抗原的分泌（IC_{50}=17.4μmol/L）。因此，nirtetralin B 在体内外均具有抗乙型肝炎病毒的活性。

11. 保护胃

Klein-Junior[51]研究表明珠子草主要化学成分 corilagin 对乙醇诱导的大鼠损伤的抑制率及对胃溃疡消炎镇痛作用分别为浓度依赖性增强，通过不同途径和互补途径的保护作用，共同促进了胃液细胞保护作用的提高。

12. 降血压

Ahmad[52]分离和鉴定具有抑制血管紧张素转化酶的 4 个活性化合物，分别为 hypophllantin（IC_{50}=0.180μg/mL）、hllantin（IC_{50}=0.140μg/mL）、甲基没食子酸甲酯（IC_{50}=0.015μg/mL）、槲皮素（IC_{50}=0.086μg/mL）。

参考文献

[1] 朱红霖, 韦万兴, 周敏, 等. 珠子草化学成分的研究[J]. 天然产物研究与开发, 2011, 23(3): 401-403.

[2] Vinícios T B, Carlos E L, André A, et al. Effects of the hydroalcoholic extract of *Phyllanthus niruri* and its isolated compounds on cyclophosphamide-induced hemorrhagic cystitis in mouse[J]. Naunyn-Schmiedeberg's Archives of Pharmacology, 2011, 384(3): 265-275.

[3] Hossain M A, Rahman S M. Structure characterization and quantification of a new isoflavone from the arial parts of *Phyllanthus niruri*[J]. Arabian Journal of Chemistry, 2015, 34(8): 212-231.

[4] Than N N, Fotso S, Poeggeler B, et al. Niruriflavone, a new antioxidant flavone sulfonic acid from *Phyllanthus niruri*[J]. Zeitschrift Für Naturforschung B, 2006, 61(1): 57-60.

[5] Ahmed M, Faridah A, Maulidiani M, et al. Characterization of metabolite profile in *Phyllanthus niruri* and correlation with bioactivity elucidated by Nuclear Magnetic Resonance based metabolomics[J]. Molecules, 2017, 22(6): 902.

[6] Mirtha N, Ileana M, Elizabeth A, et al. Proanthocyanidin characterization, antioxidant and cytotoxic activities of three plants commonly used in traditional medicine in Costa Rica: *Petiveria alliaceae* L. *Phyllanthus niruri* L. and *Senna reticulata* Willd[J]. Plants (Basel), 2017, 6(4): 1-13.

[7] Ibrahim, Jantan, Md, et al. An insight into the modulatory effects and mechanisms of action of Phyllanthus species and their bioactive metabolites on the immune system [J]. Frontiers in Pharmacology, 2019, 10:878.

[8] 李晓花, 杨文玉, 王剑. 傣药"芽害巴"（珠子草）化学成分研究[J]. 亚太传统医药, 2019, 15(2): 59-63.

[9] 孙传铎, 陈晓慧. 叶下珠属植物的化学成分与药理研究进展[J]. 临床医药实践, 2012, 21(6): 452-455.

[10] Goli V, Ragya E, Santhosh A, et al. *Phyllanthus niruri*, an important medicinal plant: a review of its folklore medicine

and traditional uses[J]. Asian Journal of Research in Pharmaceutical Science, 2014, 4(2): 110-111.

[11] Min Z, Zhu H, Wang K, et al. Isolation and X-ray crystal structure of a securinega-type alkaloid from *Phyllanthus niruri* Linn.[J]. Natural Product Letters, 2012, 26(8): 762-764.

[12] Putra D P. Isolasi senyawa filantin dari daun meniran (*Phyllanthus niruri* Linn.)[D]. Surakarta: Universitas Muhammadiyah, 2010.

[13] Wan X, Wei, Xiang R, et al. Lignans with anti-Hepatitis B virus activities from *Phyllanthus niruri* L.[J]. Phytotherapy Research, 2012, 26(7): 964-968.

[14] 刘盛, 韦万兴. 珠子草中两种木脂素抗鸭乙型肝炎病毒的实验研究[A].//中国化学会第十七届全国有机分析与生物分析学术研讨会[C].南宁: 2013.

[15] Zheng Z Z, Chen L H, Liu S S. Bioguided fraction and isolation of the antitumor components from *Phyllanthus niruri* L.[J]. Biomed Research International, 2016, (6): 9729275.

[16] 王信, 李彩东, 潘新波, 等. HPLC 法同时测定珠子草中没食子酸、短叶苏木酚、柯里拉京、鞣花酸和芦丁的含量[J]. 药物分析杂志, 2018, 38(9): 1641-1645.

[17] Nworu C S, Akah P A, Okoye F, et al. Aqueous extract of *Phyllanthus niruri*(Euphorbiaceae) enhances the phenotypic and functional maturation of bone marrow-derived dendritic cells and their antigen-presentation function[J]. Immunopharmacology & Immunotoxicology, 2010, 32(3): 393-401.

[18] Makoshi M. Hepatoprotective effect of *Phyllanthus niruri* aqueous extract in acetaminophen sub-acutec exposure rabbits[J]. Journal of Veterinary Medicine and Animal Health, 2013, 5(1): 8-15.

[19] Shilpa, Muddukrishnaiah, Thavamani, et al. In vitro immunomodulatory, antifungal, and antibacterial screening of *Phyllanthus niruri* against to human pathogenic microorganisms[J]. Environmental Disease, 2018, 3(3): 63-68.

[20] Sumathi P, Parvathi A. Antimicrobial activity of some traditional medicinal plants[J]. Journal of Medicinal Plant Research, 2010, 4(4): 316-321.

[21] Ranilla L G, Apostolidis E, Shetty K. Antimicrobial activity of an amazon medicinal plant (chancapiedra) (*Phyllanthus niruri* L.) against helicobacter pylori and lactic acid bacteria[J]. Phytotherapy Research, 2012, 26(6): 791-799.

[22] Sharma M, Singh T. Antimicrobial potency of *Phyllanthus niruri* L. on some clinical isolates[J]. International Journal of Pharma & BioSciences, 2013, 4(1): 875-880.

[23] Singh R P, Pal A, Pal K. Antimicrobial activity of *Phyllanthus niruri* against different human pathogenic bacterial strains[J]. World Journal of Pharmaceutical Research, 2016, 5(3): 1093-1098.

[24] Tara, Shanbhag, Arul, et al. Effect of *Phyllanthus niruri* Linn. on burn wound in rats[J]. 亚太热带医药杂志(英文版), 2010, 2(2012): 105-.105

[25] Moreira, Klein J, Filho, et al. Anti-hyperalgesic activity of corilagin, a tannin isolated from *Phyllanthus niruri* L.(Euphorbiaceae)[J]. Journal of Ethnopharmacology, 2013, 146(1), 318-323.

[26] Okoli C O, Nwezza A C, Ezike A C. Extracts of *Phyllanthus niruri* aerial parts suppress acute and chronic inflammation in murine models[J]. Journal of Herbs Spices & Medicinal Plants, 2014, 20(3): 256-268.

[27] Sijuade. A O. In vivo evaluation of analgesic activities of *Phyllanthus niruri* leaf methanol extract in experimental animal models[J]. Journal of Advances in Medical and Pharmaceutical Sciences, 2016, 8(3): 1-8.

[28] Shanmugam B, Shanmugam K R, Dorawamy G, et al. Hepatoprotective effect of Phyllanthus niruri alkaloid fraction in D-galactosamine induced hepatitis in rats [J]. International Journal of Pharmacy and Pharmaceutical Sciences, 2016, 8(5): 158-161.

[29] Begum M M. Evaluation of anti-inflammatory and gastric anti-ulcer activity of *Phyllanthus niruri* L. (Euphorbiaceae) leaves in experimental rats[J]. Complementary and Alternative Medicine, 2017, 17(1): 267.

[30] Rivai H, Nurdin H, Suyani H, et al. Pengaruh rasio campuran etanol-air sebagai pelarut ekstraksi terhadap mutu ekstrak herba meniran(*Phyllanthus niruri* Linn.) [J]. Jurnal Ilmu Kefarmasian Indonesia, 2010, 2(8): 69-73.

[31] Raja W, Pandey S, Hanfi S, et al. Effect of *Phyllanthus niruri* leaf extract on antioxidant activity and UV induced chromosomal aberration in swiss albino mice[J]. Research Journal of Pharmacognosy & Phytochemistry, 2011, 3(12): 300-303.

[32] Singh, Pal A, Pal K. Antioxidant activity of ethanolic and aqueous extract of *Phyllanthus niruri* invitro[J]. World Journal of Pharmacy. 2016, 5(6): 1994-2000.

[33] Nurcholis W, Priosoeryanto B P, Purwakusumah E D, et al. Antioxidant, cytotoxic activities and total phenolic content of four indonesian medicinal plants[J]. Valensi, 2017, 2(4): 501-510.

[34] Udupa A L, Sanjeeva, Benegal A, et al. Diuretic activity of *Phyllanthus niruri* (Linn.) in rats[J]. Health, 2010, 2(5): 511-512.

[35] Viera S F C, Saavedra E F C, Alfaro C E R, et al. Efecto diurético de *Phyllanthus niruri* "chanca piedra" y. niveles de

excreción de sodio en Rattus rattus var. albinus[J]. UCV-SCIENTIA, 2011, 3(1): 11-17.

[36] Asare G A, Bugyei K, Fiawoyi I, et al. Male rat hormone imbalance, testicular changes and toxicity associated with aqueous leaf extract of an antimalarial plant: Phyllanthus niruri[J]. Pharmaceutical Biology, 2013, 51(6): 691-699.

[37] Castro-Chaves, Carmen de, Cunha A, et al. Phyllanthus niruri L. induz caliurese dissociada da diurese e da natriurese em ratos acordados[J]. Revista Brasileira De Farmacognosia, 2002, 12(1): 2-4.

[38] Giribabu N, Karim K, Kilari E K, et al. Phyllanthus niruri leaves aqueous extract improves kidney functions, ameliorates kidney oxidative stress, inflammation, fibrosis and apoptosis and enhances kidney cell proliferation in adult male rats with diabetes mellitus[J]. Journal of Ethnopharmacology, 2017, 1(205): 123-137.

[39] Asare G A, Ddo P, Bugyei K, et al. Acute toxicity studies of aqueous leaf extract of Phyllanthus niruri[J]. Interdisciplinary Toxicology, 2011, 4(4): 206-210.

[40] Asare G A , Bugyei K, Sittie A, et al. Genotoxicity, cytotoxicity and toxicological evaluation of whole plant extracts of the medicinal plant Phyllanthus niruri (Phyllanthaceae)[J]. Genetics & Molecular Research, 2012, 11(1): 100-111.

[41] Okoli C O, Obidike I C, Ezike A C, et al. Studies on the possible mechanisms of antidiabetic activity of extract of aerial parts of Phyllanthus niruri[J]. Pharmaceutical Biology, 2011, 49(3): 248-255.

[42] Beidokhti M N, Andersen M V, Eid H M, et al. Investigation of antidiabetic potential of Phyllanthus niruri L. using assays for α-glucosidase, muscle glucose transport, liver glucose production, and adipogenesis[J]. Biochemical and Biophysical. Research. Communications., 2017, 493(1): 869-874.

[43] Egwim E C, Hamzah R U, Erukainure O L. Hypoglycemic potency of selected medicinal plants in Nigeria[J]. Croatian Journal for Food Technology Biotechnology & Nutrition, 2014, 8(3): 111-114.

[44] Sharma P, Parmar J, Verma P, et al. Modulatory influence of Phyllanthus niruri on oxidative stress, antioxidant defense and chemically induced skin tumors[J]. Journal of Environmental Pathology Toxicology, 2011, 30(1): 43-53.

[45] Ooi K L, Loh S I, Sattar M A, et al. Cytotoxic, caspase-3 induction and in vivo hepatoprotective effects of phyllanthin, a major constituent of Phyllanthus niruri[J]. Journal of Functional Foods, 2015, 14(2): 236-243.

[46] Sawitri E. Apoptosis of colorectal cancer cell on sprague-dawley rats induced with 1,2-dimethylhidrazine and Phyllanthus niruri Linn extract[J]. International Journal of Science and Engineering, 2016, 10(1): 45-50.

[47] Cao X, Xing X D, Wei H L, et al. Extraction method and anti-cancer evaluation of two lignans from Phyllanthus niruri L.[J]. Medicinal Chemistry Research, 2018, 27(8): 2034-2041.

[48] Kikakedimau1, Nakweti, Rufin, et al. Antiplasmodial activity and phytochemical analysis of Phyllanthus niruri L. (Phyllanthaceae) and Morinda lucida Benth(Rubiaceae) extracts[J]. Journal of Agricultural Science and Technology, 2012, 2(3): 373-383.

[49] Ifeoma, Samuel, Itohan, et al. Isolation, fractionation and evaluation of the antiplasmodial properties of Phyllanthus niruri resident in its chloroform fraction[J]. Asian Pacific Journal of Tropical Medicine, 2013, 6(3): 169-175.

[50] Yu B, Liu S, Shi K C, et al. In vitro and in vivo anti-hepatitis B virus activities of the lignan nirtetralin B isolated from Phyllanthus niruri L [J]. Journal of Ethnopharmacology, 2014, 157: 62-68.

[51] Klein-Junior, Luiz C, da Silva, et al. The protective potential of Phyllanthus niruri and corilagin on gastric lesions induced in rodents by different harmful agents[J]. Planta Medica, 2017, 83(1): 30-39.

[52] Ahmad I, Mun'im A, Luliana S, et al. Isolation, elucidation, and molecular docking studies of active compounds from Phyllanthus niruri with angiotensin-converting enzyme inhibition[J]. Pharmacognosy Magazine, 2018, 14(58): 604-610.

第五节

肾茶

肾茶 [Clerodendranthus spicatus (Thunb.) C. Y. Wu] 为唇形科多年生草本，地上部分入药，治急慢性肾炎、膀胱炎、尿路结石及风湿性关节炎，对肾脏病有良效。

一、生物学特性与资源分布

　　茎直立，高 1～1.5m，四棱形，具浅槽及细条纹，被倒向短柔毛。叶卵形、菱状卵形或卵状长圆形，长 2～5.5cm，宽 1.3～3.5cm，先端急尖，基部宽楔形至截状楔形，边缘具粗牙齿或疏圆齿，齿端具小突尖，纸质，上面榄绿色，下面灰绿色，两面均被短柔毛及散布凹陷腺点，上面被毛较疏，侧脉 4～5 对，斜上升，两面略显著；叶柄长 5～15mm，腹平背凸，被短柔毛。轮伞花序 6 花，在主茎及侧枝顶端组成具总梗长 8～12cm 的总状花序；苞片圆卵形，长约 3.5mm，宽约 3mm，先端骤尖，全缘，具平行的纵向脉，上面无毛，下面密被短柔毛，边缘具小缘毛；花梗长达 5mm，与序轴密被短柔毛。花萼卵珠形，长 5～6mm，宽约 2.5mm，外面被微柔毛及突起的锈色腺点，内面无毛，二唇形，上唇圆形，长宽约 2.5mm，边缘下延至萼筒，下唇具 4 齿，齿三角形，先端具芒尖，前 2 齿比侧 2 齿长一倍，边缘均具短睫毛，果时花萼增大，长达 1.1cm，宽至 5mm，10 脉明显，其间网脉清晰可见，上唇明显外反，下唇向前伸。花冠浅紫或白色，外面被微柔毛，在上唇上疏布锈色腺点，内面在冠筒下部疏被微柔毛，冠筒狭管状，长 9～19mm，近等大，直径约 1mm，冠檐大，二唇形，上唇大，外反，直径约 6mm，3 裂，中裂片较大，先端微缺，下唇直伸，长圆形，长约 5mm，宽约 2.5mm，微凹。雄蕊 4，超出花冠 2～4cm，前对略长，花丝长丝状，无齿，花药小，药室叉开。花柱长长地伸出山，先端棒状头形，2 浅裂。花盘前方呈指状膨大。小坚果卵形，长约 2mm，宽约 1.6mm，深褐色，具皱纹。花、果期 5～11 月。

　　肾茶分布于中国海南、广西南部、云南南部、台湾及福建；常生于林下潮湿处，有时也见于无荫平地上，更多为栽培，海拔上达 1050m。自印度、缅甸、泰国，经印度尼西亚、菲律宾至澳大利亚及邻近岛屿也有[1]。

二、化学成分

1. 萜类化合物

　　钟纪育[2]对肾茶精油中化学成分进行总结，发现含有二烯萜柠檬烯、三萜化合物 α-香树素（α-amyrin）、五环三萜类成分熊果酸等。陈伊蕾[3]采用多种柱色谱对肾茶水溶性部位进行分离纯化，结果通过光谱分析和文献对照，从肾茶全草 50%乙醇提取物中分离得到 15 个已知化合物，萜类化合物 arjunglucoside I 为首次从该植物中分离鉴定。章育中[4]用氯仿提取和精制肾茶叶的水煎液，得到 7 个化合物，其中 3 个是新化合物，包括两个二萜烯 orthosiphonone A 和 B。赵爱华[5]从肾茶的地上部分共分离了 19 个化合物，其中 neoorthosiphol A 属于萜类化合物。谭俊杰[6]从肾茶中分离得到 11 个已知化合物，通过 NMR 及 MS 数据分析鉴定其结构，orthosiphol F、siphonol B 属于二萜，白桦脂酸、2α-羟基齐墩果酸、2α,3α-二羟基-12-烯-28-齐墩果酸、委陵菜酸、蔷薇酸属于三萜，均为首次从该植物中分离得到。Lan[7]采用高效液相色谱-电喷雾质谱联用仪（HPLC-ESI-MS/MS）对水提物进行化学成分测定，共鉴定出 10 种成分，2-hydroxyursolic acid 为萜类成分。Li[8]从肾茶的地上部分离得到 2 个新的二萜，neoorthosiphonones B 和 C，以及 1 个已知的二萜，并通过综合光谱分析和 X 射线晶体学方法确定了它们的结构。Luo[9]从肾茶的地上部分离得到 5 个新的熊烷型三萜 spicatusoids A-E、3 个已知的三萜和 1 个已知的齐墩烷型三萜。罗勇[10]采用色谱法从肾茶中分离得到 18 个化合物，利用波谱学方法鉴定了它们的结构，分别命名为 vomifoliol、loliolide、orthosiphol W 等多个萜类化合物，均为首次从该属植物中被分离得到。Chen[11]为肾茶中探索与炎症反应有关的相关化合物，制备了该植物的乙醇提取物、组分和亚组分，结果从乙酸乙酯馏分的两个亚馏分离鉴定 25 个具有潜在的活性的化合物，orthosiphonone D、spicatusene B、spicatusene C、norstaminol B 属于萜类化合物。何涛[12]从肾茶的乙醇提取物中分离得到了 12 个化合物，其中有 5 个黄酮，5 个三萜，1 个酚酸和 1 个脂肪酸，三萜化合物主要为齐墩果酸等（表 1-16，图 1-19）。

表 1-16　肾茶萜类化合物

序号	名称	文献来源	序号	名称	文献来源
1	柠檬烯	[2]	14	vitexnegheterion H	[9]
2	α-香树素	[2]	15	2α,3β,19β-trihydroxyurs-12-en-28-oic acid	[9]
3	arjunglucoside Ⅰ	[3]	16	arjunolic acid	[9]
4	orthosiphonone A	[4]	17	(4E,9S)-9-hydroxy-2,4-megastigmadien-1-one	[10]
5	neoorthosiphol A	[5]	18	3-hydroxybutyl-2,4,4-trimethylcyclohexa-2,5-dienone	[10]
6	orthosiphol F	[6]	19	vomifoliol	[10]
7	siphonol B	[6]	20	loliolide	[10]
8	白桦脂酸	[6]	21	6-hydroxy-1-oxo-7,8-dihydro-β-ionone	[10]
9	委陵菜酸	[6]	22	orthosiphol A1	[10]
10	蔷薇酸	[6]	23	neoorthosiphol B	[10]
11	2-hydroxyursolic acid	[7]	24	orthosiphol D	[10]
12	neoorthosiphonone A	[8]	25	2-O-deacetylorthosiphol J	[10]
13	spicatusoid A	[9]	26	norstaminol B	[11]

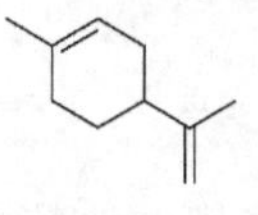

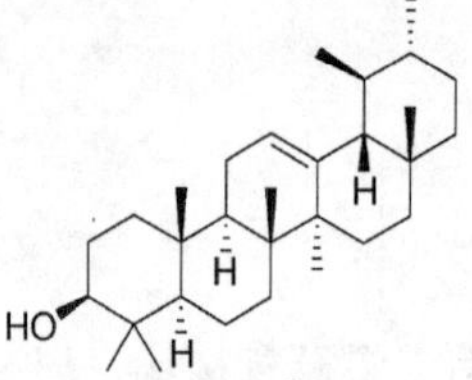

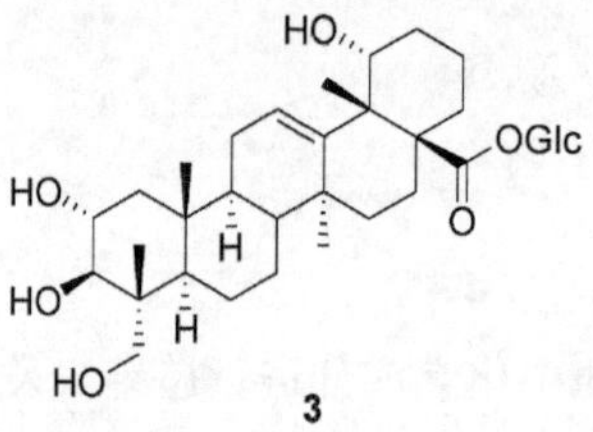

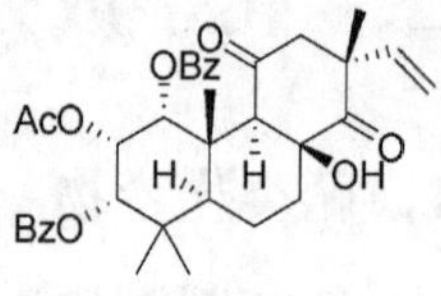

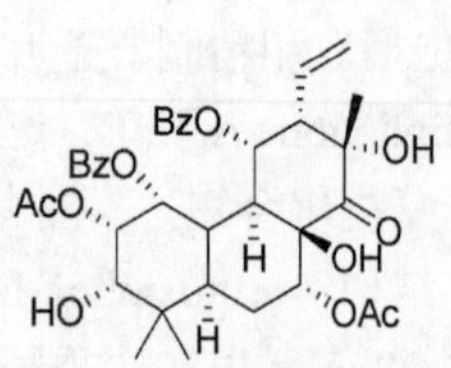

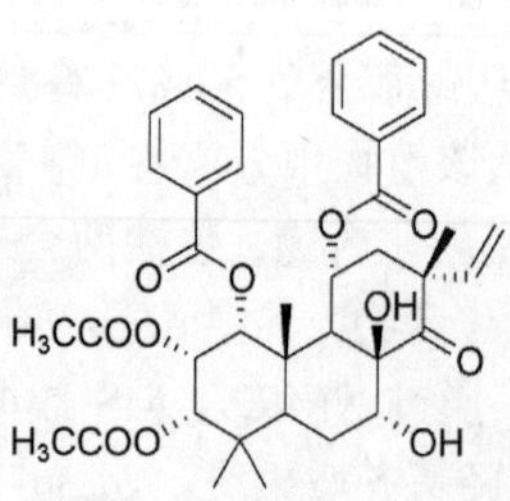

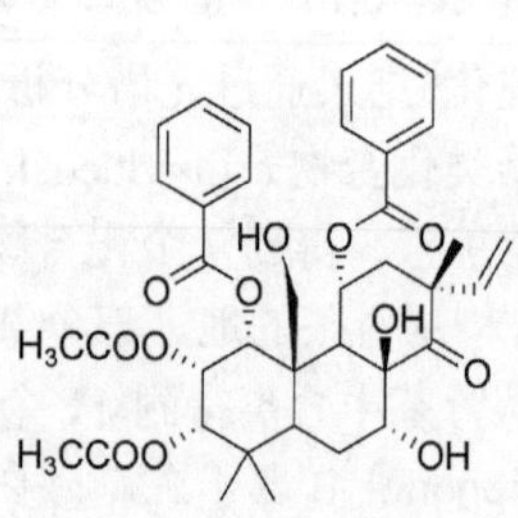

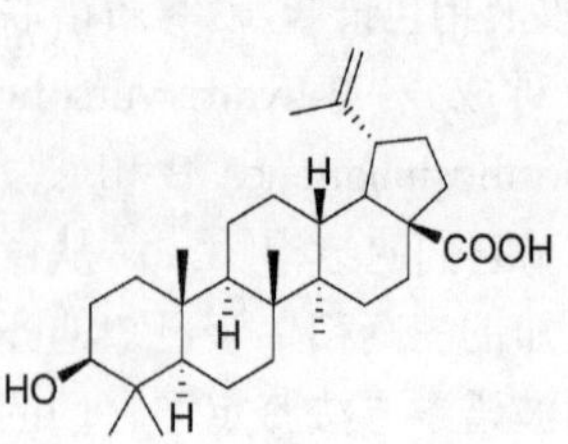

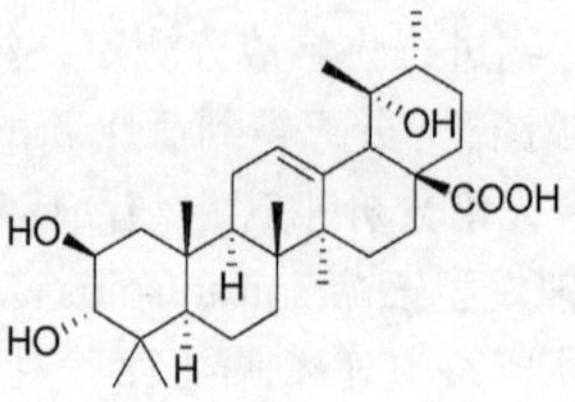

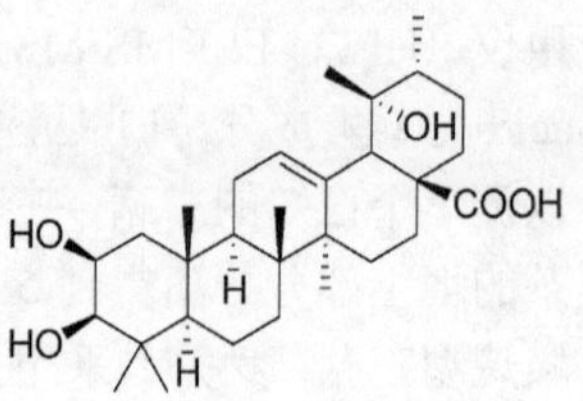

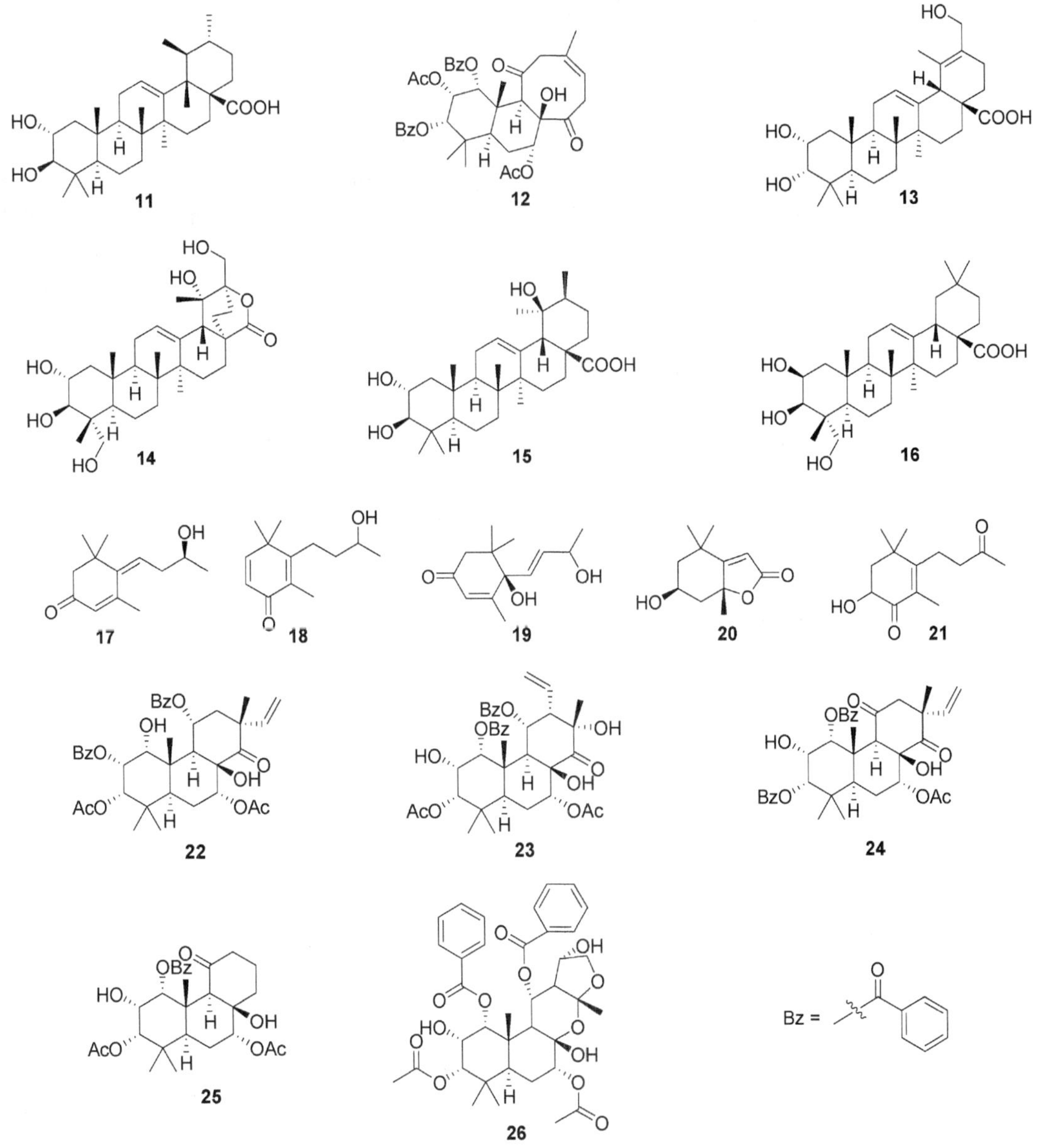

图 1-19　肾茶萜类化合物

2. 黄酮类化合物

钟纪育[2]对西双版纳产肾茶的地上部分的脂溶性部位经聚酰胺柱色谱、硅胶柱色谱、硅胶制备性薄层色谱等多次色谱分离，得到野黄芩素（scutellarein）、橙黄酮、3'-羟基-4',5,6,7-四甲氧基黄酮、泽兰黄素、鼠尾草素等五个黄酮化合物。陈伊蕾[3]采用多种柱色谱对肾茶水溶性部位进行分离纯化，结果通过光谱分析和文献对照，从肾茶全草 50%乙醇提取物中分离得到 15 个已知化合物，其中黄酮类化合物有 prunin、(2S)-naringenin。赵爱华[5]从肾茶的地上部分共分离了 19 个化合物，其中鉴定出的黄酮类化合物有异橙黄酮、黄芪苷、异槲皮素等。谭俊杰[6]从肾茶中分离得到 11 个已知化合物，通过 NMR 及 MS 数据分析鉴定其结构，其中两个为黄酮类化合物 5-羟基-6,7,4'-三甲氧基黄酮、5-羟基-6,7,3',4'-四甲氧基黄烷酮，后者为首次从该植物中分离得到。Lan[7]采用高效液相色谱-电喷雾质谱联用仪（HPLC-ESI-MS/MS）对水提物进行化学成分测定，共鉴定出 10 种成分，baicalein 为黄酮类成分。罗勇[10]采用色谱法从肾茶中分离得到 18 个化合物，利用波谱学方法鉴定了 5,7,8,4′-tetramethoxyflavanone 等多个黄酮类化合物，除了化合物 3′,4′,5,6,7-pentamethoxyflavone，其余均为首次从该属植物中被分离得到。Chen[11]为肾茶中探索与炎症反应有关的相关化合物，制备了该植物的乙醇提取物、组分和亚组分，结果从乙酸乙酯馏分的两个亚馏分离鉴定 25 个具有潜在的活性的化合物，sinensetin、eupatorin 等属于萜类化合物。何涛[12]从肾茶的乙醇提取物中分离得到了 12 个化合物，其中有 5 个黄酮，5 个三萜，1 个酚酸和 1 个脂肪酸，黄酮类化合物主要为 7,4-O-dimethylluteolin、山奈酚、染料木素等。樊飞飞[13]对肾茶的正丁醇部分进行分离、纯化，鉴定出 16 个单体化合物，黄酮类化合物 3-甲基-7,8-二羟基异色满酮首次从该药用植物种发现。李光[14]采用高效液相色谱法建立测定肾茶提取物中半齿泽兰素-5-甲醚等五种化学成分含量测定的方法。张荣荣[15]对海南栽培肾茶的乙酸乙酯萃取物进行化学成分研究，共得到 26 个单体化合物，其中有多个黄酮类化合物，3,3′,5-三羟基-4′,7-二甲氧基-二氢黄酮、5,4′-二羟基-7,3′-二甲氧基二氢黄酮、5-羟基-3′,4′,7-三甲氧基-二氢黄酮、5,3′-二羟基-7,4′-二甲氧基二氢黄酮、5,3′-二羟基-6,7,4′-三甲氧基二氢黄酮为首次从肾茶中分离得到（表 1-17，图 1-20）。

表 1-17　肾茶黄酮类化合物

序号	名称	文献来源	序号	名称	文献来源
1	野黄芩素	[2]	**11**	5-羟基-6,7,4′-三甲氧基黄酮	[6]
2	3′-羟基-4′,5,6,7-四甲氧基黄酮	[2]	**12**	5-羟基-6,7,3′,4′-四甲氧基黄烷酮	[6]
3	泽兰黄素	[2]	**13**	3-甲基-7,8-二羟基异色满酮	[13]
4	鼠尾草素（salvigenin）	[2]	**14**	半齿泽兰素-5-甲醚	[14]
5	6-甲氧基芫花素（6-methoxygenkwanin）	[2]	**15**	baicalein	[7]
6	prunin	[3]	**16**	7,4-O-dimethylluteolin	[12]
7	(2S)-naringenin	[3]	**17**	4′-methoxy-5,6,7-trimethylbaicalein	[10]
8	异橙黄酮	[5]	**18**	甜橙素	[16]
9	黄芪苷	[5]	**19**	3,3′,5-三羟基-4′,7-二甲氧基-二氢黄酮	[15]
10	异槲皮素	[5]	**20**	5,6,7,3′,4′-pentamethoxyflavanone	[11]

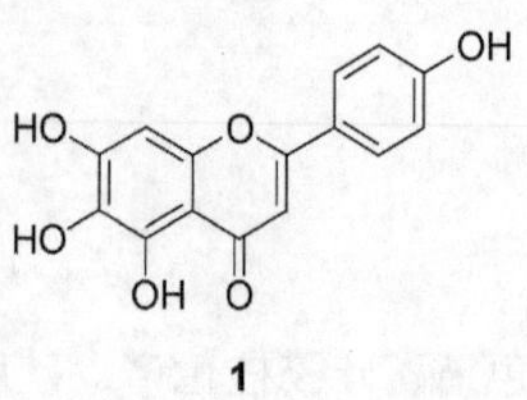

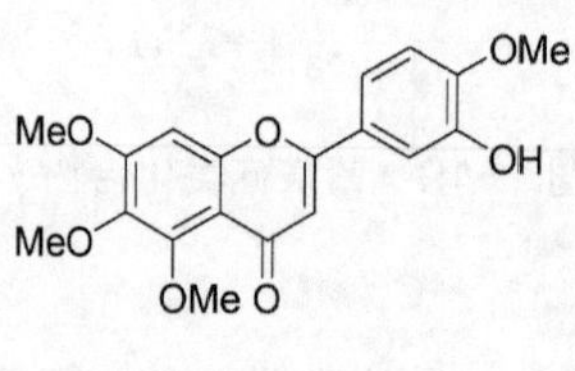

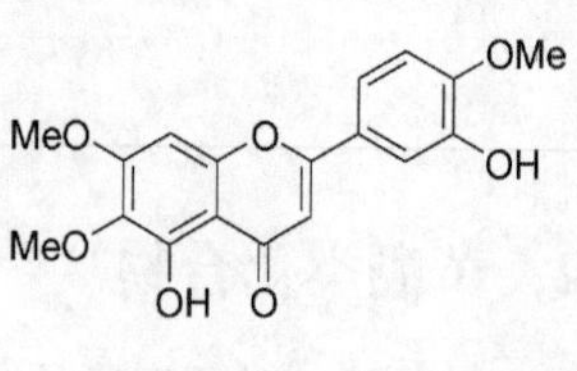

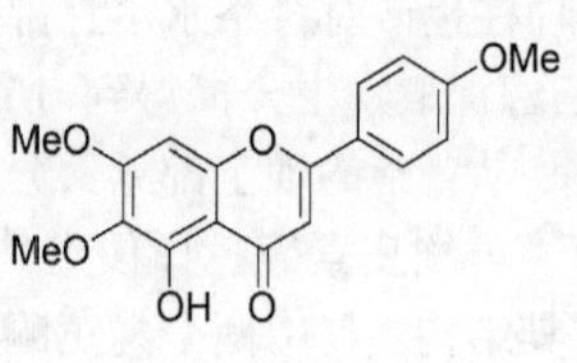

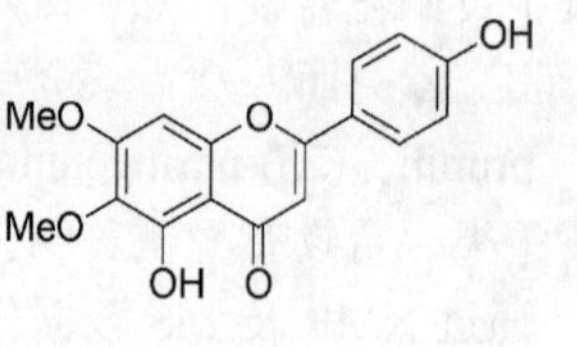

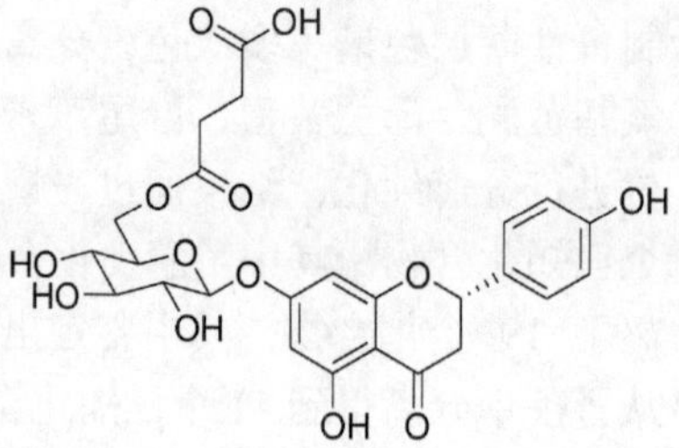

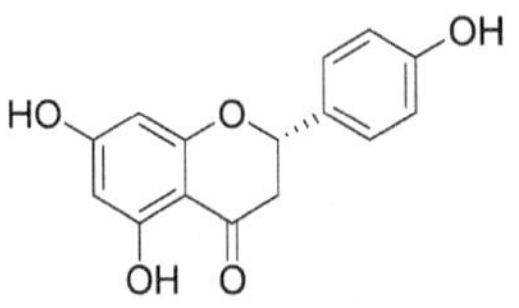

7

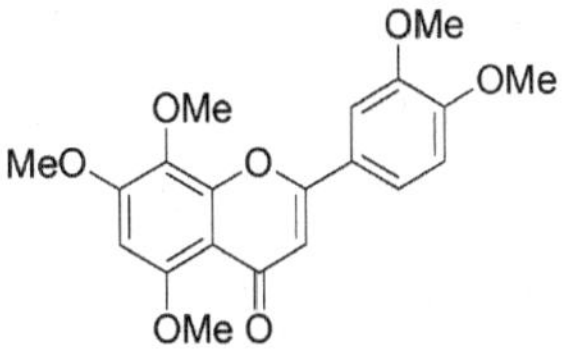

8

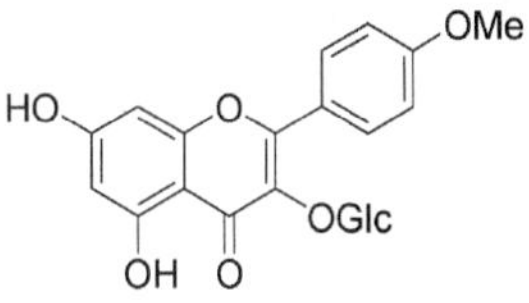

9

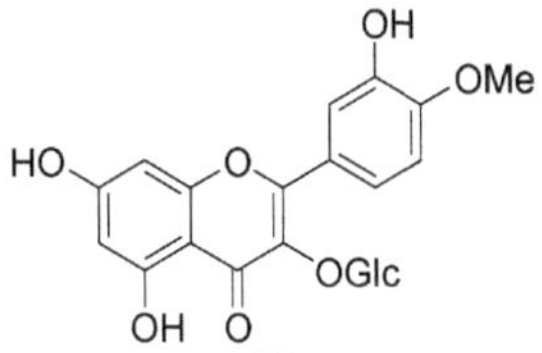

10

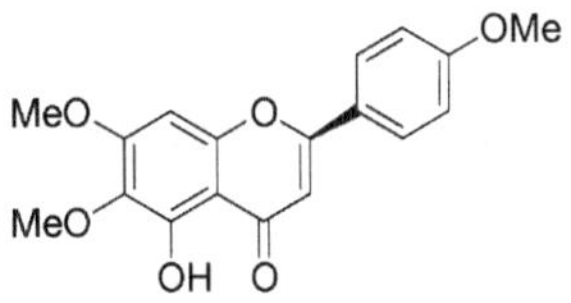

11

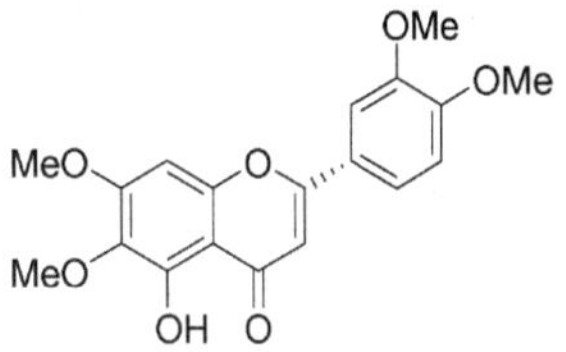

12

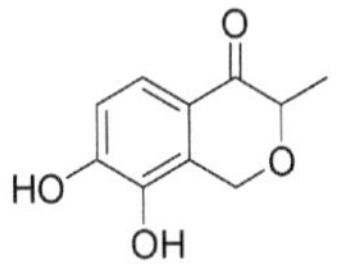

13

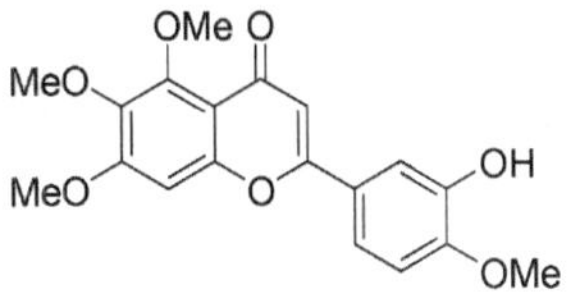

14

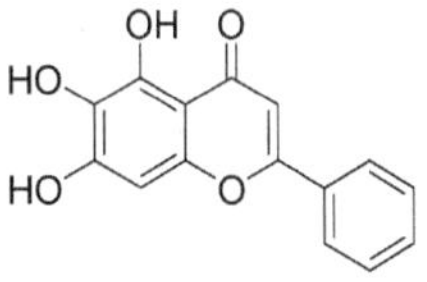

15

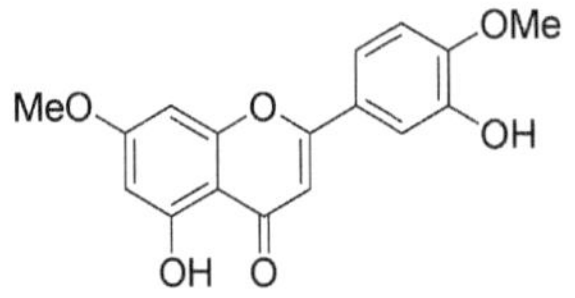

16

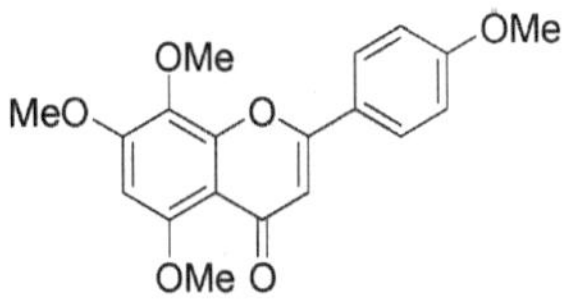

17

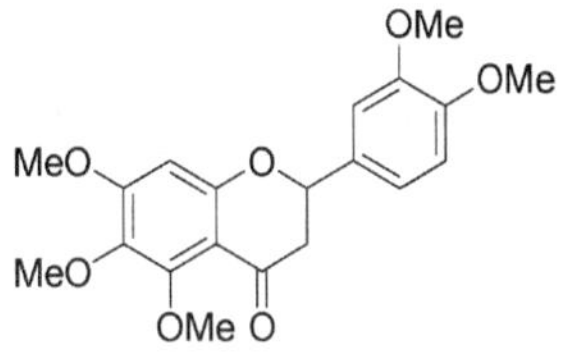

18

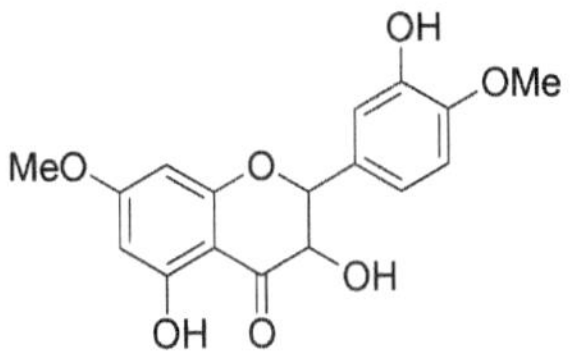

19

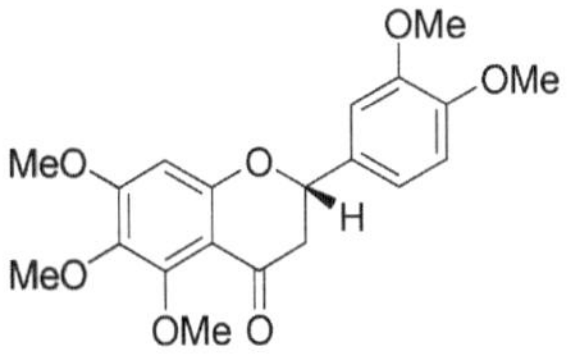

20

图 1-20　肾茶黄酮类化合物

3．苯丙素和木脂素类化合物

陈伊蕾[3]采用硅胶、反相硅胶 ODS-A、Sephadex LH-20 柱色谱对肾茶水溶性部位进行分离纯化，并通过光谱分析和文献对照确定化合物结构，结果从肾茶全草 50%乙醇提取物中分离得到 15 个已知化合物，其中阿魏酸酰胺、2,6,2,′6′-四甲氧基-4,4′-二(2,3-环氧-1-羟基丙基)二苯、咖啡酸乙酯、8-hydroxypinoresinol 等 8 个苯丙素类化合物为首次从该植物中分离得到。赵爱华[5]从肾茶的地上部分共分离了 19 个化合物中，咖啡酸、秦皮乙素为苯丙素类化合物，迷迭香酸、迷迭香酸乙酯为木脂素类化合物。Lan[7]采用高效液相色谱-质谱联用仪对水提物进行化学成分测定，共鉴定出 10 种成分，danshensu、ferulic acid 为苯丙素类成分。罗勇[10]采用色谱法从肾茶中分离得到 18 个化合物，利用波谱学方法鉴定了 vinyl acetate、ethyl coumarate 等多个苯丙素类化合物，均为首次从该属植物中被分离得到。Chen[11]从肾茶乙酸乙酯馏分的亚馏分分离鉴定 syringaresinol 属于木脂素类化合物。樊飞飞[13]从肾茶的正丁醇部位分离出 3,4-二羟基苯基乳酸甲酯，为首次从该植物中发现。李小珍[16]采用色谱法从肾茶中分离得到松脂醇、hedyolisol 等 18 个化合物，利用波谱学方法鉴定了它们的结构，其中(7'S,8'S)-8-epiblechnic acid diacetate 和 threo-2-(4-hydroxy-3,5-dimethoxyphenyl)-3-(4-hydroxy-3-methoxyphenyl)-3-ethoxypropan-1-ol 为新化合物。王敏[17]对肾茶地上部位的水溶性成分进行分离纯化，迷迭香酸甲酯、紫草酸乙二甲酯为首次从该植物中分得。郑庆霞[18]对肾茶全草化学成分进行了系统的研究，从其乙醇提取物中分离得到的咖啡酸甲酯属于苯丙素类化合物，紫草酸、紫草酸甲酯属于木脂素类化合物。陈小芳[19]对肾茶的水溶性酚酸类化学成分进行研究，从肾茶中分离得到 16 个化合物，其中 helisterculins A、helisterculins B、二氢咖啡酸乙酯、二氢阿魏酸为首次从该属植物中分离得到（表 1-18，图 1-21）。

表 1-18　肾茶苯丙素和木脂素类化合物

序号	名称	文献来源	序号	名称	文献来源
1	阿魏酸酰胺	[3]	12	紫草酸	[18]
2	2,6,2',6'-四甲氧-基 4,4'-二(2,3-环氧-1-羟基丙基)二苯	[3]	13	3,4-二羟基苯基乳酸甲酯	[13]
			14	danshensu	[7]
3	8-hydroxypinoresinol	[3]	15	ferulic acid	[7]
4	syringaresinol-4'-O-β-glucopyranoside	[3]	16	helisterculins A	[19]
5	1-hydroxysyringaresinol	[3]	17	(±)-rosmarinsauremethylester	[10]
6	glycopentoside C	[3]	18	vinyl acetate	[10]
7	丁香脂素	[3]	19	ethyl coumarate	[10]
8	咖啡酸	[5]	20	松脂醇	[16]
9	迷迭香酸	[5]	21	hedyolisol	[16]
10	秦皮乙素	[5]	22	syringaresinol	[11]
11	迷迭香酸甲酯（methylrosmarinate）	[17]			

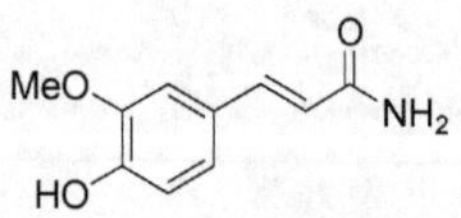

民族植物资源
化学与生物活性研究

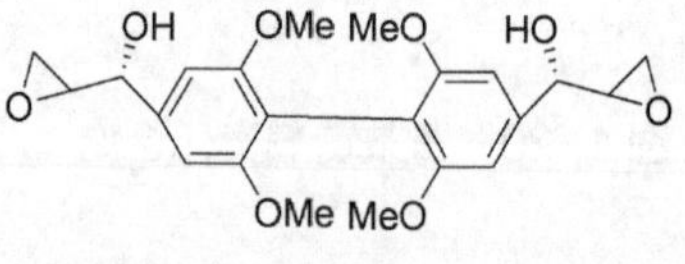

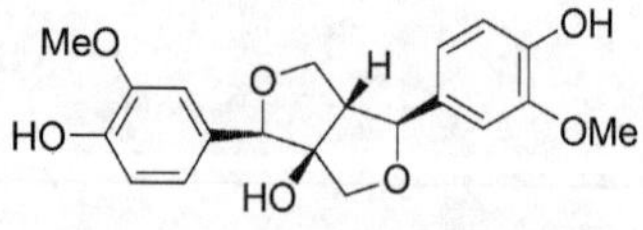

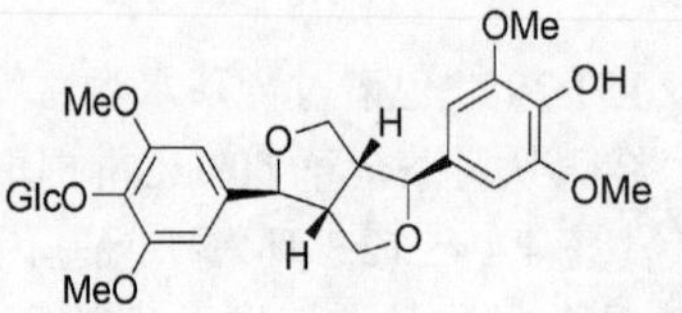

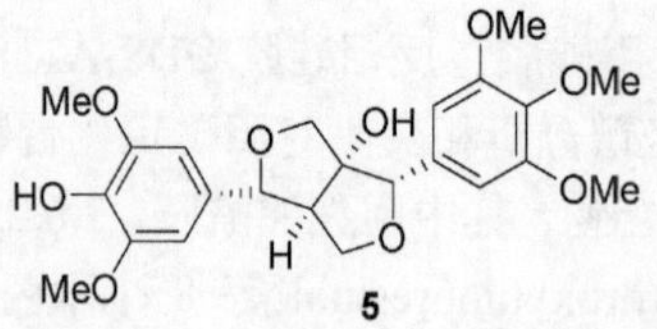

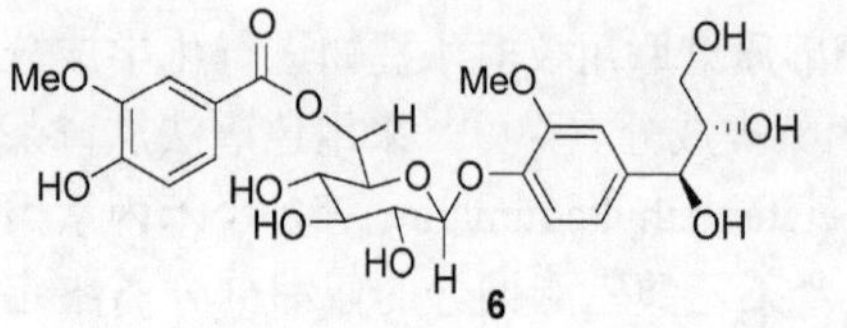

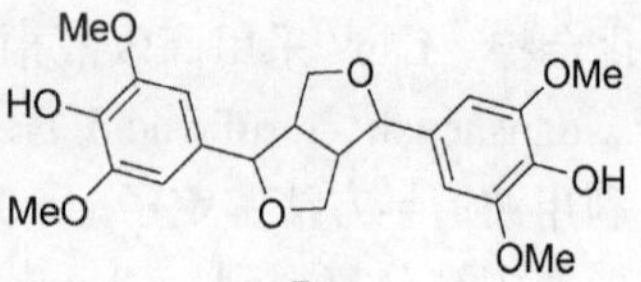

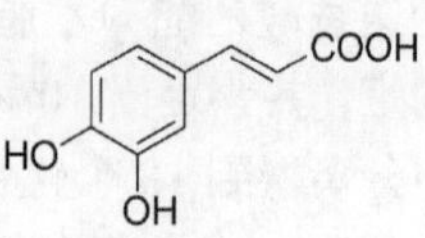

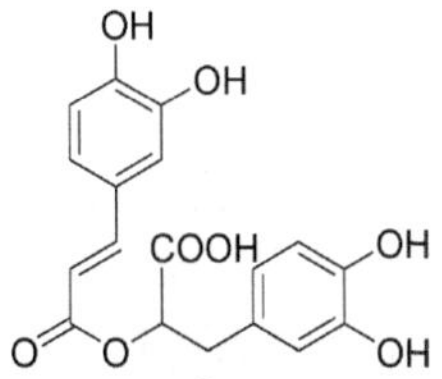

9

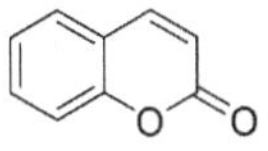

10

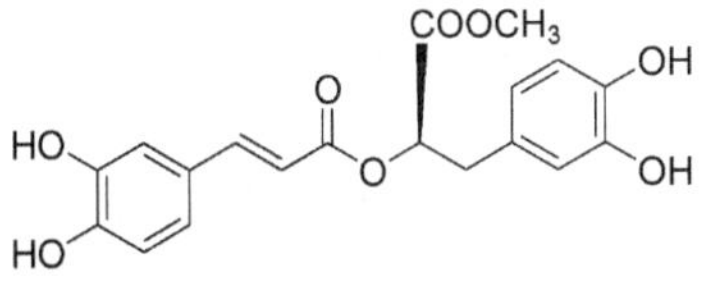

11

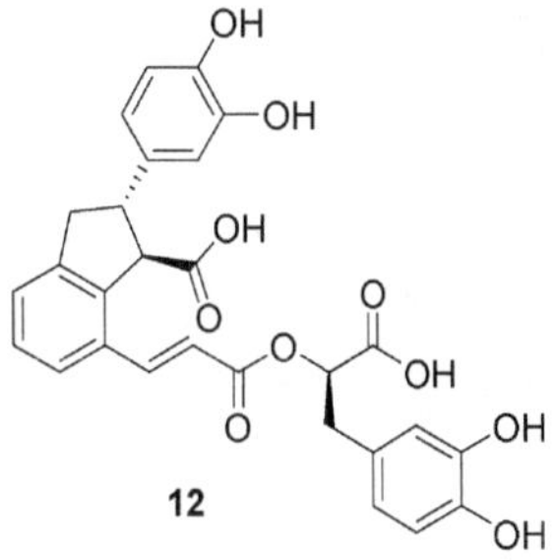

12

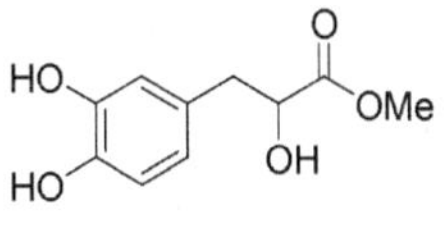

13

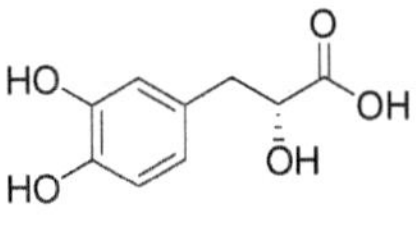

14

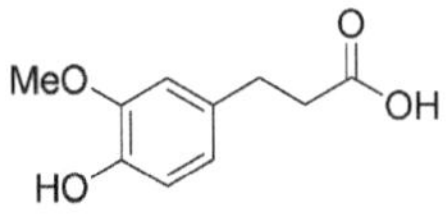

15

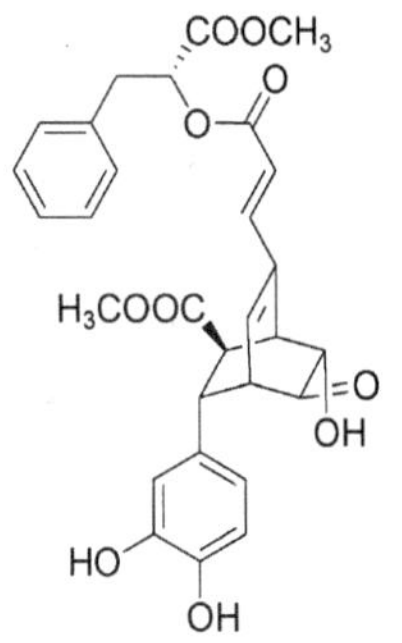

16

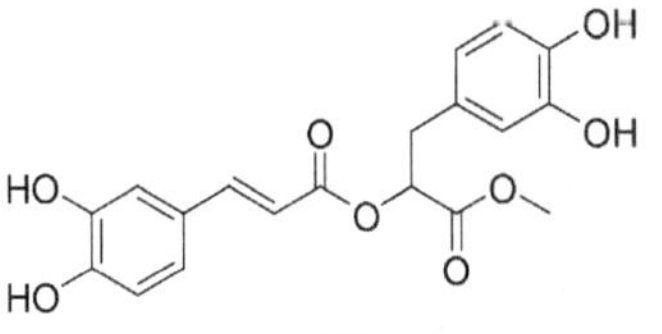

17

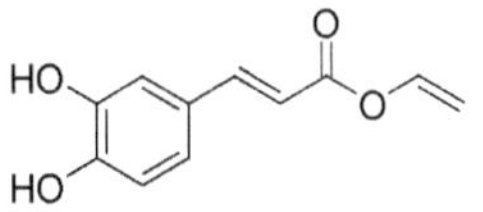

18

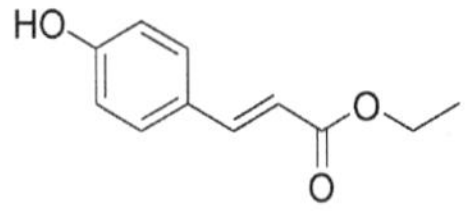

19

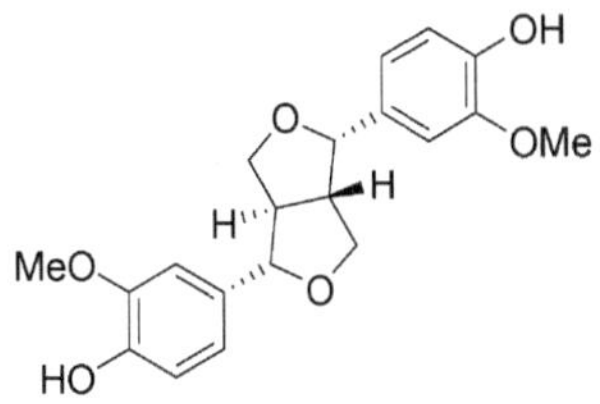

20

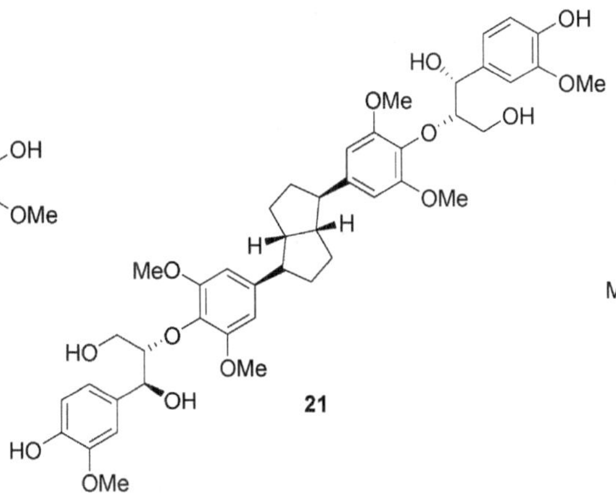

21

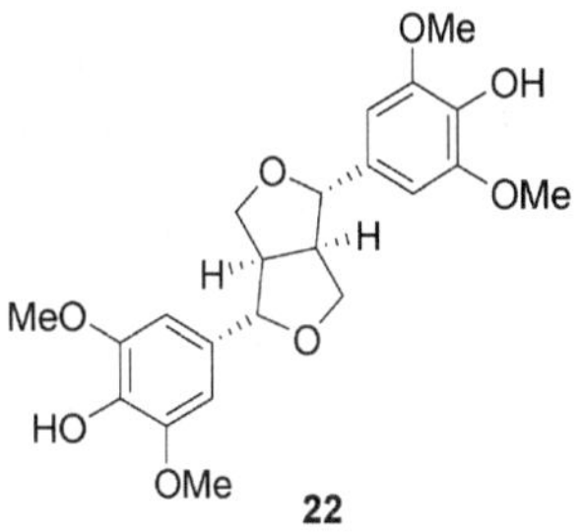

22

图 1-21 肾茶苯丙素和木脂素类化合物

4．挥发油类化合物

刘斌[20]用 GC-MS 结合化学计量学方法对肾茶挥发油进行定性分析，通过光谱数据分析，以质谱库对解析后的纯组分进行定性，结果鉴定出 32 个成分，其中烃类 5 种，醇类 3 种，醛类 3 种，酸类 4 种，脂类 2 种等。马知伊[21]用水蒸气蒸馏法，溶剂萃取法从新鲜肾茶叶中提取挥发油，用气相色谱-质谱联用技术对挥发油的化学成分进行了分析，鉴定出 82 个化学成分，其中主要成分有柏木醇（53.64%）、斯巴醇（4.13%）、1-辛烯-3-醇（3.92%）等。

5. 其他化合物

钟纪育[2]对肾茶精油中化学成分进行总结，发现含有麝香草酚等多种化学成分。章育中[4]用氯仿提取和精制肾茶叶的水煎液，得到 7 个化合物中，苯并色烯 orthochromene A 为新化合物。赵爱华[5]从肾茶的地上部分共分离了 19 个化合物中，包括 albibrissinoside B、对羟基苯甲醛、对羟基苯甲酸、原儿茶醛、原儿茶酸、3,4-二羟基苯酰甲醇等。谭俊杰[6]从肾茶中分离得到胡萝卜苷等 11 个已知化合物，通过 NMR 及 MS 数据分析鉴定其结构。Chen[11]为肾茶中探索与炎症反应有关的相关化合物，制备了该植物的乙醇提取物、组分和亚组分，结果从乙酸乙酯馏分的两个亚馏分分离鉴定 25 个具有潜在的活性的化合物，除了萜类、黄酮类等，还有 asperglaucidev 等其他化合物。何涛[12]从肾茶的乙醇提取物中分离得到了你癸酸、β-谷甾醇、β-谷甾醇-β-D-葡萄糖苷等 12 个化合物。樊飞飞[13]对肾茶的正丁醇部位进行分离、纯化，鉴定出 16 个单体化合物，其中原儿茶酸甲酯、3,4-二羟基苯乙酸甲酯、3,4-二甲氧基苯乙酸甲酯首次从该药用植物种发现。李小珍[16]采用色谱法从肾茶中分离得到松脂醇、hedyolisol 等 18 个化合物，利用波谱学方法鉴定了它们的结构，其中 (7'S,8'S)-8-epiblechnic acid diacetate 和 threo-2-(4-hydroxy-3,5-dimethoxyphenyl)-3-(4-hydroxy-3-methoxyphenyl)-3-ethoxypropan-1-ol 为新化合物。张荣荣[15]对海南栽培肾茶的化学成分进行分离纯化，共得到吐叶醇等 26 个单体化合物，其中 6-epi-1-oxo-15-hydroxyverbesindiol 为新的桉烷型倍半萜类化合物，3,4-二羟基苯乙醇为首次从肾茶中分离得到。郑庆霞[18]对肾茶全草化学成分进行了系统的研究，从其乙醇提取物中共分离得到 15 个化合物，经波谱解析进行结构鉴定，其中香草酸和 3,5-二氧甲基没食子酸为首次从该植物中分离得到。陈小芳[19]对肾茶的水溶性酚酸类化学成分进行研究，从肾茶中分离得到 16 个化合物，3,5-二羟基苯甲醛首次从该植物中分离得到。斯建勇[22]从肾茶水提物中分得 5 个化合物，经光谱分析和标准对照分别为琥珀酸和乳酸等。Zhou[23]从肾茶中分离鉴定两个新化合物，分别为 clerspide A 和 clerspide B。Li[24]从肾茶地上部分分离得到 6 个新的咖啡酸衍生物 clerodens E-J。郑庆霞[25]对肾茶进行分离纯化，结果从水提取物中得到 1 个具有新颖桥环的酚酸类化合物，命名为猫须草酸 E。Zhou[26]从肾茶全株中分离得到两种新的酚酸 helisterculins C 和 D，通过 1D NMR 和 2D NMR、MS 和圆二色谱（CD）分析对其结构进行了鉴定。陈惠琴[27]运用多种色谱技术，对海南栽培肾茶地上部分的化学成分进行分离，并根据波谱数据结合理化性质共鉴定了

表 1-19　肾茶其他化合物

序号	名称	文献来源	序号	名称	文献来源
1	麝香草酚(thymol)	[2]	**12**	猫须草酸 E	[25]
2	琥珀酸	[22]	**13**	helisterculin C	[26]
3	乳酸	[22]	**14**	癸酸（decanoic acid）	[12]
4	催吐萝芙木醇	[3]	**15**	dehydrololiolide	[16]
5	albibrissinoside B	[5]	**16**	吐叶醇	[15]
6	原儿茶醛	[5]	**17**	1-dehydroxy-1-oxo-rupestrinol	[27]
7	原儿茶酸	[5]	**18**	asperglaucidev	[11]
8	clerspide A	[23]	**19**	orthochromene A	[4]
9	香草酸	[18]	**20**	大黄素	[3]
10	对羟基苯甲醛	[13]	**21**	3,5-二氧甲基没食子酸	[18]
11	cleroden E	[24]			

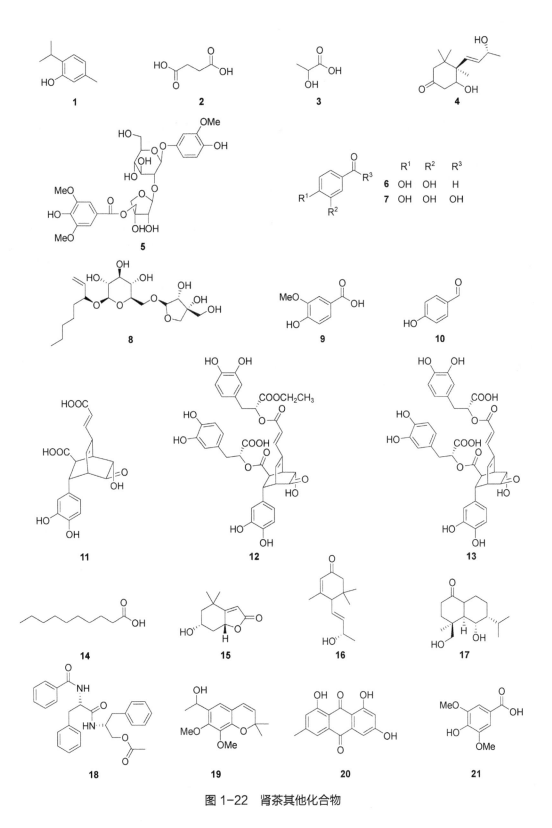

图 1-22　肾茶其他化合物

6 个单体化合物的结构，其中化合物 1-dehydroxy-1-oxo-rupestrinol 为新的倍半萜类化合物。

三、药理活性

1．抗菌

高南南[28]的体外抑菌实验表明，肾茶水提物对金黄色葡萄球菌、大肠杆菌、绿脓杆菌均有一定的抑制作用。徐福春[29]通过滤纸扩散法测定抑菌作用，对于有抑制作用的菌种测定肾茶水浸液的最小抑菌浓度，结果表明肾茶水浸液对金黄色葡萄球菌（0.08g/mL）、铜绿假单胞菌（0.10g/mL）、白色念珠菌（0.10g/mL）均有抑制作用，对金黄色葡萄球菌的抑制作用最强，其次是铜绿假单胞菌和白色念珠菌，而对黑曲霉菌、青霉菌、酿酒酵母菌均无抑制活性。易富[30]以大肠埃希菌、金黄色葡萄球菌、白色念珠菌等15种常见临床分离致病菌为受试菌，采用微量肉汤稀释法测定肾茶水提取物对它们的最低抑菌浓度（MIC），结果表明肾茶水提取物对大肠埃希菌、肺炎克雷伯菌、不活跃大肠埃希菌、甲型副伤寒杆菌、赫尔曼埃希菌、铜绿假单胞菌、鲍曼不动杆菌及金黄色葡萄球菌均具有不同程度的抑菌作用，而对白色念珠菌、克柔念珠菌、葡萄牙念珠菌、光滑念珠菌、热带念珠菌及屎肠球菌、粪肠球菌无抑菌作用。张海莉[31]对肾茶乙酸乙酯部位粗提物进行19种菌株抗菌活性测试，发现乙酸乙酯部位粗提物对结核分枝杆菌、金黄色葡萄球菌 ATCC 29213、鲍曼不动杆菌（BAA1605+Col 0.1μmol/L）、鲍曼不动杆菌（BAA1605）、鲍曼不动杆菌（BAA1605+Rif 0.1μmol/L）、绿脓杆菌 27853、绿脓杆菌（27853+Sceptrin 12.5μmol/L）均有100%的抑制作用。

2．利尿

高南南[28]分析口服肾茶（16g/kg、32g/kg）可以对正常大鼠产生利尿活性，给药后4h作用较强，但对大鼠尿液 pH 值的影响较小。欧阳秋明[32]通过连续30天以不同剂量的肾茶给大鼠拌饲，初步观察其对大鼠肾功能的影响，结果发现高剂量组的肾重量有所增加，尿素氮及血肌酐降低，病理组织学观察未见明显病理改变，表明肾茶浓缩液有增加肾供血和利尿作用。陈珠[33]采用微晶型尿酸钠分别诱导大鼠急性踝关节肿胀和急性痛风性关节炎模型，观察肾茶水煎剂对大鼠急性痛风性关节炎的抗炎作用，结果发现肾茶水煎剂高、中、低剂量能不同程度抑制大鼠踝关节肿胀度，降低血清 IL-1β、IL-8 水平，大鼠血清尿酸（SUA）水平及黄嘌呤氧化酶（XOD）活性，表明肾茶水煎剂对大鼠急性踝关节肿胀和急性痛风性关节炎有很好的控制作用，且作用机制可能与其抑制尿酸生成，利尿以促进尿酸排泄，抑制炎症细胞因子 IL-1β、IL-8 表达有关。

3．治疗肾损伤

高南南[34]发现用 8g/kg、4g/kg、2g/kg 的肾茶给小鼠灌胃30天可使腺嘌呤（Ade）所致慢性肾功能衰竭（CRF）大鼠血清中分子物质（MMS）、血清尿素氮（BUN）、肌酐（Cre）的异常升高明显降低，同时对 CRF 各期贫血症状有改善作用。组织形态学研究表明，肾茶可使肾小管组织细胞病变减轻，肾小球结构破坏减少，完整肾小球数目增加。游建军[35]通过建立 6-羟基多巴胺（6-OHDA）诱致帕金森病（PD）大鼠模型及细胞模型研究发现，肾茶总黄酮对 6-OHDA 诱导的 PD 大鼠模型和细胞模型具有明显的保护作用，其可能的作用机制与减少抗氧化应激引起的细胞损伤相关。郭银雪[36]采用手术摘除实验大鼠右侧肾脏持续阻断左肾动脉 1h 后恢复灌注的方法建立急性肾缺血再灌注损伤模型，探究肾茶总黄酮调节实验大鼠肾缺血再灌注损伤后肾小管上皮细胞凋亡的作用和机制，结果表明肾茶总黄酮能够减轻肾缺血再灌注损伤大鼠的急性肾损伤，这种作用可能通过抑制肾小管上皮细胞的凋亡来实现，其机制可能是减少大鼠肾组织内自由基生成，增强其抗自由基损伤的能力。刘德坤[37]在研究猫须草（肾茶）叶提取物（OS）对高脂饮食诱导小鼠肾损伤的调控作用的过程中发现，高剂量组小鼠肾小体和肾小管结构更为规则、清晰，肾脏指数显著下降，肾脏损伤明显减轻。血清中甘油三酯（TG）、总胆固醇（TC）、低密度脂蛋白胆固醇（LDL-C）含量显著降低，高密度脂蛋白胆固醇（HDL-C）含量显著升高，肾组织匀浆中超氧化物歧化酶（SOD）、谷胱甘肽过氧化物酶（GSH-Px）活性显著升高，丙二醛（MDA）含量显著降低，且高剂量（500mg/kg）OS 能够较好地降低高脂饮食造成的小鼠肾损伤。郭银雪[38]建立甘油制备大鼠急性肾衰模型，检测成功后提取肾小管上皮细胞，探究肾茶黄酮对急性肾衰中肾小管上皮细胞保护作用，结果发现肾茶总黄酮可促进急性肾衰中肾小管上皮细胞增殖、抑制凋亡，抑制氧化应激，抑制促凋亡蛋白的表达从而减缓急性肾衰肾小管上皮细胞的损伤。Hiromitsu[39]研究表明治疗人肾脏疾病的药用植物肾茶水和甲醇粗提物在 Balb/c3T3 细胞中对 1251-TGF-beta1 与其受体结合的抑制活性呈剂量依赖性，随后进一步生物测定，导向分离得到了两个已知的三萜成分熊果酸和齐墩果酸，发现熊果酸（IC_{50}=6.9μmol/L）和齐墩果酸（IC_{50}=21.0μmol/L）能够抑制 1251-TGF-beta1 与其受体的结合。张荣荣[15]首次采用 Ellman 法对肾茶中分离鉴定的 26 个化合物进行乙酰胆碱酯酶抑制活性测试，结果显示，化合物甜橙素、5,6,7,4,-四甲氧基黄酮、咖啡酸有中度抑制活性，3′-羟基-5,7,8,4′-四甲氧基黄酮、3,4-二羟基苯乙醇、咖啡酸乙酯、迷迭香酸甲酯有较弱抑制活性。Luo[40]对肾茶中分离鉴定的所有化合物进行 tgf-b1 诱导的大鼠肾脏成纤维细胞的肾脏保护活性测定，结果表明 spicatusenes C、orthosiphol L、orthosiphol K、orthosiphol N、norstaminol B 有利于肾脏纤维化。

4. 治疗高尿酸

蔡华芳[41]建立小鼠饲饮含乙二醇和氯化铵的水建立草酸钙肾结石模型，测定肾脏、尿液中草酸和钙的含量，研究肾茶提取物是否具有抗结石作用，发现其能明显降低肾结石小鼠尿液及肾组织中草酸和钙含量，减少草酸钙结晶在肾组织中的沉积，表明肾茶提取物可能通过降低尿液草酸钙浓度，抑制结晶在肾脏的沉积而发挥作用。蒋维晟[42]在乙二醇法诱导的大鼠肾结石模型上，探讨肾茶提取液对大鼠肾结石模型影响的相关机制，以大鼠的尿 pH 值、尿草酸、尿量、尿钙及肾组织学检查作为观察指标，结果发现，肾茶提取液可降低尿钙浓度与尿草酸的含量，显著减轻肾结石程度，使肾小管管腔内结晶形成物明显减少。Guan[43]对肾茶 95%乙醇水提取物乙酸乙酯部位中分离鉴定的新二萜类化合物 clerospicasin J 进行活性筛选，结果发现其对 SKOV3 细胞具有明显的增殖抑制作用。黄幼霞[44]采用腹腔注射次黄嘌呤的方法建立高尿酸血症动物模型，研究肾茶对小鼠血尿酸水平的影响，发现中、高剂量肾茶可显著降低正常小鼠的血尿酸水平。

5. 抗肿瘤

Luo[9]用 MTT 法或 MTS 法检测从肾茶中分离鉴定的化合物对诱导或不诱导 TGF-B1 的大鼠肾成纤维细胞（NRK-49F）和人癌细胞（HL-60、SMMC-7721、A-549、MCF-7 和 sW480）的细胞活性，发现化合物 spicatusoid B、spicatusoid C、spicatusoid D、spicatusoid E、vitexnegheterion H、euscaphic acid、2α, 3β, 19β-trihydroxyurs-12-en-28 -oic acid、arjunolic acid 可以抑制 TGF-β1 诱导的 NRK-49F 细胞增殖，其中 spicatusoid B 是活性最强的。张荣荣[15]采用 MTT 法对肾茶中分离鉴定的化合物中进行人肝癌细胞 BEL-7402 和人胃癌细胞 SGC-7901 的生长抑制活性测试。

结果发现咖啡酸甲酯、咖啡酸乙酯对肿瘤细胞的生长具有较弱抑制作用。Luo[40]对肾茶中分离鉴定的所有化合物进行了（HL-60、SMMC-7721、A-549、MCF-7 和 SW-480）的细胞毒活性进行了检测，发现化合物 spicatusenes A、spicatusenes A、orthosiphol R、orthoarisin A、orthosiphonone D、orthosiphol N 对一种或多种癌细胞系具有活性。郑英换[45]采用 MTT 法体外抗肿瘤活性试验研究肾茶乙醇提取物分别经石油醚萃取、乙酸乙酯萃取后提取物分别对人回盲肠癌细胞（HCT-8）、人肝癌细胞（BEL-7402）和人非小细胞肺癌细胞（A549）的生长抑制作用，结果表明其对 3 种肿瘤细胞均具有良好的抑制活性，而正丁醇萃取物和萃取后的水层无抗肿瘤活性作用。

6．抗炎

高南南[46]采用小鼠耳肿胀法，以肾茶（7.2g/kg、3.6g/kg、1.8g/kg）灌胃给药，发现大、中剂量组能使巴豆油引起的小鼠耳肿抑制率有所下降，抑制率分别为 24.96%、20.77%。陈涛[47]随机选择 60 例成年雄性 SD 大鼠作为研究对象，探究肾茶总黄酮对大鼠的慢性细菌性前列腺炎的治疗效果，观察其体内氧化应激水平及炎症因子的变化差发现，肾茶总黄酮具备潜在的抗细菌性前列腺炎活性。谢琴[48]在分析肾茶对慢性肾炎患者肾小球内 c4d 沉积和血清肝细胞生长因子（HGF）表达的影响的过程中发现，肾茶辅助治疗慢性肾炎，可增进疗效，可能与其可抑制肾小球内 c4d 沉积、调节血清 HGF 水平有关。

7．抗氧化

Sun[49]对肾茶中分离鉴定的 4 个酚酸类化合物 clerodens A-D 进行 NO 活性筛选，发现 clerodens D 具有显著的 NO 抑制活性（IC_{50}=6.8μmol/L）。陈地灵[50]将肾茶水提液依次用石油醚、氯仿、乙酸乙酯萃取，与水层得到的 4 个不同极性部位进行体外抗氧化活性实验，结果显示肾茶水提液 4 个不同极性部位均具有不同程度地清除 DPPH、O^{2-}、·OH 和络合 Fe^{2+}能力；其中乙酸乙酯和水提部位具有显著体外抗 ROS 能力，降低 MDA 和升高 GSH-Px 水平，以及抑制肾脏线粒体肿胀的能力。苏德禹[51]以 DPPH 和 ABTS 自由基清除、FRAP 还原法及金属螯合能力这三个体系评价猫须草醇提取物的抗氧化活性，结果表明猫须草醇提取物对 DPPH 自由基的清除率（IC_{50}=13.45μg/mL）高于 BHT（IC_{50}=46.78μg/mL），但低于 Trolox（IC_{50}=6.08μg/mL），而对于 ABTS 自由基的清除率，猫须草醇提取物（IC_{50}=6.06μg/mL）则高于 BHT（IC_{50}=12.49μg/mL）和 Trolox（IC_{50}=6.45μg/mL），肾茶醇提取物（FRAP 为 516mmol/L）具有较强的还原能力和具有一定的金属螯合能力。李晓花[52]的肾茶体外抗氧化活性实验结果显示其抗氧化能力随质量浓度的增大而增强，在 1～10μg/mL 浓度范围内和 100～1250μg/mL 浓度范围内，其清除 DPPH 自由基和羟基自由基的能力略强于抗坏血酸，两者的对 DPPH 自由基半数抑制浓度分别为 5.78μg/mL 和 6.31μg/mL，对羟基自由基的半数抑制浓度为 851.1μg/mL 和 940.1μg/mL。

8．降血糖和降血压

左凤[53]对肾茶主要化学成分 methylripariochromene A 和其他两种化合物 acetovanillochromene、orthochromene A 进行抗高血压活性研究，结果表明它们能够剂量依赖性降低易中风的自发性高血压大鼠的血压，IC_{50} 值分别为 $0.83×10^{-4}$ mol/L、$1.01×10^{-4}$ mol/L、$1.32×10^{-4}$ mol/L。张荣荣[15]采用 PNPG 法测定肾茶中分离鉴定的 26 个化合物的 α-葡萄糖苷酶抑制活性，结果表明，N-反式阿魏酰酪胺、咖啡酸、咖啡酸甲酯有较好抑制活性，3,4-二羟基苯乙醇、丹参素甲酯、咖啡酸乙酯有弱的抑制活性。Chen[54]发现肾茶的地上部分分离得到的化合物 *N*-反式阿魏酰酪胺、3,4-dihydroxyphenyllactate、咖啡酸对 α-葡萄糖苷酶能够表现出不同的抑制活性。

9. 其他

黄荣桂[55]采用相当于成人日服肾茶 46～56mL（46～56g 生药）所用剂量进行急性毒性试验，发现小鼠在每次灌药后仅见短时（5～15min）安静，活动减少，无其他症状出现，表明肾茶无急性毒性。罗格莲[56]用肾茶提取物（56.0mg/kg、112.0mg/kg、244.0mg/kg，相当于肾茶提取物生药量 0.56g/kg、1.12g/kg、2.44g/kg）灌胃给药，考察肾茶提取物对小鼠神经系统的影响，观察给药后小鼠自主活动、爬杆运动和腹腔注射阈下剂量戊巴比妥小鼠的入睡率，结果表明，肾茶提取物对小鼠的自主活动次数、运动协调能力及入睡率均无明显影响。王立强[57]用肾茶提取物（48.0mg/kg、144.0mg/kg、432.0mg/kg，相当于生药量 0.48g/kg、1.44g/kg、4.32g/kg）通过十二指肠给药考察其对麻醉犬呼吸系统的影响，结果表明，肾茶提取物对麻醉犬呼吸深度和呼吸频率均无明显影响。

参考文献

[1] 焦爱军, 冯洁. 肾茶的生药学鉴别研究[J]. 广西医科大学学报, 2013, 30(2): 190-191.

[2] 钟纪育, 邹宗实. 肾茶的化学成分 [J]. 云南植物研究, 1984, 6(3): 344-345.

[3] 陈伊蕾, 谭俊杰, 陆露璐, 等. 肾茶水溶性成分的研究[J]. 中草药, 2009, 40(5): 689-693.

[4] 章育中. 肾茶叶中两个新 isopimarane 型二萜烯(肾茶酮 A 和 B)及一个新苯并色烯(肾茶色烯 A)的化学结构[J]. 国际中医中药杂志, 1999, 6(21): 46-46.

[5] 赵爱华, 赵勤实, 李蓉涛, 等. 肾茶的化学成分[J]. 云南植物研究, 2004, 26(5): 563-568.

[6] 谭俊杰, 谭昌恒, 陈伊蕾, 等. 肾茶化学成分的研究(英文) [J]. 天然产物研究与开发, 2009, 21(4): 608-611, 592.

[7] Lan W, Xie Z, Li Y X, et al. Aqueous extract of *Clerodendranthus spicatus* exerts protective effect on UV-induced photoaged mice skin[J]. Evidence-based Complementary and Alternative Medicine, 2016, (5): 1-11.

[8] Li Y M, Xiang B, Li X Z, et al. New diterpenoids from *Clerodendranthus spicatus*[J]. Natural Products & Bioprospecting, 2017, 7(3): 1-5.

[9] Luo Y, Cheng L Z, Luo Q, et al. New ursane-type triterpenoids from *Clerodendranthus spicatus*[J]. Fitoterapia, 2017, 119: 69-74.

[10] 罗勇. 肾茶化学成分研究[D]. 泸州. 西南医科大学, 2017.

[11] Chen W D, Zhao Y L, Dai Z, et al. Bioassay-guided isolation of anti-inflammatory diterpenoids with highly oxygenated substituents from kidney tea (*Clerodendranthus spicatus*)[J]. Journal of Food Biochemistry, 2020, 44(12): e13511.

[12] 何涛. 石椒草和肾茶的化学成分研究[D]. 昆明: 云南中医学院, 2017.

[13] 樊飞飞. 肾茶抗炎活性的正丁醇部位的化学研究[D]. 上海: 上海交通大学, 2013.

[14] 李光, 路娟, 李学兰, 等. HPLC 法测定肾茶中 3 种甲氧基黄酮类活性成分[J]. 医药导报, 2015, 34(9): 1203-1206.

[15] 张荣荣. 海南栽培肾茶化学成分及其生物活性研究[D]. 海口: 海南大学, 2017.

[16] 李小珍, 晏永明, 程永现. 肾茶化学成分研究[J]. 天然产物研究与开发, 2017, 29(02): 183-189.

[17] 王敏, 梁敬钰, 陈雪英. 肾茶的水溶性成分(英文)[J]. 中国天然药物, 2007 (1): 27-30.

[18] 郑庆霞, 孙照翠, 许旭东. 猫须草的化学成分研究[A].// 中药与天然药高峰论坛暨第十二届全国中药和天然药物学术研讨会[C]. 海口: 2012.

[19] 陈小芳, 马国需, 黄真, 等. 傣药肾茶中水溶性酚酸类化学成分的研究[J]. 中草药, 2017, 48(13): 2614-2618.

[20] 刘斌, 李艳薇, 刘国良, 等. GC-MS 结合化学计量学方法用于肾茶挥发油的定性分析[J]. 药物分析杂志, 2015, 35(10): 1815-1819.

[21] 马知伊. 肾茶叶挥发油化学成分分析[J]. 韩山师范学院学报, 2013, 34(3): 50-54, 59.

[22] 斯建勇, 李国清, 郭剑, 等. 肾茶水溶性成分的研究[J]. 中草药, 1996, 27(7): 393-394.

[23] Zou J, Zhu Y D, Zhao W M. Two new alkyl glycosides from *Clerodendranthus spicatus*[J]. Journal of Asian Natural Products Research, 2008, 10(7): 602-606.

[24] Li Q, He Y N, Shi X W, et al. Clerodens E-J, antibacterial caffeic acid derivatives from the aerial part of Clerodendranthus spicatus[J]. Fitoterapia, 2016, 114(1): 115-121.

[25] 郑庆霞, 马国需, 孙照翠, 等. 猫须草中一个新的酚酸类化合物[J]. 中国药学杂志, 2016, 51(5): 365-367.

[26] Zhou H C, Yang L, Guo R Z, et al. Phenolic acid derivatives with neuroprotective effect from the aqueous extract of Clerodendranthus spicatus[J]. Journal of Asian Natural Products Research, 2017, 19(10): 1-7.

[27] 陈惠琴, 张荣荣, 梅文莉, 等. 海南栽培肾茶中 1 个新的桉烷型倍半萜[J]. 中国中药杂志, 2019, 44(1): 95-99.

[28] 高南南, 田泽, 李玲玲, 等. 肾茶药理作用的研究[J]. 中草药, 1996, 27(10): 615-615.

[29] 徐福春, 罗布占堆, 杨东娟. 肾茶水浸液抑菌作用研究[J]. 西藏大学学报(自然科学版), 2010, 25(2): 82-85.

[30] 易富, 何宇佳, 梁凯, 等. 肾茶水提取物的体外抑菌实验[J]. 西南国防医药, 2013, 23(10): 1058-1059.

[31] 张海莉. 海南栽培肾茶乙酸乙酯部位化学成分及生物活性研究[D]. 海口: 海南大学, 2019.

[32] 欧阳秋明, 余明泽, 敬明武, 等. 肾茶调节大鼠肾功能的初步观察[J]. 预防医学情报杂志, 1999, (3): 173-174.

[33] 陈珠, 杨彩霞, 倪婉晔, 等. 肾茶对急性痛风性关节炎大鼠的抗炎作用研究[J]. 环球中医药, 2016, 9(9): 1051-1054.

[34] 高南南, 田泽, 李玲玲, 等. 肾茶对慢性肾功能衰竭大鼠体内毒性代谢产物的排出及肾脏组织形态学的影响[J]. 中草药, 1996, 27(8): 472-475.

[35] 游建军, 李光, 李宇赤, 等. 肾茶总黄酮对帕金森病的神经保护作用[J]. 中国实验方剂学杂志, 2015, 21(4): 139-143.

[36] 郭银雪, 葛平玉. 肾茶总黄酮调节肾缺血再灌注损伤大鼠肾小管上皮细胞凋亡的作用和机制[J]. 实用中西医结合临床, 2019, 19(12): 173-175.

[37] 刘德坤, 张璐, 陈旭洁, 等. 猫须草叶提取物对高脂饮食诱导小鼠肾损伤的调控作用[J]. 饲料研究, 2019, 42(4): 60-64.

[38] 郭银雪, 胡茂蓉, 葛平玉. 肾茶黄酮对急性肾衰中肾小管上皮细胞保护作用的研究[J]. 世界科学技术-中医药现代化, 2020, 22(6): 1773-1779.

[39] Hiromitsu Y, Koko S, Masako S, et al. In vitro TGF-beta1 antagonistic activity of ursolic and oleanolic acids isolated from Clerodendranthus spicatus[J]. Planta medica, 2003, 69(7): 673-675.

[40] Luo Y, Li X Z, Xiang B, et al. Cytotoxic and renoprotective diterpenoids from Clerodendranthus spicatus[J]. Fitoterapia, 2018, 125: 135-140.

[41] 蔡华芳, 罗砚曦, 蒋幼芳, 等. 肾茶提取物抑制小鼠草酸钙结石作用研究[J]. 中国实用医药, 2008, 3(7): 1-2.

[42] 蒋维晟. 肾茶提取液对肾结石模型影响的实验研究[J]. 江西中医学院学报, 2009, 21(1): 52-54.

[43] Guan S C, Fan G Y. Diterpenoids from aerial parts of Clerodendranthus spicatus and their cytotoxic activity[J]. Helvetica Chimica Acta, 2014, 97(12): 1708-1713.

[44] 黄幼霞, 蔡英健, 吴宝花. 肾茶对小鼠血尿酸水平的影响[J]. 世界临床药物, 2016, 37(11): 744-747.

[45] 郑英换, 潘显茂, 李兰婷. 猫须草提取物体外抗肿瘤活性部位研究[J]. 安徽农业科学, 2020, 48(12): 177-179.

[46] 高南南, 田泽, 李玲玲, 等. 肾茶药理作用的研究[J]. 中草药, 1996, 27(10): 615.

[47] 陈涛, 杨全伟. 肾茶总黄酮抗大鼠慢性细菌性前列腺炎活性研究[J]. 湖北民族学院学报(医学版), 2016, 33(4): 1-3.

[48] 谢琴. 肾茶对慢性肾炎患者肾小球内 c4d 沉积和血清肝细胞生长因子表达的影响[J]. 中国中西医结合肾病杂志, 2018, 19(7): 604-606.

[49] Sun Z, Zheng Q, Ma G, et al. Four new phenolic acids from Clerodendranthus spicatus[J]. Phytochemistry Letters, 2014, (8): 16-21.

[50] 陈地灵, 龙贺明, 张鹤鸣, 等. 肾茶提取物抗氧化及保护线粒体作用研究(英文)[J]. 天然产物研究与开发, 2014, 26(3): 392-397.

[51] 苏德禹, 许鲁宁, 汤须崇, 等. 猫须草总黄酮抗氧化活性研究[J]. 海峡药学, 2014, 26(12): 242-244.

[52] 李晓花, 陈蕾西, 牛迎凤, 等. 肾茶多酚提取工艺及其抗氧化活性研究[J]. 天然产物研究与开发, 2016, 28(2): 257-261.

[53] 左凤. 肾茶中活性成分的抗高血压作用[J]. 国外医学(中医中药分册), 2001, (2): 125-126.

[54] Chen H Q, Zhang R R, Mei W L, et al. A new eudesmane type sesquiterpene from cultivated Clerodendranthus spicatus in Hainan[J]. China Journal of Chinese Materia Medica, 2019, 44(1): 95-99.

[55] 黄荣桂, 沈文通, 郑兴中, 等. 肾茶对尿路结石的治疗作用[J]. 福建医科大学学报, 1999, (4): 402-405.

[56] 罗格莲, 王立强, 孟萍萍, 等. 肾茶提取物对实验动物神经系统药理作用的研究[J]. 中国医药科学, 2011, 1(6): 39-40.

[57] 王立强, 孟萍萍, 王之. 肾茶提取物对实验动物呼吸系统药理作用的研究[J]. 中国医药科学, 2011, 1(6): 38, 40.

第六节

龙血竭

龙血竭（*Resina draconis*）为百合科剑叶龙血树的树脂，树皮被割破，便会流出殷红的汁液，像人体的鲜血，主要成分为龙血素 B，微有清香，味淡微涩。具有活血散瘀、定痛止血、敛疮生肌的功效，适用于跌打损伤、瘀血作痛、外伤出血等症。

一、生物学特性及分布

乔木状，高可达 5～15m。茎粗大，分枝多，树皮灰白色，光滑，老干皮部灰褐色，片状剥落，幼枝有环状叶痕。叶聚生在茎、分枝或小枝顶端，互相套叠，剑形，薄革质，长 50～100cm，宽 2～5cm，向基部略变窄而后扩大，抱茎，无柄。圆锥花序长 40cm 以上，花序轴密生乳突状短柔毛，幼嫩时更甚；花每 2～5 朵簇生，乳白色；花梗长 3～6mm，关节位于近顶端；花被片长 6～8mm，下部 1/5～1/4 合生；花丝扁平，宽约 0.6mm，上部有红棕色疣点；花药长约 1.2mm；花柱细长。浆果直径 8～12mm，橘黄色，具 1～3 颗种子。花期 3 月，果期 7～8 月。龙血竭主要分布在我国云南及东南亚国家，多生长在湿润的雨林里。龙血树性喜高温多湿，喜光，光照充足，叶片色彩艳丽。不耐寒，冬季温度约 15℃，最低温度 5～10℃。温度过低，因根系吸水不足，叶尖及叶缘会出现黄褐色斑块。龙血树喜疏松、排水良好、含腐殖质营养丰富的土壤[1]。

二、化学成分

1. 黄酮类化合物

罗应[2]运用多种色谱技术对海南龙血竭乙醇提取物乙酸乙酯部位进行分离纯化，通过波谱学等方法共分离鉴定了 24 个单体化合物，其中 cambodianin A、cambodianin B、4,4'-二羟基-2,3'-二甲氧基二氢查耳酮等 13 个属于黄酮类化合物。王洋[3]对龙血竭基源考证，从中分离得到 6 种化合物，主要为黄酮化合物包括 7,4'-二羟基黄酮、7-羟基黄酮等，并对人工栽培和野生型龙血竭进行化学成分差异分析，发现二者差异不大。李目杰[4]利用硅胶柱色谱、聚酰胺柱色谱及反复重结晶等方法对龙血竭二氯甲烷提取部位中黄烷和高异黄烷类成分进行分离纯化，根据理化性质和波谱分析对分离得到的化合物进行结构鉴定，结果分离得到 4'-羟基-7-甲氧基-8-甲基黄烷、5,4'-二羟基-7-甲氧基-6-甲基黄烷等 6 个化合物，其中 4'-羟基-7-甲氧基-8-甲基黄烷为首次从剑叶龙血树中分离得到。罗应[5]在生物活性筛选的指导下，从海南龙血竭中分离得到 33 个单体化合物，其中 cinnabarone、cambodianin C 为黄酮类化合物。Liu[6]采用液相色谱-电喷雾多级串联质谱等方法从龙血竭提取物的主要成分初步鉴定出 5,7,4'-trihydroxy-6-methylfavone、7,4'-dihydroxydihydroflavon 等 18 个化合物。刘星[7]从龙血竭的氯仿部分分离纯化得到 22 个化合物，经波谱分析鉴定为对羟基苯乙酮、7,4'-二羟基黄酮、(2S)-7,4'-二羟基 8-甲基黄烷等，其中化合物 4,4'-二羟基-2,6-二甲氧基二氢查耳酮、6,4'-二羟基-2,4-二甲氧基二氢查耳酮等四个化合物为首次从云南龙血竭中得到。苏小琴[8]从龙血竭乙酸乙酯提取部位分离得到 14 个化合物结构鉴定为 4′-羟基-1′,4″-二甲氧基查尔烷、5,7,4′-三羟基二氢黄酮、7-羟基二氢黄酮等，其中 4′-羟基-1′,4″-二甲氧基查尔烷为新天然产物，5,7,4′-三羟基二氢黄酮为首次从龙血树属植物中分离得到，7-羟基二氢黄酮为首次从剑叶龙血树中分离得到。王芳芳[9]从龙血竭甲醇提取物中分离了 8 个主要的黄酮类化合物，经综合波谱分析分别鉴定为 5,4′-二羟基-7-甲氧基-6-甲基黄烷、4′-羟基-2,4-二甲氧基二氢查尔酮等。汤丹[10]采用活细胞固相色谱法及高分辨液质联用技术快速筛选鉴定龙血竭中潜在的镇痛活性成分，并从中鉴定出 21 个具有不同结构类型的主要成分，包括 3,5,7,4′-四羟基高异黄酮、5,7,4′-三羟基高异黄烷酮，7,4′-二羟基-5-甲氧基高异黄烷酮，2,4′-二羟基-4,6-二甲氧基二氢查耳酮等多种类型的黄酮类化合物。杨宁[11]对人工诱导海南龙血竭粗提物进行分离纯化得到 28 个单体化合物，分别为 10-甲氧基-11-羟基龙血酮、4-甲氧基-10,11-二羟基龙血酮、1-甲氧基-2-甲基-10,11-二羟基龙血酮等。张兴锋[12]为了解龙血竭中黄酮类化合物的化学组成，通过碱溶酸沉初步提取，聚酰胺柱色谱、硅胶柱色谱和高效液相色谱对龙血竭进一步分离，借助波谱分析手段对分离出的 11 个黄酮类成分化合物结构进行鉴定，分别为 5,7,4′-三羟基-8-甲基黄酮、5,7,4′-三羟基黄酮、2,4′-二羟基-4,6-二甲氧基二氢查耳酮等（表 1-20，图 1-23）。

表 1-20 龙血竭黄酮类化合物

序号	名称	参考文献	序号	名称	参考文献
1	cambodianin A	[2]	13	甘草素	[8]
2	cambodianin B	[2]	14	龙血素 D	[13]
3	4,4′-二羟基-2,3′-二甲氧基二氢查耳酮	[2]	15	5,4′-二羟基-7-甲氧基-6-甲基黄烷	[9]
4	7,4′二羟基二氢高异黄酮	[2]	16	4′-羟基-2,4-二甲氧基二氢查耳酮	[9]
5	7,4′-二羟基黄酮	[3]	17	(2S)-6,4′-dihydroxy-5-methoxyflavane	[14]
6	6,4′-二羟基-7-甲氧基高异黄烷	[4]	18	nordracophane	[15]
7	10-羟基-11-甲氧基龙血酮	[4]	19	dracophane	[15]
8	(2R)-5,4′-二羟基-7-甲氧基-6,8-二甲基黄烷	[5]	20	7,4′-二羟基-5-甲氧基高异黄烷酮	[10]
9	5,7,4′-trihydroxy-6-methylfavone	[6]	21	10-甲氧基-11-羟基龙血酮	[11]
10	龙血素 C	[7]	22	剑叶血竭素	[11]
11	剑叶龙血素 D	[7]	23	苏木查耳酮	[11]
12	4′-羟基-1′,4″-二甲氧基查耳烷	[8]	24	5,7,4′-三羟基-8-甲基黄酮	[12]

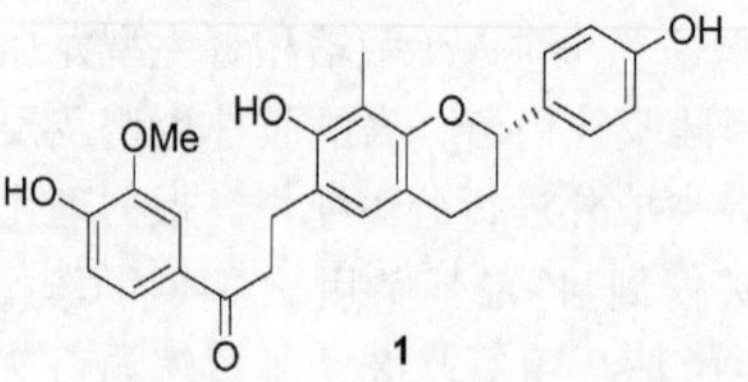

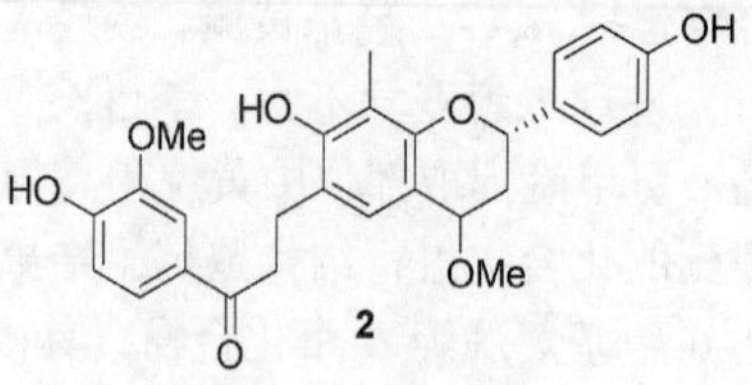

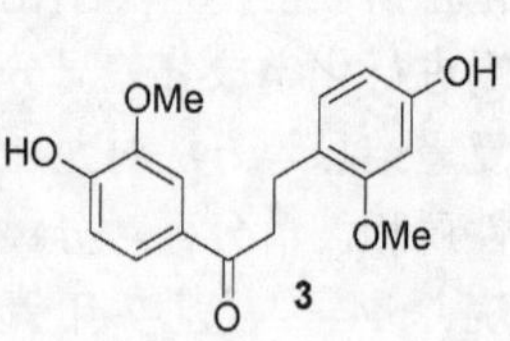

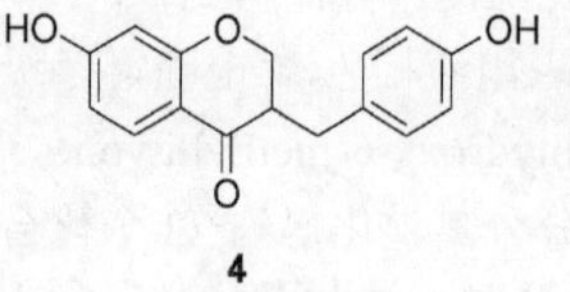

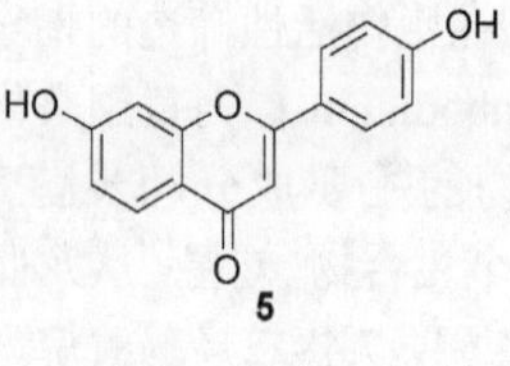

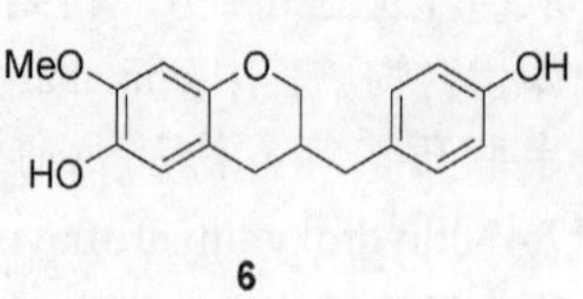

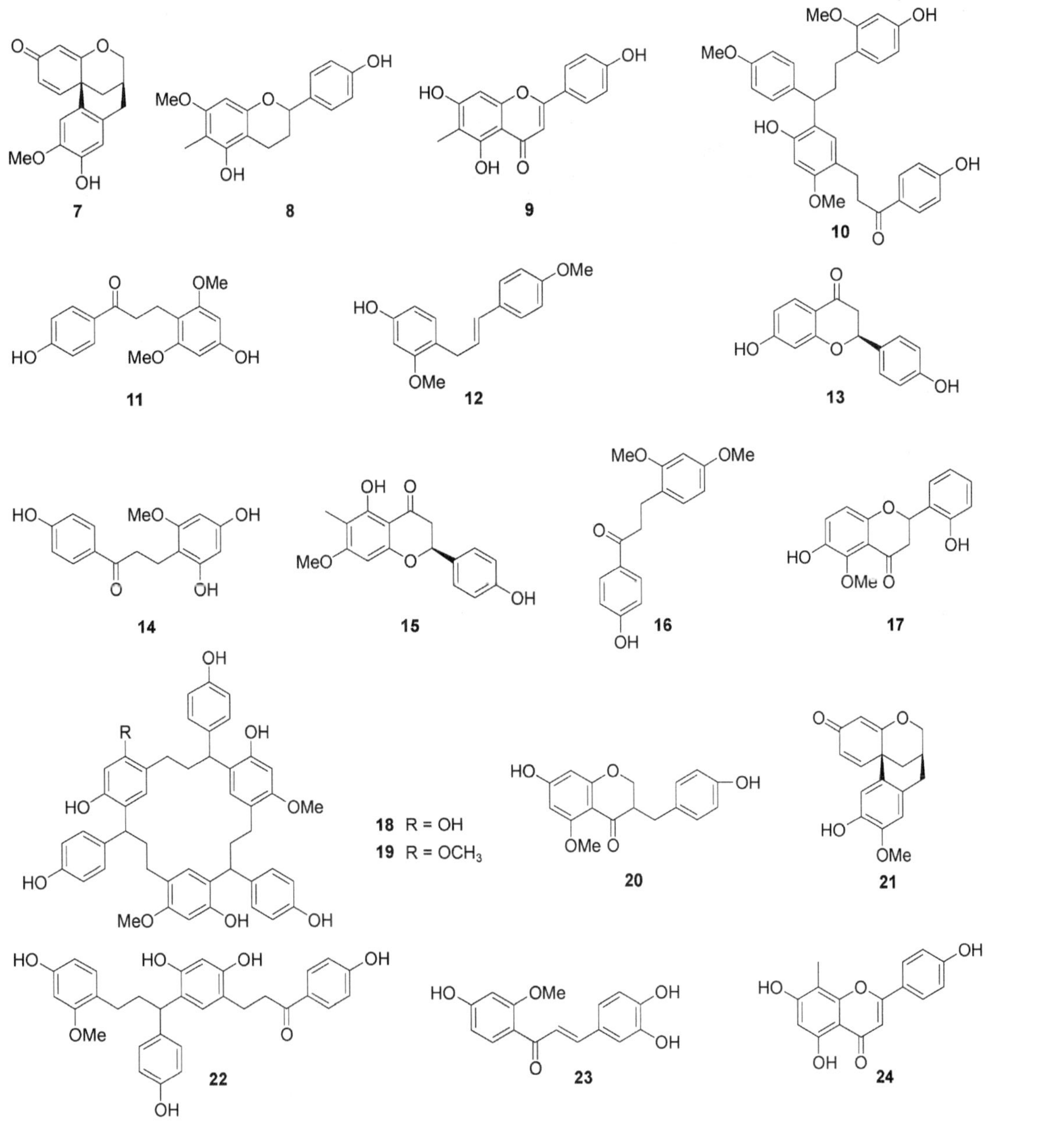

图 1-23 龙血竭黄酮类化合物

2. 苯丙素及木脂素类化合物

罗应[2]运用多种色谱技术对海南龙血竭乙醇提取物乙酸乙酯部位进行分离纯化，通过波谱学等方法共分离鉴定丁香脂、松脂醇、表松脂醇、蛇菰宁等 6 个属于木脂素类化合物；在生物活性筛选的指导下[5]，他从海南龙血竭中分离得到多个单体化合物，其中 3,4-二羟基烯丙基苯为木脂素类化合物。Liu[6] 从龙血竭提取物中分离鉴定多种类型化合物，其中 3,4-dihydroxyollylbenzene 为苯丙素类化合物。刘星[7]从龙血竭的氯仿部分分离纯化得到 22 个化合物，其中化合物 pinoresinol、medioresinol、(+)-lyoniresinol、dihydrodehydrodiconifery alcohol 为木脂素化合物，首次从云南龙血竭中得到。苏小琴[8]从龙血竭乙酸乙酯提取部位分离得到 14 个化合物进行结构鉴定，其中7-羟基-5,4′-二甲氧基-2-苯基苯并呋喃为首次从百合科植物中分离得到。杨宁[11]对海南人工诱导血竭粗提物进行分离纯化，得到28个单体化合物中，diospyrosin、丁香树脂醇、杜仲树脂酚为木脂素类化合物（表1-21，图1-24）。

表1-21 龙血竭苯丙素及木脂素类化合物

序号	名称	参考文献	序号	名称	参考文献
1	丁香脂	[2]	8	medioresinol	[7]
2	松脂醇	[2]	9	(+)-lyoniresinol	[7]
3	表松脂醇	[2]	10	dihydrodehydrodiconifery alcohol	[7]
4	蛇菰宁	[2]	11	7-羟基-5,4′-二甲氧基-2-苯基苯并呋喃	[8]
5	3,4-二羟基烯丙基苯	[5]	12	diospyrosin	[11]
6	3,4-dihydroxyollylbenzene-4-O-[α-L-rhamnopyranosyl-(1→6)]-β-D-glucopyranoside	[6]	13	丁香树脂醇	[11]
			14	杜仲树脂酚	[11]
7	pinoresinol	[7]			

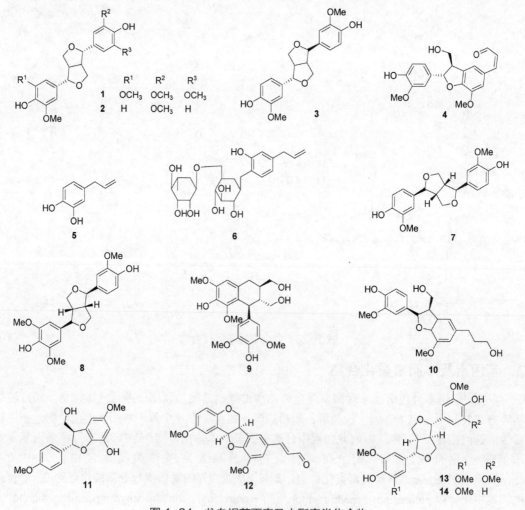

图1-24 龙血竭苯丙素及木脂素类化合物

3．醌类化合物

罗应[2]运用多种色谱技术对海南龙血竭乙醇提取物乙酸乙酯部位进行分离纯化，通过波谱学等方法共分离鉴定了 24 个单体化合物，其中 1-羟基-6,8-二甲氧基-3-甲基蒽醌属于醌类化合物（表 1-22，图 1-25）。

表 1-22　龙血竭醌类化合物

序号	名称	参考文献
1	1-羟基-6,8-二甲氧基-3-甲基蒽醌	[2]

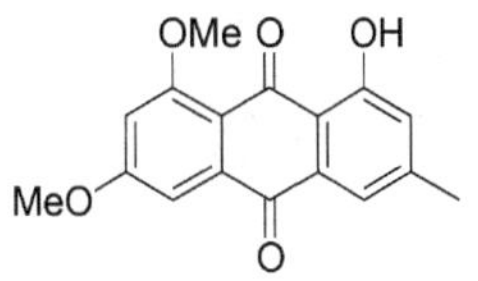

图 1-25　龙血竭醌类化合物

4．甾体类化合物

罗应[2]运用多种色谱技术对海南龙血竭乙醇提取物乙酸乙酯部位进行分离纯化，通过波谱学等方法共分离鉴定(25R)-螺甾-5-烯-3β-醇、(25R)-螺甾-5-烯-3β,17α-二醇两个甾体类化合物。王洋[3]从龙血竭中分离鉴定了 6 种化合物，其中包括甾体类化合物 β-谷甾醇。罗应[5]从海南龙血竭中分离得到 diosgenin-3-O-β-D-galactopyranoside 为甾体类化合物（表 1-23，图 1-26）。

表 1-23　龙血竭甾体类化合物

序号	名称	参考文献
1	(25R)-螺甾-5-烯-3β-醇	[2]
2	(25R)-螺甾-5-烯-3β,17α-二醇	[2]
3	diosgenin-3-O-β-D-galactopyranoside	[5]

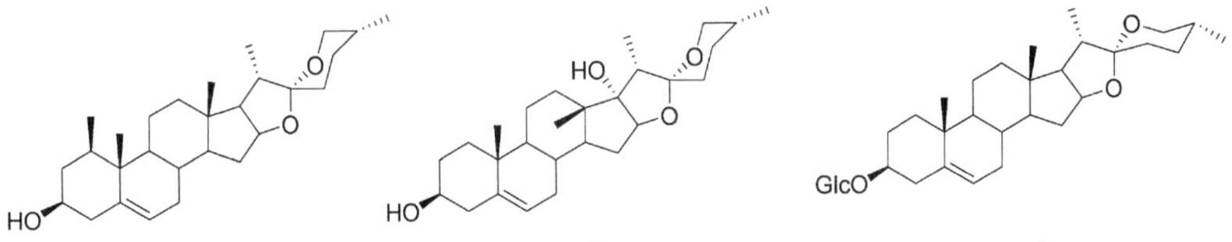

图 1-26　龙血竭甾体类化合物

5．酚类化合物

Li[16]对通过 HPLC 高效液相色谱法龙血竭及其提取物中 pterostilbene、resveratrol 等 5 种化学成分进行含量分析。Liu[6]采用液相色谱-电喷雾多级串联质谱等方法从龙血竭提取物的主要成分初步鉴定出 18 个化合物。其中 2,4,4'-trihydroxydihydrochalcone、2'-methoxy-4,4'-dihydroxychalcone 等为酚类化合物。刘星[7]采用硅胶、反相硅胶、Toyopearl HW-40、Sephadex LH-20 等柱色谱以及高效液相色谱（HPLC）制备，从龙血竭的氯仿部分分离纯化得到的 22 个化合物中，3-methyl resveratrol、紫檀芪属于酚类化合物。秦建平[17]采用实时直接分析(DART)离子源结合四极杆串联飞行时间质谱（Q-TOF-MS）方法建立一种可以快速鉴定龙血竭中 5 个酚类成分的方法，通过对照品与样品的一级、二级质谱图对比快速鉴定了样品中白藜芦醇等 5 个化学成分（表 1-24，图 1-27）。

表 1-24　龙血竭酚类化合物

序号	名称	参考文献	序号	名称	参考文献
1	pterostilbene	[16,7]	**5**	2′-methoxy-4,4′-dihydroxychalcone	[6]
2	resveratrol	[16,17]	**6**	3,4′-dihydroxy-5-methoxystilbene	[6]
3	2,4,4′-trihydroxydihydrochalcone	[6]	**7**	7,4′-dihydroxy-8-methylflavane	[6]
4	cochinchinenin B	[6]	**8**	3-methyl resveratrol	[7]

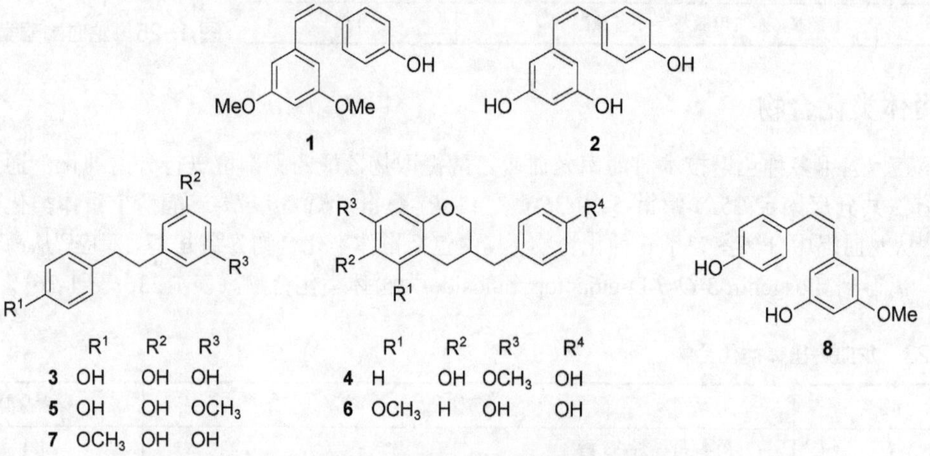

	R¹	R²	R³
3	OH	OH	OH
5	OH	OH	OCH₃
7	OCH₃	OH	OH

	R¹	R²	R³	R⁴
4	H	OH	OCH₃	OH
6	OCH₃	H	OH	OH

图 1-27　龙血竭酚类化合物

6. 其他类化合物

　　刘星[7]从龙血竭的氯仿部分分离纯化得到 22 个化合物，经波谱分析鉴定为对羟基苯乙酮、7,4′-二羟基黄烷、（2S）-7,4′-二羟基 8-甲基黄烷等，其中化合物 4,4′-二羟基-2,6-二甲氧基二氢查耳酮、6,4′-二羟基-2,4-二甲氧基二氢查耳酮等四个化合物为首次从云南龙血竭中得到。苏小琴[8]从龙血竭乙酸乙酯提取部位分离得到 14 个化合物结构，除黄酮类化合物外，还包括对 2,4-二羟基苯乙酮（表 1-25，图 1-28）。

表 1-25　龙血竭其他类化合物

序号	名称	参考文献	序号	名称	参考文献
1	原儿茶醛	[3]	**3**	2,4-二羟基苯乙酮	[8]
2	对羟基苯乙酮	[7]			

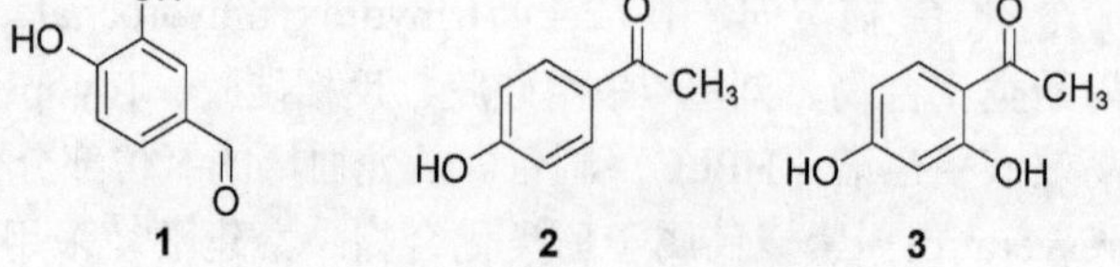

图 1-28　龙血竭其他类化合物

三、药理活性

1. 抗炎镇痛

陈玉立[18]采用热板法、热辐射法和扭体法发现 0.5 g/L 的龙血竭在能显著延长小鼠的舔足潜伏期、甩尾潜伏期、扭体反应的次数，结果表明，龙血竭既有良好的中枢镇痛活性，也具有良好的外周镇痛活性，进一步确定了龙血竭阻滞神经传导的功能，对痛觉信息传导的干预作用，且龙血竭及其主要化学成分龙血素 B 对钠通道电流的影响与辣椒素受体有关。陈素[19]通过小鼠热板实验、冰醋酸致小鼠扭体实验和二甲苯致小鼠耳肿胀实验等发现，龙血竭及其总黄酮具有显著的抗炎镇痛作用，龙血竭总黄酮应是龙血竭抗炎镇痛的主要有效成分。龙血竭总黄酮的镇痛机制应与阿片受体无关。沈洲[20]发现龙血竭总黄酮（TFD）具有较好的镇痛作用并且无明显急性毒性（LD_{50}>5g/kg），它的镇痛效应的机制之一是通过在痛觉传输通路上同时对电压门控性钠通道和 TRPV1 受体进行调制而起作用。万莹[21]发现龙血竭黄酮提取部位可能是通过调控背根神经细胞 ASIC 通道干预疼痛信号传递，产生外周镇痛效果，其主要的黄酮成分 CA、CB 和 LB，三者的组合是 TFD 镇痛的药效物质，这种镇痛作用是通过调控背根神经细胞 ASIC3 受体干预疼痛信号传递。Sun[22]发现龙血素 B 可延长 2,4,6-硝基苯磺酸（TNBS）诱导大鼠的生存时间，呈剂量依赖性减轻结肠损伤，通过调节结肠组织中的细胞因子显著改善 tnbs 诱导的炎症反应。陈冰[23],[24]采用博莱霉素法诱发大鼠 PF 模型观察滇龙血竭对肺纤维化（PF）大鼠血清白细胞介素- 4、γ-干扰素（IFN-γ）水平的动态影响，结果发现，滇龙血竭早期及全程干预能够有效减缓博莱霉素诱发的肺泡炎及纤维化进程，其机制可能与调节 IL-4/IFN-γ 失衡和抑制"炎症暴发级联反应"的核心启动子 FIZZ1 在肺内的表达有关。陈素[25]研究表明龙血竭总黄酮能够抑制酸激活的 ASICs 电流以及下调 ASIC3 蛋白表达，并对冰醋酸及完全弗氏佐剂诱导的疼痛具有显著抑制效应，且该效应能够被 ASICs 受体激动剂所抵消，表明龙血竭总黄酮对 ASICs 的调控可能是其产生镇痛效应的机制之一。胡青兰[26]发现龙血竭对外源性表达在 HEK293T 细胞及内源性表达在 Jurkat T 细胞上的 Kv1.3 通道产生了浓度依赖性抑制作用，且其能够诱导 Jurkat T 细胞膜电位发生去极化改变，抑制植物血凝素激活的 Jurkat T 细胞炎性因子白细胞介素-2 的释放，表明了 Kv1.3 通道是龙血竭赖以产生免疫抑制作用的受体靶蛋白。潘鑫鑫[27]发现龙血竭三种主要活性成分龙血素 B、剑叶龙血素 A 和剑叶龙血素 B 是通过抑制初级感觉神经元钠通道电流和 TRPV1 通道电流来介导龙血竭的镇痛作用。

2. 抗血栓

李宜航[28]研究表明龙血竭能够明显减少异位组织的体积和质量，抑制异位组织中 MMP-2mRNA 表达，降低模型大鼠血浆中切和低切黏度，可以用于血瘀子宫内膜异位症的治疗。辛念[29]建立大鼠体内、外血栓形成和血瘀模型、小鼠体内血栓形成模型，研究龙血竭 95%乙醇提取物（EA）抗血栓形成作用及对血瘀模型大鼠血小板黏附、聚集、释放功能的影响，结果发现 EA 均具有明显的抑制大、小鼠体内、外血栓形成作用，同时对血瘀模型大鼠血小板的聚集功能具有明显的改善作用。Jia[30]建立血瘀模型对血竭总黄酮的抗血栓的作用及机制进行探讨，结果发现血竭总黄酮显著降低血瘀大鼠血浆中的血管性血友病因子(VWF)及 A 颗性膜蛋白-140（CMP-140）含量，能有效降低大鼠血小板黏附率，对二磷酸腺苷（ADP）、血小板活化因子（PAF）诱导的血小板聚集有明显抑制作用，对大鼠实验性静脉血栓有较强的抑制作用，表明血竭总黄酮具有较好的抗血栓作用，且具有多途径、多靶点的特征。刘芳[31]应用 Discovery Studio 虚拟筛选软件，以凝血酶为受体，对龙血竭总酚活血化瘀有效成分进行了虚拟筛选，结果发现龙血素 A、龙血素 B、龙血素 C、7-羟基-4'-甲氧基黄烷、4',7-二羟基高异黄烷能抑制体外凝血酶活性，具有活血化瘀的药理作用。Jiang[32]体内研究显示，龙血素 B 可以显著延长小鼠尾出血时间，降低动脉血栓重量和大小，降低羟脯氨酸水平，部分治愈小鼠肝纤维化，揭示了龙血素 B 作为 PAI-1 抑制剂抗血栓作用的新机制。

3．促进创伤面的愈合

张宪发[33]研究表明龙血竭外用能明显促进糖尿病烧伤创面愈合，促进 P 物质的表达，通过调节创伤组织神经肽的途径促进创面愈合，刺激创面 TGF-β1 的表达，促进 ESCs 的增殖分化，有利于创面的再上皮化，通过影响 Bcl-2 抑制细胞凋亡的作用以利于糖尿病创伤愈合。刘辉辉[34]采用 HE、Masson 染色和 CD31 免疫组织化学染色，观察创面肉芽组织结构改变、胶原分布，采用荧光定量 PCR 和 Western Blot，检测创面肉芽组织中 VEGF 表达的变化，得出龙血竭提取物具有促进创面愈合作用的结论。戴荣继[35]研究表明，龙血竭应用于肿瘤的放射治疗可以对辐射引起机体的血象损伤起到保护作用，有效保护放疗 Lewis 肺癌小鼠的血小板。李镇华[36]通过观察分析收治的 170 例宫颈糜烂患者采用龙血竭治疗的药理作用与效果，发现采用龙血竭宫治疗颈糜烂总有效率是 95.29%，不良反应少。蔡钧智[37]研究表明在混合痔术后创面换药时，将龙血竭粉外敷于创面可改善切口局部的血液循环，缓解创面疼痛、水肿，减少创面渗液量，促进肉芽组织生长，从而加速术后创面愈合，缩短愈合时间，且无明显毒副作用。周伶俐[38]研究表明龙血竭能有效促进糖尿病溃疡创面修复。

4．保护心肌细胞

罗志红[39]观察到龙血竭能降低 MDA 含量和 MPO 活性，增加 SOD 活性，使术后 7 天皮瓣成活率龙血竭组明显升高，表明龙血竭可提高撕脱皮瓣组织的抗氧化能力，减轻中性粒细胞在皮瓣中的聚集，从而发挥对撕脱皮瓣的保护作用。梁丽梅[40]通过 TTC 染色评估心肌坏死面积，TUNEL 法检测心肌细胞凋亡率，表明龙血竭总黄酮对 MIRI 大鼠心肌细胞具有较好的保护作用。杨天睿[41]发现龙血竭能够剂量依赖性清除氧自由基，改善细胞凋亡，调节信号通路，抑制内质网应激的作用，从而保护受损心肌细胞。杨天睿[42]基于树鼩体外心肌缺血再灌注模型，进行龙血竭药物再灌注，发现灌注液及组织中 AST、ALT、CK-MB、LDH 等指标显著下降、SOD 活性显著增加、心肌梗死面积和 TUNEL 凋亡率显著下降，表明龙血竭能够抑制过多氧自由基的产生，减少心肌梗死面积和细胞凋亡，具有抗心肌缺血再灌注损伤作用。Yang[43]发现龙血竭（RD）能够缩小心梗死面积，显著提高超氧化物歧化酶表达，下调丙二醛浓度，且呈剂量依赖性，表明在树鼩心肌 IR 模型中，RD 治疗通过调节 mir-423-3p/ERK 信号通路抑制心肌细胞的内质网诱导细胞凋亡。

5．抗肿瘤

罗应[2]利用 MTT 法体进行体外抗肿瘤活性筛选，结果发现，龙血竭中的 cambodianin B、4,4'-二羟基-2'-甲氧基查耳酮、4,4'-二羟基-2,6-二甲氧基二氢查耳酮等化学成分对慢性髓原白血病细胞 K562、人肝癌细胞 SMMC-7721 和胃癌细胞 SGC-7901 三株肿瘤细胞的生长有较强的抑制活性，(2R)-7,4′-二羟基-8-甲基黄烷对 K562 和 SGC-7901 细胞的生长均有抑制活性。Cambodianin A、5,7-二羟基-4′-甲氧基-8-甲基黄烷、(2S)-7,3′-二羟基-4′-甲氧基黄烷对 K562 细胞的生长具有抑制活性。Wen[44]通过体外和体内实验评估了龙血竭提取物（RDE）的凋亡细胞毒性，发现其对 QBC939 和 HCCC9810 细胞系的 CCA 细胞增殖均有抑制作用，能够显著下调抗凋亡蛋白 survivin 的表达，上调促凋亡蛋白 Bak 的表达，抑制 CCA 肿瘤的生长，数据表明，RDE 具有抗癌效果。李睿[45]发现大鼠血清中 HA、PCⅢ、LN 及 CIV 的含量明显降低，肝组织匀浆中 cAMP 水平明显升高，TGF-β1 蛋白表达显著降低，并且肝纤维化程度减轻，表明龙血竭总黄酮可能通过降低肝脏内 TGF-β1 蛋白的表达抑制肝星状细胞的增殖和细胞外基质的合成及降解，达到减轻肝纤维化的目的。赵亚楠[46]采用 MTT 法、Hoechst 染色和流式细胞仪分析双黄酮化合物(3S, γR)-homoisosocotrin-4′-ol（简称 HIS-4）对人肝癌 HepG2 和 SK-HEP-1 细胞增殖和凋亡的影响，结果发现 HIS-4 能够抑制人肝癌 HepG2 和 SK-HEP-1 细胞的增殖，诱导其凋亡以及能抑制 HepG2 和 SK-HEP-1 细胞的迁移和侵袭，有效抑制血管生成，因此，HIS-4 发挥抗肝癌活性可能与 MAPK 信号通路上调和 mTOR 信号通路下调有关。He[47]结果表明龙血竭可能通过 HGF、TNFα、EGFR 表皮生长因子受体信号改善急性肝损伤和促进肝细胞增殖。

6．抑菌

杨宁[11]从龙血竭分离鉴定 26 个化合物，其中 7,4′-二羟基-8-甲基黄酮和 7,4′-二羟基黄酮对耐甲氧西林葡萄球菌具有抑制活性。郑相阔[48]研究表明龙血竭对铜绿假单胞菌的生长具有一定的抑制作用，并能通过降低 pslA、pelA、algD、algU 基因的表达水平降低其生物膜形成能力，同时可以降低细菌的泳动能力，进而在治疗铜绿假单胞菌所致的伤口感染中发挥作用。

7．降血糖和降血压

陈洪涛[49]研究了龙血竭石油醚、氯仿、乙酸乙酯不同提取部位对链脲佐菌素性高血糖模型小鼠血糖、血脂水平及骨骼肌葡萄糖转运蛋白 4（GLUT4）mRNA 表达的影响，结果表明龙血竭氯仿部位和乙酸乙酯部位能降低链脲佐菌素性高血糖小鼠空腹血糖水平，乙酸乙酯部位可上调模型小鼠 GLUT4mRNA 表达。

8．抗氧化

张静[50]研究表明龙血竭对受照小鼠有一定的辐射防护作用，可能与提高机体抗氧化酶的活性，增加机体清除自由基的能力有关。李睿[51]发现龙血竭总黄酮能够明显升高大鼠胸腺、脾脏指数，降低大鼠血清中丙二醛（MDA）、蛋白质羰基（PC）、晚期糖基化终末产物（AGES）的含量并升高 SOD、GSH-Px 的活性和脑组织中过氧化脂质（LPO）、脂褐素（LF）含量及 B 型单胺氧化酶（MAO-B）的活性，改善大鼠脑组织中神经元的退行性改变，表明龙血竭总黄酮具有较好的延缓衰老作用，其机制可能与抗氧化及影响神经介质有关。

9．其他

维力斯[52]发现龙血竭对辣椒素诱发的 TRPV1 电流峰值具有浓度依赖的抑制作用，其成分剑叶龙血素 A、剑叶龙血素 B 和龙血素 B 能够协同产生对辣椒素诱发的 TRPV1 电流的抑制作用。陈星言[53]通过室内水培试验，发现不同浓度的龙血竭制剂处理过的绿豆种子，其发芽势、发芽率、叶长、叶宽等均有提高，其中以 50mg/kg 处理的种苗发芽势、发芽率最高，幼苗鲜重、干重等最高，表明龙血竭制剂能促进绿豆种子萌发和幼苗生长。段玉龙[54]通过回顾性分析龙血竭预防急性放射性肠损伤的临床疗效，发现龙血竭防治急性放射性肠损伤发生时间晚、发生率低、程度轻。林洪瑞[55]研究表明龙血竭能提高随意皮瓣的成活率，作用机制与清除自由基、降低脂质过氧化反应、促进血管新生及改善血液供应有关。张冬弛[56]研究表明不同浓度的龙血竭制剂对小麦种子萌发和幼苗生长有促进作用，且在 30mg/kg 下对小麦幼苗的株高影响最大，但发芽率和生根率效果都高于清水对照但略小于油菜素内酯。贾德武[57]通过测定小鼠的胸腺及脾脏指数、脾淋巴细胞增殖能力、NK 细胞活性及培养上清中 IL-2、IL-4、INF-γ 含量，发现龙血竭总黄酮能显著提高免疫抑制小鼠的胸腺及脾脏指数，提升脾淋巴细胞增殖能力及 NK 细胞活性，同时升高脾淋巴细胞悬液培养上清中 IL-2 及 INF-γ 水平，降低 IL-4 水平，说明龙血竭总黄酮具有良好的免疫调节作用。王雪兰[58]研究表明滇龙血竭早期及全程干预能够有效减缓博莱霉素诱发的肺泡炎及纤维化进程，其机制可能与调节 IL-4/IFN-γ 失衡，抑制"炎症暴发级联反应"的核心启动子 FIZZ1 在肺内的表达有关，进而阻止后续胶原蛋白沉积以及血管新生等一系列变化。贾倩[59]发现龙血竭和龙血素 A、龙血素 B、龙血素 C 能够通过抑制肠上皮 CaCC 氯离子通道活性和 ICC 上 TMEM16A 两条途径发挥抗腹泻作用。刘予豪[60]发现龙血竭中六种查耳酮类提取物对成骨细胞（OB）的矿化过程没有明显影响，但均可在一定程度上抑制破骨细胞（OC）的形成，其中龙血素 B（LrB）的抑制作用最强。LrB 可通过 p38/MAPK、JNK/MAPK 信号通路以及钙离子信号通路抑制 NFATc1 的表达，同时通过 Keap1/Nrf2/ARE 信号通路抑制活性氧（ROS）的活性，以抑制 OC 的形成和骨吸收功能，抑制 SION 大鼠股骨头内 OC 数量，降低与 OC 骨吸收功能相关的 CTSK 蛋白的表达，促进与 OB 骨形成功能相关 TNFRSF11B 基因的表达，并有效增加股骨头内松质骨骨量，从而促进 SION 坏死骨的修复，结果表明龙血竭提取物（龙血素 B）可通过调控 OB/OC 维持的骨重塑体系，促进 SION 坏死骨的修复。尹世金[61]采用全细胞膜片钳实验检测其对内源性和外源性表达的 Kv1.3 通道调节作用，结果表明龙血竭总黄酮对内源性和外源性表达的 Kv1.3 通道均具有较强的抑制作用，呈浓度依赖性和通道选择性。

参考文献

[1] 张忠廉. 不同基原龙血竭的分子鉴定及化学成分特征研究[D]. 北京: 北京协和医学院, 2020.

[2] 罗应. 海南龙血竭化学成分及其生物活性的研究[D]. 海口: 海南大学, 2011.

[3] 王洋. 龙血竭化学成分研究及人工诱导龙血竭与野生龙血竭化学成分的比较研究[D]. 昆明: 昆明医学院, 2011.

[4] 李目杰, 刘芬, 华会明, 等. 龙血竭中黄烷和高异黄烷类化学成分研究[J]. 现代药物与临床, 2012, 27(3): 196-199.

[5] 罗应, 梅文莉, 王辉, 等. 海南龙血竭的生物活性成分研究[A]//第十届全国药用植物及植物药学术研讨会[C]. 昆明: 2011.

[6] Liu F, Wu B, Xiao W, et al. Identification of the major components of *Resina draconis* extract and their metabolites in rat urine by LC-ESI-MS[J]. Chromatographia, 2013, 76(17-18): 1131-1139.

[7] 刘星, 王蓓, 高嫄, 等. 龙血竭不同类型酚性成分的分离及紫外光谱特征[J]. 天然产物研究与开发, 2013, 25(8): 1060-1066.

[8] 苏小琴, 李曼曼, 顾宇凡, 等. 龙血竭酚类成分研究[J]. 中草药, 2014, 45(11): 1511-1514.

[9] 王芳芳, 胡琳, 王兴红. 龙血竭主要黄酮类成分及其 DPPH 自由基清除活性研究[J]. 云南民族大学学报(自然科学版), 2015, 24(3): 189-193.

[10] 汤丹, 肖伟, 钱正明, 等. 活细胞固相色谱法联合高分辨质谱快速筛选龙血竭中镇痛活性成分[J]. 中草药, 2019, 50(11): 2539-2544.

[11] 杨宁. 人工诱导海南龙血竭的化学成分及生物活性研究[D]. 海口: 海南大学, 2019.

[12] 张兴锋, 朱功俊, 龚韦凡, 等. 龙血竭黄酮类成分研究[J]. 广州化工, 2020, 48(9): 92-95.

[13] 秦建平, 李家春, 吴建雄, 等. 基于 UPLC 结合化学计量学方法的龙血竭指纹图谱研究[J]. 中国中药杂志, 2015, 40(6): 1114-1118.

[14] Li J, Gong W, Mo T, et al. Flavane monomer compound (2S)-6,4′-dihydroxy-5-methoxyflavane isolated from *Resina draconis* and application[P]. 2018, CN108017609A.

[15] 庞道然, 李珊珊, 陈孝男, 等. LC-MS 导向分离龙血竭中 2 个具有抗炎活性的二氢查耳烷环合型三聚体[J]. 中国中药杂志, 2019, 44(13): 2675-2679.

[16] Li Y, Xiao W, Qin J P, et al. Simultaneous determination of five active components in *Resina draconis* and its extract by HPLC[J]. China Journal of Chinese Materia Medica, 2012, 37(7): 929-933.

[17] 秦建平, 吴建雄, 李艳静, 等. DART/Q-TOF-MS 快速鉴定龙血竭中 5 个酚酸类成分[J]. 药物分析杂志, 2014, 34(5): 819-823.

[18] 陈玉立. 龙血竭及其成分龙血素 B 镇痛机理的研究[D]. 武汉: 中南民族大学, 2010.

[19] 陈素, 吴水才, 曾毅, 等. 龙血竭总黄酮抗炎镇痛作用及其镇痛机制探讨[J]. 时珍国医国药, 2013, 24(5): 1030-1032.

[20] 沈洲. 龙血竭总黄酮的镇痛作用及其机制研究[D]. 武汉: 中南民族大学, 2013.

[21] 万莹. 龙血竭总黄酮及其成分的组合调控酸敏感离子通道的镇痛机制研究[D]. 武汉: 中南民族大学, 2019.

[22] Sun X L, Wen, K Xu Z Z, et al. Effect of loureirin B on Crohn's disease rat model induced by TNBS via IL-6/STAT3/NF-κB signaling pathway [J]. Chinese Medicine, 2020, 15(2): 1-13.

[23] 陈冰, 杨春艳, 曾科星, 等. 滇龙血竭分期干预对肺纤维化大鼠白细胞介素-4 与干扰素的影响[J]. 中华中医药杂志, 2020, 35(7): 3611-3613.

[24] 陈冰, 杨春艳, 王雪兰, 等. 滇龙血竭分期干预对肺纤维化大鼠 FIZZ1 的影响[J]. 中华中医药杂志, 2020, 35(6): 3071-3074.

[25] 陈素, 马敏洁, 王丽娜, 等. 龙血竭总黄酮对酸敏感离子通道的调控及其镇痛作用[J]. 中南民族大学学报(自然科学版), 2021, 40(2): 158-164.

[26] 胡青兰, 陆春兰, 黎莉, 等. 龙血竭对免疫调节功能相关性 Kv1.3 通道的抑制作用[J]. 时珍国医国药, 2015, 26(4): 845-848.

[27] 潘鑫鑫. 龙血竭黄酮类成分对河豚毒素不敏感型钠通道作用方式的研究[D]. 武汉: 中南民族大学, 2019.

[28] 李宜航, 宋美芳, 吕亚娜, 等. 龙血竭对子宫内膜异位症模型大鼠的影响[J]. 医药导报, 2016, 35(6): 608-611.

[29] 辛念, 李玉娟, 邓玉林, 等. 龙血竭提取物抗血栓形成作用的实验研究[A].// 中国药学大会暨第十届中国药师周[C]. 天津: 2010.

[30] Jia M, Chen J. Anti-thrombotic effect of flavone in *Resina draconis* and its potential mechanisms[J]. Zhongguo Yaoshi, 2013, 27(8): 876-878.

[31] 刘芳, 戴荣继, 邓玉林, 等. 龙血竭总酚活血化瘀活性成分的虚拟筛选及初步活性研究[J]. 北京理工大学学报, 2015, 35(2): 218-220.

[32] Jiang Y, Zhang G, Ye Z, et al. Bioactivity-guided fractionation of the traditional Chinese medicine *Resina draconis* reveals loureirin B as a PAI-1 inhibitor[J]. Evidence Based Complement Alternative Medicine, 2017, (5): 1-8.

[33] 张宪发. 龙血竭对糖尿病大鼠烫伤创面修复作用的实验研究[D]. 南宁: 广西医科大学, 2012.

[34] 刘辉辉, 肖丹, 郑晓, 等. 龙血竭提取物促进创面愈合的实验研究[J]. 组织工程与重建外科杂志, 2013, 9(4): 199-203.

[35] 戴荣继, 余博文, 王冉, 等. 龙血竭对 Lewis 肺癌小鼠放疗模型的辅助治疗效果[J]. 科技导报, 2015, 33(18): 68-71.

[36] 李镇华, 罗泳仪, 伍瑞云. 龙血竭治疗宫颈糜烂的药理分析及疗效观察[J]. 海峡药学, 2015, 27(2): 181-182.

[37] 蔡钧智. 龙血竭外用促进混合痔术后创面愈合的临床研究[D]. 郑州: 河南中医药大学, 2016.

[38] 周伶俐, 黄成坷, 林祥杰, 等. 龙血竭促进糖尿病溃疡大鼠创面修复的机制研究[J]. 中国临床药理学杂志, 2019, 35(18): 2157-2160.

[39] 罗志红, 鲁开化, 张荣平, 等. 龙血竭对大鼠撕脱皮瓣的保护作用[J]. 中国实验方剂学杂志, 2010, 16(4): 152-154.

[40] 梁丽梅, 冯湘玲, 刘燕, 等. 龙血竭总黄酮对心肌缺血再灌注损伤大鼠心肌细胞的保护作用研究[J]. 中国临床新医学, 2017, 10(9): 857-860.

[41] 杨天睿. 龙血竭对实验树鼩心肌缺血再灌注损伤的保护作用及其机理研究[D]. 昆明: 昆明医科大学, 2018.

[42] 杨天睿, 张荣平, 穆宁晖. 龙血竭对实验树鼩体外心肌缺血再灌注模型的影响[J]. 中国实验方剂学杂志, 2018, 24(4): 137-142.

[43] Yang T R, Zhang T, Mu N H, et al. *Resina draconis* inhibits the endoplasmic-reticulum-induced apoptosis of myocardial cells *via* regulating miR-423-3p/ERK signaling pathway in a tree shrew myocardial ischemia-reperfusion model[J].

Journal of Bioscience, 2019, 44(2): 53.

[44] Wen F, Zhao X, Zhao Y, *et al.* The anticancer effects of *Resina draconis* extract on cholangiocarcinoma[J]. Tumour Biology, 2016, 37(11): 15203-15210.

[45] 李睿, 江扬帆, 童琳, 等. 龙血竭总黄酮对免疫性肝纤维化大鼠肝脏中TGF-β_1表达的影响[J]. 安徽医科大学学报, 2019, 54(4): 549-553.

[46] 赵亚楠, 杨爱琳, 庞道然, 等. 龙血竭中双黄酮化合物HIS-4对人肝癌HepG2和SK-HEP-1细胞的抗肿瘤作用研究[J]. 中国中药杂志, 2019, 44(7): 1442-1449.

[47] He Z Y, Lou K H, Zhao J H, *et al. Resina draconis* reduces acute liver injury and promotes liver regeneration after 2/3 partial hepatectomy in mice[J]. Evidence-Based Complementary and Alternative Medicine, 2020, (3): 1-10.

[48] 郑相阔, 田学斌, 方人驰, 等. 龙血竭对分离自伤口感染的铜绿假单胞菌的抗菌活性研究[J]. 中国抗生素杂志, 2020, 45(10): 1078-1083.

[49] 陈洪涛, 刘源焕, 覃学谦, 等. 龙血竭不同提取部位对高血糖模型小鼠血糖水平的影响[J]. 时珍国医国药, 2014, 25(9): 2077-2078.

[50] 张静. 龙血竭对X射线辐射损伤小鼠防护作用的研究[D]. 长春: 吉林大学, 2016.

[51] 李睿, 贾德云, 贾会玉, 等. 龙血竭总黄酮对D-半乳糖致衰老大鼠脑内神经递质改变及抗氧化作用的实验研究[J]. 中国药学杂志, 2018, 53(23): 2008-2013.

[52] 维力斯. 龙血竭及其成分对辣椒素诱发的TRPV1电流的抑制效应[D]. 武汉: 中南民族大学, 2012.

[53] 陈星言, 邵镜颐, 吕建洲. 龙血竭制剂对绿豆种子萌发和幼苗生长的影响[J]. 园艺与种苗, 2016, (7): 86-88.

[54] 段玉龙, 侯激流, 刘擎国. 单味龙血竭对急性放射性肠损伤的防护作用[J]. 现代肿瘤医学, 2016, 24(22): 3597-3599.

[55] 林洪瑞, 毕佳琦, 韩福军, 等. 龙血竭对大鼠皮瓣存活影响的实验研究[J]. 中华手外科杂志, 2016, 32(3): 225-227.

[56] 张冬弛, 郭雨琼, 刘巍巍, 等. 龙血竭制剂对小麦种子萌发及幼苗生长的影响[J]. 现代农业, 2016, (8): 26-27.

[57] 贾德武, 许冬瑞, 李睿. 龙血竭总黄酮对小鼠脾淋巴细胞免疫调节作用的实验研究[J]. 亚太传统医药, 2018, 14(12): 20-23.

[58] 王雪兰. 滇龙血竭分期干预对实验性PF的IL-4、IFN-γ、FIZZ1水平动态调控研究[D]. 昆明: 云南中医学院, 2018.

[59] 贾倩. 肠上皮CaCC氯离子通道抑制作用是龙血竭抗轮状病毒所致分泌性腹泻的分子药理学机制[D]. 大连: 辽宁师范大学, 2019.

[60] 刘予豪. 龙血竭提取物调控OB/OC体系促进激素性骨坏死修复的研究[D]. 广州: 广州中医药大学, 2019.

[61] 尹世金, 张丰, 邹艳, 等. 龙血竭总黄酮对Kv1.3通道的调节作用[J]. 中南民族大学学报(自然科学版), 2019, 38(1): 71-75.

第七节

九翅豆蔻

九翅豆蔻（*Amomum maximum* Roxb.）属姜科豆蔻属多年生常绿草本植物，又名九翅砂仁、贺姑、哥姑、郭姑等[1]。在东南亚热带地区和国家，九翅豆蔻的花、果实和嫩秆用作蔬菜食用，果实和根茎也被民间作为传统药物用来治疗胃肠道疾病。在我国西南地区，九翅豆蔻的果实和根常被用来治疗消化系统疾病[2~3]。傣药记载，九翅豆蔻主治"短赶短接（腹部胀痛）""沙呃短昏（呃逆、消化不良）""拢梅兰申（肢体关节酸痛、屈伸不利）"[4~5]。

一、生物学特征与分布

九翅豆蔻植物株高2～3m，茎丛生。叶片长椭圆形或长圆形，长30～90cm，宽10～20cm，顶端尾尖，基部渐狭，下延，叶面无毛，叶背及叶柄均被白绿色柔毛；植株下部叶无柄或近于无柄，中部和上部叶的叶柄长 1～8cm；叶舌 2 裂，长圆形，长 1.2～2cm，被稀疏的白色柔毛，叶舌边缘干膜质，淡黄绿色。穗状花序近圆球形，直径约 5cm，鳞片卵形；苞片淡褐色，早落，长 2～2.5cm，被短柔毛；花萼管长约 2.3cm，膜质，管内被淡紫红色斑纹，裂齿 3，披针形，长约 5mm；花冠白色，花冠管较萼管稍长，裂片长圆形；唇瓣卵圆形，长约 3.5cm，全缘，顶端稍反卷，白色，中脉两侧黄色，基部两侧有红色条纹；花丝短，花药线形，长 1～1.2cm，药隔附属体半月形，淡黄色，顶端稍向内卷；柱头具缘毛。蒴果卵圆形，长 2.5～3cm，宽 1.8～2.5cm，成熟时紫绿色，三裂，果皮具明显的九翅，被稀疏的白色短柔毛，翅上更为密集，顶具宿萼，果梗长 7～10mm；种子多数，芳香，干时变微。花期 5～6 月；果期 6～8 月[2, 6-7]。九翅豆蔻主要分布于南亚至东南亚的热带地区，在我国主要分布于云南、广东、广西以及西藏南部，九翅豆蔻常生于林中荫湿处，海拔 350～800m[2]。

二、化学成分研究

1．挥发油

组成挥发油的成分比较复杂，一种挥发油常常由数十种化合物组成。韩智强[8]等使用 GC-MS 法分析了九翅豆蔻的挥发性成分，结果表明九翅豆蔻一共含有 51 种成分，主要成分为 β-蒎烯、α-蒎烯、桃金娘烯醇和反式-松香芹醇。Huong[9]等研究了越南九翅豆蔻不同部位的挥发油成分，结果表明越南九翅豆蔻一共含有 24 种成分，主要成分为 β-蒎烯、α-蒎烯、β-榄香烯、β-石竹烯和 β-水芹烯,不同部位的挥发油成分稍有差别，limonene、β-cedrene、α-selinene、epizonarene 和 guaiol 仅出现在叶中；germacrene D、β-eudesmol 和 α-cadinol 仅出现在茎中；valencene 和 β-agarofuran 仅出现在根中。

2．二萜类化合物

九翅豆蔻含有较多的二萜类化合物。Luo[10]等从九翅豆蔻中分离得到 3 个新型半日花烷型二萜 amomax（A-C）和 2 个已知二萜 ottensinin 和(12Z,14R)-labda-8(17),12-diene-14,15,16-triol。Yin[11]等从九翅豆蔻中分离得到 3 个半日花烷型二萜，其中 2 个是带有九元环的新颖骨架结构。Ji[12]等从九翅豆蔻中分离得到 4 个半日花烷型二萜。蔡雨千[5]等从九翅豆蔻中分离鉴定得到 1 种新的降二萜 amomax D 和 4 种已知化合物。化合物名称如表 1-26 所示，结构如图 1-29 所示。

表 1-26　九翅豆蔻二萜类化合物

序号	化合物名称	文献来源	序号	化合物名称	文献来源
1	amomax A	[10]	5	amomaxin B	[11]
2	ottensinin	[10]	6	maximumin A	[12]
3	(12Z,14R)-labda-8(17),12-diene-14,15,16-triol	[10]	7	amomax D	[5]
4	amomaxin A	[11]	8	amoxanthin A	[5]

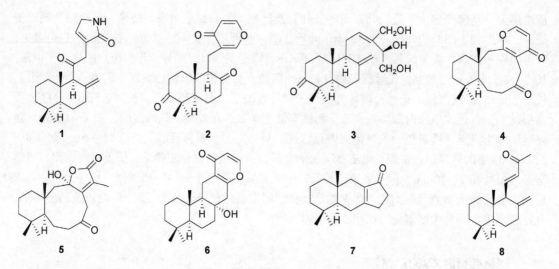

图 1-29　九翅豆蔻二萜类化合物结构

3. 双苯庚烷类化合物

双苯庚烷类化合物是一类具有 1,7-二取代芳基并以庚烷骨架为母核结构的化合物统称。彭琪琪[3]等从九翅豆蔻中分离鉴定得到多个新颖的双苯庚烷类化合物。蔡雨千[5]等从九翅豆蔻中分离鉴定得到多种已知双苯庚烷类化合物。化合物名称如表 1-27 所示，结构如图 1-30 所示。

表 1-27　九翅豆蔻双苯庚烷类化合物

序号	化合物名称	文献来源	序号	化合物名称	文献来源
1	amomaxi A	[3]	4	(3S)-7-(4-hydroxyphenyl)-1-phenyl-(6E)-6-hepten-3-ol	[3]
2	amomaxi B	[3]			
3	(E)-1-(3-methoxy-4-hydroxy phenyl)-7-phenyl-6-hepten-3-one	[3]	5	(E)-1,7-diphenyl-6-hepten-3-one	[5]
			6	(R,E)-1,7-diphenyl-6-hepten-3-ol	[5]

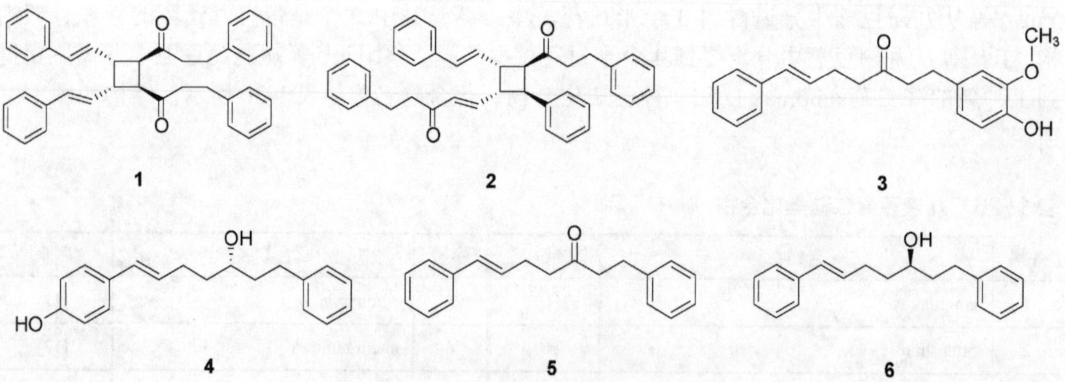

图 1-30　九翅豆蔻双苯庚烷类化合物

4. 黄酮类化合物

彭琪琪[3]等从九翅豆蔻中分离鉴定得到 5 个新颖的黄酮类化合物 amaximums A-E。蔡雨千[5]等从九翅豆蔻中分离鉴定得到多种已知黄酮类化合物。化合物名称如表 1-28 所示，结构如图 1-31 所示。

表 1-28　九翅豆蔻黄酮类化合物

序号	化合物名称	文献来源	序号	化合物名称	文献来源
1	amaximum A	[3]	**5**	amaximum E	[3]
2	amaximum B	[3]	**6**	kamatakenin	[5]
3	amaximum C	[3]	**7**	(S)5,7-dihydroxy-2-phenylchroman-4-one	[5]
4	amaximum D	[3]	**8**	5,7-dimethoxyflavanone	[5]

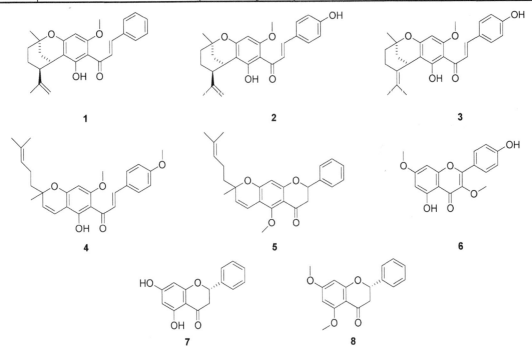

图 1-31　九翅豆蔻黄酮类化合物

5. 苯丙素类化合物

蔡雨千[5]等从九翅豆蔻中分离鉴定得到 4 种已知苯丙素类化合物（表 1-29，图 1-32）。

表 1-29　九翅豆蔻苯丙素类化合物

序号	化合物名称	文献来源	序号	化合物名称	文献来源
1	(E)-4-acetoxy cinnamyl alcohol	[5]	**3**	(E)-p-coumaryl alcohol	[5]
2	(E)-3-(4-ethoxyphenyl)-2-propen-1-ol	[5]	**4**	(R)-4-(1-acetoxyallyl)phenyl acetate	[5]

6．三萜化合物

蔡雨千[5]等从九翅豆蔻中分离鉴定得到 1 种降三萜化合物 21,22-epoxy-3,20-dihydroxy-7-tirucallene。结构如图 1-33 所示。

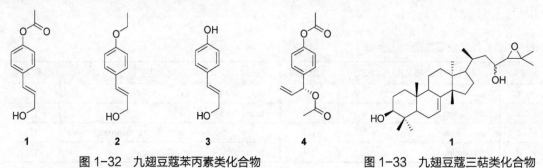

图 1-32　九翅豆蔻苯丙素类化合物

图 1-33　九翅豆蔻三萜类化合物

7．其他类化合物

近年来，从九翅豆蔻里面提取了其他类化合物，化合物名称与结构分别见表 1-30 和图 1-34。

表 1-30　九翅豆蔻其他类化合物

序号	化合物名称	文献来源
1	5,6-dehydrokawain	[5]
2	3-hydroxy-*p*-anisaldehyde	[5]

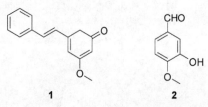

图 1-34　九翅豆蔻其他类化合物

三、药理活性

1．杀虫

已有研究表明九翅豆蔻中一些提取物可用于绦虫防治[13]。经九翅豆蔻提取物处理后，可以造成蠕虫头节出现收缩、起皱以及孕节表面被侵蚀。Guo[14]等研究九翅豆蔻精油对两种贮藏昆虫的影响，结果表明经九翅豆蔻挥发油处理后，对赤拟谷盗 *Tribolium castaneum*（Herbst）具有触杀性和熏蒸毒性；对嗜卷书虱 *Liposcelis bostrychophila*（Badonnel）具有触杀性；经过九翅豆蔻原油处理 2h 后，趋避效果为 100%。

2．一氧化氮生成抑制

Yin[11]等从九翅豆蔻中分离得到 2 个具有九元环的成分（amomaxin A 和 amomaxin B）以及 isocoronarin D。检测 3 种成分对 LPS 诱导巨噬细胞（RAW264.7）产生 NO 的抑制作用。结果表明 amomaxin B 对 LPS 诱导的 RAW264.7 细胞表现出 NO 抑制作用。

3．细胞毒

Luo[10]等从九翅豆蔻中分离鉴定 5 个二萜类成分，并评价了其对人乳腺癌细胞（MCF-7）、人肝癌细胞（SMMC-7721 和 HepG2）以及人成骨肉瘤细胞（MG-63）的细胞毒性。结果显示 amomax C 对 MCF-7、SMMC-7721 和 MG-63 三种癌细胞均具有显著的细胞毒性。

4．NF-κB 抑制

NF-κB 是调节免疫功能障碍和炎症反应的潜在靶点。Ji[12]等从九翅豆蔻中分离鉴定 4 个新的二萜类成分以及 1 个已知化合物，采用荧光素酶法评价其对核因子 κB 的抑制活性。4 个新二萜成分在 20μg/mL 浓度下对 NF-κB 的抑制率为 35%～61%，已知化合物对 NF-κB 的 IC_{50} 值为 7.99～1.77μmol/L。

5．抗炎

韩智强[8]等对九翅豆蔻的挥发油成分进行分离鉴定，主要成分是 α-蒎烯、β-蒎烯、桃金娘烯醇和反式松香芹醇等，α-蒎烯具有祛痛、镇咳、抗真菌等作用，β-蒎烯能抗炎、祛痰等，桃金娘烯醇能通过促溶、调节分泌及主动促排作用，使黏液易于排出，适用于急、慢性鼻炎及鼻窦炎、急、慢性气管炎和支气管炎等。卢传礼[15]等研究利用脂多糖（LPS）诱导 RAW264.7 细胞模型评价九翅豆蔻根茎不同溶剂提取物的抗炎活性，结果表明甲醇提取物（ME）和水提取物（AQ）对细胞正常增殖没有明显的影响，石油醚提取物（PE）和二氯甲烷提取物（CH）在 50μg/mL 和 100μg/mL 浓度时会显著抑制细胞的生长。PE、CH 和 ME 具有潜在的抗炎活性，而 AQ 无明显的抗炎活性。

6．降血糖

卢传礼[15]等研究九翅豆蔻根茎不同溶剂提取物的化学成分，包括石油醚提取物（PE）、三氯甲烷提取物（CH）、甲醇提取物（ME）和水提取物（AQ）等四种不同极性溶剂提取物，PE 和 ME 能够显著抑制 α-葡萄糖苷酶的活性（IC_{50} 值分别为 12.87μg/mL 和 16.70μg/mL），且作用强度与阳性对照阿卡波糖相当（$P > 0.05$），CH 显示出中等程度的 α-葡萄糖苷酶抑制作用，而 AQ 无明显的抑制活性（IC_{50} 值 > 100mg/mL）。

7．抗氧化

卢传礼[15]等研究九翅豆蔻根茎四种不同提取物的抗氧化活性，九翅豆蔻根茎四种不同溶剂提取物对 DPPH 和 ABTS 两种自由基都显示出不同程度清除效果，且对自由基的清除效果具有浓度依赖性。其中，甲醇提取物清除自由基的能力最强，而石油醚提取物的能力最弱。

参考文献

[1] 云南省食品药品监督管理局. 云南省中药材标准: 第三册·傣族药[M]. 昆明: 云南科技出版社, 2007.

[2] 中国科学院中国植物志编辑委员会. 中国植物志: 第十六卷第二分册[M]. 北京: 科学出版社, 1981.

[3] 彭琪琪. 两种药用植物九翅豆蔻和五指茄的化学成分研究[D]. 昆明: 云南中医学院, 2018.

[4] 林艳芳, 依专, 赵应红. 中国傣医药彩色图谱[M]. 昆明:云南民族出版社, 2003.

[5] 蔡雨千. 九翅豆蔻的化学成分研究[D]. 昆明: 云南中医学院, 2017.

[6] 李国栋, 张洪武, 钱子刚, 等. 豆蔻属 Amomum 药用植物资源的初步研究[J]. 云南中医学院学报, 2020, 43(3): 82-90.

[7] 廖景平, 吴七根. 九翅豆蔻种子的解剖学和组织化学研究[J]. 热带亚热带植物学报, 1994, (4): 58-66.

[8] 韩智强, 张虹娟, 郭生云, 等. GC-MS 法分析姜科豆蔻属两种植物的挥发性成分[J]. 食品研究与开发, 2013, 34(20): 79-83.

[9] Huong L T, Dai D N, Thang T D, et al. Volatile constituents of *Amomum maximum* Roxb and *Amomum microcarpum* C. F. Liang & D. Fang: two Zingiberaceae grown in Vietnam[J]. Natural Product Research, 2015, 29(15): 1469-1472.

[10] Luo J, Yin H, Fan B, et al. Labdane diterpenoids from the roots of *Amomum maximum* and their cytotoxic evaluation[J]. Helvetica Chimica Acta, 2014, 97(8): 1140-1145.

[11] Yin H, Luo J, Shan S, et al. Amomaxins A and B, two unprecedented rearranged labdane norditerpenoids with a nine-membered ring from *Amomum maximum*.[J]. Organic letters, 2013, 15(7): 1572-1575.

[12] Ji K, Fan Y, Ge Z, et al. Maximumins A-D, rearranged labdane-type diterpenoids with four different carbon skeletons from *Amomum maximum*[J]. The Journal of Organic Chemistry, 2019, 84(1): 282-288.

[13] 卢传礼. 傣药九翅豆蔻化学成分和药理活性研究进展[J]. 亚太传统医药, 2017, 13(14): 50-52.

[14] Guo S, You C, Liang J, et al. Essential oil of *Amomum maximum* Roxb. and its bioactivities against two stored-product insects[J]. Journal of Oleo Science, 2015, 64(12): 1307-1314.

[15] 卢传礼, 董丽华. 傣药九翅豆蔻不同溶剂提取物的化学成分分析及其抗氧化、抗炎和降血糖活性研究[J]. 中国民族民间医药, 2017, 26(12): 31-36.

第八节

竹叶兰

竹叶兰 [*Arundina graminifolia* (D. Don) Hochr.] 是兰科多年生常绿草本植物[1], 国家二级保护植物, 又名长杆兰、草姜、扁竹兰、大叶寮刁竹、野兰花、地黄草、山荸荠、竹兰、幽涧兰等, 竹叶兰傣名为 "文尚海" "百样解", 也有译为 "文啥海" 或 "文桑害"[2,3]。竹叶兰是三千年前流传至今最常用的 "雅解 (解药)", 资源丰富, 记载于《中药大辞典》中, 其药用部位为根茎和茎叶, 主要用于治疗黄疸、热淋、脚气水肿、疝气腹痛、风湿痹痛、胃痛、尿路感染、毒蛇咬伤、疮痈肿毒、跌打损伤等[4,5]。

一、生物学特征与分布

植株高 40～80cm, 有时可达 1m 以上; 地下根状茎常在连接茎基部处呈卵球形膨大, 貌似假鳞茎, 直径 1～2cm, 具较多的纤维根。茎直立, 常数个丛生或成片生长, 圆柱形, 细竹竿状, 通常为叶鞘所包, 具多枚叶。叶线状披针形, 薄革质或坚纸质, 通常长 8～20cm, 宽 3～20mm, 先端渐尖, 基部具圆筒状的鞘; 鞘抱茎, 长 2～4cm。花序通常长 2～8cm, 总状或基部有 1～2 个分枝而成圆锥状, 具 2～10 朵花, 但每次仅开 1 朵花; 花苞片宽卵状三角形, 基部围抱花序轴, 长 3～5mm; 花梗和子房长 1.5～3cm; 花粉红色或略带紫色或白色; 萼片狭椭圆形或狭椭圆状披针形, 长 2.5～4cm, 宽 7～9mm; 花瓣椭圆形或卵状椭圆形, 与萼片近等长, 宽 1.3～1.5cm; 唇瓣轮廓近长圆状卵形, 长 2.5～4cm, 3 裂; 侧裂片钝, 内弯, 围抱蕊柱; 中裂片近方形, 长 1～1.4cm, 先端 2 浅裂或微凹; 唇盘上有 3～5 条褶片; 蕊柱稍向前弯, 长 2～2.5cm。蒴果近长圆形, 长约 3cm, 宽 8～10mm。花果期主要为 9～11 月, 但 1～4 月也有[1]。

竹叶兰在国外分布于尼泊尔、不丹、印度、斯里兰卡、缅甸、越南、老挝、柬埔寨、泰国、马来西亚、印度尼西亚、琉球群岛和塔希提岛。在国内分布于浙江、江西、福建、台湾、湖南南部、广东、海南、广西、四川南部（米易）、贵州（榕江、兴义）、云南（邓川、凤庆、景洪、西畴、屏边等）和西藏东南部（墨脱）等地。生于草坡、溪谷旁、灌丛下或林中，海拔400～2800m[1]。

二、化学成分研究

国内外学者研究发现，竹叶兰中存在多种芪类化合物，包括二苯乙烯类、联苄类、菲类、酚类、酮类等。

1．二苯乙烯类化合物

二苯乙烯类化合物是竹叶兰中的一大类化合物，分为多羟基多甲基二苯乙烯和环氧醚结构的二苯乙烯。Hu[6]等从竹叶兰中分离鉴定了3种新的二苯乙烯化合物gramistilbenoid (A、B和C)以及5种已知化合物。Li[7]等从竹叶兰中分离鉴定了2种新的二苯乙烯化合物gramniphenol（H和I）以及6种已知化合物。Yang[8]等从竹叶兰中分离鉴定1种新的二苯乙烯化合物gramistilbenoid L。Meng[9]等从竹叶兰中分离鉴定1种新的二苯乙烯化合物 gramniphenol K。Gao[10]等从竹叶兰中分离鉴定1种新的二苯乙烯化合物gramniphenol J（表1-31，图1-35）。

表1-31 竹叶兰二苯乙烯类化合物

序号	名称	来源	序号	名称	来源
1	gramistilbenoid A	[6]	6	gramniphenols H	[7]
2	gramistilbenoid B	[6]	7	gramniphenols I	[7]
3	gramistilbenoid C	[6]	8	gramniphenol K	[9]
4	rhapontigen	[7]	9	gramniphenol J	[10]
5	gramistilbenoid L	[8]			

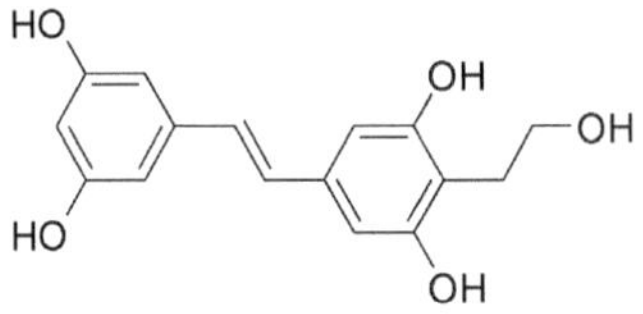

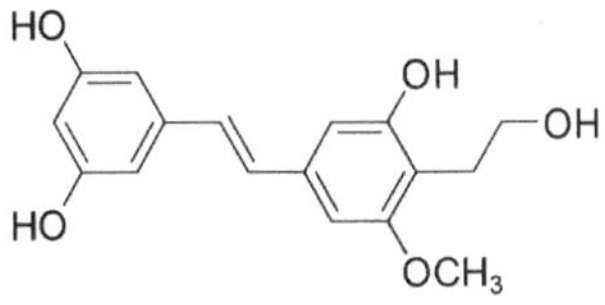

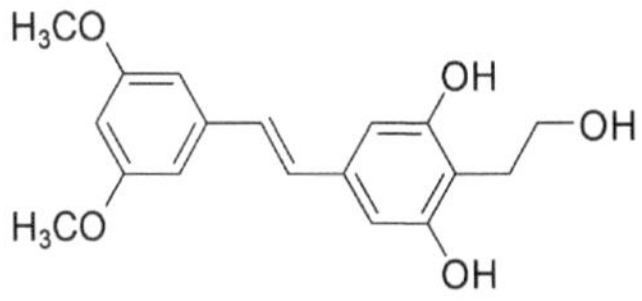

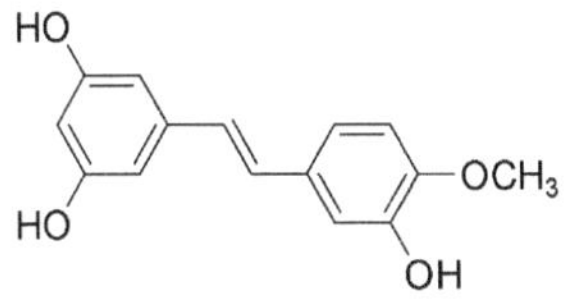

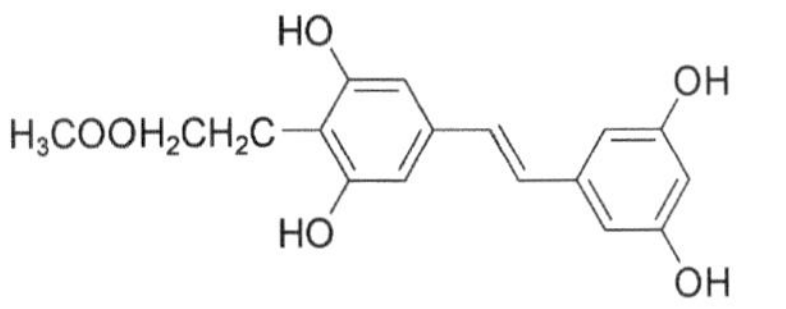

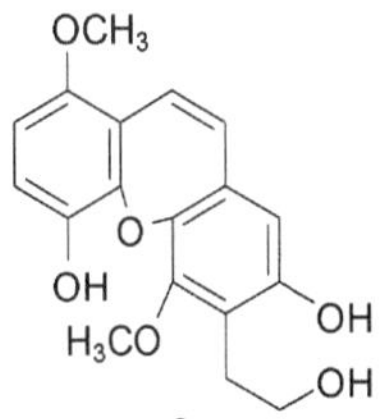

图1-35

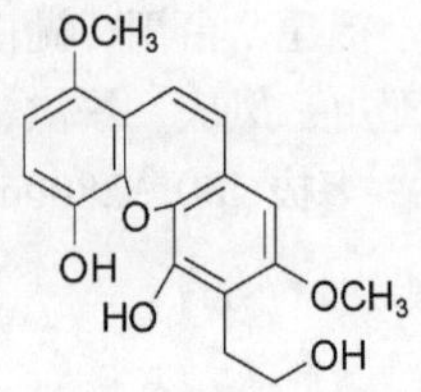

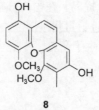
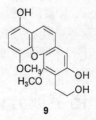

图 1-35 竹叶兰二苯乙烯类化合物

2. 联苄类化合物

二苯乙烯两个苯环间的双键被还原即得到联苄类化合物。刘美凤[11]等关于竹叶兰化学成分研究，从中分离鉴定 5 种新的化合物，其中 1 个属于联苄类化合物。Du[12]等分离并鉴定了 2 个新的联苄类化合物 graminibibenzyl A 和 B 以及 5 个已知的联苄类化合物。Liu[13]等从竹叶兰中分离并鉴定了 1 种新的联苄类化合物。彭霞[14]等研究竹叶兰的化学成分，从中分离鉴定了 2 个新的化合物，1 个为联苄类化合物 batatasin Ⅲ（表 1-32，图 1-36）。

表 1-32 竹叶兰联苄类化合物

序号	名称	来源	序号	名称	来源
1	arundinanin	[11]	4	arundinan	[13]
2	graminibibenzyl A	[12]	5	batatasin Ⅲ	[14]
3	graminibibenzyl B	[12]			

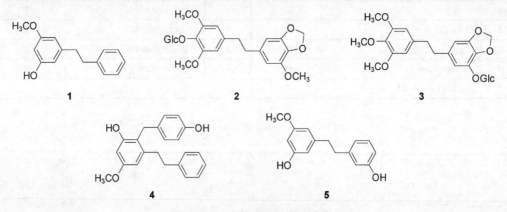

图 1-36 竹叶兰联苄类化合物

3. 菲类化合物

二苯乙烯两个苯环间的双键闭合成环即得菲类化合物。刘美凤[15~17]从竹叶兰中分离鉴定多个菲类化合物。Florence[18]等从竹叶兰中分离得到两个新的菲类衍生物 arundiquinone 和 arundigramin（表 1-33，图 1-37）。

4. 其他酚类化合物

酚类化合物也是竹叶兰中含量较多的一类化合物。Gao[19]等从竹叶兰中分离得到两种新的酚类化合物 gramniphenol A、B，以及 4 种已知的酚类化合物。Hu[20]等从竹叶兰中分离得到 5 个

民族植物资源
化学与生物活性研究

新的酚类化合物 gramniphenols C-G，以及 8 个已知化合物。Li[21]等从竹叶兰中分离得到一个新的酚类化合物 gramniphenol I。Gao[22]等从竹叶兰中分离得到一个新的酚类化合物 gramphenol A 和 3 个已知酚类化合物（表 1-34，图 1-38）。

表 1-33　竹叶兰菲类化合物

序号	名称	来源	序号	名称	来源
1	shancidin	[15]	4	arundiquinone	[18]
2	arundinaol	[15,17]	5	arundigramin	[18]
3	orchinol	[15,16]			

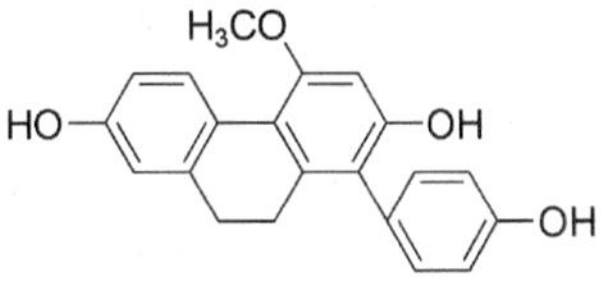

1

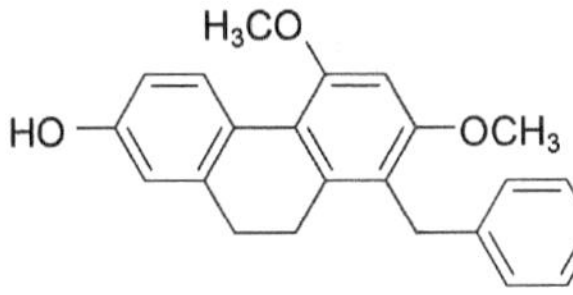

2

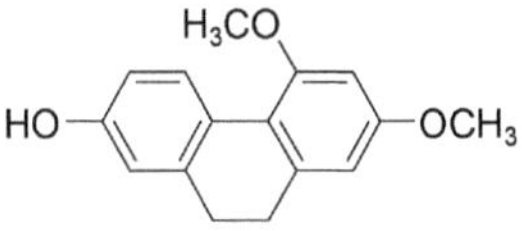

3

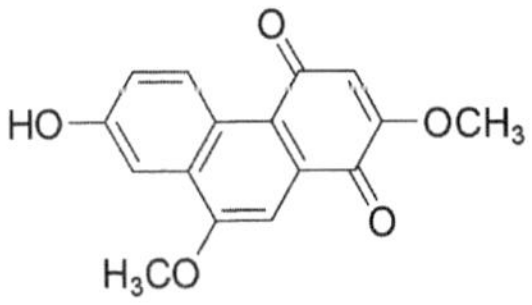

4

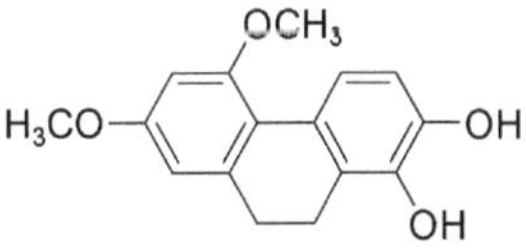

5

图 1-37　竹叶兰菲类化合物

表 1-34　竹叶兰其他酚类化合物

序号	名称	来源	序号	名称	来源
1	gramniphenol A	[19]	6	gramniphenol F	[20]
2	gramniphenol B	[19]	7	gramniphenol G	[20]
3	gramniphenol C	[20]	8	gramniphenol I	[21]
4	gramniphenol D	[20]	9	gramphenol A	[22]
5	gramniphenol E	[20]			

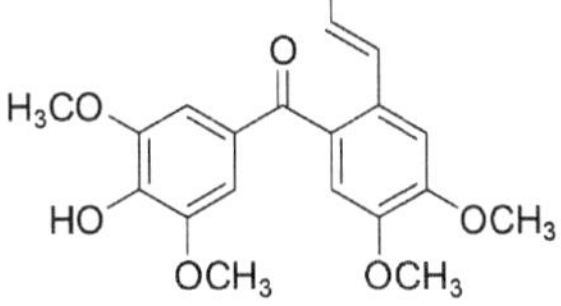

1

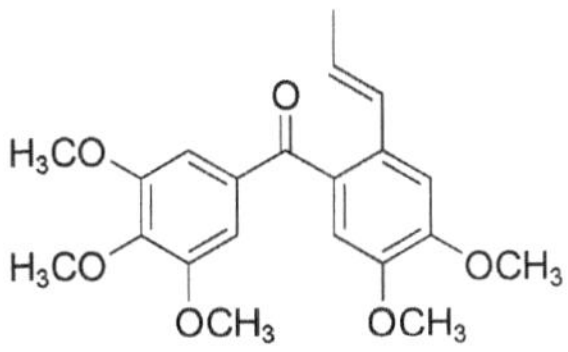

2

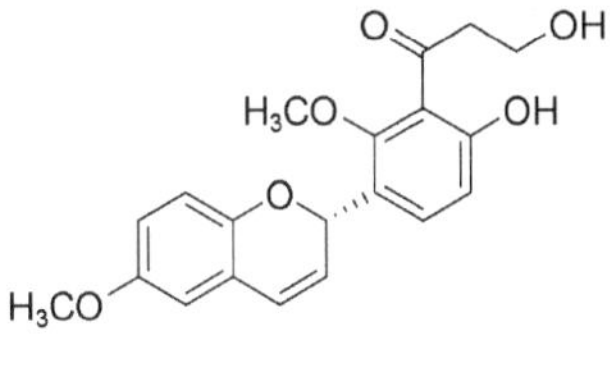

3

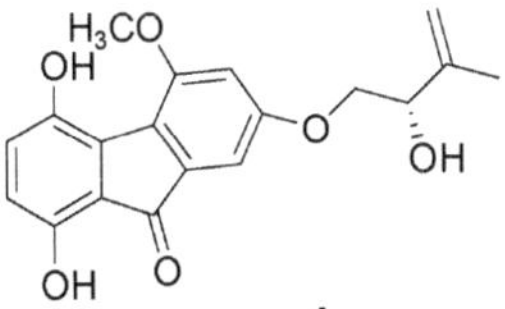

4

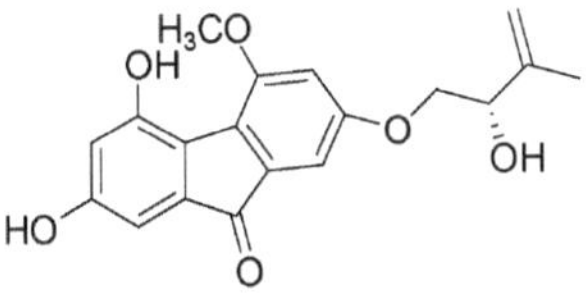

5

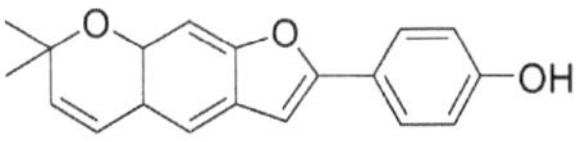

6

图 1-38

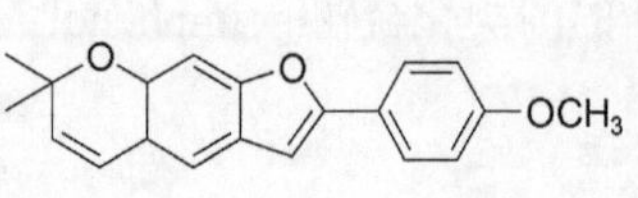

图 1-38　竹叶兰其他酚类化合物

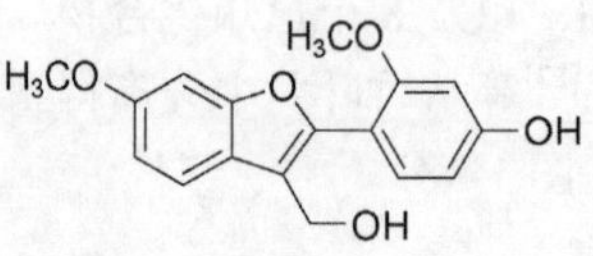

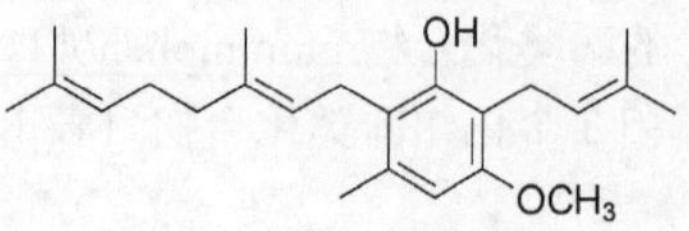

5．酮类化合物

Hu[6]等首次从竹叶兰中分离得到 8 个新二苯乙酮类化合物 gramideoxybenzoins A-H。Hu[20] 等从竹叶兰中分离得到两个芴酮化合物。Niu[23] 等从竹叶兰中分离出一个新的芴酮衍生物 gramniphenol H 和四个已知的芴酮衍生物。朱慧[24]等从竹叶兰中分离得到一个新的酮类化合物 4-(4-hydroxybenzyl)-3,4,5-trimethoxycyclohexa-2,5-dienone。Li[25]等从竹叶兰中分离得到一个新的 酮类化合物 gramflavonoid A 和 4 个已知化合物。Shu[26]等从竹叶兰中分离得到一个新的酮类化 合物 3(S),4(S)-3′,4′-dihydroxyl-7,8,- methylenedioxylpterocarpan 和 10 个已知化合物。胡秋芬[27] 等从竹叶兰中分离得到一个新的黄酮类化合物 5-hydroxy-8-(2-hydroxyethyl)-3-methoxy-2- (4-methoxyphenyl)-4H-furo[2,3-h]chromen-4-one（表 1-35，图 1-39）。

表 1-35　竹叶兰酮类化合物

序号	名称	来源	序号	名称	来源
1	gramideoxybenzoin A	[6]	10	gramniphenol H	[23]
2	gramideoxybenzoin B	[6]	11	4-(4-hydroxybenzyl)-3,4,5-trimethoxycyclohexa-2,5-dienone	[24]
3	gramideoxybenzoin C	[6]			
4	gramideoxybenzoin D	[6]	12	gramflavonoid A	[25]
5	gramideoxybenzoin E	[6]	13	3(S),4(S)-3′,4′-dihydroxyl-7,8,-methylenedioxylpterocarpan	[26]
6	gramideoxybenzoin F	[6]			
7	gramideoxybenzoin G	[6]	14	medicarpin	[26]
8	gramideoxybenzoin H	[6]	15	sulfuretin	[26]
9	2,4,7-trihydroxy-5-methoxy-9H-fluoren-9-one	[20]	16	5-hydroxy-8-(2-hydroxyethyl)-3-methoxy-2-(4-methoxyphenyl)-4H-furo[2,3-h]chromen-4-one	[27]

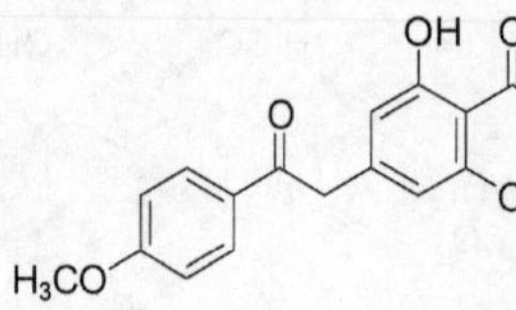

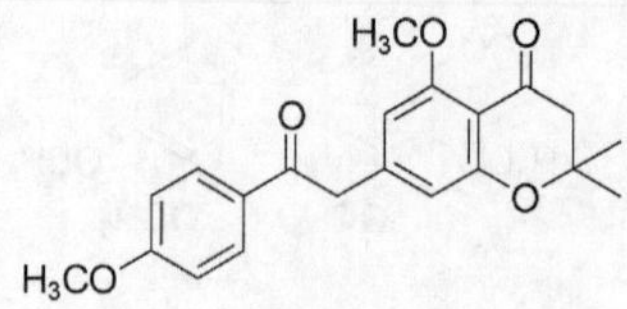

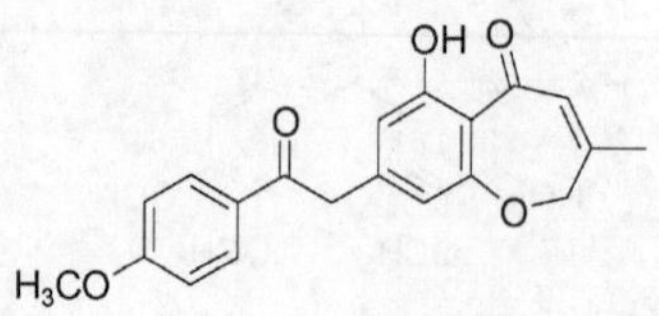

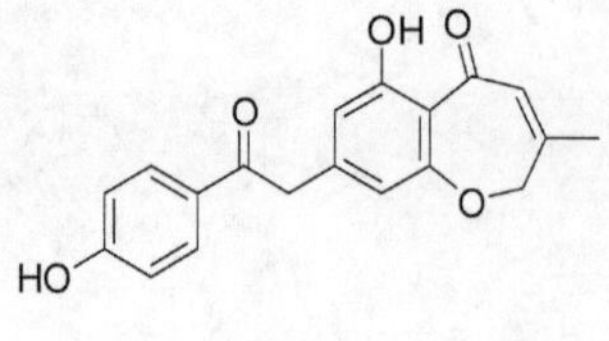

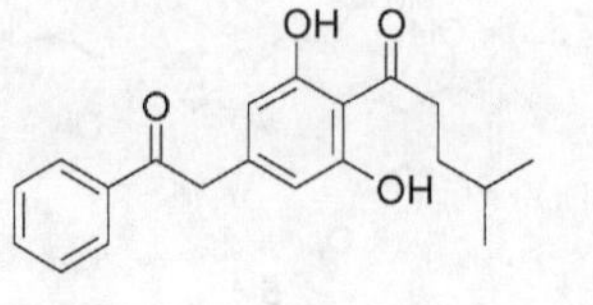

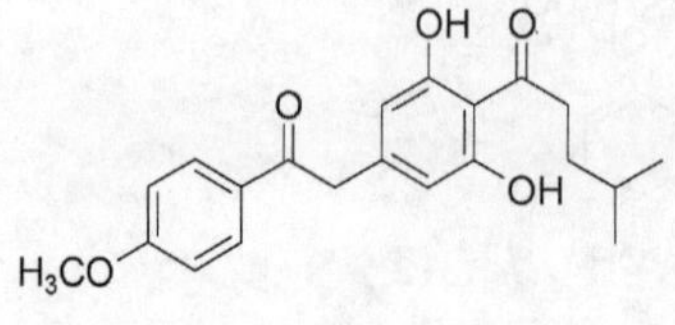

7

8

9

10

11

12

13

14

15

16

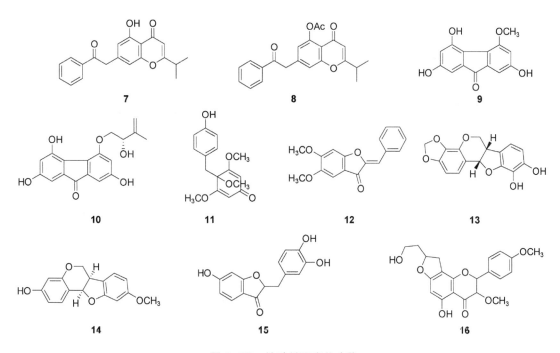

图 1-39　竹叶兰酮类化合物

6．其他类化合物

竹叶兰中除了以上几种成分外还包含其他类型的化合物，如苯丙素类化合物[28]、酯类化合物[15,29]、甾醇类[15]、糖苷类[15,30]、苄基衍生物[31,32]等（表 1-36，图 1-40）。

表 1-36　竹叶兰其他类化合物

序号	名称	来源
1	6-(3-hydroxypropanoyl)-5-hydroxymethyl-isobenzofuran-1(3*H*)-one	[28]
2	coumaric acid	[28]
3	*ω*-hydroxypropioguaiacone	[28]
4	3-methoxy-4-hydroxy-propyl alcohol	[28]
5	1,2-benzendicarboxylic acid bis (2-methylheptyl ester)	[15,29]
6	stigmasterol	[15]
7	daucosterol	[30]
8	arundinoside A	[31]
9	arundinoside R	[32]

1

2

3

4

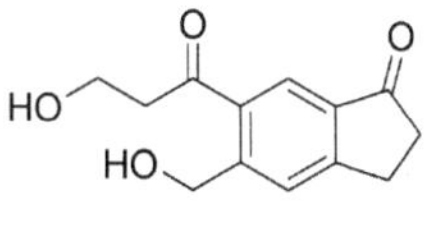

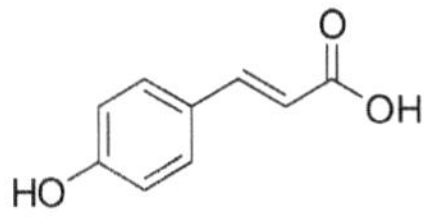

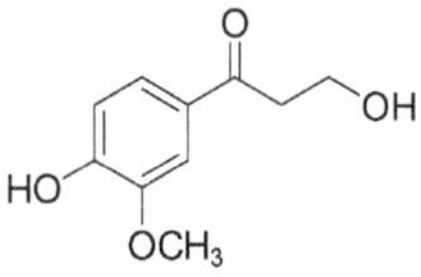

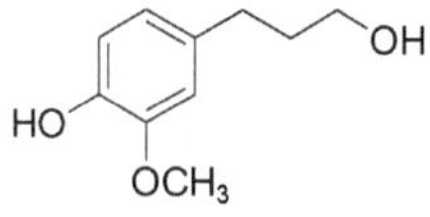

图 1-40

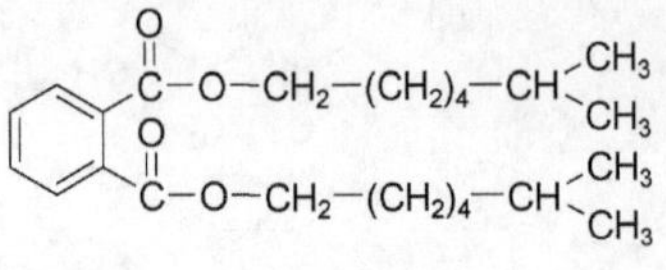

图 1-40　竹叶兰其他类化合物

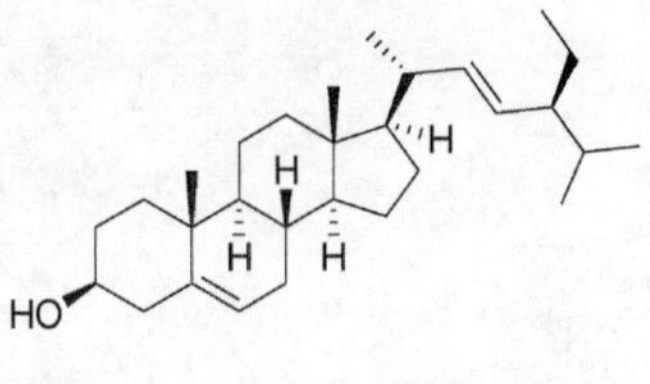

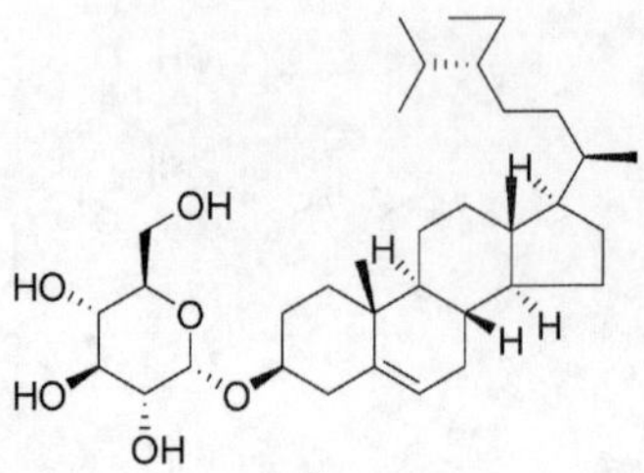

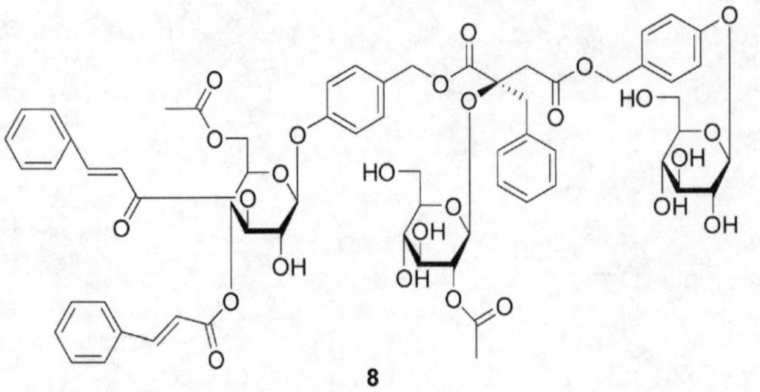

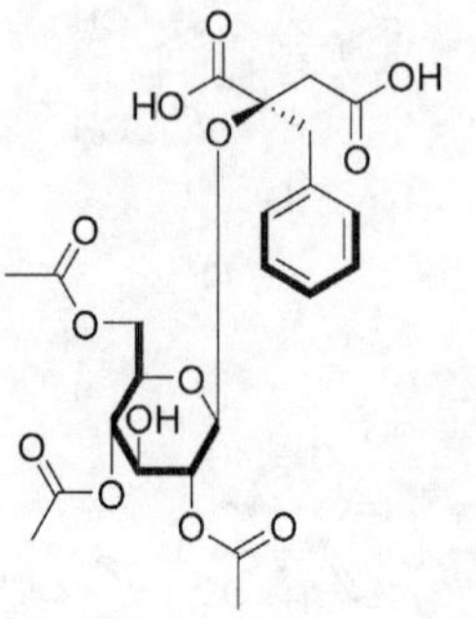

三、药理活性研究

1. 抗氧化

刘琼[33]等研究竹叶兰提取物不同极性部位（氯仿相，乙酸乙酯相，正丁醇相，水相）的体外抗氧化活性，测定其活性物质多酚、黄酮、皂苷等对羟基自由基和脂质过氧化能力的抑制活性。结果表明竹叶兰不同部位提取物都有抗氧化活性，不同极性部位的抗氧化活性稍有差异，其中，乙酸乙酯相的抗氧化活性最强。刘萍[34]等研究了竹叶兰不同部位提取物对 DPPH 自由基的清除活性的影响，结果表明，竹叶兰不同部位提取物都有很强的抗氧化活性，根茎叶的 IC_{50} 分别为 0.02869mg/mL、0.04976mg/mL、0.02966mg/mL。竹叶兰不同部位抗氧化能力顺序为叶>根>茎。陈毅坚[35]等研究竹叶兰不同部位提取物的体外抗氧化活性，采用乙醇作为溶剂，利用超声波提取，分别测定各部分活性物质多酚、黄酮等对 DPPH、羟基自由基和脂质过氧化能力的抑制活性。结果表明不同部位提取物中多酚、黄酮含量差异较大且都含有抗氧化活性，不同反应体系，不同采集部位抗氧化活性均有差异，根部提取物及叶部提取物活性高于全柱提取物，且根部提取物的抗氧化活性最强。高云涛[36]等研究了竹叶兰乙酸乙酯萃取物对四氯化碳诱导脂质过氧化的抑制作用，结果表明竹叶兰乙酸乙酯萃取物能有效抑制 Fenton 自由基所导致卵磷脂脂质体脂质过氧化、CCl_4 诱导鼠肝细胞以及人血红细胞脂质过氧化。Wang[37]等利用 Fenton 反应产生羟基自由基，光照核黄素产生超氧阴离子自由基$\cdot O_2^-$，硫代巴比妥酸（TBA）分光光度法首次对竹叶兰提取物体外抗氧化作用进行研究，结果表明竹叶兰提取物能有效清除活性氧自由基，对 DNA 氧化损伤有显著抑制作用。

2. 抗肿瘤

刘美凤[38]等对竹叶兰干燥根茎中的化学成分和体外抗肿瘤活性研究，采用 MTT 法测试化合物对人肝癌细胞(Bel-7402)和人胃癌细胞(BGC-823)抗肿瘤药理活性。结果表明，三个联苄类化合物 2,7-dihydroxy-1-(*p*-hydroxylbenzyl)-4-methoxy-9,10-dihydrophenanthrene、4,7-dihydroxy-1-(*p*-hydroxylbenzyl)-2-methoxy-9, 10-dihydrophenanthrene、3,3′-dihydroxy-5-methoxybibenzyl 均具有抗肿瘤活性，且环型联苄类化合物的抗肿瘤活性强于闭环型联苄类化合物。胡秋芬[27]等从竹叶兰中分离得到一种呋喃黄酮类化合物 5-hydroxy-8-(2-hydroxyethyl)-3-methoxy-2-(4-methoxyphenyl)-4*H*-furo[2,3-h]chromen-4-one，该化合物对人肝癌细胞(Bel-7402)有较好的活性，对人慢性粒细胞白血病细胞株(K562)细胞核胃癌细胞株(MKN)也有一定活性。Hu[6]等从竹叶兰中分离得到一系列化合物，通过 MTT 法测定对 5 种人肿瘤细胞系(NB4、A549、SHSY5Y、PC3和 MCF7)的作用。结果表明，gramideoxybenzoin D 对 A549、SHSY5Y 和 PC3 细胞具有很好的细胞毒作用，IC_{50} 值分别为 2.2μmol/L、1.8μmol/L 和 3.4μmol/L；gramideoxybenzoin E 对 NB_4和 SHSY5Y 细胞具有细胞毒作用，IC_{50} 分别为 2.1μmol/L 和 3.2μmol/L；gramistilbenoid B 对 NB4和 PC3 细胞具有抑制作用，IC_{50} 值分别为 3.3μmol/L 和 2.2μmol/L。

3. 抗病毒

董伟[28]等采用半叶法检测竹叶兰中化合物的抗烟草花叶病毒活性，化合物 6-(3-hydroxypropanoyl)-5-hydroxymethyl-isobenzofuran-1(3*H*)-one 表现出明显的抗烟草花叶病毒活性，抑制率为 22.6%。Hu[20]等从竹叶兰中分离得到一系列酚类化合物，gramniphenol C、gramniphenol F、gramniphenol G 具有抗烟草花叶病毒活性，gramniphenol D、gramniphenol E、gramniphenol B 表现出抗 HIV-1 活性 TI 值大于 100。Li[25]等从竹叶兰中分离得到一系列酮类化合物，化合物 gramflavonoid A 具有中等的抗 HIV-1 活性，化合物 derriobtusone A、derriobtusone B、obovatin、lonchocarpin 也具有较弱的抗 HIV-1 活性。

参考文献

[1] 中国科学院中国植物志编辑委员会. 中国植物志: 第十八卷[M]. 北京:科学出版社, 1999.

[2] 唐德英, 王云娇, 李荣英, 等. 野生竹叶兰引种栽培初报[J]. 中药材, 2005, (4): 263-264.

[3] 王健. 竹叶兰——珍贵的药用花卉植物[J]. 中国野生植物, 1988, (3): 33-34.

[4] 江苏新医学院. 中药大辞典(上册) [M]. 上海科学技术出版社, 1986.

[5] 闫雪孟. 傣药竹叶兰解毒和抗感染药效物质基础及药理活性研究[D]. 广州: 华南理工大学, 2017.

[6] Hu Q, Zhou B, Ye Y, *et al*. Cytotoxic deoxybenzoins and diphenylethylenes from *Arundina graminifolia*[J]. Journal of Natural Products, 2013, 76(10): 1854-1859.

[7] Li Y, Zhou B, Ye Y, *et al*. Two new diphenylethylenes from *Arundina graminifolia* and their cytotoxicity[J]. Bulletin of the Korean Chemical Society, 2013, 34(11): 3257-3260.

[8] Yang J, Wang H, Lou J, *et al*. A new cytotoxic diphenylethylene from *Arundina graminifolia*[J]. Asian Journal of Chemistry, 2014, 26(14): 4517-4518.

[9] Meng C, Niu D, Li Y, *et al*. A new cytotoxic stilbenoid from *Arundina graminifolia*[J]. Asian Journal of Chemistry, 2014, 26(8): 2411-2413.

[10] Gao Y, Jin Y, Yang S, *et al*. A new diphenylethylene from *Arundina graminifolia* and its cytotoxicity[J]. Asian Journal of Chemistry, 2014, 26(13): 3903-3905.

[11] 刘美凤, 韩芸, 邢东明, 等. 竹叶兰化学成分研究[J]. 中国中药杂志, 2004, (2): 56-58.

[12] Du G, Shen Y, Yang L, *et al*. Bibenzyl derivatives of *Arundina graminifolia* and their cytotoxicity[J]. Chemistry of Natural Compounds, 2014, 49(6):1019-1022.

[13] Liu M, Han Y, Xing D, *et al*. A new stilbenoid from *Arundina graminifolia*[J]. Journal of Asian Natural Products Research, 2004, 6(3): 229-232.

[14] 彭霞, 何红平, 邛明霞, 等. 竹叶兰的化学成分研究[J].云南中医学院学报, 2008, (3): 32-33.

[15] 刘美凤. 傣药竹叶兰化学成分研究与抗抑郁新药 YL102 的药学研究[D]. 北京: 清华大学, 2004.

[16] 刘美凤, 丁怡, 张东明. 竹叶兰菲类化学成分研究[J]. 中国中药杂志, 2005, (5): 353-356.

[17] Liu M, Han Y, Xing D, et al. One new benzyldihydrophenanthrene from *Arundina graminifolia*[J]. Journal of Asian Natural Products Research, 2005, 7(5): 767-770.

[18] Florence A, Opeyemi O, Stéphanie K, et al. Two new stilbenoids from the aerial parts of *Arundina graminifolia* (Orchidaceae)[J]. Molecules, 2016, 21(11): 21111430.

[19] Gao X, Yang L, Shen Y, et al. Phenolic compounds from *Arundina graminifolia* and their anti-tobacco mosaic virus activity[J]. Bulletin Korean Chemical Society, 2012, 33(7): 2447-2449.

[20] Hu Q, Zhou B, Huang J, et al. Antiviral phenolic compounds from *Arundina gramnifolia*. [J]. Journal of Natural Products, 2013, 76(2): 292-296.

[21] Li L, Xu W, Liu C, et al. A new antiviral phenolic compounds from *Arundina gramnifolia*[J]. Asian Journal of Chemistry, 2015, 27(9): 3525-3526.

[22] Gao Z, Xu S, Wei J, et al. Phenolic compounds from *Arundina graminifolia* and their anti-tobacco mosaic virus activities[J]. Asian Journal of Chemistry, 2013, 25(5): 2747-2749.

[23] Niu D, Han J, Kong W, et al. Antiviral fluorenone derivatives from *Arundina gramnifolia*[J]. Asian Journal of Chemistry, 2013, 25(17): 9514-9516.

[24] 朱慧. 鼓槌石斛及竹叶兰植物化学成分的研究[D]. 中国科学院研究生院 (西双版纳热带植物园), 2007.

[25] Li Y, Yang L, Shu L, et al. Flavonoid compounds from *Arundina graminifolia*[J]. Asian Journal of Chemistry, 2013, 25(9): 4922-4924.

[26] Shu L, Shen Y, Yang L, et al. Flavonoids derivatives from *Arundina graminifolia* and their cytotoxicity[J]. Asian Journal of Chemistry, 2013, 25(15): 8358-8360.

[27] 胡秋芬, 李银科, 杨丽英, 等. 一种竹叶兰中的呋喃黄酮类化合物制备方法及应用[P], 2014, CN201210131014.8.

[28] 董伟, 周堃, 王月德, 等. 傣药竹叶兰中 1 个新苯丙素及其抗烟草花叶病毒活性[J]. 中草药, 2015, 46(20): 2996-2998.

[29] 刘美凤, 丁怡, 杜力军. 傣药竹叶兰的化学成分研究[J]. 中草药, 2007, (5): 676-677.

[30] 朱慧, 宋启示. 竹叶兰化学成分的研究[J]. 天然产物研究与开发, 2008, (1): 5-7, 40.

[31] Auberon F, Olatunji O, Krisa S, et al. Arundinosides A-G, new glucosyloxybenzyl 2*R*-benzylmalate derivatives from the aerial parts of *Arundina graminifolia*[J]. Fitoterapia, 2018, (125): 199-207.

[32] Auberon F, Olatunji O, Waffo-Teguo P, et al. Further 2*R*-benzylmalate derivatives from the undergrounds parts of *Arundina graminifolia* (Orchidaceae)[J]. Phytochemistry Letters, 2020, (35): 156-163.

[33] 刘琼, 李乔丽, 放茂良, 等. 傣族药竹叶兰不同极性部位提取物的抗氧化性研究[J]. 中国农学通报, 2011, 27(14): 77-81.

[34] 刘萍, 高云涛, 杨露, 等. 竹叶兰不同部位提取物清除 DPPH 自由基的研究[J]. 北方园艺, 2013, (19): 72-75.

[35] 陈毅坚, 石雪, 屈睿, 等. 竹叶兰不同部位抗氧化活性比较研究[J]. 中药材, 2013, 36(11): 1845-1849.

[36] 高云涛, 刘萍, 何弥尔, 等. 竹叶兰萃取物对四氯化碳诱导脂质过氧化抑制作用[J]. 云南民族大学学报(自然科学版), 2013, 22(3): 182-185.

[37] Wang X, Zhang J, Gao Y. Study on the antioxidant activities of *Arundina graminifolia* dai medicines[J]. Yunnan Minzu Daxue Xuebao, 2009, 18(2): 148-150.

[38] 刘美凤, 吕浩然, 丁怡. 竹叶兰中联苄类化学成分和抗肿瘤活性研究[J]. 中国中药杂志, 2012, 37(1): 66-70.

第九节
铁刀木

铁刀木（*Cassia siamea* Lam.），又称黑心树、挨刀树、泰国山扁豆、孟买黑檀、孟买蔷薇木等，为豆科鸡翅木类树种[1]。铁刀木以心材、叶入药，具有祛风除湿、消肿止痛、杀虫止痒等功效。铁刀木中含有丰富的化学成分，主要为三萜类、蒽酮类、黄酮类、生物碱类化合物[2-3]。现代研究表明，铁刀木具有抗炎镇痛、抗肿瘤、抗氧化等药理作用。

一、生物学特征与资源分布

1．生物学特征

铁刀木原产于印度、缅甸、泰国、越南、老挝、柬埔寨、菲律宾、斯里兰卡等地，现在全世界热带地区广为种植。我国引种栽培铁刀木的历史悠久，目前云南、海南、广东、广西、福建、台湾等地均有种植[1]。铁刀木为喜温、喜光植物，低温环境下不能生长,具有耐热、耐旱、耐碱的生长特性。

2．资源分布

铁刀木为常绿大乔木，树高可达 20m，胸径 40～50cm，在其自然生长下主干通直度一般，在纯林中常见低位分权形成多支主干现象；树皮幼龄时平滑、灰白色，老龄时细纵裂、灰黑色；树冠伞形，嫩枝有棱条，疏被短柔毛；偶数羽状复叶，小叶 6～11 对，革质，长椭圆形，顶端钝，叶片上面光滑无毛，下面粉白色，边全缘；花朵大，花量多，黄色，集成顶生圆锥花序；荚果扁平状，成熟时带紫褐色；花期 7～12 月，果期 12 月至翌年 1 月；种子扁平较大，长 1cm、宽 0.5cm，千粒重 20～22g[4]。

二、化学成分研究

1．三萜类化合物

Chatterjee 等从铁刀木根皮提取物分离鉴定出了羽扇豆醇[5]。Arora 等从铁刀木花的提取物中分离得到桦木醇、白桦酸以及羽扇烯酮[6]。Varshney 等从铁刀木的茎皮中分离发现了齐墩果酸[7]。Biswas 等从铁刀木花的石油和氯仿提取物分离得到了 cycloart-23-ene-3β,25-diol、friedelin 以及桦木醇三种三萜类化合物[8]。吕泰省从铁刀木的茎皮中分离得到了 lip-20(29)-en-1β,3β-diol[9]。Singh 从铁刀木茎皮的乙醇提取物中分离得到一个三萜皂苷：19α,24-dihydroxyurs-12-ene-28-oic acid-3-β-D-xylopyranosid[10]。Singh 还从铁刀木中分离出了两种新的三萜类化合物：2-oxo-1β,3β,19α-trihydroxyurs-12-ene-28-oic acid-β-D-glucopyranoside 和 1β,2α,3β,19α tetrahydroxyurs-12-ene-28-oate-3-O-β-D-glucopyranoside[11]。所得的三萜类化合物如表 1-37 所示，其结构如图 1-41 所示。

2．蒽醌类化合物

Dutta 从铁刀木的根皮中得到一种新的蒽醌类化合物 cassiamin[12]；Chatterjee 等从铁刀木的根皮中分离得到大黄酚，也从铁刀木的茎皮中分离得到 cassianin 和 siameanin 两个双蒽醌[5]；Patil 等从铁刀木的根皮和茎皮分离出 cassiamin B 和 cassiamin C 两个双蒽醌[13]；Singh 从铁刀木的树

表 1-37　铁刀木三萜类化合物

序号	化合物名称	文献来源
1	羽扇豆醇	[5]
2	桦木醇	[6]
3	白桦酸	[6]
4	羽扇烯酮	[6]
5	齐墩果酸	[7]
6	cycloart-23-ene-3β,25-diol	[8]
7	friedelin	[8]
8	lip-20(29)-en-1β,3β-diol	[9]
9	19α,24-dihydroxyurs-12-ene-28-oic acid-3-β-D-xylopyranosid	[10]
10	2-oxo-1β,3β,19α-trihydroxyurs-12-ene-28-oic acid-β-D-glucopyranoside	[11]
11	1β,2α,3β,19α-tetrahydroxyurs-12-ene-28-oate-3-O-β-D-glucopyranoside	[11]

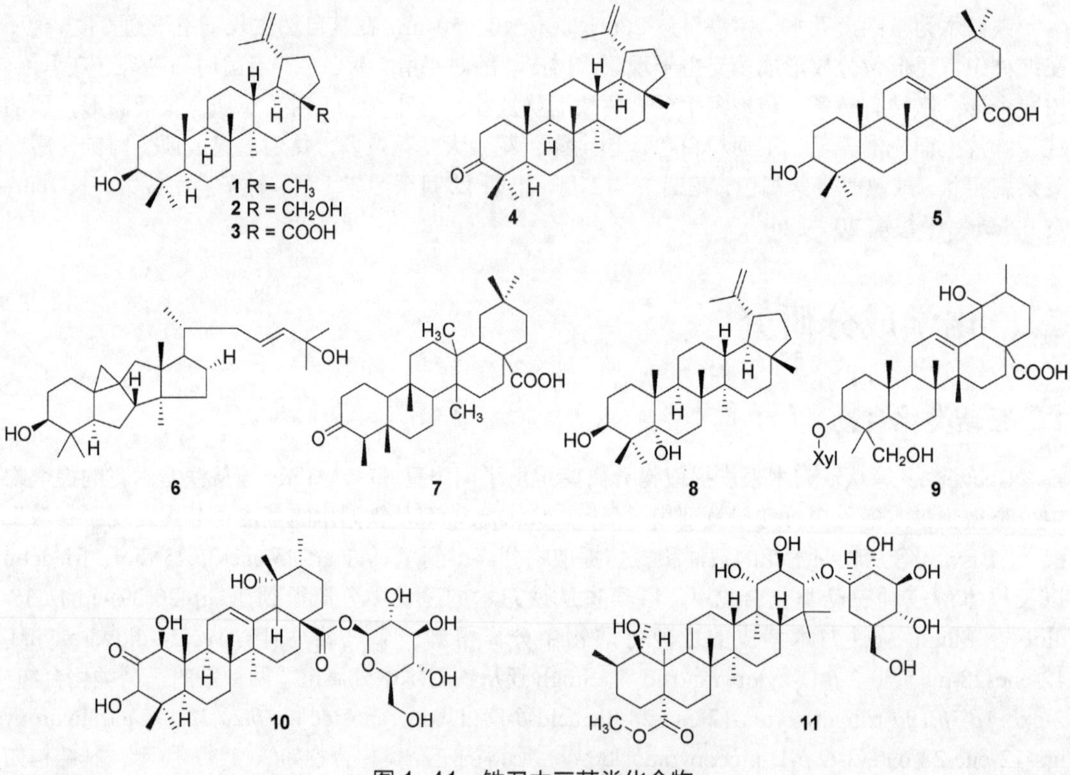

图 1-41　铁刀木三萜类化合物

干心材中分得了大黄素、大黄酚、4,4′-bis(1,3-dihyroxy-2-methyl-6,8-dimethoxyanthraqumone)以及 1,1′-bis(4,5-dihydroxy-2-methylanthraquinone)四种蒽醌类化合物[14]；Tripathi 等从铁刀木的根中分得 2 个蒽醌的吡喃半乳糖苷 6,8-dimethoxy-2-methylanthraquinone-3-*O*-β-D-galactopyranoside 和 1,5,8-trihydroxy-2-methylanthraquinone-3-*O*-β-D-galactopyranoside[15]；Singh 等从铁刀木的茎皮中分得了大黄素甲醚[10]；Abdallah 从铁刀木的果实中分离得到了两种新的蒽醌类化合物

chrysophanol-8-mether-*O*-L-rhamnopyranoside 和 1-desmethyl chrysoobtusin-2-*O*-glucoside[16]。
Koyama 等从铁刀木的根皮中分离得到两种新蒽醌：1,1′,3,8,8′-pentahydroxy-3′,6-dimethyl[2,2′-bianthracene]-9,9′,10,10′-tetrone 和 7-chloro-1,1′,6,8,8′-pentahydroxy-3,3′-dimethyl[2,2′-bianthracene]-9,9′,10,10′-tetrone，还分离出了 5-chlorocassiamin A 和 cassiamin A[17]。王月德等人从铁刀木枝中分离得到一种新的蒽醌类化合物，并命名为决明蒽醌 A[18]。Ye 等从铁刀木分离出 9 种蒽醌类化合物，其中 siameaquinones A 和 B 是新发现的蒽醌类化合物，其他七种化合物经鉴定为：chrysophanol、chrysophanol-1-*O*-*β*-D-glucopyranoside、cassiamin D、emodin、physcion、lupinacidin A 和 islandicin[19]。化合物名称如表 1-38 所示，结构如图 1-42 所示。

表 1-38　铁刀木蒽醌类化合物

序号	化合物名称	文献来源
1	大黄酚	[5]
2	cassiamin	[12]
3	cassianin	[5]
4	cassiamin B	[13]
5	大黄素	[14]
6	1,1′-bis(4,5-dihydroxy-2-methylanthraquinone)	[14]
7	6,8-dimethoxy-2-methylanthraquinone-3-*O*-*β*-D-galactopyranoside	[15]
8	大黄素甲醚	[10]
9	chrysophanol-8-mether-*O*-L-rhamnopyranoside	[16]
10	5-chlorocassiamin A	[17]
11	决明蒽醌 A	[18]
12	大黄酚-1-*O*-*β*-D-吡喃葡萄糖苷	[57]
13	siameaquinone A	[19]
14	siameaquinone B	[19]

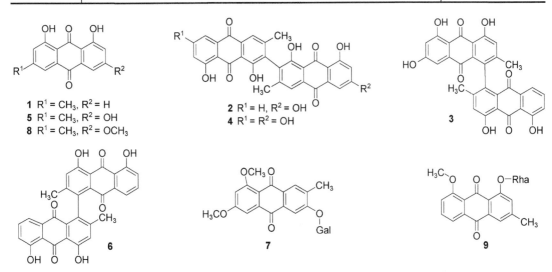

图 1-42

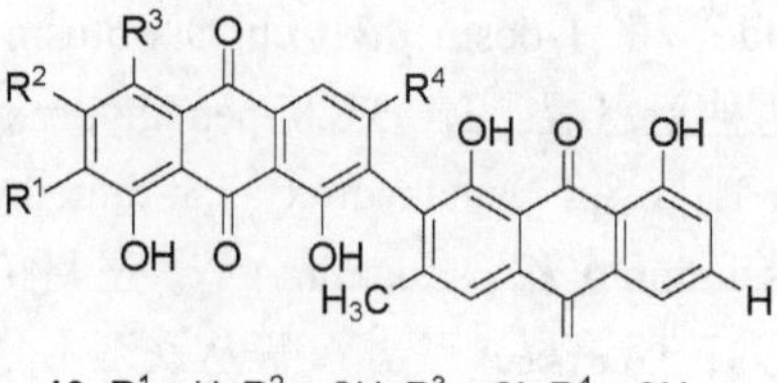

10 R¹ = H, R² = OH, R³ = Cl, R⁴ = CH₃

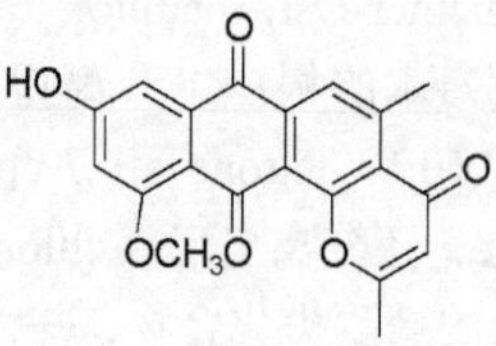

11

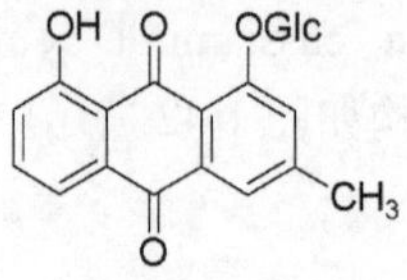

12

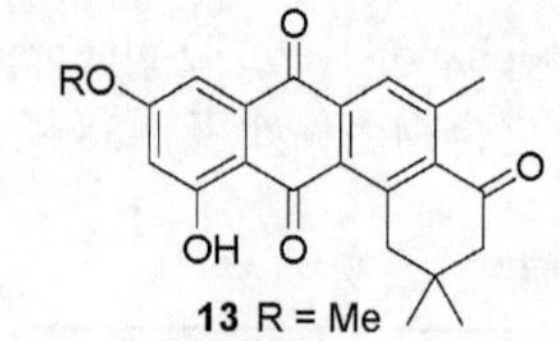

13 R = Me
14 R = H

图 1-42　铁刀木蒽醌类化合物

3．生物碱类化合物

El-Sayyad 等从铁刀木的叶子中得到了 3 个异喹诺酮类生物碱，分别命名为 siaminine A、siaminine B、siaminine C[20]。Morita 从铁刀木的叶子中分得了一个新的色酮生物碱，命名为cassiadinine[8]。Morita 等先从铁刀木叶片中分离得到 cassiarin A 和 cassiarin B，随后他们又从铁刀木中分离得到了三种新型的生物碱：cassiarins C-E；Deguchi 等从铁刀木花中分离得到了cassiarin F，又从铁刀木叶片中分离得到了四种新的生物碱 cassiarin G、H、J、K[21~24]。Wu 等从铁刀木中分离出三种新的生物碱化合物，命名为 siamalkaloids A-C[25]。周玲等从铁刀木叶 90%乙醇提取物中分离得到一种新的异吲哚型生物碱 5-(羟甲基)-2-甲基-6-异戊烯基-1-酮[26]。化合物名称如表 1-39 所示，结构如图 1-43 所示。

表 1-39　铁刀木生物碱类化合物

序号	化合物名称	文献来源
1	siaminine A	[20]
2	cassiadinine	[8]
3	siamalkaloid A	[25]
4	cassiarin A	[21]
5	cassiarin C	[22]
6	cassiarin F	[23]
7	cassiarin G	[24]
8	5-(羟甲基)-2-甲基-6-异戊烯基-1-酮	[26]

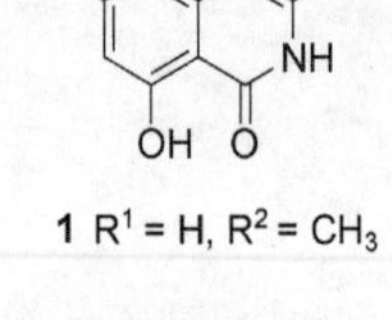

1 R¹ = H, R² = CH₃

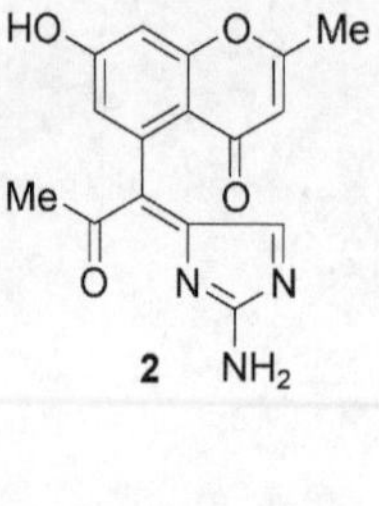

2

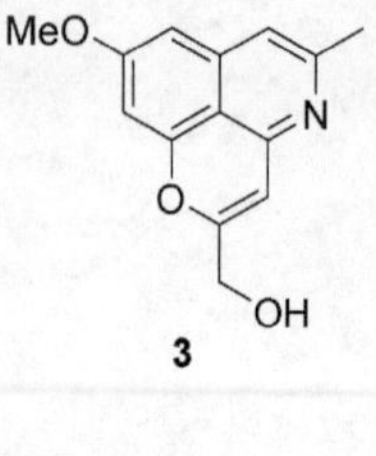

3

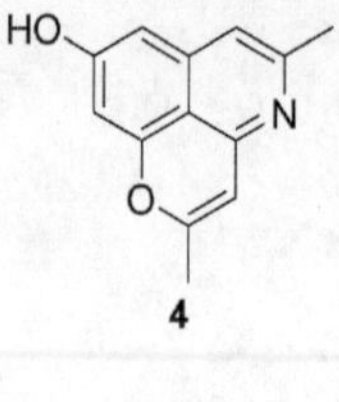

4

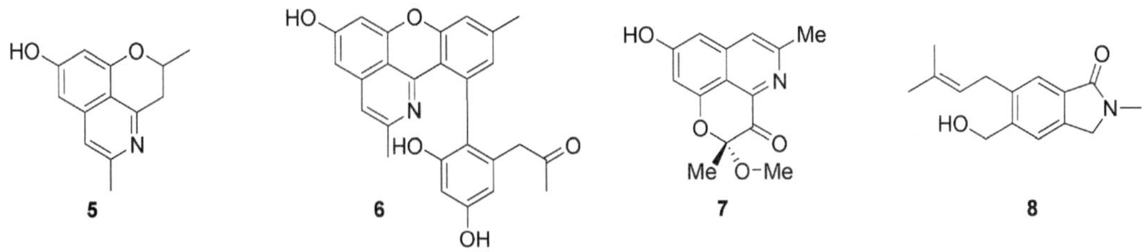

图 1-43 铁刀木生物碱类化合物

4．酮类化合物

铁刀木中酮类化合物含量较多，主要有黄酮类、四元酮类。Jogi 等从铁刀木的叶子中分得含亚甲二氧基的黄酮：5,7-二羟基-3',4'-亚甲基二氧基黄酮[27]。吕泰省等从铁刀木中发现了具有双蒽酮结构的化合物以及其他的酮类化合物[28]。Hu 等从铁刀木茎 70%丙酮提取物中提取分离出了两个新的异黄酮：(3R)7,2',4'-trihydroxy-3'-methoxy-5-methoxycarbonyl-isoflavanone 和 (3R)7,2'-dihydroxy-3',4'-dimethoxy-5-methoxycarbonyl-isoflavanone，以及六种已知的异黄酮类化合物：(3S)-3',7-dihydroxy-2',4',5',8-tetramethoxy-isoavan、(3S)-7-hydroxy-2',3',4,5',8-pentamethoxy-isoavan、uncinanone、3,5,7,4-tetrahydroxy-coumaronochromone、uncinanone E、5,7-dihydroxy-2-methoxy-3,4-methylenedioxy isoavanone[29]；他们也从铁刀木中分离出七种新的色原酮类化合物 siamchromones A-G，也从中分离出了一些已知的化合物[30]。Chakravarty 等从铁刀木茎的甲醇提取物中分离出了一种新的四元酮类化合物以及两种已知的化合物[31]。王闪闪等从铁刀木 90%乙醇提取物中分离到 10 个单体化合物，其结构为四元酮及黄酮类化合物，其中2-(2'-hydroxypropyl)-5-methyl-7-hydroxychromone、3-O-methylquercetin、2,5-dimethyl-7-hydroxychromone、luteolin-5,3'-dimethylether 四种化合物为首次从铁刀木中分离得到，而(2'S)-2-(propan-2'-ol)-5,7- dihydroxy-benzopyran-4-one 为新发现的色原酮类化合物[32]。Zhou 等从铁刀木中结果分离出 7 种黄酮类化合物：siameflavone A、siameflavone B、rugosaflavonoid B、desmodol、caudatumflavone G、kaempferol、quercetin，其中 siameflavones A-B 是两种新的化合物[33]。化合物名称如表 1-40 所示，结构如图 1-44 所示。

表 1-40　铁刀木酮类化合物

序号	化合物名称	文献来源
1	5,7-二羟基-3',4'-亚甲基二氧基黄酮	[27]
2	(2'S)-2-(propan-2'-ol)-5,7-dihydroxy-benzopyran-4-one	[32]
3	2-(2'-hydroxypropyl)-5-methyl-7-hydroxychromone	[32]
4	luteolin-5,3'-dimethylether	[32]
5	(3S)-3',7-dihydroxy-2',4',5',8-tetramethoxy-isoavan	[29]
6	uncinacarpan	[29]
7	siamchromone A	[30]
8	siamchromone B	[30]
9	7-hydroxy-2-methyl-5-(2-oxopropyl)-4H-chromen-4-one	[30]
10	uncinoside A	[30]
11	8-methyleugenitol	[30]

序号	化合物名称	文献来源
12	peucenin-7-methyl ether	[30]
13	luteolin	[31]
14	5-乙酰甲基-7-羟基-2-甲基色酮	[31]
15	6-羟基蜂蜜曲菌素	[8]
16	siameflavone A	[28]
17	siameflavone B	[33]
18	desmodol	[33]

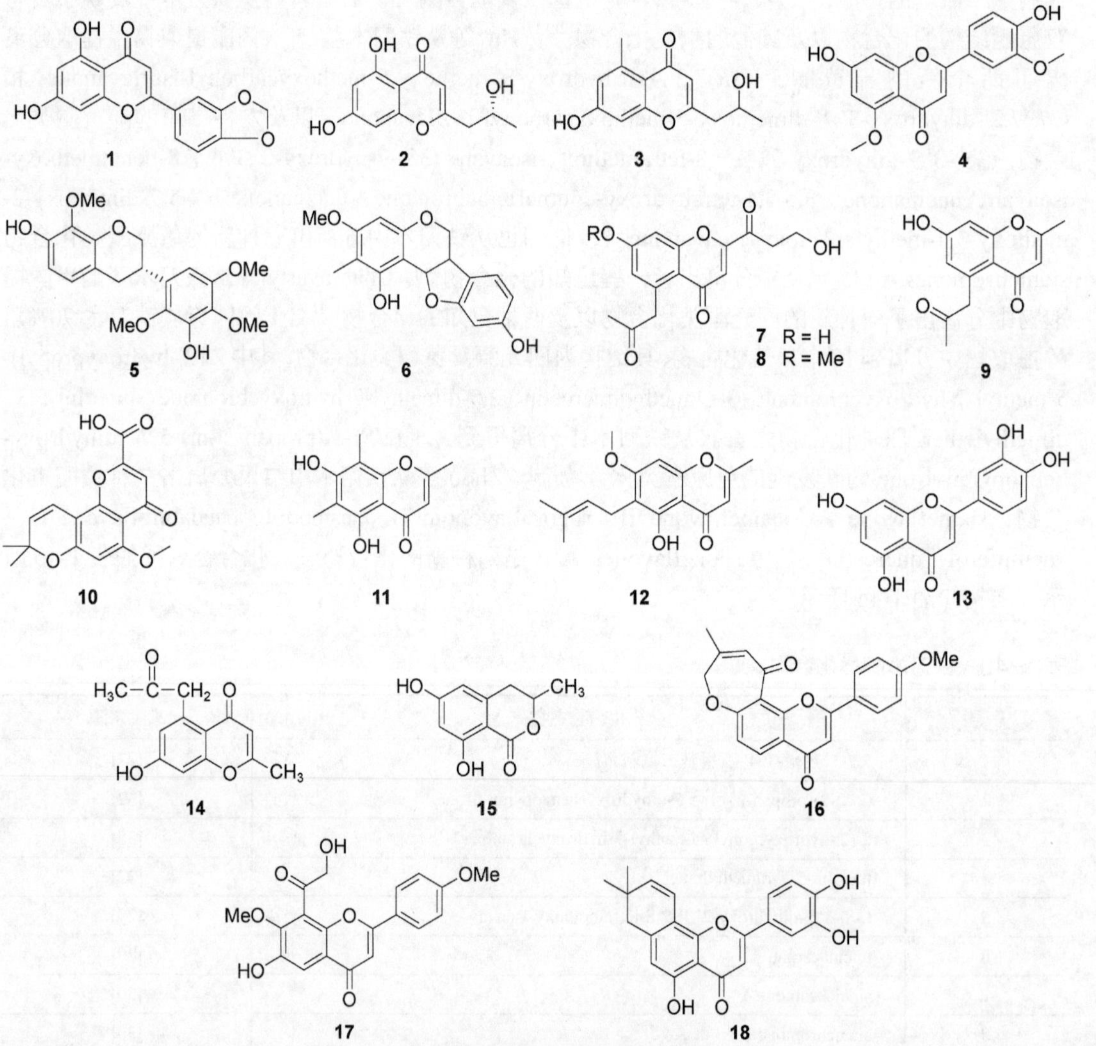

图 1-44　铁刀木酮类化合物

5. 其他类化合物

铁刀木中还有酚类等其他化合物。Thongsaard 等从铁刀木茎中分离到两种新的酚类化合物：6-hydroxy-7-methoxy-3-(4-methoxyphenyl)-2H-chromen-2-one 和 7-hydroxy- 6-methoxy-3-(4-methoxyphenyl)-2H-chromen-2-one，另外还分离出了已报道的六种酚类化合物：piceatanno1、2,2′,3,3′-tetrahydroxyldiphenylethylene、candenatenin E、kaempferol、quercetin、nonin A[34]。此外，还有 3,3′,4,5′-四羟基二苯乙烯、barakol、蔗糖、正二十八醇、β-香树脂醇等其他化合物被报道[35~37]。化合物名称如表 1-41 所示，结构如图 1-45 所示。

表 1-41　铁刀木其他类化合物

序号	化合物名称	文献来源
1	3,3′,4,5′-四羟基二苯乙烯	[28]
2	barakol	[34]
3	cassigarol D	[58]
4	10,11-dihydroanhydrobarakol	[22]
5	anhydrobarakol	[35]
6	6-hydroxy-7-methoxy-3-(4-methoxyphenyl)-2H-chromen-2-one	[36]
7	piceatanno1	[36]
8	nonin A	[36]
9	β-香树脂醇	[59]
10	cassibiphenol A	[37]

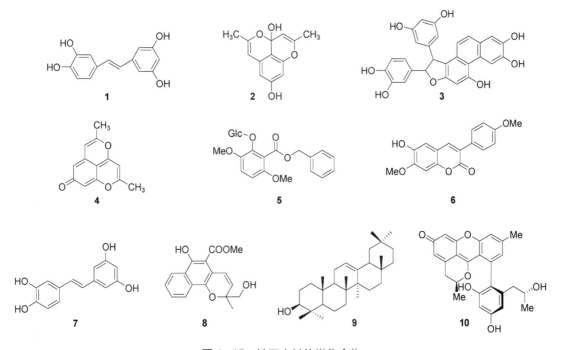

图 1-45　铁刀木其他类化合物

三、药理活性

1．抗炎镇痛

Ntandou 等对铁刀木茎皮的四种提取物进行了活性研究，采用热板法、足压力法和角叉菜胶致足肿胀法对提取物进行了评价。结果发现，在所用剂量（100mg/kg、200mg/kg 和 400mg/kg）下，铁刀木茎皮乙醇和水提取物表现出显著差异，其活性高于扑热息痛和吗啡两种标准品，也发现乙醇和水提取物的镇痛作用与其剂量呈现一定的依赖性；而铁刀木氯仿提取物的镇痛活性不明显，仅在减少剂量为 200mg/kg 时通过后爪压力试验观察到，铁刀木石油醚则无镇痛活性[38]。Jignasu 采用了角叉菜胶致大鼠足肿胀法观察铁刀木乙醇提取物的抗炎作用，同时对其进行了雌性 Wistar 白化大鼠模型体内抗炎活性评价，研究发现，200mg/kg、400mg/kg 的铁刀木地上部分乙醇提取物能减轻角叉菜胶引起的大鼠足肿胀，且其效果明显，提取物中没有明显的毒性，也发现其提取物具有显著的剂量依赖性的抗炎作用[39]。Nsonde 研究了铁刀木茎皮提取物水提物镇痛活性时间稳定性评价，他们将其冻干成粉，远离热量，在标准温度和压力条件下保持在实验室里。在其试验后置于一个玻璃瓶中紧闭，整体用铝箔包裹，然后对其进行了镇痛活性研究，结果发现，其铁刀木水提物在粉末状态下，保持在普通条件下，远离热和光，其依然具有一定的镇痛效果，这表明其提取物在合适的条件下能够保持其止痛性能超过两年，其水提物镇痛活性较为稳定[40]。

2．抗菌

Lee 等根据抗菌活性筛选结果，采用连续稀释法，在 96 孔平板上测定了几种植物提取物的最低抑菌浓度（MIC），植物提取物用灭菌 LB 肉汤稀释，浓度范围为 0.01～10mg/mL，分配到 96 孔板中。将供试菌株按 1∶100 的比例接种于每个制备好的孔中，并在 37℃下培养℃ 持续 18 小时，并通过测量 600nm 处的浊度来测定细菌生长。结果发现，铁刀木甲醇提取物对蜡样芽孢杆菌和单核细胞增生李斯特菌没有抗菌性，这可能与测定的菌种有关[41]。Sanit 研究了 90%乙醇提取的铁刀木粗提物对镰刀菌的抑制作用，实验进行了菌丝生长试验，将其提取物置于 0、1000mg/kg、2500mg/kg、5000mg/kg、7500mg/kg、10000mg/kg 不同浓度下的琼脂培养皿下进行孵育，常温下培养 7 天，结果发现其提取物对 7500mg/kg 和 10000mg/kg 的镰刀菌菌丝有很好的抑制作用，其抑制率分别为 70%、84%；对 1000mg/kg、2500mg/kg、5000mg/kg 的镰刀菌菌丝有中等的抑制作用，其抑制率分别为 45%、49%、59%，这表明铁刀木乙醇提取物具有较好的抗菌性[42]。Danish 等研究了铁刀木叶的水提取物对黑曲霉的抑制作用，实验研究了 10%、15%、20%浓度提取物的溶液对黑曲霉的影响，将三种浓度标准提取物与培养基混合培养 7 天，然后取生长良好的真菌接种于含植物提取物的培养皿中央培养 5 天，期间控制温度为 28℃，通过观察菌落生长来判定其抗真菌作用，结果发现，20%铁刀木水提物对于黑曲霉生长有很强的抑制作用，10%以及 15%铁刀木水提物抑制效果则较弱，其提取物的抗真菌活性呈浓度依赖性[43]。Budiman 等研究了铁刀木乙醇提取物对金黄色葡萄球菌、表皮葡萄球菌和痤疮丙酸杆菌抗菌的活性，并通过采用琼脂扩散法测定了铁刀木的抗菌活性和最低抑菌浓度，结果发现，铁刀木乙醇提取物对痤疮丙酸杆菌具有较好的抗菌活性，其 MIC 为 5mg/mL，其对金黄色葡萄球菌和表皮葡萄球菌具有中等的抗菌活性，其 MIC 分别为 25mg/mL、35mg/mL[44]。Mehta 等对铁刀木叶、皮、花提取物进行了金黄葡萄球菌、化脓性链球菌、大肠杆菌革兰阴性菌株、铜绿假单胞菌革兰阴性菌的抑菌试验，其结果与标准抗生素环丙沙星、诺氟沙星比较，结果表明，铁刀木花的氯仿和石油醚提取物对 4 种细菌都有很好的抑制作用，MIC 为（62.5～100）mg/L，而铁刀木皮的正己烷提取物对 4 种细菌都有很好的抑制作用，MIC 为（62.5～100）mg/L。同时，也对其提取物进行了黑曲霉、白念珠菌的抗菌实验，并通过纸片稀释法进行了抗菌试验的评价，其叶提取物对黑曲霉有很好的抑制作用，氯仿提取物的 MIC 值为 250mg/L 而 95%乙醇提取物的 MIC 值为 250ng/L；其叶的丙酮提取物对白念珠菌 MIC 为 250mg/L[45]。Chauhan 等研究了铁刀木氧化锌纳米颗粒的抗菌活性，以铜绿假单胞菌、腐生葡萄球菌、化脓性链球菌、奇异变形杆菌为研究对象进行了评价，结果发现铁刀木氧化锌纳米颗粒具有显著的抗菌活性，且最小抑制浓度为 0.7mg/mL[46]。Cyril 等研究了铁刀木茎甲醇提取物的抗菌活性，结果发现其提取物对化脓性链球菌、金黄色葡萄球菌、肺炎克雷伯菌、伤寒沙门菌、志贺菌、大肠杆菌和铜绿假单胞菌具有良好的抗菌活性，然而，它们的活性远远低于标准药物环丙沙星。其中，对大肠杆菌革兰阴性菌株活性最好，对金黄色葡萄球菌革兰阳性菌株的活性最低[47]。

3．抗病毒

Hu 等研究了铁刀木茎 70%丙酮提取物中的化合物，对其发现的一些黄酮类化合物进行了活性测定，通过运用半叶法测定其对抗烟草花叶病毒（TMV）复制的影响来判定其抗病毒活性，结果发现，(3R)7,2′,4′-trihydroxy-3′-methoxy-5-methoxycarbonyl-isoflavanone 和 3,5,7,4′-tetrahydroxy-coumaronochromone 抗 TMV 的抑制率分别为 24.6%和 26.9%，这表明这两种化合物具有很好的抗 TMV 活性，发现的 uncinacarpan、(3R)7,2′-dihydroxy-3′,4′-dimethoxy-5-methoxycarbonyl-isoflavanone、uncinanone E、5,7-dihydroxy-2-methoxy-3,4-methylenedioxy isoavanone 也具有抗 TMV 活性，其抑制率在 11.8%～18.6%之间[30]。Zhou 等研究了铁刀木提取物中分离了七种黄酮类化合物，并对它们中的一些化合物进行了抗烟草花叶病毒的活性测定，结果发现它们的抗烟草花叶病毒活性较弱，其抑制率在 11.6%～18.5%之间[33]。

4．抗疟性

Oshimi 等对铁刀木中 4 个化合物 cassiarins C-E 和 10,11-dihydroanhydrobarakol 做了抗疟原虫作用研究，将样品在二甲基亚砜中制备，并用 RPMI 1640 补充 10%人血浆、25mmol/L HEPES 和 25mmol/L NaHCO$_3$ 稀释制备的培养基将样品叶进行稀释，使其浓度达到 10μmol/L、1μmol/L、0.1μmol/L、0.01μmol/L 和 0.001μmol/L，然后取恶性疟原虫 3D7 在 24 孔培养皿中繁殖，通过 MeOH 和 Geimsa 染色判定疟原虫的数量来检测其抗疟性。结果发现，这四种化合物具有中等的抗疟活性[22]。Syamsudin 研究了铁刀木叶片的抗疟作用，以恶性疟原虫 3D7 菌株为材料，测试了对其恶性疟原虫的影响，结果发现，其 IC$_{50}$ 为 4.75μg/mL，铁刀木的抗疟原虫活性极好，具有很好的抗疟潜力[48]。

5．抗呕吐

Ahmed 等采用鸡吐模型测定了铁刀木叶片提取物的催吐活性，将铁刀木叶片溶于含有 5% DMSO、1%吐温 80 的 0.9%生理盐水中，以 150mg/kg 体重口服，对照组给予生理盐水处理，10 分钟后口服 50mg/kg 的硫酸铜溶液，然后通过观察雄性雏鸡口服液硫酸铜溶液后干呕次数的多少来判定其是否具有良好的抗吐作用，结果发现，铁刀木叶片提取物能够明显地抑制由硫酸铜引起的幼雏干呕的发生，其抑制率达到了 18%[49]。

6．抗氧化

Kaur 研究了铁刀木不同浓度的叶片提取物（正己烷、氯仿、乙酸乙酯、甲醇和水提取物）的抗氧化能力，对它们其进行了超氧自由基的测定，发现其正己烷和乙酸乙酯提取物在 1000μg/mL 时具有 34.5%和 38.3%的中等抗氧化能力，甲醇提取物在 800μg/mL 浓度下的最大抑制率为 60.5%，水提取物在 1000μg/mL 浓度下的抗氧化能力也为 51.3%。结果表明，在 1000μg/mL 浓度下，各提取液的抗氧化能力为 25%～50%，说明铁刀木具有较强的抗氧化力[50]。Chantong 对铁刀木乙醇提取物进行了 DPPH 抗氧化实验，测定 EC_{50} 为(0.039±0.005)mg/mL，其值很小，表示其抗氧化活性比较良好[51]。

7．降血糖

Koffi 研究了口服铁刀木叶乙醇提取物（LECS）如何改善 2 型糖尿病实验模型瘦素缺乏的 ob/ob 小鼠的葡萄糖和胰岛素稳态、肝损伤和内皮功能障碍的机理。实验对肥胖小鼠进行了口服 200mg/kg LECS 处理，连续进行 28 天，然后与正常的小鼠进行对比，测定了其体重、食物摄入量以及空腹血糖，并进行了胰岛素耐量测定。结果发现，服用 LECS 并未有明显的体重及摄入量变化，结果发现，口服 LECS 可显著减轻 2 型糖尿病对血糖、肝脏炎症、胰岛素抵抗、内皮功能、血管氧化应激等方面的影响，其作用机制与胰岛素依赖和非胰岛素依赖有关[52]。

8．抗生育

Dewal 等研究了铁刀木茎皮甲醇提取物的抗生育活性，对雄性大鼠进行口服两种剂量(50mg 和 100mg) 铁刀木茎皮甲醇提取物 60 天的处理，然后采集血液进行分析测定。结果发现，小鼠的生殖器官重量显著降低；精子活力、精子及附睾精子数明显减少；雄激素和促性腺激素（FSH、LH 和睾酮）水平显著降低；糖原、唾液酸和蛋白质水平也明显降低。这些结果表明，铁刀木茎皮甲醇提取物通过抑制激素和其他生化物质的水平而具有抗生育活性[53]。

9．毒性

Nsonde 研究了铁刀木茎皮提取物毒性评价，结果发现铁刀木茎皮提取物在白化大鼠体内的死亡率不超过 3000mg/kg，水和乙醇提取物未发现有死亡现象，石油醚和二氯甲烷提取物的半数致死量分别为 1300mg/kg、1275mg/kg，发现其水提物和乙醇提取物对 KB 和 Vero 细胞系没有细胞毒性活性，其石油醚和二氯甲烷提取物细胞毒性极小[40]。Jignasu 随机抽取 6 只雌性瑞士白化小鼠用于急性毒性研究，这些动物被禁食一整夜，只提供水。在给药提取物后，密切观察小鼠前 3 小时是否有任何毒性表现，如运动能力增强、抽搐、昏迷和死亡等。随后每隔 24 小时进行观察，观察了一周。结果发现，2000mg/kg 的铁刀木乙醇提取物是最高安全剂量[39]。

10．其他

Cimanga 等研究发现铁刀木水提物具有良好的杀阿米巴活性，能够治疗腹泻和痢疾[54]。Cimanga 等研究发现铁刀木黄酮提取物具有良好的解痉活性，但在用甲状腺素溶液大量冲洗离体豚鼠回肠并用两种激动剂再刺激后，这些黄酮提取物的解痉作用是完全可逆的，这表明它们的作用可能不伴有与钙通道结合或/或进入平滑肌细胞[55]。Sravanthi 研究发现 450mg/kg 铁刀木叶提取物治疗可明显缩小脑梗死面积，改善神经功能，能够改善大脑缺血[56]。

参考文献

[1] 李广联. "砍头树"——铁刀木[J]. 云南林业, 2011, 32(3): 63.

[2] 国家中医药管理局.《中华本草》: 傣药卷[M]. 上海:上海科学科技出版社, 2005.

[3] 徐燃, 刘学群, 铁德馨, 等. 铁刀木的生药鉴定研究[J]. 中药材, 2008, 31(7): 974-977.

[4] 中国科学院中国植物志编辑委员会. 中国植物志: 第三十九卷[M]. 北京: 科学出版社, 1988.

[5] Chatterjee A, Bhattacharjee S R. New dianthraquinones from *Cassia siamea* L. structure of cassianin and siameanin[J]. Journal of the Indian Chemical Society, 1964, 41(6): 415-419.

[6] Arora S, Deymann H, Tiwari R D, *et al*. New chromone from *Cassia siamea*[J]. Tetrahedron, 1971, 27(5): 981-984.

[7] Varshney I P, Raj P. Chemical investigation of *Cassia siamea* Lamk. flower and Bark[J]. Journal of the Indian Chemical Society, 1977, 54(5): 548-549.

[8] Biswas K M, Mallik H. Cassiadinine, a chromone alkaloid and (+)-6-hydroxy-mellein, a dihydroisocoumarin from *Cassia siamea*[J]. Phytochemistry, 1986, 25(7): 1727-1730.

[9] 吕泰省, 易杨华, 周大铮. 铁刀木化学成分的研究进展[J]. 药学实践杂志, 2001, 19(2): 107-110.

[10] Singh H J, Agrawal B. New triterpenoid glycoside and anthraquinones from *Cassia siamea*[J]. Pharmaceutical Biology, 1994, 32(1): 65-68.

[11] Singh J, Chauhan D. Terpenoids from *Cassia siamea*[J]. World Journal of pharmaceutical Research, 2015, 4(8): 2719-2723.

[12] Dutta N L, Ghosh A. C, Nair P M, *et al*. Structure of cassiamin, a new plant pigment[J]. Tetrahedron Letters, 1964, 5(40): 3023-3030.

[13] Patil V B, Ramarao A V, Venkataraman K. Cassiamin A, B and C, three 2,2-bianthraquinonyls in *Cassia siamea*[J]. Indian Journal of Chemistry, 1970, 8(2): 109-112.

[14] Singh V, Singh J, Sharma J P. Anthraquinones from heartwood of *Cassia siamea*[J]. Phytochemistry, 1992, 31(6): 2176–2177.

[15] Tripathi A K, Gupta K R, Singh J. Anthraquinone galactosides from the roots of *Cassia siamea*[J]. Fitoterapia, 1963, 64(1): 63-64.

[16] Abdallah O M, Darwish F M, El-Sayyad S M. Anthraquinones from *Cassia siamea* Lam[J]. Bulletin of the Faculty of Pharmacy (Cairo University), 1994, 32(3): 391-393.

[17] Koyama J, Morita I, Tagahara K, *et al*. Bianthraquinones from *Cassia siamea*[J]. Phytochemistry, 2001, 56(8): 849-851.

[18] 王月德, 董伟, 周堃, 等. 傣药铁刀木枝中 1 个新的蒽醌类化合物[J]. 中草药, 2015, 46(12):1727.

[19] Ye Y Q, Xia C F, Li Y K, *et al*. Anthraquinones from *Cassia siamea* and their cytotoxicity[J]. Chemistry of Natural Compounds, 2014, 50(5): 819-822.

[20] El-Sayyad S M, Ross S A, Sayed H M. New isoquinolone alkaloids from the leaves of *Cassia siamea*[J]. Journal of Natural Products, 1984, 47(4):708-710.

[21] Morita H, Oshimi S, Yusuke H, *et al*. Cassiarins A and B, novel antiplasmodial alkaloids from *Cassia siamea*[J]. Organic Letters, 2007, 9(18): 3691-3693.

[22] Oshimi S, Deguchi J, Hirasawa Y, *et al*. Cassiarins C-E, antiplasmodial alkaloids from the flowers of *Cassia siamea*[J]. Journal of Natural Products, 2009, 72(10):1899-1901.

[23] Deguchi J, Hirahara T, Oshimi S, *et al*. Total synthesis of a novel tetracyclic alkaloid, cassiarin F from the flowers of *Cassia siamea*[J]. Organic Letters, 2011, 13(16):4344-4347.

[24] Deguchi J, Tomoe H, Yusuke H, *et al*. New tricyclic alkaloids, cassiarins G, H, J, and K from leaves of *Cassia siamea*[J]. Chemical and Pharmaceutical Bulletin, 2012, 60(2): 219-222.

[25] Wu H Y, Hu W Y, Liu Q, *et al*. Three new alkaloids from the twigs of *Cassia siamea* and their bioactivities[J]. Phytochemistry letters, 2016, 15: 121-124.

[26] 周玲, 董伟, 王月德, 等. 傣药铁刀木叶中一个新的异吲哚生物碱[J]. 中国中药杂志, 2016, 41(9): 1646-1648.

[27] Jogi S, Chinmoyee D. Methylenedioxy flavone from *Cassia siamea*[J]. Oriental Journal of Chemistry, 1998, 14(1): 157-158.

[28] 吕泰省. 铁刀木抗肿瘤成分的研究[D]. 上海: 第二军医大学, 2001.

[29] Hu Q F, Zhou B, Gao X M, et al. Antiviral chromones from the stem of Cassia siamea[J]. Journal of Natural Products, 2012, 75(11): 1909-1914.

[30] Hu Q F, Niu D Y, Zhou B, et al. Isoflavanones from the stem of Cassia siamea and their anti-Tobacco mosaic virus activities.[J]. Bulletin of the Korean Chemical Society, 2013, 34(10): 3013-3016.

[31] Chakravarty A, Yadava R. Antioxidant activity of new potential allelochemical from steams of Cassia siamea Lam.[J]. International Journal of Pharmaceutical Sciences and Research, 2015, 6(10): 4230-4235.

[32] 王闪闪, 黄文忠, 曾广智, 等. 铁刀木化学成分研究[J]. 中国中药杂志, 2019, 44(4): 712-716.

[33] Zhou M, Zhou K, Xiang N J, et al. Flavones from Cassia siamea and their anti-tobacco mosaic virus activity[J]. Journal of Asian Natural Products Research, 2015, 17(9): 882-887.

[34] Thongsaard W, Deachapunya C, Pongsakorn S, et al. Barakol: a potential anxiolytic extracted from Cassia siamea[J]. Pharmacology Biochemistry and Behavior, 1996, 53(3): 753-758.

[35] Teeyapant R, Srikun O, Wray V, et al. Chemical investigation of anhydrobarakol from Cassia siamea[J]. Fitoterapia, 1998, 69(5): 475-476.

[36] Li Y K, Zhou B, Wu X X, et al. Phenolic compounds from Cassia siamea and their anti-tobacco mosaic virus activity[J]. Chemistry of Natural Compounds, 2015, 51(1): 50-53.

[37] Deguchi J, Sasaki T, Hirasawa Y, et al. Two novel tetracycles, cassibiphenols A and B from the flowers of Cassia siamea[J]. Tetrahedron letters, 2014, 55(7): 1362-1367.

[38] Ntandou G N, Banzouzi J T, Mbatchi B, et al. Analgesic and anti-inflammatory effects of Cassia siamea Lam. stem bark extracts[J]. Journal of Ethnopharmacology, 2010, 127(1): 108-111.

[39] Jignasu P, Mehta, Pravin H, et al. In-vitro antioxidant and in-vivo anti-inflammatory activities of aerial parts of Cassia species[J]. Arabian Journal of Chemistry, 2017, 10(2): S1654-S1662.

[40] Nsonde N, Bassoueka D J, Banzouzi J T, et al. Assessment of Cassia siamea stem bark extracts toxicity and stability in time of aqueous extract analgesic activity[J]. African Journal of Pharmacy and Pharmacology, 2015, 9(41): 988-994.

[41] Lee J H, Cho S, Paik H D, et al. Investigation on antibacterial and antioxidant activities, phenolic and flavonoid contents of some Thai edible plants as an alternative for antibiotics[J]. Asian-Australasian Journal of Animal Sciences, 2014, 27(10): 1461-1468.

[42] Sanit S. Antifungal activity of crude extracts of some medicinal plants against Fusarium sp., the pathogen of dirty panicle disease in rice[J]. Academic Journals, 2016, 10(17): 248-255.

[43] Danish M, Robab M I, Hisamuddin, et al. In vitro studies on phytochemical screening of different leaf extracts and their antifungal activity against seed borne pathogen Aspergillus niger[J]. Plant Pathology and Microbiology, 2016, 6(11): 1000321-1000325.

[44] Budiman A, Aulifa D L, Ferdiansyah R L, et al. Ethanol extract and ageratum Conyzoides L ethanol extract as antiacne[J]. Research Journal of Pharmaceutical, Biological and Chemical Sciences, 2017, 8(1S): 37-42.

[45] Mehta J P, Parmar P H, Kukadiya N B, et al. Antimicrobial assay of extracts of Cassia Siamea(Lam.) and Cassia javanica(Linn.)[J]. Journal of Pharmaceutical, Chemical and Biological Sciences, 2018, 5(4): 386-395.

[46] Chauhan P S, Shrivastava V, Tomar R S. Biosynthesis of zinc oxide nanoparticles using Cassia siamea leaves extracts and their efficacy evaluation as potential antimicrobial agent. 2019, 8(3): 162-166.

[47] Cyril O. Phytochemical, GC-MS analysis and antimicrobial activity of the methanol stem bark extract of Cassia siamea (Fabaceae)[J]. Asian Journal of Biotechnology, 2019, 12(1): 9-15.

[48] Syamsudin, Farida Y, Tambunan R M. Analysis of some plants extracts used as antimalaria in Sei Kepayang, North Sumatera, Indonesia[J]. Asian Journal of Chemistry, 2017, 29(3): 592-594.

[49] Ahmed S, Sabzwari T, Hasan M M, et al. Antiemetic activity of leaves exteracts of five leguminous plants[J]. International Journal of Research in Ayurveda and Pharmacy, 2012, 3(2): 251-253.

[50] Kaur P, Arora S. Superoxide anion radical scavenging activity of Cassia siamea and Cassia javanica[J]. Medicinal Chemistry Research, 2011, 20(1): 9-15.

[51] Chantong B, Kampeera T, Sirimanapong W, et al. Antioxidant activity and cytotoxicity of plants commonly used in veterinary medicine[J]. Acta Horticulturae, 2008, 786: 91-97.

[52] Koffi A, Soleti R, Nitiema M, et al. Ethanol extract of leaves of Cassia siamea Lam protects against diabetes-induced insulin resistance, hepatic, and endothelial dysfunctions in ob/ob mice[J]. Oxidative Medicine and Cellular Longevity, 2019, 12(1): 1-11.

[53] Dewal S, Gupta R S, Lakhne R. Antifertility activity of *Cassia siamea* (stem bark) in male albino rats and phytochemical analysis by GC-MS technique[J]. Journal of Pharmacognosy and Phytochemistry, 2018, 7(3): 3050-3053.

[54] Cimanga K R, Makila B M F, Kambu K O. In vitro amoebicidal activity of aqueous extracts and their fractions from some medicinal plants used in traditional medicine as antidiarrheal agents in kinshasa-democratic republic of congo against entamoeba histolytica[J]. European Journal of Bimedical and Pharmaceutical Sciences, 2018, 5(7): 103-114.

[55] Cimanga K R, Gatera G S, Tona L G, *et al*. Spasmolytic activity of flavonoid extracts from some medicinal plants used as antidiarrheal agents in traditional medicine in Kinshasa-DRCongo[J]. World Journal of Pharmacy and Pharmaceuticalences, 2018, 7(7): 170-182.

[56] Sravanthi K, Prasanth D, Raja B S, *et al*. Neuroprotective effects of *Cassia siamea* leaves extract in cerebral ischemia reperfusion injury induced rats[J]. World Journal of Pharmaceutical Research, 2018, 7(6S): 1-8.

[57] 吕泰省, 易杨华, 毛士龙, 等. 铁刀木的蒽醌类成分[J]. 药学学报, 2001, (7): 547-548.

[58] Kimiye B, Tadashi B, Kaoru M, *et al*. Two stilbenoids from *Cassia garrettiana*[J]. Phytochemistry, 1992, 31(9): 3215-3218.

[59] 薛咏梅, 王文静, 饶高雄, 等. 傣药铁刀木叶的化学成分研究[J]. 云南中医学院学报, 2010, 33(2): 17-19.

民族植物资源

化学与生物活性

研究

Research Progress on
Chemistry and Bioactivity
of
Ethnobotany
Resources

第二章

纳西族药物

纳西族医药学是集汉、藏医学的理论精华，不断吸收和实践，结合本民族特点，所形成的一种以中医药学理论为主导的多文化交融的医药学理论。"东巴教"是纳西族最原始的宗教，纳西族人民长期的生活和生产活动与东巴教有密切关系，所以纳西族医药又称之为"东巴医药"。在唐代书写的一些东巴经书中有关医学的记载有大量的医学内容，如《崇搬图》中讲到可用针灸、按摩治疗疾病，对血肿放血，对刀伤进行缝合等方法。众多的纳西族医学经典中，首推《玉龙本草》影响最为深远，也最具代表性。《玉龙本草》记录了 328 种药用植物，作者吸收了外民族的医药知识，结合本民族丰富的药材资源及用药经验写成的一本为数不多的少数民族本草，为后人了解和研究纳西族药用植物提供了依据。

纳西族药资源绝大部分分布在滇西北的丽江市，其余分布在云南其他县市和四川盐源、盐边、木里等县，也有少数分布在西藏芒康县。由于纳西文化的形成和多民族文化交融紧密相关，使得纳西族医药学深受影响。纳西族药物中，许多是传统中药的范畴，如金银花、夏枯草、扁蓄、紫草、麦冬、薄荷、荆芥、金银花、羌活、半夏、车前草、茴香、山药、藿香、麻黄、夏枯草、红花、苦参、百合、防己、天南星、女贞、白芷等。

本章选取 6 种常用纳西族药，岩白菜、铁破锣、三尖杉、金丝马尾连、绿绒蒿、雪茶，对近年来针对以上纳西族药的化学成分和药理活性方面的研究进行系统总结，把握其相关研究的最新进展，为进一步开展纳西族药的深入研究提供一定的参考。

第一节
岩白菜

岩白菜［*Bergenia purpurascens* (Hook. f. et Thoms.) Engl.］是虎耳草科岩白菜属的一种多年生草本植物，别名红岩七、岩壁菜、雪头开花、兰花岩陀、石山菖蒲[1]。它既是一种较好的观赏高山野生花卉，又是云南纳西族、苗族、藏族等多个少数民族的常用药物[1]。岩白菜以其干燥根茎入药，主要用于治疗咳嗽、慢性支气管炎、虚弱头晕、吐血咯血、痢疾、白带异常、肿毒等[2]。

一、生物学特征与资源分布

1. 生物学特征

岩白菜分布于西藏东部、四川西南部、云南西北部，在云南的巧家、禄劝、丽江、大理、迪庆等地均有分布。岩白菜喜半阴，耐寒，低温的高海拔地区更适合岩白菜生长，野生岩白菜主要生长在海拔 2500～4800m 区域的针叶林下或间有很多杜鹃的针阔叶混交林下，常有苔藓植物与之伴生[3]。

2．资源分布

岩白菜为多年生草本植物，地下有多条辐射状根状茎，从根状茎上每年均能发出多棵植株。地上部丛生，一般 3～6 个分蘖，株高 20～80cm，花为蝎尾状聚伞花序，果实为蒴果。叶互生但密集成簇生状，绿色，两面无毛。进入冬季，叶片转为紫红色或红色，凋萎，休眠，次年 3 月前后部分叶片转绿，同时又长出新叶，在新叶展开后 4～6 天，开始从植株中央抽出一枝花葶，花的上部着生着蝎尾状聚伞花序。到 5 月以后陆续开花，花期和结果期长达 3～4 个月，一般 9～10 月种子成熟[3]。果实为连萼宿果，花柱和柱头宿存，花柱较长且分离，蒴果 2 裂，岩白菜的种子细小。岩白菜根茎呈略弯曲的圆柱形，表面灰棕色至黑褐色，气微，味苦、涩[4]。

二、化学成分研究

1．多酚类

岩白菜中的多酚类化合物以岩白菜素和熊果苷为主[5]。岩白菜素于 1880 年由 Garrean 等在岩白菜属植物中首次提取得到，并因此而得名，又称岩白菜内酯、矮茶素、佛手配质，其结构确定直到 1958 年才完成[6]。石晓丽等[7]利用硅胶色谱、凝胶色谱等技术对岩白菜块根的甲醇提取物进行分离纯化，利用波谱学阐明结构，从岩白菜块根中分离得到 9 个单体化合物，包括岩白菜素（bergenin）、熊果苷（arbutin）、breynioside A、11-O-没食子酰岩白菜素（11-O-galloyl bergenin）。Breynioside A 为首次从该种植物中分离得到。Chen 等[8]对岩白菜根丙酮提取液的乙酸乙酯部位的化合物进行分离，通过 Sephadex LH-20 和纤维素柱色谱进一步纯化，得到化合物岩白菜素、1,2,4,6-tetra-O-galloyl-β-D-glucose、norbergenin、2,4,6-tri-O-galloyl-D-glucose、11-O-(4′-甲氧基没食子酰基)-岩白菜素、6-O-没食子酰熊果酚苷（6-O-galloyl arbutin）、7-O-galloyl-(+)-catechin、procyanidin B-3。蒋伟等[9]采用多种分离材料，利用各种分离手段和不同纯化方法，从岩白菜根的醇溶部分共分离得到了 27 个化合物，鉴定了全部化合物的结构，包括岩白菜素、熊果苷、鞣花酸（ellagic acid）、没食子酸甲酯（metyl galate）、对苯二酚（hydroquinone）、11-O-没食子酰岩白菜素（11-O-galloyl bergenin）、(+)儿茶素-3-O-没食子酸酯[(+)-catechin-3-O-gallate]、11-O-（4′-羟基苯甲酰基）岩白菜素[11-O-(4′-hydroxybenzoyl)bergenin]。具体名称见表 2-1，化学结构见图 2-1。

表 2-1　岩白菜中多酚类化合物

序号	化合物名称	文献来源	序号	化合物名称	文献来源
1	岩白菜素	[7,9]	8	没食子酸甲酯	[9] [21]
2	熊果苷	[7,9]	9	6-O-没食子酰熊果酚苷（6-O-galloyl arbutin）	[8,13]
3	鞣花酸（ellagic acid）	[9,10]			
4	1,2,4,6-tetra-O-galloyl-β-D-glucose	[8,11]	10	7-O-galloyl-(+)-catechin	[8]
5	norbergenin	[8]	11	11-O-4′-羟基苯甲酰基岩白菜素	[2]
6	2,3,4,6-tetra-O-galloyl arbutin	[11]	12	丹参酮 A	[13]
7	4-O-没食子酰基岩白菜素（4-O-galloybergenin）	[12]	13	丹参醇 B	[13]

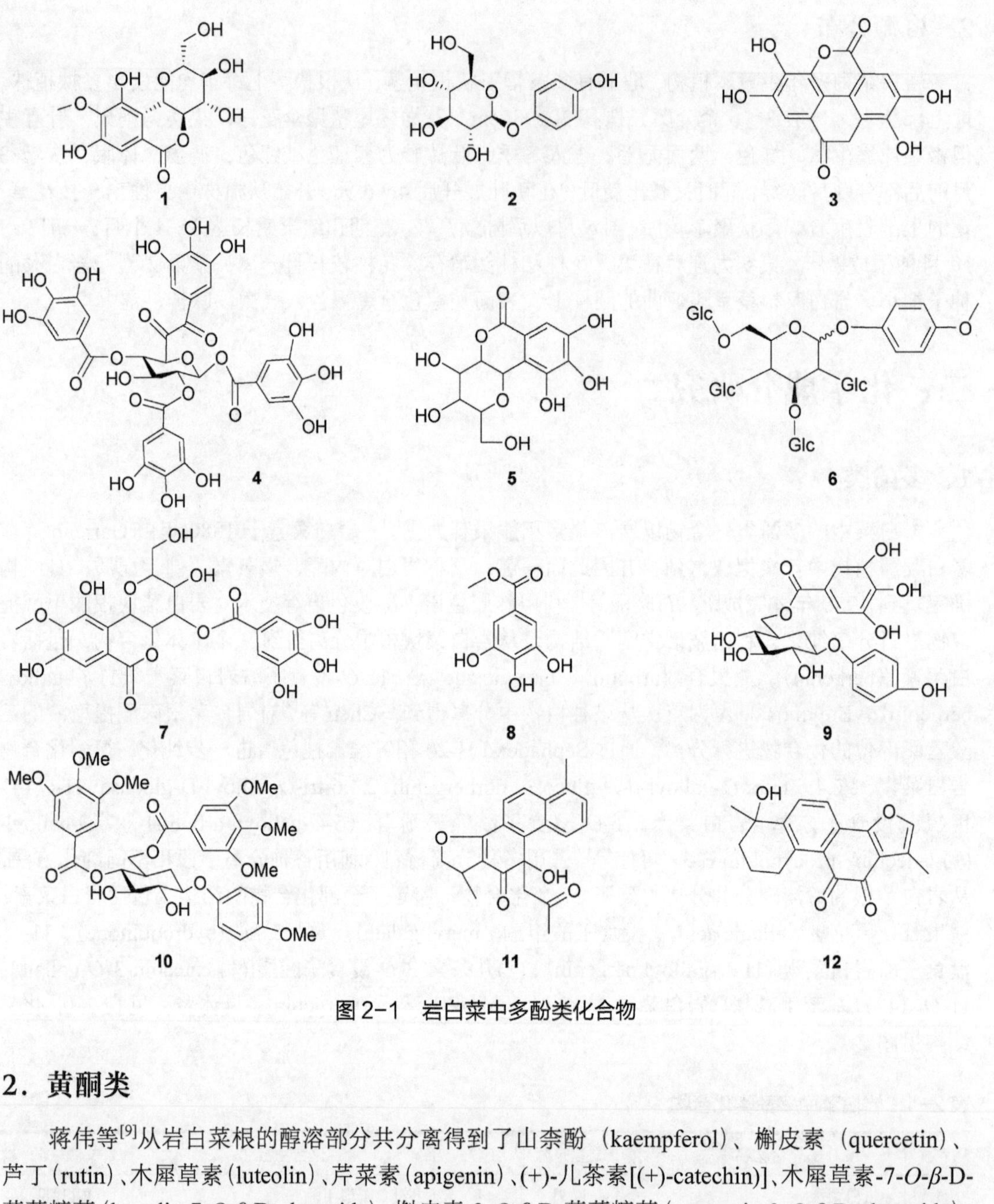

图 2-1　岩白菜中多酚类化合物

2．黄酮类

蒋伟等[9]从岩白菜根的醇溶部分共分离得到了山奈酚（kaempferol）、槲皮素（quercetin）、芦丁（rutin）、木犀草素（luteolin）、芹菜素（apigenin）、(+)-儿茶素[(+)-catechin]、木犀草素-7-*O*-*β*-D-葡萄糖苷（luteolin-7-*O*-*β*-D-glucoside）、槲皮素-3-*O*-*β*-D-葡萄糖苷（quercetin-3-*O*-*β*-D-glucoside）、木犀草素-5-*O*-*β*-D-葡萄糖苷（luteolin-5-*O*-*β*-D-glucoside）。其中，(2*S*)-1-*O*-庚三十烷酰基甘油[(2*S*)-1-*O*-heptatriacontanoyl glycerol]、木犀草素（luteolin）、芹菜素、木犀草素-5-*O*-*β*-D-葡萄糖苷和木犀草素-7-*O*-*β*-D-葡萄糖苷为首次从岩白菜属植物中分离得到。具体名称见表 2-2，化学结构见图 2-2。

3．萜类

蒋伟等[9]从岩白菜根的醇溶部分还分离得到了 *β*-蒲公英赛醇（*β*-taraxerol）、白桦脂酸

表2-2 岩白菜中黄酮类化合物

序号	化合物名称	文献来源	序号	化合物名称	文献来源
1	杨梅素	[12]	6	3-O-没食子酰基原花青素 B-1(3-O-galloyprocyanidin B-1)	[13]
2	norathyriol	[13]			
3	catechin-7-O-β-D-glucopyranoside	[13]	7	阿夫儿茶精（afzelechin）	[11,13]
4	naringenin	[13]	8	原花青素 B4（procyanidin B4）	[13]
5	(+)-儿茶素[(+)-catechin]	[9]			

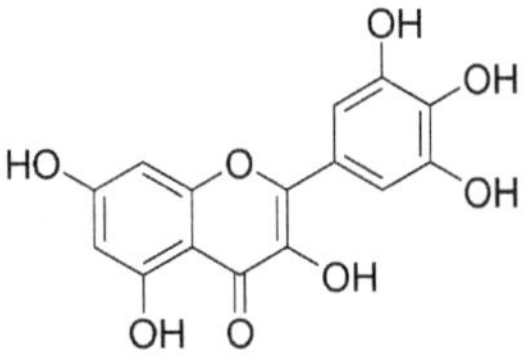

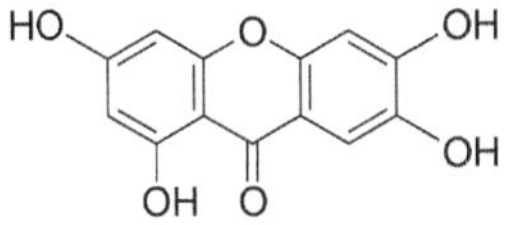

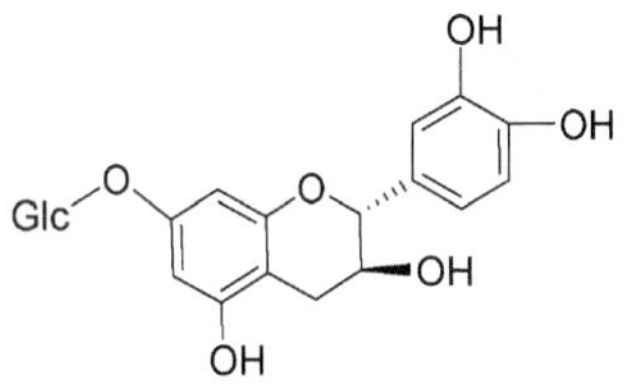

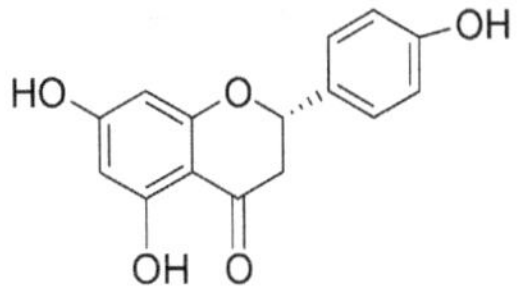

图 2-2 岩白菜中黄酮类化合物

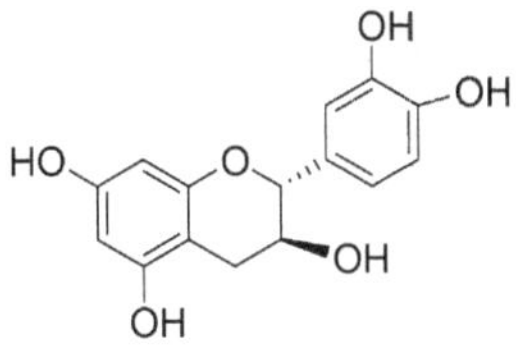

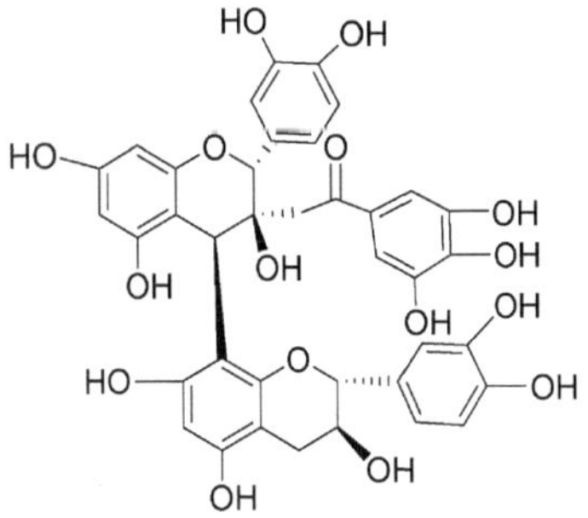

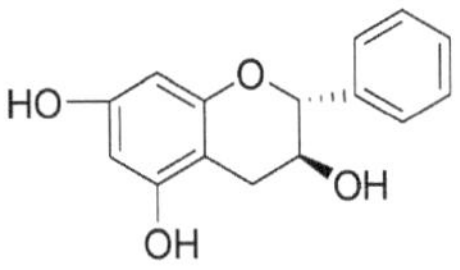

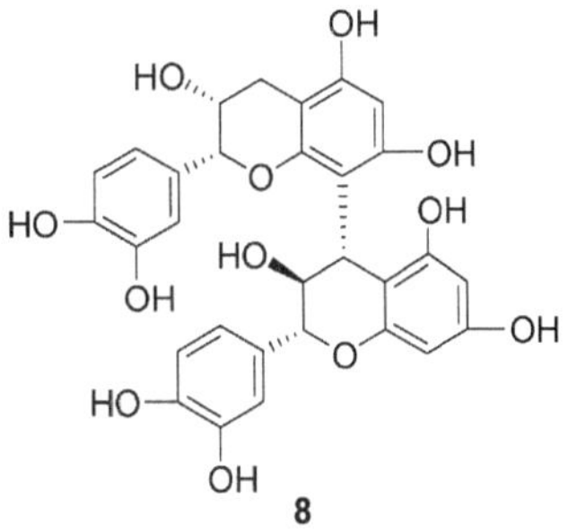

（betulinic acid）、乌苏酸（熊果酸）、2α-羟基乌苏酸、齐墩果酸（oleanic acid）。张珊珊等[2]从岩白菜中分离鉴定的萜类化合物有 ocimol、3β,5α-dihydroxy-15-cinnamoyloxy-14-oxolathyra-6Z,12E-diene。具体名称见表 2-3，化学结构见图 2-3。

表2-3 岩白菜中萜类化合物

序号	化合物名称	文献来源	序号	化合物名称	文献来源
1	β-蒲公英赛醇	[9]	3	3β,5α-dihydroxy-15-cinnamoyloxy-14-oxolathyra-6Z,12E-diene	[2]
2	ocimol	[2]			

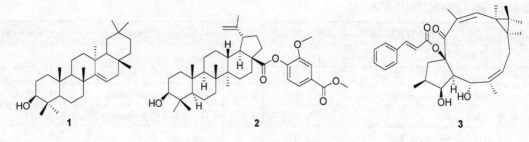

图 2-3　岩白菜中萜类化合物

4．其他成分

蒋伟等[9]还从岩白菜根的醇溶部分共分离得到了 β-谷甾醇、(2S)-1-O-庚三十烷酰基甘油、胡萝卜苷。张珊珊等[2]从岩白菜叶的醇溶部分共分离得到了 1-O-β-D-glucopyranosyl-2-methoxy-3-hydroxyl-phenylethene、阿魏酸、没食子酸（gallic acid）、丁香酸（syringic acid）、1-咖啡酰奎宁酸（1-O-caffeoylquinic acid）。具体名称见表 2-4，化学结构见图 2-4。

表 2-4　岩白菜中其他化合物

序号	化合物名称	文献来源
1	1-O-β-D-glucopyranosyl-2-methoxy-3-hydroxyl-phenylethene	[2]
2	二乙基二亚砜（diethyl disulfoxide）	[11]
3	(2S)-1-O-庚三十烷酰基甘油[(2S)-1-O-heptatriacontanoyl glycerol]	[9]
4	dibutyl phthalate	[13]
5	丁香酸（syringic acid）	[2]
6	1-O-咖啡酰奎宁酸（1-O-caffeoylquinic acid）	[2]

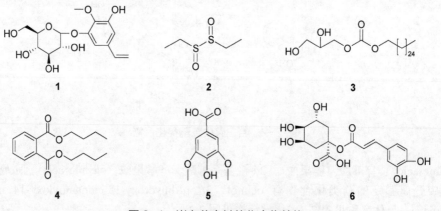

图 2-4　岩白菜中其他化合物结构

三、药理活性研究

岩白菜使用历史悠久，始载于清《分类草药性》，具有滋补强壮、止血、止咳等功效[14]。

1．镇咳

岩白菜的根、茎、叶、花等器官中均有岩白菜素，通常在根茎中含量最高[6,15]。岩白菜素具有广泛的生理活性，有止咳平喘、清热解毒、止血生肌等功效，对咳嗽中枢具有选择性抑制作用，对其他中枢无明显的增强抑制作用，毒性低、不良反应小[15,16]。《中华人民共和国药典》将其收为镇咳祛痰药，用于慢性支气管炎[17]。市面上已有的药品有生地茶止咳合剂、复方岩白菜素片、四臣止咳颗粒等，用于止咳祛痰、治疗慢性支气管炎。杨为民等[18]研究发现岩白菜素能明显延长豚鼠枸橼酸喷雾导致咳嗽潜伏期，减少豚鼠咳嗽次数。王亚芳等[19]研究发现熊果苷能抑制氨水引起的小鼠咳嗽，对磷酸组胺引起的豚鼠哮喘具有保护作用，对磷酸组胺引起的豚鼠气管收缩有抑制作用。

2．抗氧化

董钦等[20]研究发现熊果苷能保护 ECV-304 细胞增殖活力，可以抵御 H_2O_2 所致细胞氧化应激损伤。潘国庆等[21]研究发现岩白菜的乙醇提取物对 4 种食用油脂均有较好的抗油脂氧化能力。蒲含林等[22]研究发现岩白菜素对黄嘌呤-黄嘌呤氧化酶体系产生的超氧阴离子自由基有明显的清除作用，也能有效抑制缺血后脑组织发生的脂质过氧化反应。Kumar 等[23]研究发现对于链脲佐菌素(STZ)-烟酰胺诱导的 2 型糖尿病大鼠，口服岩白菜素能显著降低血糖血脂水平，也有明显的抗氧化作用，能逆转血脂正常值（除甘油三酯外）。

3．抑菌抗炎

Shi 等[24]研究发现在体外实验中，岩白菜提取物对金黄色葡萄球菌（SA）、耐甲氧西林金黄色葡萄球菌（MRSA）和 β-内酰胺酶阳性金黄色葡萄球菌（ESBLs-SA）均有抑制作用。Shi 等[24]、黄丽萍等[25]研究发现岩白菜提取物能明显抑制二甲苯诱导小鼠耳部水肿、棉粒肉芽组织增生，毛细血管通透性增加。岩白菜饮片对食管上皮细胞增生和上消化道炎症患者治愈率达 88.7%，表明岩白菜对上消化道炎症有一定的疗效[15,16]。Liu 等[10]研究发现岩白菜甲醇提取物在新生大鼠体外和体内对引起常见呼吸道感染的菌株均有显著的抗菌活性，可提高感染金黄色葡萄球菌新生大鼠的存活率，因此能用于治疗细菌性呼吸道感染。岩白菜素通过抑制 NF-κB 活化，进而减少炎症细胞因子 IL-6，TNF-α 的生成发挥作用[26]。熊果苷也有抗炎、抗菌作用，可作为尿道消毒剂[27,28]。

4．美白

熊果苷对皮肤中酪氨酸酶有抑制作用，用作化妆品增白剂使皮肤增白[29]。美白机理为熊果苷对酪氨酸酶产生竞争性及可逆性抑制，从而阻断多巴及多巴醌的合成，进而抑制黑色素的生成，达到美白效果。但熊果苷不影响酪氨酸酶的表达和合成，且细胞毒性很低。

5．其他

田景全等[30]发现岩白菜具有清热解毒、凉血止血、润肺止咳的功效，新鲜叶片用口嚼烂后外敷于伤口处包扎，可用于外伤性出血，止血止痛效果好，鲜品效果优于干品。岩白菜水提取物可增加毛细血管抵抗力，很大剂量长期口服也不会出现毒性反应，既不影响大鼠的全身状态，也不引起消化道或实质性器官的病理改变[15]。岩白菜素有抗高尿酸活性，通过促进高尿酸血症小鼠肾脏尿酸排泄作用及逆转尿酸转运体的过度表达起作用[31]；岩白菜素能改善由四氯化碳所致的小鼠肝损伤模型，岩白菜素主要通过调节谷胱甘肽和抑制自由基的释放来实现其保肝作用[32]。黄丽萍等[25]研究发现岩白菜素对醋酸引起的小鼠扭体反应有明显的抑制作用，对甲醛致痛反应也有良好的抑制作用；Vityazev 等[33]报道给大鼠胃灌以熊果苷和氢醌，随着熊果苷剂量的增加导致尿量增加以及肌酐和钾的排泄增加，而氢醌的增加对尿量的增加、肌酸酐和钾的排泄没有影响，表明熊果苷有利尿作用。

参考文献

[1] 李治滢, 周斌, 李绍兰, 等. 岩白菜内生真菌的分离和分类鉴定[J]. 云南中医中药杂志, 2008, 29(8): 42-43.

[2] 张姗姗. 岩白菜（*Bergenia purpurascens*）叶的化学成分研究[D]. 南京: 东南大学, 2017.

[3] 李绍平, 黎其万, 王金香. 岩白菜驯化栽培研究[J]. 中草药, 2004, 35(6): 98-100.

[4] 中国药典委员会. 中华人民共和国药典: 一部[S]. 北京: 中国医药科技出版社, 2020.

[5] 赵桂茹, 王仕玉, 李玉强, 等. 云南岩白菜资源的形态多样性分析[J]. 西南农业学报, 2014, 27(1): 244-247.

[6] 高杰. 岩白菜素超临界 CO_2 萃取结晶工艺研究[D]. 合肥: 合肥工业大学, 2007.

[7] 石晓丽, 毛泽伟, 左爱学, 等. 民族药岩白菜的化学成分研究[J]. 云南中医学院学报, 2014, 37(1): 34-37.

[8] Chen X M, Yoshida T, Hatano T, *et al*. Galloylarbutin and other polyphenols from *Bergenia purpurascens*[J]. Pergamon, 1987, 26(2): 515-517.

[9] 蒋伟. 岩白菜（*Bergenia purpurascens*）根化学成分及其有效物熊果酸结构修饰研究 [D]. 南京: 东南大学, 2018.

[10] Liu B, Wang M, Wang X N. Phytochemical analysis and antibacterial activity of methanolic extract of *Bergenia purpurascens* against common respiratory infection causing bacterial species in vitro and in neonatal rats[J]. Microbial Pathogenesis, 2018, 117: 315-319.

[11] 石晓丽. 蛇莲和岩白菜的化学成分研究[D]. 昆明: 云南中医学院, 2013.

[12] 张剑, 蔡函青, 武垒垒, 等. 岩白菜属植物化学成分及药理活性研究进展 [J]. 中成药, 2020, 42(4): 1005-1012.

[13] Qu Y X, Zhang C, Liu R H, *et al*. Rapid characterization the chemical constituents of *Bergenia purpurascens* and explore potential mechanism in treating osteoarthritis by ultra-performance liquid chromatography coupled with quadrupole time-of-flight mass spectrometry combined with network pharmacology[J]. Journal of Separation Science, 2020, 43(16): 3333-3348.

[14] 任晓磊. 基于代谢组学的慢性支气管炎发病机理及岩白菜素作用机制研究[D]. 北京中医药大学, 2016.

[15] 李文春, 郭凤根, 张丽梅, 等. 岩白菜研究现状与展望[J]. 云南农业大学学报, 2006, 21(6): 845-850.

[16] 夏晓旦, 普天磊, 黄婷, 等. 岩白菜的化学成分、含量考察与药理作用研究概况[J]. 中国药房, 2017, 28(16): 2270-2273.

[17] 毛泽伟, 王兆良, 饶高雄. 4(*R*)-岩白菜素的合成[J]. 化学通报, 2015, 78(8): 761-763.

[18] 杨为民, 刘吉开, 麻兵继, 等. 岩白菜素衍生物的止咳、祛痰活性筛选[J]. 四川生理科学杂志, 2004, 26(4): 188-189.

[19] 王亚芳, 周宇辉, 张建军. 熊果苷镇咳、祛痰及平喘的药效学研究[J]. 中草药, 2003, 34(8): 70-72.

[20] 董钦, 张春晶, 周宏博, 等. 熊果苷拮抗 H_2O_2 损伤的研究(英文)[J]. 哈尔滨医科大学学报, 2005, 38(2): 142-144.

[21] 潘国庆, 卢永昌, 鲁芳. 岩白菜对食用油脂抗氧化作用的初步研究[J]. 青海科技, 2005, (4): 32-33.

[22] 蒲含林. 岩白菜素清除小鼠脑组织自由基及抗脂质过氧化作用[J]. 暨南大学学报(自然科学与医学版), 2006, 27(2): 239-241.

[23] Kumar R, Patel D K, Prasad S K, *et al*. Type 2 antidiabetic activity of bergenin from the roots of *Caesalpinia digyna* Rottler[J]. Fitoterapia, 2012, 83(2): 395-401.

[24] Shi X L, Li X, He J, Han Y M, *et al*. Study on the antibacterial activity of *Bergenia purpurascens* extract[J]. African Journal of Traditional Complementary and Alternative Medicines, 2014, 11(2), 464-468.

[25] 黄丽萍, 吴素芬, 张甦, 等. 岩白菜素镇痛抗炎作用研究[J]. 中药药理与临床, 2009, 25(3): 24-25.

[26] 沈映冰, 陈杰, 许静, 等. 岩白菜素对脂多糖诱导 RAW264.7 细胞 IL-6、TNF-α 及 NF-κB 表达的影响[J]. 中药材, 2012, 35(10): 1660-1662.

[27] 江苏新医学院. 中药大辞典[M]. 上海: 上海科学技术出版社, 1986.

[28] 阎雪莹, 唐晓飞, 王雪莹, 等. 熊果苷研究及应用进展[J]. 中医药信息, 2007, 24(4): 18-22.

[29] 郭华云, 宋康康, 陈清西. 两种熊果苷同系物的合成及其对酪氨酸酶的影响[J]. 厦门大学学报(自然科学版), 2004,

43(S1): 1-4.

[30] 田景全, 胡正晖. 治疗外伤性出血良药岩白菜简介[J]. 中国民族民间医药杂志, 2007, (4): 247, 246.

[31] 周宏星, 陈玉胜. 岩白菜素抗高尿酸血症的活性及机制研究[J]. 安徽医科大学学报, 2014, 49(1): 63-67.

[32] 王刚, 麻兵继. 岩白菜素的研究概况[J]. 安徽中医学院学报, 2002, 21(6): 59-62.

[33] Vityazev F V, Paderin N M, Golovchenko V V. In vitro binding of human serum low-density lipoproteins by sulfated pectin derivatives[J]. Russian Journal of Bioorganic Chemistry, 2012, 38(3): 319-323.

第二节
铁破锣

铁破锣[*Beesia calthifolia* (Maxim.) Ulbr.]为毛茛科铁破锣属多年生草本植物，以干燥根茎入药，又名山豆根、滇豆根（云南），土黄连（甘肃），葫芦七（陕西），定木香，单叶升麻，是我国特有的民间药用植物[1]。

一、生物学特征与资源分布

铁破锣根茎有分枝，呈圆柱形，弯曲，长3～10cm，直径3～8cm。表面棕黄或棕褐色，具纵皱纹及微隆起的环节，节间明显，长 3～5mm，有白色圆点状微突起的须根痕，偶有圆盘状茎痕。质实而脆，断面黄色或间黄色，显蜡样光泽[2~4]。铁破锣根状茎斜，长约达10cm，粗3～7mm。花葶高30～58cm，有少数纵沟，下部无毛，上部花序处密被开展的短柔毛。叶片肾形、心形或心状卵形，顶端圆形，短渐尖或急尖，基部深心形，边缘密生圆锯齿（锯齿顶端具短尖），两面无毛，稀在背面沿脉被短柔毛；叶柄具纵沟，基部稍变宽，无毛。苞片通常钻形，有时披针形，间或匙形，长1～5mm，无毛；花梗长5～10mm，密被伸展的短柔毛；萼片白色或带粉红色，狭卵形或椭圆形，长3～5mm，宽1.8～2.5mm，顶端急尖或钝，无毛；雄蕊比萼片稍短，花药直径约0.3mm；心皮长2.5～3.5mm，基部疏被短柔毛。蓇葖长1.1～1.7cm，扁，披针状线形，中部稍弯曲，下部宽3～4mm，在近基部处疏被短柔毛，其余无毛，约有 8 条斜横脉，喙长1～2mm；种子长约2.5mm，种皮具斜的纵皱褶。5～8 月开花[5]。

它主要分布于我国云南西北部、四川、贵州、广西北部、湖南、湖北西部和陕西、甘肃南部。生于海拔 1400～3500m 间山地谷中林下阴湿处，在缅甸北部也有分布[6,7]。

二、化学成分研究

铁破锣中已分离鉴定的化合物有三萜类、有机酸类及甾醇等，其中三萜类化合物种类最多。

1. 三萜类

Ju 等[6]从铁破锣全植物的乙醇提取物中分离得到 6 个新的环阿尔廷三萜苷，如表 2-5 中化

合物 **3**。Gan 等[8]从铁破锣根茎的 95%乙醇提取物中分离得到 14 个三萜类化合物，其中 8 个为新化合物（如表 2-5 中 **9**），其中 4 个新化合物在 C-16 处出现羰基，这在该属环阿尔廷三萜中很少发现。郑丹俊等[1]采用 95%的乙醇溶液浸泡对铁破锣根茎进行提取，提取物蒸至无醇味后用水分散，分别用石油醚、乙酸乙酯和正丁醇萃取；再利用多种手段（大孔树脂、硅胶正相色谱、Sephadex LH-20、C_{18} 反相色谱、HPLC 等）进行分离纯化，并利用核磁、质谱等技术进行结构鉴定，从乙酸乙酯部位和正丁醇部位分离鉴定了多个化合物，包括一些三萜类化合物。鞠建华等[9]从铁破锣的石油醚萃取物中分离得到 5 个化合物，包括 3 个三萜类化合物，分别鉴定为：蒲公英赛醇、表木栓醇和蒲公英赛酮，3 个化合物均为首次从该植物中分离得到。鞠建华等[10]从铁破锣根茎的氯仿萃取物中分离得到 5 个化合物，其中 4 个为环菠萝蜜烷型三萜皂苷，包括25-脱水升麻醇-3-O-$β$-D-吡喃木糖苷、升麻醇-3-O-$β$-D-吡喃木糖苷、beesioside Ⅰ。

表 2-5　铁破锣中三萜类化合物

序号	化合物名称	文献来源
1	beesioside Ⅰ	[10]
2	beesioside Ⅱ	[8]
3	beesioside A	[6]
4	beesioside G	[1]
5	aglycone of beesioside Ⅲ	[8]
6	($20S^*,24R^*$)-epoxy-9,19-cyclolanostane-$3β$,$12β$,$16β$,25-pentaol-3-O-$β$-D-xylopyranoside	[12]
7	($20S^*,24R^*$)-epoxy-9,19-cyclolanostane-$3β$,$16β$,18,25-tetraol-3-O-$β$-D-p-xylopyranoside	[6]
8	($20S^*,24R^*$)-$16β$-acetoxy-20,24-epoxy-9,19-cyclolanostane-$3β$,$12β$,$15α$,18,25-pentaol-3-O-$β$-D-xylopyranoside	[14]
9	($20S^*,24R^*$)-$15α$,$16β$-diacetoxy-20,24-epoxy-9,19-cyclolanostane-$3β$,$12β$,25-triol	[8]
10	($20S^*,24R^*$)-$16β$,24;20,24-diepoxy-9,19-cyclolanostane-$3β$,$12β$, 25-triol-3-O-3-xylopyranoside	[15]
11	($20S^*,24R^*$)-$16β$-acetoxy-epoxy-9,19-cyclolanostane-$3β$,$12β$,$16β$,$18β$,25-pentaol-3-O-$β$-D-xylopyranoside	[13]
12	($20S^*,24R^*$)-epoxy-9,19-cyclolanostane-$3β$,$12β$,$16β$,18,25-hexaol-3-O-$β$-D-galactoside	[16]
13	($20S^*,24R^*$)-epoxy-9,19-cyclolanostane-$3β$,$15α$,$16β$,18,25-pentaol-3-O-$β$-D-glucopyranoside	[17]
14	($20S^*,24R^*$)-$16β$,24;20,24-diepoxy-9,19-cyclolanostane-$3β$,$12β$,25-triol-3-O-[$β$-D-glu-opyranosyl-(1→3)]-$β$-D-xylopyranoside	[18]
15	($20S,24S$)-$15α$,$16β$-diacetoxy-20,24-epoxy-9,19-cyclolanostane-$3β$,$12β$,24,25-tetrol	[1,11]
16	$20S$, $24R$-epoxy-9,19-cycloartane-$3β$,$15α$,$16β$,18,25-pentaol.	[19]
17	蒲公英赛醇（taraxerol）	[9]
18	表木栓醇（epifriedelinol）	[9]
19	蒲公英赛酮（taraxerone）	[9,10]
20	25-脱水升麻醇-3-O-$β$-D-吡喃木糖苷（25-anhydrocimicigenol-3-O-$β$-D-xylopyranoside）	[10, 20]
21	升麻醇-3-O-$β$-D-吡喃木糖苷（cimicigenol-3-O-$β$-D-xylopyranoside）	[10, 21]

2．其他化合物

郑丹俊等[1]从铁破锣根茎的乙酸乙酯部位和正丁醇部位分离鉴定了多个化合物，除了三萜类化合物外，还包括 4 个为其他类化合物（如表 2-6 中化合物 **1**），均为首次从该属植物中分离得到。鞠建华等[22]从铁破锣根茎的氯仿萃取物中分离到的化合物中还包括 4 个有机酸（如表 2-6

中化合物 **2**），其中阿魏酸为首次从该植物中分离得到。鞠建华等[9]从铁破锣的石油醚萃取物中分离得到 5 个化合物，包括 2 个甾体类化合物，分别鉴定为：β-谷甾醇和 *E*-24ξ-ethyl-cholest-22-en-3α-ol，化合物 **3** 为首次从该植物中分离得到。具体名称见表 2-6，化学结构见图 2-6。

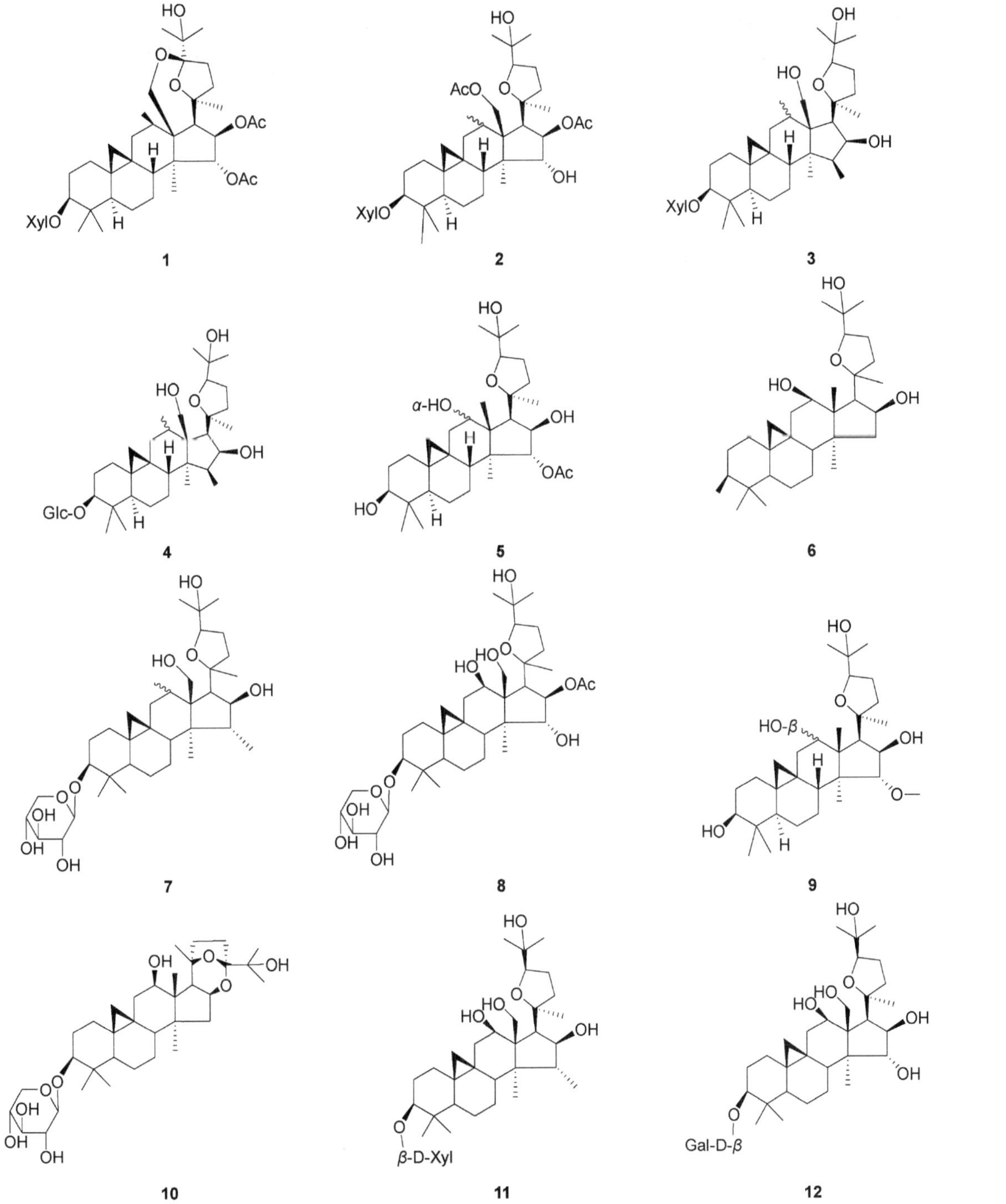

图 2-5

13

14

15

16

17

18

19

20

21

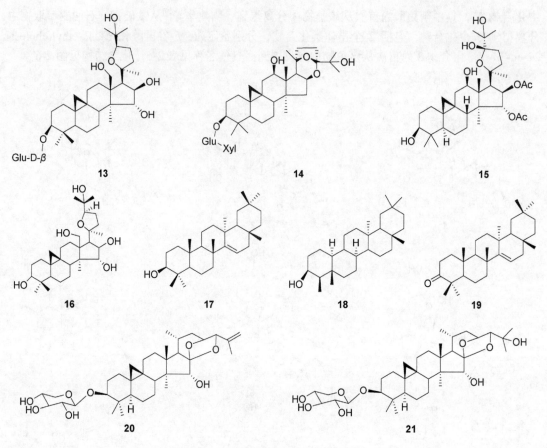

图 2-5　铁破锣中三萜类化合物

表 2-6　铁破锣中其他化合物

序号	化合物名称	文献来源
1	fukinolic acid	[1]
2	铁破锣酸	[22]
3	*E*-24ξ-ethyl-cholest-22-en-3*α*-ol	[9,23]

1

2

3

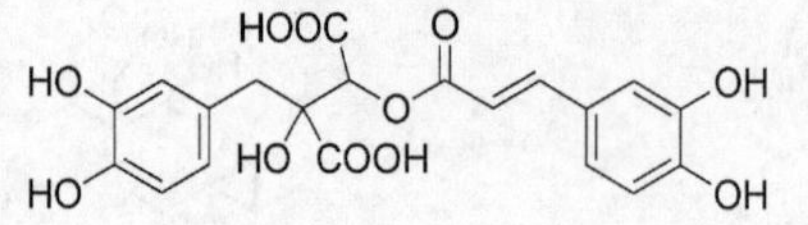

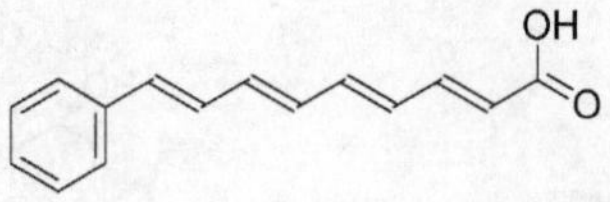

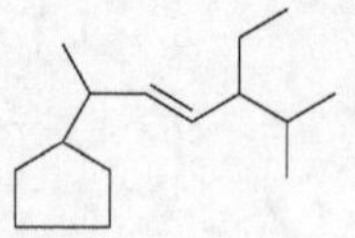

图 2-6　铁破锣中其他化合物

三、药理活性研究

1．免疫及抗氧化

Dong 等[12]研究发现$(20S^*,24R^*)$-epoxy-9,19-cyclolanostane-3β,12β,16β,25-pentaol-3-O-β-D-xylopyranoside 具有免疫作用，可能是通过调节 TNF-a 和 IL-1β 的基因和蛋白表达来实现的。Mu 等[16]研究表明化合物 beesioside N、$(20S^*,24R^*)$-epoxy-9,19-cyclolanostane-3β,12β,15α,16β,18,25-hexaol-3-O-β-D-xylopyranoside 、$(20S^*,24R^*)$-epoxy-9,19-cyclolanostane-3β,12β,15α,16β,25-pentaol-3-O-β-D-xylopyranoside、$(20S^*,24R^*)$-epoxy-9,19-cyclolanostane-3β,12α,15α,16β,18,25-haxaol-3-O-β-D-xylopyranoside 和$(20S^*,24R^*)$-epoxy-9,19-cyclolanostane-3β,12β,16β,18,25-pentaol-3-O-β-D-galactoside 具有抗补体活性，补体系统是先天免疫系统的一个核心组成部分。鞠建华等[22, 24]研究发现 beesioside O 可抑制小鼠体内由 ConA 诱导的 T 细胞增殖，显示出免疫抑制作用，还有抑制血管生成和成骨细胞增殖活性的作用。周静等[25]研究表明铁破锣中的三萜皂苷能够有效清除 ABTS、DPPH 和羟基自由基，并且具有很好的抗氧化能力。

2．抗肿瘤

鞠建华等[22,24]研究结果表明，铁破锣中的单体化合 beesioside K 有抑制微血管生成方面的活性。化合物 beesioside A、beesioside C 和 beesioside D 对 GLC-82 细胞株显示一定的抗肿瘤活性，并且呈一定的量效关系。

3．抗炎抑菌

铁破锣中的阿魏酸能显著抑制大鼠棉球肉芽组织增生，减少炎性组织中 PGE_2 的释放量，还能抑制角叉菜胶所致炎性渗出，但不减少渗出液中白细胞数量，显示出较好的抗炎潜力[1]。Mu 等[16]研究表明 $(20S^*,24R^*)$-epoxy-9,19-cyclolanostane-3β,12β,16β,18,25-pentaol-3-O-β-D-galactoside 的抑菌活性强于阳性对照（迷迭香酸），化合物 beesioside N、$(20S^*,24R^*)$-epoxy-9,19-cyclolanostane-3β,12β,15α,16β,18,25-hexaol-3-O-β-D-xylopyranoside 、$(20S^*,24R^*)$-epoxy-9,19-cyclolanostane-3β,12β,15α,16β,25-pentaol-3-O-β-D-xylopyranoside、$(20S^*,24R^*)$-epoxy-9,19-cyclolanostane-3β,12α,15α,16β,18,25-haxaol-3-O-β-D-xylopyranoside 表现为中等活性。

4．其他

Zheng 等[11]研究发现$(20S,24S)$-15α-acetoxy-16β,24;20,24-diepoxy-3β-(β-D-xylopyranosyloxy)-9,19-cyclolanostane-18,25-diol 和$(20S,24S)$-15α-acetoxy-16β,24;20,24-diepoxy-9,19-cyclolanostane-3β,18,25-triol 对 D-半乳糖胺诱导的人肝 L02 细胞损伤具有潜在的保护作用，显示出保肝活性；鞠建华等[22, 24]研究发现 beesioside P 有钙离子拮抗作用，具有医治高血压病的潜在功能。

参考文献

[1] 郑丹俊. 铁破锣化学成分的研究[D]. 杭州：浙江大学，2015.
[2] 李志坚，邢善东. 山豆根及其几种易混品的鉴别[J]. 中国现代药物应用，2009, 3(17): 119-120.
[3] 张晶，高淑英. 山豆根的药材品种鉴别[J]. 时珍国医国药，2006, 17(2): 242-243.

[4] 战全荣. 黄连及其伪品滇豆根的鉴别[J]. 中药通报, 1985, 10(6): 18.

[5] 中国科学院中国植物志编辑委员会. 中国植物志: 第二十七卷[M]. 北京: 科学出版社, 1979.

[6] Ju J H, Liu D, Lin G, et al. Beesiosides A-F, six new cycloartane triterpene glycosides from *Beesia calthaefolia*[J]. Journal of Natural Products, 2002, 65(1): 42-45.

[7] 周静. 两种药用植物——铁破锣与铁皮石斛的质量标准初步研究[D]. 杭州: 浙江大学, 2015.

[8] Gan L S, Zheng D J, Liu Q, et al. Eight new cycloartane triterpenoids from *Beesia calthifolia* with hepatoprotective effects against D-galactosamine induced L02 cell damage[J]. Bioorganic & Medicinal Chemistry Letters, 2015, 25(18): 3845-3849.

[9] 鞠建华, 杨峻山. 铁破锣化学成分的研究Ⅰ[J]. 中国药学杂志, 1999, 34(9): 585-586.

[10] 鞠建华, 杨峻山, 刘东. 铁破锣化学成分的研究Ⅱ[J]. 中国药学杂志, 2000, 35(3): 157-160.

[11] Zheng D J, Zhou J, Liu Q, et al. Five new cycloartane triterpenoids from *Beesia calt-hifolia*[J]. Fitoterapia, 2015, 103: 283-288.

[12] Dong X Z, G D H, Liu P, et al. Effects of $(20S^*,24R^*)$-epoxy-9,19-cyclolanstane-33,123,16β,25-pentaol-3-O-β-D-xylopyranoside extracted from *Rhizoma Beesia* on immunoregulation and anti-inflammation[J]. Inflammation, 2014, 37(1): 277-286.

[13] Mu L H, Li H J, Guo D H, et al. Cycloartane-type triterpene glycosides from *Beesia calthaefolia* and their anticomplement activity[J]. Journal of Natural Medicines, 2014, 68(3): 604-609.

[14] Li H J, Mu L H, Dong X Z, et al. New cycloartane triterpene glycosides from *Beesia calthaefolia*[J]. Natural Product Research, 2013, 27(21): 1987-1993.

[15] Mu L H, Li H J, Guo D H, et al. Cycloartane Triterpenes from *Beesia calthaefolia* (Maxim.)[J]. Fitoterapia, 2014, 92: 41-45.

[16] Mu L H, Zhao J Y, Liu P. Anticomplement cycloartane triterpene glycosides from *Beesia calthaefolia* (Maxim.)[J]. Phytochemistry Letters, 2016, 16: 47-51.

[17] Mu L H, Zhao J Y, Zhang J, et al. Cycloartane triterpenes from *Beesia calthaefolia* and their anticomplement structure-activity relationship study[J]. Journal of Asian Natural Products Research, 2016, 18(11): 1101-1107.

[18] Jin Y Z, Li H M, Xian Z D, et al. One new cycloartane triterpene glycoside from *Beesia calthaefolia*[J]. Natural Product Research, 2016, 30(3): 316-321.

[19] Isaev M I, Gorovits M B, Abubakirov N K. Progress in the chemistry of the cycloartanes[J]. Chemistry of Natural Compounds, 1989, 25(2): 131-147.

[20] 李从军, 李英和, 陈顺峰, 等. 升麻中的三萜类成分[J]. 药学学报, 1994, 29(6): 449-453.

[21] Radics L, Kajtár-Peredy M, Corsano S, et al. Carbon-13 NMR spectra of some polycyclic triterpenoids[J]. Tetrahedron Letters, 1975, 16(48): 4287-4290.

[22] 鞠建华. 中国特有药用植物铁破锣化学成分及生物活性的研究[D]. 北京: 中国协和医科大学, 2000.

[23] Seldes A.M, Gros E.G, Suarez A, et al. Novel sterols from the sponge *Esperiopsis edwardii*[J]. Tetrahedron, 1988, 44(5): 1359-1362.

[24] 鞠建华, 林耕, 杨峻山, 等. 铁破锣皂苷O和P的结构及其药理活性[J]. 药学学报, 2002, 37(10): 788-792.

[25] 周静, 叶朝晖, 吴燕华. HPLC-ELSD同时测定铁破锣中3种三萜皂苷含量及体外抗氧化性研究[J]. 药学实践杂志, 2019, 37(4): 337-341, 347.

第三节
三尖杉

一、资源分布及生物学特征

1. 资源分布

三尖杉（*Cephalotaxus fortunei* Hook. f.）是三尖杉科植物三尖杉属的一种乔木，别名藏杉、桃松、狗尾松、三尖松、山榧树、头形杉。为我国特有树种，产于浙江、安徽南部、福建、江西、湖南、湖北、河南南部、陕西南部、甘肃南部、四川、云南、贵州、广西及广东等省区[1]。

三尖杉常自然散生于山涧潮湿地带，山坡疏林、溪谷湿润而排水良好的地方，以及土层瘠薄的生境或亚热带常绿阔叶林中。分布区域气候多为半湿润的高原气候，干湿季节交替较为明显，气温的日变化及年变化较大，热量条件较差，但三尖杉能适应林下光照强度较差的环境条件，并能正常生长和更新。因为被过度利用，资源数量急剧减少，处于渐危状态，若不加以保护有可能进一步陷入濒危境地[2]。

2．生物学特征

乔木，高达 20m，胸径达 40cm；树皮褐色或红褐色，裂成片状脱落；枝条较细长，稍下垂；树冠广圆形。叶排成两列，披针状条形，通常微弯，长 4～13cm，宽 3.5～4.5mm，上部渐窄，先端有渐尖的长尖头，基部楔形或宽楔形，上面深绿色，中脉隆起，下面气孔带白色，较绿色边带宽 3～5 倍，绿色中脉带明显或微明显。雄球花 8～10 聚生成头状，径约 1cm，总花梗粗，通常长 6～8mm，基部及总花梗上部有 18～24 枚苞片，每一雄球花有 6～16 枚雄蕊，花药 3，花丝短；雌球花的胚珠 3～8 枚发育成种子，总梗长 1.5～2cm。种子椭圆状卵形或近圆球形，长约 2.5cm，假种皮成熟时紫色或红紫色，顶端有小尖头；子叶 2 枚，条形，长 2.2～3.8cm，宽约 2mm，先端钝圆或微凹，下面中脉隆起，无气孔线，上面有凹槽，内有一窄的白粉带；初生叶镰状条形，最初 5～8 片，形小，长 4～8mm，下面有白色气孔带。花期 4 月，种子 8 月～10 月成熟[1]。

二、化学成分研究

三尖杉植物的化学成分主要包括生物碱类、萜类、黄酮类和内酯类[3]。

1．生物碱类

周玫等[4]将三尖杉干燥茎、叶粉碎后，用 70%乙醇加热回流提取，经柱色谱得到乙酸乙酯部分、乙醇部分和水部分。乙酸乙酯部分和乙醇部分各经反复硅胶柱色谱，结合凝胶柱色谱、RP-18 柱色谱、重结晶等手段分离纯化得 11 个化合物，包括 4 个生物碱类：桥氧三尖杉碱、三尖杉碱、乙酰三尖杉碱、台湾三尖杉碱。梅文莉等[5]在 2006 年对三尖杉的化学成分进行总结，三尖杉中生物碱类化合物种类非常丰富（表 2-7，图 2-7）。

表 2-7　三尖杉中生物碱类化合物

序号	化合物名称	文献来源
1	三尖杉酯碱（harringtonine）	[5]
2	脱氧三尖杉酯碱（deoxyharringtonine）	[5]
3	高三尖杉酯碱（homoharringtonine）	[5]
4	新三尖杉酯碱（neoharringtonine）	[5]
5	桥氧三尖杉碱（drupacine）	[4]
6	海南粗榧新碱	[5]
7	三尖杉碱（cephalo taxine）	[4]

序号	化合物名称	文献来源
8	三尖杉酮碱	[5]
9	福杉碱（fortuneine）	[5]
10	台湾三尖杉碱（wilsonine）	[4]
11	*C*-3-*epi*-wilsonione	[6]

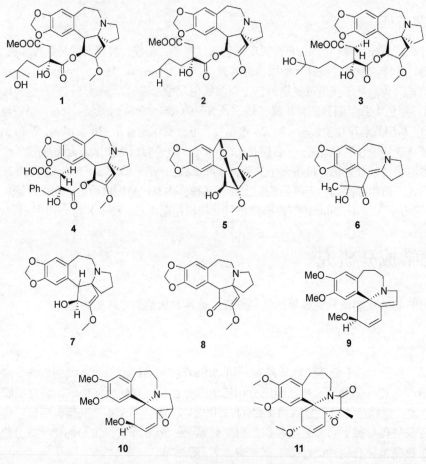

图 2-7　三尖杉生物碱类化合物结构

2. 萜类

周玫等[4]从三尖杉的乙酸乙酯部分分离得到柳杉酚，该化合物为首次从三尖杉中分离得到。Feng 等[6]采用 95%乙醇在室温下对三尖杉的枝叶进行提取，将萃取物真空蒸发得到乙醇萃取物，并将其分离成石油醚、二氯甲烷、乙酸乙酯和正丁醇等组分，经硅胶柱洗脱、Sephadex LH-20进一步纯化和高效液相色谱等处理得到多个萜类化合物，其中化合物 **2** 是分离到的新化合物。结构见图 2-8。

表 2-8　三尖杉中萜类化合物

序号	化合物名称	文献来源	序号	化合物名称	文献来源
1	柳杉酚	[4]	3	vomifoliol	[6]
2	sesquiterpene X	[6]			

3．黄酮类

周玫等[4]从三尖杉干燥茎、叶中分离得到 6 个黄酮类化合物，包括柯伊利素（chrysoeriol）、

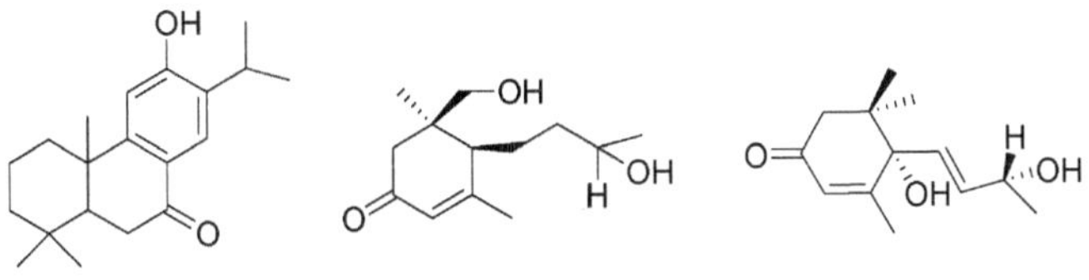

图 2-8　三尖杉萜类化合物结构

芹菜素（apigenin），sequoiaflavone、7,3′,4′-三羟基黄酮、taiwanhomoflavone B、kayaflavone。而表 2-9 中化合物 **3～4** 均为首次从该植物中分离得到。Feng 等[6]从三尖杉的枝叶中提取分离得到 1 个新化合物 5-hydroxy-7-methoxy-6-methylchromone，以及已知化合物 5,4′-dihydroxy-7-meth-oxyflavon-8-yl-β-D-pyranoglucoside、apigenin-5-O-β-D-glucopyranoside、quercetin-3-O-β-L-rham-nopyranoside。化学结构见图 2-9。

表 2-9　三尖杉中黄酮类化合物

序号	化合物名称	文献来源
1	柯伊利素 chrysoeriol	[4]
2	5-hydroxy-7-methoxy-6-methylchromone	[6]
3	sequoiaflavone	[4]
4	kayaflavone	[4]
5	quercetin-3-O-β-L-rhamnopyranoside	[6]

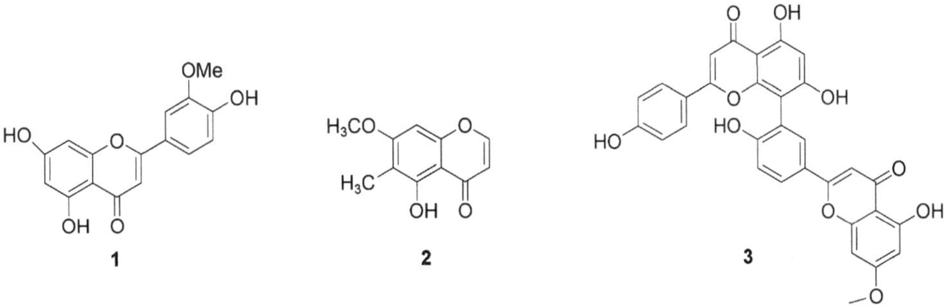

图 2-9

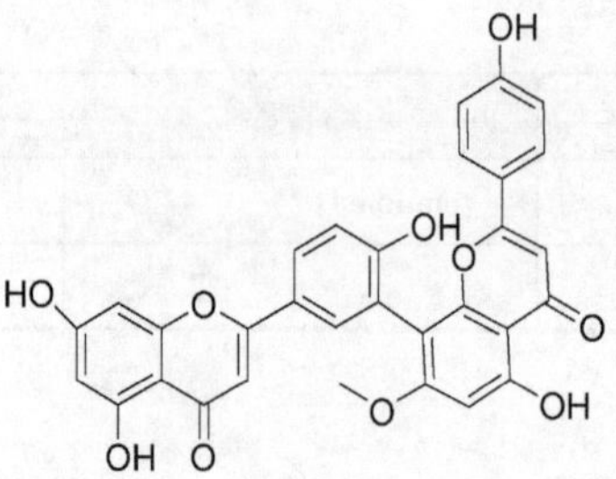

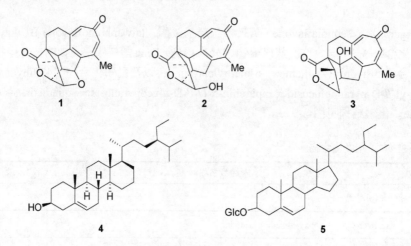

图 2-9　三尖杉黄酮类化合物

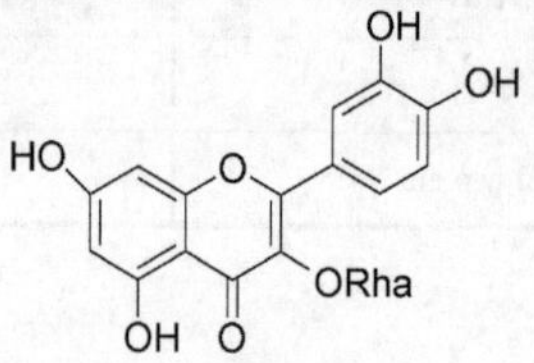

4．内酯类和甾体类

周玫等[7]研究发现三尖杉植物的内酯类成分有海南粗榧内酯（hainanolide）（**1**）、海南粗榧内酯醇（hainanolidol）（**2**）和 fortunolide A（**3**）。周玫等[4]从三尖杉的乙酸乙酯部分中分离纯化得到 13 个化合物，其中包括 2 个甾体类化合物：*β*-谷甾醇（**4**）、胡萝卜苷（**5**）。具体结构见图 2-10。

图 2-10　三尖杉内酯类和甾体类化合物

5．木脂素类和其他类

Feng 等[6]从三尖杉的枝叶中提取分离到 5 个木脂素类化合物：(–)-arctigenin（**1**）、epoxylignan（**2**）、(7*R*,8*R*)threo-4,7,9,9′-tetrahydroxy-3,3′-dimethoxy-8-*O*-4′-neolignan（**3**）、(7*R*,8*S*)-erythro-4,7,9,9′-tetrahydroxy-3,3′-dimethoxy-8-*O*-4′-neolignan（**4**）、(7*R*,8*S*)-dihydrodehydrodiconiferylalcohol-9′-*O*-*β*-D-glucopyranoside（**5**）。周玫等[4]从三尖杉的乙酸乙酯部分中分离纯化得到三十一烷醇（**6**），该化合物为首次从三尖杉中分离得到。具体结构见图 2-11。

三、药理活性研究

三尖杉具有抗肿瘤、抗病毒等活性，主要用来治疗癌症和乙肝等[8]。

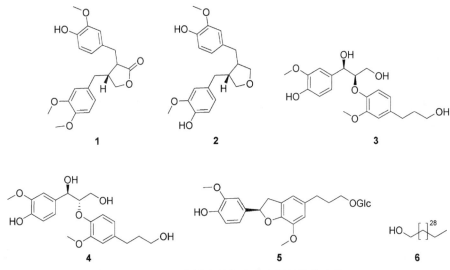

图 2-11　三尖杉中木脂素类和其他类化合物

1. 抗肿瘤

　　三尖杉中抗肿瘤活性作用比较明显的化学成分主要是三尖杉酯碱、高三尖杉酯碱、异三尖杉酯碱以及脱氧三尖杉酯碱，其机制主要体现在抑制蛋白基因的表达、诱导细胞凋亡和细胞分化等方面[9]。

　　（1）抑制蛋白基因的表达　三尖杉生物碱的抗肿瘤机制主要为抑制蛋白合成的起始阶段，抑制肽链的延长，抑制蛋白性基因的表达。梁前进等[10]以人子宫颈癌细胞株为研究对象，采用免疫印迹、流式细胞术和间接免疫荧光等方法，分析三尖杉酯碱对细胞增殖周期、凋亡等的影响，并检测着丝粒蛋白 CenpB 基因表达的水平，进一步分析它与细胞增殖的关系及三尖杉酯碱的作用效应。结果表明，0.2μg/mL 三尖杉酯碱作用时间的延长引起子宫颈癌细胞 G 期缩短、S 期延长的时相变化趋势，与之相关的是 G2 期向 G1 期过渡的缓慢延迟，凋亡率呈现增加的趋势；相对于未处理的对照细胞，0.2μg/mL 三尖杉酯碱的作用使 Cenp B 蛋白表达水平降低。Chen 等[11]发现 K562 细胞与高三尖杉酯碱作用 24h 后，P210BCR-ABL 蛋白表达水平下降到基础水平的63%，48、72h 后则进一步下降到 24% 和 0.5%，与此同时，K562 细胞的增殖能力和克隆形成能力也同步下降。

　　（2）诱导细胞凋亡　石玉涛等[12]通过 DNA 电泳及流式细胞术来观察高三尖杉酯碱引起白血病 HL-60 细胞凋亡的过程，流式细胞术研究发现，当高三尖杉酯碱的质量浓度为 10μg/mL 时，出现典型的凋亡峰。实验结果显示高三尖杉酯碱能诱导 HL-60 细胞凋亡，其影响强度与作用时间及剂量呈相关性。

　　（3）诱导细胞分化　刘佳宁等[13]用 MTT 法研究高三尖杉酯碱的作用机制，结果显示，高三尖杉酯碱可能通过下调 CD44 基因，抑制 cyclin E 活性而对 HL-60 细胞产生诱导分化作用。

2. 抗关节炎

　　冯红德等[14]采用大鼠佐剂性关节炎（AA）模型，以雷公藤多苷为阳性对照药，观察高三尖杉酯碱对大鼠佐剂性关节炎模型 P 物质（SP）及 IL-1β、TNF-α 的影响，实验证明高三尖杉酯碱可能是通过强烈抑制 AA 大鼠血清与滑膜中 TNF-α、IL-1β 的量，以及血浆、滑膜中 P 物质量的分泌和释放，起到治疗关节炎的作用。

3．对免疫功能的影响

李青松等[15]对三尖杉中无机金属元素进行了研究，结果显示三尖杉中含有丰富的金属元素，其中铜元素参与许多酶的代谢，机体的生物转化、电子传递氧化还原反应和组织呼吸都离不开铜。铁在体内参与造血，并参与合成血红蛋白和肌红蛋白，发挥氧的转动及贮存功能。钙在体内有降低血压和减少中风发病的作用，脑血管病患者体内钙明显降低。这些金属离子在治疗疾病和增强免疫功能方面发挥着重要作用，任何金属元素的缺失都会对一系列生命现象产生严重的影响。

4．抗病毒

饶敏等[16]采用 CPE 方法观察四种药物对 HepG2.2.15 的毒性大小，在最大无毒浓度下，将药物加入 HepG2.2.15 培养 8 天收集培养液，用 ELISA 法和荧光定量 PCR 法分别测定药物对细胞培养上清中 HBsAg 和 HBeAg 及 HBV-DNA 的抑制作用。结果显示表 2-7 中化合物 4 对乙肝病毒均有明显的体外抑制作用。

参考文献

[1] 中国科学院中国植物志编辑委员会. 中国植物志: 第七卷[M]. 北京: 科学出版社, 1978.

[2] 司马永康, 余鸿, 杨桂英, 等. 云南省三尖杉属植物的地理分布与环境因子的关系[J]. 林业调查规划, 2004, 29(3): 83-88.

[3] 马广恩, 林隆泽, 赵志远, 等. 三尖杉属植物中生物碱的研究-Ⅱ. 三尖杉(Cephalotaxus fortunei Hook. f.)中的四种微量生物碱的分离和鉴定及福建三尖杉碱的化学结构[J]. 化学学报, 1978, 36(2): 129-136.

[4] 周玫, 马琳, 郝小江, 等. 黔产三尖杉抗肿瘤活性成分研究[J]. 中国药科大学学报, 2009, 40(3): 209-212.

[5] 梅文莉, 吴娇, 戴好富. 三尖杉属植物化学成分与药理活性研究进展[J]. 中草药, 2006, 37(3): 452-458.

[6] Feng Q M, Li B X, Feng Y, et al. Isolation and identification of two new compounds from the twigs and leaves of Cephalotaxus fortunei[J]. Journal of Natural Medicines, 2019, 73(3): 653-660.

[7] 周玫. 黔产三尖杉化学成分研究[D]. 贵阳: 贵州大学, 2009.

[8] 张云梅. 滇产药用植物贡山三尖杉和西双版纳粗榧的活性成分研究[D]. 昆明: 云南师范大学, 2014.

[9] 张艳艳, 韩婷, 吴令上, 等. 三尖杉碱类化合物的来源、药理作用及临床应用研究进展[J]. 现代药物与临床, 2011, 26(5): 370-374.

[10] 梁前进, 张甦, 郑艳波, 等. 抗肿瘤药物三尖杉酯碱对 HeLa 细胞增殖的影响及其与 CenpB 基因的关系[J]. 生物物理学报, 2005, 21(1): 26-32.

[11] Chen R, Gandhi V, Plunkett W. Sequential blockade strategy for the design of combination therapies to overcome oncogene addiction in chronic myelogenous leukemia[J]. Cancer Research, 2006, 66(22): 10959-10966.

[12] 石玉涛, 刘锦涛, 王建秀, 等. 高三尖杉酯碱诱导 HL-60 细胞凋亡过程的研究[J]. 内蒙古医学杂志, 2003, 35(2): 95-97.

[13] 刘佳宁, 毕高峰, 温培娥, 等. HL-60 细胞高三尖杉酯碱诱导后 CD44 表达变化及机制的研究[J]. 中华肿瘤防治杂志, 2008, 15(18): 1361-1364.

[14] 冯红德, 康海英, 宋欣伟, 等. 高三尖杉酯碱对大鼠佐剂性关节炎 SP 及 IL-1β、TNF-α 影响的实验研究[J]. 浙江中医药大学学报 2008, 15(18): 726-729.

[15] 李青松, 邓婷, 彭湘君, 等. 火焰原子吸收光谱法对红豆杉和三尖杉中六种金属元素的测定[J]. 赣南医学院学报, 2008, 28(1): 1-3.

[16] 饶敏, 张淑玲, 董继华, 等. 高三尖杉酯碱等四种药物的体外抑制乙肝病毒的实验研究[J]. 中国病毒学(英文版), 2006, 21(3): 284-287.

第四节
金丝马尾连

金丝马尾连[*Thalictrum glandulosissimum* (Finet & Gagnep.)W. T. Wang & S. H. Wang]为毛茛科唐松草属草本植物，与多叶唐松草同为马尾连的基原植物。马尾连为常用草药，民间常用以代替黄连使用。因其形似马尾，功似黄连，故名[1]。

一、资源分布及生物学特征

1. 资源分布

生于海拔2500m山坡草地，分布于中国云南大理、宾川一带。须根深黄色，含小檗碱，在宾川一带当作马尾黄连收购，可治痢疾、肠炎、急性结肠炎、急性咽喉炎等症（云南省药品标准）。根及根状茎：苦，寒，清热燥湿。可用于热盛心烦、痢疾、泄泻、目赤、咽喉痛、痈肿疮疖。

2. 生物学特征

中国古老的多年生草本植物，根状茎短，有多数粗壮须根。茎高60～85cm，有细纵槽，上部有腺毛，分枝，约生9枚叶。叶为三回羽状复叶；叶片长5～9.5cm；小叶草质，顶生小叶宽倒卵形、椭圆形或近圆形，长和宽均为0.7～1.6cm，基部圆形或浅心形，三浅裂，浅裂片全缘或有时中裂片有2～3圆齿，表面密被小腺毛；叶轴上的毛长达0.2mm；叶柄长达4cm，基部有短鞘。

花序圆锥状，分枝有少数花；花梗细，长0.3～2cm；萼片黄白色，椭圆形，在外面中部有少数短毛，早落；雄蕊约23，无毛，长约5mm，花药长圆形长约2mm，顶端有极短的小尖头，花丝狭线形或丝形，比花药窄；心皮4～5，无柄，柱头有狭翅，狭三角形。

瘦果纺锤形或斜狭卵形，长约3mm，密被短毛，稍两侧扁，每侧各有2～3条粗纵肋，宿存柱头长1.2mm。6～8月开花[2]。

二、化学成分研究

金丝马尾连中已分离鉴定的化合物主要为生物碱类。饶畅等[3]从其根总碱的醚溶部分，分离鉴定了多个异喹啉生物碱（表2-10），其中化合物izmirine(Ⅶ)首次从唐松草属中分得。朱敏等[4]以根粉5kg用95%乙醇冷浸，冷浸液浓缩后用2%柠檬酸水溶液溶解，乙酸乙酯萃取除杂质。酸水液碱化至pH 9～10后，分别用乙醚、氯仿萃取。所得乙醚、氯仿及水溶液三部分经柱色谱和制备薄层色谱得到11个生物碱，部分生物碱见表2-10。表2-10中化合物9目前仅在罂粟科的少数种内发现，且伴随着较高含量的黄连碱。目前首次在毛茛科发现这一化合物，并与较大量黄连碱并存；表2-10中化合物7在唐松草属中仅在狭序唐松草 *T. atriplex* 及本种中发现[4,10]。Lou等[10]对金丝马尾连根茎和根进行石油醚脱脂、乙醇提取处理后得到8个生物碱类化合物，如表 2-10 中化合物 **8**、**6～8** 和 **14～15**，这是首次报道从金丝马尾连中分离到生物碱。结构见图 2-12。

表 2-10　金丝马尾连中生物碱类化合物

序号	化合物名称	文献来源
1	海兰地嗪（hernandezine Ⅰ）（鹤氏唐松草碱）	[3,4,9]
2	塔里的嗪（thalidezine Ⅱ）（唐松草嗪）（金丝马尾连碱乙）	[3,4,5,9]
3	异塔里的嗪（isothalidezine Ⅲ）（异唐松草嗪）（金丝马尾连碱丙）	[3,4,5]
4	普鲁托品（protopine Ⅳ）（金丝马尾连碱丁）	[3,4,5,9]
5	隐品碱（cryptopine Ⅴ）（克拉托品）	[3,4,9]
6	小檗碱(berberine)	[4,10]
7	黄连碱(coptisine)	[4,10]
8	木兰花碱(magnoflorine)	[4,10]
9	金丝马尾连碱甲(hernanzine)	[5]
10	1-(6-羟基-7-甲基异喹啉-1-基)乙酮	[6]
11	1-(2,2-二甲氧基-2H-吡喃[2,3-g]异喹啉-6-基)乙酮	[8,13]
12	小檗红碱（berberrubine）	[9]
13	puntarenine	[9]
14	巴马汀（palmatine）	[10]
15	thalifendine	[10]
16	3-hydroxy-1-(7-hydroxy-6-methylisoquinolin-1-yl) propan-1-one	[12]
17	1-[7-(3-甲基-2-丁烯基)-6-羟基异喹啉-1-基]乙酮	[13]

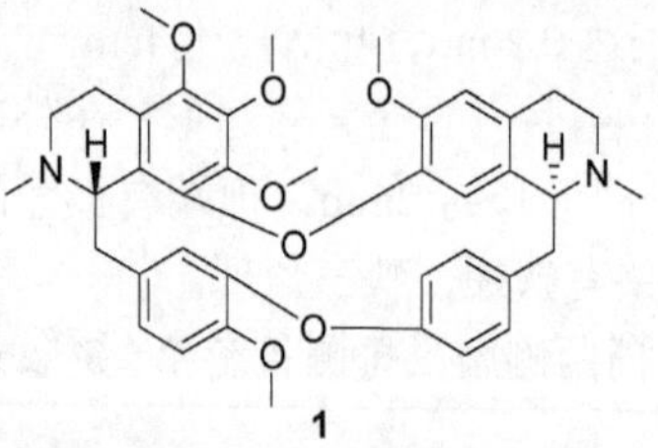

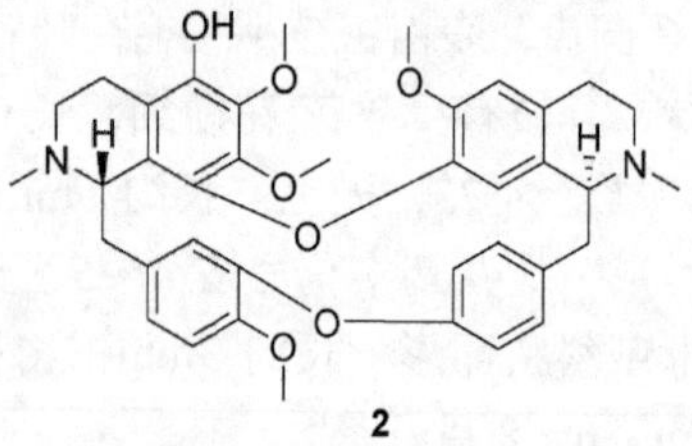

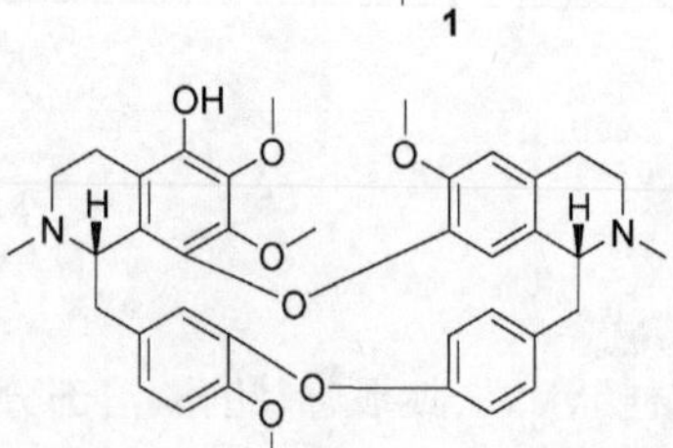

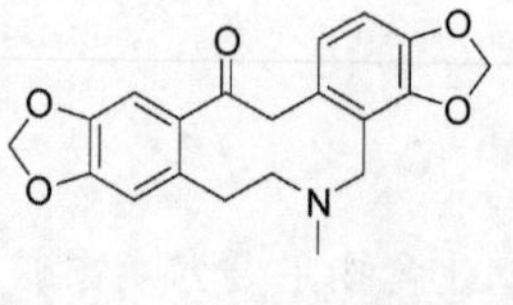

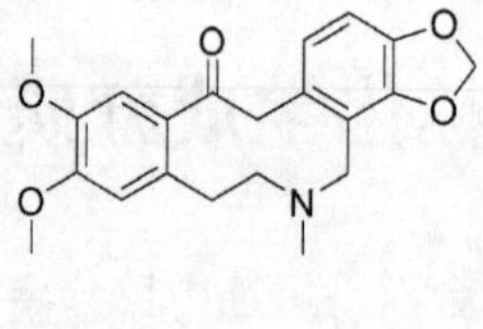

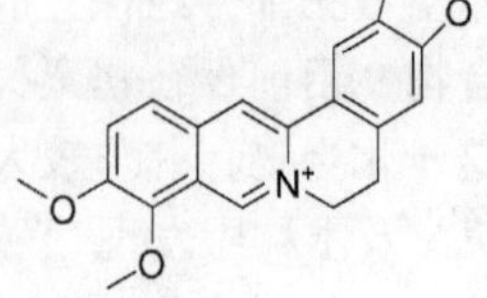

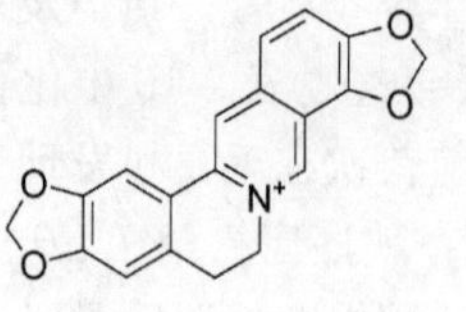

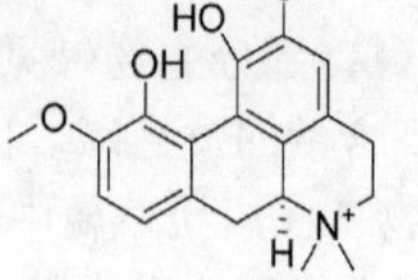

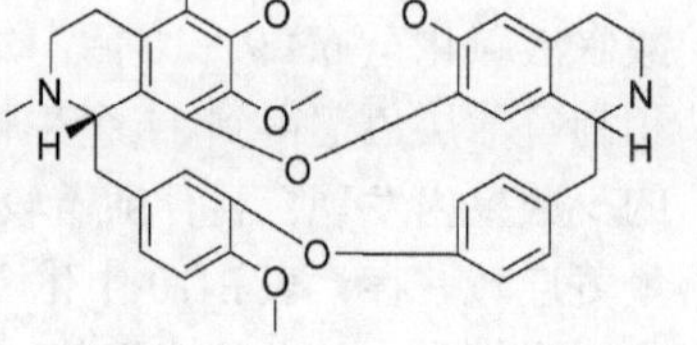

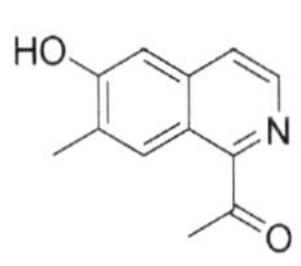

图 2-12　金丝马尾连中生物碱类化合物

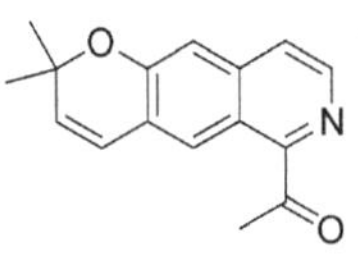

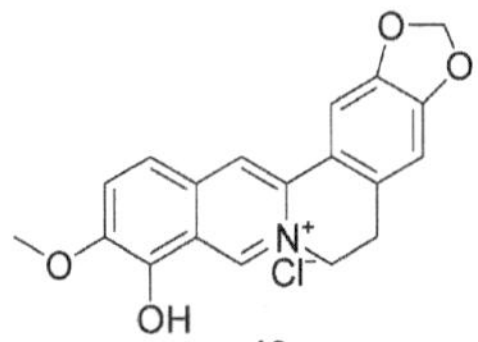

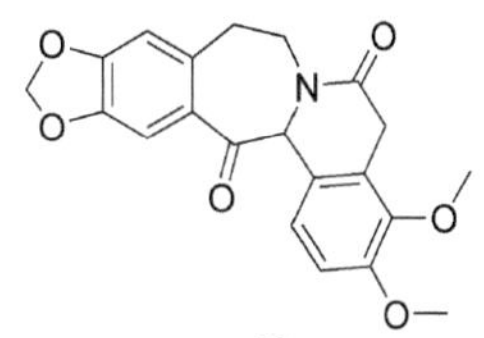

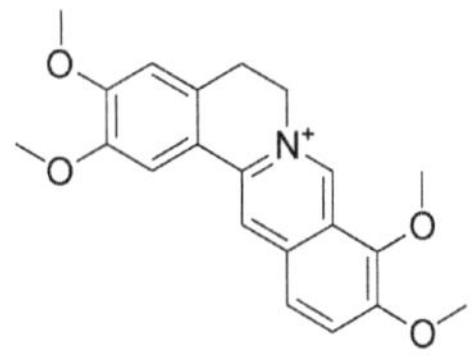

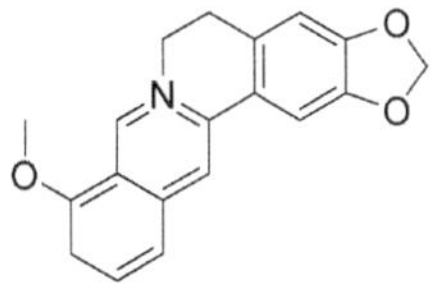

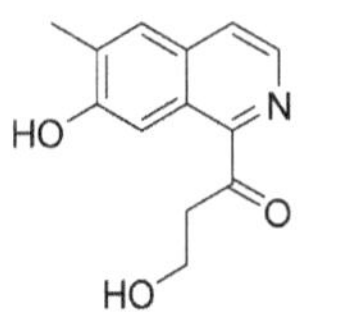

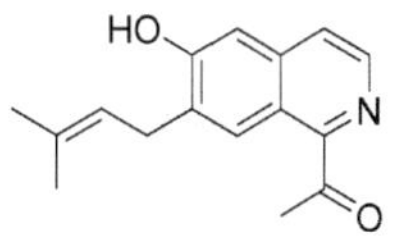

三、药理活性研究

金丝马尾莲为民间常用草药，常代替黄连使用，有清热、抗菌[11]、降压等功效[3]，还具有抗癌[3,4]、抗肿瘤[3,5]、抗病毒[6]活性，以及抗硅肺作用[7]，还能防治烟草黑胫病[8]。

1．体外抑菌

林逢春等[11]通过牛津杯法测定金丝马尾连对细菌的抑制作用和试管二倍稀释法测定最低抑菌浓度（MIC），以及平板稀释法测定 MIC。结果表明，金丝马尾连对金黄色葡萄球菌、铜绿假单胞菌、福氏志贺菌、柠檬色葡萄球菌和白色念珠菌均有不同程度抑制作用，其中对金黄色葡萄球菌的 MIC 为 31.25mg/mL，可见，金丝马尾连对金黄色葡萄球菌的抑制作用较强，可作为抑菌剂来开发，更好地应用于医疗与食品工业。

2．抗癌、抗肿瘤

在抗癌药物的筛选中，饶畅等[3]发现其根的总生物碱具有明显的抗癌活性，为了进一步寻找抗癌的活性成分，对金丝马尾莲根的总生物碱进行了系统分离。药理试验结果表明，生物碱Ⅰ、Ⅱ和Ⅲ都有抗癌活性[3]。

金丝马尾连碱甲（简称碱甲，hernandezine）是从金丝马尾连根中提取分离的生物碱，除碱甲之外，还从中分离出了碱乙（thalidezine）、碱丙（isothalidezine）、碱丁等成分。从金丝马尾连提取的总生物碱及其主要成分碱甲对 P_{388} 白血病小鼠、腹水型 S_{180} 及 C_{26} 结肠癌小鼠有一定的治疗作用。曾发现碱甲对多种动物实验肿瘤有抑制作用，在体外，碱甲明显地抑制小鼠白血病 L_{1210} 细胞及人口腔癌 KB 细胞的生长，对小鼠正常造血祖细胞（CFU-GM）的抑制作用较弱。初步结果表明，碱甲可阻断 G_1 细胞向 S 期过渡，其杀细胞作用似为细胞周期特异性。金丝马尾连的其他两个成分碱乙及碱丙也有类似的抑制癌细胞作用。结果显示，碱甲、碱乙、碱丙的活性与总碱类似，碱丁的结构与甲、乙、丙相差较大，在同等浓度下对 L_{1210} 细胞无抑制作用[5]。

3．抗病毒

对金丝马尾连的化学成分进行研究。从金丝马尾连全株 95%乙醇提取物中分离鉴定了 1 个新的异喹啉生物碱类化合物，即表 2-10 化合物 **10**。生物活性测试表明，该化合物对烟草花叶病毒的相对抑制率为 28.4%，接近对照宁南霉素的相对抑制率 30.2%，具有显著的抗烟草花叶病毒活性[6,12,13]。

4．抗硅肺

毕常康、晏淑清[7]对 7 种唐松草属植物对大鼠经气管急性染尘复制的实验性硅肺的影响进行研究。结果表明，金丝马尾连对硅肺大白鼠早期治疗显示较好疗效。

采用金丝马尾根部的水煎剂，剂量为其每千克包含 10～25g 的生药，以及金丝马尾连总生物碱，其每千克包含 45～75g 的生药。对早期感染的大鼠进行治疗（染尘第三天起，连续给药一个月）。结果显示，金丝马尾连等治疗组大鼠肺鲜重、干重及胶原蛋白含量明显低于硅肺对照组。治疗组肺组织增大、增重不明显，质软呈粉红色，病变多为Ⅰ～Ⅱ级，而硅肺对照组病变典型（Ⅱ级或Ⅱ～Ⅲ级）。说明金丝马尾连抗硅肺疗效显著，且总碱效果比水煎剂明显，提示生物碱是金丝马尾连抗硅肺的有效成分。

5．防治烟草黑胫病

烟草黑胫病是由烟草疫霉菌浸染而导致的，李雪梅等[8]对表 2-10 化合物 16 的抑制烟草疫霉菌作用进行测试，结果显示该化合物抑菌圈直径为（15.2±1.2）mm，阳性对照农用链霉素的抑菌圈直径为（12.2±1.0）mm，表明该化合物抑制烟草疫霉菌的效果显著优于阳性对照农用链霉素，具有突出的抑制黑胫病活性。

参考文献

[1] 刘长明, 张磊, 杨爽. 马尾连药材的薄层色谱检测方法研究[J]. 世界最新医学信息文摘, 2016, 16(72): 268-269.

[2] 中国科学院中国植物志编辑委员会. 中国植物志: 第二十七卷[M]. 北京: 科学出版社, 1979.

[3] 饶畅, 张佩玲, 陈未名. 金丝马尾莲根生物碱的研究[J]. 中草药, 1989, 20(8): 8-11, 47.

[4] 朱敏, 肖培根. 8-氧化黄连碱在金丝马尾连中的存在[J]. 植物学通报, 1992, (2): 55-56.

[5] 徐承熊, 林琳, 孙润华. 金丝马尾连碱甲等成分的抗肿瘤作用[J]. 药学学报, 1990, (5): 330-335.

[6] 罗甸, 吕娜, 廖凌敏. 金丝马尾连中 1 个具有抗病毒活性的异喹啉新生物碱[J].中国中药杂志, 2020, 45(11): 2568-2570.

[7] 毕常康, 晏淑清. 七种唐松草属植物抗矽肺作用的实验研究[J]. 中药药理与临床, 1995, (6): 43-44, 47.

[8] 李雪梅, 黄海涛, 高茜, 等. 一种异喹啉三环生物碱类化合物及其制备方法和应用[P]. CN110483535A, 2019.

[9] Lou Z C, Gao C Y, Lin F T, et al. Alkaloids of Thalictrum glandulosissimum[J]. Planta Medica, 1992, 58(1): 114-116.

[10] Lou Z C, Gao C Y, Lin F T. Quaternary alkaloids of Thalictrum glandulosissimum[J]. Planta Medica, 1987, 53(5): 498-499.

[11] 林逢春, 路则宝, 李燕琼, 等. 3 种特色中药材体外抑菌作用研究[J]. 安徽农业科学, 2013, 41(34): 13192-13193.

[12] Hu K F, Liao L M, Huang H T. Two new isoquinoline alkaloids from whole plants of Thalictrum glandulosissimum and their anti-TMV activity[J]. Chemistry of Natural Compounds, 2020, 56(3): 500-503.

[13] Kong G H, Wu Y P, Yin E. Anti-TMV isoquinoline alkaloids from the whole plants of Thalictrum glandulosissimum[J]. Plant Biochemistry, 2019, 98(10): 1437-1444.

第五节
绿绒蒿

一、资源分布及生物学特征

1. 资源分布

绿绒蒿 [*Meconopsis integrifolia* (Maxim.) French.] 为罂粟科绿绒蒿属的一年生至多年生草本植物，分布于东亚地区，其中以我国最为丰富，主要分布于喜马拉雅-横断山脉地区的高寒草甸或雪下生境，是著名的观赏植物，并将其广泛应用于园林园艺[1]。绿绒蒿属植物的花朵色彩丰富艳丽，植株形态婀娜多样，是育种和开发高山花卉品种的重要种质资源。绿绒蒿不仅是云南十大名花之一，还是云南和西藏地区的标志性植物，在山区经济发展中扮演着重要的角色，具有巨大的利用价值[2]。全缘叶绿绒蒿可以全草入药或根部入药，有清热利湿、止咳的功效；味苦涩，性寒，小毒[3]。

2. 生物学特征

绿绒蒿为一年生至多年生草本，全体被锈色和金黄色平展或反曲、具多短分枝的长柔毛。主根粗约 1cm，向下渐狭，具侧根和纤维状细根。茎粗壮，高达 150cm，粗达 2cm，不分枝，具纵条纹，幼时被毛，老时近无毛，基部盖以宿存的叶基，叶基密被具多短分枝的长柔毛。基生叶莲座状，其间常混生鳞片状叶，叶片倒披针形、倒卵形或近匙形，连叶柄长 8～32cm，宽 1～5cm，先端圆或锐尖，基部渐狭并下延成翅，至叶柄近基部又逐渐扩大，两面被毛，边缘全缘且毛较密，通常具 3 至多条纵脉并在翅上延伸；茎生叶下部者同基生叶，上部者近无柄，狭椭圆形、披针形、倒披针形或条形，比下部叶小，最上部茎生叶常成假轮生状，狭披针形、倒狭披针形或条形，长 5～11cm，宽 0.5～1cm。花通常 4～5 朵，稀达 18 朵，生最上部茎生叶腋内，有时也生于下部茎生叶腋内。花芽宽卵形；萼片舟状，长约 3cm，外面被毛，里面无毛，具数十条明显的纵脉；花瓣 6～8，近圆形至倒卵形，长 3～7cm，宽 3～5cm，黄色或稀白色，干时具褐色纵条纹；花丝线形，长 0.5～1.5cm，金黄色或成熟时为褐色，花药卵形至长圆形，长 1～2mm，橘红色，后为黄色至黑色；子房宽椭圆状长圆形、卵形或椭圆形，密被金黄色、紧贴、通常具多短分枝的长硬毛，花柱极短至长 1.3cm，无毛，柱头头状，4～9 裂下延至花柱上，略辐射于子房顶。蒴果宽椭圆状长圆形至椭圆形，长 2～3cm，粗 1～1.2cm，疏或密被金黄色或褐色、平展或紧贴、具多短分枝的长硬毛，4～9 瓣自顶端开裂至全长 1/3。种子近肾形，长 1～1.5mm，宽约 0.5mm，种皮具明显的纵条纹及蜂窝状孔穴。花果期 5～11 月[4]。

二、化学成分研究

目前，从绿绒蒿中分离鉴定的化合物有生物碱类、黄酮类以及其他化学成分。

1．生物碱类化合物

吴海峰等[5]将阴干的全草粉碎后，采用 85%乙醇热回流提取得到浸膏，浸膏分散于水中后过滤，滤液依次用石油醚、乙酸乙酯和正丁醇萃取，分别得到不同萃取物，采用硅胶柱色谱得到 6 个化合物，其中包括 2 个生物碱类化合物，通过波谱分析将它们分别鉴定为：普托品碱和马齿苋酰胺 E，其中马齿苋酰胺 E 为首次从该植物中分离得到（表2-11，图2-13）。

表2-11　绿绒蒿中生物碱类化合物

序号	化合物名称	文献来源
1	普托品碱（protopine）	[5,6]
2	原阿片碱（protopine）	[7]
3	华紫堇碱（cheilanthifoline）	[7]
4	马齿苋酰胺 E（oleracein E）	[5,8]

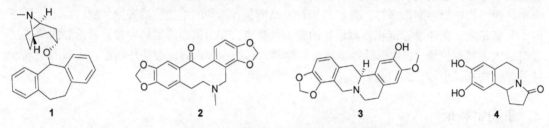

图2-13　绿绒蒿中生物碱类化合物

2．黄酮类化合物

尚小雅等[9]采用大孔吸附树脂、凝胶 Sephadex LH-20、硅胶柱色谱和高效液相色谱技术，首次从绿绒蒿中分离并鉴定了木犀草素、二氢槲皮素和洋芹素等黄酮化合物，这些化合物均为首次从绿绒蒿属植物中分离得到。黄艳菲等[10]采用 HSCCC 技术，优选乙酸乙酯/正丁醇/水体系（2：3：5，体积比）为溶剂系统，从绿绒蒿花的 70%乙醇提取物中分离得到了 4 种结构相似的黄酮苷类化合物（如表2-12 化合物 3），经峰面积归一化法测定纯度达到 90%以上，4 种化合物均首次从绿绒蒿中分离得到。吴海峰等[5]从阴干的全草中分离得到四个黄酮类化合物：木犀草素、二氢槲皮素、芹菜素和小麦黄素（表2-12，图2-14）。

表2-12　绿绒蒿中黄酮类化合物

序号	化合物名称	文献来源
1	6-羟基山奈酚-3-*O*-β-D-葡萄糖苷	[11]
2	quercetin 3-*O*-β-D-galactopyranosyl-7-*O*-β-D-glucopyranoside	[12]
3	槲皮素-3-*O*-β-D-葡萄糖-(1-6)-β-D-葡萄糖苷	[10]
4	小麦黄素（tricin）	[5]

3．其他化学成分

其他化学成分有 β-谷甾醇、对羟基肉桂酸、桂皮酸、熊果酸和胡萝卜苷等。吴海峰等[13]采用水蒸气蒸馏法从绿绒蒿中获得挥发油，研究发现其挥发油中含量最高的为：软脂酸乙酯（29.13%）、亚油酸乙酯（15.54%）、亚麻酸乙酯（15.34%）。陈行烈等[14]从全缘绿绒蒿全草挥发油中鉴定了 32 个挥发性小分子成分。

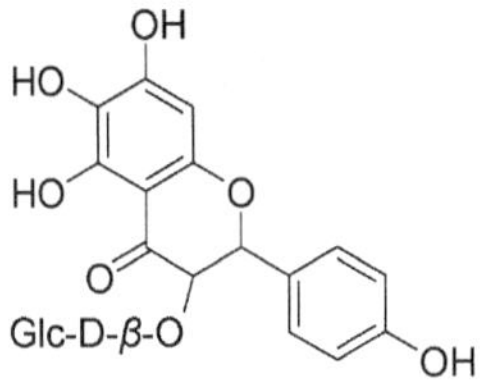

图 2-14　绿绒蒿中黄酮类化合物

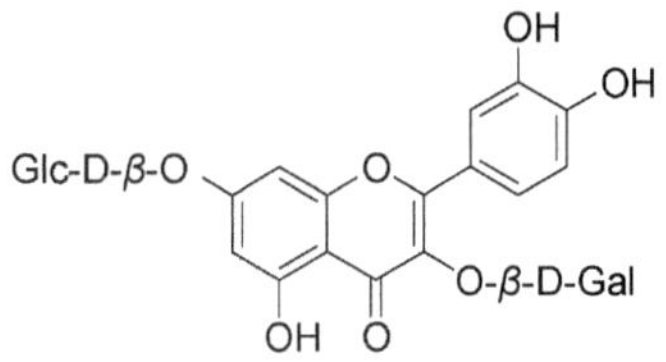

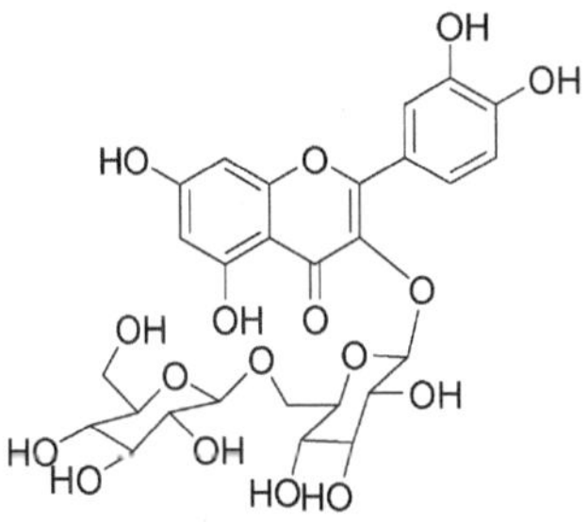

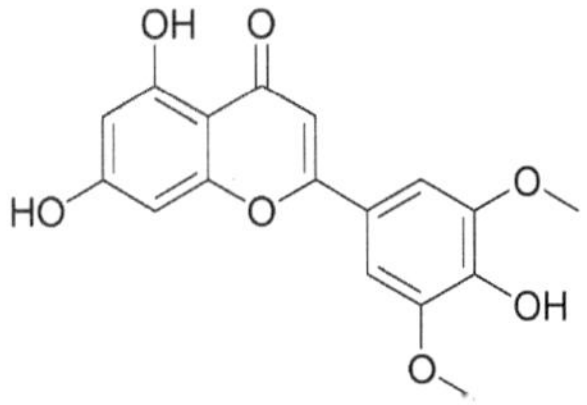

三、药理活性研究

1．镇痛

　　郭玫、郭世民等[15,16]均以醋酸致小鼠扭体实验考察了绿绒蒿的镇痛作用，其中郭玫[15]考察了绿绒蒿不同极性溶剂提取物的镇痛作用，结果显示绿绒蒿的有机溶剂提取物均能明显减少醋酸所致的小鼠扭体次数，而以乙醇提取物镇痛作用最优，石油醚部分次之。郭世民等[16]则考察了绿绒蒿的水提物、不同浓度的乙醇浸提物，结果发现 95%、90%的乙醇提物有明显的镇痛作用，70%乙醇提物有一定的镇痛作用，50%乙醇提物与水提物均无止痛作用。这表明绿绒蒿醇溶性部分具有镇痛作用。

2．止泻

　　郭世民等[16]以番泻叶制造小鼠腹泻模型，探究绿绒蒿的止泻作用，结果显示绿绒蒿乙醇提取物具有非常显著的止泻作用，可明显减少湿粪次数，而总状绿绒蒿水提取物对小鼠腹泻无显著抑制作用。可见总状绿绒蒿发挥止泻作用的成分水溶性较差。

3．镇静

　　郭世民等[16]通过绿绒蒿的急性毒性实验发现绿绒蒿对小鼠的一般活动有抑制作用的同时并未引起其他生理活动的变化，其中 95%乙醇提取物对小鼠有较明显镇静作用。可见绿绒蒿的醇提物具有一定的镇静作用。

4. 抗疲劳

郭世民[16]等通过记录小鼠爬杆时间来观察绿绒蒿对气虚小鼠的影响，发现绿绒蒿乙醇提取物剂量组小鼠的爬杆时间均比未摄入绿绒蒿乙醇提取物组小鼠的爬杆时间长。可见绿绒蒿具有抗疲劳作用，且有效成分为醇溶性提取物。

5. 抗氧化

在研究绿绒蒿乙醇提取物（MIE）的体内外保护肝脏和抗氧化作用中，采用不同体系对 MIE 的体外抗氧化性能进行研究。以四氯化碳致大鼠肝损伤为实验对象，观察 MIE 在体内的肝保护和抗氧化作用。在四氯化碳诱导的大鼠肝损伤中，MIE 和水飞蓟素组谷氨酸丙酮酸氨基转移酶（ALT）、天冬氨酸氨基转移酶（AST）、碱性磷酸酶（ALP）水平明显降低。MIE 在大鼠肝脏和肾脏中均表现出良好的抗氧化活性。以上实验表明 MIE 在体内外均具有良好的抗氧化活性[17]。

6. 保肝

丁莉等[18]通过腹腔注射 0.12%四氯化碳花生油溶剂制作染毒小鼠模型、醋氨酚造成小鼠肝坏死模型，探究不同剂量的绿绒蒿的保肝作用，结果发现绿绒蒿能降低模型小鼠丙氨酸氨基转移酶、天冬氨酸氨基转移酶活性，并能提高醋氨酚中毒小鼠生存率，对模型小鼠实验性肝损伤具有一定的保护作用。

参考文献

[1] 石凝, 王金牛, 宋怡珂. 全球绿绒蒿属植物研究势态文献计量学综述[J]. 草业科学, 2020, 37(12): 2520-2530.

[2] 董晓东, 赵宏, 马玉心. 云南绿绒蒿植物种质资源及评价[J]. 大理师专学报自然科学版, 1995, 1: 42-46.

[3] 赵琬玥, 冷秋思, 屈燕, 等. 全缘叶绿绒蒿(Meconopsis integrifolia)的 ISSR 遗传多样性分析[J]. 分子植物育种, 2019, 17(20): 6891-6899.

[4] 中国科学院中国植物志编辑委员会. 中国植物志: 第三十二卷[M]. 北京: 科学出版社, 1999.

[5] 吴海峰, 沈建伟, 宋志军, 等. 藏药全缘叶绿绒蒿的化学成分研究[J]. 天然产物研究与开发, 2009, 21(3): 430-432.

[6] 王子敏. 绿绒蒿属植物化学成分及生物活性的研究进展[J]. 华西药学杂志, 2010, 25(6): 759-761.

[7] 赵泽军, 郭玫, 孙政华, 等. 藏药绿绒蒿的分类、化学成分及药理作用研究进展[J]. 中国药房, 2016, 27(31): 4391-4394.

[8] 刘册家. 抗氧化剂马齿苋酰胺 E 及其衍生物的合成[D]. 济南: 山东大学, 2010.

[9] 尚小雅, 张承忠, 李冲, 等. 藏药五脉绿绒蒿中黄酮类成分的分离与鉴定[J]. 中药材, 2002, 25(4): 250-252.

[10] 黄艳菲. 藏药材"欧贝"类绿绒蒿"清肝热、肺热"功效与活性化学物质相关性研究[D]. 武汉: 湖北中医药大学, 2016.

[11] Kazutaka, Yokoyama R Y, et al. Flavonol glycosides in the flowers of the Himalayan Meconopsis paniculata and Meconopsis integrifolia as yellow pigments[J]. Biochemical Systematics and Ecology, 2018, 81: 102-104.

[12] Huang Y F, Han Y T, Chen K L, et al. Separation and purification of four flavonol diglucosides from the flower of Meconopsis integrifolia by high-speed counter-current chromatography[J]. Journal of Separation Science, 2015, 38(23): 3983-4158.

[13] 吴海峰, 潘莉, 邹多生, 等. 3 种绿绒蒿挥发油化学成分的 GC-MS 分析[J]. 中国药学杂志, 2006, 41(17): 1298-1300.

[14] 陈行烈. 藏药全缘绿绒蒿挥发油化学成分的研究[J]. 新疆大学学报(自然科学版), 1989, 6(4): 75-77.

[15] 郭玫, 赵建刚, 王志旺, 等. 藏药五脉绿绒蒿不同溶剂提取物镇痛作用的实验研究[J]. 甘肃中医学院学报, 2008, 25(5): 8-10.

[16] 郭世民, 赵远, 王曙光. 总状绿绒蒿药效学的初步研究[J]. 云南中医中药杂志, 2003, 24(1): 25-27.

[17] Zhou G, Chen YX, Liu S, *et al*. In vitro and in vivo hepatoprotective and antioxidant activity of ethanolic extract from *Meconopsis integrifolia* (Maxim.) Franch[J]. Journal of Ethnopharmacology, 2013, 148(2): 664-670.

[18] 丁莉, 李锦萍. 藏药五脉绿绒蒿对小白鼠实验性肝损伤保护作用的研究[J]. 青海畜牧兽医杂志, 2007, 37(4): 7-8.

第六节
雪茶

一、资源分布及生物学特征

1. 资源分布

雪茶（*Thamnolia vermicularia*），是地衣类地茶科植物，别名雪地茶（四川西部、云南高山地区）、太白茶（太白山区）、石白茶、地茶、地雪茶[1]。雪茶主要分布在中国四川省（九寨沟、牦牛山等）、云南省（德钦、丽江玉龙雪山）、陕西省（太白山）及青藏高原等海拔 4000～5000m 的高原之间。在黑龙江、吉林、内蒙古、安徽、湖北等条件适宜的地方也有分布，但未作为茶饮利用。雪茶在我国西南地区，民间饮用历史可追溯到明代。尤其是在怒江流域一带生活的少数民族，都积累了对雪茶的应用经验，认为雪茶能够解烦热、安神、止咳、生津等[2]。

2. 生物学特征

地衣体枝状，灰白色或白色，高 3～7cm，多分叉，常为 2～3 叉或单枝上呈小刺状分叉，长圆条形或扁条形，干燥时自由弯曲，粗 3～4mm，渐尖，中空。小型丛状生长。枝状体入药，夏、秋采收，去杂，晒干。雪茶味淡，微苦，性凉，能清热解渴，醒脑安神，可用于癫痫、肺结核、咳喘、神经衰弱[3]。

雪茶生活在雪线地带，1 年中只有 2～3 个月是其生长繁衍的最佳时期，而且生长十分缓慢。每当冰雪覆盖时，雪茶处于休眠状态，一旦气温回升，又会继续生长。雪融化后，一般 5～10 月份可上山采收全草，收后去杂质，晒干。

雪茶由藻类植物和真菌类植物共生组成，白色的丝状物由菌类植物的菌丝组成，菌丝又包裹着许多藻类植物，藻类能进行光合作用，除了自养之外，还可以为真菌提供有机食物，真菌则靠菌丝吸收水分、无机盐等成分，提供给藻类利用，而且由于外面有菌丝包裹，因此其能够在环境艰苦的高寒山地甚至积雪地带生活[4]。

二、化学成分研究

1. 酚酸类

酚酸类化合物为地衣的主要次生代谢产物，主要成分为松萝酸[2]。马志敏等[5]利用乙醇对雪茶的化学成分进行提取分离，采用波谱鉴别结构，得到 3 个单体成分，包括 1 个酚酸类化合物：雪茶素。姜北等[6]从雪茶丙酮提取物中分离得到 10 个成分，最终确定其中的 9 个化合物，包括 3 个酚酸类化合物：鳞片衣酸、坝巴酸、羊角衣酸。谢家敏等[7]从雪茶中分离得到 3,4-二羟基苯乙酮等化合物。具体化合物名称见表 2-13，化学结构见图 2-15。

表 2-13　雪茶中酚酸类化合物

序号	化合物名称	文献来源	序号	化合物名称	文献来源
1	3-醛基-6-甲基-2,4-二羟基苯甲酸乙酯	[8]	4	鳞片衣酸	[6]
2	雪茶素	[5]	5	坝巴酸	[6]
3	雪茶酸	[7]	6	羊角衣酸	[6]

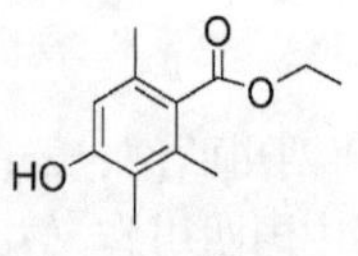

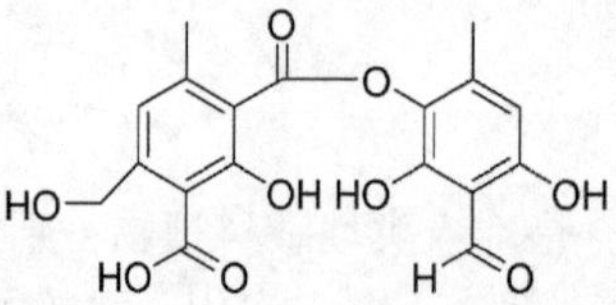

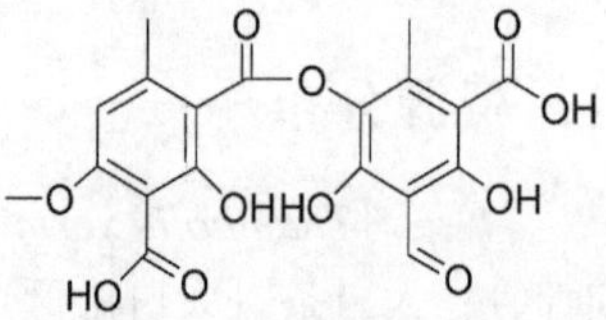

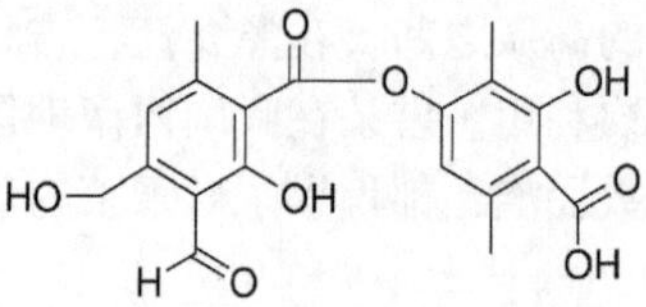

图 2-15　雪茶中酚酸类化合物结构

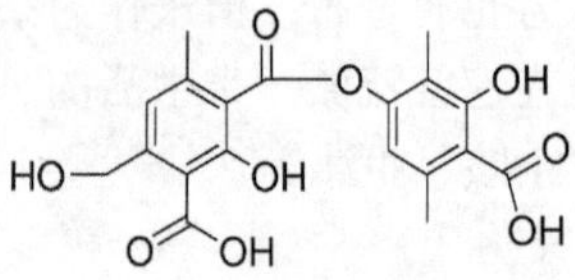

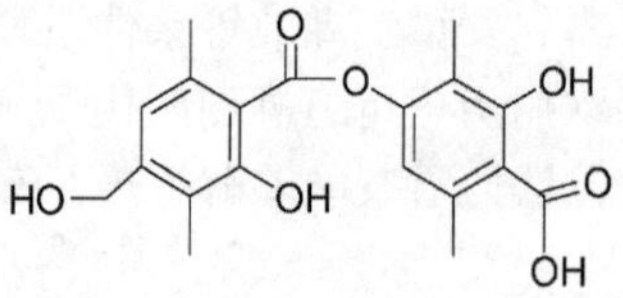

2. 甾体类

马志敏等[5]利用乙醇对雪茶的化学成分进行提取分离，得到 3 个单体成分，包括 2 个甾体类化合物：β-谷甾醇和过氧化麦角甾醇，二者均为首次由雪茶中分离得到。姜北等[6]从雪茶的丙酮提取物中分离得到 4 个甾体类化合物，其中化合物 2~3 均首次由雪茶中分离得到。具体名称见表 2-14，化学结构见图 2-16。

3. 其他类

雪茶中还含有脂肪酸、核酸、胡萝卜素、游离氨基酸等成分，以及一些酚类物质[2]。氨基酸类有亮氨酸（**1**）、苏氨酸（**2**）、谷氨酸（**3**）、天冬氨酸（**4**）（图 2-17）。姜北等[6]从雪茶丙酮提取物中分离得到 thamnolin（**5**）和亚油酸（**6**），化合物 **5** 为新化合物，化合物 **6** 是首次由雪地茶中分离得到。化学结构见图 2-17。

表2-14 雪茶中甾体类化合物

序号	化合物名称	文献来源	序号	化合物名称	文献来源
1	过氧化麦角甾醇	[5]	3	麦角甾烷-7,22-二烯-3-醇	[6]
2	3β-羟基-5α,8α-桥二氧麦角甾-6,9,22-三烯	[6]			

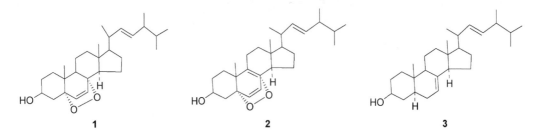

图2-16 雪茶中甾体类化合物结构

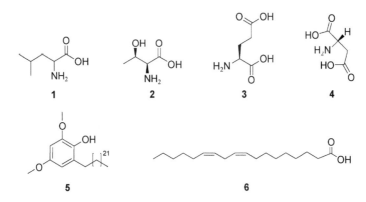

图2-17 雪茶中其他类化合物化学结构

三、药理活性研究

1. 抗疲劳和抗缺氧作用

赵春等[9]采用小鼠负重游泳试验,将服用雪茶混合物的小鼠与对照组比较,发现雪茶混合物能明显延长小鼠的游泳时间,减少疲劳小鼠尿素氮的产生,降低小鼠血液中尿素氮水平,提高小鼠肝糖原的含量,在增强机体运动负荷的适应能力,抵抗疲劳产生和加速消除疲劳等方面具有明显作用。马瑛等[10]的研究表明雪茶提取物有提高小鼠抗疲劳作用的效果。雪茶提取物能明显延长小鼠缺氧死亡的时间,提高小鼠常压缺氧条件下的耐缺氧能力,具有一定的耐缺氧作用[4]。

2. 抗炎作用

给大白鼠以1.0g/kg的剂量灌胃雪茶素后,在大白鼠右后踝关节处皮下注射鸡蛋清0.1mL,测量关节肿胀情况,计算关节肿胀百分率,结果表明:雪茶素对大白鼠的实验性蛋清性关节炎

（过敏性炎症）有抗炎作用。大白鼠后肢裸部皮下注射3%甲醛溶液0.1mL后，以雪茶素灌胃，结果表明雪茶素对大白鼠的实验性甲醛性关节炎（化学性炎症）有抗炎作用[2]。

3. 解热作用

莫云强等[11]以2%雪茶素混悬液按照2mL/kg的剂量给家兔灌胃后，注射伤寒副伤寒混合疫苗0.5mL/kg，然后测量家兔的体温变化，结果显示以雪茶素灌胃的家兔与对照组的家兔相比体温有所下降，表明雪茶素具有解热作用。

4. 对小肠的双向调节作用

雪茶素对小肠具有双向作用，取决于当时小肠的机能状态，如果小肠无蠕动波出现，则雪茶素能兴奋Auerhach氏神经丛，增加蠕动波。相反地，如果蠕动波过度增加，则雪茶素抑制Auerhach氏神经丛而使小肠呈松弛状态，使小肠平滑肌解痉。用原位悬肠法实验，2.5%雪茶素混悬液按200mg/kg的剂量灌胃后观察小肠的活动情况，给药后1小时出现小肠张力上升，蠕动波增大，提示雪茶素对原位小肠有兴奋作用，可作为雪茶治疗消化不良的理论根据。雪茶素对家兔离体小肠的正常收缩有缓解作用，出现张力下降，收缩振幅变小或变平，并能对抗组胺对家兔离体小肠的兴奋作用，可作为雪茶治疗腹痛的理论根据[2]。

5. 免疫促进作用

昆明种小白鼠每天分别腹腔注射雪茶多糖100mg/kg、150mg/kg和300mg/kg，对照组则给等量生理盐水，连续14天后，观察雪茶多糖对小鼠免疫功能的影响。结果表明雪茶多糖能显著增加小鼠免疫器官重量，促进小鼠单核巨噬细胞的吞噬功能，提高小鼠血清溶血素的生成，能明显促进ConA诱导的淋巴细胞增殖转化[2]。

6. 其他作用

邓士贤等[12]采用不同的剂量（50mg/kg、75mg/kg、100mg/kg、125mg/kg）的雪茶素对猫进行灌胃，观察3小时内猫的血压变化情况。结果显示大剂量（125mg/kg）的雪茶素对猫的血压有一定降低作用，给猫注射大剂量的雪茶素半小时后猫的血压开始轻度下降，3小时后猫的血压明显下降。表明大剂量雪茶素有一定的降压作用[12]。边晓丽等[13]研究雪茶乙醇及氯仿提取物在pH=8.0时，对$O^{2-}\cdot$有明显的清除作用，其作用随浓度增加而增强，其作用强弱与天然抗氧剂芦丁的清除能力相当。

参考文献

[1] 付惠, 王立松, 陈玉惠, 等. 云南两种地衣茶: 白雪茶(*Thamnolia spp.*)和红雪茶(*Lethariella spp.*)的营养成分分析[J]. 天然产物研究与开发, 2005, 17(3): 340-343.
[2] 韩碧群, 彭勇. 雪茶的应用历史与研究现状[J]. 中国现代中药, 2012, 14(6): 63-67.
[3] 张玉宝, 张玉民, 崔克城. 雪茶的观赏价值及开发利用[J]. 特种经济动植物, 2002, (4): 31.
[4] 唐丽, 杨林, 马瑛, 等. 藏药雪茶的民族植物学研究[J]. 中央民族大学学报(自然科学版), 2009, 18(2): 83-86, 96.
[5] 马志敏, 陈兴荣. 地衣类植物雪茶的化学成分研究[J]. 时珍国医国药, 2001, 12(10): 872-873.
[6] 姜北, 赵勤实, 彭丽艳, 等. 雪茶化学成分研究(英文)[J]. 云南植物研究, 2002, 24(4): 525-530.
[7] 谢家敏, 李自英, 赵树年. 雪茶化学成分的研究[J]. 云南化工, 1987(4): 21-22, 36.

[8] 高秀丽, 张荣平. 鹿心雪茶的化学成分研究[J]. 中草药, 2004, 35(4): 14-15.

[9] 赵春, 张雪辉. 红雪茶混合物对小鼠抗疲劳作用的研究[J]. 云南中医中药杂志, 2005, 26(4): 27-29, 1.

[10] 马瑛, 唐丽, 张一鸣, 等. 藏药雪茶提取物抗疲劳作用的实验研究[J]. 中医药学报, 2010, 38(2): 29-32.

[11] 莫云强, 梁斌, 熊建明, 等. 雪茶的药理研究之二：雪茶素的解热及对小肠的作用[J]. 云南医药, 1985, 6(6): 330-332.

[12] 邓士贤, 莫云强, 熊建明, 等. 雪茶的药理研究之一：雪茶素的抗炎及对心血管的作用[J]. 云南医药, 1985, 6(5): 314-317.

[13] 边晓丽, 丁东宁, 苏玲, 等. 雪地茶成分清除氧自由基作用的测定[J]. 西北药学杂志, 1996, 11(S1): 53-54.

民族植物资源

化学与生物活性

研究

Research Progress on
Chemistry and Bioactivity
of
Ethnobotany
Resources

第三章

哈尼族药物

哈尼族医药历史悠久、源远流长，是哈尼族先民在长期的生产活动和医疗实践中积累起来的宝贵经验，不仅为哈尼族人民生息繁衍提供了健康保障，也为人类医药思想与疾病诊治提供了新的启迪，是中国传统医学宝库中的重要组成部分。

哈尼族历史上由于无文字，其医药同其他的哈尼文化一样都是口头传承，并且还有严格规定，具体表现为四类：家庭传承，即父传子，子传孙，传男不传女，一般不对外传授；师徒传承，少数哈尼族行医者采取收徒的方式传授医药知识。哈尼族传统医药思想深受其传统哲学的影响。基于哈尼族人民对人体结构与发病原因的认识，从而形成了其医药理论的核心：土杰毛若，毛若土杰（相当于现代中医中的通则不痛，痛则不通）。

哈尼族医药吸纳和兼容了中医药学及彝、苗、傣、壮、瑶等各民族以及泰国、缅甸、老挝等国医药学的一些理论、诊疗方法和药物（如臭牡丹，在苗药中被称作"莴杭嘎"，傣药称"宾亮"；如药物毛大丁草，哈尼族名称"胶铝合手起"，壮药名称"棵粘敌"，景颇族名称"米别本"），逐步形成了具有本民族特色的哈尼族医药。哈尼族药物以使用植物药为主，较少使用动物药。《中国哈尼族医药》收集药物 387 种，其中植物药 349 种，占所收集药物总数的 90.2%；《西双版纳哈尼族医药》收集药物 200 种，其中植物药 192 种，占所收集药物总数的 96%；而在另外一本哈尼族药物书《元江哈尼族药》收录的 100 种药物全是植物药。

本章节选取了青叶胆、昆明山海棠、臭牡丹、炮仗花 4 种常用哈尼族药物，对其植物资源分布、生物学特征、化学成分及药理作用进行了总结，为今后哈尼族药物的深入开发提供研究思路。

第一节
青叶胆

青叶胆为龙胆科獐牙菜属植物青叶胆（*Swertia mileensis* T. N. Hoet W. L. Shih）的干燥全草，是云南特有药用植物，也是云南哈尼族地区常用的植物药之一。《云南中草药》中记载："清肝胆湿热，除胃中伏火，治肝炎，尿路感染。"因此，该植物常用来治疗湿热黄疸、肝炎、胃炎、疟疾发热等病症。据文献报道其含有黄酮、环烯醚萜、生物碱、苯丙素和木脂素等类型化合物，现代研究表明青叶胆在治疗慢性肝炎等方面具有显著的疗效。

一、生物学特征及资源分布

青叶胆为一年生草本植物，高 15～45cm，茎直立，上部有分枝，四棱形，棱上有窄翅，表面紫红色叶披针形或披针状长椭圆形，无柄，2.5～6cm，宽 0.4～1.2cm，先端渐尖，基部楔形，具 1～3 脉，中脉于叶面凹陷，背面突起圆锥状复聚伞花序，多花，花 4 数，直径 7～9mm；花梗细，直立，长 4～8mm；花绿色，略长于花冠，线状披针形，长 5～8mm，先端渐尖，具 3 脉，于叶背面突起，花冠白色至淡黄色，中上部具紫色斑点，卵形或椭圆形，先端钝圆，有小尖头，长 4～7mm，花冠基部有一深陷的圆形腺窝，腺窝黄绿色，上半部边缘具短流苏，腺窝上盖有 1 圆形膜片，膜片上部边缘有微齿，可开合；花丝线形长 3～5mm，花药紫色，矩圆形，长约 1mm；子房狭卵形，无柄，长约 5mm，花柱短，明显，柱头 2 裂[1]。主产于云南省红河州，花果期在秋季，晒用、鲜用均可[2]。青叶胆生长始于每年 8 月底九月初，单花开放，花药为丁字着药，雌雄异熟，蕾期较长，35 天左右，花期 2～3 天，果实期最长，可达 40～45 天[3]。青叶胆分布于云南红河弥勒、开远等地干热山谷山坡上，生于海拔 1300～1700m 的荒坡稀疏小灌木坡柳丛或黄茅草丛间，生长在沙地的阳性山坡或向阳石灰岩沥水性较好、土质疏松、较贫瘠的坡地上。

二、化学成分研究

目前从青叶胆中已分离鉴定的化合物有 80 余个，其中 36 个黄酮类化合物、37 个萜类化合物、3 个苯丙素类化合物、5 个生物碱类化合物、3 个其他化合物。

1. 黄酮及其苷类化合物

何仁远[4]从青叶胆中首次分离得到的三个𠮾酮成分，经 UV、IR、^{1}H NMR、MS 分析鉴定为 1,8-二羟基-3,5-二甲氧基𠮾酮、1,8-二羟基-3,7-二甲氧基𠮾酮、1-羟基-3,7,8-三甲氧基𠮾酮。刘嘉森[5]从青叶胆中分得两个已知𠮾酮结晶，经光谱及衍生物制备并鉴定为 1-羟基-2,3,4,5-四甲氧基𠮾酮和 1-羟基-2,3,5-三甲氧基𠮾酮，均首次从青叶胆中分离到。字敏[6]从青叶胆的乙酸乙酯及正丁醇的提取液中得到了 1-羟基-3,7-二甲氧基𠮾酮等两个𠮾酮类成分。郭爱华[7]用硅胶色谱柱分离的方法从青叶胆中分离得到 1-羟基-2,3,4,5-四甲氧基𠮾酮、1-羟基-2,3,7-三甲氧基𠮾酮、1-羟基-2,3,5,7-四甲氧基𠮾酮等 13 种化合物，其中 1-羟基-2,3,4,5-四甲氧基𠮾酮、1-羟基-2,3,5,7-四甲氧基𠮾酮、1,5-二羟基-2,3-二甲氧基𠮾酮、1,5-二羟基-2,3,7-三甲氧基𠮾酮、1,5-二羟基-2,3,4,7-四甲氧基𠮾酮、1-羟基-2,3,6,8-四甲氧基𠮾酮为首次从青叶胆中分得。李旭山[8]利用各种色谱分离技术，从青叶胆 50%乙醇提取物的氯仿萃取部分得到了 20 个化合物，包括 1,8-二羟基-2,3,4,5-四甲氧基𠮾酮，1 个新𠮾酮化合物，以及 1,3,5,8-四羟基𠮾酮、1-羟基-3,5,8-三甲氧基𠮾酮等 8 个已知的𠮾酮化合物。Li[9]从 50%乙醇青叶胆全株提取物的二氯甲烷萃取部位，分离鉴定出 1,5,8-trihydroxy-3-methoxyxanthone、1-hydroxyl-3,5,8-trimethoxyxanthone 等 12 个𠮾酮类化学成分。周敏[10]对青叶胆全草乙醇提取物进行化学成分研究，分离得到 7 个化合物结构进行鉴定，分别确定其结构为 swertiadecoraxanthone-Ⅱ、angustins A-B 等，其中 angustinA 为首次从该植物中分离得到。王鑫[11]运用 UPLC-ESI-Q-TOF-MS 技术对中药青叶胆的主要化学成分进行定性分析，结果从青叶胆中鉴定出化学成分 28 个，包括 7 个环烯醚萜类，14 个酮类，3 个黄酮类，2 个三萜类以及 2 个酚类，其中 8-O-β-D-xyl(1→6)-β-D-glc-1,7-二羟基-3-甲氧基酮为首次从该植物中发现。梁庆燊[12]从青叶胆分离到的抗肝炎的黄酮有效部位中分得两个结晶及多种化学成分，采用醋酸铅沉淀法，经四大光谱分析、纸色谱和一些衍生物的制备，鉴定为日当药黄素、当药黄素、异日当药黄素、异当药黄素、木犀草素等。肖琳[13]从青叶胆 95%乙醇浸提物中分离获得到了异牡荆素等 4 个单体化合物。尚明英[14]建立了 1 种用于测定青叶胆及习用品药材中獐牙菜苦苷、龙胆苦苷、獐牙菜苷、芒果苷和红白金花内酯含量的 HPLC 方法。

从青叶胆中分离鉴定的黄酮类化合物中，除木犀草素外，主要为𠮾酮类化合物。目前已鉴定的𠮾酮类化合物有 27 个，部分化合物具体名称见表 3-1，化学结构见图 3-1。

表 3-1　青叶胆𠮨酮类化合物

序号	名称	文献来源	序号	名称	文献来源
1	1,8-二羟基-3,5-二甲氧基𠮨酮	[4]	**8**	日当药黄素	[12]
2	1-羟基-2,3,4,5-四甲氧基𠮨酮	[5]	**9**	当药黄素	[12]
3	1-羟基-3,7-二甲氧基𠮨酮	[6]	**10**	异日当药黄素	[12]
4	1-羟基-2,3,4,5-四甲氧基𠮨酮	[7]	**11**	异当药黄素	[12]
5	1,8-二羟基-2,3,4,5-四甲氧基𠮨酮	[8]	**12**	异牡荆素	[13]
6	1,5,8-trihydroxy-3-methoxyxanthone	[9]	**13**	芒果苷	[14]
7	swertiadecoraxanthone-Ⅱ	[10]	**14**	3-氧去甲双酮苷	[11]

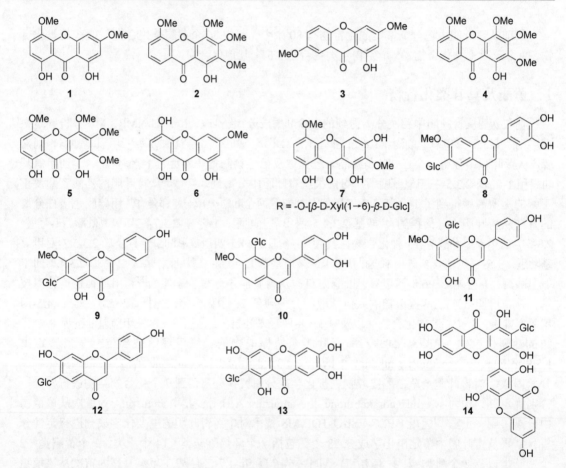

R = -O-[β-D-Xyl(1→6)-β-D-Glc]

图 3-1　青叶胆黄酮及其苷类化合物

2. 萜类及其苷类化合物

从青叶胆中分离的萜类化合物主要为三萜类化合物及环烯醚萜类化合物，也包括少量降倍半萜及单萜类化合物。

（1）三萜类化合物　李旭山[8]利用各种色谱分离技术，从青叶胆 50%乙醇提取物的氯仿萃取部分得到了 20 个化合物，包括山楂酸、苏门树脂酸等 7 个齐墩果烷型三萜。陈丽元[15]从氯仿部位分离鉴定了齐墩果酸等 4 个单体化合物，其中乌苏酸、羽扇豆醇、3β-羟基-11α,12α-环氧齐墩果-28,13β-内酯为首次从该药用植物中分离得到。

已分离鉴定的三萜类化合物，具体名称见表 3-2，化学结构见图 3-2。

表 3-2　青叶胆三萜类化合物

序号	名称	文献来源	序号	名称	文献来源
1	山楂酸	[8]	4	3α,6β-dihydroxy-taraxer-14-en	[8]
2	苏门树脂酸	[8]	5	3β-羟基-11α,12α-环氧齐墩果-28,13β-内酯	[15]
3	3-epitaraxerol	[8]			

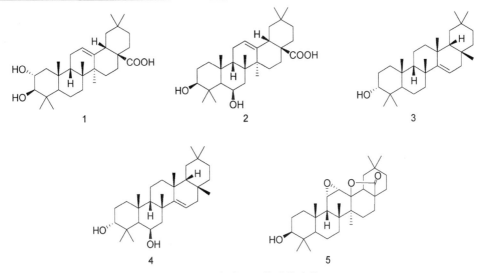

图 3-2　青叶胆三萜类化合物

（2）环烯醚萜类化合物　王鑫[11]运用 UPLC-ESI-Q-TOF-MS 技术对中药青叶胆的主要化学成分进行定性分析，结果从青叶胆中鉴定出化学成分 28 个，包括 7 个环烯醚萜类、14 个酮类、3 个黄酮类、2 个三萜类以及 2 个酚类。其中环烯醚萜 sweriyunnanlactone A 为首次从该植物中发现。Geng[16]对青叶胆进行物质基础研究，通过光谱和 X 射线晶体衍射等光谱分析鉴定出四个新的环烯醚萜类化合物，分别为 swerilactones H-K，后又从青叶胆中分离得到四种具有新骨架的二环烯醚萜类化合物，分别为 swerilactones L-O[17]。聂瑞麟[18]从青叶胆中分到的两个微量内酯成分红白金花内酯和青叶胆内酯，其中青叶胆内酯为新化合物。陈纪军[19]从青叶胆中分离得到多个化合物，其中环烯醚萜类化合物主要有 swerilactones E-G 等，其中 swerilatones A-D 是具有 C16、C18、C20 新骨架的环烯醚萜化合物。

已分离鉴定的环烯醚萜类化合物，具体名称见表 3-3，化学结构见图 3-3。

表 3-3　青叶胆环烯醚萜类化合物

序号	名称	文献来源	序号	名称	文献来源
1	sweriyunnanlactone A	[11]	6	青叶胆内酯	[18]
2~3	swerilactones H-I	[16]	7~8	swerilactones E-F	[19]
4~5	swerilactones L-M	[17]	9~10	swerilactones A-B	[19]

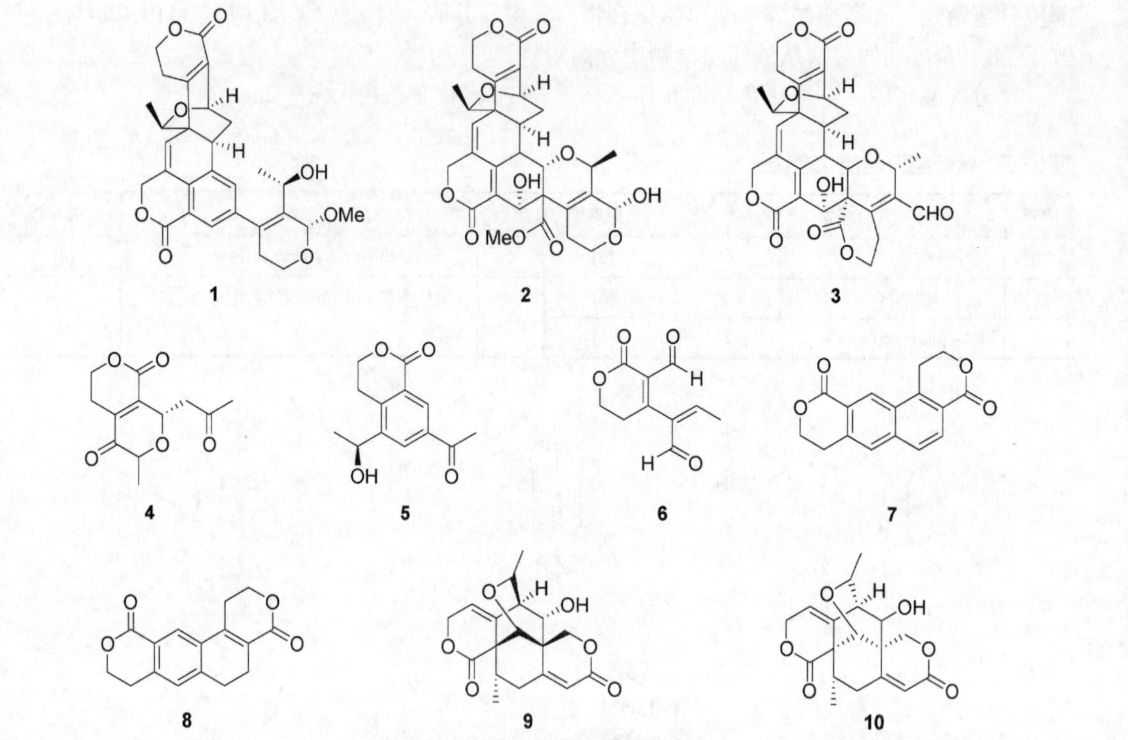

图 3-3 青叶胆环烯醚萜类化合物

（3）环烯醚萜苷类化合物 王鑫[11]运用 UPLC-ESI-Q-TOF-MS 技术对中药青叶胆的主要化学成分进行定性分析，结果从青叶胆中鉴定出化学成分 28 个，包括 7 个环烯醚萜类、14 个酮类、3 个黄酮类、2 个三萜类以及 2 个酚类。其中断马钱子苷半缩醛内酯为首次从该植物中发现。肖琳[13]从青叶胆 95%乙醇浸提物中分析方法鉴定了龙胆苦苷等 4 个单体化合物。陈纪军[19]从云南特有抗肝炎中药青叶胆中分离得到多个化合物，除环烯醚萜类化合物之外，还包括 swerilactosides A-C 等多个环烯醚萜苷类化合物。朱汉松[20]直接从青叶胆水提取液中分离得到獐牙菜苷和獐芽菜苦苷。

已分离鉴定的环烯醚萜苷类化合物具体名称见表 3-4，化学结构见图 3-4。

表 3-4　青叶胆环烯醚萜苷类化合物

序号	名称	文献来源	序号	名称	文献来源
1	獐牙菜苷	[20]	4~6	swerilactosides A-C	[19]
2	獐牙菜苦苷	[20]	7	断马钱子苷半缩醛内酯	[11]
3	龙胆苦苷	[13]			

3. 苯丙素类和木脂素类化合物

李旭山[8]对青叶胆 50%乙醇提取物的氯仿萃取部分得到的松柏醛为苯丙素类化合物，balanophonin、8-hydroxypinoresinol 为木脂素类化合物。具体名称见表 3-5，化学结构见图 3-5。

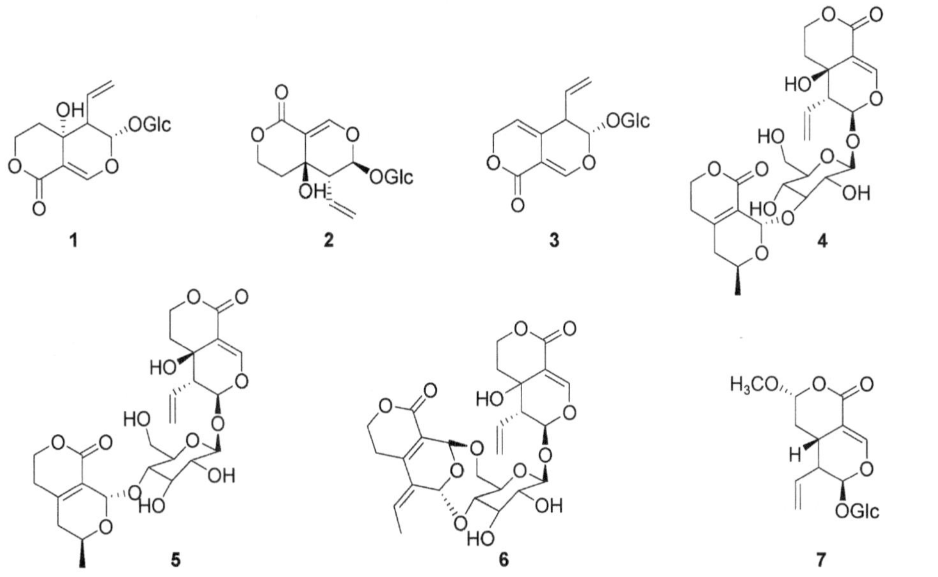

图 3-4　青叶胆环烯醚萜苷类化合物

表 3-5　青叶胆苯丙素类和木脂素类化合物

序号	名称	文献来源	序号	名称	文献来源
1	松柏醛	[8]	3	8-hydroxypinoresinol	[8]
2	balanophonin	[8]			

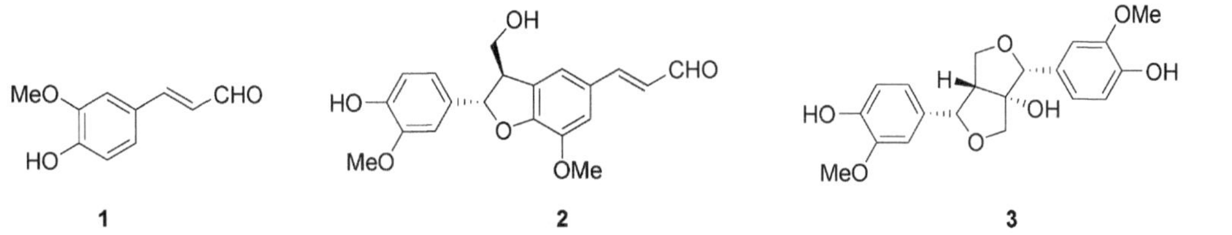

图 3-5　青叶胆苯丙素类和木脂素类化合物

4．生物碱类化合物

字敏[21]从红河青叶胆生物碱中分得 5 个成分，其中 3 个生物碱与碘化铋钾产生反应，且经鉴定其中一个为龙胆碱。

三、药理活性研究

1．抗 HBV

昆明植物所研究员陈纪军[19]活性研究表明对云南特有抗肝炎中药青叶胆中分离得到的 52 个单体化合物进行抗 HBV 活性筛选，结果表明 swerilatones A、C、E 对乙型肝炎病毒表面抗原和 e 抗原的分泌具有抑制活性，特别是獐牙菜内酯 H-K 具有显著抑制 HBV DNA 复制活性，与临床抗 HBV 药物拉米夫定活性相当，初步研究表明，其作用机制不同于现有的抗 HBV 药物。Geng [16]在体外对 HepG2.2.15 细胞系进行的抗 HBV 分析表明，swerilactones E 对 HBsAg 和 HBeAg 的分泌具有显著抑制活性，IC_{50} 为 0.22mmol/kg 和 0.52mmol/kg。Swerilactones F 也具有显著抑制活性，对 HBsAg 分泌的抑制活性的 IC_{50} 为 0.70mmol/kg；对 HBeAg 分泌抑制活性的 IC_{50} 大于 6.78mmol/kg。

2．保肝

王龙[22]用青叶胆提取物进行大鼠灌胃给药，观察其对大鼠胆汁分泌的影响，结果表明，青叶胆乙醇提取物非常显著地降低 CCl_4 诱导的急性肝损伤大鼠血清 ALT、AST 活性，显著地升高肝组织 SOD 活性，证明青叶胆乙醇提取物具有良好的保肝、利胆作用。字敏[9]从青叶胆的乙酸乙酯及正丁醇提取液中分离鉴定的青叶胆内酯具有治疗急性病毒性肝炎的作用。郭永强[23]建立四氯化碳（CCl_4）造成小鼠化学性肝损伤模型，比较藏药"蒂达"主要来源青叶胆等 6 种药用原植物对化学性肝损伤的保护效应，结果表明，6 种药用植物均能显著性降低小鼠血清中的谷丙转氨酶（ALT）和谷草转氨酶（AST）的活性，升高总蛋白（TP）及减少总胆红素（TBI）的含量，且青叶胆和"蒂达"其他来源的 5 种药用植物对于化学性肝损伤的保护效应差异不显著。陶爱恩[24]等建立腹腔注射四氯化碳造成小鼠化学性肝损伤模型，观察青叶胆对小鼠慢性肝损伤的保护作用及其对小鼠脾脏 T 淋巴细胞亚群的调节作用，发现其能明显降低小鼠血清 ALT、AST 含量（$P<0.01$），升高 TP 含量（$P<0.01$），对 CCl_4 诱导的小鼠慢性肝损伤具有保护作用。

青叶胆对人肝细胞癌具有治疗作用，唐浩然[25]提出其抑制作用至少部分是通过植株内主要成分之一的獐牙菜苦苷，且至少其部分具体的抑癌机制为调控 CDKN1A（P21）参与 P13K-AKT 通路及 TNF-α 通路。张海萍[26]指出齐墩果酸可能影响獐牙菜苦苷的体内吸收过程，且这种影响在雄性个体中更为明显。此外，青叶胆对 CCl_4 诱导的小鼠慢性肝损伤具有保护作用的作用机制，陶爱恩[24]提出其可能是通过调节 T 淋巴细胞亚群，提高免疫功能。

3．降血糖

尽管国外已发现龙胆属 20 多种植物中含有獐牙菜苦苷及其他有效的植物药成分，然而从青叶胆中提取降血糖活性成分的研究国内报道甚少。1998 年，字敏[27]等人从青叶胆 95%乙醇提取液的氯仿部位分离鉴定的黄酮类化合物 5,7,4'-trihydroxy-flavanone 和 5,7,4'-trihydroxy-flavonol 具有显著的降血糖活性，是天然的理想降血糖药效成分。2000 年，字敏[6]从青叶胆的乙酸乙酯及正丁醇提取液中分离鉴定的两个㕔酮类化合物，即：1-羟基-3,7-二甲氧基㕔酮和 1,8-二羟基-3,5-二甲氧基㕔酮，具有降血糖、利尿活性，能够对四氯化碳引起的转氨酶升高产生有显著的降低作用。

4．抑菌

张虹[28]用青叶胆乙醇提取液进行抑菌活性实验，结果表明，青叶胆总黄酮提取液对金黄色葡萄球菌、枯草芽孢杆菌、大肠杆菌都有一定抑菌作用，金黄色葡萄球菌抑菌作用最强，其次是枯草芽孢杆菌，抑菌作用最弱的是大肠杆菌，且随着青叶胆总黄酮粗提取液浓度的增加，其抑菌作用也随之增强。金黄色葡萄球菌、枯草芽孢杆菌、大肠杆菌的 MIC 值分别为 0.63%、2.50%、5.00%。

5．其他

Du[29]采用 0.2mg/(kg·d) CdCl$_2$ 皮下注射 15 天的方法，建立前列腺功能缺损大鼠模型，结果发现，青叶胆可改善镉诱导的前列腺氧化应激和炎症反应，减轻前列腺 EMT，抑制 TGF-β1/Smad 通路，提高 Bcl-2/Bax 比值，增强 Nrf-2/HO-1 通路活性。由此可见，青叶胆可通过调节 Nrf-2/HO-1 和 TGF-β1/Smad 通路改善镉诱导的前列腺功能障碍。

参考文献

[1] 张彬若. 滇产青叶胆类药材的品种整理及生药学初步研究[D]. 昆明: 云南中医学院, 2015.

[2] 云南中草药整理组. 云南中草药(40 年经典版)[M]. 昆明: 云南人民出版社, 2011.

[3] 李鹂, 龙华, 张爱丽, 等. 青叶胆开花动态及有性生殖特征的解剖学研究[J]. 西北植物学报, 2016, 36(6): 1146-1154.

[4] 何仁远, 冯树基, 聂瑞麟. 青叶胆𠮧酮成分的分离和鉴定[J]. 云南植物研究, 1982, (1): 68-76.

[5] 刘嘉森, 黄梅芬. 青叶胆中𠮧酮成分的分离与鉴定[J]. 中草药, 1982, 13(10): 1-2.

[6] 字敏, 罗钫, 刘频, 等. 植物降血糖化学成分研究[J]. 云南师范大学学报(自然科学版), 2000, (3): 50-52.

[7] 郭爱华. 青叶胆𠮧酮类化合物成分研究[D]. 太原: 山西医科大学, 2004.

[8] 李旭山. 青叶胆的化学成分与抗 HBV 活性研究[D]. 大理: 大理学院, 2008.

[9] Li X A, Jiang Z Y, Wang F S, et al. Chemical constituents from herbs of *Swertia mileensis*. China Journal of Chinese Materia Medica, 2009, 33(23): 2790-2793.

[10] 周敏, 黄春球, 武正才, 等. 药用植物青叶胆的化学成分研究[J]. 天然产物研究与开发, 2014, (A02): 215-216.

[11] 王鑫, 陈雪晴, 尤蓉蓉, 等. 青叶胆化学成分的 UPLC-ESI-Q-TOF-MS 分析[J]. 中草药 2017, 48(3): 453-459.

[12] 梁庆燊, 高霞云. 青叶胆抗肝炎黄酮成分的研究[J]. 中草药通讯, 1979, 10(9): 1-4, 49.

[13] 肖琳. 青叶胆的化学成分研究及 2010 版《中国药典》青叶胆标准修订研究[D]. 西安: 西北大学, 2009.

[14] 李耀利, 尚明英, 耿长安, 等. 云南产青叶胆及其习用品药材中 5 种成分的 HPLC 含量测定[J]. 中国中药杂志, 2013, 38(9): 1394-1400.

[15] 陈丽元, 李水仙, 夏从龙. 狭叶獐牙菜化学成分研究[J]. 大理学院学报, 2015, 14(2): 1-3.

[16] Geng C A, Wang L J, Zhang X M, et al. Anti-hepatitis B virus active lactones from the traditional Chinese herb: *Swertia mileensis*. Chemistry. 2011, 17(14): 3893-903.

[17] Geng C A, Zhang X M, Ma Y B, et al. Swerilactones L-O, secoiridoids with C(12) and C(13) skeletons from *Swertia mileensis*. Journal of Natural Products, 2011, 74 (8): 1822-1825.

[18] 聂瑞麟, 何仁远. 青叶胆植物中的红白金花内酯和青叶胆内酯的结构[J]. 云南植物研究, 1984, (3): 325-328.

[19] 陈纪军, 耿长安. 云南特有抗肝炎中药青叶胆中系列新奇骨架内酯成分与抗乙肝病毒活性[A]//全国第 9 届天然药物资源学术研讨会论文集[C]. 广州: 出版者不详, 2010.

[20] 朱汉松, 金永清, 张美玲, 等. 青叶胆中獐芽菜苦苷的分离[J]. 中草药 1986, 17(9): 37.

[21] 字敏, 袁黎明, 刘频, 等. 高速逆流色谱分离青叶胆中的生物碱[J]. 林产化学与工业, 2002, (1): 74-76.

[22] 王龙, 张雪梅, 何旭. 青叶胆乙醇提取物保肝利胆活性研究[J]. 邢台学院学报, 2017, 32(4): 173-174+180.

[23] 郭永强, 沈磊, 杨晓泉, 等. 藏药"蒂达"6 种原植物抗慢性肝损伤作用比较研究[J]. 大理大学学报, 2017, 2(4): 16-19.

[24] 陶爱恩, 赵飞亚, 黎氏文梅, 等. 藏药青叶胆对实验性慢性肝损伤小鼠 T 淋巴细胞亚群的影响[J]. 中国现代应用药学, 2020, 37(8): 935-938.

[25] 唐浩然. 青叶胆活性成分獐牙菜苦苷抗肝癌细胞增殖作用及机制研究[D]. 昆明: 昆明医科大学, 2020.

[26] 张海萍. 青叶胆片中齐墩果酸对獐芽菜苦苷药代动力学的影响[D]. 昆明: 云南中医学院, 2018.

[27] 字敏, 罗钫, 汪帆, 等. 獐牙菜属药用植物研究[J]. 云南师范大学学报(自然科学版), 1998, (4): 76-77.

[28] 张虹, 白红丽, 张江梅, 等. 青叶胆不同部位总黄酮提取及其抑菌作用[J]. 江苏农业科学, 2013, 41(9): 224-226.

[29] Du L, Lei Y, Chen J, et al. Potential ameliorative effects of Qing Ye Dan against Cadmium induced prostatic deficits via rgulating Nrf-2/HO-1 and TGF-*β*1/Smad Pathways. Cellular Physiology & Biochemistry, 2017, 43(4): 1359-1368.

第二节
昆明山海棠

昆明山海棠［*Tripterygium hypoglaucum* (Levl.) Hutch］是哈尼族常用中草药，又名火把花根、六方藤、紫金皮等，是我国一种传统重要中药，具有祛风除湿、舒筋活络、消炎止痛等作用。化学成分研究表明，昆明山海棠主要含有倍半萜、二萜、三萜及木脂素类等化学成分，具有抗生育、免疫抑制、抗炎、抗肿瘤及抗移植排斥等作用，用于治疗类风湿性关节炎、红斑狼疮等免疫性疾病具有显著疗效，受到国内外学者的广泛关注。

一、生物学特征及资源分布

昆明山海棠属于雷公藤属藤本灌木植物，高 1～4m，小枝常具 4～5 棱，密被棕红色毡毛状毛，老枝无毛。叶薄革质，长方卵形、阔椭圆形或窄卵形，长 6～11cm，宽 3～7cm，大小变化较大，先端长渐尖，短渐尖，偶为急尖而钝，基部圆形、平截或微心形，边缘具极浅疏锯齿，稀具密齿，侧脉 5～7 对，疏离，在近叶缘处结网，三生脉常与侧脉近垂直，小脉网状，叶面绿色偶被厚粉，叶背常被白粉呈灰白色，偶为绿色；叶柄长 1～1.5cm，常被棕红色密生短毛。圆锥聚伞花序生于小枝上部，呈蝎尾状多次分枝，顶生者最大，有花 50 朵以上，侧生者较小，花序梗、分枝及小花梗均密被锈色毛；苞片及小苞片细小，被锈色毛；花绿色，直径 4～5mm；萼片近卵圆形；花瓣长圆形或窄卵形；花盘微 4 裂，雄蕊着生近边缘处，花丝细长，长 2～3mm，花药侧裂；子房具三棱，花柱圆柱状，柱头膨大，椭圆状。翅果多为长方形或近圆形，果翅宽大，长 1.2～1.8cm，宽 1～1.5cm，先端平截，内凹或近圆形，基部心形，果体长仅为总长的 1/2，宽近占翅的 1/4 或 1/6，窄椭圆线状，直径 3～4mm，中脉明显，侧脉稍短，与中脉密接。

昆明山海棠生长于山地林中，产于安徽、浙江、湖南、广西、贵州、云南、四川等地，主要分布于长江流域及西南地区。昆明山海棠在贵州的中草药资源储备量很大，主要分布在梵净山、雷公山、台江、龙里、兴仁、兴义等地，尤其是雷山县雷公山一带[1]。昆明山海棠生于高山密林中，且采集难度较大，人为干扰状况较轻。多数地区，如浙江遂昌、贵州雷山、云南扬武的昆明山海棠资源保存相对较好。但也有个别地区，如湖南隆回地区，由于野生昆明山海棠资源分布范围距人口居住地区近，时有家畜或居民因食用昆明山海棠嫩叶毙命的事情发生，因此当地百姓有意除去此类植物，人为干扰严重，导致其野生资源量骤减。野生昆明山海棠采集于灌木丛、茶树林，或高大乔木林、山谷间，或坡度较陡的崖边。坡度从 15°至 80°均有分布，坡向多朝北、东北方。野生昆明山海棠海拔 1200～1800m，家种昆明山海棠则海拔较低[2]。

二、化学成分研究

1. 倍半萜类化合物

汪丽[3]对采自云南大理的昆明山海棠茎叶进行系统的化学成分及生物活性研究，综合利用硅胶、Sephadex LH-20 葡聚糖凝胶以及各种 ODS、MCI、RP-18 等反相键合材料、中压液相色谱和高效液相色谱等，并借助核磁共振、高分辨质谱等现代波谱学手段共分离鉴定了 47 个化合物，包括 11 个降倍半萜及倍半萜类化合物，其中 epoxyionone A、loliolide A、triphyglaum A 为新化合物。郑慧[4]用 95%乙醇对昆明山海棠干燥的茎叶进行提取，采用硅胶、反相 ODS、葡聚糖凝胶等多种色谱分离方法对石油醚和正丁醇部位进行分离纯化，共分离得 41 个单体化合物，通过一维、二维、高分辨等光谱方法对所有化合物进行了结构鉴定,其中有 1α,15α-二乙酰氧基-2α,9β-二苯甲酰氧基-二氢沉香呋喃等 12 个新的二氢沉香呋喃型倍半萜。谢富贵[5]对昆明山海棠根皮进行化学成分研究，利用各种色谱方法进行化学成分分离，并根据理化性质和波谱数据鉴定化合物的结构，结果分离得到 11 个化合物，其中有两个倍半萜化合物，且 2-O-deacetyleuonine 为首次从该植物中分离得到。Li[6]从昆明山海棠的根皮中得到的多个化合物，其中包括两个新倍半萜烯吡啶生物碱 hypoglaunines E-F。Zhao[7]从昆明山海棠根皮中分离得到的化合物，通过 IR、HR-ESI-MS、和 NMR 等分析，鉴定出新倍半萜 9α-cinnamoyloxy-1β-furoyloxy-4-hydroxy-6α-nicotinoyloxy-β-dihydroagarofuran，和三个已知倍半萜化合物。Lu[8]对昆明山海棠茎提取物进行植物化学研究，在综合光谱实验的基础上，阐明了它们的结构，鉴定为 5 种新的二氢呋喃倍半萜衍生物，即 hypoterpenes A-E（表 3-6，图 3-6）。

表 3-6　昆明山海棠倍半萜类化合物

序号	名称	文献来源	序号	名称	文献来源
1	epoxyionone A	[3]	6	tripfordine C	[5]
2	loliolide A	[3]	7	hypoglaunine E	[6]
3	triphyglaum A	[3]	8	hypoglaunine F	[6]
4	1α,15α-二乙酰氧基-2α,9β-二苯甲酰氧基-二氢沉香呋喃	[4]	9	9α-cinnamoyloxy-1β-furoyloxy-4-hydroxy-6α-nicotinoyloxy-β-dihydroagarofuran	[7]
5	2-O-deacetyleuonine	[5]	10~11	hypoterpenes A-B	[8]

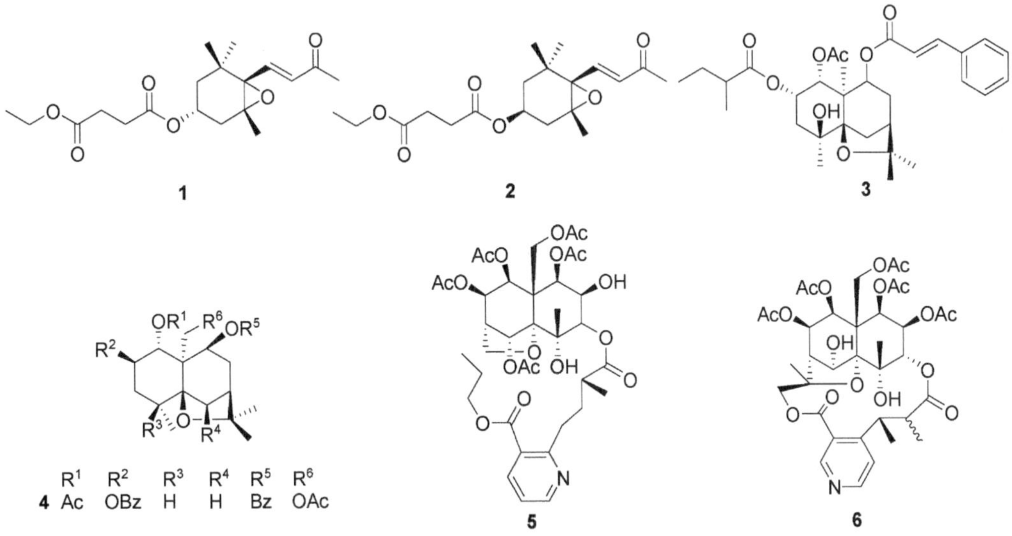

	R¹	R²	R³	R⁴	R⁵	R⁶
4	Ac	OBz	H	H	Bz	OAc

图 3-6

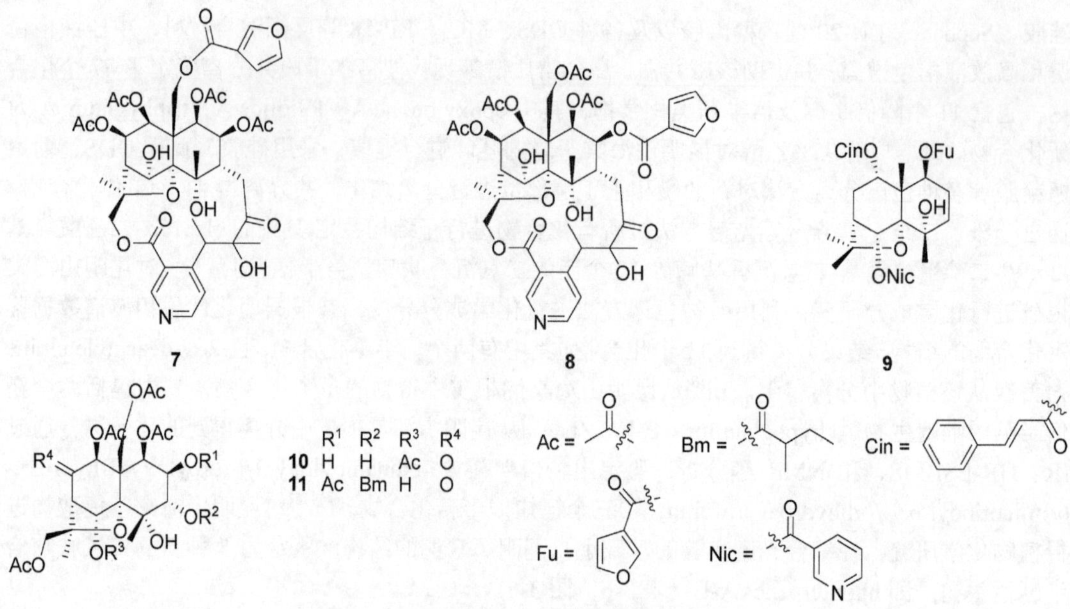

图 3-6　昆明山海棠倍半萜类化合物

2. 二萜类化合物

　　王思懿[9]利用羟丙基葡聚糖凝胶、正相硅胶、反相硅胶等色谱材料及半制备高效液相色谱等技术，从昆明山海棠茎叶的 95% 甲醇水提取液中分离鉴定了 9 个二萜类化合物，包括松香烷、异海松烷型等多种二萜类化合物，其中化合物 triptobenzene E、wilforol F、triptolide 为首次从该植物分离得到。李江[10]从黔产昆明山海棠乙醇提取物中分离得到 11 个化合物，ent-kauran-16β,19-diol（表 3-7，图 3-7）为首次从该植物中分离得到的二萜类化合物。李晓蕾[13]对采自云南大理苍山的昆明山海棠茎叶进行化学成分的分离纯化，并应用现代波谱学手段，包括核磁共振、质谱等技术对分离得到的化合物进行结构鉴定出 45 个化合物，其中包括19-O-β-D-glucopyranosyl- labda-8、14-dien-13-ol 等 5 个新的二萜化合物。

表 3-7　昆明山海棠二萜类化合物

序号	名称	文献来源	序号	名称	文献来源
1	triptobenzene E	[9]	5	3-oxo-14,15-dihydroxyabieta-8,11,13-trien-19-ol	[11]
2	wilforol F	[9]			
3	triptolide	[9]	6	isopimara-8(14),15-diene-11β,19-diol	[11]
4	ent-kauran-16β,19-diol	[10]			

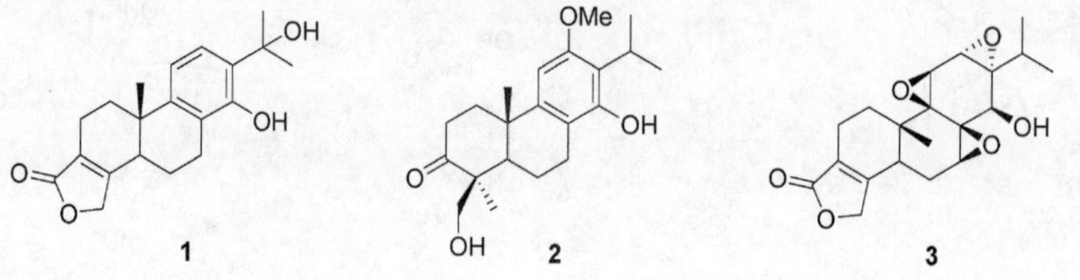

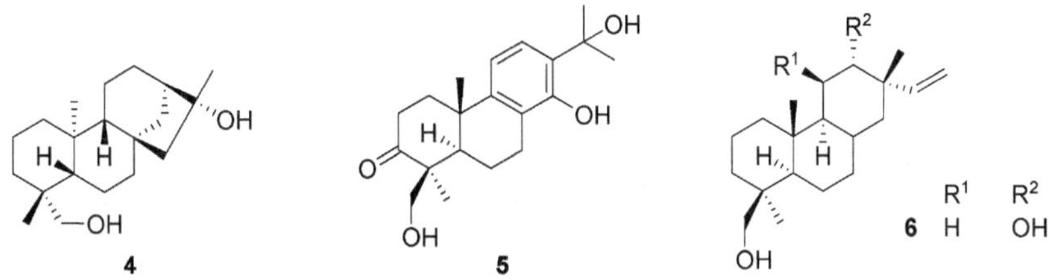

图 3-7 昆明山海棠二萜类化合物

3. 三萜类化合物

王芳[12]采用硅胶柱、半制备柱、凝胶色谱以及重结晶等方法研究昆明山海棠的化学成分，从昆明山海棠根的氯仿乳化层中分离得到 12 个化合物，并经理化性质和波谱学分析，鉴定了 12 个化合物，其中 3-氧代齐墩果酸、木栓酮为首次从雷公藤属植物中分离得到的三萜类化合物。Li[6]从昆明山海棠的根皮中进行分离纯化，且通过核磁共振和质谱分析进行结构鉴定，得到的多个化合物中包括一个新的三萜皂苷 hypoglaside A（表 3-8，图 3-8）。

表 3-8　昆明山海棠三萜类化合物

序号	名称	文献来源	序号	名称	文献来源
1	3-氧代齐墩果酸	[12]	3	hypoglaside A	[6]
2	木栓酮	[12]			

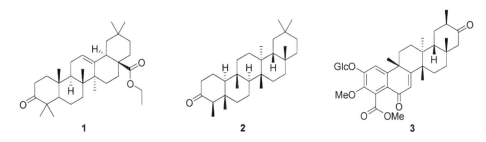

图 3-8　昆明山海棠三萜类化合物

4. 甾体类化合物

李晓蕾[11]对采自云南大理苍山的昆明山海棠茎叶进行化学成分的分离纯化，分离得到多种化合物，除了五个新的二萜类化合物，还有两个新的天然产物，20β-β-D-glucopregn-4-en-3-one、20α-β-D-glucopregn-4-en-3-one，属于甾体糖苷化合物。李江[10]采用硅胶柱色谱、凝胶柱色谱、半制备型高效液相色谱和重结晶等方法对黔产昆明山海棠乙醇提取物进行分离纯化，得到 11 个化合物，其中 β-谷甾醇棕榈酸酯为首次从该植物中分离得到的甾体类化合物。李晓蕾[13]从昆明山海棠茎叶中共分离鉴定了 11 个化合物，结构类型包括木脂素、甾体以及酚性成分等多种化合物，20β-β-D-葡萄糖-3-羰基孕甾-4-烯、20α-β-D-葡萄糖-3-羰基孕甾-4-烯为首次从该植物中分离得到的甾体类化合物（表 3-9，图 3-9）。

表3-9　昆明山海棠甾体类化合物

序号	名称	文献来源	序号	名称	文献来源
1	20β-β-D-glucopregn-4-en-3-one	[11]	4	20α-β-D-葡萄糖-3-羰基孕甾-4-烯	[13]
2	20α-β-D-glucopregn-4-en-3-one	[11]	5	β-谷甾醇棕榈酸酯	[10]
3	20β-β-D-葡萄糖-3-羰基孕甾-4-烯	[13]			

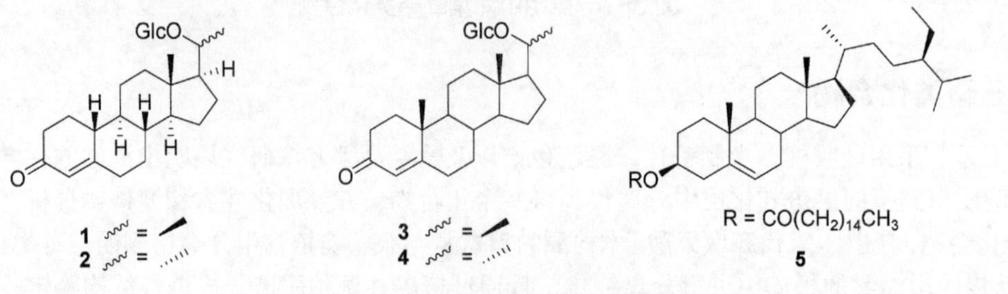

图3-9　昆明山海棠甾体类化合物

5．木脂素类化合物

汪丽[3]对采自云南大理的昆明山海棠茎叶进行系统的化学成分及生物活性研究，共分离鉴定了12个木脂素类化合物，其中9′-O-benzoyl-lariciresinol、9′-O-benzoyl-5′-methoxylariciresinol、9′-O-cinnamoyl-lariciresinol 为新化合物。李晓蕾[13]首次从昆明山海棠中共分离鉴定了(7R,7′R, 7″R,8S,8′S,8″S)-4,4″,7″,9″-四羟基-3,3′,3″,5,5′,5″-六甲氧基-7,9′;7′,9;4′,8″-氧代-8,8′-倍半木脂素等四个木脂素类化合物（表3-10，图3-10）。

表3-10　昆明山海棠木脂素类化合物

序号	名称	文献来源
1	9′-O-benzoyl-lariciresinol	[3]
2	9′-O-benzoyl-5′-methoxylariciresinol	[3]
3	9′-O-cinnamoyl-lariciresinol	[3]
4	(7R,7′R,7″R,8S,8′S,8″S)-4,4″,7″,9″-四羟基-3,3′,3″,5,5′,5″-六甲氧基-7,9′;7′,9;4′,8″-氧代-8,8′-倍半木脂素	[13]
5	(7R,7′R,7″S,8S,8′S,8″S)-4,4″,7″,9″-四羟基-3,3′,3″,5,5′,5″-六甲氧基-7,9′;7′,9;4′,8″-氧代-8,8′-倍半木脂素	[13]
6	(7R,7′R,8S,8′S)-4,4″,7″,9″-四羟基-3′,5,5′,5″-四甲氧基-7,9′;7′,9;4′,8″-氧代-8,8′-倍半木脂素	[13]
7	(7R,7′R,8S,8′S)-4,4″,7″,9″-四羟基-3′,3″,5,5″,5″-五甲氧基-7,9′;7′,9;4′,8″-氧代-8,8′-倍半木脂素	[13]

6．黄酮类化合物

汪丽[3]从云南大理的昆明山海棠茎叶中共分离鉴定了一个新的黄酮类化合物 4-(3-methoxy-4-hydroxyl)benzyl-3,4,5-trimethoxycyclohexa-2,5-dienone。谢晨琼[14]对昆明山海棠活性部位进行了化学成分分离与纯化，结果首次从该植物中分离鉴定了黄酮类化合物 3′-香叶草基-5,7,2′,5′-四羟基异黄酮。李创军[5]分离得到 4′-O-(-)甲基-表没食子儿茶素为首次从该植物中分离得到的黄酮类化合物。张瑜[12]从昆明山海棠根的氯仿乳化层中分离鉴定得到的原花青素 B2 为首次从雷公藤属植物中分离得到的黄酮类化合物（表 3-11，图 3-11）。

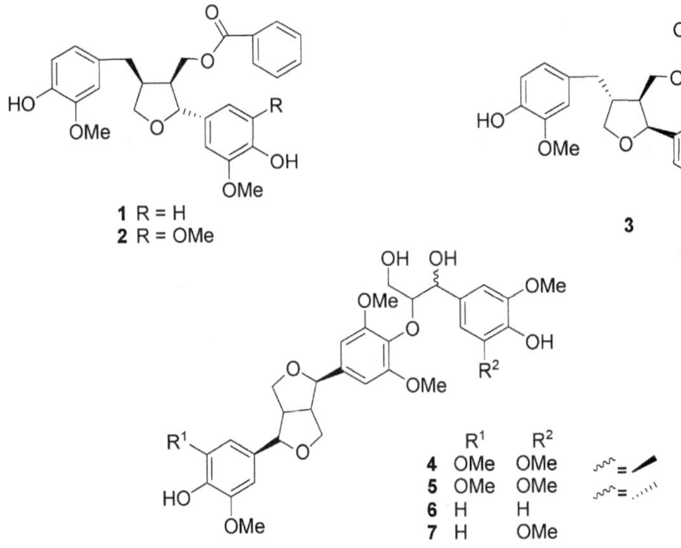

1 R = H
2 R = OMe

3

	R¹	R²
4	OMe	OMe
5	OMe	OMe
6	H	H
7	H	OMe

图 3-10　昆明山海棠木脂素类化合物

表 3-11　昆明山海棠黄酮类化合物

序号	名称	文献来源
1	4-(3-methoxy-4-hydroxyl)benzyl-3,4,5- trimethoxycyclohexa-2,5-dienone	[3]
2	3′-香叶草基-5,7,2′,5′-四羟基异黄酮	[14]
3	4′-O-(-)甲基-表没食子儿茶素	[5]
4	原花青素 B_2	[12]

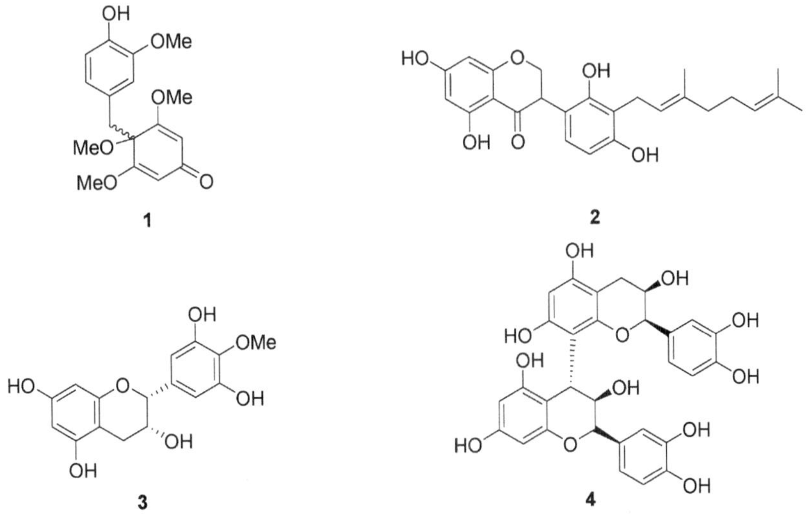

1

2

3

4

图 3-11　昆明山海棠黄酮类化合物

7. 其他化合物

谢晨琼[14]用醇提水沉法昆明山海棠药材进行提取，结果从该植物中分离鉴定了 1 个新化合物 2-(5′,7′-二甲氧基-2′,2′-二甲基-2H-苯骈吡喃-6′-)-3-醛基-5,6-二甲氧基-苯骈呋喃。谢富贵[5]对昆明山海棠根皮进行化学成分研究，3,4-二甲氧基苯基-β-D-葡萄糖苷、3,4,5-三甲氧基苯基-β-D-葡萄糖苷为首次从该植物中分离得到。刘珍珍[15]从昆明山海棠根皮中首次分离得到二十三酸（表3-12，图 3-12）。

表 3-12　昆明山海棠其他化合物

序号	名称	文献来源
1	2-(5′,7′-二甲氧基-2′,2′-二甲基-2H-苯骈吡喃-6′-)-3-醛基-5,6-二甲氧基-苯骈呋喃	[14]
2	3,4-二甲氧基苯基-β-D-葡萄糖苷	[5]
3	二十三酸	[15]

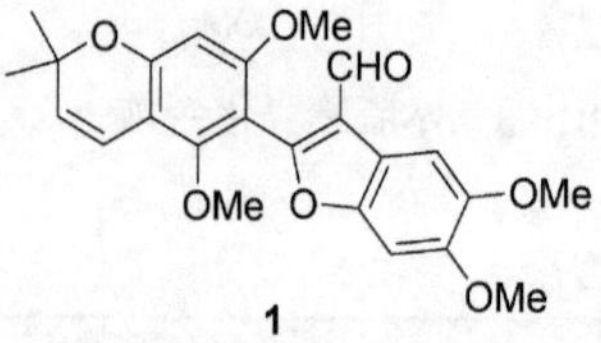

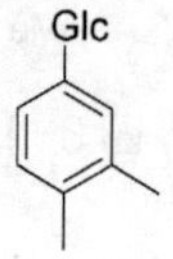

图 3-12　昆明山海棠其他化合物

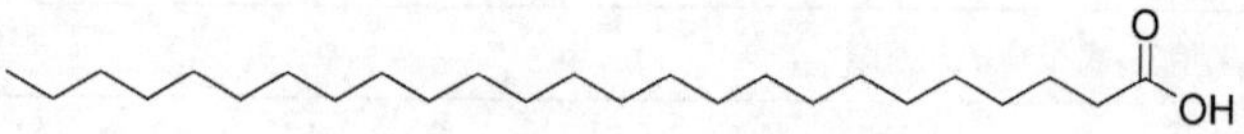

三、药理活性研究

1. 毒性

施汀兰[16]为研究昆明山海棠提取物对妊娠动物、胚胎及胎仔发育的影响，以交配成功的新西兰雌兔为研究对象，发现昆明山海棠提取物在剂量为 3.75～15.00g/kg（以生药量计）时对新西兰兔无明显母体毒性、胚胎或胎仔发育毒性。张丹[17]利用网络药理学结合分子对接技术，筛选得到21 个昆明山海棠的生物活性成分，对毒性靶点 PPI 进行网络富集分析。结果显示，昆明山海棠的毒性靶点可能与 p53 信号通路、PI3K-Akt 信号通路等密切相关。黄远铿[18]对大鼠各组织器官进行组织病理学研究，结果发现，昆明山海棠可引起 SD 大鼠的胸腺、脾脏、附睾、睾丸、子宫、卵巢、十二指肠、空肠、回肠等组织脏器出现不同程度的病理学病变，毒性反应具有明显剂量-反应关系。陈纪藩[19]采用36 只成熟雄性 SD 大鼠为模型探讨大剂量昆明山海棠对大鼠睾丸的毒性损害及其可逆性，结果表明，大剂量昆明山海棠具有明显的睾丸毒性，且毒性损害难以恢复。

2．治疗类风湿性关节炎

王特[20]文章通过对近年来国内外相关文献进行总结，归纳出昆明山海棠治疗类风湿关节炎可能的作用机制，发现昆明山海棠防治类风湿关节炎疗效显著；此外，多项动物实验都表明昆明山海棠中所含的多种有效成分可对类风湿关节炎动物模型发挥治疗作用。周心怡[21]采用昆明山海棠对小鼠胶原诱导型关节炎进行治疗，HE 染色镜观察结果表明，其可能与降低 IFN-γ 水平、Th1 细胞受到抑制有关，而与 Th17 细胞关系不大。母传贤[22]研究昆明山海棠对胶原性关节炎（CIA）大鼠免疫功能的干预作用以探讨其可能的作用机制，结果表明，高剂量（400mg/kg）THH 对 CIA 大鼠关节炎有明显抑制作用，其机制可能是 THH 能明显抑制 T 和 B 淋巴细胞的增殖反应，并抑制脾组织中 IL-23、TNF-α 和 IL-12 和血清中抗 C Ⅱ 抗体水平，进而明显改善大鼠足爪组织病理学变化。之后，母传贤[23]采用 ELISA 法探讨昆明山海棠对胶原性关节炎大鼠的干预作用及可能的机制，结果表明 THH 对 CIA 大鼠炎症的明显抑制作用可能与其降低促炎因子 IL-12 和 IL-23，增高抑炎因子 IL-37 含量，抑制炎性细胞浸润及血管增生，下调 MMP-13 蛋白表达，降低 MMP-13 活性有关。张帆[24]以牛Ⅱ型胶原（bovine collagen type Ⅱ，C Ⅱ）和不完全弗氏佐剂免疫大鼠，建立大鼠 CIA 动物模型探讨昆明山海棠对胶原诱导性关节炎大鼠模型血清中细胞因子 IL-6、IL-17 及 IFN-γ 含量影响，结果表明昆明山海棠能够有效抑制胶原诱导大鼠关节炎的免疫反应，对 CIA 大鼠模型有积极的治疗作用。董青生[25]通过外用 0.02%丙酸氯倍他索软膏建立激素依赖性皮炎动物模型，证明了昆明山海棠对激素依赖性皮炎的抗炎干预作用不通过 GR 介导，而可能是通过抑制 TNF-α 水平，激活 IkB 表达，从而阻止 NF-κB 核转移，下调其转录调控的炎症因子表达而实现的。袁桂峰[26]建立胶原诱导性关节炎（CIA）模型，动态观察关节炎指数（AI）与 HE 染色关节的病理改变，并用免疫组化法检测 HIF-1α 表达，结果表明，THH 治疗 CIA 具有明显疗效，且其作用机制与调节滑膜组织内的 HIF-1α 的表达有关。姜晓[27]采用 CCK8 法测定昆明山海棠总生物碱对 RAW264.7 细胞增殖的影响，发现其可抑制脂多糖（LPS）活化的 RAW264.7 细胞分泌 TNF-α 及 NO，从而表明昆明山海棠总生物碱通过抑制炎性介质 TNF-α 及 NO 的生成来发挥其抗炎作用。

3．抑菌

李江[1]运用 96 孔板微量稀释法对分离得到的 18 个化合物进行抑活性筛选，发现 3-氧代齐墩果酸、雷公藤红素、大黄素、雷藤二萜醌 B 对金黄色葡萄球菌、绿脓杆菌、青枯菌有抑菌作用，其中 3-氧代齐墩果酸、雷公藤红素、大黄素的 MIC 值为 2～16μg/mL。雷藤二萜醌 B、quinone21 对青枯雷尔氏菌有抑菌作用，雷公藤红素、quinone21 对根农杆菌有抑菌作用，雷公藤内酯甲、雷藤二萜醌 B、quinone21、雷酚内酯对胡萝卜软腐欧文菌有抑菌作用。首次发现 3-氧代齐墩果酸、雷公藤红素对绿杆和青枯菌具有明显的抑菌作用。

4．抑制移植排斥反应

陈祝锋[28]通过手术方法建立同种异体肢体移植动物模型探讨昆明山海棠对大鼠同种异体肢体移植抗排斥反应的影响，结果表明昆明山海棠可减轻同种异体肢体移植动物模型发生排斥反应，可作为肢体移植术后的一种新型抗排斥反应的免疫抑制剂或辅助药物。

5．抗术后再狭窄

赵熙[29]将三种不同剂量的昆明山海棠提取物 TH-1 涂层在支架表面，以雷帕霉素支架和金属裸支架分别为阳性对照和阴性对照，观察其在植入健康小型猪冠状动脉后其对抑制新生内膜增生的有效及安全型，结果表明，TH-1 涂层支架可有效抑制猪冠状动脉内膜增生且中剂量 TH-1 图层支架组（0.7μg/mm）与雷帕霉素涂层支架组在预防猪冠状动脉 PCI 手术后再狭窄具有相似作用。赵华祥[30]通过总结近年来昆明山海棠已广泛用于免疫性疾病、肿瘤、肾功能不全等疾病的治疗药理作用机制等方面的研究，发现尽管在临床上报道其可引起消化道症状、血小板减少、月经失调、生殖细胞毒性等不良反应较小的暂时性现象，但停药后可逐渐恢复且昆明山海棠药源丰富，具有应用范围广，又具有效高、价廉、使用方便、安全等特点，提出昆明山海棠是具有开发抗术后再狭窄前途的中草药。陈妍[31]的研究结果表明昆明山海棠主要活性成分 TH-1 主要通过诱导凋亡作用抑制 VsMC 增殖，对于抑制支架植入后新生内膜形成有潜在的临床应用价值，但其对血管内皮细胞亦有非选择性的抑制作用，其机理可能与其抑制 HUVEC 细胞周期的 G 期向 S 期过渡，使之停滞于细胞周期的 G1/G0 期有关。

6．镇痛

卢珑[32]用小鼠醋酸扭体法、小鼠热板法和大鼠热辐射法比较 3 种药物外用的镇痛效果，观察紫荆皮、紫金皮、昆明山海棠外用的镇痛作用，荆皮、紫金皮、昆明山海棠均具有明显的镇痛作用，其中以昆明山海棠效果最佳。

7．抗肺损伤

Shao[33]为探究昆明山海棠（THH）抗肺损伤的活性，用雄性 SD 大鼠研究 THH 对油酸诱导的大鼠急性肺损伤（ALI）的影响并探讨其潜在机制，本研究结果表明 THH 通过上调 claudin-5 和 ZO-1 的表达以及剂量依赖性保护肺屏障功能来减轻 ALI 引起的肺血管内皮细胞损伤。因此，claudin-5 和 ZO-1 可能是 ALI 治疗的潜在靶标。

8．抗肿瘤

李晓蕾[11]对从昆明山海棠中分离得到的化合物进行了体外抗肿瘤活性与抗炎活性评价抗肿瘤活性试验采用 5 种人肿瘤细胞模型，分别为 A549（肺癌细胞）、DU145（前列腺癌细胞）、KB（口腔表皮样癌细胞）、KBvin（口腔上表皮细胞癌耐药株）和 MDA-MB-231（乳腺癌细胞），使用临床抗肿瘤药物紫杉醇作为阳性对照品。试验结果提示化合物雷公藤甲素、2-表雷公藤乙素对多种肿瘤细胞具有显著的抗肿瘤活性，IC_{50} 值为 0.0012～0.1306mol/L，对 KB 肿瘤耐药细胞株 KBvin 也有良好的细胞毒活性，而紫杉醇则完全失效，Cs0 值分别为 0.306 和 0.0044mol/L，抗炎活性主要通过自由基清除率和弹性蛋白酶释放抑制率来进行评价。实验结果显示，三个齐墩果烷型三萜酸类化合物 23-hydroxy-3-oxo-olean-12-en-28-oic-acid、常春藤皂苷元、α-乳香酸具有较好的抗炎活性。结合文献，昆明山海棠中的齐墩果型三萜酸在植物的整体抗炎活性中具有重要作用。以上活性评价结果表明，萜类成分是昆明山海棠的主要活性成分，其他类型成分也起到一定的协同作用。黄思行[34]对昆明山海棠雄性生殖毒性及作用机制进行实验探究，结果表明昆明山海棠产生雄性生殖毒性的直接原因是其作用于睾丸内各级生精细胞，其次是支持细胞内的线粒体发生肿胀、固缩，导致细胞能量代谢异常，从而引发细胞结构和功能的改变。王思嫘[9]采用 MTT 法，Griess 法和 CellTiter-Glo 化学发光法评价了肝癌细胞毒、NO 生成抑制和抗流感病毒活性，雷公藤甲素对肝癌 HepG2（IC_{50}=0.2μmol/L）和肝癌阿霉素耐药株 HepG2/Adr（IC_{50}=2.7μmol/L）具有显著的细胞毒活性，triptophenolide、Triptobenzene E、对醌 21、雷公藤甲素具有显著的抑制 NO 生成活性[IC_{50}=0.0019～15.4μmol/L]，triptobenzene[IC_{50}=(38.6±10.7)μmol/L]、对醌 21[IC_{50}=(22.9±6.4)μmol/L]具有抗 A/PR/8/34（H1N1）流感病毒（达菲耐药株）活性，对醌 21[IC_{50}=(21.6±0.6)μmol/L]还具有显著的抗 A/Hong Kong/8/68（H3N2）流感病毒（敏感株）活性。Jiang[35]以 HCT116 细胞建立人类结肠癌异种移植模型，提取最具生物活性的成分之一昆明山海棠总生物碱，评估其体外和体内的抗肿瘤特性，结果表明昆明山海棠总生物碱在 JB6 Cl41 细胞中显著抑制 TPA 诱导的细胞转化，在体外以剂量依赖性方式显著抑制结肠癌细胞的生长，可显著降低肿瘤的重量和数量。

9．免疫抑制

雷晴[36]采用 2,4 二硝基氟苯诱导的昆明种小鼠迟发型超敏反应动物模型，探讨昆明山海棠对小鼠迟发型超敏反应（DTH）的免疫抑制作用，结果表明 THH 提取液对 DTH 具有免疫抑制作用，作用效果与剂量有一定的量效关系。Guo[37]针对免疫抑制机制，基于 UPLC-Q-TOF-MS，第一次全面研究评估了模型组和 THH 治疗组之间代谢组的差异，发现尿酸代谢途径的改变可能被认为是与免疫抑制最相关的途径。

参考文献

[1] 李江. 黔产昆明山海棠的化学成分研究[D]. 贵阳：贵州大学，2019.

[2] 刘超，格小光，郝庆秀，等. 雷公藤与昆明山海棠采样调查报告[J]. 中药材，2015, 38(2): 249-253.

[3] 汪丽. 昆明山海棠的化学成分、抗肿瘤及逆转肿瘤多药耐药活性研究[D]. 昆明：昆明理工大学，2017.

[4] 郑慧. 昆明山海棠的化学成分及逆转肿瘤多药耐药活性研究[D]. 昆明：昆明理工大学，2019.

[5] 谢富贵，李创军，杨敬芝，等. 昆明山海棠根皮化学成分研究[J]. 中药材，2012, 35(7): 1083-1087.

[6] Li C J, Xie F G, Yang J Z, et al. Two sesquiterpene pyridine alkaloids and a triterpenoid saponin from the root barks of *Tripterygium hypoglaucum*[J]. Journal of Asian Natural Products Research, 2012, 14(10): 973-980.

[7] Zhao P, Wang H, Jin D Q, et al. Terpenoids from *Tripterygium hypoglaucum* and their inhibition of LPS-induced NO production.[J]. Bioscience, Biotechnology, and Biochemistry, 2014, 78(3): 370-373.

[8] Lu L H, Lu X P, Guo Y, et al. Dihydroagarofuran sesquiterpene derivatives from the stems of *Tripterygium hypoglaucum* and activity evaluation[J]. Tetrahedron Letters, 2020, 61(25): 151-992.

[9] 王思嫘，汪丽，陈宣钦，等. 昆明山海棠茎叶中的二萜类成分及生物活性研究[J]. 昆明理工大学学报(自然科学版)，2020, 45(2): 108-114.

[10] 李江，穆淑珍，张仕林，等. 黔产昆明山海棠化学成分及其抑菌活性研究[J]. 广西植物，2019, 39(11): 1505-1511.

[11] 李晓蕾. 昆明山海棠化学成分、生物活性及相关指纹图谱初探[D]. 昆明：昆明理工大学，2015.

[12] 王芳，张瑜，赵余庆. 昆明山海棠化学成分的研究[J]. 中草药，2011, 42(1): 46-49.

[13] 李晓蕾，李洪梅，高玲焕，等. 昆明山海棠的非萜类化学成分及其抗肿瘤活性研究[J]. 昆明理工大学学报(自然科学版)，2014, 39(5): 76-81.

[14] 谢晨琼. 基于抗多药耐药肿瘤活性导向的昆明山海棠药效物质基础及作用机制研究[D]. 南京：南京中医药大学，2016.

[15] 刘珍珍，赵荣华，邹忠梅. 昆明山海棠根皮化学成分的研究[J]. 中国中药杂志，2011, 36(18): 2503-2506.

[16] 施汀兰，张莉，黄鹤，等. 昆明山海棠提取物对新西兰兔的胚胎-胎仔发育毒性研究[J]. 中国药房，2020, 31(14): 1710-1714.

[17] 张丹，董一珠，吕锦涛，等. 基于网络药理学与分子对接方法探讨昆明山海棠的毒性机制[J]. 北京中医药大学学报，2019, 42(12): 1006-1015.

[18] 黄远铿, 张红, 杨威, 等. 昆明山海棠水提物对 SD 大鼠组织病理学的影响[A]//中国毒理学会中药与天然药物毒理专业委员会第一次（2016 年）学术交流大会论文集[C]. 天津: 2016.

[19] 陈辉, 陈纪藩, 陈光星, 等. 大剂量昆明山海棠致大鼠睾丸毒性损害的可逆性研究[J]. 中华中医药学刊, 2013, 31(3): 639-641, 715.

[20] 王特, 李兆福, 李涛, 等. 昆明山海棠治疗类风湿关节炎作用机制的研究进展[J]. 风湿病与关节炎, 2019, 8(8): 60-63.

[21] 周心怡, 张杰, 刘文慧, 等. 昆明山海棠对 CIA 小鼠微环境中 Th17 细胞调控作用的研究[A]//中国免疫学会第十二届全国免疫学学术大会摘要汇编[C]. 天津: 2017.

[22] 母传贤, 刘国玲. 昆明山海棠对胶原性关节炎大鼠免疫功能的干预作用及其机制[J]. 吉林大学学报(医学版), 2016, 42(1): 64-69.

[23] 母传贤, 刘国玲. 昆明山海棠对 CIA 大鼠足爪组织 MMP-13 蛋白表达及血清和足爪组织中 IL-12、IL-23 和 IL-37 水平的影响[J]. 中国病理生理杂志, 2015, 31(11): 2090-2095.

[24] 张帆, 邹惠美, 崔道林, 等. 昆明山海棠对 CIA 大鼠 IL-6、IL-17 及 IFN-γ 含量的影响[J]. 中外医学研究, 2014, 12(13): 138-139.

[25] 董青生. 基于 GC/GR 介导的 NF-κB/IκB 信号通路探讨激素依赖性皮炎发病机制及昆明山海棠的干预作用[D]. 成都: 成都中医药大学, 2014.

[26] 袁桂峰, 陈森洲, 梁爽, 等. 昆明山海棠对 CIA HIF-1α 的影响[J]. 华夏医学, 2012, 25(1): 6-11.

[27] 姜晓, 敖林, 崔志鸿, 等. 昆明山海棠总生物碱对 LPS 诱导的小鼠 RAW264.7 细胞分泌 TNF-αNO 的影响[J]. 中医药导报, 2011, 17(3): 82-84.

[28] 陈祝锋, 张震宇. 昆明山海棠抑制大鼠同种异体肢体移植排斥反应的研究[J]. 中华实用诊断与治疗杂志, 2019, 33(10): 958-960.

[29] 赵熙. 昆明山海棠提取物 TH-1 涂层支架抑制小型猪冠脉再狭窄实验研究[D]. 昆明: 昆明医科大学, 2017.

[30] 赵华祥, 黄仙, 喻卓. 昆明山海棠提取物预防冠脉介入术后再狭窄的最新研究进展[J]. 临床医学, 2017, 37(3): 119-121.

[31] 陈妍. 昆明山海棠提取物对人血管内皮及血管平滑肌细胞增殖的影响[D]. 昆明: 昆明医科大学, 2012.

[32] 卢珑, 沈丽, 王雪妮, 等. 紫荆皮、紫金皮、昆明山海棠镇痛作用比较研究[J]. 天津中医药大学学报, 2012, 31(3): 163-165.

[33] Shao P, Zhu J, Ding H, *et al. Tripterygium hypoglaucum* (Levl.) Hutch attenuates oleic acid-induced acute lung injury in rats through up-regulating claudin-5 and ZO-1 expression[J]. International Journal of Clinical and Experimental Medicine, 2018, 11: 6634-6647.

[34] 黄思行. 昆明山海棠雄性生殖毒性及作用机制研究[D]. 重庆: 重庆医科大学, 2014.

[35] Jiang X, Huang X, Ao L, et al. Total alkaloids of *Tripterygium hypoglaucum* (Levl.) Hutch inhibits tumor growth both *in vitro* and *in vivo*[J]. Journal of Ethnopharmacology, 2014, 151(1): 292-298.

[36] 雷晴, 万屏. 昆明山海棠对小鼠迟发型超敏反应的免疫抑制作用[J]. 山东医药, 2012, 52(47): 26-28.

[37] Guo Y, Wang Y, Shi X, *et al.* A metabolomics study on the immunosuppressive effect of *Tripterygium hypoglaucum* (Levl.) Hutch in mice: The discovery of pathway differences in serum metabolites[J]. Clinica Chimica Acta, 2018, 483: 94-103.

第三节

臭牡丹

臭牡丹（*Clerodendrum bungei* Steud）别名矮桐子、大红花、臭枫根、臭八宝等，为马鞭草科赪桐属植物，性平，味辛、苦，其根、叶皆可入药，根、茎、叶入药，功能祛风除湿、解毒散瘀；用于风湿关节痛、跌打损伤、高血压、痈疽疮疡、痔疮、湿疹、子宫脱垂、乳腺炎、疟

民族植物资源
化学与生物活性研究

疾、淋病、脱肛等。

一、生物学特性与资源分布

灌木，高 1~2m，植株有臭味；花序轴、叶柄密被褐色、黄褐色或紫色脱落性的柔毛；小枝近圆形，皮孔显著。叶片纸质，宽卵形或卵形，长 8~20cm，宽 5~15cm，顶端尖或渐尖，基部宽楔形、截形或心形，边缘具粗或细锯齿，侧脉 4~6 对，表面散生短柔毛，背面疏生短柔毛和散生腺点或无毛，基部脉腋有数个盘状腺体；叶柄长 4~17cm。伞房状聚伞花序顶生，密集；苞片叶状，披针形或卵状披针形，长约 3cm，早落或花时不落，早落后在花序梗上残留凸起的痕迹，小苞片披针形，长约 1.8cm；花萼钟状，长 2~6mm，被短柔毛及少数盘状腺体，萼齿三角形或狭三角形，长 1~3mm；花冠淡红色、红色或紫红色，花冠管长 2~3cm，裂片倒卵形，长 5~8mm；雄蕊及花柱均突出花冠外；花柱短于、等于或稍长于雄蕊；柱头 2 裂，子房 4 室。核果近球形，直径 0.6~1.2cm，成熟时蓝黑色。花果期 5~11 月。产华北、西北、西南以及江苏、安徽、浙江、江西、湖南、湖北、广西。生于海拔 2500 m 以下的山坡、林缘、沟谷、路旁、灌丛润湿处。印度北部、越南、马来西亚也有分布。臭牡丹喜阳光充足及湿润环境，耐热、耐寒、耐湿也耐旱，较耐阴，萌蘖力强。耐瘠薄，不择土壤，但以在肥沃、疏松的土壤或沙壤土上生长良好。可栽于公园、庭园、风景区等地的坡地、林缘或树丛旁，由于根系横走，萌蘖力强，也可用作地被植物应用[1]。

二、化学成分

1. 挥发油类化合物

余爱农[2]采用水蒸气蒸馏法提取臭牡丹的挥发性化学成分，同时利用气相色谱-质谱法分离并分析鉴定其成分及相对含量，共鉴定出 33 个挥发油类化合物，主要挥发性化学成分是乙醇、丙酮、1-戊烯-3-醇、苯乙醇等。宋培浪[3]为分析臭牡丹挥发油成分，利用固相微萃取/气相色谱/质谱（SPME/GC/MS）联用技术对臭牡丹的挥发油成分进行了研究，结果共鉴定出 24 种成分，占挥发油总成分的 92.95%，其主要化学成分是己醛、trans-2-己烯醇、cis-3-己烯醇等。李培源[4]为研究臭牡丹不同部位的挥发油成分，用水蒸气蒸馏法分别提取臭牡丹叶和花的挥发油，通过 GC-MS 分析方法对这两个部位挥发油的化学成分进行定性定量分析，结果从臭牡丹花挥发油中鉴定了 28 个化合物，主要成分为棕榈酸、亚油酸、二十七烷、叶绿醇等；从臭牡丹叶挥发油中确定了 20 个化合物，包括叶绿醇、芳樟醇等。宋邦琼[5]对云南省臭牡丹根的化学成分进行研究，从其乙醇提取物的石油醚萃取层中分离纯化得到 6 个化学成分，鉴定了其中 5 个化学成分，其中挥发油类成分为正二十二烷烃首次从臭牡丹植物中分离得到。姜林锟[6]对臭牡丹茎的乙醇提取物中的化学成分进行研究，利用多种分离手段进行分离和纯化，通过理化方法及 IR、^{1}H-NMR、^{13}C-NMR、MS 等波谱解析技术分析、鉴定了其中 10 个化合物，其中挥发油类化合物正二十五烷、正二十九烷、正二十八烷酸为首次从该种植物中分离得到。

2. 苯乙醇苷类化合物

Zhang[7]采用硅胶柱色谱、凝胶色谱、MCI、ODS 和半制备高效液相色谱等多种色谱技术，从臭牡丹 95%水溶液中分离得到 10 个化合物，包括两个苯乙醇苷桢桐苷 A 和 trichotomusides（同时也属苯丙素类化合物）。邓清平[8]通过 DPPH 自由基清除实验对臭牡丹水提物的抗氧化活性进行评估，建立 DPPH-HPLC-QTOF-MS/MS 方法快速筛选和鉴定臭牡丹中抗氧化活性成分，并通过与标准品对照，初步确定了 13 个抗氧化活性成分的结构，包括 12 个苯乙醇苷类化合物，如去咖啡酰基毛蕊花糖苷、鼠李糖基-(1→3)-6-O-咖啡酰基葡萄糖苷、R-紫葳新苷Ⅱ等。刘青[9]从臭牡丹根中筛选 α-葡萄糖苷酶抑制剂，利用各种柱色谱分离臭牡丹根的化学成分，通过波谱数据鉴定了 20 个化合物，其中 phlomisethanoside、darendoside A、darendoside B、异马蒂罗苷为苯乙醇苷类化合物（表 3-13，图 3-13）。

表 3-13　臭牡丹苯乙醇苷类化合物

序号	名称	参考文献	序号	名称	参考文献
1	去咖啡酰基毛蕊花糖苷	[8]	4	phlomisethanoside	[9]
2	鼠李糖基-(1→3)-6-O-咖啡酰基葡萄糖苷	[8]	5	darendoside A	[9]
3	R-紫葳新苷Ⅱ	[8]	6	异马蒂罗苷	[9]

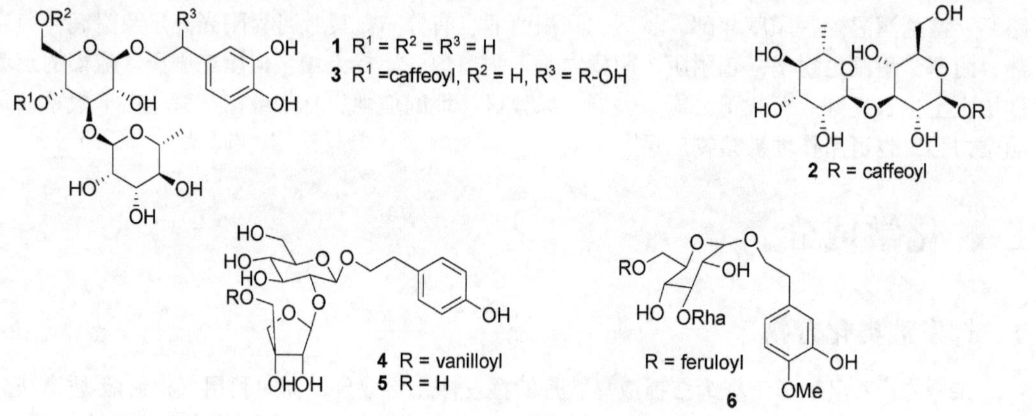

1 $R^1 = R^2 = R^3 = H$
3 R^1 = caffeoyl, R^2 = H, R^3 = R-OH
2 R = caffeoyl
4 R = vanilloyl
5 R = H
6 R = feruloyl

图 3-13　臭牡丹苯乙醇苷类化合物

3．苯丙素类化合物

Liu[10]从臭牡丹中分离鉴定了 bunginoside A 和 3″,4″-di-O-acetylmartynoside 等 9 个松香烷衍生物及其他 14 个已知化合物。邓清平[8]通过 DPPH 自由基清除实验对臭牡丹水提物的抗氧化活性进行评估，建立 DPPH-HPLC-QTOF-MS/MS 方法快速筛选和鉴定臭牡丹中抗氧化活性成分，并通过与标准品对照，初步确定了 13 个抗氧化活性成分的结构，其中苯丙素类化合物咖啡酸为首次报道存在于臭牡丹中。Nagao[11]研究了臭牡丹化学成分，分离得到 acteoside、isoacteoside 两个苯丙素类化合物，并对其及其甲醇降解产物进行了抗增殖活性筛选。李友宾[12]采用多种色谱技术对臭牡丹的化学成分进行分离纯化，并通过理化性质和波谱数据进行鉴定，结果共分离得到一系列苯丙素类化合物，其中 clerodendronoside 为新化合物，cistanoside C 、jionoside C、leucosceptoside A、cistanoside D、campneoside Ⅰ、campneoside Ⅱ、cistanoside F 为首次从该植物中分离得到。黄小龙[13]对臭牡丹乙醇提取物石油醚、乙酸乙酯、正丁醇萃取得到的 3 个提取部位进行活性分析，然后通过 HPLC-Q-TOF-MS/MS 方法确定臭牡丹中乙酸乙酯部位抑制 α-葡萄糖苷酶的活性成分，共鉴定出 29 个化合物，含多种苯丙素类化合物，此外还有 7 种黄酮类化物和 5 种酚酸以及 5 种其他化合物。刘青[9]从臭牡丹根中筛选 α-葡萄糖苷酶抑制剂，利用各种柱色谱分离臭牡丹根的化学成分，通过波谱数据鉴定了多个化合物，其中乙酰麦角甾苷、麦角甾苷、赪桐苷 A、3″-O-乙酰马蒂罗苷、2″-O-乙酰马蒂罗苷、马蒂罗苷、米团花苷 A、trichotomoside 为苯丙素类化合物。宋邦琼[5]对云南省臭牡丹根的化学成分进行研究，从其乙醇提取物的石油醚萃取层中分离纯化得到 6 个化学成分，鉴定了其中 5 个化学成分，其中异柿醌为木脂素类化合物（表 3-14，图 3-14）。

表 3-14　臭牡丹苯丙素类化合物

序号	名称	参考文献	序号	名称	参考文献
1	bunginoside A	[10]	8	麦角甾苷	[9]
2	3″,4″-di-O-acetylmartynoside	[10]	9	赪桐苷 A	[9]
3	咖啡酸	[8]	10	3″-O-乙酰马蒂罗苷	[9]
4	acteoside	[11]	11	2″-O-乙酰马蒂罗苷	[9]
5	clerodendronoside	[12]	12	马蒂罗苷	[9]
6	decaffeoylacteoside	[13]	13	米团花苷 A	[9]
7	teuvincenone F	[13]	14	异柿醌	[5]

4．二萜类化合物

Sun[14]从臭牡丹的根中分离得到 2 个新的二萜，命名为 3β-(β-D-glucopyranosyl)isopimara-7,15-diene-11α,12α-diol、16-O-β-D-glucopyranosyl-3β-20-epoxy-3-hydroxyabieta-8,11,13-triene。Liu[10]从臭牡丹中分离鉴定了二萜类化合物 bungnate A、bungnate B 等。Zhang[7]从臭牡丹 95%水溶液中分离得到 10 个化合物，11,12,16S-trihydroxy-7-oxo-17(15→16),18(4→3)-diabeo-abieta-3,8,11,13-tetraen-18-oic acid 为一个新的二萜类天然产物。Kim[15]为测定天然二萜类化合物的抗补体活性，从臭牡丹根中分离得到 ajugaside A、uncinatone、19-hydroxyteuvincenone F 等二萜类化合物（表 3-15，图 3-15）。

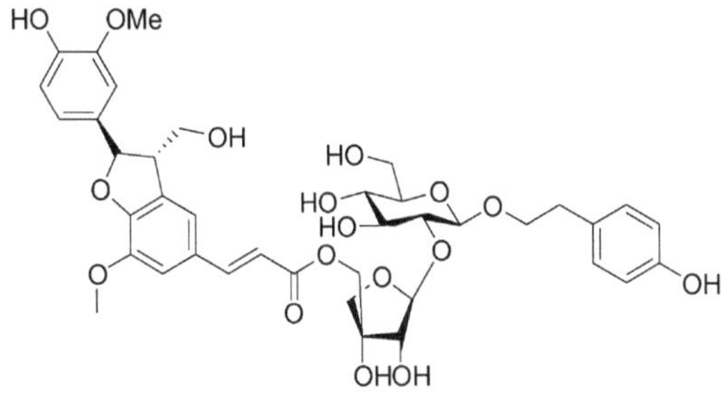

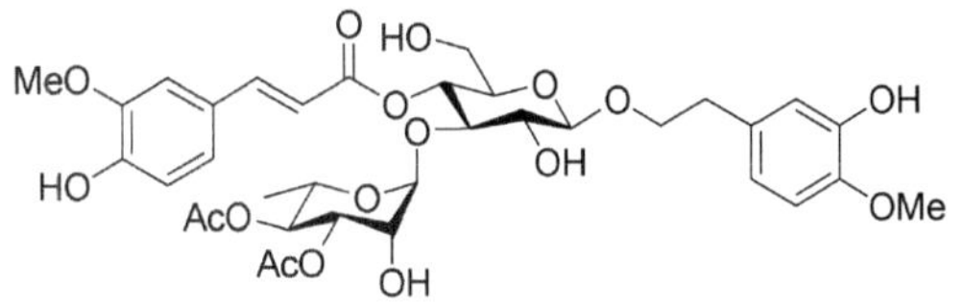

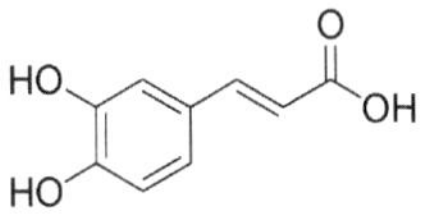

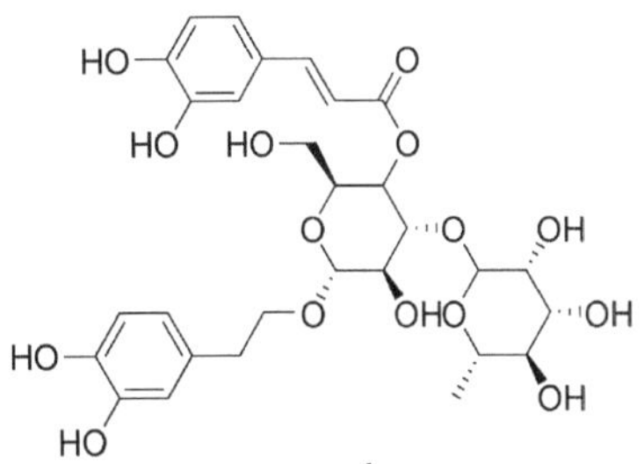

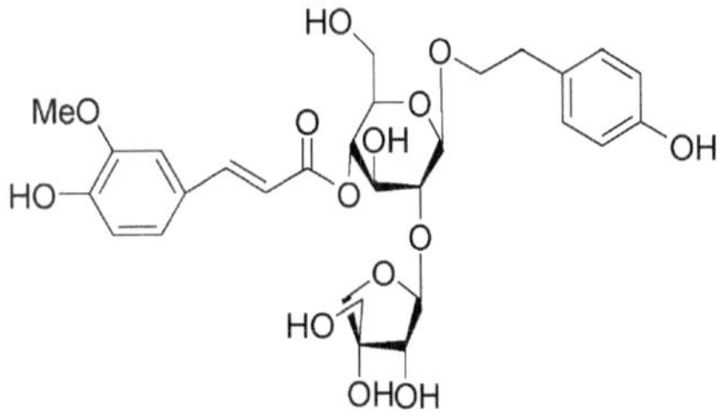

图 3-14

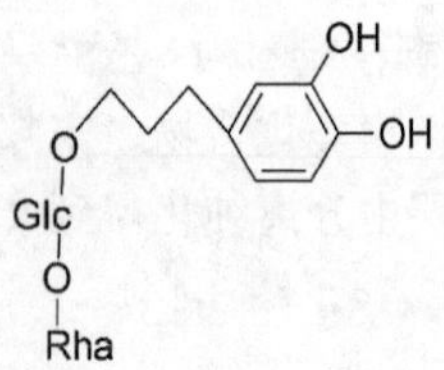

图 3-14 臭牡丹苯丙素类化合物

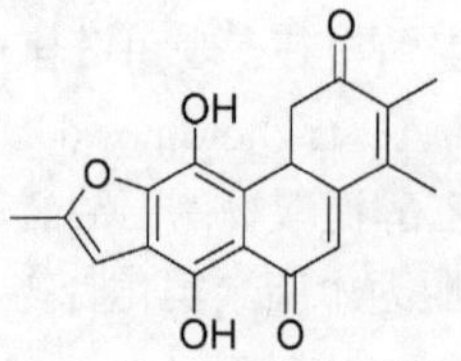

| R¹ | R² | R³ | R⁴ | R⁵ |

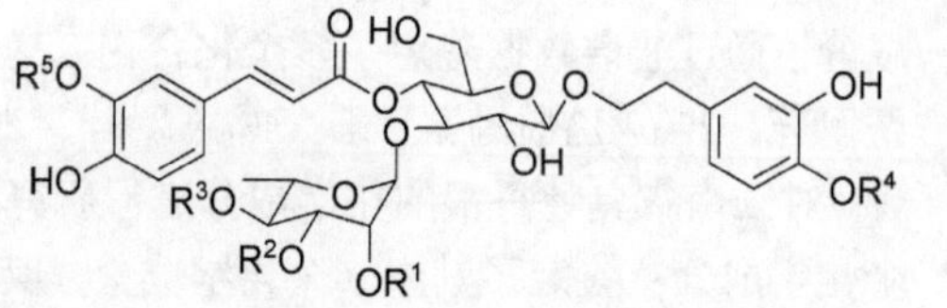

	R¹	R²	R³	R⁴	R⁵
8	H	H	H	H	H
9	Ac	Ac	H	CH₃	CH₃
10	H	H	Ac	CH₃	CH₃
11	H	H	Ac	CH₃	CH₃
12	H	H	H	CH₃	CH₃
13	H	H	H	H	CH₃

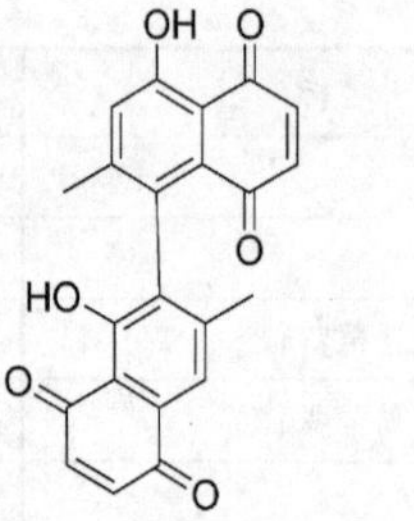

表 3-15　臭牡丹二萜类化合物

序号	名称	参考文献
1	3*β*-(*β*-*D*-glucopyranosyl)isopimara-7,15-diene-11α,12α-diol	[14]
2	16-*O*-*β*-*D*-glucopyranosyl-3*β*, 20-epoxy-3-hydroxyabieta-8,11,13-triene	[14]
3	bungnate A	[10]
4	bungnate B	[10]
5	11,12,16*S*-trihydroxy-7-oxo-17(15→16),18(4→3)-diabeo-abieta-3,8,11,13-tetraen-18-oic acid	[7]
6	ajugaside A	[15]
7	uncinatone	[15]
8	19-hydroxyteuvincenone F	[15]

5．三萜和甾体化合物

阮金兰[16]从臭牡丹叶甲醇提取物中分得 2 个结晶成分，分别鉴定为羊毛甾二烯醇和 3-表黏

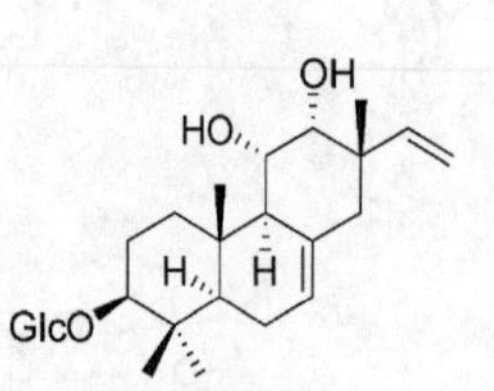

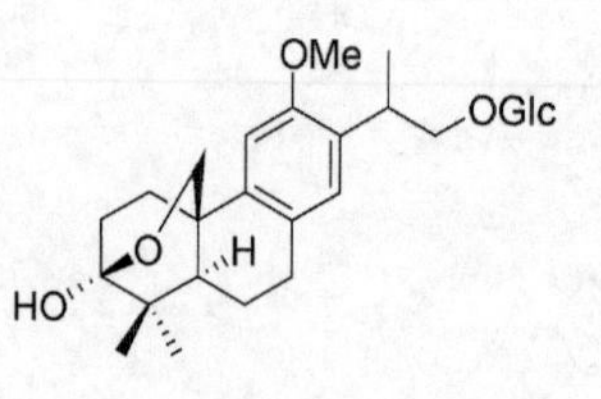

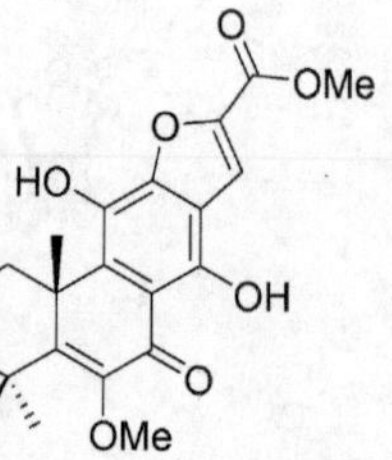

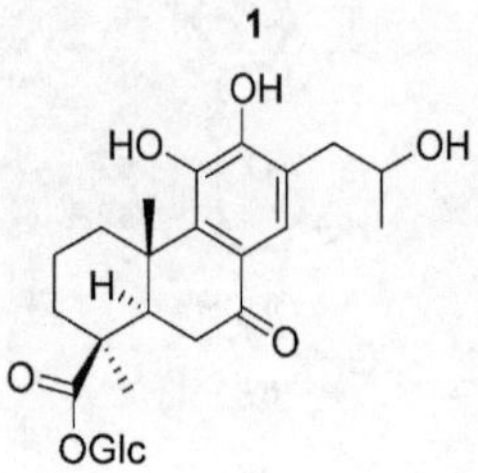

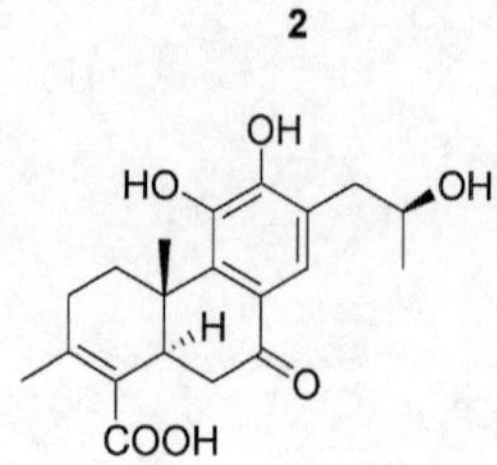

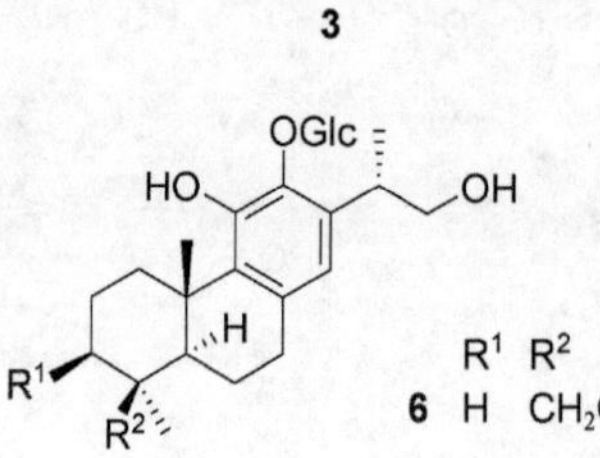

	R¹	R²
6	H	CH₂O-Glc

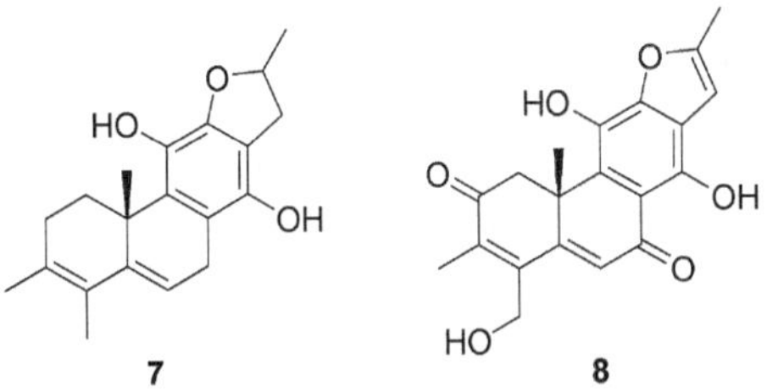

图 3-15　臭牡丹二萜类化合物

霉醇。后又从臭牡丹茎的甲醇提取物中，经反复硅胶柱色谱分离得到 3 个结晶性化合物，经物理数据测定及波谱分析，分别鉴定为木栓酮、蒲公英甾醇、赪桐甾醇，均属于三萜类化合物[17]。董晓萍[18]从臭牡丹全草的乙醇提取物的脂溶性部分分离得到臭牡丹甾醇、赪桐酮、α-香树脂醇 3 个三萜类化合物，经鉴定臭牡丹甾醇为新化合物，赪桐酮和 α-香树脂醇均为首次从该植物中得到。高黎明[19]用溶剂萃取、色谱法等对臭牡丹进行化学成分的分离研究，结果从臭牡丹全草氯仿部位分离得到 4 个化合物，分别为蒲公英甾醇、算盘子酮、算盘子醇酮、算盘子二醇，其中算盘子酮、算盘子醇酮、算盘子二醇首次从臭牡丹中得到。姜林锟[6]分离鉴定了 10 个化合物，三萜类化合物有蒲公英赛醇、白桦脂酸等（表 3-16，图 3-16）。

表 3-16　臭牡丹三萜类化合物

序号	名称	参考文献
1	羊毛甾二烯醇	[16]
2	3-表黏霉醇	[16]
3	蒲公英甾醇	[17,19]
4	赪桐酮（clerodone）	[18]
5	算盘子酮	[19]
6	算盘子二醇	[19]
7	蒲公英赛醇	[6]
8	白桦脂酸(betulinic acid)	[6]

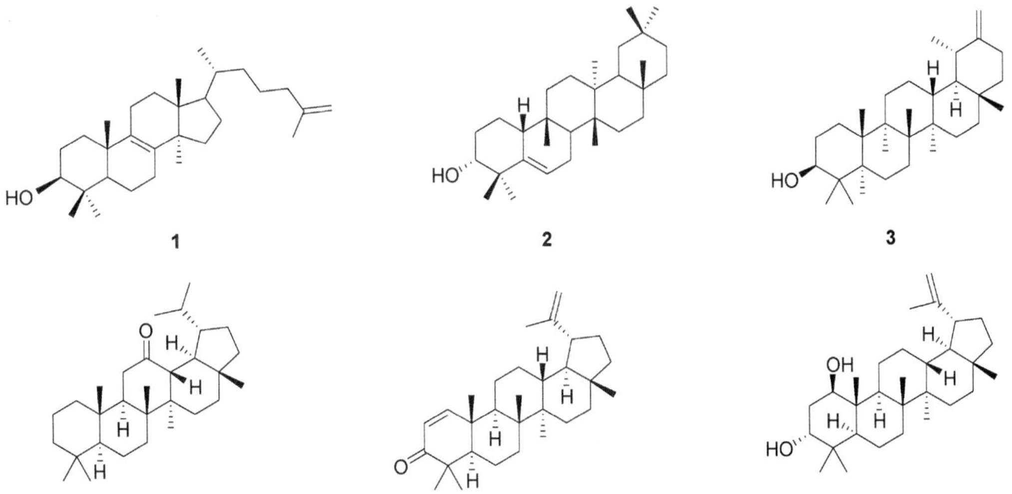

图 3-16

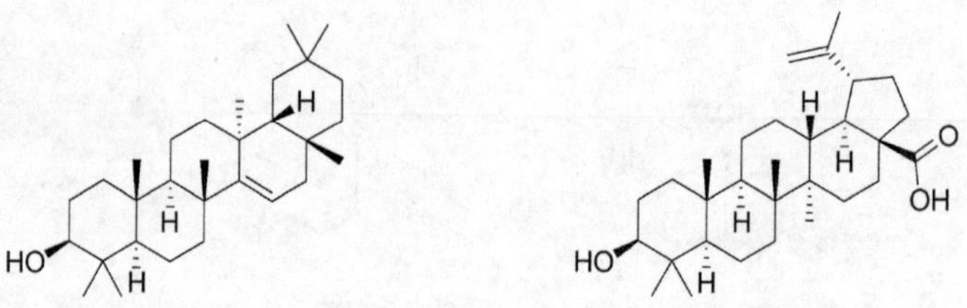

图 3-16　臭牡丹三萜类化合物

6. 黄酮类化合物

闫海燕[20]采用常规的柱色谱、短柱减压色谱、重结晶等手段对臭牡丹的化学成分进行了分离，得到黄酮、甾醇、皂苷、生物碱等多种类型化合物，其中江户樱花苷、柚皮素-7-芸香糖苷、香蜂草苷、洋芹素为黄酮类成分。黄小龙[13]从臭牡丹乙醇提取物乙酸乙酯部位获得的 5,7-二羟色原酮和 dihydromyricetin 属于黄酮类化合物（表 3-17，图 3-17）。

表 3-17　臭牡丹黄酮类化合物

序号	名称	参考文献
1	江户樱花苷	[20]
2	柚皮素-7-芸香糖苷	[20]
3	香蜂草苷	[20]
4	dihydromyricetin	[13]

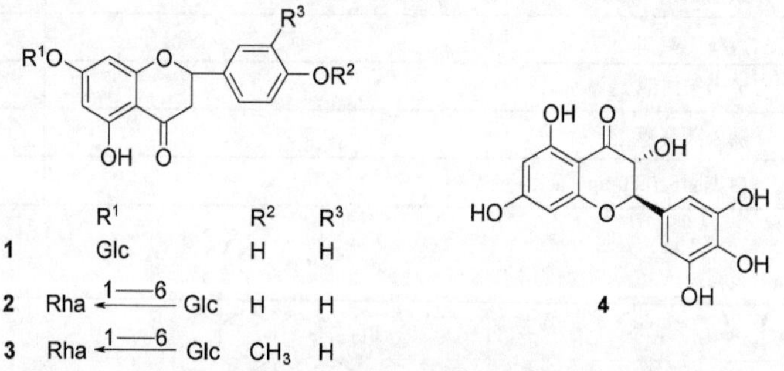

图 3-17　臭牡丹黄酮类化合物

7. 其他化合物

Zhang[7]从臭牡丹 95%水溶液中分离得到 10 个化合物，其中 neroplomacrol、butylitaconic acid、hexylitaconic acid、p-hydroxybenzonic acid 为首次从该植物中分离得到。周沛椿[21]从草药臭牡丹的茎、叶水煎液中分出七个结晶成分，分别鉴定为琥珀酸、茴香酸、香草酸、麦芽醇等。杨辉[22]从臭牡丹地上部分分离到一个新的过氧化物，命名为 bungein A，这是首次从该属植物中分到的过氧化物。宋邦琼[5]从云南省臭牡丹根的乙醇提取物的石油醚萃取层中分离纯化得到 6 个化学成分，鉴定了其中 5 个化学成分，包括油酸、硬脂酸等，其中油酸首次从臭牡丹植物中分离得到。黄小龙[13]从臭牡丹乙醇提取物的乙酸乙酯部位抑制 α-葡萄糖苷酶的活性成分中共鉴定出 succinic acid、protocatechuic acid、catechaldehyde 等 29 个化合物。刘青[9]从臭牡丹根中筛
选 α-葡萄糖苷酶抑制剂，通过波谱数据分析，鉴定了 malyngic acid 等化合物（表 3-18，图 3-18）。

表 3-18　臭牡丹其他化合物

序号	名称	参考文献
1	neroplomacrol	[7]
2	butylitaconic acid	[7]
3	hexylitaconic acid	[7]
4	*p*-hydroxybenzonic acid	[7]
5	琥珀酸	[13,21]
6	茴香酸	[21]
7	香草酸	[21]
8	麦芽醇	[21]
9	bungein A	[22]
10	油酸	[5]
11	硬脂酸	[5]
12	protocatechuic acid	[13]
13	catechaldehyde	[13]
14	malyngic acid	[9]

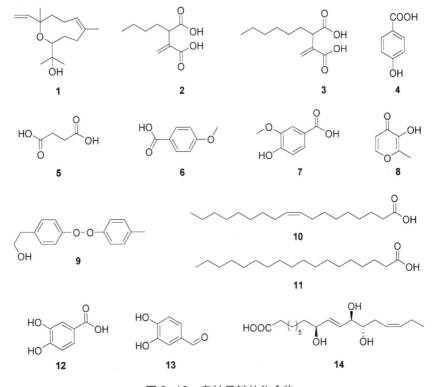

图 3-18　臭牡丹其他化合物

三、药理活性

1．治疗气道高反应性疾病

曾丹[23]发现臭牡丹氯仿部位能够有效减轻臭氧攻击造成的气道与肺泡病理改变，炎症反应及气道高反应，且氯仿部位中两个有效部位中所含的同一个单体化合物可能是治疗气道高反应性疾病的最有效的单体，然而并未确定该单体化合物的名称及结构。张立文[24]发现臭牡丹治疗气道高反应性疾病的有效单体属于醌类化合物，且其能够提高 HBECS 抗氧化、抗损伤的保护能力以及通过抑制 5-LOX 活性具有抗炎作用。

2．抑菌

林娜[25]采用管碟法研究臭牡丹根和茎的水提取物对四种试验菌的抑菌效果。结果表明臭牡丹提取物对大肠杆菌、枯草杆菌、金黄色葡萄球菌和放线菌的抑菌效果随提取液浓度的加大而增强，其中根提取物的抑菌效果总体比茎好。大肠杆菌、枯草杆菌在浓度为 8.0mg/mL 时具抑菌效果，而放线菌和金黄色葡萄球菌在浓度为 4.0mg/mL 具抑菌效果。根提取物对金黄色葡萄球菌、大肠杆菌的抑菌能力随着 pH 的增大而减小，放线菌则相反。林娜[26]采用菌饼法研究臭牡丹不同部位的不同溶剂提取物对常见植物病原真菌的抑菌能力，结果发现臭牡丹提取物对小麦赤霉、杨树溃疡、棉花枯萎、番茄灰霉病菌 pH=4～8 的范围内均具有不同程度的抑制作用。其中，茎的蒸馏水提取物对杨树溃疡病菌的抑制效果最好，其最小抑菌浓度（MIC）为 15mg/mL；茎的 80%乙醇提取物对小麦赤霉病菌的抑制效果最好，其 MIC 为 30mg/mL。王春娟[27]将 26 种云南产中草药 80%乙醇冷提与热提物，用琼脂扩散法测抑菌圈直径、微量稀释法测定最低抑菌浓度（MIC）和最低杀菌浓度（MBC），考察的体外抗临床常见病原菌活性。结果发现，臭牡丹等的冷提物对金黄色葡萄球菌（简称金葡菌）、耐甲氧西林金黄色葡萄球菌（MRSA）的活性较好，金葡菌的抑菌圈直径范围为 13～16mm，MRSA 的抑菌圈直径范围为 11～20mm。刘建新[28]采用琼脂扩散法、试管连续稀释法等完成最低抑菌实验、最低杀菌实验研究臭牡丹根提取物的不同组分在体外抗菌实验的作用，发现臭牡丹根的乙酸乙酯提取物及氯仿提取物等组分，体外抗金黄色葡萄球菌、白色葡萄球菌、大肠埃希菌、福氏志贺菌、伤寒沙门菌、铜绿假单胞菌作用较弱，而臭牡丹根正丁醇提取物对金黄色葡萄球菌及白色葡萄球菌生长具有显著的抑制作用。潘立卫[29]采用液液萃取法分离出臭牡丹叶醇提物的不同极性部位，并通过牛津杯法和二倍稀释法，以各个部位的提取物进行抑菌实验，结果显示，臭牡丹叶醇提物的乙酸乙酯部位、正丁醇部位、水部位均对金黄色葡萄球菌以及伤寒沙门菌有明显抑菌作用，其中正丁醇部位抑菌作用效果最佳。但对于臭牡丹叶抑菌活性物质结构还未明确，有待进一步的分离纯化及结构鉴定，从而明确抑菌的物质基础。

3．抗肿瘤

陈思勤[30,31,34]将 Lewis 肺癌细胞种植于小鼠中建模,探讨臭牡丹总黄酮对 Lewis 肺癌小鼠的生存状况、瘤重、肿瘤抑制率及其对 p53、bcl-2、bax 基因表达的影响，结果表明，臭牡丹总黄酮能够改善 Lewis 肺癌小鼠生存状况，能够有效抑制肿瘤生长，并且其抑制肿瘤生长的分子机制可能在于上调 p53 和 bax mRNA 的表达以诱导肿瘤细胞凋亡。且臭牡丹总黄酮高剂量组和低剂量组的肿瘤抑制率分别可达到30.6%和15.1%。胡琦[32,33]以MTT法体外培养HepG2细胞，检测臭牡丹总黄酮在不同浓度下作用于HepG2细胞48h后细胞的增殖情况，结果表明臭牡丹总黄酮药物浓度在0.025μg/mL、0.25μg/mL、2.5μg/mL、25μg/mL、250μg/mL时的抑制率分别为5.55%、12.73%、14.84%、62.44%、76.81%，且其引起肝癌细胞HepG2的增殖与凋亡的改变可能与调控Wnt/β-catenin信号通路并抑制其关键基因有关。胡琦[35]体外培养HepG2细胞采用RT-PCR法探讨臭牡丹总黄酮诱导肝癌细胞凋亡的作用及机制。流式细胞术结果显示：随着臭牡丹总黄酮剂量的增加，细胞凋亡比例亦相应增加。PT-PCR结果显示不同剂量臭牡丹总黄酮作用下β-catenin、Tcf-4、CD44v6 mRNA的表达均降低。结论表明，臭牡丹总黄酮诱导HepG2凋亡，能下调β-catenin、Tcf-4、CD44v6基因的表达，其作用机制可能与调控Wnt/β-catenin信号通路并抑制其关键基因有关。余娜[36]用MTT法检测不同浓度的臭牡丹总黄酮对A549细胞体外增殖的抑制作用，观察臭牡丹总黄酮对A549肺腺癌细胞上皮间质转化（EMT）相关蛋白的影响。结论表明臭牡丹总黄酮对A549肺癌细胞具有一定的体外抑制增殖作用，IC_{50}为2.1mg/mL，其抗肿瘤作用的可能机制是通过调控EMT的相关蛋白从而逆转β-catenin诱导的EMT现象而起作用。余娜[37]对臭牡丹的地上部分不同提取部位及粗分物中以毛蕊花糖苷为主的苯乙醇苷类化合物，进行抗肿瘤活性的筛选。95%乙醇洗脱部分的IC_{50}为0.019mg/mL，二氯甲烷部分、25%乙醇及50%乙醇的IC_{50}分别为0.039mg/mL、0.180mg/mL和0.181mg/mL，水部分的IC_{50}不存在；毛蕊花糖苷的IC_{50}值约为0.22mg/mL，粗分物IC_{50}值约为1.3mg/mL，MTT结果显示，95%乙醇部分抗肿瘤活性最好，其次为二氯甲烷，25%乙醇与50%乙醇第三，水部分基本没作用；CCK8结果显示，毛蕊花糖苷对A549细胞增殖有明显抑制作用，且具有浓度依赖性，粗分物对A549细胞有低浓度促进、高浓度抑制的作用。余娜[37]选取构建β-catenin真核过表达载体并转染A549细胞观察臭牡丹总黄酮对β-catenin过表达A549细胞增殖、迁移、侵袭力以及Wnt通路相关蛋白的影响。结果发现采用臭牡丹总黄酮干预后，能明显降低转染β-catenin过表达的A549细胞增殖能力、迁移能力、侵袭力均明显增强（P<0.05），并显著上调wnt通路相关因子β-catenin、C-Myc，CyclinD的蛋白表达，下调P-GSK-3β的蛋白表达（P<0.05）。臭牡丹总黄酮的干预作用对转染β-catenin过表达细胞尤为明显。胡琦[38]对臭牡丹含药血清对人肝癌MHCC97-H细胞和臭牡丹提取物对H22荷瘤小鼠体内抑制肿瘤的抑制作用及机制研究，结果表明臭牡丹含药血清具有抑制肝癌MHCC97-H细胞增殖、迁移和侵袭，促进其凋亡并阻止其细胞周期的作用，其作用机制可能与PI3K/Akt信号通路及调节机体免疫相关。臭牡丹提取物能够抑制H22实体移植瘤生长，其机制可能与PI3K/Akt信号通路和调节机体免疫功能有关。孟鑫[39]用臭牡丹总黄酮（TFCB）溶液干预人胃癌SGC7901细胞，探讨臭牡丹总黄酮通过Keap1/Nrf2/ARE信号通路对胃癌SGC7901细胞增殖、迁移和侵袭的影响，发现低、中、高剂量组TFCB均显著抑制了SW620细胞的增殖、迁移和侵袭，随着药物干预浓度的增加，抑制程度逐渐增加，且其作用机制可能与TFCB阻滞Keap1-Nrf2-ARE信号通路的信号传导，抑制通路蛋白及mRNA合成有关。谭小宁[40]在探讨臭牡丹黄酮类化合物通过调控CXCR4对A549转移能力的影响时提出臭牡丹黄酮类化合物通过下调CXCR4表达，降低MMP-9蛋白表达，进而降低A549侵袭能力可能是其治疗肺癌的作用机制之一。段军仓[41]采用组织块贴壁法培养大鼠胸主动脉VSMCs，探讨臭牡丹总黄酮对血小板源性生长因子诱导的血管平滑肌细胞增殖迁移及表性转换的影响及机制，结果发现臭牡丹总黄酮可抑制PDGF诱导下VSMCs增殖迁移及表型转换，其作用机制可能与Wnt-β-catenin信号通路密切相关。余娜[42]将臭牡丹苯乙醇苷类、黄酮类、萜类成分进行分离提取并纯化检测臭牡丹三大活性部位对人肺腺癌A549体外增殖、迁移、侵袭的影响，CCK8法测得臭牡丹苯乙醇苷、黄酮、萜类成分的IC_{50}平均值分别为0.125mg/mL、0.46mg/mL、1.43mg/mL。

划痕实验测得臭牡丹苯乙醇苷、黄酮、萜类成分的 24h 愈合率分别为 14.6%、16.9%、19.9%；48h 愈合率分别为 22.4%、20.4%、29.7%，均明显降低（$P<0.01$），其中萜类部位显示出的抗肿瘤作用不突出，可能与其纯度有关。臭牡丹提取物的抗肿瘤作用可能是通过调节瘤组织中 β-catenin、vimentin、E-cadherin、GSK-3β、p-GSK-3β 蛋白的表达从而阻断肿瘤局部的上皮间质转化而起作用。

4．免疫

杨卫平[43]采用泻下药大黄、番泻叶灌胃，造大鼠脾虚模型，研究臭牡丹对大鼠免疫功能的影响。结果表明，臭牡丹根水煎液对胸腺指数没有显著影响，但对 IL-6 有显著的影响，提示其有增强细胞免疫的作用，另外，常规剂量的臭牡丹根对脾指数有一定的影响。张蜀艳[44]通过不同浓度臭牡丹提取物对致病大肠杆菌等 6 种细菌进行体外抑菌实验，发现臭牡丹水提物（CBS）在 125g/L 时，对致病大肠杆菌等 6 种细菌均有理想的抑制作用，水提物提纯处理后在 10～20g/L 浓度范围内提高免疫器官指数及增强巨噬细胞吞噬功能，对免疫器官有明显的剂量依赖性保护作用，且效果优于云芝多糖（CVP）。

5．抗氧化

冯纪南[45]发现臭牡丹中黄酮类化合物对实验体系中的亚硝酸盐、超氧阴离子自由基和羟自由基具有明显的清除和抑制作用。且在一定范围内，其清除和抑制效果随添加黄酮类化合物质量浓度的增加而增强，在相同浓度条件下，其抗氧化活性均强于维生素 C。此外，臭牡丹中黄酮类化合物对油脂有明显的抗氧化作用，可抑制油脂的氧化酸败，并随添加量的增加抑制效果增强。

6．镇痛

邹晓琴[46]采用雄性 SD 大鼠手术前后观察机械缩足反射阈值（MWT）和热缩足反射潜伏期（TWL）探讨臭牡丹根提取物对大鼠神经病理性痛的镇痛作用。结果发现，臭牡丹根提取物低剂量（10g/kg）、中剂量（30g/kg）可减轻大鼠神经病理性痛，中剂量（30g/kg）效果更明显，且其机制可能与抑制 TNF-α、IL-1β、IL-6 表达上调有关。邹晓琴[47]后来选择神经病理性疼痛坐骨神经分支选择损伤（SNI）大鼠模型探讨臭牡丹对神经病理性痛大鼠的机械痛敏和脊髓背角谷氨酸含量的作用，运用机械缩足反射阈值（MWT）检测机械痛敏，高效液相法测定大鼠脊髓背角中谷氨酸的含量，与模型组比较，臭牡丹可减轻神经病理性痛大鼠的机械痛敏，其机制可能与抑制脊髓背角谷氨酸的表达上调有关。江茜[48]发现臭牡丹对坐骨神经分支选择性损伤（SNI）所致神经病理性痛大鼠模型所致的神经病理性痛机械痛敏具有缓解作用，其镇痛机制可能是通过抑制促炎细胞因子与 NF-κB 信号通路相互作用及增加抑炎细胞因子表达来发挥其作用的。另外，30g/kg CBS 灌胃给药可显著减轻 SNI 所致神经病理性痛大鼠的机械缩足反射阈值，但对大鼠热辐射刺激缩爪反应潜伏期作用效果不明显[49]。江茜[50]为探讨臭牡丹对神经病理性疼痛的作用机制，应用 qPCR 及 Western blot 技术分别检测并观察臭牡丹 CBS 对 SNI 诱导的神经病理性痛大鼠脊髓（SC）和背根神经节（DRG）COX-2 表达变化的影响，结果表明 CBS 可下调模型大鼠脊髓和背根神经节的 COX-2 表达水平，其镇痛机制可能与抑制 COX-2 mRNA 和蛋白表达有关。

7．抗炎

曾丹[51]以臭氧应激的方法建立气道炎症小鼠模型，观察臭牡丹大黄素对臭氧应激小鼠模型TLR4/MyD88/NF-kB 信号通路的调节作用，发现大黄素治疗组气道阻力明显下降，外周血白细胞（WBC）减少，气道病理改变减轻，肺组织 TLR4、MyD88 及 NF-κB 表达明显下降。结果表明，臭牡丹大黄可能通过调节 TLR4/MyD88/NF-κB 信号通路发挥其抗炎的作用。寇小妮[52]观察臭牡丹大黄素对小鼠急性肝衰竭的治疗作用及肝细胞内质网应激的影响并探讨其作用机制，发现臭牡丹大黄素可以减轻小鼠急性肝衰竭（ALF）的炎症反应，减轻肝细胞坏死和凋亡，发挥治疗作用，其机制可能与通过抑制内质网应激（ERS）相关信号分子有关。

8．其他

张丽[53]以株洲市清水塘重金属污染工业区 14 种典型植物为研究对象，采用原子吸收分光光度法测定其 Cu、Cd、Pb、Zn 四种重金属含量，研究植物对重金属的分布、富集和转运特性。结果表明，14 种植物对修复复合型土壤重金属污染有较好的应用前景。其中，臭牡丹地上部分Pb、Zn 的富集系数和转运系数大于 1。可将该植物作为先锋植物用于相应重金属污染严重区域。黄卫华[54]采用 75%乙醇水对臭牡丹进行提取，观察臭牡丹乙醇提取物对小鼠睡眠时间及自发活动的影响，结果发现，给药后小鼠 15s 内大波、中波出现个数明显少于对照组；给予阈上剂量戊巴比妥钠时，小鼠的睡眠持续时间均明显长于对照组，入睡时间明显短于对照组；给予阈下剂量戊巴比妥钠时，对照组无小鼠入睡，实验组小鼠入睡数量分别为 4、7 只，由此可见，臭牡丹乙醇提取物可明显抑制小鼠自发活动，并具有镇静催眠的作用。

参考文献

[1] 桂炳中, 薛雷, 宋萌. 华北地区臭牡丹栽培[J]. 中国花卉园艺, 2019, 6(16): 49.

[2] 余爱农. 臭牡丹挥发性化学成分的研究[J]. 中国中药杂志, 2004, 29(2): 157-157.

[3] 宋培浪, 韩伟, 程力, 等. 臭牡丹挥发油成分 SPME-GC-MS 分析[J]. 河南大学学报(医学版), 2007, 26(2): 30-31.

[4] 李培源, 霍丽妮, 邓超澄, 等. 臭牡丹挥发油化学成分的 GC-MS 分析[J]. 广西中医药, 2010, 33(4): 56-57.

[5] 宋邦琼. 麻疯树叶及臭牡丹根化学成分研究[D]. 贵阳: 贵州大学, 2007.

[6] 姜林锟. 臭牡丹茎的化学成分及白桦脂酸与甘草次酸的修饰合成[D]. 贵阳: 贵州大学, 2009.

[7] Zhang G J, Dai L M, Zhang B, *et al*. Studies on chemical constituents of *Clerodendrum bungei*[J]. China Journal of Chinese Materia Medica, 2017, 42(24): 4788-4793.

[8] 邓清平, 侯光菌. DPPH-HPLC-QTOF-MS/MS 快速筛选和鉴定臭牡丹中抗氧化活性成分[J]. 华中师范大学学报:自然科学版, 2018, 52(6): 816-821.

[9] 刘青, 胡海军, 杨颖博, 等. 臭牡丹根化学成分研究[A]//全国中药与天然药物高峰论坛暨第十三届全国中药和天然药物学术研讨会论文集[C]. 杭州: 2013.

[10] Liu Q, Hu H J, Li P F, *et al*. Diterpenoids and phenylethanoid glycosides from the roots of *Clerodendrum bungei* and their inhibitory effects against angiotensin converting enzyme and α-glucosidase[J]. Phytochemistry, 2014, 103: 196-202.

[11] Nagao T, Abe F, Okabe H. Antiproliferative constituents in the plants 7. Leaves of *Clerodendron bungei* and leaves and bark of *C. trichotomum*[J]. Biological & Pharmaceutical Bulletin, 2001, 24(11): 1338-1341.

[12] 李友宾, 李军, 李萍, 等. 臭牡丹苯乙醇苷类化合物的分离鉴定[J]. 药学学报, 2005, 40(8): 722-727.

[13] 黄小龙, 万丹, 舒骏, 等. α-葡萄糖苷酶抑制剂活性指导下的 HPLC-Q-TOF-MS/MS 鉴定臭牡丹中化学成分(英文)[J]. Digital Chinese Medicine, 2019, 2(1): 45-53.

[14] Sun L, Wang Z Z, Ding G, *et al*. Isolation and structure characterization of two new diterpenoids from *Clerodendrum bungei*[J]. Phytochemistry Letters, 2014, 7: 221-224.

[15] Kim S K, Cho S B, Moon H I. Anti-complement activity of isolated compounds from the roots of *Clerodendrum bungei* Steud[J]. Phytotherapy Research. 2010, 24(11): 1720-1723.

[16] 阮金兰, 林一文, 蒋壬生. 臭牡丹叶的化学成分研究[J]. 同济医科大学学报, 1992, (2): 129.

[17] 阮金兰, 傅长汉. 臭牡丹茎的化学成分研究[J]. 中草药, 1997, 28(7): 395-395.

[18] 董晓萍, 乔蓉霞, 郭力, 等. 臭牡丹全草化学成分的研究(一)[J]. 天然产物研究与开发, 1999, 11(5): 8-10.

[19] 高黎明, 魏小梅, 何仰清. 臭牡丹化学成分的研究[J]. 中国中药杂志, 2003, 28(11): 49-51.

[20] 闫海燕. 镰形棘豆、臭牡丹化学成分的研究[D]. 兰州: 西北师范大学, 2006.

[21] 周沛椿, 庞祖焕, 郝惠峰, 等. 臭牡丹化学成分的研究[J]. Journal of Integrative Plant Biology, 1982, 24(6): 74-77.

[22] 杨辉, 王佳, 梅双喜, 等. 臭牡丹中一个新的过氧化物(英文)[J]. 云南植物研究, 2000, 22(2): 118-120.

[23] 曾丹. 臭牡丹治疗气道高反应的有效单体的筛选[D]. 长沙: 中南大学, 2010.

[24] 张立文. 臭牡丹有效成分的提取及其细胞保护和抗炎机制研究[D]. 长沙: 中南大学, 2013.

[25] 林娜, 魏琴, 谷玉兰, 等. 管碟法研究臭牡丹提取物抑菌活性[J]. 宜宾学院学报, 2011, 11(6): 96-97+116.

[26] 林娜, 魏琴, 尹礼国, 等. 臭牡丹提取物对病原真菌抑菌效果的研究[J]. 安徽农业科学, 2011, 39(17): 10305-10306, 10326.

[27] 王春娟, 左国营, 王根春, 等. 26 种云南中草药的体外抗菌活性筛选[J]. 中华中医药杂志, 2014, 29(01): 113-116.

[28] 刘建新, 李燕, 连磊凡, 等. 臭牡丹根正丁醇提取物的体外抗菌实验的研究[J]. 时珍国医国药, 2015, 26(8): 1849-1850.

[29] 潘立卫, 罗泽萍, 陈俏燕. 臭牡丹叶化学成分及提取物抑菌作用研究[J]. 大众科技, 2018, 20(10): 18-20.

[30] 陈思勤, 朱克俭, 程晓燕,等. 臭牡丹化学成分及其药理作用研究进展[J]. 湖南中医杂志, 2012, 28(2): 141-142.

[31] 陈思勤. 臭牡丹总黄酮抑制小鼠 Lewis 肺癌实体瘤及对瘤体中 p53、bcl-2、bax 表达的影响[D]. 长沙: 湖南中医药大学, 2012.

[32] 胡琦. 臭牡丹总黄酮对人肝癌细胞 HepG2 影响的实验研究[D]. 长沙: 湖南中医药大学, 2015.

[33] 胡琦, 朱克俭, 谭小宁, 等. 臭牡丹总黄酮对人肝癌 HepG2 细胞增殖作用的实验研究[J]. 湖南中医杂志, 2015, 31(4): 166-168.

[34] 陈思勤, 朱克俭, 李勇敏, 等. 臭牡丹总黄酮抑制小鼠 Lewis 肺癌实体瘤及其与 p53、bcl-2、bax 表达相关性研究[J]. 世界中医药, 2016, 11(6): 946-949.

[35] 胡琦, 谭小宁, 余娜, 等. 臭牡丹总黄酮介导 Wnt/β-catenin 信号转导诱导人肝癌细胞 HepG2 的凋亡[J]. 世界中医药, 2016, 11(6): 954-957.

[36] 余娜, 马思静, 朱克俭. 臭牡丹总黄酮对 A549 细胞上皮间质转化相关蛋白的影响[J]. 湖南中医药大学学报, 2016, 36(5): 10-13.

[37] 余娜, 朱克俭, 谢谊. 臭牡丹地上部分抗肿瘤活性的筛选[J].湖南中医杂志, 2017, 33(11): 147-150.

[38] 胡琦. 基于 PI3K/Akt 信号通路探讨臭牡丹提取物抗肝癌的作用机制[D]. 长沙: 湖南中医药大学, 2019.

[39] 孟鑫, 李振想, 姜孝奎. 臭牡丹总黄酮通过 Keap1/Nrf2/ARE 信号通路对胃癌 SGC7901 细胞增殖、迁移和侵袭的影响[J]. 现代肿瘤医学, 2019, 27(22): 3967-3972.

[40] 谭小宁, 李勇敏, 余娜, 等. 臭牡丹黄酮类化合物通过调控 CXCR4 对 A549 转移能力的影响[J]. 湖南中医杂志, 2019, 35(9): 131-133.

[41] 段军仓, 王有鹏, 王飞, 等. 臭牡丹总黄酮对 PDGF 诱导下血管平滑肌细胞增殖、迁移及表型转换的影响及机制[J]. 中药材, 2020, (9): 2258-2263.

[42] 余娜, 唐林, 谢壮鑫, 等. 臭牡丹不同提取物的抗肿瘤活性筛选及其对裸鼠移植瘤中 EMT 相关蛋白的影响[J]. 中药药理与临床, 2020, 36(4): 124-131.

[43] 杨卫平, 梅颖, 邓鑫, 等. 苗药臭牡丹对大鼠免疫功能影响的实验研究[J]. 中国民族医药杂志, 2012, 18(7): 52-53.

[44] 张蜀艳, 蒲建萍, 李政, 等. 臭牡丹提取物体外抑菌及免疫毒理学研究[J]. 中国免疫学杂志, 2019, 35(14): 1694-1698, 1707.

[45] 冯纪南, 黄海英, 余瑞金, 等. 臭牡丹黄酮类化合物提取及其抗氧化作用[J]. 光谱实验室, 2013, 30(6): 3215-3220.

[46] 邹晓琴, 欧阳娟, 黄诚. 臭牡丹根提取物对神经病理性痛的镇痛作用[J]. 时珍国医国药, 2013, 24(1): 12-14.

[47] 邹晓琴, 刘立, 黄诚. 臭牡丹对神经病理性痛机械痛敏和脊髓背角谷氨酸的作用[J]. 赣南医学院学报, 2014, 34(6): 825-828.

[48] 江茜, 王英. 臭牡丹对神经病理性痛的镇痛作用及其机制探讨[A]//中华医学会疼痛学分会第十二届学术年会论文集[C]. 南京: 2016.

[49] 江茜, 王英, 黄诚. 臭牡丹对 SNI 诱导的神经病理性痛大鼠模型痛敏行为的影响[J]. 赣南医学院学报, 2017, 37(4): 505-508.

[50] 江茜, 王英, 夏阳阳, 等. 臭牡丹对 SNI 诱导的神经病理性痛大鼠脊髓和背根神经节 COX-2 表达的作用[J]. 时珍国医国药, 2018, 29(5): 1058-1060.

[51] 曾丹, 刘莉, 谭眉灵, 等. 臭牡丹大黄素对臭氧应激小鼠模型 TLR4/MyD88/NF-κB 信号通路的调节作用[J]. 中药新药与临床药理, 2018, 29(5): 581-585.

[52] 寇小妮, 解新科, 郝明霞, 等. 臭牡丹大黄素对急性肝衰竭小鼠生化指标及肝细胞内质网应激的影响[J]. 中国中医急症, 2019, 28(10): 1712-1715, 1720.

[53] 张丽, 彭重华, 王莹雪, 等. 14 种植物对土壤重金属的分布、富集及转运特性[J]. 草业科学, 2014, 31(5): 833-838.

[54] 黄卫华, 钟文敏, 王德胜, 等. 臭牡丹乙醇提取物对小鼠睡眠功能和自发活动的影响[J]. 中国医院用药评价与分析, 2017, 17(10): 1313-1314, 1318.

第四节
炮仗花

炮仗花（*Pyrostegia venusta* Miers）俗称黄金珊瑚、黄鳝藤，属常绿藤本植物。炮仗花无毒，性甘、平，苦、微涩，润肺止咳，用于治疗肺结核、咽喉肿痛、肝炎、支气管炎。炮仗花也常作为园艺观赏用[1]。

一、生物学特征与资源分布

炮仗花为藤本植物，具有 3 叉丝状卷须。叶对生；小叶 2～3 枚，卵形，顶端渐尖，基部近圆形，长 4～10cm，宽 3～5cm，上下两面无毛，下面具有极细小分散的腺穴，全缘；叶轴长约2cm；小叶柄长 5～20mm。圆锥花序着生于侧枝的顶端，长 10～12cm。花萼钟状，有 5 小齿。花冠筒状，内面中部有一毛环，基部收缩，橙红色，裂片 5，长椭圆形，花蕾时镊合状排列，花开放后反折，边缘被白色短柔毛。雄蕊着生于花冠筒中部，花丝丝状，花药叉开。子房圆柱形，密被细柔毛，花柱细，柱头舌状扁平，花柱与花丝均伸出花冠筒外。果瓣革质，舟状，内有种子多列，种子具翅，薄膜质。花期长，在云南西双版纳热带植物园可长达半年，通常在 1～6 月。

炮仗花属热带藤蔓花卉，原产南美洲巴西，在热带亚洲已广泛作为庭园观赏藤架植物栽培，早期引入我国华南地区栽培，喜高温，不耐寒冷，在北方地区适宜于室内盆栽，而福建福州适宜于地栽，可运用于城市园林景观中，多种植于向阳、半遮阴地方，忌荫蔽，喜肥沃湿润土，以排水良好的富含有机质的土壤或沙壤土生长较好，对病虫害的抗性较强，较少受到虫害的侵袭[2]。我国广东（广州）、海南、广西、福建、台湾、云南（昆明、西双版纳）等地均有栽培，多植于庭园建筑物的四周，攀援于凉棚上，初夏红橙色的花朵累累成串，状如鞭炮，故有炮仗花之称。炮仗花作为阳生植物，弱光环境不易于其生长，适宜在较强的光强环境中生长，但缓苗期和营养生长期适当的遮阴有利于营养生长[3]。

二、化学成分

Pereira[4]为研究炮仗花提取物中酚类化合物的体外抗氧化活性,采用高效液相色谱技术进行分离纯化,经鉴定,得到两个苯丙素成分,即 quercetin-3-*O*-α-L-rhamnopyranosyl-(1→6)-*β*-*D*-galactopyranoside 和 verbascoside,以及一个黄酮类化合物 isoverbascoside。Martínez[5]从炮仗花中鉴定出 leucosceptoside A 等三个苯丙素类化合物。Roy[6]采用气相色谱-质谱联用技术(GC-MS)对花提取物的植物化学成分进行了鉴定,结果植物化学分析结果显示该植物中含有 myoinositol、palmitic acid、linoleic acid、oleic acid 等多种化学成分。

目前从炮仗花中分离鉴定的化合物见表 3-19,其中化合物 **1**、**2** 为苯丙素类化合物,化合物 **7** 为黄酮类化合物,**4~6** 为脂肪酸。化学结构见图 3-20。

表 3-19　炮仗花化学成分

序号	名称	文献来源
1	verbascoside	[4]
2	leucosceptoside A	[5]
3	myoinositol	[6]
4	palmitic acid	[6]
5	linoleic acid	[6]
6	oleic acid	[6]
7	acacetin-7-*O*-*β*-glucyranoside	[7]

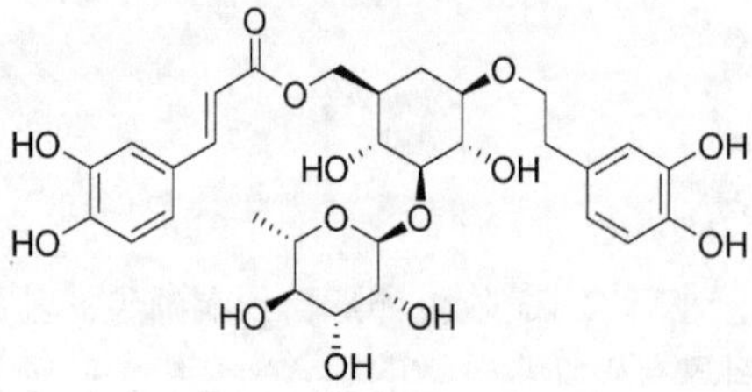

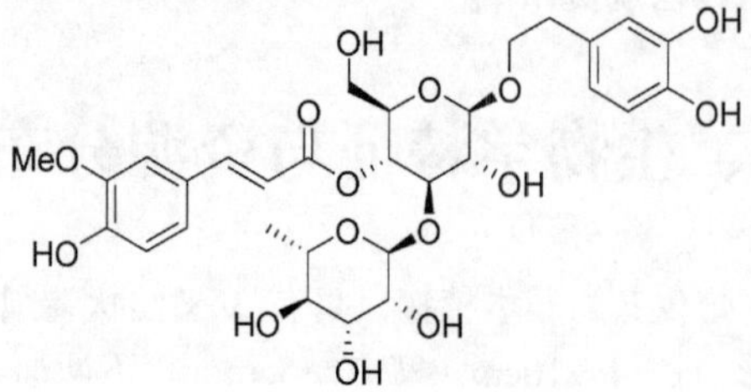

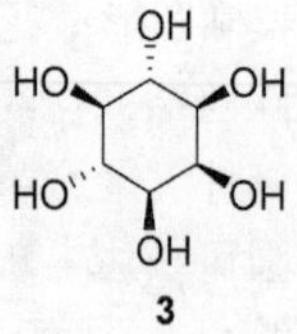

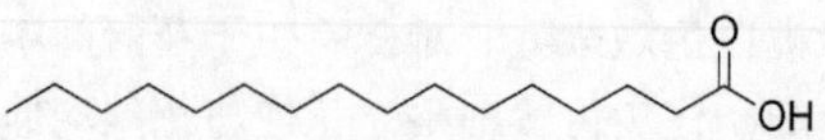

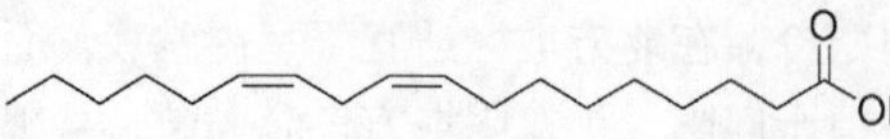

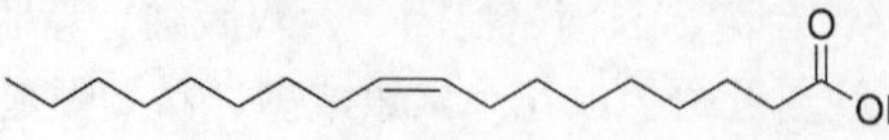

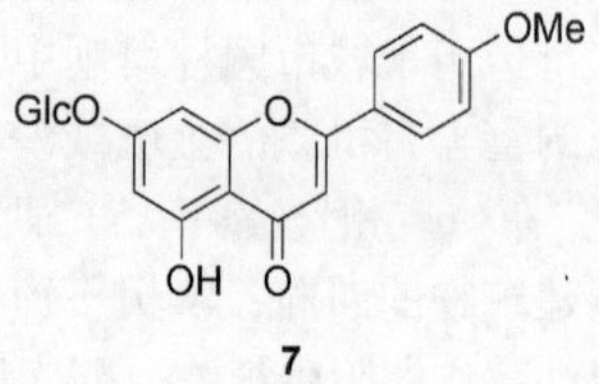

图 3-19　炮仗花化学成分结构

三、药理活性

1．抑菌

Silva[7]研究了炮仗花叶正己烷、乙酸乙酯和甲醇部位提取物的抗微生物活性，结果表明正己烷部位提取物对金黄色葡萄球菌表现出中等抑制作用（MIC=0.9mg/mL），对肠球菌表现出强抑制作用（MIC=0.5mg/mL）；乙酸乙酯部位提取物对白色念珠菌具有很强的活性（MIC=0.3mg/mL）；甲醇部位提取物没有明显的抑菌活性。Roy[8]测定了炮仗花甲醇提取物对12种微生物的抑菌活性，结果表明其对枯草芽孢杆菌、表皮葡萄球菌、化脓性葡萄球菌、金黄色葡萄球菌、大肠杆菌、黄体微球菌、产气肠杆菌、伤寒沙门菌、白色念珠菌、铜绿假单胞菌、黑曲霉和纯念珠菌均有一定的抗菌活性。

2．抗氧化

Silva[7]研究了炮仗花叶不同极性部位提取物的抗氧化活性，结果显示，甲醇部位提取物具对 DPPH 自由基有强清除能力。Roy[6]采用 DPPH、ABTS 和 FRAP 测定炮仗花的抗氧化能力，同时利用气相色谱-质谱联用技术（GC-MS）对其植物化学成分进行了分析。结果表明，花提取物和根提取物对 ABTS 自由基均有显著抑制作用。花提取物（95%）和根提取物（94%）对 DPPH 自由基的抗氧化活性与抗坏血酸（98.9%）和 BHT（97.6%）相当。

3．抗炎

Sousa[9]采用 Wistar 大鼠创面切除和切口修复模型，以创面收缩率、拉伸强度、断裂强度、羟脯氨酸和氨基糖含量来评价愈合情况，研究炮仗花的甲醇提取物对创面愈合的影响，以及对促炎细胞因子和抗炎细胞因子的影响，结果表明，炮仗花提取物具有较强的创面愈合能力，主要表现在创面收缩和抗拉强度的增加，其愈合能力与羟脯氨酸和己糖胺的表达相关。Veloso[10]通过角叉菜胶致小鼠足肿胀、脂多糖致小鼠腹膜炎、醋酸致小鼠扭体和福尔马林致小鼠舔爪实验，对炮仗花乙醇水提取物（PvHE）进行抗炎镇痛活性测定，结果表明，PvHE 对小鼠具有抗炎（剂量范围 30～300mg/kg）和镇痛作用，且其抗炎作用被认为是由于炮仗花中存在的 acacetin-7-O-β-glucyranoside。Veloso[11]通过给小鼠喂食普通食物或高精碳水化合物（HC）饮食 8 周建立高精碳水化合物饮食模型，结果观察到 PvHE 能够减少肥胖和脂肪细胞的面积，改善葡萄糖耐量，降低血清三酰甘油水平，以及脂肪组织和肝脏中某些炎症介质的水平。因此，PvHE 对治疗炎症和 HC 饮食引起的代谢功能障碍具有良好的疗效。

4．促黑色素

Moreira[12]为研究炮仗花叶的乙醇水提取物对小鼠 B16F10 黑色素瘤细胞的促黑素活性，采用 MTT 法测定豚鼠 B16F10 细胞自发黑色素含量（4 天）、细胞活力和蘑菇酪氨酸酶活性，发现不同浓度下（0.1g/mL、0.3g/mL、1g/mL、3g/mL），用叶和花的乙醇水提取物在黑素瘤细胞上孵育 4 天后，黑色素含量呈浓度依赖性增加。叶片提取物促进黑色素生成的效果最大为（33.3±3）%（3g/mL），花提取物促进黑色素生成的效果最大为（23.4±3）%（0.1g/mL）。然而，叶和花提取物都不能引起酪氨酸酶活性的任何变化治疗。Moreira[13]以巴豆油致小鼠浮肿模型为研究对象，评价炮仗花乙醇提取物（HE）局部治疗和口服给药对巴豆油和单苯甲酮致白癜风动物模型的抗炎和增色作用，结果表明灌胃（300mg/kg）可降低巴豆油致小鼠耳水肿的 N-乙酰-β-D-葡萄糖苷酶（NAG）活性，局部应用 HE 治疗（10%）可减少细胞浸润和 ROS 水平，增加表皮黑色素水平，减少皮肤脱色以及组织 TNF-a 水平和细胞浸润。然而，只有用炮仗花的 HE 局部治疗才能改变毛囊中的黑色素特异性标记物。因此，炮仗花外用和口服均具有显著的抗炎和色素沉着作用。

5．其他

Veloso[14]采用强迫游泳试验（FST），研究了炮仗花乙醇水（PvHE）提取物对脂多糖诱导的小鼠疾病行为的影响，100μg/kg 脂多糖（LPS）的注入增加了小鼠 FST 的漂浮时间，抑制了小鼠在户外的运动活动。以 100mg/kg 和 300mg/kg 试验剂量的 PvHE 预处理后，可减弱 LPS 诱导的行为改变，效果类似于地塞米松（1mg/kg）的预处理，因此，炮仗花乙醇水提取物可减轻由脂多糖诱导的抑郁性和探索性行为。

Silva[8]研究了炮仗花叶不同极性部位提取物对黄瓜主根长度、次生根数和下胚轴长度的化感活性，结果表明正丁醇部位、乙酸乙酯部位、甲醇部位提取物均对黄瓜主根长度、次生根数有影响，而黄瓜下胚轴长度不受影响。

参考文献

[1] 尹敏慧, 姚荣林. 炮仗花色素的提取及理化性质研究[J]. 大理学院学报, 2009, 8(4): 49-51, 73.

[2] 李榕华. 炮仗花在福建省福州市园林景观中的应用及栽培[J]. 北京农业, 2015, 4(11): 22-23.

[3] 吕彬洋, 王威, 陈清西. 遮阴处理对炮仗花植株生长发育的影响[J]. 江苏农业科学, 2019, 47(20): 152-156.

[4] Pereira A, Hernandes C, Pereira S, *et al*. Evaluation of anticandidal and antioxidant activities of phenolic compounds from *Pyrostegia venusta* (Ker Gawl.) Miers[J]. Chemico-Biological Interactions, 2014, 224: 136-141.

[5] Antonio R M, Juan R V, Marilena A R, *et al*. María del Socorro Santos-Díaz. Callus from *Pyrostegia venusta* (Ker Gawl.) Miers: a source of phenylethanoid glycosides with vasorelaxant activities[J]. Plant Cell, Tissue and Organ Culture, 2019, 139(1): 119-129.

[6] Roy P, Am De Kar S, Kumar A, *et al*. Preliminary study of the antioxidant properties of flowers and roots of *Pyrostegia venusta* (Ker Gawl) Miers[J]. BMC Complementary and Alternative Medicine, 2011, 11(1): 1-8.

[7] Silva P B, Medeiros A, Duarte M, *et al*. Avaliação do potencial alelopático, atividade antimicrobiana e antioxidante dos extratos orgânicos das folhas de *Pyrostegia venusta* (Ker Gawl.) Miers (Bignoniaceae)[J]. Revista Brasileira De Plantas Medicinais, 2011, 13(4): 447.

[8] Roy P, Amdekar S, Kumar A, *et al*. In vivo antioxidative property, antimicrobial and wound healing activity of flower extracts of *Pyrostegia venusta* (Ker Gawl) Miers[J]. Journal of Ethnopharmacology, 2012, 140(1): 186-192.

[9] Sousa MBD, Júnior JOCS, Barbosa WLR, *et al*. *Pyrostegia venusta* (Ker Gawl.) miers crude extract and fractions: prevention of dental biofilm formation and immunomodulatory capacity[J]. Pharmacognosy Magazine, 2016, 12(46): 218-222.

[10] Veloso C C, Cabral L, Bitencourt A D, *et al*. Anti-inflammatory and antinociceptive effects of the hydroethanolic extract of the flowers of *Pyrostegia venusta* in mice[J]. Revista Brasileira De Farmacognosia, 2012, 22(1): 162-168.

[11] Clarice de Carvalho Veloso, Marina Chavesde Oliveirabc, Cristina da CostaOliveiraa, *et al*. Hydroethanolic extract of *Pyrostegia venusta* (Ker Gawl.) Miers flowers improves inflammatory and metabolic dysfunction induced by high-refined carbohydrate diet[J]. Journal of Ethnopharmacology, 2014, 151 (1): 722-728.

[12] Moreira C G, Horinouchi C, Souza-Filho C S, *et al*. Hyperpigmentant activity of leaves and flowers extracts of *Pyrostegia venusta* on murine B16F10 melanoma[J]. Journal of Ethnopharmacology, 2012, 141(3): 1005-1011.

[13] Moreira, Carrenho, Pawloski, *et al*. Pre-clinical evidences of *Pyrostegia venusta* in the treatment of vitiligo[J]. Journal of Ethnopharmacology, 2015, (168): 315-325.

[14] Veloso C C, Bitencourt A D, Cabral L, *et al. Pyrostegia venusta* attenuate the sickness behavior induced by lipopolysaccharide in mice[J]. Journal of Ethnopharmacology, 2010, 132(1): 355-358.

民族植物资源

化学与生物活性

研究

Research Progress on
Chemistry and Bioactivity
of
Ethnobotany
Resources

第四章

景颇族药物

景颇族传统民间医药具有悠久的历史，是景颇族传统文化的重要组成部分。它是景颇族人民在长期与疾病斗争的过程中，不断摸索、实践、完善形成的一门医学，有着鲜明的民族医学特色和地方特点，为本民族的人民和边疆其他各族人民的健康作出了重要贡献。

我国的景颇族主要分布于云南省德宏傣族景颇族自治州，该地区药物资源极为丰富。景颇族人民在长期的生产生活实践中，逐步认识了各种动植物和矿物资源，并以这种民族传统知识为基础，在与疾病斗争的过程中，创造和累积了丰富的医疗知识和药物知识，形成了多种具有景颇族特色的疗法和方剂，以及药物的识别、采集、加工、鉴定等传统知识。由于景颇族的生存环境历史上曾长期处于半封闭状态，经济发展相对落后，但也提供了景颇族医药独立的发展空间，形成了具有民族性和地域性的医药体系。

景颇族药与其他民族药物交叉的现象十分普遍，如景颇族药物毛大丁草，哈尼族名称"胶铝合手起"，壮药名称"棵粘敌"，景颇族名称"米别本"，因各自医药理论的不同，对药物的认识和用法也不同。景颇族药物是最早进入中国各级药典的民族药物之一。1977 年景颇药胡蜂酒被推荐进入了《中华人民共和国药典（1977 版）》，这是第一个被列入国家药典的景颇族药品。景颇药腹泻丸被收载在《云南省药品标准（1994）》。2007 年，德宏傣族景颇族自治州医疗集团中医院申报了民族药院内制剂景颇药"摩瓦什散"，得到云南省卫生厅批准，现已成为中医院风湿病专科用药。民族医药是座"富饶的矿山"，而景颇族医药就是这座富饶矿山中的一颗璀璨夺目的宝珠，有待我们开发和利用。中华人民共和国成立后，各级党委政府遵循国家有关政策，开始重视景颇族民间医药的发展，在各级党委政府和医务工作者的不懈努力下，景颇族民间医药的发掘整理、继承发扬和开发利用等方面取得了可喜的成绩。

本章选取倒扣草、鹅掌藤、蒌叶、毛大丁草 4 种常见景颇族药物，对近年来针对以上景颇族药的化学成分和药理活性方面的研究进行系统总结，把握其相关研究的最新进展，为进一步开展相关研究和开发利用提供一定的参考。

第一节
倒扣草

倒扣草（*Achyranthes aspera* L.）为苋科粗毛牛膝的全草，别名有土牛膝、牛舌大黄、牛舌头、鱼鳞菜[1]，于夏、秋采收，具有解表清热、利湿活血的功效。现代药理研究表明倒扣草具有抗炎、抗氧化、利尿的功效，临床用于感冒发热、跌打损伤、咽喉肿痛、水肿等[2]。

一、资源分布及生物学特征

1．资源分布

倒扣草喜温暖气候，不耐严寒，土壤以砂质壤上生长较好，不宜黏土栽培。倒扣草主产于广东、华东、广西、云南、湖北和贵州，此外，在印度、越南、菲律宾、马来西亚等地亦有分布，主要生长在山坡疏林及空旷处[3]。

2．生物学特征

倒扣草属多年生草本，高 20～120cm。根细长，直径 3～5mm，土黄色。茎四棱形，有柔毛，节部稍膨大，分枝对生。叶对生；叶柄长 5～15mm；叶片纸质，宽卵状倒卵形或椭圆状长圆形，长 1.5～7cm，宽 0.4～4cm，先端圆钝，具突尖，基部楔形或圆形，全缘或波状缘，两面密生粗毛。穗状花序顶生，直立，长 10～30cm，花期后反折；总花梗具棱角，粗壮，坚硬，密生白色伏贴或开展柔毛；花长 3～4mm，疏生；苞片披针形，长 3～4mm，先端长渐尖；小苞片刺状，长 2.5～4.5mm，坚硬，光亮，常带紫色，基部两侧各有 1 个薄膜质翅，长 1.5～2mm，全缘，全部贴生在刺部，但易于分离；花被片披针形，长 3.5～5mm，长渐尖，花后变硬且锐尖，具 1 脉，雄蕊长 2.5～3.5mm；退化雄蕊先端截状或细圆齿状，有具分枝流苏状长缘毛。胞果卵形，长 2.5～3mm。种子卵形，不扁压，长约 2mm，棕色。花期 6～8 月，果期 10 月[3]。

二、化学成分研究

1．甾体类化合物

欧阳文等对土牛膝的乙醇提取物进行分离纯化，并对其得到的化合物进行鉴定，得到 7 个蜕皮甾酮类化合物，分别为 β-蜕皮甾酮、牛膝甾酮、水龙骨甾酮 B、pterosterone、24(28)-ecdysterone、achyranthesterone A、rubrosterone，其中，pterosterone、24(28)-ecdysterone、achyranthesterone A、rubrosterone 这四种化合物均是首次从该种植物得到[4]。化合物名称见表4-1，化合物结构见图4-1。

表4-1　倒扣草甾体类化合物

序号	化合物名称	文献来源	序号	化合物名称	文献来源
1	β-蜕皮甾酮	[4]	**5**	24(28)-ecdysterone	[4]
2	牛膝甾酮	[4]	**6**	achyranthesterone A	[4]
3	水龙骨甾酮 B	[4]	**7**	rubrosterone	[4]
4	pterosterone	[4]			

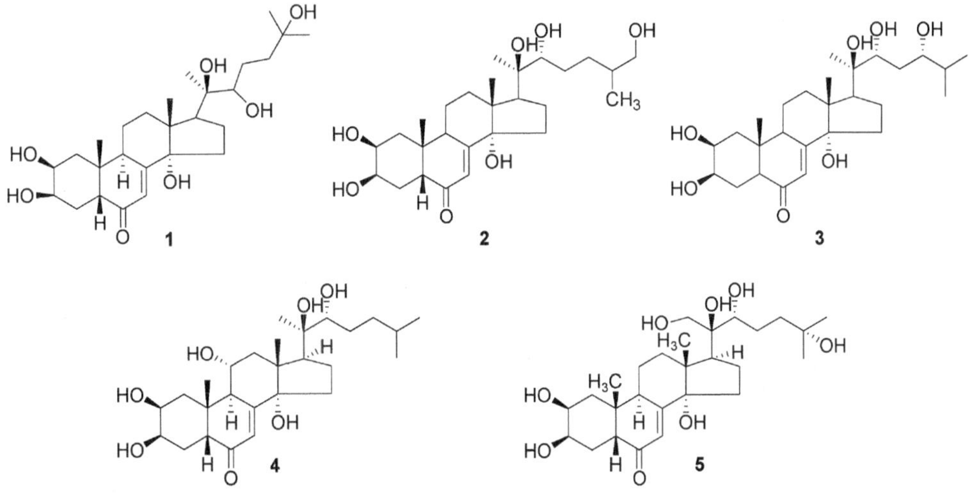

图4-1

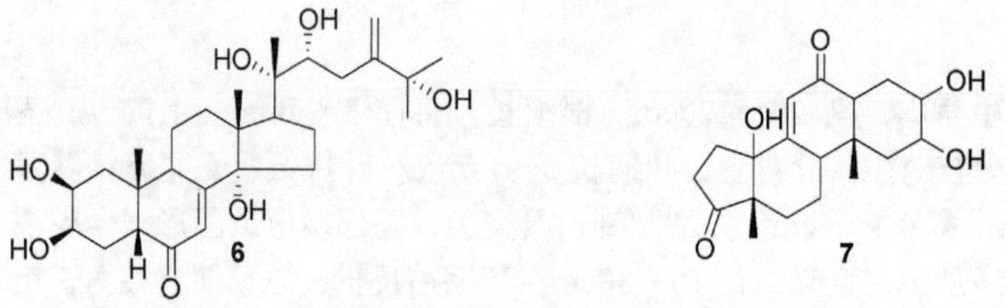

图 4-1　倒扣草甾体类化合物

2. 生物碱类

　　欧阳文等对土牛膝抗炎成分进行分离，从 50%～70% 甲醇洗脱物分离鉴定出 9 种单体化合物，其中发现了 *N*-反式阿魏酰酪胺、*N*-顺式阿魏酰酪胺、*N*-顺式阿魏酰-3-甲氧基酪胺、*N*-反式阿魏酰-3-甲氧基酪胺 4 种生物碱类[5]。化合物名称见表 4-2，化合物结构见图 4-2。

表 4-2　倒扣草生物碱类化合物

序号	化合物名称	文献来源	序号	化合物名称	文献来源
1	*N*-反式阿魏酰酪胺	[5]	**3**	*N*-顺式阿魏酰-3-甲氧基酪胺	[5]
2	*N*-顺式阿魏酰酪胺	[5]	**4**	*N*-反式阿魏酰-3-甲氧基酪胺	[5]

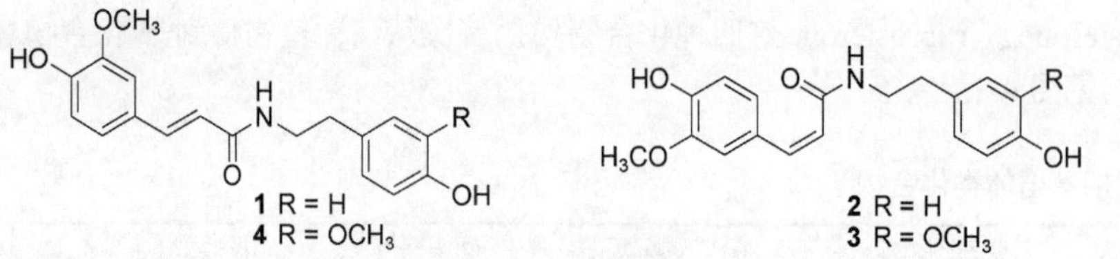

图 4-2　倒扣草生物碱类化合物

3. 其他类化合物

　　倒扣草其他类化合物包括黄酮类、三萜类等。黄酮类化合物有 5,2′-二甲氧基-6-甲氧甲基-7-羟基-异黄酮；三萜类化合物有竹节参皂苷-1、竹节参皂苷IVa；此外，还有齐墩果酸、党参内酯、3-羟基-1-(4-羟基-3,5-二甲氧基苯基)-1-丙酮、2-(2-苯氧乙氧基)乙醇[4~5]。其中，5,2′-二甲氧基-6-甲氧甲基-7-羟基-异黄酮是一个新化合物，命名为土牛膝酮 A[6]。此外，还有 4-triacontanone、betaine、hydroquinone、eugenol、*p*-benzoquinone、spathulenol 等[7]。化合物名称见表 4-3，化合物结构见图 4-3。

表 4-3　倒扣草其他类化合物

序号	化合物名称	文献来源	序号	化合物名称	文献来源
1	5,2′-二甲氧基-6-甲氧基甲基-7-羟基-异黄酮	[6]	**5**	betaine	[7]
2	竹节参皂苷-1	[4]	**6**	eugenol	[7]
3	竹节参皂苷IVa	[5]	**7**	spathulenol	[7]
4	党参内酯	[4,5]			

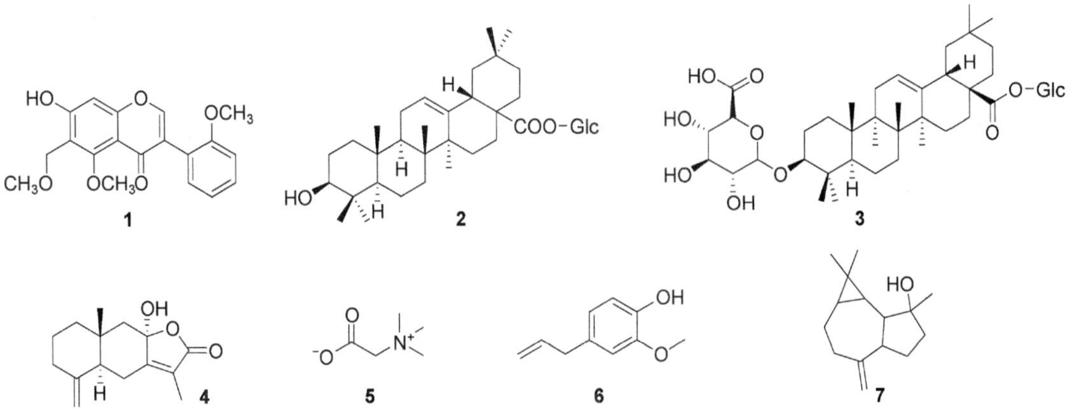

图 4-3　倒扣草其他类化合物

三、药理活性

1．抗炎

欧阳文等建立脂多糖诱导的巨噬细胞炎症模型，分析了不同浓度土牛膝的抗炎作用，结果发现，同等条件下粗毛牛膝抗炎作用最强；且通过反向柱色谱和水-甲醇分离、洗脱，发现除 90% 粗毛牛膝甲醇提取物外，其他部分在 25～200μg/mL 的浓度范围内，细胞无明显毒性，有较高的存活率；也发现粗毛牛膝反相色谱 50%、70% 及 100% 甲醇洗脱物抗炎活性高和细胞毒性低[5]。万胜利等人研究了土牛膝正丁醇提取物的抗炎作用，以巴豆油所致小鼠耳廓肿胀和鸡蛋清所致大鼠足跖肿胀为模型，结果发现土牛膝乙醇提取物能很好地抑制大鼠足跖肿胀，表明了土牛膝正丁醇提取物具有很强的抗炎作用[8]。

2．抗菌

万胜利等人研究了土牛膝不同提取物的抑菌作用，结果发现，在实验的浓度范围内，土牛膝对金黄色葡萄球菌、铜绿假单胞菌和枯草芽孢杆菌均无抑菌活性，可能与其成分和对人体的复杂机理有关[8]。王莉贞等人研究了倒扣草水煎液对 3 株多重耐药大肠杆菌的抑菌效果，结果发现，倒扣草水煎液对多重耐药大肠杆菌具有一定的抑制效果，且与部分抗菌药联用起协同或相加作用，可降低抗菌药对多重耐药大肠杆菌的最小抑菌浓度[9]。

3．降血糖

马文杰等研究了土牛膝提取物（齐墩果酸和牛膝多糖）对四氧嘧啶糖尿病模型小鼠血糖的影响，采用邻甲苯胺法对小鼠血糖含量进行测定，结果发现，与糖尿病血糖模型对照组相比，齐墩果酸低、中、高（4g/kg、6g/kg、8g/kg）三种剂量组和牛膝多糖低、中、高（2g/kg、4g/kg、6g/kg）三种剂量组的小鼠的血糖均明显下降，且其降血糖的水平与剂量相关；与正常组小鼠相比，齐墩果酸和牛膝多糖各剂量组对其血糖影响很小，血糖基本无变化[10]。有研究对四氧嘧啶诱导 wistar 大鼠的抗糖尿病作用进行了探讨，建立了大鼠糖尿病模型，将糖尿病大鼠稳定 4 天，并从第 5 天开始以 250mg/kg 和 500mg/kg 的剂量给药白杨水提取物 45 天。以二甲双胍 1mg/kg 为标准，记录倒扣草水提物和标准药物对空腹血糖、糖原、血浆胰岛素、糖化血红蛋白和蛋白质的影响，同时测定肝组织中组织蛋白、还原型谷胱甘肽和脂质过氧化物等含量，结果发现倒扣草水提物与标准抗糖尿病药物二甲双胍的疗效相当，具有显著的降血糖疗效[11]。

4．抗氧化

Devi 探究了铜绿假单胞菌（AL2-14B）对倒扣草试管苗抗氧化活性的影响，实验首先从倒扣草地上部分分离筛选出合适的 AL2-14B，然后通过对无菌条件的倒扣草试管苗接种不同浓度的 AL2-14B，研究了不同浓度 AL2-14B 对于倒扣草试管苗的影响，结果发现 AL2-14B 能够有效促进倒扣草的生长，增强倒扣草的抗氧化活性[12]。Baskar 对经过正己烷、乙酸乙酯和甲醇提取的倒扣草溶剂提取物进行了抗氧化活性实验，采用了 DPPH 法和 NO 清除法进行实验，结果发现其溶剂提取物具有浓度依赖性的抗氧化活性，倒扣草提取液具有一定的抗氧化能力[13]。

5．抗肿瘤、抗癌

Singh 研究了倒扣草叶片进行了处理，得到了 AAML（甲醇叶提取物）、AAAL（丙酮叶提取物）、AACL（氯仿叶提取物）和 AAWL（水叶提取物）四种倒扣草叶提取物，采用了 MTT 法对四种倒扣草叶提取物进行了实验，结果发现，AAML 比其他三种提取物能够更有效地抑制小鼠非霍奇金淋巴瘤（DL）细胞增殖，且 AAML 对 DL 细胞有很强的毒性；它们利用显微镜技术评价了 AAML 诱导 DL 细胞凋亡的作用，也进行了 Annexin-V-FITC/PI 法检测了细胞凋亡率，测量线粒体膜电位等一系列实验，结果发现，经 AAML 处理过的细胞呈现出不规则的细胞形态，同时还出现了凋亡小体、细胞收缩等一系列形态和结构的变化，且发现 AAML 可通过调节 Bcl-2 家族蛋白促进细胞色素 c 的释放，进而激活 caspase-9/-3，触发细胞凋亡。同时，AAML 对 DL 细胞蛋白激酶 Cα（PKCα）通路的抑制呈浓度依赖性；此外，他们进行了体内研究，研究了 AAML 对肿瘤生长的影响，发现 AAML 介导的对 Balb/c 小鼠 DL 生长的抑制伴随着 PKCα 通路的减弱和细胞凋亡的诱导，表明 AAML 促进 DL 细胞线粒体凋亡的级联反应是通过抑制 PKCα 信号通路介导的[14]。Baskar 对倒扣草溶剂提取物进行了细胞毒性实验，并通过流式细胞术使用异硫氰酸荧光素缀合物（FITC）标记的膜联蛋白 V 抗体测定细胞凋亡，结果表明，倒扣草溶剂提取物具有一定的抗增殖活性，具有一定的抗癌性[13]。

6．抗生育

Shibeshi 研究了土牛膝叶提取物对雌性大鼠流产、雌激素、垂体重量、卵巢激素水平和血脂谱等抗生育活性指标的影响，通过对体内死亡胎儿的计数，测定子宫重量与体重的比值，计算垂体重量与体重的比值和电化学发光免疫分析法等方法来评价提取物对大鼠的影响，结果发现大鼠垂体和子宫比重明显升高，但除了降低 HDL 外，其血清中卵巢激素和各种脂质的浓度没有显著影响，证明了土牛膝甲醇提取物具有抗生育活性，可有效预防意外妊娠[15]。

7．其他

李英等研究发现中药倒扣草在降低糖尿病大鼠尿蛋白方面无明显作用，肾脏病理变化也无显著减轻，但可显著降低 TGF-β1 及其 mRNA 在肾组织中的表达，从而起到一定的保护作用[16]。

有学者通过临床试验，取 100g 倒扣草搭配 60g 猪瘦肉和 30g 冰糖煎服，在治疗腰肌劳损方面有着良好的疗效，7 天内治好 108 位病人[17]。也有研究发现倒扣草水煎液在治疗黄疸病也有良好的疗效[18]。Emon 等对倒扣草地上部分甲醇提取物（MEAA）进行了抗抑郁和抗焦虑研究，通过小鼠强迫游泳试验（FST）、尾悬吊试验（TST）、孔板试验（HBT）三种实验方法进行研究，还通过溶栓实验进行了溶栓分析，结果发现，一定浓度的 MEAA 具有缓解焦虑、抑郁和凝血的作用[7]。有研究发现土牛膝乙酸乙酯提取物对于幼虫和寄生虫有很好的防治效果[19]。土牛膝根可作为伤口愈合剂，主要起作用的是其中的精氨酸酶及其 NO 代谢物。有研究对土牛膝根正己烷、乙酰乙酸乙酯和甲醇提取物对精氨酸酶活性的抑制效果进行了研究，结果发现根提取物在精氨酸酶抑制活性方面效力较低[20]。有学者对从乙酸乙酯、丙酮、乙醇和甲醇中分离的提取物进行了细胞毒性实验，发现土牛膝根丙酮提取物的细胞毒性最强[21]。

参考文献

[1] 萧步丹. 岭南采药录[M]. 广州: 广东科学技术出版社, 2009.

[2] 《全国中草药汇编》编写组. 全国中草药汇编:上册[M]. 北京: 人民卫生出版社, 1982.

[3] 中国科学院中国植物志编辑委员会. 中国植物志:第二十五卷第二分册[M]. 北京: 科学出版社, 1979.

[4] 欧阳文, 罗懿钒, 程思佳, 等. 湘产土牛膝中蜕皮甾酮类化合物分离与鉴定[J].湖南中医药大学学报, 2018, 38(10): 1129-1132.

[5] 欧阳文, 罗懿钒, 李震, 等. 土牛膝抗炎成分分离、鉴定与含量测定研究[J]. 天然产物研究与开发, 2020, 32(7): 1171-1181.

[6] 欧阳文, 罗懿钒, 程思佳, 等. 土牛膝中 1 种新异黄酮的分离与鉴定[J]. 中草药, 2018, 49(14): 3208-3212.

[7] Emon N U, Alam S, Rudra S, et al. Evaluation of pharmacological potentials of the aerial part of Achyranthes aspera L.: in vivo, in vitro and in silico approaches[J]. Advances in Traditional Medicine, 2020: 1-14.

[8] 万胜利. 土牛膝及其制剂活性成分及检验方法研究[D]. 长沙: 湖南中医药大学, 2013.

[9] 王莉贞, 黄雅鑫, 黄采算, 等. 倒扣草水煮液和抗菌药联用对 3 株多重耐药大肠杆菌的体外抑菌效果研究[J]. 中国兽医杂志, 2018, 54(7): 39-43, 124.

[10] 马文杰, 魏得良, 黄志芳, 等. 土牛膝提取物对正常及四氧嘧啶糖尿病模型小鼠血糖的影响[J]. 当代医学, 2010, 16(30): 4-5.

[11] Kamalakkannan K, Balakrishnan V. Studies on the effect of antidiabetic activity of Achyranthes aspera L. on alloxan induced wistar rats[J]. International Journal of Pharmacy and Pharmaceutical Sciences, 2015, 7(9): 61-64.

[12] Devi K A, Garima P, Rawat A, et al. The Endophytic symbiont-pseudomonas aeruginosa stimulates the antioxidant activity and growth of Achyranthes aspera L.[J]. Frontiers in Microbiology, 2017, 8: 1897-1910.

[13] Baskar A A, Numair K, Alsaif M A, et al. In vitro antioxidant and antiproliferative potential of medicinal plants used in traditional Indian medicine to treat cancer[J]. Redox Report Communications in Free Radical Research, 2012, 17(4): 145-156.

[14] Singh R K, Verma PK, Kumar A, et al. Achyranthes aspera L. leaf extract induced anticancer effects on Dalton's Lymphoma via regulation of PKCα signaling pathway and mitochondrial apoptosis[J]. Journal of Ethnopharmacology, 2021, 274: 114060.

[15] Shibeshi W, Makonnen E, Zerihun L, et al. Effect of Achyranthes aspera L. on fetal abortion, uterine and pituitary weights, serum lipids and hormones[J]. African Health Sciences, 2006, 6(2): 108-112.

[16] 李英, 史亚男, 刘茂东, 等. 中药倒扣草对糖尿病大鼠肾组织 nephrin、WT1 表达的影响及其意义[A]//第四届国际中西医结合肾脏病学术会议专题讲座汇编[C]. 天津: 2006.

[17] 林青. 倒扣草治疗腰肌劳损 108 例[J]. 福建医药杂志, 1979, (6): 30.

[18] 雷家祯. 倒扣草(根)治疗小儿黄疸病简介[J]. 广东医学(祖国医学版), 1966, (3): 14.

[19] Zahir A A, Rahuman A A, Kamaraj C, et al. Laboratory determination of efficacy of indigenous plant extracts for parasites control[J]. Parasitology Research, 2009, 105(2): 453-461.

[20] Rahmawati D S, Elya B, Noviani A. Inhibitory effects of sangketan (Achyranthes aspera L.) root extracts on arginase activity[J]. International Journal of Applied Pharmaceutics, 2020, 1(12): 248-251.

[21] Omidiani N, Datkhile K D, Barmukh R B. Anticancer potentials of leaf, stem, and root extracts of Achyranthes aspera L[J]. Notulae Scientia Biologicae, 2020, 12(3): 546-555.

第二节

鹅掌藤

鹅掌藤（*Schefflera arboricola* Hay.）为五加科藤状灌木，别名狗脚蹄、七加皮、汉桃叶、鹅掌蘗、七叶烂、七叶藤、小叶鸭、七叶莲、小叶鸭脚木、没骨消、鹅掌柴、手树、鹅掌蘗、鸭脚木、鸭脚藤、脚木汉桃叶等。鹅掌藤的根、茎、叶均可入药，全年均可采用。鹅掌藤有行气止痛、活血消肿的功效。民间常用于治疗风湿性关节炎、骨痛骨折[1~3]，现代研究发现，鹅掌藤具有抗炎镇痛、镇静催眠等作用。

一、资源分布及生物学特征

1. 资源分布

鹅掌藤分布于台湾、广西、广东、云南、福建等地，耐阴、耐寒，喜温暖湿润性气候，适应光线范围广泛，叶片在阳光充足时呈亮绿色，在阳光缺乏时呈浓绿色。水分适应力极强，能耐旱涝，同时对土壤的养分、质地等要求不严。鹅掌藤广泛分布于热带及亚热带地区，生于谷地密林下或溪边较湿润处，常附生于树上，海拔在海南岛为400~900m[4~5]。

2. 生物学特征

鹅掌藤属藤状灌木，高2~3m；小枝有不规则纵皱纹，无毛。叶有小叶7~9，稀5~6或10；叶柄纤细，长12~18cm，无毛；托叶和叶柄基部合生成鞘状，宿存或与叶柄一起脱落；小叶片革质，倒卵状长圆形或长圆形，长6~10cm，宽1.5~3.5cm，先端急尖或钝形，稀短渐尖，基部渐狭或钝形，上面深绿色，有光泽，下面灰绿色，两面均无毛，边缘全缘，中脉仅在下面隆起，侧脉4~6对，和稠密的网脉在两面微隆起；小叶柄有狭沟，长1.5~3cm，无毛。圆锥花序顶生，长20cm以下，主轴和分枝幼时密生星状绒毛，后毛渐脱净；伞形花序十几个至几十个总状排列在分枝上，有花3~10朵；苞片阔卵形，长0.5~1.5cm，外面密生星状绒毛，早落；总花梗长不及5mm，花梗长1.5~2.5mm，均疏生星状绒毛；花白色，长约3mm；萼长约1mm，边缘全缘，无毛；花瓣5~6，有3脉，无毛；雄蕊和花瓣同数而等长；子房5~6室；无花柱，柱头5~6；花盘略隆起。果实卵形，有5棱，连花盘长4~5mm，直径4mm；花盘五角形，长为果实的1/4~1/3。花期7月，果期8月[5]。

二、化学成分研究

1．挥发油成分

刘佐仁等对七叶莲嫩枝和鲜叶部位进行了分离鉴定，从中分离出了 52 个化合物，鉴别出了 16 个化合物，最主要的成分是 β-榄香烯、β-桉叶烯、α-蛇床烯[6]。章立华等采用气相色谱-质谱联用技术分析对七叶莲挥发油进行了分析，分离出了 61 种化合物，鉴别出了 53 种化合物，其中含量较高的化合物是 4-萜品醇、(−)-斯巴醇、氧化石竹烯、里那醇[7]。有学者通过水蒸气蒸馏法提取了鹅掌藤叶、茎挥发油，对其挥发油的化学成分进行了气相色谱-质谱联用技术（GC-MS）分析，发现鹅掌藤叶挥发油的成分主要是 β-石竹烯、双戊烯、石竹烯氧化物等，鹅掌藤茎挥发油主要成分是石竹烯氧化物、桉油烯醇、环氧化蛇麻烯 II 等[8]。

2．萜类化合物

Melek 等从鹅掌藤的茎叶中分离提取出了多种新的三萜皂苷类化合物[9]。郭夫江等[10]采用柱色谱分离，从鹅掌藤枝茎的乙醇提取物中分离并鉴别 16 个化合物，其中有 15 个萜类化合物：羽扇豆醇、桦木酸、3-*epi*-betulinic acid、齐墩果酸、3-乙酰齐墩果酸、mesembryanthemoidigenic acid、quinatic acid、quinatoside A、hederagenin 3-*O*-α-L-arabinopyranoside、eleutheroside K、CP$_3$。董泽科等从七叶莲茎叶的 75%乙醇提取物的乙酸乙酯萃取部分分离得到三个化合物，经鉴定为 2α，3β-二羟基桦木酸甲酯、桦木酸、齐墩果酸，其中，2α，3β-二羟基桦木酸甲酯是首次从鹅掌藤属植物中得到的[11]。化合物名称如表 4-4 所示，结构如图 4-4 所示。

表4-4　鹅掌藤萜类化合物

序号	化合物名称	文献来源
1	3-*O*-[α-l-rhamnopyranosyl-(1→4)-β-D-glucuronopyranosyl]oleanolic acid	[9]
2	3-*O*-[α-lrhamnopyranosyl-(1→4)-β-D-glucuronopyranosyl]echinocystic acid	[9]
3	3-*O*-α-L-ramnopyranosyl-(1→4)-[α-l-arabinopyranosyl-(1→2)-] β-D-glucuronopyranosyl oleanolic acid	[9]
4	3-*O*-α-L-rhamnopyranosyl-(1→4)-[β-D-galactopyranosyl-(1→2)-] β-D- glucuronopyranosyl oleanolic acid	[9]
5	桦木酸	[10]
6	3-*epi*-betulinic acid	[10]
7	quinatic acid	[10]
8	quinatoside A	[10]
9	2α,3β-二羟基桦木酸甲酯	[11]

3．其他类化合物

鹅掌藤其他类化合物包括有机酸类、木脂素类和甾醇类等，其中有机酸有黏液酸、反丁烯二酸、酒石酸、苹果酸、琥珀酸[12]。木脂素有 arborlignan A，且这种木脂素是首次发现的[12]。甾醇类有 β-sitosteor、豆甾醇[10]、植物醇（phytol）、多孔甾醇（poriferasterol）和镰叶芹醇（falcarinol）[14]；此外，有研究从鹅掌藤中分离出了 4-hydroxy-3,5-dimethoxybenzaldehyde、3,3′-dimethoxy-4,4′-dihydroxystilbene、β-hydroxypropiovanillone、neoechinulin A、coniferyl aldehyde，这几种物质是首次从鹅掌柴属得到的[13]。化合物名称如表 4-5 所示，结构如图 4-5 所示。

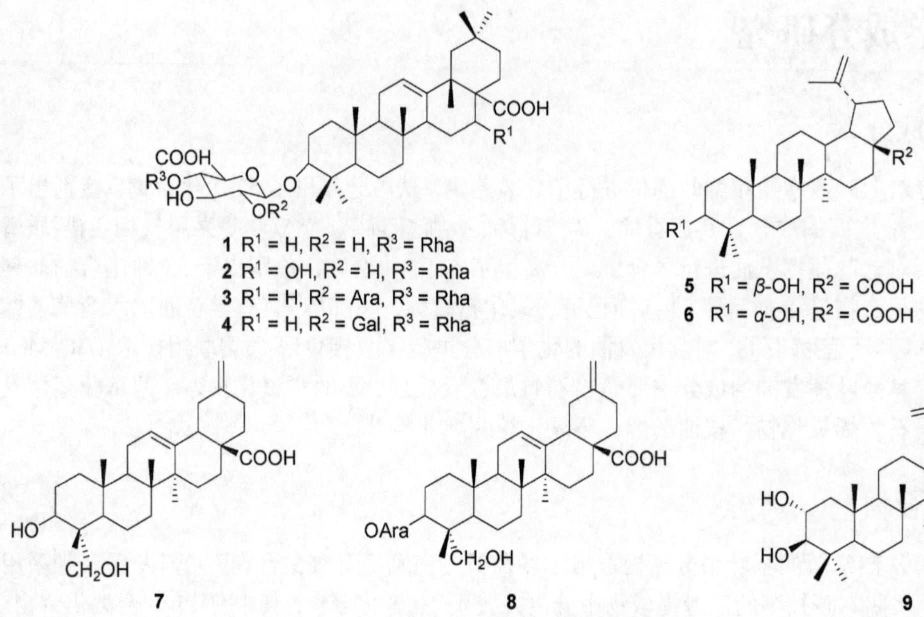

图 4-4　鹅掌藤萜类化合物

表 4-5　鹅掌藤其他类化合物

序号	化合物名称	文献来源	序号	化合物名称	文献来源
1	黏液酸	[12]	7	4-hydroxy-3,5-dimethoxybenzaldehyde	[13]
2	arborlignan A	[12]	8	3,3'-dimethoxy-4,4'-dihydroxystilbene	[13]
3	镰叶芹醇	[14]	9	β-hydroxypropiovanillone	[13]
4	(E)-β-金合欢烯	[14]	10	coniferyl aldehyde	[13]
5	phytol	[14]	11	neoechinulin A	[13]
6	sieboldianoside	[10]			

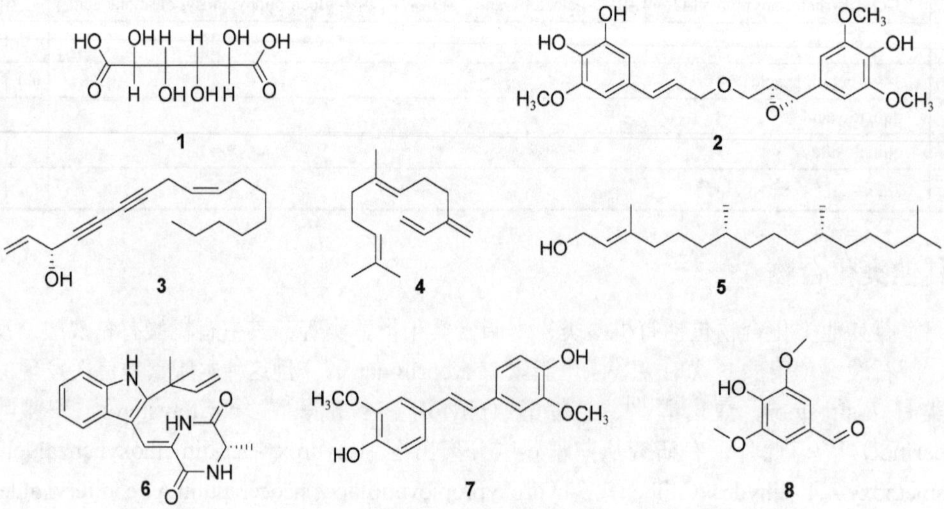

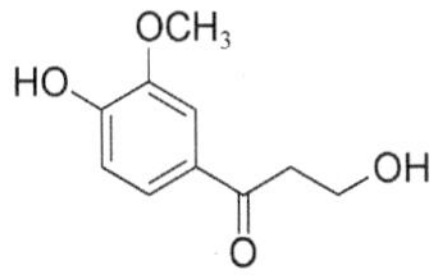

图 4-5　鹅掌藤其他类化合物

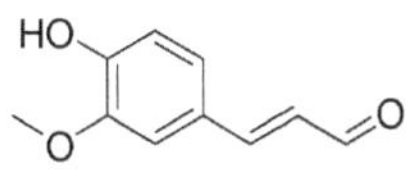

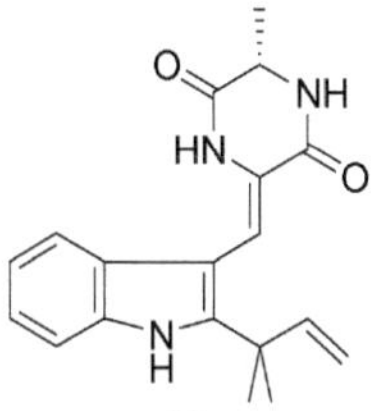

三、药理活性

1. 抗炎镇痛

有学者给对七叶莲的镇静催眠作用进行了研究，对小鼠注射了 0.5mL 的七叶莲注射液，结果发现在注射七叶莲注射液 5 分钟后，小鼠的活动明显减少，甚至出现深度睡眠、翻身活动消失的现象；他们将小鼠分为两组（对照组和给药组），对照组给予硫喷妥钠处理，而给药组先静脉注射硫喷妥钠、随后腹腔注射七叶莲注射液，结果发现与对照组相比，经过给药组处理的小鼠的睡眠时间延长了一倍以上；他们随后进行了热板法实验，将小鼠置于 55℃的钢精锅上，记录小鼠在指定时间内舔后足的次数，发现小鼠在给药后舔后足的次数明显减少，表明七叶莲具有明显的镇痛作用[15]。广西桂林医专制药厂研究发现将七叶莲叶或茎的水煎液经 95%乙醇处理的七叶莲一号注射液有一定的镇痛作用，其叶的镇痛作用似比茎的强，且茎、叶混合比例不同会导致镇痛作用强度不同。将七叶莲叶、茎经 95%乙醇浸渍回流处理的七叶莲二号注射液能够维持两小时的镇痛作用，其镇痛强度与 15mg/kg 的盐酸吗啡镇痛作用强度相近；在经过腹腔注射 100g/kg 的七叶莲二号注射液和皮下注射的 5mg/kg 的盐酸吗啡共同作用下，小鼠的舔后足次数减少，两者合用可产生明显的镇痛作用[16]。

王大林等发现七叶莲的有机酸部位具有抗惊厥及镇痛作用，且对七叶莲注射液进行了临床试验观察，发现其对三叉神经痛、坐骨神经痛及胆、胃、肠绞痛等有明显迅速的缓解作用，且有效率达到了 85.3%[17]。徐爱丽等人研究发现七叶莲水煎液能够可逆性地对蟾蜍坐骨神经动作电位起到一定的阻滞作用，从而达到镇痛的效果[18]。侯世荣等研究了七叶莲注射剂对胃、肠及胆道病止痛效果，结果发现七叶莲注射液有非常显著的止痛疗效[19]。林小凤等对七叶莲不同溶剂提取部分进行了抗炎镇痛作用的研究，发现七叶莲抗炎镇痛的有效部分主要集中在叶挥发油、茎水提液的氯仿部分和正丁醇部分[20]。章立华等研究发现挥发油为 16mg/kg 时，可明显减少小鼠因醋酸扭动的次数；当挥发油为 16mg/kg、8mg/kg 和 4mg/kg 时，对小鼠因二甲苯所致的急性炎症均有明显的抑制作用，得知七叶莲挥发油具有一定的抗炎镇痛作用[21]。黄玉香等对七叶莲果实水提物进行了研究，对其进行了热板法实验、醋酸扭体法实验以及二甲苯致耳廓肿胀实验，结果发现再给药后，小鼠的痛阈值明显提高，疼痛抑制率明显下降，耳廓肿胀情况得到缓解，发现其具有不错的抗炎镇痛效果[22]。

秦思等对七叶莲总三萜的抗炎镇痛作用进行了实验，采用了佐剂性关节炎大鼠模型以及小鼠急性炎症模型和疼痛模型，研究了七叶莲总三萜抗类风湿性关节炎（RA）和抗急性炎症作用以及镇痛疗效。实验发现低剂量组（35mg/kg）、中剂量组（70mg/kg）和高剂量组（140mg/kg）的七叶莲总三萜都可以明显抑制二甲苯致小鼠耳肿胀程度，抗炎效果疗效突出；三个剂量组的七叶莲总三萜具有明显的镇痛作用，可以明显抑制小鼠由醋酸所致的疼痛；七叶莲总三萜三个剂量组均可明显抑制羧甲基纤维素钠（CMC-Na）所导致的白细胞游走，且高剂量组的抑制率可达 52.56%，效果十分显著。实验研究发现，七叶莲总三萜三个剂量组可显著抑制 AA（佐剂性关节炎）大鼠原发性足跖肿胀，且对于佐剂关节炎大鼠继发性足跖肿胀和大鼠多发性关节炎，七叶莲剂量组也有很好的抑制作用。此外，他们进一步探讨了七叶莲总三萜抗炎作用及抗炎机制，通过以RAW264.7 巨噬细胞为基础，利用脂多糖刺激，建立了 LPS 体外炎症模型，研究了七叶莲总三萜对巨噬细胞分泌炎性细胞因子 TNF-α、IL-1β、IL-6，抗炎因子 IL-10 的影响，以及炎症介质 NO。实验发现由 LPS 刺激后的 RAW264.7 巨噬细胞释放 NO 浓度、IL-1β 浓度、IL-6 浓度、IL-10 浓度以及 TNF-α 浓度与空白组相比均有明显的升高，但在施加三个不同浓度加药组（10μg/mL、30μg/mL、100μg/mL 的七叶莲总三萜）后，与 LPS 对照组相比，它们的浓度有明显的下降，且表现出极显著差异，从而研究得出七叶莲总三萜对细胞因子网络的平衡具有调节作用[23]。

孙爱静等对七叶莲花乙醇提取物抗炎镇痛作用进行了研究，发现其对胸膜炎、小鼠耳肿胀等多种抗炎镇痛模型都有明显的抑制作用，并对其抗炎机制进行了研究，发现它可能是通过协调炎症网络抑制炎性介质，降低细胞因子的合成，从而进行抗炎[24]；他们还探究了一氧化氮合酶抑制剂（NOS）对七叶莲花镇痛作用的影响，采用热板法，对 L-精氨酸和 NOS 抑制剂对七叶莲花乙醇提取物的影响进行了研究，结果发现 NOS 抑制剂能显著增强七叶莲花的镇痛作用，且发现七叶莲乙醇提取物的镇痛机制与降低 NO 的含量有关[25]。黄婧等采用扭体法和二甲苯致小鼠发炎法对汉桃叶总黄酮的镇痛抗炎活性进行了研究，发现在试验浓度范围内，汉桃叶总黄酮的镇痛抗炎疗效突出，推测其可能为汉桃叶抗炎镇痛的活性物质[26]。

2．镇静催眠、抗惊厥

有研究采取动物实验探究七叶莲的镇静作用，发现在同时进行七叶莲注射液和戊巴比妥给药后，有 9/10 左右的小鼠进入睡眠，且无翻身动作，证实了巴比妥类与七叶莲具有协同作用，能够增强七叶莲的镇静作用[27]。广西桂林医专制药厂所做的家兔实验表明七叶莲能够加强硫喷妥钠的催眠麻醉作用。他们研究发现七叶莲注射液对中枢抑制药具有协同作用，对中枢兴奋药具有对抗作用，七叶莲注射液显著延长了水合氯醛对小鼠的催眠时间，加强了水合氯醛对中枢神经的抑制作用；七叶莲注射液显著延长了中枢兴奋药戊四唑惊厥时间，并且惊厥程度变轻，持续时间变短，对中枢抑制药呈现出明显的对抗作用[16]。上海中药一厂技术组研究发现汉桃叶注射液具有显著的抗电休克作用，且注射液浓度与抗电休克效果成正比关系[13]。

3．对平滑肌器官的作用

广西桂林医专制药厂研究发现七叶莲注射液能够明显地降低小鼠或家兔离体肠管的张力和它的收缩张力；它还具有对抗乙酰胆碱的作用，小鼠在注射乙酰胆碱后，其肠肌张力明显上升，但在注射七叶莲注射液后，其肠肌张力明显下降，低于正常水平；高浓度的七叶莲注射液对小鼠妊娠子宫有兴奋作用。所以，七叶莲制剂对孕妇需慎用或禁用[16]。南京市鼓楼医院内科研究了七叶莲注射液对离体回肠的影响，结果发现水浴中七叶莲浓度为 0.025g/mL 及 0.0625g/mL 时，豚鼠活动受到明显的抑制，振幅减小，且此浓度下发现加入乙酰胆碱，效果与只加入乙酰胆碱相比，效果明显减弱，证明七叶莲注射液具有明显阻断乙酰胆碱对回肠的收缩作用；也发现七叶莲也能够减少氯化钡、组胺对回肠的收缩作用，能够抑制胃底肌条的节律性活动，阻断乙酰胆碱对胃底肌条的收缩作用[19]。

4．对心血管系统的作用

有研究就七叶莲对于心血管系统的作用进行了研究，对离体蛙心进行了实验，发现低浓度的七叶莲注射液可使心肌收缩加强，高浓度的首先阻断传导，直至心脏停止于收缩期；对在位蛙心进行了实验，发现低浓度下心肌收缩力加强，心率受到影响减慢；加大浓度后，心肌收缩减弱，传导阻断，短时间恢复；对血压的影响进行了实验，结果发现在生药剂量为 10～20mg/kg 时，给药当时血压有轻微下降，然后快速恢复正常[16]。

5．毒性

有研究对七叶莲进行了急性毒性实验，得出七叶莲一号注射液的 LD_{50} 为 107.4g/kg；在其进行过家兔实验时，对其注射 15g/kg、30g/kg 的七叶莲注射液时，三天内未见明显的中毒症状[16]。上海中药一厂技术组取汉桃叶有机酸注射液进行了毒性实验和溶血试验，发现 24h 内小鼠无死亡现象，且 3h 内无溶血现象发生[12]。祝劲松等人研究了七叶莲花乙醇提取物对大鼠布比卡因毒性（BPV）的影响，结果发现七叶莲花醇提物预先给药明显延长了大鼠出现抽搐、心律失常和心跳停止的时间，且随浓度升高，七叶莲花醇提物的效果越好，解救中枢中毒的作用越强[28]。

参考文献

[1] 《全国中草药汇编》编写组. 全国中草药汇编: 上册[M]. 第 1 版. 北京: 人民卫生出版社, 1975.

[2] 国家中医药管理局《中华本草》编委会. 中华本草: 第 5 册[M]. 上海: 上海科学技术出版社, 1999.

[3] Schenk D, Barbour R, Dunn W, et al. Immunization with amyloid-beta attenuates Alzheimer-disease-like pathology in the PDAPP mouse[J]. Nature, 1999, 400: 173-177.

[4] 陈祥, 王红娟. 优良半蔓性常绿灌木——鹅掌藤[J]. 南方农业(园林花卉版), 2009, 3(2): 32-33.

[5] 中国科学院中国植物志编辑委员会. 中国植物志: 第五十四卷[M]. 北京: 科学出版社, 1978.

[6] 刘佐仁, 陈洁楷, 李坤平, 等. 七叶莲枝叶挥发油化学成分的 GC/MS 分析[J]. 广东药学院学报, 2005, 21(5): 519-520.

[7] 章立华, 刘力, 林小凤, 等. 七叶莲挥发油的 GC/MS 分析和抗炎镇痛作用研究[J]. 安徽农业科学, 2014, 42(23): 7732-7735.

[8] Dinh T N, Le T N. Chemical composition and antimicrobial activity of essential oils from the leaves and stems of Schefflera arboricola (Hayata) Merr. collected in Vietnam[J]. Journal of Essential Oil Bearing Plants, 2019, 22(5): 1401-1406.

[9] F R Melek, Toshio Miyase, SM Abdel Khalik, et al. Triterpenoid saponins from Schefflera arboricola[J]. Phytochemistry, 2003, 63(4): 401-407.

[10] 郭夫江, 林绥, 李援朝. 植物鹅掌藤化学成分研究[A]//第八届全国中药和天然药物学术研讨会与第五届全国药用植物和植物药学学术研讨会论文集[C].武汉: 2005.

[11] 董泽科. 七叶莲化学成分的分离鉴定和罗勒不同提取部位抗炎镇痛作用的研究[D]. 华侨大学, 2013.

[12] 上海中药一厂技术组. 汉桃叶有效成分的研究[J]. 中成药研究, 1978, (3): 6-11.

[13] Ye C Q , Zhang J Y , Ye Z C , et al. A new lignan from Schefflera arboricola[J]. Journal of Chemical Research, 2020, 44(9-10): 532-535.

[14] Hansen L, Boll P M. The polyacetylenic falcarinol as the major allergen in schefflera arboricola[J]. Phytochemistry, 1986, 25(2): 529-530.

[15] 上海中药一厂. 七叶莲制剂的初步研究[J]. 医药工业, 1974, (3): 22-26.

[16] 广西桂林医专制药厂. 七叶莲药理作用的初步研究[J]. 新医药学杂志, 1975, (2): 40-44.

[17] 王大林, 马惠玲, 鲍志英, 等. 七叶莲有效成分的研究[J]. 中草药通讯, 1979, 10(11): 18-20, 49.

[18] 徐爱丽, 王华, 周岩, 等. 七叶莲对蟾蜍坐骨神经动作电位的影响[J]. 现代生物医学进展, 2009, 9(14): 2649-2651.

[19] 侯世荣, 后德辉. 七叶莲注射剂对胃、肠及胆道病止痛效果的临床观察和实验研究的初步报告[J]. 新医药学杂志, 1975, (2): 16-18, 23.

[20]　林小凤, 张慧, 隋臻, 等. 七叶莲不同溶剂提取部分的抗炎镇痛作用[J]. 中国生化药物杂志, 2012, 33(4): 346-349.

[21]章立华, 刘力, 林小凤, 等. 七叶莲挥发油的 GC/MS 分析和抗炎镇痛作用研究[J]. 安徽农业科学, 2014, 42(23): 7732-7735.

[22]　黄玉香, 徐先祥, 陈剑雄, 等. 七叶莲果实的抗炎镇痛作用研究[J]. 食品工业科技, 2012, 33(24): 397-398, 402.

[23]　秦思. 七叶莲总三萜抗类风湿性关节炎药效及其机制探究[D]. 泉州: 华侨大学, 2016.

[24]　孙爱静, 徐先祥, 黄晓东, 等. 七叶莲花抗炎镇痛作用及机制研究[J]. 中药材, 2014, 37(2): 311-315.

[25]　孙爱静, 庞素秋, 陈滟湄. 一氧化氮合酶抑制剂对七叶莲花镇痛作用的影响[J]. 东南国防医药, 2017, 19(3): 231-233.

[26]　黄婧, 马健雄. 汉桃叶总黄酮的提取及其镇痛抗炎活性研究[J]. 中国药业, 2014, 23(22): 33-34.

[27]　上海中药一厂, 上海医药工业研究院制剂室. 七叶莲的药理研究（简报）[J].中华医学杂志, 1976, 56(2): 107.

[28]　祝劲松, 张洋, 刘蕾, 等. 预给七叶莲花醇提物对大鼠布比卡因毒性影响[J].安徽医科大学学报, 2020, 55(6): 943-946.

第三节
蒌叶

蒌叶（*Piper betle* L.）别名蒟酱、青蒟、芦子、大芦子、槟榔蒟、槟榔蒌等, 是普遍生长在亚洲的一种胡椒科多年生藤蔓植物。蒌叶具有祛风散寒、行气化痰、消肿止痒的功效[1]。蒌叶的全株、茎和叶均可入药, 全年均可采为药用, 可以治疗消化不良、咳嗽、哮喘以及胃病等疾病。此外, 它还有多种用途, 提取的芳香油为蒟酱油, 可作调香原料; 可以与槟榔、牡蛎粉合嚼用来防治寄生虫等传染性疾病; 可用作城市与乡村地区的绿化; 也可用于作制酒曲。现代研究发现蒌叶内主要含有生物碱、挥发油、木脂素等化合物, 具有抗菌、抗氧化、抗疲劳、抗肿瘤等药理活性[2]。

一、资源分布及生物学特征

1. 资源分布

蒌叶适于分布在热带沟谷林地区, 喜高温、潮湿环境。在我国分布比较广泛, 主要分布在我国的海南、广西等地, 经东南至西南部各省区均有栽培。印度、斯里兰卡、越南、马来西亚、印度尼西亚、菲律宾及马达加斯加等地区亦有分布。

2. 生物学特征

蒌叶是胡椒科胡椒属的攀援藤本植物, 它的枝稍带木质, 节上生根。叶片呈阔卵形至卵状长圆形, 叶片顶端渐尖, 两侧叶面相等至稍不等, 腹面无毛, 叶互生, 网状脉明显; 叶柄被极细的粉状短柔毛; 花单性, 雌雄异株, 穗状花序, 有肉质的红色果穗。总花梗与叶柄近等长, 花序轴被短柔毛; 苞片圆形或近圆形, 无柄, 盾状, 花药肾形, 花丝粗, 子房下部嵌生于肉质花序轴中并与其合生, 柱头 4～5 裂, 浆果顶端稍凸, 有绒毛, 5～7 月开花[3]。

二、化学成分研究

1．挥发油类

廖超林通过采用水蒸气蒸馏的方法对泰国蒌叶藤叶提取得到精油，并用气相色谱和气相色谱-质谱-计算机联用仪技术分析其中的化学成分，从中分离出 64 种成分，其中检测鉴定 58 种成分[4]，发现蒌叶精油含有的主要成分有乙酸丁香酚酯、反式-异丁香酚、大根香叶烯等。

尹震花[5]等首次采用顶空固相微萃取和气质联用技术（HS-SPME-GC-MS）对海南采集的蒟酱叶挥发性成分进行分析，鉴别出了 27 种成分，主要为 2-甲氧基-5-甲基苯甲醛、胡椒酚乙酸酯、异丁香酚、4-烯丙基-1,2-二乙酰氧基苯等；吕纪行等[6]对水蒸气蒸馏法得到的蒌叶挥发油成分进行分析，采用 GC-MS 进行分析，鉴定出了 22 种化合物，发现其主要组分为 2-甲氧基-4-(1-丙烯基)-苯酚、4-烯丙基苯酚（胡椒酚）、2-甲氧基-4-丙烯基乙酸酚酯。它们之间的成分在种类和含量不同，Mohottalage[7]等发现同种方法提取的挥发油与产地有很大关联。

2．木脂素类

曾华武等从蒌叶中分离得到 piperol A 和 piperol B、methylpiperbetol 和 piperbetol 4 个木脂素[8]。黄相中等对蒌叶茎的化学成分进行了深入研究，通过 70%丙酮回流提取，在提取物中经过分离萃取得到丁香脂素-O-β-D-葡萄糖苷和松脂素两种木脂素，而这两种化合物也是首次从胡椒属植物得到的[9]。化合物名称如表 4-6 所示，结构如图 4-6 所示。

表 4-6　蒌叶木脂素类化合物

序号	化合物名称	文献来源	序号	化合物名称	文献来源
1	piperol A	[8]	4	piperbetol	[8]
2	piperol B	[8]	5	丁香脂素-O-β-D-葡萄糖苷	[9]
3	methylpiperbetol	[8]	6	松脂素	[9]

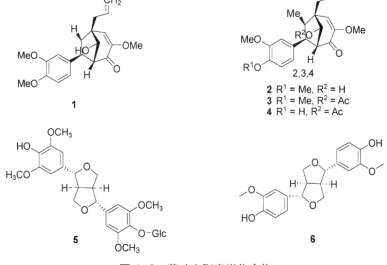

图 4-6　蒌叶木脂素类化合物

3．生物碱类

Sthr 等用 HPLC 从蒌叶中定性检测出 pellitorine、piperdardine、piperine 3 个酰胺类生物碱[10]；黄相中等对蒌叶茎的化学成分进行了深入研究，经过分离萃取首次从蒌叶植物当中分离得到胡椒碱、墙草碱、dehydropipernonaline、piperdardine、piperolein-B、guineensine、*N*-isobutyl-2*E*,4*E*-dodecadienamide、(2*E*,4*E*)-*N*-isobutyl-7-(3′,4′-methyl-enedioxyphenyl)-2,4-heptadienamide 等 8 种生物碱[9]。化合物名称如表 4-7 所示，结构如图 4-7 所示。

表 4-7　蒌叶生物碱类化合物

序号	化合物名称	文献来源	序号	化合物名称	文献来源
1	胡椒碱（piperine）	[9,10]	6	piperolein-B	[9]
2	piperdardine	[9,10]	7	guineensine	[9]
3	墙草碱（pellitorine）	[9,10]	8	(2*E*,4*E*)-*N*-isobutyl-7-(3′,4′-methyl-enedioxyphenyl)-2,4-heptadienamide	[9]
4	*N*-isobutyl-2*E*,4*E*-dodecadienamide	[9]	9	胡椒亭	[12]
5	dehydropipernonaline	[9]	10	胡椒次碱	[12]

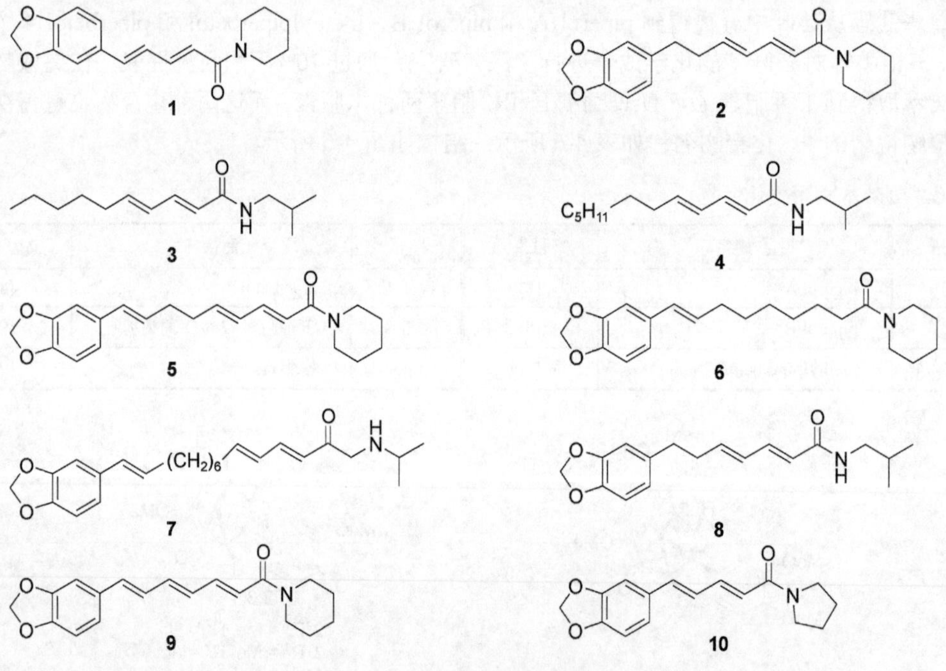

图 4-7　蒌叶生物碱类化合物

4．甾醇类

研究从蒌叶中发现 *β*-谷甾醇、胡萝卜苷、豆甾醇、6*β*-羟基-豆甾-4-烯-3-酮和 *β*-谷甾醇-3-*O*-*β*-D-葡萄糖-6′-棕榈酸酯六种甾醇类[11,12]。化合物名称如表 4-8 所示，结构如图 4-8 所示。

5．其他类化合物

此外还发现了其他类化合物，包括三萜类、黄酮类，齐墩果酸、*β*-香树脂醇、23-hydroxyursan-12-en-28-oic acid、(2S)-4′-7-羟基-7-O-β-D-葡萄糖-2,3-二氢黄酮苷、α-乙基葡萄糖、halicerebroside、4-丙烯基-苯邻二酚、N-isobutyl-2E,4E-octadienamide、l-O-十六碳酰基-甘油酯、1-O-β-D-半乳糖-(6→1)-α-D-半乳糖-2,3-O-十六烷酸甘油二酯、poke-weed cerebroside 等都是首次从蒌叶中得到的[11~13]。化合物名称如表 4-9 所示，结构如图 4-9 所示。

表 4-8　蒌叶甾醇类化合物

序号	化合物名称	文献来源	序号	化合物名称	文献来源
1	6β-羟基-豆甾-4-烯-3-酮	[11]	2	β-谷甾醇-3-O-β-D-葡萄糖-6′-棕榈酸酯	[11]

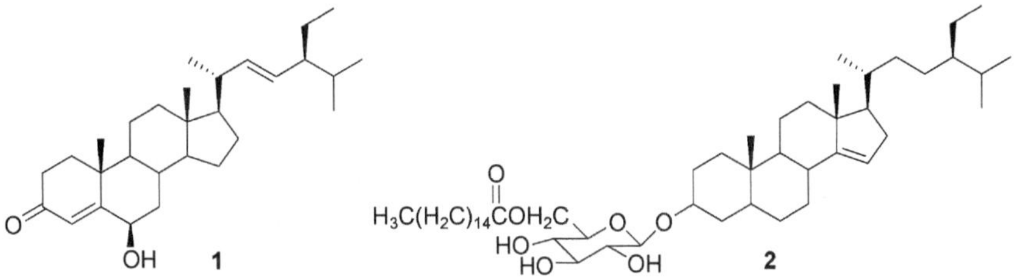

图 4-8　蒌叶甾醇类化合物

表 4-9　蒌叶其他类化合物

序号	化合物名称	文献来源	序号	化合物名称	文献来源
1	(2S)-4′-羟基-7-O-β-D-葡萄糖-2,3-二氢黄酮苷	[11]	3	N-isobutyl-2E,4E-octadienamide	[12]
2	halicerebroside	[12]	4	l-O-十六碳酰基-甘油酯	[13]

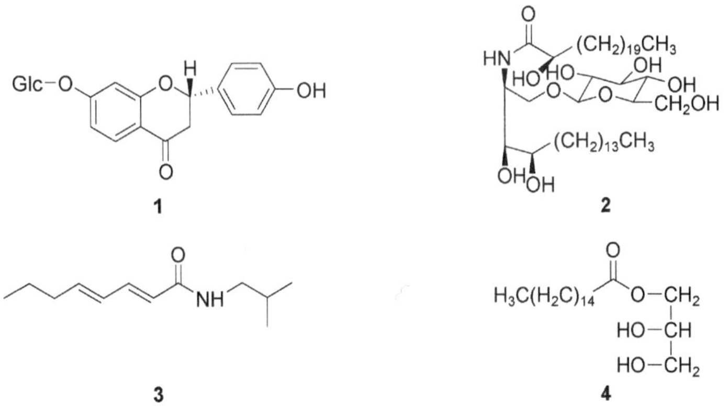

图 4-9　蒌叶其他类化合物

三、药理活性

1．抗氧化

梁辉等用 95% 乙醇对云南保山产的蒌叶的茎进行了回流提取，对其叶和果实都用 95% 乙醇和 70% 丙酮分别进行了回流提取，对它们的五种提取物采用 DPPH 法及联苯三酚红褪色法进行了抗氧化研究，发现蒌叶茎乙醇提取物对 DPPH 自由基清除能力强，抗氧化能力强[14]。吕纪行等采用微波辅助乙醇提取法提取蒌叶抗氧化活性成分，发现蒌叶乙醇提取物对·OH 有很好清除作用的反应体系，抗氧化效果显著，也发现了鲁米诺化学发光体系测定蒌叶乙醇提取物清除羟自由基有良好效果的反应体系[15]。

随后，纪明慧对蒌叶乙醇提取物的抗氧化能力进一步进行了研究，结果表明蒌叶乙醇提取物对羟基自由基的抑制能力高于维生素 C，抗氧化能力比较强，还发现温度和自然光对蒌叶乙醇提取物抑制自由基活性的影响不大，较为稳定[16,17]。吕纪行等对蒌叶的挥发油成分进行了抗氧化活性试验，结果发现蒌叶挥发油清除自由基的能力高于维生素 C，抗氧化能力强，推测可能与挥发油中含有大量的酚类化合物有关，通过酚羟基中的抽氢反应达到清除自由基的效果[6]。

2. 抗菌

梁辉等采用滤纸片琼脂扩散法对云南保山的蒌叶各部分提取物进行了抑菌活性测定。结果表明，蒌叶各部分提取物的抑菌活性不同，且蒌叶果实乙醇提取物的抑菌活性比较强，对藤黄八叠球菌、大肠杆菌、普通变形杆菌、金黄色葡萄球菌、绿脓杆菌、弗氏痢疾杆菌均有抑杀作用[14]；吕纪行等曾经对海南产的蒌叶挥发油进行抑菌活性研究，结果发现，蒌叶挥发油对金黄色葡萄球菌、枯草杆菌、大肠杆菌、蜡状芽孢杆菌、四联球菌、藤黄八叠球菌、白色葡萄球菌均有一定的抑制作用，此外，他们也发现蒌叶挥发油对真菌也有一定的抑制性，其中对黑曲霉和青霉有很强的抑菌活性[6]。

随后，吕纪行等采用常规滤纸扩散法测定蒌叶多种提取物对枯草芽孢杆菌、金黄色葡萄球菌、大肠杆菌的抑制活性，并探究了不同溶剂提取物、料液比、提取时间、提取温度、提取功率对抑菌活性的影响[15]。目前，有学者研究发现从蒌叶中分离出的精油具有抗菌作用，并通过运用分子对接模拟的方法来支持精油化合物的抗菌机制[18]。

3. 抗癌

Gundala 等通过从蒌叶中提取纯化的羟基处理前列腺癌细胞，结果发现蒌叶叶子中的提取的化合物能够显著抑制前列腺癌细胞中 ROS 生成和增值，扰动细胞中 ROS 的进展，使其毒性降低，分子凋亡，主要原理是通过蒌叶中的酚类化合物促使活性氧驱动 DNA 损伤和凋亡从而来抑制前列腺癌症[19]。蒌叶中提取分离出的胡椒亭被发现具有很强的抗癌活性，能够促凋亡，抗侵袭，抗血管增生，可作为一种抗肿瘤药物的先导物或类似物[20]。

4. 抗疲劳

陈晓珍等利用蒌叶提取物或槟榔加蒌叶提取物，研制了一种防治神经衰弱的药物，该药物具有提神醒脑，消除疲劳的效用[21]。纪明慧等人通过对蒌叶乙醇提取物进行抗疲劳实验，对小鼠进行了运动耐受力以及血乳酸、肝糖原、血清尿素氮含量的指标，结果发现小鼠运动耐受力加强，血乳酸、肝糖原以及血清尿素氮含量下降，证实了蒌叶具有很强的抗疲劳效果[17]。

5. 其他

曾华武等人发现蒌叶中的胡椒槟榔醇、甲基胡椒槟榔醇、胡椒醇 A、胡椒醇 B 能选择性抑制血小板激活因子（PAF）诱导的洗涤兔血小板聚集，是有效的体外 PAF 受体拮抗剂[8]。刘书伟等人设置蒌叶+槟榔、石灰+槟榔、蒌叶+石灰+槟榔、槟榔 4 个处理及空白对照对小鼠进行灌胃处理，测定小鼠的生精细胞凋亡指数、Bcl-2 与 Bax 蛋白表达量及体温。结果槟榔处理后，小鼠的各项指标变化幅度最大，而槟榔+蒌叶+石灰槟榔处理后，变化幅度最小，槟榔+蒌叶+石灰处理的小鼠体温等指标均呈现下降趋势。可见，蒌叶中含有能够降低毒性的成分[22]。

参考文献

[1] 南京中医药大学. 中药大辞典: 下册[M]. 第二版. 上海: 上海科学技术出版社, 2006.

[2] 郭声波. 蒟酱(蒌叶)的历史与开发[J]. 中国农史, 2007, (1): 8-17.

[3] 刘进平. 蒌叶的开发价值[J]. 农业研究与应用, 2011, (3): 60-61.

[4] 廖超林. 泰国蒌叶精油化学成分的研究[J]. 香料香精化妆品, 2000, (2): 3-6.

[5] 尹震花, 王微, 顾海鹏, 等. HS-SPME-GC-MS 分析蒟酱叶挥发性成分[J]. 天然产物研究与开发, 2012, 24(10): 1402-1404.

[6] 吕纪行, 纪明慧, 郭飞燕, 等. 蒌叶挥发油的提取及抗氧化和抑菌活性研究[J]. 食品工业科技, 2017, 38(9): 75-81.

[7] Mohottalage S, Tabacchi R, Guerin P M. Components from Sri Lankan *Piper betle* L. leaf oil and their analogues showing toxicity against the housefly, Musca domestica[J]. Flavour & Fragrance Journal, 2010, 22(2): 130-138.

[8] Zeng H W, Jiang Y Y, Cai D G, *et al*. Piperbetol, methylpiperbetol, piperol A and piperol B: a new series of highly specific PAF receptor antagonists from *Piper betle*[J]. Plants medica, 1997, 63(4): 296-298.

[9] 黄相中, 尹燕, 黄文全, 等. 蒌叶茎中生物碱和木脂素类化学成分研究[J]. 中国中药杂志, 2010, 35(17): 2285-2288.

[10] Sthr J R, Xiao P G, Bauer R. Constituents of Chinese Piper species and their inhibitory activity on prostaglandin and leukotriene biosynthesis *in vitro*[J]. Journal of Ethnopharmacology, 2001, 75(2-3): 133-139.

[11] 尹燕. 蒌叶茎的化学成分研究[J]. 中药材, 2009, 32(6): 887-890.

[12] 朱芸, 戴云, 黄相中, 等. 蒌叶的化学成分研究[J]. 云南中医中药杂志, 2010, 31(9): 56-58.

[13] 黄相中, 尹燕, 程春梅, 等. 蒌叶茎中甘油酯和神经酰胺类化合物的研究[J]. 云南民族大学学报(自然科学版), 2010, 19(2): 97-98, 105.

[14] 梁辉, 尹燕, 杨青睐, 等. 蒌叶提取物的抗氧化与抑菌活性研究[J]. 云南中医中药杂志, 2011, 32(5): 57-59.

[15] 吕纪行, 纪明慧, 郭飞燕, 等. 蒌叶抑菌活性成分的超声提取及其稳定性的研究[J]. 化学研究与应用, 2018, 30(1): 46-53.

[16] 纪明慧, 郭飞燕, 王呈文, 等. 蒌叶抗氧化活性成分的提取及活性测定体系的优化[J]. 食品工业科技, 2012, 33(21): 246-248, 145.

[17] 纪明慧, 郭飞燕, 王呈文, 等. 蒌叶乙醇提取物抗氧化及抗疲劳作用研究[J].化学研究与应用, 2014, 26(10): 1557-1562.

[18] Thuy B T P, Hieu L T, My T T A, *et al*. Screening for Streptococcus pyogenes antibacterial and *Candida albicans* antifungal bioactivities of organic compounds in natural essential oils of *Piper betle* L., *Cleistocalyx operculatus* L. and *Ageratum conyzoides* L.[J]. Chemical Papers, 2020, 75: 1507-1519.

[19] Gundala S R, Yang C, Mukkavilli R, *et al*. Hydroxychavicol, a betel leaf component, inhibits prostate cancer through ROS-driven DNA damage and apoptosis[J]. Toxicology and Applied Pharmacology, 2014, 280(1): 86-96.

[20] 赵诗佳, 徐志. 胡椒亭作为一种抗肿瘤药物的先导化合物合成及类似物的性质[J]. 国外医药(抗生素分册), 2019, 40(5): 467-473.

[21] 陈晓珍, 吴晓青, 李国友, 等. 一种防治神经衰弱的药物及其制备[P]. CN: 2009102164185, 2011.

[22] 刘书伟, 王燕, 都二霞, 等. 石灰、蒌叶处理槟榔对小鼠生殖毒性及体温的影响[J]. 河南农业科学, 2016, 45(10): 151-154.

第四节
毛大丁草

毛大丁草为菊科毛大丁草 [*Gerbera piloselloides* (Linn.) Cass.] 的干燥全草, 别名兔耳风（云南）、小一枝箭、一枝香（福建）、白眉、一炷香、扑地香、白花一枝香、头顶一枝香、磨地香、四皮香、巴地香、贴地香、贴地风、贴地消，多年生草本[1]。全草入药，具有清热解毒、理气和血的功效，可用于治疗咳嗽、哮喘、水肿胀满、小便不利、经闭、跌扑损伤、痈疖等[2]。毛大丁草的成分复杂，主要含有香豆素、萜类、黄酮、甾醇、有机酸等化合物。

一、资源分布及生物学特征

1．资源分布

毛大丁草一般生长在林缘、草丛中或旷野荒地上，喜阳光。毛大丁草分布于我国的西藏、云南、四川、贵州、广西、广东、湖南、湖北、江西等地[3]，此外，在日本、尼泊尔、印度、缅甸、泰国、老挝、越南、印度尼西亚、澳大利亚以及非洲也有分布。

2．生物学特征

毛大丁草是菊科大丁草属的多年生、被毛草本。根状茎短，为残存的叶柄所围裹，具较粗的须根。叶基生，莲座状，倒卵形、倒卵状长圆形或长圆形，稀有卵形，长 6～16cm，宽 2.5～5.5cm，顶端圆，基部渐狭或钝，全缘，上面被疏粗毛，老时脱毛，下面密被白色蛛丝状绵毛，边缘有灰锈色睫毛；头状花序诞生于花葶之顶，于花期直径达 2.5～4cm；总苞盘状，开展，长于冠毛而略短于舌状花冠；总苞片 2 层，线形或线状披针形，顶端渐尖，外层的短而狭，长 8～11mm，宽 0.7～1mm，内层长 14～18mm，宽 1～1.5mm，背面除干膜质的边缘外，被锈色绒毛；花托裸露，蜂窝状，直径约 6mm；外围雌花 2 层，外层花冠舌状，长 16～18mm，舌片上面白色，背面微红色，倒披针形或匙状长圆形，长为花冠管数倍，顶端有不明显的 3 细齿。内层雌花花冠管状二唇形，长 10～12mm，外唇大，顶端具 3 细齿，内唇短，2 深裂。中央两性花多数，花冠长约 12mm，冠檐扩大呈 2 唇状；冠毛橙红色或淡褐色，为粗糙，寄存，长约 11mm，基部联合成环。花期 2～5 月及 8～12 月[3]。

二、化学成分研究

毛大丁草化学成分复杂，目前已经从其中发现了多种成分，主要成分有香豆素类、萜类等物质。目前测定的化学成分有熊果苷，主要通过 RP-HPLC 法、双波长薄层扫描法测定[4-5]；利用 HPLC 法测定大丁苷和 8-甲氧基补骨脂素的含量[6]，以及通过紫外-可见分光光度法测定总黄酮含量[7]。此外，游景瑞等建立毛大丁草的指纹图谱，并指认出熊果苷、绿原酸、木犀草苷、异绿原酸 B、异绿原酸 A、异绿原酸 C 等成分，同时对这六种成分进行了含量测定[8-9]。

1．挥发油类

唐小江等对毛大丁草的根、茎、叶进行了挥发油成分的比较，一共从中分离出了 63 个化学成分，鉴定出了 55 个成分，发现其根、茎、叶的化学成分相差较大[10]。罗兰等利用 GC-MS 技术对水蒸气蒸馏法提取得到的毛大丁草挥发油成分进行鉴定，从成分中检出 22 个色谱峰，鉴定了 17 个化合物，含量较高的成分为 neryl(*S*)-2-methylbutanoate、4-羟基-3-甲基苯乙酮、棕榈酸等[11]。

2．香豆素类

香豆素类化合物在芸香科、伞形科、菊科等植物中广泛分布，也被看作是大丁草属的特征化合物。之前通过研究从毛大丁草中分离出了多种香豆素类化合物[12~15]；Li 等通过研究发现多种新的香豆素衍生物[16]。化合物名称见表 4-10，化合物结构见图 4-10。

表 4-10　毛大丁草香豆素类化合物

序号	化合物名称	文献来源	序号	化合物名称	文献来源
1	7,8-dihydroxycoumarin	[12]	7	marmcsinin	[14]
2	bibothrioclinin Ⅰ	[13]	8	umbelliferone	[14]
3	bibothrioclinin Ⅱ	[14]	9	gerberinside	[14]
4	bothrioclinin	[15]	10	8-methoxypsorale	[14]
5	daphnetin-7-*O*-β-D-glucopyranoside	[14]	11	gerbeloid 1	[16]
6	daphnetin-8-*O*-β-D-glucopyranoside	[14]	12	gerbeloid 2	[16]

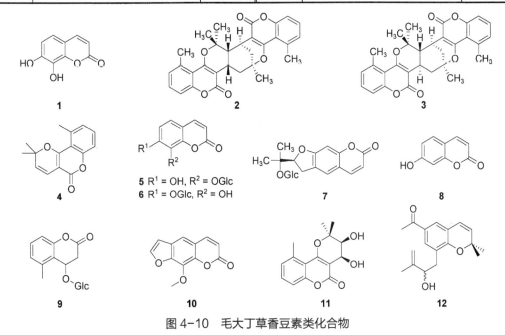

图 4-10　毛大丁草香豆素类化合物

3．萜类

毛大丁草中的萜类化合物含量丰富，在毛大丁草的根、茎、叶部位均有分布[10,11,17]。化合物名称见表 4-11，化合物结构见图 4-11。

表 4-11　毛大丁草萜类化合物

序号	化合物名称	文献来源	序号	化合物名称	文献来源
1	(+)-aromadendrene	[17]	5	thymol	[11]
2	berkheyaradulene	[10]	6	α-cedrol	[17]
3	caryophyllene oxide	[17]	7	α-guaiene	[17]
4	gammaceran-3β-21α-diol	[13]			

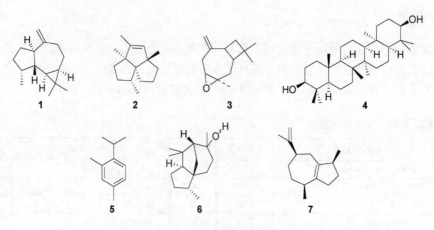

图 4-11 毛大丁草萜类化合物

4．其他类化合物

Bohlmann 等[18]从毛大丁草提出了两个苯骈呋喃（cyclopiloselloidone、desoxdehydrocyclopiloselloidone），王建军从毛大丁草全草分离出多个化合物，如咖啡酸、3,4-二咖啡奎尼酸和 5-hydroxy-[β-D-glucopyranosyloxy]-hexanoic acid butyl ester 等，其中 5-hydroxy-[β-D-glucopyranosyloxy]-hexanoic acid butyl ester 是首次作为天然产物分离的[12]。此外，毛大丁草中还有其他类化合物，如甾醇类 stigmasterol、β-sitosterol，如黄酮类化合物 apigenin-7-O-rutinoside、apigenin 7-O-β-glucopyranoside、kaempherol-3,7-bismannoside、luteolin-7-O-rutinoside、luteolin-7-O-β-glucopyranoside；糖苷类化合物 arbutin、koaburaside、glucosyringic acid、2,6-dimethoxy-4-hydroxyphenol-1-O-β-D-glucopyranoside、marmesinin、1-methyl-4-isopropenyl-1-cyclohex-ene；苯乙酮类化合物 trolox 等[19]。化合物名称见表 4-12，化合物结构见图 4-12。

表 4-12　毛大丁草其他类化合物

序号	化合物名称	文献来源
1	cyclopiloselloidone	[18]
2	desoxdehydrocyclopiloselloidone	[18]
3	5-hydroxy-[β-D-glucopyranosyloxy]-hexanoic acid butyl ester	[12]
4	arbutin	[19]
5	koaburaside	[19]
6	glucosyringic acid	[19]
7	marmesinin	[19]
8	trolox	[19]

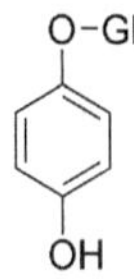

图 4-12　毛大丁草其他类化合物

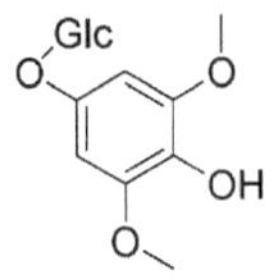

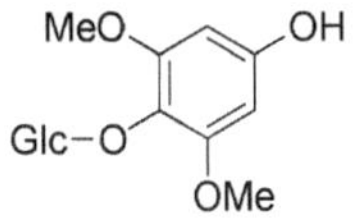

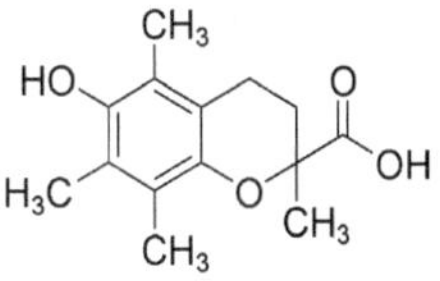

三、药理活性

1．止咳化痰、平喘作用

遵义药理学组用毛大丁草煎剂及其提取物香豆精试溶液对氨气处理的小鼠进行处理，发现毛大丁草煎剂止咳效果好、化痰效果差[20]。张世武等对豚鼠进行组胺喷雾处理，使豚鼠窒息，然后用毛大丁草煎剂经口给药对豚鼠进行处理，发现毛大丁草具有一定的平喘作用[21]。韩云霞等对药方吉贝咳喘汤进行了研究，发现其在治疗慢性阻塞肺病有着良好的疗效，患者的咳喘得到明显改善，其中毛大丁草是药方中的佐药，起发汗利水、宣肺的疗效[22]。毛大丁草含有熊果苷，李淑媛等通过对多种动物进行不同剂量和多种给药途径的处理，证实了毛大丁草的止咳作用可能是熊果苷引起的，且熊果苷的镇咳活性在一定范围内与剂量成正比，其苷元鸡纳酚也有相同作用而需要剂量更小，且毒性小，发现熊果苷的镇咳效应可能与苷元鸡纳酚密切有关[23-24]。唐小江等对毛大丁草根进行了处理，首次从其根中分离出了四种止咳化痰活性成分，且效果良好[25]。陆翠芬等利用浓氨水对小鼠进行处理，然后采用氨水诱咳法和酚红排泌法观察不同剂量毛大丁草叶醇提物的镇咳、祛痰作用，结果表明毛大丁草叶醇提物止咳、祛痰作用强，且高剂量的提取液比急支糖浆效果要更好[26]。郭美仙等利用毛大丁草根水煎剂研究对豚鼠的镇咳、祛痰和平喘作用，发现毛大丁草根水煎剂可有效抑制小鼠的咳嗽反应，能够延长咳嗽潜伏期、减少小鼠的咳嗽次数；祛痰效果良好，可增加小鼠呼吸道酚红的排泌量；也可通过抑制 Ach、His 诱导的离体气管平滑肌的收缩张力，从而达到好的平喘疗效[27]。

2．抗肿瘤作用

唐小江等通过小鼠体内抑菌试验，探究经过醇提、减压得到的毛大丁草浸膏 GPC-2 对小鼠 HepA 实体瘤以及小鼠 S180 实体瘤的抑制作用。结果发现 GPC-2 三个剂量组对小鼠 HepA 实体瘤均有显著的抑瘤作用，小鼠的胸腺指数下降，脾指数上升；高、中剂量组处理的小鼠肝指数上升。当 GPC-2 含量为 400mg/kg 时，其抑瘤率达到了 63.07%，但小鼠的体重出现负增长；GPC-2 三个剂量组对小鼠 S180 实体瘤均有显著的抗肿瘤作用，在其含量为 100mg/kg 时，抑瘤率达到了 47.42%，小鼠的胸腺指数均下降，但它的脾、肝指数上升。说明 GPC-2 有一定的毒性，较安全又有效的剂量为 100mg/kg 左右。他们也对其进行了体外抗肿瘤实验，在光学显微镜观察到 GPC-2 处理的 HepG2 细胞生长受到抑制，贴壁生长细胞由梭状逐渐变成圆形，细胞透明度和细胞黏附力降低，对肿瘤细胞的半数杀伤浓度 IC_{50} 为 58μg/mL。与此同时，他们发现 GPC-2 引起凋亡细胞的百分率随着药物浓度升高而升高，或在同一浓度药物处理下随作用时间延长而升高。检测时出现明显的凋亡峰，表明 GPC-2 的抗肿瘤作用的分子机理与诱导细胞凋亡有关，发现 GPC-2 的抗肿瘤作用与抑制 bcl-2 基因的表达，促进细胞的凋亡有关[28]。张婷等通发现毛大丁草中所提取的化合物与具有抗癌和抗肿瘤作用的药效团的匹配值非常高，表明它都具有较高的抗肿瘤及抗癌活性[29]。另外，毛大丁草中含有的 7,8-二羟基香豆素在抑制人肺腺癌方面有很好的疗效[30]。

3. 免疫作用

高彩凤等从 95%乙醇中提取得到毛大丁草多糖 Gcp，其分子量约为 7.5kD，单糖比例为果糖：木糖：葡萄糖=24：1：4。研究发现 200mg/kg 的 Gcp 可显著升高由于苯中毒引起的小鼠白细胞数目（$P<0.01$），并对苯中毒所致的小鼠脾指数下降、肝损伤（肝细胞坏死）及骨髓嗜多染红细胞微核发生率升高均有一定的抑制作用；当 Gcp 含量为 100mg/kg 时，可促进苯中毒小鼠脾、胸腺指数回升。Gcp 对苯中毒小鼠骨髓粒细胞变性坏死有一定的改善作用，并可增加骨髓粒细胞特异性颗粒；Gcp 含量为 50mg/kg 时，对苯的各种毒性作用无明显改善作用[31]。

4. 抗菌活性

叶春芝等用毛大丁草煎煮液治疗口腔溃疡，有着极其良好的功效[32]。郑民实采用组织培养法对 400 个中草药抗单纯疱疹病毒进行了研究研究证明，发现毛大丁草具有明显的抗菌性[33]。毛大丁草中含有的 4-羟基香豆素是主要的抗菌成分；大丁苷对绿脓杆菌、金黄色葡萄球菌均具有抑制作用；大丁纤维二糖苷和大丁龙胆二糖苷对金黄色葡萄球菌，以及毛大丁草中的琥珀酸对绿脓杆菌、大肠杆菌、金黄色葡萄球菌均有抑制作用，同时对细菌、真菌均有抑制作用[19]。

5. 其他作用

张岚等以黑色素 B16F10 细胞为模型，研究毛大丁草根不同极性萃取物对黑色素合成的抑制作用，同时探究美白活性与熊果苷含量之间的关系。结果表明，毛大丁草根各极性萃取物对黑色素生成均有一定的抑制作用。毛大丁草中的熊果苷主要集中在毛大丁草根正丁醇萃取物和水相萃取物中，且正丁醇萃取物含量最高，它们的美白活性与熊果苷含量存在一定相关性，毒性较小，适合作为化妆品添加剂；而氯仿萃取物和乙酸乙酯萃取物的美白活性与熊果苷含量无直接相关性，且毒性较大，不适宜用于做美白产品[34]。柳斌等研究发现毛大丁草叶醇提物对大鼠离体子宫自发收缩和催产素诱发收缩均具有明显的抑制作用，具有子宫镇痛的作用[35]。有学者从毛大丁草中分离得到的 8-methoxysmyrindiol 对大鼠的血管具有舒张作用，推测它可能是一种有用的治疗高血压药物，并有可能治疗心血管和胃肠道疾病[36]。

参考文献

[1] 卢鸿涛. 毛大丁草的本草考证[J]. 中药材, 1988, 11(4): 45-46.

[2] 江苏新医学院. 中药大辞典[M]. 上海:上海科学技术出版社, 1977.

[3] 中国科学院中国植物志编辑委员会. 中国植物志: 第 79 卷[M]. 北京: 科学出版社, 1996.

[4] 麻秀萍, 谭静, 蒋朝晖, 等.HPLC 测定毛大丁草中的熊果苷[J]. 华西药学杂志, 2013, 28(3): 307-308.

[5] 唐新雯, 刘廷江. 薄层扫描法测定毛大丁草中熊果苷含量[J]. 中国药业, 2009, 18(2): 29.

[6] 王娜, 曹葳葳, 仇维华, 等. RP-HPLC-UV 法同时测定毛大丁草中大丁苷和 8-甲氧基补骨脂素的含量[J]. 沈阳药科大学学报, 2019, 36(3): 249-253.

[7] 何可群, 李相兴, 杨琼. 毛大丁草总黄酮含量测定[J]. 亚太传统医药, 2013, 9(3): 36-38.

[8] 游景瑞, 熊丹丹, 刘春花, 等.HPLC 结合化学计量学法的毛大丁草指纹图谱研究[J]. 中药材, 2019, 42(1): 126-130.

[9] 游景瑞, 孙佳, 兰燕宇, 等.UHPLC-PDA 法同时测定毛大丁草中 6 种成分[J]. 中成药, 2021, 43(1): 111-116.

[10] 唐小江, 张援, 黄华容, 等. 毛大丁草不同部位挥发油成分的比较[J]. 中山大学学报(自然科学版), 2003, 42(2): 124-125.

[11] 罗兰, 邓金梅, 廖华卫. GC-MS 分析毛大丁草挥发油成分[J]. 中药材, 2013, 36(6): 944-945.

[12] 王建军. 广西靖西壮族端午药市植物地胆草和毛大丁的研究[D]. 中央民族大学, 2013.

[13] 肖瑛, 李建北, 丁怡. 毛大丁草根和根茎化学成分的研究[J]. 中国中药杂志, 2002, 27(8): 37-39.

[14] Xiao Y, Ding Y, Li J B, *et al*. Two novel dicoumaro-p-menthanes from *Gerbera piloselloides* (L.) Cass.[J]. Cheminform, 2010, 36(17): 1362.

[15] 肖瑛, 李建北, 丁怡. 毛大丁草化学成分的研究[J]. 中草药, 2003, 34(2): 17-19.

[16] Li T, Ma X, Fedotov D, *et al*. Structure elucidation of prenyl- and geranyl-substituted coumarins in *Gerbera piloselloides* by NMR spectroscopy, electronic circular dichroism calculations, and single crystal X-ray crystallography[J]. Molecules, 2020, 25(7): 1706.

[17] 唐小江. 毛大丁草的化学成分及药理作用研究[D]. 中山大学, 2003.

[18] Bohlmann F, Grenz M. Natürlich V. Cumarin-derivate, XI. ber die inhaltsstoffe von *Gerbera piloselloides* Cass[J]. European Journal of Inorganic Chemistry, 1975, 108(1): 26-30.

[19] 张贝西, 王建军, 雷启义, 等. 民族药用植物毛大丁草的化学成分及药理作用研究进展[J]. 南京中医药大学学报, 2019, 35(3): 351-355.

[20] 药理学组, 毛大丁草镇咳、祛痰作用的实验研究[J]. 医药科技资料, 1977, (1): 31-33.

[21] 张世武, 刘国雄. 毛大丁草"平喘"作用的实验观察[J]. 遵义医学院学报, 1981, 4(1): 7-8, 6.

[22] 韩云霞, 葛正行, 李德鑫, 等. 吉贝咳喘汤治疗慢性阻塞性肺病[J]. 中国实验方剂学杂志, 2011, 17(7): 227-229.

[23] 李淑媛, 刘国雄, 续俊文, 等. 熊果苷镇咳作用的实验观察[J]. 遵义医学院学报, 1980, (3): 77-78.

[24] 李淑媛, 刘国雄, 张毅, 等. 熊果苷镇咳作用的实验研究[J]. 中国药学杂志, 1982, 17(12): 16-18.

[25] 唐小江, 黄华容, 方铁铮, 等. 毛大丁草根止咳化痰活性成分的研究[J]. 中国中药杂志, 2003, 28(5): 46-49.

[26] 陆翠芬, 郭美仙, 柳斌, 等. 毛大丁草叶对小鼠镇咳祛痰作用的研究[J]. 云南中医中药杂志, 2012, 33(10): 57-58, 1.

[27] 郭美仙, 胡亚婷, 陆翠芬, 等. 毛大丁草根水煎剂对受试动物的镇咳、祛痰、平喘作用[J]. 大理学院学报, 2013, 12(6): 1-4.

[28] 唐小江, 黄华容, 方铁铮, 等. 毛大丁草醇提物的抗肿瘤作用及其分子机理研究[J]. 中药药理与临床, 2003, 19(2): 24-25.

[29] 张婷, 王华华, 车萌, 等. 基于反向找靶的抗肿瘤活性研究[J]. 计算机与应用化学, 2016, 33(3): 353-358.

[30] 王跃. 7,8-二羟基香豆素抑制 A549 人肺腺癌细胞作用的研究[D]. 长春: 吉林大学, 2013.

[31] 高彩凤. 毛大丁草多糖 C(Gcp)对苯中毒小鼠的升白作用及其机制研究[D]. 太原: 山西医科大学, 2006.

[32] 叶春芝, 纪爱娇, 季春捷. 毛大丁草可治急性口腔溃疡[J]. 浙江中医杂志, 1999, (7): 293.

[33] 郑民实, 阎燕, 李文. 400 种中草药抗单纯疱疹病毒的研究[J]. 中国医院药学杂志, 1989, 9(11): 3-5.

[34] 张岗, 黄立森, 唐灵芝, 等. 毛大丁草根不同极性萃取物美白活性与熊果苷含量相关性研究[J]. 化学与生物工程, 2018, 35(4): 30-34.

[35] 柳斌, 郭美仙, 刘勇, 等. 毛大丁草叶醇提物对大鼠离体子宫的作用[J]. 大理学院学报, 2013, 12(6): 90-92.

[36] He F, Yang J, Cheng X, *et al*. 8-methoxysmyrindiol from *Gerbera piloselloides* (L.) Cass. and its vasodilation effects on isolated rat mesenteric arteries[J]. Fitoterapia, 2019, 138: 104299.

民族植物资源

化学与生物活性

研究

Research Progress on
Chemistry and Bioactivity
of
Ethnobotany
Resources

第五章

壮族药物

壮族医药源远流长，具有显著的民族性、传统性与区域性。壮族人民在与自然灾害和疾病的长期斗争中积累了防治疾病和卫生保健的经验。壮族传统医药就是壮族人民适应大自然并与病魔抗争，长期发掘、认可、使用传统经验，逐步形成的具有本民族特色的医药学。壮族医药在历史上虽未有本民族文字的专著记载，但在汉文古本草或史书县志中却屡见不鲜，更多的是以"口碑"形式在壮族民间中代代流传下来。我国最古老的一部植物志，晋·嵇含（263～306年）著《南方草木状》记载了岭南番禺、南海、合浦等地产的 80 种珍贵植物。1986 年广西壮族自治区卫生厅古籍办对全区民族医药进行普查工作，收集到许多民族医药文物、手抄本等，以及验方 30000 余条。造册登记的壮族民间医生就有 3000 余人，他们利用当地特产质优药材和祖传良方医技防病治病，受到各族患者的好评。同时，壮族药物（以下简称壮药）又与其他民族药物有交叉，如壮药了哥王同时也是苗药。

近年来壮药药物学和化学成分的研究取得了丰硕的成果，研究工作者对多个壮族民间用药进行了资源调查、生药学鉴定、化学成分分析及药理药效学研究，分离鉴定出具有生物活性的化合物千余种，发表学术论文千余篇。这些壮药现代化研究取得的成果，促进了壮药理论体系的初步形成，为壮药事业的进一步发展打下了坚实的基础。

本章节选取了半边旗、苦丁茶、罗汉果、两面针、广西莪术、大驳骨、鸡骨草、番石榴、千斤拔、救必应、溪黄草、草珊瑚、叶下珠、了哥王、龙眼 15 种常用大宗壮药，对其植物资源分布、生物学特征、化学成分及药理作用进行了总结，为壮药的深入开发提供了研究思路。如常用壮药溪黄草具有保肝、抗肿瘤、消炎、抗病毒及抑菌等多种药理活性，其化学成分以二萜类化合物最为丰富，且化学结构变化多，提示溪黄草二萜成分有潜在的开发潜力。

第一节
半边旗

半边旗（*Pteris semipinnata* L.）是蕨类植物门凤尾蕨属多年生草本植物，又名半边莲、单边旗、半边蕨，史载于《岭南采药录》，为壮族常用药物。具有清热解毒、止血止痛的功效，主治跌打损伤、目赤肿痛、痢疾等。现代植物化学及其药理学研究表明半边旗内主要含有二萜、倍半萜、黄酮以及糖苷类化合物等，具有抗癌、抗炎、抗肿瘤等多种生物活性[1~2]。

一、生物学特征及资源分布

1. 生物学特征

植株高 35～120cm。根状茎长而横走，粗 1～1.5cm；褐色鳞片。叶簇生，近一型；叶柄长 15～55cm，粗 1.5～3mm，连同叶轴均为栗红有光泽，光滑；叶片长圆披针形，长 15～40（60）cm，宽 6～15（18）cm，二回半边深裂；顶生羽片阔披针形至长三角形，长 10～18cm，基部宽 3～10cm，先端尾状，篦齿状，深羽裂几达叶轴，裂片 6～12 对，对生，开展，间隔宽 3～5mm，镰刀状阔披针形，长 2.5～5cm，向上渐短，宽 6～10mm，先端短渐尖，基部下侧呈倒三角形的阔翅沿叶轴下延达下一对裂片；侧生羽片 4～7 对，对生或近对生，开展，下部的有短柄，向上无柄，半三角形而略呈镰刀状，长 5～10（18）cm，基部宽 4～7cm，先端长尾头，基部偏斜，两侧极不对称，上侧仅有一条阔翅，宽 3～6mm，不分裂或很少在基部有一片或少数短裂片，下侧篦齿状深羽裂几达羽轴，裂片 3～6 片或较多，镰刀状披针形，基部一片最长，1.5～4（8.5）cm，宽 3～6（11）mm，向上的逐渐变短，先端短尖或钝，基部下侧下延，不育裂片的叶：有尖锯齿，能育裂片仅顶端有一尖刺或具 2～3 个尖锯齿。羽轴下面略微突出隆起，下部为浅灰或栗色，向上禾秆色，上面之间还会有纵沟，纵沟两旁之间还会有另外形成啮蚀状的浅色或者淡灰色狭翅状的短褐色羽边。侧脉明显，斜上，二叉或回二叉，小脉通常伸达锯齿的基部。叶干后草质，灰绿色，无毛[3]。

2．资源分布

在我国主要分布于南方地区。喜阴冷潮湿的环境，因叶片角质层厚硬，可适应温差较大的地方，多见于疏林下阴处、溪边或岩石旁，土壤呈酸性或中性，海拔 850m 以下。分布于台湾、福建、江西、广东、广西、湖南、贵州、四川、云南等地。日本、菲律宾、越南、老挝、泰国、缅甸、马来西亚、斯里兰卡及印度也有分布[4]。

二、化学成分研究

1．二萜类

近十年来的文献从半边旗中分离得到的二萜类化合物，其基本母核除了半日花烷，其大多以贝壳杉烷为基本母核。Zhan 等[5]从半边旗地上部分分离得到了一个二萜类化合物，经波谱分析鉴定为 7β-hydroxy-11β,16β-epoxy-*ent*-kauran-19-oic acid；杨宝等[6]用硅胶柱色谱、ODS 柱色谱、Sephadex LH-20 柱色谱、半制备高效液相色谱法等分离手段对半边旗带根茎全草的甲醇提取物进行了分离纯化，得到的二萜类化合物为 6β,11α-dihydroxy-15-oxo-ent-16-en-19-oic acid、7α,11α-dihydroxy-15-oxo-*ent*-kaur-16-en-19-oic acid；周星宏等[7]采用 HPLC 法测得半边旗中有 2 个二萜类化合物 *ent*-11α-hydroxy-15-oxo-kaur-16-en-19-oic acid(5F)、(16*R*)-*ent*-11α-hydroxy-15-oxo-kaurane-19-oic acid；Jin 等[8]从半边旗的乙醇提取物中分离得到了一个新的二萜类化合物 15-*O*-β-D-glucopyranosyl-labda-8(17),13*E*-diene-3β,7β-diol；Qiu 等[9]从半边旗植物中分离得到了 2 个新的二萜类化合物 pterisolic acid H、pterisolic acid G；Shi 等[10]首次从半边旗的甲醇提取物中分离得到的二萜类化合物 pteriside。龚先玲等[11]运用反复硅胶柱色谱的方法对半边旗中的化学成分进行分离纯化，从中分离鉴定 1 个二萜苷类化合物 11β-hydroxyl-15-oxo-*ent*-kaur-16-en-oic acid-β-D-glucoside。具体名称和结构可见表 5-1 和图 5-1。

表 5-1 半边旗中二萜类化合物

序号	化合物名称	文献来源
1	7β-hydroxy-11β,16β-epoxy-*ent*-kauran-19-oic acid	[5]
2	6β,11α-dihydroxy-15-oxo-*ent*-16-en-19-oic acid	[6]
3	7α,11α-dihydroxy-15-oxo-*ent*-kaur-16-en-19-oic acid	[6]

序号	化合物名称	文献来源
4	*ent*-11α-hydroxy-15-oxo-kaur-16-en-19-oic acid(5F)	[7]
5	15-*O*-β-D-glucopyranosyl-labda-8(17), 13*E*-diene-3β,7β-diol	[8]
6	(16*R*)-*ent*-11α-hydroxy-15-oxo-kaurane-19-oic acid	[7]
7	pterisolic acid H	[9]
8	pteisolic acid G	[9]
9	pteriside	[10]
10	11β-hydroxyl-15-oxo-*ent*-kaur-16-en-19 -oic acid-β-D-glucoside	[11]

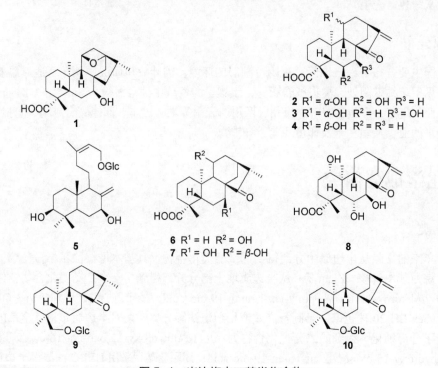

2 R¹ = α-OH R² = OH R³ = H
3 R¹ = α-OH R² = H R³ = OH
4 R¹ = β-OH R² = R³ = H

6 R¹ = H R² = OH
7 R¹ = OH R² = β-OH

图 5-1　半边旗中二萜类化合物

2．倍半萜类

杨宝等[6]应用硅胶柱色谱、ODS 柱色谱、Sephadex LH-20 柱色谱、半制备高效液相色谱法等分离手段从半边旗带根茎全草的甲醇提取物分离得到的倍半萜类化合物为(2*R*)-pterosin B、(2*S*, 3*S*)-pterosin C、pterosin C-3-*O*-β-D-glucoside。Zhan 等[12]从半边旗中发现了 3 个新的倍半萜类化合物：2*R*-norpterosin B、semmipterosin A、(2*R*)-12-*O*-β-D-glucopyranosylnopterosin B。近年来从半边旗中分离出的倍半萜类化合物的基本名称和化学结构分别见表 5-2 和图 5-2。

3．黄酮类

杨宝等[6]综合应用硅胶柱色谱、ODS 柱色谱、Sephadex LH-20 柱色谱、半制备高效液相色谱法等分离手段从半边旗带根茎全草的甲醇提取物分离得到了 8 个黄酮类化合物；李慧等[13]应用硅胶柱色谱、Sephadex LH-20 凝胶柱色谱等分离技术，并通过 NMR 和 HR-ESI-MS 法鉴定结构，从半边旗全草甲醇提取物中分离得到的黄酮类化合物表没食子儿茶素。近年来从半边旗中分离出的黄酮类化合物的基本名称和化学结构见表 5-3 和图 5-3。

表 5-2　半边旗中倍半萜类化合物

序号	化合物名称	来源	序号	化合物名称	来源
1	(2*R*)-pterosin B	[6]	4	(2*R*)-norpterosin B	[12]
2	(2*S*, 3*S*)-pterosin C	[6]	5	semmipterosin A	[12]
3	pterosin C-3-*O*-β-D-glucoside	[6]	6	(2*R*)-12-*O*-β-D-glucopyranosylnopterosin B	[12]

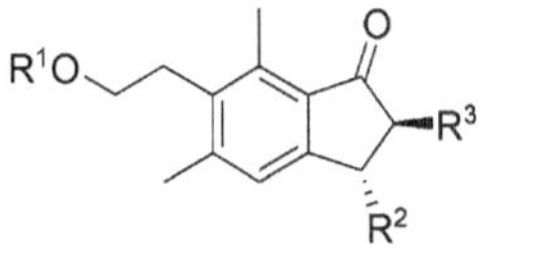

1 R¹ = R² = H　R³ = α-CH₃
2 R¹ = H　R² = OH　R³ = β-CH₃
3 R¹ = H　R² = OGlc　R³ = α-CH₃

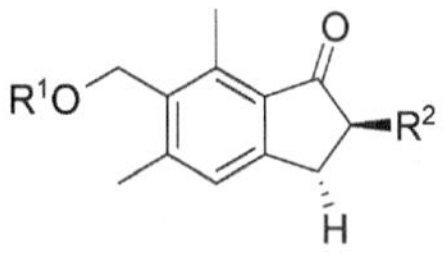

4 R¹ = H　R² = α-CH₃
6 R¹ = Glc　R² = α-CH₃

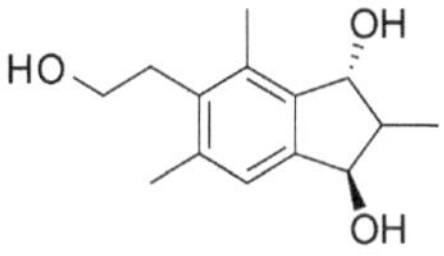

5

图 5-2　半边旗中倍半萜类化合物

表 5-3　半边旗中黄酮类化合物

序号	化合物名称	文献来源	序号	化合物名称	文献来源
1	芹菜素-7-*O*-β-D-吡喃葡萄糖苷	[6]	6	槲皮素-3-*O*-β-D-吡喃葡萄糖苷	[6]
2	芹菜素-7-*O*-β-D 龙胆二糖苷	[6]	7	山柰酚-3-*O*-β-D-吡喃葡萄糖苷	[6]
3	芹菜素-7-*O*-β-D-吡喃葡萄糖苷-4-*O*-α-L-吡喃鼠李糖苷	[6]	8	芦丁	[6]
			9	表没食子儿茶素	[13]
4	异佛莱心苷	[6]	10	apigenin-7-*O*-α-D-glucoside	[14]
5	木犀草素-7-*O*-β-D-龙胆二糖苷	[6]			

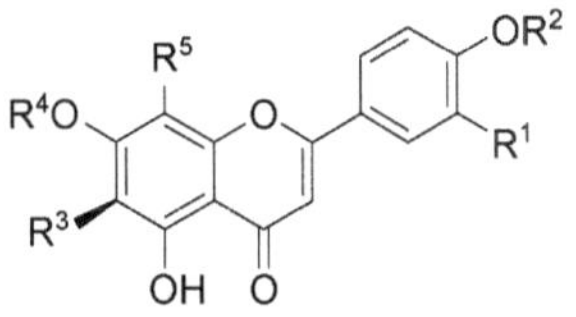

1 R¹ = R² = R³ = R⁵ = H　R⁴ = Glc
2 R² = Rha　R¹ = R³ = R⁵ = H　R⁴ = Gen
3 R¹ = R² = R³ = R⁵ = H　R⁴ = Glc
4 R³ = Rha　R² = R¹ = R⁴ = H　R⁵ = Glc
5 R¹ = OH　R² = R³ = R⁵ = H　R⁴ = Gen

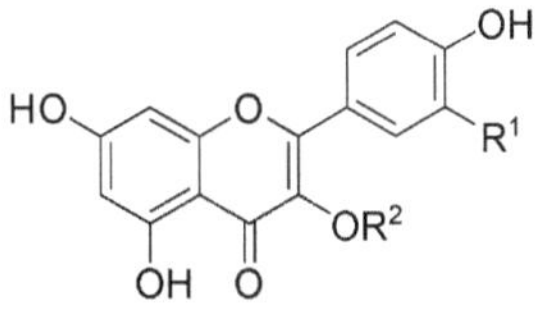

6 R¹ = OH　R² = Glc
7 R¹ = H　R² = Glc

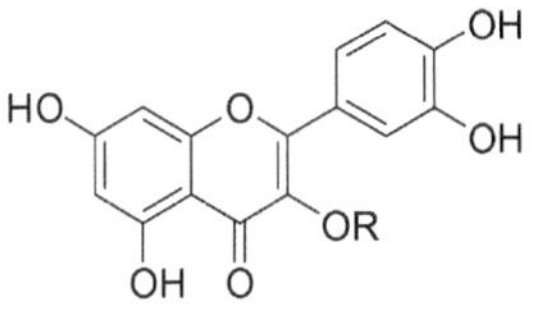

8 R = 芸香糖基

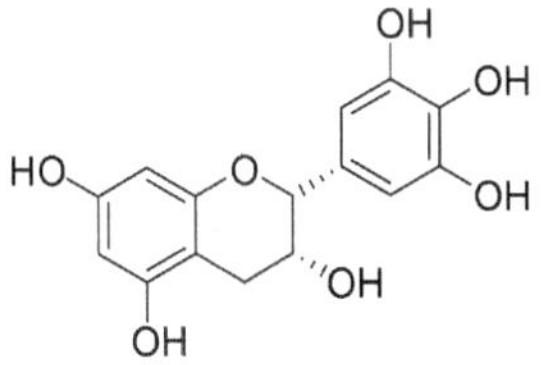

9

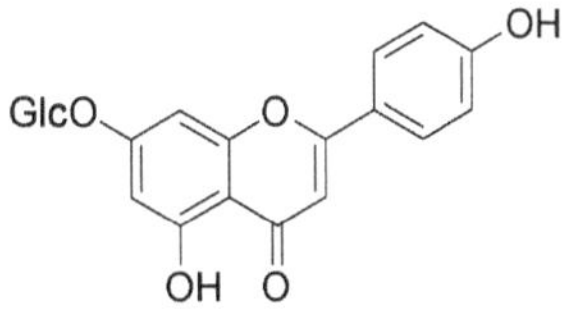

10

图 5-3　半边旗中黄酮类化合物

4．其他类化合物

近年来，从半边旗里面提取了其他类化合物，包括甾体、香豆素、苯丙素、木脂素、酚酸等。李慧等[13]应用硅胶柱色谱、Sephadex LH-20 凝胶柱色谱等分离技术，并通过波谱手段鉴定其结构，从半边旗全草甲醇提取物中分离得到化合物：β-谷甾醇、胡萝卜苷、岩白菜素等。化合物名称与结构见表 5-4 和图 5-4。

表 5-4　半边旗中其他类化合物

序号	化合物名称	文献来源
1	松脂素-4-O-β-D-吡喃葡萄糖苷	[13]
2	没食子酸	[13]

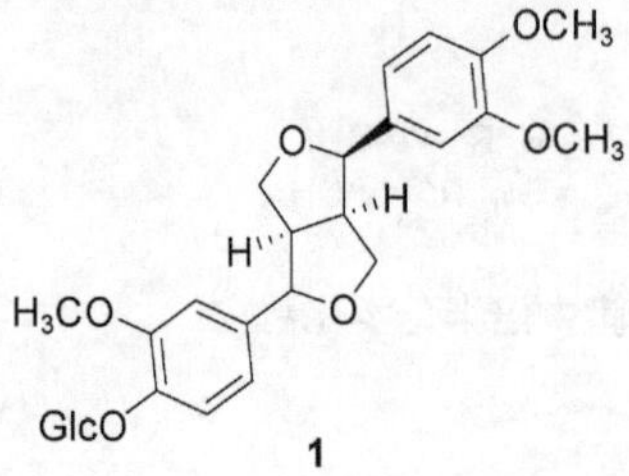

图 5-4　半边旗中其他类化合物

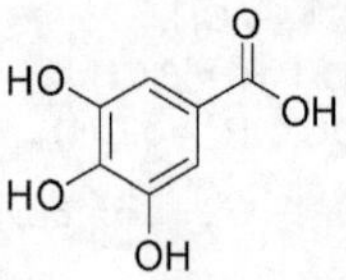

三、药理活性研究

1．抗肿瘤

（1）5F 抗肿瘤研究　*Ent*-11α-hydroxy-15-oxo-kaur-16-en-19-oic-acid（5F）是一种从半边旗中分离纯化得到的二萜类化合物，研究表明，该化合物对肝、肺、胃等癌细胞具有较强的抗肿瘤作用，且该化合物的副作用较小。

李立[15]等研究半边旗（PsL）提取物诱导的 HepG2 细胞凋亡时，发现 5F 有较强的肿瘤细胞毒活性，且 5F 介导的细胞凋亡涉及线粒体依赖途径。吴科峰[16]等发现半边旗提取物 5F-Na 盐溶液对不同类型肝癌细胞增殖都有明显的抑制作用，作用 72h 后，5F-Na 盐溶液对 HepG2、Hep3B、BEL-7402 的 IC_{50} 分别为是 20.67mg/L、16.74mg/L、16.09mg/L，且当其浓度达到一定值时，抗肿瘤活性显著增强。另外，有研究发现，CNE-2Z 细胞存在两种 op53 突变，5F 处理可导致线粒体凋亡，与 Bax/Bcl-2 比例升高、细胞色素 C 升高、nf-κB-p65 降低和 IκB 升高有关，另外，5F 在诱导 CNE-2Z 鼻咽癌细胞凋亡和阻滞 G2 期细胞周期时，伴有 NF-κB 表达降低[17]。李明勇[18]等用 10mg/mL、20mg/mL、40μg/mL 浓度的 5F 对鼻咽癌细胞 CNE-2Z 细胞作用 48h 后，细胞增殖受抑制，抑制率分别为（35.71±3.54）%、（58.93±2.61）%、（85.71±1.37）%。何振辉[19]等研究发现用不同浓度的 5F 对乳癌细胞培养物诱导的人脐静脉内皮细胞（HUVEC）处理 6h、24h 后，发现乳癌细胞增殖受到一定程度的抑制（*P*<0.001），另外发现，5F 可抑制乳癌细胞培养物诱导的 HUVEC 体外穿膜能力、趋化性运动能力和勃附基质能力（*P*<0.001），最终抑制肿瘤血管生成。并推测其作用机制可能与 5F 下调 HUVEC KDR mRNA 和蛋白表达水平有关。邱万寿[20]等研究发现浓度为 40μg/mL 5F 处理 48h 后的 MDA-MB-231、MCF-7 及 SK-BR-3

三种细胞的凋亡率依次为 40.13%、60.44%、70.49%。作用 3h 后，三种乳腺癌细胞内 ROS 水平随 5F 剂量的增加而降低，各浓度组 ROS 均低于空白对照组（$P<0.05$）。另外，有研究还发现 5F 对三种人乳腺癌细胞 MDA-MB-231、MCF-7 和 SK-BR-3 细胞增殖的抑制作用，且呈时间和浓度依赖性，且 SK-BR-3 细胞对 5F 最敏感，SK-BR-3 细胞在含 5F 的 DMEM 中以 40μg/mL 的浓度培养 72h 后，细胞存活率<6%[21]。此外，有学者采用基因治疗联合半边旗提取物 5F 来作用乳腺癌细胞 MCF-7，结果发现，联合作用对细胞增殖的抑制作用从单独应用的 50.00%（$P<0.001$）提高到 86.12%（$P<0.001$）[22]。陈杰[23]等研究发现 5F 能抑制人小细胞肺癌 NCIH446 细胞的增殖、侵袭、转移能力，下调 MMP-9、uPA 表达水平，从而表明了 5F 具有潜在抗肺癌的作用。叶华[24]等研究发现 5F 与 5-氟尿嘧啶联合用药显著抑制 A/J 小鼠诱发性肺癌，具有协同效应，且对肝肾功能无明显毒副作用，还可以提高血清超氧化物歧化酶水平。另外，有研究发现，5F 和顺铂同时作用在非小细胞肺癌动物模型的体内，也具有协同作用，用 5F 和顺铂联合组、5F 组、顺铂组处理细胞 48h 后，抑制率分别为（85.5±1.2）%、（65.3±2.7）%和（45.1±2.3）%。后发现，两者作用抑制 G0/G1 期细胞周期，下调 β-catenin、c-Myc 和 cyclin D1，上调 GSK-3β，从而诱导细胞凋亡，抑制了细胞生长[25]。高小胜[26]等通过免疫印迹分析，发现了 5F 提高了 HCT-116 细胞中的 Bax/Bcl-2 比值，而该比值的升高必然伴随着细胞凋亡的发生，也发现 5F 不仅没有提高活性氧水平，反而降低了顺铂诱导的活性氧生成。陈建发[27]等发现 5F 处理可促进 caspase-3 活性与 Bax 表达上调、Bcl-2 表达下调，从而抑制胃癌 SGC7901 细胞增殖，但不知是否对正常组织产生危害。另外研究发现 5F 通过上调凋亡之因子基因（PUMA）的表达，可促进人胰腺癌细胞株 AsPC-1 细胞凋亡，抑制细胞生长[28]。杨斌[29]等研究发现人胰腺癌细胞株 AsPC-1 细胞给于浓度分别为 8.87μmol/L、37.5μmol/L、142μmol/L 的 5F 10μL 作用 72h 后，PUMA 蛋白和 PUMA mRNA 表达逐渐增加，在 142μmol/L 时表达量达到高峰。

（2）PAG 抗肿瘤研究　张森旺[30]等研究发现半边旗中的贝壳杉烷型二萜类成分 PAG 对人肝癌耐药细胞 HepG2/ADM 具有显著的细胞毒性，其作用机制可能是通过增加细胞中 ROS 水平，促进细胞色素 C 从线粒体释放到胞浆，从而诱导细胞凋亡。巫鑫[31]等研究发现半边旗二萜类成分 PAG 降低了 HepG2 细胞 caspase-3 和 PARP 的蛋白表达，增加了 actived-caspase-3 和 cleaved-PARP 的蛋白表达，另外，发现半边旗二萜类成分 PAG 还是一种有效的 ROS 促生成剂，且其抗肿瘤作用可能和 ROS 抑制 NAC 阻断有关。也有研究表明，PAG 作为一种新的 Wnt/β-catenin 通路抑制剂和凋亡诱导剂，PAG 不仅通过抑制糖原合成酶激酶 3β 和 β-catenin 通路来抑制 HCT116 细胞的活性，还可通过下调 NF-κB p65 活性，刺激 p53 表达，促进细胞内活性氧生成等途径诱导 HCT116 细胞凋亡[32]。

2. 其他

何晓文[33]等通过血管线栓法建立小鼠脑中动脉缺血再灌注损伤模型后，连续灌胃半边旗总黄酮，发现可明显改善其神经功能缺损、大脑梗死体积、脑组织匀浆超氧化物歧化酶（SOD）、过氧化氢酶（CAT）的活性等指标。叶华[34]等发现半边旗有效成分 5F 可以有效减少酵母多糖诱导的腹膜炎小鼠血清一氧化氮、TNF-α、IL-6、IL-10 和 MCP-1 含量，另外，在考察 5F 的抗炎作用实验中，发现其能显著抑制花生四烯酸、巴豆油引起的雄性小鼠耳肿胀和抑制脂多糖诱导的 RAW367 细胞的炎症细胞因子的表达水平[35]。

参考文献

[1] 吴科锋, 梁念慈. 半边旗有效成分 5F 的研究现状[J]. 广东医学院学报, 2010, 28(5): 563-566.

[2] 徐宏, 赵能武, 杜江, 等. 黔产凤尾蕨属植物的化学成分及药理活性研究进展[J]. 中国民族医药杂志, 2012, 18(7): 63-65.

[3] 中国科学院中国植物志编辑委员会, 中国植物志: 第三卷第一分册[M]. 北京: 科学出版社, 1990.

[4] 苟占平, 庄海旗, 莫丽儿, 等. 半边旗的生药学研究[J]. 西北药学杂志, 2000, 15(6): 251-253.

[5] Zhan Z J, Zhang F Y, Li C P, et al. A novel ent -kaurane diterpenoid from *Pteris Semipinnata*[J]. Journal of Chemical Research, 2009, (3): 149-150.

[6] 杨宝. 半边旗的化学成分及含量测定研究[D]. 广州: 广州中医药大学, 2016.

[7] 周星宏, 杨宝, 朱锦萍, 等. HPLC 法测定半边旗中 7 个成分的含量[J]. 中药新药与临床药理, 2018, 29(1): 81-84.

[8] Jin Z S, Rao G W, Li C P. A new labdane diterpenoid from *Pteris semipinnata* [J]. Journal of Chemical Research, 2010, 34(1): 39-40.

[9] Qiu M S, Yang B, Cao D, et al. Two new hydroxylated ent-kauranoic acids from *Pteris semipinnata*[J]. Phytochemistry Letters, 2016, 16: 156-162.

[10] Shi L M, Bai H B. A new diterpenoid glucoside from *Pteris Semipinnata*[J]. Journal of Chemical Research, 2010, 34(4): 206-207.

[11] 龚先玲, 陈志红, 梁念慈, 等. 半边旗中二萜类化合物 5F 葡萄糖苷的分离鉴定及其抗肿瘤作用[J]. 中成药, 2010, 32(2): 257-260.

[12] Zhan Z J, Ying Y M, Zhang F Y, et al. Three new illudalane sequiterpenoids from *Pteris semipinnata*[J]. Helvetica Chimica Acta, 2010, 93(3): 550-554.

[13] 李慧, 杨宝, 黄芬, 等. 半边旗化学成分研究[J]. 中草药, 2018, 49(1): 95-99.

[14] Bai R, Zhou Y, Deng S, et al. Two new ent-kaurane diterpenoids from *Pteris semipinnata*[J]. Journal of Asian Natural Products Research, 2013, 15 (10): 1107-1111.

[15] 李立, 刘义, 吕应年, 等. 半边旗提取物 5F 对 HepG2 细胞凋亡的影响及其机制[J]. 中药材, 2010, 33(1): 77-80.

[16] 吴科锋, 刘义, 吕应年, 等. 半边旗提取物 5F-Na 盐溶液对三种肝细胞癌细胞株的增殖抑制作用[J]. 辽宁中医杂志, 2010, 37(9): 1814-1815.

[17] Wu K F, Liu Y, Lv Y N, et al. Ent-11α-hydroxy-15-oxo-kaur-16-en-19-oic-acid induces apoptosis andcell cycle arrest in CNE-2Z nasopharyngeal carcinoma cells[J]. Oncology Reports, 2013, 29(6): 2101-2108.

[18] 李明勇, 李蓉, 吴科锋, 等. 半边旗提取物 5F 对人鼻咽癌 CNE-2Z 细胞生长的抑制作用[J]. 时珍国医国药, 2012, 23(2): 261-263.

[19] 何振辉, 翁闪凡, 何太平, 等. 半边旗提取物 5F 对乳癌细胞 MDA-MB-231 培养物诱导的 HUVEC 血管生成潜能的影响[J]. 郑州大学学报(医学版), 2013, 48(6): 724-728.

[20] 邱万寿, 刘威, 吴珏堃, 等. 半边旗提取物 5F 对乳腺癌细胞内活性氧水平的影响[J]. 今日药学, 2015, 25(3): 163-166.

[21] Wu J K, Meng L L, Long M J, et al. Inhibition of breast cancer cell growth by the *Pteris semipinnata* extract ent-11α-hydroxy-15-oxo-kaur-16-en-19-oic-acid[J]. Oncology letters, 2017, 14(6): 6809-6814.

[22] 刘轩, 王润秀, 吴小云, 等. Survivin RNAi 联合 PsL 5F 影响 MCF-7 细胞增殖和凋亡的研究[J]. 实用癌症杂志, 2016, 31(1): 4-6.

[23] 陈杰, 庞江琳, 覃燕梅, 等. 半边旗有效成分 5F 对人小细胞肺癌 NCIH446 细胞毒性、侵袭能力、运动能力及 MMP-9、uPA 表达的影响[J]. 第三军医大学学报, 2012, 34(4): 361-363.

[24] 叶华, 刘义, 吴科锋, 等. 半边旗提取物 5F 联合 5-Fu 对 A/J 小鼠诱发性肺癌的影响[J]. 药学研究, 2015, 34(7): 373-375, 386.

[25] Li Y C, Li W D, Deng W S, et al. Synergistic anti-proliferative and pro-apoptotic activities of 5F and cisplatin in human non-small cell lung cancer NCI-H23 cells[J]. Oncology Letters, 2017, 14(5): 5347-5353.

[26] 高小胜, 吕应年, 吴科锋, 等. 半边旗提取物 5F 诱发结直肠癌细胞生长抑制及细胞凋亡[J]. 药学研究, 2016, 35(4): 193-196, 211.

[27] 陈建发, 陈引香, 李萍, 等. 半边旗提取物 5F 对人结肠腺癌细胞株 SW620 埃兹蛋白表达及活性影响[J]. 华南国防医学杂志, 2011, 25(4): 298-300, 304.

[28] 张永林, 于海, 毛晓晖. 半边旗中二萜类化合物 5F 诱导胰腺癌细胞凋亡机制的探讨[J]. 中外健康文摘, 2011, 8(19): 80-82.

[29] 杨斌, 刘序森, 袁泉恒. 半边旗中二萜类化合物 5F 诱导人胰腺癌细胞凋亡机制的探讨[J]. 中华中医药杂志, 2010, 25(3): 355-358.

[30] 张森旺, 卢晓芬, 何晓虹, 等. 半边旗二萜类成分 PAG 通过 ROS 诱导的线粒体凋亡克服肝癌多药耐药[J]. 广东医学院学报, 2016, 34(4): 365-369.

[31] 巫鑫, 廖红波, 仇双利, 等. 半边旗二萜类成分 PAG 通过 ROS 诱导肝癌细胞凋亡的作用研究[J]. 基因组学与应用生物学, 2016, 35(6): 1288-1293.

[32] Qiu S L, Wu X, Liao H B, *et al*. Pteisolic acid G, a novel *ent*-kaurane diterpenoid, inhibits viability and induces apoptosis in human colorectal carcinoma cells[J]. Oncology letters, 2017, 14(5): 5540-5548.

[33] 何晓文, 陈品超, 邹燕, 等. 半边旗总黄酮对小鼠脑缺血再灌注损伤的保护作用及机制研究[J]. 中国现代药物应用, 2020, 14(13): 252-254.

[34] 叶华, 龚先玲, 李立, 等. 半边旗有效成分 5F 对腹膜炎小鼠血清 NO 和细胞因子的影响[J]. 药学研究, 2014, 33(12): 683-685.

[35] 叶华, 李立, 吴科锋, 等. 半边旗有效成分 5F 体内外的抗炎作用[J]. 中国实验方剂学杂志, 2014, 20(22): 112-116.

第二节
苦丁茶

苦丁茶（*Ilex kudingcha* C. J. Tseng）属于冬青科冬青属苦丁茶种常绿乔木植物，入药部位为干燥叶，性凉、味苦，具有疏风散热、清利头目、除烦解渴等功效，常用于治疗目赤耳鸣、头痛、热病烦渴等症[1]。近年来，苦丁茶被开发为一系列产品，畅销国内外，被人们誉为"绿色黄金"。文献报道，苦丁茶中含有三萜及其苷类、黄酮类、多酚类等多种有效成分。现代研究证明，苦丁茶还具有降糖、降脂、抗动脉粥样硬化、抗肿瘤等作用。

一、资源分布及生物学特征

1. 资源分布

苦丁茶是 1981 年曾沧江教授根据两广地区的苦丁茶与华东地区的大叶冬青的形态特征的不同，将其发表为新种并定名为 *Ilex kudingcha* C. J. Tseng。主要分布于安徽、浙江、江苏、福建、海南、广西、广东等地区，是广西、广东、海南苦丁茶的主流品种[2~3]。

2. 生物学特征

常绿大乔木，高达 20～30m，胸径约 60cm。树皮褐黑色或灰黑色，粗糙有浅裂；小枝粗壮，黄褐色，并有纵裂纹和棱；幼枝无小凸点，无毛。叶柄有纵槽；叶厚革质，长圆形或卵状长圆形，长 10～16cm，宽 4.5～8cm，先端短渐尖或圆，基部楔形，边缘有细小锯齿，中脉上面凹入，下面隆起，侧脉每边 10～14 对，叶面不明显，背面略突起。花序簇生叶腋，圆锥状；花 4 数；雄花序每枝有 3～9 花，花梗长 7～8mm，花萼直径约 3.5mm，裂片圆形无缘毛，花冠反曲，直径约 9mm，花瓣长圆形至倒卵形，基部稍结合，雄蕊比花瓣短；雌花序每枝有 1～3 花，花梗长 5～8mm，花萼直径约 2.5mm，花冠直径约 5mm，花瓣卵形，子房卵形。果球形，直径 1～1.2cm，分核 2～4 颗，长圆状椭圆形，背部和侧面具网状条纹或凹槽，内果皮骨质。花期 4～5 月，果期 6～11 月[1,3,4]。

二、化学成分研究

1．三萜类

三萜类化合物是苦丁茶重要的次生代谢产物，其结构独特。据报道，苦丁茶的三萜成分主要为五环三萜类，其基本骨架主要为齐墩果烷型、乌苏烷型、苦丁内酯型、羽扇豆烷型，连接的糖基以葡萄糖、阿拉伯糖、鼠李糖以及木糖为常见。该类化合物生物活性广泛，具有降脂降糖、抗菌、抗氧化、抗肿瘤等功效。化合物名称和结构参考表 5-5 和图 5-5。

表 5-5　苦丁茶中三萜类化合物

序号	化合物名称	参考文献	序号	化合物名称	参考文献
1	ilekudinoside A	[5]	25	ilekudinchoside C	[14]
2	latifoloside Q	[5]	26	ilekudinoside D	[14]
3	latifoloside C	[6]	27	β-kudinlactone	[10]
4	kudinoside N	[7]	28	kudinoside B	[15]
5	kudinoside O	[7]	29	kudinoside I	[10]
6	latifoloside H	[8]	30	ilekudinoside J	[9]
7	ilekudinoside B	[9]	31	ilekudinoside Q	[13]
8	ilekudinoside E	[9]	32	kudinoside A	[15]
9	kudinoside H	[10]	33	kudinoside C	[15]
10	kudinosideG	[10]	34	ilekudinoside I	[9]
11	kudinoside L	[6]	35	ilekudinoside L	[13]
12	kudinoside P	[6]	36	ilekudinoside R	[13]
13	kudinoside M	[6]	37	ilekudinoside U	[16]
14	latifoloside G	[7]	38	ilekudinoside V	[16]
15	ilekudinoside W	[11]	39	ilekudinoside F	[17]
16	latifoloside A	[12]	40	ilekudinoside G	[17]
17	α-kudinlactone	[10]	41	kudinoside F	[10]
18	kudinoside D	[10]	42	ilekudinoside H	[9]
19	kudinoside E	[10]	43	ilekudinoside M	[13]
20	kudinoside J	[10]	44	ilekudinoside S	[13]
21	ilekudinoside K	[13]	45	ilekudinoside C	[9]
22	ilekudinoside N	[13]	46	kudinoside K	[18]
23	ilekudinoside O	[13]	47	ilekudinoside T	[16]
24	ilekudinoside P	[13]	48	ilekudinol C	[19]

Rha—2—Glc—

S_1

Glc—2—Glc—3—Ara—

S_5

Glc—3—Ara—

S_2

Rha—2—Ara—

S_6

Glc—3—Ara—
       |
       2
      Rha

S_3

Glc—2—Glc—

S_7

Rha—2—Ara—
         |
         3
Glc—2—Glc

S_4

A

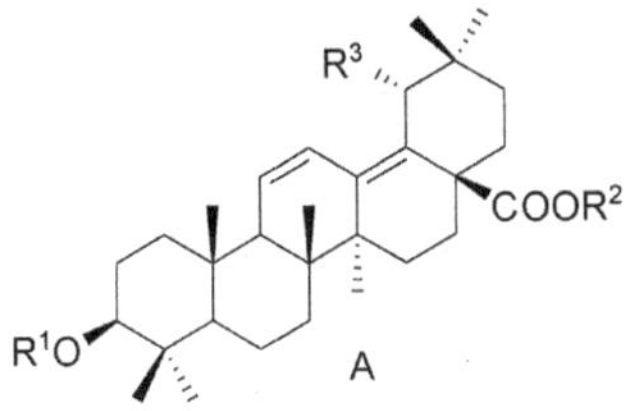

1　$R^1 = S_3$　$R^2 = $ Glc　$R^3 = $ H
2　$R^1 = S_3$　$R^2 = S_1$　$R^3 = $ H
3　$R^1 = S_3$　$R^2 = $ Glc　$R^3 = $ OH
4　$R^1 = S_4$　$R^2 = $ Glc　$R^3 = $ OH
5　$R^1 = S_4$　$R^2 = S_1$　$R^3 = $ OH
6　$R^1 = S_3$　$R^2 = S_1$　$R^3 = $ OH

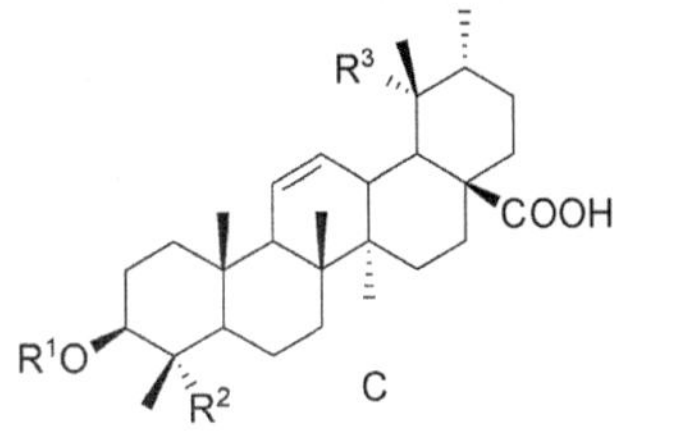

C

7　$R^1 = $ Glc　$R^2 = $ Me　$R^3 = $ Glc
8　$R^1 = S_2$　$R^2 = $ Me　$R^3 = $ Glc
9　$R^1 = $ Ara　$R^2 = $ Me　$R^3 = $ Glc
10　$R^1 = S_3$　$R^2 = $ Me　$R^3 = $ Glc
11　$R^1 = S_4$　$R^2 = $ Me　$R^3 = $ Glc

12　$R^1 = S_5$　$R^2 = CH_2OH$　$R^3 = $ Glc
13　$R^1 = S_4$　$R^2 = $ Me　$R^3 = $ Glc
14　$R^1 = S_3$　$R^2 = $ Me　$R^3 = S_1$
15　$R^1 = S_6$　$R^2 = $ Me　$R^3 = S_1$
16　$R^1 = S_6$　$R^2 = $ Me　$R^3 = $ Glc

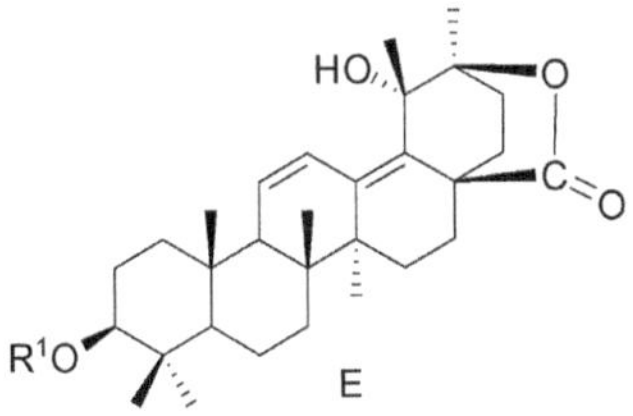

E

17　$R^1 = $ H
18　$R^1 = S_3$
19　$R^1 = S_4$
20　$R^1 = $ Ara
21　$R^1 = S_1$

22　$R^1 = S_7$
23　$R^1 = $ Glc-Ara-
24　$R^1 = S_2$
25　$R^1 = $ Ara-Ara-
26　$R^1 = S_6$

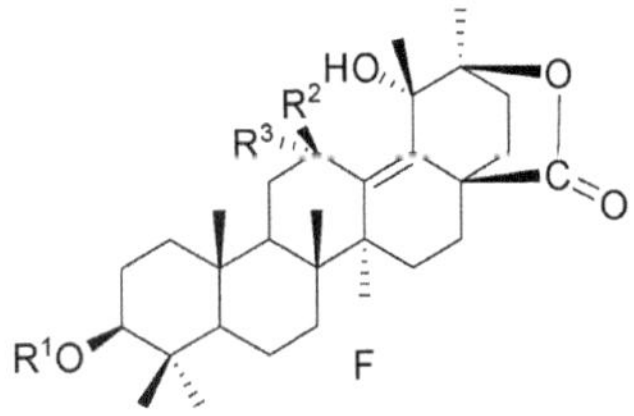

F

27　$R^1 = $ H　$R^2 = $ OH　$R^3 = $ H
28　$R^1 = S_5$　$R^2 = $ OH　$R^3 = $ H
29　$R^1 = $ Ara　$R^2 = $ OH　$R^3 = $ H
30　$R^1 = S_7$　$R^2 = $ OH　$R^3 = $ H
31　$R^1 = S_1$　$R^2 = $ OH　$R^3 = $ H
32　$R^1 = S_3$　$R^2 = $ OH　$R^3 = $ H
33　$R^1 = S_4$　$R^2 = $ OH　$R^3 = $ H

34　$R^1 = $ Glc-Ara-　$R^2 = $ OH　$R^3 = $ H
35　$R^1 = S_2$　$R^2 = $ OH　$R^3 = $ H
36　$R^1 = S_6$　$R^2 = $ OH　$R^3 = $ H
37　$R^1 = S_3$　$R^2 = $ EtO　$R^3 = $ H
38　$R^1 = S_3$　$R^2 = $ H　$R^3 = $ MeO
39　$R^1 = S_3$　$R^2 = $ H　$R^3 = $ EtO
40　$R^1 = S_6$　$R^2 = $ H　$R^3 = $ MeO

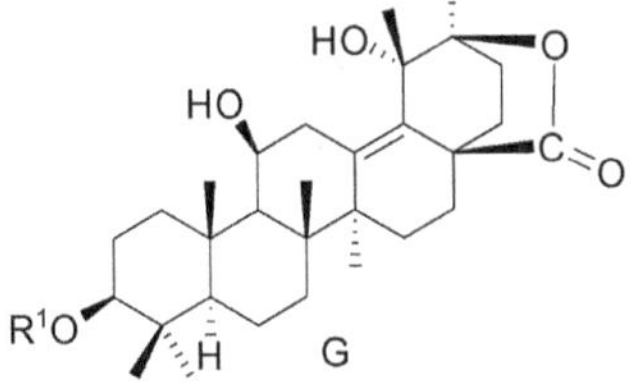

G

41　$R^1 = S_3$
42　$R^1 = S_4$

43　$R^1 = S_6$
44　$R^1 = S_1$

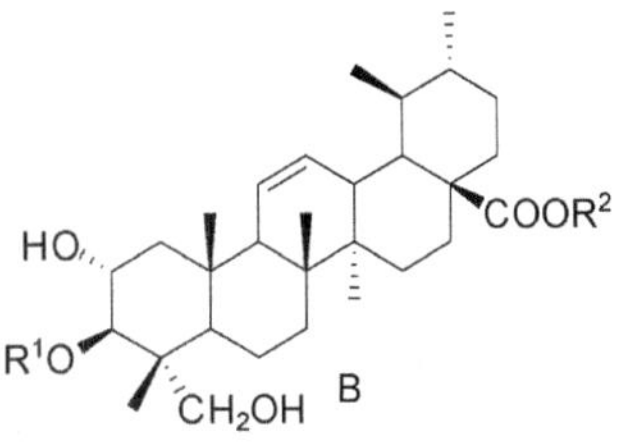

B

45　$R^1 = $ Ara　$R^2 = $ Glc

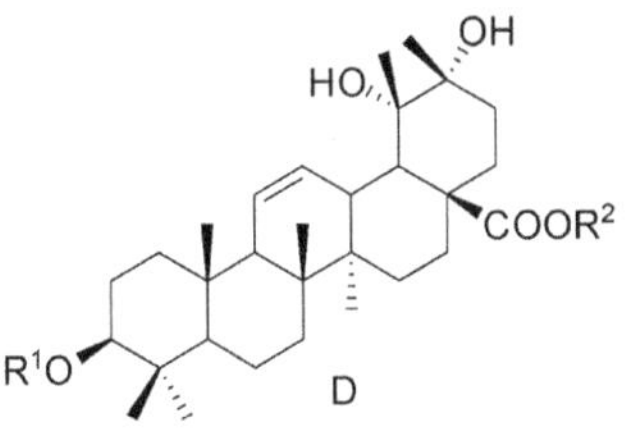

D

46　$R^1 = S_4$　$R^2 = S_1$

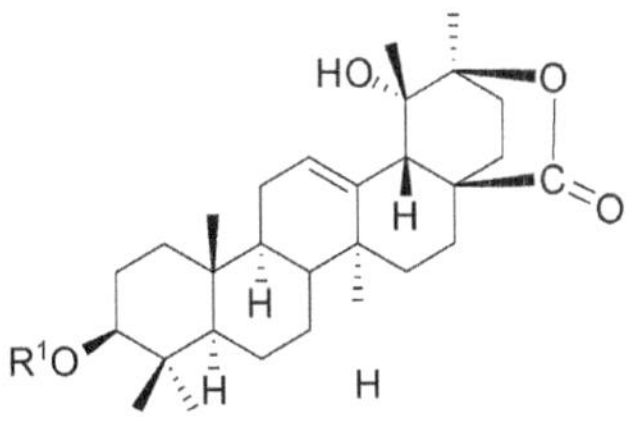

H

47　$R^1 = S_3$

I

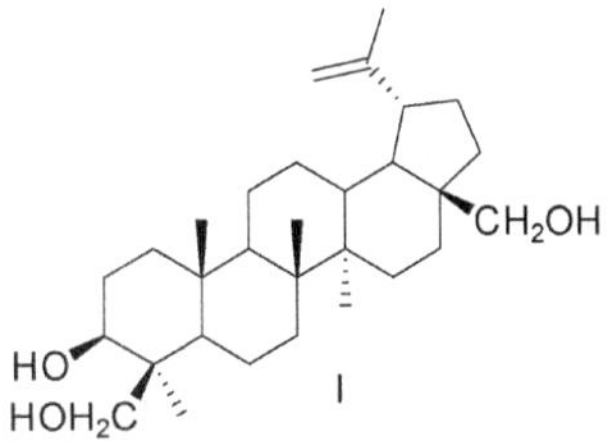

48

图 5-5　苦丁茶中三萜类化合物

注：R^1，R^2，R^3 为取代基

2．多酚类

苦丁茶中也含有较多多酚类成分，大多为奎尼酸类化合物，大多具有抗氧化活性。Thuong等从苦丁茶中分离到了13个酚类化合物[20]。化合物名称和结构参考表5-6和图5-6。

表5-6　苦丁茶中多酚类化合物

序号	化合物名称	参考文献	序号	化合物名称	参考文献
1	5-caffeoylquininc acid	[20]	3	3,4-dicaffeoylquininc acid	[20]
2	4-caffeoylquininc acid	[20]	4	3,4-dicaffeoylquininc acid methyl ester	[20]

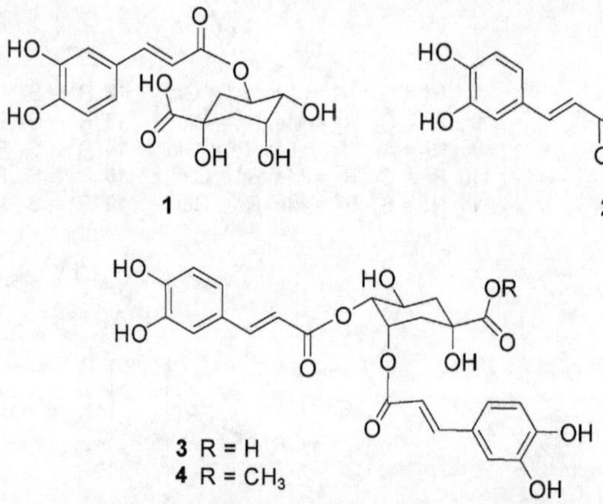

图5-6　苦丁茶中多酚类化合物

3．黄酮类

黄酮类化合物也是苦丁茶的主要活性成分之一，黄酮类化合物大多具有抗氧化、降糖降脂及抗病毒等功能。杨滔[21]从苦丁茶冬青中分离出来黄酮类化合物：槲皮素-3-O-β-D-葡萄糖苷、芦丁。倪帅帅[22]首次从苦丁茶冬青里面分离出来了3个黄酮类化合物：山奈酚-3-O-β-D-葡萄糖苷、山奈酚-3-O-β-D-芸香糖苷、异鼠李素-3-O-β-D-芸香糖苷。化合物名称和结构参考表5-7和图5-7。

表5-7　苦丁茶中黄酮类化合物

序号	化合物名称	参考文献	序号	化合物名称	参考文献
1	槲皮素-3-O-β-D-葡萄糖苷	[21]	3	异鼠李素-3-O-β-D-芸香糖苷	[22]
2	芦丁	[21]			

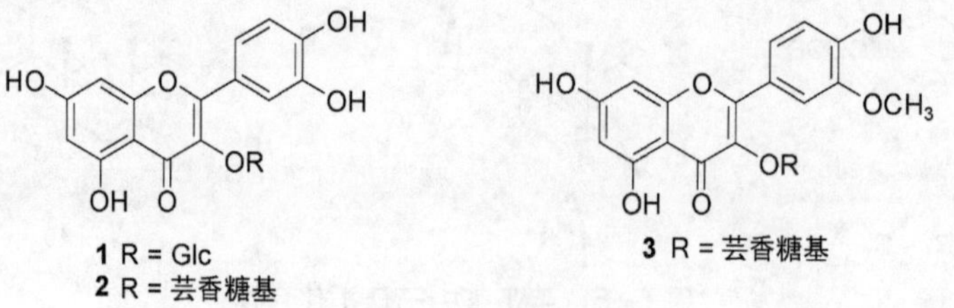

图5-7　苦丁茶中黄酮类化合物

4．其他类化合物

何玲玲、王新等[23,24]首次从苦丁茶冬青中提取到了多糖类化合物粗多糖 KPS Ⅰ、KPS Ⅱ，后又提取到了纯化多糖组分 KPS Ⅲ a、KPS Ⅲ b。孙怡等[25]从苦丁茶冬青叶中经分离得到四个多糖组分，即 ILPS-1、ILPS-2、ILPS-3、ILPS-4。此外，苦丁茶里面还含有大量其他类化合物，包括挥发油类、微量元素、维生素等[26]。

三、药理活性研究

1．降糖降脂

Fan 等[27]研究证明苦丁茶可以预防和缓解高脂饮食小鼠的代谢紊乱。苦丁茶治疗可以阻止高脂饮食诱导的小鼠体重增加、高脂血症和胰岛素抵抗。而且实验证明，苦丁茶还可显著减少肥胖小鼠肝脏问题的脂质积累，这些提示苦丁茶对小鼠的肥胖、血脂异常、糖尿病和肝脏脂肪变性等代谢紊乱的发生具有保护作用。王义相等[28]研究观察到代谢综合征 (MS) 患者在治疗时，在加入了苦丁茶提取液和盐酸二甲双胍一同使用，与对照组（单用盐酸二甲双胍）相比，加入苦丁茶更能明显降低患者的总胆固醇、甘油三酯、动脉硬化指数 ($P<0.05$ 或 $P<0.01$)。彭晓辉[29]研究证明苦丁茶提取物能改善脂代谢紊乱，提高糖尿病小鼠氧化应激能力，并且还确定了其降血糖的最强活性部位为 100%甲醇回流部位。宋成武[30]研究发现苦丁茶水煎液部位 A（100%甲醇回流部位）能够使高血糖模型小鼠血清的血糖(GLU)、总胆固醇(TC) 水平明显降低 ($P<0.05$)，使血清的 SOD 水平明显上升 ($P<0.05$)。并通过实时定量 RT-PCR 技术发现其作用机理可能是使 Hmgcr 基因高表达，诱导胆固醇的增加，之后通过胆汁酸代谢，从而来改善脂代谢紊乱，同时，使 G6pc 基因低表达，减少了糖异生，上调 Gck 基因表达，使糖代谢加速，葡萄糖水平下降。有研究发现，从苦丁茶里面分离出来的咖啡酰奎宁酸(CQA)衍生物有 6 种：3-CQA、4-CQA、5-CQA、3,4-diCQA、3,5-diCQA 和 4,5-diCQA，被证明是有效的非竞争性 α-葡萄糖苷酶抑制剂。且 diCQA 衍生物的抑制活性相对于只含有一个咖啡酰的 CQA 衍生物要高。另外结果表明，α-葡萄糖苷酶分子与 5-CQA 或 3,5-diCQA 结合后，蛋白构象发生了变化，从而导致部分酶活性的丧失，从而抑制 α-葡萄糖苷酶。上述研究结果表明，苦丁茶 CQA 衍生物具有抑制餐后高血糖的生理作用，可作为预防或治疗糖尿病和肥胖的功能食品开发[31]。朱科学等[32]发现苦丁茶冬青的不同萃取组分对于高脂诱导的高血脂大鼠体重增加、LDL-C 升高等具有良好的改善作用，其中石油醚萃取物作用较其他萃取组分较好。

2．抗氧化

于淑池等[33]研究发现苦丁茶多糖可以抑制红细胞的溶血，当茶多糖浓度为 600μg/mL 时，抑制 H_2O_2 对红细胞溶血的作用与 200μg/mL 的维生素 C 相近，且抑制作用与茶多糖浓度呈正相关。研究表明，苦丁茶冬青粗多糖中糖含量、糖醛酸含量以及蛋白质含量分别为 30.67%、12.72%、9.35%，另外苦丁茶中还含有氨基酸成分 16 种，占总含量的 7.72%，其中，包含了必需氨基酸 7 种。此外，数据表明，苦丁茶冬青粗多糖的体外抗氧化活性也较强，且其抗氧化活性与多糖浓度之间有良好的浓度-响应关系[34]。黄勤英等[35]对苦丁茶齐墩果酸的提取进行了优化，并采用 DPPH 法、ABTS 法研究了齐墩果酸清除自由基的能力，发现其具有一定的抗氧化能力，但效果没有维生素 C 好。有研究表明：苦丁茶不同提取物 DPPH 清除能力和超氧阴离子自由基清除活性依次为超声-乙醇提取物>超临界 CO_2 萃取物>超声-乙酸乙酯提取物>超声-石油醚提取物；羟基自由基和 $ABTS^+$ 自由基清除能力依次为超声-乙醇提取物>超声-乙酸乙酯提取物>超临界 CO_2 萃取物>超声-石油醚提取物[36]。

3. 抗肿瘤

相关研究表明，山羊饲粮中添加苦丁茶皂苷可影响其营养物质消化率、瘤胃发酵及大部分血浆抗氧化指标，但降低了血浆 TG 浓度，提高了抗氧化能力[37]。Zhao 等[38]研究发现苦丁茶对 MCF-7 人乳腺腺癌细胞具有体外抗肿瘤活性，在体内具有抗转移作用。在 200μg/mL 浓度下，苦丁茶对 MCF-7 细胞的生长抑制率达 81%。它具有诱导细胞凋亡、抗炎和抗转移的作用。此外，苦丁茶的抗癌、抗炎、抗转移作用在高浓度时强于低浓度时。苦丁茶溶液在 50μg/mL、100μg/mL 和 200μg/mL 浓度下对 MCF-7 细胞的生长抑制率分别为 19%、58%和 81%（$P<0.05$）。Zhu 等[39]采用 MTT 法测定苦丁茶对 TCA8113 人舌癌细胞的体外抗癌作用时，发现在 200μg/mL 浓度下，苦丁茶对 TCA8113 细胞有 75%的抑制作用。研究证明，苦丁茶通过上调 Bax、caspase-3 和 caspase-9 的表达，下调 Bcl-2 表达显著诱导 TCA8113 肿瘤细胞凋亡。Zhong 等[40]研究表明，苦丁茶的绿原酸衍生物（CGA）具有抗肿瘤血管生成的潜力。实验采用高效液相色谱（HPLC）等技术，从苦丁茶提取物中分离得到咖啡基奎尼酸衍生物并用于受精后 52h 的斑马鱼胚胎中，结果表明 400μg/mL 和 500μg/mL 苦丁茶提取物（KDCE）显著抑制血管生成，80μg/mL、100μg/mL 和 130μg/mL CGA 也显著抑制血管生成。

4. 抗菌抗病毒

黄敏桃等[41]对不同产地（广东、广西、海南）及其采收部位的苦丁茶抗菌活性进行了考究，发现广西产地的苦丁茶水提物抗菌活性最好，广东次之。并且广西产地中属大新县样品抗菌效果最好。另外，在抗菌活性实验中，发现对金黄色葡萄球菌的作用最显著，大肠杆菌最弱。蔡娟等[42]研究发现不同极性部位抑菌结果显示石油醚部位提取物没有抑菌活性，乙醇、甲醇的抑菌活性比三氯甲烷、正丁醇、乙酸乙酯提取物抑菌活性好，水提取物的抑菌活性最强。且苦丁茶提取物对革兰阳性菌金黄色葡萄球菌的抑制作用强于革兰阴性菌的大肠杆菌和绿脓杆菌。

5. 保护心血管

研究发现，口服苦丁茶三萜提取物在 ApoE 小鼠中具有抗动脉粥样硬化活性与其对血浆胆固醇的影响无关。在小鼠持续 6 周服用至少 100mg/(kg·d)时检测到主动脉粥样硬化病变明显减少，而且，即便是在大浓度［500mg/(kg·d)］下，也没用表现出副作用。并发现，苦丁茶三萜提取物可以阻止聚集的低密度脂蛋白的进入，从而减少胆固醇的积累，从而稳定动脉粥样硬化斑块的增长[43]。

参考文献

[1] 国家中医药管理局中华本草编委会. 中华本草: 第十三卷[M]. 上海: 上海科技出版社, 2004.

[2] 徐小静, 郭志永, 刘越. 苦丁茶植物资源及分子鉴定研究进展[J]. 中央民族大学学报(自然科学版), 2012, 21 (3): 22-28.

[3] 谷婧, 彭勇, 许利嘉, 等. 苦丁茶商品的原植物调查与性状鉴别[J]. 中药材, 2011, 34(2): 196-199.

[4] 吕江陵, 刘柏英, 韩超. 广东苦丁茶的显微和薄层色谱鉴定[J]. 中药新药与临床药理, 2002, (2): 106-107.

[5] 左文健, 陈惠琴, 李晓东, 等. 苦丁茶叶的化学成分研究[J]. 中草药, 2011, 42(1): 18-20.

[6] Ouyang M A, Yang C R, Wu Z J. Triterpenoid saponins from the leaves of *Ilex kudincha*[J]. Journal of Asian Natural Products Research, 2001, 3(1): 31-42.

[7] Ouyang M A, Liu Y Q, Wang H Q. Triterpenoid saponins from *Ilex latifolia*[J]. Phytochemistry, 1998, 49(8): 2483-2486.

[8] 欧阳明安, 汪汉卿, 苏军华, 等. 苦丁茶冬青化学成分的结构研究[J]. 天然产物研究与开发, 1997, 9(3): 19-23.

[9] Nishimura K, Fukuda T, Miyase T, *et al*. Activity-guided isolation of triterpenoid acyl CoA cholesteryl acyl transferase (ACAT) inhibitors from *Ilex kudincha*[J]. Journal of Natural Products, 1999, 62(7): 1061-1064.

[10] Ouyang M A, Yang C R, Chen Z L, *et al*. Triterpenes and triterpenoid glycosides from the leaves of *Ilex kudincha*[J]. Phytochemistry, 1996, 41(3): 871-877.

[11] Che Y Y, Li N, Zhang L, *et al*. Triterpenoid saponins from the leaves of *Ilex kudingcha*[J]. Chinese Journal of Natural Medicines, 2011, 9(1): 22-25.

[12] Ouyang M A, Wang H Q, Liu Y Q, *et al*. Triterpenoid saponins from the leaves of *Ilex latifolia*[J]. Phytochemistry, 1997, 45(7):1501-1505.

[13] Tang L, Jiang Y, Chang H T, *et al*. Triterpene saponins from the leaves of *Ilex kudingcha*[J]. Journal of Natural Products, 2005, 68(8): 1169-1174.

[14] Zuo W J, Dai H F, Chen J, *et al*. Triterpenes and triterpenoid saponins from the leaves of *Ilex kudincha*[J]. Planta Medica, 2011, 77(16): 1835-1840.

[15] Ouyang M A, Wang H Q, Chen Z L, *et al*. Triterpenoid glycosides from *Ilex kudincha*[J]. Phytochemistry, 1996, 43(2): 443-445.

[16] Tang L, Jiang Y, Tian X M, *et al*. Triterpene saponins from the leaves of *Ilex kudingcha*[J]. Journal of Asian Natural Products Research, 2009, 11(6): 554-561.

[17] Zuo W J, Wang J H. Two new triterpenoid saponins from the leaves of *Ilex kudingcha*[J]. Journal of Asian Natural Products Research, 2012, 14(4): 308-313.

[18] 潘祖亭, 关洪亮, 原华平, 等. 荧光光谱法在药物分析中的应用[J]. 吉首大学学报(自然科学版), 2005, 26(3): 27-34.

[19] Nishimura K, Fukuda T, Miyase T, *et al*. Activity-guided isolation of triterpenoid acyl CoA cholesteryl acyl transferase (ACAT) inhibitors from *Ilex kudincha*[J]. Journal of Natural Products, 1999, 62(7): 1061-1064.

[20] Thuong P T, Su N D, Ngoc T M, *et al*. Antioxidant activity and principles of Vietnam bitter tea *Ilex kudingcha*[J]. Food Chemistry, 2009, 113(1): 139-145.

[21] 杨滔. 苦丁茶冬青化学成分及其抗血小板聚集活性研究[D]. 广州: 广州中医药大学, 2015.

[22] 倪帅帅. 苦丁茶冬青化学成分及其与蛋白质相互作用机理研究[D]. 长春: 吉林农业大学, 2017.

[23] 何玲玲, 王新. 苦丁茶冬青叶多糖的提取与鉴定[J]. 沈阳化工学院学报, 2006, (1): 12-15.

[24] 王新, 何玲玲, 刘彬. 苦丁茶冬青叶多糖的分离纯化及其对羟自由基的清除作用[J]. 食品科学, 2008, 29(6): 37-40.

[25] 孙怡. 冬青苦丁茶多酚和多糖的提取、分离纯化、结构与抗氧化活性研究[D]. 南京: 南京农业大学, 2010.

[26] 沈强, 司辉清, 于洋. 苦丁茶化学成分研究进展[J]. 茶业通报, 2010, 32(1): 21-24.

[27] Fan S J, Zhang Y, Hu N, *et al*. Extract of Kuding tea prevents high-fat diet-induced metabolic disorders in C57BL/6 mice via liver X receptor (LXR) β antagonism[J]. Plos One, 2012, 7(12): e51007.

[28] 王义相. 苦丁茶冬青治疗代谢综合征的临床研究[J]. 时珍国医国药, 2015, 26(4): 914-916.

[29] 彭晓辉. 海南苦丁茶提取物对 2 型糖尿病小鼠降血糖作用及其机制的研究[D].武汉: 湖北中医药大学, 2013.

[30] 宋成武. 苦丁茶的降血糖活性物质基础与作用机理研究[D]. 武汉: 湖北中医药大学, 2014.

[31] Xu D, Wang Q, Zhang W, *et al*. Inhibitory activities of caffeoylquinic acid derivatives from *Ilex kudingcha* C.J. Tseng on α-glucosidase from *Saccharomyces cerevisiae*[J]. Journal of Agricultural and Food Chemistry, 2015, 63(14): 3694-3703.

[32] 朱科学, 赵书凡, 朱红英, 等. 苦丁茶冬青不同萃取组分降血脂活性的比较[J]. 食品工业科技, 2017, 38(8): 330-334.

[33] 于淑池, 王珊, 许琳琅, 等. 海南苦丁茶多糖的提取及对红细胞溶血的保护作用研究[J]. 琼州学院学报, 2015, 22(5): 50-55.

[34] 朱科学, 朱红英, 贺书珍, 等. 苦丁茶冬青粗多糖的分离表征及其抗氧化活性研究[J]. 热带作物学报, 2016, 37(10): 2014-2019.

[35] 黄勤英, 张海全, 王文君, 等. 苦丁茶齐墩果酸的优化提取及其抗氧化作用[J]. 现代中药研究与实践, 2019, 33(4): 43-46.

[36] 朱科学, 刀春丽, 顾文亮, 等. 苦丁茶不同提取物抗氧化活性比较及其 GC-MS 分析[J]. 热带作物学报, 2020, 41(3): 579-585.

[37] Zhou C S, Xiao W J, Tan Z L, *et al*. Effects of dietary supplementation of tea saponins (*Ilex kudingcha* C.J. Tseng) on ruminal fermentation, digestibility and plasma antioxidant parameters in goats[J]. Animal Feed Science and Technology, 2012, 176(1-4): 163-169.

[38] Zhao X, Wang Q, Qian Y, *et al. Ilex kudingcha* C.J. Tseng (Kudingcha) has in vitro anticancer activities in MCF-7 human breast adenocarcinoma cells and exerts anti-metastatic effects in vivo[J]. Oncology Letters, 2013, 5(5): 1744-1748.

[39] Zhu K, Li G J, Sun P, *et al. In vitro* and *in vivo* anti-cancer activities of Kuding tea (*Ilex kudingcha*C.J. Tseng) against oral cancer[J]. Experimental and Therapeutic Medicine, 2014, 7(3): 709-715.

[40] Zhong T, Piao L, Kim H J, *et al*. Chlorogenic acid-enriched extract of *Ilex kudingcha* C.J. Tseng inhibits angiogenesis in zebrafish[J]. Journal of Medicinal Food, 2017, 20(12): 1160-1167.

[41] 黄敏桃, 吴尤娇, 蔡鹃, 等. 苦丁茶不同产地及采收部位抗菌活性成分研究[J]. 广西科学, 2016, 23(1): 72-78, 85.

[42] 蔡鹃, 黄敏桃, 黄云峰, 等. 广西苦丁茶不同活性部位抑菌活性研究[J]. 中成药, 2014, 36(1): 198-201.

[43] Zheng J, Zhou H, Zhao Y, *et al*. Triterpenoid-enriched extract of *Ilex kudingcha* inhibits aggregated LDL-induced lipid deposition in macrophages by downregulating low density lipoprotein receptor-related protein 1 (LRP1)[J]. Journal of Functional Foods, 2015, 18: 643-652.

第三节

罗汉果

罗汉果［*Siraitia grosvenorii* (Swingle) C. Jeffrey ex Lu et Z. Y. Zhang］是单性、雌雄异株的葫芦科罗汉果属多年生藤本植物的干燥果实, 性凉、味甘, 归肺, 具有清热润肺、利咽开音、滑肠通便的功效, 主治肺热燥咳、咽痛失音、肠燥便秘, 是我国特有的珍贵的药用和甜料植物。研究表明, 罗汉果中含有大量的萜类、黄酮类等活性成分, 具有抗肿瘤、抗炎消菌、抗氧化和降血糖等作用, 具有较高的研究价值[1~2]。

一、生物学特征及资源分布

1. 生物学特征

攀援草本; 根多年生, 肥大, 纺锤形或近球形; 茎、枝稍粗壮, 有棱沟, 初被黄褐色柔毛和黑色疣状腺鳞, 后毛渐脱落变近无毛。叶柄长 3~10cm, 被同枝条一样的毛被和腺鳞; 叶片膜质, 卵形心形、三角状卵形或阔卵状心形, 长 12~23cm, 宽 5~17cm, 先端渐尖或长渐尖, 基部心形, 弯缺半圆形或近圆形, 深 2~3cm, 宽 3~4cm, 边缘微波状, 由于小脉伸出而有小齿, 有缘毛, 叶面绿色, 被稀疏柔毛和黑色疣状腺鳞, 老后毛渐脱落变近无毛, 叶背淡绿, 被短柔毛和混生黑色疣状腺鳞; 卷须稍粗壮, 初时被短柔毛后渐变近无毛, 2 歧, 在分叉点上下同时旋卷。雌雄异株。雄花序总状, 6~10 朵花生于花序轴上部, 花序轴长 7~13cm, 像花梗、花萼一样被短柔毛和黑色疣状腺鳞; 花梗稍细, 长 5~15mm; 花萼筒宽钟状, 长 4~5mm, 上部径 8mm，喉部常具 3 枚长圆形、长约 3mm 的膜质鳞片，花萼裂片 5，三角形，长约 4.5mm，基部宽 3mm，先端钻状尾尖，具 3 脉，脉稍隆起；花冠黄色，被黑色腺点，裂片 5，长圆形，长 1～1.5cm，宽 7～8mm，先端锐尖，常具 5 脉；雄蕊 5，插生于筒的近基部，两两基部靠合，1 枚分离，花丝基部膨大，被短柔毛，长约 4mm，花药 1 室，长约 3mm，药室 S 形折曲。雌花单生或 2～5 朵集生于 6～8cm 长的总梗顶端，总梗粗壮；花萼和花冠比雄花大；退化雄蕊 5 枚，长 2～2.5mm，成对基部合生，1 枚离生；子房长圆形，长 10～12mm，径 5～6mm，基部钝圆，顶端稍缢缩，密生黄褐色茸毛，花柱短粗，长 2.5mm，柱头 3，膨大，镰形 2 裂，长 1.5mm。果实球形或长圆形，长 6～11cm，径 4～8cm，初密生黄褐色茸毛和混生黑色腺鳞，老后渐脱落而仅在果梗着生处残存一圈茸毛，果皮较薄，干后易脆。种子多数，淡黄色，近圆形或阔卵形，扁压状，长 15～18mm，宽 10～12mm，基部钝圆，顶端稍稍变狭，两面中央稍凹陷，周围有放射状沟纹，边缘有微波状缘檐。花期 5～7 月，果期 7～9 月[3]。

2．资源分布

罗汉果较适宜热带以及亚热带湿润气候，东经 106.50°～115.00°，北纬 21.00°～24.50°的地区，常见于海拔 400～1400m 的山坡林下及河边湿地、灌丛等，产于广西、贵州、湖南南部、广东和江西。其中广西永福、临桂等地已作为重要经济植物栽培[2,4]。

二、化学成分研究

1．三萜类

三萜苷类是罗汉果主要的次生代谢产物，罗汉果醇是它们共同的苷元结构。这类有效成分不仅是天然的甜味剂，还具有降糖、抑菌抗炎、抗肿瘤等作用。

王亚平等[5]从罗汉果中分离得到了一个葫芦烷三萜化合物 mogroester。1996 年王雪芬等[7~8]从罗汉果的乙醇提取物中分离得到了 2 个葫芦烷型化合物：siraitic acid A，siraitic acid B。后来，他们又从罗汉果中分离得到了两个新的葫芦烷型三萜酸：siraitic acid C，siraitic acid D。斯建勇等[9]首次从罗汉果中分离得到了罗汉果酸戊（siraitic acid E）。斯建勇、陈迪华等[10]从罗汉果中罗汉果新苷（neomogroside）和已知的葫芦烷三萜苷罗汉果苷ⅡE（mogroside ⅡE）、罗汉果苷Ⅲ（mogroside Ⅲ）、罗汉果苷Ⅳ（mogroside Ⅳ）、罗汉果苷Ⅴ（mogroside Ⅴ）及新的天然成分罗汉果新苷（neomogroside）。Matsumoto 等[11]从罗汉果中发现了一个新的化合物 mogroside ⅢE。扈芷怡等[12]从罗汉果根中分离得到四种葫芦素，分别为 dihydrocucurbitacin E、cucurbitacin E、dihydroisocucurbitacin B-25-acetate、cucurbitacin B。杨秀伟等[15]从罗汉果中分离得到了罗汉果苷类化合物。另外，Niu 等[6]从罗汉果中分出了 7 个葫芦烷糖苷。化合物具体名称与结构见表 5-8 和图 5-8。

表 5-8　罗汉果中三萜类化合物

序号	化合物名称	参考文献	序号	化合物名称	参考文献
1	mogroside Ⅳ	[10,15]	4	mogroside ⅡE	[10,15]
2	mogroside Ⅴ	[10,15]	5	neomogroside	[10,15]
3	mogroside Ⅲ	[10,15]	6	mogroside ⅢE	[11,15]

序号	化合物名称	参考文献	序号	化合物名称	参考文献
7	mogroside ⅤA1	[22]	14	dihydrocucurbitacin E	[12,16]
8	mogroester	[5]	15	cucurbitacin E	[12,16]
9	siraitic acid A	[7,8]	16	dihydroisocucurbitacin B-25-acetate	[12,16]
10	siraitic acid B	[7,8]	17	cucurbitacin B	[12,16]
11	siraitic acid C	[7,8]	18	mogrol 24-*O*-β-D-glucopyranosyl (1-6)-*O*-β-D-glucopyranoside (mogroside ⅡA1)	[19]
12	siraitic acid D	[7,8]			
13	siraitic acid E	[9,13]	19	mogroside ⅣA	[19]

2．黄酮类

斯建勇等[13]从罗汉果干果中首次分离得到了罗汉果黄素、山奈酚-3,7-α-L-二鼠李糖苷，其

6 R¹ = Glc R² = Glc-(1-2)-Glc   7 R = β-D-Glc

8

9 R =

10 R = =O

11 R = H
12 R = OH

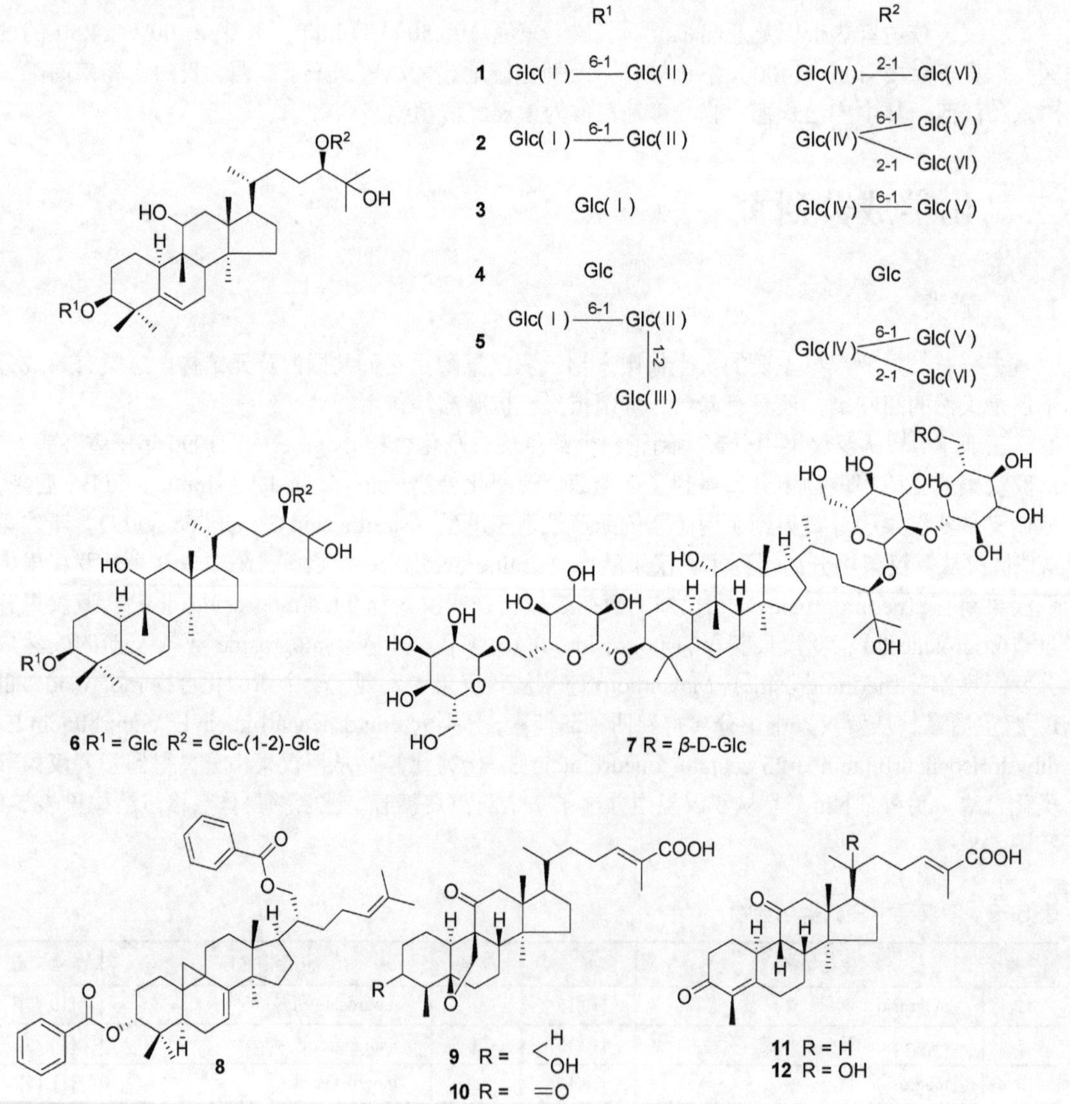

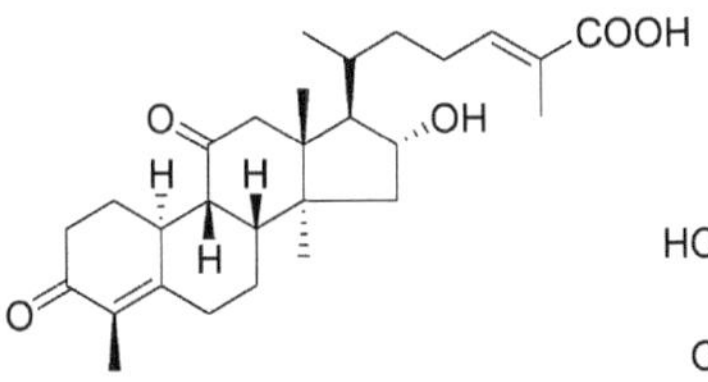

13

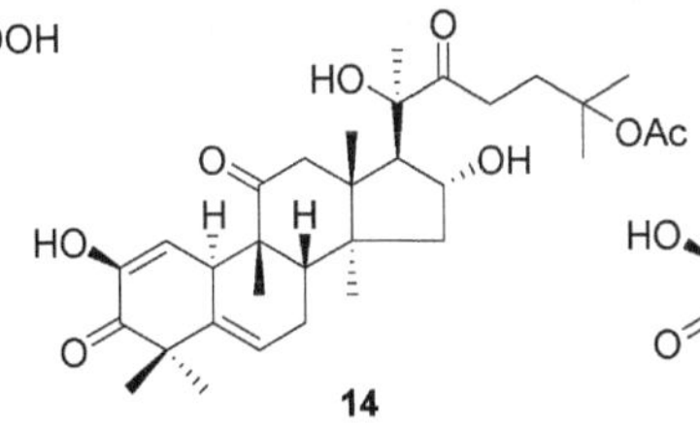

14

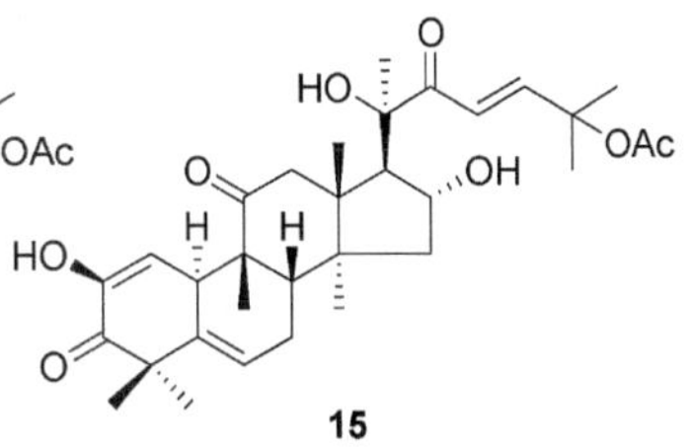

15

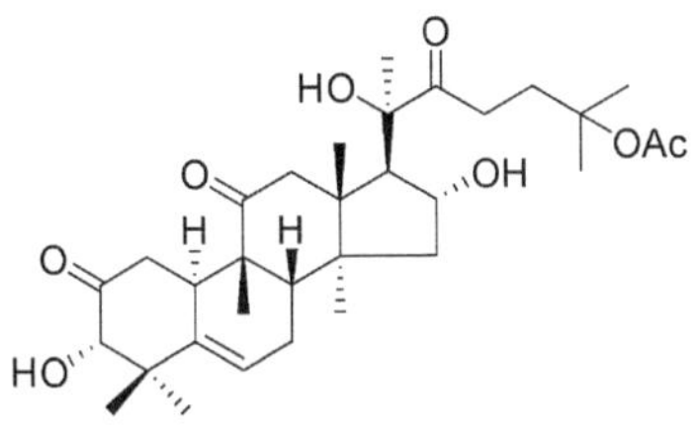

16

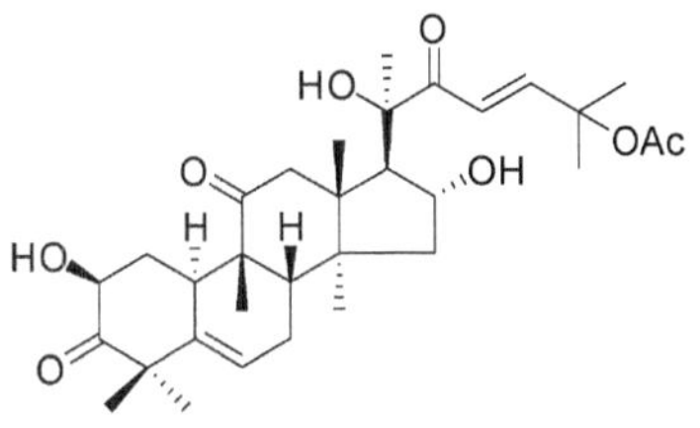

17

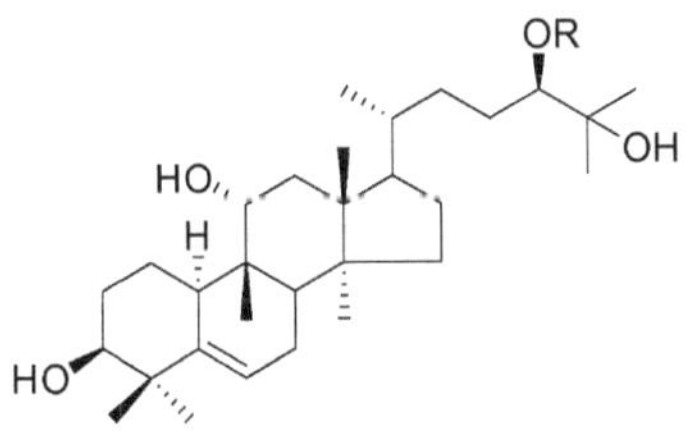

18 R = Glc $\overset{1\text{-}6}{—}$ Glc

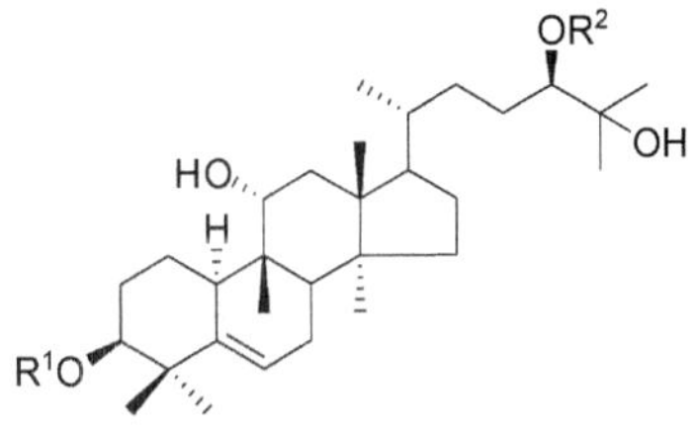

19 $R^1 = R^2$ = Glc $\overset{1\text{-}6}{—}$ Glc

图 5-8 罗汉果中三萜类化合物

中，罗汉果黄素为新化合物。廖日权等[14]首次从罗汉果中分离出来了山柰酚-7-*O*-*α*-L-鼠李糖苷。杨秀伟等[15]人首次从罗汉果中分离得到了山柰酚。张妮等[16]从罗汉果中首次分离得到了 4′-甲氧基二氢槲皮素、槲皮素。Lu 等[17]也从罗汉果分离出了许多黄酮类化合物，化合物具体名称与结构见表 5-9 和图 5-9。

表 5-9 罗汉果中黄酮类化合物

序号	化合物名称	参考文献	序号	化合物名称	参考文献
1	罗汉果黄素	[13,17]	4	narigin	[18]
2	kaempferitrin	[21]	5	pentamethoxyflavone	[21]
3	afzelin	[21]	6	4′-甲氧基二氢槲皮素	[16]

3．其他成分

张妮等[16]首次从罗汉果中分离到了阿魏酸、大黄素、芦荟大黄素。廖日权等[14]首次从罗汉果中分离出来了厚朴酚、双[5-甲酰基糠基]醚、5-羟甲基糠酸、琥珀酸。李振宏等[20]研究发现罗汉果叶的氯仿以及乙酸乙酯萃取物有明显的抗肿瘤活性，后用柱色谱与制备 HPLC 对其两部分进行分离，得到两个蒽醌类化合物：乙酸芦荟大黄素酯（aloe-emodin acetate）和芦荟大黄素（aloe-emodin）。另外，罗汉果中还含有许多的挥发性成分，Tomiyama 等[19]对葫芦科罗汉果干果的挥发性成分进行了分析，鉴定了 124 种挥发性成分，其中，乙酸、3-甲基丁酸和 3-羟基-4,5-二甲基呋喃-2(5*H*)-

酮（sotolon）对果实香气的贡献较大。化合物具体名称与结构见表 5-10 和图 5-10。

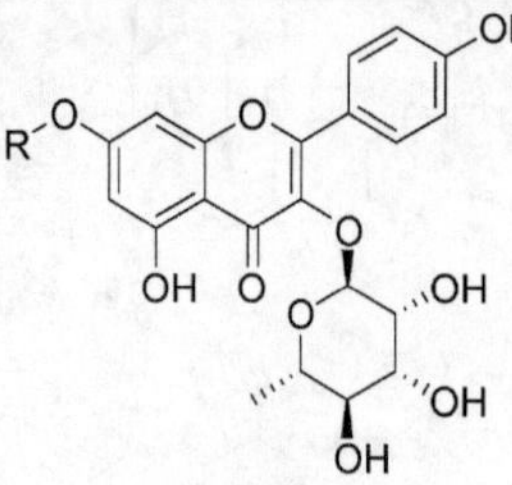

1 R = Rha(2-1)Glc
2 R = Rha
3 R = H

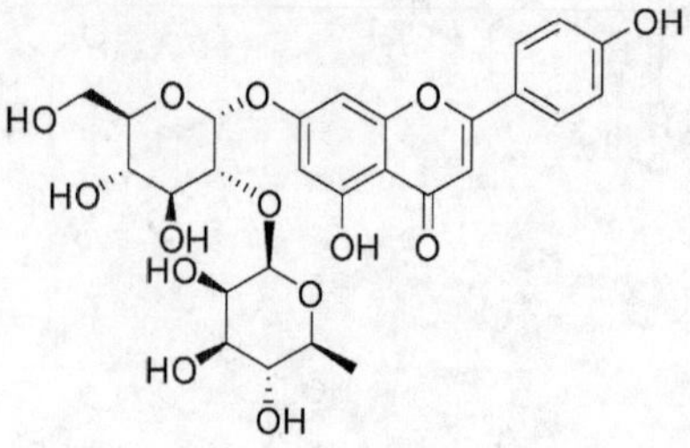

4

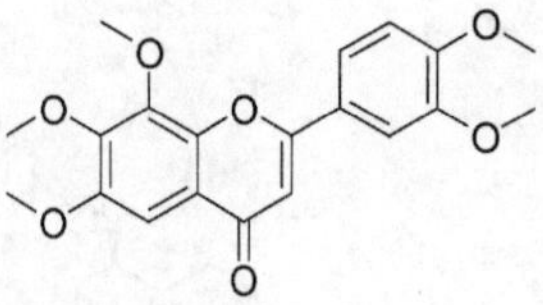

5

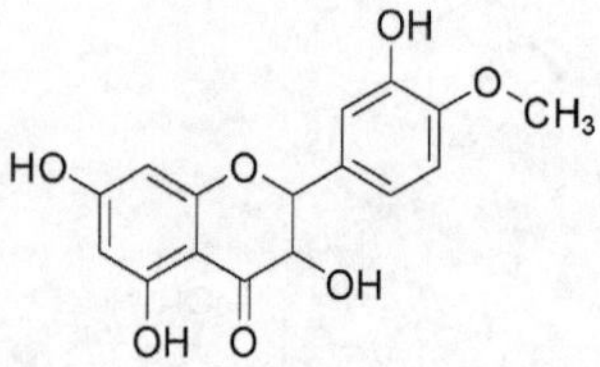

6

图 5-9　罗汉果中黄酮类化合物

表 5-10　罗汉果中其他类化合物

序号	化合物名称	参考文献	序号	化合物名称	参考文献
1	芦荟大黄素	[16,20]	3	双[5-甲酰基糠基]醚	[14,18]
2	厚朴酚	[14,18]	4	乙酸芦荟大黄素酯	[20]

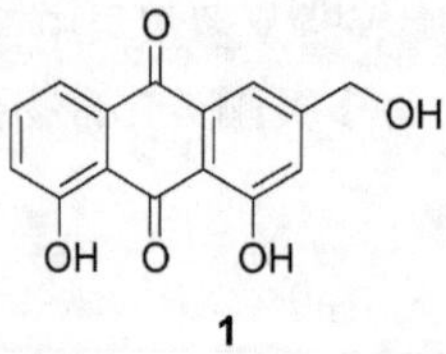

1

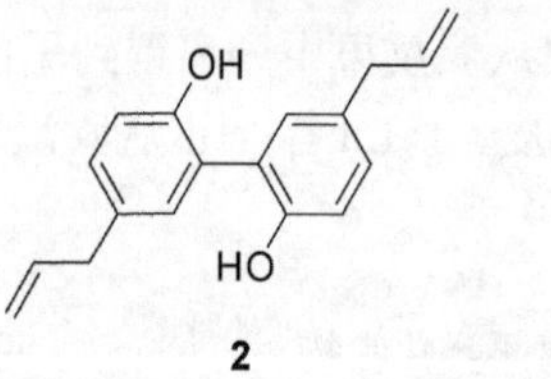

2

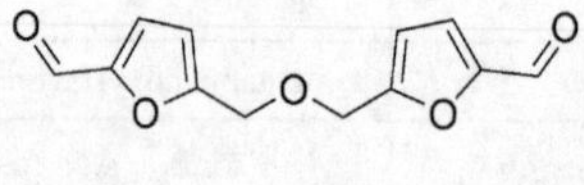

3

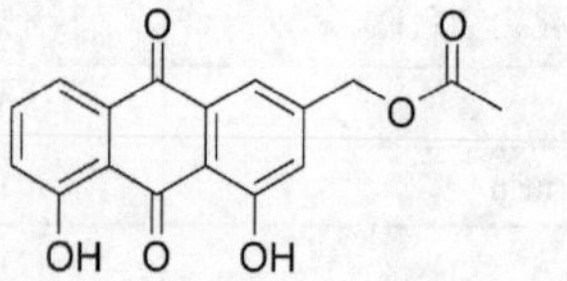

4

图 5-10　罗汉果中其他类化合物

三、药理活性研究

1．抗菌消炎

黎勇[21]研究揭示了罗汉果苷 V 在脂多糖（LPS）诱导的 RAW264.7 炎症细胞中抑制环氧化

酶2(COX-2)蛋白表达的分子机制：罗汉果苷 V 能够通过抑制 LPS 诱导的 AKT1 的磷酸化，减少 IκB-α 的磷酸化，进而阻断转录因子 NF-κB 的入核以及 CCAAT/增强子-结合蛋白 δ 在核内的表达。邹陆妍等[22]研究了罗汉果苷 IIE 在因 LPS 诱导的 RAW264.7 炎症细胞中发挥消炎的机制：罗汉果苷 IIE 可使细胞中一氧化氮合酶（iNOS）、前列腺素 E2（PGE$_2$）与 COX-2 的表达受到抑制，另外，还能显著降低 JNK、p-38、MEK 和 IκBα 的磷酸化水平，表明了罗汉果苷 IIE 是通过抑制 MAPK-NF-κB 炎症信号通路，减少了炎症靶标蛋白 iNOS 和 COX-2 的表达，同时抑制炎症因子 PGE$_2$ 的产生，进而发挥了抗炎作用。也有学者对罗汉果中有效成分的提取及抑菌作用进行了研究，研究发现，罗汉果有效成分对葡萄球菌、普通变形杆菌、芽孢杆菌、沙雷菌的抑菌作用分别为 0.125g/mL、0.0625g/mL、0.125g/mL 和 0.125g/mL[23]。迟禹等[24]发现患有扁桃体炎或咽炎的患者经罗汉果治疗后，其扁桃体炎患者治疗有效率、咽炎患者的治疗有效率分别为 82.50%、80.43%。

2．抗氧化

邹建等[25]研究分析了罗汉果皂苷类化合物清除自由基和铁离子还原能力强弱关系，发现 MGⅡA2 和 MGⅥ清除 DPPH 自由基能力明显比其他四种罗汉果皂苷高（$P<0.05$），MGⅣ的最低；在进行 ABTS 自由基的清除能力测定时，强弱顺序依次为 MGⅡA2>MGⅤ>MGⅣ>MGⅥ>MGⅢ>11-O-MGⅤ；测定铁离子的还原能力时，MGⅡA2 明显强于其他皂苷类化合物（$P<0.05$），MGⅣ最低。黄香凌等[26]发现生罗汉果的提取物的 DPPH 自由基清除活性强弱顺序依次为：水提取物、乙醇提取物、乙酸乙酯提取物，且它们的半数清除率浓度 IC50 明显低于标准值 10mg/mL（$P<0.05$）。蓝群等[27]对罗汉果块根总黄酮、总酚用乙醇进行提取，发现提取含量最多的乙醇浓度为 80%，其总酚和黄酮含量分别为 8.17% 与 5.79%。以抗坏血酸为对照，发现具有较强的抗氧化活性与清除自由基的能力，但稍弱于维生素 C。彭成海等[28]研究发现罗汉果花醇提取物有较强的抗氧化活性，且该活性随着浓度的增大而增强，但均没有维生素 C 的抗氧化活性强。李珊等[29]优化了罗汉果多糖的提取方法，后经纯化获得多糖 P-1、多糖 P-2，且抗氧化实验证明，两者对·OH、·O^{2-}、DPPH·、ABTS 自由基均具有良好的清除效果，但均不如维生素 C 的抗氧化能力。

3．降血糖

有研究表明，从罗汉果中提取到的 mogroside（MGE）具有抑制蛋白质糖基化和糖氧化的作用，结果表明，中剂量（125μg/mL）和高剂量（500μg/mL）的 MGE 显著抑制牛血清白蛋白糖基化。且同样浓度的 MGE（500μg/mL）的抗糖基化活性与氨基胍（AG）相当。然而罗汉果中提取到的 mogroside 对糖基化诱导的果糖胺水平升高和硫醇水平降低的抑制作用不显著[30]。于万芹等[31]研究发现用罗汉果皂苷提取物给妊娠期糖尿病大鼠灌胃之后，结果显示，胰腺组织中 Keap1 蛋白的表达明显下降，Nrf2、ARE、HO-1 等蛋白的表达显著提高。这提示罗汉果皂苷提取物可能通过激活 Keap1-Nrf2/ARE 通道来缓解胰腺组织氧化应激损伤，进而降低妊娠期糖尿病大鼠的血糖。李宝铜等[32]研究发现罗汉果总皂苷与二甲双胍均能对患有 2 型糖尿病的大鼠起作用，结果显示，罗汉果组与二甲双胍组的大鼠较模型组来说，体重增加、自由活动增加、毛色有光泽等，且大鼠空腹血糖值、丙二醛、血清总胆固醇、甘油三酯以及低密度脂蛋白胆固醇降低，大鼠血清过氧化氢酶、超氧化物歧化酶显著增高以及大鼠胰岛细胞数量增多，细胞萎缩等情况改善。

4．免疫调节

有研究发现罗汉果叶提取的黄酮可以使大鼠力竭性运动的持续时间增长，并且可以增加大鼠脾脏指数和胸腺指数、机体血清溶血数、机体外周白细胞数量以及机体 NK 阳性细胞的含量，从而提高机体免疫功能[33]。陈功等[34]研究发现，大鼠在运动时，加入罗汉果总黄酮，可使肌肉组织的供血能力增强，同时，氧的运输能力也会提高。并通过实验结果推测，罗汉果黄酮可能通过调节大鼠腓肠肌碱性成纤维细胞生长因子（BFGF）mRNA 及胎肝激酶 1（FLK-1）的表达，进而来干预运动大鼠骨骼肌的修复或再生。

5．抗肿瘤

颜小捷、卢凤来等[35]从罗汉果根中分离出来的粗多糖（CPS）均能抑制小鼠 H22 皮下种植性肿瘤的生长，且高、中以及低剂量组的抑制率分别为 31.34%、26.87%、14.39%。符毓夏等[36]研究发现罗汉果醇对前列腺癌细胞（DU145）、肝癌细胞（Hep G2）、鼻咽癌细胞（CNE1）、肺癌细胞（A549）、鼻咽癌细胞（CNE2）均有较明显的抑制细胞增殖作用，其中对 CNE1 的抑制作用最强。另外，实时定量 PCR 技术结果显示，罗汉果醇通过上调 Caspase-3、Bax 等促凋亡基因和下调 Survivin、Bcl-2 等抗凋亡基因的表达，进而诱导 CNE1 细胞凋亡。黄琰菁等[37]研究发现罗汉果醇可激活 HepG2 细胞中 AMPK 信号通路，进而控制 SREBP-1c、FASN 的表达，从而抑制了由油酸（OA）诱导的肝细胞癌 HepG2 细胞脂肪积累模型的脂代谢，提示对非酒精性脂肪肝病有关肝细胞癌的预防和治疗具有一定的应用研究价值。王淼等[38]利用网络药理学分析，筛选出了罗汉果中 4 个与肿瘤相关的成分，三个与肿瘤相关的靶蛋白的关键蛋白：HSP90AA1、PTGS2 和 AKR1C3。

6．止咳化痰

吕金燕等[39]通过网络药理学筛选出了罗汉果内具有止咳化痰的 13 种化学成分，其作用靶点37 个以及相关联的通道 25 条，证明了罗汉果止咳化痰具有"多成分-多靶点-多通路的"的特点。王勤等[40]研究发现利用酚红排泌法测定其祛痰作用，同时用 HPLC 测定的指纹图谱找出其共有峰，采用偏最小二乘法（PLS）得出各共有峰的正负相关及贡献度，发现罗汉果的祛痰作用是多种成分共同作用的结果。陈敏等[41]研究发现罗汉果皂苷能明显降低小鼠咳嗽次数，延长小鼠咳嗽潜伏期（$P<0.05$），且小鼠气管酚红分泌量明显增多（$P<0.05$）。

7．其他

谢一峰[42~43]研究发现罗汉果能够缓解由一次性力竭运动以及反复多次力竭运动引起的心肌损伤，推测是由于罗汉果叶黄酮的抗血液凝聚的功效使得大鼠力竭运动后，红细胞聚集减低，血液黏稠度降低，毛细血管灌注阻力降低，从而减少对血液流动性的影响，来缓解心肌损伤。另外，罗汉果叶黄酮可以增强氧化酶活性，清除由力竭运动引起的自由基增多，从而阻止脂质过氧化。姚顺晗等[44]研究发现罗汉果皂苷 V 有利于成骨细胞的增殖、分化，结果显示，在浓度为 $0\sim0.8g/L$ 时，对细胞有轻微毒性，浓度为在 $6.25\times10^{-3}\sim2.5\times10^{-2}g/L$ 时，可显著促进骨细胞的增殖，而在 $25.6\sim204.8g/L$ 范围内，明显抑制了骨细胞的生长。研究还表明，在浓度为 $1.25\times10^{-2}g/L$，碱性磷酸酶活性显著，成骨细胞矿化程度明显，成骨细胞分化相关基因表达量最高。周海银等[45]研究发现罗汉果皂苷 VI（MVI）通过调控 PGC-1α 途径来促进肝细胞线粒体的合成，降低氧化应激水平，进而改善小鼠脓毒症引起的急性肝损伤。

参考文献

[1] 国家药典委员会. 中国药典: 一部[S]. 北京: 中国医药科技出版社, 2015.

[2] 韦荣昌, 白隆华, 马小军, 等. 药用植物罗汉果的研究概况[J]. 湖北农业科学, 2013, 52(23): 5669-5672.

[3] 中国科学院中国植物志编辑委员会. 中国植物志: 第 73 卷第 1 分册. [M]. 北京: 科学出版社, 1986.

[4] 刘丽华, 马小军. 罗汉果研究进展[C]. 天津: 2010 年中国药学大会暨第十届中国药师周, 2010.

[5] 王亚平, 陈建裕. 罗汉果化学成分的研究[J]. 中草药, 1992, 23(2): 61-62, 111.

[6] Niu B, Ke C Q, Li B H, et al. Cucurbitane glucosides from the crude extract of Siraitia grosvenorii with moderate effects on PGC-1α promoter activity[J]. Journal of Natural Products, 2017, 80(5): 1428-1435.

[7] 王雪芬, 卢文杰, 陈家源, 等. 罗汉果根化学成分的研究(Ⅰ)[J]. 中草药, 1996, 27(9): 515-518.

[8] 王雪芬, 卢文杰, 陈家源, 等. 罗汉果根化学成分的研究(Ⅱ)[J]. 中草药, 1998, 29(5): 293-296.

[9] 斯建勇, 陈迪华, 沈连钢, 等. 广西特产植物罗汉果根的化学成分研究[J]. 药学学报, 1999, 34(12): 918-920.

[10] 斯建勇, 陈迪华, 常琪, 等. 罗汉果中三萜苷的分离和结构测定[J]. 植物学报, 1996, 38 (6): 489-494.

[11] Matsumoto K, Kasai R, Ohtani K, et al. Minor cucurbitane-glycosides from fruits of Siraitia grosvenori (Cucurbitaceae) [J]. Chemical & Pharmaceutical Bulletin, 2008, 38(7): 2030-2032.

[12] 扈芷怡, 卢凤来, 赵立春, 等. 罗汉果根的生物活性及化学成分研究[J]. 吉林农业大学学报, 2020: 1-9.

[13] 斯建勇, 陈迪华, 常琪, 等. 鲜罗汉果中黄酮苷的分离及结构测定[J]. 药学学报, 1994, 29(2): 158-160.

[14] 廖日权, 李俊, 黄锡山, 等. 罗汉果化学成分的研究[J]. 西北植物学报, 2008, 28(6): 1250 1254.

[15] 杨秀伟, 张建业, 钱忠明. 罗汉果中新的天然皂苷[J]. 中草药, 2008, 39(6): 810-814.

[16] 张妮, 魏孝义, 林立东. 罗汉果叶的化学成分研究[J]. 热带亚热带植物学报, 2014, 22(1): 96-100.

[17] Lu Y, Zhu S H, He Y J, et al. Systematic characterization of flavonoids from Siraitia grosvenorii leaf extract using an integrated strategy of high-speed counter-current chromatography combined with ultra high performance liquid chromatography and electrospray ionization quadrupole time-of-flight mass spectrometry[J]. Journal of Separation Science, 2020, 43(5): 852-864.

[18] Chaturvedula V S P, Memeni S R, et al. A new cucurbitane glycoside from Siraitia grosvenorii[J]. Natural Product Communications, 2015, 10(9): 1521-1523.

[19] Tomiyama, Kenichi, Yaguchi, et al. Odor-active components of Luo Han Guo (Siraitia grosvenorii)[J]. Natural product communications, 2016, 11(8): 1179-1180.

[20] 李振宏, 谭显春, 王恒山, 等. 罗汉果叶抗肿瘤活性成分研究[A]//中国化学会第八届有机化学学术会议暨首届重庆有机化学国际研讨会论文摘要集(4)[C].重庆: 2013.

[21] 黎勇. 罗汉果苷 V 在 RAW264.7 细胞中抑制炎症分子机制的研究[D]. 长沙: 湖南农业大学, 2019.

[22] 邹陆妍. 罗汉果苷 IIE 在 RAW 264.7 细胞中发挥消炎和抗氧化功效的研究[D]. 长沙: 湖南农业大学, 2019.

[23] Li X, Xu L Y, Cui Y Q, et al. Anti-bacteria effect of active ingredients of siraitia grosvenorii on the spoilage bacteria isolated from sauced pork head meat[J]. IOP Conference Series: Materials Science and Engineering, 2018, 292(1): 012012.

[24] 迟禹. 罗汉果对治疗扁桃体炎,咽炎的疗效观察[J]. 世界最新医学信息文摘, 2018, 18(49): 169-170.

[25] 邹健, 陈秋平, 刘合生,等. 罗汉果皂苷类化合物的抗氧化活性研究[J]. 核农学报, 2016, 30(10): 1982-1988.

[26] 黄香凌, 莫绪串. 生罗汉果的提取及其自由基清除活性研究[J]. 桂林师范高等专科学校学报, 2016, 30(2): 115-117, 124.

[27] 蓝群, 金晨钟, 莫亿伟. 罗汉果块根粗提取物抗氧化及抑菌能力[J]. 北方园艺, 2018, 409 (10): 144-149.

[28] 彭成海, 陈盛芳, 施昊卿, 等. 罗汉果花醇提物的抗氧化降血糖研究[J]. 食品科技, 2019, 44(10): 246-250.

[29] 李珊, 梁俭, 刘晓凤, 等. 罗汉果籽多糖的提取纯化及其抗氧化活性测试[J]. 粮食与油脂, 2020, 33(2): 78-83.

[30] Liu H, Wang C, Qi X, et al. Antiglycation and antioxidant activities of mogroside extract from Siraitia grosvenorii (Swingle) fruits.[J]. Journal of Food Science and Technology, 2018, 55(5): 1880-1888.

[31] 于万芹, 杜晓娜, 刘巧敏, 等. 罗汉果皂苷对妊娠糖尿病大鼠氧化应激损伤影响[J]. 中国临床药理学杂志, 2019, 35(21): 2723-2727.

[32] 李宝铜, 夏星, 钟斯然, 等. 罗汉果总皂苷对高糖高脂饲料联合链脲佐菌素致 2 型糖尿病大鼠的作用[J]. 中国畜牧兽医, 2020, 47(12): 4148-4155.

[33] 和卫宾. 罗汉果叶黄酮对力竭性运动大鼠免疫功能的影响[D]. 桂林: 广西师范大学, 2013.

[34] 陈功, 莫伟彬, 李国峰. 罗汉果黄酮干预运动大鼠骨骼肌 FLK-1 及 BFGF 表达的影响[J]. 中国中医基础医学杂志, 2020, 26(1): 45-48.

[35] 颜小捷, 卢凤来, 陈换莹, 等. 罗汉果根多糖的分离纯化、结构鉴定及抗肿瘤活性研究[J]. 广西植物, 2012, 32(1): 138-142, 76.

[36] 符毓夏, 王磊, 李典鹏. 罗汉果醇抗肿瘤活性及其作用机制研究[J]. 广西植物, 2016, 36(11): 1369-1375.

[37] 黄琰菁, 王琳, 李赛, 等. 罗汉果醇通过激活 AMPK 信号通路调控肝细胞癌 HepG2 细胞的脂代谢[J]. 中国肿瘤生物治疗杂志, 2019, 26(8): 876-881.

[38] 王淼, 张子梅, 杨小萱, 等. 基于网络药理学的罗汉果治疗肿瘤的作用机制研究[J]. 时珍国医国药, 2020, 31(3): 560-562.

[39] 吕金燕, 黄嘉咏, 袁彩英, 等. 基于网络药理学的罗汉果止咳化痰活性成分靶点研究[J]. 湖南师范大学自然科学学报, 2019, 42(1): 40-48.

[40] 王勤, 肖喜泉, 董威, 等. 罗汉果祛痰作用谱效关系研究[J]. 广西植物, 2017, 37(5): 606-609.

[41] 陈敏, 王翠红. 罗汉果中罗汉果皂苷提取工艺的优化及其止咳祛痰作用[J]. 中成药, 2019, 41(5): 1129-1132.

[42] 谢一锋. 罗汉果叶黄酮对力竭性运动大鼠心肌组织形态结构的影响[J]. 当代体育科技, 2018, 8(17): 9-10.

[43] 谢一锋. 罗汉果叶黄酮对力竭性运动大鼠心肌线粒体的影响[J]. 科技资讯, 2018, 16(12): 227-228.

[44] 姚顺晗, 廖亮, 覃家港, 等. 罗汉果皂苷Ⅴ刺激成骨细胞增殖与分化[J]. 中国组织工程研究, 2019, 23(29): 4701-4706.

[45] 周海银, 隆彩霞, 罗兰, 等. 罗汉果皂苷Ⅵ对小鼠脓毒症致急性肝损伤的作用及其机制探讨[J]. 中国当代儿科杂志, 2020, 22(11): 1233-1239.

第四节

两面针

两面针［*Zanthoxylum nitidum* (Roxb.) DC.］属于芸香科花椒属木质藤本植物，入药部位为干燥根，别名野花椒、入地金牛、两背针、双面针、双面刺等。根性凉、果性温。最常见的用药部位是根，主根较强，支根较多，根皮黄，内皮淡黄色，柔软。性味苦、辛、平且麻舌，具有清湿疏通络、活血消疲劳、理气止痛等功效。常用于治疗跌打损伤、气滞淤血、胃痛、风湿痛、毒蛇咬伤等[1~2]。民间常用作跌打扭伤药，亦可用于驱蛔虫。据文献报道两面针含有大量的生物碱、香豆素类、木脂素类等化合物，现代药理学还表明两面针具有抗肿瘤、抗炎、抗菌等活性。

一、资源分布及生物学特征

1. 资源分布

两面针为广西当地瑶族的常用药材，分布于广西平南与金秀大瑶山地区[3]。两面针适合土层深厚、土质疏松且富含腐殖质的赤红壤、红壤、黄棕壤或石灰土，pH 为 5.0～7.0 较好。喜湿，喜阳，通常在 400m 以下的低山、丘陵、灌丛、疏林地等地方常见。分布于我国的台湾、广东、福建、广西、海南、贵州及云南[4~5]。

2．生物学特征

幼龄植株为直立的灌木，成龄植株为攀援于树上的木质藤本。老茎有翼状蜿蜒而上的木栓层，茎枝及叶轴均有弯钩锐刺，粗大茎干上部的皮刺其基部呈长椭圆形枕状凸起，位于中央的针刺短且纤细。叶有小叶（3）5～11片，萌生枝或苗期的叶其小叶片长可达16～27cm，宽5～9cm；小叶对生，成长叶硬革质，阔卵形或近圆形，或狭长椭圆形，长3～12cm，宽1.5～6cm，顶部长或短尾状，顶端有明显凹口，凹口处有油点，边缘有疏浅裂齿，齿缝处有油点，有时全缘；侧脉及支脉在两面干后均明显且常微凸起，中脉在叶面稍凸起或平坦；小叶柄长2～5mm，稀近于无柄。花序腋生。花4基数；萼片上部紫绿色，宽约1mm；花瓣淡黄绿色，卵状椭圆形或长圆形，长约3mm；雄蕊长5～6mm，花药在授粉期为阔椭圆形至近圆球形，退化雌蕊半球形，垫状，顶部4浅裂；雌花的花瓣较宽，无退化雄蕊或为极细小的鳞片状体；子房圆球形，花柱粗而短，柱头头状。果梗长2～5mm，稀较长或较短；果皮红褐色，单个分果瓣径5.5～7mm，顶端有短芒尖；种子圆珠状，腹面稍平坦，横径5～6mm。花期3～5月，果期9～11月[3,5]。

二、化学成分研究

1．苯并菲啶类生物碱

苯并菲啶类生物碱是异喹啉生物碱中的一类，在自然界中广泛存在，在罂粟科、芸香科以及白屈菜属植物中比较常见。苯并菲啶类生物碱具有丰富的药理活性，如抗炎、抗菌、镇痛、抗肿瘤等。两面针中的主要活性物质氯化两面针碱等，对肿瘤有很好的抑制作用[6]。Wang等[7]最早从两面针根部得到白屈菜红碱，鉴定结构式后进一步明确了其具有抑菌活性。迄今为止从两面针分离得到此类化合物有40多种，化合物具体名称和结构参考表5-11和图5-11。

表5-11　两面针中苯并菲啶类生物碱

序号	化合物名称	参考文献	序号	化合物名称	参考文献
1	6β-hydroxymethyldihydronitidine	[8]	16	ethoxychelerythrine	[6]
2	8-acetonyldihydronitidine	[11]	17	8-methoxysanguinarine	[17]
3	oxynitidine	[14]	18	8-acetonylchelerythrine	[11]
4	8-acetylchelerythrine	[15]	19	isofararidine	[18]
5	6-ethoxychelerythrine	[7]	20	chelerythrine	[7]
6	nitidumtone B	[9]	21	bocconine	[15]
7	8-(2′-cyclohexanone)-7,8-dihydrochelerythrine	[10]	22	avicine	[19]
8	dihydrochelerythrine	[12]	23	rhoifoline A	[15]
9	oxychelerythrine	[7]	24	N-desmethylnitidine	[11]
10	8-(1′-hydroxyethyl)-7,8-dihydrochelerythrine	[10]	25	rhoifoline B	[15]
11	8-hydroxydihydrochelerythrine	[15]	26	decarine	[21]
12	oxyavicine	[12]	27	6S-10-O-demethylbocconoline	[23]
13	7-demethyl-6-methoxy-5,6-dihydrochelerythrine	[13]	28	epi-zanthocadinanine A	[20]
14	oxyterihanine	[16]	29	zanthomuurolanine	[22]
15	nitidine chloride	[6]			

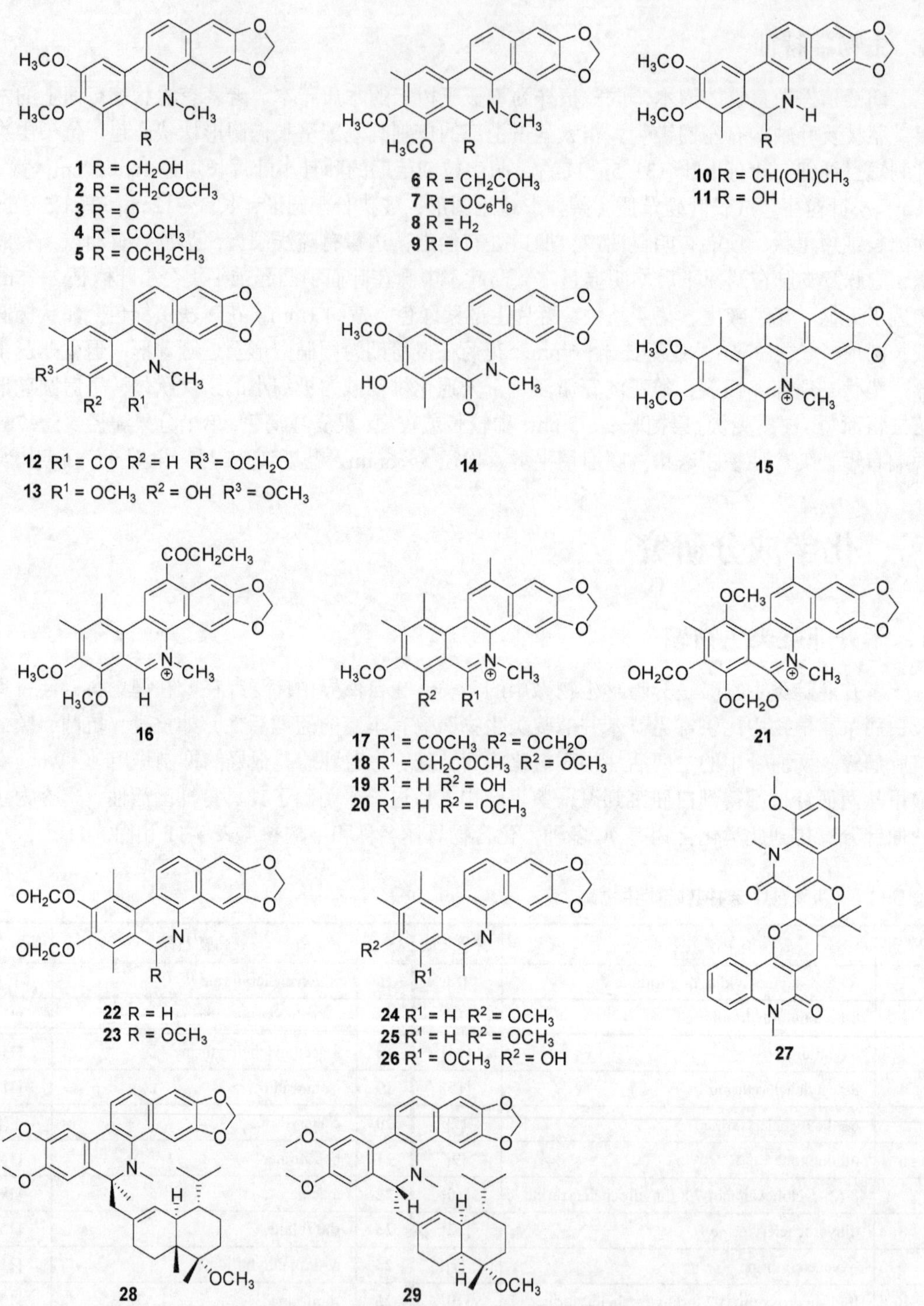

1 R = CH₂OH
2 R = CH₂COCH₃
3 R = O
4 R = COCH₃
5 R = OCH₂CH₃

6 R = CH₂COCH₃
7 R = OC₆H₉
8 R = H₂
9 R = O

10 R = CH(OH)CH₃
11 R = OH

12 R¹ = CO R² = H R³ = OCH₂O
13 R¹ = OCH₃ R² = OH R³ = OCH₃

14

15

16

17 R¹ = COCH₃ R² = OCH₂O
18 R¹ = CH₂COCH₃ R² = OCH₃
19 R¹ = H R² = OH
20 R¹ = H R² = OCH₃

21

22 R = H
23 R = OCH₃

24 R¹ = H R² = OCH₃
25 R¹ = H R² = OCH₃
26 R¹ = OCH₃ R² = OH

27

28

29

图 5-11　两面针中苯并菲啶类生物碱

2．喹啉类生物碱

　　喹啉类生物碱是结构中含有一类喹啉环的生物碱，在芸香科以及茜草科植物中较为常见，有着广泛的药理活性作用，如抗氧化、抗菌、抗肿瘤、保护心血管等。胡疆等[24]从两面针中分离出了一个喹啉类生物碱：原小檗碱。Yang 等[25]从两面针中分离得到了 4 个喹啉类生物碱：白鲜碱、崖椒碱、茵芋碱、去甲茵芋碱。查阅相关文献发现，目前已经从两面针中分离鉴定出 10 多种喹啉类生物碱。化合物名称和结构参考表 5-12 和图 5-12。

表 5-12　两面针中喹啉类生物碱

序号	化合物名称	参考文献	序号	化合物名称	参考文献
1	liriodenine	[5]	7	5-methoxydictamine	[15]
2	*N*-acetyldehydroanonaine	[20]	8	flindersine	[20]
3	zanthobungeanine	[27]	9	magnolone	[25]
4	skimmianine	[28]	10	coptisine	[21]
5	dictamnine	[25]	11	zanthonitidine B	[23]
6	robustine	[24]			

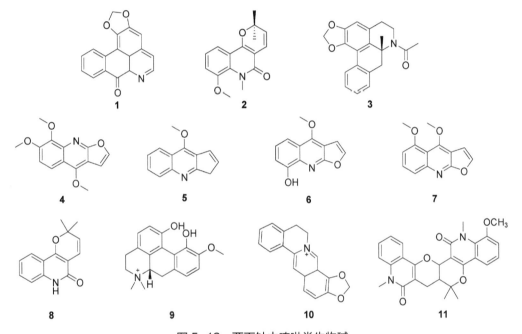

图 5-12　两面针中喹啉类生物碱

3. 脂肪胺类生物碱

Zhu 等[26]从两面针中首次分离得到了 4 个烷基胺：zanthoxylumamide A、zanthoxylumamide B、zanthoxylumamide C、zanthoxylumamide D。樊洁等[27]首次从两面针分离得到了十三烷胺、十四烷胺、十七烷胺、十九烷胺。胡疆等[24]从两面针中分离得到了两个脂肪胺类生物碱。化合物具体名称和结构参考表 5-13 和图 5-13。

4. 其他类型生物碱

叶玉珊等[19]从两面针根提取物中分离得到了 4-羟基-*N*-甲基脯氨酸，黄志勋等[69]从两面针中分离得到了一个普托品型生物碱 α-allcryptopine。化合物名称和结构参考表 5-14 和图 5-14。

表 5-13　两面针中脂肪胺类生物碱

序号	化合物名称	参考文献	序号	化合物名称	参考文献
1	zanthoxylumamide A	[26]	**6**	tetradecylamine	[27]
2	zanthoxylumamide B	[26]	**7**	heptadecylamine	[27]
3	zanthoxylumamide C	[26]	**8**	decylamine	[27]
4	zanthoxylumamide D	[26]	**9**	neoherculin	[24]
5	tridecylamine	[27]	**10**	CH₃(CH₂)₃₃NH₂	[24]

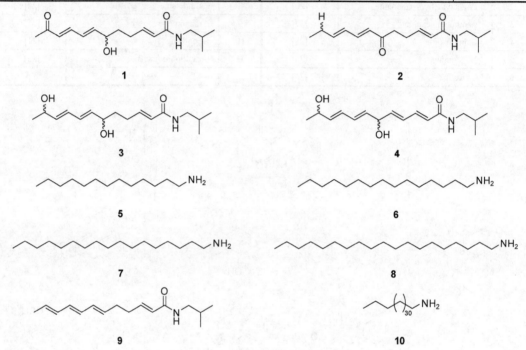

图 5-13　两面针中脂肪胺类生物碱

表 5-14　两面针中其他类型生物碱

序号	化合物名称	参考文献
1	methyl-7-(β-D-mannopyranosyloxy)-1H-indole-2-carboxylate	[29]
2	methyl-7-[(3-O-acetyl-β-D-mannopyranosyl)oxy]-1H-indole-2-carboxylate	[29]
3	2-methyl-1H-indol-7-yl-β-D-mannopyranoside	[29]
4	3,6-diisopropyl-2,5-piperazinedione	[11]
5	2,4-dihydroxypyrimidine	[24]
6	4-hydroxy-N-methylproline	[19]
7	α-allcryptopine	[69]

5．香豆素类化合物

香豆素类化合物是两面针药用植物的主要活性成分之一，香豆素类化合物具有天然的芳甜香气，在植物界中通常以游离态或成苷形式存在，具有抗肿瘤、抗炎、抗 HIV、抗凝血等药理活性。沈晓华等[8]从两面针中分离出来了多个香豆素类化合物；Yang 等[25]从两面针中分离得到了 2 个香豆素类化合物：toddalolactone、5,6,7-trimethoxycoumarin。化合物名称和结构参考表 5-15 和图 5-15。

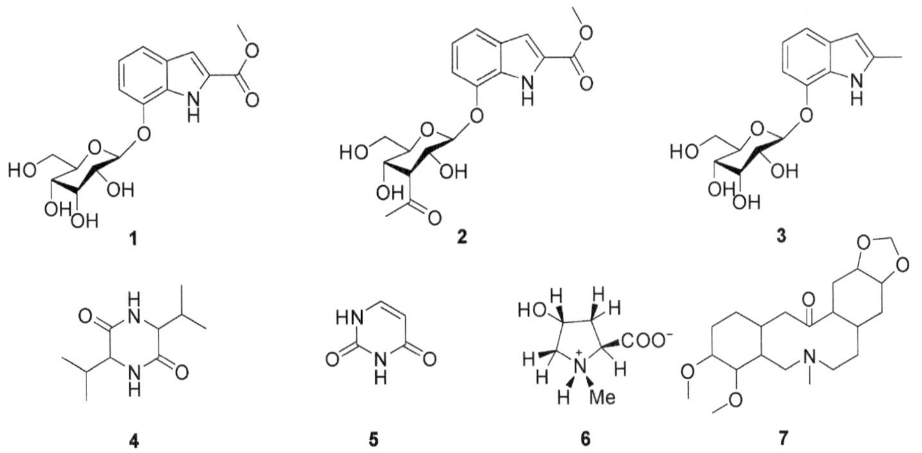

图 5-14　两面针中其他类型生物碱

表 5-15　两面针中香豆素类化合物

序号	化合物名称	参考文献	序号	化合物名称	参考文献
1	toddalolactone	[25]	3	5-methoxymarmesin	[8]
2	5,6,7-trimethoxycoumarin	[25]	4	dimethoxycoumarin	[8]

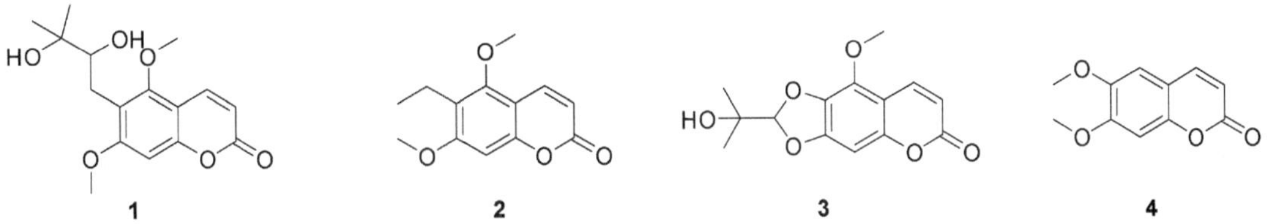

图 5-15　两面针中香豆素类化合物

6．木脂素类化合物

木脂素类化合物广泛存在于自然界中，具有抗肿瘤、抗病毒、保护心血管系统、镇静催眠等作用。洪庚辛等[30]首次从两面针中分离得到了一个新的木脂素化合物：furan lignans(-)-dihydrosesamin，且发现该化合物具有镇痛作用。胡疆[21]从两面针中分离得到了 3 个木脂素类化合物：d-episesamin、horsfieldin、l-sesamin。汤玉妹[31]从两面针中分离得到了syringaresinol。化合物名称和结构参考表 5-16 和图 5-16。

表 5-16　两面针中木脂素类化合物

序号	化合物名称	参考文献	序号	化合物名称	参考文献
1	d-episesamin	[21]	4	furan lignans(-)-dihydrosesamin	[30]
2	horsfieldin	[21]	5	syringaresinol	[31]
3	l-sesamin	[21]			

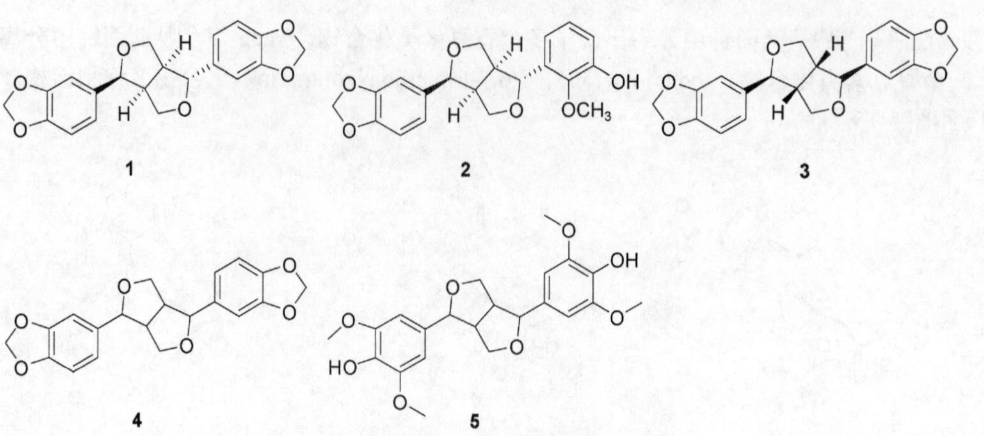

图 5-16　两面针中木脂素类化合物

7．其他类化合物

研究表明，两面针中还含有许多有机酸类、黄酮类、甾体类等其他类化合物，化合物名称和结构参考表 5-17 和图 5-17。

表 5-17　两面针中其他类化合物

序号	化合物名称	参考文献	序号	化合物名称	参考文献
1	ethylparaben	[35]	8	hesperidine	[15]
2	苯甲酸异丁酯（isobutyl benzoate）	[19]	9	spathulenol	[15,20]
3	10-eilosanol	[22]	10	α-cadinol	[18]
4	4-hydroxybenzoic acid	[24]	11	2,3-bis(3,4-methylenedioxybenzyl)but-2-en-4-olide	[20]
5	β-amyrin	[27]			
6	2,6-dimethoxy-1,4-benzoquinone	[24]	12	arturmerone	[32]
7	diosmin	[31]	13	syringic acid	[24]

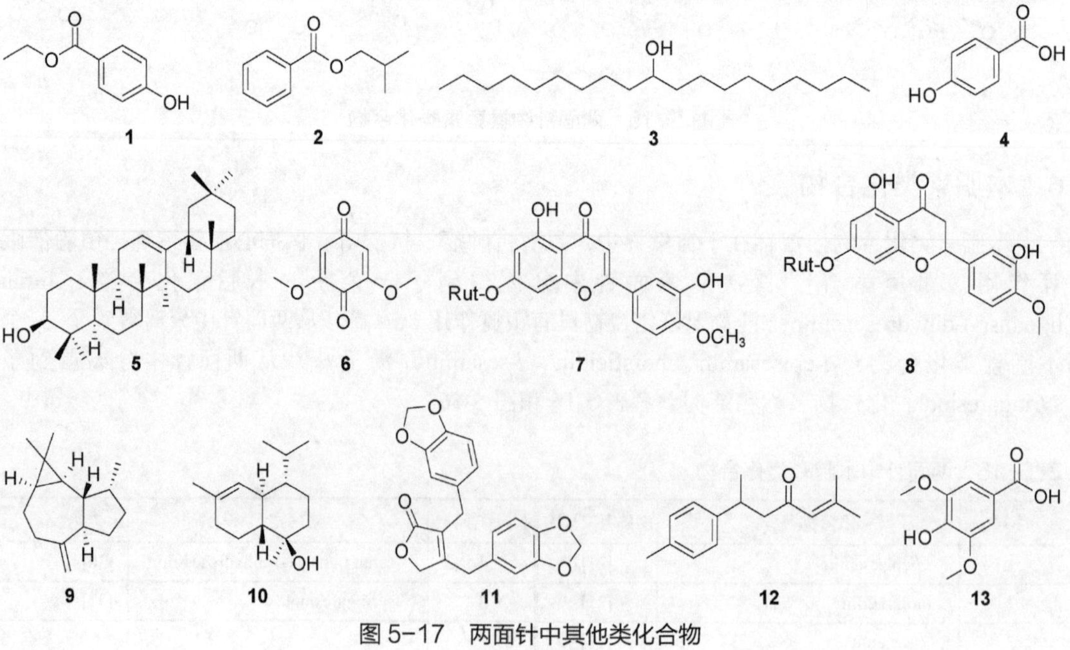

图 5-17　两面针中其他类化合物

三、药理活性研究

1．抗炎镇痛

Chen 等[33]研究发现两面针中的新型苯化合物具有抗炎作用。刘绍华[34]研究表明两面针提取物 S-O 对小鼠具有显著的镇痛抗炎作用。徐露等[36]研究发现两面针总碱（TAZ）对溃疡性结肠炎（UC）大鼠具有明显的抗炎作用，研究表明，两面针总碱能显著降低 UC 大鼠体内的疾病活动指数（DAI）、血清 TNF-α、IL-8、MDA 水平，而 SOD 的活性较对照组来说，显著升高。因此，推测作用机制可能与抗氧自由基以及减少炎症介质有关。研究表明，采用热板法与扭体法实验考察小鼠镇痛作用，并用小鼠脚趾肿胀、耳廓肿胀及棉球肉芽肿胀等实验证明了两面针的根和茎均具有抗炎镇痛的作用，均能减少醋酸致小鼠疼痛扭体次数和提高热板致小鼠疼痛痛阈值，抑制角叉菜胶致大鼠足肿胀和棉球致大鼠肉芽增生的炎症反应，但根的正丁醇活性部位活性较乙酸乙酯部位与水层强，其活性稍高或接近阳性对照阿司匹林[37~38]。周劲帆等[39]用上述方法发现两面针挥发油也具有抗炎镇痛作用，该植物挥发油能使小鼠扭体次数显著减少，小鼠痛阈值明显升高，对其因二甲苯所导致的小鼠耳廓肿胀、棉球肉芽肿胀实验等实验均具有较好的抑制作用。阿优[40]研究发现两面针的粗提取物有抗炎镇痛活性，数据表明，正丁醇与乙酸乙酯的提取部位的抗炎活性较显著（$P<0.05$，$P<0.01$）而水层提取物较低的剂量组没有镇痛活性（与模型组比较，$P>0.05$）。王希斌等[41]研究发现木脂素化合物结晶-8（简称 Crys-8）可以通过抑制大鼠脑组织中枢的 PGE_2、NO、MDA 的释放，进而提高大鼠的抗氧化能力，来起到镇痛的作用。且研究结果显示，高剂量组的 Crys-8 组可以显著降低 PGE_2、MDA 的含量，而对 NO 的含量无明显作用，反之，低剂量组可以显著降低大鼠中枢 NO 的含量。吴亚俐等[42]研究氯化两面针碱（NC）对小鼠溃肠炎的机制发现：NC 可下调 miR-31 的表达水平，从而使得炎症蛋白 NF-κB 和 COX-2 的表达下降，最终改善由 DSS 诱导的小鼠溃疡性结肠炎。张俊君等[43]研究发现在吲哚美辛栓塞肛基础上加入两面针活血定痛消肿散坐浴，更有助于混合痔患者术后的恢复，该实验结果显示：伤口的疼痛、水肿程度、渗出物的消失时间，伤口的愈合时间，血清炎症因子水平及尿潴留并发率均低于对照组（$P<0.05$）。

2．抗肿瘤

研究发现，两面针可抑制胃癌细胞（MGC-803）、乳腺腺癌细胞（MCF-7）、宫颈癌细胞（Hela）、结肠癌细胞（COLO-205）、肺腺癌细胞（A549）等多种肿瘤细胞的增殖生长，其作用机制是通过影响细胞周期、转录、信号转导、代谢、免疫等多种途径来影响细胞的生长[44~45]。徐强等[46]研究发现，氯化两面针碱（NC）能够促进人骨肉瘤细胞（MG-63）的凋亡，其作用机制是 NC 可促使 MG-63 细胞中的 Bax、cleaved-caspase-9、cleaved-caspase-3 的高表达，Bcl-2、pro-caspase-9、pro-caspase-3 的低表达，从而激活 caspase 凋亡通路，使得 MG-63 细胞凋亡比例增加，且当 NC 浓度越高，凋亡率越大。有研究表明，肿瘤的生长可依赖于血管的生成，研究发现 NC 可抑制斑马鱼胚胎血管生成，并推测与其下调血管生成相关基因 VEGF、VEGFR-2 和 FGF2 的表达，提示抑制肿瘤的生长可以通过抑制其血管生成的途径来进行[47]。黄怡等[48]研究发现 NC 对肝癌细胞株 SMMC-7721 细胞株有显著抑制增殖生长的作用，且 NC 浓度为 2.0mg/mL 时，抑制率达到最高，IC_{50} 值为（1.05±0.12）mg/mL。实验结果也证明，加入 NC 之后其提高了 POLD1 基因启动子甲基化率，而与之对应的 POLD1mRNA 表达量发生了下降，细胞增殖抑制率增高。李涛等[49-50]研究发现 NC 可促进垂体腺瘤 GH3 细胞的 p21 和 p27 的高表达，Cyclin B1 和 CDK1 的低表达，进而延长垂体腺瘤 GH3 细胞 G2/M 期。另外，NC 也可促使 GH3 细胞中的丝氨酸/苏氨酸激酶（AKT）和细胞外信号调节激酶（ERK）的磷酸化水平下降，抑制 AKT 和 ERK 信号通路的激活。这些表明，NC 可通过影响细胞周期与抑制 AKT 和 ERK 的磷酸化来抑制 GH3 细胞的增殖生长的。孙明娟[51]研究也发现 NC 可通过抑制 G2/M 期细胞周期，从而诱导乳腺癌 MCF-7 和 MDA-MB-231 细胞的早期凋亡，来发挥抗癌作用。同时，研究还发现，NC 与阿霉素联合使用可以在减少阿霉素剂量的同时，增强对乳腺癌细胞的毒性作用，证实了 NC 在乳腺癌的治疗中具有潜在临床应用价值。程翔宇等[52]研究发现 NC 可降低前列腺癌细胞 PC-3 细胞存活率与侵袭力，其作用机制与抑制 AKT 的活性，上调 Bax 的表达以及下调 Bcl-2 的表达有关。董涛等[53]研究发现氯化两面针碱可明显抑制人喉癌细胞株 Hep-2 细胞的增殖，使细胞侵袭能力、迁移能力显著下降，且伴有浓度依赖性。贾茗博等[54]研究发现氯化两面针碱（NC）处理胶质瘤 U87 细胞后，细胞迁移率与细胞侵袭力显著下降（P<0.01），E-钙黏蛋白显著增多（P<0.05 或 P<0.01），N-钙黏蛋白的表达显著下降（P<0.01），波形蛋白、β-连环蛋白以及中转录因子 Slug、Snail 和 Twist1 蛋白表达水平显著下降（P<0.01），同时研究发现，NC 是通过抑制胶质瘤 U87 细胞中 JAK2/STAT3 信号通路相关蛋白表达水平，来达到抑制胶质瘤细胞上皮-间质转化的效果。袁翠林等[55]研究发现氯化两面针碱能通过上调 p53 和 Noxa 的表达、下调 Bcl-2 的表达，以及活化 Caspase-3 蛋白，进而促使人食管癌 Eca109 细胞的凋亡。另外，结果显示，5μmol/L 氯化两面针碱组主要发生早期凋亡，10μmol/L、15μmol/L 氯化两面针碱组主要发生晚期凋亡。钱峰[56]研究发现 NC 可通过上调基质金属蛋白酶-9（MMP-9）和基质金属蛋白酶-2（MMP-2）表达水平（P<0.05）；下调 p-ERK1/2、p-JNK、p-p38 的表达水平（P<0.05），抑制 MDA-MB-231 及 HepG2 细胞的增殖能力，使细胞的迁移及侵袭力降低。

黄燊燊等[57]研究发现 15μmol/L、30μmol/L、60μmol/L 浓度的 NC 作用人结肠癌 HT29 细胞 48h 后，细胞凋亡率分别为（35.30±14.30）%、（41.48±17.89）%、（46.51±11.35）%，Western blotting 实验结果表明，caspase-3 和 Cyt-c 蛋白表达水平均明显升高（P<0.05）。因此，NC 使 HT29 细胞凋亡的分子机制可能与 Cyt-c 介导的线粒体凋亡途径有关。

3．抗菌

叶玉珊等[58]对两面针根提取物的具有抗菌活性的成分进行了分离，发现化合物鹅掌楸碱对 MRSA 具有较强的抑菌作用，其 MIC 为 93.8μg/mL。王春娟等[59]对 21 种中药进行了体外抗菌活性筛选，研究发现两面针的醇提取物有广谱抗菌活性，且对耐甲氧西林金黄色葡萄球菌（MRSA）的菌株有好的抑制作用。黄依玲等[60]研究发现两面针叶不同溶剂萃取的部位其抗菌能力不同，其中，乙酸乙酯部位对枯草芽孢杆菌、金黄色葡萄球菌、白色念珠菌、副溶血性弧菌具有抑菌活性，且抑菌活性依次增强；正丁醇部位对白色念珠菌作用最强，其最低抑菌浓度（MIC）为 375μg/mL；水层对副溶血性弧菌作用最强，MIC 为 375μg/mL。

4．抗氧化

谢云峰等[61]发现两面针的水提取物、乙醇加酸提取物以及乙醇提取物可抑制因 Fe^{2+}-半胱氨酸而诱发的肝匀浆脂质过氧化物丙二醛的生成，清除·O^{2-}和抑制致炎大鼠全血化学发光。黄周锋等[62]研究发现两面针的果壳水提取物的抗氧化活性要强于 80%乙醇提取物，挥发油清除自由基的能力不明显。

5．其他

刘树根等[63]研究发现氯化两面针碱组较糖尿病肾病组大鼠来说，其肾脏的 PAS 染色呈弱阳性，肾小球硬化程度降低，肾小球细胞凋亡数减少，甚至高剂量组无肾小管病变以及基底膜增厚。另外推测，NC 减轻糖尿病肾病大鼠的机制可能与下调大鼠肾组织中 TGF-β1、p-Smad2、p-Smad3 与 Smad7 的蛋白表达有关（$P<0.05$）。冯燕英等[64]研究发现 NC 可逆转人卵巢癌紫杉醇耐药细胞株 A2780 Taxol 多药耐药性，结果显示，经 NC 干预后，A2780 Taxol 细胞的多药耐药（MDR1）基因表达量降低，细胞形态结构发生改变，细胞凋亡指数增为（58.03 ± 1.46）%。李鹏[65]研究发现 NC 可抑制 AML 细胞 THP-1、NB4 和 HEL 的生长，实验表明，NC 可降低 AML 细胞 Cyclin B1 与 CDK1 蛋白表达量，增加 p27 蛋白的表达，使 AML 细胞的 G1 期缩短，G2/M 期和 S 期时间延长。同时，NC 可激活 AML 细胞 Caspase-3 蛋白酶、却令 PARP 酶失活，显著降低抗凋亡蛋白 Bcl-2 表达水平，显著增加凋亡蛋白 Bax 表达水平。另外，NC 还可降低 ERK 的磷酸化水平。以上可知，NC 可能会成为新的抗白血病药物。岳荣彩[66]研究发现两面针碱有助于免疫调控作用，研究证明，其可与 HSP90 相结合，来调控 HSP90 与某伴侣蛋白的相互作用，进而来促进 IL-10 的表达，进一步产生防治 EAE 的效果。肖开等[67]研究发现两面针水煎液可显著减轻由苯酚灼烧造成的豚鼠口腔溃疡。实验数据表明，两面针水煎液与两面针糊剂均可使豚鼠口腔溃疡面积显著减小，使溃疡局部病理变化显著减轻（$P<0.01$）。徐露[68]研究发现两面针总碱可使由线栓法造成的大鼠脑缺血症状明显改善，实验数据表明，大鼠血清中的 SOD 含量升高，丙二醛含量下降，脑与脑梗死指数均降低，神经元及其组织间水肿程度呈显著减轻，提示两面针总碱对大鼠局灶性脑缺血具有保护作用。

参考文献

[1] 中华人民共和国卫生部药典委员会. 中华人民共和国药典 1977 年版一部[S]. 北京: 人民卫生出版社, 1978.

[2] 扶佳俐, 杨璐铭, 范欣悦, 等. 两面针化学成分及药理活性研究进展[J]. 药学学报, 2021, 1-39.

[3] 秦云蕊, 蒋珍藕, 赖茂祥, 等. 两面针基原植物考证及其活性成分含量分析[J]. 广西植物, 2019, 39(4): 531-539.

[4] 黄宝优, 黄雪彦, 董青松, 等. 两面针生态种植技术规程[J]. 热带农业科学, 2020, 40(3): 39-42.

[5] 中国科学院中国植物志编辑委员会. 中国植物志: 第四十三卷第二分册[M]. 北京: 科学出版社, 1997.

[6] Liu H G, Feng J, Feng K, et al. Optimization of the extraction conditions and quantification by RP-LC analysis of three alkaloids in *Zanthoxylum nitidum* roots: Pharmaceutical Biology[J]. Pharmaceutical Biology, 2013, 52(2): 255-261.

[7] 王玫馨. 两面针化学成分的研究- I 具有抗癌活性生物碱的分离和生物碱丙的结构研究[J]. 中山医学院学报, 1980, 1(4): 341-349, 402.

[8] 沈晓华, 穆淑珍, 王青遥, 等. 滇产两面针化学成分的分离与鉴定[J]. 沈阳药科大学学报, 2016, 33(4): 275-279, 292.

[9] 王晓玲, 马燕燕, 丁克毅, 等. 两面针中的两个新生物碱[J]. 中草药, 2010, 41(3): 340-342.

[10] Min L D. A new benzophenanthridine alkaloid from *Zanthoxylum nitidum*[J]. Chinese Journal of Natural Medicines, 2009, 7(4): 274-277.

[11] 王晓玲, 马明芳, 丁立生. 两面针的化学成分研究[J]. 中国药学杂志, 2008, 43(4): 253-256.

[12] 李定祥, 闵知大. 两面针中生物碱的分离[J]. 中国天然药物, 2004, 2(5): 32-35.

[13] Chen Y Z, Yang L L, Xu B J. Crystal structure of 7-demethyl-6-methoxy-5, 6-dihydrochelerythrine, a new alkaloid from *Zanthoxylum Nitidum*[J]. Acta Chimica Sinica, 1989, 47(11): 1048-1051.

[14] 陈元柱, 徐本杰, 黄治勋. The crystal structure of oxynitidine[J]. Chinese Science Bulletin, 1990, (7): 558-561.

[15] 贾微, 何晓微, 岑妍慧. 壮药两面针化学成分及其临床应用研究进展[J]. 中国民族医药杂志, 2016, 22(2): 53-56.

[16] Ishii H, Chen I S, Ueki S, et al. Studies on the chemical constituents of rutaceous plants. LXIV. Structural establishment of oxyterihanine, a phenolic benzo[c]phenanthridone alkaloid. Syntheses of phenolic benzo[c]phenanthridine alkaloids, terihanine and isoterihanine, and related compounds[J]. Chemical & Pharmaceutical Bulletin, 1987, 35(7): 2717-2725.

[17] Cui X G, Zhao Q J, Chen Q L, et al. Two new benzophenanthridine lkaloids from *Zanthoxylum nitidum*[J]. Helvetica Chimica Acta, 2008, 91(1): 155-158.

[18] Fang S D, Wang L K, Hecht S M. Inhibitors of DNA topoisomerase I isolated from the roots of *Zanthoxylum nitidum*[J]. The Journal of Organic Chemistry, 1993, 58(19): 5025-5027.

[19] 叶玉珊, 刘嘉炜, 刘晓强, 等. 两面针根抗菌活性成分研究[J]. 中草药, 2013, 44(12): 1546-1551.

[20] Yang C H, Cheng M J, Lee S, et al. Secondary metabolites and cytotoxic activities from the stem bark of *Zanthoxylum nitidum*[J]. Chemistry & Biodiversity, 2009, 6(6): 846-857.

[21] 胡疆. 两面针中活性成分的研究[D]. 上海: 第二军医大学, 2006.

[22] Yang C H, Cheng M J, Chiang M Y, et al. Dihydrobenzo[c]phenanthridine alkaloids from stem bark of *Zanthoxylum nitidum*[J]. Journal of Natural Products, 2008, 71(4): 669-673.

[23] 赵丽娜, 王佳, 汪哲, 等. 中药两面针的化学成分及细胞毒活性成分研究[J]. 中国中药杂志, 2018, 43(23): 4659-4664.

[24] 胡疆, 张卫东, 柳润辉, 等. 两面针的化学成分研究[J]. 中国中药杂志, 2006, 31(20): 1689-1691.

[25] Yang Z D, Zhang D B, Ren J, et al. Skimmianine, a furoquinoline alkaloid from *Zanthoxylum nitidum* as a potential acetylcholinesterase inhibitor[J]. Medicinal Chemistry Research, 2012, 21(6): 722-725.

[26] Zhu L J, Ren M, Yang T C, et al. Four new alkylamides from the roots of *Zanthoxylum nitidum*[J]. Journal of Asian Natural Products Research, 2015, 17(7): 711-716.

[27] 樊洁, 李海霞, 王炳义, 等. 两面针中化学成分的分离鉴定及活性测定[J]. 沈阳药科大学学报, 2013, 30(2): 100-105, 131.

[28] 邓颖, 沈晓华, 邓璐璐, 等. 滇产两面针中抗肿瘤活性生物碱成分研究[J]. 天然产物研究与开发, 2020, 32(8): 1370-1378.

[29] Hu J, Shi X, Mao X, et al. Cytotoxic mannopyranosides of indole alkaloids from *Zanthoxylum nitidum*[J]. Chemistry & Biodiversity, 2014, 11(6): 970-974.

[30] 洪庚辛, 曾雪瑜. 两面针结晶-8 镇痛作用机理的研究[J]. 药学学报, 1983, (3): 227-230.

[31] 汤玉妹. 两面针化学成分的研究[J]. 中草药, 1994, 29(10): 550-551.

[32] He Z N, Liu J W, Li W G, et al. GC-MS analysis and cytotoxic activity of the supercritical extracts from roots and stems of *Zanthoxylum nitidum*.[J]. China Journal of Chinese Materia Medica, 2014, 39(4): 710-714.

[33] Chen J J, Lin Y H, Day S H, et al. New benzenoids and anti-inflammatory constituents from *Zanthoxylum nitidum*[J]. Food Chemistry, 2011, 125(2): 282-287.

[34] 刘绍华, 覃青云, 方堃, 等. 两面针提取物(S-0)对小鼠镇痛、抗炎和止血作用的研究[J]. 天然产物研究与开发, 2005, 17(6): 758-761.

[35] Huang A, Chi Y, Liu J, et al. Profiling and pharmacokinetic studies of alkaloids in rats after oral administration of *Zanthoxylum nitidum* decoction by UPLC-Q-TOF-MS/MS and HPLC-MS/MS[J]. Molecules, 2019, 24(3): 585.

[36] 徐露, 黄彦, 董志, 等. 两面针总碱对溃疡性结肠炎大鼠抗炎作用的实验研究[J]. 中国中医急症, 2010, 19(3): 480, 506.

[37] 冯洁, 周劲帆, 覃富景, 等. 两面针根和茎抗炎镇痛不同部位活性比较研究[J]. 中药药理与临床, 2011, 27(6): 60-63.

[38] 陈炜璇, 秦泽慧, 曾丹, 等. 两面针根、茎抗击打损伤和镇痛抗炎作用比较研究[J]. 中药材, 2015, 38(11): 2358-2363.

[39] 周劲帆, 覃富景, 冯洁, 等. 两面针根挥发油的抗炎镇痛作用研究[J]. 时珍国医国药, 2012, 23(1): 19-20.

[40] 阿优. 两面针叶抗炎镇痛活性部位及低极性化学成分分析[D]. 南宁: 广西医科大学, 2013.

[41] 王希斌, 杨斌, 刘华钢. 两面针中木脂素化合物结晶-8 对疼痛大鼠中枢 PGE2、NO、MDA 水平的影响[J]. 湖南中医药大学学报, 2018, 38(7): 743-745.

[42] 吴亚俐, 刘鑫, 刘凯丽, 等. 氯化两面针碱对小鼠溃疡性结肠炎的干预作用及其机制[J]. 中国应用生理学杂志, 2019, 35(6): 525-530, 588.

[43] 张俊君, 黄源锐. 两面针活血定痛消肿散坐浴联合吲哚美辛栓塞肛对混合痔患者术后恢复的影响[J]. 四川中医, 2020, 38(9): 171-174.

[44] 廖柳凤, 欧贤红, 吴琼, 等. 氯化两面针碱对肝癌细胞蛋白表达谱的影响研究[J]. 内科, 2018, 13(6): 820-822, 869.

[45] 柴玲, 刘布鸣, 林霄, 等. 不同产地两面针果壳挥发油化学成分及其抗肿瘤活性[J]. 广西科学, 2018, 25(2): 223-228.

[46] 徐强, 李朝旭, 叶招明. 氯化两面针碱对人骨肉瘤细胞的诱导凋亡作用及其机制[J]. 南方医科大学学报, 2011, 31(2): 361-364.

[47] 金秋, 刘华钢, 蒙怡, 等. 氯化两面针碱对斑马鱼胚胎血管生成的影响[J]. 中国药理学通报, 2013, 29(11): 1602-1605.

[48] 黄怡, 韦长元, 徐恒, 等. 氯化两面针碱对肝癌细胞 SMMC-7721 POLD1 基因甲基化及细胞增殖影响研究[J]. 中华肿瘤防治杂志, 2014, 21(23): 1871-1875.

[49] 李涛. 氯化两面针碱对垂体腺瘤 GH3 细胞的抑制作用及机制研究[D]. 济南: 山东大学, 2015.

[50] 李涛, 吴洪喜, 张永超, 等. 氯化两面针碱对垂体腺瘤 GH3 细胞的抑制作用[J]. 山东大学学报(医学版), 2015, 53(10): 6-10, 15.

[51] 孙明娟. 氯化两面针碱对乳腺癌抑制作用及与阿霉素协同作用的研究[D]. 济南: 山东大学, 2015.

[52] 程翔宇, 邢锐, 邢召全, 等. 氯化两面针碱对前列腺癌细胞 PC-3 增殖与凋亡的影响[J]. 山东大学学报(医学版), 2015, 53(9): 13-18.

[53] 董涛, 吴倩. 氯化两面针碱体外对人喉癌 Hep-2 细胞增殖、凋亡、侵袭及迁移的影响[J]. 中国医药导报, 2019, 16(16): 17-20, 36.

[54] 贾茗博, 孙莹, 王莹, 等. 氯化两面针碱通过 JAK2/STAT3 信号通路对胶质瘤细胞上皮-间质转化的抑制作用[J]. 吉林大学学报(医学版), 2021, 47(1): 73-81.

[55] 袁翠林, 娄铮, 谢璐迪, 等. 氯化两面针碱对人食管癌 Eca109 细胞抑制作用及机制研究[J]. 中草药, 2019, 50(20): 4969-4973.

[56] 钱峰. 氯化两面针碱通过 MAPK 信号通路抑制乳腺癌及肝癌细胞转移的机制[J]. 中国临床药学杂志, 2018, 27(3): 143-148.

[57] 黄燚燚, 秦悦, 谢雪平, 等. 氯化两面针碱通过细胞色素 c 介导的线粒体凋亡途径诱导人结肠癌 HT29 细胞凋亡[J]. 广西医科大学学报, 2018, 35(4): 426-430.

[58] 叶玉珊, 刘嘉炜, 刘晓强, 等. 两面针根抗菌活性成分研究[J]. 中草药, 2013, 44(12): 1546-1551.

[59] 王春娟, 左国营, 韩峻, 等. 21 种中药的体外抗菌活性筛选[J]. 华西药学杂志, 2013, 28(5): 479-482.

[60] 黄依玲, 冯洁, 赖茂祥. 两面针叶抗菌活性部位研究[J]. 中国医药导报, 2014, 11(21): 13-16.

[61] 谢云峰. 两面针提取物抗氧化作用[J]. 时珍国医国药, 2000, 11(1): 1-2.

[62] 黄周锋, 蒋珍藕, 胡筱希, 等. 基于 DPPH 清除自由基的两面针果壳提取物抗氧化活性评价[J]. 中医药导报, 2018, 24(21): 75-77.

[63] 刘树根, 李泽玲, 罗新辉, 等. 氯化两面针碱减轻糖尿病肾病模型大鼠的肾脏损伤[J]. 基础医学与临床, 2018, 38(10): 1422-1427.

[64] 冯燕英, 刘华钢, 梁燕, 等. 氯化两面针碱对人卵巢癌紫杉醇耐药细胞株 A2780 Taxol 细胞耐药性的逆转作用[J]. 中国实验方剂学杂志, 2015, 21(13): 95-99.

[65] 李鹏. AF1Q 蛋白降解机制及氯化两面针碱抗急性髓系白血病机制的研究[D]. 济南: 山东大学, 2014.

[66] 岳荣彩. 天然产物白首乌二苯酮的神经保护作用和两面针碱的免疫调控作用机制研究[D]. 上海: 第二军医大学, 2013.

[67] 肖开, 闫欣, 苗明三. 两面针外用对豚鼠口腔溃疡模型的影响[J]. 中药新药与临床药理, 2012, 23(5): 533-537.

[68] 徐露. 两面针总碱对大鼠局灶性脑缺血的保护作用[J]. 中国中医急症, 2011, 20(8): 1261-1262.

[69] 黄治勋, 李志和. 两面针抗肿瘤有效成分的研究[J]. 化学学报, 1980, 38(6): 535-542.

第五节
广西莪术

广西莪术（*Curcuma kwangsiensis* S. G. Lee *et* C. F. Liang）是为姜科姜黄属多年生草本植物，为我国特有品种，为广西优良的特色壮药。其根茎和块根分别做莪术和郁金用，莪术具有破血行气、消积止痛的作用，郁金具有活血止痛、行气散淤、清心凉血、利胆退黄的功效[1~2]。现代研究表明，广西莪术体内主要含有倍半萜类、姜黄素类、多糖类、酚酸类等主要化学成分，具有抗肿瘤、降血栓、抗纤维化、抗氧化、降血糖等多种药理学作用。

一、生物学特征及资源分布

根茎卵球形，长4~5cm，直径2.5~3.5cm，有或多或少呈横纹状的节，节上有残存的褐色、膜质叶鞘，鲜时内部白色或微带淡奶黄色。须根细长，生根茎周围，末端常膨大成近纺锤形块根；块根直径1.4~1.8cm，内部乳白色。春季抽叶，叶基生，2~5片，直立；叶片椭圆状披针形，长14~39cm，宽4.5~7（9.5）cm，先端短渐尖至渐尖，尖头边缘向腹面微卷，基部渐狭，下延，两面被柔毛；叶舌高约1.5mm，边缘有长柔毛；叶柄长2~11cm，被短柔毛；叶鞘长11~33cm，被短柔毛。穗状花序从根茎抽出，和具叶的营养茎分开；总花梗长7~14cm，花序长约15cm，直径约7mm；花序下部的苞片阔卵形，长约4cm，先端平展，淡绿色，上部的苞片长圆形，斜举，淡红色；花生于下部和中部的苞片腋内；花萼白色，长约1cm，一侧裂至中部，先端有3钝齿；花冠管长2cm，喇叭状，喉部密生柔毛，花冠裂片3片，卵形，长约1cm，后方的1枚较宽，宽约9mm，先端尖，略成兜状，两侧的稍狭；侧生退化雄蕊长圆形，与花冠裂片近等长；唇瓣近圆形，淡黄色，先端3浅圆裂，中部裂片稍长，先端2浅裂；花丝扁阔，花药狭长圆形，长约4mm，药室紧贴，基部有距；花柱丝状，无毛，柱头头状，具缘毛；子房被长柔毛。花期5~7月[2]。广西莪术全国8个省区均有分布，主产地为广西和云南，栽培或野生于山坡草地及灌木丛中[3]。

二、化学成分研究

1．倍半萜类

广西莪术内含有大量挥发油成分，其具有主要生物活性的大多是倍半萜类化合物，目前，从广西莪术里面分离的倍半萜类的主要骨架类型为愈创木烷型（guaiane）、没药烷型（bisabolane）、吉玛烷型（germacrane）等。Xiang等[5]从广西莪术里分离得到了两个新的愈创木烷型倍半萜：kwangsiensis A、kwangsiensis B。目前，已从广西莪术里面分离除了50多种倍半萜类。化合物具体名称和结构分别见表5-18和图5-18。

表5-18　广西莪术倍半萜类化合物

序号	化合物	参考文献	序号	化合物	参考文献
1	(4*S*)-4-hydroxy-gweicurculactone	[4]	**7**[*]	—	[8]
2	(−)-gweicurculactone	[4]	**8**	procurcumadiol	[9]
3	kwangsiensis B	[5]	**9**	doarondiol	[10]
4	(1*R*,4*R*,5*S*,8*S*,9*Z*)-4-hydroxy-1,8-epoxy-5*H*-guaia-7(11),9-dien-12,8-olide	[6]	**10**	(1*S*,4*S*,5*S*,10*R*)-zedoarondiol	[11]
			11	aerugidiol	[12]
5	kwangsiensis A	[5]	**12**	4,10-epizedoarondiol	[13]
6	acomadendrane-4*β*,10*β*-diol	[7]	**13**	isoprocurcumenol	[14]

序号	化合物	参考文献	序号	化合物	参考文献
14	zederone	[15]	20	(±)-commyrrin A	[20]
15	curzereone	[16]	21	4α-methyl-8β, 9β-dihydroxy-5α, 10α-epoxy-guai-12,8-olide	[21]
16	1α,4β-dihydroxyeudesman-8-one	[17]			
17	germacrone	[18]	22	zedoalactone A	[21]
18	(4S,5S)-germacrone-4,5-epoxide	[14]	23	procurcumenol	[21]
19	furanodienone	[19]			

注: 带*的标示未见刊正式发表。

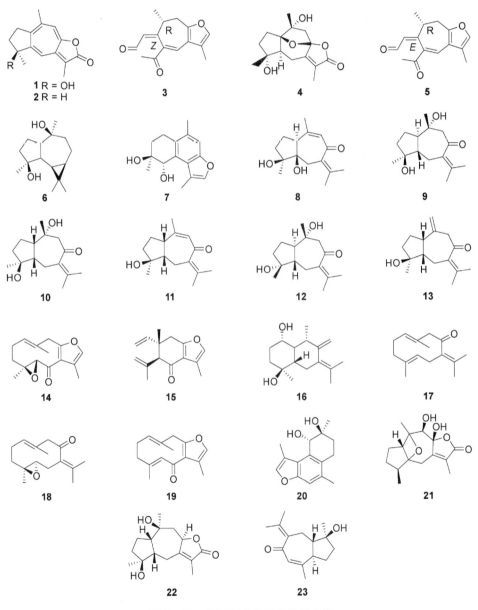

图 5-18　广西莪术倍半萜类化合物

2．姜黄素类化合物

姜黄素的母核是二苯基庚烷。根据苯环中存在或不存在酚羟基团，可分为酚类和非酚类。目前从广西莪术中分离鉴定了 50 多种二苯基庚烷化合物。化合物具体名称和结构见表 5-19 和图 5-19。

表 5-19　广西莪术中姜黄素类化合物

序号	化合物	参考文献
1	(3*R*,5*R*)-5-hydroxy-1,7-bis(4-hydroxyphenyl)heptan-3-yl acetate	[24]
2	(3*R*,5*R*)-1,7-bis(4-hydroxyphenyl)heptane-3,5-diol	[24]
3	(*S*)-5-hydroxy-1-(4-hydroxyphenyl)-7-phenylheptan-3-one	[24]
4	(*S*)-7-(3,4-dihydroxyphenyl)-5-hydroxy-1-(4-hydroxyphenyl)heptan-3-one	[24]
5	(*S*)-5-hydroxy-1,7-bis(4-hydroxyphenyl)heptan-3-one	[24]
6	(*S*)-7-(3,4-dimethoxyphenyl)-5-hydroxy-1-(4-methoxyphenyl)heptan-3-one	[24]
7	(*E*)-1,7-bis(4-hydroxyphenyl)hept-6-en-3-one	[22]
8	(*E*)-1-(4-hydroxyphenyl)-7-phenylhept-6-en-3-one	[22]
9	4-(3,5-dihydroxy-7-(4-hydroxy-3-methoxyphenyl)heptyl)benzene-1,2-diol	[23]
10	1-(4-hydroxypheny 1)-7-phenylheptane-3,5-diol	[8]

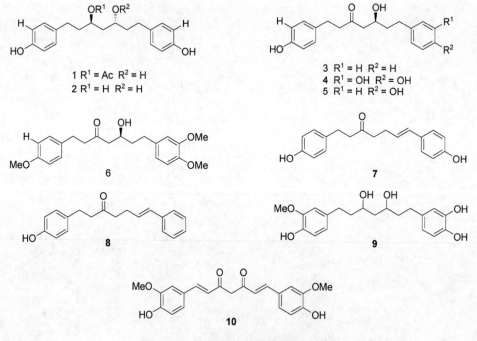

图 5-19　广西莪术中姜黄素类化合物

3．其他类成分

Schramm 等[25]从广西莪术中分离了多个半日花烷型二萜，张莲莉等[8]从广西莪术中分离得到了 4-(4′-hydroxyphenyl)-(2*S*)-butanol、姜酮、对羟基苯乙酸、4-(3,4-dihydroxyphenyl)-butan-

2-one、3,4-二羟基苯甲酸甲酯。化合物具体名称和结构见表 5-20 和图 5-20。

表 5-20　广西莪术中其他类化合物

序号	化合物	参考文献	序号	化合物	参考文献
1	5S,9S,10S,15R-(−)-curcuminol D	[25]	5	4-(4′-hydroxyphenyl)-(2S)-butanol	[8]
2	5S,9S,10S,15R-(−)-curcuminol H	[25]	6	姜酮	[8]
3	5S,9S,10S-(+)-zerumin A	[25]	7	4-(3′,4′-dihydroxyphenyl)-butan-2-one	[8]
4	5S,9S,10S-(+)-(E)-labda-8(17),12-diene-15,16-dioic acid	[25]			

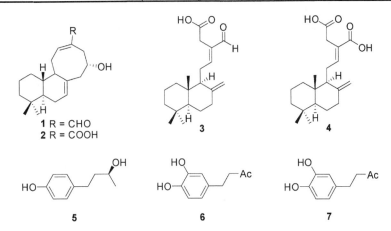

图 5-20　广西莪术中其他类化合物

三、药理活性研究

1．抗肿瘤

广西莪术中的主要有效成分莪术油（ZTO）、β-榄香烯、吉马酮、莪术醇等都具有抗恶性肿瘤的作用。

王超等[26]研究发现吉马酮可抑制人肺癌 A549 细胞的增殖生长，经吉马酮处理后的人肺癌 A549 细胞，在电子显微镜下观察染色质出现了典型的凋亡变化：染色质浓聚、染色质边集等，而空白对照组没有变化。廖彬汛等[27]研究发现莪术油可显著抑制直肠癌 SW1463 细胞的增殖，促使凋亡。并发现其抑制作用呈现时间-剂量相关性：24h、48h、72h 的半数抑制浓度（IC50）分别为 144.33mg/L、134.11mg/L、120.04mg/L，研究还发现，其加入莪术油处理后的细胞，明显提高了 Caspase-3、Bax 蛋白表达水平，降低了 Bcl-2 蛋白表达水平。另外，李玲玲等[28]发现莪术油对人胃腺癌 SGC-7901 细胞也有抑制作用，研究数据表明，作用人胃腺癌 SGC-7901 细胞 48h，ZTO 的最佳浓度是 110μg/mL，IC_{50} 为（108.002±0.305）μg/mL；且在该浓度作用下 48h，其早期凋亡率为（25.07±0.82）%。有研究发现，莪术醇能够通过抑制 IGF-1R 通路的表达，影响其下游 PI3K/Akt/GSK-2β 信号通路的活化以及下游分子的表达；也可通过抑制 cyclins、CDKs 的表达以及促进 p21、p27 的表达，进而导致细胞 G0/G1 期阻滞，来促进鼻咽癌细胞 CNE-2 的凋亡，且研究发现，加入 IGF-1R 激动剂后，可降低莪术醇对鼻咽癌细胞的凋亡[29~30]。研究发现，壮药莪术挥发油还可诱导卵巢癌 SKOV3 细胞凋亡，逆转抗肿瘤药物的耐药性，用于辅助治疗卵巢癌[31]。蒋兴明等[32]研究发现在诱导卵巢癌 SKOV3 细胞凋亡实验中，姜黄素和联合顺铂起协同作用。

2. 抗凝血、抗血小板聚集和抗血栓

曾金强等[33]研究发现广西莪术及其茎叶的多糖成分具有体外纤溶活性，且只有 10%醇浓度沉淀多糖的体外纤溶效果较稳定。由于浓度与多糖的相对分子质量成反比，所以意味着有该活性的应是一些高分子量的多糖。但研究发现该段具有大量不具有活性的高质量淀粉，因此选择具有较明显的体外纤溶效果，且含有少许淀粉的茎叶 10%～60%的醇沉多糖来进行提取。同时，该活性提示了广西莪术在抗血栓上的前景。陈晓军等[33~35]发现广西莪术的 50%以及 70%乙醇洗脱部位能够显著抑制胶原蛋白-肾上腺素诱发的小鼠体内血栓形成，显著延长小鼠的出血时间以及凝血时间，显著减轻大鼠体内静脉血栓湿质量。后实验发现其机制与提高大鼠血清中的 NO、6-keto-PGF1α 水平，降低 ET-1、TXB2 水平，升高 NO/ET-1、6-keto-PGF1α/TXB2 比值，降低全血黏度、血浆黏度，显著抑制大鼠血小板聚集等有关。2018 年，后续相关实验也证明了广西莪术水提取物、氯仿部位、乙酸乙酯部位、正丁醇部位均可降低患病小鼠的死亡率和偏瘫率，对患病小鼠的恢复有积极良好的作用；在由角叉菜胶所致小鼠尾部血栓形成实验中，结果发现，广西莪术水提取物可使小鼠尾部血栓的黑尾程度显著减轻；在结扎大鼠下腔静脉所形成的体内血栓湿重实验中，发现广西莪术水提取物明显抑制小鼠体内静脉血栓形成[36~39]。

3. 抗纤维化

傅品悦[40]研究发现莪术醇对肝纤维化中 HSEC 的超微结构及分泌功能有明显影响，提示莪术醇对肝脏病理损伤有一定的保护作用，另外，研究发现，莪术醇可抑制 HSEC 分泌的 TLR4 通路核心表达因子的表达水平，通过调节 TLR4 信号通路来达到抗肝纤维化的效果。而且，莪术醇还可调控 HSEC 分泌的 P-p38、P-ERK、P-JNK 等靶点，可抑制 MAPK 通路核心因子的表达水平。刘露露[41]研究发现广西莪术油的抗肝纤维化是多成分相互作用的结果，研究数据表明，广西莪术油作用后，患病小鼠的症状减轻，体重有增加，肝膨胀指数增加，肝指数、脾指数增加，减轻了小鼠肝内纤维化程度。另外，作用后的小鼠，肝组织内的 TGF-β1、Smad2 和 Smad3 蛋白质以及基因（mRNA）的表达下调，从而证明了莪术油是通过调节 TGF-β1/Smads 信号通路，进而来改善患病小鼠的。秦华珍等[42]研究发现广东莪术提取液可使由四氯化碳油溶液造成的大鼠抗肝纤维化（HF）症状明显改善，与对照组相比，肝组织纤维显著减少，肝小叶结构基本正常，且大鼠肝脏组织内的肝组织羟脯氨酸（Hyp）、丙二醛（MDA）的数量显著减少，超氧化物歧化酶（SOD）、谷胱甘肽过氧化物酶（GSH-Px）的数量显著增多。

4. 抗氧化

赵海燕等[43]研究发现广西莪术挥发油具有良好的清除羟基自由基和 DPPH 自由基能力，且当浓度为 100μg/mL 时，还原力与维生素 C 相当。杨秀芬等[44]研究发现给大鼠灌胃广西莪术水提物后，发现中、高剂量组的水煎液可使 CAT 和 GSH-Px 的活性增强，从而增加大鼠肝脏的抗氧化能力。

5．其他

刘明珠等[45]研究发现广西莪术水提物可以提高卵形鲳鲹细胞的酸性磷酸酶、溶菌酶、超氧化物歧化酶、总一氧化氮合酶等与免疫相关的酶活性，其细胞安全浓度为≤5mg/mL，从而有望开发为新的水产免疫增强剂，对促进水产养殖业健康发展有良好的帮助。肖旺等[46]研究发现广西莪术多糖具有降血糖的作用，研究发现，广西莪术多糖可降低患糖尿病小鼠的血糖以及 TC 和 TG 水平，同时，明显增强了 GSH-Px、SOD 和 CAT 的活性；降低了胰腺 Fas 蛋白表达水平，进而减少了胰岛 β 细胞的凋亡（$P<0.05$，$P<0.01$）。杨秀芬等[45]研究发现广西莪术水溶液可影响体内药物的代谢，数据表明，在对大鼠肝脏胞浆液抗氧化酶活性的影响的实验中，广西莪术对超氧化物歧化酶和谷胱甘肽还原酶（GR）水平的影响没有明显差异（$P>0.05$）；而中剂量组明显提高了过氧化氢酶（CAT）的活性（$P<0.01$）；高剂量组显著提高 GSH-Px 的活性（$P<0.05$）。在对大鼠肝微粒体药物代谢酶活性的影响实验中，广西莪术对 CYP2E1 和 UGT 的活性无显著影响（$P>0.05$）；但各剂量组均显著提高了 GST 的活性（$P<0.05$）；低剂量组明显降低了 NADPH-细胞色素 P-450 还原酶活性（$P<0.05$），各剂量组显著降低了 CYP3A 活性（$P<0.05$）；苯巴比妥钠组显著增高了 CYP3A、GST 和 UGT 的活性（$P<0.05$）。提示广西莪术在联合用药时，应当注意其相互作用。覃葆等[47]研究发现不同炮制方法可不同程度地增强广西莪术中姜黄素的抗炎镇痛作用，且醋制炮制后的作用最强，但生品的姜黄素含量较多。

参考文献

[1] 中国科学院中国植物志编辑委员会. 中国植物志: 第 16 卷第 2 分册[M]. 北京: 科学出版社, 1981.

[2] 国家药典委员会. 中华人民共和国药典: 一部[S]. 北京: 中国医药科技出版社, 2015.

[3] 潘体常, 戴蕃瑨. 中国姜科植物地理分布初探[J]. 渝州大学学报(自然科学版), 1992, 16(3): 26-33.

[4] Phan M G, Tran T, Phan T S , et al. Guaianolides from *Curcuma kwangsiensis*[J]. Phytochemistry Letters, 2014, 9(1): 137-140.

[5] Xiang F F, He J W, Liu Z X, et al. Two new guaiane-type sesquiterpenes from *Curcuma kwangsiensis* and their inhibitory activity of nitric oxide production in lipopolysaccharide-stimulated macrophages[J]. Natural Product Research, 2018, 32(22) : 2670-2675.

[6] Ma J H, Wang Y, Liu Y, et al. Four new sesquiterpenes from the rhizomes of *Curcuma phaeocaulis* and their iNOS inhibitory activities[J]. Journal of Asian Natural Products Research, 2015, 17(5): 532-540.

[7] Wang J T, Ge D, Qu H F, et al. Chemical constituents of *Curcuma kwangsiensis* and their antimigratory activities in RKO cells[J]. Natural Product Research, 2019, 33(24): 3493-3499.

[8] 张莲莉. 广西莪术块根的化学成分研究[D]. 昆明: 昆明理工大学, 2019.

[9] Woong L S, Al E. ChemInform Abstract: Sesquiterpenoids from the rhizomes of *Curcuma Phaeocaulis* and their iInhibitory effects on LPS-induced TLR4 activation[J]. ChemInform, 2016, 47(46): 1062-1066.

[10] 葛跃伟. 中药桂郁金化学成分研究[D]. 咸阳: 西北农林科技大学, 2007.

[11] Yan L, Zhao F, Hao H, et al. Guaiane-type sesquiterpenes from *Curcuma wenyujin* and their inhibitory effects on nitric oxide production[J]. Journal of Asian Natural Products Research, 2009, 11(8): 737-747.

[12] 黄艳, 柴玲, 蒋秀珍, 等. 毛郁金的化学成分研究[J]. 中草药, 2014, 45(16): 2307-2311.

[13] Saifudin A, Tanaka K, Kadota S, et al. Sesquiterpenes from the rhizomes of *Curcuma heyneana*.[J]. Journal of Natural Products, 2013, 76(2): 223-229.

[14] Kuroyanagi M, Ueno A, Koyama K, et al. Structures of sesquiterpenes of *Curcuma aromatica* Salisb. II. Studies on minor sesquiterpenes[J]. Chemical & Pharmaceutical Bulletin, 1990, 38(1): 55-58.

[15] Chokchaisiri R, Pimkaew P, Piyachaturawat P, et al. Cytotoxic sesquiterpenoids and diarylheptanoids from the rhizomes of *Curcuma elata* Roxb[J]. Records of Natural Products, 2014, 8(1): 46-50.

[16] Dekebo A, Dagne E, Sterner O. Furanosesquiterpenes from *Commiphora sphaerocarpa* and related adulterants of true myrrh[J]. Fitoterapia, 2002, 73(1): 48-55.

[17] Quang T H, Lee D S, Kim Y, et al. A new germacrane-type sesquiterpene from fermented *Curcuma longa* L.[J]. Bulletin of the Korean Chemical Society, 2014, 35(7): 2201-2204.

[18] Chen J J, Tsai T H, Liao H R, et al. New sesquiterpenoids and anti-platelet aggregation constituents from the rhizomes of *Curcuma zedoaria*[J]. Molecules, 2016, 21(10): 1385-1396.

[19] 朱凯, 李军, 罗桓, 等. 广西莪术化学成分的分离与鉴定[J]. 沈阳药科大学学报, 2009, 26(1): 27-29.

[20] Dai W, Zhang L, Liu Y, et al. A new 4, 5-secofurancadinene from the rhizome of *Curcuma kwangsiensis*[J]. Records of Natural Products, 2020, 14(4): 297-300.

[21] Liang D, Liao H B, Feng W Y, et al. Sesquiterpenoid compounds from *Curcuma kwangsiensis* (Thunb.) Sweet.[J]. Chemistry & Biodiversity, 2019, 16(5): e1900123.

[22] Li J, Zhao F, Ming Z L, et al. Diarylheptanoids from the rhizomes of *Curcuma kwangsiensis*.[J]. Journal of Natural Products, 2010, 73(10): 1667-1671.

[23] Li J, Liu Y, Li J Q, et al. Chemical constituents from the rhizomes of *Curcuma kwangsiensis*[J]. Chinese Journal of Natural Medicines, 2011, 9(5): 329-333.

[24] Li J, Liao C R, Wei J Q, et al. Diarylheptanoids from *Curcuma kwangsiensis* and their inhibitory activity on nitric oxide production in lipopolysaccharide-activated macrophages[J]. Bioorganic & Medicinal Chemistry Letters, 2011, 21(18): 5363-5369.

[25] Schramm A, Ebrahimi S N, Raith M, et al. Phytochemical profiling of *Curcuma kwangsiensis* rhizome extract and identification of labdane diterpenoids as positive GABA A receptor modulators[J]. Phytochemistry, 2013, 96: 318-329.

[26] 王超, 张毅, 何平. 吉马酮对人肺癌 A549 细胞系增殖、凋亡的影响[J]. 实用药物与临床, 2013, 16(4): 280-281.

[27] 廖彬汛, 唐超, 潘年松, 等. 莪术油对直肠癌 SW1463 细胞株增殖、凋亡及 Caspase-3、Bax、Bcl-2 蛋白表达的影响[J]. 药物评价研究, 2017, 40(7): 897-903.

[28] 李玲玲, 邵淑丽, 孙宏岩, 等. 莪术油诱导人胃腺癌 SGC-7901 细胞凋亡的研究[J]. 中国细胞生物学学报, 2015, 37(9): 1235-1241.

[29] 王娟, 廖洪涛, 谢梅兰, 等. 莪术醇通过干预 P53/IGF-1R 信号轴诱导鼻咽癌细胞凋亡的机制研究[Z]. 广西壮族自治区, 桂林医学院, 2019.

[30] 李旭梅. 广西莪术中抗鼻咽癌活性成分开发及应用[D]. 桂林: 桂林医学院, 2018.

[31] 卢可, 方刚. 壮药莪术挥发油治疗卵巢癌临床及其凋亡与胀亡研究进展[J]. 中国中医药现代远程教育, 2020, 18(2): 140-142.

[32] 蒋兴明, 黄兴振, 苏延旭, 等. 广西莪术中提取姜黄素及联合顺铂诱导人卵巢癌细胞凋亡的研究[J]. 广西医科大学学报, 2012, 29(5): 669-672.

[33] 曾金强, 潘小姣, 陈秋燕, 等. 广西莪术及其茎叶多糖的体外纤溶活性研究[J]. 中国医药导报, 2012, 9(33): 22-24.

[34] 陈晓军, 蒋珍藕, 韦洁, 等. 广西莪术抗血栓作用有效部位的筛选[J]. 中国医院药学杂志, 2017, 37(24): 2436-2438.

[35] 陈晓军, 蒋珍藕, 韦洁, 等. 莪术 50%乙醇大孔树脂洗脱部位抗血栓作用及其机制研究[J]. 中药药理与临床, 2017, 33(4): 82-85.

[36] 陈晓军, 蒋珍藕, 韦洁, 等. 广西莪术 70%乙醇洗脱部位对血栓模型大鼠抗血栓作用及机制研究[J]. 中药材, 2018, 41(3): 725-729.

[37] 陈晓军, 韦洁, 农云开, 等. 广西莪术水提取物抗血栓形成作用的实验研究[J]. 中国中医药科技, 2018, 25(04): 495-497.

[38] 陈晓军, 韦洁, 蒋珍藕, 等. 广西莪术乙酸乙酯部位的抗血栓作用[J]. 中成药, 2018, 40(6): 1238-1242.

[39] 陈晓军, 农云开, 韦洁, 等. 广西莪术不同极性部位提取物抗血栓实验研究[J]. 中医药导报, 2018, 24(4): 63-65.

[40] 傅品悦. 莪术醇对肝窦内皮细胞分泌机制的研究[D]. 南宁: 广西中医药大学, 2019.

[41] 刘露露. 广西莪术油对血瘀证肝纤维化小鼠 TGF-β1/Smads 信号通路的影响[D]. 南宁: 广西中医药大学, 2019.

[42] 秦华珍, 李彬, 时博, 等. 广西桂郁金对肝纤维化大鼠肝脏组织病理的影响[J]. 中国实验方剂学杂志, 2010, 16(7): 130-133.

[43] 赵海燕, 许钰, 班颖芳, 等. 广西莪术挥发油提取工艺优化及抗氧化活性研究[J]. 山东化工, 2020, 49(14): 7-9, 14.

[44] 杨秀芬, 石卫州, 程允相, 等. 广西莪术水提物对大鼠肝脏胞浆液抗氧化酶和微粒体药物代谢酶的影响[J]. 中成药, 2014, 36(2): 221-224.

[45] 刘明珠, 肖贺贺, 余庆, 等. 广西莪术水提物对卵形鲳鲹细胞免疫力的影响[J]. 广西科学院学报, 2019, 35(2): 113-118.

[46] 肖旺. 广西莪术多糖对 2 型糖尿病模型大鼠的干预作用[D]. 桂林: 桂林医学院, 2016.

[47] 覃葆, 谢金鲜, 杨海玲, 等. 不同炮制方法对广西莪术姜黄素成分及镇痛抗炎的影响[J]. 中国实验方剂学杂志, 2011, 17(10): 35-38.

第六节
大驳骨

大驳骨（*Adhatoda vasica* Nees）是爵床科鸭嘴花属植物，又名鸭嘴花、大驳骨消、龙头草、大接骨、牛舌兰、大叶驳骨兰，以全株入药。为壮族、藏族、傣族等少数民族常用药。味苦、辛、温。具有续筋接骨、祛风止痛、祛痰的作用，主要治疗骨伤、月经过多、崩漏、风湿、扭伤、腰痛、淤血肿痛，内服或外用均可[1~2]。现代研究表明，大驳骨含有多种化学成分，主要是生物碱类与黄酮类。

一、资源分布及生物学特征

1. 资源分布

大驳骨喜温暖湿润的气候，不易耐寒，较耐阴，在直射光下叶片易灼焦，喜疏松肥沃排水良好的砂质壤土。该植物于广东、广西、海南、澳门、香港、云南等地栽培或逸为野生。上海也是栽培。分布于亚洲东南部。原产地不明，最早的发现地是印度[1]，为印度的传统药物。

2. 生物学特征

大灌木，高达 1~3m；枝圆柱状，灰色，有皮孔，嫩枝密被灰白色微柔毛。叶纸质，矩圆状披针形至披针形，或卵形或椭圆状卵形，长 15~20cm，宽 4.5~7.5cm，顶端渐尖，有时稍呈尾状，基部阔楔形，全缘，上面近无毛，背面被微柔毛；中脉在上面具槽，侧脉每边约 12 条；叶柄长 1.5~2cm。茎叶揉后有特殊臭气。穗状花序卵形或稍伸长；花梗长 5~10cm；苞片卵形或阔卵形，长 1~3cm，宽 8~15mm，被微柔毛；小苞片披针形，稍短于苞片，萼裂片 5，矩圆状披针形，长约 8mm；花冠白色，有紫色条纹或粉红色，长 2.5~3cm，被柔毛，冠管卵形，长约 6mm；药室椭圆形，基部通常有球形附属物不明显。蒴果近木质，长约 0.5cm，上部具 4 粒种子，下部实心短柄状[1~3]。

二、化学成分研究

1. 生物碱类

大驳骨的主要活性成分为生物碱类，其中，喹啉类生物碱为主要的结构类型，Singh 等[5]从大驳骨中分离得到了 5 个生物碱：vasicine、vasicinone、vasicine acetate、acetyl benzyl amine、 vasicinolone。Chowdhury 等[6]首次从大驳骨叶中分离到 1,2,3,9-tetrahydro-5-methoxy-pyrrolo[2,1-b]quinazoline-3-ol。Joshi 等[7]从大驳骨中分离得到了一个喹啉类生物碱: 3-hydroxyanisotine。Singh 等[8]从大驳骨分离得到了一个脂肪族羟基酮 5-methoxyvasicine。Thappa 等[9]从大驳骨分离得到了 2 个喹啉类生物碱: 7-methoxy-vasicinone、desmethoxyaniflorine。目前，已从大驳骨中分离出来了 30 多种生物碱，化合物具体名称和结构分别见表 5-21 和图 5-21。

表 5-21　大驳骨中生物碱类化合物

序号	化合物名称	参考文献	序号	化合物名称	参考文献
1	vasicine	[5]	12	9-acetamido-3,4-dihydropyrido-(3,4-b)-indole	[11]
2	vasicinone	[5]			
3	vasicine acetate	[5]	13	deoxyvasicine	[12,13]
4	2-acetyl benzylamine	[5]	14	deoxyvasicinone	[14]
5	vasicinolone	[5]	15	2- acetylbenzylamine	[32]
6	7-甲氧基鸭嘴花碱	[4]	16	3-吲哚甲醛	[19]
7	1,2,3,9-tetrahydro-5-methoxy-pyrrolo[2,1-b]quinazoline-3-ol	[6]	17	peganidine	[15]
			18	vasicinol	[16]
8	3-hydroxyanisotine	[7]	19	7-hydroxyvasicinone	[17]
9	5-methoxyvasicine	[8]	20	vasicol	[7]
10	7-methoxy-vasicinone	[9]	21	phenyl adhatodine	[18]
11	7-methoxyvasicinone hydrate	[10]			

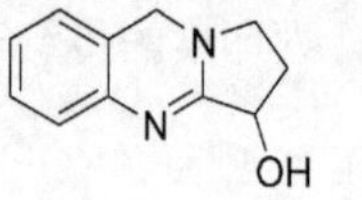

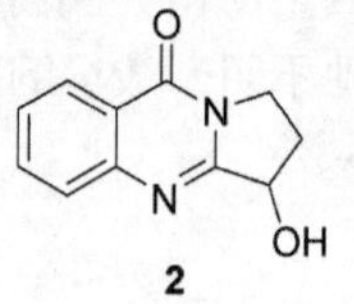

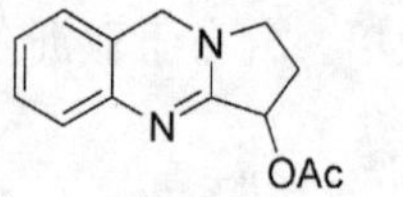

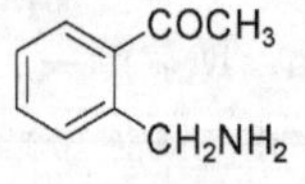

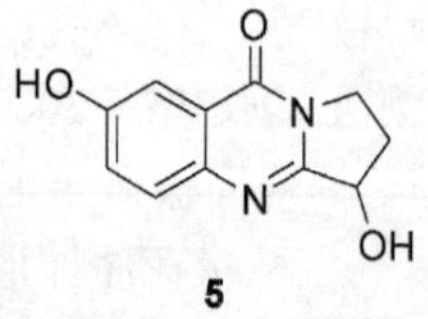

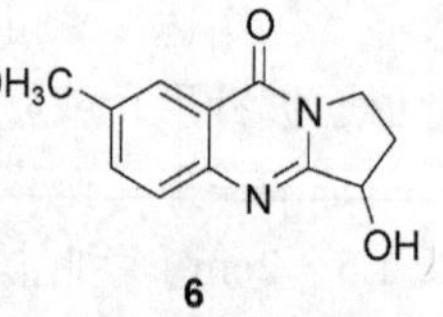

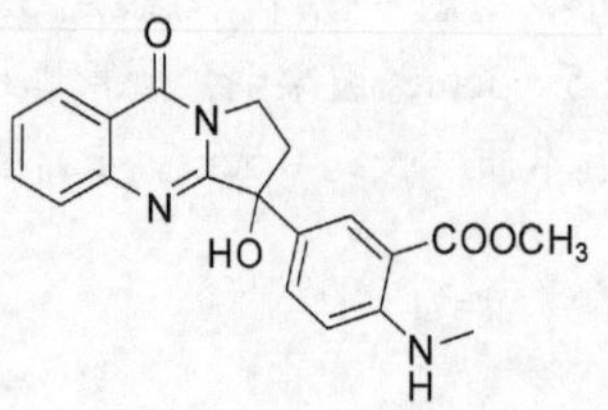

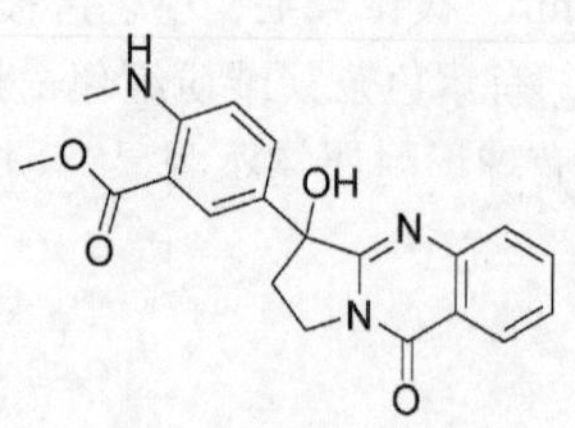

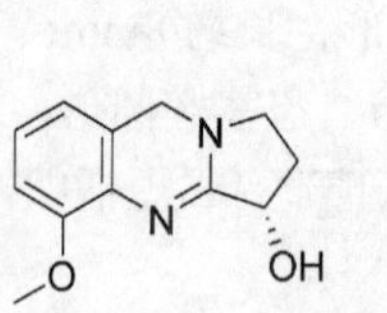

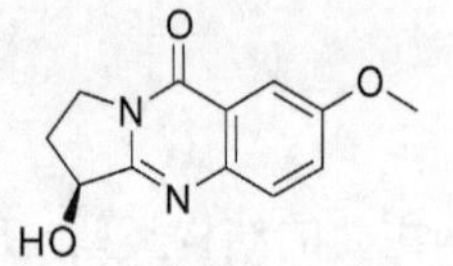

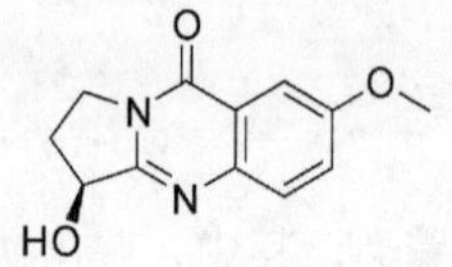

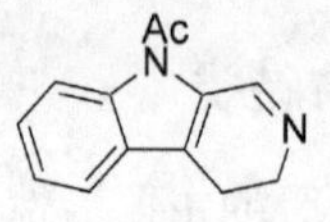

13

14

15

16

17

18

19

20

21

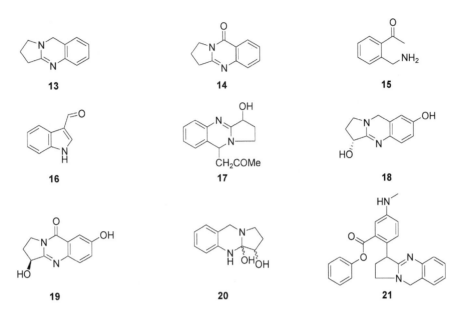

图 5-21　大驳骨中生物碱类化合物

2．黄酮类

大驳骨中还有许多黄酮类成分，朱萍[4]从大驳骨中分离得到了一个黄酮类成分：apigenin-7-*O*-*β*-D-apiofruranosyl-(1→6)-*β*-D-glucopyranoside。Bhartiya 等[13]从大驳骨中分离得到了2″-*O*-xylosylvitexin。Ahmed 等[20]从大驳骨中分离得到了多个黄酮类化合物：2′-hydroxy-4-gluxosyl-oxychalcone、apigenin、hydroxyl oxychalcone、isovitexin、kaempferol-3-*β*-D-glucoside、quercetin。迄今已从该植物中分离除了 10 多种黄酮类化合物。化合物具体名称与结构分别见表 5-22 和图 5-22。

表 5-22　大驳骨中黄酮类化合物

序号	化合物名称	参考文献	序号	化合物名称	参考文献
1	apigenin-7-*O*-*β*-D-apiofruranosyl-(1→6)-*β*-D-glucopyranoside	[4]	4	2′-hydroxy-4-gluxosyl-oxychalcone	[20]
			5	vitexin	[21]
2	2″-*O*-xylosylvitexin	[13]	6	hydroxyl oxychalcone	[20]
3	2′-glucosyl-4-hydroxyl-oxychalcone	[17]	7	kaempferol	[16]

1

2

3

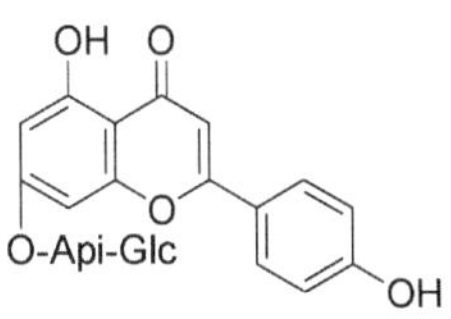

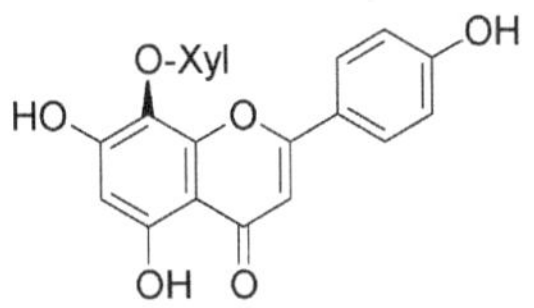

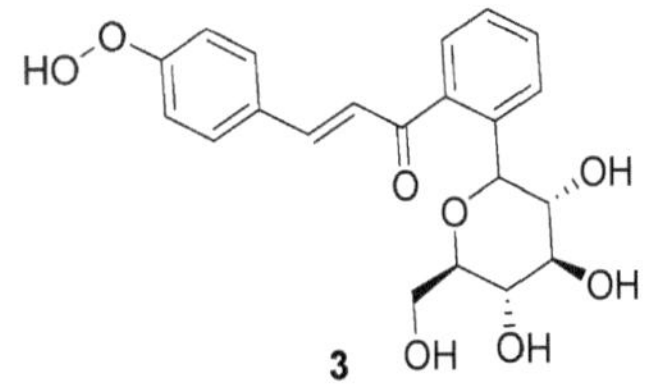

图 5-22

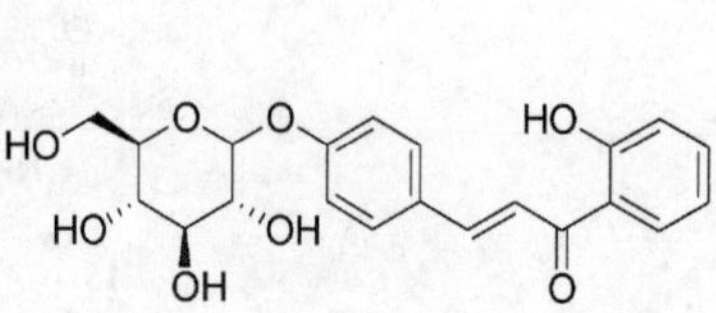

4

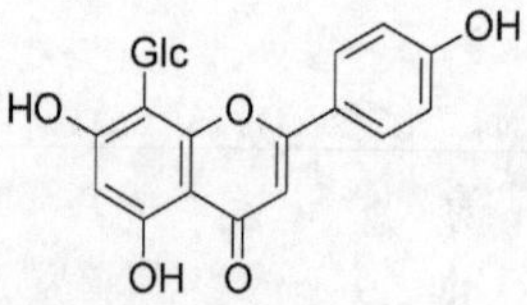

5

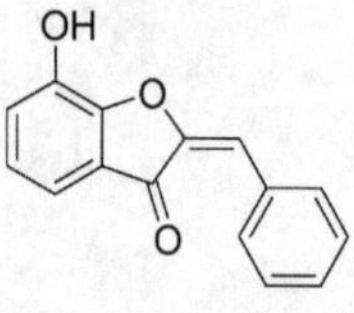

6

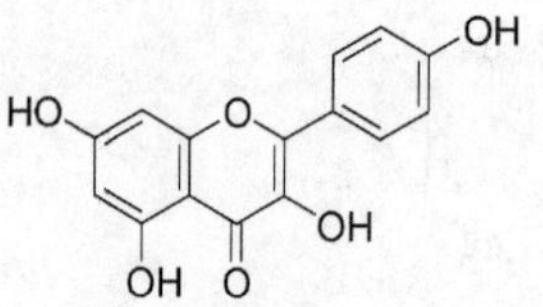

7

图 5-22　大驳骨中黄酮类化合物

3. 其他类

研究表明，大驳骨中还含有氨基酸、糖苷、脂肪酸、有机酸以及萜类等成分。化合物具体名称和结构分别见表 5-23 和图 5-23。

表 5-23　大驳骨中其他类化合物

序号	化合物名称	参考文献	序号	化合物名称	参考文献
1	4-hydroxy-4-methyl-2-pentanone	[4]	**6**	*β*-carotene	[26]
2	3*α*-hydroxy-D-friedoolean-5-ene	[23]	**7**	acernikol	[19]
3	3-hydroxy-oleanane-5-ene	[24]	**8**	香草醛	[19]
4	epitaraxerol	[21]	**9**	neoandrographolide	[20]
5	*α*-amyrin	[25]	**10**	37-hydroxy-hentetracontan-19-one	[18]

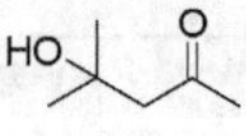

1

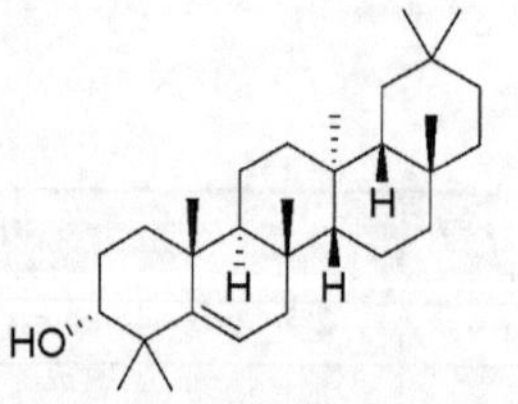

2

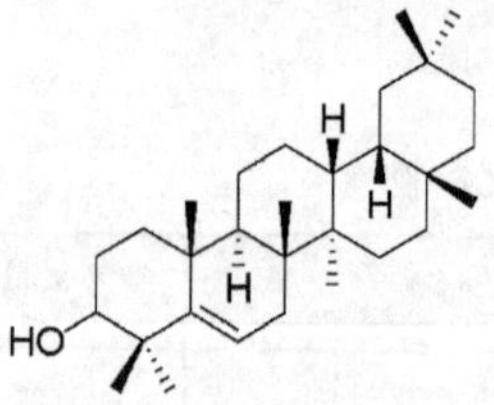

3

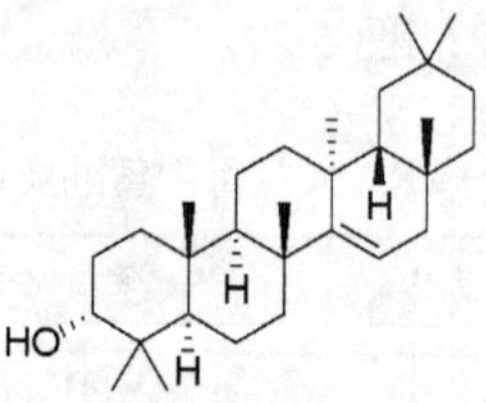

4

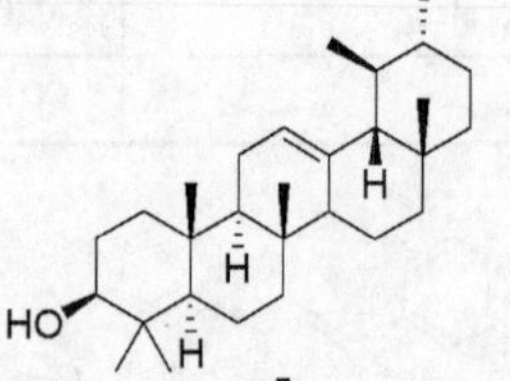

5

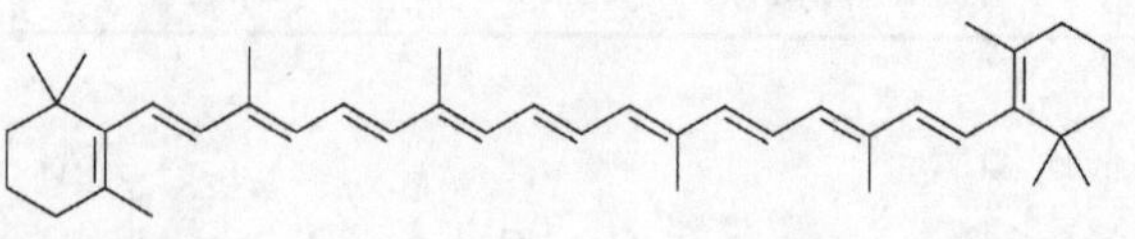

6

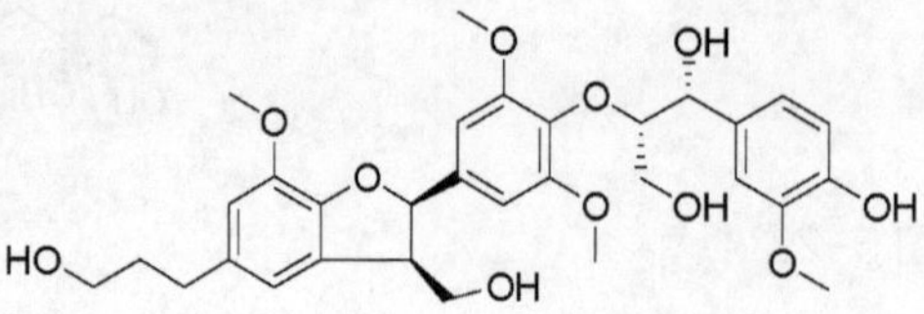

7

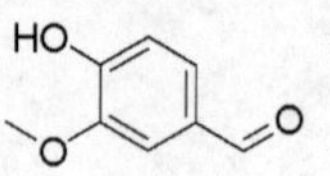

8

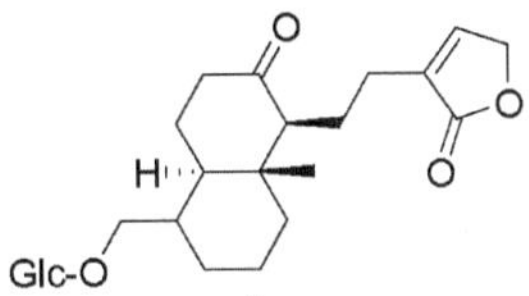

图 5-23　大驳骨中其他类化合物

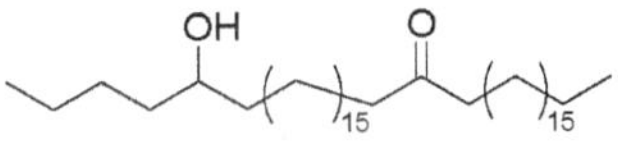

三、药理活性研究

1.抗炎抗菌

Singh 等[5]研究大驳骨体内的生物碱类的抗菌作用时发现，vasicine 在 20μg/mL 剂量对大肠杆菌表现出强烈的抗菌活性，>55μg/mL 剂量对白色念珠菌的抗真菌活性最大。Shahwar 等[27]人也发现了从大驳骨的乙醇提取物中分离得到的 vasicine 具有抗菌活性，经检测 vasicine 具有中等抗菌活性。Bhumi 等[26]利用大驳骨叶为材料，研究了乙酸锌和氢氧化钠在植物成分介导下生物合成 ZnO-NPs 的过程。且发现所合成的 ZnO-NPs 具有抑制细菌细胞增殖的潜力，特别是大肠杆菌、苏云金芽孢杆菌、绿脓杆菌和金黄色葡萄球菌。因此，大驳骨是一种能快速还原金属氧化锌的具有抗菌活性的纳米颗粒的良好来源。也有学者以大驳骨叶提取物为原料，采用绿色法在室温下制备了 CuO/C 纳米复合材料。并对复合材料进行了抑菌活性和抗菌活性研究。结果发现，纳米复合材料对大肠杆菌、铜绿假单胞菌、克氏杆菌和金黄色葡萄球菌具有明显的抑菌活性，对黑曲霉和白色念珠菌具有明显的抑菌活性。并测定了纳米复合材料对白色念珠菌和克氏杆菌的最小抑菌浓度（MIC）分别为：0.873mg/mL、0.791mg/mL[28]。

另外，大驳骨还具有抗炎活性，Adhikary 等[29]评价了大驳骨叶的甲醇提取物（AVE）对由胶原蛋白诱导的小鼠类风湿性关节炎（CIA）的保护作用。口服 50mg/kg、100mg/kg 和 200mg/kg 体重剂量后可降低关节炎指数和脚垫肿胀。研究发现，AVE 减少了血清和滑膜组织的促炎细胞因子，其趋化因子和中性粒细胞浸润的减少决定了其对类风湿性关节炎的保护作用。此外，LPO 含量和 SOD 活性的降低以及肝、脾和滑膜组织的 GSH 和 CAT 活性的升高表明了 AVE 具有调节氧化应激的功能。还观察到 AVE 治疗后小鼠血清中 CRP 发生了降低且 TLR-2 的表达水平也降低了。总之，大驳骨能够在 CIA 期间调节氧化应激，从而降低调节促炎介质的局部和全身释放，并且，这可能与通过下调其常规内源性配体（如 CRP 的释放）来降低滑膜 TLR-2 表达的机制有关。且增曲培等[30]研究发现鸭嘴花提取物可明显减少因二甲苯导致的小鼠耳廓肿胀（$P<0.01$），对小鼠耳廓肿胀抑制率为 35.15%，可达阿司匹林组的 65.13%。Wang 等[31]运用网络药理学和分子对接技术，从整体角度和中药特点出发，阐明了大驳骨（AVN）抗类风湿性关节炎（RA）的活性成分和作用机制。结果表明，AVN 对 RA 的活性成分有 35 个化合物，其中peganidine、quercetin 等为主要活性成分。AVN 抗 RA 相关基因包括 25 个靶基因，其中枢纽基因为 MAPK1 和 PTGS2。AVN 抗 RA 的机制主要包括 15 条信号通路，其关键机制与通过灭活 TNF 和 PPAR 信号通路抑制炎症反应。这为 AVN 治疗 RA 提供了科学依据和良好的理论基础。后续又通过转录组学和蛋白质组学研究分析蛋白质和 mRNA 水平的表达水平。预测了 AVN 对 RA 的治疗作用是通过 MAPK1、TNF、IL2、PTGS2、DHODH 和 JAK2 介导的。

2．驱虫

有实验结果表明，从大驳骨叶中分离出的两种天然生物碱 vasicine acetate 和 2-acetylbenzylamine，并发现了两种化合物对小菜蛾具有拒食、杀幼虫和抑制蜕皮的作用。在 1000mg/L 浓度 vasicine acetate 处理下，小菜蛾最高拒食活性为 98.5%，而 2-acetylbenzylamine 在 1000mg/L 浓度下的拒食活性仅为 71.4%。在最高浓度（1000mg/L）时，azadirachtin 处理表现出 82%的拒食活性。且这两种活性成分均对幼虫和蛹具有致死毒性。2-acetylbenzylamine 处理在 125mg/L 浓度下的杀幼虫和杀蛹活性最高。这两种化合物也影响小菜蛾的正常生长发育和蜕皮过程。经过化合物处理会在幼虫的蜕皮为蛹过程产生破坏，导致幼虫蛹中间产物和蛹异常，或产生了小尺寸的蛹和翅膀发育不良的畸形成虫[32]。相关研究表明，大驳骨叶的粗醇提取液和水提液对非洲蚯蚓有驱虫活性。对不同浓度（10mg/mL、25mg/mL、50mg/mL）的水和乙醇提取物进行生物测定，包括测定蠕虫的瘫痪时间（P）和死亡时间（D）。以阿苯达唑为标准驱虫药，以蒸馏水为阴性对照。结果表明，与标准药物相比，较低剂量（10mg/mL、25mg/mL 和 50mg/mL）的乙醇提取物和水提取物显著导致蠕虫瘫痪，并在较高浓度（50mg/mL）时导致蠕虫死亡[33]。Thanigaivel 等[34]研究了大驳骨甲醇提取部分对埃及叶菌群和埃及伊蚊的幼虫活性。结果表明，R_f 值为 0.67 的馏分Ⅲ与 R_f 值为 0.64 的分数Ⅴ的甲醇提取物在浓度为 100mg/L、150mg/L、200mg/L 和 250mg/L 时死亡率较高，对数概率分析结果（95%置信水平）显示，Ⅲ组分和 Ⅴ 组分致死浓度分别为 106.13mg/L 和 110.6mg/L，LC$_{50}$ 和 LC$_{90}$ 分别为 180.6mg/L 和 170mg/L。剂量为100～250mg/L 的样品总体上均对致倦库蚊和埃及伊蚊具有较强的杀幼虫活性，且早龄比晚龄更易感染。

3．子宫收缩

张明发等[35]发现从鸭嘴花中提取出来的鸭嘴花碱具有收缩子宫的作用，研究发现，在给药后，在 10min 内，动物体内的所有器官都可以检测到，尤其是在子宫中含量最多，且在静脉给药后，历经 52h，70%以上的鸭嘴花碱已经被排出，且大多以原药的形式排泄。无毒也没有副作用，且对子宫具有很高的特异性，有望成为子宫收缩药。王世渝等[36]研究发现鸭嘴花生物碱具有抗早孕和子宫收缩的作用，且发现 10mg/kg、20mg/kg 组的流产率分别为：80%、93%；给妊娠家兔皮下注射 40mg/kg，可肉眼观察到胚珠液化。而将药液洒在子宫肌、肠肌上发现只有子宫肌有明显的节律性收缩。高春艳等[37]研究发现鸭嘴花碱具有抑制由 KCl、Ach 及 His 刺激剂所引起的豚鼠离体气管平滑肌收缩的作用。

4．其他

大驳骨内的一些活性成分还具有抗氧化、抗癌，抗糖尿病等功效。有研究学者选择了活性成分最高的大驳骨叶片 70%的乙醇提取物（AVEA）研究，发现 AVEA 的乙酸乙酯部分具有清除 DPPH 自由基和 ABTS 自由基的最高能力，以及最强的还原能力。此外，研究发现，AVEA 可以通过提高细胞生存能力、恢复 AST、ALT、LDH 和 CAT 以及 MDA 和 GSH 水平的异常活动，来减轻 t-BHP 诱导的肝细胞的损伤。同时，可抑制 BRL3A 细胞的细胞凋亡，进一步的机制研究表明，AVEA 可以促进 p-AMPK 的表达，进一步诱导 autophagy adaptor-p62 蛋白表达，导致 Keap1 自噬降解，导致 Nrf2 释放并转入细胞核，诱导其抗氧化基因（HO^{-1}、NQO^{-1}、GCLC 和 GCLM）的表达[38]。Shahwar 等[27]也发现了从大驳骨的乙醇提取物中分离得到的 vasicine 具有抗氧化作用，采用体外模型进行乙酰胆碱酯酶、胰蛋白酶、DPPH 抑制电位和 FRAP 测定。结果显示，乙酰胆碱和胰蛋白酶抑制活性分别为（38.4±1.2）%和（37.4±1.1）%，且该化合物具有明显的 DPPH 抑制活性［（70.4±1.3）%］。

研究发现对大鼠注射 AFB1（1.5mg/kg），发现显著降低了肝组织中超氧化物歧化酶和过氧化氢酶的活性，增加了天冬氨酸转氨酶、丙氨酸转氨酶和碱性磷酸酶的活性以及血清中极低密度脂蛋白、低密度脂蛋白的水平。然而在饲养大鼠时，加入大驳骨（500mg/kg）发现可以保护动物免受 AFB1 诱导的生化变化[39]。朱小牧等[41]人发现从大驳骨中分离得到的鸭嘴碱对 Lewis 肺癌细胞株 LLC、人肝癌细胞株 HepG2、人卵巢癌细胞株 A2780、人肺癌细胞株 A549 有着不同程度的抑制细胞增殖作用，其中，对鸭嘴花碱对 LLC 细胞株的抑制作用最强。其 A549、LLC、HepG2、HepG2 的 IC_{50} 分别为：>100μg/mL、7.31μg/mL、22.21μg/mL、71.73μg/mL。

Gao 等[40]首次报道了从大驳骨植物内分离出来的 vasicine 和 vasicinol，发现这两个化合物具有较高的蔗糖酶抑制活性，IC_{50} 值分别为 125μmol/L 和 250μmol/L，且对大鼠肠道 α-葡萄糖苷酶蔗糖水解活性具有竞争性抑制作用，K_i 值分别为 82μmol/L 和 183μmol/L，这表明大驳骨提取物可以作为一种抗糖尿病药物使用。薛浩等[42-43]研究发现大驳骨对大鼠脑缺血再灌注（I/R）损伤具有保护作用，数据结果表明，与模型组相比，大驳骨治疗组在各时间点凋亡细胞数均明显降低（$P<0.05$），治疗组脑组织 MMP-9 阳性细胞数明显减少（$P<0.05$），大鼠血清中的 MDA 含量、脑梗死体积、神经功能缺损评分同样明显低于模型组，因此，我们推测大驳骨保护脑细胞的机制可能为：大驳骨可使 MMP-9 的表达水平降低，从而减轻脑水，进而抑制梗死灶周边脑细胞死亡。

参考文献

[1] 中国科学院中国植物志编辑委员会. 中国植物志: 第七十卷[M]. 北京: 科学出版社, 2002.

[2] 江苏新医学院. 中药大辞典: 上册[M]. 上海: 上海科技出版社, 1986.

[3] 陈雄, 达娃卓玛, 次丹多吉, 等. 藏药巴夏嘎生药鉴定[J]. 中药材, 2011, 34(12): 1869-1872.

[4] 朱萍. 傣药莫哈蒿和管底的化学成分研究[D]. 昆明: 云南中医学院, 2016.

[5] Singh B, Sharma R A. Anti-inflammatory and antimicrobial properties of pyrroloquinazoline alkaloids from *Adhatoda vasica* Nees[J]. Phytomedicine International Journal of Phytotherapy & Phytopharmacology, 2013, 20(5): 441-445.

[6] Chowdhury B K, Bhattacharyya P. A further quinazoline alkaloid from *Adhatoda vasica*[J]. Phytochemistry, 1985, 24(12): 3080-3082.

[7] Joshi B S, Bai Y, Puar M S, *et al*. ¹H-and ¹³C-Nmr assignments for some pyrrolo[2,1b]quinazoline alkaloids of *Adhatoda vasica*[J]. Journal of Natural Products, 1994, 57(7): 953-962.

[8] Singh R S, Misra T N, Pandey H S, *et al*. Aliphatic hydroxyketones from *Adhatoda vasica*[J]. Phytochemistry, 1991, 30(11): 3799-3801.

[9] Thappa R K, Agarwal S G, Dhar K L, *et al*. Two pyrroloquinazolines from *Adhatoda vasica*[J]. Phytochemistry, 1996, 42(5): 1485-1488.

[10] Mehta D R, Naravane J S, Desai R M. Vasicinone A bronchodilator principle from *Adhatoda Vasica* Nees (N. O. Acanthaceae)[J]. Journal of Organic Chemistry, 1963, 28(2): 445-448.

[11] Jain M P, Koul S K, Dhar K L, *et al*. Novel nor-harmal alkaloid from *Adhatoda vasica*[J]. Phytochemistry, 1980, 19(8): 1880-1882.

[12] Iyengar M A, Jambaiah K M, Kamath M S, *et al*. Studies on an antiastham kada: A proprietary herbal combination. Part I: Clinical study, Indian Drugs[J]. 1994, 31: 183-186.

[13] Bhartiya H P, Gupta P C. A chalcone glycoside from the flowers of *Adhatoda vasica*[J]. Phytochemistry, 1982, 21(1): 247-247.

[14] Astulla A, Zaima K, Matsuno Y, *et al*. Alkaloids from the seeds of *Peganum harmala* showing antiplasmodial and vasorelaxant activities[J]. Natural Medicines, 2008, 62(4): 470-472.

[15] Atta U R, Nighat S, Farzana A, *et al*. Phytochemical studies on *Adhatoda Vasica* Nees[J]. Natural Product Letters, 1997,

10(4): 249-256.

[16] Maurya S, Singh D. Quantitative analysis of flavonoids in *Adhatoda vasica* Nees extracts[J]. Der Pharma Chemica, 2010, 2(5): 242-246.

[17] Jain M P, Sharma V K. Phytochemical investigation of roots of *Adhatoda vasica*[J]. Planta Medica, 1982, 46(4): 250.

[18] Khadiker S, Tenguria R K. Spectrometric analysis of quinazoline alkaloids from methanolic leaf extract of *Adhatoda vasica* Nees[J]. Research Journal of Biotechnology, 2011, 6(1): 43-49.

[19] 罗晴方, 王文祥, 干志强, 等. 藏药鸭嘴花的化学成分研究[J]. 中药材, 2020, 43(8): 1892-1895.

[20] Ahmed E S S, Abd E M H F, Ali A M. Flavonoids and antimicrobial volatiles from *Adhatoda vasica* Nees[J]. Pharmaceutical and Pharmacological Letters, 1999, 9(2): 52-56.

[21] Mullar A, Antus S, Bittinger M, *et al.* Chemistry and pharmacology of the antiasthmatic plants, *Galphimia glauca*, *Adhatoda vasica*, and *Picrorhiza kurrooa*[J]. Planta Medica, 1993, 59(1): 586-587.

[22] Al-Amin M, Islam M M, Siddiqi M M A, *et al.* Neoandrographolide isolated from leaves of *Adhatoda vasica* Nees[J]. Dhaka University Journal of Science, 2012, 60(1): 1-3.

[23] Atta U R, Nighat S, Farzana A, *et al.* Phytochemical studies on *Adhatoda Vasica* Nees[J]. Natural Product Letters, 1997, 10(4): 249-256.

[24] Sultana N, Anwar M A , Ali Y, *et al.* Phytochemical studies on *Adhatoda vasica*[J]. Pakistan Journal of Scientific and Industrial Research, 2005, 48(3): 180-183.

[25] Rangaswami S, Seshadri S. Crystalline chemical components of the flowers of *Adhathoda vasica*[J]. Current Science, 1971, 40(4): 84-85.

[26] Bhumi G, Raju Y R, Savithramma N. Screening of zinc oxide nanoparticles for cell proliferation synthesized through *Adhatoda vasica* nees[J]. International Journal of Drug Development & Research, 2014, 6(2):97-104.

[27] Shahwar D, Raza M A, Tariq S, *et al.* Enzyme inhibition, antioxidant and antibacterial potential of vasicine isolated from *Adhatoda vasica* Nees[J]. Pakistan Journal of Pharmaceutical Sciences, 2012, 25(3): 651-656.

[28] Bhavyasree P G, Xavier T S. Green synthesis of copper oxide/carbon nanocomposites using the leaf extract of *Adhatoda vasica* Nees, their characterization and antimicrobial activity[J]. Heliyon, 2020, 6(2): e03323.

[29] Adhikary R, Majhi A, Mahanti S, *et al.* Protective effects of methanolic extract of *Adhatoda vasica* Nees leaf in collagen-induced arthritis by modulation of synovial toll-like receptor-2 expression and release of pro-inflammatory mediators[J]. Journal of Nutrition & Intermediary Metabolism, 2016, 3(8): 1-11.

[30] 且增曲培, 格桑群培, 格桑顿珠, 等. 藏药 3 种巴夏嘎对小鼠抗炎作用的比较研究[J]. 中医药导报, 2019, 25(18): 53-56.

[31] Wang W, Zhang Y, Luo J, *et al.* Virtual screening technique used to estimate the mechanism of *Adhatoda vasica* Nees for the treatment of rheumatoid arthritis based on network pharmacology and molecular docking[J]. Evidence-based Complementary and Alternative Medicine, 2020: 5872980.

[32] Paulraj M G, Shanmugam N, Ignacimuthu S. Antifeedant activity and toxicity of two alkaloids from *Adhatoda vasica* Nees leaves against diamondback moth *Plutella xylostella* (Linn.) (Lepidoptera: Plutellidae) larvae[J]. Archives of Phytopathology and Plant Protection, 2013, 47(15): 1832-1840.

[33] Bhinge S D, Desai P, Magdum C S. In vitro anthelmintic activity of leaf extracts of *Adhatoda vasica* Nees (Acanthaceae) against *Eudrilus eugeniae*[J]. Dhaka University Journal of Pharmaceutical Sciences, 2016, 14(2): 153-155.

[34] Thanigaivel A, Chandrasekaran R, Revathi K, *et al.* Larvicidal efficacy of *Adhatoda vasica* (L.) Nees against the bancroftian filariasis vector culex quinquefasciatus say and dengue vector aedes aegypti L. in in vitro condition[J]. Parasitology Research, 2012, 110(5): 1993-1999.

[35] 张明发. 新型子宫收缩药鸭嘴花碱的吸收和分布[J]. 国外药学(植物药分册), 1981, 2(6): 42-43.

[36] 王世渝, 尤小春, 李惠民, 等. 鸭嘴花生物碱抗早孕作用的研究[J]. 中草药, 1985, 16(6): 13.

[37] 高春艳, 聂珍贵, 梁翠茵, 等. 鸭嘴花碱对豚鼠离体气管平滑肌收缩功能的影响[J]. 天津药学, 2003, 15(6): 4-6.

[38] Qla B, Wga B, Cla B, *et al.* Phytochemical characterization and hepatoprotective effect of active fragment from *Adhatoda vasica* Nees. against tert-butyl hydroperoxide induced oxidative impairment via activating AMPK/p62/Nrf2 pathway[J]. Journal of Ethnopharmacology, 2020, (266): 113454.

[39] Brinda R, Vijayanandraj S, Uma D, *et al.* Role of *Adhatoda vasica* (L.) Nees leaf extract in the prevention of aflatoxin-induced toxicity in Wistar rats[J]. Journal of the Science of Food & Agriculture, 2013, 93(11): 2743-2748.

[40] Gao H, Huang Y N, Gao B, *et al.* Inhibitory effect on α-glucosidase by *Adhatoda vasica* Nees[J]. Food Chemistry, 2008, 108(3): 965-972.

[41] 朱小牧, 陈雄, 王曙. 藏药巴夏嘎中鸭嘴花碱的体外抗肿瘤活性研究[J]. 华西药学杂志, 2013, 28(3): 328-329.

[42] 薛浩, 刘宁, 谷有全, 等. 藏药哇夏嘎对大鼠脑缺血再灌注损伤保护机制的研究[J]. 四川中医, 2013, 31(3): 54-57.

[43] 薛浩. 藏药哇夏嘎对大鼠脑缺血再灌注损伤保护作用的研究[D]. 兰州: 兰州大学, 2013.

第七节
鸡骨草

鸡骨草（*Abrus cantoniensis*）为豆科植物相思子属植物, 以干燥全草入药。又名广州相思子、红母鸡草、黄食草、石门坎、土甘草、大黄草等[1]。在中国南方的广东、广西、福建、海南等地区很常见[2]。鸡骨草性甘、味苦、凉、无毒, 归心、肺、肝、胃、肾经, 具有清热利湿、散淤止痛的功效, 常用来治疗黄疸型肝炎、胃痛、风湿骨痛、跌打淤痛、乳痛等。鸡骨草叶涂敷可用于治疗乳腺炎, 也可用于治疗蛇伤、尿刺痛、婴儿疥疮等, 并可制作夏季冷饮[3]。

一、生物学特征及资源分布

1．生物学特征

鸡骨草为多年生木质藤本, 长可达 1m, 通常覆盖在地上或缠绕在其他植物周围。主根粗壮, 长度可达 60cm。茎细, 呈深红紫色, 幼嫩部分密被黄褐色毛。双数羽状复叶, 小叶 7～12 对, 倒卵状矩圆形或矩形, 长 5～12mm, 宽 3～5mm, 膜质, 近无柄, 先端截形而有小锐尖, 基部浅心形, 上面被疏生毛, 下面被紧贴的伏毛, 叶脉向两面凸起; 托叶成对着生, 线状披针形; 小托叶呈锥尖状。腋生总状花序, 长约 6mm; 花萼钟状; 花冠突出, 呈淡紫红色; 雄蕊 9, 合生成管状, 附着于旗瓣, 上部分离; 子房近无柄, 花柱短。荚果矩圆形, 扁平, 疏生淡黄色毛, 先端有尾状凸尖; 种子 4～5 粒, 矩圆形, 扁平, 光滑, 成熟时呈黑褐色或淡黄色, 有明显的种阜。花期 8 月, 果期 9～10 月[4]。

2．资源分布

鸡骨草喜欢温暖、潮湿的环境, 怕寒冷, 耐旱, 忌涝。以疏松、肥沃的壤土、砂质壤土、轻黏土、pH 5～6.5 的环境为适宜。分布于中国、泰国等地。中国国内分布于广东、香港、广西、湖南等地。多生长于海拔约 20m 的山地、稀疏的树林或灌木丛中[5~6]。

二、化学成分

1．三萜类成分

Chiang 等[7]将鸡骨草根部分水解后, 得到相思子三醇、槐花二醇、大豆皂醇 A 和大豆皂醇

B。Sakai 等[8]从鸡骨草中分离得到了相思子皂醇 A、相思子皂醇 C 和相思子皂苷 I，又鉴定到了相思子皂醇 B、相思子皂醇 E、相思子皂醇 D、相思子皂醇 F、相思子皂醇 G、葛根皂醇 A 等。Miyano 等[9]从鸡骨草全株中提取得到了大豆皂苷 I。Miyano 等[10,11]从整个植物中分离出相思子皂苷 so1、相思子皂苷 so2、相思子皂苷 D2、相思子皂苷 D3、相思子皂苷 F、相思子皂苷 SB、相思子皂苷 L、相思子皂苷 A、相思子皂苷 D1、相思子皂苷 Ca、相思子皂醇 L 等。史海明等[12]研究了鸡骨草全株的化学成分，分离鉴定得到羽扇豆醇、白桦脂酸等（表 5-24，图 5-24）。

表 5-24　鸡骨草三萜类成分

序号	名称	参考文献	序号	名称	参考文献
1	相思子三醇	[7]	9	相思子皂苷 Ca	[10]
2	槐花二醇	[7]	10	相思子皂醇 L	[10]
3	大豆皂醇 A	[7]	11	大豆皂苷 I	[9]
4	大豆皂醇 B	[7]	12	相思子皂苷 so1	[11]
5	相思子皂醇 B	[8]	13	相思子皂苷 so2	[11]
6	相思子皂醇 A	[8]	14	相思子皂苷 D2	[11]
7	相思子皂苷 A	[10]	15	相思子皂苷 F	[11]
8	相思子皂苷 D1	[10]	16	相思子皂苷 SB	[11]

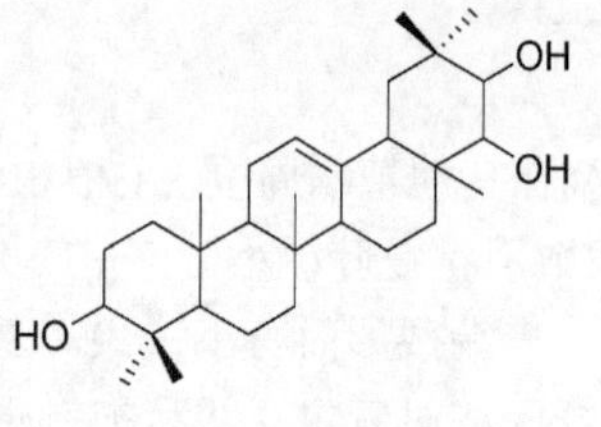

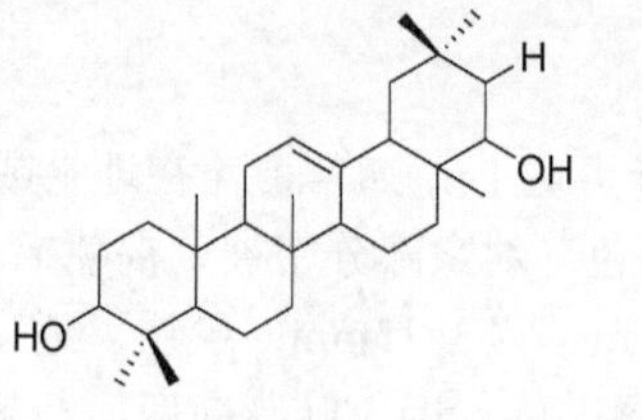

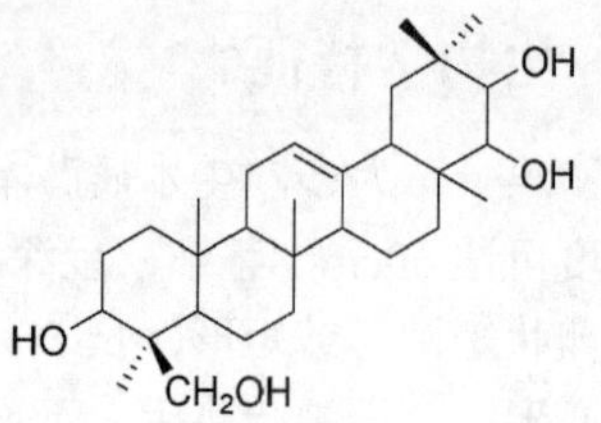

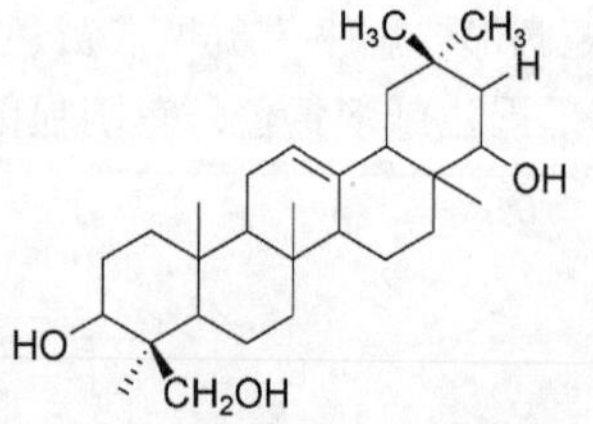

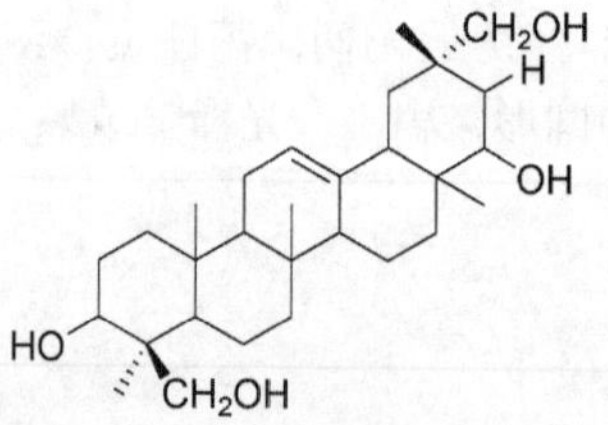

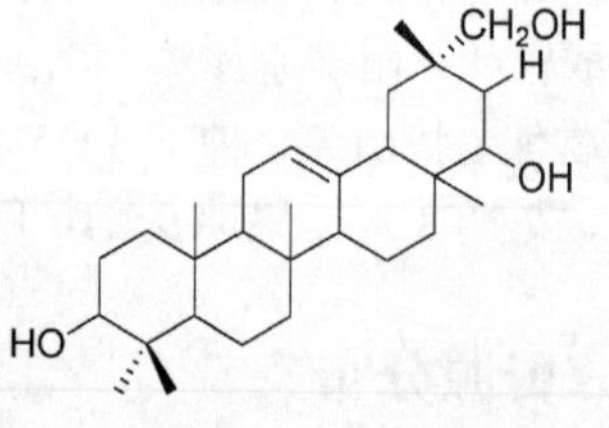

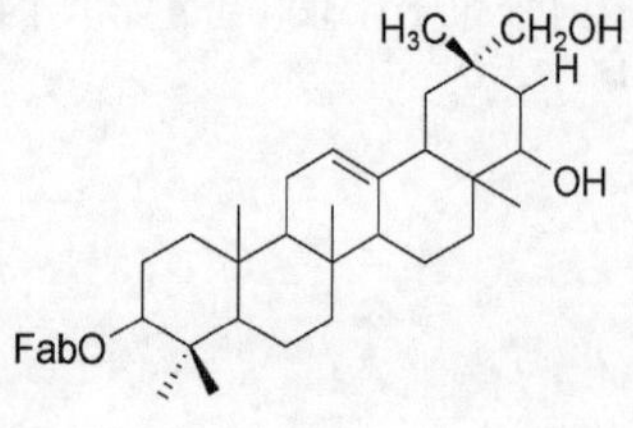

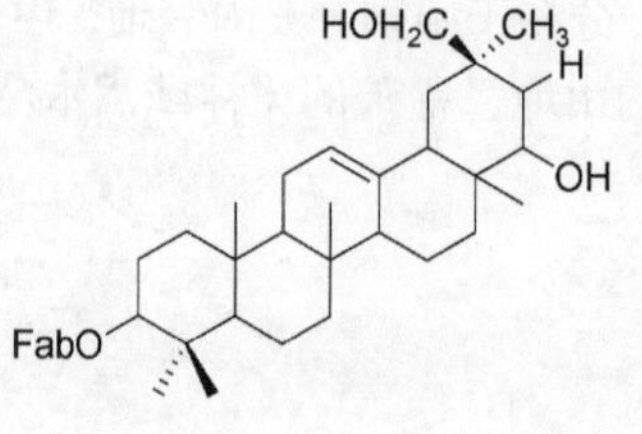

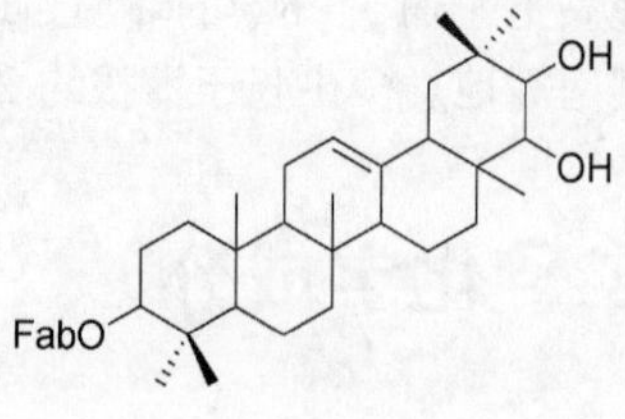

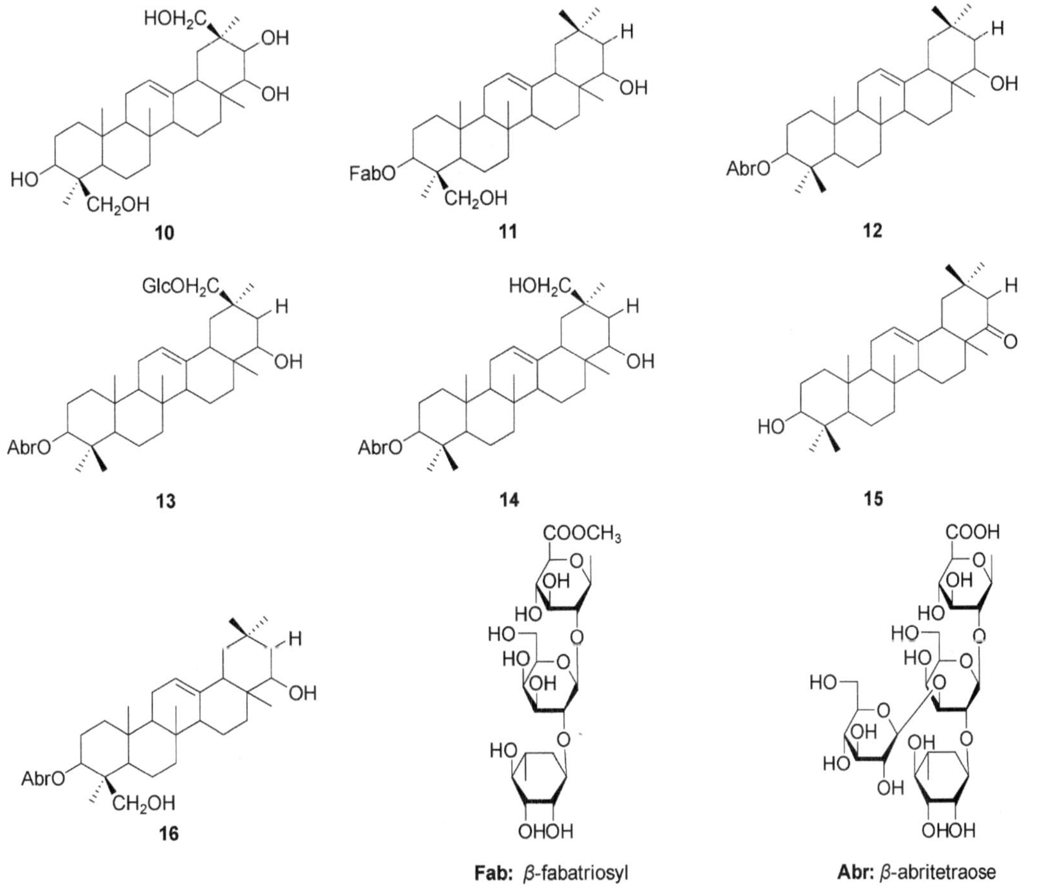

Fab: *β*-fabatriosyl **Abr:** *β*-abritetraose

图 5-24 鸡骨草三萜类成分

2. 黄酮类成分

史海明等[12]研究了鸡骨草全株的化学成分，分离鉴定得到 7,3′,4′-三羟基-黄酮、biflorin 和 isobiflorin。马柏林等[13]利用色谱法等从鸡骨草地上部分分离得到了 4′-甲氧基-2′-羟基查尔酮和 2′,4′-二羟基查耳酮。袁旭江等[14]从鸡骨草中分离得到了黄酮类成分 apigenin-6,8-*C*-diglucoside、apigenin-6-*C*-glucose-8-*C*-arabinosine 和 apigenin-6-*C*-arabinose-8-*C*-glucoside。Yang 等[15]在鸡骨草中分离到了儿茶素。于苗苗[16]利用现代色谱和光谱技术对鸡骨草的化学成分进行了系统的研究，从 70%的乙醇提取物中得到了 4′,7-di-*O*-methylpuerarin、7,4′-二羟基-8-甲氧基异黄酮、7-羟基-8,4′-二甲氧基异黄酮、8-羟基-7,4′-二甲氧基异黄酮等（表 5-25，图 5-25）。

表 5-25　鸡骨草黄酮类成分

序号	名称	参考文献	序号	名称	参考文献
1	4′-甲氧基-2′-羟基查耳酮	[13]	6	biflorin	[12]
2	7,4′-二羟基-8-甲氧基异黄酮	[16]	7	isobiflorin	[12]
3	apigenin-6,8-*C*-diglucoside	[14]	8	4′,7-di-*O*-methylpuerarin	[16]
4	butesuperin-7″-*O*-*β*-glucopyranoside	[17]	9	9-*O*-methylrelusin-7-*O*-*β*-D-apifuranosyl-(1→2)-*β*-D-glucopyranoside	[18]
5	apigenin-6-*C*-arabinose-8-*C*-glucoside	[14]			

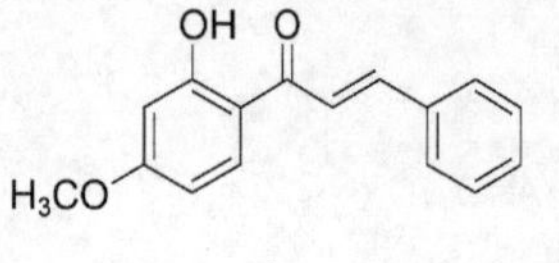

1

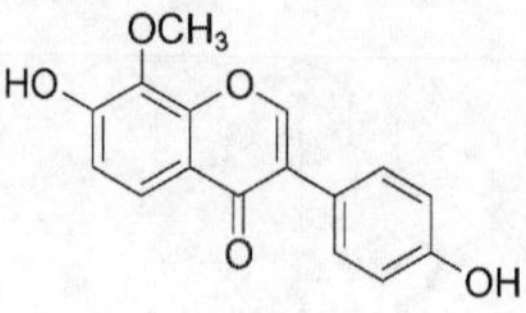

2

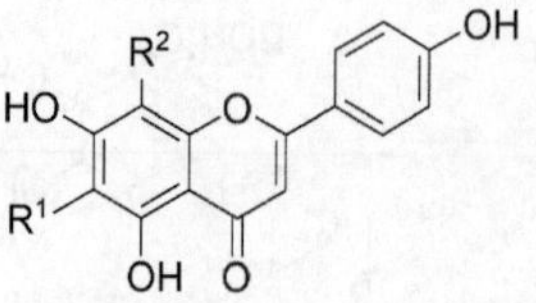

3 R^1 = *β*-D-Glc; R^2 = *β*-D-Glc
4 R^1 = *β*-D-Glc; R^2 = *α*-L-Ara
5 R^1 = *α*-L-Ara; R^2 = *β*-D-Glc

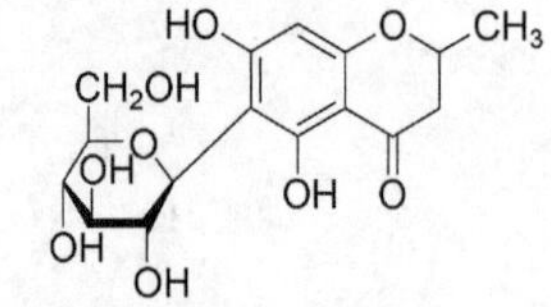

6

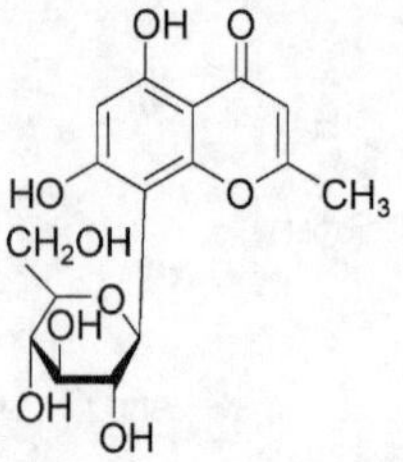

7

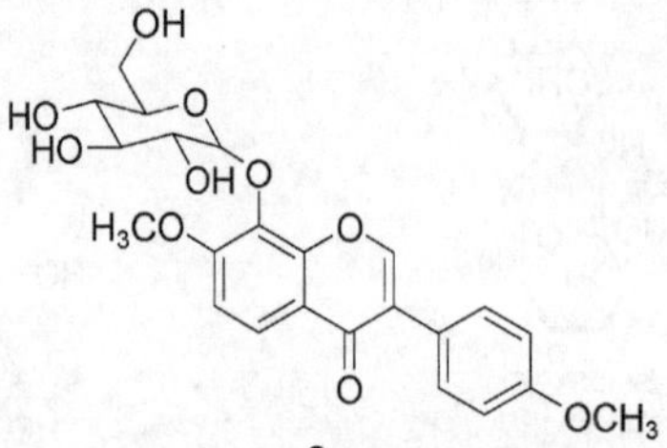

8

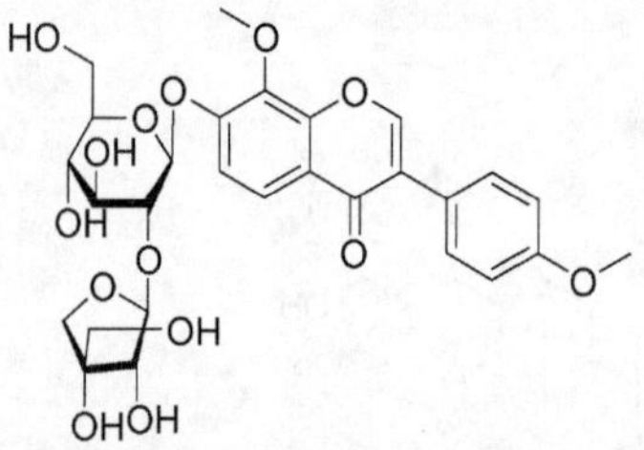

9

图 5-25 鸡骨草黄酮类成分

3. 其他成分

于德泉等[18]从鸡骨草中，分离得到相思子碱及胆碱。黄平等[19]采用 RP-HPLC 法同时测定了鸡骨草药材中的相思子碱和下箴刺桐碱。Wong 等[20]从鸡骨草中分离得到了大黄酚和大黄素甲醚。Yang 等[15]在鸡骨草中分离到了大黄素。史海明等[12]研究了鸡骨草全株的化学成分，分离鉴定得到 *β*-sitosterol、carotenoid、protocatechuic acid、protocatechuic acid ethyl ester、inositol methyl ether、腺嘌呤、腺嘌呤核苷和 *N*,*N*,*N*-三甲基-色氨酸。马柏林等[13]利用色谱法等从鸡骨草地上部分分离得到了邻羟基苯甲酸（表 5-26，图 5-26）。

表 5-26 鸡骨草其他成分

序号	名称	参考文献	序号	名称	参考文献
1	protocatechuic acid	[12]	5	*N*,*N*,*N*-三甲基-色氨酸	[12]
2	大黄酚	[20]	6	邻羟基苯甲酸	[13]
3	大黄素甲醚	[20]	7	相思子碱	[18]
4	大黄素	[15]	8	下箴刺桐碱	[19]

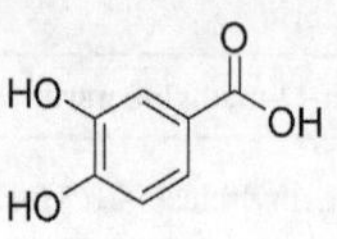

1

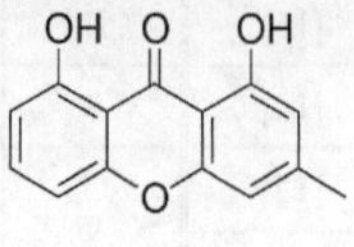

2

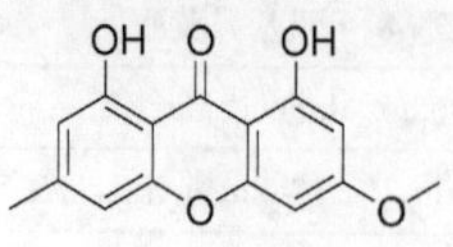

3

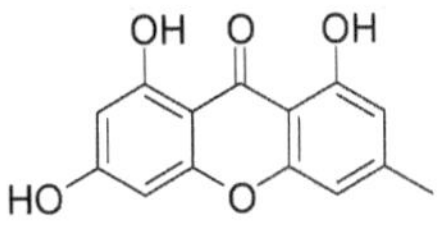

图 5-26　鸡骨草其他成分

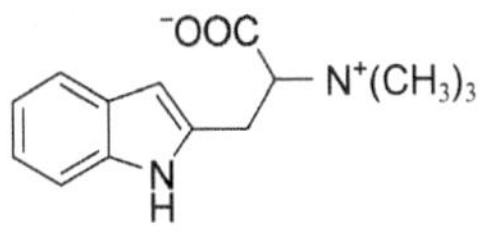

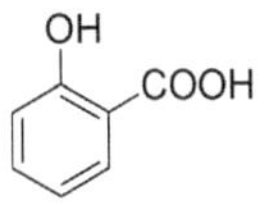

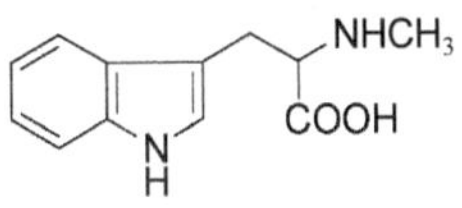

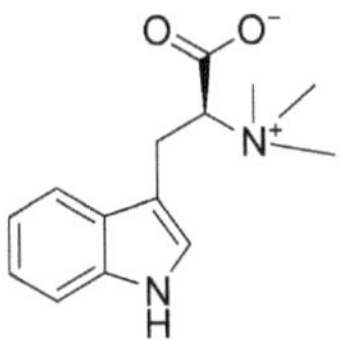

三、药理活性

1．降脂保肝

姚香草等[21]采用腹腔注射 1%四氯化碳橄榄油液建立小鼠化学肝损伤模型，用尾静脉注射刀豆蛋白 A 建立小鼠免疫肝损伤模型，检测了血清谷氨酸转氨酶和丙氨酸转氨酶水平、小鼠肝组织中超氧化物歧化酶和丙二醛（MDA）水平来研究鸡骨草总皂苷对肝损伤的保护作用，结果表明高剂量实验组可显著降低化学免疫肝损伤水平 MDA 水平，提高 SOD 活性，鸡骨草总皂苷对化学性和免疫性肝损伤有较好的保护作用。

张勤等[22]将 SD 大鼠随机分为正常对照组、模型组、辛伐他汀组（7.2mg/kg）、股蓝组（16.2mg/kg）和高、中、低剂量组，探讨鸡骨草对脂肪肝大鼠肝脏脂质代谢、病理及肝窦内皮细胞形态的影响。结果表明鸡骨草可调节高脂肪模型大鼠的血脂水平，改善肝组织的病理变化。它具有降低脂肪和保护肝的功能，并能在一定程度上预防和治愈脂肪肝。

Yao 等[23]采用连续产生 HBV DNA 和 HBV 抗原的 HepG2.2.15 细胞进行体外实验，采用携带 1.3 拷贝 HBV 基因组的重组腺相关病毒 8 载体（rAAV8-HBV1.3）感染 C57BL/6 小鼠进行体内实验。观察了小鼠模型的组织病理学变化及免疫指标。利用基因芯片在 HepG2.2.15 细胞中鉴定了 ACS 调控的基因和通路。证实了 ACS 治疗能够显著抑制 HepG2.2.15 细胞中 HBV DNA、HBV Be 抗原和 HBV 表面抗原的产生，且明显缓解了 HBV 感染引起的肝脏炎症。

黄凯文等人[24]研究了不同溶剂提取物对非酒精性脂肪肝（NAFLD）大鼠肝细胞类固醇调节元件结合蛋白 SREBP-1c 表达的影响，发现鸡骨草的水提取物使高密度脂蛋白胆固醇、总超氧化物歧化酶和 SREBP-1c 水平显著升高，显著降低总胆固醇、甘油三酯、低密度脂蛋白胆固醇、甘油三酯、丙二醛及 SREBP-1c 水平。

2．抗氧化

蒋德旗等人[25]探讨了纤维素酶提取多糖的最佳条件及体外抗氧化活性，结果表明鸡骨草多糖对 DPPH 自由基和·OH 清除的半数抑制浓度 IC_{50} 分别为 1.591mg/mL、1.926mg/mL，用纤维素酶提取多糖方便可行，且通过酶水解得到的多糖在体外具有较强的抗氧化活性。

秦建鲜等人[26]研究了鸡骨草多糖在体外的抗氧化活性，鸡骨草不同分子量多糖（PACL1、

PACL2、PACL3、PACL）对 DPPH 自由基的清除率分别为 95.57%、95.61%、92.80%和 91.57%；对 O^{2-} 自由基的清除率分别为 54.00%、46.45%、33.11%和 28.82%，四种不同分子量的多糖均具有较强的抗氧化活性，其中分子量小的 PACL1 的抗氧化活性最强。

Yang 等[15]利用 UPLC-PDA 对 2 个品种的 5 种主要植物化学物质进行了定性和定量比较。Abrus cantoniensis（AC）和 Abrus mollis（AM）的总酚含量（TPC）和总黄酮含量（TFC）较高。总体而言，AC 具有与 BHT 相当的抗氧化活性，清除自由基能力和还原能力均强于 AM（$P<0.05$）。

3．抗肿瘤

Wu 等[27]从鸡骨草中分离纯化了 9 个多糖组分(AP-AOH30-1、AP-AOH30-2、AP-AOH80-1、AP-AOH80-2、AP-ACl-1、AP-ACl-2、AP-ACl-3、AP-H 和 AP-L)。采用 RSR 法研究并比较其体外抗肿瘤活性和免疫调节活性。结果表明，不同的多糖在结构和生物活性上存在显著差异。此外，AP-ACl-3 具有相当的生物活性，可显著阻止 MCF-7 细胞的迁移，并刺激淋巴细胞增殖和腹腔巨噬细胞产生一氧化氮。AP-ACl-3 有望成为一种具有潜在抗肿瘤和免疫调节剂。

零新岚等[28]建立小鼠 H_{22} 实体肿瘤模型，随机分为模型组、阳性对照组，提取不同质量浓度组（0.30g/mL、0.45g/mL、0.60g/mL、0.75g/mL），体重灌胃 8 天后称体重后并处死，取肿瘤块、胸腺、脾、肝组织称湿重，计算肿瘤生长抑制率、胸腺指数、脾脏指数和肝脏指数。发现当乙醇提取物浓度为 0.75g/mL 时，肿瘤抑制率为 53.84%，抑制作用显著（$P<0.01$），肝脏指数受到显著影响，但对小鼠的胸腺和脾脏指数并无显著影响。表明乙醇提取物对小鼠肝癌 H_{22} 具有抗肿瘤作用。

贺茂林[29]以人肝癌 HepG2 细胞为研究对象，采用 CCK-8 法、流式细胞术等技术探索鸡骨草总皂苷对人肝癌 HepG2 细胞周期和凋亡的影响，发现鸡骨草总皂苷能够显著抑制人肝癌细胞的增殖，诱导其发生凋亡，诱导凋亡作用仅在浓度高于 0.5mg/mL 时效果显著，并且具有浓度依赖性。

4．抗炎

林壮民等[30]采用紫外法和 HPLC 法测定 10 批鸡骨草中黄酮和相思子碱的含量，选取 4 批黄酮和相思子碱有显著差异的鸡骨草进行耳骨肿胀试验，研究了抗炎作用的差异。结果四批鸡骨草中黄酮和相思子碱均可显著抑制小鼠二甲苯引起的耳廓肿胀。

周芳等[31]观察鸡骨草和毛鸡骨草对二甲苯诱导小鼠耳部肿胀、腹腔注射乙酸诱导小鼠腹腔毛细血管渗透性和小鼠血清溶血素水平的影响。结果表明，鸡骨草对二甲苯诱导小鼠耳部肿胀有明显的抑制作用，二者均对乙酸诱导小鼠腹膜毛细血管通透性以及血清溶血素水平有明显的抑制作用。

5．其他

有研究表明[32]，鸡骨草总黄酮能有效去除亚硝酸盐，阻断亚硝基胺的合成，清除率和阻断率随着反应浓度的增加而增加。鸡骨草冷浸提取物具有体外抗合胞病毒 RSV、单纯疱疹病毒 HSV-1、柯萨奇病毒 COX-B5 的活性[33]。

参考文献

[1] 国家药典委员会. 中华人民共和国药典: 2015 版一部[S]. 北京: 中国医药科技出版社, 2015.

[2] 谭冰, 严焕宁, 黄锁义, 等. 广西壮药鸡骨草多糖的提取及对羟自由基清除作用的研究[J]. 检验医学教育, 2011, 18(4): 36-39.

[3] 刘传明. 鸡骨草的种类与鉴别[J]. 时珍国医国药, 2004, 15(11): 767-768.

[4] 《中华本草》编委会. 中华本草[M]. 上海: 上海科学技术出版社, 1999.

[5] 肖晓, 姚香草, 余亚茹, 等. 鸡骨草的资源调查与生药学鉴定[J]. 药学实践杂志, 2019, 37(4): 318-321.

[6] 马骥. 岭南采药录考证与图谱: 下册[M]. 广州: 广东科技出版社, 2016.

[7] Chiang T C, Chang H M. Isolation and structural elucidation of some sapogenols from *Abrus cantoniensis*[J]. Planta Medica, 1982, 46(9): 52-55.

[8] Sakai Y, Takeshita T, Kinjo J, et al. Two new triterpenoid sapogenols and a new saponin from *Abrus cantoniensis*(II)[J]. Chemical and Pharmaceutical Bulletin, 1990, 38(3): 824-826.

[9] Miyano H, Arao T, Udayama M, *et al*. Kaikasaponin III and soyasaponin I, major triterpene saponins of *Abrus cantoniensis*, act on GOT and GPT: influence on transaminase elevation of rat liver cells concomitantly exposed to CCl₄ for one hour.[J]. Planta Medica, 1998, 64(1): 5-7.

[10] Miyano H, Sakai Y, Takeshita T, et al. Triterpene saponins from *Abrus cantoniensis* (Leguminosae). II. Characterization of six new saponins having a branched-chain sugar.[J]. Chemical and Pharmaceutical Bulletin, 1996, 44(6): 1228-1231.

[11] Miyano H, Sakai Y, Takeshita T, *et al*. Triterpene saponins from *Abrus cantoniensis*(Leguminosae). I. Isolatioin and characterization of four new saponins and a new sapogenol[J]. Chemical and Pharmaceutical Bulletin, 2008, 44(6):1222-1227.

[12] 史海明, 温晶, 屠鹏飞. 鸡骨草的化学成分研究[J]. 中草药, 2006, 37(11): 1610-1613.

[13] 马柏林, 邓师勇, 张北生, 等. 鸡骨草化学成分的研究[J]. 西北林学院学报, 2008, 23(5): 152-153.

[14] 袁旭江, 李春阳, 张平. 一测多评法测定鸡骨草叶中 3 种黄酮碳苷含量[J]. 中药新药与临床药理, 2014, 25(4): 493-497, 518.

[15] Yang M, Shen Q, Li L Q, *et al*. Phytochemical profiles, antioxidant activities of functional herb *Abrus cantoniensis* and *Abrus mollis*[J]. Food Chemistry, 2015, 177(6): 304-312.

[16] 于苗苗. 鸡骨草化学成分研究[D]. 长沙: 湖南师范大学, 2019.

[17] Yu M M, Wu F X, Chen W L, *et al*. A new isoflavone glycoside from *Abrus cantoniensis*[J]. Journal of Asian Natural Products Research, 2020, 22(6): 588-593.

[18] 于德泉, 陈未名, 姜达衢. 鸡骨草化学成分的研究[J]. 药学学报, 1962, 9(7): 424-428.

[19] 黄平, 莫虎, 马雯芳, 等. RP-HPLC 法同时测定鸡骨草药材中的相思子碱和下箴刺桐碱[J]. 药物分析杂志, 2009, 29(10): 1702-1704.

[20] Wong S M, Chiang T C, Chang H M. Hydroxyanthraquinones from *Abrus cantoniensis* [J]. Planta medica, 1982, 46(3): 191-192.

[21] 姚香草, 薛兢兢, 肖晓, 等. 鸡骨草总皂苷对化学性及免疫性肝损伤的保护作用[J]. 中国临床药杂志, 2019, 35(18): 2071-2074.

[22] 张勤, 蔡红兵, 莫志贤, 等. 鸡骨草防治大鼠脂肪肝的实验研究[J]. 中药材, 2012, 35(9): 1450-1455.

[23] Yao X C, Li Z Q, Gong X M, *et al*. Total saponins extracted from *Abrus cantoniensis* Hance suppress hepatitis B virus replication in vitro and in rAAV8-1.3HBV transfected mice[J]. Journal of Ethnopharmacology, 2020, 249(3): 112366.

[24] 黄凯文, 吴菲, 李常青, 等. 鸡骨草对非酒精性脂肪肝大鼠肝组织 SREBP-1c 表达的影响[J]. 中药材, 2015, 38(11): 2368-2371.

[25] 蒋德旗, 陈晓白, 农贵珍, 等. 鸡骨草多糖的酶法提取工艺优化及其抗氧化活性[J]. 食品工业科技, 2019, 40(3): 153-158.

[26] 秦建鲜, 黄锁义. 鸡骨草分级多糖的体外抗氧化活性[J]. 中国临床药理学杂志, 2017, 33(23): 2411-2415.

[27] Wu S, Fu X, Brennan M, *et al*. The effects of different purifying methods on the chemical properties, in vitro anti-tumor and immunomodulatory activities of *Abrus cantoniensis* polysaccharide fractions[J]. International Journal of Molecular Sciences, 2016, 17(4): 511.

[28] 零新岚, 郑鸿娟, 张航, 等. 鸡骨草醇提取物对 H_{22} 荷瘤小鼠的体内抗肿瘤作用研究[J]. 中国医院药学杂志, 2016, 36(11): 883-886.

[29] 贺茂林. 鸡骨草总皂苷抗人肝癌 HepG2 细胞活性[D]. 广州: 南方医科大学, 2019.

[30] 林壮民, 何秋燕, 周秀, 等. 鸡骨草中抗炎药效物质基础辨识研究[J]. 时珍国医国药, 2018, 29(8): 1825-1827.

[31] 周芳, 李爱媛. 鸡骨草与毛鸡骨草抗炎免疫的实验研究[J]. 云南中医中药杂志, 2005, 26(4): 33-35.

[32] 王晓波, 黄叠玲, 刘冬英, 等. 鸡骨草总黄酮清除自由基及抑制亚硝化作用研究[J]. 时珍国医国药, 2012, 23(4): 942-944.

[33] 刘相文, 侯林, 张成华, 等. 鸡骨草冷浸提取物抗病毒活性研究[J]. 医学研究杂志, 2017, 46(6): 60-62.

第八节

番石榴

番石榴 (*Psidium guajava* L.) 为桃金娘科番石榴属植物, 俗名红心果、喇叭果、鸡矢果等。为壮药, 同时汉族、蒙古族以及白族等民族也使用。番石榴性平、味甘, 具有收敛止泻、止血、止痛等功效, 用于腹泻、脘腹疼痛、脱肛、糖尿病, 并具有抗生育、抗早孕等作用。番石榴叶为番石榴的干燥叶, 叶中含有挥发油和鞣质等, 可用于药用, 有止痢、健胃的功效; 叶子经水煮除去鞣质, 晒干后作茶用, 口感甘甜, 也具有清热的效果。我国民间常用番石榴叶及其提取物治疗急性或慢性肠炎、痢疾、糖尿病等疾病[1~2], 另外, 番石榴叶中含有黄酮类、酚类、多糖以及皂苷类等成分, 现代研究证明, 番石榴叶具有抗氧化、抗菌、抗病毒等作用。

一、资源分布及生物学特征

1. 资源分布

番石榴原产南美洲。世界热带与亚热带均有分布, 常见的有野生种。我国番石榴自然资源丰富, 分布于四川、贵州、云南、福建、台湾、广西、广东以及海南等地。常见于荒地或低丘陵上。四川攀枝花有大量野生番石榴, 广西也有引种种植或逸为野生的种类, 在台湾和广东潮州也有[2~3]。

2. 生物学特征

乔木, 高达 13m; 树皮平滑, 灰色, 片状剥落; 嫩枝有棱, 被毛。叶片革质, 长圆形至椭圆形, 长 6~12cm, 宽 3.5~6cm, 先端急尖或钝, 基部近于圆形, 上面稍粗糙, 下面有毛, 侧脉 12~15 对, 常下陷, 网脉明显; 叶柄长 5mm。花单生或 2~3 朵排成聚伞花序; 萼管钟形, 长 5mm, 有毛, 萼帽近圆形, 长 7~8mm, 不规则裂开; 花瓣长 1~1.4cm, 白色; 雄蕊长 6~9mm; 子房下位, 与萼合生, 花柱与雄蕊同长。浆果球形、卵圆形或梨形, 长 3~8cm, 顶端有宿存萼片, 果肉白色及黄色, 胎座肥大, 肉质, 淡红色; 种子多数[2]。

二、化学成分研究

1．黄酮类化合物

研究发现，番石榴叶的主要活性成分为槲皮素，其黄酮苷类成分也大多以槲皮素为苷元。付辉政等[4]从番石榴叶中分离得到了四个黄酮类化合物：quercetin、hyperin、myricetin、quercetin-3-O-β-D-glucuronide；吴慧星等[6]从番石榴叶中分离得到了 avicularin、guavaric A、去甲氧基荚果蕨素等黄酮类化合物；符春丽等[17]从番石榴叶的乙酸乙酯部位提取到了一个黄酮类化合物：cryptostrobin；Michael 等[83]从番石榴籽中分离得到了一个黄酮苷类：quercetin3-O-β-D-(2″-O-galloyl-glucoside)-4′-O-vinylpropionate。目前，已从番石榴中分离得到的黄酮类化合物有30 多个化合物，化合物具体名称和结构参见表 5-27 和图 5-27。

表 5-27　番石榴中黄酮类化合物

序号	化合物名称	参考文献	序号	化合物名称	参考文献
1	guaijaverin	[5]	12	apigenin	[13]
2	hyperin	[4]	13	myricetin	[4]
3	avicularin	[6]	14	morin-3-O-α-L-arabopyranoside	[14]
4	quercitrin	[7]	15	染料木苷	[15]
5	quercetin-3-O-gentiobioside	[8]	16	染料木黄酮	[15]
6	rutin	[9]	17	芒柄花苷	[15]
7	reynoutrin	[10]	18	樱黄素	[15]
8	guavaric A	[6]	19	鹰嘴豆素 A	[15]
9	quercetin-3-O-(6″-galloyl)-β-D-galactopyranoside	[11]	20	xanthone	[16]
			21	去甲氧基荚果蕨素	[6]
10	guavinoside C	[12]	22	cryptostrobin	[17]
11	quercetin3-O-β-D-(2″-O-galloyl-glucoside)-4′-O-vinylpropionate	[13]	23	cinchonain Ib	[27]
			24	gallocatechin-(4α→8)-catechin	[22]

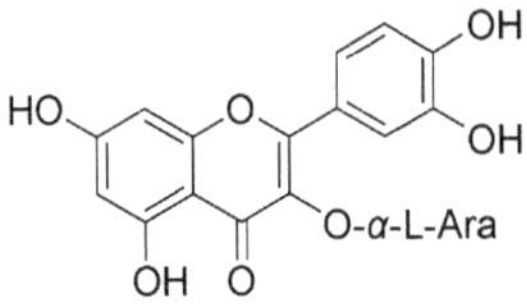

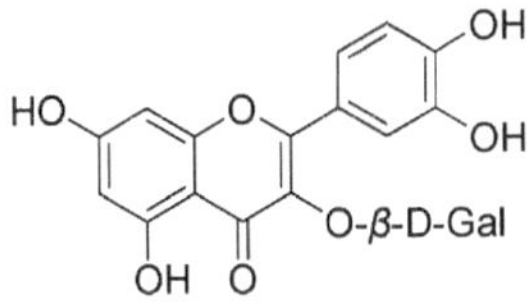

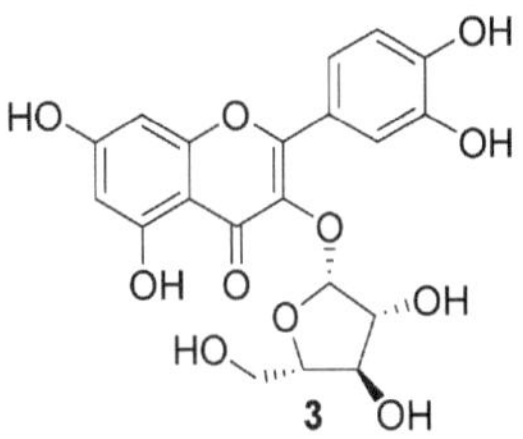

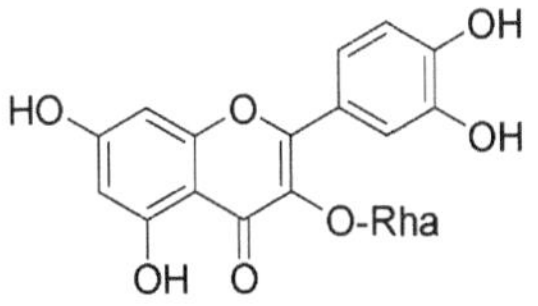

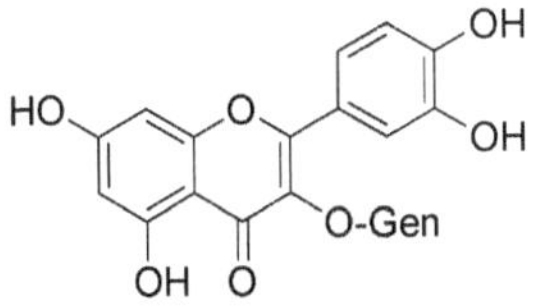

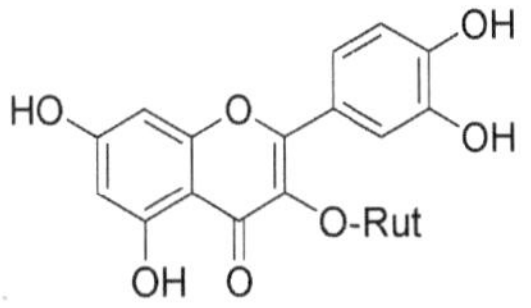

图 5-27

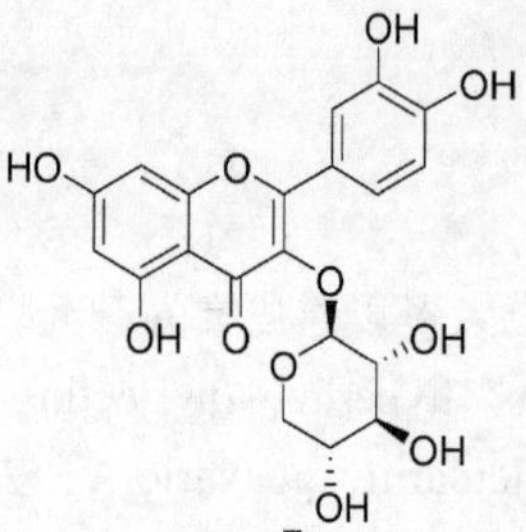

图 5-27　番石榴中黄酮类化合物

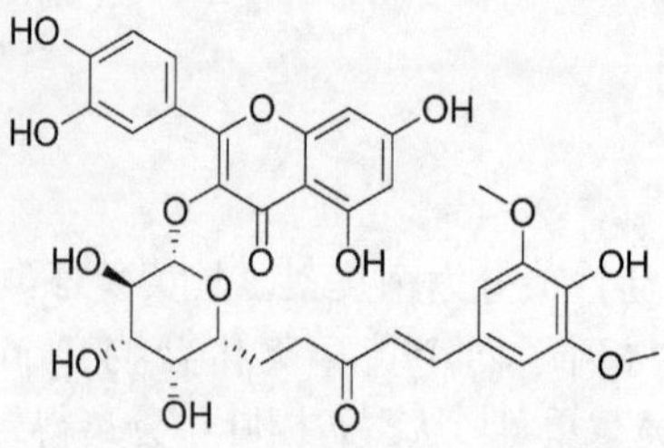

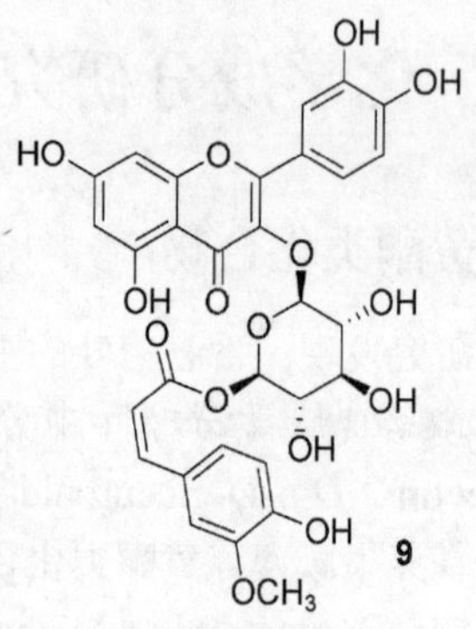

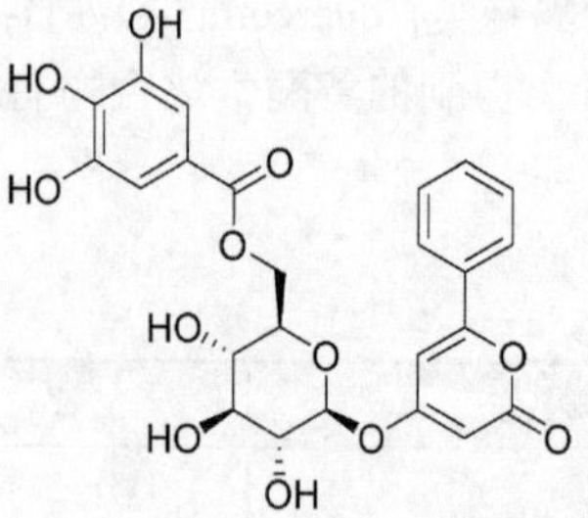

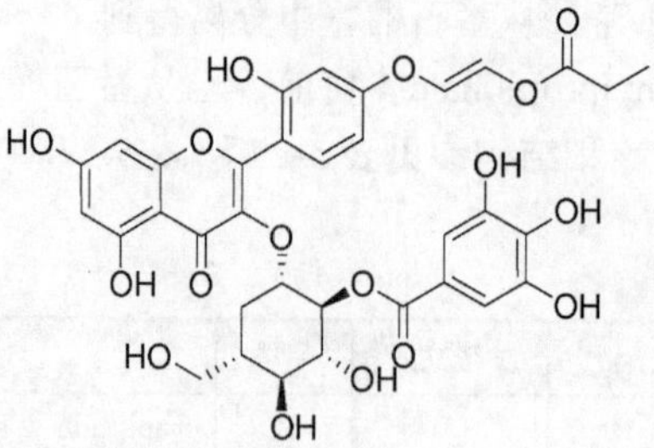

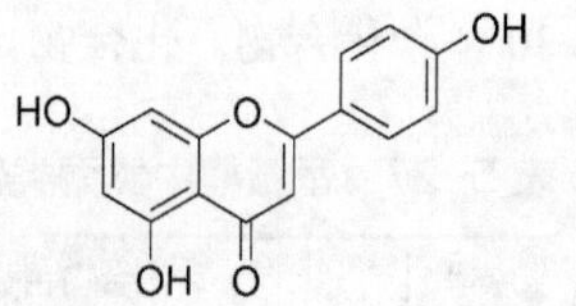

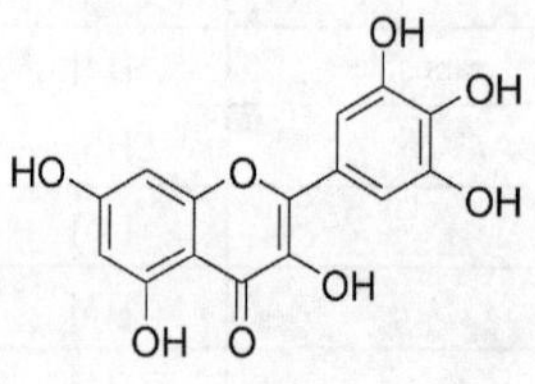

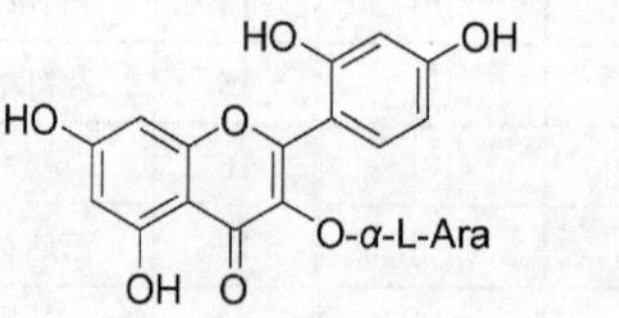

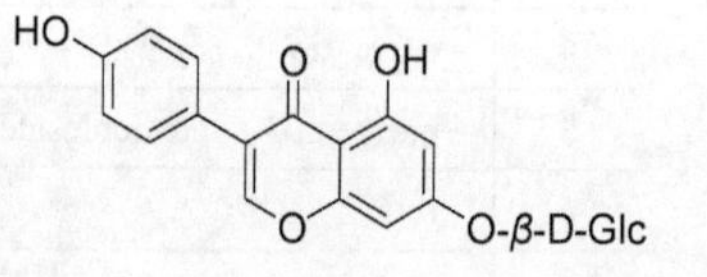

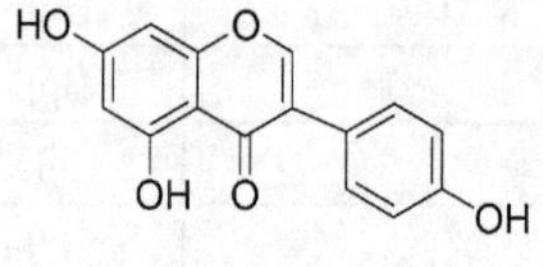

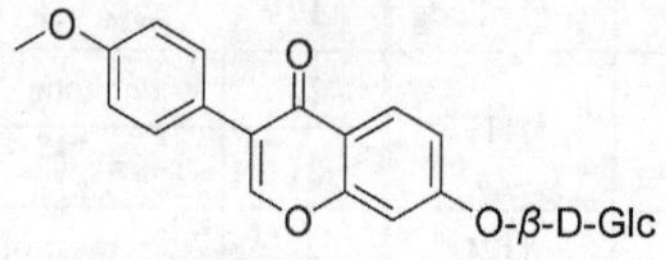

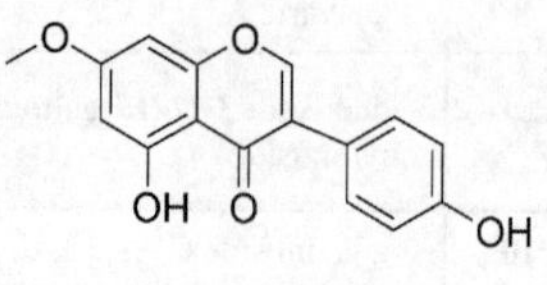

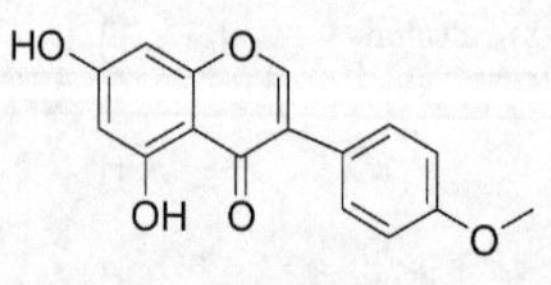

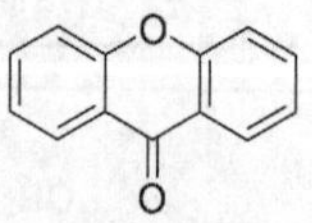

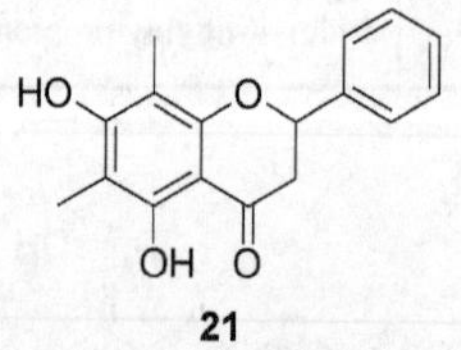

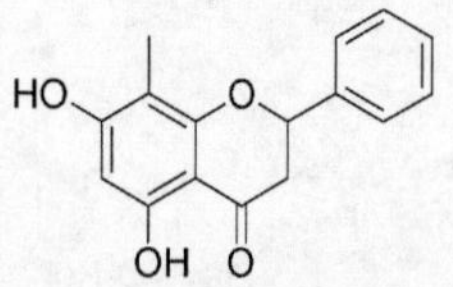

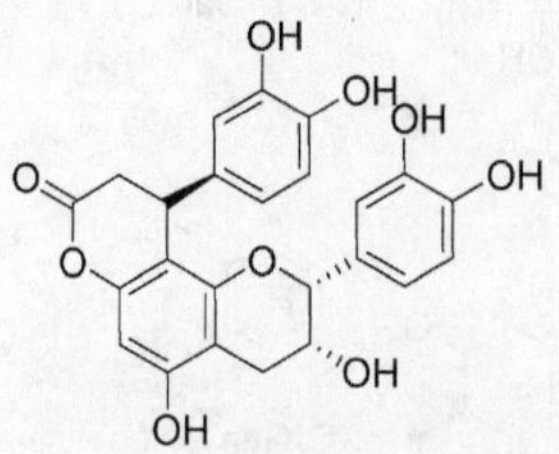

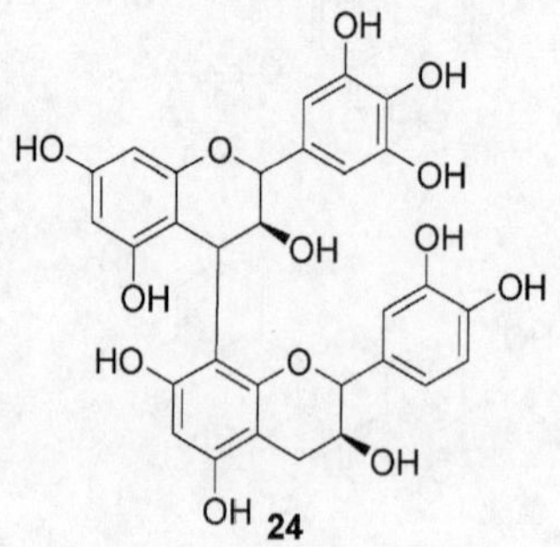

2. 酚类化合物

番石榴中分离的酚类化合物主要有苯甲酮苷类、鞣质和酚酸类等，陈冈等[52]从番石榴叶的正丁醇部分分离得到了一个化合物globulusin A；陈圣加等[27]从番石榴叶得到了8个酚类化合物：3-甲基鞣花酸-4'-O-α-L-鼠李糖苷、3'-O-methyl-3，4-O,O-metheneellagic acid-4'-O-β-D-glucopyranoside、没食子酸甲酯、3,4,5-trimethoxyphenyl-β-D-glucopyranoside、3,5-二甲氧基-4-羟基-苯甲酸-7-O-β-D-葡萄糖苷、开环异落叶松脂素 9-O-β-D-葡萄糖苷、根皮素 4'-O-β-D-葡萄糖苷。目前，已从番石榴中分离得到了 30 多种酚类化合物，化合物具体名称和结构参见表 5-28 和图 5-28。

表 5-28　番石榴中分离得到的酚类化合物

序号	化合物名称	参考文献
1	2,6-dihydroxy-3,5-dimethyl-4-O-(6″-O-galloyl)-glucosyl-benzophenone	[18]
2	2,6-dihydroxy-3,5-dimethyl-4-O-β-D-glucopyranosyl-benzophenone	[19]
3	2,6-dihydroxy-3-methyl-4-O-(6″-O-galloyl)-glucosyl-benzophenone	[19]
4	2,4,6-trihydroxybenzophenone4-O-(6″-O-galloyl)-β-D-glucopyranoside	[12]
5	2,4,6-trihydroxy-3,5-dimethylbenzophenone 4-O-(6″-O-galloyl)-β-D-glucopyranoside	[12]
6	2,6-dihydroxy-3-formaldehyde-5-methyl-4-O-(6″-O-galloyl-β-D-glucopyranosyl)-diphenylmethane	[10]
7	鞣花酸	[14]
8	2,6-dihydroxy-4-O-β-D-glucopyranosylbenzophenone	[20]
9	对羟基苯甲酸	[53]
10	globulusin A	[52]
11	pedunculagin	[23]
12	guavin A	[24]
13	guavin B	[25]
14	ellagic acid 4-gentiobioside	[26]
15	3-甲基鞣花酸-4'-O-α-L-鼠李糖苷	[27]
16	开环异落叶松脂素 9-O-β-D-葡萄糖苷	[27]
17	根皮素 4'-O-β-D-葡萄糖苷	[27]
18	原儿茶酸	[14]
19	1-O-3,4-dimethoxy-phenylethyl-4-O-3,4-dimethoxycin-namoyl-6-O-cinnamoyl-β-D-glucopyranose	[21]

1

2 R¹ = CH₃, R² = H
3 R¹= H, R² = galloyl

4 R = H
5 R = CH₃

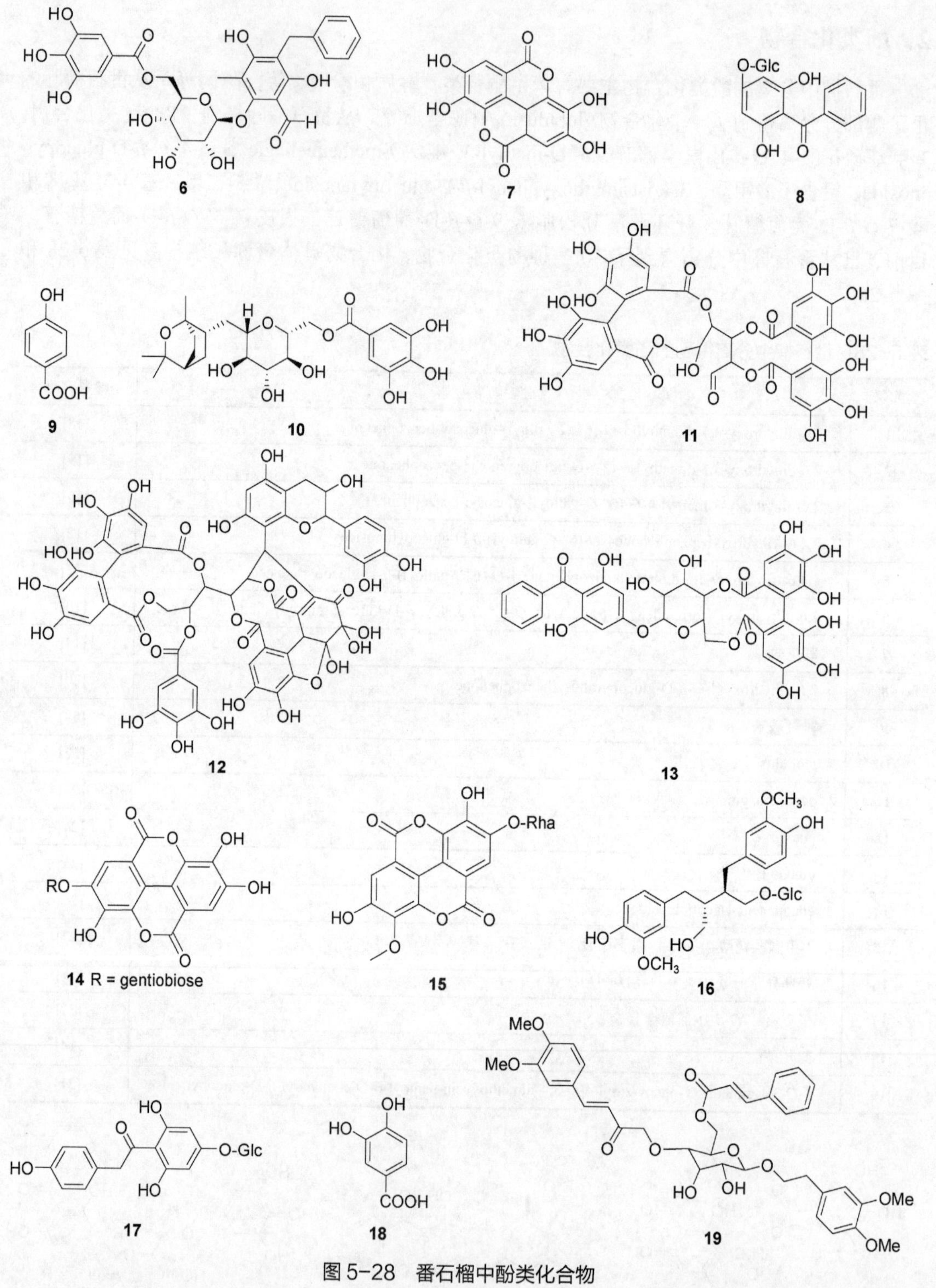

图 5-28　番石榴中酚类化合物

3. 杂萜类化合物

Yang 等[28]首次从番石榴叶中分离得到了一个二醛杂萜 guajadial; 蒋利荣[29]等在从番石榴叶

中分离得到了 2 个杂萜 guavadial、diaguavadials；Gao 等[30]首次从番石榴叶中分离得到了 4 个杂萜化合物 guajadial C、guajadial D、guajadial E、guajadial F。目前，已从番石榴中分离得到了 10 多种杂萜类化合物。部分化合物具体名称和结构见表 5-29 和图 5-29。

表 5-29　番石榴中杂萜类化合物

序号	化合物名称	参考文献	序号	化合物名称	参考文献
1	guajadial	[28]	7	psidial A	[33]
2	guavadial	[29]	8	diaguavadials	[29]
3	guajadial C	[30]	9	guajadial B	[35]
4	guajadial D	[30]	10	diguajadial	[34]
5	guadial A	[31]	11	4, 5-diepipsidial A	[36]
6	psiguadial A	[32]			

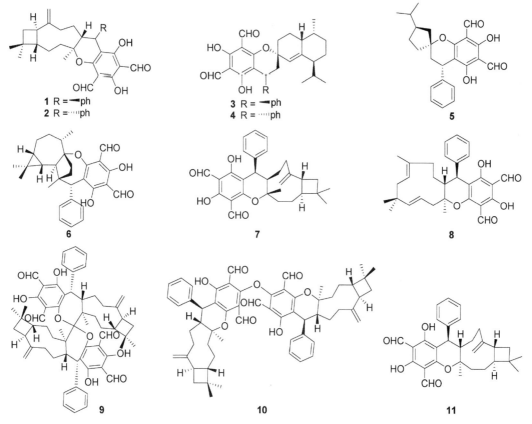

图 5-29　番石榴中杂萜类化合物

4. 三萜类化合物

番石榴中含有许多三萜类化合物，其类型大多是齐墩果烷型五环三萜和乌苏烷型。付辉政等[4]从番石榴叶中分离得到了 3 个三萜类化合物 ursolic acid、oleanolic acid、2α-hydroxyoleanolic acid；符春丽等[51]从番石榴叶中分离得到了 5 个三萜类化合物：ursolic aldehyde、乌苏烷-12-烯-28-醇、eupatoric acid、古柯二醇、$20\beta,28$-epoxy-28α-methoxytaraxasteran-3β-ol。目前从番石榴中已分离得到了 40 多个三萜类化合物，部分化合物具体名称和结构见表 5-30 和图 5-30。

表 5-30　番石榴中三萜类化合物

序号	化合物名称	参考文献	序号	化合物名称	参考文献
1	ursolic acid	[4]	16	2α,3β,6β,20β,23,30-hexahydroxy-urs-12-en-28-oic acid	[45]
2	corosolic acid	[37]			
3	asiatic acid	[38]	17	guajavolide(2α,3β,6β,23-tetrahydroxy-urs-12-en-28,20β-olide)	[46]
4	3β,23-dihydroxy-urs-12-en-28-oic acid	[41]			
5	guavacoumaric acid	[38]	18	obtusol (3β,27-dihydroxy-urs-12-ene)	[47]
6	obtusinin	[40]	19	psiguanin A (2α,3β-dihydroxy-taraxer-20-en-28-oic acid)	[42]
7	jacoumaric acid	[38]			
8	guajanoic acid	[39]	20	6β,20β-dihydroxy-urs-12-en-28-oic acid	[48]
9	2α,3β,19α,23-tetrahydroxy-urs-12-en-28-oic acid	[41]	21	2α,3β,23-trihydroxyl-urs-12,20(30)-dien-28-oic acid β-D-glucopyranoside	[45]
10	3β,19α,23-trihydroxyl-urs-12-en-28-oic acid	[41]	22	白桦脂酸	[50]
			23	nigaichigoside F1	[49]
11	3β-O-transpcoumaroylmaslinic acid	[42]	24	积雪草苷 C	[49]
12	psidiumoic acid	[43]	25	2α,3β,6β,19α,23-五羟基乌苏酸-12,18-双烯28-O-β-D-葡萄糖苷	[49]
13	guavanoic acid	[38]			
14	ilelatifol D	[44]	26	古柯二醇	[51]
15	goreishic acid I	[40]	27	20β,28-epoxy-28α-methoxytaraxasteran-3β-ol	[51]

5．其他类化合物

符春丽等[51]从番石榴中分离得到了脱镁叶绿酸-α 甲酯；邵萌等[53]从番石榴叶的乙醇部位分

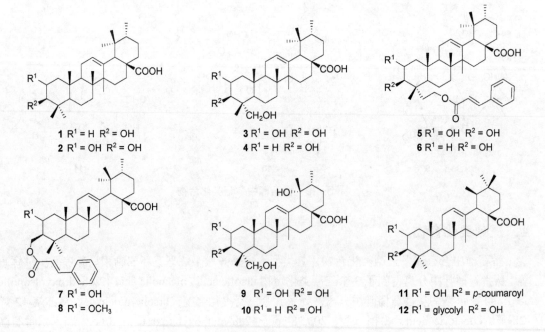

1 R¹ = H R² = OH
2 R¹ = OH R² = OH

3 R¹ = OH R² = OH
4 R¹ = H R² = OH

5 R¹ = OH R² = OH
6 R¹ = H R² = OH

7 R¹ = OH
8 R¹ = OCH₃

9 R¹ = OH R² = OH
10 R¹ = H R² = OH

11 R¹ = OH R² = p-coumaroyl
12 R¹ = glycolyl R² = OH

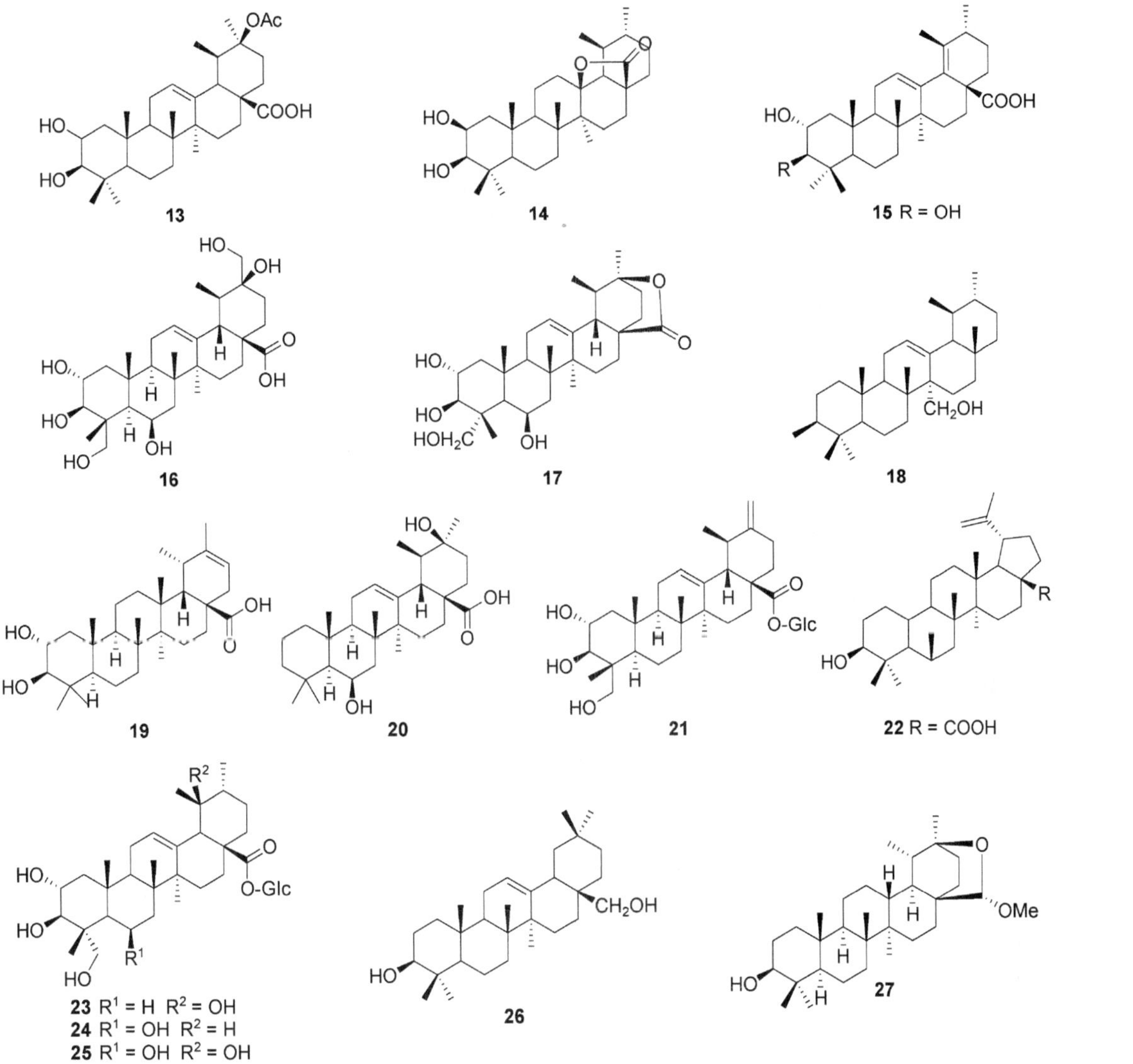

图 5-30　番石榴中三萜类化合物

离得到了异植物醇、ent-T-muurolol、(+)-caryolane-1, 9β-diol、clovane-2β, 9α-diol。化合物具体名称和结构见表 5-31 和图 5-31。

表 5-31　番石榴中其他类化合物

序号	化合物名称	参考文献
1	异植物醇	[53]
2	ent-T-muurolol	[53]
3	脱镁叶绿酸-α 甲酯	[51]
4	(+)-caryolane-1, 9β-diol	[53]
5	clovane-2β, 9α-diol	[53]

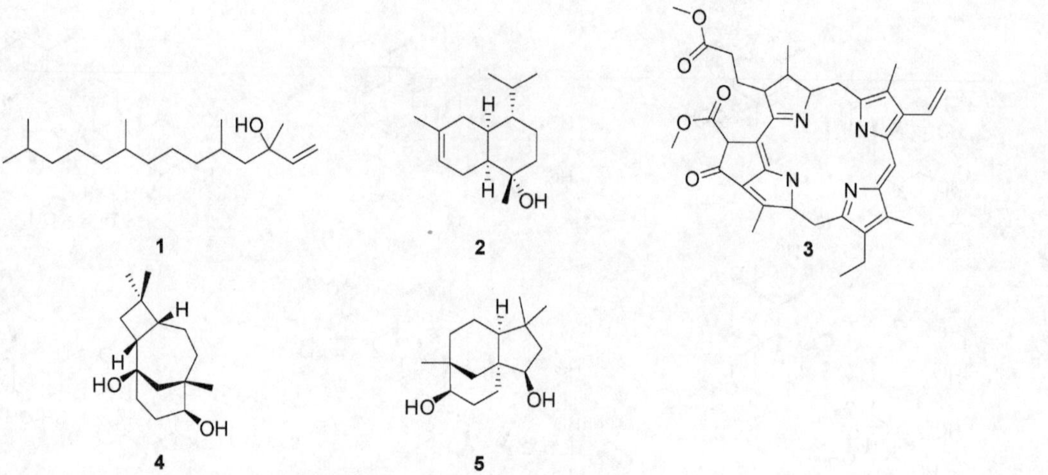

图 5-31　番石榴中其他类化合物

三、药理活性研究

1．抗氧化

李孔会等[54]研究发现年份不一样的番石榴叶茶的抗氧化活性是不相同的，结果表明，储藏时间越长的番石榴叶茶，在冲泡时间为 30~45min 时，其抗氧化活性达到最强，且当番石榴叶茶储藏时间达到一定时间，还具有一定的降血糖作用。孙晓梦等[55]研究发现番石榴液水提物可明显抑制酪氨酸酶活性，其机制可能为通过与酪氨酸酶的底物的络合物结合，又与底物进行竞争，从而抑制其活性。李珊等[56]对提取番石榴多糖的方法进行了优化，纯化得到的多糖 P-1 和多糖 P-2 表现出较好的抗氧化能力，其中多糖 P-1 清除自由基的能力强于多糖 P-2。廖春燕等[57]采用微波辅助法提取番石榴叶挥发油，并对其抗氧化活性进行了评价，研究发现，番石榴叶挥发油对 DPPH 自由基与羟自由基的半数抑制率分别为 18.89 mg/mL、13.1mg/mL，均不如维生素 C 的清除自由基的能力。叶伟等[58]研究乙酸乙酯、丙酮和乙醇的番石榴叶提取物清除过氧自由基的能力，得出 IC_{50} 值分别为 21.2μg/mL、35.5μg/mL、47.1μg/mL；乙酸乙酯提取物与丙酮提取物抑制酪氨酸酶活性的 IC_{50} 值分别为 115.9μg/mL、165.3μg/mL。

2．降糖降脂

莫斯锐等[59]研究发现，不同剂量（0.08g/d、0.25g/d、0.42g/d）番石榴果实水提取物对糖尿病蚤的降血糖作用不一致，当剂量为 0.25g/d 作用较明显，而高剂量的番石榴果实水提取物没有降血糖的作用。李丹等[60]研究发现炒番石榴叶可显著降低糖化血糖蛋白（$P<0.05$ 或 $P<0.01$），升高胰岛素的含量，同时，上调 GLUT2、IGF-1、IRS-1 基因，进而控制葡萄糖的生成与输出来降低患病大鼠的血糖值。研究还发现，炒番石榴叶最大耐受量为 103.2g/kg，相当于人临床用药剂量的 132 倍。郭胜男等[61~62]研究发现番石榴叶总黄酮可增多糖尿病小鼠胰岛周围和血清胰岛素（INS）的分泌量，并且胰岛数目也会增多，另外还会促进肝脏内的 GK、GLUT2、IGF-1、IRS-1、IRS-1 的表达，抑制肝 GKRP，G-6-pase 和 PEPCK 的表达。总之，降低血糖值与促进胰岛素分泌以及胰岛数增多有关。段颖等[63]研究发现番石榴叶提取物使糖尿病小鼠胰岛素水平明显降低、

可抑制脂肪组织 TNF-α 基因的表达，促进脂肪组织 PPAR-γ 基因的表达（$P<0.05$），从而改善糖尿病小鼠模型的糖耐量及 HOMA-IR 指数（$P<0.05$）。张玉英等[64]研究发现用番石榴叶浸膏给糖尿病小鼠灌胃后，高剂量组的患病小鼠的低密度脂蛋白胆固醇（LDC-C）、血清总胆固醇（TC）、甘油三酯（TG）水平显著降低，HDL-C 水平明显提高（$P<0.05$ 或 $P<0.01$），肝指数也下降明显。低剂量组的 TG 和 TC 水平显著降低（$P<0.05$ 或 $P<0.01$）。林娟娜等[65]研究发现，番石榴叶中的三萜化合物乌苏酸在 30μmol/L 和 100μmol/L 时，与溶媒对照组相比，均能显著促进 3T3-L1 前脂肪细胞的增殖（$P<0.05$），增殖率分别为 7.3%和 15.1%。可显著促进 3T3-L1 前脂肪细胞的分化（$P<0.05$ 或 $P<0.01$），分化率分别为 20.4%和 35.6%。与模型组相比，30μmol/L 熊果酸明显增强胰岛素抵抗脂肪细胞的葡萄糖消耗（$P<0.05$），30μmol/L 和 100μmol/L 熊果酸明显降低胰岛素抵抗脂肪细胞游离脂肪酸的产生（$P<0.05$ 或 $P<0.01$），抑制率分别为 20.2%和 25.2%。同时明显促进胰岛素抵抗脂肪细胞脂联素分泌，且发现 PPARγ 蛋白在 100μmol/L 时表达上调（$P<0.05$）。这些结果表明，番石榴叶中的三萜化合物乌苏酸能显著改善脂肪细胞的胰岛素抵抗，从而发挥其降糖作用。李璇等[66]研究发现番石榴叶的 60%乙醇提取物有一定的预防和治疗肥胖和高脂血症小鼠的影响，与正常组相比，LDL-C、TC、TG、空腹血糖（FBG）、腹部脂肪系数、卡路里摄入量、HFD 组小鼠体重均显著升高。给药后，番石榴叶提取物组小鼠的以上各指标均显著低于高脂饲料组，且番石榴叶提取物 3 个剂量组的减肥降脂作用均有一定的作用剂量关系，即 LD 组（50mg/kg）<MD 组（100mg/kg）<HD 组（200mg/kg）。饶姣雨等[67]研究发现，与模型组相比，高剂量、中剂量的实验组都使的大鼠肾指数、24h 尿蛋白明显减少，另外，大鼠肾组织里面的白细胞介素-6mRNA、TNF-α、核因子-κB-p65 明显降低，这表明番石榴总三萜能明显降低患病大鼠的血糖与血脂，而改善糖尿病肾病大鼠肾损伤可能是与抑制 IL-6 mRNA 的表达和核因子-κB 通路磷酸化水平相联系。王磊等[68]研究发现番石榴苷改善油酸诱导的大鼠 H4ⅡE 细胞内脂质沉积，研究结果显示，番石榴苷可减少由肝细胞脂质沉积，增加 AMPK 和 ACC 的磷酸化水平，增加 AdipoR-1mRNA 的相对表达水平。番石榴对肝细胞脂质沉积的影响可被 AMPK 阻断剂逆转。

3. 抗炎抑菌

赵天野[69]研究发现，当番石榴叶水提取液的浓度在 0.50g/mL 时，在金黄色葡萄球菌和大肠杆菌的体外抑菌实验中，其抑菌圈的直径均在 8～13mm，而番石榴果实水提取液对大肠杆菌达到 2.00g/mL 时，抑菌圈直径达到 8～13mm。这表明，番石榴叶的水提取液的抑菌作用强于果实的水提取液，且发现番石榴叶的水提取液浓度越高，其抑菌作用越好。柯昌松等[73]采用滤纸圆片法对番石榴叶提取物-槲皮素对于志贺菌、沙门菌、金黄色葡萄球菌、枯草芽孢杆菌、大肠杆菌的抑菌作用进行了评价，发现其对大肠杆菌、沙门菌抑菌能力最强，其抑菌圈直径分别为 13.5mm、18.7mm，对金黄色葡萄球菌的抑制作用较弱，其抑菌圈直径为 10.5mm。周浓[70]研究发现番石榴多酚对大肠杆菌、枯草芽孢杆菌和金黄色葡萄球菌均有抑制作用，三者的最低抑菌浓度分别为 3mg/mL、1.5mg/mL 和 1.5mg/mL，对黑曲霉和假丝酵母无抑制作用。王曼雪等[71]探讨了番石榴叶总黄酮（TFPGL）对慢性胰腺炎（CP）小鼠纤维化的影响及其机制，研究结果发现，与正常组比较，注射雨蛙素后胰腺损伤加重（$P<0.01$），IL-18、IL-1β、α-SMA、NLRP3、Caspase-1 等水平增高；天狼星红染色显示，胰腺组织细胞周围胶原Ⅰ（ColⅠ）和胶原Ⅲ含量均高于正常组（$P<0.01$）；与模型组比较，oxidized ATP 组及 TFPGL 低、高剂量组症和纤维化的程度减少，IL-18、IL-1β、α-SMA、NLRP3、caspase-1 等均降低（$P<0.05$，$P<0.01$）。因此，TFPGL

可通过抑制 P2X7R 介导的 NLRP3 炎性小体信号通路的激活，显著降低慢性胰腺炎小鼠的慢性炎症和纤维化程度。叶端炉等[72]研究发现番石榴叶联合常规疗法可明显治疗轮状病毒性肠炎，结果表示，番石榴叶组的总有效率高达 93.2%，经组间比较，其对照组明显低于治疗组（$P<0.05$），且治疗组的止泻时间相较于对照组来说，时间更短，轮状病毒转阴率也较高。因此，加入番石榴叶煎煮剂更有利于治疗轮状病毒肠炎。

4．抗肿瘤

钟全强等[74]研究发现，番石榴叶总黄酮醇对 MDA-MB-231 肿瘤细胞有明显的抑制增殖的作用，其 IC_{50} 为 270μg/mL，且细胞凋亡率随着给药剂量的增大而增大。曹双[75]采用亚甲基染色法评价了番石榴皮、果肉提取物对 HepG2 肝癌细胞株、MCF-7 与 MDA-MB-231 乳腺癌细胞的杀伤作用及抗增殖作用，结果表明，在测定的无毒浓度下，4 个品种番石榴果皮和果肉提取物对 3 种癌细胞的增殖均有明显的抑制作用，其中对 HepG2 细胞的作用最强。红心番石榴对细胞的抗增殖的 EC_{50} 值最低，其果皮提取物对 HepG2、MCF-7 和 MDA-MB-231 细胞的 EC50 分别为（4.47±0.4）mg/mL、（8.03±0.45）mg/mL 和（8.26±0.33）mg/mL。果肉提取物的 EC_{50} 值分别为（10.97±0.87）mg/mL、（16.75±0.42）mg/mL 和（21.78±0.23）mg/mL。4 个品种的多酚和黄酮含量与抗增殖作用的 EC_{50} 值具有显著相关性。

5．抗腹泻

刘秋怡等[77]研究发现番石榴叶对小鼠菌群失调腹泻治疗有一定的作用，用番石榴叶提取物灌胃后，小鼠腹泻次数减少，稀便率、稀便级均有所下降，且浓度越高，效果越好。栾云鹏等[81]发现番石榴叶溶液、槲皮素、阿片酊可显著抑制肠道推进功能。经过比较，番石榴叶溶液[40mL/(kg·d)]与槲皮素低剂量[50mg/(kg·d)]的效果差异不大，槲皮素高剂量[100mg/(kg·d)]和阿片酊剂[2mg/(kg·d)]比较差异不大，因此，番石榴叶中的主要活性成分槲皮素在肠炎时能抑制肠道蠕动，恢复正常的肠道机械活动，并抑制肠道通透性的增加，这也是番石榴叶抗腹泻的机制之一。

6．其他

张俏等[76]研究发现中、高剂量（100mg/kg、200mg/kg 灌胃）的石榴叶总三萜(TTPGL)可下调视网膜神经胶质酸性蛋白(GFAP)、NF-κB 及 TNF-α 蛋白表达，使得视网膜神经节细胞(RGC)密度显著增加（$P<0.05$），从而保护糖尿病大鼠损伤的视网膜。刘敏敏等[78]在研究番石榴叶总黄酮对血管紧张素 II（Ang II）诱导的乳鼠心肌细胞肥大的抑制作用时，发现与正常对照组比较，模型组和番石榴叶总黄酮低、中、高剂量组大鼠心肌细胞面积增加。与模型组比较，低、中、高剂量组大鼠心肌细胞面积均缩小，其中，高剂量组小于低、中剂量组（$P<0.01$）。与对照组比较，模型组大鼠心肌细胞总蛋白含量升高（$P<0.05$）。与模型组比较，各剂量组番石榴叶总黄酮总蛋白含量均降低，且高剂量组低于中、低剂量组（$P<0.05$）。与对照组比较，模型组大鼠心肌细胞中血管紧张素 II 1 型受体、PKC 蛋白表达均升高（$P<0.01$）。因此，Ang II 可诱导哺乳大鼠心肌细胞肥大。番石榴叶总黄酮预处理可以抑制心肌细胞体积的增大和总蛋白的合成，从而抑制心肌细胞肥大。且该机制与 AT1R-PKC 通路的调控有关。研究表明，番石榴叶乙醇提取物治疗显著增强小鼠的探索活动，对脑内单胺、GABA 和谷氨酸水平有显著影响。研究表明，偶联

蛋白组分与 GABA$_A$/5-HT$_{1A}$ 受体的相互作用可能是其抗焦虑活性的潜在机制[79]。有实验证明，番石榴叶水提液对对虾白斑综合征病毒（WSSV）有一定的杀伤作用，但在体外培养 120h 后 WSSV 的拷贝数仍保持在较高水平，因此，番石榴叶的水提取物有可能是通过去除 WSSV 的囊膜或使囊膜中的蛋白质变性，阻止病毒进入细胞，从而使病毒灭活和预防对虾感染 WSSV[80]。彭军辉等[82]研究也发现番石榴叶水提取物（GLWE）可有效帮助带毒拟穴青蟹成活，数据表明，随着用药浓度的增加，青蟹的成活率先是增加后又下降，其中，在 20～40mg/L 的用药范围内，用药 48h 后的青蟹血清中的一氧化氮合酶（NOS）、酚氧化酶（PO）、过氧化氢酶（CAT）、超氧化物歧化酶（SOD）、溶菌酶（LZM）、酸性磷酸酶（ACP）以及碱性磷酸酶（AKP）的活性明显增强，更有利于青蟹的成活。

参考文献

[1] 陈继培. 番石榴的药用价值[J]. 药膳食疗, 2005, (5): 32.

[2] 中国科学院中国植物志编辑委员会. 中国植物志: 第五十三卷第一分册. [M]. 北京: 科学出版社, 2004.

[3] 徐鸿华. 中草药彩图手册(一)[M]. 广州: 广东科技出版社. 2003.

[4] 付辉荣, 罗永明, 张东明. 番石榴叶化学成分研究[J]. 中国中药杂志, 2009, 34(5): 577-579.

[5] Prabu G R, Gnanamani A, Sadulla S. Guaijaverin-a plant flavonoid as potential antiplaque agent against *Streptococcus mutans*[J]. Journal of Applied Microbiology, 2010, 101(2): 487-495.

[6] 吴慧星, 李晓帆, 李荣, 等. 番石榴叶中抗氧化活性成分的研究[J]. 中草药, 2010, 41(10): 1593-1597.

[7] Gutiérrez R M P, Mitchell S, Solis R V. *Psidium guajava*: a review of its traditional uses, phytochemistry and pharmacology[J]. Journal of Ethnopharmacology, 2008, 117(1): 1-27.

[8] Liang Q, Qian H, Yao W. Identification of flavonoids and their glycosides by high-performance liquid chromatography with electrospray ionization mass spectrometry and with diode array ultraviolet detection.[J]. European Journal of Mass Spectrometry, 2005, 11(1): 93-101.

[9] 张添, 梁清蓉, 钱和, 等. 番石榴叶丙酮提取物中酚类物质的提取与鉴定[J]. 食品与生物技术学报, 2006, (3): 104-108.

[10] Shu J C, Chou G X, Wang Z T. One new diphenylmethane glycoside from the leaves of *Psidium guajava* L.[J]. Natural Product Research, 2012, 26(21): 1971-1975.

[11] Shu J C, Chou G X, Wang Z T. One new galloyl glycoside from fresh leaves of *Psidium guajava* L.[J]. Acta Pharmaceutica Sinica, 2010, 45(3): 334-337.

[12] Matsuzaki K, Ishii R, Kobiyama K, *et al*. New benzophenone and quercetin galloyl glycosides from *Psidium guajava* L.[J]. Journal of Natural Medicines, 2010, 64(3): 252-256.

[13] 舒积成. 番石榴, 马鞭草化学成分及马鞭草药材质量标准研究[D]. 上海: 上海中医药大学, 2010.

[14] Arima H, Danno G I. Isolation of antimicrobial compounds from guava (*Psidium guajava* L.) and their structural elucidation[J]. Bioscience Biotechnology & Biochemistry, 2002, 66(8): 1727-1730.

[15] Lapík O, Klejdus B, Koko ka L, *et al*. Identification of isoflavones in *Acca sellowiana* and two *Psidium* species (Myrtaceae)[J]. Biochemical Systematics and Ecology, 2005, 33(10): 983-992.

[16] Dwivedi B K, Mehta B K. Chemical investigation of benzene extract of *Psidium guajava* (leaves). Journal of Natural Product & Plant Resources, 2012, 2(1): 162-168.

[17] 符春丽, 彭燕, 黎诗敏, 等. 番石榴叶乙酸乙酯萃取物的体外抗氧化活性及化学成分的分离鉴定[J]. 现代食品科技, 2017, 33(10): 52-57, 20.

[18] Park B J, Matsuta T, Kanazawa T, *et al*. Phenolic compounds from the leaves of *Psidium guajava* L. hydrolysable tannins and benzophenone glycosides[J]. Chemistry of Natural Compounds, 2011, 47(4): 632-635.

[19] Shu J, Chou G, Wang Z. Two new benzophenone glycosides from the fruit of *Psidium guajava* L.[J]. Fitoterapia, 2010, 81(6): 532-535.

[20] Fu H Z, Yang J Z, Li J C, *et al*. A new benzophenone glycoside from the leaves of *Psidium guajava* L.[J]. Chinese Chemical Letters, 2011, 22(2): 178-180.

[21] Salib J Y, Michael H N. Cytotoxic phenylethanol glycosides from *Psidium guaijava* seeds[J]. Phytochemistry, 2004, 65(14): 2091-2093.

[22] Qa'dan F, Petereit F, Nahrstedt, *et al*. Polymeric proanthocyanidins from *Psidium auaiava*[J]. Scientia Pharmaceutica, 2005, 73(3): 113-125.

[23] Okuda T, Yoshida T, Hatano T, *et al*. Ellagitannins of the casuarinaceae, stachyuraceae and myrtaceae[J]. Phytochemistry, 1980, 21 (12): 2871-2874.

[24] Okuda T, Yoshida T, Hatano T, *et al*. Guavins A, C and D, complex tannins from *Psidium guajava*[J]. Chemical & Pharmaceutical Bulletin, 1987, 35(1): 443-446.

[25] Okuda T, Hatano T, Yazaki K. Guavin B, an ellagitannin of novel type[J]. Chemical & Pharmaceutical Bulletin, 1984, 32(9): 3787-3788.

[26] Seshadri T R, Vasishta K. Polyphenols of *Psidium guajava* plant.[J]. Current Science (India), 1963, 32: 499-500.

[27] 陈圣加, 黄应正, 卢健, 等. 番石榴根中酚酸类化学成分分离鉴定[J]. 中国实验方剂学杂志, 2019, 25(2): 169-174.

[28] Yang X L, Hsieh K L, Liu J K. Guajadial: an unusual meroterpenoid from guava leaves *Psidium guajava*[J]. Organic Letters, 2007, 9(24): 5135-5138.

[29] 蒋利荣. 番石榴叶抗糖尿病活性成分研究[D]. 广州: 华南理工大学, 2012.

[30] Gao Y, Li G T, Li Y, *et al*. Guajadials C-F, four unusual meroterpenoids from *Psidium guajava*[J]. Natural Products and Bioprospecting, 2013, 3 (1): 14-19.

[31] Shao M, Wang Y, Jian Y Q, *et al*. Guadial A and psiguadials C and D, three unusual meroterpenoids from *Psidium guajava*[J]. Organic Letters, 2012, 14(20): 5262-5265.

[32] Shao M, Wang Y, Liu Z, *et al*. Psiguadials A and B, two novel meroterpenoids with unusual skeletons from the leaves of *Psidium guajava*[J]. Organic Letters, 2010, 12(21): 5040-5043.

[33] Fu H Z, Luo Y M, Li C J, *et al*. Psidials A-C, three unusual meroterpenoids from the leaves of *Psidium guajava* L.[J]. Organic Letters, 2010, 12(4): 656-669.

[34] Yang X L, Hsieh K L, Liu J K. Diguajadial: a dimer of the meroterpenoid from the leaves of *Psidium guajava* (Guava) [J]. Chinese Journal of Natural Medicines, 2008, 6 (5): 333-335.

[35] Gao Y, Wang G Q, Wei K, *et al*. Isolation and biomimetic synthesis of (±) -guajadial B, a novel meroterpenoid from *Psidium guajava* [J]. Organic letters, 2012, 14 (23): 5936-5939.

[36] 任善亮, 吴茂, 徐露林, 等. 番石榴叶化学成分分离鉴定及 psiguadial D 的抗癌活性研究[J]. 天然产物研究与开发, 2019, 31(6): 1001-1005.

[37] Chen Y, Zhang Q W, Li S L, *et al*. *Psidium guajava*, a potential resource rich in corosolic acid revealed by high performance liquid chromatography[J]. Journal of Medicinal Plants Research, 2011, 5 (17): 4261-4266.

[38] Begum S, Hassan S I, Siddiqui B S, *et al*. Triterpenoids from the leaves of *Psidium guajava*[J]. Phytochemistry, 2002, 61(4): 399-403.

[39] Begum S, Hassan S I, Ali S N, *et al*. Chemical constituents from the leaves of *Psidium guajava*.[J]. Natural Product Letters, 2004, 18(2): 135-140.

[40] Begum S, Siddiqui B, Hassan S I. Triterpenoids from *Psidium Guajava* leaves[J]. Natural Product Letters, 2002, 16(3): 173-177.

[41] 舒积成, 俞桂新, 王峥涛. 番石榴果实中三萜类成分研究[J]. 中国中药杂志, 2009, 34(23): 3047-3050.

[42] Shao M, Ye W C. Four new triterpenoids from the leaves of *Psidium guajava*[J]. Journal of Asian Natural Products Research, 2012, 14(4): 348-354.

[43] Begum S, Ali S N, Hassan S I, *et al*. A new ethylene glycol triterpenoid from the leaves of *Psidium guajava*[J]. Natural Product Research, 2007, 21(8): 742-748.

[44] Nishimura K, Miyase T, Noguchi H, *et al*. Acyl-coA: cholesterol acyltransferase (ACAT) inhibitors from *Ilex* spp.[J]. Natural Medicines, 2000, 54 (6): 297-305.

[45] Shu J C, Liu J Q, Chou G X, *et al*. Two new triterpenoids from *Psidium guajava*[J]. Chinese Chemical Letters, 2012, 23 (7): 827-830.

[46] Begum S, Hassan S I, Siddiqui B S. Two new triterpenoids from the fresh leaves of *Psidium guajava*.[J]. Planta Medica, 2002, 68(12): 1149-1152.

[47] Siddiqui B S, Firdous, Begum S. Two triterpenoids from the leaves of *Plumeria obtusa*[J]. Phytochemistry, 1999, 52(6): 1111-1115.

[48]　Rao G V, Sahoo M R, Rajesh G D, *et al*. Chemical constituents and biological studies on the leaves of *Psidium guajava* Linn[J]. Journal of Pharmacy Research, 2012, 5 (4): 1946-1948.

[49]　彭财英, 黄应正, 刘建群, 等. 番石榴根中一个新的三萜类成分[J]. 药学学报, 2017, 52(11): 1731-1736.

[50]　Ghosh P, Mandal A, Chakraborty P, *et al*. Triterpenoids from *Psidium guajava* with biocidal activity[J]. Indian Journal of Pharmaceutical Sciences, 2010, 72(4): 504-507.

[51]　符春丽, 彭燕, 陈紫云, 等. 番石榴叶化学成分的研究[J]. 中药材, 2016, 39(12): 2781-2784.

[52]　陈冈, 万凯化, 付辉政, 等. 番石榴叶正丁醇部位化学成分研究[J]. 中药材, 2015, 38(3): 521-523.

[53]　邵萌, 王英, 翦雨青, 等. 番石榴叶乙醇提取物的化学成分研究[J]. 中国中药杂志, 2014, 39(6): 1024-1029.

[54]　李孔会, 廖森泰, 邹宇晓, 等. 不同年份番石榴叶茶理化成分及抗氧化活性研究[J]. 广东农业科学, 2021, 48(1): 142-149.

[55]　孙晓梦, 林东明, 杨弘, 等. 番石榴叶抑制酪氨酸酶作用机制研究[J]. 食品研究与开发, 2020, 41(19): 64-68.

[56]　李珊, 梁俭, 冯彬, 等. 番石榴多糖的提取工艺优化、纯化及其抗氧化活性测试[J]. 粮食与油脂, 2020, 33(7): 68-73.

[57]　廖春燕, 梁文, 黄瑶. 微波辅助法提取番石榴叶挥发油及抗氧化性研究[J]. 食品工业, 2018, 39(11): 38-41.

[58]　叶伟. 番石榴叶有机溶剂提取物清除过氧自由基能力及抑制酪氨酸酶活力研究[J]. 安徽农业科学, 2020, 48(2): 186-188.

[59]　莫斯锐, 廖国光, 李宏丽, 等. 番石榴果实水提物降血糖作用的探究[J]. 广东化工, 2020, 47(18): 49-50.

[60]　李丹, 杨森, 冯靖雯, 等. 炒番石榴叶急性毒性及降血糖作用机制研究[J]. 中药药理与临床, 2020, 36(4): 140-143.

[61]　郭胜男. 番石榴叶总黄酮对糖尿病小鼠肝脏胰岛素信号通路及肝脏葡萄糖异生的调控机制研究[D]. 天津: 天津医科大学, 2015.

[62]　郭胜男, 刘洪斌, 李东华, 等. 番石榴叶总黄酮对糖尿病小鼠肝脏葡萄糖代谢及胰岛素信号通路的影响[J]. 中国实验方剂学杂志, 2015, 21(4): 166-170.

[63]　段颖, 郭翔宇, 孙文, 等. 番石榴叶提取物调节小鼠脂肪组织 TNF-α、PPAR-γ 基因表达改善肝脏糖调节机制研究[J]. 中华中医药杂志, 2014, 29(5): 1622-1625.

[64]　张玉英, 陈艳芬, 杨超燕, 等. 番石榴叶调节小鼠血糖血脂作用的研究[J]. 中国民族民间医药, 2014, 23(1): 14-16.

[65]　林娟娜, 匡乔婷, 叶开和, 等. 番石榴三萜化合物乌苏酸对 3T3-L1 前脂肪细胞增殖、分化及胰岛素抵抗的影响[J]. 中药材, 2013, 36(8): 1293-1297.

[66]　李璇, 杨蕾, 王娟飞, 等. 番石榴叶提取物对高脂性肥胖小鼠的减肥降脂作用的研究[J]. 现代生物医学进展, 2012, 12(31): 6001-6005.

[67]　饶姣雨, 魏崧丞, 王小康, 等. 番石榴叶总三萜对糖尿病肾病大鼠肾损伤的改善作用及机制研究[J]. 中国临床药理学杂志, 2019, 35(15): 1617-1620.

[68]　王磊, 秦灵灵, 穆晓红, 等. 番石榴苷通过激活 AdipoR-1/AMPK 信号通路减轻大鼠肝细胞瘤 H4ⅡE 细胞脂质沉积的作用机制研究[J]. 世界科学技术-中医药现代化, 2019, 21(2): 234-239.

[69]　赵天野. 番石榴果、叶水提液体外抑菌效果的比较研究[J]. 生物化工, 2020, 6(4): 83-85.

[70]　周浓, 莫日坚, 黄秋艳, 等. 番石榴多酚的提取纯化及其抑菌活性研究[J]. 食品与发酵工业, 2020, 46(14): 182-188.

[71]　王曼雪, 张桂贤, 刘洪斌, 等. 番石榴叶总黄酮对慢性胰腺炎小鼠纤维化的影响[J]. 中国实验方剂学杂志, 2018, 24(10): 175-180.

[72]　叶端炉, 吴敏姿. 番石榴叶治疗肠炎的临床疗效分析[J]. 海峡药学, 2013, 25(4): 197-198.

[73]　柯昌松, 王轰, 牟伟丽. 番石榴叶提取物-槲皮素的抑菌效果[J]. 食品研究与开发, 2013, 34(2): 7-9.

[74]　钟全强, 欧夏妙. 番石榴叶总黄酮对 MDA-MB231 体外抗肿瘤效应及细胞凋亡的诱导作用[J]. 中国当代医药, 2015, 22(7): 8-10.

[75]　曹双. 番石榴酚类物质抗氧化和抗肿瘤活性研究[D]. 广州: 华南理工大学, 2015.

[76]　张俏, 罗影, 刘学政. 番石榴叶总三萜改善糖尿病大鼠视网膜损伤的作用机制研究[J]. 天津医药, 2020, 48(12): 1165-1168, 1255.

[77]　刘秋怡, 徐露, 周彦, 等. 番石榴叶对小鼠菌群失调腹泻的作用[J]. 黑龙江农业科学, 2019, (7): 115-118.

[78]　刘敏敏, 周迎春. 番石榴叶总黄酮对 AngⅡ诱导的乳鼠心肌细胞肥大的抑制作用及机制[J]. 山东医药, 2019, 59(17): 28-31.

[79]　Sahoo S, Prashant, Kharkar S, *et al*. Anxiolytic activity of *Psidium guajava* in mice subjected to chronic restraint stress and effect on neurotransmitters in brain[J]. Phytotherapy Research, 2021, 35(3): 1399-1415.

[80]　阴晓丽, 李卓佳, 管淑玉, 等. 番石榴叶水提取物抗对虾白斑综合征病毒有效成分初探[J]. 广东农业科学, 2014, 41(13): 87-93.

[81]　栾云鹏, 熊登森. 番石榴叶止泻作用研究[J]. 临床医药文献电子杂志, 2017, 4(24): 4711-4714.

[82] 彭军辉, 程长洪, 冯娟, 等. 番石榴叶水提取物对拟穴青蟹免疫相关酶活力的影响[J]. 南方水产科学, 2018, 14(3): 65-72.

第九节
千斤拔

千斤拔为豆科植物蔓性千斤拔（*Moghania philippinensis* Merr. et Rolfe.）的干燥根[1]，又名千金坠、金鸡落地、牛大力、钻地风等[2]，为广东广西两省常用中草药。千斤拔具有补脾胃、益肝肾、强腰膝、舒筋络的功效，临床上常用于治疗脾胃虚弱、气虚脚肿、肾虚腰痛、手足酸软、风湿骨痛、跌打损伤等症[3]，是妇科千金片、金鸡胶囊的主要原料药[4]。

一、生物学特征、资源分布与药用历史考证

1. 生物学特征与资源分布

灌木或亚灌木状草木，高 30～110cm。根系向下直伸长 20～100cm，主根明显，无或少须根，根表面呈红褐色，有横向白色斑点，具光泽，晒干具淡淡香味。幼枝有棱角，披白柔毛。叶互生，3 出复叶；托叶 2 片，三角状，长约 1cm，具疏茸毛；叶柄长 2～3cm，被长茸毛。小叶矩圆形至卵状披针形，长 4～9cm，宽 2～4cm，先端略钝，有时具小锐尖，全缘，基部在叶背边缘密被茸毛，上面被稀疏的短茸毛，下面密生长茸毛；小托叶 2 片，线形。花两性，腋生，短总状花序稠密；花梗长 1～1.5cm；花苞 2 裂；萼 5 裂，披针形，在最下面的 1 片最长；花冠略长于萼，粉红色，旗瓣秀净，圆形，基部白色，外有纵紫纹；翼瓣基部白色，有柄，前端紫色；龙骨瓣 2 片，基部浅白色，前部互相包着雌雄蕊；雄蕊 10 个，两体，花药黄色，圆形；雌蕊 1 个，子房上位。荚果长 8～10mm，直径约 5mm，成熟时荚果皮呈棕黄色。种子 2 枚，成熟饱满的种子卵圆状至圆球状，黑色或褐色光亮。花期为每年的 6 月上旬至 11 月中下旬，盛花期为 8 月上旬；果期为 7 月中旬至 12 月下旬，果实成熟期为 10 月上旬。

千斤拔喜温暖湿润的气候环境，主要分布于西南、中南和东南各省。根据调查统计，千斤拔的产区降雨量充足，生长期内平均温度在 18～36℃之间，生长环境湿度达 50% 以上，土壤 pH 值 6.0～6.9。千斤拔为典型的阳生植物，一般生长于向阳中下坡，并以湿度较大的溪边、路旁杂灌丛中、丘陵为多[5~7]。

2. 药用历史考证

查阅相关文献，发现千斤拔首次记载是在清代吴其濬著作的《植物名实图考》[8]中，写道"山豆产宁都，赭茎小科，茎短而劲，一枝三叶，如豆叶而小，面青，背微白。秋节小角，长三、四分，四、五成簇，有豆两粒。赭根如树根，长四、五寸，俚医以治跌打，能行两脚，与广西山豆 根主治异。"萧步丹编著的《岭南采药录》[9]中记载了千斤拔的功效，"祛风去湿，凡

手足痹痛，酒煎服，并治腰部风湿作痛，里跌打。"1936 年再版中又增添了关于千斤拔的特征及其性味的记载，"其根形如鼠尾，颇长，味辛，性温，祛风祛湿。"《中华本草》以及《新华本草纲要》、《广东省中药材标准》、《北京市中药材标准》、《贵州省中药材、民族药材质量标准》、《广东中药志》、《中国主要植物图说-豆科》中均有关于千斤拔的记载。

千斤拔在许多少数民族中均有记载，且对不同品种千斤拔的认识和使用都比较有特色。在《中国民族药志要》[10]中共收载四种千斤拔的民族药用，分别是千斤拔、大叶千斤拔、墨江千斤拔、河边千斤拔。民族用药的特色是结合四种千斤拔的功效，赋予千斤拔更多的药用价值，使其用于更广范围的病症，而不再单纯地用于祛风除湿和强筋壮骨。千斤拔在壮族药中的记载为：千斤拔称"棵拉丁（柳城语）、棵前根（桂平语）、钻地龙（龙州语）"；大叶千斤拔称"棵代准对拢（崇左语）、棵索里、棵要批尔（柳城语）"，功效为"除了有治风湿骨痛，腰骨疼痛的功效，还将其用作治疗软困目眩，四肢无力，消化不良，食欲不振，有治肺结核咯血的作用。

二、化学成分研究

目前，从千斤拔植物中已经分离得到许多种成分，包括黄酮类、甾体类、蒽醌类、挥发油类等[11]。现有研究表明，国内外对黄酮类化学成分的研究占大多数。

1．黄酮类成分

迄今已从该属植物中共分离鉴定了 156 个黄酮类化合物，部分化合物名称和结构见表 5-32 和图 5-32，以异戊烯基取代黄酮占绝大多数，其取代位置多在 C-6 与 C-8 位上，并常见异戊烯基与相邻羟基环合成吡喃环。

表 5-32　千斤拔中主要黄酮类化合物

序号	化合物名称	参考文献	序号	化合物名称	参考文献
1	dracocephaloside	[12]	14	5,7-dihydroxy-3'-menthylflavone-4'-giucoside	[23]
2	kaempferol-6-*C*-glucoside	[12]			
3	flemiphilippininside	[13]	15	5,7,2',3',4'-pentahrdroxyflavone	[24]
4	naringnin	[14]	16	quercetin-3-*O*-rhamnoside	[25]
5	kaempferol-3-*O*-rhamnoside	[15]	17	lupinifolin	[26]
6	quercetin-3-*O*-xyloxyl-(1→2)-rhamnoside	[16]	18	flemichin D	[27]
7	myricetin-3-*O*-xylosyl-(1→2)-rhamnosid	[17]	19	dorsmanin I	[24]
8	5,4'-dihydroxy-3'-methoxy-6-(γ,γ-dimethylallyl)-6″,6″-dimethylpyrano-(2″,3″:7,8)-flavone	[18]	20	khonklonginol H	[28]
			21	flemiflavanone B	[29]
9	3',4'-trihydroxy-6-(γ,γ-dimethylallyl)-6″,6″-dimethylpyrano-(2″,3″:7,8)-flavone	[19]	22	flemiflavanone C	[30]
			23	ourateacatechin	[19]
10	eriosemaone A	[20]	24	rutin	[31]
11	quercitrin	[21]	25	lemiphilippinin D	[25]
12	myricitrin	[21]	26	6,8-diprenyleriodictyol	[17]
13	5,7,2',3',4'-pentahydroxyflavone	[22]	27	4'-*O*-methylgallocatechin	[32]

序号	化合物名称	参考文献	序号	化合物名称	参考文献
28	5,7,4′-trihydroxy-8-3-diprenylflavanone	[33]	65	formononetin	[26]
29	lespedezaflavanone A	[33]	66	prunetin-4′-O-β-D-glycoside	[46]
30	naringenin	[34]	67	pallidiflorin	[47]
31	flemiflavanone D	[19]	68	daidzein	[47]
32	flemingiaflavanone	[35]	69	5,7-dihydroxy-4′-methoxyisoflavone-7-O-β-D-glucopyranoside	[41]
33	5,6,3,4′-tetrahydroxy-7-methoxyflavone	[36]			
34	5-hydroxy-7,4′-dimethoxyflavone	[23]	70	genistein-7-O-β-D-apiofuranosyl-(1→6)-β-D-glucopyranoside	[33]
35	quercimeritrin	[25]			
36	flemicoumarin A	[37]	71	5,7,4′-trihydroxy-6-prenylisoflavone	[44]
37	procyanidin	[30]	72	dihydrodaidzein	[35]
38	isoderrone	[22]	73	dainzin	[48]
39	dalparvin A	[39]	74	4′,7-dihydroxyisotlavone	[34]
40	sophororicoside	[39]	75	isoferreirin	[13]
41	orobol	[39]	76	5,7,4′-trihydroxy-8-(1,1-dimethylprop-2-enyl)- isoflavone	[49]
42	genistein	[26]			
43	piscigenin	[13]	77	5,7,2′,4′-tetrahydroxy-8-(1,1-dimethylprop-2- enyl)-isoflavone	[13]
44	biochanin A	[26]			
45	5,7,3′,4′-tetrahydroxy-2′5′-diprenylisoflavone	[13]	78	2,4-epoxy-5,4′-dihydroxy-5,7-dimethoxy-3- phenylcoumarin	[45]
46	2′-hydroxygenistein	[42]			
47	5,7,4′-trihydroxy-2′-methoxyisoflavone	[25]	79	flemicoumestan A	[50]
48	flemiphilippinin A	[13]	80	wedelolactone	[51]
49	flemiphilippinin E	[43]	81	flemichapparin C	[52]
50	lupinalbin A	[38]	82	flemistrictin E	[40]
51	flemingichromone	[19]	83	flemistrictin F	[54]
52	desmoxyphyllin A	[44]	84	flemistrictin C	[55]
53	prunetin	[32]	85	flemiwallichin C	[50]
54	cajanin	[32]	86	flemiwallichin E	[56]
55	3′-isoprenylgenistein	[32]	87	homoflemingin	[57]
56	7-(3,3-dimethylallyl)-genistein	[32]	88	desoxyhomoflemingin	[58]
57	5,2′,4′-trihydroxy-7-(3-methylbut-2-enyloxy)-isoflavone	[37]	89	lemiwallichin A	[50]
			90	lemiwallichin B	[59]
58	5,7,3′,4′-tetrahydroxyisoflavone	[12]	91	lemiwallichin D	[46]
59	5,4′-dihydroxyisoflavone-7-O-β-D-glucopyranoside	[45]	92	3′,6′-dihydroxyl-4,2′,4′,5′-tetramethoxvchalcone	[53]
60	6-C-prenylluteolin	[45]	93	2′,4′-dihydroxychalcone	[55]
61	erythrinin B	[34]	94	2′,4′-dihydroxy-5′-methoxychalcone	[60]
62	5,7,4′-trihydroxy-8,3-diprenylflavanone	[27]	95	2,4,4′-trihydroxychalcone	[61]
63	isoferreirin	[32]	96	6-cinnamoyl-5-hydroxy-2,2,8,8-tetramethyl-2H, 8H-pyrano-[2,3-f]-chromene	[62]
64	sissotrin	[39]			

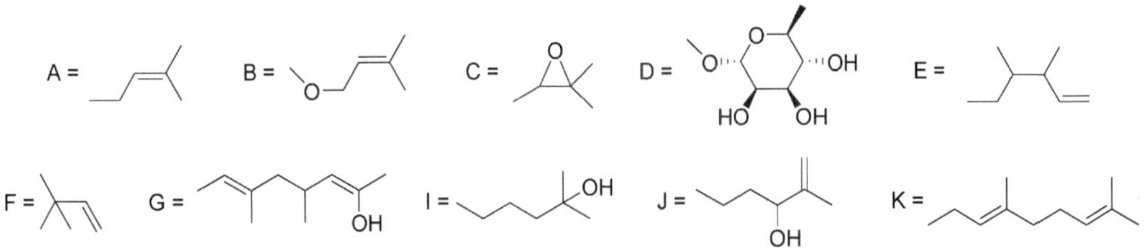

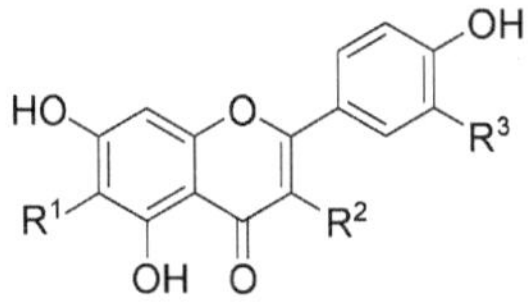

A = B = C = D = E =

F = G = I = J = K =

1 R¹ = R² = H, R³ = OGlc
2 R¹ = Glc, R² = OH, R³ = H
3 R¹ = Glc, R² = OH, R³ = OCH₃
4 R¹ = R² = R³ = H
5 R¹ = R³ = H, R² = ORha

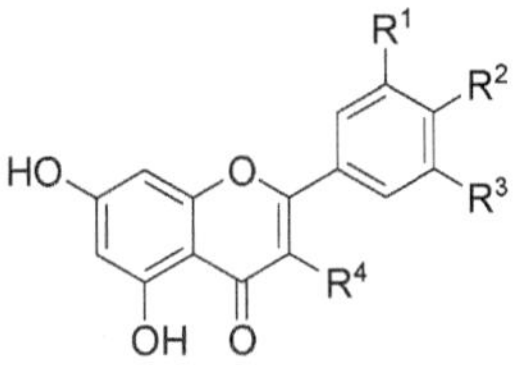

6 R¹ = R² = OH, R³ = H, R⁴ = O-Rha-Xyl
7 R¹ = R² = R³ = OH, R⁴ = O-Rha-Xyl

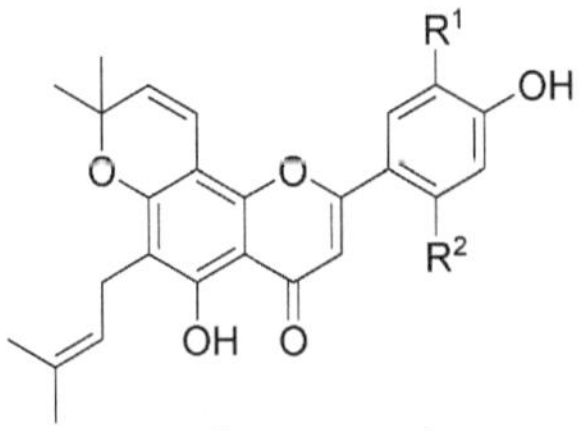

8 R¹ = OCH₃, R² = H
9 R¹ = O, R² = H
10 R¹ = H, R² = OH

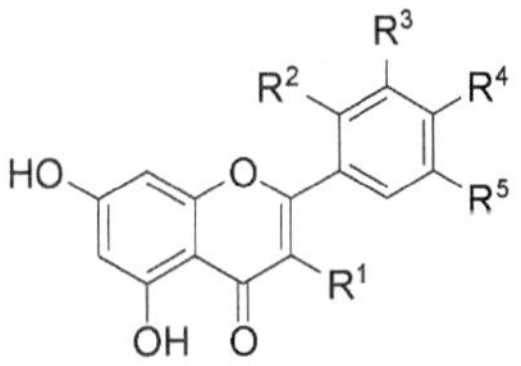

11 R¹ = D, R² = R³ = H, R⁴ = R⁵ = OH
12 R¹ = Rha, R² = H, R³ = R⁴ = R⁵ = OH
13 R¹ = R⁵ = H, R² = R³ = R⁴ = OH
14 R¹ = R² = R⁵ = H, R³ = CH₃, R⁴ = OGlc
15 R¹ = R² = H, R³ = R⁴ = R⁵ = OH
16 R¹ = ORha, R² = R⁵ = H, R³ = R⁴ = OH

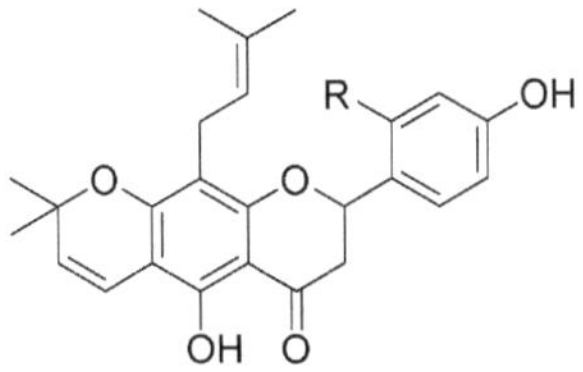

17 R = H
18 R = OH

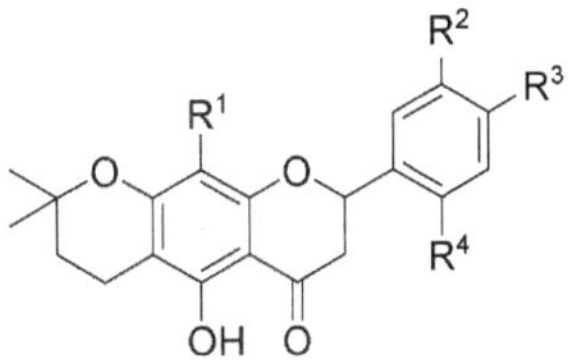

19 R¹ = A, R² = R³ = OH, R⁴ = H
20 R¹ = A, R² = H, R³ = OCH₃, R⁴ = OH

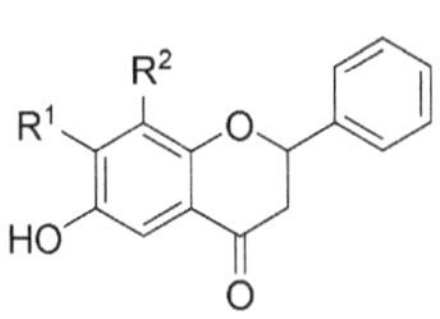

21 R¹ = G, R² = OH
22 R¹ = OH, R² = G

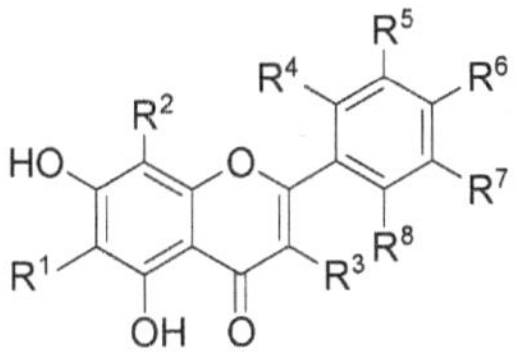

23 R¹ = R² = R⁴ = R⁸ = H, R³ = R⁵ = R⁷ = OH, R⁶ = OCH₃
24 R¹ = R² = R⁴ = R⁵ = R⁸ = H, R³ = Glc.Rha, R⁶ = R⁷ = OH
25 R¹ = R² = A, R³ = R⁴ = R⁷ = R⁸ = H, R⁵ = R⁶ = OH
26 R¹ = R² = A, R⁴ = R⁶ = OH, R³ = R⁵ = R⁷ = R⁸ = H
27 R¹ = R² = R⁴ = R⁸ = H, R³ = CH₃, R⁵ = R⁷ = OH, R⁶ = OCH₃
28 R¹ = R³ = R⁴ = R⁷ = R⁸ = H, R² = R⁵ = A, R⁶ = OH
29 R¹ = R² = A, R³ = R⁴ = R⁵ = R⁷ = H, R⁶ = OCH₃, R⁸ = OH
30 R¹ = R² = R³ = R⁴ = R⁵ = R⁷ = R⁸ = H; R⁶ = OH
31 R¹ = R² = R³ = R⁴ = R⁷ = R⁸ = H, R⁵ = C, R⁶ = OH
32 R¹ = R³ = R⁴ = R⁷ = R⁸ = H, R² = R⁵ = A, R⁶ = OH

图 5-32

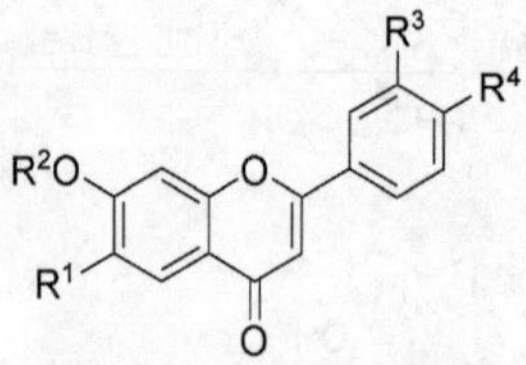

33 $R^1 = R^3 = R^4 = OH$, $R^2 = CH_3$
34 $R^1 = R^3 = H$, $R^2 = R^4 = CH_3$

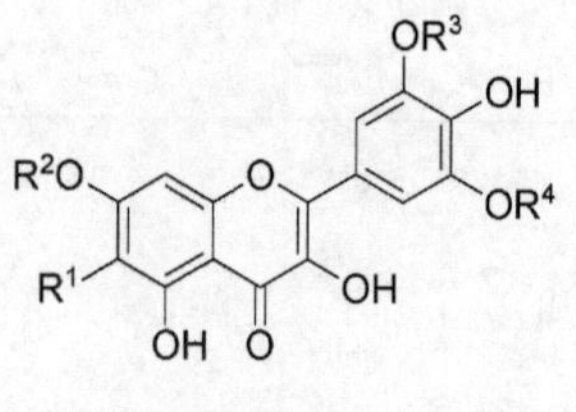

35 $R^1 = R^3 = R^4 = H$, $R^2 = Glc$

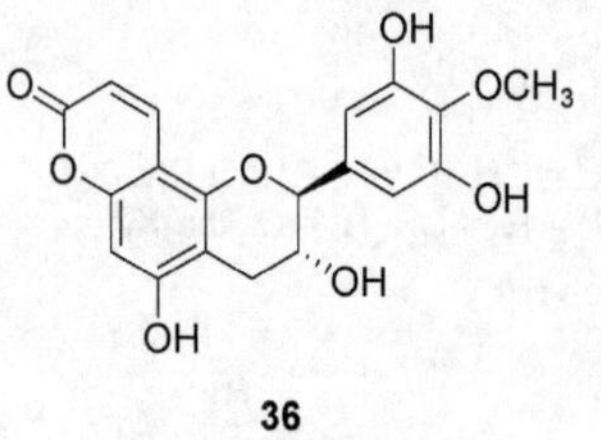

36

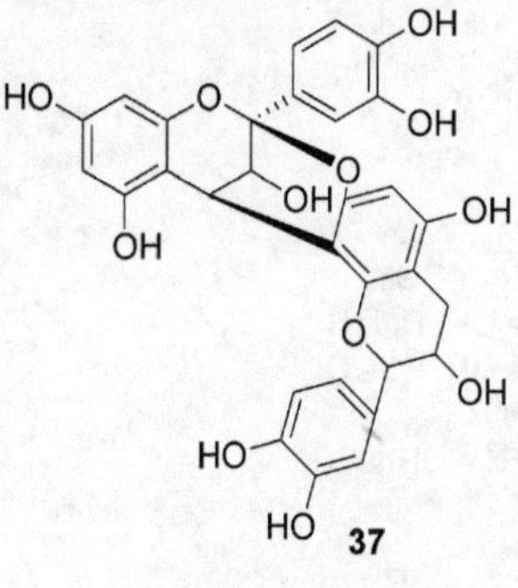

37

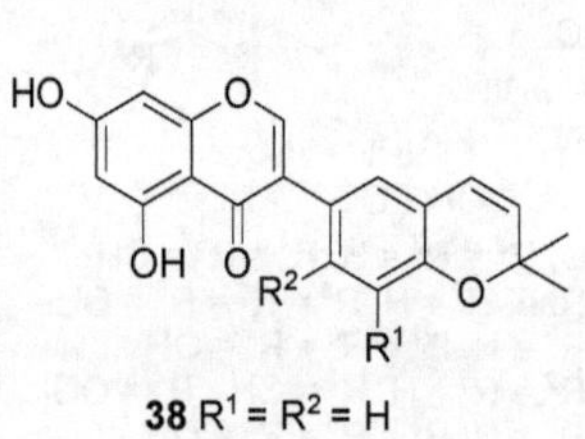

38 $R^1 = R^2 = H$

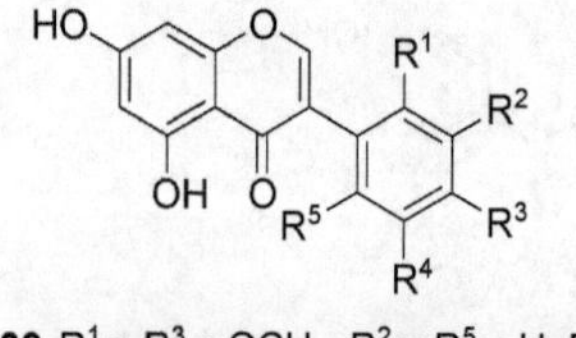

39 $R^1 = R^3 = OCH_3$, $R^2 = R^5 = H$, $R^4 = OH$
40 $R^1 = R^2 = R^4 = R^5 = H$, $R^3 = OGlc$
41 $R^1 = R^4 = R^5 = H$, $R^2 = R^3 = OH$
42 $R^1 = R^2 = R^4 = R^5 = H$, $R^3 = OH$
43 $R^1 = R^2 = R^4 = R^5 = H$, $R^3 = OCH_3$
44 $R^1 = H$, $R^3 = R^4 = OH$, $R^2 = R^5 = C$
45 $R^1 = R^5 = H$, $R^3 = OH$, $R^2 = R^4 = OCH_3$
46 $R^1 = R^2 = R^4 = H$, $R^3 = R^5 = OH$
47 $R^1 = R^2 = R^4 = H$, $R^3 = OH$, $R^5 = OCH_3$

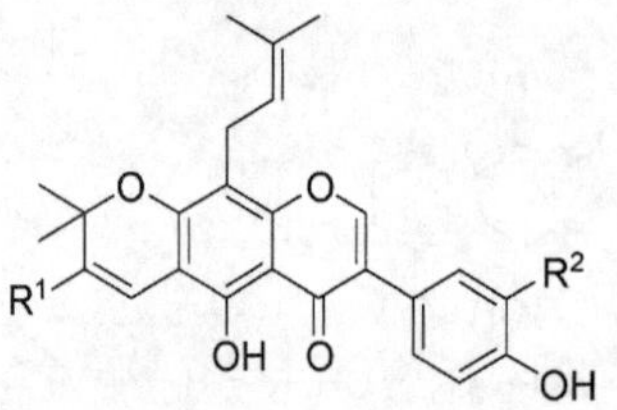

48 $R^1 = E$, $R^2 = H$
49 $R^1 = F$, $R^2 = OH$

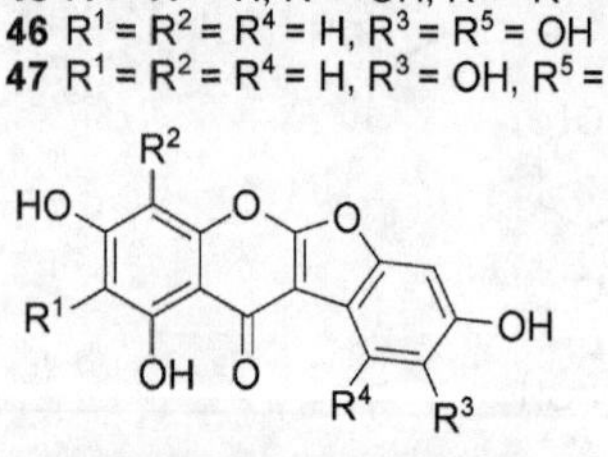

50 $R^1 = R^2 = R^3 = R^4 = H$
51 $R^1 = CH_3$, $R^2 = R^3 = A$, $R^4 = OH$
52 $R^1 = R^2 = R^4 = H$, $R^3 = OCH_3$

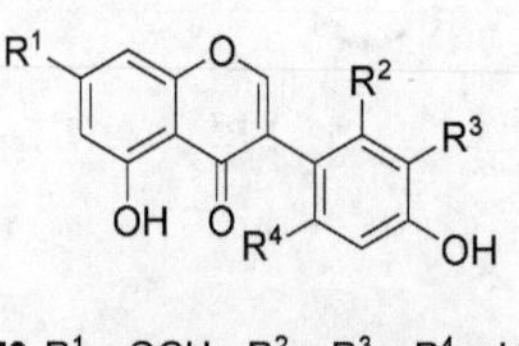

53 $R^1 = OCH_3$, $R^2 = R^3 = R^4 = H$
54 $R^1 = OCH_3$, $R^2 = OH$, $R^3 = R^4 = H$
55 $R^1 = OH$, $R^2 = R^4 = H$, $R^3 = A$
56 $R^1 = B$, $R^2 = R^3 = R^4 = H$
57 $R^1 = B$, $R^2 = H$, $R^3 = OH$
58 $R^1 = OH$, $R^2 = R^4 = H$, $R^3 = OH$
59 $R^1 = OGlc$, $R^2 = R^3 = R^4 = H$

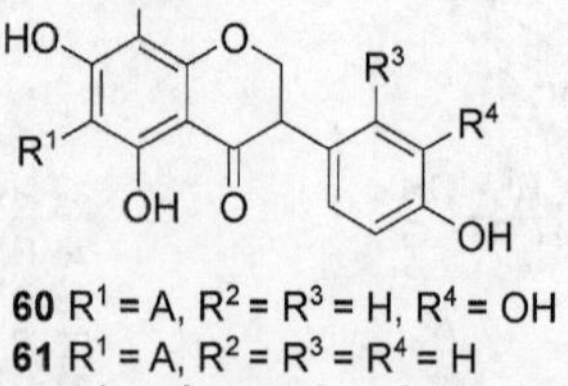

60 $R^1 = A$, $R^2 = R^3 = H$, $R^4 = OH$
61 $R^1 = A$, $R^2 = R^3 = R^4 = H$
62 $R^1 = R^3 = H$, $R^2 = R^4 = A$
63 $R^1 = R^2 = R^4 = H$, $R^3 = OCH_3$

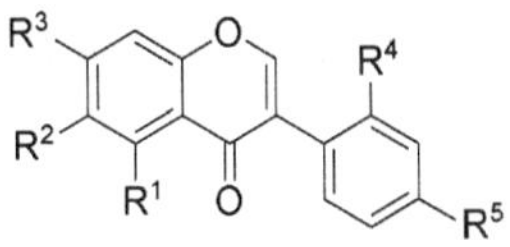

64 R¹ = OH, R³ = OGlc, R² = R⁴ = H, R⁵ = OCH₃
65 R¹ = R² = R⁴ = H, R³ = OH, R⁵ = OCH₃
66 R¹ = OH, R² = R⁴ = H, R³ = OCH₃, R⁵ = OGlc
67 R¹ = OH, R² = R³ = R⁴ = H, R⁵ = OCH₃
68 R¹ = R² = R⁴ = H, R³ = R⁵ = OH
69 R¹ = OH, R² = R⁴ = H, R³ = Glc, R⁵ = OCH₃
70 R¹ = R⁵ = OH, R² = R⁴ = H, R³ = Glc-Api
71 R¹ = R³ = R⁵ = OH, R² = A, R⁴ = H
72 R¹ = R³ = R⁴ = H, R² = R⁵ = OH
73 R¹ = R² = R⁴ = R⁵ = H, R³ = OGlc
74 R¹ = R⁴ = H, R² = R³ = R⁵ = OH
75 R¹ = R² = H, R³ = R⁵ = OH, R⁴ = OCH₃

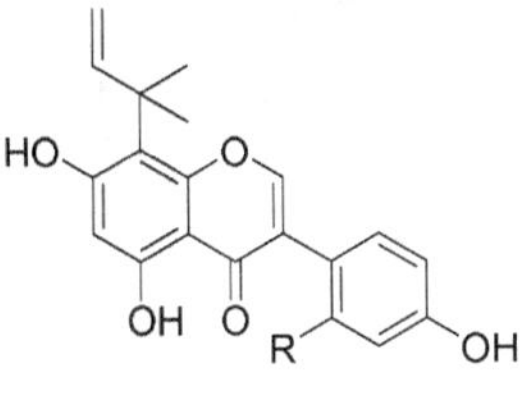

76 R = H
77 R = OH

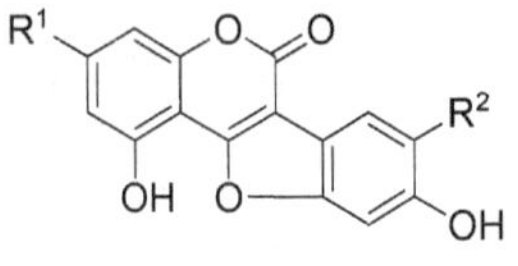

78 R¹ = R² = OCH₃
79 R¹ = OH, R² = OCH₃
80 R¹ = OCH₃, R² = OH

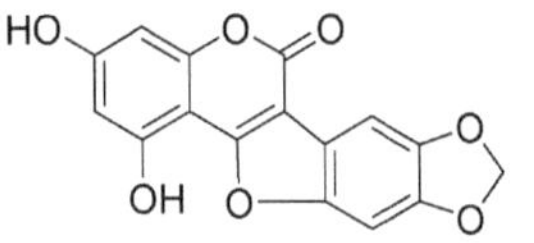

81

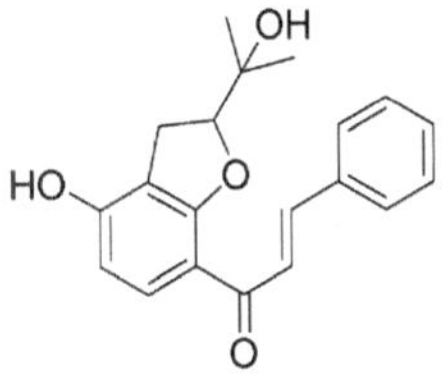

82

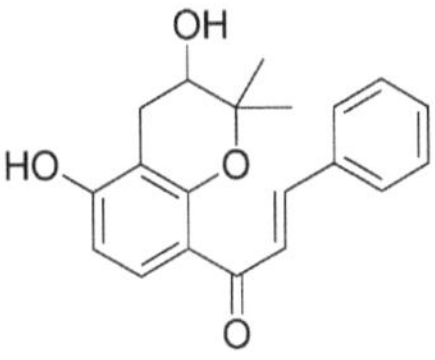

03

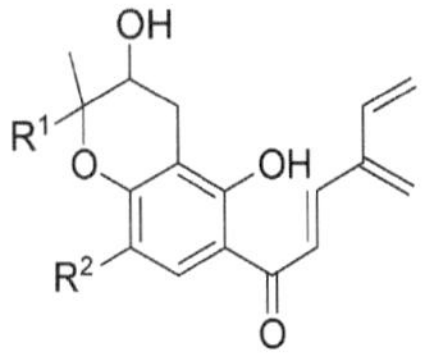

84 R¹ = CH₃, R² = H

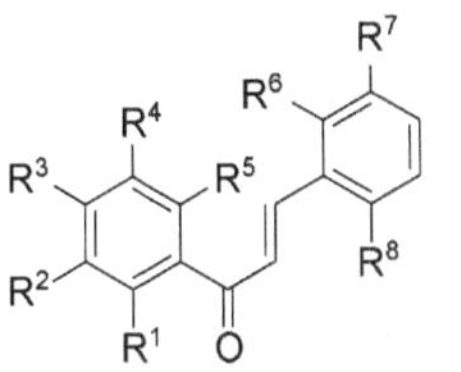

85 R¹ = R³ = R⁷ = R⁸ = OH, R² = K, R⁴ = R⁶ = H, R⁵ = OCH₃
86 R¹ = R² = R⁷ = R⁸ = H, R³ = K, R⁴ = R⁵ = R⁶ = OH
87 R¹ = R³ = R⁵ = R⁷ = R⁸ = OH, R² = K, R⁴ = OCH₃, R⁶ = H
88 R¹ = R³ = R⁵ = R⁶ = OH, R² = K, R⁴ = OCH₃, R⁷ = R⁸ = H

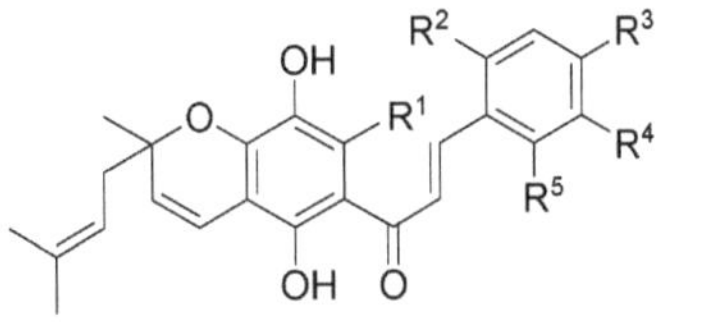

89 R¹ = R³ = R⁴ = H, R² = R⁵ = OCH₃
90 R¹ = R² = R⁵ = OCH₃, R³ = R⁴ = H
91 R¹ = R³ = R⁵ = H, R² = R⁴ = OH

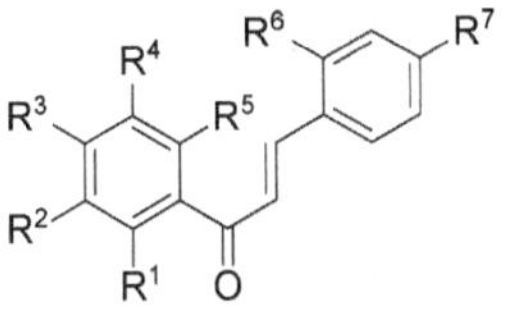

92 R¹ = R⁴ = R⁷ = OH; R² = R³ = R⁵ = OCH₃; R⁶ = H
93 R¹ = R² = R⁴ = R⁶ = R⁷ = H; R³ = R⁵ = OH
94 R¹ = R⁴ = R⁶ = R⁷ = H; R² = OCH₃; R³ = R⁵ = OH
95 R¹ = R³ = R⁷ = OH; R² = R⁴ = R⁵ = R⁶ = H

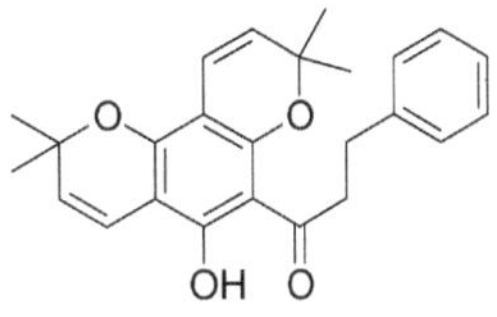

96

图 5-32　千斤拔中黄酮类化学成分

2．挥发性成分

挥发油类又称精油，是一类具有挥发性可随水蒸气蒸馏出来的油状液体，大部分具有香气，如薄荷油、丁香油等。含挥发油的中草药非常多，亦多具芳香气。

王小庆等[63]研究了蔓性千斤拔中的挥发性成分，将得到的挥发性成分与已知文献进行比较，发现挥发油中近 84%成分已查清。通过利用水蒸气蒸馏法提取蔓性千斤拔中的挥发油，并用 GC-MS 法结合计算机检索技术对分离的化合物进行结构鉴定，结果鉴定出 38 个化学成分，其中相对百分率含量大于 4%的分别确定为 α-依兰烯，异长叶烯、雪松烯等（表 5-33，图 5-33）。

表 5-33 千斤拔中主要挥发性成分

序号	化合物名称	参考文献	序号	化合物名称	参考文献
1	α-雪松烯	[64]	4	α-依兰烯	[63]
2	γ-雪松烯	[64]	5	异长叶烯	[63]
3	β-雪松烯	[64]			

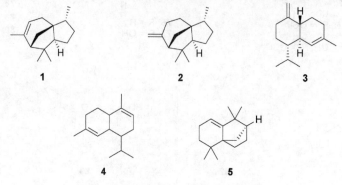

图 5-33 千斤拔中主要挥发性成分

3．甾体和三萜类化学成分

陈敏等[65]除了从千斤拔中分离得到一些黄酮外，也从千斤拔中分离得到豆科植物中常见的 β-谷甾醇和羽扇豆醇。李华等[22]又从千斤拔中分离得到了三萜类化合物白桦脂酸。

4．其他类成分

李华等[17]从千斤拔根的 75%乙醇提取物中分离出咖啡酸二十八烷酯、单棕榈酸甘油酯、滨蒿内酯、水杨酸、对甲氧基苯丙酸。孙琳等[66]利用现代方法对蔓性千斤拔根的 95%乙醇提取物的化学成分进行分离纯化；根据理化性质及波谱分析鉴定化合物的结构，得到了 6,8-di-(3,3-dimethylallyl)-genistein、6,8-diprenylorobol、diprenyleriodictyol、4-羟基邻茴香醛。其中 6,8-di-(3,3- dimethylallyl)-genistein、4-羟基邻茴香醛为首次从该植物中分离得到。

三、药理活性

千斤拔始载于《植物名实图考》，有"补血气"的记载，最早阐明千斤拔具有补气血的功效。而后《岭南采药录》中记载："祛风去湿，治手足痹痛，腰部风湿作痛，理跌打伤，能舒筋活络。[9]"近代本草记载，千斤拔主要用于治疗风湿骨痛、腰肌劳损、消疲解毒、带下等妇科疾病等[67]。现代研究表明千斤拔具有类雌激素作用、抗炎镇痛作用、抗病原微生物作用、抗肿瘤作用等。

1．类雌激素

有报道称日本富山医科药科大学的研究人员对植物药进行天然类雌激素作用筛选，发现蔓性千斤拔的甲醇提取物对人乳腺癌细胞（MCF-7）的增殖具有显著作用，同时在酵母双杂交试验中对 β-半乳糖苷酶的活性诱导也有明显作用。以雌激素活性指导分离，从中得到几个活性黄酮类化合物，其中 8-(1,1-二甲基乙烯基)-染料木素 8-(1,1-dimethylallyl)genistein 活性最强，连续给药 14 天对卵巢切除大鼠的子宫质量具有明显的增加作用。而抗雌激素活性试验显示 5,7,3,4′-tetrahydroxy-6,8-diprenylflavone 活性最强[73]。

2. 抗炎镇痛

陈一等[68]采用广西中医药研究所植化室提供的蔓性千斤拔乙醇提取物对小鼠进行抗扭体反应和热板试验，结果显示该提取物能显著抑制小鼠醋酸性扭体反应；能显著提高小鼠的痛阈（热板试验），充分证明千斤拔具有一定的镇痛作用。同样采用蔓性千斤拔的醇提物进行足肿胀实验和对巴豆油引起的小鼠耳部水肿实验，以此来证明千斤拔的抗炎镇痛作用。结果显示蔓性千斤拔的醇提取物能显著抑制正常大鼠角叉菜胶性和蛋清性足肿胀；显著抑制小鼠的炎症；能显著抑制大鼠白细胞游走，表明蔓性千斤拔具有明显的抗炎作用。

3. 抗病原微生物

张泽萍[69]为了寻找可以减少抗生素用量的中药成分，达到抗生素的增效减毒作用，通过测定 23 种中草药 80%乙醇冷浸提取物和 95%乙醇热回流提取物的体外抗金黄色葡萄球、铜绿假单胞菌、大肠埃希菌以及白色念珠菌的活性，选择活性较好的中草药提取分离具有较好的抑菌作用的化学成分与抗生素联合使用，结果发现豆科植物千斤拔有较好的抗菌效果。

4. 抗肿瘤

范贤[70]研究千斤拔的化学成分研究，并对分离得到的化合物进行了抗肿瘤筛选。由于千斤拔中含有丰富的黄酮类成分，且黄酮类化合物为主要的活性成分，所以范贤采用 MTT 法研究了主要黄酮类化合物的抗肿瘤活性。结果发现 osajin、eriosematin、genistein、lupinalbin A、flemichapparin C 具有一定的抗肿瘤活性，表明不同的化合物在不同的细胞株中表现不一样的活性，并且有一定的量化性和选择性。尤其是对乳腺癌细胞 MCF-7 的抑制作用，其中在抑制乳腺癌细胞的增殖作用的五个黄酮中，eriosematin 的抑制作用效果最强，抑制率高达到 88.67%，其次是 flemichapparin C 和 genistein，也分别达到了 83.31%和 58.58%。

5. 调节内分泌

韦丽君等[71]将 3 月龄雌性 SD 大鼠去势后随机分成模型组、千斤拔饮低剂量组、千斤拔饮高剂量组及己烯雌酚对照组 4 组，另外再取 10 只 3 月龄雌性 SD 大鼠作为假手术的对照组。通过观察各组大鼠血清 E_2、FSH、LH 及 IL-2 的变化、子宫重量及子宫组织学改变，发现注入壮药千斤拔饮的高剂量组能够使去势大鼠的子宫重量指数明显增加，但是子宫内膜并没有明显增厚；明显升高去势大鼠血清 E_2、IL-2 水平，降低去势大鼠血清 FSH、LH 的水平，与模型组相比较，差异具有统计学意义（$P<0.05$ 或 $P<0.01$）。得出壮药千斤拔饮有调节免疫内分泌功能的作用，且能减轻子宫的萎缩程度，对子宫内膜影响较小，疗效可靠且安全的结论。

6. 抗疲劳

周卫华等[72]通过实验证实灌胃给予 200mg/kg、600mg/kg 和 1200mg/kg 的千斤拔醇提取物能够明显延长小鼠的负重游泳时间，灌胃给予 600mg/kg 和 1200mg/kg 的千斤拔醇提取物能够明显降低小鼠的血清尿素氮（BUN）含量和 LDH 酶活性，使得肝糖原（HG）的储备增加。

参考文献

[1] 国家药典委员会. 中华人民共和国药典: 2015 年版四部[S]. 北京: 中国医药科技出版社, 2015.

[2] 宋立人, 洪恂, 丁续亮, 等. 中国中药学大辞典(上)[M]. 北京: 人民卫生出版社, 2001.

[3] 广东省食品药品监督管理局. 广东省中药材标准: 第一册 1370[S]. 广州: 广东科学技术出版社, 2004.

[4] 管燕红, 曾君, 张丽霞. 千斤拔制剂研究概况及在傣医中的应用[J]. 中国民族医药杂志, 2008, 14(10): 39-40.

[5] 韦裕宗. 中国千斤拔属植物的初步研究[J]. 广西植物. 1991, 11(3): 198-204.

[6] 中国科学院中国植物志编委会. 中国植物志: 第 41 卷[M]. 北京: 科学出版社, 1995.

[7] 施力军, 覃景庄, 蒲祖宁, 等. 广西蔓性千斤拔资源调查研究[J]. 广州中医药大学学报, 2018, 35(5): 951-956.

[8] 吴其濬. 植物名实图考(续修四库全书.第 1119 册)[M]. 上海: 上海古籍出版社, 2003.

[9] 萧步丹. 岭南采药录[M]. 广州: 广东科技出版社, 2009.

[10] 贾敏如, 李星炜. 中国民族药志要[M]. 北京: 中国医药科技出版社, 2005.

[11] 李莉, 秦民坚, 张丽霞, 等. 千斤拔属植物的化学成分与生物活性研究进展 [J]. 现代药物与临床, 2009, 24(4): 203-211.

[12] 李宝强. 云南蕊木、大叶千斤拔化学成分及千斤拔指纹图谱研究[D]. 北京: 中国科学院研究生院, 2007.

[13] Cardillo B, Gennaro A, Merlini L, *et al*. New hromenochalcones from *Flemingia*[J]. Phytochemistry, 1973, 12(8): 2027-2031.

[14] Rao C P, Vemuri V S S, Rao K V J. Chemical examination of roots of *Flemingia stricta* Roxb.(Leguminosae)[J]. Indian Journal of Chemistry, 1982, 21(2): 167-169.

[15] Rao C P, Hanumaiah T, Vemuri V S S, *et al*. Flavonol 3-glycosides from the leaves of *Flemingia stricta*[J]. Phytochemistry, 1983, 22(2): 621-622.

[16] Soicke H, Görler K, Waring H. Flavonol glycosides from *Moghania faginea*[J]. Planta Medica, 1990, 56(4): 410-412.

[17] 李华, 李凤岚, 马小军. 千斤拔异戊烯基黄酮研究[A]//2008 中国药学会学术年会暨第八届中国药师周论文集[C]. 石家庄: 2008.

[18] Shiao Y J, Wang C N, Wang W Y, *et al*. Neuroprotective flavonoids from *Flemingia macrophylla*[J]. Planta Medica, 2005, 71(9): 835-840.

[19] Mitscher L A, Gollapudi S R, Khanna I K, *et al*. Antimicrobial agents from higher plants: activity and structural revision of flemiflavanone D from *Flemingiastricta*[J]. Phytochemistry, 1985, 24(12): 2885-2887.

[20] Wu J B, Cheng Y D, Su L L, *et al*. A flavonol C-glycoside from *Moghania macrophylla*[J]. Phytochemistry, 1997, 45(8): 1727-1728.

[21] 任朝琴, 袁玮, 朱斌, 等. 蔓性千斤拔醋酸乙酯部位的化学成分研究[J]. 时珍国医国药, 2012, 23(5): 1102-1103.

[22] 李华, 杨美华, 斯建勇, 等. 千斤拔化学成分研究[J]. 中草药, 2009, 40(4): 512-516.

[23] 张雪, 宋启示. 锈毛千斤拔根的化学成分研究[J]. 中草药, 2009, 40(6): 865-868.

[24] 李华, 杨美华, 马小军. 千斤拔黄酮类化学成分研究[J]. 中国中药杂志, 2009, 34(6): 724-726.

[25] Lai W C, Tsui Y T, Singab A N B, *et al*. Phyto-SERM constitutes from *Flemingia macrophylla*[J]. International Journal Molecular Sciences, 2013, 14(8): 15578-15594.

[26] Hsieh P C, Huang G J, Ho Y L, *et al*. Activities of antioxidants, α-glucosidase inhibitors and aldose reductase inhibitors of the aqueous extracts of four *Flemingia* species in Taiwan[J]. Botanical Studies, 2010, 51(3): 293-302.

[27] Chen M, Lou S Q, Chen J H. Two isoflavones from *Flemingia philippinensis*[J]. Phytochemistry, 1991, 30(11): 3842-3844.

[28] 蒙蒙. 蔓性千斤拔化学成分研究[D]. 咸阳: 陕西中医学院, 2011.

[29] Sivarambabu S, Rao J M, Rao K V J. New flavanones from the roots of *Flemingia stricta* Roxb [J]. Indian Journal of Chemistry, 1979, 17(1): 85-87.

[30] Rao K N, Srimannarayana G. Flemiphyllin, an isoflavone from stems of *Flemingia macrophylla*[J]. Phytochemistry, 1984, 23(4): 927-929.

[31] Ko Y J, Lu T C, Kitanaka S, *et al*. Analgesic and anti-inflammatory activities of the aqueous extracts from three *Flemingia* species[J]. American Journal of Chinese Medicine, 2010, 38(3): 625-638.

[32] Fu M Q, Deng D, Feng S X, *et al*. Chemical constituents from roots of *Flemingia philippinensis*[J]. Chinese Herb Medicine, 2012, 4(1): 8-11.

[33] Fu M, Feng S, Zhang N, *et al*. A new prenylated isoflavone and a new flavonol glycoside from *Flemingia philippinensis*[J]. Helvetica Chimica Acta, 2012, 95(4): 598-605.

[34] 李宝强, 宋启示. 大叶千斤拔根的化学成分[J]. 中草药, 2009, 40(2): 179-182.

[35] Madan S, Singh G N, Kumar Y, *et al*. A new flavanone from *Flemingia strobilifera* (Linn) R. Br. and its"antimicrobial activity" [J]. Tropical Journal of Pharmaceutical Research, 2008, 7(1): 921-927.

[36] 徐涛. 中药千金拔的化学成分研究[D]. 北京: 北京大学医学部, 2004.

[37] Fu M, Deng D, Huang R, *et al*. A new flavanocoumarin from the root of *Flemingia philippinensis*[J]. Natural Product Research, 2013, 27(14): 1237-1241.

[38] Ahn E M, Nakamura N, Akao T, *et al*. Prenylated flavornoids from *Moghania philippinensis*[J]. Phytochemistry, 2003, 64(8): 1389-1394.

[39] Madan S, Singh G N, Kohli K, *et al*. Isoflavonoids from *Flemingia strobilifera* (L.) R. Br. roots[J]. Acta Poloniae Pharmaceutica, 2009, 66(3): 297-303.

[40] Subrahmanyam K, Rao J M, Vemuri V S S, *et al*. New chalcones from leaves of *Flemingia stricta* Roxb.(*Leguminosae*) [J]. Indian Journal of Chemistry, 1982, 21(9): 895-897.

[41] Wang Y, Curtis-Long M J, Yuk H J, *et al*. Bacterial neuraminidase inhibitory effects of prenylated isoflavones from roots of *Flemingia philippinensis*[J]. Bioorganic Medinical of Chemistry, 2013, 21(21): 6398-6404.

[42] 芮雯, 范贤, 岑颖洲, 等. 千斤拔中黄酮类成分的 UPLC/Q-TOF-MS 分析[J]. 中成药, 2012, 34(3): 509-513.

[43] Li H, Yang M, Miao J, *et al*. Prenylated isoflavones from *Flemingia philippinensis*[J]. Magnetic Resonance of Chemistry, 2008, 46(12): 1203-1207.

[44] 王明煜. 蔓性千斤拔有效组分提取分离及其抑菌、防治血栓作用[D]. 长春: 吉林大学, 2008.

[45] Li L, Deng X, Zhang L, *et al*. A new coumestan with immunosuppressive activities from *Flemingia philippinensis*[J]. Fitoterapia, 2011, 82(4): 615-619.

[46] Babu S S, Vemuri V S S, Rao C P, *et al*. Flemiwallichin D, E and F from leaves of *Flemingia wallichii* W and A[J]. Indian Journal of Chemistry, 1985, 24(2): 217-218.

[47] Krishnamurty H G, Prasad J S. Isoflavones of *Moghania macrophylla*[J]. Phytochemistry, 1980, 19(12): 2797-2798.

[48] Tumor Research Center. Studies on the chemical constituents and anti-tumor activities of Yao medicine *Flemingia Philippinensis* Merr. et Rolfe[J]. Combinatorial Chemistry & High Throughput Screening, 2012, 15: 611-622.

[49] Lin Y L, Tsay H J, Liao Y F, *et al*. The components of *Flemingia macrophylla* attenuate amyloid *β*-protein accumulation by regulating amyloid *β*-protein metabolicpathway[J]. Evidence Based Complmentary Alternative Medicine, 2012, 2012(1): 795843.

[50] Abegaz B M, Ngadjui B T, Dongo E, *et al*. Chalcones and other constituents of *Dorstenia prorepens* and *Dorstenia zenkeri* [J]. Phytochemistry, 2002, 59(8): 877-883.

[51] Adityachaudhury N, Gupta P K. A new pterocarpan and coumestan in the roots of *Flemingia chappar*[J]. Phytochemistry, 1973, 12(2): 425-428.

[52] Rao J M, Subrahmanyam K, Rao K V J, *et al*. New chalkones from leaves of *Flemingia stricta* Roxb(*Leguminosae*)[J]. Indian Journey of Chemistry, 1976, 14(5): 339-342.

[53] Rao A S. Root flavonoids[J]. Botanical Review, 1990, 56(1): 1-84.

[54] Wang Y, Curtis-Long M J, Lee B W, *et al*. Inhibition of tyrosinase activity by polyphenol compounds from *Flemingia philippinensis* roots[J]. Bioorganic& Medicine Chemistry, 2014, 22(3): 1115-1120.

[55] Adityachaudhury N, Kirtaniya C L, Mukherjee B. Chalcones of *Flemingia chappar* Ham: The structure and synthesis of flemichapparin[J]. Tetrahedron, 1971, 27(11): 2111-2117.

[56] Rao K N, Srimannarayana G. Fleminone, a flavanone from the stems of *Flemingia macrophylla*[J].Phytochemistry, 1983, 22(10): 2287-2290.

[57] Cardillo G, Merlini L, Mondelli R. Natural chromenes-Ⅲ: colouring matters of wars: the structure of flemingins A, B, C and homoflemingin[J]. Tetrahedron, 1968, 24(1): 497-510.

[58] 张雪. 锈毛千斤拔根及团花树皮化学成分研究[D]. 北京: 中国科学院研究生院, 2008.

[59] 杨波, 高荣升, 杨小生. 岩豆化学成分的研究[J]. 中成药, 2009, 31(4): 618-619.

[60] Rahman M M, Sarker S D, Byres M, et al. New salicylicscid and isoflavone derivatives from *Flemingia paniculata*[J]. Journal of Natural Products, 2004, 67(3): 402-406.

[61] Li H, Zhai F, Yang M, et al. A new benzofuran derivative from *Flemingia philippinensis* Merr. et Rolfe [J]. Molecules, 2012, 17: 7637-7644.

[62] Bhattacharyya K, Mazumdar S K, Bocelli G, et al. Flemiculosin, a novel chalcone[J]. Acta Crystallographica, 1999, 55(2): 215-217.

[63] 王小庆, 杨树德, 杨竹雅. 蔓性千斤拔挥发性成分的研究[J]. 云南中医学院学报, 2008, 31(6): 12-14.

[64] 刘建华. 千斤拔挥发性成分的研究[J]. 中成药. 2003, 25(6): 485-487.

[65] 陈敏, 罗思齐, 陈钧鸿. 蔓性千斤拔化学成分的研究[J]. 药学学报. 1990, 26(1): 42-48.

[66] 孙琳, 李占林, 韩国华, 等. 千斤拔化学成分研究[J]. 中国药物杂志, 2009, 19(5): 363-367.

[67] 江苏新医学院. 中药大辞典: 上册[M]. 上海: 上海科学技术出版社, 1985.

[68] 陈一, 李开双, 黄凤娇. 千斤拔的镇痛和抗炎作用[J]. 广西医学, 1993, 15(2): 77-79.

[69] 张泽萍. 千斤拔单体化合物与抗生素联合使用体外抑菌活性研究[D]. 贵阳: 贵州医科大学, 2019.

[70] 范贤. 瑶药千斤拔(*Flemingia philippinensis* Merr. et Rolfe.)的化学成分及抗肿瘤活性研究[D]. 广州: 暨南大学, 2010.

[71] 韦丽君, 陈惠民, 王建慧. 壮药千斤拔饮对去卵巢大鼠免疫内分泌影响的研究[J]. 广西中医药, 2009, 32(6): 46-49.

[72] 周卫华, 米长忠, 吴仕筠, 等. 千斤拔醇提物抗小鼠运动疲劳的作用[J]. 中国老年学杂志, 2013, 33(13): 3095-3097.

[73] 王学勇. 千斤拔中的天然雌激素[J]. 国际中医中药杂志, 2006, 28(3): 150.

第十节
救必应

　　救必应为冬青科冬青属植物铁冬青（*Ilex rotunda* Thunb.）的干燥树皮或根皮，又名白木香、羊不吃、观音柴、山熊胆、白沉香、冬青仔、山冬青、白山叶等，广泛分布于东亚地区（中国、日本、韩国、越南等）[1]。铁冬青具有清热解毒、消肿止痛、祛风利湿等功效，临床上主要用于治疗心血管疾病、感染性疾病[2,3]。其治疗跌打损伤、烫火伤的效果显著，因此被称为救必应[4]。始载于《岭南采药录》[5]，《中华人民共和国药典 2010 版》一部[6]、《广西中草药》《南宁市药物志》等均有记载。

一、生物学特征及资源分布

1．生物学特征

　　铁冬青为冬青科冬青属植物，灌木或乔木，枝繁叶茂，四季常青。树高 5～20m，胸径可达 1m。树皮厚，呈灰白色至灰黑色，内皮呈黄色，味极苦。茎枝为淡灰绿色挺直圆柱形，较老枝具纵裂缝；小枝呈红褐色，有纵棱，光滑无毛。单叶互生，呈红褐色。夏秋开白绿色小花，雌雄异株，聚伞花序或伞形状花序，单生于当年生枝的叶腋内。核果球形，内果皮近木质。一般花期在 4 月，果期 8～12 月[2]。

2．资源分布

铁冬青在我国主要分布于江西、浙江、安徽、福建、台湾、广东、广西、云南等地。作为常用壮族药物，在广西的南宁、龙胜、罗城、大苗山、苍梧、容县、博白、金秀、上思、防城、德保等地均有分布[2]。民间认为，铁冬青是一种有灵性的树种，生长的地方一定是个好地方。铁冬青生长在海拔400～1100m的温湿肥沃疏林及海边、溪旁或丘陵地带，喜温暖湿润的气候，喜光照，稍耐寒，对土壤要求不严，以上层深厚而肥沃的砂质壤土栽培为宜。

二、化学成分研究

目前，从救必应中已经分离得到许多种成分，主要成分为萜类、皂苷类、甾体类、挥发性成分等。

1．萜类及皂苷类成分

三萜类成分和皂苷类成分在救必应中含量较多，是救必应中的主要成分。罗华锋等[7]对该植物的化学成分进行了研究，从铁冬青茎皮的甲醇提取物中分离出五环三萜类化合物，铁冬青酸、具柄冬青苷、苦丁冬青苷 H、28-O-β-D-葡萄糖基-齐墩果酸、齐墩果酸。朱锦萍[8]利用硅胶、反相硅胶、葡聚糖凝胶、制备液相色谱等分离纯化技术从救必应茎皮中分离得到三萜类成分，23-hydroxy-3,11-dioxodea-12-en-28-oic acid、3β,19α,23-trihydroxy-urs-12-en-28-O-β-D-glucopyranosyl-23-acetyl ester、(20β)-3β,23-dihydroxyurs-12,18-dien-28-oic acid、rotundioic acid、mateside、pomolic acid、28-O-β-D-glucopyranosyl pomolic acid、19-anhydro-4-epirotungenic acid、38,23-dihydroxyursa-12,18(19)-dien-28-oic acid 28-β-D-glucopyranosyl ester、ilexosapogenin B、rotungenic acid、3β-[(α-L-arabinopyranosyl)oxy]-19α-hydroxyolean-12-en-28-oic acid 等。许睿[9]从救必应中分离得到三萜类化合物木栓酮和 28β-羟基-木栓酮，二萜类物质阿贝苦酮和 sugereoside。Amimoto 等[12~13]报道了从救必应叶中分离得到多个新三萜类化合物 ilexosides XXIX-XXXII、ilexolic acid A、ilexolic acid B、ilexosides XXXIII-XXXIX、ilexosides XLVI-LI（表 5-34，图 5-34）。

表 5-34　救必应萜类及皂苷类成分

序号	化合物名称	参考文献	序号	化合物名称	参考文献
1	rotundic acid	[7]	8	ilexoside XXXIX	[12]
2	pedunculoside	[7]	9	ilexoside XLI	[13]
3	23-hydroxy-3,11-dioxodea-12-en-24-28-oic acid	[8]	10	ilexoside XLIII	[13]
4	ilemaminoside A	[10]	11	ilexoside XLIV	[13]
5	friedelin	[9]	12	ilexoside XXXI	[14]
6	ilexoside XXXIV	[12]	13	ilexoside LI	[11]
7	ilexoside XXXVII	[12]	14	3β,19α-dihydroxyurs-12-en-24,28-dioic acid	[15]

2．甾体类成分

孙辉等[16]从救必应中鉴定得到了甾体类化合物，主要为 β-谷甾醇以及 β-胡萝卜苷。

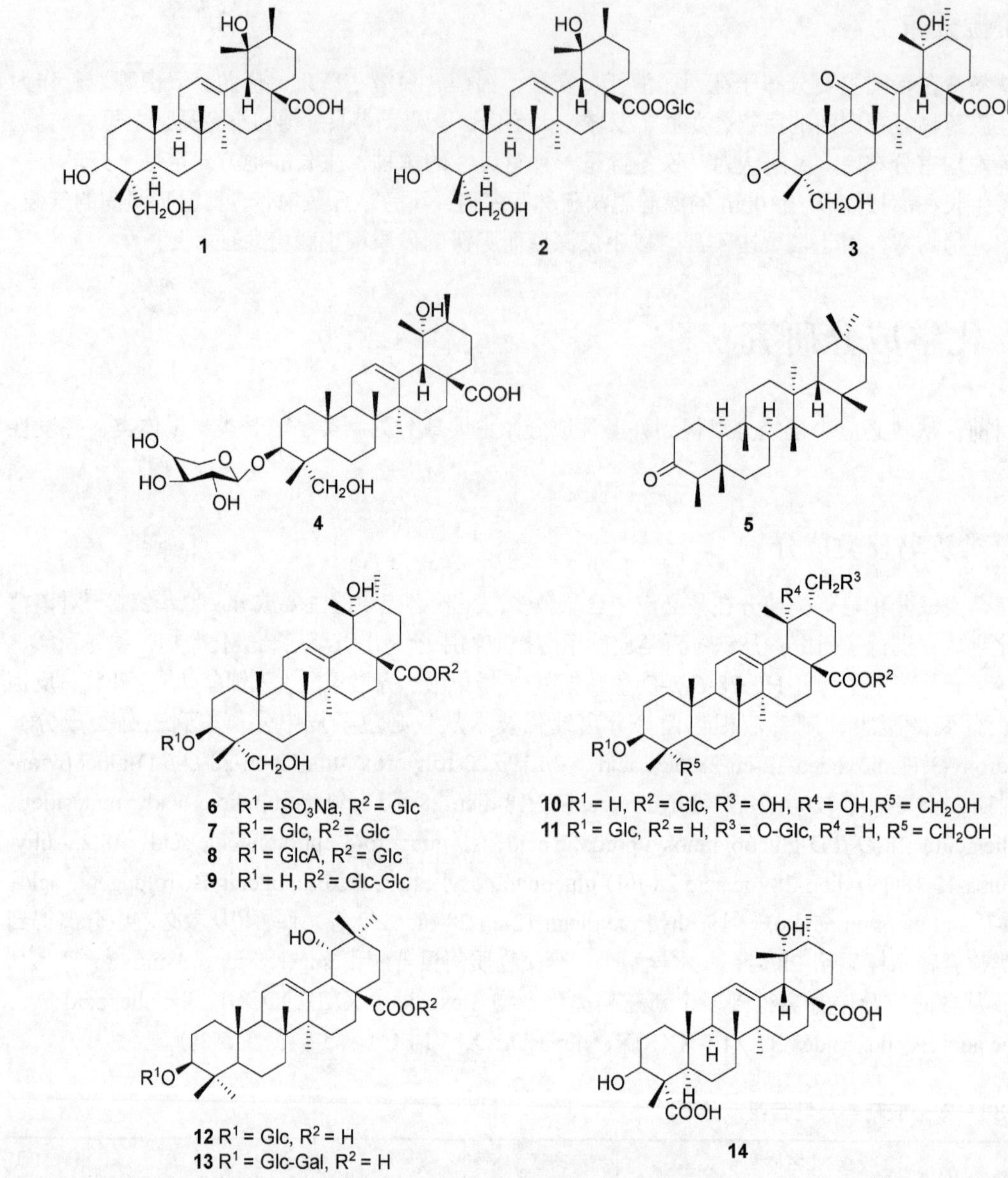

图 5-34 救必应萜类及皂苷类成分

3. 芳香族类成分

研究发现，救必应中最具代表性的芳香族化合物是紫丁香苷，其他的芳香族化合物还有芥子醛、芥子醛葡萄糖苷、丁香醛、香草酸 4-*O-β*-D-吡喃葡萄糖苷、咖啡酸 4-*O-β*-D-吡喃葡萄糖苷、救必应醇、ilexrotunin、二丁香苷醚、丁香脂素 4'-*O-β*-D-吡喃葡萄糖苷、丁香脂素 4',4″-*O-β*-D-吡喃葡萄糖苷等（表 5-35，图 5-35）。

4. 其他类成分

救必应中除了萜类、皂苷类、甾体类、挥发性成分外，还含有较多的脂肪酸、烷烃等其他类成分。如硬脂酸、反式丁香烯、葡萄糖、十六烷、十四烷酸、atraric acid、棕榈酸、棕榈酸乙酯、亚油酸、油酸乙酯、硬脂酸乙酯等[9]。

表 5-35 救必应芳香族类成分

序号	化合物名称	参考文献	序号	化合物名称	参考文献
1	sinapaldehyde	[17]	4	syringin	[9]
2	syringaldehyde	[17]	5	丁香脂素 4'-O-β-D-吡喃葡萄糖苷	[16]
3	香草酸 4-O-β-D-吡喃葡萄糖苷	[16]	6	丁香脂素 4',4''-O-β-D-吡喃葡萄糖苷	[18]

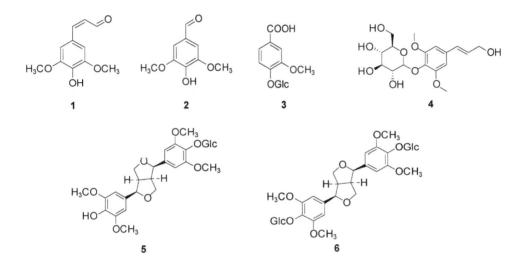

图 5-35 救必应芳香族类成分

三、药理活性

1．对心血管的作用

救必应醇提物具有降低冠脉流量，减慢心率，使心肌收缩力减弱，提高耐缺氧及抗心律失常的作用，临床上常用于心血管疾病。朱莉芬[19]等取体重（180±20）g 大鼠 20 只，随机分两组，每组 10 只，按血小板血栓实验法进行实验，实验组静脉注射铁冬青水提液（1g/kg），对照组注等体积的生理盐水，给药后开放血流 15 min，中断血流后立即取丝线称湿重，计算血栓湿重。结果表明，静脉注射铁冬青水提液（1g/kg）对血栓形成有一定的抑制作用，其抑制率达到 18.5%。

陈小夏等[20]研究发现救必应正丁醇提取物有明显的抗氯仿致室颤的作用，可以抑制由氯化钡引起的双相性室性心律失常的现象，增加引起室性心律失常乌头碱的用量，改善垂体后叶素引起的心肌缺血性心电图，提高小鼠对缺氧的耐受性，表明救必应正丁醇提取物含有抗心律失常和保护缺血缺氧心肌作用的活性成分。

2．降血压、降血脂

董艳芬等[21]以大鼠为实验动物，观察救必应不同提取物对血压的影响。结果表明，静脉注射救必应乙醇提取物、正丁醇提取物、水提取物对正常大鼠血压都有快速的降压作用，其中以舒张压下降最为明显。救必应乙醇提取物降压维持时间最长，其次为正丁醇提取物。

梁艳玲等[22]通过建立高血压模型，观察救必应乙醇提取物对正常大鼠和慢性应激性高血压大鼠的降压作用及其特点。结果表明两个剂量的乙醇提取物对正常组大鼠和应激性高血压组大鼠均有降压作用，以舒张压下降为明显，并且降压作用和持续时间随着药物剂量的增加而加大和延长。同时还观察到应激组降压效果和维持时间比正常组显著，高剂量组可持续 40min，还具有减慢心率作用。

研究发现膳食给药长梗冬青苷可显著降低大鼠血清总胆固醇、低密度脂蛋白胆固醇和动脉粥样硬化指数，同时观察到大鼠血清 HDL-胆固醇和 HDL-胆固醇/总胆固醇比率显著升高。由此得出结论，长梗冬青苷可显著降低血清总胆固醇和总脂水平[23]。

3．抗炎抑菌

宋剑武[24]研究发现救必应水提取物对产 ESBLs 细菌大肠杆菌有一定的抑菌和杀菌活性，救必应水提取物对产 ESBLs 细菌最小抑菌浓度为 0.5g/mL，最小杀菌浓度为 1g/mL，其与阿莫西林、环丙沙星、诺氟沙星、痢菌净、克林沙星、磺胺间甲氧嘧啶、加替沙星、头孢他啶、左旋氧氟沙星、阿米卡星联合应用后，抗菌药体外抗菌活性明显增强。4 种救必应提取物（正丁醇、丙酮、乙醇和乙酸乙酯）与抗菌药物联合诱导细菌传代对耐药大肠杆菌有不同程度的抑菌活性，其中正丁醇、乙醇提取物与抗菌药物联合抑菌效果明显。研究表明救必应正丁醇、乙醇提取物与抗菌药物联合诱导细菌传代具有体外抗耐药菌作用。

庞云露等[25]用昆明种小白鼠（体重 18~22g，共计 260 只，雌雄各半）开展二甲苯致小鼠耳廓肿胀抑制的抗炎试验，对鸡大肠杆菌 O_{78} 标准菌株采用琼脂扩散法和 MIC 试验进行体外抑菌试验，采用致小鼠发病的大肠杆菌进行攻毒来进行体内抑菌试验，发现救必应高剂量（按 4g/kg 体重）、中剂量（按 2g/kg 体重）组的抗炎效果优于四味穿心莲散组；救必应对鸡大肠杆菌 O_{78} 为中度敏感，其抑菌圈直径为 13.3mm，救必应对大肠杆菌的 MIC 为 31.25mg/mL；救必应高剂量组小白鼠的存活率达 85%，中剂量组小白鼠的存活率高达 75%，高于生理盐水对照组的 40% 以及四味穿心莲散组的 70%。表明救必应具有明显的抗炎作用以及抑制大肠杆菌的作用。

4．保肝

丘芬[26]等研究发现，救必应水提液在生药 4g/kg 及以上剂量时，具有较好的降低血清 ALT、AST 水平的作用，并且可以有效降低肝组织中 MDA 的含量，增强肝组织的 SOD 活性；救必应水提液在 6g 生药/kg 以上剂量时还可使肝损伤模型小鼠肝细胞变性坏死情况明显减轻，使病理损害减轻。表明救必应水提液有明显的降酶保肝作用。

陈壮等[27]研究了救必应的水提物（IRTW）对小鼠急性化学性肝损伤的保护作用及其机制。将 60 只小鼠随机平均分成正常对照组、CCl_4 模型组、BPD 组及 IRTW 高、中、低三个剂量组共 6 组；采用四氯化碳（CCl_4）诱导小鼠急性肝损伤模型，观察 IRTW 对小鼠血清 ALT、AST 活性和肝匀浆 SOD、MDA、GSH-Px 含量及对肝组织病理变化的影响。结果发现 IRTW 各剂量组能显著降低小鼠血清 ALT、AST 含量，降低肝匀浆 MDA 含量，使 SOD、GSH-Px 活性升高，减轻肝组织病理损伤程度。

5. 抗肿瘤

许睿[9]采用 MTT 法，选取 CNE1（人鼻咽癌细胞株）、CNE2（人鼻咽癌细胞株）、MDA-MB-435（人乳腺癌细胞株）、SW620（人结肠癌细胞株）、LoVo（人结肠癌细胞株）、Bel-7402（人肺癌细胞株）、A549（人肺癌细胞株）、HeLa（人宫颈癌细胞株）、Hep3B（人肝癌细胞株）、HepG2（人肝癌细胞株）、Glc-82（人肺癌细胞株）11 种人肿瘤细胞株作为受试细胞，对救必应中分离得到的 12 个化合物进行抗肿瘤活性成分筛选。初步结果表明三萜类化合物 rotundic acid 对 CNE1、CNE2、HeLa、SW620、Hep3B、A549、MDA-MB-435 肿瘤细胞株有体外抑制活性；$3\beta,19\alpha$-dihydroxyurs-12-en-24,28-dioic acid 对 SW620、Hep3B、LoVo、MDA-MB-435 肿瘤细胞株有体外抑制活性。赵立春[28]通过实验获得了救必应提取物，并利用 C_{57} 小鼠制备 H22 肿瘤模型，给药 14 天后观察发现各给药组对小鼠体重基本无影响，救必应高中剂量组能显著抑制肿瘤增长，具有显著的抑肿瘤率。通过检测肝脏中 ALT 和 AST 含量，进一步确定，救必应提取物可以改善荷瘤小鼠的肝功能，与免疫组织指数结果相一致，验证中药抗肿瘤主要是通过增强免疫力发挥作用。利用酶联免疫试剂盒测试血清中 IL-12 和 TNF 的含量，结果同样证明给药一定时间后，救必应提取物可以显著增加 IL-12 的表达，升高 TNF 含量，杀伤肿瘤细胞。

6. 镇痛

张榕文等[29]通过小鼠热办法镇痛实验发现救必应乙醇提取液能显著提高小鼠的疼痛阈值，表现出一定的镇痛作用。

参考文献

[1] Chen S K, Ma H Y, Feng Y X, et al. Aquifoliaceae. Flora of China[M]. Beijing: Science Press and St. Louis: Missouri Botanical Gar den Press, 2008, 359-438.

[2] 陆小鸿. "药王奇树" 铁冬青[J]. 广西林业, 2014, (5): 28-29, 60.

[3] 文东旭, 陈仲良. 救必应化学成分的研究[J]. 中草药, 1991, 22(6): 246-248, 287.

[4] 国家中医药管理局《中华本草》编委会. 中华本草: 第 5 卷[M]. 上海: 上海科学技术出版社, 1998.

[5] 江苏新医学院. 中药大辞典[M]. 上海: 上海科学技术出版社, 1977.

[6] 国家药典委员会. 中华人民共和国药典: 一部[S]. 北京: 中国医药科技出版社, 2010.

[7] 罗华锋, 林朝展, 赵钟祥, 等. 铁冬青茎皮五环三萜类化学成分的研究(Ⅰ)[J]. 中草药, 2011, 42(10): 1945-1947.

[8] 朱锦萍. 救必应三萜类成分及代谢转化研究[D]. 广州: 广州中医药大学, 2016.

[9] 许睿. 救必应化学成分研究及抗肿瘤活性成分初步筛选[D]. 广州: 广州中医药大学, 2009.

[10] Kim M H, Park K H, Oh M H, et al. Two new hemiterpene glycosides from the leaves of Ilex rotunda Thunb[J]. Archives of Pharmacal Research, 2012, 35(10): 1779-1784.

[11] Amimoto K, Yoshikawa K, Arihara S. Triterpenoid saponins of aquifoliaceous plants.XII. Ilexosides XLVI-LI from the leaves of Ilex rotunda Thunb[J]. Chemical and Pharmaceutical Bulletin, 1993, 41(1): 77-79.

[12] Amimoto K, Yoshikawa K, Arihara S. Triterpenes and triterpene glycosides from the leaves of Ilex rorunda[J]. Phytochemistry, 1993, 33(6): 1475-1480.

[13] Amimoto K, Yoshikawa K, Arihora S. Triterpenoid saponins of aquifoliaceous plants. XI. Ilexosides XLI-XLV from the leaves of Ilex rotunda Thunb[J]. Chemical and Pharmaceutical Bulletin, 1993, 41(1): 39-42.

[14] Amimoto K Y K, Arihara S. Triterpenoid saponins of aquifoliaceous Plants.VIII. Ilexosides XXIX-XXXII from the leaves of Ilex rotunda Thunb[J]. Chemical and Pharmaceutical Bulletin, 1992, 40(12): 3138-3141.

[15] Rashmi A, Rahul S, Siddiqui I R, et al. Triterpenoid and prenylated phenol glycosides from Blumea lacera[J]. Phytochemistry, 1995, (38): 935-938.

[16] 孙辉, 张晓琪, 蔡艳, 等. 救必应的化学成分研究[J]. 林产化学与工业, 2009, 29(1): 111-114.

[17] Dong X W, Zhong L C. A dimeric sinapaldehyde glucoside from Ilex rotunda[J]. Phytochemisty, 1996, 41(2): 657-659.

[18] 王淳, 巢志茂, 吴晓毅, 等. 救必应中总苷类物质提取技术研究[J]. 中国中医药信息杂志, 2013, 20(12): 61-63.

[19] 朱莉芬, 李美珠, 钟伟新, 等. 铁冬青叶的心血管药理作用研究[J]. 中药材, 1993, 16(12): 29-31.

[20] 陈小夏, 何冰, 徐苑芬, 等. 救必应正丁醇提取物抗心律失常和抗心肌缺血作用研究[J]. 中药药理与临床, 1998, 14(4): 23-25.

[21] 董艳芬, 梁燕玲, 罗集鹏. 救必应不同提取物对血压影响的实验研究[J]. 中药材, 2006, 29 (2): 172-174.

[22] 梁燕玲, 董艳芬, 罗集鹏. 救必应乙醇提取物对应激性高血压大鼠降压作用的实验研究[J]. 中药材, 2005, 28(7): 582-584.

[23] Jahromi M F, Gupta M, Manickam M, et al. Hypolipidemic activity of pedunculoside, a constituent of *Ilex doniana*[J]. Pharmaceutical Biology, 1999, 37(1): 37-41.

[24] 宋剑武. 救必应对产 ESBLs 大肠杆菌作用效果及药物代谢动力学研究[D]. 南宁: 广西大学, 2015.

[25] 庞云露, 王艳玲, 孙亚磊, 等. 救必应的抗菌作用研究[J]. 黑龙江畜牧兽医(下半月), 2020, (4): 114-117, 120.

[26] 丘芬, 张兴燊, 江海燕, 等. 救必应水提液对小鼠肝脏病理损害的治疗作用研究[J]. 亚太传统医药, 2015, 11(5): 10-12.

[27] 陈壮, 肖刚. 救必应对小鼠急性化学性肝损伤的保护作用[J]. 中国医药导报, 2012, 9(26): 15-16, 19.

[28] 赵立春. 响应曲面法用于救必应等三种药材高效提取及其提取物的药理活性研究[D]. 河北大学, 2013.

[29] 张榕文. 救必应抑菌抗炎镇痛有效部位筛选[D]. 广州: 广州中医药大学, 2008.

第十一节

溪黄草

溪黄草 [*Isodon serra* (Maxim.) Hara] 为唇形科香茶菜属植物, 全株可入药, 因其新鲜叶片捣碎有黄色汁液出现而得此名; 俗称熊胆草、血风草、黄汁草、溪沟草、手擦黄等。溪黄草味苦, 性寒, 归肝、胆、大肠经[1], 清热利湿, 凉血散淤, 主治急性黄疸型肝炎、急性胆囊炎、肠炎、痢疾、跌打肿痛等症[2]。溪黄草是一种药食同源植物, 2013 年被国家列入新食品原料。在民间, 溪黄草常被用于制作凉茶, 用于消炎利胆片、胆石通胶囊、十味溪黄草颗粒、溪黄草茶等多种中成药和保健品的生产[3]。

一、资源分布及生物学特征

1. 资源分布

野生溪黄草分广泛分布在我的四川、贵州、广西、广东、湖南、江西等地以及朝鲜。溪黄草多生长于海拔 190~1800m 的潮湿的山谷中。中国人工栽培种植的溪黄草主要分布于福建龙岩和广东潮州市、清远市[4~5]。其中, 连州溪黄草是广东省连州市的特产, 是国家地理标志产品[6]。

2. 生物学特征

溪黄草是一种多年生草本植物; 根茎肥厚, 粗壮, 有时呈疙瘩状, 向下密生纤细的须根。茎直立, 高达 1.5~2m, 钝四棱形, 具四浅槽, 有细条纹, 紫色, 基部木质, 几乎无毛, 向上密被倒柔毛；上部多分枝。茎叶对生，卵圆形或卵圆状披针形或披针形，长 3.5～10cm，宽 1.5～4.5cm，先端近渐尖，基部楔形，边缘具粗大内弯的锯齿，草质，上方暗绿色，下方淡绿色，两侧仅脉上密被微柔毛，其余部分无毛，有淡黄色腺点散布；叶柄长 0.5～3.5cm，上部具渐宽大的翅，腹凹背凸，密被微柔毛。圆锥花序生于茎和分枝先端，长 10～20cm，下部常有分枝，因此植株上部由大的松散圆锥花序组成，圆锥花序由具 5 至多花的聚伞花序组成，聚伞花序具梗，总梗长 0.5～1.5cm，花梗长 1～3mm，总梗、花梗与序轴均密被微柔毛；苞叶在下部者叶状，具短柄，长超过聚伞花序，向上渐变小呈苞片状，披针形至线状披针形，长约与总梗相等，苞片及小苞片细小，长 1～3mm，被微柔毛。花冠紫色，6mm 长，外部被短柔毛，内部无毛。花、果期为 8 月至 9 月[7]。

二、化学成分

溪黄草主要含二萜类、三萜类、酚酸类以及黄酮类成分等化学成分，溪黄草中以二萜类化合物含量最为丰富。

1．二萜类成分

李广义等[8]从广西采集到的溪黄草的茎和叶中分离得到 4 种二萜类化合物，后经鉴定为 lasiodin、oridonin、isodocarpin 和 nodosin。金人玲[9]等从溪黄草的干燥叶和茎中分离得到八个化合物，其中化合物Ⅲ、Ⅷ经过鉴定分别为 excisanin A 及 kamebakaurin，Ⅰ是新分离出的化合物，后经鉴定为 1,14-二羟基-7,20,19,20-二环氧-16-贝壳杉烯-15-酮，命名为溪黄草甲素 (rabdoserrin A)，后又鉴定得到溪黄草乙素[10]。郑琴等[11]利用萃取、硅胶柱色谱、凝胶色谱、反相硅胶柱色谱以及高效液相色谱法对溪黄草的化学成分进行了分离和纯化，并采用光谱法确定其结构，最后分离并鉴定出 4 种化合物，其中 $1\alpha,7\alpha,14\beta,20$-tetrahydroxy-11(12),16(17)dinen-ent-kaur-15-one 为新化合物。Liu 等[12]建立了一种高效液相色谱-电喷雾串联质谱法同时分析中溪黄草中成分的新方法，鉴定得到了二萜类成分 sodoponin、effusanin A、raserrane A 和 raserrane B。谢瑞杰[13]通过对取自湖北神农架山的溪黄草丙酮/水（7∶3，体积比）提取液的乙酸乙酯萃取部分进行研究，并通过硅胶柱色谱、葡聚糖凝胶柱色谱、制备薄层色谱分离及纯化得到了二萜类化合物 parvifolin G、ememogin、serrin C、serrin D 等，其中 serrin D 为新的二萜化合物。林恋竹[14]从溪黄草中分离得到了 effusanin E、effusanin F、effusanin G、rabdosichuanin D、parvifoliside，其中 effusanin E、rabdosichuanin D 及 parvifoliside 均为首次从溪黄草中得到。Yan 等[15]从溪黄草中分离得到了二萜类化合物 $15\alpha,20\beta$-dihydroxy-6β-methoxy-6,7-seco-6,20-epoxy-1,7-olide-ent-kaur-16-ene 和 $6\alpha,15\alpha$-dihydroxy-20-aldehyde-6,7-seco-6,11α-epoxy-1,7-olide-ent-kaur-16-ene。陈德金[16]对溪黄草进行了系统的化学成分分离及纯化，分离得到了 15α-hydroxy-20-oxo-6,7-seco-ent-kaur-16-en-1,7α-(6,11α)-diolide。陈晓等[17]从溪黄草的叶中分离得到 9 个单体成分，通过解析得到 16-acetoxy-7-O-acetylhorminone, horminone 和 ferruginol，均为首次得到。Wan 等[18]从溪黄草中分离出四种新的二萜类成分 serrin K、xerophilusin ⅩⅦ、enanderianin Q、enanderianin R 和四种已知的成分（表 5-36，图 5-36）。

2．三萜类成分

陈德金[16]从溪黄草中分离得到了 3 种三萜类成分 β-amyrin palmitate、friedelin 和 α-amyrin。

吴泽青[19]从溪黄草中分离得到了 ursolic acid、2α-hydroxy ursolic acid 和 oleanolic acid 三种三萜类成分（表 5-37，图 5-37）。

表 5-36　溪黄草二萜类成分

序号	化合物名称	参考文献	序号	化合物名称	参考文献
1	lasiodin	[8]	15	parvifoliside	[14]
2	oridonin	[8]	16	15α,20β-dihydroxy-6β-methoxy-6,7-seco-6,20-epoxy-1,7-olide-*ent*-kaur-16- ene	[15]
3	rabdoserrin A	[9]			
4	excisanin A	[9]	17	6α,15α-dihydroxy-20-aldehyde-6,7-seco-6, 1α-epoxy-1,7-olide-ent-kaur-16- ene	[15]
5	rabdoserrin B	[10]			
6	1α,7α,14β,20-tetrahydroxy-11(12),16(17) dinen-ent-kaur-15-one	[11]	18	15α-hydroxy-20-oxo-6,7-seco-*ent*-kaur-16-en-1,7α-(6,11α)-diolide	[16]
7	sodoponin	[12]	19	16-acetoxy-7-*O*-acetylhorminone	[17]
8	effusanin A	[12]	20	horminone	[17]
9	parvifolin G	[13]	21	ferruginol	[17]
10	ememogin	[13]	22	serrin K	[18]
11	serrin C	[13]	23	xerophilusin ⅩⅦ	[18]
12	serrin D	[13]	24	enanderianin Q	[18]
13	effusanin E	[14]	25	enanderianin R	[18]
14	rabdosichuanin D	[14]			

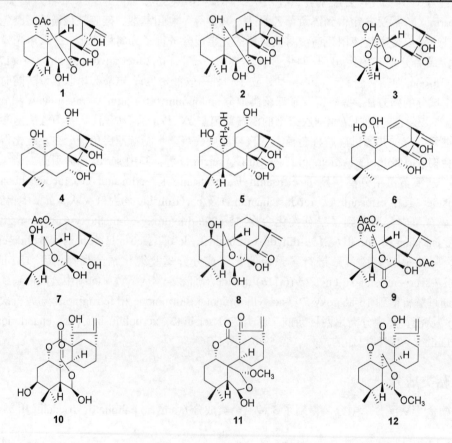

13

14

15

16

17

18

19

20

21

22

23 R = CHO

24 R = OH
25 R = OCH_3

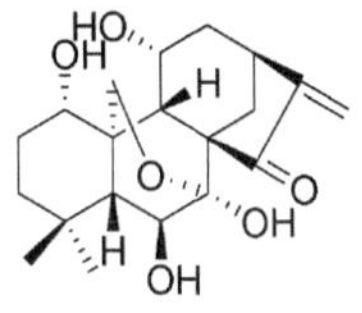

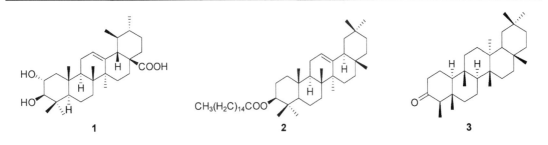

图 5-36　溪黄草二萜类化合物结构

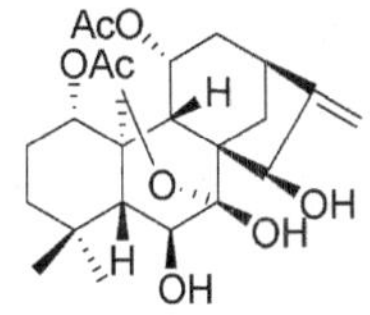

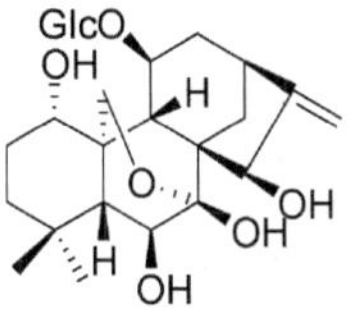

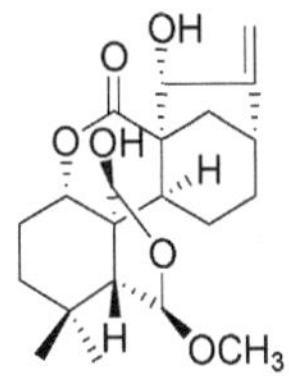

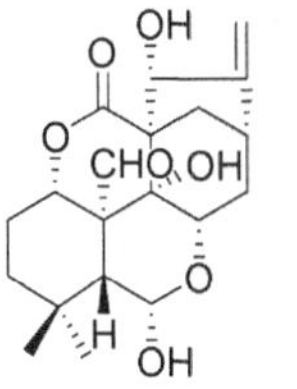

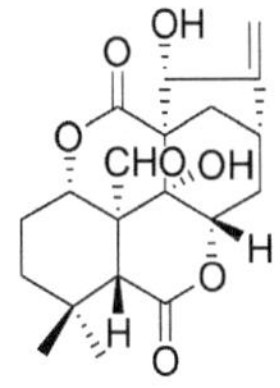

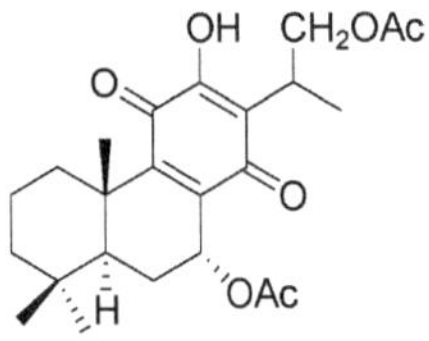

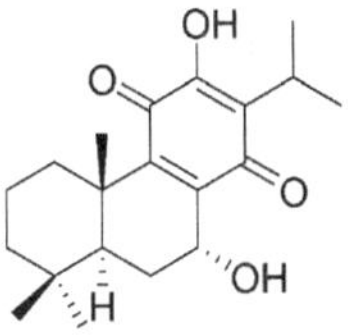

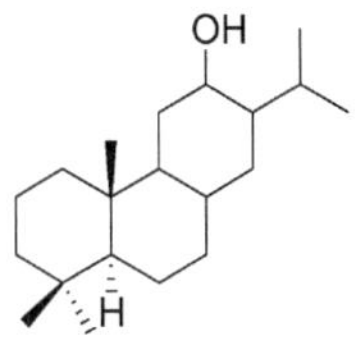

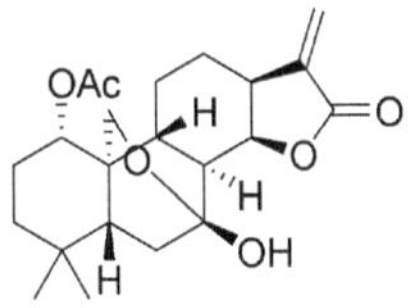

表 5-37　溪黄草三萜类成分

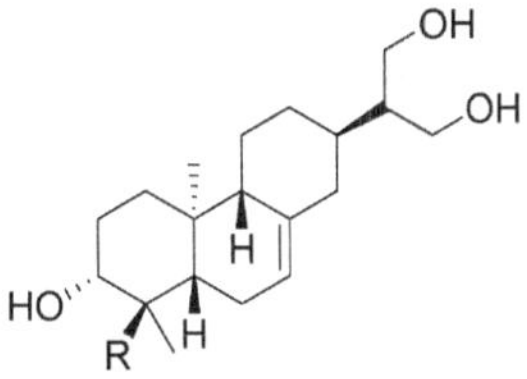

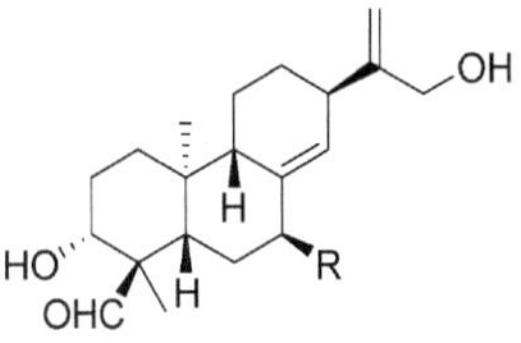

序号	化合物名称	参考文献	序号	化合物名称	参考文献
1	2*α*-hydroxy ursolic acid	[19]	**3**	friedelin	[16]
2	*β*-amyrin palmitate	[16]			

1

2

3

图 5-37　溪黄草三萜类成分

3．酚酸类成分

Liu 等[12]建立了一种基于高效液相色谱-电喷雾串联质谱法同时分析中药溪黄草中成分的新

方法，鉴定得到了酚酸类成分 caffeic acid、rosmarinic acid、methyl rosmarinate、protocatechuic acid、salicylic acid、ferulic acid 和 chlorogenic acid。陈德金[16]从溪黄草中分离得到了 syringic acid、vanillic acid 和 salvianolic acid B 三种酚酸。龚建平等[20]从溪黄草中分离得到了 cryptochlorogenic acid（表 5-38，图 5-38）。

表 5-38　溪黄草酚酸类成分

序号	化合物名称	参考文献	序号	化合物名称	参考文献
1	syringic acid	[16]	**3**	chlorogenic acid	[12]
2	protocatechuic acid	[12]	**4**	cryptochlorogenic acid	[20]

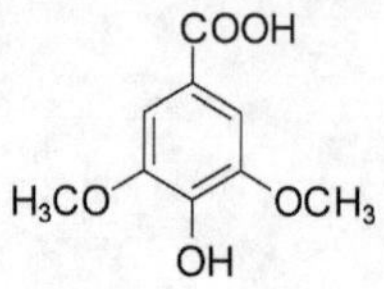

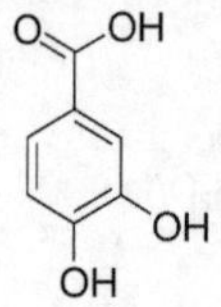

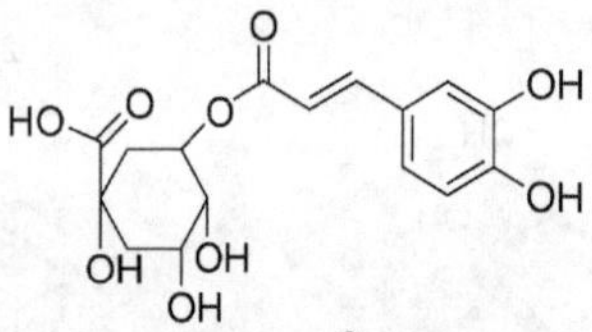

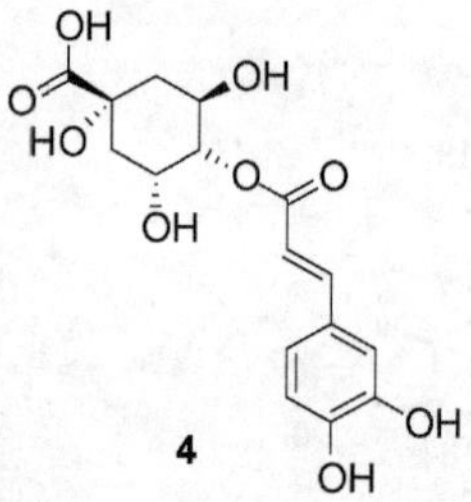

图 5-38　溪黄草酚酸类成分

4. 黄酮类成分

郑琴[11]利用萃取、硅胶柱色谱、凝胶色谱和反相硅胶柱色谱以及高效液相色谱法对溪黄草的化学成分进行了分离和纯化，鉴定出了 daidzein、5-hydroxy-4′-methoxyflavone-7-glucosedase 和 hyperoside 三种黄酮类成分。金人玲等[12]从溪黄草中分离得到了黄酮类成分 isorhamnetin。陈德金[16]分离得到了 luteolin-7-O-β-D-glucoside、quercetin-3-methylether、quercetin、apigenin 和 quercetin-3,3′-dimethylether 五种黄酮类成分（表 5-39，图 5-39）。

表 5-39　溪黄草黄酮类成分

序号	化合物名称	参考文献	序号	化合物名称	参考文献
1	daidzein	[11]	**4**	isorhamnetin	[12]
2	5-hydroxy-4′-methoxyflavone-7-glucosedase	[11]	**5**	luteolin-7-O-β-D-glucoside	[16]
3	hyperoside	[11]			

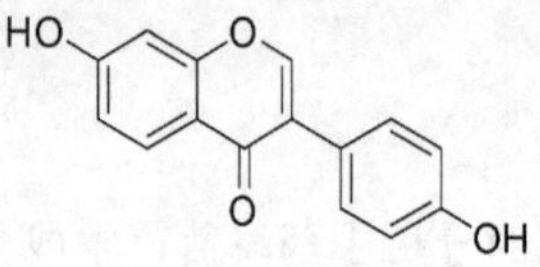

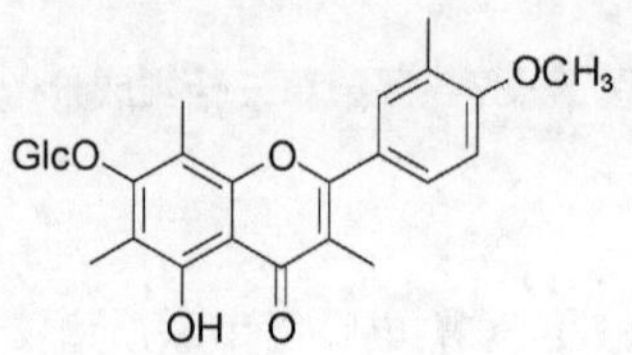

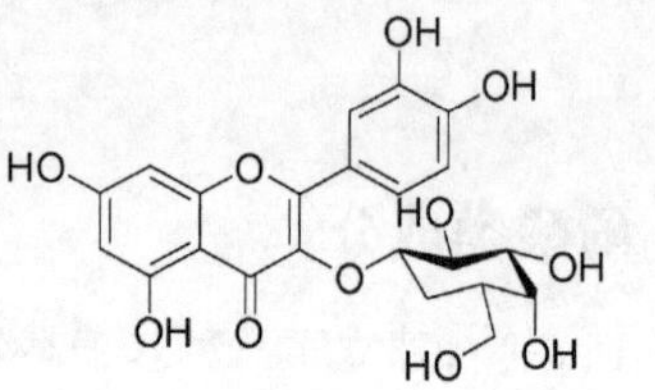

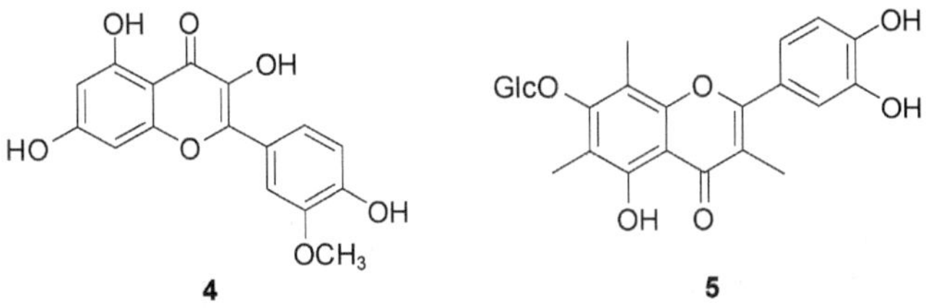

图 5-39　溪黄草黄酮类成分

5．其他成分

溪黄草中还含有 24-methylcholesterol、23S-methylcholesterol、22-dien-3-β-ol、(23S)-ethylcholest-5-en-3-β-ol、β-daucosterol 等成分[21]。

三、药理活性

1．保肝

叶秋莹等[22]通过实验建立了小鼠酒精性肝损伤的模型，将小鼠分为服溪黄草水提物（6 g生药/kg）、联苯双酯滴丸（200mg/kg）、正常对照组和模型组（服等体积生理盐水）四组，每天灌服52%乙醇，连续施用10天后，采集小鼠血液、肝组织样本，检测天冬氨酸转氨酶、谷丙转氨酶的含量以及丙二醛、谷胱甘肽过氧化物酶、超氧化物歧化酶的活性，结果表明溪黄草水提物能显著降低小鼠肝脏、血清中谷丙转氨酶、天冬氨酸转氨酶和丙二醛含量，提高谷胱甘肽过氧化物酶以及超氧化物歧化酶的活性，对小鼠酒精性肝损伤有明显的保护作用。罗莹等[23]通过芯片和RT-PCR技术均发现经溪黄草处理后的肝癌细胞 ALDH8A1 显著降低，表达谱芯片研究表明溪黄草可以通过调控多种基因而抑制肝癌细胞的增殖。刘方乐[24]等人通过建立过氧化氢（H_2O_2）损伤肝细胞模型，确定了溪黄草二萜类化合物对细胞生存率及转氨酶含量的影响，结果表明二萜类化合物是溪黄草重要的保肝药效物质基础。

2．抗肿瘤

孔艺等[25]研究了溪黄草水提取物和醇提取物对人肝癌细胞（HepG2）、胃癌细胞（MKN-45）、食管癌细胞（TE-1）增殖的抑制作用，采用高效液相色谱法（HPLC）建立了溪黄草不同提取物的色谱图，通过 MTT 法检测了溪黄草不同提取物对人肝癌细胞、人胃癌细胞以及人食管癌细胞的存活率，结果表明，溪黄草水提物和醇提物的 IC_{50} 值显著差异（$P < 0.01$），且水提物和醇提物都具有与浓度相关的细胞体外抑制作用。李晨瑜等[26]研究了溪黄草黄酮对人肝癌细胞HepG2 的增殖、迁移与侵袭能力的影响，发现经溪黄草黄酮干预后，HepG2 细胞迁移和侵袭能力明显下降，表明溪黄草黄酮具有抑制肝癌细胞株 HepG2 增殖、迁移和侵袭的作用。张万峰[27]在抗肿瘤中药应用研究中发现溪黄草能抑制人肝癌细胞的增殖。

3．抗病毒

庞琼等[28]将溪黄草的 50%乙醇提取物配置成一定的药物浓度，通过构建 HepG2.2.15 细胞毒性检测模型和乙肝表面抗原、乙型抗原酶联免疫分析，结果表明溪黄草粗提取物在体外具有抑制乙肝病毒的作用。

4. 抗菌

莫小路等[29]研究发现，溪黄草对金黄色葡萄球菌表现出较强的抑菌活性，最低抑菌浓度为0.063g/mL。其对白色念珠菌和酿酒酵母的最低抑菌浓度均为 0.125g/mL。Lin 等[30]将溪黄草的叶和茎的提取物分为石油醚、乙酸乙酯、丁醇和水四部分，结果表明溪黄草叶的乙醇提取物对革兰阳性菌具有广谱抗菌活性，叶和茎的乙酸乙酯部分对革兰阳性菌表现出强烈的抑制作用。

5. 抗炎

WAN 等[18]研究发现溪黄草中的 serrin K、serrin F、14β-hydroxyrabdocoestin A、serrins H、serrins I、enanderianin N 和 megathyrin B 对脂多糖诱导的巨噬细胞 RAW264.7 中 NO 的产生具有抑制作用。曹志方等人[31]采用小鼠炎症模型对牛大力、溪黄草、凤尾草的抗炎效果进行了比较研究，结果表明三种中药对二甲苯引起的小白鼠耳廓肿胀均有一定的抑制作用，其中溪黄草的肿胀抑制率为 27.97%，三种中药对醋酸所致小白鼠腹腔毛细血管通透性增加有明显的抑制作用，其中溪黄草的抑制率为 37.98%。

6. 其他

Lin 等[32]对迷迭香酸、甲基迷迭香酸中分离的胡麻素对酪氨酸酶和 α-葡萄糖苷酶的抑制作用和机制进行了评价。发现溪黄草中化合物对酪氨酸酶和 α-葡萄糖苷酶的抑制作用由大到小依次为 pedalitin > methyl rosmarinate > rosmarinic acid。迷迭香酸和甲基迷迭香酸都被认为是酪氨酸酶的非竞争性抑制剂，而胡麻素被认为是酪氨酸酶的混合型抑制剂。在 α-葡萄糖苷酶抑制试验中，发现迷迭香酸是一种竞争性抑制剂，而甲基迷迭香酸和胡麻素都被认为是混合型抑制剂。

参考文献

[1] 唐海明. 溪黄草水溶性成分分离纯化、质量控制及抗 HepG2 活性研究[D]. 广州：广州中医药大学, 2015.

[2] 广东省食品药品监督管理局. 广东省中药材标准：第 2 册[M]. 广州：广东科技出版社, 2011.

[3] 范会云, 邓乔华, 宋松泉. 肝炎克星——溪黄草[J]. 生命世界, 2020, (9): 44-45.

[4] 吕惠珍. 广西香茶菜属药用植物资源及其开发利用前景[J]. 时珍国医国药, 1999, 10(9): 732-732.

[5] 黄珊珊. 中药溪黄草四种基源植物的染色体数初报[J]. 热带亚热带植物学报, 2011, 19(4): 374-376.

[6] 邓乔华. 溪黄草资源分布与开发利用的研究[J]. 今日药学, 2009, 19(9): 21-25, 8.

[7] 中国科学院中国植物志编委会. 中国植物志：第六十六卷[M]. 北京：科学出版社, 1977.

[8] 李广义, 宋万志, 季庆义, 等. 溪黄草二萜成分的研究[J]. 中药通报, 1984, 9(5): 29-30.

[9] 金人玲, 程培元, 徐光漪. 溪黄草甲素的结构研究[J]. 药学学报, 1985, 20(5): 366-371.

[10] 金人玲, 程培元, 徐光漪. 溪黄草乙素的结构研究[J]. 中国药科大学学报, 1987, 18(3): 172-174.

[11] 郑琴. 溪黄草化学成分的研究[D]. 延吉：延边大学, 2010.

[12] Liu P W, DU Y F, Zhang X W, et al. Rapid analysis of 27 components of *Isodon serra* by LC-ESI-MS-MS[J]. Chromatographia, 2010, 72(3): 265-273.

[13] 谢瑞杰. 冬凌草和溪黄草化学成分及生物活性研究[D]. 新乡：新乡医学院, 2012.

[14] 林恋竹. 溪黄草有效成分分离纯化、结构鉴定及活性评价[D]. 广州：华南理工大学, 2013.

[15] Yan F L, Zhang L B, Zhang J X, et al. Two new diterpenoids from *Isodon serra*[J]. Chinese Chemical Letters, 2007, 18(11): 1383-1385.

[16] 陈德金. 溪黄草化学成分研究[D]. 广州：广州中医药大学, 2013.

[17] 陈晓, 廖仁安, 谢庆兰, 等. 溪黄草化学成分的研究[J]. 中草药, 2000, 31(3): 13-14.

[18] Wan J, Jiang H Y, Tang J W, *et al. ent-*Abietanoids isolated from *Isodon serra*[J]. Molecules, 2017, 22(2): 309.

[19] 吴泽青, 帅欧, 林励, 等. HPLC 法同时测定不同品种溪黄草中 3 种三萜类成分的含量[J]. 食品工业科技, 2012, 33(21): 296-299.

[20] 龚建平, 刘盼盼, 徐云龙, 等. 不同产地溪黄草中酚酸类成分测定和主成分分析[J]. 现代药物与临床, 2019, 34(7): 1956-1959.

[21] 郑穗华. 溪黄草新型抗肿瘤活性组分的研究[D]. 广州: 广东工业大学, 2002.

[22] 叶秋莹, 张黎黎, 黄自通, 等. 溪黄草水提物对酒精性肝损伤的保护作用研究[J]. 中国民族民间医药, 2020, 29(21): 24-28.

[23] 罗莹, 廖长秀, 贺珊, 等. 溪黄草对肝癌 HepG2 细胞基因表达谱的影响[J]. 重庆医学, 2018, 47(6): 728-732.

[24] 刘方乐, 林朝展, 祝晨蔯. 南药溪黄草中二萜类成分的保肝活性及构效关系研究[J]. 中药新药与临床药理, 2019, 30(12): 1409-1415.

[25] 孔艺, 蒋永和, 刘媛, 等. 溪黄草水提物和醇提物体外抗肿瘤活性研究[J]. 中国民族民间医药, 2020, 29(12): 8-12.

[26] 李晨瑜, 张喜红. 溪黄草黄酮对肝癌细胞增殖, 迁移和侵袭的影响及相关机制[J]. 世界华人消化杂志, 2018, 26(17): 1029-1035.

[27] 张万峰. 中药溪黄草对小鼠肝癌 H_{22} 荷瘤抑制作用的实验研究[J]. 中医药学报, 2000, 28(6): 58-59.

[28] 庞琼, 胡志立. 溪黄草抗乙型肝炎病毒体外抑制作用研究[J]. 现代医药卫生, 2016, 32(10): 1465-1467.

[29] 莫小路, 邱蔚芬, 黄珊珊, 等. 溪黄草不同基原植物的抗菌和抗真菌活性研究[J]. 中国现代中药, 2016, 18(8): 980-984.

[30] Lin L Z, Zhu D S, Zou L W, *et al.* Antibacterial activity-guided purification and identification of a novel C-20 oxygenated *ent-* kaurane from *Rabdosia serra* (Maxim.) Hara[J]. Food Chemistry, 2013, 139(1): 902-909.

[31] 曹志方, 杨雨辉, 姚倩, 等. 三种清热解毒中药抗炎活性的研究[J]. 黑龙江畜牧兽医, 2016, (11): 181-183, 297.

[32] Lin L Z, Dong Y, Zhao H, *et al.* Comparative evaluation of rosmarinic acid, methyl rosmarinate and pedalitin isolated from *Rabdosia serra* (Maxim.) Hara as inhibitors of tyrosinase and *α*-glucosidase[J]. Food Chemistry, 2011, 129(3): 884-889.

第十二节
草珊瑚

    草珊瑚 [*Sarcandra glabra* (Thunb.) Nakai] 属于金粟兰科草珊瑚属植物, 又名九节风、九节茶、肿节风、竹节草、牛膝头、鸭脚节等。为民间常用传统中药, 全株可供药用, 具有清热解毒、活血止痛、抗菌消炎等功效[1]。现代研究证明, 草珊瑚具有抗肿瘤、抗菌消炎、抑制流感病毒、镇痛及促进骨折愈合等生物活性。研究发现, 草珊瑚中的主要活性成分为倍半萜类、黄酮类、香豆素类等, 且发现草珊瑚中的提取物有较好的安全性[2,3]。

一、生物学特征及资源分布

1．生物学特征

    常绿半灌木, 高 50～120cm; 茎与枝均有膨大的节。叶革质, 椭圆形、卵形至卵状披针形, 长 6～17cm, 宽 2～6cm, 顶端渐尖, 基部尖或楔形, 边缘具粗锐锯齿, 齿尖有一腺体, 两面均无毛; 叶柄长 0.5～1.5cm, 基部合生成鞘状; 托叶钻形。穗状花序顶生, 通常分枝, 多少成圆锥花序状，连总花梗长 1.5～4cm；苞片三角形；花黄绿色；雄蕊 1 枚，肉质，棒状至圆柱状，花药 2 室，生于药隔上部之两侧，侧向或有时内向；子房球形或卵形，无花柱，柱头近头状。核果球形，直径 3～4mm，熟时亮红色。花期 6 月，果期 8～10 月[1]。

2．资源分布

草珊瑚产于安徽、浙江、江西、福建、台湾、广东、广西、湖南、四川、贵州和云南。生于山坡、沟谷林下荫湿处，海拔 420～1500m。朝鲜、日本、马来西亚、菲律宾、越南、柬埔寨、印度、斯里兰卡亦有[1]。

二、化学成分研究

1．倍半萜类

（1）乌药烷型倍半萜　徐丽丽[5]等从草珊瑚的 95%乙醇提取物中分离得到了两个新乌药烷型倍半萜类化合物 1 和化合物 2。郑学芳[4]等人从草珊瑚乙酸乙酯萃取物中分离得到了 3 个乌药烷型倍半萜化合物，其中化合物 3 和化合物 4 首次从该植物中得到。He 等[33]从草珊瑚植物中首次提取到了乌药烷型倍半萜 sarcandralactone A。Tsui 等[34]从草珊瑚中分离得到 1 个新的乌药烷型倍半萜内酯：chloranthalactone G。另外，Ni 等[35]人从草珊瑚中分离得到了 2 个乌药烷型倍半萜内酯。化合物具体名称和结构可见表 5-40 和图 5-40。

表 5-40　草珊瑚中乌药烷型倍半萜

序号	化合物名称	文献来源	序号	化合物名称	文献来源
1	chlorajapolide D	[5]	**6**	sarcandralactone A	[33]
2	shizukanolide E	[5]	**7**	chloranthalactone G	[34]
3	chlorajapolide C	[4]	**8**	sarcandralactone C	[35]
4	shizukanolide H	[4]	**9**	sarcandralactone D	[35]
5	chloranthalactone E	[4]			

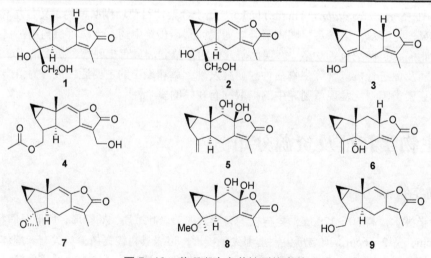

图 5-40　草珊瑚中乌药烷型倍半萜

（2）乌药烷型倍半萜二聚体 2010 年，He 等[33]从草珊瑚中提取乌药烷型倍半萜二聚体 2 个。2016 年，徐丽丽[5]等从草珊瑚的 95%乙醇提取物中分离得到乌药烷型倍半萜二聚体 10 个。部分化合物具体名称和结构可见表 5-41 和图 5-41。

表 5-41 草珊瑚中乌药烷型倍半萜二聚体

序号	化合物名称	文献来源	序号	化合物名称	文献来源
1	glabarolide 1	[5]	4	sarcandrolide E	[5]
2	glabarolide 2	[5]	5	sarglabolide D	[36]
3	sarglabolide C	[36]	6	sarcandrolide A	[33]

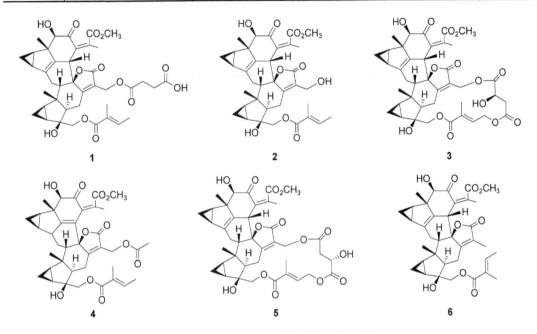

图 5-41 草珊瑚中乌药烷型倍半萜二聚体

（3）其他类型倍半萜 从草珊瑚中分离出其他类型倍半萜包括香树烷型倍半萜、艾里莫芬型倍半萜、桉叶型倍半萜。化合物具体名称和结构可见表 5-42 和图 5-42。

表 5-42 草珊瑚中其他倍半萜类化合物

序号	化合物名称	文献来源	序号	化合物名称	文献来源
1	4β,7α-dihydroxyaromadendrane	[5]	5	1α,8α,9α-trihydroxyeudesman-3(4), 7(11)-dien-8b,12-olide	[37]
2	istanbulin B	[4]			
3	istanbulin A	[4]	6	sarcaglaboside A	[38]
4	sarcandralactone B	[33]	7	sarcaglaboside B	[38]

2. 黄酮类

童胜强[6]对肿节风的化成分研究，30%的乙醇洗脱后，再经硅胶柱色谱和 ODS 反相色谱柱中首次分离得出的化合物：槲皮素-3-O-α-L-鼠李糖苷。黄明菊[7]等从草珊瑚中分离得到了黄酮苷类：朝藿定 C。郑永标[10]等首次从草珊瑚药材中分离得到两个具有较强的抗氧化活性的黄酮类化合物。化合物具体名称和结构可见表 5-43 和图 5-43。

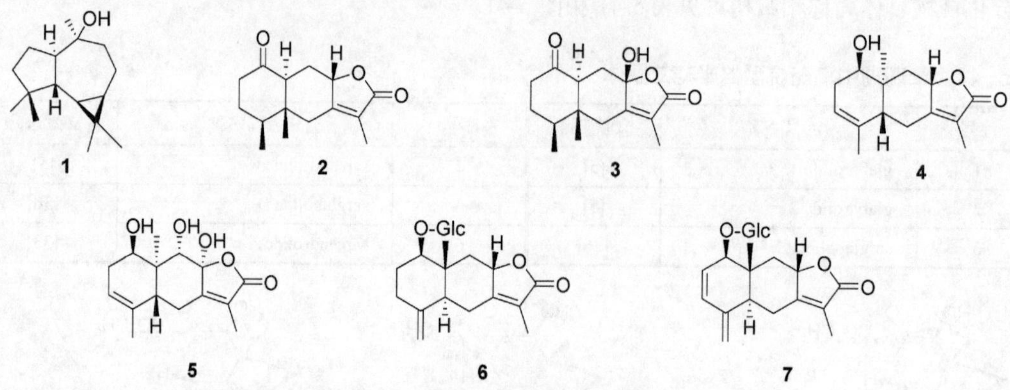

图 5-42　草珊瑚中其他倍半萜类化合物

表 5-43　草珊瑚中黄酮类化合物

序号	化合物名称	文献来源	序号	化合物名称	文献来源
1	槲皮素-3-*O*-α-L-鼠李糖苷	[6]	4	*β*,2,3′,4,4′,6-六羟基-α-(α-L-吡喃鼠李糖基)-二氢查耳酮	[10]
2	朝藿定 C	[7]			
3	cilicicone B	[10]			

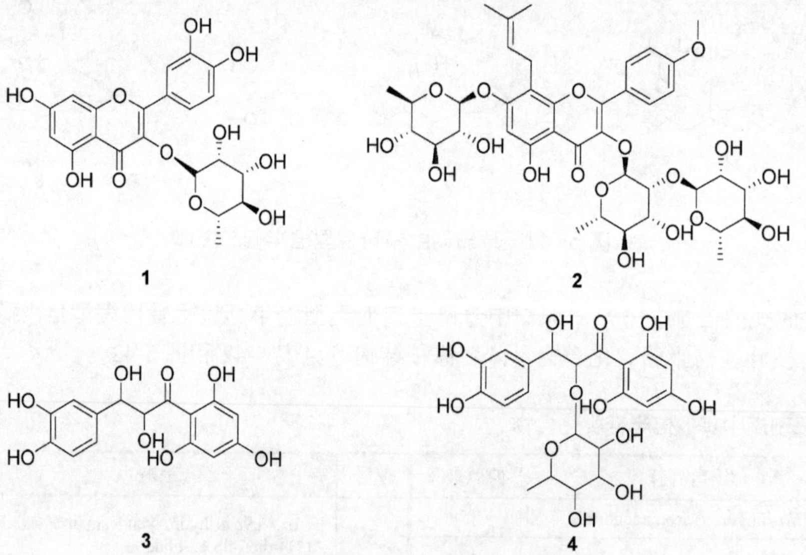

图 5-43　草珊瑚中黄酮类化合物

3．香豆素类

许旭东[8]等人从草珊瑚中分离出来了 6 个香豆素类化合物，分别为 4,4′-双异嗪皮啶（4,4′-biisofraxidin）、秦皮乙素（esculetin）、秦皮素（fraxetin）、滨蒿内酯（scoparone）、异嗪皮啶（isofraxidin）、东莨菪内酯（scopoletin）其中，4,4′-双异嗪皮啶为新的天然产物。化合物具体名称和结构可见表 5-44 和图 5-44。

表 5-44　草珊瑚中香豆素类化合物

序号	化合物名称	文献来源	序号	化合物名称	文献来源
1	4,4′-双异嗪皮啶	[8]	4	滨蒿内酯	[8]
2	秦皮乙素	[8]	5	异嗪皮啶	[8]
3	秦皮素	[8]	6	东莨菪内酯	[8]

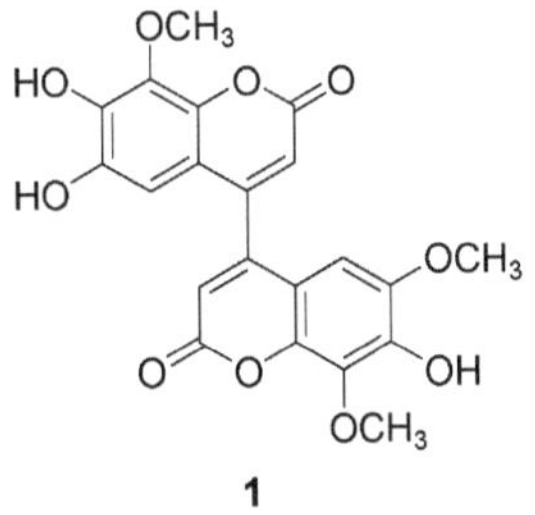

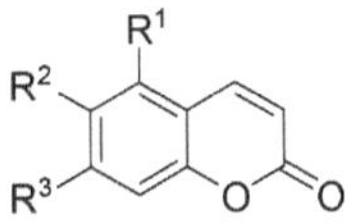

2　R¹ = H, R² = OH, R³ = OH
3　R¹ = OH, R² = OH, R³ = OCH₃
4　R¹ = H, R² = OCH₃, R³ = OCH₃
5　R¹ = OCH₃, R² = OH, R³ = OCH₃
6　R¹ = H, R² = OH, R³ = OCH₃

图 5-44　草珊瑚中香豆素类化合物

4．有机酸类

童胜强[6]首次从草珊瑚的石油醚和乙酸乙酯部分中分离出二十二烷酸、二十四烷酸，从 30% 乙醇中分离出了邻苯二甲酸，李先霞[7]等用甲醇-水梯度洗脱、甲醇-醋酸水洗脱得到丁香酸和对 羟基苯甲酸。付菊琴[10]从乙酸乙酯和石油醚部位分离得到齐墩果酸。化合物具体名称和结构可 见表 5-45 和图 5-45。

表 5-45　草珊瑚中有机酸类化合物

序号	化合物名称	文献来源	序号	化合物名称	文献来源
1	二十二烷酸	[6]	3	齐墩果酸	[10]
2	丁香酸	[7]			

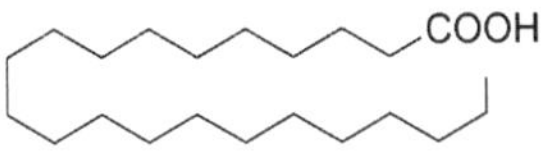

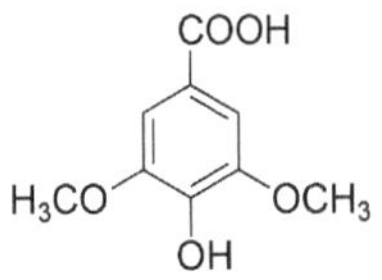

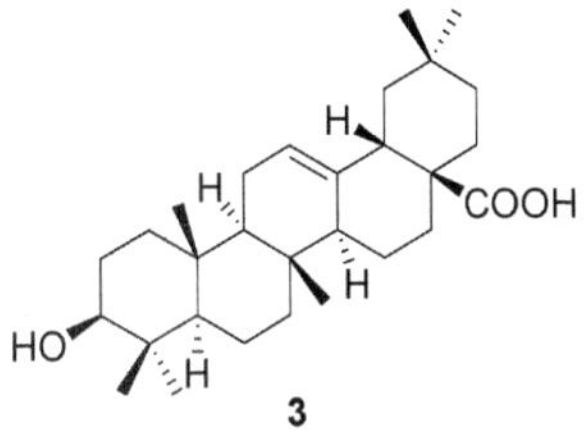

图 5-45　草珊瑚中有机酸类化合物

5．其他类化合物

近年来，从草珊瑚中分离得到的其他类化合物包括木脂素类等。化合物具体名称和结构可 见表 5-46 和图 5-46。

表 5-46　草珊瑚中其他类化合物

序号	化合物名称	文献来源	序号	化合物名称	文献来源
1	(+)-syringaresinol	[5]	3	3β-hydroxystigmast-5-en-7-one	[4]
2	迷迭香酸甲酯	[5]			

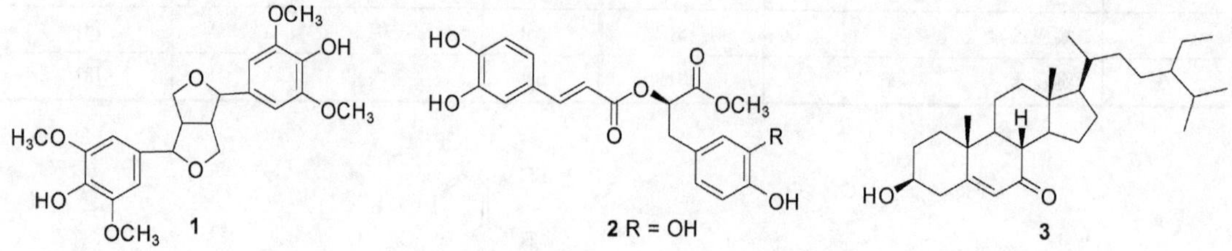

图 5-46　草珊瑚中其他类化合物

三、药理活性研究

1．抗肿瘤

现代研究发现，草珊瑚一些主要活性成分对多种肿瘤具有抑制作用，有研究报道，草珊瑚挥发油对自发乳腺癌 615 细胞、白血病 615 细胞、艾式腹水癌等均有一定抑制作用[12]。

章武强[11]等发现，草珊瑚总黄酮对小剂量化疗药 CTX（20mg/kg）有增效作用和对大剂量 CTX（100mg/kg）有减毒的作用，且 200mg/kg 草珊瑚总黄酮对 20mg/kg CTX 的抑瘤增效率最显著。陈宇燕等[13]研究发现随着草珊瑚浓度的升高，对肺癌细胞 A549、H1299 细胞的增殖抑制越强；另外发现，草珊瑚通过上调 p-Smad3 的表达，通过 TGF-β 信号通路进而诱导 p21 的表达，从而使得细胞周期阻滞在 G0/G1 期，进而抑制肺癌细胞的增殖。谢雅等[14]研究发现草珊瑚对人结肠癌 HCT-8 细胞增殖抑制率与草珊瑚呈时间-剂量依赖性，但当草珊瑚剂量较低（5mg/L、10mg/L、15mg/L）时，细胞增殖抑制率变化不明显，在 24h、48h 和 72h，中、高剂量组的细胞增殖抑制率均大于低剂量组（$P<0.01$），且在 48h 和 72h，高剂量组对 HCT-8 细胞生长抑制率明显增高（$P<0.05$），说明草珊瑚对结肠癌 HCT-8 肿瘤细胞具有诱导凋亡的作用。李宏[15]等研究发现大于 90μmol/L 的草珊瑚中的迷迭香酸成分对乳腺癌 MCF-7 细胞的增殖无明显的影响，但对 MDA-MB 231 细胞的增殖具有显著的抑制作用，并进一步研究表明诱导产生凋亡的机制与抑制 Bcl-2 基因的表达，促进 Bax 基因的表达有关，且呈现明显的剂量效应关系。董媛等[16]探讨草珊瑚注射液辅助治疗晚期食道癌的疗效时发现草珊瑚可有效降低患者血清血管内皮细胞生长因子（VEGF）、钙结合蛋白 S100A4（S100A4）水平，其治疗后的观察组总有效率和疾病控制率分别为 93.55%、87.1%，均显著高于对照组（70%、60%，$P<0.05$）。

2．抗菌消炎

研究发现，草珊瑚及其制剂可用于治疗急性上呼吸道感染、肺炎、疱疹性咽峡炎、鼻窦炎、扁桃体炎等呼吸系统感染疾病[17]。

江泽波等[18]研究发现草珊瑚多糖可以有效地增加巨噬细胞 RAW264.7 膜蛋白 CD16/32 的表达，对于 IFN-γ 诱导的 M1 型巨噬细胞，促进了 IL-1β、TNF-α、i NOS、IL-10 mRNA 的表达，提高了抗炎因子的表达，从而增强机体免疫力。Niu 等[19]研究发现草珊瑚中异嗪皮啶对 LPS 诱导的急性肺损伤小鼠肺部保护作用可能与抑制肺组织中 COX-2 蛋白的表达，调节前列腺素 E2（PGE2）的产生有关。Liu 等[20]研究发现异嗪皮啶除 MAPK 信号通路以外新的抗炎作用通路，涉及通过调控核因子 κB（NF-κB）细胞信号传导通路，调节炎症因子 TNF-α 的产生。清热消炎宁是从草珊瑚提取的中药制剂，有研究指出，在治疗急性化脓性扁桃体炎患者 179 例，治疗组 89 例中，使用清热消炎宁联合青霉素 640 万单位，治疗 3 天后，总有效率 97.8%，主要症状及体征缓解率均优于对照组（$P<0.05$）[21]。王寒蕾[22]研究发现，草珊瑚能降低早期放射性肺损伤大鼠血清中的 TNF-α、IL-1β、TGF-β1 含量及肺组织羟脯氨酸、TNF-α、TGF-β1 的表达，从而减轻放射性肺炎，但对减轻晚期放射性肺纤维化作用不明显。霍宇航等[23]研究草珊瑚水提物不同浓度乙醇洗脱部位对 H_1N_1 流感病毒感染小鼠及其病毒性介导氧化应激肺损伤的保护作用和机制中发现用草珊瑚 20%部位、30%部位治疗，对流感病毒感染小鼠所致氧化应激因子 SOD、MDA、NO 的紊乱起到调节作用，可能是通过进一步调控 Nrf2/HO-1 通路从而减小肺组织氧化应激损伤。Wei 等[32]发现从草珊瑚中提取出的 shizukaol D 具有很好的抗炎作用，它可下调诱导型一氧化氮合酶（iNOS）的表达，抑制核因子 κB（NF-κB）p65 的蛋白水平和 NF-κB p65 的核转位，同时，降低了活性氧水平。

3. 抗胃溃疡

黄耀庭[24]研究发现 A 组草珊瑚、阿莫西林、枸橼酸铋钾短程三联疗法对幽门螺旋杆菌感染的根除效果、溃疡愈合效果及其副反应与 B 组甲硝唑、阿莫西林、枸橼酸铋钾三联疗法进行比较，幽门螺旋杆菌根除率分别为 82.1%和 84.2%，溃疡愈合总有效率为 89.7%和 89.5%，副反应发生率分别为 5.2%和 52.6%。提出用草珊瑚代替甲硝唑来降低副反应的发生。王秋玲等[25]研究发现，引入草珊瑚能明显减小胃窦及胃体溃疡直径，并使 IL-6 和 IL-8 水平等炎性因子水平降低，从而有助于胃溃疡患者的治疗。同时，有研究发现草珊瑚颗粒在治疗胃溃疡上疗效显著，结合西药能够进一步提高其疗效[26]。

4. 其他

梁正敏等[27]研究发现草珊瑚有效成分迷迭香酸具有抑制哮喘 Th2 细胞因子和调节免疫平衡的作用，与正常对照组比较，OVA 哮喘模型组小鼠支气管肺泡灌洗液（BALF）中 IL-4，IL-5 和 IL-13 水平极显著升高（$P<0.01$），IFN-γ 水平极显著降低（$P<0.01$），IL-4/IFN-γ 比例极显著升高（$P<0.01$）；与 OVA 哮喘模型组比较，迷迭香酸治疗组和地塞米松治疗组显著抑制了 IL-4、IL-5 和 IL-13 水平（$P<0.05$），显著降低了 IL-4/IFN-γ 比值（$P<0.05$）。孙慧娟等[28]研究发现草珊瑚总黄酮能够促进白血病 K562 细胞凋亡，其在作用 24h、48h、72h 的 IC_{50} 分别为 $(64.90\pm5.16)\mu g/mL$、$(50.60\pm4.00)\mu g/mL$、$(34.90\pm2.46)\mu g/mL$，并推测该机制可能与其 Bcl-2、Caspase-3 蛋白的低表达，Cleaved Caspase-3 蛋白的高表达有关。研究发现草珊瑚总黄酮能显著提高阿糖胞苷诱导血小板减少症动物的外周血小板数目，并推测可能与增加骨髓中 SDF-1 及其受体 CXCR-4 的表达，从而有利于巨核细胞的增殖、分化和血小板的形成[29-30]。Tang 等[31]研究发现草珊瑚提取物咖啡酸 3,4-二羟基苯乙酯（CADPE）对不同白血病细胞系具有较强的活性，对正常细胞具有较低的毒性。

参考文献

[1] 中国科学院中国植物志编辑委员会. 中国植物志: 第二十卷第一分册[M]. 北京: 科学出版社, 1982.

[2] 付菊琴, 曲玮, 梁敬钰. 草珊瑚属植物的研究进展[J]. 海峡药学, 2011, 23(1): 1-6.

[3] 曹聪梅. 中国金粟兰科植物药用亲缘学研究[D]. 北京: 中国医学科学院、北京协和医学院, 2009.

[4] 郑学芳, 刘海洋, 钟惠民. 草珊瑚化学成分的研究[J]. 天然产物研究与开发, 2014, 26(8): 1221-1224, 1284.

[5] 徐丽丽. 全缘金粟兰及草珊瑚的化学成分研究[D]. 昆明: 云南中医学院, 2016.

[6] 童胜强, 黄娟, 王冰岚, 等. 肿节风化学成分的研究[J]. 中草药, 2010, 41(2): 198-201.

[7] 李先霞, 黄明菊, 李妍岚等. 肿节风中抗氧化活性成分的研究[J]. 中国药物化学杂志, 2010, 20(1): 57-60.

[8] 许旭东, 胡晓茹, 袁经权, 等. 草珊瑚中香豆素化学成分研究[J]. 中国中药杂志, 2008, 33(8): 900-902.

[9] 余峰, 付菊琴, 梁敬钰. 草珊瑚的化学成分研究[J]. 生物技术世界, 2012, 10(7): 5-6, 8.

[10] 郑永标, 许小萍, 邹先文, 等. 草珊瑚药材抗氧化活性化学成分研究[J]. 福建师范大学学报(自然科学版), 2016, 32(3): 98-102.

[11] 章武强, 苏敏, 陈奇. 肿节风总黄酮对环磷酰胺抗小鼠肉瘤 S_{180} 的增效减毒作用[J]. 中国医药导报, 2011, 8(31): 17-19.

[12] 梅全喜, 胡莹. 肿节风的药理作用及临床应用研究进展[J]. 时珍国医国药, 2011, 22(1): 230-232.

[13] 陈宇燕. 乳酸和中药肿节风影响非小细胞肺癌增殖的分子机制研究[D]. 芜湖: 皖南医学院, 2019.

[14] 谢雅, 杨关根, 袁建明, 等. 肿节风诱导人结肠癌HCT-8 细胞凋亡的体外实验研究[J]. 医药论坛杂志, 2018, 39(10): 10-13, 16.

[15] 李宏, 庄海林, 林俊锦, 等. 肿节风中迷迭香酸成分对乳腺癌细胞增殖、迁移能力及凋亡相关基因表达影响[J]. 中国中药杂志, 2018, 43(16): 3335-3340.

[16] 董媛, 张莉莉, 史丽娜, 等. 肿节风注射液辅助治疗晚期食道癌的疗效及对患者血清 VEGF、S100A4 水平的影响[J]. 现代生物医学进展, 2019, 19(19): 3712-3715, 3634.

[17] 易洁梅. 肿节风的药理研究及临床应用新进展[J]. 实用药物与临床, 2011, 14(6): 523-525.

[18] 江泽波, 陈泽玲, 黎雄, 等. 草珊瑚多糖对巨噬细胞 RAW264.7 的免疫调节作用[J]. 中国实验方剂学杂志, 2014, 20(12): 178-182.

[19] Niu X, Wang Y, Li W, et al. Protective effects of Isofraxidin against lipopolysaccharide-induced acute lung injury in mice[J]. International Immunopharmacology, 2015, 24(2): 432-439.

[20] Liu L, Mu Q, Li W, et al. Isofraxidin protects mice from LPS challenge by inhibiting pro-inflammatory cytokines and alleviating histopathological changes[J]. Immunobiology, 2015, 220(3): 406-413.

[21] 郑俊. 清热消炎宁胶囊在急性化脓性扁桃体炎中的应用 179 例[J]. 中国卫生产业, 2011, 8(10): 53.

[22] 王寒蕾. 肿节风和马蔺子素对大鼠放射性肺损伤的防护研究[D]. 南宁: 广西医科大学, 2016.

[23] 霍宇航, 张莹, 安苗, 等. 肿节风提取物不同部位对病毒性肺损伤小鼠氧化应激作用研究[J]. 中药材, 2020, 43(10): 2555-2559.

[24] 黄耀庭. 肿节风在三联疗法根治幽门螺旋杆菌中的作用[J]. 上海医药, 2000, (12): 12-13.

[25] 王秋玲, 吴文理. 肿节风在治疗胃溃疡患者中的应用及对患者溃疡直径的影响[J]. 中医临床研究, 2019, 11(14): 35-37.

[26] 王燕. 肿节风在胃溃疡患者中的疗效观察[J]. 临床医药文献电子杂志, 2019, 6(80): 12.

[27] 梁正敏, 黄丽菊, 朱宣霖, 等. 肿节风有效成分迷迭香酸对哮喘小鼠 Th1/Th2 型细胞因子水平的影响[J]. 黑龙江畜牧兽医, 2017, (8): 201-203.

[28] 孙慧娟, 卢晓南, 胡星遥, 等. 肿节风总黄酮促进白血病 K562 细胞凋亡的效应及机制研究[J]. 中药药理与临床, 2019, 35(6): 54-57.

[29] 卢晓南, 张洁, 严小军, 等. 肿节风总黄酮对化疗所致血小板减少模型小鼠骨髓 SDF-1 和 CXCR-4 表达的影响[J]. 中药新药与临床药理, 2018, 29(4): 433-437.

[30] 卢晓南, 张洁, 彭文虎, 等. 肿节风总黄酮对阿糖胞苷所致血小板减少动物模型骨髓基质细胞和巨核细胞的影响[J]. 中药药理与临床, 2018, 34(1): 32-35, 174.

[31] Tang M, Xie X, Shi M, et al. Antileukemic effect of caffeic acid 3,4-dihydroxyphenetyl ester. Evidences for its mechanisms of action[J]. Phytomedicine, 2021, 80: 153383.

[32] Wei S, Chi J, Zhou M, et al. Anti-inflammatory lindenane sesquiterpeniods and dimers from Sarcandra glabra and its upregulating AKT/Nrf2/HO-1 signaling mechanism[J]. Industrial Crops and Product, 2019, 137: 367-376.

[33] He X F, Yin S, Ji Y C, *et al*. Sesquiterpenes and dimeric sesquiterpenoids from *Sarcandra glabra*[J]. Journal of Natural Products, 2010, 73(1): 45-50.

[34] Tsui W Y, Brown G D. Cycloeudesmanolides from *Sarcandra glabra*[J]. Phytochemistry, 1996, 43(4): 819-821.

[35] Ni G, Zhang H, Liu H C, *et al*. Cytotoxic sesquiterpenoids from *Sarcandra glabra*[J]. Tetrahedron, 2013, 69(2): 564-569.

[36] Wang P, Luo J, Zhang Y M, *et al*. ChemInform Abstract: Sesquiterpene dimers esterified with diverse small organic acids from the seeds of *Sarcandra glabra*[J]. ChemInform, 2015, 71(46): 5362-5370.

[37] Wang C, Li Y, Li C J, *et al*. Three new compounds from *Sarcandra glabra*[J]. Chinese Chemisty Letters, 2012, 23(7): 823-826.

[38] Li Y, Zhang D M, Li J B, *et al*. Hepatoprotective sesquiterpene glycosides from *Sarcandra glabra*[J]. Journal of Natural Products, 2006, 69(4): 616-620.

第十三节
叶下珠

叶下珠（*Phyllanthus urinaria* L.）为大戟科叶下珠属植物，以全草入药，又称珍珠草、关门草、阴阳草、珠仔草、假油甘、含羞草、五时合、龙珠草、夜合草等[1-2]。叶下珠味微苦、甘，性凉，具有解毒消炎、清热止泻、利尿的功效[3]，可用来治疗赤目肿痛、肠炎腹泻、痢疾、肝炎、小儿疳积、肾炎水肿、尿路感染等疾病[4]。

一、生物学特征与资源分布

1. 生物学特征

一年生草本，高 10～60cm，茎通常直立，基部多分枝，枝倾卧然后上升；枝具翅状纵棱，上部被纵列稀疏短柔毛。叶片纸质，叶片柄扭转而呈羽状排列，长圆形或倒卵形，长 4～10mm，宽 2～5mm，顶端圆形、钝或急尖而有小尖头，下面灰绿色，近边缘或边缘有 1～3 列短粗毛；每边具 4～5 条明显的侧脉；叶柄极短；托叶卵状披针形，长约 1.5mm。花雌雄同株，直径约 4mm；雄花 2～4 朵簇生在叶腋，通常只有上面 1 朵开花，下面的很小；花梗长约 0.5mm，基部有 1～2 枚苞片；萼片 6 枚，倒卵形，长约 0.6mm，尖端钝；雄蕊 3 枚，花丝全部合生成柱状；花粉粒长球形，通常具 5 孔沟，少数具 3、4 或 6 孔沟，内孔横长呈椭圆形；花盘腺体 6，分离，与萼片互生；雌花单生于小枝中下部的叶腋内；花梗长约 0.5mm；萼片 6 枚，接近相等，卵状披针形，长约 1mm，边缘膜质，呈黄白色；花盘圆盘状，边全缘；子房卵状，有鳞片状凸起，花柱分离，顶端 2 裂，裂片弯卷。蒴果呈圆球状，直径 1～2mm，红色，表面具小凸刺，有宿存的花柱和萼片，开裂后轴柱宿存；种子长约 1.2mm，橙黄色。花期为 4～6 月，果期 7～11 月[5]。

2. 资源分布

叶下珠喜温暖湿润的气候，不耐寒。与耐高温的草本植物相比，更适合生长在海拔 1300 m 以下，年平均气温超过 19.5℃，降雨量适中的环境条件中，以土壤疏松、土层深厚、排水良好、靠近水源的黄砂壤土为好，平地最宜。主要生长在山坡、路旁、田边等草丛湿地。叶下珠广泛分布，在我国四川、云南、贵州、广东、广西、江苏、安徽等地均有分布[4]。

二、化学成分

1．黄酮类成分

魏春山[6]等利用色谱分离方法与现代波谱分析技术，对叶下珠乙酸乙酯提取物的化学成分进行了系统的研究。从叶下珠中分离鉴定了多个黄酮类化合物，分别为槲皮素-7-*O*-α-L-鼠李糖苷、槲皮素-3-*O*-α-L-鼠李糖苷、槲皮素-3-*O*-β-D-葡萄糖苷、芸香苷、槲皮素、山柰酚、山柰酚-3-*O*-α-L-鼠李糖苷木犀草素、木犀草素-7-*O*-β-D-葡萄糖苷、蒙花苷、山柰酚-3-*O*-β-芸香糖苷、柚皮苷、橙皮苷等。Wu 等[7]从叶下珠中分离鉴定得到了 quercetin-3-*O*-α-L-(2,4-di-*O*-acetyl)-rhamnopyranoside-7-*O*-α-L-rhamnopyranoside 和 quercetin-3-*O*-α-L-(3,4-di-*O*-acetyl)-rhamnopyranoside-7-*O*-α-L-rhamnopyranoside（表 5-47，图 5-47）。

表 5-47　叶下珠黄酮类成分

序号	化合物名称	参考文献	序号	化合物名称	参考文献
1	芸香苷	[6]	4	黄芪苷	[8]
2	异泽兰黄素	[6]	5	7-甲氧基山柰酚	[9]
3	quercetin-3-*O*-α-L-(2,4-di-*O*-acetyl)-rhamnopyranoside-7-*O*-α-L-rhamnopyranoside	[7]	6	hesperidin	[6]

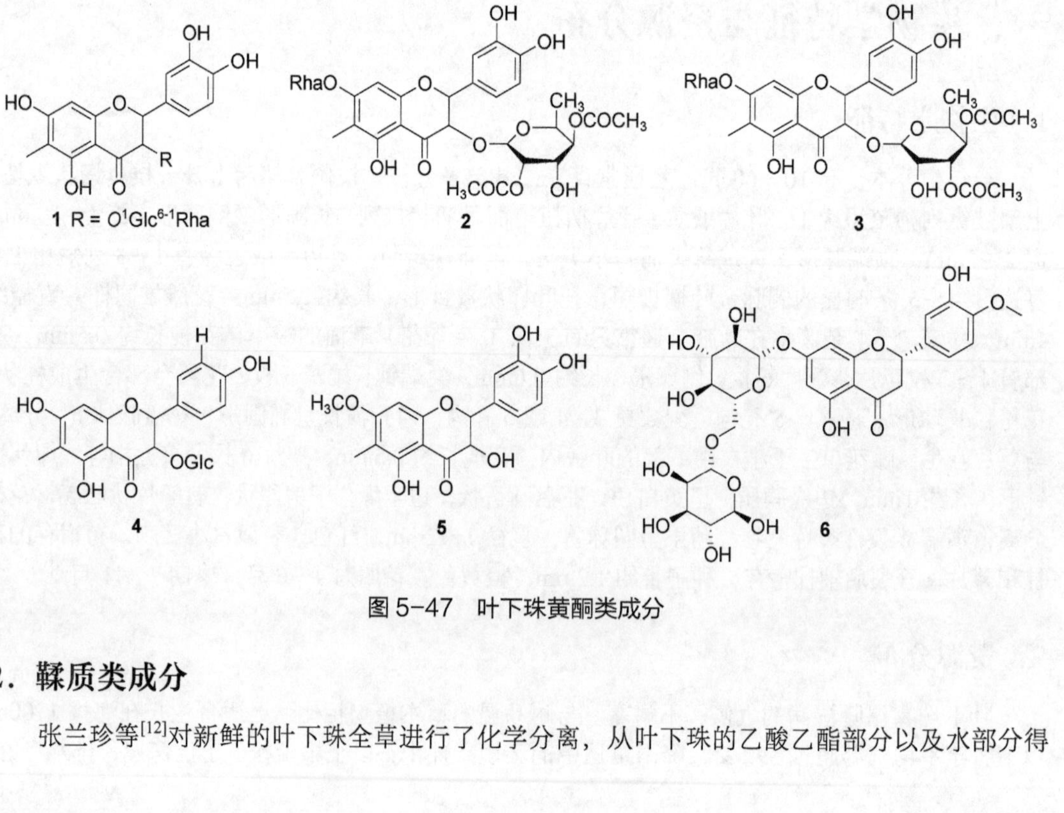

图 5-47　叶下珠黄酮类成分

2．鞣质类成分

张兰珍等[12]对新鲜的叶下珠全草进行了化学分离，从叶下珠的乙酸乙酯部分以及水部分得到了鞣质化合物叶下珠素 G。

Cheng 等[13]用丙酮-水（4∶1，体积比）提取总共 9.5kg 新鲜全叶下珠植株，提取液在减压下浓缩，然后过滤。滤液随后用水-甲醇洗脱，然后用水-丙酮通过 Sephadex LH-20 洗脱，得到了鞣质类成分 excoecarianin（表 5-48，图 5-48）。

表 5-48　叶下珠鞣质类成分

序号	化合物名称	参考文献	序号	化合物名称	参考文献
1	柯里拉京	[10]	5	叶下珠素 U	[11]
2	老鹳草素	[10]	6	叶下珠素 G	[12]
3	furosin	[9]	7	excoecarianin	[13]
4	hippomanin A	[11]	8	macatannin A	[14]

3．鞣花酸类成分

周宇等[10]对叶下珠含有的化学成分进行了整理，发现叶下珠植株中含有 3,3′,4-三甲氧基鞣

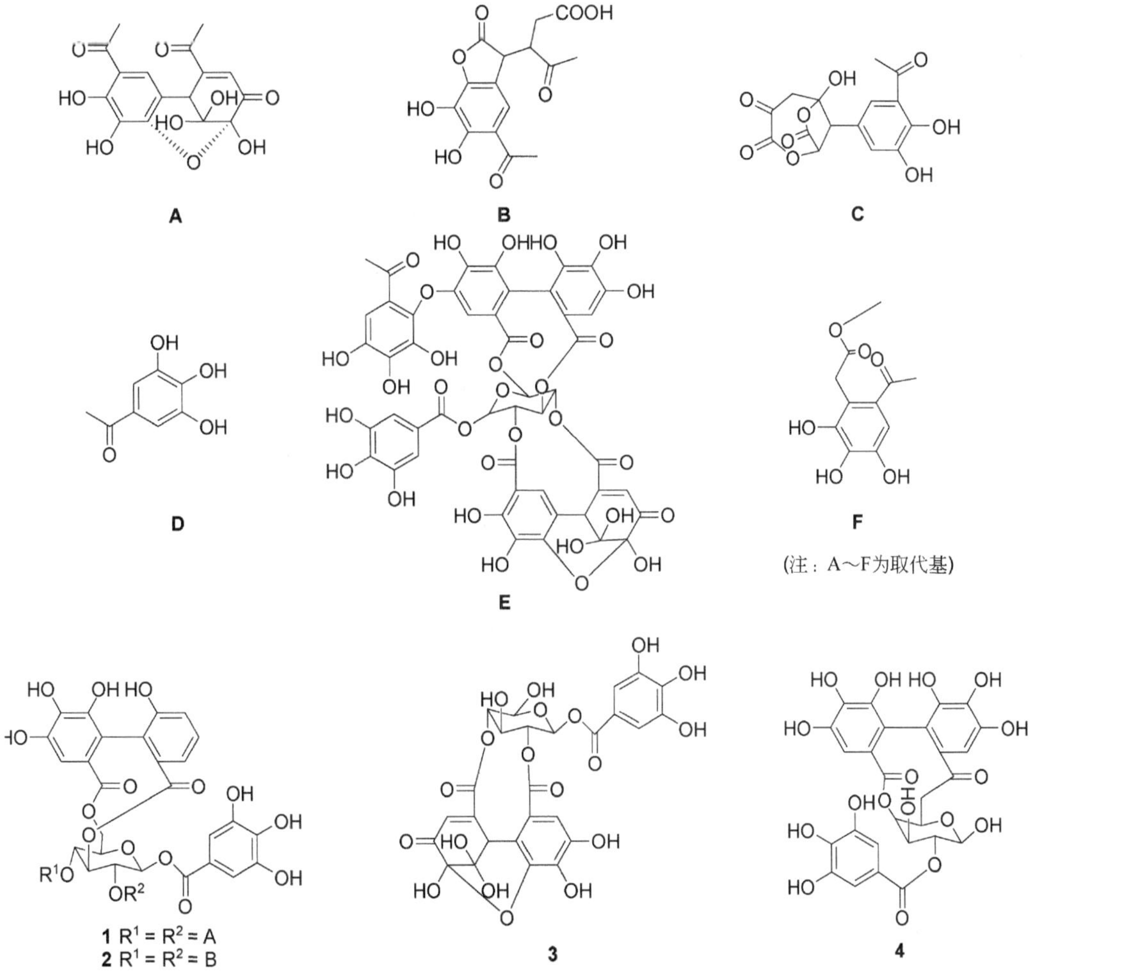

图 5-48

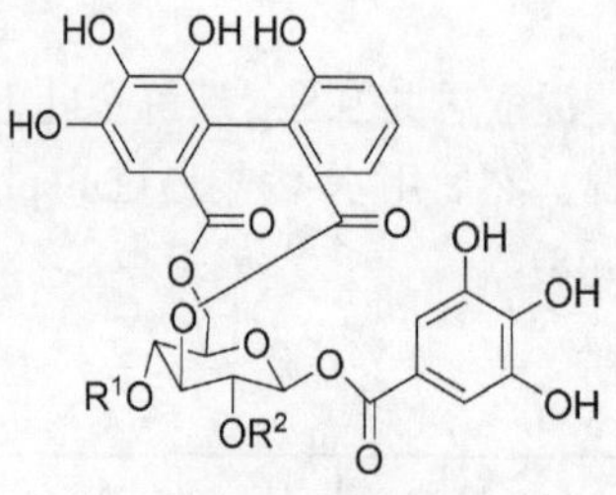

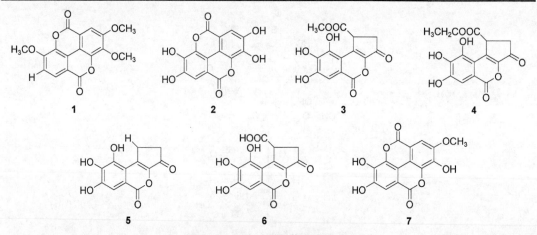

图 5-48　叶下珠鞣质类成分

5 R¹ = R² = B
6 R¹ = B; R² = C
7 R¹ = D; R² = E
8 R¹ = R² = F

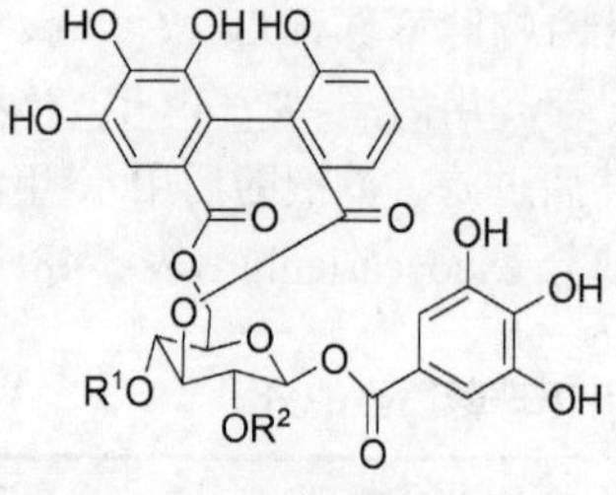

花酸、鞣花酸、短叶苏木酚酸甲酯、短叶苏木酚酸乙酯、短叶苏木酚、短叶苏木酚酸等成分。张韬[15]发现叶下珠中含有甲氧基鞣花酸（表 5-49，图 5-49）。

表 5-49　叶下珠鞣花酸类成分

序号	化合物名称	参考文献	序号	化合物名称	参考文献
1	3,3′,4-三甲氧基鞣花酸	[10]	5	短叶苏木酚	[10]
2	鞣花酸	[10]	6	短叶苏木酚酸	[10]
3	短叶苏木酚酸甲酯	[10]	7	甲氧基鞣花酸	[15]
4	短叶苏木酚酸乙酯	[10]			

图 5-49　叶下珠鞣花酸类成分

4. 木脂素类成分

Thanh 等[8]从黄叶下珠的甲醛提取物中分离出 virgatusin、珠子草素、urinaligran、5-去甲氧基珠子草素。Chang 等[16]对叶下珠的地上部分和根部进行了化学研究，最终分离出多种木脂素，并通过光谱分析和化学关联，阐明了它们的结构（表 5-50，图 5-50）。

5. 酚酸类成分

祖鲁宁等[18]采用多种色谱方法分离了叶下珠的乙醇提取物，并根据理化性质和光谱数据分

表 5-50 叶下珠木脂素类成分

序号	化合物名称	参考文献	序号	化合物名称	参考文献
1	virgatusin	[8]	4	urinatetralin	[16]
2	珠子草素	[8]	5	heliobuphthalmin lactone	[16]
3	urinaligran	[8]	6	phyllurine	[17]

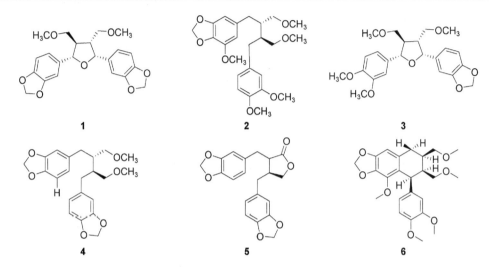

图 5-50 叶下珠木脂素类成分

析鉴定了化合物的结构。从叶下珠中分离得到了酚酸类成分没食子酸乙酯、4-乙氧基没食子酸、原儿茶酸、原儿茶醛。周宇等人[10]对叶下珠含有的化学成分进行了整理，发现叶下珠植株中含有阿魏酸、咖啡酸、没食子酸等酚酸类成分（表 5-51，图 5-51）。

表 5-51 叶下珠酚酸类成分

序号	化合物名称	参考文献
1	原儿茶醛	[18]
2	邻苯三酚	[19]

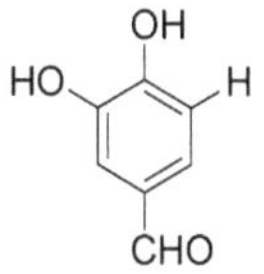

图 5-51 叶下珠酚酸类成分

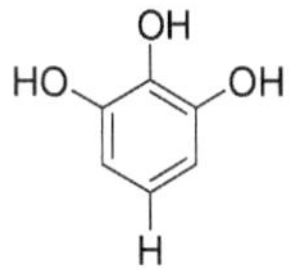

6. 其他类成分

周宇[10]、万红波[11]、祖鲁宁等[18]对叶下珠含有的化学成分进行了整理，发现叶下珠植株中含有豆甾醇、β-谷甾醇、豆甾醇-3-O-β-D-葡萄糖苷、胡萝卜苷等成分。另外，叶下珠还含有正三十二烷酸、三十烷酸等其他成分[10, 20]。

三、药理活性

1. 抗病毒

王李安安等[21]研究结果显示，乙肝相关原发性肝癌 TACE 治疗后患者症状、实验室指标、肝功能、生活质量的改善均优于基础西医治疗组，说明复方叶下珠颗粒剂具有一定的保肝和抗病毒的作用。谭本仁等[22]将复方叶下珠滴丸稀释，加入 HepG2.2.15 细胞培养液和 HBsAg 阳性人血清中，在 37℃ 5% 培养箱中孵育，收集上清液，采用 ELISA 方法和荧光定量 PCR 法，分析药物对细胞培养上清液及人血清培养液中 HBsAg、HBeAg 和 HBV DNA 含量的影响。结果表明，复方叶下珠滴丸在体外对 HBsAg、HBeAg 和 HBVDNA 有不同的抑制作用，抑制效果最佳浓度为 120mg/mL，时间为 72h。实验结果表明，复方叶下珠滴丸在体外具有明显的抗 HBV 作用。周宝华等[23]观察叶下珠对慢性乙型肝炎的疗效，将慢性乙型肝炎患者分为治疗组和对照组两组，比较两组血清中总胆红素、谷丙转氨酶以及天冬氨酸转氨酶含量，发现治疗组与对照组无显著差异（$P>0.05$），治疗组 HBeAg 阴性率为 27.7%，对照组 2.9%（$P<0.05$），治疗组 HBA-DNA 阴性率为 41.9%（$P<0.05$），结果两组 HBsAg 的阴性均为 0，叶下珠对慢性乙型肝炎患者的抗病毒治疗有良好的辅助作用。

2. 抗肿瘤

洪剑锋[24]通过实验发现，叶下珠提取物可杀死人肝癌细胞株 BEL-7404 并诱导细胞凋亡。叶下珠提取物能激发 caspase-3 的活性并促进其自我激活，增强 Bax 和 Apaf-1 的表达，促进肝癌细胞凋亡，减弱 Bcl-2 蛋白的表达，从而抑制肝癌细胞的凋亡，具有进一步开发作为抗肝癌药物的潜力。魏春山等[25]探讨了乙型肝炎病毒 x 基因（HBx）与血管内皮生长因子受体 3（VEGFR3）基因与乙型肝炎相关肝癌的相关性，以及叶下株水提物（AEP）对 HBx 和 VEGFR3 蛋白表达的干预作用。AEP 通过直接抑制 HBx 蛋白和 VEGFR3 蛋白表达，AEP 抑制肝癌移植瘤的生长，间接抑制 VEGFR3 蛋白的表达，以抑制肝癌移植肿瘤的生长。

陈力文等[26]通过研究发现叶下珠复方Ⅱ号可以通过抑制 microRNAlet-7a 的表达，抑制其下游相关靶基因的 mRNA 和蛋白表达，从而抑制 lncRNA CCAT1 肝癌细胞增殖，发挥抗肝癌作用。

3. 抗菌

邓志勇[27]采用生长速率法测定了叶下珠五种植物提取物对大肠杆菌、伤寒沙门菌、痢疾志贺菌、蜡状芽孢杆菌、金黄色葡萄球菌的抑制活性，结果表明叶下珠的甲醇提取物、乙醇提取物、丙酮提取物对痢疾志贺菌、金黄色葡萄球菌、伤寒沙门菌有较强的抑制作用。

Lai 等[28]研究了幽门螺杆菌对胃上皮 AGS 细胞炎症的抑制作用，并通过纸琼脂扩散法评价了提取物的抑菌活性。结果表明，下叶珍珠 $CHCl_3$ 提取物和甲醇提取物对幽门螺杆菌的抑制活性与克拉霉素相似，高于从提取物中分离出的单个组分。

4. 抗血栓

沈志强等[29]研究了静脉注射叶下珠有效部位（含 corilagin 60% 以上，简称 PUW）的抗血栓作用及其机制。结果表明，PUW 显著缩短了优球蛋白溶解时间和抗凝血浆延迟凝固时间，提示 PUW 促进了纤维蛋白溶解酶转化为纤溶酶，从而加快了纤维蛋白的溶解和降解，有助于防止血栓的进一步形成和延伸。作为一种植物来源的有效部位，PUW 具有明显的抗血栓形成作用。

5. 保肝

戴卫波等[30]研究发现叶下珠中的总多酚可显著降低大鼠血清总胆红素（TBIL）、直接胆红素（DBIL）、间接胆红素（IBIL）、AST、ALT、碱性磷酸酶（ALP）水平，减轻 α-萘异硫氰酸酯致肝损伤模型大鼠胆汁淤积和黄疸，显著提高肝损伤组织 SOD 水平，降低 MDA 水平，提高肝组织氧化应激损伤的保护作用，显著降低血清和肝组织中 TNF-α、NF-κB 蛋白的表达，减轻肝组织炎症损伤程度；且能显著减少肝细胞坏死，减少肝细胞炎性浸润，改善肝脏病理损伤，说明叶下珠中的总多酚可拮抗 α-萘异硫氰酸酯诱导的肝炎损伤，减少氧化应激损伤，抑制炎症因子的释放，更好地发挥肝功能保护作用。

李梓萌等[31]研究了复方叶下珠汤对四氯化碳诱导的大鼠急性肝损伤的保护作用，结果表明，模型组小鼠肝组织中 TNF-α、IL-1β、IL-6 水平显著升高，TLR-4 和 NF-κB 蛋白表达明显上调，但 IFN-γ 含量下降，病理切片显示大部分肝细胞坏死，大量炎症细胞浸润肝组织。复方叶下珠汤的干预可以降低 TNF-α、IL-1β 和 IL-6 水平，抑制 TLR-4 和 NF-κB 蛋白的表达，增加 IFN-γ 含量，表明复方叶珠汤可以通过阻断 TLR-4/NF-κB 信号通路和减少炎症反应来保护肝脏。

6. 抗氧化

陈良华等[32]测定了叶下珠植物对酪氨酸酶的抑制作用，用自由基法测定了 DPPH 自由基的清除能力。结果表明，乙酸乙酯提取物和正丁醇提取物对酪氨酸酶有较强的抑制作用，IC_{50} 值分别达到 0.26mg/mL 和 0.49mg/mL。动力学研究表明，乙酸乙酯提取物和正丁醇提取物对酪氨酸酶的抑制作用是可逆的，乙酸乙酯提取物和正丁醇提取物对 DPPH 自由基有一定的清除作用，IC_{50} 值分别为 0.012mg/mL 和 0.008mg/mL，表明叶下珠具有开发天然酪氨酸酶抑制剂和抗氧化剂的潜力。

参考文献

[1] Satyan K S, Prakash A, Singh R P, et al. Phthalic acid bis-ester and other phytoconstituents of *Phyllanthus urinaria*[J]. Planta Medica, 1995, 61(3): 293-294.

[2] 马新宇, 裴俊俊. 叶下珠药理研究综述[J]. 齐鲁药事, 2006, 25(2): 104.

[3] 全国中草药汇编组. 全国中草药汇编: 上册[M]. 北京: 人民卫生出版社, 1978.

[4] 罗文继, 阮细发, 杨义雄. 叶下珠研究概述[J]. 海峡药学, 1998, 10(1): 70-72.

[5] 张秀桥, 田峦鸢, 李胜波. 叶下珠的生药鉴定[J]. 中药材, 2005, 28(10): 20-22.

[6] 魏春山, 吴春, 胡辰, 等. 叶下珠中黄酮类化学成分及其生物活性[J]. 天然产物研究与开发, 2017, 29(12): 2056-2062.

[7] Wu C, Wei C S, Yu S F, et al. Two new acetylated flavonoid glycosides from *Phyllanthus urinaria*[J]. Journal of Asian Natural Products Research, 2013, 15(7): 703-707.

[8] Thanh N V, Huong P, Nam N H, et al. A new flavone sulfonic acid from *Phyllanthus urinaria*[J]. Phytochemistry Letters, 2014, 7: 182-185.

[9] Xu M, Zha Z, Qin X L, et al. Phenolic antioxidants from the whole plant of *Phyllanthus urinaria*[J]. Chemistry & Biodiversity, 2007, 4(6): 2246-2252.

[10] 周宇, 袁福华, 杨连辉, 等. 叶下珠化学成分的研究进展[J]. 药学实践杂志, 2007, 25(4): 206-209.

[11] 万红波. 叶下珠的研究现状[J]. 中国药房, 2007, 18(36): 2866-2868.

[12] 张兰珍, 郭亚健, 涂光忠, 等. 叶下珠新鞣花鞣质的分离与鉴定[J]. 药学学报, 2004, 39(2): 119-122.

[13] Cheng H Y, Yang C M, Lin T C, et al. Excoecarianin, isolated from *Phyllanthus urinaria* Linnea, inhibits herpes simplex virus Type 2 infection through inactivation of viral particles[J]. Evidence-Based Complementary and Alternative Medicine, 2011, (1): 1-10.

[14] Lin S Y, Wang C C, Hou W C, et al. Antioxidant, anti-semicarbazide-sensitive amine oxidase, and anti-hypertensive activities of geraniin isolated from *Phyllanthus urinaria*[J]. Food and Chemical Toxicology, 2008, 46(7): 2485-2492.

[15] 张韬. 叶下珠的化学成分和药理作用研究进展[J]. 中医药信息, 2002, 19(4): 22-24.

[16] Chang C C, Lien Y C, Liu K C, et al. Lignans from *Phyllanthus urinaria*[J]. Phytochemistry, 2003, 63(7): 825-833.

[17] Ueda M, Asano M, Yamamura S. Phyllurine, leaf-opening substance of a nyctinastic plant, *Phyllanthus urinaria* L.[J]. Tetrahedron Letters, 1998, 39(52): 9731-9734.

[18] 祖鲁宁, 杨帆, 李大同, 等. 叶下珠化学成分研究[J]. 药学实践杂志, 2014, 32(1): 53-55.

[19] 曾凡芝, 蓝峻峰. 叶下珠提取方法的研究概况[J]. 柳州师专学报, 2009, 24(4): 117-121.

[20] 元四辉. 叶下珠化学、药理与临床研究概况[J]. 中药材, 1997, 20(6): 316-318.

[21] 王李安安, 彭立生, 魏春山. 复方叶下珠颗粒剂联合西药治疗乙型肝炎相关原发性肝癌经肝动脉化疗栓塞术后患者 30 例临床观察[J]. 中医杂志, 2017, 58(22): 1939-1942.

[22] 谭本仁, 徐晓梅, 罗君, 等. 复方叶下珠滴丸体外抗乙肝病毒的初步实验研究[J]. 中国医药导报, 2013, 10(5): 15-16.

[23] 周宝华, 李凌. 叶下珠辅助治疗慢性乙型肝炎 62 例[J]. 医药导报, 2012, 31(4): 427-428.

[24] 洪剑锋. 叶下珠提取物对肝癌细胞的影响[D]. 长沙: 湖南农业大学, 2013.

[25] 魏春山, 唐海鸿, 王宏艳, 等. 叶下珠水提物对裸鼠人肝癌移植瘤 HBx 和 VEGFR3 表达的影响[J]. 安徽中医药大学学报, 2014, 33(4): 73-78.

[26] 陈力文, 李俏敏, 李小翠, 等. 叶下珠复方Ⅱ号对肝癌 HepG2 细胞 lncRNA CCAT1 表达的调控作用[J].中国实验方剂学杂志, 2021, 27(2): 74-79.

[27] 邓志勇. 叶下珠提取物的抑菌活性研究[J]. 湖北农业科学, 2013, 52(12): 2812-2814.

[28] Lai C H, Fang S H, Rao Y K, *et al*. Inhibition of Helicobacter pylori-induced inflammation in human gastric epithelial AGS cells by *Phyllanthus urinaria* extracts[J]. Journal of Ethnopharmacology, 2008, 118(3): 522-526.

[29] 沈志强, 陈蓬, 段理, 等. 叶下珠有效部位静脉注射对动物血栓形成及凝血系统的影响[J]. 中西医结合学报, 2004, 2(2): 106-110.

[30] 戴卫波, 李红念, 何鑫, 等. 叶下珠总多酚对 α-萘异硫氰酸酯致肝损伤大鼠的保护作用[J]. 中药材, 2019, 42(12): 2942-2947.

[31] 李梓萌, 张可锋, 朱依谆, 等. 复方叶下珠汤对四氯化碳致急性肝损伤大鼠的保护作用及机制研究[J]. 中药药理与临床, 2020, 36(1): 158-163.

[32] 陈良华, 刘轩, 明艳林, 等. 叶下珠提取物对酪氨酸酶的抑制和抗氧化作用[J]. 厦门大学学报(自然科学版), 2012, 51(3): 410-414.

第十四节

了哥王

　　了哥王 ［*Wikstroemia indica* (Linn.) C. A. Mey］ 为瑞香科荛花属植物，全株有毒，可药用，茎皮纤维可作造纸原料。原名九信菜，又名南岭荛花、鸡子麻、山黄皮、鸡杜头、蒲仑、大金腰带、石谷皮、金腰带、红灯笼、鬼辣椒等[1]。了哥王性寒，味苦、微辛，有毒，归肺肝经，具有清热解毒、消肿散淤、治瘰疬、肿痛的功效、主治肺炎、腮腺炎、跌打损伤、肾炎、腰痛、麻风病等[2]。临床上主要用于治疗肝炎、支气管炎、扁桃体炎、肢体疼痛等，同时还可用于治疗肝癌、乳腺癌、肺癌及其他体表癌等[3~5]。始载于《生草药性备要》，《岭南采药录》始称了哥王[6]。

一、生物学特性及资源分布

1．生物学特性

　　了哥王为灌木，高 0.5～2m 或以上；小枝呈红褐色，无毛。叶对生，纸质至近革质，倒卵形、椭圆状长圆形或披针形，长 2～5cm，宽 0.5～1.5cm，先端钝或急尖，基部阔楔形或窄楔形，干燥时呈现棕红色，无毛，侧脉细密，极倾斜；叶柄长约 1mm。花黄绿色，数朵组成顶生头状总状花序，花序梗长 5～10mm，无毛，花梗长 1～2mm，花萼长 7～12mm，近无毛，裂片 4；宽卵形至长圆形，长约 3mm，顶端尖或钝；雄蕊 8 枚，2 列，着生于花萼管中部以上，子房倒卵形或椭圆形，无毛或在顶端被疏柔毛，花柱极短或近于无，柱头头状，花盘鳞片通常 2 或 4 枚。果椭圆形，长 7～8mm，成熟时为红色至深紫色。花果期夏秋间，花 5～7 月，果 7～10 月[7]。

2．资源分布

了哥王主产于我国广东、广西、福建、湖南、江西、四川、贵州、云南、浙江和台湾等地。越南、印度、菲律宾等国家也有分布。从分布范围看，主要分布在北纬 5～32°的亚热带和热带地区。喜生于海拔 1500m 以下的灌丛下、宽敞开阔的森林、石山或田边道路旁。分布区年平均气温 16～26℃，1 月平均气温 20℃，7 月平均气温 28～30℃。年降水量 1000mm 以上。土壤以红壤为主[7]。

二、化学成分

1．黄酮类成分

易文燕等[8]采用多种色谱分离技术对了哥王主要毒性部位进行了分离纯化，通过分析理化常数和光谱分析确定了芫花素、木犀草素、山奈酚等黄酮类成分的结构。尹永芹等[9]采用硅胶柱色谱、凝胶色谱等色谱技术研究了了哥王的化学成分，并根据理化性质和光谱数据对化合物的结构进行了鉴定；结果从了哥王的 85%乙醇提取物中分离鉴定出柚皮素、3,5,7-三羟基-4′-甲氧基二氢黄酮醇等。邵萌等人[10]从了哥王根茎中分离出黄酮类化合物异鼠李素-3-O-刺槐双糖苷、wikstaiwanone A、wikstaiwanone B 和芦丁。Sun 等[11]从了哥王根茎中分离出黄酮类化合物 chamaejasmin A。佟立今等[12]研究了了哥王根茎的化学成分，结果从了哥王 75%的乙醇提取物的氯仿和乙酸乙酯萃取部分得到了芹菜素和槲皮素（表 5-52，图 5-52）。

表 5-52　了哥王黄酮类成分

序号	名称	参考文献	序号	名称	参考文献
1	芫花素	[8]	6	3′-hydroxydaphnodorin A	[5]
2	3,5,7-三羟基-4′-甲氧基二氢黄酮醇	[9]	7	wikstrol A	[14]
3	异鼠李素-3-O-刺槐双糖苷	[10]	8	sikokianin A	[15]
4	chamaejasmin A	[11]	9	wikstroflavone B	[17]
5	杨梅苷	[15]			

2．甾体类成分

易文燕等[8]从了哥王的主要毒性部位进行了分离纯化，发现了 β-谷甾醇和 β-胡萝卜苷。Sun 等[11]从了哥王根茎中分离出 β-sitosterine。佟立今等[12]研究了了哥王根茎的化学成分，发现了甾体类成分 16-妊娠双烯醇酮。国光梅等[17]对了哥王石油醚提取部位进行了研究，分离得到了甾体类成分豆甾烷-4-烯-3β,6α-二醇。国光梅等[19]从了哥王根茎的石油醚提取部位分离得到了 β-谷甾醇油酸酯、β-谷甾醇醋酸酯和豆甾烷-3,6-二醇（表 5-53，图 5-53）。

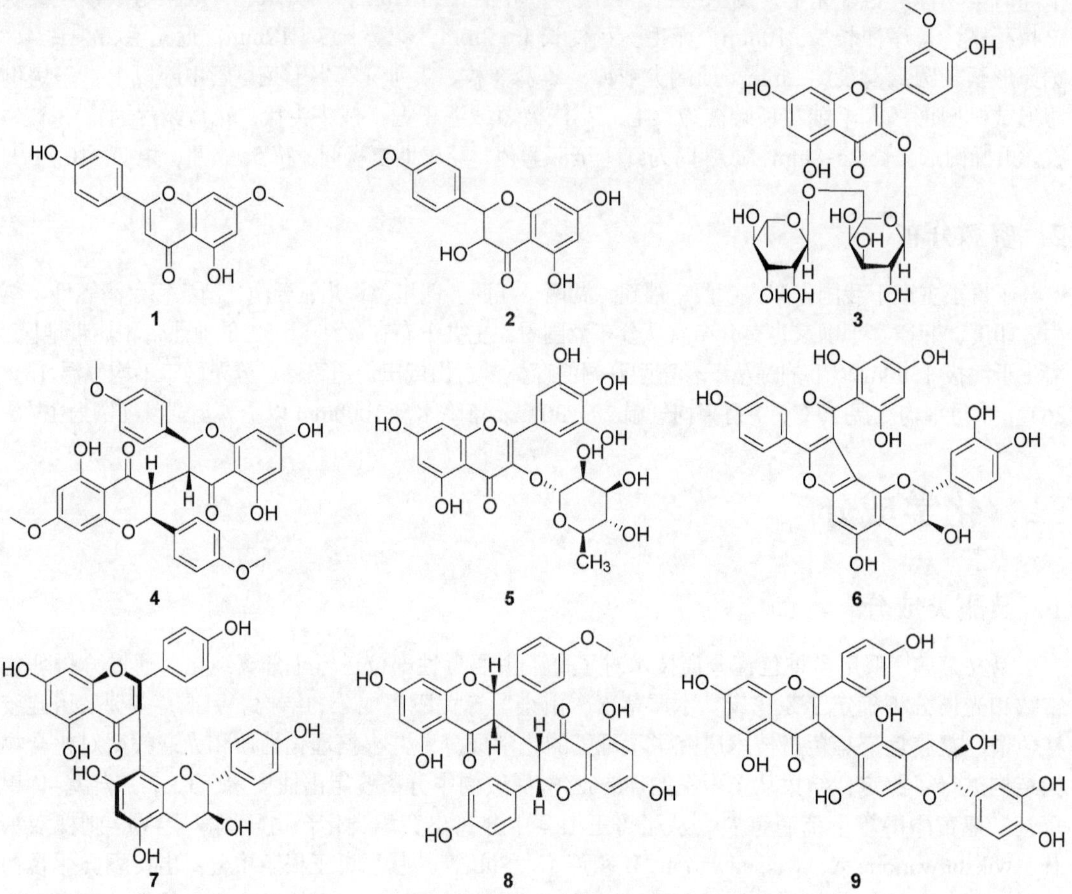

图 5-52　了哥王黄酮类成分

表 5-53　了哥王甾体类成分

序号	名称	参考文献	序号	序称	参考文献
1	16-妊娠双烯醇酮	[12]	3	豆甾烷-4-烯-3β,6α-二醇	[17]
2	4-豆甾烯醇	[18]	4	β-谷甾醇醋酸酯	[19]

3．香豆素类成分

易文燕等[8]从了哥王的主要毒性部位分离得到了香豆素类成分西瑞香素以及西瑞香素-7-O-β-D-葡萄糖苷。尹永芹等[9]从了哥王的 85%乙醇提取物中分离鉴定出 daphnogitin。Sun 等[11]从了哥王根茎中分离得到了 wikstrocoumarin。佟立今等[12]从了哥王的根茎中分离到了两种香豆素类成分。耿立冬等[21]在了哥王中发现了 1 个新双香豆素 6'-hydroxy-7-O-7'-双香豆素（表 5-54，图 5-54）。

4．木脂素类成分

邵萌等[10]从了哥王根茎中分离出罗汉松脂酚、荛花酚等木脂素类成分。Kato 等[20]从了哥王中分离得到了 salicifoliol、(+)-扁柏脂内酯、(+)-kusunokinin、(+)-牛蒡子苷元、(+)-罗汉松脂酚、

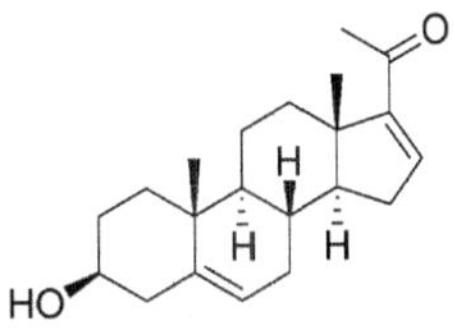

1

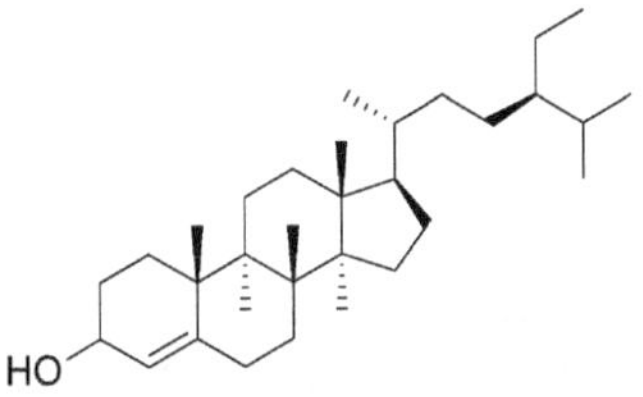

2

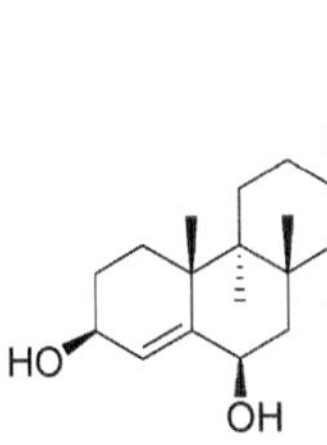

3

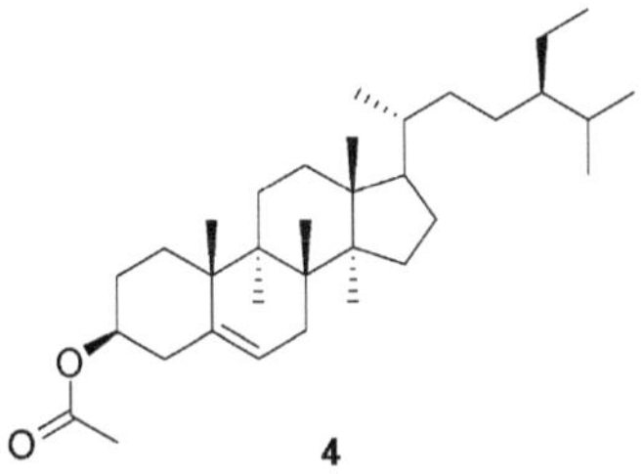

4

图 5-53　了哥王甾体类成分

表 5-54　了哥王香豆素类成分

序号	名称	参考文献	序号	名称	参考文献
1	伞形花内酯	[12]	5	西瑞香素-7-*O*-*β*-D-葡萄糖苷	[9]
2	7-甲氧基香豆素	[1]	6	wikstrocoumarin	[11]
3	西瑞香素	[9]	7	6′-hydroxy-7-*O*-7′-双香豆素	[21]
4	daphnogitin	[9]	8	triumbelletin	[12]

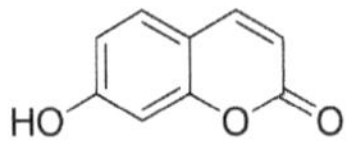

1

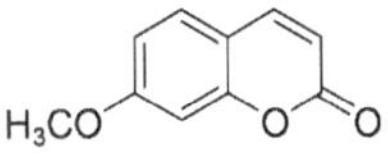

2

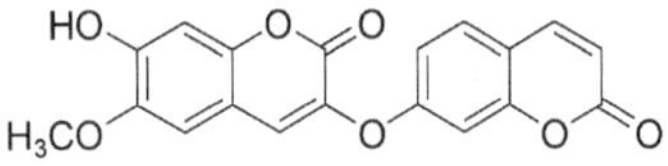

3

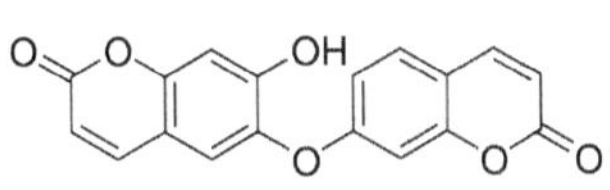

4

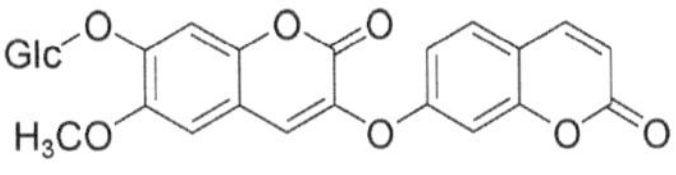

5

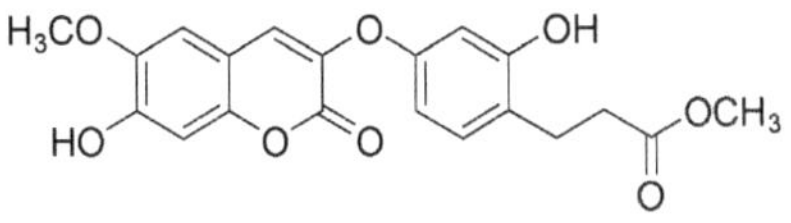

6

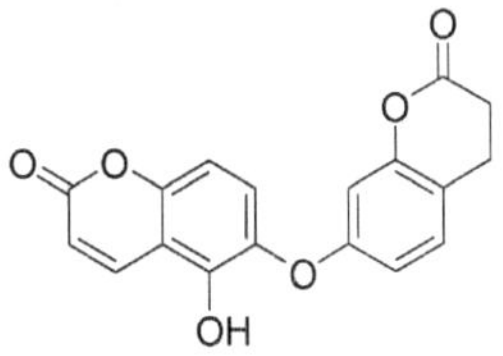

7

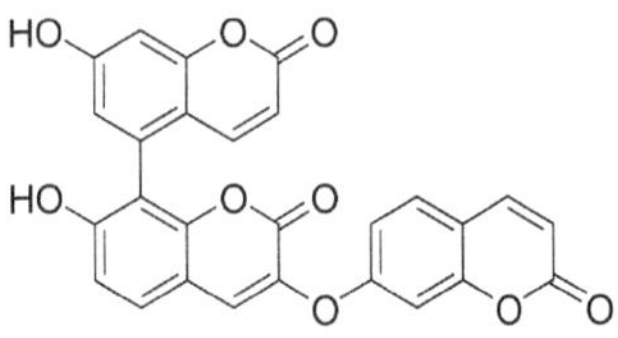

8

图 5-54　了哥王香豆素类成分

(+)-络石苷元和(+)-去甲络石苷元。国光梅等[22]从了哥王根茎中提取得到三种木脂素牛蒡子苷元、bursehernin 以及(−)-松脂酚。Chang 等[23]从根中分离得到了 5′-methoxylariciresinol、acetylwikstresinol、wikstresinol 等多种木脂素类成分。Wang 等[24]从了哥王中分离得到了 5-*O*-(4″-nortrachelogenin) nortrachelogenin（表 5-55，图 5-55）。

表 5-55　了哥王木脂素类成分

序号	名称	参考文献	序号	名称	参考文献
1	salicifoliol	[20]	8	5′-methoxylariciresinol	[23]
2	(+)-扁柏脂内酯	[20]	9	acetylwikstresinol	[23]
3	(+)-kusunokinin	[20]	10	wikstresinol	[23]
4	罗汉松脂酚	[10]	11	异落叶松脂素	[15]
5	莸花酚	[10]	12	ficusal	[23]
6	牛蒡子苷元	[22]	13	5-O-(4″-nortrachelogenin) nortrachelogenin	[24]
7	bursehernin	[22]	14	刺五加酮	[10]

5．醌类成分

邵萌等[10]从了哥王根茎中分离出醌类成分芦荟大黄素-8-O-β-D-葡萄糖苷。么焕开等[25]从了哥王中分离得到芦荟大黄素。佟立今等[12]从了哥王根茎中得到了大黄酚和大黄素甲醚(表 5-56，图 5-56)。

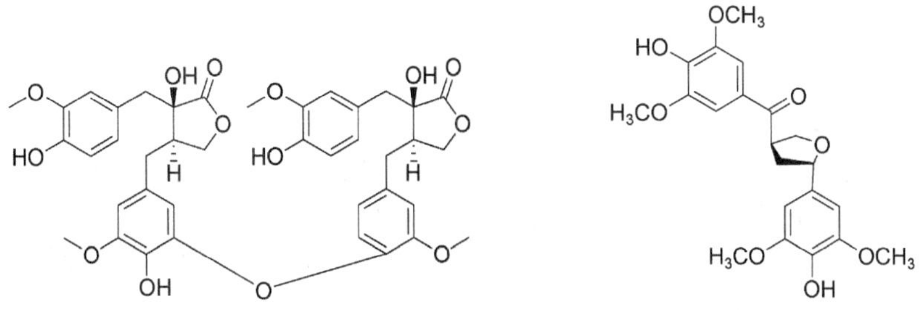

图 5-55 了哥王木脂素类成分

表 5-56 了哥王醌类成分

序号	名称	参考文献	序号	名称	参考文献
1	芦荟大黄素-8-*O*-*β*-D-葡萄糖苷	[10]	3	大黄素甲醚	[12]
2	芦荟大黄素	[25]			

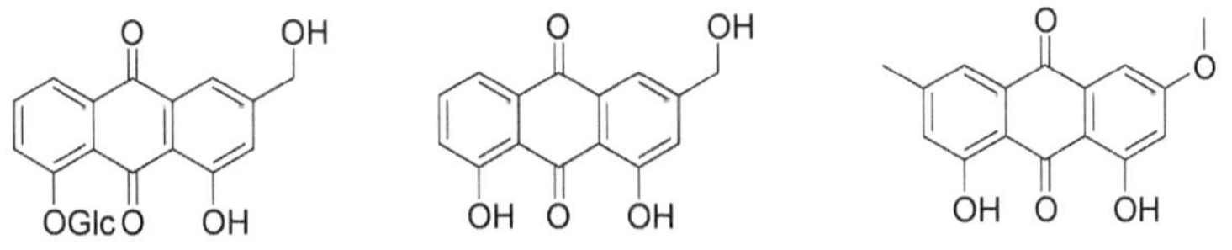

图 5-56 了哥王醌类成分

6. 其他成分

了哥王中除含有黄酮类、木脂素类、香豆素类、甾体类、醌类成分外，还含有齐墩果酸、瑞香醛、赤杨二醇、二十烷酸等其他类成分。

三、药理活性

1. 抗炎

徐骏军等[26]用蛋清法和 PGE2 含量测定了哥王的有效抗炎部位。结果表明，阳性组、高剂量组、中剂量组小鼠肿胀程度明显下降（$P<0.05$），肿胀抑制率分别为 44.75%、38.49%、29.26%。阳性组、高剂量组和中剂量组中炎症位点的 PGE2 含量显著下降（$P<0.05$）。得出结论乙酸乙酯部位是了哥王有效抗炎部位。

柯雪红等[27]通过二甲苯致耳炎试验和大鼠跖肿胀试验，研究了了哥王片的抗炎、消肿作用。发现了哥王片具有明显的抗炎、消肿作用（$P<0.05$），对化学因素引起的疼痛有镇痛作用。

2. 抗菌

熊友香等[28]为比较了哥王不同提取部位的体外抑菌效果，采用二倍稀释法测定了不同提取物对 11 种菌的最低抑制浓度。结果乙酸乙酯提取物的抑菌效果明显强于正丁醇提取物，对葡萄球菌的抑菌效果最强，水提取物无抑菌效果。结论了哥王乙酸乙酯提取物具有显著的抑菌效果，具有广谱抗菌作用。

张金娟等[3]比较了了哥王炮制前及加工后产品的抗菌和抗炎活性，并讨论了两种加工方法对加工产品疗效的影响。通过体内和体外抗菌实验观察了三种样品的抗菌活性以及二甲苯诱导小鼠耳部肿胀的抗炎作用。体外抗菌实验结果表明，金黄色葡萄球菌和乙型溶血性链球菌的MBC值较小，乙型溶血性链球菌的MIC和MBC值最小。体内抗菌实验结果表明，这三种样本均能降低金黄色葡萄球菌感染小鼠的死亡率，其作用无显著差异。抗炎实验结果表明，这三种样品均能抑制二甲苯引起的耳部肿胀，其抑制强度均无显著差异。

Chen等[29]采用微量热法和琼脂稀释法评价了五种了哥王提取物对大肠杆菌的抗菌作用。用不同极性的有机溶物、石油提取物、三氯甲烷提取物、乙酸乙酯提取物、正丁醇提取物、残留物分离了了哥王乙醇提取物。微量热实验结果表明，乙酸乙酯提取物抗菌活性最高，半数抑制浓度（IC$_{50}$）为92.4g/mL。同时，常用的琼脂扩散方法也得到了类似的结果。

3．抗病毒

Ho等[30]采用不同极性的有机溶剂分离了哥王乙醇提取物，采用细胞病变效应（CPE）还原法筛选其抗呼吸道合胞病毒（RSV）的抗病毒活性。结果表明乙酸乙酯提取物对RSV最有效，IC$_{50}$<3.9mg/mL和选择性指数（SI）>64.1。

Huang等[31]研究表明，4′-methoxydaphnodorin E的抗SRV病毒强于利巴韦林。

4．抗肿瘤

杨振宇等[32]通过溶剂萃取、硅胶柱色谱、重结晶了从了哥王分离西瑞香素，用薄层色谱法TLC和高效液相色谱法HPLC测定纯度。用MTT法观察不同浓度西瑞香素对人肺腺癌细胞AGZY-83-a、人喉癌细胞Hep2和人肝癌细胞Hep G2的抑制作用。西瑞香素显著抑制人肺腺癌细胞AGZY-83-a、人喉癌细胞Hep2和人肝癌细胞Hep G2，且具有浓度依赖性。上述三个肿瘤细胞的半数抑制浓度值分别为8.73μg/mL、9.71μg/mL和31.34μg/mL。

邵萌等[10]用MTT法在12h、24h和48h检测17种酚类化合物对人类结肠癌细胞SW480和SW620的体外增殖抑制作用。实验结果表明，在浓度为40μmol/L时，每个单体化合物对两种细胞都具有不同程度的增殖抑制作用，化合物刺五加酮对2种细胞的影响最为显著。

国光梅等[22]对了哥王木脂素类成分(−)-pinoresinol、arctigenin、bursehernin的抗肿瘤活性进行了初步筛选。结果表明，所有样本在1×10^{-4}mol/L浓度下抑制肿瘤细胞系。

陈扬等[33]采用MTT比色法研究了不同提取物和95%乙醇提取物对Hela、SGC-7901、Bel-7402细胞的抗肿瘤活性。结果表明95%乙醇提取物对Hela、SGC-7901细胞具有良好的抗肿瘤活性，石油醚、氯仿、乙酸乙酯的提取部位对Hela、SGC-7901细胞具有不同的抗肿瘤活性。了哥王石油醚、氯仿、乙酸乙酯的提取部位具有较强的抗肿瘤活性。

Jiang等[34]研究结果表明，西瑞香素对A549肺癌细胞的生长具有抑制作用，且呈浓度依赖性和时间依赖性。用西瑞香素处理的A549细胞表现出典型的凋亡特征，包括细胞质收缩、质膜起泡、核染色质凝结、染色体DNA分裂和细胞分裂成膜包膜的小泡或凋亡小体。流式细胞分析结果显示，西瑞香素诱导A549细胞凋亡，并呈浓度依赖性。Bax/Bcl-2参与了瑞香素诱导A549细胞凋亡的分子机制。

5．毒性

冯果等[35]比较不同产品乙醇提取物对小鼠的急性毒性，发现粗品和经处理的乙醇提取物的 LD_{50}（LD_{50}）为 4.05g/kg、6.65g/kg，分别相当于临床 70kg 成人每日用量的 19 倍和 32 倍。了哥王炮制品的毒性明显低于生品，且了哥王粗粉炮制两周后毒性低于炮制一周的。

张金娟等[36]研究了了哥王提取物及其不同提取部位的急性毒性大小，发现了哥王乙醇提取物的 LD_{50} 为 3.276g/kg，了哥王石油醚部位的 LD_{50} 为 1.691g/kg；了哥王乙酸乙酯部位的 LD_{50} 为 1.948g/kg；了哥王正丁醇部位的最大给药量为 24.364g/kg；了哥王水部位的最大给药量为 32.788g/kg，结果表明了哥王提取物的毒性随脂溶性的增大而增大。

参考文献

[1] 国家中医药管理局《中华本草》编委会. 中华本草[M]. 上海: 上海科学技术出版社, 1999.

[2] 江苏新医学院. 中药大辞典: 上册[M]. 上海: 上海科技出版社, 1977.

[3] 张金娟, 熊英, 李玮, 等. 了哥王炮制前后的药效比较研究[J]. 时珍国医国药, 2015, 26(5): 1118-1120.

[4] 徐骏军, 王国伟, 熊友香, 等. 了哥王抗炎有效部位研究[J]. 江西中医药大学学报, 2014, 26(6): 40-41.

[5] Shao M, Huang X J, Liu J S, et al. A new cytotoxic biflavonoid from the rhizome of *Wikstroemia indica*[J]. Natural Product Research, 2016, 30(12): 1417-1422.

[6] 萧步丹. 岭南采药录[M]. 广州: 广东科学技术出版社, 2009.

[7] 中国科学院中国植物志编辑委员会. 中国植物志: 第五十二卷第一分册[M]. 北京: 科学出版社, 1999.

[8] 易文燕, 刘明, 陈敏, 等. 了哥王化学成分研究[J]. 时珍国医国药, 2012, 23(12): 3001-3003.

[9] 尹永芹, 张鑫, 黄峰, 等. 了哥王的化学成分研究[J]. 中国现代应用药学, 2012, 29(8): 697-699.

[10] 邵萌, 黄晓君, 孙学刚, 等. 了哥王根茎中的酚性成分及其抗肿瘤活性研究[J]. 天然产物研究与开发, 2014, 26(6): 851-855.

[11] Sun L X, Chen Y, Liu L X, et al. Cytotoxic constituents from *Wikstroemia indica*[J]. Chemistry of Natural Compounds, 2012, 48(3): 493-497.

[12] 佟立今, 孙立新, 孙丽霞, 等. 了哥王化学成分的分离与鉴定 [J]. 中国药物化学杂志, 2015, 25(1): 50-53.

[13] Lu C L, Zhu L, Piao J H, et al. Chemical compositions extracted from *Wikstroemia indica* and their multiple activities[J]. Pharmaceutical Biology, 2012, 50(2): 225-231.

[14] Zhang X Y, Wang G, Huang W, et al. Biflavonoids from the roots of *Wikstroemia indica*[J]. Natural Product Communications, 2011, 6(8): 1111-1114.

[15] Huang W H, Zhou G X, Wang G C, et al. A new biflavonoid with antiviral activity from the roots of *Wikstroemia indica*[J]. Journal of Asian Natural Products Research, 2012, 14(4): 401-406.

[16] Shao M, Lou D D, Yang J B, et al. Curcumin and wikstroflavone B, a new biflavonoid isolated from *Wikstroemia indica*, synergistically suppress the proliferation and metastasis of nasopharyngeal carcinoma cells via blocking FAK/STAT3 signaling pathway[J]. Phytomedicine, 2020, 79(11): 153341.

[17] 国光梅, 汪冶, 李玮, 等. 了哥王石油醚提取部位化学成分研究[J]. 科学技术与工程, 2014, 14(21): 188-190.

[18] 刘明, 李玮, 徐丹, 等. 了哥王脂溶性成分的气相色谱-质谱联用分析[J]. 时珍国医国药, 2011, 22(5): 1102-1103.

[19] 国光梅, 李玮, 汪冶. 了哥王甾醇化合物的研究[J]. 山地农业生物学报, 2012, 31(1): 77-79.

[20] Kato M, He Y M, Dibwe D F, et al. New guaian-type sesquiterpene from *Wikstroemia indica*[J]. Natural Product Communications, 2014, 9(1): 1-2.

[21] 耿立冬, 张村, 肖永庆. 了哥王中的 1 个新双香豆素[J]. 中国中药杂志, 2006, 31(1): 43-45.

[22] 国光梅, 李玮, 汪冶, 等. 了哥王中木脂素成分及生物活性研究[J]. 山地农业生物学报, 2012, 31(5): 457-459.

[23] Chang H, Wang Y W, Gao X, et al. Lignans from the root of *Wikstroemia indica* and their cytotoxic activity against PANC-1 human pancreatic cancer cells[J]. Fitoterapia, 2017, 121: 31-37.

[24] Wang G C, Zhang X L, Wang Y F, et al. Four new dilignans from the roots of *Wikstroemia indica*[J]. Chemical & Pharmaceutical Bulletin, 2012, 60(7): 920-923.

[25] 么焕开, 张文婷, 高艺桑, 等. 了哥王化学成分研究[J]. 中药材, 2010, 33(7): 1093-1095.

[26] 徐骏军, 王国伟, 熊友香, 等. 了哥王抗炎有效部位研究[J]. 江西中医药大学学报, 2014, 26(6): 40-41.

[27] 柯雪红, 王丽新, 黄可儿. 了哥王片抗炎消肿及镇痛作用研究[J]. 时珍国医国药, 2003, 14(10): 20-21.

[28] 熊友香, 尤志勉, 程东庆, 等. 了哥王不同提取部位抑菌作用研究[J]. 中国中医药信息杂志, 2008,15(10): 42-43.

[29] Chen C, Qu F, Wang J, *et al*. Antibacterial effect of different extracts from *Wikstroemia indica* on *Escherichia coli* based on microcalorimetry coupled with agar dilution method[J]. Journal of Thermal Analysis and Calorimetry, 2016, 12(2): 1583-1590.

[30] Ho W S, Xue J Y, Sun S, *et al*. Antiviral activity of daphnoretin isolated from *Wikstroemia indica*[J]. Phytotherapy Research, 2010, 24(5):657-661.

[31] Huang W H, Zhou G X, Wang G C, *et al*. A new biflavonoid with antiviral activity from the roots of *Wikstroemia indica*[J]. Journal of Asian Natural Products Research, 2012, 14(4): 401-406.

[32] 杨振宇, 郭薇, 吴东媛, 等. 了哥王中西瑞香素的提取分离及抗肿瘤作用研究[J]. 天然产物研究与开发, 2008, 20(3): 522-526.

[33] 陈扬, 李艳春, 马恩龙, 等. 了哥王抗肿瘤活性部位筛选[J]. 中华中医药学刊, 2008, 26(11): 2520-2522.

[34] Jiang H, Wu Z, Bai X, *et al*. Effect of daphnoretin on the proliferation and apoptosis of A549 lung cancer cells in vitro[J]. Oncology Letters, 2014, 8(3): 1139-1142.

[35] 冯果, 李玮, 何新, 等. 苗药了哥王不同炮制品乙醇提取物对小鼠的急性毒性作用比较[J]. 中国药房, 2017, 28(25): 3536-3540.

[36] 张金娟, 熊英, 张贵林, 等. 了哥王提取物及其不同提取部位的急性毒性研究[J]. 时珍国医国药, 2011, 22(11): 2829-2830.

第十五节

龙眼

龙眼（*Dimocarpus Longan* Lour.）为无患子科龙眼属植物，俗称龙目、桂圆、比目、荔枝奴、益智、圆眼、川弹子等，主要分布在东南亚和我国的广西、广东、福建、台湾等地[1]。具有开胃健脾，补虚益智的功效，是药食同源产品，享有"南方人参"的美名[2]。龙眼性温味甘，归心、脾经，龙眼根和花可治乳糜尿、糖尿病、血丝虫病、白带；叶可治头疮、牙疳；龙眼肉可治贫血、胃痛、久泻、崩漏；核可治烫伤、创伤出血[3,4]。龙眼含有丰富的多糖、酚类、黄酮、鞣质等成分，具有抗氧化、预防癌症、抗衰老等作用[5]。

一、生物学特征及资源分布

1. 生物学特征

常绿乔木，通常 10 余米高，偶有高达 40 m、胸径达 1 m、具有板根的大乔木；小枝粗壮，被微柔毛，散生苍白色皮孔。叶连柄长 15～30cm 或更长；小叶 4～5 对，很少 3 或 6 对，薄革质，长圆状椭圆形到长圆披针形，通常两侧不对称，长 6～15cm，宽 2.5～5cm，顶端短尖，有时稍钝头，基部特别不对称，上侧阔楔形至截平，几乎与叶轴平行，下侧窄楔尖，腹面呈深绿色，有光泽，背面呈粉绿色，两面无毛；侧脉 12～15 对，只在背面凸起；小叶柄长度通常不超过 5mm。花序大，多分枝，顶生和近枝顶腋生，密被星状毛；花梗短；萼片近革质，三角状卵形，长约 2.5mm，两面均被褐黄色绒毛以及成束的星状毛；花瓣为乳白色，披针形，几乎和萼片一样长，外面仅被微柔毛；花丝被短硬毛。果实近球形，直径 1.2～2.5cm，通常为黄褐色或者有时呈灰黄色，外部稍稍粗糙，或少有微凸的小瘤体；种子呈茶褐色，光亮，全部被肉质的假种皮包裹。花期春夏间，果期夏季[6]。

2．资源分布

龙眼主要分布于中国南部、东部以及西南的亚热带地区，主要生产区域集中在福建东南部、广东、广西、四川南部以及台湾中部和南部。此外，云南南部、贵州西北部、贵州南部、浙江南部也有少量的种植。福建是中国栽培最多的龙眼省份，共有 32 个县、市有龙眼分布。广东是我国龙眼种植量较多的省份之一，其分布范围非常广，除了广东北部的少数县，几乎所有县市都有龙眼分布[7~9]。

二、化学成分

1．黄酮类成分

Zhang 等[10]总结了龙眼中的发现的类黄酮，包括 epicatechin、kaempferol、quercetin、proanthocyanidin C1、rutin、isoquercitrin、flavogallonic acid 等。谭飔等[11]研究了真空干燥、冷冻干燥、热空气干燥对龙眼酚醛成分及其抗氧化活性的影响，分离得到了黄酮类成分柚皮苷、槲皮素-7-O-β-D-葡萄糖苷、异槲皮素、橙皮苷、根皮苷、野漆树苷、甲基橙皮苷、柚皮素、木犀草素、根皮素。黄光强等[12]利用目标化合物的二级碎片离子信息与数据库及相关文献报道的化合物质谱信息进行比对，从乙醇部位中共鉴定出了木犀草苷、槲皮苷等（表 5-57，图 5-57）。

表 5-57　龙眼黄酮类成分

序号	名称	参考文献	序号	名称	参考文献
1	epicatechin	[10]	4	根皮苷	[11]
2	根皮素	[11]	5	野漆树苷	[11]
3	木犀草苷	[12]	6	proanthocyanidin C1	[10]

2．多酚类成分

刘春丽等[13]用柱色谱法对龙眼壳内多酚进行分离纯化。结果表明，根据光谱数据分析和文献比较，鉴定为原儿茶酸、没食子酸、1,2,3,4,6-O-五没食子酰葡萄糖、柯里拉京、乙酰甲基-老鹳草素、(-)-表儿茶素，所有的化合物都是第一次从植物中分离出来的。谭飔等[11]研究了不同的干燥方法对龙眼多酚及其抗氧化活性的影响，对多酚总含量和酚类组成进行了测定，测出了多酚类成分绿原酸、4-羟基肉桂酸、阿魏酸和肉桂酸等。何婷等[14]对龙眼核的多酚进行了分离与纯化，在 70% 乙醇洗脱液中鉴定出 1,2′-双-O-没食子酰-D-呋喃金缕梅糖、6-hydroxy-alpha-pyrufuran、地榆酸内酯、诃子鞣质、3,4-二甲氧基-5-羟基苯甲酸、verbasoside。Zhang 等[10]总结了龙眼的化学成分，发现了多酚类成分 4-O-methylgallic acid、isoscopoletin、vanillic acid、methyl gallate、caffeic acid、syringic acid、4-methylcatechol。Barlow 等[15]从龙眼中分离得到了 quercetin-3-O-rhamnoside。郑公铭等[16]采用硅胶柱色谱、聚酰胺柱色谱和及葡聚糖凝胶色谱分离龙眼核 95%乙醇提取物，并用物理化学性质和光谱数据鉴定出了 4-O-α-L-rhamnopyrano-sylellagic acid、ethyl gallate。Sun 等[17]从龙眼核组织中提取多酚，分离得到了两种化合物分别确定为 4-O-methylgallic acid 和(−)-epicatechin。Zheng 等[18]从龙眼核中分离出新的多酚 1-β-O-galloyl-D-glucopyranose、methyl-brevifolin carboxylate、4-O-α-L-rhamnopyranosyl-ellagic acid（表 5-58，图 5-58）。

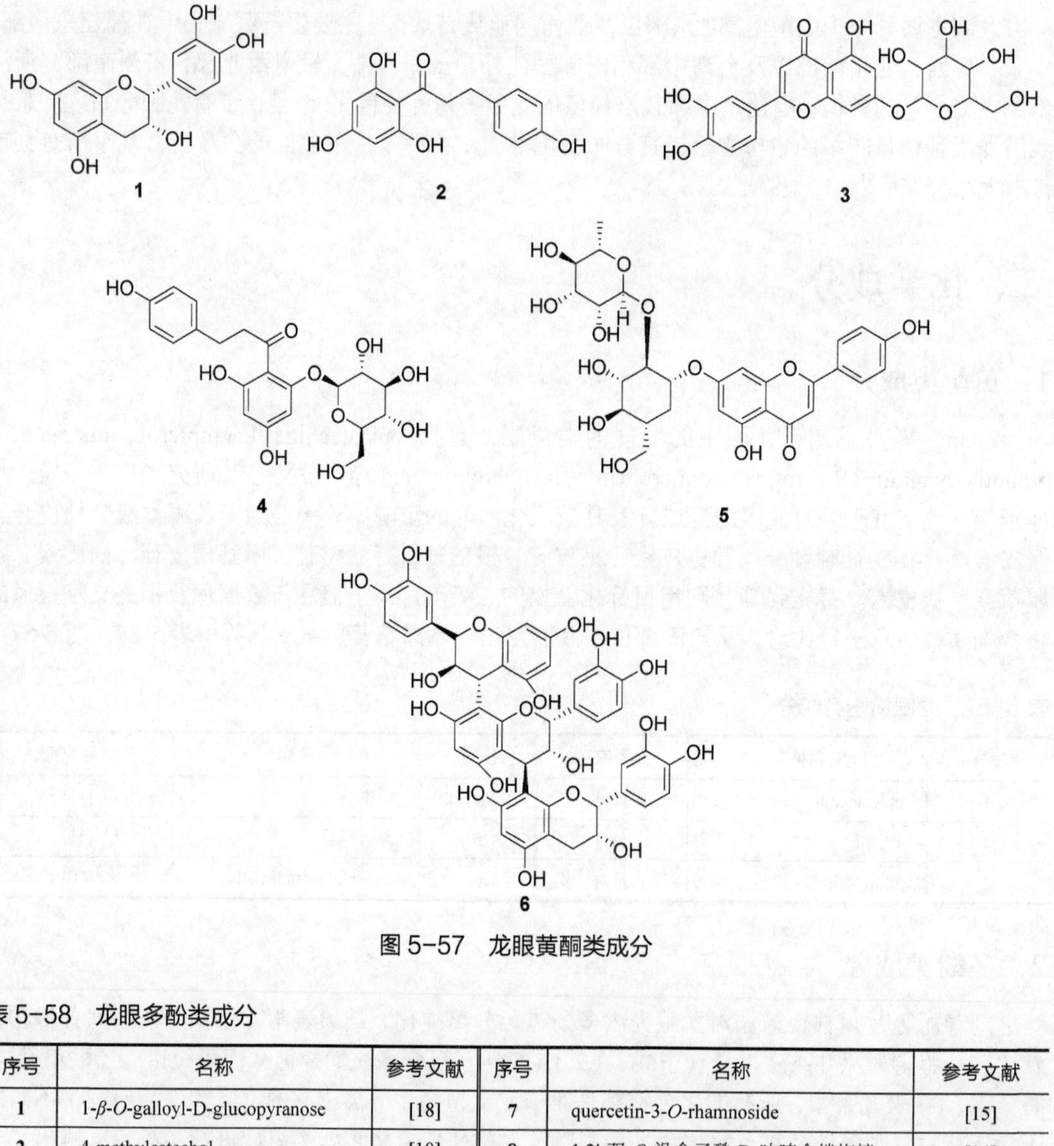

图 5-57　龙眼黄酮类成分

表 5-58　龙眼多酚类成分

序号	名称	参考文献	序号	名称	参考文献
1	1-β-O-galloyl-D-glucopyranose	[18]	7	quercetin-3-O-rhamnoside	[15]
2	4-methylcatechol	[10]	8	1,2′-双-O-没食子酰-D-呋喃金缕梅糖	[14]
3	methyl gallate	[10]	9	柯里拉京	[13]
4	肉桂酸	[11]	10	诃子鞣质	[14]
5	brevifolin	[17]	11	乙酰甲基-老鹳草素	[13]
6	地榆酸内酯	[14]			

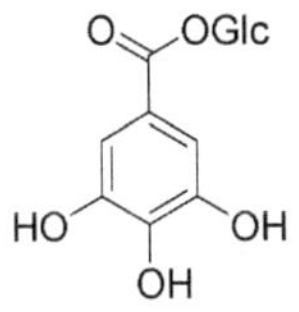

1

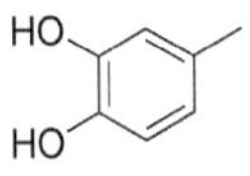

2

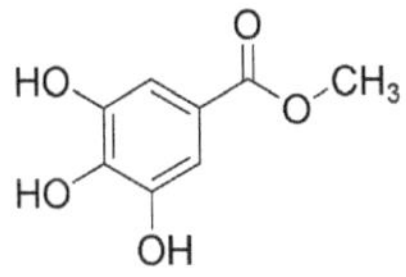

3

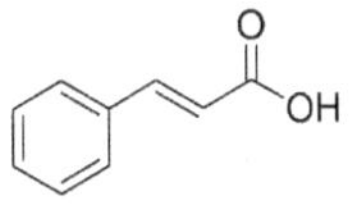

4

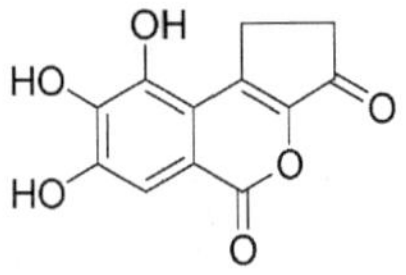

5

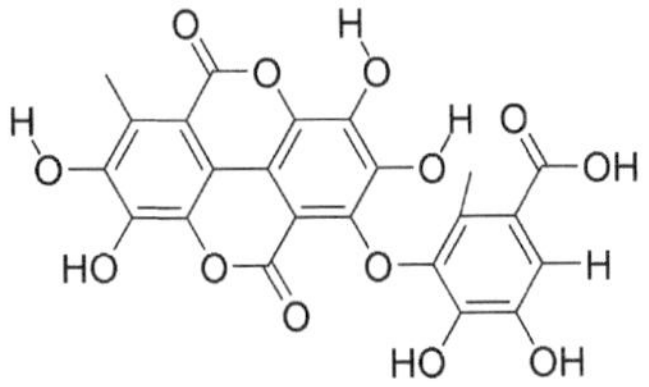

6

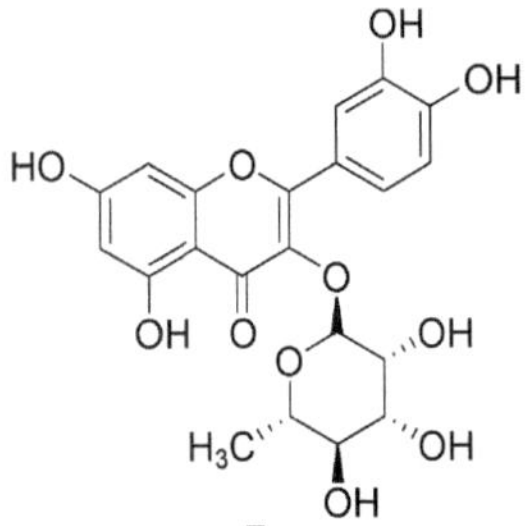

7

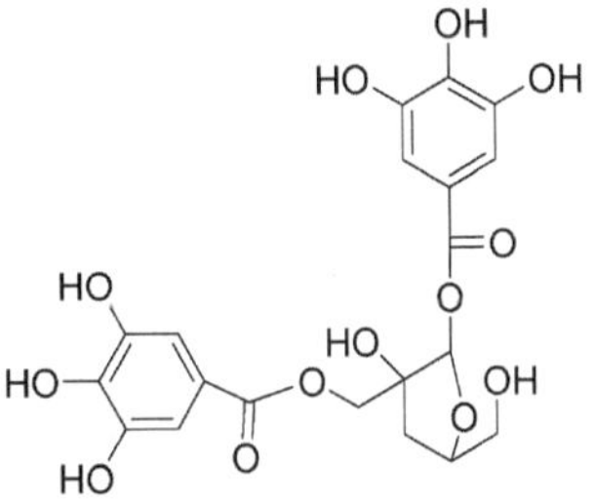

8

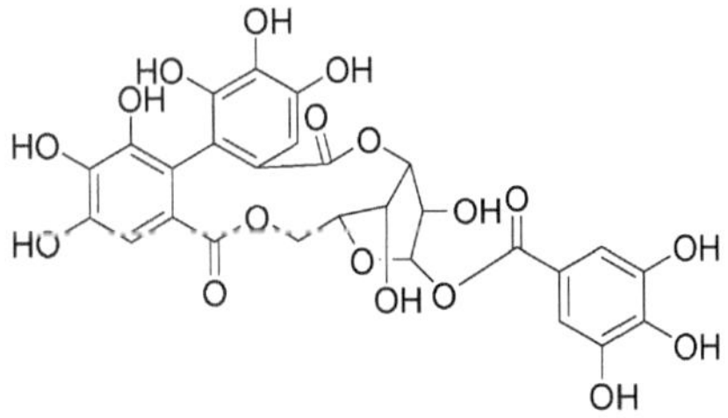

9

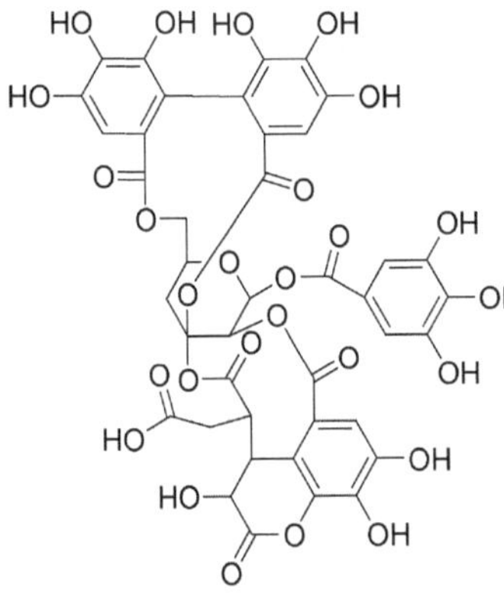

10

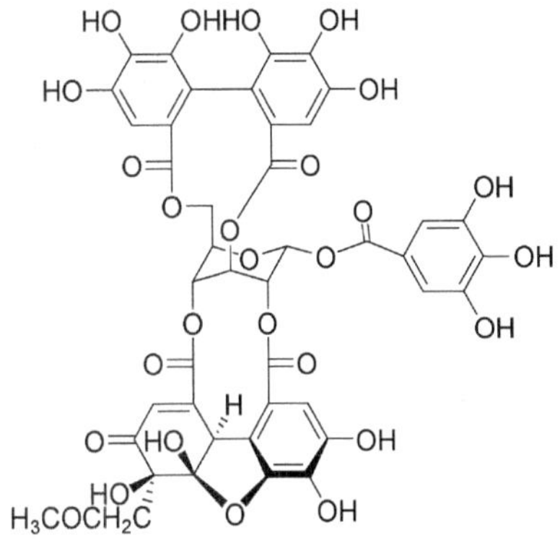

11

图 5-58　龙眼多酚类成分

3．其他类成分

研究发现，龙眼中含有的甾体类化合物主要为*β*-谷甾醇、*β*-胡萝卜苷、豆甾醇、(24*R*)-豆甾-4-烯-3-酮、豆甾醇-D-葡萄糖苷。此外，还发现了三萜 epifriedelanol[19]。徐坚[20]用石油醚将龙眼皮壳冷浸得到两种晶体，浓缩提取物，硅胶柱色谱分离，用不同比例的石油醚和丙酮洗脱，无水乙醇重结晶得到了三萜 friedelanol 和 friedelin。郑公铭等采用硅胶柱色谱、聚酰胺柱色谱和葡聚糖凝胶色谱分离龙眼核 95%乙醇提取物，并用物理化学性质和光谱数据鉴定出了烟酸、对羟基苯甲酸、呋喃丙烯酸[21]、二十四碳酸和丁二酸[22]。

表 5-59　龙眼其他类成分

序号	名称	参考文献	序号	名称	参考文献
1	(24*R*)-豆甾-4-烯-3-酮	[19]	5	oleanolic acid	[16]
2	friedelanol	[20]	6	烟酸	[21]
3	friedelin	[20]	7	丁二酸	[22]
4	epifriedelanol	[19]			

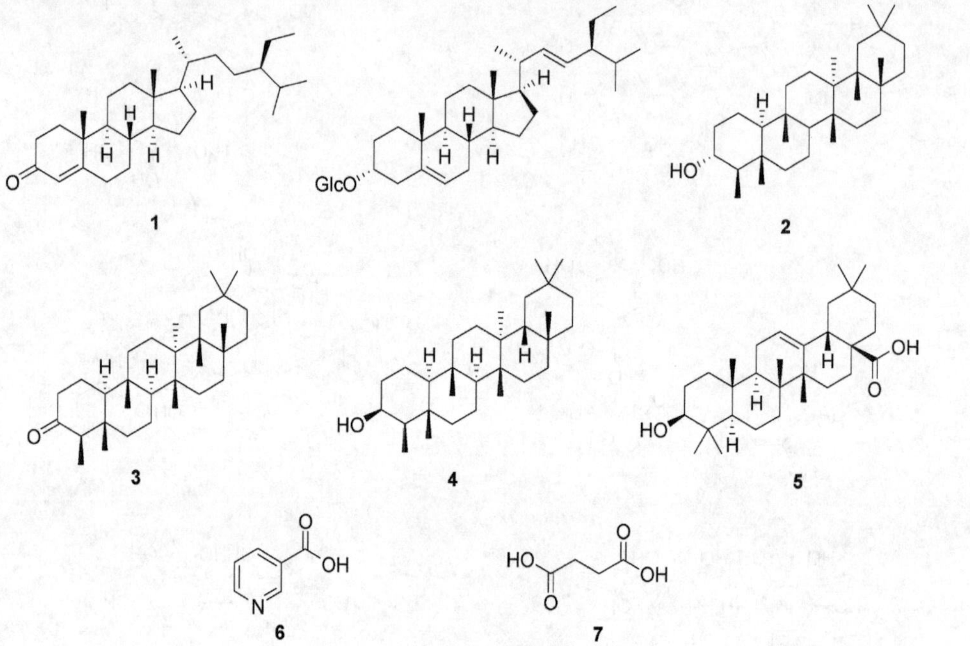

图 5-59　龙眼其他类成分

三、药理活性

1. 抗氧化

葛宇飞等[23]研究了龙眼核的抗氧化活性，龙眼核油脂对 DPPH· 和 ABTS+ 的半抑制浓度 IC$_{50}$ 分别为 11.00μg/mL、14.38μg/mL，具有较好的抗氧化能力。李雪华等[24]从龙眼肉和荔枝肉中分离出多糖，研究了其抗氧化作用。实验结果表明，二者多糖对去除活性氧自由基具有相似的作用，为龙眼多糖和荔枝多糖对活性氧自由基 O^{2-}· 和过氧化脂质的抗衰老和抗氧化作用提供了科学依据。

李雪华等[25]研究了龙眼核乙酸乙酯部位的抗氧化活性，用 TBA 比色法测定各组分的抗脂质过氧化活性，用 Fenton 原理测定羟基的清除活性。结果表明各组分对抑制脂质过氧化物和清除羟基效果好，其中部分组分的活性具有定量效应关系，最高的抑制率和清除率能够达到 68.5%。Prasad 等[26]采用 50%乙醇高压（500MPa）和常规提取方法提取龙眼果皮，龙眼高压辅助提取液（HPEL）和龙眼常规提取液（CEL）。随后，采用 1,1-二苯基-2-苦基肼（DPPH）自由基清除活性、超氧阴离子自由基清除活性、总抗氧化能力和脂质过氧化抑制活性等抗氧化模型体系分析了这些提取物的抗氧化活性。结果发现与 CEL 相比，HPEL 具有较高的提取效率，且提取时间较短，提取率较高，抗氧化和抗癌活性较高。Pan 等[27]采用 95%乙醇微波辅助提取法和索氏提取法对龙眼果皮进行提取，随后，采用不同体系 1,1-二苯基-2-苦基肼（DPPH）自由基清除率、新型共振散射法（RS）羟自由基清除率、还原能力和总抗氧化能力对两种提取物的抗氧化性能进行了研究。MEL 和 SEL 的抗氧化活性均优于合成抗氧化剂 2,6-二叔丁基-4-甲基苯酚（BHT），且 MEL 的抗氧化活性均优于 SEL。Wang 等[28]比较了长江中上游地区栽培的 8 个龙眼品种的酚类化合物含量及抗氧化能力，Fuwan8、Dongliang 和 FD97 对 DPPH 的清除能力最强，半抑制浓度 IC_{50} 为 1.03g/mL。Dongliang 具有清除 ABTS 的最高活性。

2．降血糖

黄儒强等[29]为了研究龙眼核提取物的降血糖作用，进行了实验。用龙眼核提取物治疗四氧嘧啶诱导的双抗小鼠，以标准药物抗糖尿病的格列苯脲为对照。治疗后分析结果表明，龙眼核提取物可维持糖尿病小鼠血糖稳定，降血糖率可达 77.4%，龙眼核提取物降血糖效果明显。梁洁等人[30]研究了龙眼叶不同提取部位的降血糖活性，分别采用四氧嘧啶小鼠糖尿病模型、肾上腺素小鼠高血糖模型以及正常小鼠，观察龙眼叶的降血糖活性。结论表明龙眼叶具有明显的降血糖作用，尤其是正丁醇和 95%的乙醇的部位疗效较佳；后又采用高糖高脂饮食结合腹腔注射链脲佐菌素（STZ）、二甲双胍为阳性对照考察龙眼叶提取物对 2 型糖尿病大鼠体质量、空腹血糖（FBG）、糖耐量（OGTT）、胸腺指数、胰岛素浓度（FINS）、超氧化物歧化酶（SOD）、丙二醛（MDA）、总胆固醇（TC）、甘油三酯（TG）、高密度脂蛋白胆固醇（HDL-C）、低密度脂蛋白胆固醇（LDL-C）、肿瘤坏死因子-α（TNF-α）、白细胞介素 6（IL-6）及胰腺病理形态的影响，结果发现龙眼叶提取物可显著降低糖尿病大鼠的血糖[31]。梁洁等人[32]基于血清药物化学方法，分析了龙眼叶中乙酸乙酯部位进行入血成分分析，探讨了药物效果的物质依据。结果表明没食子酸乙酯、槲皮素、槲皮苷、木犀草素等成分可能是龙眼叶降血糖活性的物质依据。Li 等[33]研究了富含多酚的龙眼果皮提取物的化学成分及其抗高血糖作用。采用 HPLC-DAD/MS 分析方法测定了 LPE 的酚类成分。鉴定出 9 种酚类物质，其中 3 种主要成分经 LC-MS/MS 定量分析。实验结果表明，LPE（多酚含量约 37.8g 没食子酸当量/100g）能抑制体外 α-葡萄糖苷酶 $[IC_{50}=(11.68\pm0.44)\mu g/mL]$，并能降低蔗糖激发小鼠的血糖（$P<0.05$）。

3．抗炎

Bai 等[34]研究了从龙眼果肉中得到分离纯化的多糖 LPIIa。用 LPS 处理 Caco-2 细胞与 RAW 264.7 巨噬细胞共培养模型研究其抗炎活性和肠道屏障保护作用。在 LPS 诱导的 RAW 264.7 巨噬细胞中，LPIIa 抑制炎症介质的产生，包括 TNF-α、IL-6、NO 和 PGE2，并抑制 iNOS 和 COX-2 基因的表达。刘运磊等人[35]为了研究龙眼核处方的镇痛和抗炎作用，对二甲苯小鼠引起的耳廓肿胀进行了抗炎试验。结果表明，龙眼核对小鼠耳肿胀有明显的抑制作用，对耳肿胀的抑制率高于对照组。龙眼核处方有明显的镇痛和抗炎作用。李佳娜等[36]就龙眼核多酚对急性肺损伤后脂多糖诱导小鼠肺组织的保护作用进行了分析。将 40 只 SPF 级 C57BL/6 小鼠随机分为假手术组、模型组、地塞米松（DEX 组）和龙眼核多酚组（LS 组）共四组。然后通过向小鼠尾静脉注射 LPS 建立了一种急性肺损伤的小鼠模型，结果表明龙眼核多酚对 LPS 诱导急性肺损伤小鼠肺组织有保护作用。Bai 等[37]发现龙眼果肉多糖（LP）可以通过提高环磷酰胺处理小鼠黏液蛋白 2、紧密连接蛋白 occluden-1、claudin-1、claudin-4 和黏附连接蛋白 E-cadherin 的表达来预防肠黏膜损伤。

4. 抗肿瘤

Zhong 等[38]研究了超声波提取龙眼果肉多糖（UELP）对 S180 肿瘤模型小鼠抗肿瘤活性的影响。UELP 对迟发性超敏反应（DTH）、巨噬细胞吞噬和 cona 刺激的脾细胞增殖均有显著影响（$P<0.01$）。结果显示 UELP 具有较强的抗肿瘤作用，中、低剂量（200mg/kg、100mg/kg）抑制率最高。宋佳玉等[39]对龙眼壳中总黄酮的抗肿瘤活性做了初步研究，MTT 试验结果表明，龙眼皮总黄酮提取物在 24h、48h、72h 后可抑制卵巢癌 SKOV3 细胞和宫颈癌螺旋细胞的增殖，具有一定的浓度和时间依赖性。随后又研究了龙眼壳提取粗黄酮的抗肿瘤作用[40]，体外用 MTT 法检测了龙眼壳粗黄酮对食管癌细胞、肝细胞增殖的抑制作用，体内试验通过建立 S180 荷瘤小鼠模型，观察龙眼壳粗黄酮提取物（100mg/kg、200mg/kg、300mg/kg）组和龙眼壳粗黄酮提取物+CTX（20mg/kg）组的抑瘤率。龙眼壳中提取粗黄酮能显著抑制 EC109、HPG2 细胞的生长，且具有一定的浓度依赖性。龙眼壳粗黄酮提取物（低）、（中）、（高）组均可抑制 S180 肉瘤生长，抑制率分别为 28.24%、44.91%和 60.65%。

5. 免疫调节

Zhong 等[38]研究了超声波提取龙眼果肉多糖（UELP）对 S180 肿瘤模型小鼠免疫调节的影响，UELP 中剂量（200mg/kg）和低剂量（100mg/kg）对 S180 肿瘤小鼠模型有较强的免疫调节作用。温亚州[41]通过实验发现新鲜龙眼多糖和干制龙眼多糖均能够通过激活巨噬细胞和促进肠系膜淋巴结细胞增殖来调节机体免疫功能。

6. 抗疲劳

郭超萍等[42]发现龙眼肉水提取物可显著降低小鼠体重生长速度，延长正常压缺氧小鼠的生存时间和负重游动时间，增加肝糖原储备量。游泳后降低血尿素氮和血乳酸水平，提高血清 SOD 活性，降低 MDA 含量，具有明显的抗疲劳作用。聂英涛等[43]观察了龙眼多糖对小鼠负重力游泳的抗疲劳作用，结果表明，龙眼多糖能显著延长负重游泳时间（$P<0.05$）、降低尿素氮产量（$P<0.05$）、乳酸含量（$P<0.05$）和丙二醛（MDA）含量（$P<0.05$），提高小鼠乳酸脱氢酶（$P<0.05$）和超氧化物歧化酶（$P<0.05$）的活性。龙眼多糖具有良好的抗疲劳效果。

参考文献

[1] 邓家刚, 韦松基. 广西道地药材[M]. 北京: 中国中医药出版社, 2007.

[2] 郑少泉, 曾黎辉, 张积森, 等. 新中国果树科学研究 70 年——龙眼[J]. 果树学报, 2019, 36(10): 1414-1420.

[3] 国家中医药管理局《中华本草》编委会. 中华本草: 13 卷[M]. 上海: 上海科学技术出版社, 1999.

[4] 福建省医药研究所. 福建中药志: 第 1 册[M]. 福州: 福建人民出版社, 1979.

[5] Yang B, Jiang Y, Shi J, *et al.* Extraction and pharmacological properties of bioactive compounds from longan(*Dimocarpus longan* Lour.) fruit:a review[J]. Food Research International, 2011, 44(7): 1837-1842.

[6] 中国科学院中国植物志编辑委员会. 中国植物志: 第四十七卷第一分册[M]. 北京: 科学出版社, 1985.

[7] 邱武陵, 章恢志. 中国果树志[M]. 北京: 中国林业出版社, 1996.

[8] 孙星衍. 神农本草经[M]. 南宁: 广西科学技术出版社, 2015.

[9] 李时珍. 本草纲目[M]. 哈尔滨: 黑龙江科学技术出版社, 2012.

[10] Zhang X, Guo S, Ho C T, *et al.* Phytochemical constituents and biological activities of Longan (*Dimocarpus longan* Lour.) fruit: a review[J]. Food Science and Human Wellness, 2020, 9(2): 95-102.

[11] 谭飔, 彭思维, 李玮轩, 等. 不同干燥方式对龙眼多酚及抗氧化活性影响[J]. 果树学报, 2021, 38(4): 1-14.

[12] 黄光强, 梁洁, 韦金玉, 等. 基于 UPLC-Q-Orbitrap HRMS 技术的龙眼叶降血糖有效部位化学成分分析[J]. 中国实验方剂学杂志, 2021, 27(6): 127-138.

[13] 刘春丽, 关小丽, 李典鹏, 等. 龙眼壳中化学成分的研究(Ⅰ)[J]. 广西植物, 2014, 34(2): 167-169.

[14] 何婷, 王凯, 赵雷, 等. 大孔树脂纯化龙眼核多酚及其组分分析[J]. 食品工业科技, 2019, 40(16): 1-6, 13.

[15] Soong Y Y, Barlow P J. Antioxidant activity and phenolic content of selected fruit seeds[J]. Food Chemistry, 2004, 88(3): 411-417.

[16] 郑公铭, 魏孝义. 龙眼果核化学成分的研究[J]. 中草药, 2011, 6(42): 1053-1056.

[17] Sun J, John S, Jiang Y M, et al. Identification of two polyphenolic compounds with antioxidant activities in longan pericarp tissues[J]. Food Chemistry, 2007, 55(14): 5864-5868.

[18] Zheng G M, Xu L X. Polyphenols from longan seeds and their radical-scavenging activity[J]. Food Chemistry, 2009, 116(2): 433-436.

[19] Mahato S B, Sahu N P, Chakravarti R N. Chemical investigation on the leaves of Euphoria longana[J]. Phytochemistry, 1971, 10(11): 2847-2848.

[20] 徐坚. 龙眼三萜 B 的晶体结构[J]. 中草药, 1999, 30(4): 254-255.

[21] 郑公铭, 魏孝义. 龙眼果皮化学成分的研究[J]. 中草药, 2011, 42(8): 1485-1489.

[22] 郑公铭. 龙眼果肉化学成分的研究[J]. 热带亚热带植物学报, 2010, 18(1): 82-86.

[23] 葛宇飞, 朱冰瑶, 方晶晶, 等. 龙眼核油脂成分及其抗氧化活性分析[J]. 中国粮油学报, 2020, 35(10): 91-95.

[24] 李雪华, 龙盛京, 谢云峰, 等. 龙眼多糖、荔枝多糖的分离提取及其抗氧化作用的探讨[J]. 广西医科大学学报, 2004, 21(3): 342-344.

[25] 李雪华, 吴妮妮, 李福森, 等. 龙眼核醋酸乙酯部位的抗氧化活性研究[J]. 时珍国医国药, 2008, 19(8): 1969-1971.

[26] Prasad K N. Antioxidant and anticancer activities of high pressure-assisted extract of longan (Dimocarpus longan Lour.) fruit pericarp[J]. Innovative Food Science and Emerging Technologies, 2009, 10(10): 413-419.

[27] Pan Y, Kai W, Huang S, et al. Antioxidant activity of microwave-assisted extract of longan (Dimocarpus Longan Lour.) peel[J]. Food Chemistry, 2008, 106(3): 1264-1270.

[28] Wang Z, Gao XV, Li W F, et al. Phenolic content, antioxidant capacity, and α-amylase and α-glucosidase inhibitory activities of Dimocarpus longan Lour.[J]. Food Science and Biotechnology, 2020, 29(5): 683-692.

[29] 黄儒强, 邹宇晓, 刘学铭. 龙眼核提取液的降血糖作用[J]. 天然产物研究与开发, 2006, 18(6): 991-992.

[30] 梁洁, 余靓, 柳贤福, 等. 龙眼叶不同提取物降血糖的实验研究[J]. 时珍国医国药, 2013, 24(8): 263-264.

[31] 梁洁, 金青青, 黄团心, 等. 龙眼叶乙酸乙酯提取物对 2 型糖尿病大鼠降血糖作用机制的研究[J]. 中华中医药杂志, 2019, 34(2): 133-138.

[32] 梁洁, 韦金玉, 黄冬芳, 等. 基于 UPLC-Q-TOF-MS/MS 技术的龙眼叶入血成分分析[J]. 中药材, 2021, 44(3): 617-623.

[33] Li L Y, Xu J L, Yu Li H, et al. Chemical characterization and anti-hyperglycaemic effects of polyphenol enriched longan (Dimocarpus longan Lour.) pericarp extracts[J]. Journal of Functional Foods, 2015, 139(3): 314-322.

[34] Bai Y J, Jia X C, Huang F, et al. Structural elucidation, anti-inflammatory activity and intestinal barrier protection of longan pulp polysaccharide LPIIa[J]. Carbohydrate Polymers, 2020, 246(10): 116532-116536.

[35] 刘运磊, 景蓉, 李宝莉, 等. 龙眼核组方镇痛抗炎作用的机理性研究[J]. 陕西中医, 2015, 36(11): 1566-1567.

[36] 李佳娜, 郭苏兰, 肖水秀. 龙眼核多酚对用脂多糖诱导的急性肺损伤小鼠肺组织的保护作用及相关机制[J]. 当代医药论丛, 2019, 17(11): 102-104.

[37] Bai Y, Huang F, Zhang R, et al. Longan pulp polysaccharides relieve intestinal injury in vivo and in vitro by promoting tight junction expression[J]. Carbohydrate Polymers, 2019, 229(2): 115475-115479.

[38] Zhong K, Qiang W, He Y, et al. Evaluation of radicals scavenging, immunity-modulatory and antitumor activities of longan polysaccharides with ultrasonic extraction on in S180 tumor mice models[J]. International Journal of Biological Macromolecules, 2010, 47(3): 356-360.

[39] 宋佳玉, 张清伟, 刘金宝, 等. 龙眼壳总黄酮的提取及其抗肿瘤的初步研究[J]. 食品研究与开发, 2016, 37(18): 49-52.

[40] 宋佳玉, 张清伟, 刘金宝, 等. 龙眼壳粗黄酮提取物体内外抗肿瘤研究[J]. 食品研究与开发, 2016, 37(3): 40-43.

[41] 温亚州. 龙眼多糖免疫调节作用的研究[D]. 海口: 海南大学, 2017.

[42] 郭超萍, 张兵, 包传红. 龙眼肉水提物对小鼠抗疲劳及耐缺氧作用实验研究[J]. 亚太传统医药, 2019, 15(10): 14-16.

[43] 聂英涛, 彭峰林, 李少杰, 等. 龙眼多糖通过下调氧自由基水平的抗疲劳作用研究[J]. 广西师范大学学报(自然科学版), 2017, 35(3): 157-161.

民族植物资源

化学与生物活性

研究

Research Progress on
Chemistry and Bioactivity
of
Ethnobotany
Resources

第六章

白族药物

白族主要分布在我国云南、贵州、四川、湖南等地，其中，以云南省大理白族自治州为白族主要聚居区。以洱海为中心的大理地区地理环境复杂多样，药用资源丰富，白族人民通过生产生活实践逐渐认识了许多药物。

以洱海为中心的大理地区在历史上曾是云南政治、经济、文化中心，是云南古代文化的摇篮和西南陆上丝绸之路的重要通道。公元 738 年，南诏国建立，其后又经历了大理国时期，在南诏国、大理国长达 500 余年的时间里，稳定繁荣的政治、经济、文化环境为大理白族医药的快速发展奠定了基础。这一时期，大理地区与唐宋之间交流频繁，中医药文化的输入促进了白族医药的发展。大理国时期，已有名医出现，并有医学史料产生，这是白族医药形成的重要标志。此外，白族医药与印度、波斯和藏族医药学也存在广泛交流，还受到佛教、道教的影响。1253 年蒙古统一大理以后，大理地区纳入国家的统一管辖，中原文化尤其是中医药文化在大理地区进一步地广泛传播，白族人民将中医药的理论和方法本土化、民族化，丰富了白族医药的诊疗方法。多元文化相互融合、相互影响促进了白族医药的发展，使白族医药达到较高的水平，同时，白族医药也保留着本民族传统医药的特点。

白族虽有本民族语言，却无文字。白族医药缺乏系统的整理研究，白族医药世家、历代名医和民间医师通过"口传身授"，将本民族的医疗经验和用药特征世代相传，对白族医药的传承做出了巨大贡献。中华人民共和国成立后，大理地区的经济社会面貌发生了翻天覆地的变化。改革开放以后，随着对外交往的日益频繁，以及国家对我国传统民族医药的高度重视，对白族医药的研究也逐渐兴起，诞生了一系列介绍白族药物的专著，如《云南白族医药》收录大理地区白族民间较为常用的植物药 113 种；《大理白族药》收集和整理了 141 种较为成熟的白族药资料；《白族惯用植物药》收录白族常用植物 263 种；《大理州白族医药及单验方》中记载有白族药材 80 种；《白族民间单方验方精粹》记载有 198 种药材，收集整理了白族民间单方验方 1835 例等。白族医药的系统收集和整理促进了这一文化瑰宝的传承和发扬。

随着科学技术的快速发展，针对白族药现代研究也取得了很多成果，尤其是针对一些常用白族药的化学成分和药理作用的深入研究，如青阳参、马尾连、紫金龙、条叶猪屎豆、阴地蕨、曲苞芋、罗汉香、大叶马兜铃、滇紫参、绿叶紫金牛等，进一步加快了白族药的产业化、现代化进程。本章选取 8 种白族常用植物药，包括青羊参（白族语嘟吧优）、阴地蕨（白族语汤支会）、银线草（白族语腮西腰）、野坝子（白族语奎巴）、血满草（白族语除蒿）、铁箍散（白族语腾直加瓜）、西南鬼灯檠（白族语散优）、滇紫参（白族语消档眼草），对其近年来在化学成分和药理活性方面的研究进展进行概述，以了解这些药物的研究动态和研究成果。

第一节
青羊参

青羊参（白族语：嘟吧优），又名奶浆藤、毒豹药、间绚药、牛尾参、白石参，白族语称作抖磅优（意译：毒豹药）、苹须而走（剑川）、稀呼生（宾川、大理）、羊吧味（鹤庆，意译：羊奶根）。青羊参为萝藦科鹅绒藤属植物青羊参（*Cynanchum otophyllum* Scheid）的根，主要产于我国云南省。药用根，味辛、苦，性温，有小毒；具温阳祛湿、补体虚、健脾胃等功效。白族民间用于治疗风湿冷痛、风湿关节炎、腰肌劳损、体虚神衰、四肢抽搐、手脚拘挛疼痛、慢惊风、犬咬伤等病症，该植物对有爪的动物如猫、狗有毒，误食即死，因此白族民间亦称"抖磅优"即"毒豹药"之意[1]。

一、资源分布及生物学特征

1. 资源分布

多年生草质藤本；根圆柱状、灰黑色，生于山地疏林或山坡灌木丛中；分布于大理北部及云南大部分地区，适合生长于海拔 1400~2800m 处；西藏、四川、广西、湖南也有青羊参。

2. 生物学特征

多年生缠绕草本，长 2~5m。根具白色乳汁，呈长圆柱形，肥大，肉质，表面褐色，具皱纹及极少须根。有茎痕或残茎，直径 1~5cm。外表淡黄色，有横皱纹，并可见残存横形皮孔及棕色栓皮。质坚硬，断面类白色，粉性，有鲜黄色孔点（导管）散列成不连续的二环，中心也有孔点散在。茎纤细，圆柱形，略扁，红紫色，绿色或一面紫，一面绿色，扭曲，具纵纹，被毛。伞形花序腋生。花萼绿色，边缘紫，外面被微毛，花冠白色或绿白色，顶端钝，微带淡紫色，边缘具狭膜质，背面光滑，内面疏被细柔毛，与萼裂片互生；副冠白色，上部离生，顶端钝圆具极浅，基部连成短筒状与合生雄蕊相连；雄蕊 5 枚，花丝连生成管状包被雌蕊，花药合生，顶端有半圆形。白色薄膜覆盖柱头面，花柱短，柱头周围具极小齿缺。果 2 角状，成熟时沿一侧开裂。种子多数，卵形，顶端有白长毛[2]。

二、化学成分

青羊参所含化学成分的类型主要是皂苷、氨基酸、生物碱、甾体等[2]。

1. 甾体及皂苷

现代化学研究表明青羊参主要含 C_{21} 甾体苷及其苷元。Yang 等[3]在 85℃条件下采用乙醇（95%）对青羊参的根进行提取，提取液依次用乙酸乙酯、正丁醇、水洗脱，利用硅胶柱色谱、Sephadex LH-20 柱色谱和高效液相色谱等进一步洗脱，得到四种甾体。Shen 等[4]从青羊参的氯仿馏分中发现四个新 C_{21} 甾体苷。Shi 等[5]采用 95%乙醇对青羊参的根进行提取，去除溶剂，将粗提物悬浮在水中，用氯仿萃取，得到氯仿馏分，氯仿可溶部分经 MCI、CHP20P 凝胶柱、硅胶柱色谱等，得到两种新的 C_{21} 甾体以及三种已知甾体。还有国内外很多研究者从青羊参的根中分离鉴定到其他甾体化合物，部分化合物名称见表 6-1，化学结构见图 6-1。

2. 糖类

Zhao 等[17~18]将青羊参的干燥根打粉后，采用乙醇、石油醚等进行前处理，利用硅胶柱色谱进一步处理，最终从乙酸乙酯提取物的酸水解部分分离得到寡糖化合物（表 6-2，图 6-2）。

表6-1 青羊参中甾体类化合物

序号	化合物名称	参考文献	序号	化合物名称	参考文献
1	gagamine	[3]	9	cynanchinA	[10]
2	caudatin	[3]	10	otophylloside B	[11,12]
3	qingyangshengenin-3-*O*-β-D-thevetopyranosyl-(1→4)-β-D-cymaropyranosyl-(1→4)-β-D-digitoxopyranoside	[4]	11	cynotophylloside A	[13,14]
			12	deacetylmetaplexigenin	[15]
4	12β-*O*-acetyl-20-*O*-(2-methylbutyryl)-sarcostin	[5]	13	caudatin 3-*O*-α-L-cymaropyranosyl-(1→4)-α-D-oleandropyranosyl-(1→4)-α-L-cymaropyranosyl-(1→4)-β-D-gluco-pyranosyl-(1→4)-α-D-oleandropyranosyl-(1→4)-β-D-oleandropyranosyl(1→4)-β-D-diginopyranoside	[16]
5	cynotophylloside G	[6]			
6	cynotophylloside H	[6,7]			
7	cynotophylloside P	[8]			
8	cynotophylloside K	[9]			

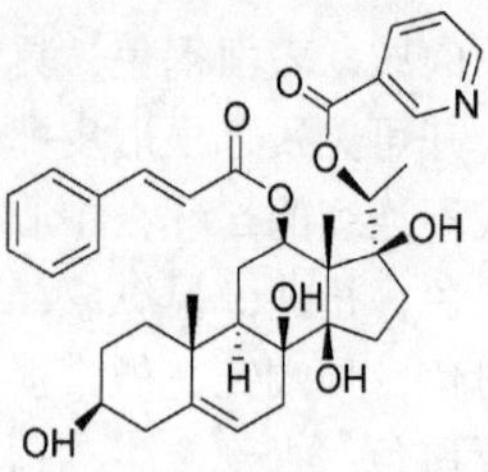

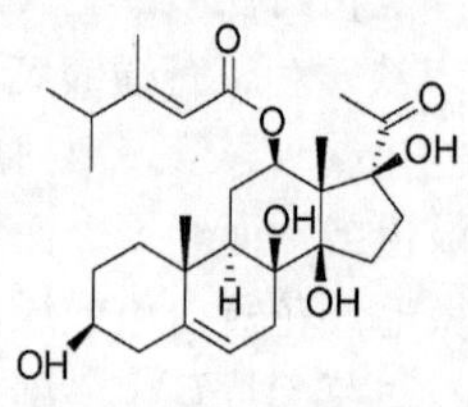

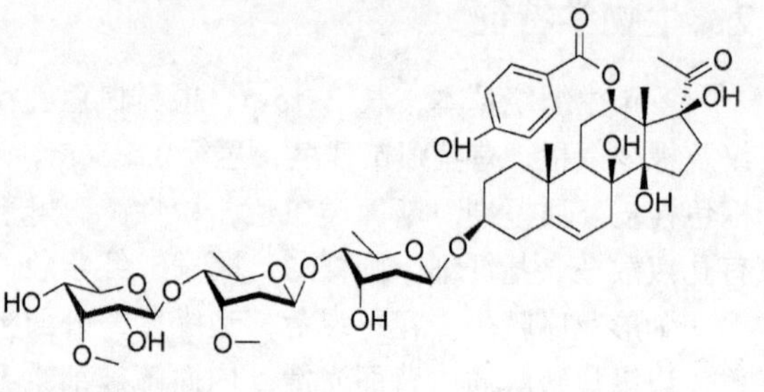

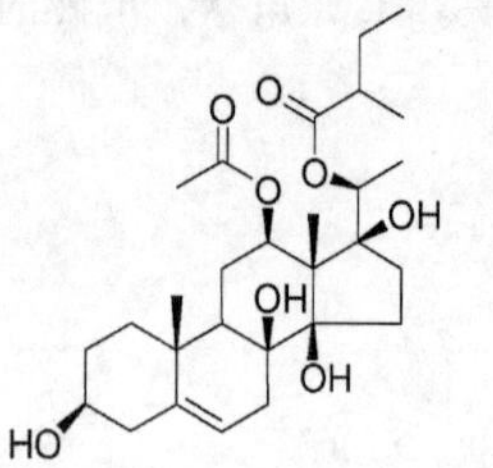

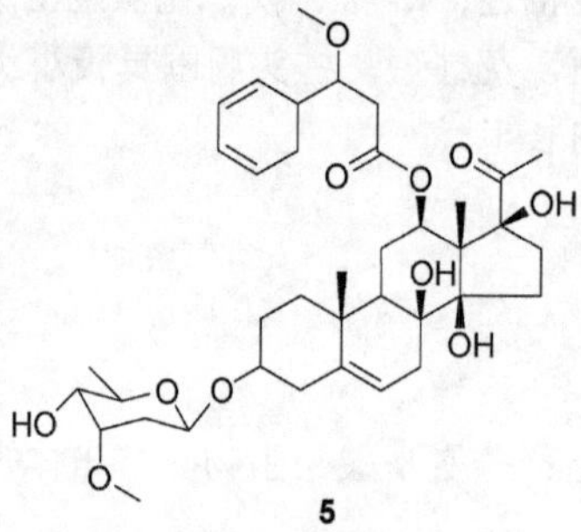

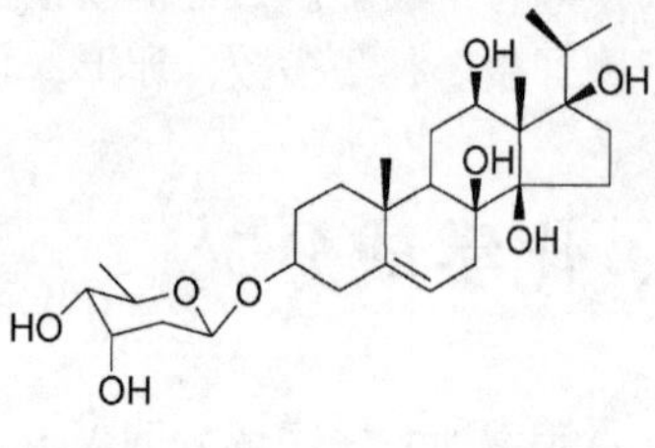

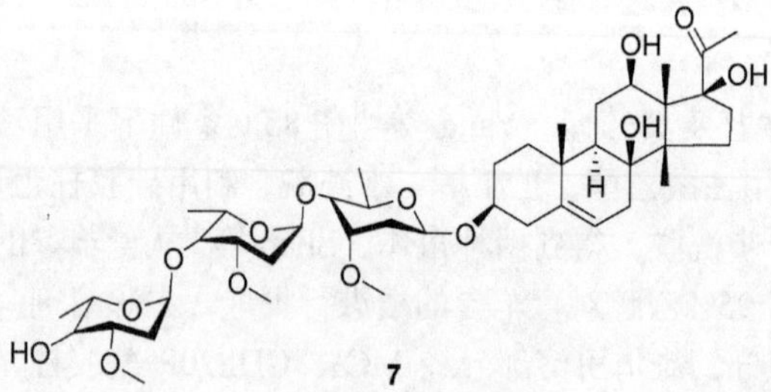

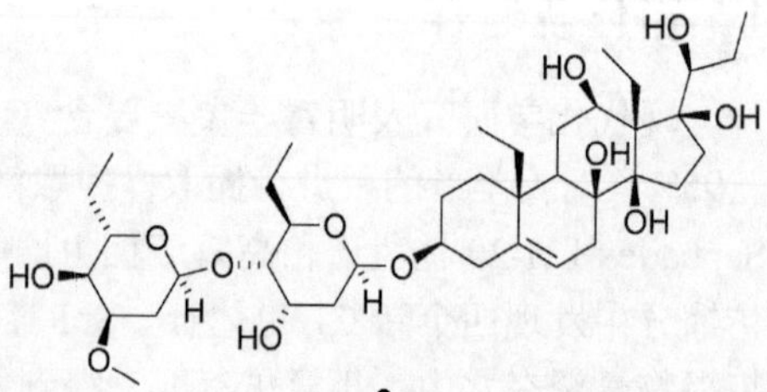

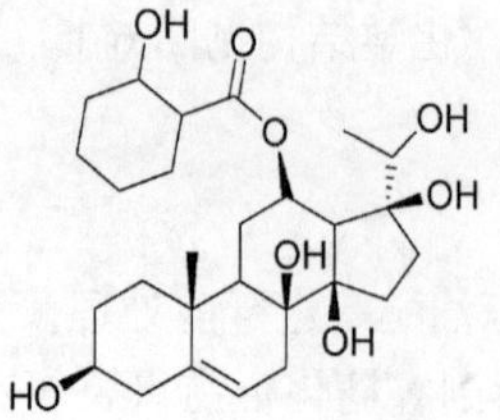

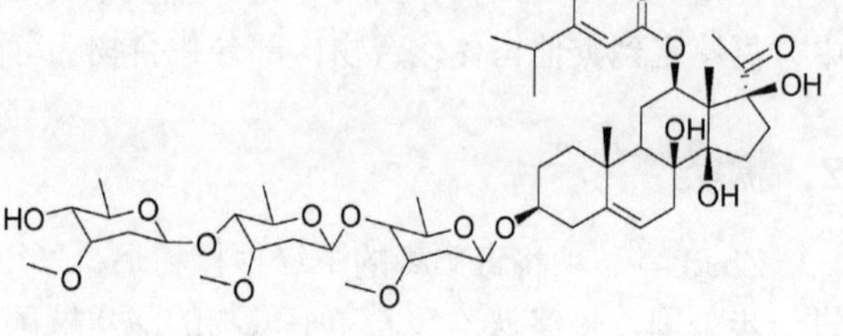

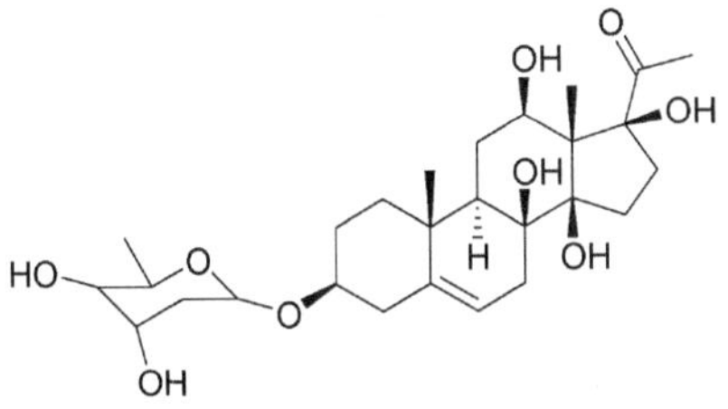

图 6-1　青羊参中甾体类化合物

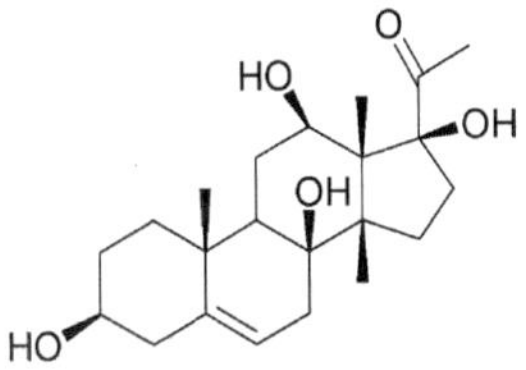

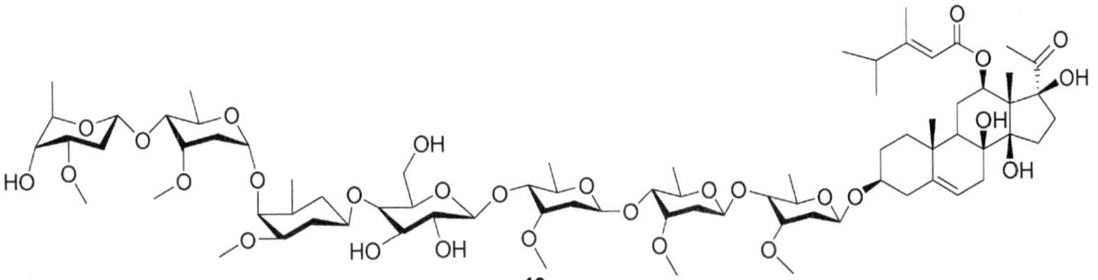

表 6-2　青羊参中糖类化合物

序号	化合物名称	参考文献
1	methyl 2,6-dideoxy-3-*O*-methyl-*α*-D-arabino-hexopyranosyl-(1→4)-2,6-dideoxy-3-*O*-methyl-*β*-D-arabino-hexopyranosyl-(1→4)-2,6-dideoxy-3-*O*-methyl-*α*-D-arabino-hexopyra-noside	[17,18]
2	ethyl 2,6-dideoxy-3-*O*-methyl-*β*-D-ribo-hexopyranosyl-(1→4)-2,6-dideoxy-3-*O*-methyl-*α*-L-lyxo-hexopyranoside	[17,18]

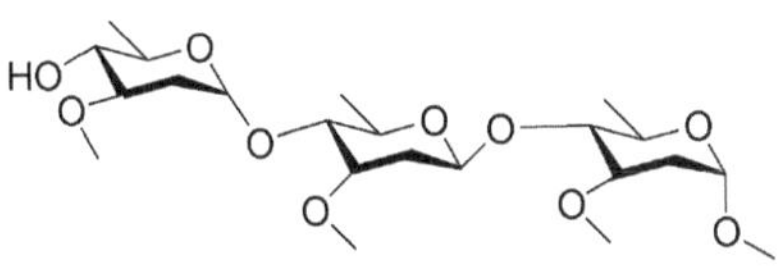

图 6-2　青羊参中糖类化合物

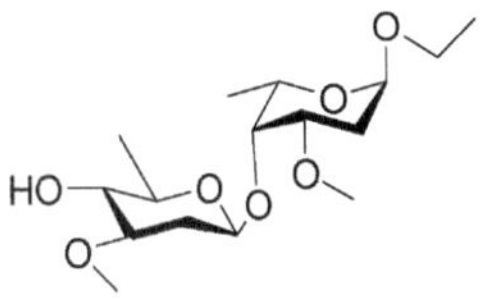

3. 其他类化合物

　　Zhao 等[19]采用沸水法对青羊参干燥根的粉末进行提取，用乙醇、正丁醇和乙酸乙酯等进一步处理，最终从青羊参根的乙酸乙酯提取物中分离得到多种化学成分，具体信息见表 6-3 和图 6-3 中化合物 **1**～**4**，其中化合物 **1** 和 **2** 为新化合物。

表 6-3　青羊参中其他类化合物

序号	化合物名称	参考文献
1	1-(4-methoxy-3-(6-methoxy-3-acetylphenylperoxy)phenyl)ethanone	[19]
2	1-(3-hydroxy-7-acetylnaphthalen-2-yl)ethanone	[19]
3	1-(3,4-dihydroxyphenyl)ethanone	[19]
4	1-(2,4-dihydroxyphenyl)ethanone	[19]

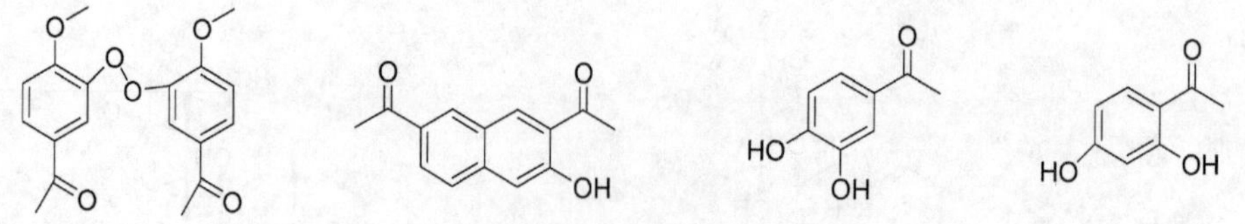

图6-3　青羊参中其他类化合物

三、药理活性研究

青羊参有抗惊厥[20]、杀菌消毒[21]、抗癫痫[22]、增强苯巴比妥钠和苯妥英钠的抗最大电休克（MES）作用[20]、镇静[23]、镇痛[23]等作用。

1．抗惊厥

裴印权等[20]在研究青羊参剂量对家兔 ECoG 影响时发现，小剂量青羊参（12.5mg/kg）对家兔的一般行为和 ECoG 无影响，中等剂量（25mg/kg）会使部分家兔 ECoG 出现异常，剂量较大时（50mg/kg）会引起少数家兔典型阵挛性惊厥，但对硫酸亚铁引起癫痫模型家兔有治疗作用，并能使异常的 ECoG 恢复正常，可以作为治疗癫痫的辅助药物用于临床。有报道指出脑中 γ-氨基丁酸（GABA）含量降低及谷氨酸（Glu）、天冬氨酸（Asp）含量升高均可导致惊厥。李建一等[24]在研究中发现青羊参可使被硫代氨基脲（TSC）降低的 GABA 水平有上升的趋势，并使 Glu、Asp 含量明显降低，可能是其抗惊厥的原因。

2．杀菌消毒

单纯疱疹病毒（HSV）是一种常见的传染性病原体，HSV-Ⅱ可引起外阴疱疹，是宫颈癌的协同诱因，姜海鸥等[21]将从青羊参中提取出的青羊参多糖硫酸化修饰后，进行抗 HSV-Ⅱ活性研究。本研究结果表明青羊参多糖硫酸酯毒性较小，在 7.170mg/mL 以上才对 Vero 细胞产生明显毒性。动物实验和临床用药表明，药物在动物体内毒性较低，且大剂量没有明显副作用。其抗 HSV-Ⅱ作用虽然较无环鸟苷（ACV）低，但在样品不产生毒性范围内，对 HSV-Ⅱ感染 Vero 细胞显示出较强的抑制作用。Tao 等[25]发现青羊参葡聚糖硫酸酯（PS20）具有抗 HIV 和 HSV 作用，对阴道上皮细胞和乳酸杆菌具有较低的细胞毒性。它可以作为一种潜在的杀菌剂用于进一步的研究。

3．抗癫痫

李先春[22]采用连续两天腹腔注射给药方式，分别考察了青阳参总苷（QYS）对强噪声诱导的听源性惊厥（AGS）和化学致癫剂戊四唑（PTZ）诱导的全身性癫痫发作的影响，结果显示 QYS 可以明显抑制由高强度噪声诱发的 AGS 的发作，表现出显著的抗癫痫作用；相反，QYS 却增强由 PTZ 诱导的全身性癫痫发作，表现出明显的促癫痫作用，因此 QYS 具有非常明显的抗癫痫和促癫痫的双重特性。匡培根等[26]根据临床观察和动物实验，认为青羊参可以用于常规抗癫痫药物治疗效果不佳的癫痫大发作患者。曹继华等[2]通过研究得出结论：青羊参苷是抗癫痫的有效成分，对中枢神经系统有特殊兴奋作用。

4．增强苯巴比妥钠和苯妥英钠的抗 MES 作用

裴印权等[23]研究发现青羊参根部提出的总苷能增强苯巴比妥钠和苯妥英钠的抗 MES 效应，且无论给大鼠腹腔注射还是口服都有很强的抗 AS 效应，但第 3 次给药后 48h 产生了蓄积中毒，发生惊厥。

5．镇静

裴印权等[23]通过采用红外线小鼠自由活动记录仪记录小鼠给药前和给药后 1h、3h 的自由活动，结果可见青羊参根部提出的总苷可使小鼠自由活动明显减少，有一定的镇静作用。

6．镇痛

裴印权等[23]通过热板法引起小鼠疼痛，来研究青羊参根部提出的总苷对其产生的影响。在小鼠口服 200mg/kg 的青羊参后 4h 测定痛阈值同正常痛阈值作比较，结果显示出对热板法致痛有明显的对抗作用。但对辐射热引起的大鼠疼痛无效，可见其抑制作用的部位主要在脊髓以上的脑部。

参考文献

[1] 白族药用植物——青羊参[J]. 大理学院学报, 2013, 12(12): 108.

[2] 曹继华, 曹伶俐, 王正益, 等. 青羊参的生药学研究[J]. 河南中医学院学报, 2007, 22(3): 29-31, 89.

[3] Yang X X, Bao Y R, Wang S, *et al*. Steroidal glycosides from roots of *Cynanchum otophyllum*[J]. Chemistry of Natural Compounds, 2015, 51(4): 703-705.

[4] Shen D Y, Wei J C, Wan J B, *et al*. Four new C_{21} steroidal glycosides from *Cynanchum otophyllum* Schneid[J]. Phytochemistry Letters, 2014, 9: 86-91.

[5] Shi L M, Liu W H, Yu Q, *et al*. Two new C_{21} steroids from the roots of *Cynanchum otophyllum*[J]. Science Reviews, 2011, 35(2): 126-128.

[6] Shan W G, Liu X, Ma L F, *et al*. New *polyhydroxypregnane* glycosides from *Cynanchum otophyllum*[J]. Science Reviews, 2012, 36(1): 38-40.

[7] Zhao Z M, Sun Z H, Chen M H, *et al*. Neuroprotective *polyhydroxypregnane* glycosides from *Cynanchum otophyllum*[J]. Steroids, 2013, 78(10): 1015-1020.

[8] Zhao Y B, Shen Y M, He H P, *et al*. Antifungal agent and other constituents from *Cynanchum otophyllum*[J]. Natural Product Research, 2007, 21(3): 203-210.

[9] Zhan Z J, Bao S M, Zhang Y, *et al*. New immunomodulating polyhydroxypregnane glycosides from the roots of *Cynanchum otophyllum* C.K.Schneid[J]. Chemistry & Biodiversity, 2019, 16(6): e1900062.

[10] Pang W W, Zheng Y, Qian H Y, *et al*. Cynotophyllosides K-L from the roots of *Cynanchum Otophyllum*[J]. Journal of Chemical Research, 2016, 40(7): 404-406.

[11] Dong J, Peng X, Lu S, *et al*. Hepatoprotective steroids from roots of *Cynanchum otophyllum*[J]. Fitoterapia, 2019, 136: 264-269.

[12] Dong J, Yue G G L, Lee J K M, *et al*. Potential neurotrophic activity and cytotoxicity of selected C_{21} steroidal glycosides from *Cynanchum otophyllum*[J]. Medicinal Chemistry Research, 2020, 29: 549-555.

[13] Li X, Zhang M, Xiang C, *et al*. Antiepileptic C_{21} steroids from the roots of *Cynanchum otophyllum*[J]. Journal of Asian Natural Products Research, 2015, 17(7): 724-732.

[14] Ma L F, Shan W G, Zhan Z J. *Polyhydroxypregnane* glycosides from the roots of *Cynanchum otophyllum*[J]. John Wiley & Sons, 2011, 94(12): 2272-2282.

[15] Li J L, Zhou J, Chen Z H, *et al*. Bioactive C_{21} steroidal glycosides from the roots of *Cynanchum otophyllum* that suppress the seizure-like locomotor activity of zebrafish caused by *Pentylenetetrazole*[J]. Journal of Natural Products, 2015, 78(7): 1548-1555.

[16] Zhao Z M, Sun Z H, Chen M H, *et al*. Neuroprotective *polyhydroxypregnane* glycosides from *Cynanchum otophyllum*[J]. Steroids, 2013, 78(10): 1015-1020.

[17] Zhao Y B, He H P, Lu C H, *et al*. C$_{21}$ steroidal glycosides of seven sugar residues from *Cynanchum otophyllum*[J]. Steroids, 2006, 71(11-12): 935-941.

[18] Zhao Y B, Fan Q S, Xu G L, *et al*. Isolation and structural study on carbohydrates from *Cynanchum otophyllum* and *Cynanchum paniculatum*[J]. Journal of Carbohydrate Chemistry, 2008, 27(7): 401-410.

[19] Zhao Y B, Shen Y M, He H P, *et al*. Carbohydrates from *Cynanchum otophyllum*[J]. Carbohydrate Research, 2004, 339(11): 1967-1972.

[20] 裴印权, 曹龙光, 谢淑娟, 等. 青羊参的中枢药理作用研究[J]. 北京医学院学报, 1981, 13(3): 213-218.

[21] 姜海鸥, 黄雪霜, 王斌, 等. 青羊参多糖硫酸酯体外抗单纯疱疹病毒Ⅱ型活性研究[J]. 时珍国医国药, 2008, 19(3): 674-675.

[22] 李先春. 青阳参总苷抗癫痫作用的分子机理研究[D]. 上海: 华东师范大学, 2005.

[23] 裴印权, 戴晋, 陈文祥, 等. 三种鹅绒藤属植物总苷的药理作用研究[J]. 北京医科大学学报, 1987, 19(1): 29-32.

[24] 李建一, 赵天睿, 南国华. 青羊参对小鼠脑中几种氨基酸含量的影响[J]. 江西医学院学报, 1985, Z1: 3-7.

[25] Tao J, Yang J, Chen C Y, *et al*. Evaluation of *Cynanchum otophyllum* glucan sulfate against human immunodeficiency virus and herpes simplex virus as a microbicide agent[J]. Indian Journal of Pharmacology, 2011, 43(5): 536-540.

[26] Kuang P G, Wu Y X, Meng F J, *et al*. Treatment of grand mal seizures with "Qingyangshen" (root of *Cynanchum otophyllum*) and observations on experimental animals[J]. Journal of Traditional Chinese Medicine, 1981, 1(1): 19-24.

第二节
阴地蕨

阴地蕨[*Botrychium ternatum* (Thunb.) Sw.]为阴地蕨科阴地蕨属植物, 别称小春花、一朵云、花蕨、独立金鸡。阴地蕨也是一种民间广为使用的中草药, 有极高的药用价值, 具有清热解毒、平肝息风、止咳、止血、明目退翳的功效, 常用来治疗毒蛇咬伤、疮疡肿毒、目赤火眼、目生翳障等病症[1~2]。

一、生物学特征及资源分布

1. 生物学特征

阴地蕨根状茎短而直立, 有一簇粗健肉质的根。总叶柄短, 长仅 2~4cm, 细瘦, 淡白色, 干后扁平, 宽约 2mm。营养叶片的柄细长达 3~8cm, 有时更长, 宽 2~3mm, 光滑无毛; 叶片为阔三角形, 长通常 8~10cm, 宽 10~12cm, 短尖头, 三回羽状分裂; 侧生羽片 3~4 对, 几对生或近互生, 有柄, 下部两对相距不及 2cm, 略张开, 基部一对最大, 几与中部等大, 柄长达 2cm, 羽片长宽各约 5cm, 阔三角形, 短尖头, 二回羽状; 一回小羽片 3~4 对, 有柄, 几对生, 基部下方一片较大, 稍下先出, 柄长约 1cm, 一回羽状; 末回小羽片为长卵形至卵形, 基部下方一片较大, 长 1~1.2cm, 略浅裂, 有短柄, 其余较小, 长 4~6mm, 边缘有不整齐的细而尖的锯齿密生。第二对起的羽片渐小, 长圆状卵形, 长约 4cm (包括柄长约 5mm), 宽 2.5cm, 下先出, 短尖头。叶干后为绿色, 厚草质, 遍体无毛, 表面皱凸不平。叶脉不见。孢子叶有长柄，长 12～25cm，少有更长者，远远超出营养叶之上，孢子囊穗为圆锥状，长 4～10cm，宽 2～3cm，2～3 回羽状，小穗疏松，略张开，无毛[3]。

2．资源分布

阴地蕨分布于全国多数地区，其中主要分布于贵州、陕西、江苏、安徽、浙江、江西等地，资源丰富。在贵州等地以民族药使用较多[4~5]，在赤水、习水、正安、松桃、赫章等地区较为常见，多生于海拔 800～2500m 的溪沟边林下、林缘、山坡灌丛旁、草丛中[6]。

二、化学成分

资料表明，阴地蕨中的化学成分有黄酮、多糖、有机酸、鞣质、蛋白质、香豆素、内酯、强心苷、黄酮、挥发油、甾体和三萜类等化学成分，不含生物碱和油脂[1, 2, 7]。

1．黄酮类

阴地蕨中分离鉴定的黄酮类化合物以阴地蕨素、槲皮素、木犀草素和山奈酚等为主，黄酮类成分为其主要活性成分[5,8]。羊波等[9]利用反相硅胶柱色谱法、Sephadex LH-20 凝胶柱色谱等方法从阴地蕨全草的乙酸乙酯部位分离得到 10 个化合物，其中大部分为黄酮类化合物。具体化合物名称和结构分别见表 6-4 和图 6-4。

表 6-4　阴地蕨中黄酮类化合物

序号	化合物名称	参考文献
1	阴地蕨素（4′,5-dihydroxy-3,3′,7,8-tetramethoxyflavone）	[5,10]
2	木犀草素	[8]
3	3-O-β-D-glucopyranosyl-(1→3)-α-L-rhamnopyranoside	[11]
4	槲皮素-3-O-α-L-吡喃鼠李糖苷	[9,12]

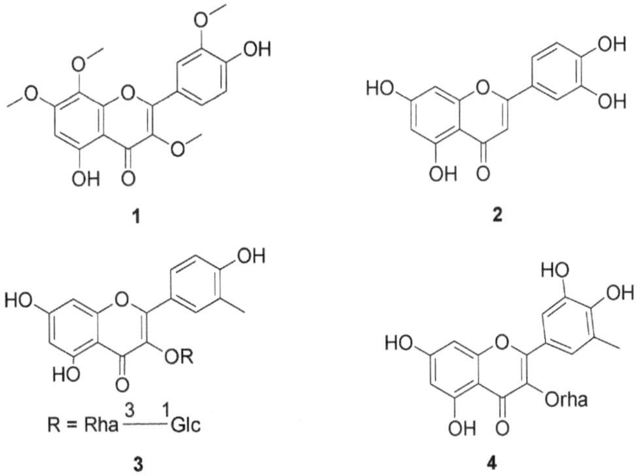

R = Rha ³——¹ Glc

图 6-4　阴地蕨中黄酮类化合物

2．其他成分

羊波等[9]从阴地蕨全草的乙酸乙酯部位分离得到部分化合物。周施雨等[13]首次从阴地蕨全草的乙醇提取液中分离鉴定了表 6-5 中部分化合物。化合物结构见图 6-5。

表 6-5　阴地蕨中其他化合物

序号	化合物名称	参考文献
1	30-nor-21β-hopan-22-one	[9]
2	卫矛醇	[9]
3	山嵛酸环氧乙烷甲酯	[13]
4	(6'-O-palmitoyl)-sitosterol-3-O-β-D-glucoside	[14]
5	新松香酸	[13]

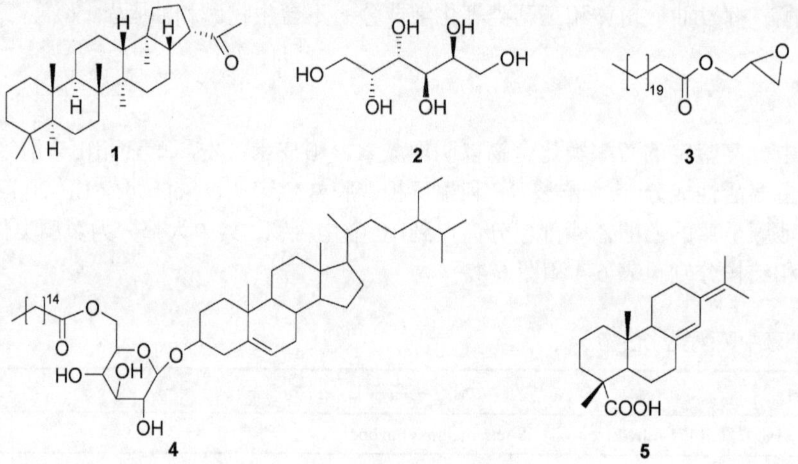

图 6-5　阴地蕨中其他化合物

三、药理活性

现代药理学研究表明，阴地蕨具有增强机体免疫力、祛痰、抗肿瘤、抗氧化、改善肝功能以及阻断和逆转肝纤维化等功效[15]。

1．抗肿瘤

阴地蕨的抗肿瘤功效主要表现在阴地蕨粗多糖对肿瘤细胞增殖的抑制作用，周施雨等[13]用不同质量浓度阴地蕨粗多糖对人宫颈癌细胞（Hela）和人肺癌细胞（A-549）进行处理，结果表明：随着阴地蕨粗多糖质量浓度的提高，A-549 和 Hela 细胞的相对存活率均逐渐降低，当粗多糖质量浓度达到 65.920μg/mL 时，A-549 和 Hela 细胞的相对存活率分别为 62.20%和 65.80%，表明阴地蕨粗多糖质量浓度越高，其对 A-549 和 Hela 细胞增殖的抑制作用越强，呈现一定的浓度依赖性。曹剑锋等[16]通过 MTT 试验和形态学观察，以人白血病 K562 细胞、小鼠结肠癌细胞 CT-26 和小鼠白血病细胞 WEHI-3 为实验材料对阴地蕨多糖活性进行了初步检测，结果表明该多糖对不同种类癌细胞的细胞毒性存在差异，即阴地蕨多糖对 3 种癌细胞均有不同程度的细胞毒作用，细胞增殖的抑制作用随多糖浓度的加大而增强，呈剂量依赖性。其中，多糖对小鼠白血病细胞 WEHI-3 抑制作用最强。王少明等[17]利用 MTS/PMS 法检测阴地蕨对 A-549 细胞增殖的影响，黏附实验检测阴地蕨对肿瘤细胞黏附能力的影响，通过划痕法及 Transwell 小室法分别检测阴地蕨对 A-549 细胞迁移及侵袭能力的影响，最终得出结论：阴地蕨可通过抑制肿瘤细胞黏附、迁移及侵袭，抑制肿瘤的转移。以上实验均表明阴地蕨粗多糖具有一定的抗癌抗肿瘤作用。

2．抗氧化

Rao 等[18]研究发现阴地蕨素有很好的抗炎、抗氧化作用，可以对抗化学诱癌物所致的细胞增生。Souza 等[19]通过研究发现阴地蕨素具有很强的自由基消除作用。

3．增强免疫功能

庄捷等[20]将阴地蕨制成滴丸的形式，通过测定小鼠免疫器官重量、碳粒廓清率及血清溶血素等方法观察阴地蕨滴丸对小鼠免疫功能的影响。结果显示，阴地蕨在药物影响小鼠的情况下能维持小鼠脾指数和胸腺指数的水平，能对抗环磷酰胺导致的小鼠血清溶血素水平的下降，能显著提高小鼠廓清指数和吞噬指数，因此得出结论，阴地蕨具有增强免疫功能的作用。

4．抗菌消炎

林庆祝等[21]用潘生丁加阴地蕨治疗水痘 25 例，治疗组除给予病毒灵、赛庚啶口服外，并给予潘生丁加阴地蕨 10～20g 煎服，并单独给予病毒灵、赛庚啶口服的对照组相比，最终治疗组疗效更好。陈晓清[22]采用水提法、微波法等 4 种方法提取阴地蕨，并采用圆形纸片法进行抑菌实验，结果显示阴地蕨多糖提取物对供试的 3 种鱼病病原菌显示出不同程度的抑制作用。其中，阴地蕨多糖提取物对肠炎病病原菌的最小抑制浓度为 6.25mg/mL。以上实验表明阴地蕨具有一定的抗菌消炎作用。

5．其他

周云等[23]研究了阴地蕨提取物对小鼠力竭运动时间的影响，结果显示：运动组力竭运动时间为（12.875±3.47）min，运动加药组力竭运动时间为（15.536±2.61）min，说明阴地蕨提取物具有一定的抗疲劳能力。林宇星等[24]给小鼠灌胃不同剂量的腺嘌呤和乙胺丁醇建立高尿酸血症模型，以正常组为对照，以筛选的造模方法，以血中尿素氮、肌酐、尿酸的含量为指标，以此来评价小春花的干预作用。结果显示阴地蕨能有效地干预小鼠高尿酸血症的形成，表明阴地蕨能降低模型小鼠的血尿酸值，临床上可用于高尿酸血症的治疗。倪亚等[25]报道阴地蕨作为拉祜族的常用药，可用来治疗支气管炎，该药直接可以用来煎水、内服，以蜂蜜为引，治疗效果良好。

参考文献

[1] 刘芹, 黎远军, 鲁宗成, 等. 阴地蕨生物学功能的研究进展[J]. 中国医药导报, 2014, 11(23): 151-153.

[2] 赵之丽. 阴地蕨药材质量标准及其总黄酮抗氧化活性研究[D]. 武汉: 湖北中医药大学, 2018.

[3] 中国科学院中国植物志编辑委员会. 中国植物志[M]. 北京: 科学出版社, 1959.

[4] Muller S. Assessing occurrence and habitat of *Ophioglossum vulgatum* L. and other *Ophioglossaceae* in European forests. Significance for nature conservation[J]. Biodiversity and Conservation, 2000, 9(5): 673-681.

[5] 齐建红. 阴地蕨属植物研究进展[J]. 西安文理学院学报(自然科学版), 2012, 15(2): 48-50.

[6] 赵俊华, 赵能武, 王培善, 等. 土家药黔产铁线蕨、阴地蕨科药用植物的种类和分布研究[J]. 中国民族医药杂志, 2008, 28(5): 44-46.

[7] 何可群. 高效液相色谱法测定阴地蕨中山奈酚和槲皮素含量[J]. 医药导报, 2015, 34(10): 1360-1363.

[8] 赵之丽, 罗颖, 刘义梅. 阴地蕨药材质量标准研究[J]. 中南药学, 2017, 15(9): 1228-1232.

[9] 羊波, 韩冰, 黄萍, 等. 小春花醋酸乙酯部位的化学成分研究[J]. 中草药, 2017, 48(5): 884-887.

[10] Higa M, Imamura M, Shimoji K, *et al.* Isolation of six new flavonoids from *Melicope triphylla*[J]. Chemical and Pharmaceutical Bulletin, 2012, 60(9): 1112-1117.

[11] Warashina T, Umehara K, Miyase T. Flavonoid glycosides from *Botrychium ternatum*[J]. Chemical and Pharmaceutical Bulletin, 2012, 60(12): 1561-1573.

[12] Agnihotri V K, Elsohly H N, Khan S I, *et al.* Antioxidant constituents of *Nymphaea caerulea* flowers[J]. Phytochemistry, 2008, 69(10): 2061-2066.

[13] 周施雨, 钱志萍, 曹东东, 等. 阴地蕨粗多糖对细菌和肿瘤细胞增殖的抑制作用[J]. 植物资源与环境学报, 2020, 29(4): 69-71.

[14] 张东明, 李媛, 庾石山. 小叶石楠中苷类化学成分的研究[J]. 天然产物研究与开发, 2004, 16(6): 496-499.

[15] 曹剑锋, 刘其高, 蒋小飞, 等. 阴地蕨总黄酮的提取及抗氧化活性研究[J]. 江苏农业科学, 2018, 46(21): 228-231.

[16] 曹剑锋, 任朝辉, 罗春丽, 等. 阴地蕨多糖提取工艺及抗肿瘤活性测定研究[J]. 现代农业科技, 2016, (15): 261-262, 269.

[17] 王少明, 阮君山. 阴地蕨对 A549 肿瘤细胞增殖、黏附及迁移能力的影响[J]. 中国医院药学杂志, 2011, 31(24): 2008-2011.

[18] Rao V, Santos F, Sobreira T, *et al.* Investigations on the gastroprotective and antidiarrhoeal properties of ternatin, a tetramethoxyflavone from *Egletes viscosa*[J]. Planta Medica, 1997, 63(2): 146-149.

[19] Souza M F, Tomé A R, Rao V S. Inhibition by the bioflavonoid ternatin of aflatoxin B_1-induced lipid peroxidation in rat liver[J]. The Journal of Pharmacy and Pharmacology, 1999, 51(2): 125-129.

[20] 庄捷, 阮君山. 小春花滴丸对小鼠免疫功能的影响[J]. 福建中医药, 2007, 38(3): 40-41.

[21] 林庆祝. 潘生丁加阴地蕨治疗水痘临床观察[J]. 中国中西医结合杂志, 1994, S1: 395.

[22] 陈晓清, 陈郑斌. 半边旗和阴地蕨粗多糖抗鱼病病原菌活性初步研究[J]. 亚热带植物科学, 2009, 38(2): 48-50.

[23] 周云, 宋金金, 胡斌, 等. 阴地蕨提取物对大鼠运动机能干预及抗氧化性研究[J]. 生物化工, 2020, 6(4): 49-51.

[24] 林宇星, 阮君山, 傅慧玲, 等. 小鼠高尿酸血症模型的建立及小春花的干预作用[J]. 中国民族民间医药, 2011, 20(18): 48-49.

[25] 倪亚, 张绍云. 灯台树阴地蕨治疗支气管炎[J]. 中国民间疗法, 1997, (1): 48.

第三节

银线草

银线草（*Chloranthus japonicus* Sieb.）是金粟兰科多年生草本植物，全株供药用，能祛湿散寒、活血止痛、散瘀解毒。主治风寒咳嗽、风湿痛、闭经；外用治跌打损伤、血肿痛、毒蛇咬伤等。有毒。根状茎还可提取芳香油，5%的水浸液可杀灭孑孓。

一、生物学特征及资源分布

多年生草本，高 20～49cm；根状茎多节，横走，分枝，生多数细长须根，有香气；茎直立，单生或数个丛生，不分枝，下部节上对生 2 片鳞状叶。叶对生，通常 4 片生于茎顶，成假轮生，纸质，宽椭圆形或倒卵形，长 8～14cm，宽 5～8cm，顶端急尖，基部宽楔形，边缘有齿牙状锐锯齿，齿尖有一腺体，近基部或 1/4 以下全缘，腹面有光泽，两面无毛，侧脉 6～8 对，网脉明显；叶柄长 8～18mm；鳞状叶膜质，三角形或宽卵形，长 4～5mm。穗状花序单一，顶生，连总花梗长 3～5cm；苞片三角形或近半圆形；花白色；雄蕊 3 枚，药隔基部连合，着生于子房上部外侧；中央药隔无花药，两侧药隔各有 1 个 1 室的花药；药隔延伸成线形，长约 5mm，水平伸展或向上弯，药室在药隔的基部；子房卵形，无花柱，柱头截平。核果近球形或倒卵形，长 2.5～3mm，具长 1～1.5mm 的柄，绿色。花期 4～5 月，果期 5～7 月。

生于山坡或山谷杂木林下荫湿处或沟边草丛中，海拔 500～2300m，国内主要分布于吉林、辽宁、河北、山西、山东、陕西、甘肃等地，国外分布于朝鲜和日本[1]。

二、化学成分

1．乌药烷型倍半萜

Kawabata[2]从银线草中分离鉴定了四种倍半萜类化合物，其中 shizukanolide A、dehydroshizukanolide 为乌药烷型倍半萜。Fang[3]对银线草全株经柱色谱对其化学成分进行分离纯化，并利用光谱学方法鉴定结构，得到了多个乌药烷型半萜类化合物，包括 chlorajaponilides A-E、yinxiancaol、chloramultilide B 等，其中 chlorajaponilide A 是一种新型的乌药烷型倍半萜内酯，而 neolitacumone B、8(9)-diene-8,12-olide 为首次从该物种中分离得到。Zhang[4]从银线草地上部分分离到 4 种新的倍半萜，即 chlorajapolides F-I，以及多个已知的倍半萜类化合物，并通过光谱分析对其结构进行了鉴定。Yan[5]对银线草全株进行植物化学研究，分离鉴定了 3 种新型倍半萜二聚体，即 chlorajaponilides F-H，以及 7 种已知的二聚体，包括 spicachlorantin H 等。Guo[6]从银线草全株中分离得到多个新的倍半萜二聚体和已知类似物，利用光谱和化学方法将其结构和绝对构型鉴定为 chlojapolides A-H。Li[7]从银线草的全株中分离得到多种倍半萜化合物，其中 chlojaponilactones F-I 为新的乌药烷型倍半萜内酯。高燕萍[8]对银线草中的倍半萜化合物进行综述，发现从中分离鉴定的乌药烷型倍半萜还包括 8,9-dehydroshizukanolide、shizukanolides D-F、chloranthalactones A-E、9-hydroxy heterogorgiolide 等（表 6-6，图 6-6）。

表 6-6　银线草乌药烷型倍半萜

序号	名称	参考文献	序号	名称	参考文献
1	shizukanolide A	[2]	9	chloramultilide B	[3]
2	8,9-dehydroshizukanolide	[8]	10	chlorajapolide F	[4]
3	dehydroshizukanolide	[2]	11	chlorajaponilide F	[5]
4	shizukanolide D	[8]	12	spicachlorantin H	[5]
5	chloranthalactone A	[8]	13	chlojapolide A	[6]
6	9-hydroxy heterogorgiolide	[8]	14	chlojaponilactone F	[7]
7	chlorajaponilide A	[3]	15	chlorajapolide E	[7]
8	yinxiancaol	[3]			

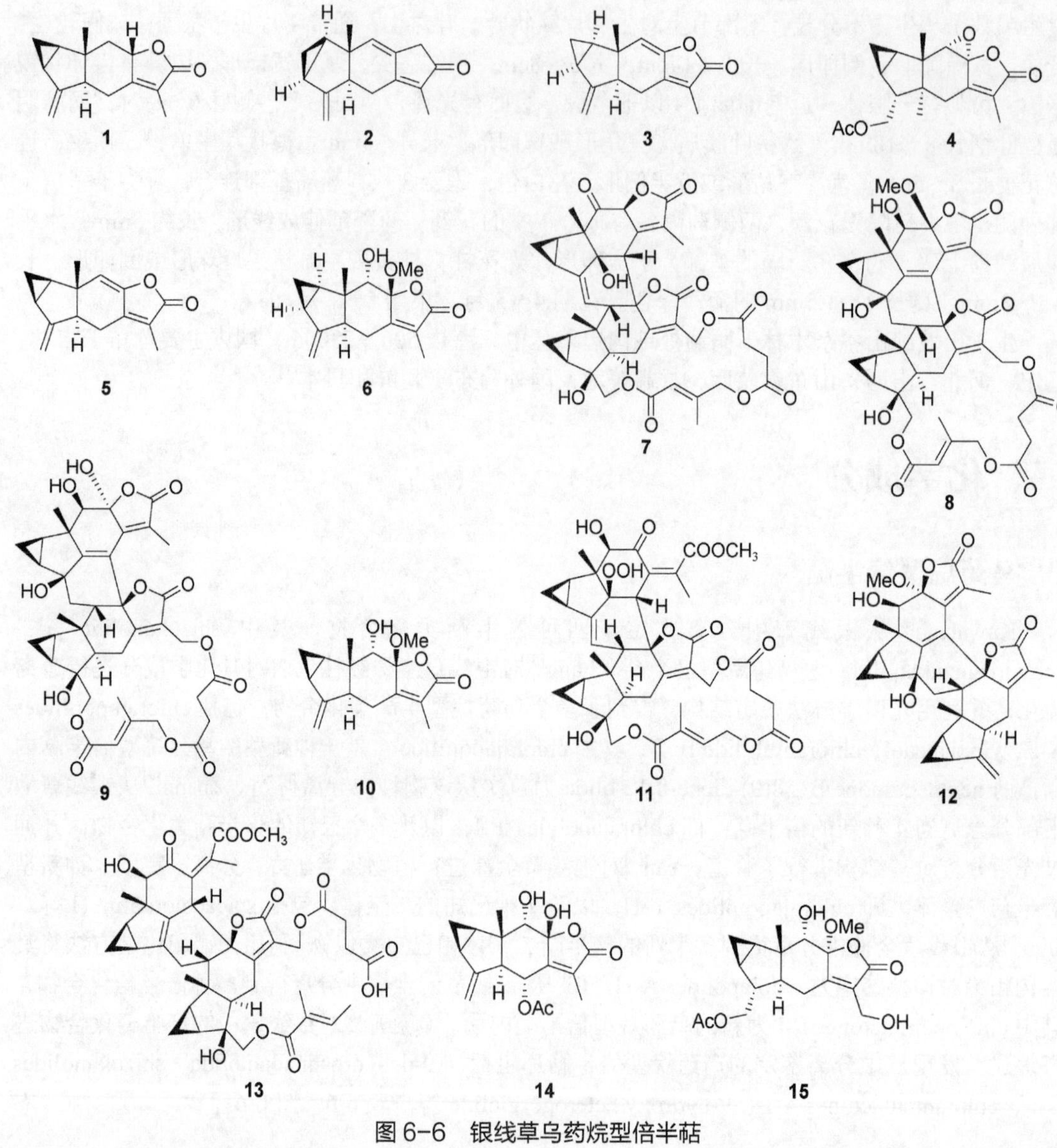

图 6-6　银线草乌药烷型倍半萜

2. 桉烷型倍半萜

Fang[3]对银线草全株经柱色谱对其化学成分进行分离纯化，并利用光谱学方法鉴定结构，得到了了多个倍半萜类化合物，其中 chlojaponilactone A、neolitacumone B、10α-hydroxy-1-oxoeremophila-7(11),8(9)-diene-8,12-olide 为桉烷型倍半萜。Li[7]从银线草的全株中分离得到多种倍半萜化合物，其中桉烷型倍半萜有 chlojaponols A-B、oplodiol 等。Wu[9]对银线草进行化学成分研究，结果分离并鉴定了 5α-(cinnamoyloxy)-8,12-epoxy-3-methoxy-7βH,8αH-eudesma-3,11-dien-6-one 等新的桉烷型倍半萜。Lu[10]从银线草分离鉴定了 1β,10β-dihydroxy-eremophil-7(11),8-dien-12,8-olide 等倍半萜和多个其他类已知化合物。除此之外，桉烷型倍半萜还包括 atractylenolide III、chloranthalic acid、sarcaglaboside A、chloraeudolide 等[8]（表 6-7，图 6-7）。

表6-7　银线草桉烷型倍半萜

序号	名称	参考文献	序号	名称	参考文献
1	atractylenolide Ⅲ	[8]	6	chlojaponol A	[7]
2	chloranthalic acid	[8]	7	oplodiol	[7]
3	chlojaponilactone A	[3]	8	5α-(cinnamoyloxy)-8,12-epoxy-3-methoxy-7βH,8αH-eudesma-3,11-dien-6-one	[9]
4	neolitacumone B	[3]			
5	10α-hydroxy-1-oxoeremophila-7(11),8(9)-diene-8,12-olide	[3]	9	1β,10β-dihydroxy-eremophil-7(11),8-dien-12,8-olide	[10]

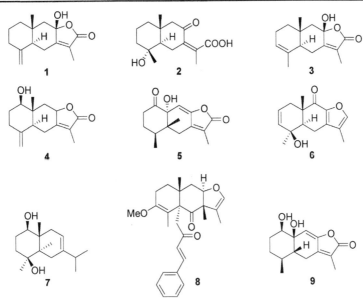

图6-7　银线草桉烷型倍半萜

3．其他类型倍半萜

Kawabata[11]从银线草中分离得到多种倍半萜化合物，其中 glechomanolide、furanodienone、isofuranodienone 为吉马烷型倍半萜，shizuka-acoradienol、acorenone、4-epiacorenone 为菖蒲烷型倍半萜。Kuang[12]从银线草中分离鉴定多个倍半萜化合物，其中 yinxiancaoside B 为新发现的倍半萜类化合物，pisumionoside 为已知倍半萜苷元。Huan[13]研究了银线草全株乙醇提取物的乙酯可溶性部分，得到 tsoongianolide D、tsoongianolide E 等 4 种新的倍半萜（表6-8，图6-8）。

表6-8　银线草其他类型倍半萜

序号	名称	参考文献	序号	名称	参考文献
1	glechomanolide	[11]	4	yinxiancaoside B	[12]
2	furanodienone	[11]	5	pisumionoside	[12]
3	acorenone	[11]	6	tsoongianolide D	[13]

4．香豆素及木脂素类化合物

Kawabata[11]从银线草中分离得到多种类型化合物，其中东莨菪素、异东莨菪素为苯丙素类化合物。研究了银线草地上部分 70%乙醇提取物的化学成分，采用多种色谱法分离，理化性质和波谱分析鉴定，共分离鉴定 11 个化合物，其中包含木脂素类化合物 isofraxidin-7-*O*-*β*-D-glucopyranoside。Takemoto[14]从银线草中分离得到 isofraxidin 等多个化合物。Kuang[15]从银线草全株中分离到一种新的香豆素木脂苷 yinxiancaoside C 和其他已知的苯骈呋喃木脂素，通过 NMR、ESI-MS 和 HR-ESI-MS 等化学和光谱方法对其进行了结构鉴定（表 6-9，图 6-9）。

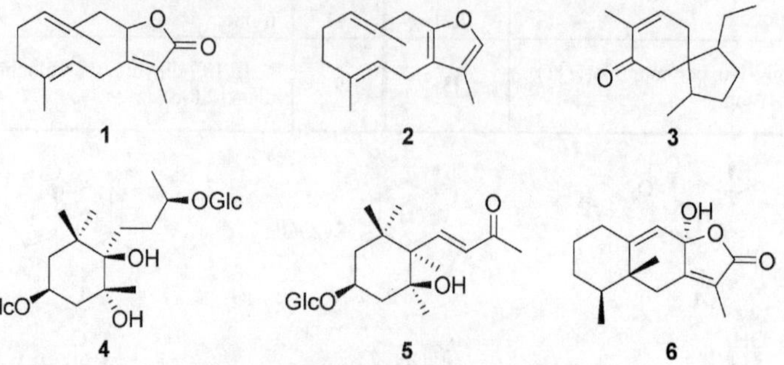

图 6-8　银线草其他类型倍半萜

表 6-9　银线草香豆素及木脂素类化合物

序号	名称	参考文献	序号	名称	参考文献
1	isofraxidin-7-*O*-*β*-D-glucopyranoside	[16]	**5**	嗪皮啶	[17]
2	东莨菪素	[11]	**6**	yinxiancaoside C	[15]
3	异东莨菪素	[11]	**7**	(7*S*,8*R*)-dihydro-dehydrodiconiferyl acohol	[15]
4	isofraxidin	[14]			

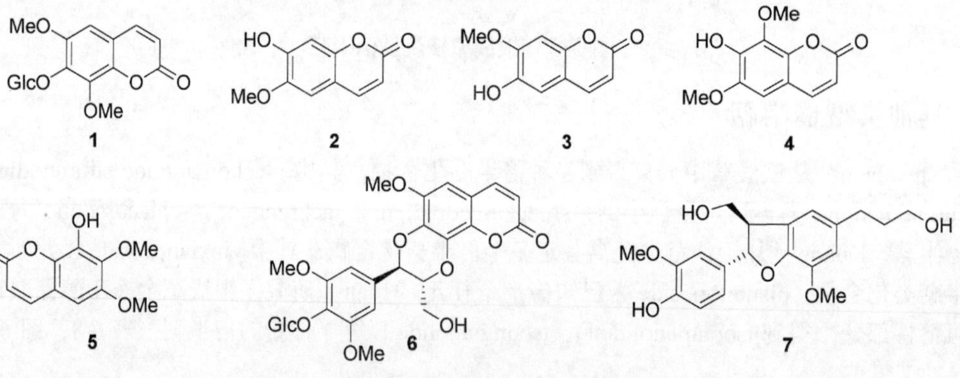

图 6-9　银线草香豆素及木脂素类化合物

5．挥发油成分

杨炳友[17]用水蒸气蒸馏法提取银线草地上部分和根的挥发油，并通过 GC-MS 技术分析研究银线草挥发油的化学成分及组成，结果从银线草地上部分挥发油中分离鉴定了芳樟醇、乙酰冰片、依兰烯、丁香烯等多种挥发油类化学成分，且银线草地上部分和根的挥发油组成大部分为萜烯类和萜醇类，其中地上部分含量最高的为环氧丁香烯（8.49%），根中含量最高的为莪术呋喃烯（27.37%）。

6．其他化合物

Zhang[4]从银线草地上部分分离到 loliolide 等多种化合物。Lu[10]从银线草分离鉴定了(3*R*,4*S*,6*R*)-p-menth-1-en-3,6-diol、(*R*)-p-menth-1-en-4,7-diol 等多种类型化合物。Kawabata[11]从银线草中分离得到 shizukaruranol、shizukolidol 多种类型化合物（表 6-10，图 6-10）。

表 6-10　银线草其他化合物

序号	名称	参考文献	序号	名称	参考文献
1	loliolide	[4]	6	卡瓦胡椒素 A	[19]
2	(3*R*,4*S*,6*R*)-p-menth-1-en-3,6-diol	[10]	7	盾叶夹竹桃苷	[16]
3	(*R*)-p-menth-1-en-4,7-diol	[10]	8	shizukaruranol	[11]
4	hitorin A	[18]	9	shizukolidol	[11]
5	hitorin B	[18]			

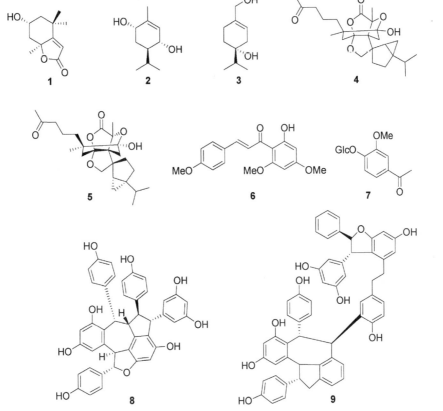

图 6-10　银线草其他化合物

三、药理活性

1．抑菌

Tahara[20] 将 needlle 和 colorlessprism 对灰绿色毛霉 AHU6044 菌的抑菌活性与

chloranthalactone A 进行比较，发现没有明显的抑菌活性。Yim[21]发现银线草中全株甲醇提取物中分离得到倍半萜呋喃，即 3,4,8a-trimethyl-4a,7,8,8a-tetrahydro-4a-naphto[2,3-b]furan-9-one，对多种人体真菌和植物病原真菌均具有一定的抑菌活性。Kang[22]采用纸片扩散法和微量肉汤稀释法对银线草所含精油进行体外抗菌筛选，结果表明其具有较强的抑菌活性，抑制带范围为 8.1～22.2mm，最小抑菌浓度为 0.39～12.50mg/mL。李黎星[23]发现银线草的乙酸乙酯萃取物表现出良好的抑菌活性，对藤黄八叠球菌的抑菌圈为（16.22±0.25）mm，MIC 值为 0.98mg/mL，MBC 值为 6.25mg/mL，而对酵母菌抑制作用不明显。李黎星[24]以研究银线草提取物的不同萃取相对大肠杆菌等 6 种细菌的抗菌作用，结果表明银线草提取物中抑菌活性最强的为乙酸乙酯相，且对蜡状芽孢杆菌、表皮葡萄球菌和大肠杆菌抑制作用较强。Yan[26]研究表明 japonicone B 对 DU145、HCT116 和 MCF-7 三种肿瘤细胞株均具有较弱的细胞毒性，IC_{50} 值分别为 71.09μmol/L、96.24μmol/L 和 92.65μmol/L，在 100μg/mL 浓度下，对金黄色葡萄球菌、大肠杆菌和铜绿假单胞菌均无明显的抑菌活性。

2. 细胞毒

Kuang[12]用 MTT 法检测从银线草中分离鉴定的五个化合物对 Hepg-2、OV420 和 MCF-7 细胞的细胞毒活性，结果表明 yinxiancaoside A、yinxiancaoside B、chloranoside A、pisumionoside、sarcaglaboside A 对 Hepg-2、OV420 和 MCF-7 细胞系均具有一定的细胞毒活性。Fang 等[26]发现银线草中发现的 shizukaol B、shizukaols C、shizukaol F、shizukaol H 对 C8166 细胞具有明显的细胞毒性。路强强[19]采用 96 孔板稀释法进行海虾致死活性测试，结果发现从银线草乙酸乙酯萃取部分分离得到的银线草醇 B 具有较强的海虾致死活性（LC_{50}<5mg/L）。Shi 等[27]对银线草中分离鉴定的 multistalide C、shizukaols C-D 进行盐水虾幼虫（Artemia salina）的毒性评价，实验表明 shizukaols C-D 具有显著的生长抑制活性，其平均致死浓度（LC_{50}）分别为 19.0μg/mL 和 11.7μg/mL。

3. 抗肿瘤

夏永刚[28]通过体内抗肿瘤试验发现银线草 50%乙醇洗脱组分具有较强的抗肿瘤活性，并对银线草抗肿瘤有效部位进行进一步物质基础研究。吕邵娃[29]考察了银线草抗肿瘤有效部位及其单体化合物对 Hepg-2、OV420、MCF-7 人肿瘤细胞增殖的抑制活性，发现银线草抗肿瘤有效部位均具有较强的抑制作用，且首次发现银线草抗肿瘤活性分子主要来源于三类结构母核的化合物，包括倍半萜类、二氢苯骈呋喃型木脂素类和五环三萜皂苷类化合物。另外，研究表明倍半萜类化合物的抗肿瘤生物活性及各类化合物之间可能存在一定的相互协同作用。李娜[30]运用 MTT 法、显微观察法、流式细胞术和 Western Blot 等方法，探讨银线草提取物的抗肿瘤作用，揭示其提取物诱导 Lovo 细胞凋亡的分子机制，不同浓度银线草提取物 250μg/mL、500μg/mL、1000μg/mL 作用于 Lovo 细胞 48h 后，随药物浓度的升高，细胞周期各时相分布发生明显改变，S 期 DNA 含量增多，G2/M 期 DNA 含量减少，表明细胞周期被阻滞在 S 期。卓志国[31]发现银线草中具有十八元内酯环结构的化合物对胃癌细胞 MGC803、肝癌细胞 HepG2、人早幼粒白血病细胞 HL-60 的增殖具有很强的抑制作用，其 IC_{50} 值分别为（4.60±1.05）μmol/L、（3.17±0.66）μmol/L、（1.57±0.27）μmol/L。卓志国[31]发现银线草中的两个倍半萜 shizukaol B 和 shizukaol F 对 HL-60 人早幼粒白血病细胞增殖抑制作用较弱，其 IC_{50} 值分别为（10.28±0.70）μmol/L、（10.19±2.28）μmol/L。卓志国[31]研究表明，银线草中的倍半萜成分 shizukaol B

对 MGC803 胃癌细胞增殖有较弱抑制作用，IC$_{50}$值为（15.81±5.92）μmol/L。

4．抗 HIV

Fang 等[26]发现银线草中发现的 shizukaol B、shizukaol C、shizukaol F、shizukaol H 均表现出抗 HIV-1 复制活性，EC$_{50}$值分别为 0.0014μmol/L、0.016μmol/L、0.0043μmol/L 和 0.0033μmol/L，其中 shizukaol B 对 HIV（wt）、HIV（RT-K103N）和 HIV（RT-K103N）的活性最佳，EC$_{50}$值分别为 0.22μmol/L、0.47μmol/L 和 0.50μmol/L。Yan[5]通过对银线草全株进行植物化学研究，分离得到 10 个倍半萜化合物，结果发现 shlorajaponilide F、shlorajaponilide G、sarcandrolide F、shizukaol E 表现出明显的抗 HIV-1 活性和抗 NNRTI HIV 活性，EC$_{50}$值分别为 3.08～17.16μmol/L、0.61～1.6μmol/L，此外，研究发现 shlorajaponilide F、sarcandrolide F、shizukaol E 具有抑制 HCV 复制的活性。

5．NO 抑制

Kwon[32]检测了银线草中二聚倍半萜 shizukaol B 的免疫抑制活性，发现其能显著抑制脂多糖（LPS）诱导的 B 细胞增殖，IC$_{50}$为 137mg/mL，但抑制伴刀豆素 A 诱导的 T 细胞增殖、LPS 诱导巨噬细胞 NO 的产生和 LPS 诱导的树突状细胞成熟作用不显著。Jing 等[33]发现从银线草乙醇提取物分离的 chlojaponilactone B 对脂多糖（LPS）诱导的 RAW 264.7 巨噬细胞产生一氧化氮（NO）具有明显的抑制作用。卓志国[31]通过体外抑制 LPS 诱导巨噬细胞 RAW264.7 释放一氧化氮进行活性筛选，结果显示，化合物 chlorajaponol B 具有显著抑制 NO 释放的作用，其 IC$_{50}$值为（9.56±0.71）μmol/L。

6．其他

Kwon[34]从银线草中分离得到 3 个活性成分，发现 shizukaol B（MIC=34.1μmol/L）、cycloshizukaol A（MIC=0.9μmol/L）和 shizukaol F（27.3μmol/L）对 PMA 诱导的 HL-60 细胞的同源聚集均有剂量依赖性抑制作用，且能够通过抑制 TNF-D 刺激的细胞黏附分子表达来防止黏附。Jing 等[33]发现从银线草乙醇提取物分离的 chlojaponilactone B 能够以剂量依赖的方式抑制一些关键的炎症介质，如 iNOS、TNF-α 和 IL-6 的水平，并通过抑制 NF-κB 信号通路发挥抗炎作用。Rongkuan[35]发现银线草中的天然产物 shizukaol F，能够通过刺激 GLUT-4 膜转运，增加分化 C2C12 肌管中的葡萄糖摄取，激活 AMPK 调节葡萄糖代谢，降低 PEPCK 表达，抑制 G6Pase 肝糖异生，进一步的研究表明，shizukaol F 能够使线粒体膜去极化并抑制呼吸复合物 I，这可能导致 AMPK 的激活。Li[36]从银线草的乙醇中发现一个新的倍半萜内酯衍生物 rosmarylchloranthalactone E 为强效磷酸二酯酶-4（PDE4）抑制剂，IC$_{50}$值为（0.96 ± 0.04）μmol/L。

参考文献

[1] 中国科学院中国植物志编辑委员会. 中国植物志: 第二十卷第一分册[M]. 北京: 科学出版社, 1982.

[2] Kawabata J, Tahara S, Mizutani J. Isolation and structural elucidation of four sesquiterpenes from *Chloranthus japonicus* (Chloranthaceae)[J]. Journal of the Agricultural Chemical Society of Japan, 1981, 45(6): 1447-1453.

[3] Fang P L, Liu H Y, Zhong H M. A new eudesmane sesquiterpenoid lactone from *Chloranthus japonicus*[J]. Chinese Journal of Natural Medicines, 2012, 10(1): 24-27.

[4] Zhang M, Wang J S, Wang P R, *et al*. Sesquiterpenes from the aerial part of *Chloranthus japonicus* and their cytotoxicities[J]. Fitoterapia, 2012, 83(8): 1604-1609.

[5] Yan H, Ba M Y, Li X H, *et al*. Lindenane sesquiterpenoid dimers from *Chloranthus japonicus* inhibit HIV-1 and HCV replication[J]. Fitoterapia, 2016, 115: 64-68.

[6] Guo Y Q, Zhao J J, Li Z Z, *et al*. Natural nitric oxide (NO) inhibitors from *Chloranthus japonicus*[J]. Bioorganic & Medicinal Chemistry Letters, 2016, 26: 3163-3166.

[7] Li X H, Yan H, Ni W, *et al*. Antifungal sesquiterpenoids from *Chloranthus japonicus*[J]. Phytochemistry Letters, 2016(15): 199-203.

[8] 高燕萍, 吴强, 钟国跃. 银线草化学成分研究进展[J]. 安徽农业科学, 2017, 28(45): 143-145.

[9] Wu B, Qu H, Cheng Y. New sesquiterpenes from *Chloranthus japonicus* [J]. Helvetica Chimica Acta, 2010, 91(4): 725-733.

[10] Lu Q Q, Shi X W, Zheng S J, *et al*. Two new sesquiterpenes from *Chloranthus japonicus* Sieb [J]. Natural Product Research, 2016, 30(21): 1-7.

[11] Kawabata J, Fukushi Y, Tahara S, *et al*. Structures of novel sesquiterpene alcohols from *Chloranthus japonicus* (Chloranthaceae) [J]. Agricultural & Biological Chemistry, 1984, 48(3): 713-717.

[12] Kuang H X, Xia Y G, Yang B Y, *et al*. Sesquiterpene glucosides from *Chloranthus japonicus* Sieb[J]. Chemistry & Biodiversity, 2010, 5(9): 1736-1742.

[13] Yan H, Li X H, Zheng X F, *et al*. Chlojaponilactones B-E, four new lindenane sesquiterpenoid lactones from *Chloranthus japonicus* [J]. Helvetica Chimica Acta, 2013, 96(7): 1386-1391.

[14] Takemoto T, Uchida M, Koike K, *et al*. Studies on the constituents of *Chloranthus* spp. I. The structures of two new amides from *Chloranthus serratus* and the isolation of isofraxidin from *C. japonicus*[J]. Chemical and Pharmaceutical Bulletin, 2012, 23(5): 1161-1163.

[15] Kuang H X, Xia Y G, Yang B Y, *et al*. Lignan constituents from *Chloranthus japonicus* Sieb[J]. Archives of Pharmacal Research, 2009, 32(3): 329-334.

[16] 夏永刚, 杨炳友, 吕邵娃, 等. 银线草化学成分的研究(Ⅰ)[J]. 中医药信息, 2008, 25(6): 30-31.

[17] 杨炳友, 梁军, 夏永刚, 等. 银线草挥发油化学成分的研究[J]. 中医药信息, 2010, 27(3): 12-16.

[18] Kim S Y, Nagashima H, Tanaka N, *et al*. Hitorins A and B, hexacyclic C25 terpenoids from *Chloranthus japonicus* [J]. Organic Letters, 2016, 18(20): 5420-5423.

[19] 路强强, 石新卫, 上官建国, 等. 银线草化学成分及生物活性研究[J]. 西北药学杂志, 2015, (6): 661-664.

[20] Tahara S, Fukushi Y, Kawabata J, *et al*. Lindenanolides in the root of *Chloranthus japonicus* (Chloranthaceae)[J]. Agricultural and Biological Chemistry, 1981, 45(6): 1511-1512.

[21] Yim N H, Hwang E I, Yun B S, *et al*. Sesquiterpene furan compound CJ-01, a novel chitin synthase 2 inhibitor from *Chloranthus japonicus* Sieb[J]. Biological & Pharmceutical Bulletin, 2008, 31(5): 1041-1044.

[22] Kang J F, Zhang Y, Du Y L, *et al*. Chemical composition and antimicrobial activity of the essential oils from *Chloranthus japonicus* Sieb. and *Chloranthus multistachys* Pei[J]. Journal of Biosciences, 2010, 65(11-12): 660-666.

[23] 李黎星. 银线草与多穗金粟兰提取物的抑菌活性分析 [D]. 西安: 陕西师范大学, 2011.

[24] 李黎星. 银线草提取物的抑菌活性测定[J]. 科技视界, 2017, 9(195): 267.

[25] Yan H, Qin X J, Li X H, *et al*. Japonicones A-C: three lindenane sesquiterpenoid dimers with a 12-membered ring core from *Chloranthus japonicus* [J]. Tetrahedron Letters, 2019, 60(10): 713-717.

[26] Fang P L, Cao Y L, Yan H, *et al*. Lindenane disesquiterpenoids with anti-HIV-1 activity from *Chloranthus japonicus*[J]. Journal of Natural Products, 2011, 74(6): 1408-1413.

[27] Shi X W, Lu Q Q, Pescitelli G, *et al*. Three sesquiterpenoid dimers from *Chloranthus japonicus*: absolute configuration of chlorahololide A and related compounds[J]. Science Letter, 2016, 28: 158-163.

[28] 夏永刚. 银线草抗肿瘤有效部位的化学成分研究[D]. 哈尔滨: 黑龙江中医药大学, 2006.

[29] 吕邵娃. 银线草抗肿瘤有效部位的化学成分和生物活性研究[D]. 哈尔滨: 黑龙江中医药大学, 2007.

[30] 李娜. 银线草和多穗金粟兰诱导人结肠癌 Lovo 细胞凋亡的分子机制研究 [D]. 西安: 陕西师范大学, 2012.

[31] 卓志国. 银线草的化学成分及生物活性研究 [D]. 上海: 第二军医大学, 2017.

[32] Kwon S W, Kim Y K, Kim J Y, *et al*. Evaluation of immunotoxicity of shizukaol B isolated from *Chloranthus japonicus*[J]. Biomolecules and Therapeutics, 2011, 19(1): 59-64.

[33] Jing J Z, Yan Q G, De P Y, *et al*. Chlojaponilactone B from *Chloranthus japonicus*: suppression of inflammatory responses via inhibition of the NF-κB signaling pathway[J]. Journal of Natural Products, 2016, 79(9): 2257-2263.

[34] Kwon O E, Lee H S, Lee S W, *et al*. Dimeric sesquiterpenoids isolated from *Chloranthus japonicus* inhibited the expression of cell adhesion molecules[J]. Journal of Ethnopharmacology, 2006, 104(1-2): 270-277.

[35] Hu R K, Yan H, Fei X Y, *et al*. Modulation of glucose metabolism by a natural compound from *Chloranthus japonicus via* activation of AMP-activated protein kinase[J]. Scientific Reports, 2017, 7(1): 778-782.

[36] Li Q, Wang Y, Wen S, *et al*. A new dimeric sesquiterpenoid from *Chloranthus japonicus* Sieb[J]. Records of Natural Products, 2019, 13(6): 483-490.

第四节

野坝子

野坝子是唇形科植物野拔子（*Elsholtzia rugulosa* Hemsl.）的全草，又名皱叶香薷、野拔子、狗尾巴香、地植香。味苦、辛、凉，归肺、胃经，具有清热解毒等功效，主治外伤出血、烂疮、蛇咬伤等。

一、生物学特性及资源分布

草本至半灌木。茎高 0.3～1.5m，多分枝，枝钝四棱形，密被白色微柔毛。叶卵形，椭圆形至近菱状卵形，长 2～7.5cm，宽 1～3.5cm，先端急尖或微钝，基部圆形至阔楔形，边缘具钝锯齿，近基部全缘，坚纸质，上面榄绿色，被粗硬毛，微皱，下面灰白色，密被灰白色绒毛，侧脉 4～6 对，与中脉在上面凹陷，下面明显隆起，细脉在下面清晰可见；叶柄纤细，长 0.5～2.5cm，腹凹背凸，密被白色微柔毛。穗状花序着生于主茎及侧枝的顶部，长 3～12cm 或以上，具长 1.2～2.5cm 的总梗，由具梗的轮伞花序所组成，位于穗状花序下部的轮伞花序疏散；下部 1～2 对苞叶叶状，但变小，上部呈苞片状，披针形或钻形，长 1～3mm，全缘，被灰白绒毛；花梗长不及 1mm，与序轴密被灰白绒毛。花萼钟形，长约 1.5mm，直径约 1mm，外面被白色粗硬毛，萼齿 5，相等或后 2 齿稍长，长约 0.7mm。花冠白色，有时为紫或淡黄色，长约 4mm，外面被柔毛，内面近喉部具斜向毛环，冠筒长约 3mm，基部宽 1mm，至喉部宽达 1.5mm，冠檐二唇形，上唇直立，长不及 1mm，先端微缺，下唇开展，3 裂，中裂片圆形，边缘啮蚀状，长宽约 1mm，侧裂片短，半圆形。雄蕊 4，前对较长，伸出，花丝略被毛，花药球形，2 室。花柱超出雄蕊，先端 2 裂。小坚果长圆形，稍压扁，长约 1mm，淡黄色，光滑无毛。花、果期 10～12 月。产于云南、四川、贵州及广西；生于山坡草地、旷地、路旁、林中或灌丛中，海拔 1300～2800m[1]。

二、化学成分

1. 黄酮类化合物

来国防[2]用硅胶柱色谱、凝胶柱色谱等方法对野拔子中的化学成分进行分离纯化，并对其核磁和质谱等数据进行分析，结果从野拔子脂溶性部位中鉴定了 12 个化合物，包括 apigenin、kaempferol 等黄酮类化合物，其中 4′,5-二羟基-7-甲氧基黄酮、5-羟基-4′,6,7-三甲氧基黄酮、5,6-二羟基-3′,4′,7,8-四甲氧基黄酮为首次从该属植物中分离得到。Li[3]从野坝子中分离鉴定多个化合物，黄酮类化合物主要为 luteolin、luteolin 7-O-β-D-glucoside、luteolin 3′-O-β-D-glucuronide、quercetin 3-O-β-D-glucoside。Liu[4]以体外抗病毒活性为指导，最终分离得到 apiin、luteolin 3′-glucuronyl acid methyl ester 等多个有效活性成分。She[5]等通过化学分析和光谱学鉴定，从野坝子中分离出芹菜素 4-O-α-D-吡喃葡萄糖苷和 5,7,3′,4′-四羟基-5′-C-戊烯基黄酮-7-O-β-D-吡喃葡萄糖苷两种新的黄酮类化合物，以及 9 种已知的黄酮类化合物（表 6-11，图 6-11）。

表 6-11　野坝子黄酮类化合物

序号	名称	参考文献	序号	名称	参考文献
1	4′,5-dihydroxy-7-methoxyflavone	[2]	6	luteolin 3′-glucuronyl acid methyl ester	[4]
2	5-hydroxy-4′,6,7-trimethoxyflavone	[2]	7	apigenin 4′-O-α-D-glucopyranoside	[5]
3	5,6-dihydroxy-3′,4′,7,8-tetramethoxyflavone	[2]	8	5,7,3′,4′-tetrahydroxy-5′-C-prenylflavone-7-O-β-D-glucopyranoside	[5]
4	luteolin 7-O-β-D-glucoside	[3]			
5	apiin	[4]			

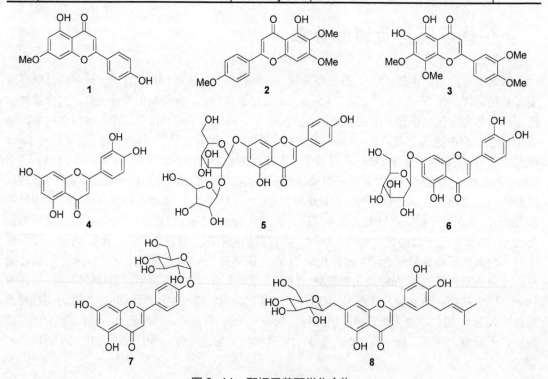

图 6-11　野坝子黄酮类化合物

2. 萜类化合物

来国防[2]用硅胶柱色谱、凝胶柱色谱等方法对野拔子中的化学成分进行分离纯化，结果从野拔子脂溶性部位中鉴定了 12 个化合物，包括 ursolic acid、oleanolic acid 等萜类化合物，其中

ursolic acid、oleanolic acid 为首次从该植物中分离得到。Yang[6]采用手性柱高效液相色谱法从野坝子地上部分分离得到 7 种新的萜类化合物以及多个已知化合物，通过综合光谱分析、电子圆二色谱和单晶 X 射线衍射等将其鉴定为化合物 rugulolides A-D。

3．苯丙素及木脂素类化合物

Li[3]从野坝子中分离鉴定多个化合物，除多个黄酮类化合物外，还包括苯丙素类化合物 caffeic acid 和木脂素类化合物 rosmarinic acid。Liu[7]从野坝子中分离鉴定了一种新的木脂素类化合物 elshrugulosain，并通过光谱学方法鉴定了其结构，另外还通过对一维和二维 NMR 核磁数据的分析鉴定了(−)-bornyl(*E*)-3,4,5-trimethoxycinnamate 等多个已知化合物（表 6-12，图 6-12）。

表 6-12　野坝子苯丙素及木脂素类化合物

序号	名称	参考文献	序号	名称	参考文献
1	caffeic acid	[3]	3	elshrugulosain	[7]
2	rosmarinic acid	[3]	4	(−)-bornyl(*E*)-3,4,5-trimethoxycinnamate	[7]

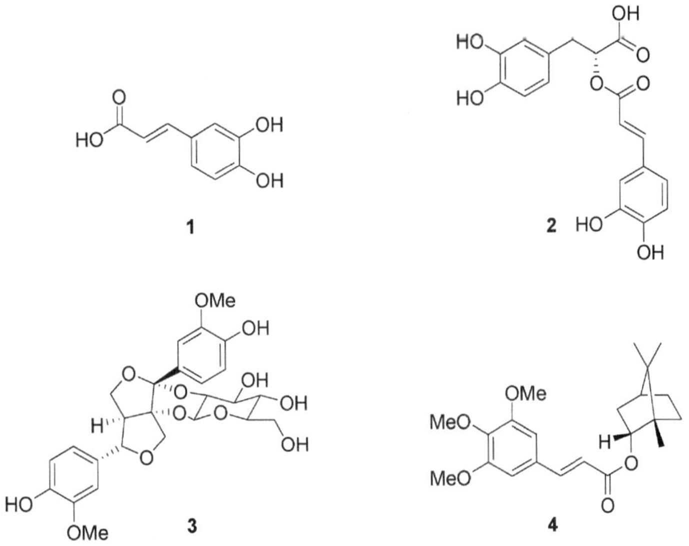

图 6-12　野坝子苯丙素及木脂素类化合物

4．其他化合物

来国防[2]从野坝子脂溶性部位中分离鉴定 1*H*-indole-3-carboxylic acid 等 12 个化合物。Li[3]从野坝子中分离鉴定的化合物有 maltol 6′-*O*-*β*-D-apiofuranosyl-*β*-D-glucopyranoside、maltol 3-*O*-*β*-D-glucoside、tuberonic acid *β*-D-glucoside、benzyl alcohol *β*-D-glucoside、prunasin、amygdalin 等多个化合物（表 6-13，图 6-13）。

表 6-13　野坝子其他化合物

序号	名称	参考文献	序号	名称	参考文献
1	1*H*-indole-3-carboxylic acid	[2]	2	maltol 6′-*O*-*β*-D-apiofuranosyl-*β*-D-glucopyranoside	[3]

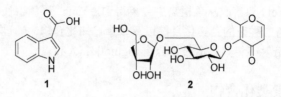

图 6-13　野坝子其他化合物

三、药理活性

1．抑菌活性

Liu[4]用细胞病变效应（CPE）还原法对野坝子中分离鉴定的五个黄酮类化合物进行体外抗病毒实验，结果表明，它们都具有抗流感病毒的活性。其中芹菜素和木犀草素对 H_3N_2 流感病毒的抑制活性最高，IC_{50} 值分别为 1.43μg/mL、2.06μg/mL。李丽[8]发现野坝子叶精油对大肠杆菌、枯草芽孢杆菌和金黄色葡萄球菌都有明显的抑菌活性，抑制效果为枯草芽孢杆菌>大肠杆菌>金黄色葡萄球菌。抑菌效果测定结果采用 2 倍稀释法，野坝子叶精油对大肠杆菌、枯草芽孢杆菌抑制效果相对较强，对金黄色葡萄球菌的抑制效果相对较弱。李丽[9]研究表明野坝子黄酮粗提液对枯草芽孢杆菌、大肠杆菌的抑制作用较强，而对金黄色葡萄球菌没有明显的抑制效果。

2．抗氧化活性

郭志琴[10]对野坝子乙醇提取物的不同极性萃取部位和 AB-8 大孔树脂柱色谱不同浓度甲醇洗脱部位清除自由基能力进行综合评价，结果表明野坝子乙醇提取物的乙酸乙酯萃取部位和30%、50%和70%甲醇洗脱部位都具有很好的清除自由基活性。

3．细胞毒活性

Zhao[11]采用原代培养大鼠脑微血管内皮细胞（CMECs）模型，观察药用植物野坝子中提取的芹菜素对 Aβ25-35 所致的大鼠脑微血管内皮细胞的影响，结果证实了其可以通过提高培养大鼠 CMECs 细胞活力，减少 LDH 释放，缓解核凝聚，减轻细胞内 ROS 生成，通过保存跨内皮细胞膜的电阻，通透性和特征酶活性，提高 SOD 活性，表明野坝子叶中芹菜素对大鼠 CMECs 具有保护作用。

4．降血糖活性

周杨晶[12]利用体外抑制 α-葡萄糖苷酶活性模型进行野坝子的 α-葡萄糖苷酶抑制作用测定，结果发现野坝子 95%乙醇提取物对 α-葡萄糖苷酶有明显的抑制作用，其 IC_{50} 为 442mg/L；进一步用对黄酮类化合物有较好纯化作用的 AB-8 型大孔树脂对野坝子 95%乙醇提取物进行了初步的纯化并测定 α-葡萄糖苷酶抑制率，IC_{50} 为 129mg/L，表明野坝子提取物具有 α-葡萄糖苷酶抑制作用，其抑制作用可能与它所含的黄酮类化合物相关。

5．NO 抑制活性

Yang[6]对野坝子中分离鉴定的萜类化合物 rugulolides A-D 进行活性测定，结果表明，4 种化合物对 RAW264.7 细胞中脂多糖诱导的一氧化氮产生具有一定的抑制作用，IC_{50} 值为 12.46～23.10μmol/L。

参考文献

[1] 中国科学院中国植物志编辑委员会. 中国植物志: 第六十六卷[M]. 北京: 科学出版社, 1977.

[2] 来国防, 朱向东, 罗士德, 等. 野坝子化学成分研究[J]. 中草药, 2008, 39(5): 661-664.

[3] Li H, Nakashima T, Tanaka T, et al. Two new maltol glycosides and cyanogenic glycosides from *Elsholtzia rugulosa* Hemsl[J]. Journal of Natural Medicines, 2008, 62(1): 75-78.

[4] Liu A L, Liu B, Qin H L, et al. Anti-influenza virus activities of flavonoids from the medicinal plant *Elsholtzia rugulosa*[J]. Planta Medica, 2008, 74(8): 847-851.

[5] She G M, Guo Z Q, Lv H N, et al. New flavonoid glycosides from *Elsholtzia rugulosa* Hemsl[J]. Molecules, 2009, 14(10): 4190-4196.

[6] Yang F, Pu H Y, Yaseen A, et al. Terpenoid and phenolic derivatives from the aerial parts of *Elsholtzia rugulosa* and their anti-inflammatory activity[J]. Phytochemistry, 2021, 181: 25-30.

[7] Liu B, Deng A J, Yu J Q, et al. Chemical constituents of the whole plant of *Elsholtzia rugulosa*[J]. Journal of Asian Natural Products Research, 2012, 14(2): 89-96.

[8] 李丽, 李晓娇, 熊燕花, 等. 微波辅助水蒸气蒸馏法提取野坝子叶精油及其抑菌活性测试 [J]. 北方园艺, 2015, (22): 137-140.

[9] 李丽, 余丽, 彭先陈, 等. 微波辅助提取野坝子中总黄酮及其抑菌性能研究 [J]. 云南化工, 2015, 42(6): 11-15.

[10] 郭志琴, 吕海宁, 陈巧莲, 等. 野坝子体外清除自由基活性研究[J]. 中国实验方剂学杂志, 2010, 16(11): 180-183.

[11] Zhao L, Hou L, Sun H, et al. Apigenin isolated from the medicinal plant *Elsholtzia rugulosa* prevents β-amyloid 25-35-induces toxicity in rat cerebral microvascular endothelial cells[J]. Molecules, 2011, 16(5): 4006-4019.

[12] 周杨晶, 罗伦才. 彝药野坝子的 α-葡萄糖苷酶抑制作用研究[J]. 中医药信息, 2014, 31(4): 7-9.

第五节
血满草

血满草为忍冬科植物血满草（*Sambucus adnata* Wall.ex DC.）的全草或根皮，具有祛风、利水、活血、通络之功效。常用于急慢性肾炎、风湿疼痛、风疹瘙痒、小儿麻痹后遗症、慢性腰腿痛、扭伤淤痛、骨折。

一、生物学特征及资源分布

多年生高大草本或半灌木，高 1～2m；根和根茎红色，折断后流出红色汁液。茎草质，具明显的棱条。羽状复叶具叶片状或条形的托叶；小叶 3～5 对，长椭圆形、长卵形或披针形，长 4～15cm，宽 1.5～2.5cm，先端渐尖，基部钝圆，两边不等，边缘有锯齿，上面疏被短柔毛，脉上毛较密，顶端一对小叶基部常沿柄相连，有时亦与顶生小叶片相连，其他小叶在叶轴上互生，亦有近于对生；小叶的托叶退化成瓶状突起的腺体。聚伞花序顶生，伞形式，长约 15cm，具总花梗，3～5 出的分枝成锐角，初时密被黄色短柔毛，多少杂有腺毛；花小，有恶臭；萼被短柔毛；花冠白色；花丝基部膨大，花药黄色；子房 3 室，花柱极短或几乎无，柱头 3 裂。果实红色，圆形。花期 5～7 月，果熟期 9～10 月。分布于陕西、宁夏、甘肃、青海、四川、贵州、云南和西藏等地。生于林下、沟边、灌丛中、山谷斜坡湿地以及高山草地等处，海拔 1600～3600m。小叶的托叶退化成瓶状突起的腺体，为本种明显的鉴别特征，易与其他种类区别[1]。

二、化学成分

1. 萜类化合物

沈笑媛[2]首次对血满草的乙醇提取物的乙酸乙酯、正丁醇溶解部分进行分离纯化，经理化方法和光谱分析，鉴定出齐墩果酸、熊果酸两个萜类化合物。唐柳怡[3]在对血满草的化学成分研究过程中，利用不同化合物极性差异的性质，采用用硅胶柱色谱和制备性薄层色谱的方法，分离得到 11 个单体化合物，其中 3-羰基齐墩果酸为萜类化合物。陈晓珍[4]从血满草全草的 95% 乙醇提取物中分离到 16 个化合物，通过波谱方法及与已知品对照的手段进行结构鉴定，三萜类化学成分主要有 α-香树脂醇乙酸酯、α-香树脂醇、桦木酸、豆甾醇、3,28,29-三羟基羽扇豆烷。武海波[5]从血满草干燥全草的甲醇提取物中分离得到 9 个化合物，通过分析核磁共振波谱数据及理化性质分别鉴定为 13β-羟基-11-烯-熊果酸、28-羟基-α-香树脂醇、2α,23-二羟基-熊果酸、2α,3α,23-三羟基-熊果酸等五环三萜（表 6-14，图 6-14）。

表 6-14　血满草萜类化合物

序号	名称	参考文献
1	α-香树脂醇	[4]
2	桦木酸	[4]
3	2α,3α,23-三羟基-熊果酸	[5]

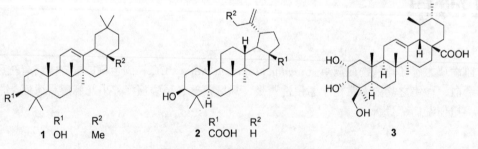

	R¹	R²
1	OH	Me
2	COOH	H

图 6-14　血满草萜类化合物

2. 黄酮类化合物

陈晓珍[4]从血满草全草的 95% 乙醇提取物中分离到 16 个化合物，通过波谱方法及与已知品对照的手段进行结构鉴定，除三萜类化学成分，还包括槲皮素、芹菜素、木犀草素、山奈酚等黄酮类化合物（表 6-15，图 6-15）。

表6-15　血满草黄酮类化合物

序号	名称	参考文献
1	槲皮素	[4]
2	芹菜素	[4]
3	木犀草素	[4]
4	山奈酚	[4]

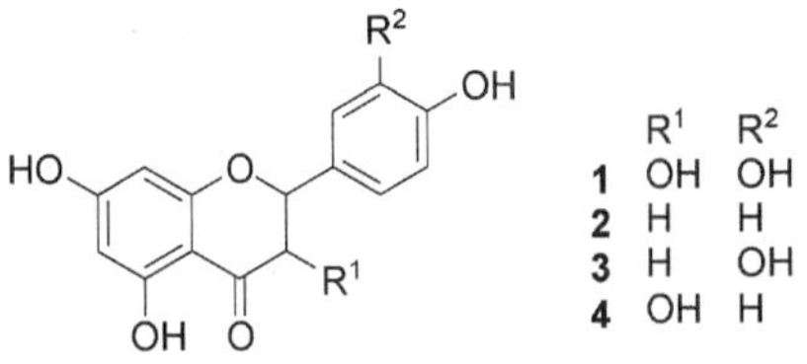

图6-15　血满草黄酮类化合物

3. 苯丙素及木脂素类化合物

唐柳怡[3]利用不同化合物极性的差异，采用用硅胶柱色谱和制备性薄层色谱的方法对血满草的化学成分进行研究，经波谱分析鉴定得到木脂素化合物 1-(3,4,5-三甲氧基苯基)乙烷-1',2'-二醇。陈晓珍[4]从血满草全草的 95%乙醇提取物中分离到木脂素化合物咖啡酸乙酯。Li[6]通过对其地上部分的植物化学研究，分离鉴定了 17 种已知化合物，其中 8 个为首次从该属植物中分离得到，包括 N^5,N^{10}-di-(E,E)-feruloylspermidine、N^1-acetyl-N^5,N^{10}-di-(Z,E)-feruloylspermidine 等（表6-16，图 6-16）。

表6-16　血满草苯丙素及木脂素类化合物

序号	名称	参考文献
1	1-(3,4,5-三甲氧基苯基)乙烷-1',2'-二醇	[3]
2	咖啡酸乙酯	[4]
3	N^5,N^{10}-di-(E,E)-feruloylspermidine	[6]

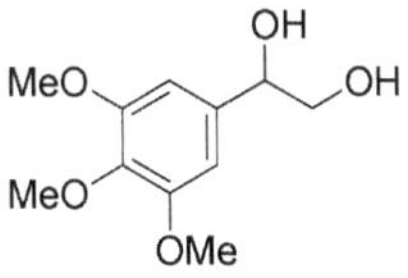

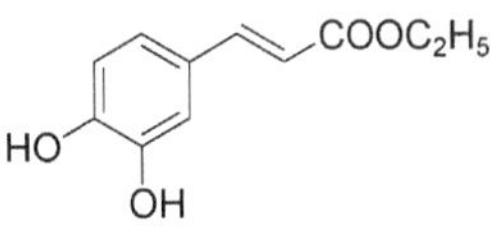

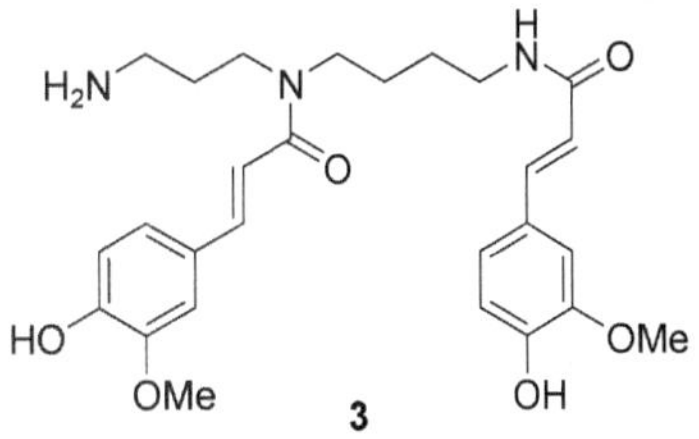

图6-16　血满草苯丙素及木脂素类化合物

4. 其他化合物

沈笑媛[2]首次对血满草的乙醇提取物的乙酸乙酯、正丁醇溶解部分进行分离纯化，经理化方法和光谱分析，鉴定得到对羟基苯甲酸等 4 个化合物。唐柳怡[3]利用不同化合物极性的差异，采用用硅胶柱色谱和制备性薄层色谱的方法对血满草的化学成分进行研究，经波谱分析鉴定得到 5,7,3′,4′-四羟基黄酮-3-O-吡喃鼠李糖（1-6）吡喃葡萄糖苷、1-(3-羟基-4-甲氧基)乙烷-1′,2′-二醇等多个化合物。陈晓珍[4]从血满草全草的 95%乙醇提取物中分离鉴定了棕榈酸甘油酯、2,4-二羟基-3,6-二甲基苯甲酸甲酯、没食子酸乙酯、丁二酸、4-O-甲基雪松素（表 6-17，图 6-17）。

表 6-17　血满草其他化合物

序号	名称	参考文献
1	5,7,3′,4′-四羟基黄酮-3-O-吡喃鼠李糖（1→6）吡喃葡萄糖苷	[3]
2	1-(3-羟基-4-甲氧基)乙烷-1′,2′-二醇	[3]
3	4-O-甲基雪松素	[4]

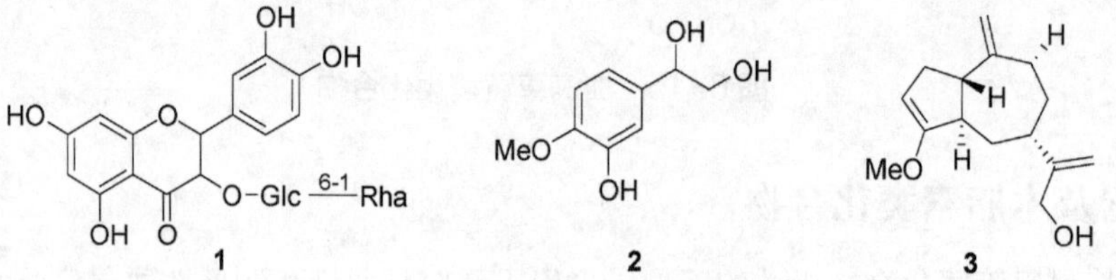

图 6-17　血满草其他化合物

三、药理活性

1．抗炎镇痛

王文静[7]采用二甲苯致小鼠耳廓肿胀法、醋酸致小鼠扭体法、热板致小鼠足痛法对云南彝族习用药物血满草水提物及醇提物的抗炎、镇痛作用进行研究，结果发现血满草两种提取物均能明显抑制二甲苯致小鼠耳廓肿胀，对醋酸致小鼠扭体有明显对抗作用，明显延长小鼠舔后足时间，表明血满草两种提取物均具有较好的抗炎、镇痛作用且无明显毒性。袁雷[8]对血满草中分离纯化的酸性多糖 SPS-1 进行氯磺酸-吡啶法进行硫酸化修饰后(SSPS-1)，采用 MTT 和 ELISA 技术分析其对 RAW264.7 细胞活力和炎性因子的影响，抗炎活性结果显示 SPS-1 和 SSPS-1 对 RAW264.7 细胞没有明显的细胞毒性，可显著降低 LPS 诱导的 RAW264.7 细胞炎性因子 IL-1β、IL-6 和 TNF-α 的分泌，同时可显著增加抗炎因子 IL-10 的分泌。

2．免疫调节

Yuan[9]采用水提醇沉等方法从血满草叶子中分离鉴定一种中性多糖，体外免疫活性发现其可诱导一氧化氮、白细胞介素-1β（IL-1β）、IL-6 和肿瘤坏死因子-α（TNF-α）的分泌，并增加诱导型的 mRNA 表达水平，表明其通过激活巨噬细胞和增强宿主免疫系统功能发挥免疫调节作用。

3．降血压

唐柳怡[10]研究发现血满草 95%乙醇提取物的乙酸乙酯部位具有较好的体外血管紧张素转化酶（ACE）抑制活性，当浓度为 1mg/mL 时，抑制率为 54.62%。对该活性提取物中分离得到的化合物进一步进行 ACE 抑制活性研究，结果表明槲皮素、芹菜素、木犀草素和咖啡酸乙酯可能是其中发挥 ACE 抑制活性的主要成分。

参考文献

[1] 中国科学院中国植物志编辑委员会. 中国植物志: 第七二卷[M]. 北京: 科学出版社, 1988.

[2] 沈笑媛, 危英, 杨小生, 等. 血满草化学成分研究[J]. 天然产物研究与开发, 2006, 18(2): 249-250.

[3] 唐柳怡. 血满草的生药学及化学成分研究[D]. 成都: 四川大学, 2007.

[4] 陈晓珍, 李国友, 吴晓青, 等. 血满草的化学成分(英文)[J]. 应用与环境生物学报, 2010, 16(2): 197-201.

[5] 武海波, 赵奕宁, 李冬梅, 等. 血满草化学成分研究[J]. 天然产物研究与开发, 2013, 25(3): 345-348.

[6] Li Q Y, Wang W, Li L H, et al. Chemical components from *Sambucus adnata* wall [J]. Biochemical Systematics and Ecology, 2021, 96: 104266.

[7] 王文静, 王军, 张森, 等. 血满草提取物抗炎镇痛作用研究[J]. 中药药理与临床, 2010, 26(5): 82-84.

[8] 袁雷, 钟政昌, 刘瑜, 等. 血满草酸性多糖分离纯化、硫酸化修饰及抗炎活性研究[J]. 分析试验室, 2020, 39(6): 649-653.

[9] Yuan L, Zhong Z C, Liu Y. Structural characterisation and immunomodulatory activity of a neutral polysaccharide from *Sambucus adnata* Wall [J]. International Journal of Biological Macromolecules, 2020, 154: 1400-1407.

[10] 唐柳怡, 罗明华, 蒋宁, 等. 血满草化学成分的研究[J]. 中药材, 2007, 30(5): 549-551.

第六节

铁箍散

铁箍散（*Schisandra propinqua*）是木兰科五味子属植物，落叶木质藤本，全株无毛，当年生枝褐色或变灰褐色，有银白色角质层。根、茎、叶、果均可药用，具有健脑安神、调节神经、收敛固涩、益气生津、补肾宁心、祛风活血、解毒消肿、提脓生肌、活血调经、理气止痛、止血、促进肝脏细胞再生等功效，可用于治疗久咳虚喘、梦遗滑精、遗尿尿频、久泻不止、津伤口渴、心悸失眠、皮肤瘙痒、急性菌痢、肝脏受损、风湿麻木、筋骨疼痛、跌打损伤、痈肿疮毒、痨伤吐血、毒蛇咬伤、外伤出血、月经不调、白带、盗汗、荨麻疹、湿疹、病毒性肝炎、胃痛、腹胀、骨折、肺脓疡等多种疾病和外伤。茎、叶、果实可提取芳香油。根、叶入药，有祛风去痰之效，根及茎称鸡血藤，治风湿骨痛、跌打损伤等症。种子入药主治神经衰弱。

一、生物学特征及资源分布

落叶木质藤本，全株无毛，当年生枝褐色或变灰褐色，有银白色角质层。叶坚纸质，卵形、长圆状卵形或狭长圆状卵形，长 7~11（17）cm，宽 2~3.5（5）cm，先端渐尖或长渐尖，基部圆或阔楔形，下延至叶柄，上面干时褐色，下面带苍白色，具疏离的胼胝质齿，有时近全缘，侧脉每边 4~8 条，网脉稀疏，干时两面均凸起。花橙黄色，常单生或 2~3 朵聚生于叶腋，或 1 花梗具数花的总状花序；花梗长 6~16mm，具约 2 小苞片。雄花花被片 9（15），外轮 3 片绿色，最小的椭圆形或卵形，长 3~5mm，中轮的最大一片近圆形、倒卵形或宽椭圆形，长 5（9）~

9（15）mm，宽 4（7）～9（11）mm，最内轮的较小；雄蕊群黄色，近球形的肉质花托直径约6mm，雄蕊 12～16，每雄蕊钳入横列的凹穴内，花丝甚短，药室内向纵裂；雌花：花被片与雄花相似，雌蕊群卵球形，直径 4～6mm，心皮 25～45 枚，倒卵圆形，长 1.7～2.1mm，密生腺点，花柱长约 1mm。聚合果的果托干时黑色，长 3～15cm，直径 1～2mm，具 10～45 成熟心皮，成熟心皮近球形或椭圆体形，直径 6～9mm，具短柄；种子近球形或椭圆体形，长 3.5～5.5mm，宽 3～4mm，种皮浅灰褐色，光滑，种脐狭长，长约为宽的 1/3，稍凹入。花期 6～7 月[1]。

产于云南西北部、西藏南部。生于海拔 2000～2200mm 的河谷、山坡常绿阔叶林中。尼泊尔、不丹也有分布[2]。

二、化学成分研究

1．苯丙素及木脂素类化合物

黄锋[3]从铁箍散分离得到的 17 个粗提物和 29 个不同类型的单体化合物，并对其进行了抗氧化、抗肿瘤等多方面的药理活性研究，其中 anwulignan、schisantherin F、kadsurarin II、schisantherin I、heteroclitin A、schisantherin G 为苯丙素类化合物。Xu[4]从五味子茎中分离得到多个化合物，通过波谱分析，其中三个鉴定为已知木脂素 propinquanin E、propinquanin F、kadsurarin II。Xu[5]在研究五味子植物天然生物活性产物的过程中，从五味子茎的乙酸乙酯提取物中分离得到一个新木脂素，即 4,4-di(4-hydroxy-3-methoxyphenly)-2,3-dimethylbutanol，和多个已知木脂素类化合物，其中(+)-anwulignan、1-(3,4-dimethoxyphenyl)-4(3,4-methylenedioxyphenyl)-2,3-dimethylbutane、meso-dihydroguaiaretic acid 为首次从该植物中分离得。后又从五味子茎中分离鉴定四种新的木脂素，即 propinquanin A、propinquanin B、propinquanin C、propinquanin D，和两个已知木脂素类化合物。许利嘉[6]采用多种柱色谱技术对化合物进行分离纯化得到 5 个化合物，并通过 ESI-MS、^{1}H-NMR、^{13}C-NMR 鉴定其结构，其中 schisandilactone A、veraguensin为木脂素类化合物。Jin[8]从五味子根乙醇提取物中分离出 7 种新的二苯并环辛二烯木脂素，即propinquains E-K，和 11 种已知木脂素，包括 schisantherin I、propinquanin B、schisantherin H、propinquanin C、schizandrin J、kadoblongifolin C、kadsuphilins B、schisantherin F、henricine B（表 6-18，图 6-18）。

表6-18　铁箍散苯丙素及木脂素类化合物

序号	名称	参考文献	序号	名称	参考文献
1	anwulignan	[3]	**6**	propinquanin A	[7]
2	schisantherin F	[3]	**7**	propinquanin B	[7]
3	propinquanin E	[4]	**8**	schisandilactone A	[6]
4	propinquanin F	[4]	**9**	propinquain E	[8]
5	4,4-di(4-hydroxy-3-methoxyphenly)-2,3-dimethylbutanol	[5]	**10**	schisantherin I	[8]

2．三萜类化合物

Lei[9]从铁箍散茎中分离得到 21 个三萜类化合物，包括 schisandilactones A-J、propindilactones

A-C、micrandilactone A、micrandilactone D、micrandilactone E、henridilactone D、lancifodilactone C、propindilactone D、henridilactones A-B。Ma[10]从铁箍散茎叶中分离得到的一系列羊毛甾烷和环阿屯烷型三萜类化合物，包括 schipropins A-J 等，其中大部分是 C-3/C-4 裂解。Liu[11]利用光谱和化学分析等分离鉴定了铁箍散中两种新的三萜酸 anwuweizic acid 和 manwuweizic acid。Chen[12]从五味子茎中分离得到 4 个化合物，其中 nigranoic acid、schisandronic acid 为三萜酸类化合物（表 6-19，图 6-19）。

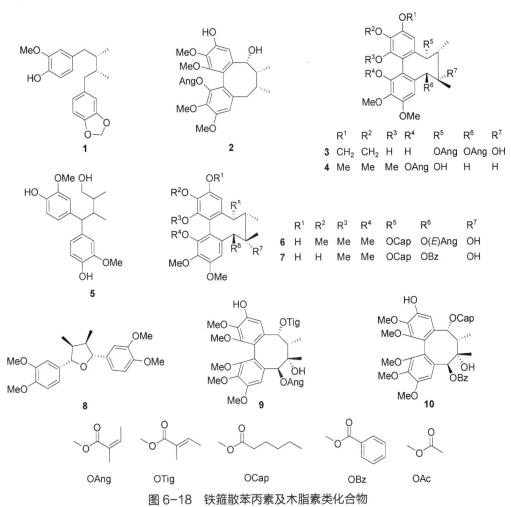

OAng   OTig   OCap   OBz   OAc

图 6-18　铁箍散苯丙素及木脂素类化合物

表 6-19　铁箍散三萜类化合物

序号	名称	参考文献	序号	名称	参考文献
1	schisandilactone A	[9]	5	anwuweizotzic acid	[11]
2	propindilactone A	[9]	6	manwuweizic acid	[11]
3	micrandilactone A	[9]	7	nigranoic acid	[12]
4	schipropin A	[10]			

3. 甾体类化合物

　　周英[13]通过研究铁箍散茎藤的化学成分，利用硅胶柱色谱进行分离，根据化合物的光谱数据对其进行结构鉴定得到 7 个化合物。其中 β-谷甾醇、胡萝卜苷为甾体类化合物，胡萝卜苷为首次从该植物中分离得到。黄锋[3]从铁箍散分离得到的 17 个粗提物和 29 个不同类型的单体化合物，并对其进行了抗氧化、抗肿瘤等多方面的药理活性研究，其中 isoschisandrolic acid、schisandrolic acid、schisandronid 为甾体类化合物。Xu[4]分离鉴定的三个化合物中，其中 schisanterpene B 为已知甾体类化合物。

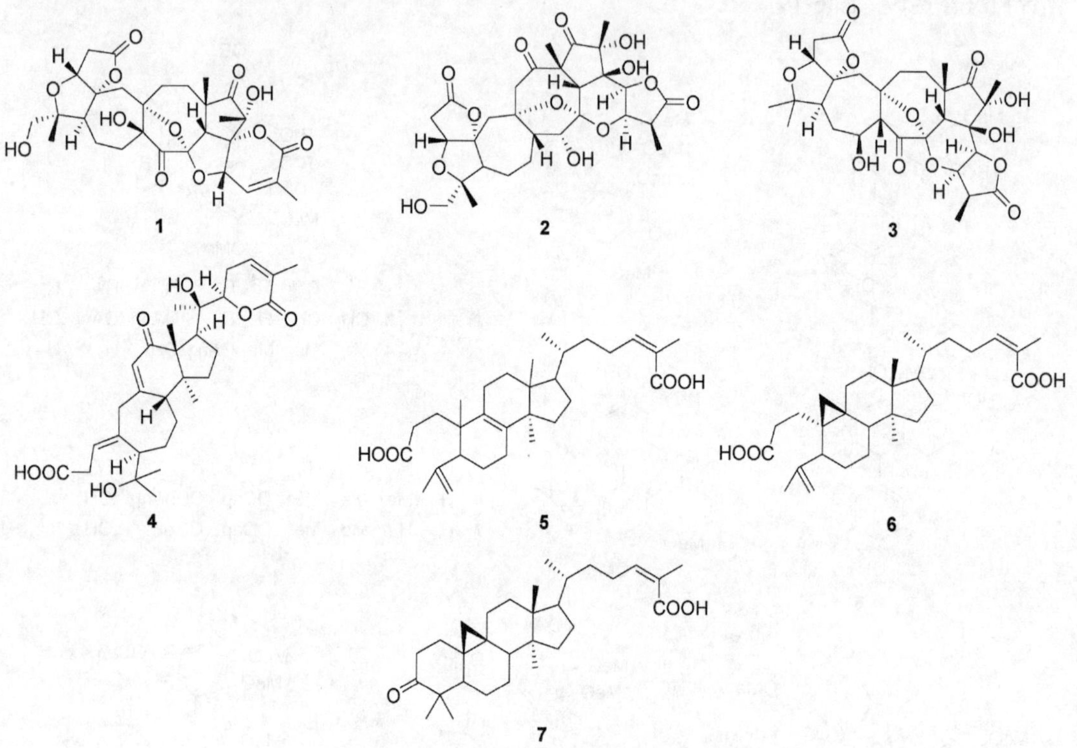

图 6-19　铁箍散三萜类化合物

4．黄酮类化合物

周英[13]通过研究铁箍散茎藤的化学成分，利用硅胶柱色谱进行分离，根据化合物的光谱数据对其进行结构鉴定得到 7 个化合物。其中儿茶精、芦丁为黄酮类化合物。黄锋[3]从铁箍散分离得到多个不同类型的单体化合物，其中 quercetin 为黄酮类化合物（表 6-20，图 6-20）。

表 6-20　铁箍散黄酮类化合物

序号	名称	参考文献	序号	名称	参考文献
1	儿茶精	[13]	2	quercetin	[3]

5．其他化合物

周英[13]通过研究铁箍散茎藤的化学成分，得到 schisanterpene A、琥珀酸、莽草酸等化合物。黄锋[3]从铁箍散分离并鉴定了 protocatechuic acid、vanillic acid、gallic acid 等化合物。采用 MTT 法研究五味子茎的化学成分，采用多种柱色谱技术对化合物进行分离纯化，并通过光谱分析鉴定得到 octadecanoic acid,2,3-dihydroxypropyl ester 等 5 个化合物。许利嘉[6]从铁箍散的石油醚部分分离得到 2,3-二羟基丙基十八酸酯、2,3-二羟基丙基十六酸酯、2,3-二羟基丙基二十四酸酯等 5 个化合物（表 6-21，图 6-21）。

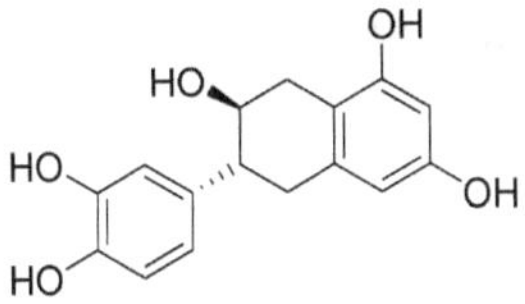

1

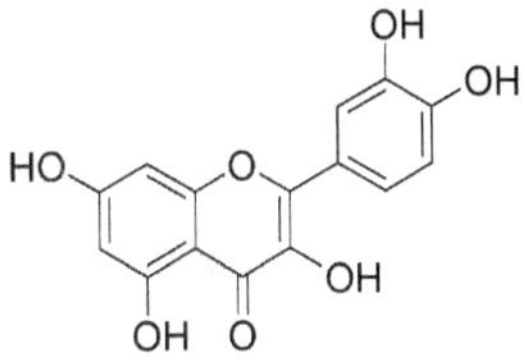

2

图 6-20　铁箍散黄酮类化合物

表 6-21　铁箍散其他化合物

序号	名称	参考文献	序号	名称	参考文献
1	琥珀酸	[13]	6	2,3-二羟基丙基十八酸酯	[7]
2	莽草酸	[13]	7	4,4-di(4-hydroxy-3-methoxyphenly)-2,3-dimethylbutanol	[15]
3	尿囊素	[14]			
4	protocatechuic acid	[3]	8	泽泻醇	[16]
5	vanillic acid	[3]	9	匙叶桉油烯醇	[16]

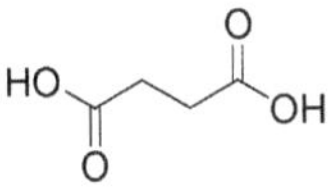

1

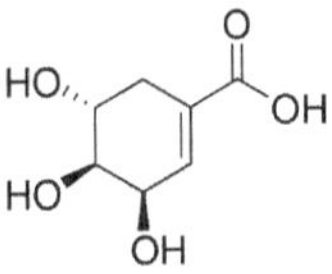

2

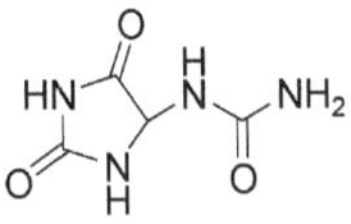

3

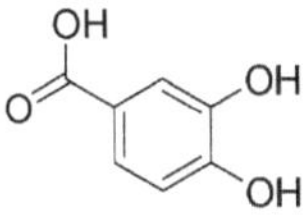

4

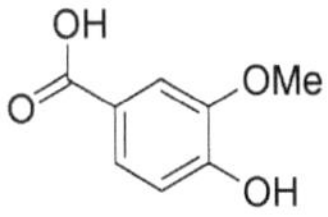

5

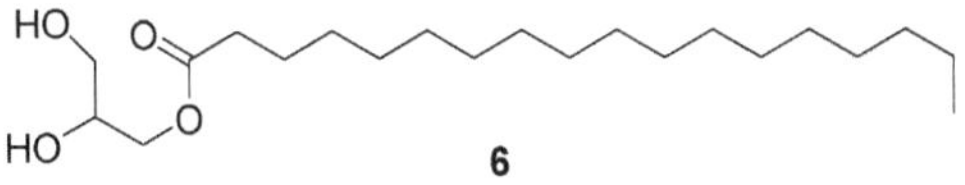

6

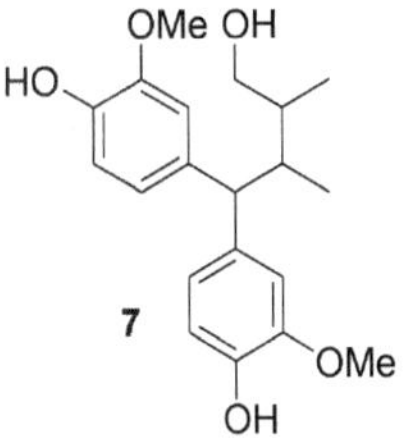

7

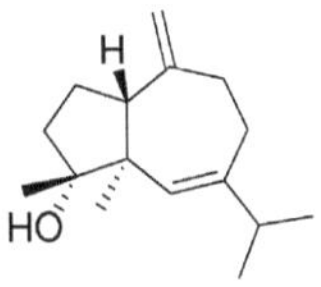

8

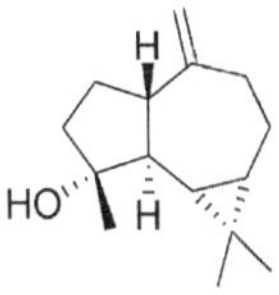

9

图 6-21　铁箍散其他化合物

三、药理活性

1. 细胞毒活性

Chen[12]发现从铁箍散中分离鉴定的 manwuweizic acid[11]对 Lewis 肺癌、脑瘤-22 和小鼠实体肝癌具有明显的抗癌活性，且没有明显的细胞毒活性。Xu[4]采用 MTT 法检测分离株对 HepG2、KB、HL-60、Bel-7402 四种肿瘤细胞的细胞毒作用测定，结果发现，从铁箍散中分离鉴定的 schisanterpene B、propinquanin E、schisantherin G、propinquanin F、schisantherin F、Kadsurarin II、octadecanoic acid,2,3-dihydroxypropyl ester、β-sitosterol 均具有一定的细胞毒活性，IC_{50} 值均小于 80μmol/L。Xu[5]采用 MTT 法对铁箍散中分离鉴定的化合物 4,4-di(4-hydroxy-3-methoxyphenly)-2,3-dimethylbutanol、(+)-anwulignan、1-(3,4-dimethoxyphenyl)-4(3,4-methylenedioxyphenyl)-2,3-dimethylbutane、meso-dihydroguaiaretic acid 进行细胞毒性活性评价，结果表明 4,4-di(4-hydroxy-3-methoxyphenly)-2,3-dimethylbutanol 在生物测定中显示出显著的潜在细胞毒能力。Xu[7]采用 MTT 法检测铁箍散中化合物对 HL-60 和 Hep-G2 多种肿瘤细胞株进行细胞毒活性检测，结果发现 propinquanin B 具有明显的细胞毒性（$IC_{50}<10$μmol/L），且其细胞毒活性可能与其诱导细胞凋亡有关。

2. 抗氧化

黄锋[3]用比色法测定了铁箍散来源的不同的化学性质的提取物及分得的单体化合物对 DPPH 自由基、超氧自由基、OH 自由基清除，以及还原力等的抗氧化活性，结果发现，铁箍散总提物、乙酸乙酯部位和水溶性部位的活性较强，在其主要活性部位，多酚类化合物具有特别明显的清除活性，强于维生素 E，与丹酚酸 A 的作用相当。Huang[15]研究发现铁箍散乙酸乙酯部位分离得到的新木脂素 4,4-di(4-hydroxy-3-methoxyphenly)-2,3-dimethylbutanol 具有清除 DPPH 自由基、超氧阴离子自由基和羟基自由基的活性，并能抑制 Fe^{2+}/半胱氨酸系统产生的氧自由基诱导的脂质过氧化反应，可开发为一种有效的抗氧化剂。杨静[17]采用超声法提取血铁箍散总黄酮研究其体外抗氧化活性，结果发现铁箍散总黄酮提取物清除 DPPH·、$ABTS^{+}$·和 OH·的能力良好，尤其对 $ABTS^{+}$·清除能力最优，其 IC_{50} 值分别为 11.62mg/L、1.83mg/L、136.12mg/L。

3. 抗增殖

许利嘉[6]研究发现铁箍散总提取物对体外血清诱导的平滑肌细胞增殖具有明显的抑制作用，其中发挥作用的主要是一些脂溶性成分，其中石油醚部位得到的木脂素类化合物 galgravin、veraguensin 对体外血清诱导的平滑肌细胞增殖表现出了较好的抑制作用，而 2,3-二羟基丙基二十四酸酯显示了较好的活性，并初步说明脂肪链的长短对于活性存在一定的影响。徐宗[18]通过建立小鼠成骨细胞模型，以铁箍散甲醇、乙酸乙酯以及水提物处理体外培养的小鼠成骨细胞，研究其对体外培养的成骨细胞活性的影响，结果发现不同浓度的提取物能促进成骨细胞进入细胞周期的 S 期，细胞增殖指数较高，表明铁箍散三个不同极性部位均能促进成骨细胞的增殖和分化。

4. 其他

韩定献[14]对民族药铁箍散的有效成分及其抗病毒作用进行研究，结果发现从铁箍散中分离出尿囊素具有抑制流感病毒的作用。Ma[10]从铁箍散茎部得到 10 个三萜类化合物，其中 propin E 和 propine G 具有中等程度的 NO 生产抑制活性。

参考文献

[1] 中国科学院中国植物志编辑委员会. 中国植物志: 第三十卷[M]. 北京: 科学出版社, 1996.

[2] 吴向莉. 巴戟天与混用品之一的铁箍散的鉴别[J]. 贵州医药, 2005, 29(5): 452-453.

[3] 黄锋. 铁箍散药理活性研究[D], 北京: 中国协和医科大学, 2005.

[4] Xu L J, Huang F, Chen S B, et al. A new triterpene and dibenzocyclooctadiene lignans from Schisandra propinqua (Wall.) Baill[J]. Chem Pharm Bull., 2006, 54(4): 542-545.

[5] Xu L J, Huang F, Chen S B, et al. A cytotoxic neolignan from Schisandra propinqua (Wall.) Baill[J]. Journal of Integrative Plant Biology, 2006, 48(12): 1493-1497.

[6] 许利嘉, 刘海涛, 彭勇, 等. 铁箍散藤茎的化学成分研究[J]. 中国中药杂志, 2008, 33(5): 521-523.

[7] Xu L J, Huang F, Chen S B, et al. New lignans and cytotoxic constituents from Schisandra propinqua[J]. Planta Medica, 2006, 72(2): 169-174.

[8] Jin M N, Yao Z, Takaishi Y, et al. Lignans from Schisandra propinqua with inhibitory effects on lymphocyte proliferation[J]. Planta Medica, 2012, 78(8): 807-813.

[9] Lei C, Huang S X, Xiao W L, et al. Schisanartane nortriterpenoids with diverse post-modifications from Schisandra propinqua[J]. Journal of Natural Products, 2010, 73(8): 1337-1343.

[10] Ma R F, Hu K, Ding W P, et al. Schipropins A-J, structurally diverse triterpenoids from Schisandra propinqua[J]. Phytochemistry, 2021, 182: 112589.

[11] Liu J S, Huang M F, Tao Y. Anwuweizonic acid and manwuweizic acid, the putative anticancer active principle of Schisandra propinqua[J]. NRC Research Press Ottawa, 1988, 66(3): 414-415.

[12] Chen Y G, Qin G W, Cao L, et al. Triterpenoid acids from Schisandra propinqua with cytotoxic effect on rat luteal cells and human decidual cells in vitro[J]. Fitoterapia, 2001, 72(4): 435-437.

[13] 周英, 杨峻山, 王立为, 等. 铁箍散化学成分的研究 II[A]//全国药用植物与中药院士论坛及学术研讨会[C]. 大连: 2001.

[14] 韩定献, 倪芳, 周志彬, 等. 铁箍散有效成分研究及其抗病毒作用[J]. 中药材, 2005, 28(12): 1096-1098.

[15] Huang F, Xu L, Shi G. Antioxidant isolated from Schisandra propinqua (Wall.) Baill[J]. Biological Research, 2009, 42(3): 351-356.

[16] 靳美娜, 唐生安, 段宏泉. 铁箍散化学成分的研究[J]. 药物评价研究, 2010, 33(2): 129-131.

[17] 杨静, 罗廷顺, 肖培云, 等. 血当归总黄酮提取工艺优化及其体外抗氧化活性研究[J]. 中国民族民间医药, 2019, 28(15): 45-49.

[18] 徐宗. 血当归粗提物体外成骨活性研究[D]. 武汉: 中南民族大学, 2011.

第七节

西南鬼灯檠

西南鬼灯檠（*Rodgersia sambucifolia* Hemsl.）又名岩陀，为虎耳草科多年生草本植物，为白族、傈僳族、纳西族、苗族、彝族等少数民族的习用药物。其根茎入药，俗名野黄姜（贵州）、参麻（云南）、红姜、毛青红、毛青冈等，白语称为：散优、满优、含忧、绕忧倍。其味苦、涩、凉。具有清热解毒、祛风除湿、收敛止血的作用，可用于治疗感冒、头痛、月经过多、肠炎、痢疾和外伤出血等症状[1~3]。现代化学研究，西南鬼灯檠植物中含有萜类、黄酮类、木脂素类等化学成分，关于药理作用方面报道较少。

一、生物学特征及资源分布

1．生物学特征

高 0.8~1.2m，茎无毛，羽状复叶；叶柄长 3.4~28cm，仅基部与小叶着生处具褐色长柔毛；小叶片 3~9（~10），基生叶和下部茎生叶通常具顶生小叶片 3 枚，具侧生小叶片 6~7 枚（通常对生，稀互生），倒卵形、长圆形至披针形，长 5.6~20cm，宽（1.7~）2.5~9cm，先端短渐尖，基部楔形，边缘有重锯齿，腹面被糙伏毛，背面沿脉生柔毛。聚伞花序圆锥状，长13~38cm；花序分枝长 5.3~12cm；花序轴与花梗密被膜片状毛；花梗长 2~3mm；萼片 5，近卵形，长约 2mm，宽 1.5~1.8mm，腹面无毛，背面疏生黄褐色膜片状毛，先端短渐尖；花瓣不存在；雄蕊长约 3mm；心皮 2，长约 3mm，下部合生，子房半下位，花柱 2。花果期 5~10 月[6~7]。

2．资源分布

西南鬼灯檠分布海拔通常为 1800~3650m，在灌木丛、林下、山坡路边林、高山栎林中或石隙中较为常见，较适宜年降雨量为 1000~1100mm，年均温 18~19℃，土壤类型多为紫色土、黄棕壤与黄壤土的地区。产于四川西南部、贵州（威宁）和云南北部。其中分布最为集中的地区是玉龙县、大理市、禄劝县、寻甸县、香格里拉市[4~5]。

二、化学成分

1．萜类化合物

Zheng 等[7]从鬼灯檠中分离得到了 4 个萜类化合物，其中有 3 个为二萜内酯类；施贵荣等[9]从西南鬼灯檠中首次分离到了 oleanolic acid。化合物具体名称和结构分别见表 6-22 和图 6-22。

表 6-22　西南鬼灯檠中萜类化合物

序号	化合物名称	参考文献
1	14α-hydroxy-7α-carboxyl-11,16-diketo-apian-8-en-(20,6)-olide	[7]
2	14α-hydroxy-7α-methyl-format-11,16-diketo-apian-8-en-(20,6)-olide	[7]
3	14α-hydroxy-7α-acetyl-11,16-diketo-apian-8-en-(20,6)-olide	[7]
4	oleanolic acid	[9]

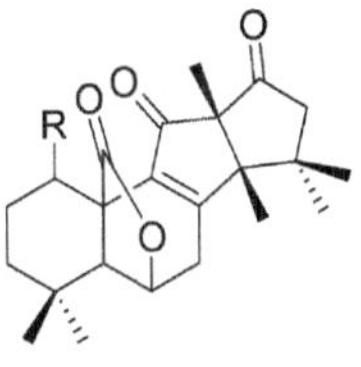

1 R = COOH
2 R = COOMe
3 R = OAc

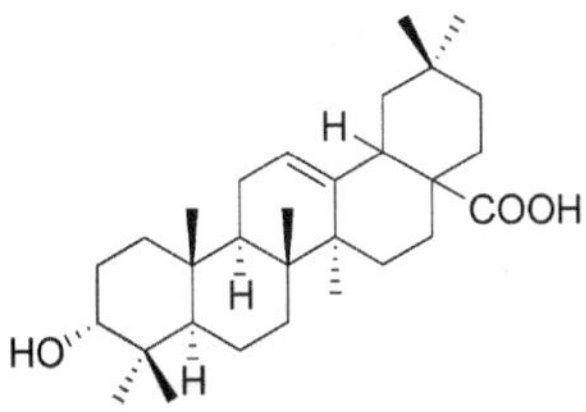

4

图 6-22　西南鬼灯檠中萜类化合物

2．黄酮类化合物

施贵荣等[9]从西南鬼灯檠中首次分离到了儿茶素、epicatechin-3-*O*-gallate；Hu 等[8]首次从西南鬼灯檠根茎中的乙醇部分分离得到了 muxiangrine Ⅲ；罗万玲等[6]从西南鬼灯檠中甲醇提取物乙酯层分离得到了四个黄酮类化合物。化合物具体名称和结构分别见表 6-23 和图 6-23。

表 6-23　西南鬼灯檠中黄酮类化合物

序号	化合物名称	参考文献
1	epicatechin-3-*O*-gallate	[9]
2	muxiangrine Ⅲ	[8]
3	3-*O*-β-hydroxy-δ-8-β-(3,4-dihydroxyphenyl)-penranone	[6]
4	3-*O*-β-hydroxy-δ-8-α-(3,4-dihydroxyphenyl)-penranone	[6]

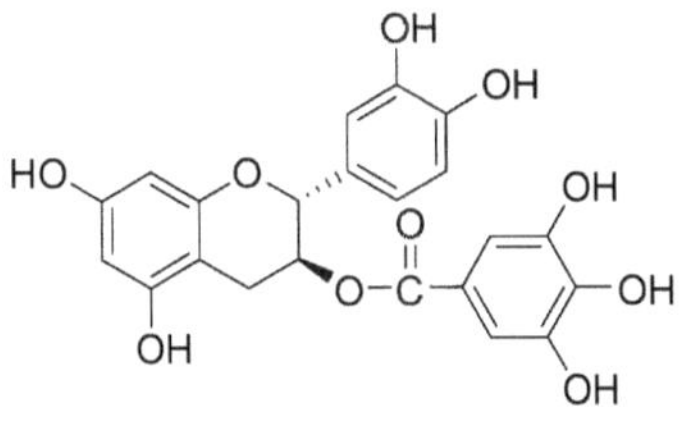

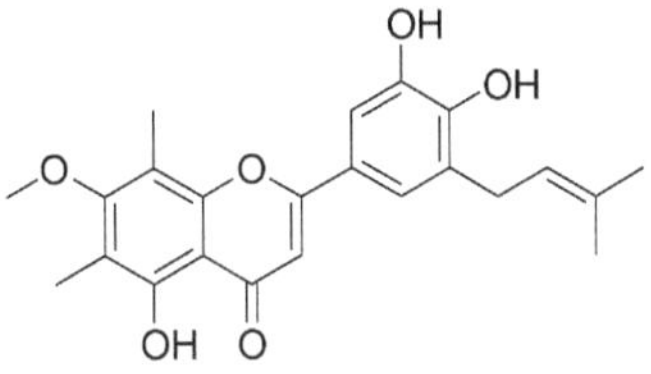

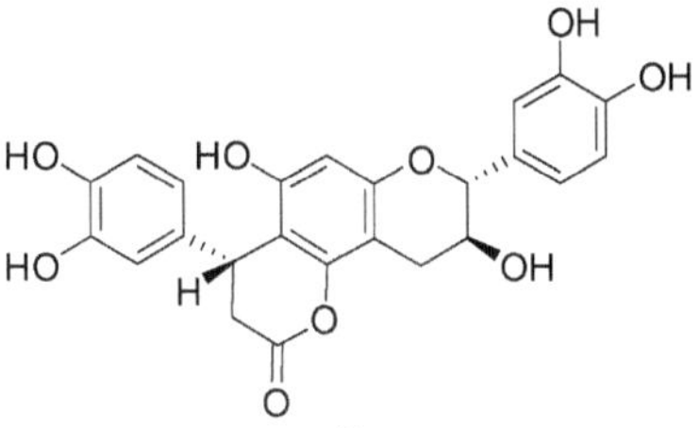

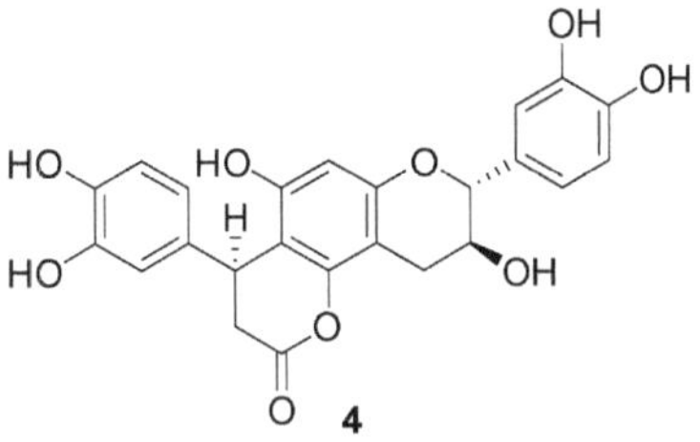

图 6-23　西南鬼灯檠中黄酮类化合物

3．其他类化合物

西南鬼灯檠中还有一些其他类的化合物，如木脂素类、香豆素类等，Hu 等[8]从西南鬼灯檠根茎中的乙醇部分分离得到了 β-rosasterol。化合物具体名称和结构分别见表 6-24 和图 6-24。

表 6-24　西南鬼灯檠中其他类化合物

序号	化合物名称	参考文献
1	nirtetralin	[8]
2	5-(3-methylbutyl)-8-methoxy-6,7-furanocoumarin	[8]
3	bergenin	[6]

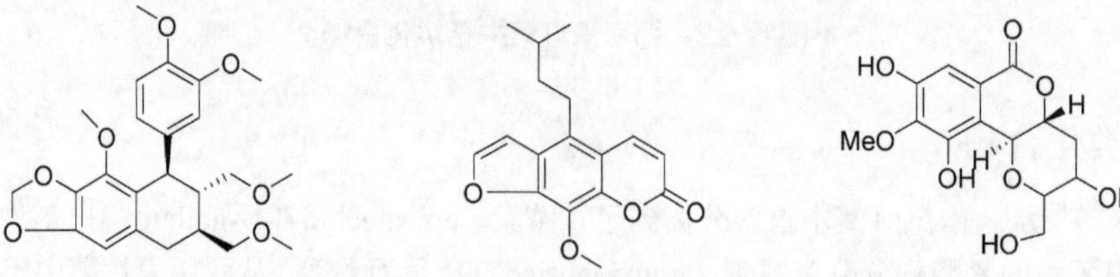

图 6-24　西南鬼灯檠中其他类化合物

三、药理活性

李小芬等[10]通过中药系统药理学分析平台（TCMSP）等数据库查找岩陀的有效成分，利用 Gene Cards 等数据库去预测与慢性支气管炎相关的靶点，发现有效成分有 9 个，潜在靶点 27 个，其中 IL10、甘油醛-3-磷酸脱氢酶、血管内皮生长因子 A、细胞肿瘤抗原 p53 等靶点有可能为治疗慢性支气管炎的潜在靶点，其机制主要与免疫反应、炎症反应、细胞增殖、细胞凋亡过程、蛋白质磷酸化等生物过程有关，也可能与通过调控 T 细胞受体、HIF-1、PI3K-Akt、非小细胞肺、TNF 等信号通路有关。

参考文献

[1] 姜北. 白族药用植物——岩陀[J]. 大理大学学报, 2017, 2(4): 102.

[2] 刘荣, 赵永成, 柯福锌, 等. 岩陀质量标准研究[J]. 中国药事, 2014, 28(12): 1371-1373.

[3] 中华人民共和国卫生部药典委员会. 中国药典（一部）[M]. 北京: 人民卫生出版社, 1977.

[4] 李萍萍, 孟衡玲, 孟珍贵, 等. 云南岩陀及其近缘种质资源的地理分布与生境[J]. 世界科学技术-中医药现代化, 2013, 15(1): 120-125.

[5] 李海涛, 张高魁, 张忠廉, 等. 云南省岩陀资源与适生环境因子分析[J]. 中国现代中药, 2019, 21(10): 1314-1320, 1333.

[6] 罗万玲. 美洲大蠊和岩陀的化学成分研究[D]. 昆明: 昆明理工大学, 2007.

[7] Zheng S, An H, Tong S, *et al.* Studies on the new diterpene lactones from *Rodgersia sambucifolia* H[J]. Indian Journal of Chemistry, section B, 2002, 41(1): 228-231.

[8] Hu H B, Zheng S Z, Zheng X D, *et al.* Chemical constituents of *Rodgersia sambucifolia* Hemsl.[J]. Indian Journal of Chemistry, section B, 2005, 44(11): 2399-2403.

[9] 施贵荣, 李冬梅, 刘光明. 西南鬼灯檠的化学成分研究[J]. 大理学院学报, 2008, 7(4): 1-2.

[10] 李小芬, 黄旭龙, 方镕泽, 等. 岩陀治疗慢性支气管炎作用机制的网络药理学研究[J]. 药物咨询, 2020, 9(5): 186-195.

第八节
滇紫参

滇紫参（白族名：消档眼草）为茜草科植物小红参（*Rubia yunnanensis* Franch. Diels）的根，别名小红参、云南茜草、红根、小活血、小舒筋、色子片等，是云南的特色药材，主要分布于丽江、鹤庆、红河、昆明等地。迄今为止，小红参在民间的使用已有上百年的历史，是云南省彝族、白族、普米族、傈僳族等民族共同使用的野生中药材，为临床上常用的典型民族药[1]。滇紫参主要以根茎入药，具有活血通经、祛风除湿、镇静镇痛、调养气血的功效，民间主要用它治疗肺结核、月经不调、跌打损伤、风寒湿痹以及角膜云翳、外伤出血、贫血等[2]。

一、资源分布及生物学特征

1．资源分布

茜草属植物在全世界大约有 70 余种，广泛分布于欧洲、亚洲、北美洲和南美洲的热带及温带地区，我国有 36 种，2 变种，全国各地均有分布，尤以中南地区分布最多[3]。茜草属中的滇紫参为我国特有，是云南的特产药材，生长于海拔 2000～3000m 的向阳山坡地的疏林下灌丛、草地或路旁。作为云南的天然植物资源之一，滇紫参有着重要的经济及药用价值[4]。

2．生物学特征

滇紫参为多年生直立或攀援草本植物，幼时常匍匐，株高达 1m；茎绿色，分枝稍粗，有 4 棱，棱脊有倒向小刺状糙毛，被硬毛或长柔毛；叶 4 生轮生，无柄或近无柄，卵形、卵状披针形、椭圆形或披针形，长 0.6～3cm，宽 0.3～2cm，先端稍钝或短尖，基部钝圆或短尖，边缘常反卷，上面粗糙，下面常有淡黄色圆形腺点，两面均被硬毛或长柔毛，3 脉，近无柄或有短柄；聚伞圆锥花序顶生和腋生，花单性，稀两性；花梗长 0.5～2.5mm；花冠白或淡黄色，辐状，径 2～2.5mm，裂片卵状三角形，长 1.2mm；浆果球状，直径约 5mm，密被钩状长柔毛，稀无毛；花期 4～8 月，果期 5～12 月[4, 5]。

二、化学成分研究

滇紫参的化学成分复杂，以三萜类化合物为主，此外还有醌类、环己肽类和其他类成分等[4]。

1．三萜类

滇紫参中萜类化合物主要为乔木烷型三萜，Morikawa 等[6]从滇紫参水溶液的丙酮提取物中分离得到多个新的乔木烷型萜类化合物。徐晓莹等[7]通过常压和低压硅胶柱色谱等处理从滇紫参的乙醚提取物中得到 6 个化合物。Liou 等[8]用氯仿-水、乙酸乙酯-水依次对滇紫参根的甲醇提取物进行分离，氯仿提取物经硅胶柱色谱重复分离，经 Diaion HP 20 和 RP-18 凝胶柱色谱得到乙酸乙酯提取物。部分化合物具体信息见表 6-25，化学结构见图 6-25。

表 6-25　滇紫参中三萜类化合物

序号	化合物名称	参考文献
1	2α,7β,19α,28-tetrahydroxy-9(11)-arborinen-3-one	[6]
2	rubiarbonol-B	[6]
3	茜草乔木醇 A	[7]
4	茜草乔木酮 A	[7]
5	rubiarboside A	[8]
6	rubiarbonone A	[8]
7	rubiarbonone B	[8]

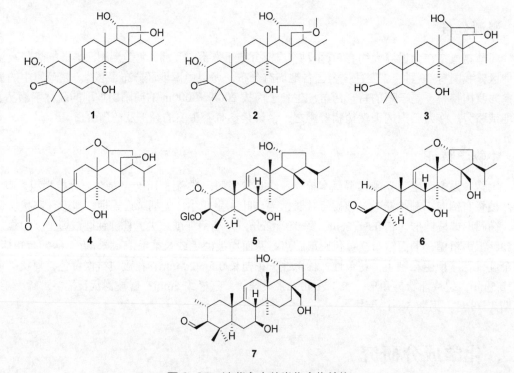

图 6-25　滇紫参中萜类化合物结构

2．醌类及其他类

徐晓莹等[7]从滇紫参的乙醚提取物中得到 6 个化合物，包括 1 个蒽醌：1,3,6-三羟基-2-甲基蒽醌（图 6-26，**1**）。Liou 等[9]从滇紫参的根中分离得到一个新的蒽醌 2-carbomethoxvanthraquinone（图 6-26，**2**）和 rubiayannone A（图 6-26，**3**）。邹澄等[10]用活性炭柱色谱法对滇紫参的乙醇提取物进行了分离，得到了不同的馏分，目前已从中分离鉴定出两种环己肽苷，分别为 RY-I（图 6-26，**4**）和 RY-II（图 6-26，**5**）。从滇紫参中分离鉴定的化合物还有 β-谷甾醇[7]。

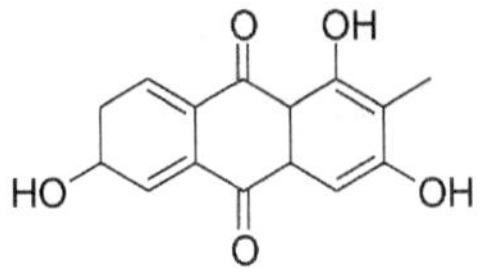

图 6-26　滇紫参中醌类及其他类化合物结构

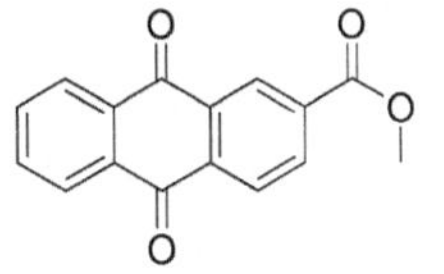

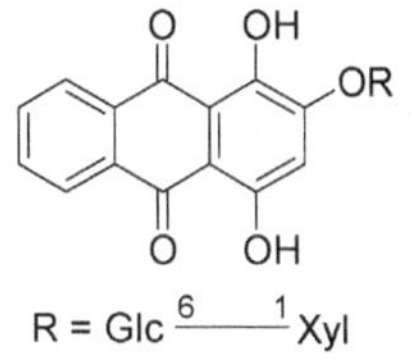

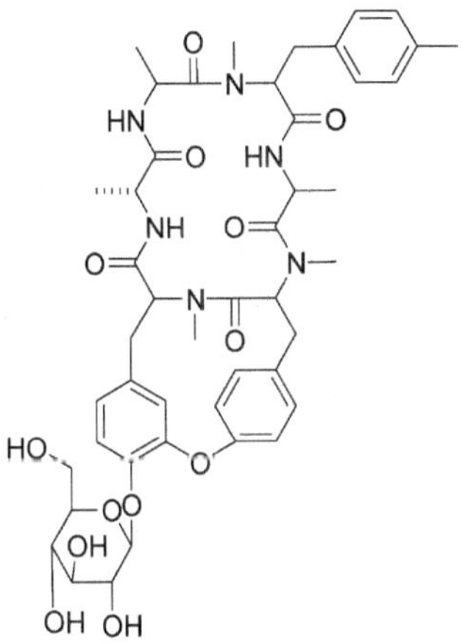

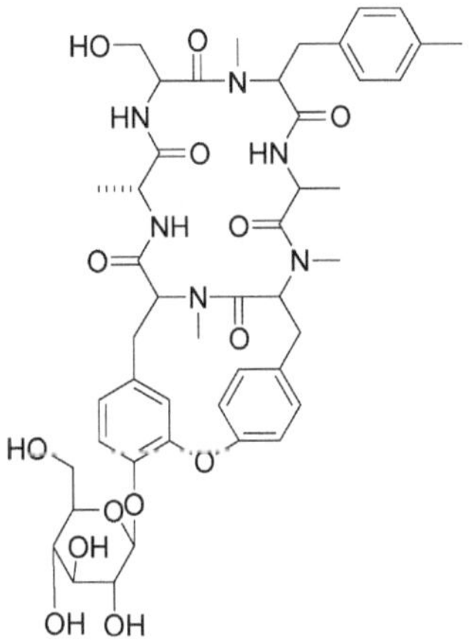

三、药理活性研究

1．抗肿瘤

滇紫参多种化学成分具有抗癌作用，Zeng 等[11]设计了体外抗癌实验，结果发现滇紫参中分离的蒽醌类物质可诱导人宫颈癌 HeLa 细胞凋亡和阻滞 G2/M 细胞周期以发挥细胞毒性作用。此外，黎文亮等[12]发现药物浓度大于 10μg/mL 时的小红参醌可抑制癌细胞生长，同时也能抑制正常人血 T 淋巴细胞的细胞分裂增殖和 DNA 的合成；当药量浓度达到 25μg/mL 时，抑制淋巴细胞产生抗癌因子的能力更加明显。曾广智等[13]发现滇紫参中乔木烷型三萜 rubiarbonol G 能够通过线粒体途径诱导人宫颈癌细胞 Hela 发生细胞凋亡，其分子机制为通过下调凋亡抑制蛋白 Bcl-2 的表达，影响 Bcl-2/Bax 的比值，导致线粒体中 Cytochrome C 释放，进而导致人宫颈癌细胞凋亡。

2．抗氧化

小红参醌为滇紫参的主要有效成分，朱兆明等[14]通过药理实验表明小红参醌能在 4℃提高储存皮片的活力，减轻皮片水肿，升高保存液的 pH 值；但在低温储存中使用对皮肤的活力没有影响，这可能与温度过低、细胞内外生化反应停止，氧自由基生成减少有关。

3. 抗心肌缺血

王淑仙等[15, 16]研究表明滇紫参提取物Ⅱ-A可明显增加小鼠心肌的ATP含量和耐氧能力，并可减轻犬冠脉外周阻力，对犬缺血心肌具有良好保护作用，可显著减轻心肌损伤和减少心肌梗死面积。孔春芹等[17]研究发现滇紫参乙酸乙酯提取物不仅可对抗去甲肾上腺素(NE)诱导大鼠主动脉环收缩和改善大鼠心肌缺血心电图，而且可提高SOD活性并降低MDA含量。此外，Gao等[18]研究表明滇紫参中乔木烷型三萜类和游离蒽醌具有降血脂的作用；Liou等[9]发现1,2-二羟基蒽醌和1,3,6-三羟基-2-甲基蒽醌具有抗血小板的作用。

4. 其他

Morikawa等[6]发现滇紫参中部分蒽醌类化合物能抑制NO的产生；Tao等[19]实验结果也显示了滇紫参不仅能抑制NO，同时能抑制诱导型一氧化氮合酶。苏秀玲等[20]研究发现滇紫参能显著促进呼吸道分泌，具有祛痰的作用。郑进等[21]发现滇紫参还可提高小鼠的痛阈值，减少小鼠的扭转次数，并能有效缓解大鼠足跖肿胀，抑制二磷酸腺苷钠盐（ADP）诱导的家兔血小板聚集，说明滇紫参具有止痛、抗炎和抗血小板聚集的作用。施志国等[22]发现滇紫参对肠道细菌具有明显的抑制作用，同时对枯草芽孢杆菌也具有抗菌活性。

参考文献

[1] 张容溶, 闫倩玲, 张玉洁, 等. 民族药小红参对照药材质量标准研究[J]. 文山学院学报, 2020, 33(6): 5-7.

[2] 陈燕芳, 卞卡. 茜草属药用植物茜草大叶茜草和小红参的比较研究[J]. 时珍国医国药, 2017, 28(4): 892-895.

[3] 王升启, 马立人. 茜草属药用植物的化学成分及生物活性(文献综述)[J]. 军事医学科学院院刊, 1991, 15(4): 254-259.

[4] 吴煜秋, 高秀丽, 张荣平. 中药小红参的研究概况[J]. 时珍国医国药, 2004, 15(1): 44-47.

[5] 中国科学院中国植物志编辑委员会. 中国植物志: 第七十一卷[M]. 北京: 科学出版社, 1999.

[6] Morikawa T, Tao J, Ando S, *et al*. Absolute stereostructures of new arborinane-type triterpenoids and inhibitors of nitric oxide production from *Rubia yunnanensis*[J]. Journal of Natural Products, 2003, 66(5): 638-645.

[7] 徐晓莹, 周金云, 方起程. 小红参的化学成分研究[J]. 药学学报, 1994, 29(3): 237-240.

[8] Liou M J, Wu T S. Triterpenoids from Rubia yunnanensis[J]. Journal of Natural Products, 2002, 65(9): 1283-1287.

[9] Liou M J, Teng C M, Wu T S. Constituents from *Rubia Ustulata* Diels and *R. Yunnanensis* Diels and their antiplatelet aggregation activity[J]. Journal of the Chinese Chemical Society, 2002, 49(6): 1025-1030.

[10] 邹澄, 郝小江, 周俊. 小红参的抗癌环己肽配糖体 [J]. 云南植物研究, 1993, 15(4): 399-402.

[11] Zeng G Z, Fan J T, Xu J J, *et al*. Apoptosis induction and G2/M arrest of 2-methyl-1,3,6-trihydroxy-9,10-anthraquinone from *Rubia yunnanensis* in human cervical cancer HeLa cells[J]. Die Pharmazie-An International Journal of Pharmaceutical Sciences, 2013, 68(4): 293-299.

[12] 黎文亮, 胡文华, 王升启. 小红参醌在体外的抗癌作用[J]. 军事医学科学院院刊, 1989, 13(4): 241-243.

[13] 曾广智, 范君婷, 谭宁华. 小红参中乔木烷型三萜Rubiarbonol G诱导Hela细胞凋亡作用研究[A]//第十届全国药用植物及植物药学术研讨会[C]. 昆明: 2011.

[14] 朱兆明, 柴家科, 贾小明. 小红参醌能提高4℃储存皮肤的活力[A]//全国第三届烧伤外科学术交流会. 洛阳: 1991.

[15] 王淑仙, 谢顺华. 小红参、茜草和丹参提取物对小鼠心肌、脑ATP含量的影响[J]. 中草药, 1986, 17(10): 19-21.

[16] 王淑仙, 陈鹰, 刘建勋. 小红参提取物Ⅱ-A 对犬实验性心肌梗塞的保护作用及对心脏血流动力学的影响[J]. 生理科学, 1983, 3(4): 36-37.

[17] 孔春芹, 陈普, 刘斌, 等. 小红参抗心肌缺血活性部位的筛选研究[J]. 云南中医中药杂志, 2011, 32(11): 70-72.

[18] Gao Y, Su Y, Huo Y, *et al*. Identification of antihyperlipidemic constituents from the roots of *Rubia yunnanensis* Diels[J]. Journal of Ethnopharmacology, 2014, 155(2): 1315-1321.

[19] Tao J, Morikawa T, Ando S, *et al*. Bioactive constituents from Chinese Natural Medicines. XI. inhibitors on NO production and degranulation in RBL-2H3 from *Rubia yunnanensis*: Structures of rubianosides Ⅱ, Ⅲ, and Ⅳ, rubianol-g, and rubianthraquinone[J]. Chemical and Pharmaceutical Bulletin, 2003, 51(6): 654-662.

[20] 苏秀玲, 周远鹏. 茜草、小红参药理作用的比较研究[J]. 中国中药杂志, 1992, 17(6): 377.

[21] 郑进, 曹东, 林青, 等. 民族药小红参滴丸的部分药效学试验研究[J]. 云南中医学院学报, 2004, 27(2): 13-15.

[22] 施志国, 王亚平, 于勇, 等. 小红参醌抑制烫伤小鼠肠道细菌易位[J]. 中国微生态学杂志, 1991, 3(1): 1-4.

民族植物资源

化学与生物活性

研究

Research Progress on
Chemistry and Bioactivity
of
Ethnobotany
Resources

第七章

土家族药物

土家族主要聚居在我国湘、鄂、渝、黔毗邻地带。土家族聚居区地理位置独特、地形复杂、生态环境独特，造就了丰富的药用资源，被誉以"天然民族中草药王国"和"华中的天然药库"的美称。为土家族人民对抗疾病提供了丰富的药物资源，也为土家族医药的诞生奠定了基础。早在秦汉时期，土家族医药已有一定的积累，盛唐时期，土家族药物的发展初具规模。元明至清初土家族土医、药匠的出现标志着土家医疗法逐步形成。清代改土归流后土家族出现了医药诊所、药铺，说明这一时期土家族医药理论框架基本形成。

土家族是有语言而无文字的少数民族，世代通行汉字。土家族文化的传承历代为"口耳相传"，其"口述"资料在相当长的一段时期内承载了土家族文化传承与发展。近现代以来，土家族医药学从"口承"到"文传"的历史跨越，逐步走向完善。

由于土家族没有本民族的文字，土家族医药多散在于历代医药学典籍及本草专著中。例如《本草纲目》收载的土家族药物达 60 余种；土家族最有影响的医药学专著当首推汪古珊的《医学萃精》，该书集清末之前土家族医药学之大成，成为研究土家族药物的重要典籍。

20 世纪 70 年代末，全国第一次民族药调查整理工作拉开了我国土家族医药研究的序幕。在其后数十年的时间里，通过"口述"资料的收集、民间文字资料的搜集、馆藏资料的整理，产生了一些介绍土家族医药的著作，如《实用土家族医药》《土家族医药学》《土家族医药学概论》《土家族医药》《土家族药物志》等，极大地促进了土家族医药学的传承与发展。其中，《土家族药物志》收录药物 2172 种，并对土家族常用的 1500 种药物进行了详细论述，为土家族药物研究提供了基础性范本。此外，研究者经过多年的努力，收集整理了多达 16000 多个土家族民间单方、验方、秘方。

在收集和整理土家族医药文献资料的同时，针对土家族药物的化学成分和药理活性为主的现代研究也逐渐开展起来，如属于土家族民族医药特色"七药"的白三七、冷水七、笔包七（鸡心七、文王一支笔）、芋儿七（头顶一颗珠）、金边七（江边一碗水）等，在此基础上先后制定了一些土家族药物质量标准，促进了土家族药物开发与利用。本章对 8 种土家族常用植物药的化学成分和药理活性进行归纳总结，包括水黄连、山乌龟、文王一支笔、矮地茶、头顶一颗珠、江边一碗水、隔山消、七叶一枝花，以了解常用土家族药物的研究进展。

第一节

水黄连

水黄连（*Sweria davidi* Franch.）为龙胆科獐牙菜属多年生草本植物，又名川东獐牙菜、水灵芝、鱼胆草、河风草、青鱼草等，为湖南湘西一带地区土家族常用药。水黄连全草入药，味苦、性寒，具有清热解毒、利胆健胃的功能，常用于清肺热、急性肠炎、菌痢、喉头红肿、恶疮疥癣等症，另外，还可用于治疗妇科炎症、黄疸型肝炎等疾病[1~2]。现代研究表明，水黄连具有抗炎抗菌、抗癌、镇静镇痛等作用。

一、生物学特征及资源分布

1．生物学特征

多年生草本，高5～58cm。根茎粗，根黑褐色，主根明显。茎直立，细瘦，四棱形，棱上具窄翅，常从基部起多分枝，稀仅上部分枝，枝斜升。基生叶及茎下部叶具长柄，狭椭圆形，连柄长1.3～7cm，宽0.15～0.5cm，先端钝尖，全缘，基部渐狭成柄，叶脉1～3条，在下面突起；茎中上部叶具短柄，线状椭圆形或线状披针形，长1.5～3cm，宽0.1～0.3cm。圆锥状复聚伞花序长达36cm，稀为聚伞花序，具少数花；花梗细瘦，直立，长0.5～3.5cm，花后期伸长；花4数，直径达1.5cm；花萼绿色，长为花冠的1/2～3/4，裂片线状披针形，长5～7mm，先端锐尖，背面有明显突起的1～3脉；花冠淡蓝色，具蓝紫色脉纹，裂片卵形或卵状披针形，长7～11mm，先端渐尖，基部有两个腺窝，腺窝沟状，卵状矩圆形，边缘有长柔毛状流苏；花丝线形，长5～6.5mm，花药椭圆形，长约1mm；子房无柄，狭椭圆形，花柱粗短，不明显，柱头2裂。花期9～11月[1]。

2．资源分布

水黄连常见丁草地、河边、混交林下、潮湿地、石缝及灌木丛中，海拔在900～1200m，土壤为砂壤土或河滩淤积而成砂土，pH值为7.72～8.35，适宜多雨、多雾、温暖、背阴、潮湿的气候环境。主要分布于我国的湖南西部、四川东部、云南（景东）、湖北西部，模式标本采自四川长江流域[1,3]。

二、化学成分研究

1．黄酮类

查阅文献发现，从水黄连中分离得到的黄酮类化合物类型主要为双苯吡酮。曹团武等[4]首次从川东獐牙菜乙酸乙酯部位分离得到的黄酮类化合物有1-hydroxy-3,4,7,8-tetramethoxyxanthone、1,7,8-trihydroxy-3-methoxyxanthone。梁娟[5]首次从川东獐牙菜分离得到的黄酮类有当药黄素、日当药黄素、异金雀花素、槲皮素-3-O-β-D-木糖-(1→2)-β-D-半乳糖苷。谭桂山等[7]从川东獐牙菜首次分离得到了1,5,8-trihydroxyl-3,4-dimethoxy xanthone、川东獐牙菜素B。徐康平等[8]从川东獐牙菜中首次分离得到了1,3,8-trihydroxy-5-methoxyxanthone。谭桂山等[10]从川东獐牙菜中首次分离得到了雏菊叶龙胆苷、去甲基雏菊叶龙胆酮。化合物具体名称和结构分别见表7-1和图7-1。

表7-1　水黄连中黄酮类化合物

序号	名称	参考文献	序号	名称	参考文献
1	1-hydroxy-3,4,7,8-tetramethoxyxanthone	[4]	7	1, 3, 8-trihydroxy-5-methoxyxanthone	[8]
2	1,7,8-trihydroxy-3-methoxyxanthone	[4]	8	雏菊叶龙胆苷	[10]
3	异金雀花素	[5]	9	去甲基雏菊叶龙胆酮	[10]
4	5-O-β-D-吡喃葡糖基-1,3,8-三羟基𠮠酮	[6]	10	1,5,8-三羟基-3-甲氧基𠮠酮	[11]
5	1,5,8-trihydroxyl-3, 4-dimethoxy xanthone	[7]	11	gentiacaulein	[9]
6	川东獐牙菜素B	[7]			

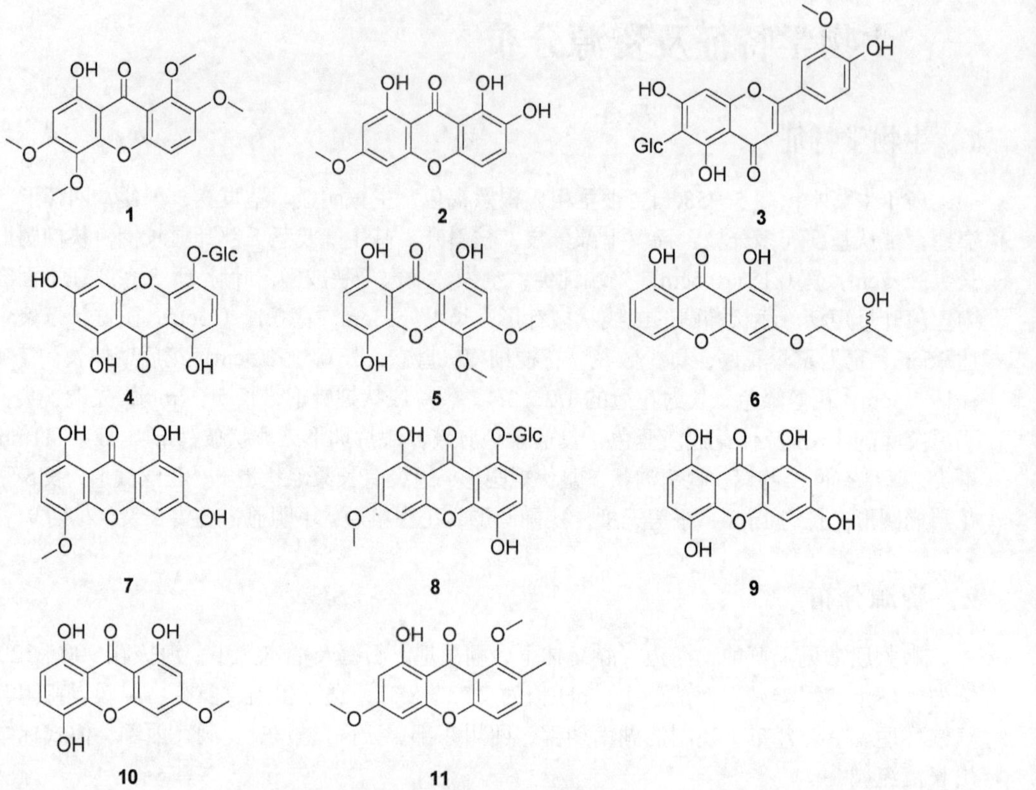

图 7-1　水黄连中黄酮类化合物

2．其他化合物

从水黄连中分离得得到的一些萜类、酚酸类等成分。曹团武等[4]首次从川东獐牙菜乙酸乙酯部位分离得到了 gentiocrucine、gentiocrucine A、gentiocrucine B、去乙酰德苦草苦苷、羟基当药苦酯苷、junipediol A、β-谷甾醇；谭桂山等[7]从川东獐牙菜首次分离得到了 2,5-dimethyoxyl-1, 4-dicarbonyl benzene。化合物具体名称和结构分别见表 7-2 和图 7-2。

表 7-2　水黄连中其他类化合物

序号	名称	参考文献	序号	名称	参考文献
1	gentiocrucine	[4]	7	8-表金吉苷	[5]
2	gentiocrucine A	[4]	8	2,5-dimethyoxyl-1,4-dicarbonyl benzene	[7]
3	gentiocrucine B	[4]	9	乌苏酸	[8]
4	去乙酰德苦草苦苷	[4]	10	苦龙胆酯苷	[10]
5	羟基当药苦酯苷	[4]	11	4-O-glycosyloxy-2-hydroxy-6-methoxy-acetophenone	[5]
6	6-去甲氧基-7-甲基茵陈色原酮	[5]			

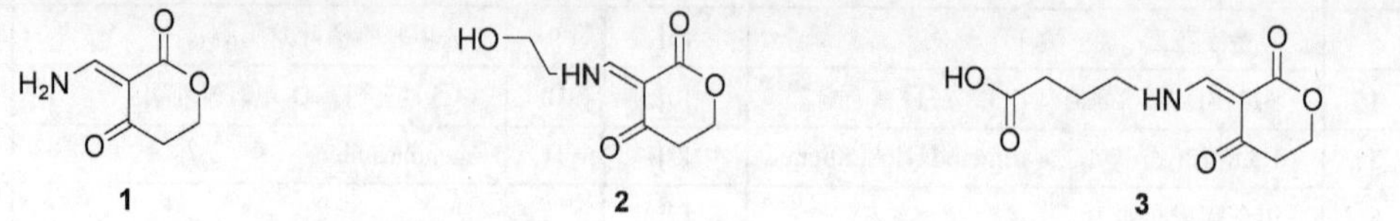

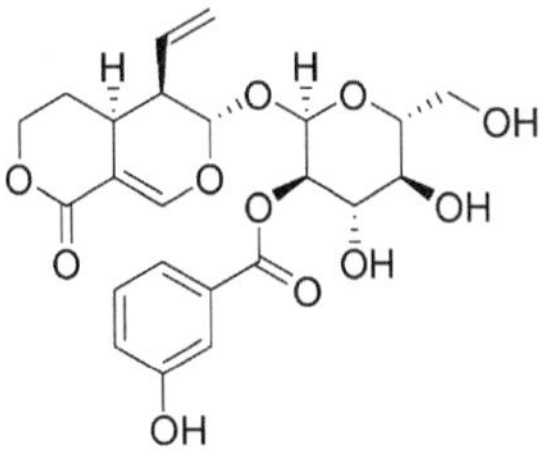

图 7-2　水黄连中其他类化合物

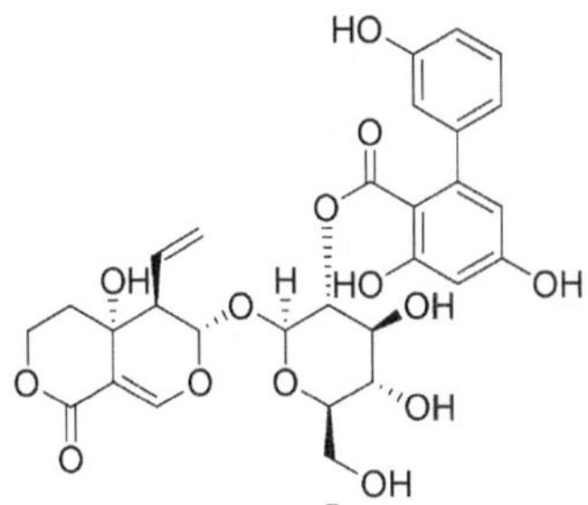

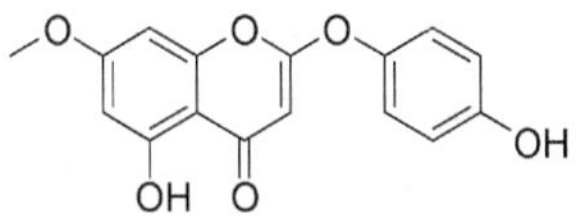

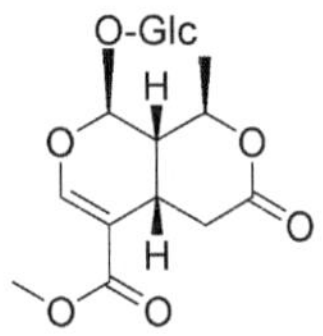

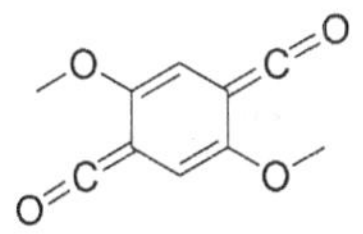

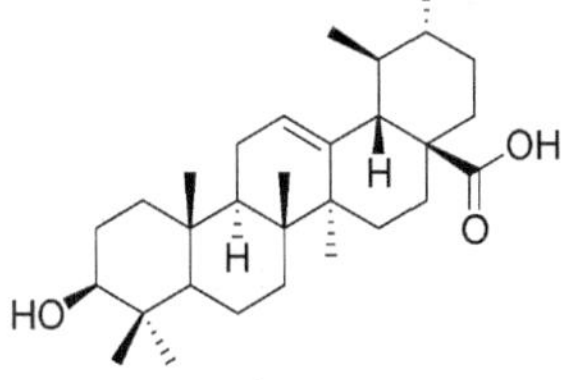

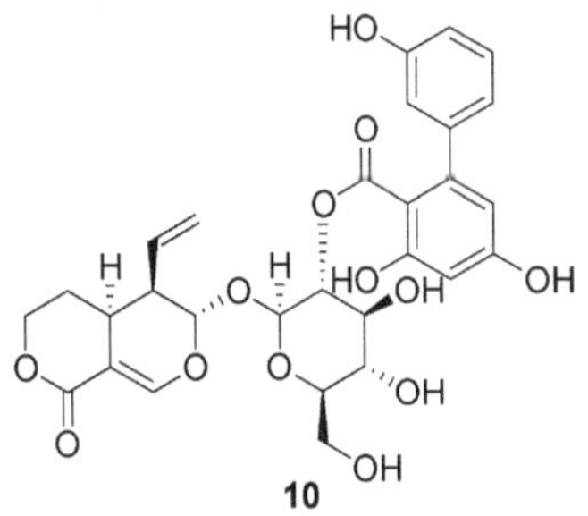

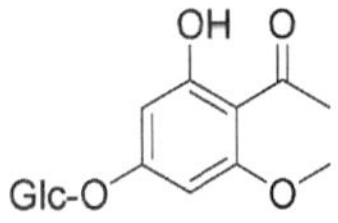

三、药理活性研究

1．解热、抗炎和抗菌

田奇伟等[16]研究发现川东獐牙菜具有抗菌作用，通过对临床上 300 例急性菌痢病例的观察，经该药物治疗后，发现可治愈 245 例患者（81.67%），高于对照组（庆大霉素加 TMP）124 例治愈 98 例（79.0%）。邓晓冬等[17]也通过临床观察到水黄连可以有效治疗细菌性痢疾，其中，在 30 例病例中，临床治愈 13 例，占 43.3%，总有效率为 86.6%。刘士寻等[14]研究发现川东獐牙菜具有解热和镇静的作用，该植物的提取物制成的注射液可明显抑制革兰阳性菌，且当作用时间为 6h 左右时，表现不显著，作用时间为 24h 时，才表现出最佳和最稳定的效果。后来，刘士寻等[17]研究又发现川东獐牙菜对葡萄球菌和丹毒杆菌的抑制作用强于沙门杆菌和链球菌，而对大肠杆菌等革兰阴性菌基本上没有抑制作用；在经过 0~3h 处理后，抑制作用现象不明显，6h 后出现轻微的抑制作用，24h 左右的药液处理后，细菌的抑制作用趋于稳定；且研究发现药液浓度越大，抑制作用越好。田洪等[12]研究发现水黄连具有显著的解热、抗炎和抗菌作用，实验数据表明，与对照组相比较，在不同时间，水黄连高或低剂量组对细菌内毒素发热家兔均有一定的解热效果；对角叉菜所致的大鼠足跖肿胀有显著的抑制作用；对大肠杆菌等 9 种细菌均有较强的抗菌作用，其 MIC 为 3.12~100.0mg/mL。张小艺等[13]通过体外抑菌实验证明了鱼胆草对大肠杆菌、金黄色葡萄球菌均具有抗菌作用，其对金黄色葡萄球菌抑制作用更明显，其 MIC 分别 125mg/mL、31.25mg/mL。谭科等[18]水黄连肠炎宁汤可用于治疗湿热内蕴型溃疡性结肠炎，且没有副作用产生。临床数据表明，治疗组与对照组（口服用美沙拉嗪 1.0g/次，每日 4 次）均能明显改善肠黏膜（$P<0.05$）以及改善湿热内蕴型溃疡性结肠炎患者临床的症状，且治疗组显著高于对照组（$P<0.05$）；治疗组与对照组的总有效率分别为 88.46%、77.35%。

2．抗癌

赵李剑等[21]用二甲基亚砜（DMSO）溶解齐墩果酸用以测试对肿瘤细胞的抑制作用，研究发现，当齐墩果酸的浓度达到 40µg/mL 时，抑制率达到了 50%，随着浓度增加，细胞 OD 值越小，则抑制效果越显著。同年，赵李剑等[22]用乙醇提取干燥的獐牙菜全草，后用正丁醇萃取得到了有效成分黄色粉末 SW-1，用来测试对肝癌细胞的抑制影响。实验数据表明，当 SW-1 为 35µg/mL 和 50µg/mL 时，OD 值分别为 0.315、0.140。从 MTT 结果可以发现，细胞的致死率随着药物的浓度增大而增大。同时也说明了獐牙菜中的苦苷类成分（SW-1）可抑制肝癌细胞的生长。

李润琴等[20]研究发现川东獐牙菜正丁醇部位提取的芒果苷与苦苷对体外人肝癌细胞均有明显抑制和杀灭作用，并且两者的协同作用优于两者分别作用。实验数据表明了芒果苷和苦苷为川东獐牙菜正丁醇部位的主要活性物质，且正丁醇部位的提取物作用 HepG2 人肝癌细胞 24h 后，细胞出现明显的凋亡状态，经 MTT 检测，发现其 OD 值呈线性递增关系，即芒果苷与苦苷混合物对肝癌细胞的杀灭作用最明显，并呈浓度依赖性。后来，李润琴等[19]研究发现 TRAIL 与川东獐牙菜正丁醇部位提取物在杀灭 HepG2 人肝癌细胞时，具协同作用。实验数据表明，200µL 浓度为 50µg/mL 川东獐牙菜正丁醇部位提取物组肿瘤细胞抑制率为 89.48%、凋亡率 48.6%。100µL 浓度为 100 ng/mL TRAIL 联合 100µL 浓度为 50µg/mL 川东獐牙菜正丁醇部位提取物组抑制率和凋亡率分别为 96.98% 和 65.71%。TUNEL 显示：TRAIL 联合川东獐牙菜正丁醇部位提取物组细胞核棕黄色深染，且阳性染色细胞数目明显增多，表明 TRAIL 与川东獐牙菜正丁醇部位提取物联合作用后凋亡细胞明显增加。

3．其他

张小艺等[13]发现鱼胆草的活性成分獐牙菜苦苷具有一定的降糖作用，数据表明，小剂量组（≤1µg/mL）獐牙菜苦苷可以促进 α-葡萄糖苷酶的生成，但当浓度升为 10µg/mL 时，表现出一定的抑制作用，1mg/mL、100mg/mL 对 α-葡萄糖苷酶活性的抑制率分别为 30.19%，84.92%。曾宪坤[23]通过病例观察发现用 30～50g 的鲜青鱼胆草捣碎后，外敷患眼皮表面，可治疗"暴发火眼"。姜德建等[25]发现川东獐牙菜素 A 可通过降低 AD-MA 浓度以及增加 DDAH 活性来保护溶血性磷脂酰胆碱（LPC）所导致的血管内皮细胞损伤，浓度为 10µmol/L 或 30µmol/L 的川东獐牙菜素 A 可对 5mg/L LPC 所致的血管内皮依赖性舒张功能损伤有一定的改善作用；浓度为 1µmol/L、3µmol/L 或 10µmol/L 的川东獐牙菜素 A 可减少因同样浓度的 LPC 诱导的培养液中的乳酸脱氢酶（LDH）、丙二醛（MDA）的浓度，但可增加 NO 的浓度；3µmol/L 或 10µmol/L 的川东獐牙菜素 A 对明显降低因 LPC 诱导的 ADMA 水平升高，但明显促进 DDAH 的活性。另外，研究数据表明，川东獐牙菜素 A 对 Cu^{2+} 诱导的 LDL 氧化有显著抑制作用，且能够清除 DPPH。姜德建等[26]研究发现浓度为 90µg/L 和 300µg/L 的川东獐牙菜𠮟酮有利于大鼠缺血再灌注损伤心肌的恢复，且经川东獐牙菜黄酮处理后，肌酸激酶（CK）的释放以及 MDA 的含量减少；0.5mg/kg

和 1.0mg/kg 的川东獐牙菜黄酮也显著缩小了心肌梗死面积，降低了 CK 浓度，这提示川东獐牙菜黄酮可能通过抗脂质过氧化来进行对大鼠缺血再灌注损伤心肌的保护。韩林等[27]分别用乙酸乙酯、70%乙醇和水对獐牙菜进行提取，并分别用 DPPH 法、ABTS 法和铁氰化钾还原法对其提取物进行抗氧化活性检测，实验结果证明，体积分数 70%乙醇提取物的抗氧化活性>水提取物>乙酸乙酯提取物，且各提取物浓度也大，抗氧化活性越好，并发现各提取物的抗氧化活性强度与其总酚组成及含量有关。另外，彭南国等[24]在鸡饲料中加入主含有水黄连的药液，比例为 25kg∶100g，结合病毒灵粉，可有效治愈鸡瘟，治愈率在 90%以上；另外，单独加入水黄连药液，可有效预防鸡瘟。

参考文献

[1] 中国科学院中国植物志委员会. 中国植物志: 第六十二卷[M]. 北京: 科学出版社, 1988.
[2] 中国医学科学院药用植物资源开发研究所. 中药志: 第四册[M]. 北京: 人民卫生出版社, 1988.
[3] 沈力, 余甘霖, 付绍智. 川东獐牙菜植物学和生物学特征研究[J]. 中国野生植物资源, 2002, 21(4): 26-27.
[4] 曹团武, 张小凤, 谭晓平, 等. 川东獐牙菜醋酸乙酯部位化学成分研究[J]. 中草药, 2019, 50(18): 4272-4276.
[5] 梁娟, 李胜华, 陈超群. 川东獐牙菜的化学成分研究[J]. 中草药, 2014, 45(7): 919-923.
[6] 曾光尧, 谭桂山, 徐康平, 等. 川东獐牙菜水溶性化学成分[J]. 药学学报, 2004, 39(5): 351-353.
[7] 谭桂山, 徐康平, 李福双, 等. 川东獐牙菜一个新叫酮的研究[J]. 药学学报, 2003, 38(12): 931-933.
[8] 徐康平, 徐平声, 刘巍, 等. 川东獐牙菜的化学成分研究[J]. 天然产物研究与开发, 2002, 14(6): 18-19.
[9] 谭桂山, 徐康平, 徐平声, 等. 川东獐牙菜化学成分研究[J]. 药学学报, 2002, 37(8): 630-632.
[10] 谭桂山, 徐平声, 田华咏, 等. 川东獐牙菜化学成分的研究[J]. 中国药学杂志, 2000, 35(7): 11-13.
[11] 虞瑞生. 川东獐芽菜的成分研究[J]. 植物学报, 1984, 26(6): 675-676.
[12] 田洪, 潘善庆. 鱼胆草的解热抑菌消炎作用研究[J]. 中药新药与临床药理, 2006, 17(5): 346-347, 350.
[13] 张小艺, 何润霞, 易琼, 等. 鱼胆草提取物及其活性成分獐牙菜苦苷的药理学初探[J]. 黑龙江畜牧兽医, 2015, (9): 185-187.
[14] 刘士寻. 川东獐牙菜对几种菌株的抑制试验[J]. 甘肃畜牧兽医, 2003, 33(3): 18-19.
[15] 田奇伟, 梁剑雄, 田有顺. 川东獐牙菜的抗菌作用研究[J]. 中草药, 1984, 15(8): 22.
[16] 邓晓冬, 杨昭. 水黄连治疗细菌性痢疾 30 例临床分析[J]. 中国现代医学杂志, 1996, (8): 65.
[17] 刘士寻, 肖兵南, 龙顺英. 川东獐牙菜对细菌的抑制试验[J]. 中兽医医药杂志, 2004, 23(2): 48-49.
[18] 谭科, 彭治香. 土家药水黄连肠炎宁汤治疗溃疡性结肠炎的临床研究[J]. 中国民族医药杂志, 2017, 23(4): 2-3.
[19] 李润琴, 杨建平, 黄春, 等. TRAIL 联合川东獐牙菜诱导人肝癌细胞的凋亡[J].中药药理与临床, 2012, 28(1): 121-124.
[20] 李润琴, 杨建平, 黄春, 等. 川东獐牙菜提取物抑制体外人肝癌细胞的生长[J]. 中药药理与临床, 2011, 27(2): 90-93.
[21] 赵李剑, 邹洪波, 刘俊, 等. 川东獐牙菜主要成分齐墩果酸的提取及其对肿瘤细胞的影响[J]. 湖南中医杂志, 2006, 22(4): 86-87.
[22] 赵李剑, 左泽乘, 邹洪波, 等. 川东獐牙菜苦苷类成分的提取及其体外抗肿瘤作用研究[J]. 中医药导报, 2006, 12(5): 62-64.
[23] 曾宪坤. 青鱼胆草外敷治"暴发火眼"[J]. 上海中医药杂志, 1983(05): 30.
[24] 彭南国. 水黄连防治鸡瘟效果好[J]. 农村新技术, 2011, (5): 25.
[25] 姜德建, 江俊麟, 谭桂山, 等. 川东獐牙菜素 A 保护溶血性磷脂酰胆碱诱导的内皮细胞损伤[J]. 中南药学, 2003, 1(2): 75-79.
[26] Jiang D J, Tan G S, Feng Y E, *et al*. Protective effects of xanthones against myocardial ischemia-reperfusion injury in rats[J]. Acta Pharmacologica Sinica, 2003, 24(2):175-180.
[27] 韩林, 徐龙, 叶茜攀, 等. 川东獐牙菜中抗氧化成分的提取及活性研究[J]. 食品科技, 2012, 37(3): 217-220.

第二节
山乌龟

山乌龟（*Stephania cepharantha* Hayata）为防己科千金藤属多年生草质落叶藤本植物，又名头花千金藤、白药子、白大药、金线吊乌龟等。民间常以块根入药，又为兽医用药，味苦，性寒，具有清热解毒、消肿止痛的功效[1~2]。现代研究表明，山乌龟块根含多种生物碱，具有多种药理活性，包括抗炎、抗病毒、抗肿瘤、抗过敏和免疫调节活性等。

一、资源分布及生物学特征

1. 资源分布

广布于西北至陕西汉中地区。东至浙江、江苏和台湾，西南至四川东部和东南部，贵州东部和南部，南至广西和广东均有分布。山乌龟适应性较大，既见于村边、旷野、林缘等土层深厚肥沃的地方（块根常入土很深），又可见于石灰岩地区的石缝或石砾中（块根浮露地面）[3~4]。

2. 生物学特征

草质、落叶、无毛藤本，高通常1~2m或过之；块根团块状或近圆锥状，有时不规则，褐色，生有许多突起的皮孔；小枝紫红色，纤细。叶纸质，三角状扁圆形至近圆形，长通常2~6cm，宽2.5~6.5cm，顶端具小凸尖，基部圆或近截平，边全缘或多少浅波状；掌状脉7~9条，向下的很纤细；叶柄长1.5~7cm，纤细。雌雄花序同形，均为头状花序，具盘状花托，雄花序总梗丝状，常于腋生、具小型叶的小枝上作总状花序式排列，雌花序总梗粗壮，单个腋生，雄花：萼片6，较少8（或偶有4），匙形或近楔形，长1~1.5mm；花瓣3或4（很少6），近圆形或阔倒卵形，长约0.5mm；聚药雄蕊很短；雌花：萼片1，偶有2~3（5），长约0.8mm或过之；花瓣2（~4），肉质，比萼片小。核果阔倒卵圆形，长约6.5mm，成熟时红色；果核背部二侧各有约10~12条小横肋状雕纹，胎座迹通常不穿孔。花期4~5月，果期6~7月[4]。

二、化学成分

查阅文献，有关山乌龟的生物碱报道较多，其他化学成分报道甚少。He 等[5]首次从山乌龟的叶和茎中分离到 sinoracutine。何丽等[6]等首次从山乌龟茎叶中分离得到了 stepha-sunoline、discretamine、acutumine。Noriaki 等[7]首次从山乌龟中分离得到了 cephasugine。Kashiwaba 等[8]从山乌龟分离得到了 cephamonine 和 cephamuline。目前，已从山乌龟中分离得到了70多种生物碱[9~12]。部分化合物具体名称和结构分别见表7-3和图7-3。

表 7-3　山乌龟中生物碱类化合物

序号	名称	参考文献	序号	名称	参考文献
1	sinoracutine	[5]	**10**	cephasamine	[9]
2	aknadinine	[6]	**11**	3,4-dehydrocycleanine	[10]
3	discretamine	[6]	**12**	isocorydine	[10]
4	acutumine	[6]	**13**	corydine	[10]
5	cephasugine	[7]	**14**	stephaoxocanine	[10]
6	(+)-reticuline	[7]	**15**	stephanin	[11]
7	cephamonine	[8]	**16**	berbenine	[11]
8	cephamuline	[8]	**17**	cepharanthine	[12]
9	cephatonine	[9]			

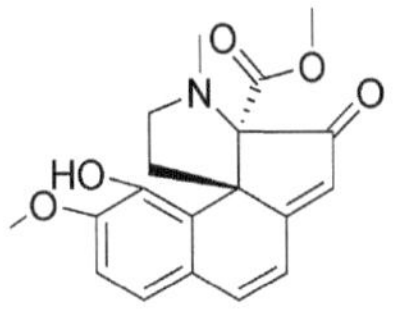
1

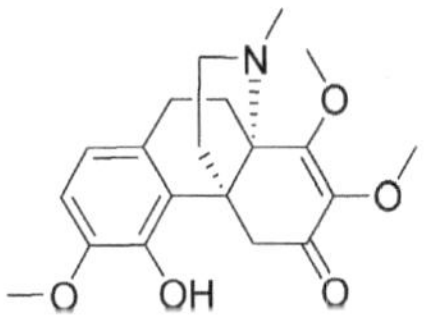
2

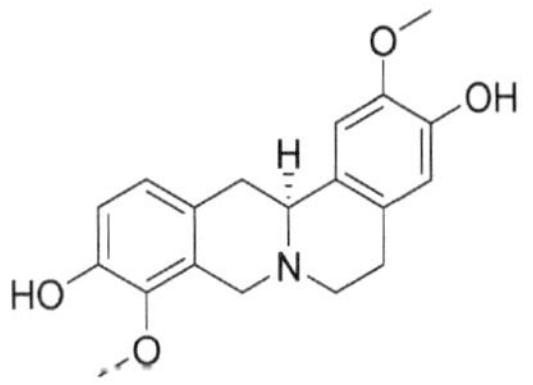
3

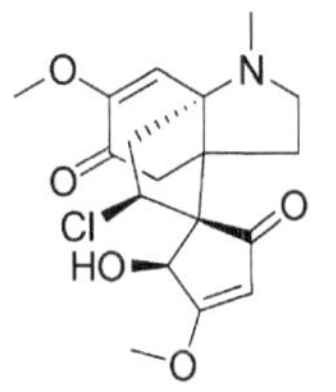
4

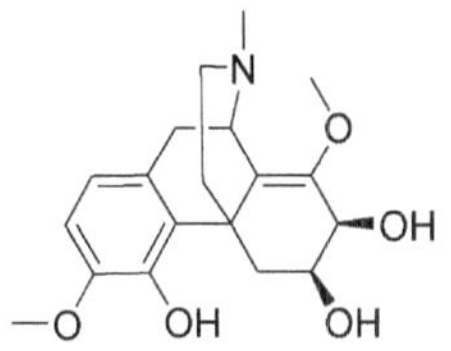
5

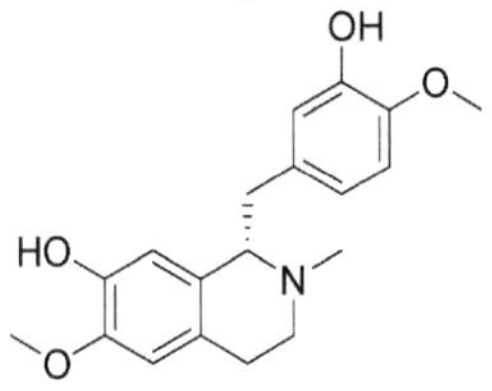
6

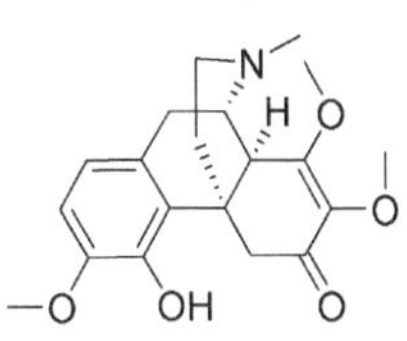
7

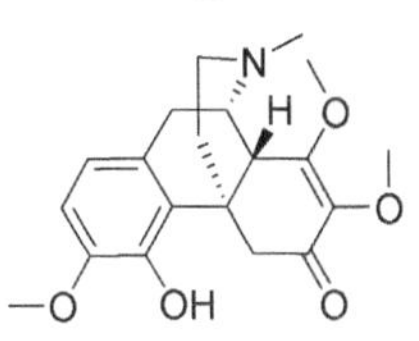
8

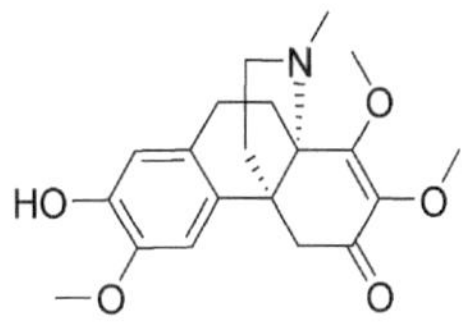
9

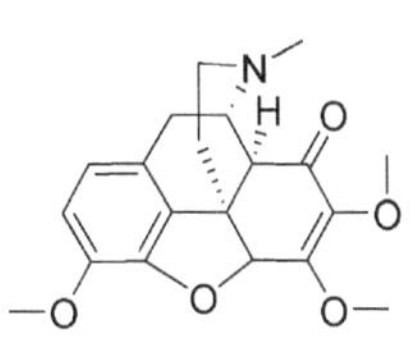
10

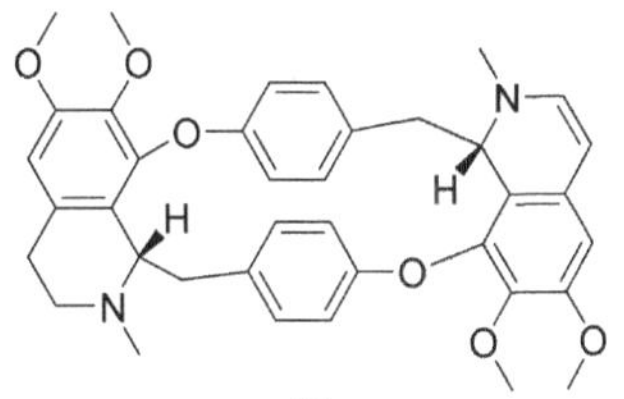
11

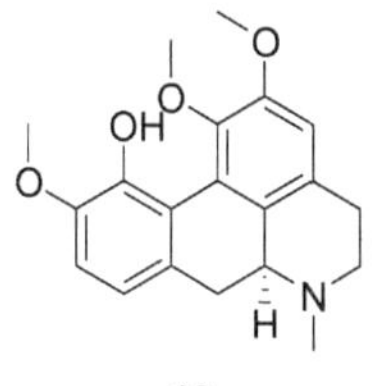
12

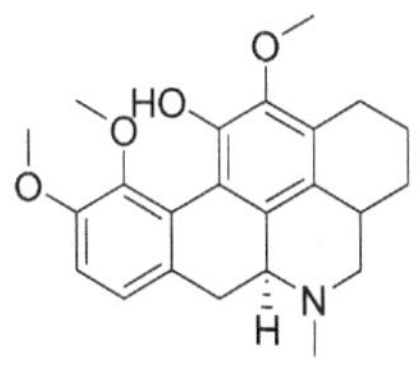
13

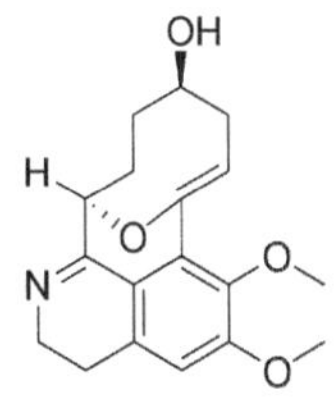
14

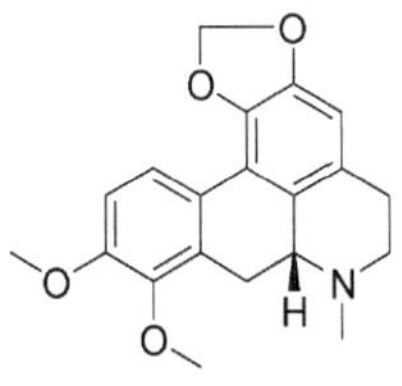
15

图 7-3

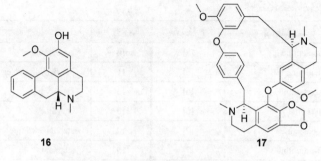

16　　　　　　　　　　　　　**17**

图 7-3　山乌龟中生物碱类化合物

三、药理活性

在药理方面关于山乌龟的生物碱,特别是 cepharanthine（CEP）报道较多,CEP 具有独特的抗炎、抗氧化、免疫调节、抗寄生虫和抗病毒特性,且在几种不同类型的癌细胞中均具有抗癌活性。

1. 抗病毒

Zhang 等[13]研究发现了 CEP 具有体外抗 SARS 冠状病毒的活性。结果表明,10μg/mL CEP 对 Vero E5 细胞的抑制作用最强。在 10μg/mL 剂量下,4 种药物-病毒处理均具有较强的抗 SARS-CoV 活性。体外抗病毒实验表明,CEP 在 1.25～6.25μg/mL 浓度时,对 I 型单纯疱疹病毒有较高的抗病毒活性,12.5～25.0μg/mL 时,对柯萨奇 B_3 病毒有较高的抗病毒活性。这说明了 CEP 在体外对 RNA 病毒和 DNA 病毒均有明显的抗病毒活性,在开发抗病毒药物方面具有潜在的价值。有研究证明,CEP 稳定了 HIV-1 感染细胞的质膜流动性,从而抑制了 HIV-1 包膜依赖的细胞间融合和无细胞感染,提示 CEP 通过降低质膜流动性来抑制 HIV-1 的进入过程,从而也说明了质膜是预防病毒感染的作用靶点[12]。

2. 抗肿瘤

Wang 等[14]研究发现 CEP 有增加肿瘤细胞凋亡的潜力。数据表明,CEP 在 44℃加热显著提高了 FSa-II 细胞的体外热敏感性,显著增加了细胞早期凋亡的比例。CEP 结合加热也显著上调了细胞内 caspase-3 活性的表达。在肿瘤细胞内注射 CEP,然后结合加热（44℃）,显著延迟了体内肿瘤的生长,这种延迟以 CEP 浓度依赖的方式增加,且加热前 30 分钟注射 CEP 比加热前立即注射 Ce 更能延缓肿瘤生长。Tamatani 等[15]研究发现 γ-辐照(IR)可通过激活 Akt 和 IκB 激酶等上游分子诱导口腔癌细胞中 NF-κB 活性,而 CEP 可抑制 IR 诱导的口腔鳞状细胞癌细胞的 NF-κB 活性,从而提高放射敏感性。体内实验证明,携带肿瘤的裸鼠分别用 CEP、IR、CEP 和 IR 的组合处理,结果表明联合治疗对肿瘤生长的抑制作用明显大于单独使用 CEP 或 IR。另外,CEP 抑制了 NF-κB 下游靶点 IL-6 和 IL-8 的产生,IR 诱导了癌细胞中抗凋亡蛋白（cIAP-1/-2）的表达。用 CEP 联合 IR 处理癌细胞,可降低 cIAP-1/-2 mRNA 的表达。Kikukawa 等[16]研究发现,CEP 可通过激活凋亡通路和通过 CDK 抑制剂阻断细胞周期进程而具有抗骨髓瘤的作用。数据表明,在所有测试的骨髓瘤细胞系中均观察到抗肿瘤作用,包括对 melphalan 耐药的细胞系。用 CEP 处理后，可诱导骨髓瘤细胞系活性氧的产生，激活 caspase-3 通路，最终诱导细胞凋亡。另外，CEP 也通过诱导 CDK 抑制剂抑制骨髓瘤细胞的生长。Harada 等[17]研究发现 CEP 可通过抑制细胞的血管生成和生长从而抑制人口腔鳞状细胞癌（OSCC）细胞的增殖，研究发现，CEP 显著抑制两种主要促血管生成分子，血管内皮生长因子（VEGF）和白细胞介素-8（IL-8）的表达，且可抑制人 OSCC 细胞的核因子-κB（NF-κB）活性，从而抑制 OSCC 细胞的血管生成和生长。Harada K 等[18]研究发现，CEP 可通过 p27Kip1 诱导通路下调细胞周期素 E 的表达进而诱导 G1 阻滞，从而抑制人口腔鳞状细胞癌细胞生长，且用 10～20μg/mL 的 CEP 处理口腔鳞状细胞癌，可显著抑制细胞生长。与其他口腔鳞状细胞相比，CEP 优先抑制 B88 细胞的生长。Chen 等[19]研究发现抑制 STAT3 信号通路参与了 CEP 的抗肿瘤活性。结果表明，10μmol/L 浓度的 CEP 可使 SaOS2 细胞周期阻滞在 G(1)期，诱导 SaOS2 细胞凋亡。10μmol/L、15μmol/L 浓度的 CEP 显著降低 SaOS2 细胞中 STAT3 的表达。此外，5μmol/L、10μmol/L 浓度的 CEP 显著抑制 STAT3 靶基因的表达，包括抗凋亡基因 Bcl-xL、细胞周期调节因子 c-Myc 和 cyclin D1。研究还发现，在裸鼠异种 SaOS2 细胞移植中，CEP（20 mg·kg^{-1}·d^{-1}）显著降低了肿瘤的体积和重量。Nakajima 等[20]以 2 株肝癌细胞系及其对阿霉素（DOX）敏感的亲本细胞系为研究对象，研究了 CEP 克服 P-糖蛋白（P-GP）相关阿霉素（DOX）耐药性的作用。发现 CEP 和 DOX 联合给药可能增强化疗对耐药肝癌的影响。数据表明，P-GP 在耐药细胞中过表达，CEP 联合给药可显著增强 DOX 的细胞毒性，但仅对耐药细胞具有增强作用。CEP 通过抑制 DOX 外排，显著提高了细胞内 DOX 浓度。应用免疫组化方法对 107 例肝癌患者的 P-GP 表达进行回归分析，发现这些患者中有 36% 的肿瘤中 P-GP 过表达，特别是在分化良好且对化疗不敏感的肿瘤中，支持了 P-GP 调节作为一种新的化疗方法的使用。

有研究结果表明，CEP 可诱导结肠直肠癌细胞凋亡，且与 p53 野生型结直肠癌细胞系 COLO-205 和 HCT-116 相比，CEP 对突变型结直肠癌细胞系 HT-29 和 SW-620 的抑制效果更好。进一步的机制研究表明，CEP 可诱导 HT-29 和 COLO-205 细胞周期阻滞。CEP 显著提高了 p53 突变细胞系 HT-29 的 p21Waf^1/Cip^1 表达水平，并在较小程度上提高了 p53 野生型细胞系 COLO-205 的表达水平。另外，CEP 处理后，细胞周期蛋白 A 和 Bcl-2 表达水平均显著下调，CEP 还能诱导结直肠癌细胞中 ROS 的形成。因此，CEP 可用于 p53 突变的结直肠癌细胞[21]。Zhu 等[22]研究发现 CEP 可有效抑制人脉络膜黑色素瘤细胞和肿瘤细胞增殖，可并激活细胞凋亡蛋白，包括 Bcl-2-assocd、X 蛋白，使半胱天冬酶、聚（ADP-核糖）聚合酶和细胞周期阻滞，从而诱导细胞凋亡。而且，CEP 还诱导了细胞产生 ROS，并导致细胞色素 c 释放。同时用乙酰半胱氨酸（一种 ROS 清除剂）治疗可减轻这种情况。另外，CEP 还能激活 JNK1/2，而抑制 JNK1/2 可部分消除 CEP 对细胞的增殖抑制作用，说明 JNK1 和 JNK2 参与了 CEP 引发的细胞凋亡。研究发现，山乌龟中提取的生物碱（CEP）可用于治疗非小细胞肺癌（NSCLC），其机制是通过抑制 NSCLC 细胞的自噬。CEP 抑制自噬的潜在机制是通过阻断自噬小体-溶酶体的融合和抑制溶酶体组织蛋白酶 B、组织蛋白酶 D 的成熟。此外，研究发现，达卡米替尼（DAC），在 NSCLC 治疗的Ⅲ期临床试验中，可诱导保护自噬以降低其抗癌作用，而与 CEP 联合治疗可增加 DAC 的体外抗增殖和凋亡作用，并增强了 NCIH1975 异种移植小鼠中 DAC 的抗癌作用[23]。

3．抗炎

Okamoto 等[24]研究发现 CEP 抑制炎症细胞因子和趋化因子的产生，包括原代单核/巨噬细胞培养中 TNF-α、IL-1β、IL-6 和 IL-8。CEP 的这种作用呈浓度依赖性，在浓度为 0.1μg/mL 时抑制作用显著。此外，该化合物在浓度为 0.04～0.2μg/mL，还抑制了 TNF-α 和 gp120 诱导的分化人神经母细胞瘤细胞的死亡。它还可以穿透血脑屏障，在日本，一种以 CEP 为主要成分的药物被用于治疗慢性炎症疾病患者。因此，CEP 对 HIV-1 相关中枢神经系统疾病的治疗和预防潜力有待进一步研究。Ershun 等[25]研究发现 CEP 对脂多糖（LPS）诱导的乳腺炎小鼠具有显著的治疗作用。LPS 诱导前 1h 和诱导后 12h 分别腹腔注射 CEP，发现 CEP 能显著减弱中性粒细胞的浸润，抑制髓过氧化物酶活性，降低 LPS 诱导的小鼠乳腺炎中 TNF-α、IL-1β 和 IL-6 的水平。此外，CEP 可抑制 NF-κB p65 亚基的磷酸化及其抑制剂 IκBα 的降解。因此，CEP 对 LPS 诱导的小鼠乳腺炎具有较强的抗炎作用。Huang 等[26]研究发现 CEP 对脂多糖(LPS)诱导的 RAW264.7 细胞体外炎症和体内肺损伤模型具有保护作用。不同浓度的 CEP 处理 RAW264.7 细胞 1h 后，然后分别加入 1μg/mL LPS 以及不加 LPS 培养 18h，用 ELISA 法检测上清中 TNF-α、IL-6 和 IL-1β 的含量，Western blot 检测 NF-κB 和丝裂原活化蛋白激酶通路。结果发现，CEP 抑制 LPS 刺激 RAW264.7 细胞中 TNF-α、IL-6 和 IL-1β 的释放，并且呈剂量依赖性，显著抑制 NF-κB 活化、IκBα 降解、ERK、JNK 和 p38 的磷酸化。另外，CEP 还可以减轻小鼠急性肺损伤模型的肺组织病理变化，明显下调其促炎细胞因子，包括 TNF-α、IL-1β 和 IL-6 的水平。

4．其他

有学者研究了 CEP 对八种人肝细胞色素 p450 酶（CYP）亚型(即 1A2、3A4、2A6、2E1、2D6、2C9、2C19 和 2C8)的影响，结果发现，CEP 对 CYP3A4、CYP2E1 和 CYP2C9 的活性均有抑制作用，IC_{50} 分别为 16.29μmol/L、25.62μmol/L 和 24.57μmol/L，但其他 CYP 亚型未受影响。另外，CEP 对 CYP2E1 和 CYP2C9 具有竞争性抑制作用，K_i 值分别为 8.12μmol/L、11.78μmol/L 和 13.06μmol/L。CEP 的抑制作用具有时间依赖性，表明 CEP 会随着潜伏时间的增加而抑制 CYP3A4 的活性。该研究表明，CEP 应与 CYP3A4、CYP2E1 和 CYP2C9 代谢的药物一起谨慎使用[27]。

Zhou 等[28]研究发现 CEP 对雌激素缺乏引起的骨质疏松具有保护作用，且这种保护作用被证实是通过抑制体内骨吸收而实现的，而不是通过增强体内骨形成来实现的。研究还发现，CEP 减弱了核因子 B 配体受体激活因子（RANKL）诱导的破骨细胞形成，并通过损害氨基末端激酶（JNK）和磷脂酰肌醇 3-激酶（PI3K）-AKT 信号通路来抑制骨吸收。而 CEP 的抑制作用可通过 JNK 和 p38 激动剂或 AKT 激动剂体外治疗部分逆转。因此，CEP 可以通过抑制破骨细胞的形成来预防雌激素缺乏引起的骨质疏松。

研究发现，在 CEP 浓度为 1～5μg/mL 时，可抑制树突状细胞（DC）对抗原的摄取。虽然 CEP 没有抑制 DC 中共刺激分子和主要组织相容性复合体（MHC）类 I 的表达，但该化合物抑制了脂多糖（LPS）诱导的 DC 成熟，这是由共刺激分子和 MHC 类 I 的表达决定的。此外，CEP 还降低了 LPS 刺激的树突状细胞中 IL-6 和 TNF-α 的生成。也有后续研究发现，CEP 可诱导小鼠树突状细胞凋亡。数据表明，当 CEP 浓度大于 10μg/mL 时，树突状细胞（DC）的凋亡数量增加。且发现 CEP 上调了 Caspase-9、Caspase-3、Caspase-7 的水平，降低了线粒体膜电位。该结果提示 CEP 具有诱导细胞凋亡的能力，可能是一种潜在的抗 DC 介导的和过敏性疾病的药物[29~30]。

多药耐药蛋白 7（MRP7）可使机体对紫杉烷等抗癌药物产生耐药性。Zhou 等[31]研究发现在 MRP7 转染的细胞中，CEP 在 2μmol/L 时可完全逆转紫杉醇耐药，且发现 CEP 对亲代转染细胞的影响明显小于对 MRP7 转染细胞的影响。与对照组相比，CEP 显著增加了 MRP7 转染细胞中紫杉醇的积累，明显抑制转染 MRP7 细胞的紫杉醇的外排。以建立的 MRP7 底物 $E_2 17\beta G$ 为探针，通过膜囊泡分析 CEP 抑制 MRP7 的能力，发现 CEP 对 $E_2 17\beta G$ 转运具有竞争性抑制作用，K_i 值为 4.86μmol/L。该结果提示，CEP 以竞争的方式逆转了 MRP7 介导的紫杉醇耐药。

Halicka 等[32]研究发现，CEP 可降低构成型 ATM 激活（CAA）和组蛋白 H2AX 磷酸化的水平，进而表明了 CEP 对 DNA 抗内源性氧化剂的保护能力。数据显示，CEP 确实显著降低了人淋巴母细胞 TK6 细胞中 CAA 和 CHP 的水平。将细胞在 8.3μmol/L CEP 下处理 4h，可使 CAA 和 CHP 的平均水平分别降低 60% 和 50%。在 1.7μmol/L CEP 时，4h 后 CAA 和 CHP 分别为 35% 和 25%。且在 CEP 治疗的前 8h 内，没有发现细胞凋亡的迹象。用 8.3μmol/L CEP 处理 24h 后，也检测到了较少细胞内（<10%）凋亡的启动因子 caspase-3 活化。这些数据表明，CEP 的清除特性可以保护 DNA 免受氧化代谢过程中产生的内源性自由基的伤害。

Sakaguchi 等[33]探讨了 CEP 对内毒素或肿瘤坏死因子（TNF）-α 诱导综合征所致脓毒性休克的致死和细胞死亡的预防作用。研究发现 CEP 明显保护小鼠免受内毒素诱导和内毒素/rhTNF-α 诱导的致死性休克。数据表明，CEP 可通过抑制内毒素诱导的巨噬细胞中的 NO 来抑制其致死或细胞毒性，通过增强成纤维细胞的增殖来实现的。

Yamamoto 等[34]研究发现 CEP 可作为一种热敏剂能够提高 MCa 肿瘤的热敏性，但 CEP 这种温和的热敏性可能不足以克服第一次加热后 MCa 肿瘤显著的热耐受性。数据表明，在 44℃下加热 100mg/kg CEP 的体内增强比为 1.3±0.3。在 44℃下分次热处理 30 和 60min，间隔 0～6 天，第一次加热后，MCa 肿瘤产生了显著的热耐受性以及热休克蛋白 70 的表达增强。第一次加热后立即给予 100mg/kg CEP 增加了 MCa 肿瘤中热休克蛋白 70 的表达，但没有降低热耐受性。在第一次或第二次加热前立即给予 CEP 也没有降低热耐受性。

参考文献

[1] 池源, 田恬, 李兴, 等. 山乌龟药用价值及组织培养研究进展[J]. 中国民族民间医药, 2008, 17(12): 13-15.

[2] 国家药典委员会. 中华人民共和国药典(一部)[S]. 北京: 中国医药科技出版社, 2015.

[3] 杨鹤鸣, 罗献瑞. "山乌龟"的研究[J]. 药学学报, 1980, (11): 674-683, 705-707.

[4] 中国科学院中国植物志编辑委员会. 中国植物志: 第 30 卷第 1 分册[M]. 北京: 科学出版社, 1996.

[5] He L, Deng L L, Mu S Z, et al. Sinoraculine, the precursor of the novel alkaloid sinoracutine from *Stephania cepharantha* Hayata[J]. Helvetica Chimica Acta, 2012, 95(7): 1198-1201.

[6] 何丽, 张援虎, 唐丽佳, 等. 金线吊乌龟茎叶中生物碱的研究(Ⅱ)[J]. 中药材, 2010, 33(10): 1568-1570.

[7] Noriaki K, Shigeo M, Minoru O, et al. Alkaloidal constituents of the leaves of *Stephania cepharantha* cultivated in Japan: structure of cephasugine, a new morphinane alkaloid[J]. Chemical & Pharmaceutical Bulletin, 1997, 45(3): 545-548.

[8] Kashiwaba, Noriaki, Morooka, et al. Two new morphinane alkaloids from *Stephania cepharantha* Hayata (Menispermanceae)[J]. Chemical and Pharmaceutical Bulletin, 1994, 42(12): 2452-2454.

[9] Kashiwaba N, Morooka S, Kimura M, et al. New morphinane and hasubanane alkaloids from *Stephania cepharantha*[J]. Journal of Natural Products, 1996, 59(5): 476-480.

[10] Kashiwaba N, Morooka S, Kimura M, et al. Alkaloidal constituents of the tubers of *Stephania cepharantha* cultivated in Japan: structure of 3,4-dehydrocycleanine, a new bisbenzylisoquinoline alkaloid.[J]. Chemical & Pharmaceutical Bulletin, 1997, 45(3): 470-475.

[11] Kunitomo J, Oshikata M, Akasu M. The alkaloids of *Stephania cepharantha* Hayata cultivated in Japan[J]. Yakugaku Zasshi Journal of the Pharmaceutical Society of Japan, 1981, 101(10): 951-955.

[12] Matsuda K, Hattori S, Komizu Y, et al. Cepharanthine inhibited HIV-1 cell-cell transmission and cell-free infection via modification of cell membrane fluidity[J]. Bioorganic & Medicinal Chemistry Letters, 2014, 24(9): 2115-2117.

[13] Zhang C H, Xiong S, Li J X, et al. Antiviral activity of cepharanthine against severe acute respiratory syndrome coronavirus in vitro[J]. Chinese Medical Journal, 2005, 118(6): 493-496.

[14] Wang Y, Kuroda M, Gao X S, et al. Cepharanthine enhances in vitro and in vivo thermosensitivity of a mouse fibrosarcoma, FSa-II, based on increased apoptosis[J]. International Journal of Molecular Medicine, 2004, 13(3): 405-411.

[15] Tamatani T, Azuma M, Motegi K, et al. Cepharanthin-enhanced radiosensitivity through the inhibition of radiation-induced nuclear factor-κB activity in human oral squamous cell carcinoma cells[J]. International Journal of Oncology, 2007, 31(4): 761-768.

[16] Kikukawa Y, Okuno Y, Tatetsu H, et al. Induction of cell cycle arrest and apoptosis in myeloma cells by cepharanthine, a biscoclaurine alkaloid[J]. International Journal of Oncology, 2008, 33(4): 807-814.

[17] Harada. Cepharanthine inhibits angiogenesis and tumorigenicity of human oral squamous cell carcinoma cells by suppressing expression of vascular endothelial growth factor and interleukin-8[J]. International Journal of Oncology, 2009, 35(05): 1025-1035.

[18] Harada K, Supriatno, Yamamoto S, et al. Cepharanthine exerts antitumor activity on oral squamous cell carcinoma cell lines by induction of p27Kip1[J]. Anticancer Research, 2003, 23(2B): 1441-1448.

[19] Chen Z, Huang C, Yang Y L, et al. Inhibition of the STAT3 signaling pathway is involved in the antitumor activity of cepharanthine in SaOS2 cells[J]. Acta Pharmacologica Sinica, 2012, 33(1): 101-108.

[20] Nakajima A, Yamamoto Y, Taura K, et al. Beneficial effect of cepharanthine on overcoming drug-resistance of hepatocellular carcinoma[J]. International Journal of Oncology, 2004, 24(3): 635-645.

[21] Rattanawong A, Payon V, Limpanasittikul W, et al. Cepharanthine exhibits a potent anticancer activity in p53-mutated colorectal cancer cells through upregulation of p21Wafl/Cip1[J]. Oncology Reports, 2018, 39(1): 227-238.

[22] Zhu Q, Guo B F, Chen L L, et al. Cepharanthine exerts antitumor activity on choroidal melanoma by reactive oxygen species production and c-Jun N-terminal kinase activation[J]. Oncology Letters, 2017, 13(5): 3760-3766.

[23] Tang Z H, Cao W X, Guo X, et al. Identification of a novel autophagic inhibitor cepharanthine to enhance the anti-cancer property of dacomitinib in non-small cell lung cancer[J]. Cancer Letters, 2017, 412: 1-9.

[24] Okamoto M, Ono M, Baba M. Suppression of cytokine production and neural cell death by the anti-inflammatory alkaloid cepharanthine: a potential agent against HIV-1 encephalopathy[J]. Biochemical Pharmacology, 2001, 62(6): 747-753.

[25] Ershun Z, Yunhe F, Zhengkai W, et al. Cepharanthine attenuates lipopolysaccharide-induced mice mastitis by suppressing the NF-κB signaling pathway[J]. Inflammation, 2014, 37(2): 331-337.

[26] Huang H, Hu G, Wang C, et al. Cepharanthine, an alkaloid from Stephania cepharantha Hayata, inhibits the inflammatory response in the RAW264.7 cell and mouse models[J]. Inflammation, 2014, 37(1): 235-246.

[27] Zhang X G, Feng P, Gao X F, et al. In vitro inhibitory effects of cepharanthine on human liver cytochrome P450 enzymes[J]. Pharmaceutical biology, 2020, 58(1): 247-252.

[28] Zhou C H, Meng J H, Yang Y T, et al. Cepharanthine prevents estrogen deficiency-induced bone loss by inhibiting bone resorption[J]. Frontiers in Pharmacology, 2018, 9: 210.

[29] Uto T, Toyama M, Yoshinaga K, et al. Cepharanthine induces apoptosis through the mitochondria/caspase pathway in murine dendritic cells [J]. Immunopharmacology & Immunotoxicology, 2016, 38(3): 238-243.

[30] Uto T, Nishi Y, Toyama M, et al. Inhibitory effect of cepharanthine on dendritic cell activation and function[J]. International Immunopharmacology, 2011, 11(11): 1932-1938.

[31] Zhou Y, Hopper B, Elizabeth S, et al. Cepharanthine is a potent reversal agent for MRP7(ABCC10)-mediated multidrug resistance[J]. Biochemical Pharmacology, 2009, 77(6): 993-1001.

[32] Halicka D, Ita M, Tanaka T, et al. Biscoclaurine alkaloid cepharanthine protects DNA in TK6 lymphoblastoid cells from constitutive oxidative damage[J]. Pharmacological Reports, 2008, 60(1): 93-100.

[33] Sakaguchi S, Furusawa S, Wu J, et al. Preventive effects of a biscoclaurine alkaloid, cepharanthine, on endotoxin or tumor necrosis factor-alpha-induced septic shock symptoms: involvement of from cell death in L929 cells and nitric oxide production in raw 264.7 cells[J]. International Immunopharmacology, 2007, 7(2): 191-197.

[34] Yamamoto M, Kuroda M, Honda O, et al. Cepharanthin enhances thermosensitivity without a resultant reduction in the thermotolerance of a murine mammary carcinoma.[J]. International Journal of Oncology, 1999, 15(1): 95-99.

第三节
文王一支笔

　　文王一支笔（*Balanophora involucrata* Hook.f.）为蛇菰科蛇菰属多年生寄生草本植物，又名筒鞘蛇菰、蛇菰、观音莲、借母怀胎、鸡心七、黄药子、笔包七等。全草入药，具有壮阳补肾、理气健胃、清热解毒、补血生肌的功效，民间用于治疗外伤出血、胃痛、月经不调、痢疾和痔疮等[1~2]。我国是蛇菰入药最早的国家，《本草纲目》中有较详细记载，书中称蛇菰为葛花菜，具有醒神治酒积的功效[3]。近年文献报道其含有黄酮类、木脂素类、三萜类和甾体类成分，具有镇痛抗炎、醒酒、保肝、抗衰老、抗疲劳和抑菌功效。

一、生物学特征及资源分布

1．生物学特征

　　草本，高 5～15cm；根茎肥厚，干时脆壳质，近球形，不分枝或偶分枝，直径 2.5～5.5cm，黄褐色，很少呈红棕色，表面密集颗粒状小疣瘤和浅黄色或黄白色星芒状皮孔，顶端裂鞘 2～4裂，裂片呈不规则三角形或短三角形，长 1～2cmm；花茎长 3～10cm，直径 0.6～1cm，大部呈红色，很少呈黄红色；鳞苞片 2～5 枚，轮生，基部连合呈筒鞘状，顶端离生呈撕裂状，常包着花茎至中部。花雌雄异株（序）；花序均呈卵球形，长 1.4～2.4cm，直径 1.2～2cm；雄花较大，直径约 4mm，3 数；花被裂片卵形或短三角形，宽不到 2mm，开展；聚药雄蕊无柄，呈扁盘状，花药横裂；具短梗；雌花子房卵圆形，有细长的花柱和子房柄；附属体倒圆锥形，顶端截形或稍圆形，长 0.7mm。花期 7～8 月[2]。

2．资源分布

　　文王一支笔适合亚热带季风气候，喜阴湿环境，海拔均在 1200 m 左右的榕树、栎木林、云杉、木莓等阔叶树林中，因为阔叶的腐烂为其提供了较好的营养，更有助其生长。适合酸性或微酸性的盐沙地、岩壳状土壤，粉末状土壤。主要分布于我国的四川、云南、西藏、湖北、湖南、贵州、江西、广西等地，印度也有分布[2,4]。

二、化学成分研究

1．黄酮类

　　魏江春等[8]从筒鞘蛇菰乙酸乙酯部位分到了 9 个黄酮类化合物；潘剑宇等[9]采用硅胶柱色谱首次从筒鞘蛇菰里面分离得到了 8 个黄酮类化合物；徐海云[5]等从筒鞘蛇菰里面分离得到的黄酮类化合物为 calycosin-7-*O*-*β*-D-glucoside、3′,4′-dihydroxyflavonoid-7-*O*-*β*-D-glycoside；Tao 等[10]从筒鞘蛇菰里面分离得到了 6 个黄酮类化合物。目前已从文王一支笔中分离得到了约 30 种黄酮类化合物。部分化合物具体名称和结构分别见表 7-4 和图 7-4。

表 7-4　文王一支笔中黄酮类化合物

序号	名称	参考文献	序号	名称	参考文献
1	pyracanthoside	[8]	7	三叶苷	[9]
2	高圣草酚	[8]	8	(S)-5,7,3′,5′-tetrahydroxy-flavanone-7-O-β-D-glucopyranose	[10]
3	橙皮素	[8]			
4	樱花亭	[8]	9	3-hydroxyphloretin 4′-O-[4″,6″-O-(S)-HHDP]-β-D-glucoside	[14]
5	圣草酚	[8]			
6	sieboldin	[14]	10	calycosin-7-O-β-D-glucoside	[5]

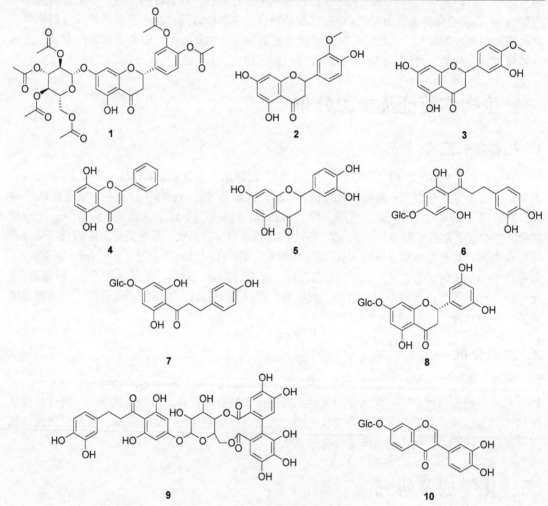

图 7-4　文王一支笔中黄酮类化合物

2．木脂素类成分

魏江春等[11]从筒鞘蛇菰中分离得到了多个木脂素类成分。Wei 等[12]从筒鞘蛇菰中分离得到的木脂素类成分为 secoisolariciresinol-9′-acetate、isolariciresinol、(+)-pinorosinol、(+)-5-hydroxypinoresinol 等。部分化合物具体名称和结构分别见表 7-5 和图 7-5。

表 7-5　文王一支笔中木脂素类化合物

序号	名称	参考文献	序号	名称	参考文献
1	(+)-5'-hydroxypinoresinol	[11]	4	二氢荜澄茄素	[11]
2	burselignan	[11]	5	isolariciresinol	[12]
3	(−)-开环异落叶松脂素	[11]			

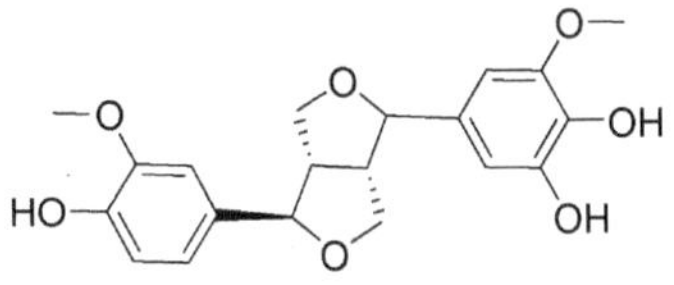

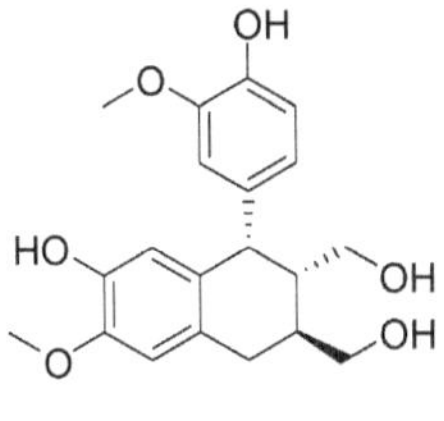

图 7-5　文王一支笔中木脂素类化合物

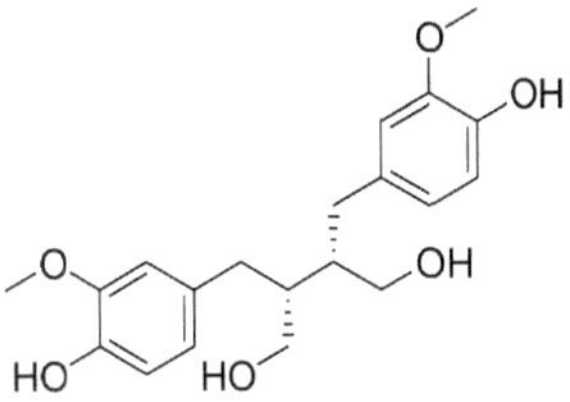

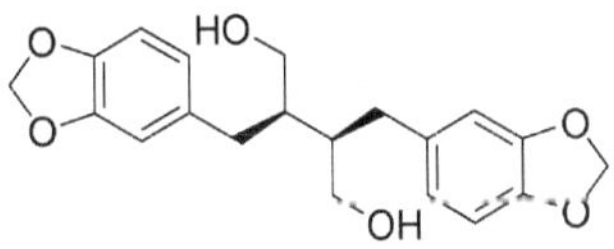

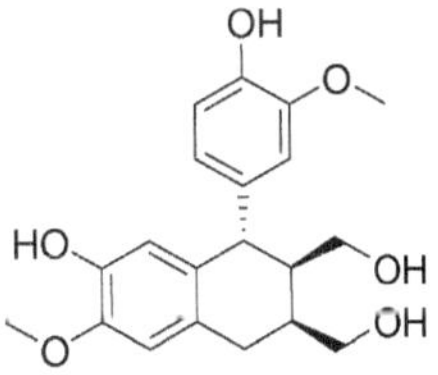

3. 其他类成分

夏新中等[13]首次从筒鞘蛇菰中分离到熊果烷-12-烯-11-羰基-3-醇正二十八酸酯；沈小玲等[6]首次从筒鞘蛇菰中分离得到了 lupeol acetate；罗兵等[7]首次从筒鞘蛇菰中分离得到了 4-O-β-D-glucopyranosyl coniferyl aldehyde。从文王一支笔中还分离出来的其他类化合物包括一些三萜、苯丙素类、甾体类等成分。部分化合物具体名称和结构分别见表 7-6 和图 7-6。

表 7-6　文王一支笔中其他类化合物

序号	名称	参考文献	序号	名称	参考文献
1	熊果烷-12-烯-11-羰基-3-醇正二十八酸酯	[13]	7	4-O-β-D-glucopyranosyl coniferyl aldehyde	[7]
2	1-(2,6-dihydroxyphenyl)ethanone	[14]	8	青霉酸	[8]
3	phyllanthusiin E methyl ester	[12]	9	(E)-1-O-p-coumaroyl-β-D-glucopyranoside	[9]
4	1-O-trans-cinnamoyl-β-D-glucopyranose	[14]	10	brevifolin	[12]
5	stearic acid	[5]	11	brevifolin carboxylic acid	[12]
6	coniferin	[6]			

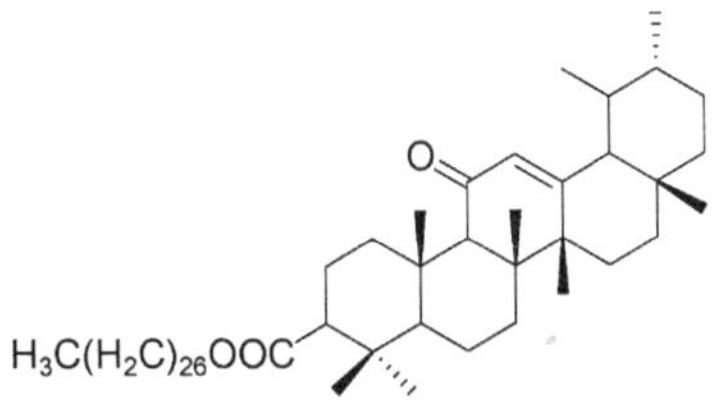

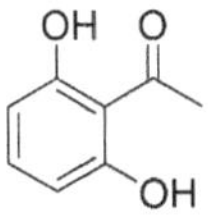

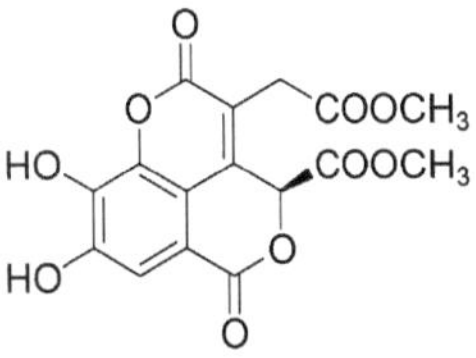

图 7-6

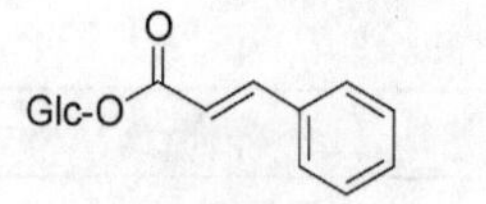

图 7-6 文王一支笔中其他类化合物

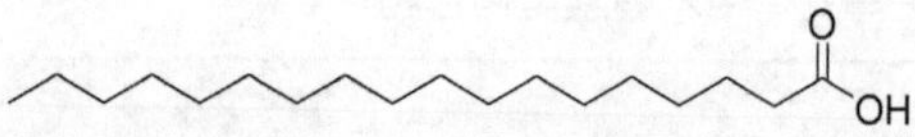

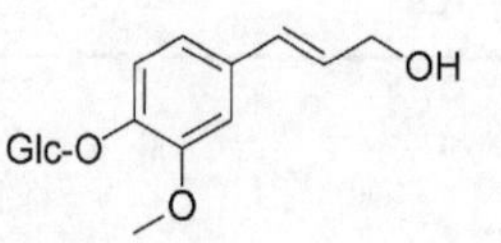

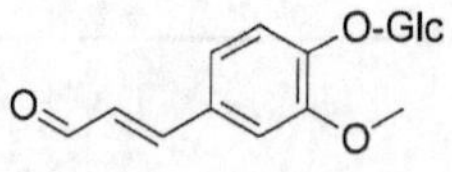

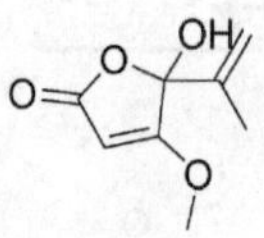

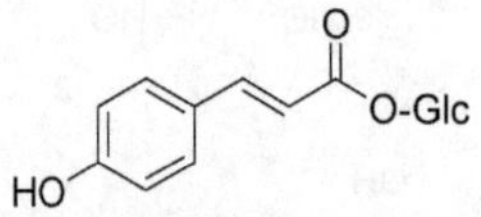

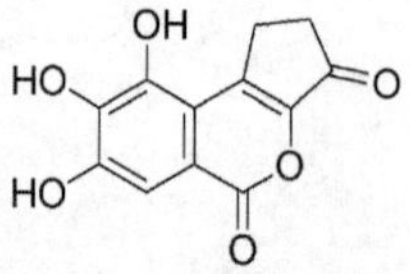

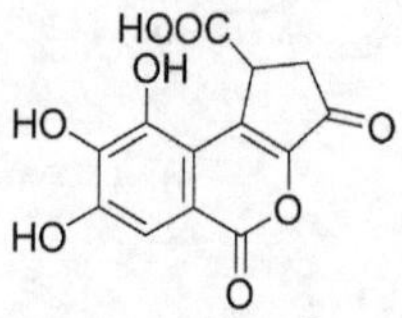

三、药理活性研究

1. 止血

黄徐英等[16]用 95%乙醇对筒鞘蛇菰原药材进行回流提取后浓缩, 依次用石油醚、乙酸乙酯、正丁醇对浓缩液进行萃取, 从而得到石油醚、乙酸乙酯、正丁醇和水相部位。通过实验观察发现, 石油醚以及水部位组对小鼠体外血浆复钙时间、出血时间、凝血效果不明显, 而乙酸乙酯部位以及正丁醇高剂量组均可明显缩短出血时间和体外血浆复钙时间 ($P<0.01$), 另外, 乙酸乙酯部位对小鼠凝血时间也有所缩短 ($P<0.01$)。从而得出乙酸乙酯部位是筒鞘蛇菰中具有止血作用的活性成分主要集中所在部位。后来, 黄徐英等[17]又对其做了深入的研究。研究数据表明, 大中小剂量组 (0.29g/kg、0.58g/kg 和 1.16g/kg) 均可使大鼠血浆复钙时间明显减短 ($P<0.05$ 或 $P<0.01$); 与空白对照组比较, 筒鞘蛇菰乙酸乙酯萃取物大、中剂量组可使大鼠活化部分凝血活酶时间、凝血酶原时间、凝血酶时间明显降低, 血浆纤维蛋白原 (FIB) 升高 ($P<0.01$), 但小剂量组的 FIB 没有显著的变化; 另外, 筒鞘蛇菰乙酸乙酯萃取物大、中、小剂量组体内的血栓素 $B_2(TXB_2)$的含量明显升高、6-酮-前列腺素 $F_{1\alpha}(6\text{-keto-PGF}_{1\alpha})$的含量明显下降 ($P<0.05$ 或 $P<0.01$), 同时 $TXB_2/6\text{-keto-PGF}_{1\alpha}$ 比值增加。因此, 推测出筒鞘蛇菰乙酸乙酯萃取物可能是通过上调 TXB_2 的表达和减少 6-keto-PGF$_{1\alpha}$含量, 进而强化血小板的聚集功能, 从而加速血小板内部促凝物的释放, 加速止血作用。

2. 抗炎和镇痛

阮汉利等[18~19]用热板法镇痛实验对筒鞘蛇菰提取物的抗炎镇痛作用进行了评估。结果表明, 筒鞘蛇菰提取物高、中两个剂量组均能使小鼠扭体次数减少 ($P<0.01$) 及扭体出现时间延长, 其效果可与氢化可的松相比; 筒鞘蛇菰提取物高、低两个剂量组可明显使甲苯所致的小鼠耳肿胀程度减轻, 且高、低两个剂量组间无显著性差异; 但筒鞘蛇菰提取物不能抑制小鼠腹腔毛细

民族植物资源
化学与生物活性研究

血管通透性的增高。阮汉利等人又对其镇痛有效部位进行了筛选，结果发现，筒鞘蛇菰甲醇提取物的正丁醇部位能明显增加小鼠热刺激的痛阈，明显减轻小鼠醋酸扭体反应，且提高小鼠痛阈的作用与双氯芬酸相近，且持续时间最长。魏江春等[11]评估了筒鞘蛇菰分离得到的木脂素类成分对 LPS 诱导 RAW264.7 细胞释放炎症因子 NO 和 IL-6 的抑制作用，发现所有化合物都表现出较好的抗炎活性，且没有细胞毒性，其中，骈双四氢呋喃类的木脂素抑制 LPS 诱导 RAW264.7 细胞炎症因子 NO 和 IL-6 的释放的效果最好。

3．醒酒

汤子春等[20~22]发现小鼠至醉后，筒鞘蛇菰乙醇和水提取物均可明显延长小鼠翻正反射维持时间（$P<0.05$），且醇提取物的醒酒效果较水提取物好。后续实验证明，筒鞘蛇菰提取物通过升高谷胱甘肽过氧化物酶（GSH-Px）、超氧化物歧化酶（SOD）、乙醛脱氢酶（ALDH）、小鼠肝脏乙醇脱氢酶（ADH）的活力，从而加快酒精在小鼠体内的代谢，减少自由基在体内的蓄积，降低脂质过氧化物的含量，从而起到保肝护肝的作用。

4．抗氧化

王慧等[23]发现筒鞘蛇菰提取物及松柏苷具有一定的抗氧化作用。数据表明，筒鞘蛇菰总提物和松柏苷对于 DPPH 均有一定的清除率，其中筒鞘蛇菰提取物浓度为 4mg/mL 对 DPPH 的清除率最大，达到了 94.34%，松柏苷浓度为 150μg/mL 时，其对 DPPH 的清除率最大，达到了91.58%。当筒鞘蛇菰提取物浓度从 1mg/mL 上升至 4mg/mL 时，其对于 DPPH 的清除率随浓度的增大而升高，大于 4mg/mL 时呈现出降低的趋势；当松柏苷的浓度大于 60μg/mL 时，其对于DPPH 的清除率随浓度的增大而升高。另外，筒鞘蛇菰总提物中浓度为 3mg/mL 的吸光度最小，为 10.34%。其他浓度在 40min 内对 DPPH 自由基具有一定的清除活性，并基本达到稳定状态。祝迪凡等[24]研究发现筒鞘蛇菰黄酮提取物对 DPPH 自由基的清除能力较强。在一定的浓度范围内，黄酮浓度与抑制率成正比，抑制率越大表明抗氧化能力越强。当黄酮浓度为 22.7% 时，对DPPH 自由基的抑制率达到 38.83%。所以筒鞘蛇菰提取物中的黄酮类化合物对 DPPH 自由基有较强的清除能力，提示筒鞘蛇菰黄酮是一种极具有潜力的天然抗氧化剂。

5．其他

张桃等[15]研究发现，筒鞘蛇菰多糖可通过降低肝细胞的凋亡，抑制肝组织氧化应激发生，从而对肝损伤产生保护作用。研究数据表明，与模型组相比较，经筒鞘蛇菰多糖处理后的大鼠，其 ALT、AST、直接胆红素（DBIL）水平显著降低（$P<0.01$），肝细胞凋亡数量明显减少（$P<0.05$），Caspase-3、Bax 蛋白表达水平下调，MDA 含量明显下降（$P<0.01$），但 Bcl-2 的表达水平、SOD 的活性显著上升（$P<0.05$ 或 $P<0.01$）。不同剂量之间的比较，以中剂量的效果较好。何玲等[25]研究发现与对照组（等体积的蒸馏水）相比，高、中及低剂量组（150mg/kg、75mg/kg、37.5mg/kg）的筒鞘蛇菰多糖提取物均能提高肝糖量的含量、SOD 活力，降低血清乳酸、尿素氮、肝组织MDA 含量，明显延长小鼠力竭游泳及缺氧生存时间。结果提示，筒鞘蛇菰多糖具有的抗疲劳作用可能与抑制肝组织的过氧化水平有关。覃大保等[26]研究发现筒鞘蛇菰连续灌胃因氢化可的松建立肾阳虚大鼠模型 21 天后，其大鼠血液中的 NO 含量、主要器官质量明显改善，雄鼠的交配能力显著增强，说明了筒鞘蛇菰对肾阳虚大鼠具有明显的改善作用。

参考文献

[1] 赵秀, 黄艳丽, 朱春梅, 等. 药用植物筒鞘蛇菰的研究进展[J]. 南方农业, 2019, 13(6): 129-131.

[2] 中国科学院中国植物志编辑委员会. 中国植物志: 第 24 卷[M]. 北京: 科学出版社, 1988.

[3] 李时珍. 本草纲目(校点本): 下册[M]. 北京: 人民卫生出版社, 1982.

[4] 米长忠, 周卫华, 彭英福, 等. 湘西产筒鞘蛇菰生态环境及寄主植物初探[J]. 湖南中医药大学学报, 2011, 31(11): 38-39.

[5] 徐海云, 杨尚军, 白少岩. 筒鞘蛇菰化学成分研究[J]. 食品与药品, 2015, 17(1): 14-16.

[6] 沈小玲, 胡英杰, 沈月毛, 等. 筒鞘蛇菰的化学成分(Ⅰ)[J]. 中草药, 1996, 27 (5): 259-260.

[7] 罗兵, 邹坤, 王慧, 等. 筒鞘蛇菰化学成分研究[J]. 时珍国医国药, 2007, 18(8): 1929-1930.

[8] 魏江春, 龙国清, 王安华. 筒鞘蛇菰乙酸乙酯部位的化学成分研究[J]. 中国药房, 2019, 30(7): 922-926.

[9] 潘剑宇, 周媛, 邹坤, 等. 筒鞘蛇菰的化学成分研究[J].中草药, 2008, 39(3): 327-331.

[10] Tao J Y, Zhao J, Zhao Y, et al. BACE inhibitory flavanones from *Balanophora involucrata* Hook. f.[J]. Fitoterapia, 2012, 83(8): 1386-1390.

[11] 魏江春, 王安华, 贾景明. 筒鞘蛇菰中木脂素类成分及其抗炎活性研究[J]. 中草药, 2019, 50(8): 1915-1920.

[12] Wei J , Huo X , Yu Z, et al. Phenolic acids from *Balanophora involucrata* and their bioactivities[J]. Fitoterapia, 2017, 121: 129-135.

[13] 夏新中, 韩宏星, 屠鹏飞. 筒鞘蛇菰的三萜及甾醇成分研究[J]. 中草药, 2001, 32(1): 8-11.

[14] Jing F, You P, Zhao W W, et al. Chemical constituents of *Balanophora involucrata*[J]. Chemistry of Natural Compounds, 2018, 54(4): 646-648.

[15] 张桃, 谢雅, 陈颖, 等. 筒鞘蛇菰提取物蛇菰多糖对 D-半乳糖诱导大鼠肝损伤的保护作用及其机制[J]. 中国应用生理学杂志, 2021, 37: 1-5.

[16] 黄徐英, 柳鑫, 屠寒, 等. 筒鞘蛇菰止血有效部位的筛选[J]. 中国药师, 2018, 21(6): 1098-1100.

[17] 黄徐英, 宋红萍, 柳鑫, 等. 筒鞘蛇菰乙酸乙酯萃取物的止血作用[J]. 医药导报, 2019, 38(9): 1160-1162.

[18] 阮汉利, 李娟, 赵晓亚, 等. 筒鞘蛇菰镇痛抗炎作用的研究[J]. 中医药学刊, 2003, 21(6): 910-911.

[19] 阮汉利, 李娟, 赵晓亚, 等. 筒鞘蛇菰镇痛有效部位的筛选[J]. 医药导报, 2006, 25(5): 383-384.

[20] 汤子春, 邹坤, 汪鋆植, 等. 开口箭、筒鞘蛇菰提取物对小鼠血液中乙醇含量的影响[J]. 中国民族民间医药杂志, 2006, 82(5): 289-291, 310.

[21] 汤子春, 邹坤, 汪鋆植, 等. 开口箭与筒鞘蛇菰提取物醒酒作用的实验研究[J]. 时珍国医国药, 2006, 17(11): 2163-2165.

[22] 汤子春, 邹坤, 汪鋆植, 等. 开口箭与筒鞘蛇菰提取物醒酒作用机制的研究[J]. 时珍国医国药, 2007, 18(12): 2958-2960.

[23] 王慧, 张红歧, 邬昊洋, 等. 筒鞘蛇菰提取物及松柏苷的抗氧化作用研究[J]. 三峡大学学报(自然科学版), 2009, 31(3): 99-101.

[24] 祝迪凡, 侯娟, 姚茜, 等. 土家药筒鞘蛇菰黄酮成分体外抗氧化研究[J]. 广州化工, 2017, 45(11): 119-120.

[25] 何玲, 高辉, 李春艳. 筒鞘蛇菰多糖抗疲劳作用研究[J]. 怀化学院学报, 2011, 30(S1): 43-45.

[26] 覃大保, 米长忠, 杨力, 等. 筒鞘蛇菰壮阳作用的研究[J]. 中国民族医药杂志, 2014, 20(4): 45-46.

第四节

矮地茶

矮地茶为紫金牛科植物平地木[*Ardisia japonica* (Thumb.) Bl]的干燥全株, 以干燥全草入药, 又名紫金牛、矮茶风、地茶、女儿红、不出林等[1]。分布于陕西及长江流域南部, 生长在海拔1200m 以下的山林或竹林下[2]。矮地茶性平, 味辛、微苦, 归肝、肺经[3], 具有祛痰止咳、祛湿热、活血化淤的功效，常用于治疗新久咳嗽、哮喘痰多、湿热黄疸、闭经滞淤、风湿关节痛、跌打损伤等症[4]，是我国许多少数民族常用的祛痰止咳的传统药。矮地茶始载于《本草图经》，具有抗癌、降血糖、抗菌驱虫、抗艾滋病毒、抗炎镇痛等作用[5]。

一、生物学特性及资源分布

1．生物学特性

矮地茶为常绿小灌木，高 10～30cm，基部常匍匐状横生，呈暗红色，有纤细的不定根。茎常单一，圆柱形，表面紫褐色，被短腺毛。叶互生，常 3～7 片集生茎端，叶轮生状；椭圆形或卵形，长 3～7cm，宽 1.5～3cm，先端短尖，基部楔形，边缘有尖锯齿，两面疏生腺点，下面呈淡红色，中脉有毛；叶柄密被短腺毛。花序近伞形，腋生或顶生；花萼 5 裂，有腺点；花冠 5 裂，白色，有红棕色腺点；雄蕊 5，短于花冠裂片，花药背面有腺点。核果球形，熟时红色，有黑色腺点，具宿存花柱和花萼。花期 6～9 月，果期 8～12 月[6]。

2．资源分布

通过查阅文献可知，矮地茶在中国 21 个省市区均有分布，有较丰富的野生资源，主要分布于长江流域以南的省份，如四川、贵州、江苏、湖北、湖南等地，常生长在森林、山谷、溪流旁潮湿的地方[7~12]。

二、化学成分

1．三萜类成分

常小龙[13]将得到的矮地茶的正丁醇提取物，经硅胶柱色谱、Sephadex L-M 柱色谱、ODS 柱色谱、Lobar 正相柱色谱以及制备 HPLC 等方法，而后分离得到多个三萜类化合物，并通过化学和谱学方法完整鉴定了其结构，分别为 ardisianosides A-K，ardisicrenoside A、B、G，ardisiamamilloside C、F、H 等，其中化合物 ardisianosides A-K 为新化合物。Piacente 等[14]从药用植物中筛选抗艾滋病药物的一部分，并测试了紫金牛地上部分的提取物，通过相关光谱和实验，鉴定出了几个已知化合物和一个新的三萜皂苷（表 7-7，图 7-7）。

表 7-7　矮地茶三萜类成分

序号	名称	参考文献	序号	名称	参考文献
1	ardisicrenoside A	[13]	3	ardisiamamilloside C	[13]
2	ardisicrenoside B	[13]	4	ardisianoside A	[13]

2．醌类和酚类成分

胡燕等[15]从民间抗结核草本植物紫金牛中获得了两种新的间苯二酚烯基衍生物紫金酚Ⅰ和紫金酚Ⅱ。梁柏龄等[16]从紫金牛植物的乙醇可溶性部分中发现的一个新的组成部分，命名为紫金牛素。黄步汉等[17]从抗结核病中草药紫金牛全草的乙醇提取部分的水不溶物，鉴定出前人在紫金牛中没有报道过的另一酚性成分 2-甲基腰果酚。除此之外，还从紫金牛全草中分离和鉴定出了 embelin。Fukuyama 等[18]从矮地茶中分离得到了 ardisianone A、maesanin、ardisianone B。Li 等[19]从整个植物中分离出四种苯甲醌类，并鉴定出了结构 2,5-dihydroxy-3-[(10Z)-pentadec-10-en-1-yl][1,4]benzoquinone、5-ethoxy-2-hydroxy-3-[(10Z)-pentadec-10-en-1-yl][1,4]benzoquinone 和 5-ethoxy-2-hydroxy-3-[(8Z)-tridec-8-en-1-yl][1,4]benzoquinone（表 7-8，图 7-8）。

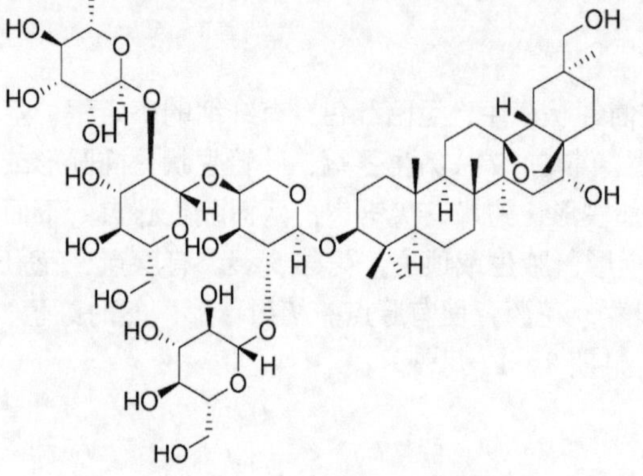

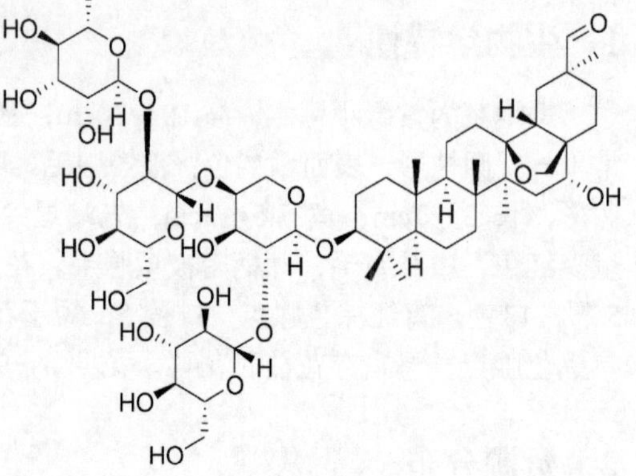

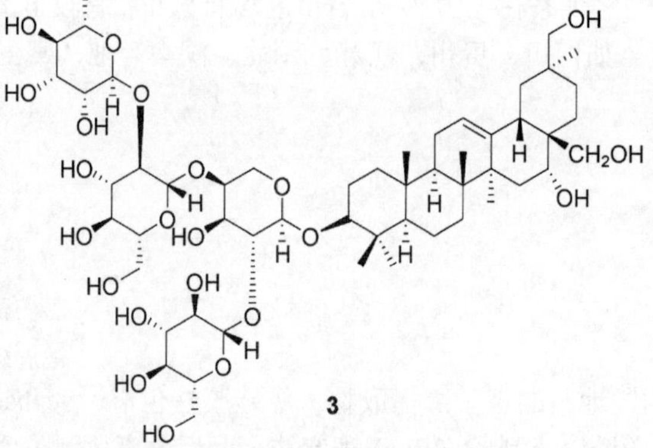

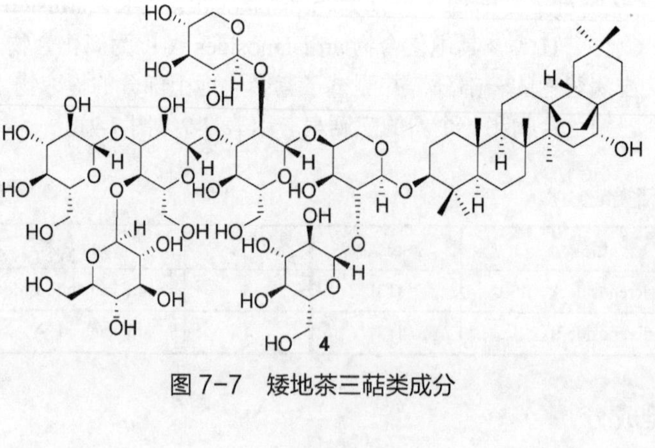

图 7-7　矮地茶三萜类成分

3．黄酮类成分

黄步汉等[17]研究发现，日本人从紫金牛全草的乙醇提取部分分离得到了黄酮类成分槲皮苷和杨梅苷，并于 1981 年在紫金牛中分离到槲皮素。Li 等[20]于 2005 年分离得到芦丁、kaempferol-3-
O-α-L-rhamnopyranoside 和 kaempferol-3,7-O-α-L-dirhamnopyranoside（表 7-9，图 7-9）。

表 7-8　矮地茶醌类和酚类成分

序号	名称	参考文献	序号	名称	参考文献
1	紫金牛酚 I	[15]	5	maesanin	[18]
2	紫金牛酚 II	[15]	6	2,5-dihydroxy-3-[(10Z)-pentadec-10-en-1-yl][1,4]benzoquinone	[19]
3	2-甲基腰果酚	[17]			
4	embelin	[18]	7	紫金牛素	[16]

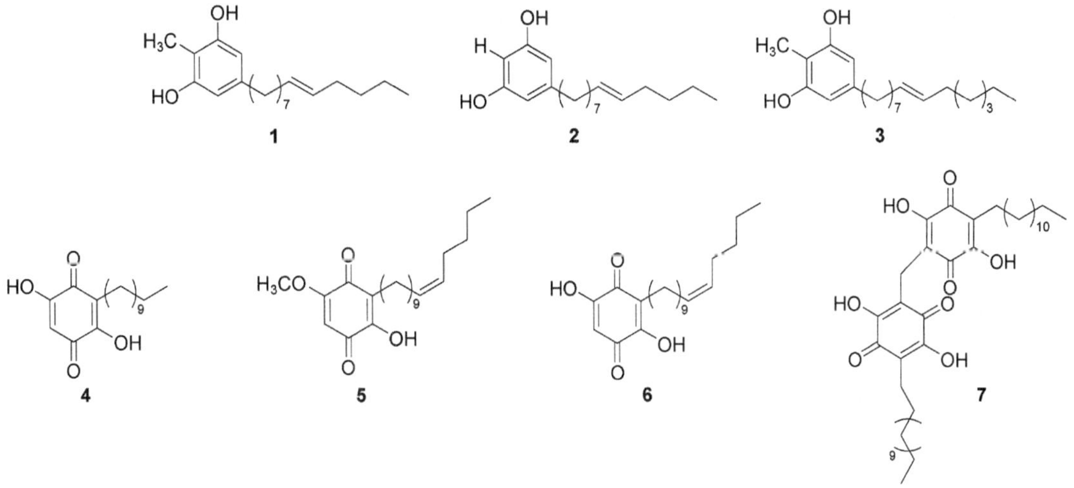

图 7-8　矮地茶醌类和酚类成分

表 7-9　矮地茶黄酮类成分

序号	名称	参考文献
1	槲皮苷	[17]
2	kaempferol-3-O-α-L-rhamnopyranoside	[20]

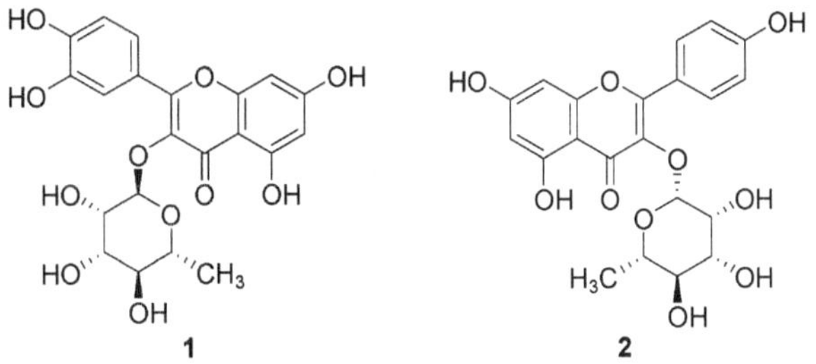

图 7-9　矮地茶黄酮类成分

4．香豆素类成分

Piacente 等[14]从紫金牛中分离得到去甲岩白菜素、岩白菜素和三甲氧基岩白菜素。Yu 等[21]
从矮地茶中分离得到了 methylbergenin（表 7-10，图 7-10）。

表 7-10 矮地茶香豆素类成分

序号	名称	参考文献	序号	名称	参考文献
1	岩白菜素	[14]	2	methylbergenin	[21]

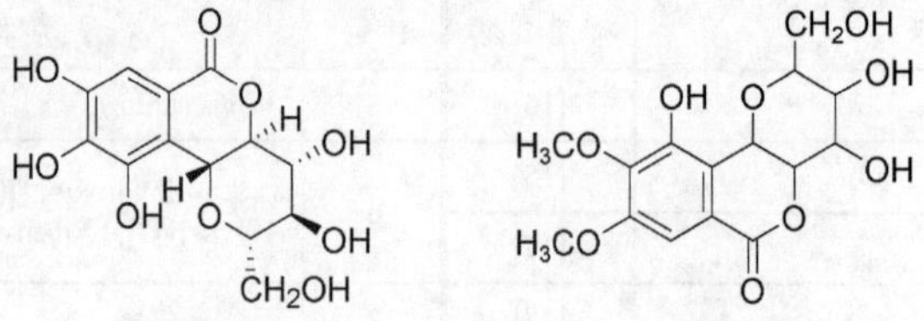

图 7-10 矮地茶香豆素类成分

5．挥发油成分

卢金清等[22]采用气相-质谱从矮地茶挥发油中分离出 62 个峰，并确认了其中 44 个化合物，这些化合物含量较多的有石竹烯（34.99%）、棕榈酸（20.44%）、α-芹子烯（6.69%）。

三、药理活性

1．止咳平喘作用

药理研究表明，矮地茶具有明显的止咳祛痰作用，它的主要止咳有效成分是矮茶素。

周大云[23]研究了矮地茶对 SO_2 诱导咳嗽 2min 内小白鼠的咳嗽次数和潜伏期的影响，发现矮地茶组与对照组相比有显著差异，矮地茶对 SO_2 引起咳嗽的小白鼠具有缓解咳嗽、延长咳嗽潜伏期的作用。邱爱平等人[24]把紫金牛列为镇咳药，主要降低咳嗽中枢的兴奋性而产生止咳效应，还可以保护发炎的咽黏膜，减少刺激而呈现镇咳效应。

湖南医学院药理学教学研究小组[25]早在 1973 年就研究了矮地茶的止咳作用，发现矮地茶对猫和小白鼠的抗癌作用相当于磷酸可待因的 1/10～1/4，推测止咳作用部位在中枢。

2．护肝作用

李志超等[26]将大鼠随机分为正常组、模型组、矮地茶黄酮低剂量组、矮地茶黄酮中剂量组、矮地茶黄酮高剂量组探讨矮地茶黄酮对急性酒精性肝损伤的保护作用及机制。除正常组外，其余各组造急性肝损伤模型，二周后处死大鼠，采集大鼠血液及肝组织标本，检测各组大鼠血清中 ALT、AST、MDA、SOD、TG、TC、TNF-α、IL-1β、IL-6 变化及病理学观察各组大鼠肝脏组织病理学变化。结果发现矮地茶黄酮高、中剂量组大鼠血清中 ALT、AST 及 MDA、TG、TC、TNF-α、IL-1β、IL-6 水平明显低于模型组，SOD 水平明显高于模型组，矮地茶黄酮低剂量组 IL-1β、IL-6 水平与模型组比较，无显著性差异，其他指标与模型组比较，有显著性差异；病理组织学检查显示，矮地茶黄酮组大鼠肝细胞组织结构、变性、坏死、炎症程度与模型组比较，改善较明显。矮地茶黄酮可以通过降低肝组织的损伤和炎症程度、减少脂质过氧化，提高机体抗氧化能力，防止氧化应激的发生，改善酒精对大鼠造成的脂质代谢紊乱来发挥护肝作用。

曹庆生等[27]通过大鼠实验研究了矮地茶黄酮对肝纤维化的保护作用和保护机制，结果表明矮地茶黄酮对肝纤维化具有保护作用，并与剂量有关。

3．抗菌抗病毒作用

郭兴启等[28]以心叶烟草和番茄为材料，采用中药提取物进行了番茄病毒病的防治实验，初步筛选出了 8 种对 ToMV 有较好防治效果的中草药，其中就有紫金牛。

Dat 等[29]发现从紫金牛分离得到的 ardimerin digallate 对 HIV-1 和 HIV-2 的 RNase H 有抑制作用，IC_{50} 分别为 1.5μmol/L 和 1.1μmol/L。

抗结核病中草药紫金牛全草乙醇提取部分为水不溶性，黄步汉等人[17]用稀醇稀释后溶解得到有效部分。通过多个单位对 201 例结核病患者进行临床试验，总有效率为 81.5%。紫金牛酚 I 抑菌效价为 12.5μg/mL，紫金牛酚 II 抑菌效价为 25～50μg/mL。

高荣[30]通过对紫金牛的萃取和分离，得到了乙酸乙酯、水、30%乙醇和 60%乙醇的萃取液并进行了细胞学抑制实验。研究结果表明，紫金牛乙酸乙酯和水的萃取部位均具有明显的抗呼吸道合胞病毒活性。

刘相文等[31]对矮地茶不同提取方法的提取物进行了抗病毒活性筛选。采用体外抗病毒方法，结合 CPE 和 CCK-8 试剂盒，根据治疗指数 TI 为研究指标，研究矮地茶提取物对 RSV、呼吸道合胞病毒、单纯疱疹病毒、COX-B5、手足口疫病毒（EV71）的抑制作用。结果发现矮地茶对 RSV、HSV-1、COX-B5 有直接杀伤作用，水提取物对 COX-B5 的直接杀伤作用更好，TI 值为 16.282，最大抑制率 87%，与阳性对照药物利巴韦林相比，相差不大。以上结果表明矮地茶提取物在体外具有抗 RSV、HSV-1、COX-B5 的活性。

4．抗肿瘤作用

Chang 等[32]从紫金牛中分离得到了 21 种皂苷，其中有 15 种皂苷对人 HL-60 髓细胞白血病、KATO-III 胃腺癌和 A549 肺腺癌细胞有抑制作用。

Li 等[33]研究了紫金牛中 20 种三萜皂苷对人肝癌细胞和正常肝细胞的抗增殖活性。其中有 8 种皂苷选择性抑制肝癌 Bel-7402 和 HepG2 细胞的生长，而不影响正常肝 HL-7702 细胞的存活。

赵晨阳等[34]采用 MTT 比色法，通过不同 TSP02 浓度和时间检测人肝癌 HepG2 细胞和人正常肝脏 HL-7702 细胞的增殖抑制作用。采用流式细胞法检测 HepG2 和 HL-7702 的细胞周期和细胞凋亡变化情况。进一步用 West blot 法检测 TSP02 对周期调控蛋白 CDK1、2 和 4，蛋白、细胞凋亡相关蛋白 Caspase-8，以及细胞迁移和侵袭相关蛋白 TGF-β1 和 E-钙黏蛋白表达水平的影响。通过细胞划痕实验和 Transwell 小室体外侵袭实验，检测了 TSP02 处理后 HepG2 细胞迁移和侵袭能力的变化。结果发现 TSP02 显著抑制人肝细胞 HepG2 的生长，抑制作用呈时间依赖性、浓度依赖性，但对人正常肝细胞 HL-7702 的影响不明显。与对照组相比，TSP02 处理 24h 在造成 HepG2 细胞 S 期细胞消失，细胞凋亡率显著增加的同时，也显著降低 HepG2 细胞中 CDK1、2、4 的表达，增强促凋亡蛋白 Caspase-8 的表达和激活，但对正常肝脏 HL-7702 的周期和凋亡率无显著影响。

5．抗氧化作用

Ryu 等[35]从紫金牛中分离得到一种新的化合物 ardimerin。通过光谱数据的解释和化学转化确定了其结构。化合物 ardimerin 对 DPPH 自由基（IC_{50} 为 0.32μmol/L）有较强的清除作用。

6. 抗炎镇痛作用

刘伟林等[5]通过二甲苯致小鼠耳廓肿胀法、醋酸扭体法观察矮地茶的抗炎镇痛作用，测定茶叶提取物的 LD_{50}，观察其急性毒性。结果矮地茶能显著抑制二甲苯诱导小鼠耳肿胀（$P<0.01$，$P<0.05$），可以显著抑制由 0.7%醋酸引起的小鼠扭体反应（$P<0.01$ 或 $P<0.05$）。矮地茶提取物和酒精提取物的 LD_{50} 分别为（115.77±10.31）g/kg 和（94.71±10.13）g/kg，表明矮地茶具有一定的抗炎和镇痛作用。

参考文献

[1] 国家药典委员会. 中华人民共和国药典: 一部[S]. 北京: 中国医药科技出版社, 2010.
[2] 国家中医药管理局《中华本草》编委会. 中华本草: 第六册[M]. 上海: 上海科学技术出版社, 1999.
[3] 陈瑞生, 陈相银, 贾王俊. 清利湿热的矮地茶[J]. 首都食品与医药, 2016, 23(15): 57.
[4] 国家药典委员会. 中华人民共和国药典: 一部[S]. 北京: 中国医药科技出版社, 2015.
[5] 刘伟林, 杨东爱, 余胜民, 等. 矮地茶药理作用研究[J]. 时珍国医国药, 2009, 20(12): 3002-3003.
[6] 陈礼赋, 刘纪白. 紫金牛及其混淆品的鉴别[J]. 吉林中医药, 2006, 26(9): 67-67.
[7] 谢娟. 矮地茶种质资源与主要止咳-抗炎组分的研究[D]. 成都: 西南交通大学, 2008.
[8] 苏颂. 本草图经[M]. 合肥: 安徽科学技术出版社, 1994.
[9] 赵学敏. 本草纲目拾遗[M]. 北京: 中医古籍出版社, 2017.
[10] 吴其濬.《植物名实图考》校注[M]. 郑州: 河南科学技术出版社, 2014.
[11] 刘文瑞. 威灵仙与矮地茶茎的药材应用鉴别[J]. 光明中医, 2015, 30(1): 182-183.
[12] 周冬生. 矮地茶及其伪品地枇杷的鉴别[J]. 基层中药杂志, 1999, 13(2): 38-39.
[13] 常小龙. 东北贯众、紫金牛和白花银背藤的化学成分研究[D]. 沈阳: 沈阳药科大学, 2006.
[14] Piacente S, Pizza C, Tommasi N D, et al. Constituents of *Ardisia japonica* and their *in vitro* anti-HIV activity[J]. Journal of Natural Products, 1996, 59(6): 565-569.
[15] 胡燕, 陈文森, 黄步汉, 等. 紫金牛抗结核成分的化学结构[J]. 化学学报, 1981, 39(2): 59-64.
[16] 梁柏龄, 杨赞熹. 紫金牛新成分-紫金牛素(ardisin)的化学结构测定[J]. 中草药通讯, 1978, (11): 1-5, 49.
[17] 黄步汉, 陈文森, 胡燕, 等. 抗痨中草药紫金牛化学成分研究[J]. 药学学报, 1981, 16(1): 29-32.
[18] Fukuyama Y, Kiriyama Y, Okino J, et al. Naturally occurring 5-lipoxygenase inhibitor. II. Structures and syntheses of ardisianoses A and B, and maesanin, alkenyl-1, 4-benzoquinones from the rhizome of *Ardisia japonica*[J]. Chemical and Pharmaceutical Bulletin, 1993, 41(3): 561-565.
[19] Li Y F, Jia L, Qiang S, et al. Benzoquinones from *Ardisia japonica* with inhibitory activity towards human protein tyrosine phosphatase 1B (PTP1B)[J]. Chemistry and Biodiversity, 2010, 4(5): 961-965.
[20] Li Y F, Hu L H, Lou F C, et al. Ptp1b inhibitors from *Ardisia Japonica*[J]. Journal of Natural Products, 2005, 7(1): 13-18.
[21] Yu K Y, Wu W, Li S Z, et al. A new compound, methylbergenin along with eight known compounds with cytotoxicity and anti-inflammatory activity from *Ardisia japonica*[J]. Natural Product Research, 2017, 31(22): 2581-2586.
[22] 卢金清, 胡俊, 唐瑶兴, 等. 气相色谱-质谱法分析矮地茶挥发油的化学成分[J]. 中国药业, 2012, 21(1): 10-11.
[23] 周大云. 矮地茶镇咳祛痰作用的药理试验研究[J]. 现代中药研究与实践, 1998, 12(1): 39-41.
[24] 邱爱军, 李学禹, 阎平. 治疗呼吸系统疾病的中草药植物资源初步调查[A]//第二届中国甘草学术研讨会暨第二届新疆植物资源开发、利用与保护学术研讨会论文摘要集[C]. 石河子: 2004.
[25] 湖南医学院药理学教研组. 矮地茶治疗慢性气管炎的实验研究(摘要)[J]. 新医药学杂志, 1973, (11): 17.
[26] 李志超, 曹庆生, 曹俊杰. 矮地茶黄酮对大鼠急性酒精性肝损伤的保护作用研究[J]. 贵州中医药大学学报, 2021, 43(1): 24-28.
[27] 曹庆生, 李志超, 韩立旺. 矮地茶黄酮对大鼠肝纤维化保护作用及机制研究[J]. 中国当代医药, 2020, 27(13): 4-8.
[28] 郭兴启, 温孚江. 中草药提取物防治番茄花叶病试验初报[J]. 西北农业学报, 1999, 8(4): 8-12.
[29] Dat N T, Bae K H, Wamiru A, et al. A dimeric lactone from *Ardisia japonica* with inhibitory activity for HIV-1 and HIV-2 ribonuclease H[J]. Journal of Natural Products, 2007, 70(5): 839-841.

[30] 高荣. 紫金牛(*Ardisia japonica* (Thunb.) Blume)抗呼吸道合胞病毒(RSV)活性成分研究[D]. 济南: 山东中医药大学, 2015.

[31] 刘相文, 侯林, 崔清华, 等. 中药矮地茶不同提取方法提取物体外抗病毒研究[J]. 中华中医药学刊, 2017, 35(8): 2085-2087.

[32] Chang X, Li W, Jia Z, *et al.* Biologically active triterpenoid saponins from *Ardisia japonica*[J]. Journal of Natural Products, 2007, 70(2): 179-187.

[33] Li Q, Li W, Hui L P, *et al.* 13,28-Epoxy triterpenoid saponins from *Ardisia japonica* selectively inhibit proliferation of liver cancer cells without affecting normal liver cells[J]. Bioorganic and Medicinal Chemistry Letters, 2012, 22(19): 6120-6125.

[34] 赵晨阳, 惠林萍, 何琳, 等. 紫金牛三萜皂苷 TSP02 抑制人肝癌细胞增殖和侵袭作用机制研究[J]. 中国中药杂志, 2013, 38(6): 861-865.

[35] Ryu G, Lee S Y, Kim B S, *et al.* Ardimerin, a new dimeric lactone from the herb of *Ardisia japonica*[J]. Natural Product Sciences, 2002, 8(3): 108-110.

第五节
头顶一颗珠

头顶一颗珠为百合科植物延龄草（*Trillium tschonoskii* Maxim）的干燥根及根茎，又名头顶珠、天珠、地珠、芋儿七、狮儿七等[1]，是著名的土家族四大名药之一[2]。在民间流传有"诉尽人间头痛事，幻得翠草一颗珠"的评价[3]。头顶一颗珠味甘、微辛、性温，有微毒；入心、肝经；具有镇静、止痛、活血、止血的功效；常用于治疗高血压、神经衰弱、眩晕头痛、腰腿痛、月经不规律、崩漏、创伤性出血、跌打损伤等症[4]。

一、生物学特征及资源分布

1. 生物学特征

茎丛生于粗短的根状茎上，高 15～50cm。叶菱状圆形或菱形，长 6～15cm，宽 5～15cm，近无柄。花梗长 1～4cm；外轮花被片卵状披针形，绿色，长 1.5～2cm，宽 5～9mm，内轮花被片白色，少有淡紫色，卵状披针形，长 1.5～2.2cm，宽 4～6(-10)mm；花柱长 4～5mm；花药长 3～4mm，短于花丝或与花丝近等长，顶端有稍突出的药隔；子房圆锥状卵形，长 7～9mm，宽 5～7mm。浆果圆球形，直径 1.5～1.8cm，黑紫色，有多数种子。花期 4～6 月，果期 7～8 月[2]。

2. 资源分布

延龄草是一种阴生植物，喜欢阴凉遮阴环境，耐寒，多生于海拔 1400～2200m 的林下、山谷阴湿处、路边岩石或山坡下富含有机质的肥沃疏松土壤处[5]。延龄草的分布空间相对较狭窄，它对土壤、温度、湿度的环境要求较高，通常土壤的 pH 值要求为 6.55～6.91，有机物含量要求为 11.36%～11.83%。延龄草的种群密度很小，其占据生态空间的能力是很小的。其中延龄草零散地分布在我国陕西、浙江、湖北、四川、甘肃、安徽、云南西北部、甘肃东南部、浙江西北部、福建北部及西藏东南部等地。不丹、印度、朝鲜、日本也有分布[7,8~10]。

二、化学成分

1. 甾体皂苷类成分

（1）偏诺皂苷类成分　张忠立[11]采用硅胶、聚酰胺、反相硅胶 C_{18} 和 Sephadex LH-20 柱色谱法分离和纯化了延龄草 70%乙醇提取物。通过质谱、一维和二维核磁共振光谱确定了化合物结构。结果从延龄草乙酸乙酯和正丁醇部位中分离鉴定出偏诺皂苷元-3-*O*-*α*-L-吡喃鼠李糖基-(1→2)-*β*-D-葡萄糖苷、偏诺皂苷元-3-*O*-*α*-L-吡喃鼠李糖基-(1→4)-[*α*-L-吡喃鼠李糖基-(1→2)]-*β*-D-葡萄糖苷、偏诺皂苷元-3-*O*-*α*-L-吡喃鼠李糖基-(1→4)-*α*-L-吡喃鼠李糖基-(1→4)-[*α*-L-吡喃鼠李糖基-(1→2)]-*β*-D-葡萄糖苷、偏诺皂苷元。李慧敏等[12]采从头顶一颗珠根状茎的 70%乙醇提取物中分离出(25*S*)-27-羟基偏诺皂苷元-3*β*-*O*-*α*-L-吡喃鼠李糖基-(1→4)-[*O*-*α*-L-吡喃鼠李糖基-(1→2)]-*O*-*β*-D-吡喃葡萄糖苷 [(25*S*)-27-hydroxypenogenin-3*β*-*O*-*α*-L-rhamnopyranosyl-(1→4)-[*O*-*α*-L-rhamnopyranosyl-(1→2)]-*O*-*β*-D-glucopyranoside]、(25*S*)-27-羟基偏诺皂苷元-3*β*-*O*-*α*-L-吡喃鼠李糖基-(1→4)-*O*-*α*-L-吡喃鼠李糖基-(1→4)-[*O*-*α*-L-吡喃鼠李糖基-(1→2)]-*O*-*β*-D-吡喃葡萄糖苷（polyphylloside Ⅲ）。贾兰婷[13]分离并鉴定出 24-羟基偏诺皂苷元-3-*O*-*α*-L-吡喃鼠李糖-(1→2)-*β*-D-葡萄糖苷（表 7-11，图 7-11）。

表 7-11　头顶一颗珠偏诺皂苷类成分

序号	名称	参考文献
1	偏诺皂苷元	[11]
2	偏诺皂苷元-3-*O*-*α*-L-吡喃鼠李糖基-(1→2)-*β*-D-葡萄糖苷	[11]
3	24-羟基偏诺皂苷元-3-*O*-*α*-L-吡喃鼠李糖-(1→2)-*β*-D-葡萄糖苷	[13]
4	偏诺皂苷元-3-*O*-*α*-L-吡喃鼠李糖基-(1→4)-[*α*-L-吡喃鼠李糖基-(1→2)]-*β*-D-葡萄糖苷	[11]
5	(25*S*)-27-羟基偏诺皂苷元-3*β*-*O*-*α*-L-吡喃鼠李糖基-(1→4)-[*O*-*α*-L-吡喃鼠李糖基-(1→2)]-*O*-*β*-D-吡喃葡萄糖苷	[12]

1

2

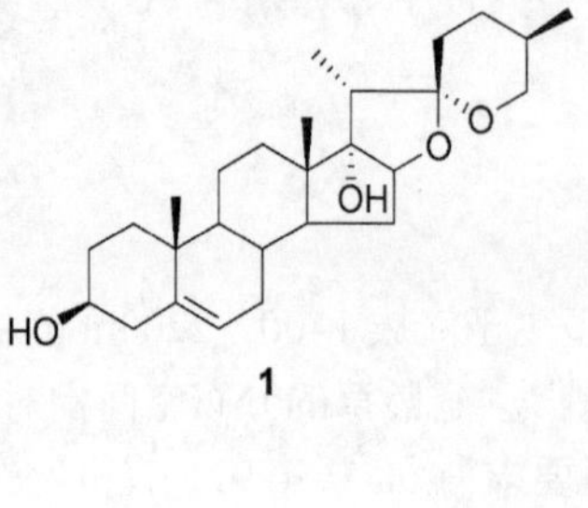

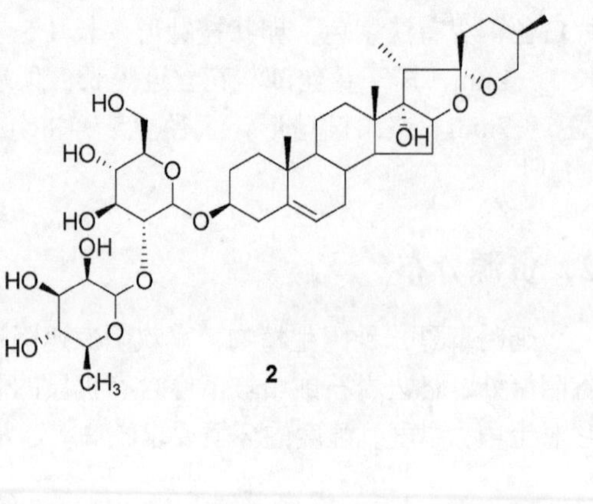

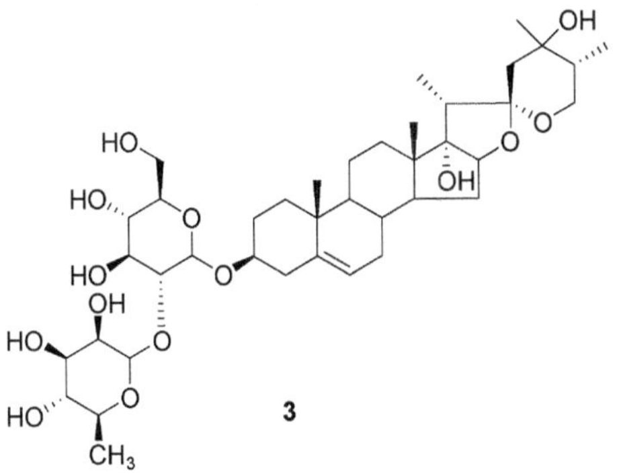

图 7-11 头顶一颗珠偏诺皂苷类成分

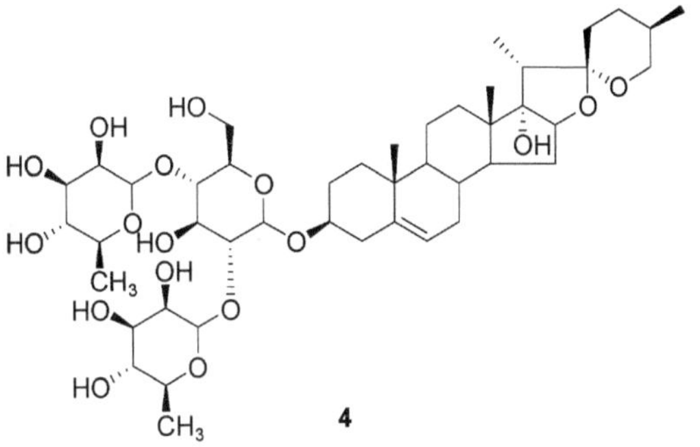

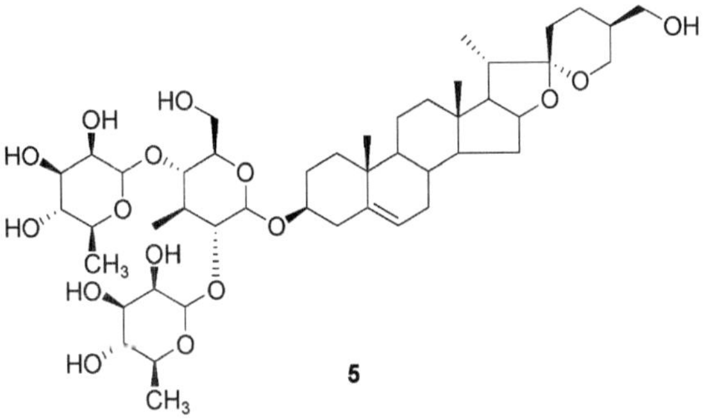

（2）延龄草皂苷类成分　Wang 等[14]从神农架林区采集的延龄草地下部分中分离得到 trillenoside A 和 trikamsteroside C，后又从神农架林区采集的延龄草地下部分中分离得到 7-*β*-hydroxytrillenogenin1-*O*-*β*-D-apiofuranosyl-(1→3)-*α*-L-rhamnopyranosyl-(1→2)-[*β*-D-xylopyranosyl(1→3)]-*α*-L-arabinopyranoside。Ono 等人[15]从延龄草地上部分离得到 epitrillenoside CA。 Nakano 等人[16,17]用化学和光谱方法从延龄草的新鲜根茎中分离并鉴定得到 1-*O*-(*β*-D-apiofuranosyl-(1→3)-*α*-L-rhamnopyranosyl-(1→2)-[*β*-D-xylopyranosyl-(l→3)]-*α*-L-arabin opyranosy1)epitrillenogenin 24-*O*-*α*-rhamnopyranoside。随后又从延龄草的地下部分分离到 3 种部分经酰化的延龄草皂苷 Ts-d1-*O*-[2″,3″,4″-di-*O*-acetyl-*α*-L-rhamnopyranosyl-(1→2)-*α*-L-arabinopyranosyl]-epitrillenogenin-24-*O*-acetate、Ts-e1-*O*-[2″,3″,4″-tri-*O*-acetyl-*α*-L-rhamnopyranosyl-(1→2)-*α*-L-arabinopyranosyl]-epitrillenogenin、Ts-g1-*O*-[2″,4″-di-*O*-acetyl-*α*-L-rhamnopyranosyl-yl-(1→2)-*α*-L-arabinopyranosyl]-epitrillenogenin-24-*O*-acetate（表 7-12，图 7-12）。

表 7-12　头顶一颗珠延龄草皂苷类成分

序号	名称	参考文献
1	epitrillenoside CA	[15]
2	trillenoside A	[14]
3	trikamsteroside C	[14]
4	Ts-e1-*O*-[2″,3″,4″-tri-*O*-acetyl-*α*-L-rhamnopyranosyl-(1→2)-*α*-L-arabinopyranosyl]-epitrillenogenin	[17]
5	1-*O*-(*β*-D-apiofuranosyl-(1→3)-*α*-L-rhamnopyranosyl-(1→2)-[*β*-D-xylopyranosyl-(l→3)]-*α*-L-arabinopyranosy1) epitrillenogenin 24-*O*-*α*-rhamnopyranoside	[16]

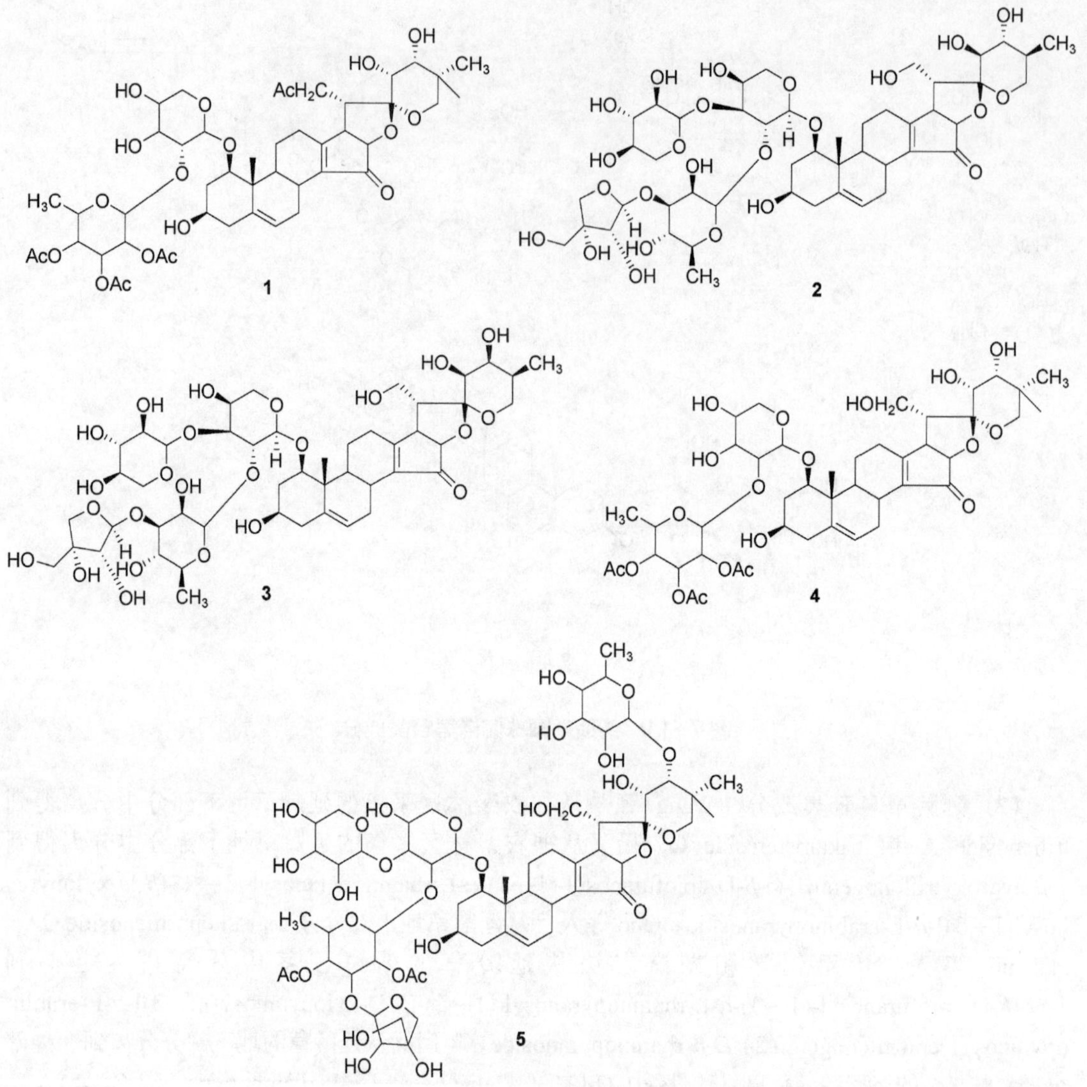

图 7-12　头顶一颗珠延龄草皂苷类成分

（3）薯蓣皂苷类成分　张忠立等[18]采用硅胶、聚酰胺、反相硅胶 C18 和 Sephadex LH-20 柱色谱法分离和纯化了延龄草 70%乙醇提取物。结果从延龄草乙酸乙酯和正丁醇部位中分离鉴定出 prosapogenin。Wei 等[19]从延龄草的地下部分分离得到多个化合物，根据波谱学证据和化学方法对其结构进行了鉴定，确定了 diosgenin-3-O-α-L-rhamnopyranosyl-(1→2)[O-α-L-arabinofuran-osyl-(1→4)]-β-D-glucopyranoside。Zhao 等[20]从延龄草根茎中分离得到 diosgenin-3-O-α-L-rhamnopyranosyl-(1→2)-O-β-D-glucopyranosyl-(1→4)-β-D-glucopyranoside。

Nakano 等[16]用化学和光谱方法从延龄草的新鲜根茎中分离并鉴定得到 diosgenin-3-O-α-L-rhamnopyranosyl-(1→2)-β-D-glucopyranoside、diosgenin-3-O-α-L-rhamnopyranosyl-(1→2)[O-α-L-rhamnopyranosyl-(1→4)]-β-D-glucopyranoside 和 diosgenin-3-O-α-L-rhamnopyranosyl-(1→4)-O-α-L-rhamnopyranosyl-(1→4)-[O-α-L-rhamnopyranosyl-(1→2)]-O-β-D-β-glucopyranoside（表 7-13，图 7-13）。

表 7-13　头顶一颗珠薯蓣皂苷类成分

序号	名称	参考文献
1	prosapogenin	[18]
2	diosgenin-3-*O*-α-L-rhamnopyranosyl-(1→2)[*O*-α-L-arabinofuranosyl-(1→4)]-β-D-glucopyranoside	[19]
3	diosgenin-3-*O*-α-L-rhamnopyranosyl-(1→2)-*O*-β-D-glucopyranosyl-(1→4)-β-D-glucopyranoside	[20]
4	diosgenin-3-*O*-α-L-rhamnopyranosyl-(1→2)-β-D-glucopyranoside	[16]

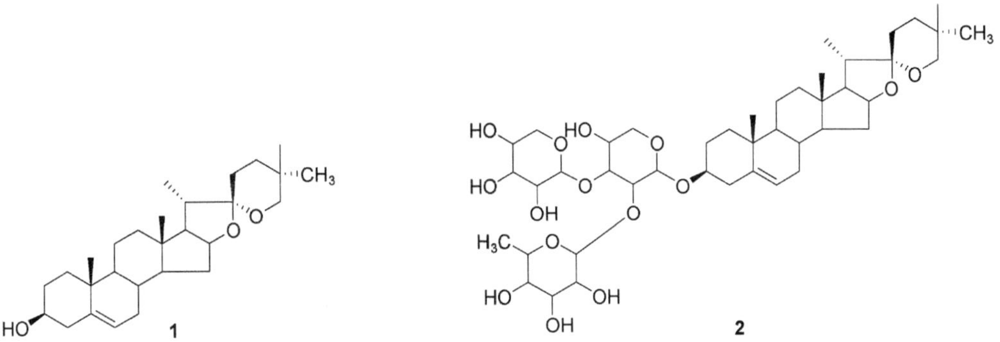

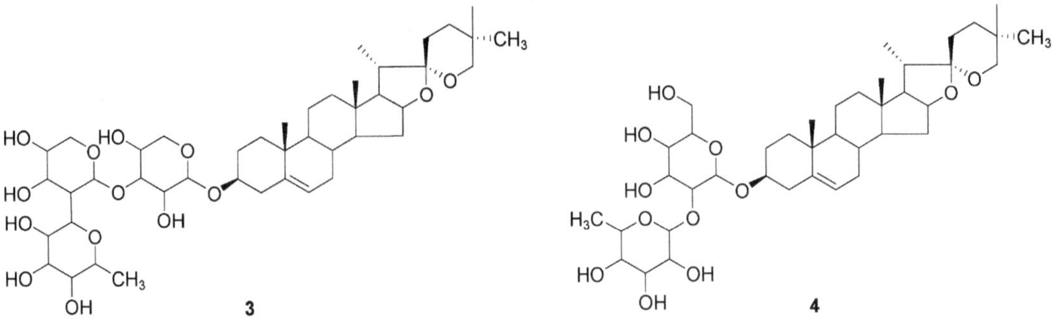

图 7-13　头顶一颗珠薯蓣皂苷类成分

（4）克里托皂苷类成分　Nakano 等[21]从延龄草的地下部分得到了两种新的成分 3-*O*-α-L-rhamnopyranosyl-(1→2)-*O*-β-D-glucopyranosylkryptogenin-26-*O*-β-D-glucopyranoside 和 3-*O*-α-L-rhamnopyranosyl-(1→2)-*O*-β-D-glucopyranosyl furost-5-ene 3β,17α,22,26-tetraol-26-*O*-β-D-glucopyranoside（表 7-14，图 7-14）。

表 7-14　头顶一颗珠克里托皂苷类成分

序号	名称	参考文献
1	3-*O*-α-L-rhamnopyranosyl-(1→2)-*O*-β-D-glucopyranosyl kryptogenin-26-*O*-β-D-glucopyranoside	[21]
2	3-*O*-α-L-rhamnopyranosyl-(1→2)-*O*-β-D-glucopyranosyl furost-5-ene 3β,17α,22,26-tetraol-26-*O*-β-D-glucopyranoside	[21]

（5）其他类型皂苷　Nakano 等[21]从延龄草的地下部分得到了 parispseudoside B（3β-*O*-α-L-rhamnopyranosyl-(12)-*O*-D-glucopyranosylhomo-aro-cholest-5-ene-26-*O*-β-D-glucopyranoside）（图 7-15，**1**）、aethioside A（3β-*O*-α-L-rhamnopyranosyl-(1→4)-[*O*-L-rhamnopyranosyl-(12)]-*O*-

β-D-glucopyranosylhomo-aro-cholest-5-ene-26-*O*-β-D-glucopyranoside)（图 7-15，**2**）以及 parispseu-doside A （3β-*O*-{α-L-rhamnopyranosyl-(1→4)-*O*-α-L-rhamnopyranosyl-(1→4)-[*O*-α-L-rhamnopy-ranosyl-(1→2)]}-*O*-β-D-glucopyranosyl-homo-aro-cholest-5-ene-26-*O*-β-D-glucopyranoside）（图 7-15，**3**）。

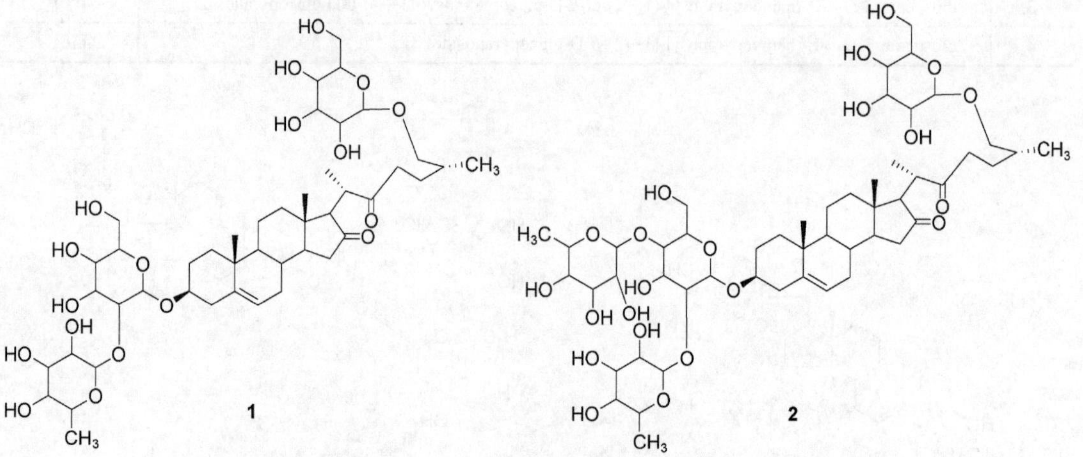

图 7-14　头顶一颗珠克里托皂苷类成分

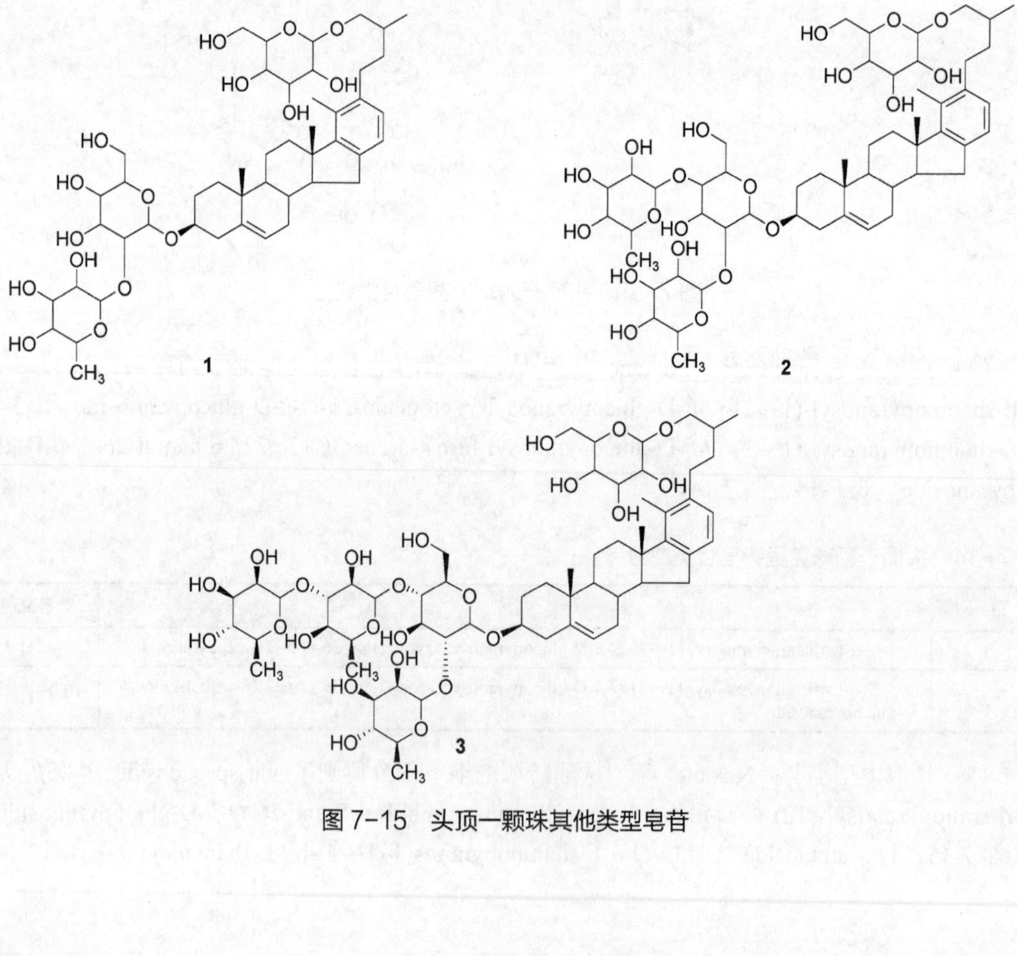

图 7-15　头顶一颗珠其他类型皂苷

2．黄酮类成分

Zhao 等[20]从延龄草根茎中分离得到 kaempferol-3-*O*-β-D-rutinoside、quercetin 和 quercetin-3-*O*-β-D-galactoside。Nakano 等[21]用化学和光谱方法从延龄草的新鲜根茎中分离并鉴定得到 3-*O*-[α-Larabinopyranosyl-(1→6)-β-D-galactopyranosyl]kaempferol、3-*O*-[2″-*O*-acetyl-α-L-arabinopyranosyl-(1→6)-β-D-galactopyranosyl]quercetin 和 3-*O*-[α-L-arabinopyranosyl-(1→6)-β-D-galactopyranosyl]quercetin（表 7-15，图 7-16）。

表 7-15　头顶一颗珠黄酮类成分

序号	名称	参考文献	序号	名称	参考文献
1	quercetin	[20]	4	3-*O*-[α-Larabinopyranosyl-(1→6)-β-D-galactopyranosyl]kaempferol	[21]
2	quercetin-3-*O*-β-D-galactoside	[20]			
3	kaempferol-3-*O*-β-D-rutinoside	[20]			

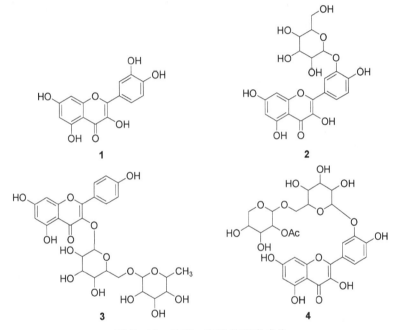

图 7-16　头顶一颗珠黄酮类成分

三、药理活性

1．抗癌

万仲贤等[22]采用人结肠癌细胞系 RKO 进行抗肿瘤活性测定，用 MTT 法评价了不同延龄草提取物的细胞毒性。此外，通过流式细胞法和光比色法检测了延龄草乙酸乙酯部位（EE-TM）诱导的 RKO 细胞 Caspase-9 和 Caspase-3 的线粒体膜电位和活性的影响。结果表明与其他提取物相比，RKO 细胞的抗增殖活性最显著（$P<0.01$），干预 24h、48h 及 72h 后的 IC_{50} 值依次为 52.64μg/mL、22.56μg/mL 及 18.39μg/mL；EE-TM 使处理了 12h 的 RKO 细胞的微线粒体膜电位的瓦解（$P<0.01$），并使 Caspase-9 和 Caspase-3 的活性增强。以上结果表明延龄草乙酸乙酯部

位在体外具有抗结肠癌活性。

Li 等[23]采用重楼皂苷七号（PSVII）为分离物，对重楼皂苷七号（PSVII）进行了分离。以人结直肠癌细胞（HT-29 和 SW-620）、结肠炎相关性结直肠癌（CACC）小鼠模型和异种移植瘤小鼠模型为研究对象。研究发现 PSVII 抑制结直肠癌细胞生长呈浓度依赖性。PSVII 对 HT-29 和 SW-620 细胞生长抑制作用的 IC_{50} 值分别为 (1.02 ± 0.05) μmol/L 和 (4.90 ± 0.23) μmol/L。

彭金香等[24]研究了头顶一颗珠提取物对人肝癌 HepG2 细胞的抑制作用及其对人肝癌基质金属蛋白酶-9（MMP-9）、核转录因子 κBp65（NF-κBp65）的表达，结果头顶一颗珠正丁醇萃取物组与对照组相比，HePG2 细胞的生长和增殖在时间和浓度依赖性显著抑制（$P<0.01$），MMP-9、NF-κBp65 表达水平显著下降（$P<0.01$），且药物浓度越高，MMP-9 mRNA、NF-κBp65 mRNA 表达水平越低。

2. 免疫

肖本见等[25]研究了头顶一颗珠的免疫作用，对小鼠体内碳粒廓清功能的影响进行实验，结果显著抑制了大鼠棉球肉芽肿重量的增加以及 2,4-二硝基氯苯引起的小鼠迟发型超敏反应，使得免疫器官的重量和指数显著增加，增强了组织功能。研究结果表明头顶一颗珠具有免疫调节作用。

詹光杰等[26]将昆明小鼠 40 只雌雄各半，随机分为对照组、模型组、7.2g/kg 头顶一颗珠注射液组、3.6g/kg 头顶一颗珠注射液组和 1.8g/kg 头顶一颗珠注射液组，而后采用双抗体夹心 ELISA 法测定小鼠血清中 IL-2 和 IL-6 的含量。结果头顶一颗珠注射液组血清中 IL-2、IL-6 含量明显高于对照组和模型组（$P<0.05$），模型组血清 IL-2、IL-6 均低于对照组（$P<0.05$）因此头顶一颗珠具有增强机体免疫能力的作用。

3. 抗炎镇痛

喻玲玲等[27]研究了延龄草乙醇提取物、乙酸乙酯提取物和正丁醇提取物的抗炎、镇痛和凝血作用的机制，利用角叉菜胶诱导的足跖肿胀模型和 NO 含量评价乙醇提取物的抗炎活性，用扭体法观察了乙醇提取物的镇痛效果，用玻璃法和毛细管法研究了延龄草乙醇提取物的凝血作用，结果表明与模型组相比，乙醇提取物、乙酸乙酯提取物和正丁醇提取物对角叉菜胶引起的足底肿胀有显著的抑制作用，其中正丁醇提取物比乙酸乙酯提取物对诱导疼痛的镇痛作用，而乙醇提取物的凝血促进作用显著。以上实验结果均表明乙醇提取物、乙酸乙酯提取物和正丁醇提取物均具有显著的抗炎、镇痛和凝血作用。

肖本见等[25]采用巴豆油所致的小鼠耳廓肿胀抗炎模型研究了头顶一颗珠的抗炎作用。发现头顶一颗珠提取物能显著抑制由巴豆油引起的小鼠耳廓肿胀和足部肿胀，表明头顶一颗珠具有明显的抗炎作用。

4. 催眠镇静

孙艳平等[28]采用小鼠直接睡眠法、自主活动能力测定实验、与阈下剂量及阈上剂量的戊巴比妥钠协同睡眠等实验方法，测定了延龄草提取物的镇静催眠效果。发现延龄草提取物降低了小鼠的独立活动能力和行为，增加了小鼠的入睡百分比和睡眠时间。

颜玲等[29]观察了头顶一颗珠水煎液对小鼠中枢神经系统功能的影响。将 50 只小鼠随机分成 5 组，模型组以 1g/kg 体重腹腔注射氟哌啶醇，高、中、低剂量组分别在注射氟哌啶醇的同时，按 60mL/kg、30mL/kg、10mL/kg 剂量腹腔注射头顶一颗株水煎液,对照组注射生理盐水(30mL/kg),连续用药 7 天后,测定小鼠 15min 内活动次数,观察腹腔注射戊巴妥钠(40mg/kg)后睡眠延迟和睡眠时间的变化以及尾悬吊小鼠不活动的积累时间。结果经头顶一颗珠水煎液治疗小鼠的自发活性明显抑制,可缩短戊巴妥钠治疗小鼠的睡眠延迟,延长睡眠时间,抑制尼克他米引起的痉挛,减少小鼠 6min 内尾的活动时间。表明头顶一颗珠水煎液对中枢神经系统有明显的抑制作用。

5. 抗衰老

陈显兵等[30]研究了头顶一颗珠(TTM)对 D-gal 所致大鼠脑 miR-155-3p 老化的影响。Morris 水迷宫试验发现 D-gal 组逃生延迟和距离长度高于正常组和 TTM 组,穿越平台数量小于正常组和 TTM 组($P<0.05$),D-gal 组海马 miR-155-3P 表达明显高于正常组($P<0.05$),TTM 组 miR-155-3P 表达上调($P<0.05$),TTM 上调 D-gal 海马组织中 Rheb、p70S6K 表达并抑制了 mTOR。TTM 可拮抗 D-gal 诱导的海马衰老。

6. 改善认知功能障碍

谢文执等[31]研究了头顶一颗珠(TTM)对冈田酸(OA)诱导的阿尔茨海默病(AD)大鼠认知功能障碍改善的影响及其机制。结果表明 TTM 提高了 AD 大鼠脑马 PP2A 的活性,降低了 Tau 蛋白的光化水平,增加了海马体的数量,提高了其空间记忆学习能力。

王子礼等[32]为了研究头顶一颗珠提取物(TTM)对老年大鼠海马中脑源性神经营养因子(BDNF)和酪氨酸激酶 B(TrkB)的认知能力和表达的影响,将 30 只雄性 SD 大鼠随机分为对照组、模型组和 TTM 组。模型组和 TTM 组皮下注射 100mg/kgD-半乳糖,对照组注射相同量的生理盐水;同时,TTM 组用 100mg/kg TTM 灌胃,对照组和模型组用等量生理盐水灌胃,每天一次,连续注射 6 周。结果与对照组相比,模型组大鼠认知能力下降,海马 SOD 活性下降($P<0.01$),MDA 含量增加($P<0.01$),8-OHDG 阳性表达增加,BDNF、TrkB 和 P-TrkB 蛋白水平均下降($P<0.01$)。与模型组相比,TTM 干预后大鼠认知功能改善,海马 SOD 活性增加($P<0.05$),MDA 含量下降($P<0.01$)、BDNF、TrkB 和 p-TrkB 水平升高($P<0.01$,$P<0.05$)。TTM 可以改善老年大鼠的认知障碍。

7. 其他

头顶一颗珠提取物还可以通过降低糖尿病大鼠的氧化应激反应来保护心肌细胞损伤,抑制心肌细胞的生长,减少胶原纤维的产生,从而起到保护心肌的作用[33]。

参考文献

[1] 赵敬华. 土家族医药学概论[M]. 北京: 中医古籍出版社, 2005.
[2] 李志勇, 周凤琴, 图雅, 等. 土家族药头顶一颗珠现代研究进展[J]. 中国中医药信息杂志, 2011, 18(1): 104-106.
[3] 李群, 王丽. 适合于延龄草的 ISSR 体系的建立[J]. 四川师范大学学报(自然科学版), 2007, 30(4): 523-525.
[4] 中国科学院中国植物志编辑委员会. 中国植物志: 第十四卷[M]. 北京: 科学出版社, 1978.
[5] 张国华, 廖朝林, 林先明, 等. 延龄草栽培技术[J]. 现代农业科技, 2008, 37(8): 19-20.
[6] 王秋玲, 牛琼华, 杜永妮, 等. 太白山药用植物资源及其保护利用[J]. 中国林副特产, 2009, 4(2): 66-67.
[7] 胡天印, 钱丽华, 张宏伟. 濒危植物延龄草种群空间分布格局的研究[J]. 金华职业技术学院学报, 2005, 5(4): 91-93, 116.
[8] 霍显友, 秦松云, 田华咏. 土家族药用植物资源研究[J]. 中国民族医药杂志, 2007, 16(2): 37-40.

[9]　中国医学百科全书编辑委员会. 中国医学百科全书: 七十八·中药学[M]. 上海: 上海科学技术出版社, 1991.

[10]　余传隆, 黄泰康, 丁志遵, 等. 中药辞海: 第一卷[M]. 北京: 中国医药科技出版社, 1993.

[11]　张忠立. 延龄草根及根茎的化学成分研究[J]. 中草药, 2011, 42(9): 1689-1691.

[12]　李慧敏, 潘宪伟, 梅其炳, 等. 延龄草化学成分的分离与鉴定[J]. 沈阳药科大学学报, 2013, 30(7): 509-516.

[13]　贾兰婷. 头顶一颗珠的化学成分研究[D]. 济南: 济南大学, 2014.

[14]　Wang J Z, Zou K, Zhang Y M, et al. An 18-norspirostanol saponin with inhibitory action against COX-2 production from the underground part of *Trillium tschonoskii*[J]. Chemical and Pharmaceutical Bulletin, 2007, 55(4): 679-681.

[15]　Ono M, Hamada T, Nohara T. An 18-norspirostanol glycoside from *Trillium tschonoskii*[J]. Phytochemistry, 1986, 25(2): 544-545.

[16]　Nakano K, Nohara T, Tomimatsu T, et al. A novel 18-norspirostanol bisdesmoside from *Trillium tschonoskii*[J]. Journal of the Chemical Society Chemical Communications, 1982, 14(14): 789-790.

[17]　Nakano K, Nohara T, Tomimatsu T, et al. 18-Norspirostanol derivatives from *Trillium tschonoskii*[J]. Phytochemistry, 1983, 22(4): 1047-1048.

[18]　张忠立, 左月明, 熊师华, 等. 延龄草根及根茎的化学成分研究[J]. 中草药, 2011, 42(9): 1689-1691.

[19]　Wei J C, Man S L, Gao W Y, et al. Steroidal saponins from the rhizomes of *Trillium tschonoskii* Maxim[J]. Biochemical Systematics & Ecology, 2012, 44(10): 112-116.

[20]　Zhao W S, Gao W Y, Wei J C, et al. Steroid saponins and other constituents from the rhizome of *Trillium Tschonoskii*Maxim. and their cytotoxic activity[J]. Latin American Journal of Pharmacy, 2011, 30(9): 1702-1708.

[21]　Nakano K, Maruhashi A, Nohara T, et al. A flavonol glycoside and a sesquiterpene cellobioside from *Trillium tschonoskii*[J]. Phytochemistry, 1983, 22(5): 1249-1251.

[22]　万仲贤, 朱诗立, 张思波, 等. 延龄草诱导人结肠癌 RKO 细胞凋亡的作用机制研究[J]. 中华中医药学刊, 2014, 32(6): 1461-1464.

[23]　Li Y, Sun Y, Fan L, et al. Paris saponin VII inhibits growth of colorectal cancer cells through Ras signaling pathway[J]. Biochemical Pharmacology, 2014, 88(2): 150-157.

[24]　彭金香, 吴沣, 詹康, 等. 头顶一颗珠正丁醇萃取物对人肝癌 HepG2 细胞的抑制作用及其对 MMP-9、NF-κBp65 的表达研究[J]. 环球中医药, 2020, 13(5): 791-794.

[25]　肖本见, 陈国栋, 谭志鑫. 头顶一棵珠抗炎和免疫作用的实验研究[J]. 安徽医药, 2005, 9(4): 246-248.

[26]　詹光杰, 黄发军, 肖本见. 头顶一颗珠对 D-半乳糖所致小鼠衰老模型的影响[J]. 中国现代医药杂志, 2013, 15(10): 1-4.

[27]　喻玲玲, 邹坤, 汪鋆植, 等. 延龄草提取物抗炎、镇痛和凝血作用的研究[J]. 时珍国医国药, 2008, 19(5): 1178-1180.

[28]　孙艳平, 汪兴军, 张彦. 延龄草提取物对小鼠镇静催眠作用的实验研究[J]. 陕西中医, 2015, 36(5): 618-620.

[29]　颜玲, 谭志鑫, 肖本见, 等. 头顶一颗珠水煎液对中枢神经系统的影响[J]. 现代预防医学, 2012, 39(23): 6242-6244.

[30]　陈显兵, 杨清煜, 陈颖, 等. 头顶一颗珠提取物对 D-gal 所致大鼠脑衰老 miR-155-3p 的影响[J]. 中国药理学通报, 2019, 35(12): 1743-1748.

[31]　谢文执, 罗洪斌, 谢枫枫, 等. 头顶一颗珠水煎液对阿尔茨海默病模型大鼠认知功能障碍的保护作用[J]. 中国药理学通报, 2018, 34(9): 1268-1275.

[32]　王子礼, 陈显兵, 王凤杰, 等. 头顶一颗珠对衰老大鼠认知及海马 BDNF、TrkB 的影响[J]. 中国中西医结合杂志, 2020, 40(11): 1373-1377.

[33]　王凤杰, 王科坤, 陈显兵, 等. 头顶一颗珠提取液对实验性糖尿病大鼠心肌损伤的干预作用[J]. 中国应用生理学杂志, 2016, 32(2): 177-180, 193.

第六节

江边一碗水

江边一碗水为小檗科植物南方山荷叶（*Diphylleia sinensis* H.L.Li），以干燥根及根茎入药,又名山荷叶、金边七、一碗水、窝儿七等[1]；是土家族四大神药（七叶一枝花、江边一碗水、头顶一颗珠、文王一支笔）之一[2]。在神农架的高山峡谷里，长着一种像荷叶的药草，独茎圆叶，形如小碗，碗边有锯齿，开白色小花；叶中常聚满露水、雨水，能为采药人解渴，"江边一碗水"因此得名。具有散瘀活血、止血止痛的功效，常用于治疗跌打损伤、五劳七伤、风湿关节炎、腰腿疼痛、月经不调等[3~5]。现代研究表明，江边一碗水具有抗肿瘤、抗病毒等多种作用。

一、生物学特征及资源分布

1．生物学特征

多年生草本，高 40～80cm。下部叶柄长 7～20cm，上部叶柄长（2.5～）6～13cm 长；叶片盾状着生，肾形或肾状圆形至横向长圆形，下部叶片长 19～40cm，宽 20～46cm，上部叶片长 6.5～31cm，宽 19～42cm，呈 2 半裂，每半裂具 3～6 浅裂或波状，边缘具不规则锯齿，齿端具尖头，上面疏被柔毛或近无毛，背面被柔毛。聚伞花序顶生，具花 10～20 朵，分枝或不分枝，花序轴和花梗被短柔毛；花梗长 0.4～3.7cm；外轮萼片披针形至线状披针形，长 2.3～3.5mm，宽 0.7～1.2mm，内轮萼片宽椭圆形至近圆形，长 4～4.5mm，宽 3.8～4mm；外轮花瓣狭倒卵形至阔倒卵形，长 5～8mm，宽 2.5～5mm；内轮花瓣狭椭圆形至狭倒卵形，长 5.5～8mm，宽 2.5～3.5mm，雄蕊长约 4mm；花丝扁平，长 1.7～2mm，花药长约 2mm；子房椭圆形，长 3～4mm，胚珠 5～11 枚，花柱极短，柱头盘状。浆果为球形或阔椭圆形，长 10～15mm，直径 6～10mm，熟后呈蓝黑色，微被白粉，果梗呈淡红色。具种子 4 枚，通常为三角形或肾形，红褐色。花期为每年的 5～6 月，果期为 7～8 月[6~10]。

2．资源分布

江边一碗水主要分布在我国的湖北、甘肃、陕西、云南、四川、西藏等地，但各地区分布较少，以湖北西北部地区和神农架林区分布相对较广。常生于落叶阔叶林或针叶林下、竹丛或灌丛下，海拔 1880～3700m 处[6]。

二、化学成分研究

1．木脂素类成分

蒋捷等[11]采用系统溶剂法、正反相硅胶柱法和制备型高效液相法分离纯化了江边一碗水的化学成分，从江边一碗水的 95%乙醇提取物的乙酸乙酯和正丁醇部位分离得到了木脂素类成分鬼臼毒素、苦鬼臼毒素、山荷叶素葡萄糖苷、苦鬼臼毒素葡萄糖苷、去氢鬼臼毒素以及 4′-去甲基去氢鬼臼毒素。孙琛等[12]采用硅胶柱色谱、葡聚糖凝胶柱色谱以及半制备液相色谱分离纯化，从植物中分离出山荷叶素 A、(1S,2R,5S,6R)-2-(4-hydroxyphenyl)-6-(3-methoxy-4-hydroxyphenyl)-3,7-dioxabicyclo[3.3.0]octane、(7S,8R,7′S,8′R)-3,4,3′,4′-tetramethoxy-9,7-dihydroxy-8.8′,7.O.9′-lignan、(–)-落叶松脂醇、vladinol D、鬼臼毒酮和爵床脂素 A。Ma 等[13]从陕西产江边一碗水根茎中分离得到了苦鬼臼素-1-乙基醚、异苦鬼臼酮、山荷叶素和鬼臼醋酮，其中苦鬼臼素-1-乙基醚为新木脂素。赖菁华等[14]从江边一碗水乙酸乙酯提取部位分离鉴定出了闭木花酮。战风娇等[15]采用石油醚、乙酸乙酯和正丁醇提取南方山荷叶根的乙醇提取物，分离鉴定了 isodiphyllin。李真等[16]从江边一碗水乙酸乙酯部位中分离鉴定得到了鬼臼毒素糖苷（表 7-16，图 7-17）。

表 7-16　江边一碗水木脂素类成分

序号	名称	参考文献	序号	名称	参考文献
1	鬼臼毒素	[11]	8	苦鬼臼素-1-乙基醚	[13]
2	苦鬼臼毒素	[11]	9	异苦鬼臼酮	[13]
3	山荷叶素葡萄糖苷	[11]	10	山荷叶素	[13]
4	(−)-落叶松脂醇	[12]	11	鬼臼酯酮	[13]
5	vladinol D	[12]	12	isodiphyllin	[15]
6	鬼臼毒酮	[12]	13	闭木花酮	[14]
7	爵床脂素 A	[12]			

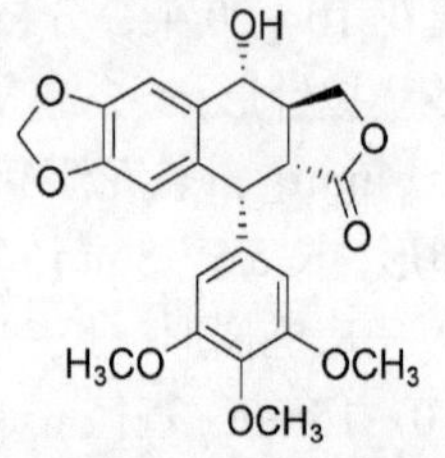

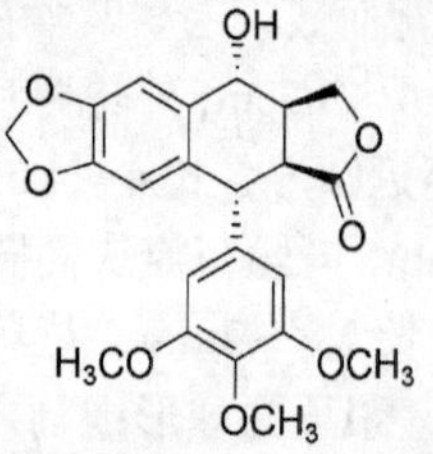

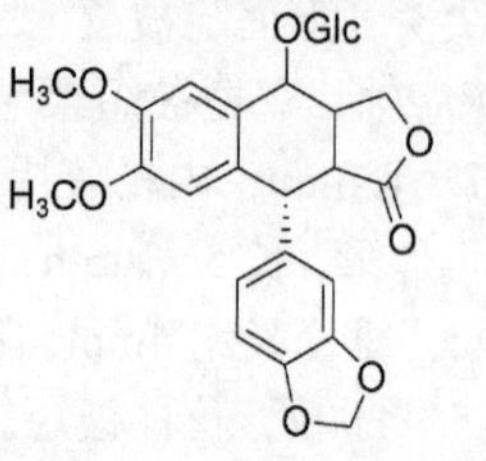

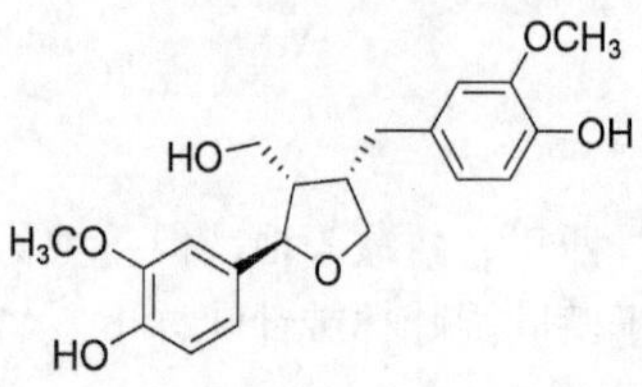

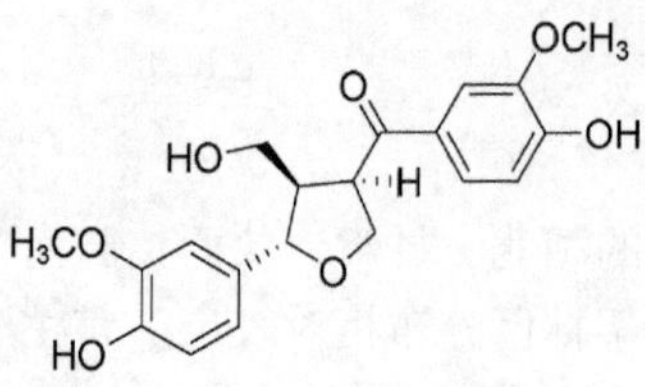

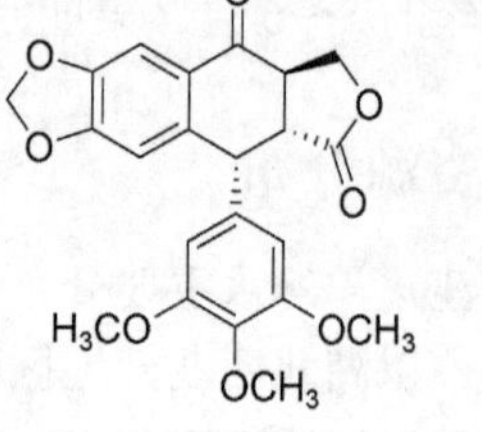

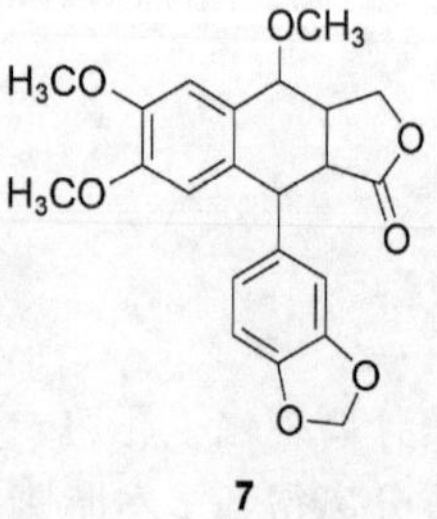

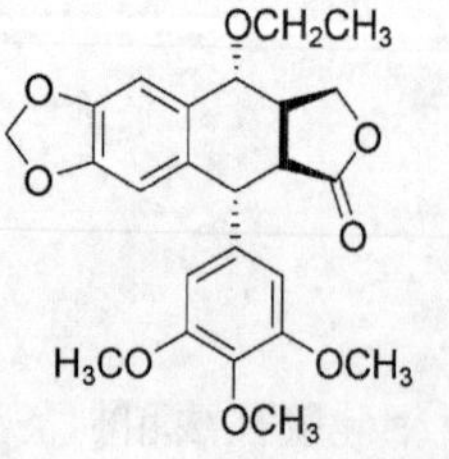

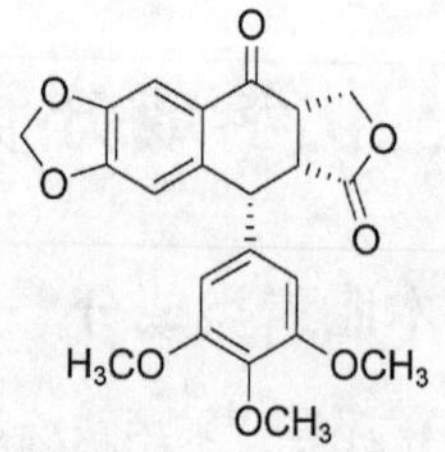

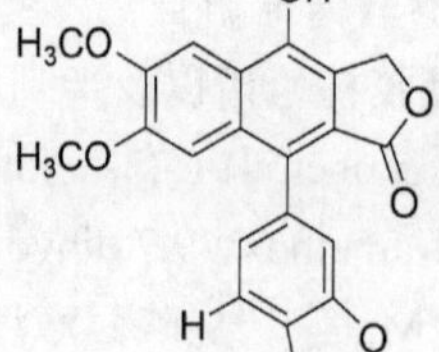

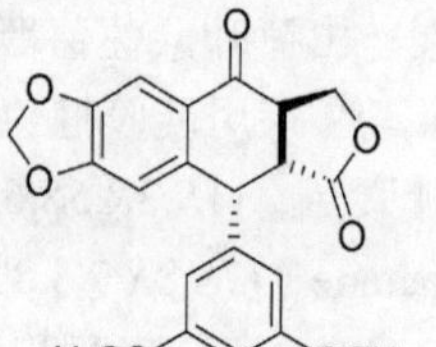

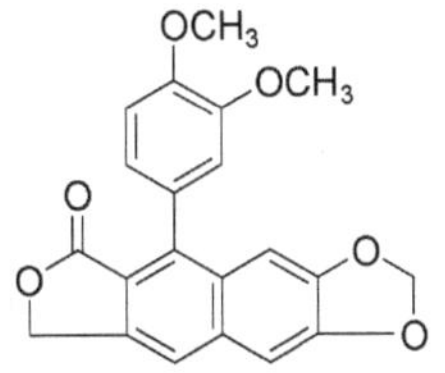

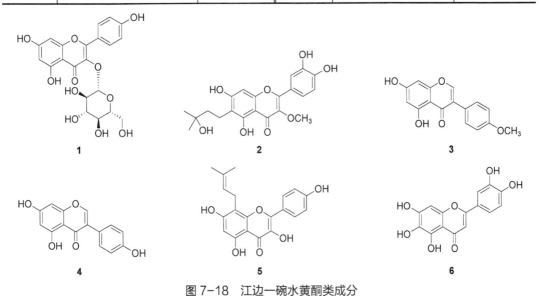

12 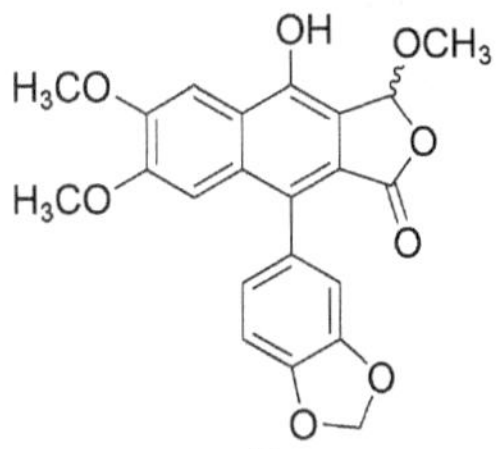　　　　　　　　**13**

图 7-17　江边一碗水木脂素类成分

2．黄酮类成分

蒋捷等[11]从江边一碗水的 95%乙醇提取物的乙酸乙酯和正丁醇部位分离得到了山奈酚、3-*O*-甲基槲皮素、槲皮素、槲皮苷和芦丁。黄传奇等[17]采用硅胶、ODS、聚酰胺和 Sephadex LH-20 色谱分离了江边一碗水的黄酮类成分后纯化，并用光谱数据阐明其结构，共鉴定了二氢芹菜素、3′-甲氧基槲皮素、wightianin、芹菜素、芒柄花黄素、染料木素、8-异戊烯基山奈酚、6-hydroxyluteolin、5,7-二羟基-8-甲氧基黄酮、木犀草素和异槲皮苷。赖菁华等[14]从江边一碗水乙酸乙酯提取部位分离鉴定出了鼠李素和鼠李柠檬素（表 7-17，图 7-18）。

表 7-17　江边一碗水黄酮类成分

序号	名称	参考文献	序号	名称	参考文献
1	紫云英苷	[17]	**4**	染料木素	[17]
2	wightianin	[17]	**5**	8-异戊烯基山奈酚	[17]
3	芒柄花黄素	[17]	**6**	6-hydroxyluteolin	[17]

图 7-18　江边一碗水黄酮类成分

3．其他类成分

蒋捷等[11]从江边一碗水的 95%乙醇提取物的乙酸乙酯部位分离得到了 *β*-谷甾醇。战凤娇等[15]

从江边一碗水根提取物中确定了胡萝卜苷。李真等[16]从江边一碗水中分离得到了棕榈酸。另有研究表明江边一碗水中含有镁、锌、锰、钙、铜、铁等微量元素[18]。

三、药理活性

1. 抗肿瘤

有研究表明[19]，江边一碗水植物的活性成分鬼臼毒素具有显著的抗肿瘤作用。Subrahmanyam 等[20]从自然产生的鬼臼毒素开始，合成了几种 9-去氧-9-取代鬼臼毒素衍生物，并对它们的抗癌活性进行了体外人癌细胞检测。研究发现，这些化合物具有良好的抗癌活性，尤其是对卵巢癌、肾癌和肺癌细胞。刘赛璇等[21]通过体外培养人乳腺癌 MCF-7 细胞鬼臼毒素探讨了其对人乳腺癌 MCF-7 细胞增殖的抑制作用，并采用 MTT 法检测了不同浓度（0.1μmol/L、0.2μmol/L、0.4μmol/L、0.8μmol/L、1.6μmol/L、3.2μmol/L、6.4μmol/L）鬼臼毒素作用 24h，48h、72h 后，对 MCF-7 细胞的增殖抑制作用，结果表明在 0.1～6.4μmol/L 浓度范围内，随着鬼臼毒素浓度的增加和作用时间的延长，MCF-7 细胞的生长抑制率逐渐升高，且呈现出剂量-时间依赖关系（$P < 0.05$）。鬼臼毒素对 MCF-7 细胞 24h、48h 和 72h 的 IC_{50} 值分别为 7.32μmol/L、0.720μmol/L 和 0.338μmol/L，以上研究结果表明鬼臼毒素对人乳腺癌 MCF-7 细胞有明显的抑制作用。

邓旭坤等[22]采用 SPF 级雄性小鼠腋下接种 H22 肿瘤株的方式建立了 H22 模型，观察不同剂量的江边一碗水对莲花肿瘤小鼠肿瘤抑制率、体重、免疫器官指数、血尿常规和肝肾功能的影响。结果表明 50mg/kg、100mg/kg、200mg/kg 江边一碗水总木脂素的肿瘤抑制率为 44.9%、54.8%和 62.1%，对 H22 小鼠的体重、免疫器官指数、造血系统、肝肾功能等生理生化指标都没有明显的影响。因此，江边一碗水的总木脂素具有显著的抗肿瘤作用。

2. 治疣

鬼臼毒素被证实了在尖锐湿疣（性病疣）中的疗效，今天仍然被认为是治疗尖锐湿疣的有效方法[23]。

3. 抗病毒

张敏等[24]通过体外实验，观察了五种中药（含鬼臼毒素成分）八角莲、川八角莲、秕鳞八角莲、桃儿七和南方山荷叶根茎的甲醇和二氯甲烷提取物对单纯疱疹病毒的影响。结果表明，除川八角莲的水溶性提取物外，其余各种水溶性提取物对单纯疱疹病毒都有很好的抑制效果。

4. 抗氧化

陈炅然等人[25]采用腹腔注射环磷酰胺（50mg/kg）建立小鼠免疫抑制模型，而后观察不同剂量的鬼臼多糖 PEP（50mg/kg、100mg/kg、200mg/kg 和 400mg/kg）结合环磷酰胺对小鼠脾脏黄嘌呤氧化酶（XOD）、髓过氧化物酶（MPO）和一氧化氮合酶（NOS）水平的影响。结果表明，PEP 可显著降低免疫抑制小鼠脾脏中 XOD 和 MPO 的活性，对脾脏总 NOS 的活性没有显著影响，但 400mg/kg 多糖可降低小鼠脾脏诱导 NOS 的活性，这表明 PEP 可通过降低免疫抑制小鼠自由基产生酶的水平而发挥抗氧化作用。

孙涛等[26]通过研究发现窝儿七的五种不同溶剂（氯仿、乙酸乙酯、正丁醇、70%乙醇、水）的提取物均具有抗氧化活性，且表现出量效关系，其中以乙酸乙酯的提取物具有最强的 DPPH 自由基清除能力、ABTS 自由基清除能力、羟基清除能力、还原能力和总抗氧化能力，这可能与其提取的总黄酮含量高有关。

5．杀虫

Inamori 等[27]发现鬼臼毒素与脱氧鬼臼毒素一样具有多种生物活性。对除斜纹夜蛾外的所有昆虫都表现出杀虫活性。

高蓉等[28]发现三种化合物鬼臼毒素、脱氧鬼臼毒素和 α-阿朴苦鬼臼，对菜青虫均具有很强的抗食杀毒活性。48h 的拒食质量浓度分别为 0.057g/L、0.052g/L 和 0.070g/L。此外，这三种化合物对小菜蛾具有一定的拒食作用和杀毒活性。

6．其他

蒋雨玲等[29]通过对小鼠一次性灌胃，观察小鼠的毒性反应和死亡情况来探究江边一碗水的半数致死量（LD_{50}）。以小鼠急性死亡率为指标，发现江边一碗水对小鼠 LD_{50} 为 0.031mg/kg，LD_{50} 的 95%的可信限为 0.023~0.040mg/kg。由此得出江边一碗水具有一定的毒性的结论。

参考文献

[1] 国家中医药管理局中华本草编委会. 中华本草[M]. 上海：上海科技出版社，1999.
[2] 李志勇，周凤琴，图雅，等. 土家族药头顶一颗珠现代研究进展[J]. 中国中医药信息杂志，2011，18(1)：104-106.
[3] 孙静，王昌利，郭东艳，等. 试析太白"七药"资源现状、资源开发存在问题与应对措施[J]. 中国民族民间医药，2010，42(1)：42.
[4] 陈吉炎，于萍，杨光义，等. 三种江边一碗水的比较鉴别（Ⅱ）[J]. 中药材，2008，31(4)：501-503.
[5] 中国科学院西北植物研究所. 秦岭植物志[M]. 北京：科学出版社，1974.
[6] 中国科学院中国植物志编辑委员会. 中国植物志：第二十九卷[M]. 北京：科学出版社，2001.
[7] 唐慎微. 证类本草[M]. 尚志钧等校点. 北京：华夏出版社，1993.
[8] 李时珍. 本草纲目[M]. 刘衡如校点. 北京：人民卫生出版社，1982.
[9] 陈吉炎，于萍，陈师西，等. 江边一碗水的本草考证[J]. 中药材，2010，33(2)：303-308.
[10] 陈吉炎，于萍，杨光义，等. 三种江边一碗水的比较鉴别（Ⅰ）[J]. 中药材，2008，31(3)：354-361.
[11] 蒋捷，刘勇，覃双来，等. 江边一碗水的化学成分研究[J]. 今日药学，2016，26(1)：15-18.
[12] 孙琛，史鑫波，侯青，等. 窝儿七木脂素类成分研究[J]. 中草药，2019，50(21)：5193-5197.
[13] Ma C, Yang J S, Luo S R. Study on lignans from *Diphylleia sinensis*[J]. Acta Pharmaceutica Sinica, 1993, 28(9): 690-694.
[14] 赖菁华，宋小妹. 窝儿七化学成分研究[J]. 中南药学，2017，15(3)：308-311.
[15] 战风娇，杨尚军，白少岩. 南方山荷叶根的化学成分研究[J]. 中成药，2013，35(3)：553-556.
[16] 李真，范冬冬，张东东，等. 窝儿七化学成分研究[J]. 西北药学杂志，2015，30(6)：666-668.
[17] 黄传奇，马浩然，蒋捷. 南方山荷叶黄酮类化学成分的研究[J]. 中南药学，2018，16(5)：589-592.
[18] 赵卫星，姜红波，温普红，等. 光谱分析法测定窝儿七中微量元素[J]. 化学与生物工程，2011，28(1)：89-91.
[19] 王超磊，孙炳峰，姚和权，等. 植物来源的抗肿瘤药物研究进展[J]. 药学进展，2011，35(5)：193-202.
[20] Subrahmanyam D, Renuka B, Kumar G S, *et al.* 9-Deoxopodophyllotoxin derivatives as anticancer agents.[J]. Bioorganic and Medicinal Chemistry Letters, 1999, 9(15): 2131-2134.
[21] 刘赛璇，薛晶，周丽丽，等. 鬼臼苦素对人乳腺癌 MCF-7 细胞增殖的抑制作用[J]. 承德医学院学报，2020，37(1)：5-8.

[22] 邓旭坤, 蔡爽, 蒋捷, 等. "江边一碗水"总木脂素的抗肿瘤作用及一般毒性的研究[J]. 中南民族大学学报: 自然科学版, 2014, 33(3): 57-60.

[23] Liu Y Q, Yang L, Tian X. Podophyllotoxin: current perspectives[J]. Current Bioactive Compounds, 2007, 3(1): 37-66.

[24] 张敏, 施大文. 八角莲类中药抗单纯疱疹病毒作用的初步研究[J]. 中药材, 1995, 18(6): 306-307.

[25] 陈炅然, 胡庭俊, 程富胜, 等. 鬼臼多糖对免疫功能低下小鼠自由基产生酶活性的影响[J]. 动物医学进展, 2005, 26(8): 41-44.

[26] 孙涛, 裴青青, 安衍茹, 等. 窝儿七不同提取物中总黄酮总酚含量及其抗氧化活性的研究[J]. 陕西中医, 2019, 40(3): 402-406.

[27] Inamori Y, Kubo M, Tsujibo H, et al. The biological activities of podophyllotoxin compounds[J]. Chemical and Pharmaceutical Bulletin, 1986, 34(9): 3928-3932.

[28] 高蓉, 田暄, 张兴. 3 种鬼臼毒类物质杀虫活性测试[J]. 西北农林科技大学学报(自然科学版), 2001, 29(1): 71-74.

[29] 蒋雨玲, 史君星, 张友恩, 等. "江边一碗水"对小鼠半数致死量(LD$_{50}$)的测定[J]. 临床急诊杂志, 2012, 13(1): 25-26, 29.

第七节
隔山消

隔山消［*Cynanchum wilfordii* (Maxim.) Hemsl］为萝藦科植物, 别名一肿三消、牛皮消、牛皮冻、白首乌等, 一般取其块根入药[1]。隔山消味甘、微苦, 性微温, 归肝、肾、脾经。具有补肝肾、强筋骨、健脾胃、解毒的功效[2]。隔山消在我国各地均有分布, 其干燥根可用于预防和治疗血管疾病、糖尿病、缺血疾病、衰老进展、阳痿、神经衰弱、腰痛、脓肿等多种疾病[3]。

一、生物学特性及资源分布

1. 生物学特性

隔山消为多年生草质藤本; 肉质根近纺锤形, 呈灰褐色, 长约 10cm, 直径 2cm; 茎被单列毛。叶对生, 薄纸质, 卵形, 长 5～6cm, 宽 2～4cm, 顶端短渐尖, 基部呈耳状心形, 两面被微柔毛, 干时叶面常呈黑褐色, 叶背呈淡绿色; 基脉 3～4 条, 放射状分布; 侧脉 4 对。近伞房状聚伞花序、半球形, 着花 15～20 朵; 花序梗被单列毛, 花长 2mm, 直径 5mm; 花萼外面被柔毛, 裂片长圆形; 花冠淡黄色, 辐状, 裂片长圆形, 先端近钝形, 外面无毛, 内面被长柔毛; 副花冠比合蕊柱为短, 裂片近四方形, 先端截形, 基部紧狭; 花粉块每室 1 个, 长圆形, 下垂; 花柱细长, 柱头略突起。蓇葖单生, 披针形, 向端部长渐尖, 基部紧狭, 长 12cm, 直径 1cm; 种子暗褐色, 卵形, 长 7mm; 种毛白色绢质, 长 2cm。花期为 5～9 月, 果期 7～10 月[4]。

2. 资源分布

隔山消主要产自于我国的辽宁、河南、陕西、甘肃、新疆、江苏、山东、安徽和四川等地。多生长于海拔 800～1300m 的山坡、山坡灌木丛中或山路旁的草地上。在朝鲜、日本等国家也有分布[4]。

二、化学成分

1. 甾体类成分

Huang 等[5]从隔山消根的水提取物中分离出一些皂苷元，采用光谱数据、化学方法和 X 射线分析确定了它们的结构，分别为 20-O-salicyl-kidjoranin、3-O-methyl-caudatin、20-O-(4-hydroxybenzoyl)-kidjoranin、20-O-vanilloyl-kidjoranin、caudatin、kidjoranin、gagamine、deacymetaplexigenin、qingyangshengenin、rostratamin、sarcostin、deacylcynanchogenin。Li 等[6]从隔山消中分离得到一些新化合物，新化合物的结构通过光谱分析和化学方法进行了鉴定，分别为 cynawilfoside A、cynawilfoside B、cynawilfoside C、cynawilfoside D、cynauricoside A、wilfoside C3N、wilfoside M1N、taiwanoside C、wilfoside C1N。姚楠等[7]从隔山消干燥的根茎中分离得到了三种甾体皂苷，结构经过 1D-NMR、2D-NMR、MS 分析以及文献对照，确定为 wilfoside C1N、wilfoside K1N 和 cyanoauriculoside G。Jiang 等人[8]对隔山消根进行了植物化学研究，从隔山消根中分离得到了多个化合物，经鉴定为 cyanoauriculoside G、wilfoside C1G、cynauricuoside A、wilfoside G、β-sitosterol 和 daucosterol。Kim 等[9]从隔山消根中分离得到了多个化学成分，确定了新化合物的结构为 penupogenin 和 kidjoranin-3-O-β-D-cymaropyranoside（表7-18，图 7-19）。

表 7-18　隔山消甾体类成分

序号	名称	参考文献	序号	名称	参考文献
1	20-O-salicyl-kidjoranin	[5]	15	cynawilfoside C	[6]
2	3-O-methyl-caudatin	[5]	16	cynawilfoside D	[6]
3	20-O-(4-hydroxybenzoyl)-kidjoranin	[5]	17	cynauricoside A	[6]
4	20-O-vanilloyl-kidjoranin	[5]	18	wilfoside C3N	[6]
5	caudatin	[5]	19	wilfoside M1N	[6]
6	kidjoranin	[5]	20	taiwanoside C	[6]
7	gagamine	[5]	21	wilfoside C1N	[7]
8	deacymetaplexigenin	[5]	22	wilfoside K1N	[7]
9	qingyangshengenin	[5]	23	cyanoauriculoside G	[8]
10	rostratamin	[5]	24	wilfoside C1G	[8]
11	sarcostin	[5]	25	cynauricuoside A	[8]
12	deacylcynanchogenin	[5]	26	wilfoside G	[8]
13	cynawilfoside A	[6]	27	kidjoranin-3-O-β-D-cymaropyranoside	[9]
14	cynawilfoside B	[6]	28	penupogenin	[9]

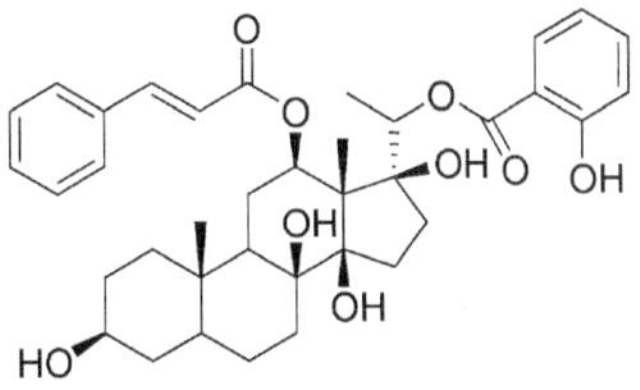

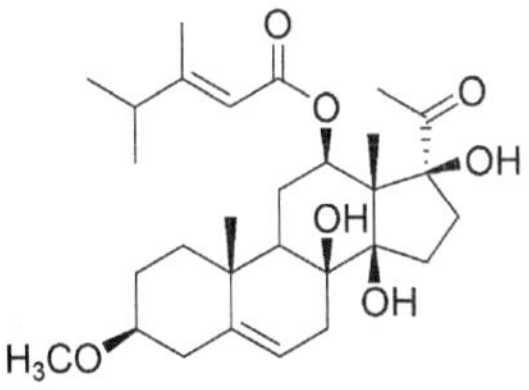

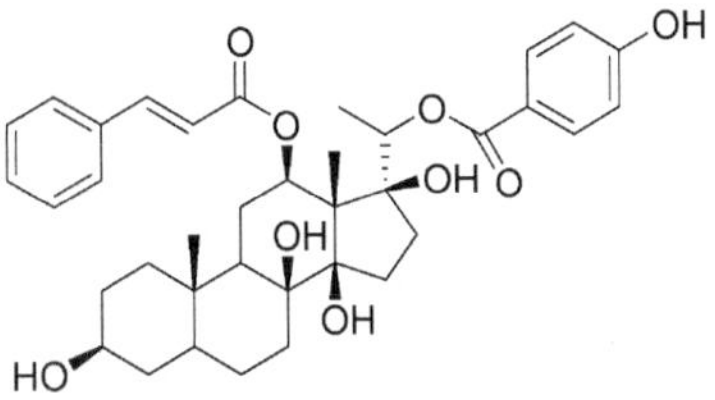

图 7-19

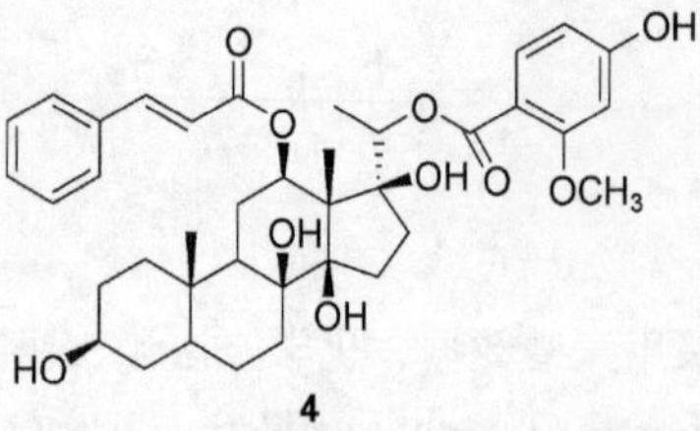

4

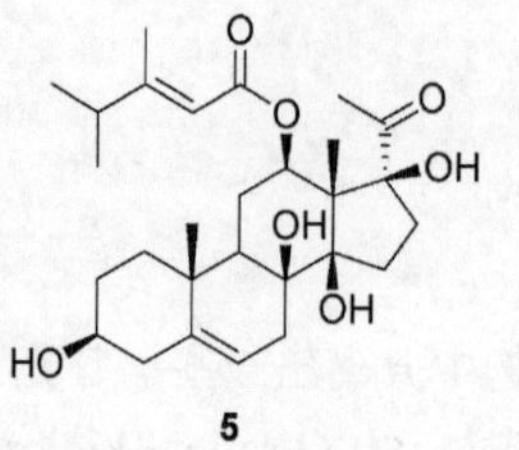

5

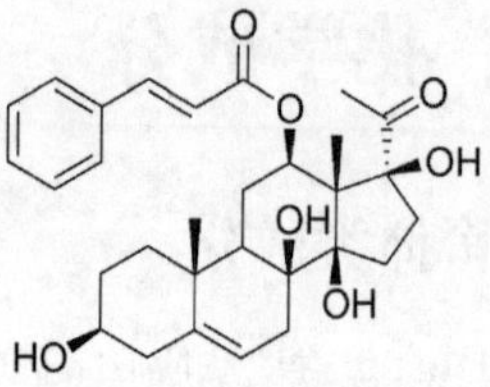

6

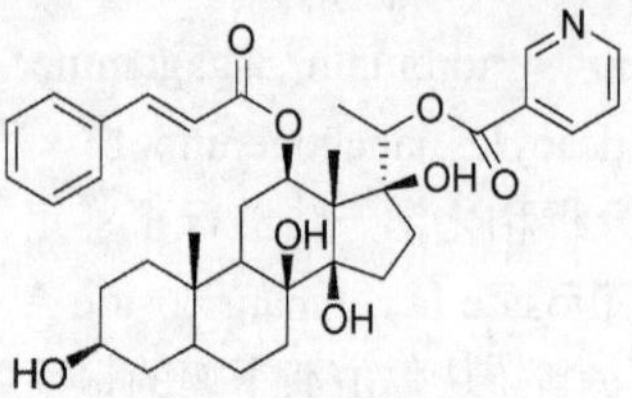

7

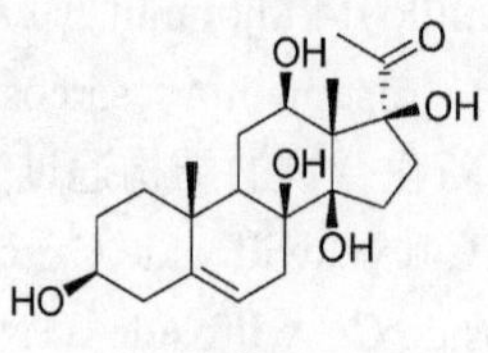

8

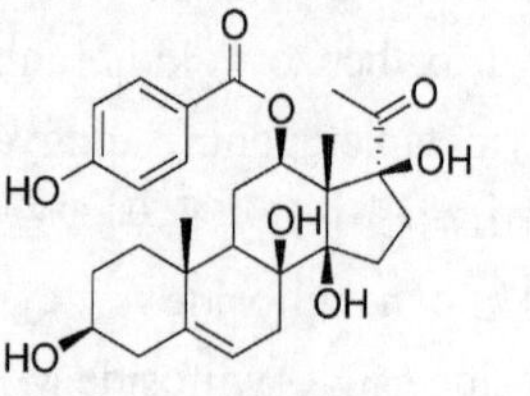

9

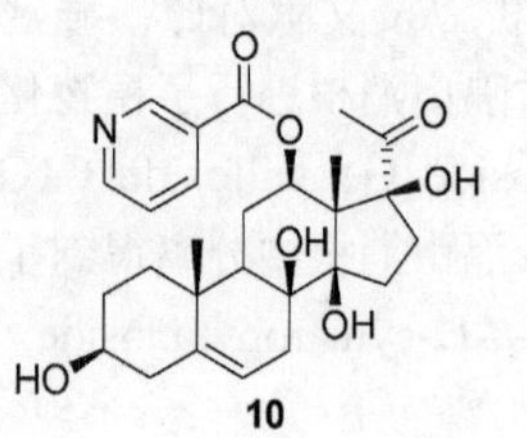

10

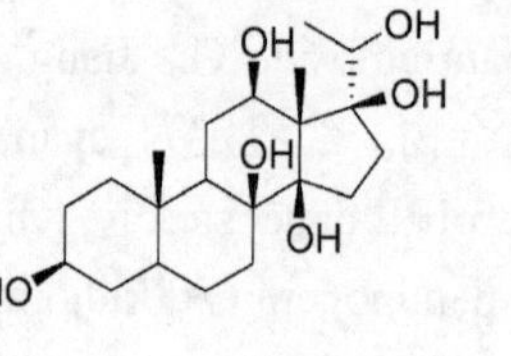

11

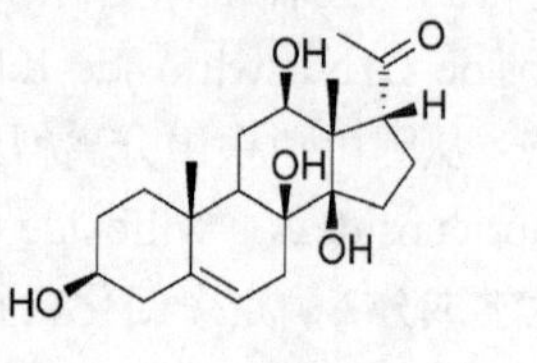

12

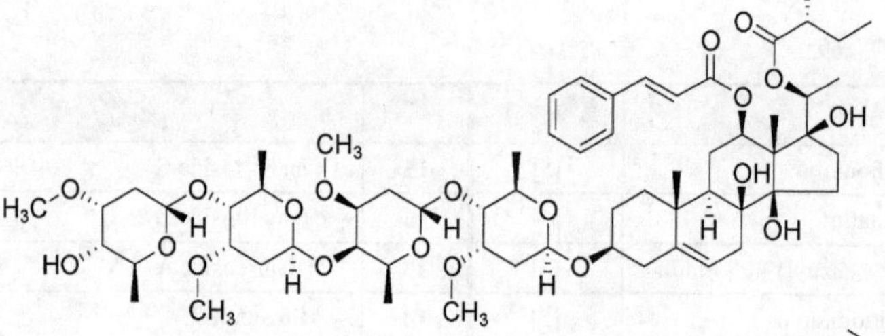

13

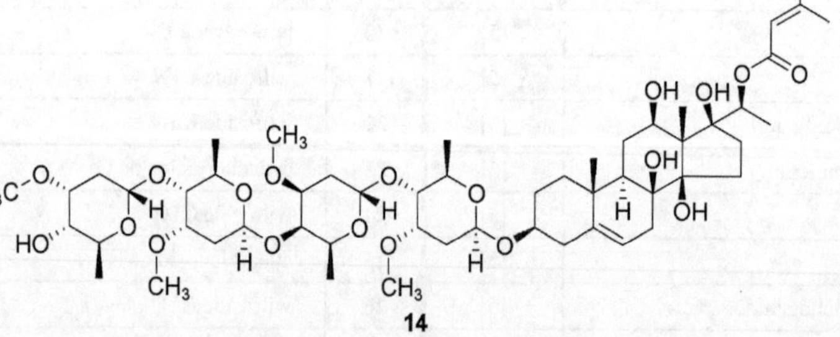

14

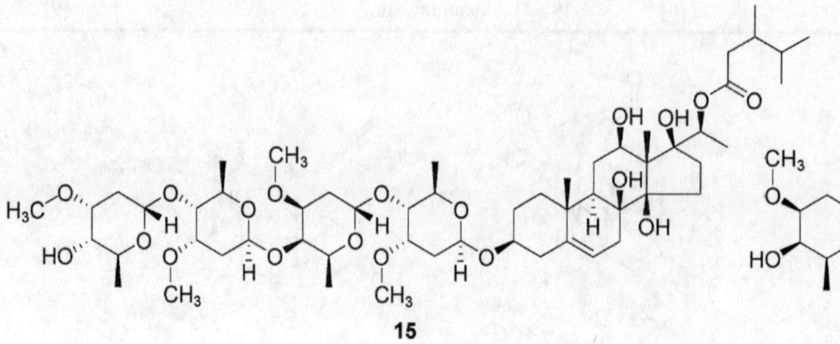

15

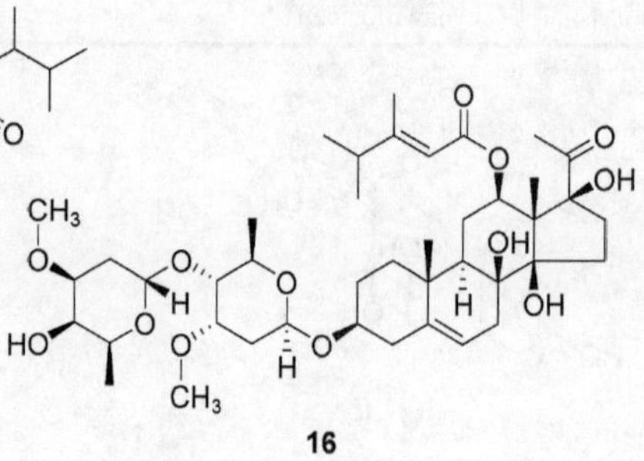

16

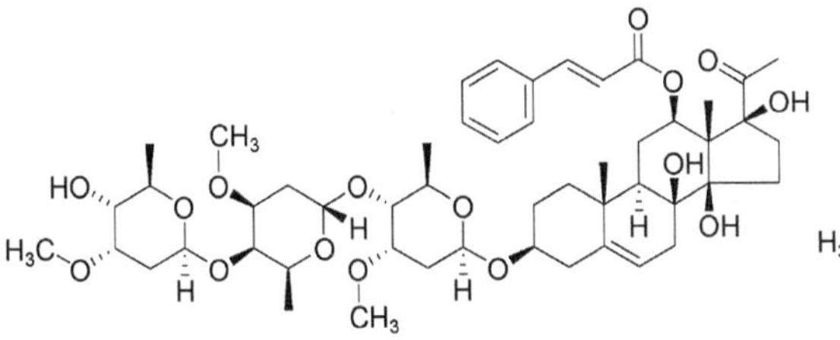

图 7-19

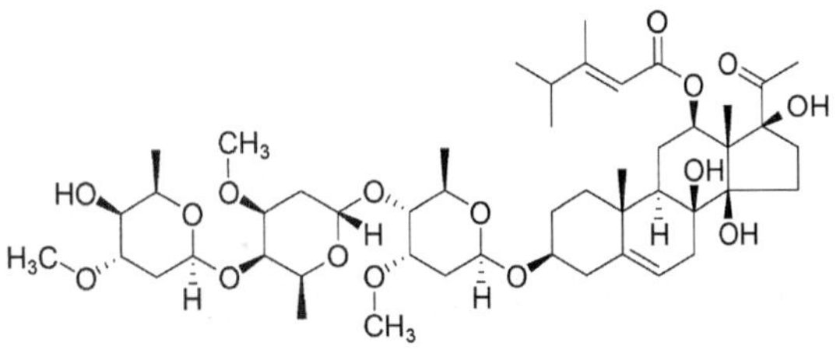

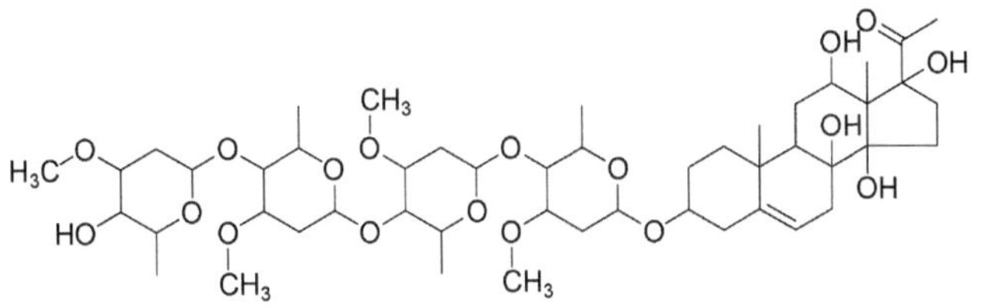

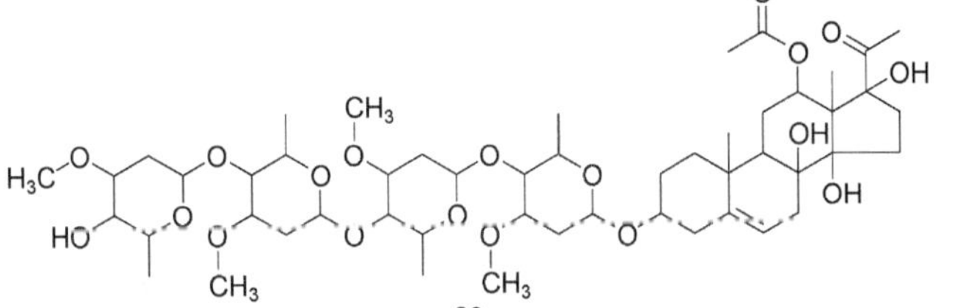

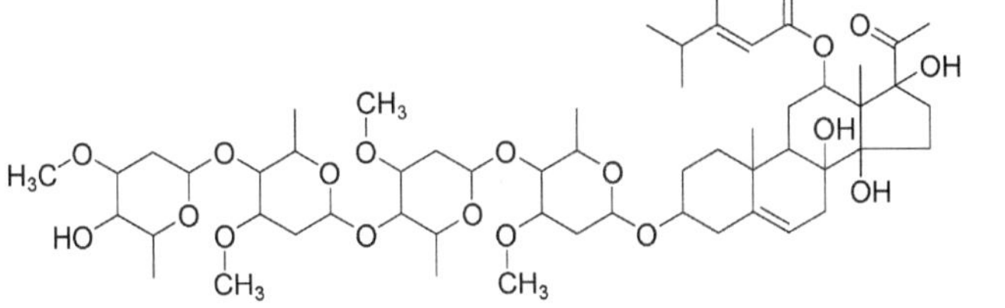

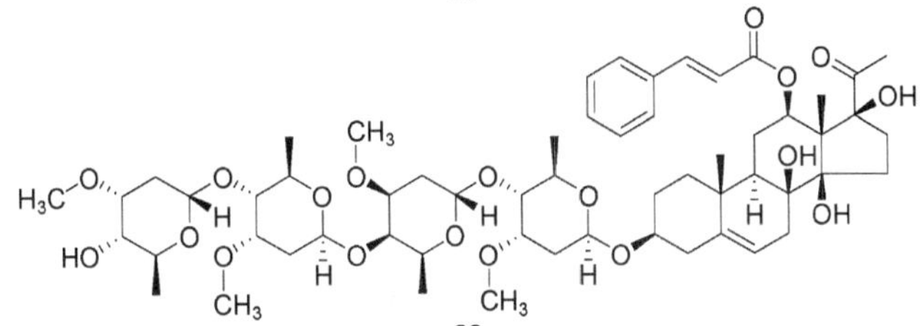

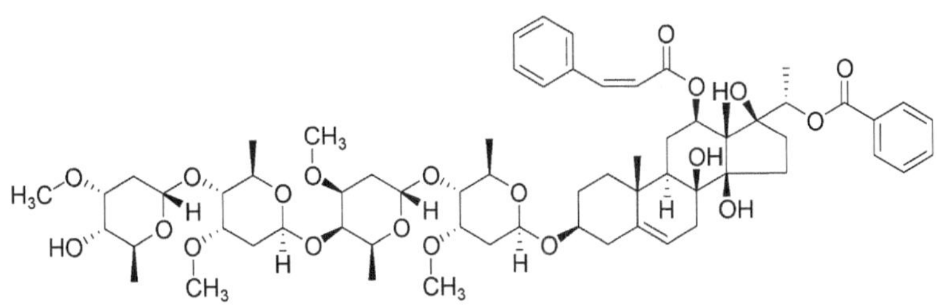

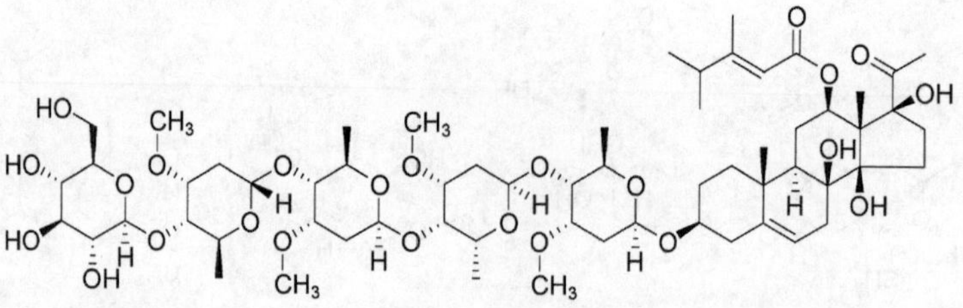

24

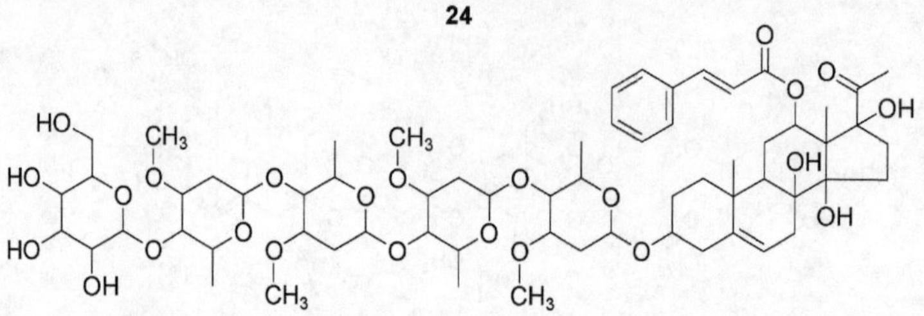

25

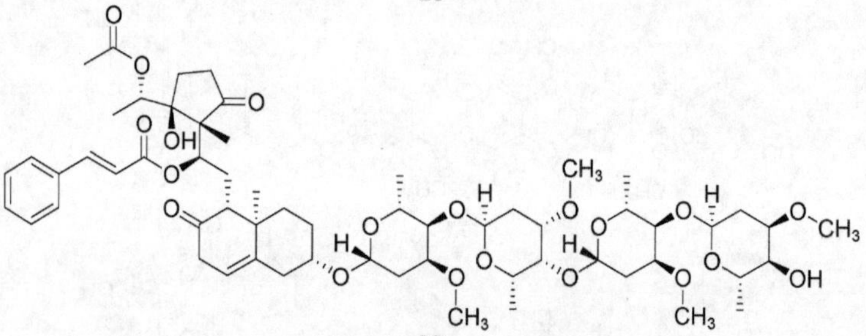

26

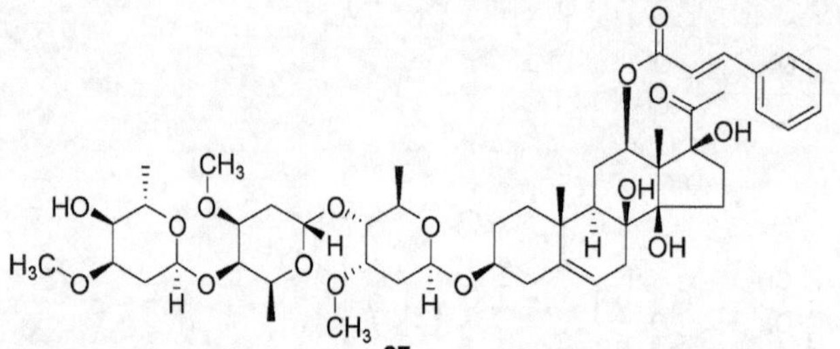

27

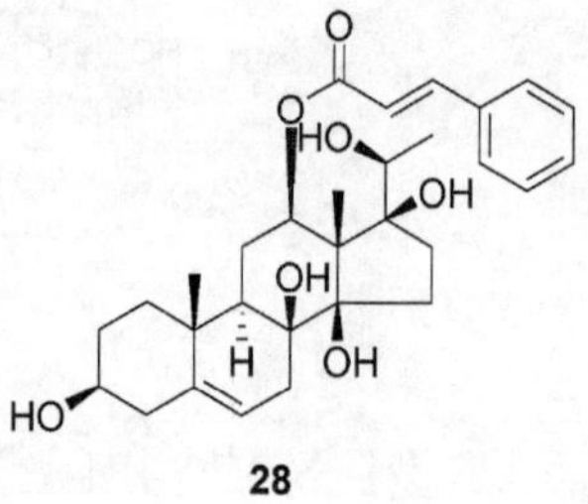

28

图 7-19　隔山消甾体类成分

2. 苯酮类成分

Jiang 等[8]对隔山消根进行了植物化学研究，从隔山消根中分离得到了多个苯酮类成分，经化学结构鉴定为 2,4-dihydroxyacetophenone、2,5-dihydroxyacetophenone、acetovanillone 和 *p*-hydroxyacetophenone。Kim 等[9]从隔山消根中分离得到了多个苯酮类成分，后通过 NMR 谱数据分析确定了苯酮类化合物的结构为 5-*O*-glucosyl-2-hydroxyacetophenone、cynanoneside B、bungeiside A、cynwilforone C 和 cynandione A（表 7-19，图 7-20）。

表 7-19　隔山消苯酮类成分

序号	名称	参考文献	序号	名称	参考文献
1	2,4-dihydroxyacetophenone	[8]	2	2,5-dihydroxyacetophenone	[8]

序号	名称	参考文献	序号	名称	参考文献
3	acetovanillone	[8]	7	bungeiside A	[9]
4	*p*-hydroxyacetophenone	[8]	8	cynwilforone C	[9]
5	5-*O*-glucosyl-2-hydroxyacetophenone	[9]	9	cynandione A	[9]
6	cynanoneside B	[9]			

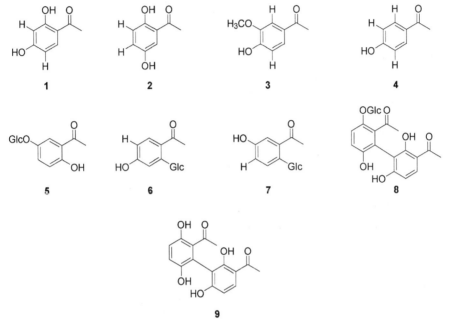

图 7-20　隔山消苯酮类成分

3．其他类成分

Li 等[10]从隔山消的根中分离出 wilfolide A 和 wilfolide B 等，并用光谱分析阐明了它们的结构（表 7-20，图 7-21）。

表 7-20　隔山消其他类成分

序号	名称	参考文献	序号	名称	参考文献
1	wilfolide A	[10]	4	asteriscanolide	[10]
2	wilfolide B	[10]	5	naupliolide	[10]
3	6,7,9,10-tetradehydroasteriscanolide	[10]	6	aquatolide	[10]

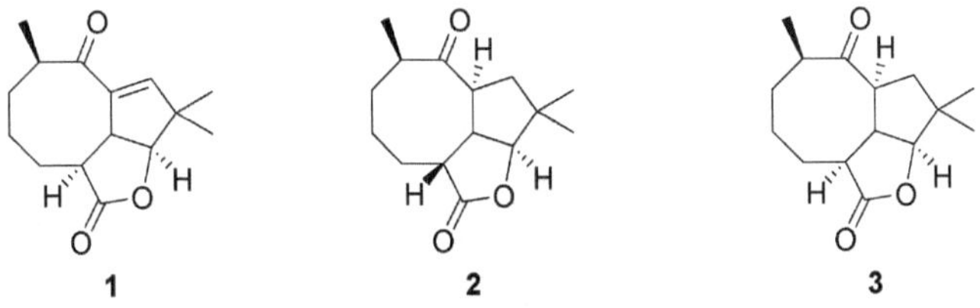

图 7-21

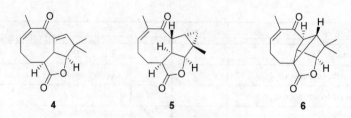

图 7-21　隔山消其他类成分

三、药理活性

1. 抗肿瘤作用

金娟娜等[11]以 3 种人肿瘤细胞系（MCF-7、SGC-7901、BEL-7402）为模型，采用 MTT 法检测了白首乌 C_{21} 甾体总苷 B（CGB）对体外肿瘤细胞活性的影响，并以小鼠移植肉瘤 S_{180} 为模型，检测药物对体内肿瘤生长的影响。结果发现白首乌 C_{21} 甾体总苷 B 对 3 种人肿瘤细胞的生长均有浓度依赖性抑制作用，IC_{50} 为 20.8～46.5mg/L。CGB80mg/kg 和 160mg/kg 对 S180 肉瘤生长的抑制率分别为 38.9% 和 55.8%。CGB 可显著降低肿瘤组织的微血管密度（MVD）（$P < 0.01$）。以上研究结果表明 CGB 在体内外均有明显的抗肿瘤活性，并能抑制肿瘤血管生成。

姚楠等[12]研究了三种 C_{21} 甾体皂苷对人肺癌 A_{549} 细胞生长和细胞周期的抑制作用，采用 MTT 法检测了白首乌中三种 C_{21} 甾体皂苷在不同浓度作用 48h 后对人肺癌 A_{549} 细胞生长的抑制作用，结果表明，三种 C_{21} 甾体皂苷对细胞的抑制作用范围不同。随着各化合物浓度的增加，生长抑制率增强，IC_{50} 分别为（46.07±4.21）µmol/L、（33.02±5.77）µmol/L 和（59.92±4.69）µmol/L。

2. 抗氧化作用

Lee 等[13]从隔山消中分离出的 cynandione A 对 CCl_4 引起的大鼠肝细胞损伤也具有保护作用，50mmol/L 浓度的 cynandione A 能显著降低 CCl_4 诱导的肝细胞谷丙转氨酶和山梨醇脱氢酶的释放，保护原代培养的大鼠肝细胞免受 CCl_4 诱导的肝细胞损伤，显著降低谷胱甘肽、SOD、过氧化氢酶和谷氨酸脱氢酶的水平。

宋俊梅等[14]通过建立剧烈运动小鼠模型，研究了白首乌 C_{21} 甾苷抵抗内源性自由基氧化损伤的功能。并对红细胞抗渗透性、肝脏中过氧化脂质含量和超氧化物歧化酶（SOD）活性、红细胞过氧化氢酶（CAT）活性以及血液谷胱甘肽过氧化物酶（GSH-Px）的活性等 5 项指标进行了研究。结果表明，剧烈过度的运动会导致红细胞的渗透性增加和肝脏中过氧化脂质含量的提高，并会引起 SOD、CAT 和 GSH-Px 三种体内抗氧化酶活性的降低；而白首乌总苷可抑制上述这种由剧烈过度运动所引发的氧化损伤。综上可知，总苷通过自身对氧自由基的直接清除作用和激活机体的抗氧化系统两个方面来提高机体的抗氧化水平，减少自由基对机体的危害。

Mi 等研究发现[15]从隔山消提取物中分离得到的 cynandione A 是一种天然的抗氧化剂，能显著降低 H_2O_2 诱导的神经毒性，减弱谷胱甘肽酶、超氧化物歧化酶和其他酶参与机体抵抗氧化损伤酶的下降，还能减轻由 L-谷氨酸和红藻酸盐引起的神经毒性的现象。

3. 对胃肠道的作用

刘亭等[16]研究了隔山消水溶性部位对阿托品诱导小鼠胃肠运动及胃肠激素的影响。将小鼠随机分为空白组、模型组、多潘立酮组和雷公藤水溶部位低、中、高剂量组。在阿托品抑制状态下，测定小鼠胃排空率和小肠推进率、小鼠血清胃动素（MTL）、胃泌素（GAS）和血管活性肠肽（VIP）水平。结果表明隔山消水溶部位具有促进胃排空和小肠推进的作用，其机制可能与促进胃肠道 MTL、GAS 水平和 VIP 水平的释放有关。

Shan 等[17]研究发现隔山消对大鼠实验性胃损伤有明显的保护作用，能减轻由乙醇和消炎痛所引起的大鼠胃黏膜损伤，显著减少组胺所致胃损伤大鼠的胃酸分泌。

4. 其他作用

在韩国传统医学中，隔山消用于治疗肌肉骨骼疾病。Lee 等[18]研究了隔山消水提物（CW）对绝经后骨质疏松症的影响。观察股骨的骨组织、骨密度（BMD）和骨矿物质含量（BMC）并分析了血清骨钙素浓度。结果表明隔山消对骨质疏松具有良好的治疗作用，在骨质疏松治疗中具有潜在的应用前景。

Jin 等[19]研究了当归、隔山消、银杏提取物混合提取物 ACG-1 的抗血小板聚集和降血脂作用。通过研究 ACG-1 对胶原诱导人富血小板血浆（PRP）中血小板聚集的影响，确定其抗血小板聚集活性。此外，ACG-1 的作用在血栓栓塞小鼠模型中进行了研究。研究结果表明，ACG-1 可明显抑制人 PRP 中的血小板聚集。此外，ACG-1 在静脉注射胶原和肾上腺素混合诱导的血栓栓塞小鼠模型中显示了保护作用。

Lee 等[20]从隔山消根中分离出一种粗多糖组分（CWPF），在不改变小鼠血浆雌二醇浓度的情况下，可以减轻卵巢切除诱导的子宫萎缩和骨丢失。CWPF 可使去卵巢小鼠血浆促卵泡激素（FSH）、碱性磷酸酶（ALP）、骨钙素（OC）水平降低至正常水平。这些结果表明，隔山消水溶性提取物中所对应的隔山消多糖可作为一种有益的草药替代品，用于开发预防妇女绝经综合征的治疗药物。

参考文献

[1] Huang L J, Wang B, Zhang J X, *et al*. Synthesis and evaluation of antifungal activity of C_{21} steroidal derivatives[J]. Bioorganic and Medicinal Chemistry Letters, 2016, 26(8): 2040-2043.

[2] 国家中医药管理局《中华本草》编委会. 中华本草[M]. 上海: 上海科学技术出版社, 1999.

[3] Hwang B Y, Kim B Y, Kim S E, *et al*. Pregnane glycoside multidrug-resistance modulators from *Cynanchum wilfordii*[J]. Journal of Natural Products, 1999, 62(4): 640-643.

[4] 中国科学院植物研究所.中国高等植物图鉴: 第 3 册[M]. 北京: 科学出版社, 1987.

[5] Huang L J, Wang B, Zhang J X, *et al*. Studies on cytotoxic pregnane sapogenins from *Cynanchum wilfordii*[J]. Fitoterapia, 2015, 101: 107-116.

[6] Li J L, Gao Z B, Zhao W M. Identification and evaluation of antiepileptic activity of C_{21} steroidal glycosides from the roots of *Cynanchum wilfordii*[J]. Journal of Natural Products, 2016, 79(1): 89-97.

[7] 姚楠, 顾晓洁, 李友宾. 白首乌中 3 个 C21 甾体皂苷类成分对人肺癌 A549 细胞生长及周期的影响[J]. 中国中药杂志, 2009, 34(11): 1418-1421.

[8] Jiang Y F, Choi H G, Ying L, *et al*. Chemical constituents of *Cynanchum wilfordii* and the chemotaxonomy of two species of the family Asclepiadacease, *C. wilfordii* and *C. auriculatum*[J]. Archives of Pharmacal Research, 2011, 34(12): 2021-2027.

[9] Kim J Y, Lee J W, Lee J S, *et al*. Inhibitory effects of compounds isolated from roots of *Cynanchum wilfordii* on oxidation and glycation of human low-density lipoprotein (LDL)[J]. Journal of Functional Foods, 2019, 59: 281-290.

[10] Li J L, Fu Y, Zhang H Y, *et al*. Two new humulanolides from the roots of *Cynanchum wilfordii*[J]. Tetrahedron Letters, 2015, 56(46): 6503-6505.

[11] 金娟娜, 王一奇, 陈津, 等. 白首乌 C_{21} 甾体总苷抗肿瘤作用研究[J]. 中华中医药学刊, 2011, 29(5): 1055-1057.

[12] 姚楠, 顾晓洁, 李友宾. 白首乌中 3 个 C_{21} 甾体皂苷类成分对人肺癌 A_{549} 细胞生长及周期的影响[J]. 中国中药杂志, 2009, 34(11): 1418-1420.

[13] Lee M K, Yeo H, Kim J, *et al*. Protection of rat hepatocytes exposed to CCl_4 in-vitro by cynandione A, a biacetophenone from *Cynanchum wilfordii*[J]. Journal of Pharmacy and Pharmacology, 2010, 52(3): 341-345.

[14] 宋俊梅, 王元秀, 丁霄霖. 白首乌 C_{21} 甾苷抗氧化作用的研究[J]. 食品科学, 2001, 22(12): 22-25.

[15] Mi K L, Yeo H, Kim J, *et al*. Cynandione A from *Cynanchum wilfordii* protects cultured cortical neurons from toxicity induced by H_2O_2, L-glutamate, and kainate[J]. Journal of Neuroscience Research, 2000, 59(2): 259-264.

[16] 刘亭, 杨淑婷, 黎娜, 等. 隔山消水溶性部位对阿托品抑制小鼠胃肠功能的影响[J]. 贵州医科大学学报, 2018, 43(11): 1252-1255.

[17] Shan L, Liu R H, Shen Y H, *et al*. Gastroprotective effect of a traditional Chinese herbal drug "Baishouwu" on experimental gastric lesions in rats[J]. Journal of Ethnopharmacology, 2006, 107(3): 389-394.

[18] Lee H, Kim M, Choi Y, *et al*. Effects of *Cynanchum wilfordii* on osteoporosis with inhibition of bone resorption and induction of bone formation[J]. Molecular Medicine Reports, 2017, 17: 3758-3762.

[19] Jin H, Guo Y R, Min S K, *et al*. Effect of ACG-1, an extract blend of *Angelica gigas*, *Cynanchum wilfordii*, and *Ginkgo biloba*, on blood circulation improvement via antiplatelet aggregation and antihyperlipidemia[J]. Journal of Medicinal Food, 2021, 24(2): 135-144.

[20] Lee E, Mi J, Lim T G, *et al*. Selective activation of the estrogen receptor-β by the polysaccharide from *Cynanchum wilfordii* alleviates menopausal syndrome in ovariectomized mice[J]. International Journal of Biological Macromolecules, 2020, 165: 1029-1037.

第八节
七叶一枝花

七叶一枝花（*Paris polyphylla*）为百合科重楼属的植物，作为重楼的基源之一被收录于 2015 年版《中国药典》[1]。别名蚤休、蚩休、重台根、整休、草河车、重台草等，因其叶多为 7 片轮生于茎顶，而花单生于轮生叶片之上而得名。七叶一枝花分布于我国的四川、云南、广西、贵州、江西、湖南等地，因其使用历史悠久，如今已被列为华中珍稀濒危植物[2]。该药归肝经，性微寒，味苦，毒性小。具有清热解毒、消肿止痛、定惊平惧的功效。在民间常被用来治疗各种疮毒、跌打外伤、毒蛇咬伤、活血化淤、惊风抽搐等症[3]。始载于《神农本草经》，名为蚤休，被列为下品[4]。

一、生物学特征及资源分布

1．生物学特征

七叶一枝花为多年生草本，植株高 35～100cm，无毛；根状茎粗厚，直径 1～2.5cm，外面呈棕褐色，密生多数环节和许多须根。茎通常呈紫红色，直径 1～1.5cm，基部有 1～3 枚灰白色干膜质的鞘。叶 5～8 枚轮生，通常为 7 枚，倒卵状披针形、矩圆状披针形或倒披针形，基部通常楔形。内轮花被片为狭条形，通常在中部以上变宽，宽 1～1.5mm，长 1.5～3.5cm，长为外轮的 1/3 至近等长或稍超过；具雄蕊 8～10 枚，花药长 1.2～2cm，长为花丝的 3～4 倍，药隔突出部分长 1～2mm。子房近球形，具棱，顶端有一盘状花柱基，花柱粗短，具（4～）5 个分枝。蒴果为紫色，直径 1.5～2.5cm，3～6 瓣裂开。种子具多数，具鲜红色多浆汁的外种皮。花期 5～7 月。果期 8～10 月[5]。

2．资源分布

野生七叶一枝花生境特殊，一般生长在海拔 700～1100m 的山谷、溪涧边，或是阔叶林下阴湿地；最适宜生长在腐殖质含量高的壤土或砂壤土中，在黏土中不能生长，为典型的阴性植物，喜在阴湿、凉爽的环境中生长，忌强光直射，喜斜射或散射光，全光照和过度遮阴均不利于植株光合作用及体内有效成分皂苷含量的积累。因此，人工栽培时，需有遮阴网覆盖，或在林下进行栽培[6]。

二、化学成分

1．甾体皂苷类成分

梁玉勇等[7]采用 HPLC-UV 法测定了贵州不同地区七叶一枝花中的主要活性成分甾体皂苷，鉴定出了 9 种，分别为重楼皂苷Ⅶ、重楼皂苷 H、重楼皂苷Ⅵ、重楼皂苷Ⅱ、薯蓣皂苷、纤细薯蓣皂苷、重楼皂苷Ⅰ和重楼皂苷Ⅴ。Huang 等[8]用 95%乙醇提取七叶一枝花，并用 D101 柱、硅胶柱和 ODS 柱进行色谱分析，得到一个新的甾体皂苷类化合物，命名为 parispolyside E。孙笛等[9]从七叶一枝花乙酸乙酯和正丁醇的分离部位得到了 pennogenin-3-O-β-D-glucopyranoside (1→3)-[α-L-rhamnopyranosyl-(1→2)]-β-D-glucopyranoside 、 diosgenin-3-O-α-L-rhamnopyranosyl-(1→4)-α-L-rhamnopyranosyl-(1→2)-β-D-glycopyranoside。丁立帅[10]从七叶一枝花根茎的 70%乙醇洗脱部位中分离得到了甾体皂苷类成分 pregnane-5,16-diene-3β- alcohol-20-keto、3β-O-α-L-rhamnopyranosyl-(1→2)-[α-L-rhamnopyranosyl(1→4)]-β-D-glucopyran-oside 、 3β-O-α-L-rhamnop-yranosyl-(1→2)-β-D-glucopyranosyl-homo-aro-cholest-5-ene-3β,26-diol-26-O-β-D-glucopyranoside、paris saponin H、paris saponin Ⅵ和 parisyunnanoside F。崔艳等[11]用 HPLC 和系列质谱法研究了七叶一枝花中的薯蓣皂苷，鉴定得到了薯蓣皂苷元-3-O-α-L-鼠李吡喃糖基-(1→4)-α-L-鼠李吡喃糖基(1→4)-[α-L-鼠李吡喃糖基-(1→2)]-β-D-葡萄吡喃糖苷（表 7-21，图 7-22）。

表 7-21 七叶一枝花甾体皂苷类成分

序号	名称	参考文献	序号	名称	参考文献
1	重楼皂苷Ⅶ	[7]	5	薯蓣皂苷	[7]
2	重楼皂苷 H	[7]	6	纤细薯蓣皂苷	[7]
3	重楼皂苷Ⅵ	[7]	7	重楼皂苷Ⅰ	[7]
4	重楼皂苷Ⅱ	[7]	8	重楼皂苷Ⅴ	[7]

序号	名称	参考文献	序号	名称	参考文献
9	parispolyside E	[8]	14	3β-O-α-L-rhamnopyranosyl-(1→2)-β-D-glucopyranosyl-homo-aro-cholest-5-ene-3β, 26-diol 26-O-β-D- glucopyranoside	[10]
10	pennogenin-3-O-β-D-glucopyranoside(1→3)-[α-L-rhamnopyranosyl(1→2)]-β-D-glucopyranoside	[9]	15	paris saponin H	[10]
11	diosgenin-3-O-α-L-rhamnopyranosyl-(1→4)-α-L-rhamnopyranosyl-(1→2)-β-D-glycopyranoside	[9]	16	paris saponin Ⅵ	[10]
12	pregnane-5,16-diene-3β-alcohol-20-keto	[10]	17	parisyunnanoside F	[10]
13	3β-O-α-L-rhamnopyranosyl-(1→2)-[α-L-rhamnopyranosyl-(1→4)]-β-D-glucopyranoside	[10]	18	薯蓣皂苷元-3-O-α-L-鼠李吡喃糖基(1→4)-α-L-鼠李吡喃糖基(1→4)-[α- L-鼠李吡喃糖基(1→2)]-β-D-葡萄吡喃糖苷	[11]

2. 黄酮类成分

孙笛等[9]从七叶一枝花乙酸乙酯和正丁醇的分离部位得到了槲皮素和山柰酚。尹伟等[12]从

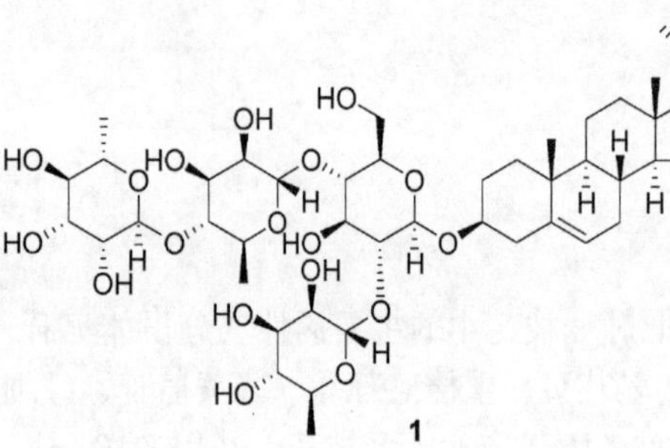

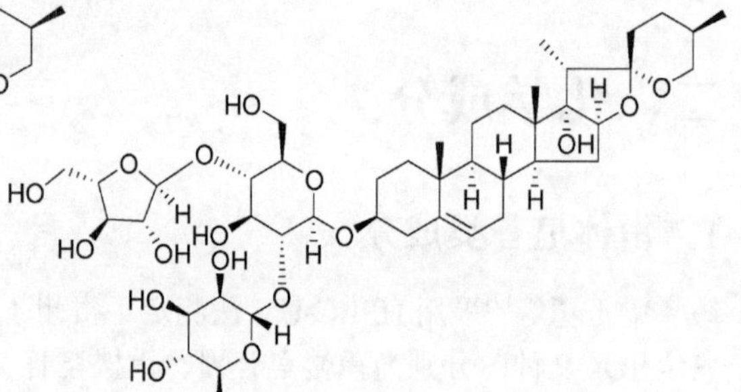

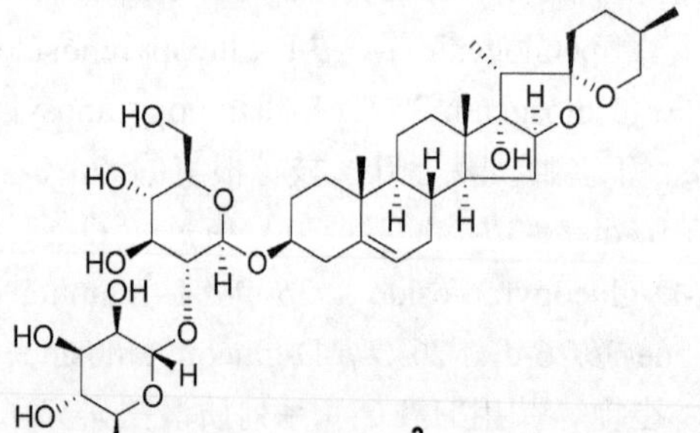

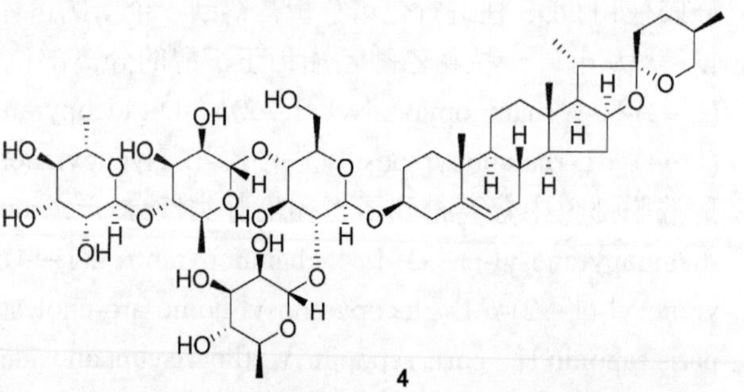

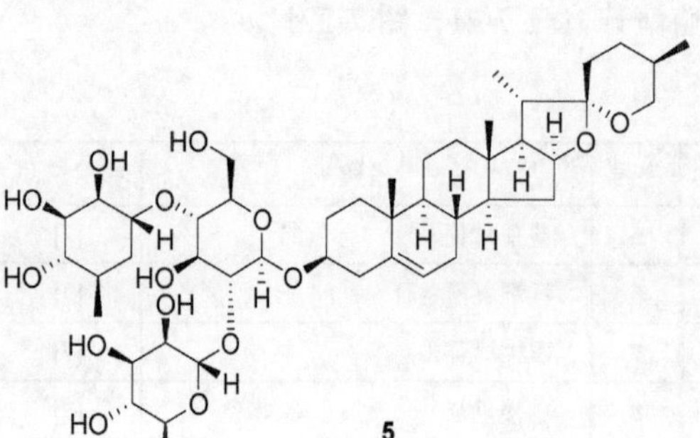

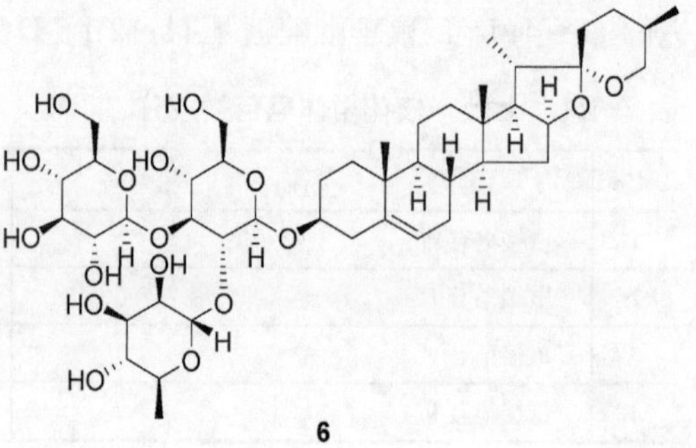

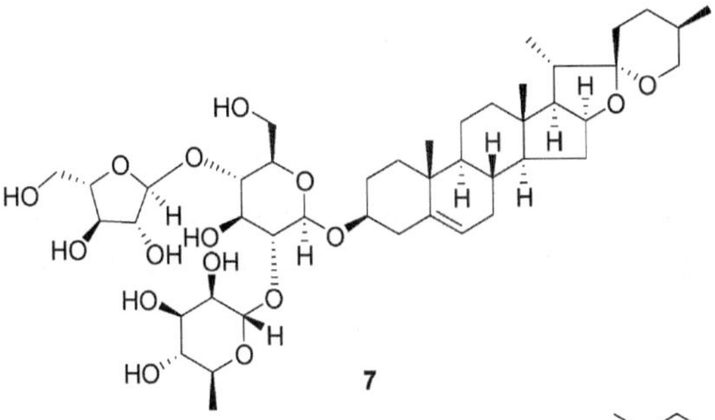

图7-22 七叶一枝花甾体皂苷类成分

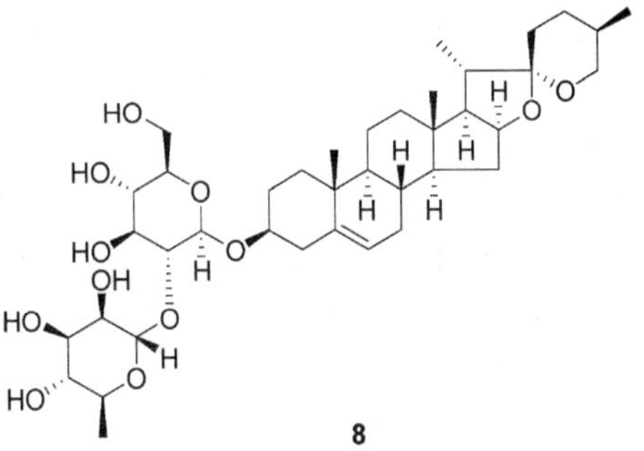

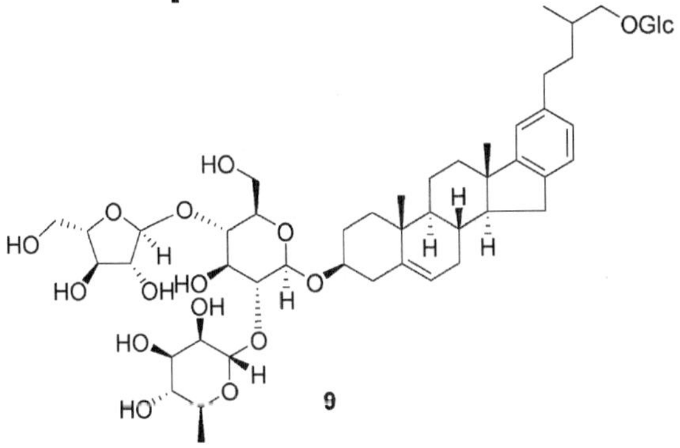

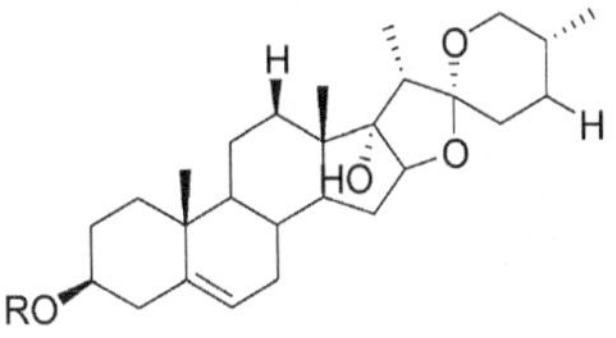

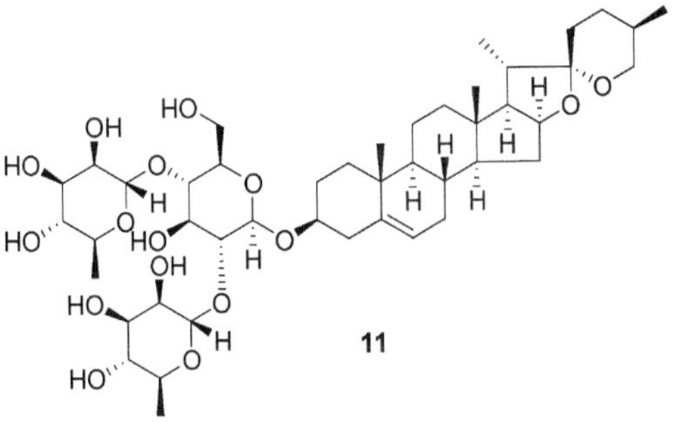

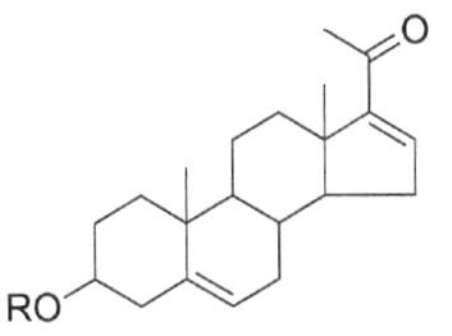

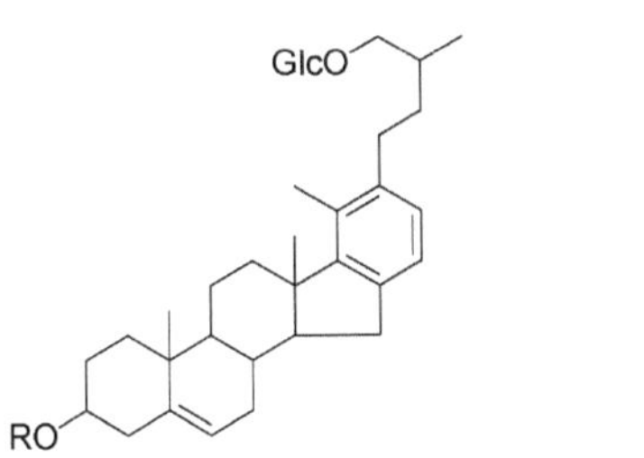

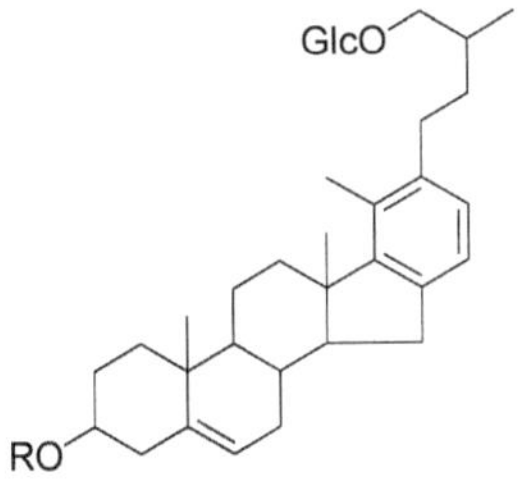

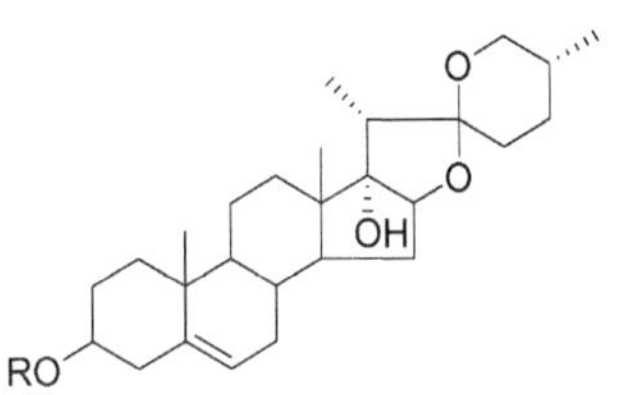

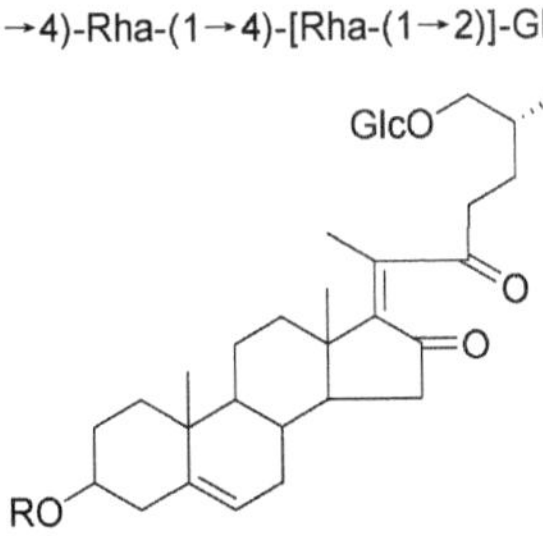

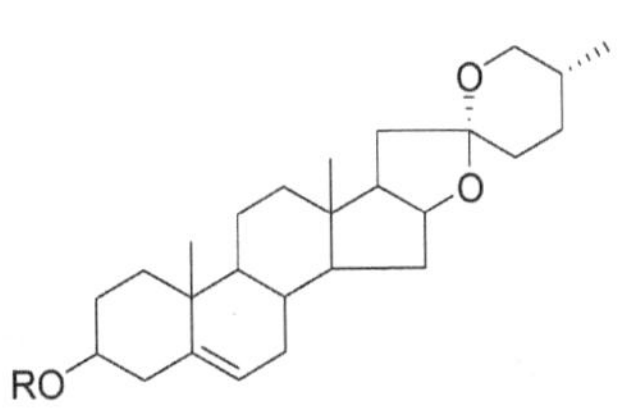

七叶一枝花地上部分的95%的乙醇提取物中分离出木犀草素和木犀草苷。赵猛[13]以75%乙醇为主要原料，对华重楼根和地上部分进行提取，利用HPD100的大孔吸附树脂柱色谱法对提取物进行分离，采用UPLC-QTOF/MS指出了各组分的化学组成，又通过硅胶柱色谱、Sephadex LH-20柱色谱和半制备型高效液相色谱法等各种方式，从地上部分的30%乙醇洗脱部位分离鉴定出了山柰酚-3-*O*-*β*-D-吡喃半乳糖苷、紫云英苷、异鼠李素-3-*O*-*β*-D-吡喃葡萄糖苷、山柰酚-3-*O*-*β*-D-吡喃葡萄糖-(1→2)-*β*-D-吡喃葡萄糖苷、异鼠李素-3-*O*-*β*-D-吡喃葡萄糖-(l→2)-*β*-D-吡喃半乳糖苷、山柰酚-3-*O*-*β*-D-吡喃半乳糖苷吡喃葡萄糖-(l→2)-*β*-D-吡喃葡萄糖苷、异鼠李素-3-*O*-*β*-D-吡喃半乳糖-(1→6)-*β*-D-吡喃葡萄糖苷和异鼠李素3-*O*-龙胆双糖苷等黄酮类成分（表7-22，图7-23）。

表7-22　七叶一枝花黄酮类成分

序号	名称	参考文献	序号	名称	参考文献
1	槲皮素	[9]	9	异鼠李素-3-*O*-*β*-D-吡喃葡萄糖-(1→2)-*β*-D-吡喃半乳糖苷	[13]
2	山柰酚	[9]			
3	木犀草素	[12]	10	山柰酚-3-*O*-*β*-D-吡喃半乳糖苷吡喃葡萄糖-(1→2)-*β*-D-吡喃葡萄糖苷	[13]
4	木犀草苷	[12]			
5	山柰酚-3-*O*-*β*-D-吡喃半乳糖苷	[13]	11	异鼠李素-3-*O*-*β*-D-吡喃半乳糖-(1→6)-*β*-D-吡喃葡萄糖苷	[13]
6	紫云英苷	[13]			
7	异鼠李素-3-*O*-*β*-D-吡喃葡萄糖苷	[13]	12	异鼠李素3-*O*-龙胆双糖苷	[13]
8	山柰酚-3-*O*-*β*-D-吡喃葡萄糖-(1→2)-*β*-D-吡喃葡萄糖苷	[13]			

1

2

3

4

5

6

7

8

9

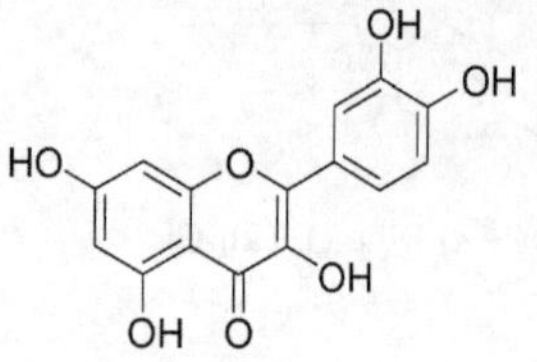

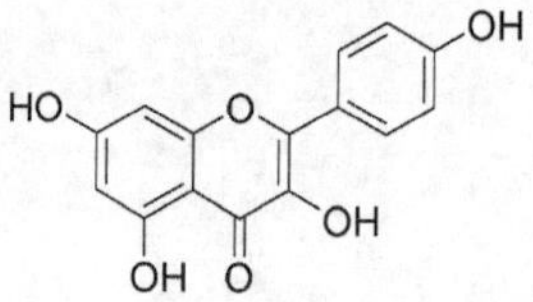

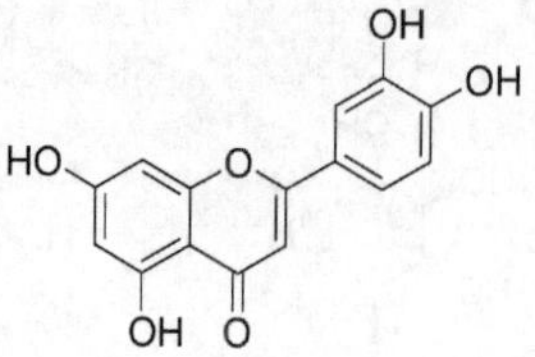

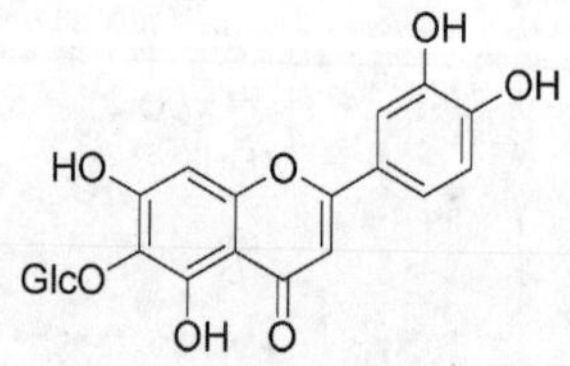

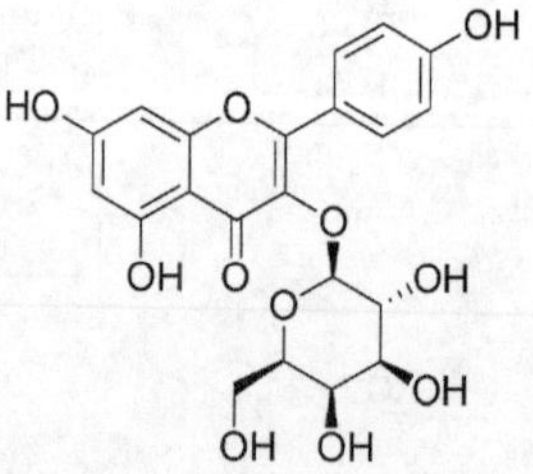

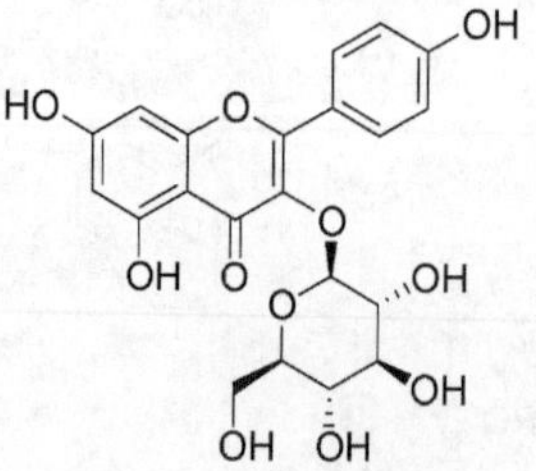

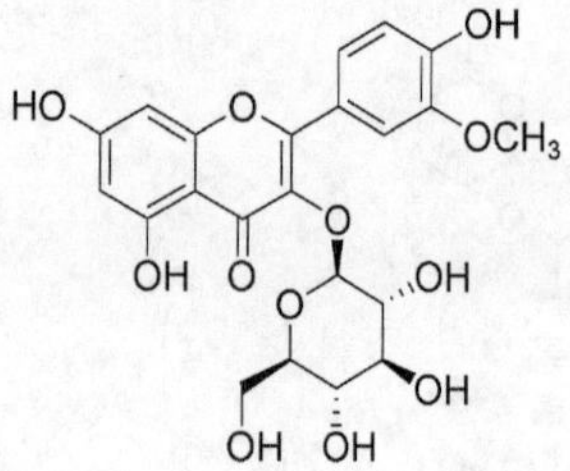

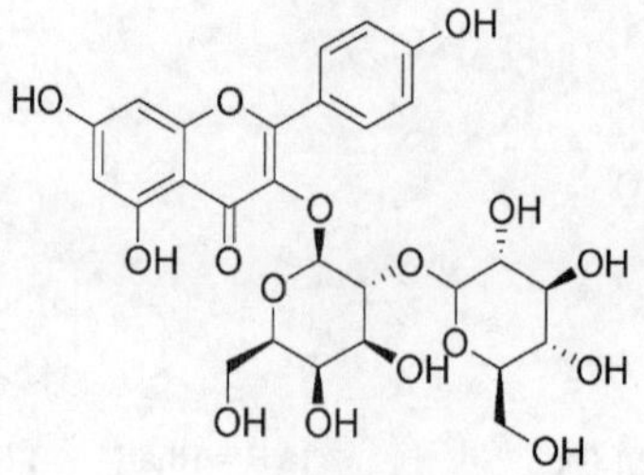

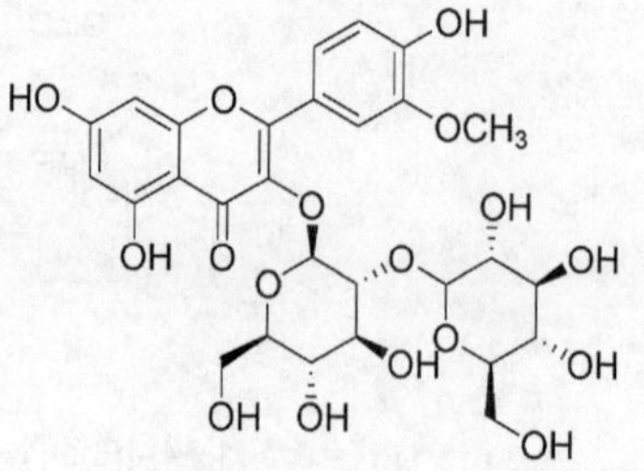

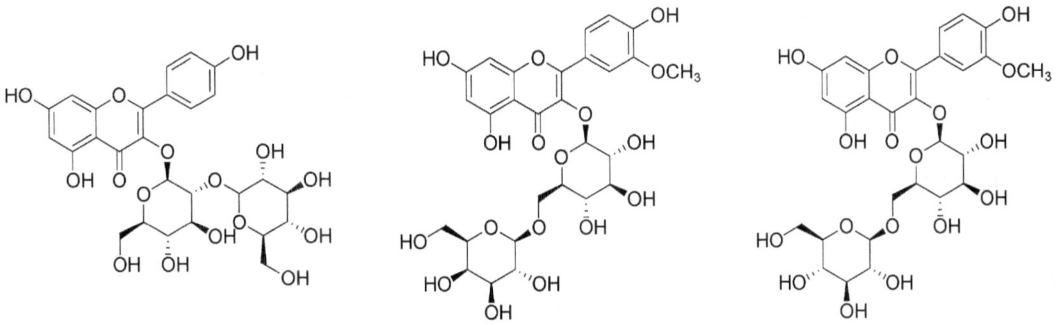

图 7-23　七叶一枝花黄酮类成分

3．其他类成分

研究表明，七叶一枝花还含有 β-谷甾醇、胡萝卜苷、calonysterone、β-ecdysterone、挥发油类等成分[14]。

三、药理活性

1．抗肿瘤

王磊等[15]通过对小鼠右前肢腹腔注射瘤细胞建立 H22 荷瘤小鼠实体瘤模型，建模后将小鼠分成模型组，阳性组，七叶一枝花低、中、高剂量组共五组，经过一段时间的试验后，发现阳性组和七叶一枝花剂量组的小鼠瘤重与模型组相比均显著降低（$P < 0.01$），在七叶一枝花的剂量组中，高剂量组的瘤重显著低于中低剂量组（$P < 0.01$）。此外，七叶一枝花还可延长 H22 荷瘤小鼠的生存时间。鹿洪秀等[16]在正常分氧压和低氧条件下通过培养 VX2 细胞探讨了七叶一枝花提取物的抗肿瘤生长及转移作用。选取 50 只新西兰白兔制备兔 VX2 移植肿瘤模型并将白兔随机分为 5 组，一段时间后均观察到每组白兔体重、肿瘤体积和转移情况。发现在正常分氧压和低氧培养下，七叶一枝花 VX2 细胞增殖率低于对照组（$P<0.05$），VX2 细胞凋亡率高于对照组（$P<0.01$）。

2．抑菌

刘志雄等[14]采用滤纸片法对七叶一枝花挥发油的抑菌活性进行了实验。七叶一枝花挥发油的滤纸片周围均有透明圈，对藤黄微球菌的抑菌圈直径为 20mm（碘酊的抑菌圈直径为 15mm），对产气杆菌的抑菌圈直径为 14mm（碘酊的抑菌圈直径为 12mm），对枯草芽孢菌的抑菌圈直径为 12mm（碘酊的抑菌圈直径为 10mm），对大肠杆菌的抑菌圈直径为 11mm（碘酊的抑菌圈直径为 19mm），对变形杆菌的抑菌圈直径为 9mm（碘酊的抑菌圈直径为 15mm）。抑菌活性测试结果表明七叶一枝花挥发油对藤黄微球菌、产气杆菌、枯草芽孢菌、大肠杆菌和变形杆菌均有一定的抑菌活性。

Ma 等人[17]采用电烫伤仪对大鼠进行二度皮肤烧伤实验。将大鼠分为 2 度烧伤模型，1%磺胺嘧啶银烧伤模型和 120mg/mL 一叶一枝花提取物烧伤模型组。给药后第 3 天、7 天、14 天，观察三组大鼠创面面积及表皮组织病理学变化。同时测定了防护装备对金黄色葡萄球菌、铜绿假单胞菌和大肠杆菌的最低抑菌浓度（MIC）。抗菌数据显示，防护装备对金黄色葡萄球菌、铜绿假单胞菌和大肠杆菌的 MIC 分别为 2.35mg/mL、8.2mg/mL 和 4.70mg/mL。

3．抗氧化

Shian 等[18]测定了七叶一枝花多糖（PPLP）的 DPPH 自由基清除活性，PPLP 的清除能力呈剂量依赖性。当 PPLP 的浓度从 0.05mg/mL 增加到 0.9mg/mL 时，PPLP 的清除作用从 7.62%增加到 84.73%。PPLP 和抗坏血酸的半抑制作用（IE_{50}）清除抗坏血酸分别为 0.25mg/mL 和 0.06mg/mL。

张玉霖等[19]用超声法、索氏提取法对七叶一枝花不同部位总黄酮进行提取，以清除 DPPH 自由基能力对其抗氧化活性进行比较。结果清除 DPPH 自由基的能力为：超声法＜索氏提取法。七叶一枝花根、茎、叶样品清除 DPPH 自由基的 IC_{50} 值分别为 10.63mg/mL、7.55mg/mL、3.73mg/mL。

4．镇痛抗炎

丁立帅等[20]通过热板、热刺痛、醋酸扭体实验评价镇痛效果，采用二甲苯致小鼠耳肿胀模型进行抗炎作用的研究，对七叶一枝花总提取物及呋甾皂苷、薯蓣皂苷、偏诺皂苷三类组分的消炎效果进行了比较。结果表明，七叶一枝花的根茎提取物具有明显的镇痛作用，在热刺痛实验中，中剂量和高剂量组[0.6g（原料药）/kg、2.4g（原料药）/kg]具有显著的镇痛作用，所有剂量组均具有极显著的镇痛作用，且具有剂量依赖性。在抗炎作用的评价中，总提取物对二甲苯引起的小鼠耳肿胀抑制作用具有显著的剂量依赖性关系。地上部分的总提取物显示出与根状茎类似的镇痛抗炎作用。

李小莉等[21]采用巴豆油混合剂引起小鼠耳廓肿胀法、醋酸致小鼠毛细血管通透性增加法、角叉菜胶致小鼠足趾肿胀和炎症组织中 PGE_2 含量测定实验探究七叶一枝花软膏的抗炎作用，扭体法研究七叶一枝花外用膏剂的镇痛效果。发现该药可显著抑制小鼠耳廓和足趾肿胀，降低炎症组织中 PGE_2 的含量，显著抑制小鼠毛细血管通透性的增加，并能显著降低小鼠扭体次数。七叶一枝花软膏在一定剂量下对炎症早期的水肿和渗出有明显的抑制作用，还可对化学物质引起的疼痛起到减缓作用。

5．其他

王强等[22]研究表明，七叶一枝花甲醇提取物去脂后，可明显缩短凝血时间，表明七叶一枝花具有止血作用。汤海峰等人[23]研究表明，重楼皂苷 II 是作用较强的免疫调节剂，对植物血凝素（PHA）诱导的人外周全血细胞有促进有丝分裂的作用，体内试验能增强 C3H/HeN 小鼠的自然杀伤细胞活性，诱导干扰素产生，并可抑制 S-抗原诱导的豚鼠自身免疫性眼色素层炎（FAU）的发生和发展。

参考文献

[1] 国家药典委员会. 中华人民共和国药典(2015 年版). 一部[S]. 北京: 中国医药科技出版社, 2015.
[2] 王诗云, 赵子恩, 彭辅松. 华中珍稀濒危植物及其保存[M]. 北京: 科学出版社, 1995.

[3] 边洪荣, 李小娜, 王会敏. 重楼的研究及应用进展[J]. 中药材, 2002, 25(3): 218-220.

[4] 颜永刚, 王红艳, 王昌利, 等. 重楼的化学成分和药理作用[J]. 河南中医, 2013, 33(8): 1331-1333.

[5] 中国科学院中国植物志编辑委员会. 中国植物志: 第十五卷[M]. 北京: 科学出版社, 1978.

[6] 梁娟, 易涛, 叶漪. 遮阴对七叶一枝花光合特性及皂苷含量的影响[J]. 江苏农业科学, 2016, 44(4): 265-267.

[7] 梁玉勇, 刘振, 高文远, 等. HPLC 法测定贵州不同产地的七叶一枝花中 9 种甾体皂苷的含量[J]. 铜仁职业技术学院学术论坛, 2016, 37(2): 53-57.

[8] Huang Y, Wang Q, Ye W C, et al. A new homo-cholestane glycoside from Paris polyphylla var. chinensis[J]. Chinese Journal of Natural Medicines, 2005, 3(3): 138-140.

[9] 孙笛, 杨尚军, 白少岩. 七叶一枝花的化学成分研究[J]. 食品与药品, 2016, 18(2): 98-101.

[10] 丁立帅. 七叶一枝花化学成分和药理作用研究[D]. 郑州: 河南中医药大学, 2017.

[11] 崔艳, 张秀凤, 刘扬, 等. 七叶一枝花中薯蓣皂苷的分离及结构鉴定研究[J]. 分析科学学报, 2006, 22(5): 563-566.

[12] 尹伟, 宋祖荣, 刘金旗, 等. 七叶一枝花地上部分化学成分研究[J]. 中药材, 2015, 38(9): 1875-1878.

[13] 赵猛. 华重楼化学成分研究及其主成分在初加工过程中的变化研究[D]. 河南中医药大学.

[14] 刘志雄, 刘祝祥, 田启建. 七叶一枝花挥发油成分及其抑菌活性分析[J]. 中药材, 2014, 37(4): 612-616.

[15] 王磊, 宋延平, 仲光勇, 等. 七叶一枝花对 H22 荷瘤小鼠实体瘤生长及生存时间的影响[J]. 甘肃中医药大学学报, 2017, 34(1): 14-17.

[16] 鹿洪秀, 马德东. 七叶一枝花提取物抗肿瘤生长及转移的作用[J]. 山东医药, 2013, 53(45): 33-34.

[17] Ma Z, Yin W, Hu G, et al. Effect of Paris polyphylla extract on second-degree burns in rats[J]. Tropical Journal of Pharmaceutical Research, 2016, 15(10): 2131-2135.

[18] Shen S A, Chen D J, Li X, et al. Optimization of extraction process and antioxidant activity of polysaccharides from leaves of Paris polyphylla[J]. Carbohydrate Polymer, 2014, 104: 80-86.

[19] 张玉霖, 余海峰, 肖若蕾, 等. 用不同方法提取七叶一枝花总黄酮及抗氧化研究[J]. 中国临床药理学杂志, 2019, 35(6): 556-558.

[20] 丁立帅, 赵猛, 李燕敏, 等. 七叶一枝花根茎和地上部分提取物镇痛抗炎作用研究[J]. 天然产物研究与开发, 2018, 30(5): 832-839.

[21] 李小莉, 陈红琳, 牟光敏. 七叶一枝花软膏抗炎镇痛作用研究[J]. 医药导报, 2007, 26(2): 139-140.

[22] 王强, 徐国钧, 程永宝. 中药七叶一枝花类的抑菌和止血作用研究[J]. 中国药科大学学报, 1989, 20(4): 251-253.

[23] 汤海峰, 赵越平, 蒋永培. 重楼属植物的研究概况[J]. 中草药, 1998, 29(12): 839-842.

民族植物资源

化学与生物活性

Research Progress on
Chemistry and Bioactivity
of
Ethnobotany
Resources

研究

第八章

维吾尔族药物

新疆维吾尔自治区位于我国西北边陲，远离海洋，深居内陆，气候特点属于明显的温带大陆性气候。北部阿尔泰山，南部昆仑山系，天山横亘中部，将新疆分为南部的塔里木盆地和北部的准噶尔盆地。新疆山脉与盆地相间排列，地貌复杂多样，气温温差较大，日照时间充足，独特的地理、气候条件孕育了丰富的药物资源。

维吾尔族人民在生产实践中利用自然资源与疾病作斗争，在长期的经验积累与科学总结中逐渐建立起维吾尔族医药学的理论体系。汉代以后，得益于新疆在"丝绸之路"交通要冲的优越位置，维吾尔族医药与中医药、古希腊医药、阿拉伯医药、印度医药等频繁交流、相互交融，促使维吾尔族医药博采众长，逐步形成了特色鲜明、风格独特的理论体系。

新疆地区独特的地理与气候条件造就了丰富的维药资源，文献记载维药有 1000 多种，约40%种类与中药交叉，例如甘草、干姜、肉苁蓉等，其药材来源和药用部位均一致。维药常用药材 450 余种，如伊贝母、菊苣、刺山柑、黑种草、罗勒、巴旦杏、恰玛古、驱虫斑鸠菊、一枝蒿等。

维吾尔族医药是我国自成体系的少数民族传统医药之一，是祖国传统医药宝库中的瑰宝。中华人民共和国成立后，政府高度重视中医药与民族医药的发展。尤其是改革开放以后，我国民族药迎来快速发展的机遇，维吾尔族药物（以下简称维药）也得到了空前的发展，取得一些可喜的成就。如以祖卡木颗粒（药物组成包括山奈、睡莲花、破布木果、薄荷、大枣、洋甘菊、甘草、蜀葵子、大黄、罂粟壳）和复方木尼孜其颗粒（药物组成包括菊苣子、芹菜根、菊苣根、香青兰子、黑种草子、茴香根皮、洋甘菊、甘草、香茅、罗勒子、蜀葵子、茴芹果、骆驼蓬子）等为代表的维药已经成为临床常用药品。

尽管如此，维药的相关研究仍有很大不足，比如维药有效成分的研究起步较晚，对骆驼蓬、黑种草、香青兰、一枝蒿、洋甘菊、罗勒等常用药材的研究较多，而更多药用植物的化学成分仍有待深入研究。随着现代药学与生物技术的快速发展，应该充分利用现代科学技术条件，加强维药药效物质与药理活性的研究，进一步开发利用维药，让这一古老的民族药焕发青春，造福人类。

为了了解代表性维药化学成分和药理活性的研究进展，本章选取 11 种常用维药，包括芜菁（维药名恰玛古或查木古尔）、新疆圆柏实（维药名阿日查梅维斯）、甘松（维药名松布力）、罗勒（维药名热依汗）、洋甘菊（德国洋甘菊，又称"母菊"，维药名巴不乃）、一枝蒿（维药名一孜秋 艾密尼）、唇香草（维药名苏则）、菊苣（维药名卡斯尼）、刺蒺藜（维药名欧胡日 提坎）、天仙子（莨菪，维药名明地瓦尔 欧如合）、金丝草，对其化学成分和药理活性研究概况进行归纳总结，以助于把握这些维药相关研究的最新进展。

第一节
芜菁

芜菁（*Brassica rapa* L.）为十字花科芸苔属植物，别名蔓菁、诸葛菜、圆菜头、芜根、圆根、盘菜，可药食两用。是维吾尔医药常用药材，维吾尔名称为恰玛古。芜菁味甘、辛、苦，性温，无毒，具有开胃消食、下气宽中、止咳化痰、利湿解毒、温和脾胃之功效。对治疗寒积腹痛、食欲不振、食积不化、黄疸、乳痈以及皮肤疔肿等症具有良好的效果[1~2]。现代研究表明，芜菁中主要含有黄酮类、硫代葡萄糖苷类等化合物，具有抗氧化、抗肿瘤、降血糖、抗炎等药理作用。

一、生物学特性及资源分布

1．生物学特性

芜菁，二年生草本，高达 100cm；块根肉质，球形、扁圆形或长圆形，外皮白色、黄色或红色，根肉质白色或黄色，无辣味；茎直立，有分枝，下部稍有毛，上部无毛。基生叶大头羽裂或为复叶，长 20～34cm，顶裂片或小叶很大，边缘波状或浅裂，侧裂片或小叶约 5 对，向下渐变小，上面有少数散生刺毛，下面有白色尖锐刺毛；叶柄长 10～16cm，有小裂片；中部及上部茎生叶长圆披针形，长 3～12cm，无毛，带粉霜，基部宽心形，至少半抱茎，无柄。总状花序顶生；花直径 4～5mm；花梗长 10～15mm；萼片长圆形，长 4～6mm；花瓣鲜黄色，倒披针形，长 4～8mm，有短爪。长角果线形，长 3.5～8cm，果瓣具 1 显明中脉；喙长 10～20mm；果梗长达 3cm。种子球形，直径约 1.8mm，浅黄棕色，近种脐处黑色，有细网状窠穴。花期 3～4 月，果期 5～6 月[3~4]。

2．资源分布

芜菁性喜冷凉，耐轻霜，不耐暑热，适宜在 15～22℃气候条件下生长，属长日照植物。喜湿润的砂质壤土，适应偏酸性土壤，要求湿润环境。高寒山区用以代粮。其主产地位于中国新疆天山西南地区、塔里木盆地以西地区，其中，阿克苏地区柯坪县是芜菁的主要生产地，并获得了中国国家地理标志认证[5-6]。

二、化学成分研究

1．黄酮类化合物

Fernande 等[7]采用 HPLC-DAD 和 HPLC-UV 分别测定了芜菁叶、茎、花蕾和根部位的化合物，发现了 8 种黄酮类化合物。Francisco 等[8]采用 LC-UV 光电二极管阵列检测（DAD）-电喷雾电离（ESI）技术，在芜菁叶和嫩芽中均发现了不同程度的荧光后，鉴定为黄酮类化合物及其衍生物。王涵等[9]利用硅胶柱色谱、Sephadex LH-20、半制备高效液相、结晶、重结晶等技术进行分离纯化，首次从芜菁中分离得到的黄酮类化合物异鼠李素-3-O-β-D-吡喃葡萄糖基-7-O-β-D-龙胆双糖苷、异鼠李素。化合物具体名称与结构分别见表 8-1 和图 8-1。

表 8-1　芜菁黄酮类化合物

序号	名称	参考文献	序号	名称	参考文献
1	kaempferol 3-O-sophoroside-7-O-glucoside	[7]	3	kaempferol 3-O-(feruloyl/caffffeoyl)-sophoroside-7-O-glucoside	[7]
2	kaempferol 3-O-sophoroside-7-O-sophoroside	[7]	4	kaempferol-3,7-O-diglucoside	[7]

序号	名称	参考文献	序号	名称	参考文献
5	kaempferol-3-O-triglucoside-7-O-glucoside	[8]	12	isorhamnetin-3-O-glucoside	[7]
6	kaempferol-3-O-sophoroside	[7]	13	isorhamnetin-7-O-glucoside.	[8]
7	kaempferol-3-O-glucoside	[7]	14	异鼠李素-3-O-β-D-吡喃葡萄糖基-7-O-β-D-龙胆双糖苷	[9]
8	quercetin-3,7-di-O-glucoside	[8]			
9	quercetin-3-O-sophoroside	[8]	15	isorhamnetin-3,7-O-diglucoside	[7]
10	quercetin-7-O-glucoside	[8]	16	异鼠李素	[9]
11	quercetin-3-sophoroside-7-glucoside	[8]			

1 R¹ = sophorose   R² = glucose
2 R¹ = sophorose   R² = sophorose
3 R¹ = (feruloyl/cafffeoyl)-sophoroside   R² = glucose
4 R¹ = glucose   R² = glucose
5 R¹ = triglucoside   R² = glucoside

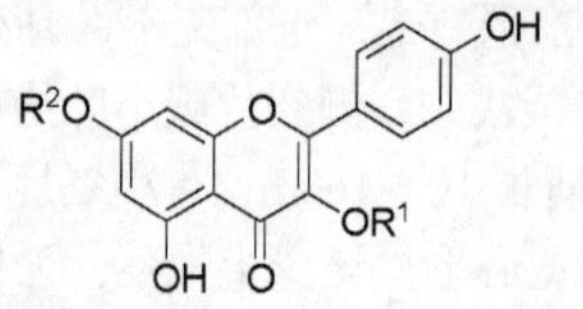

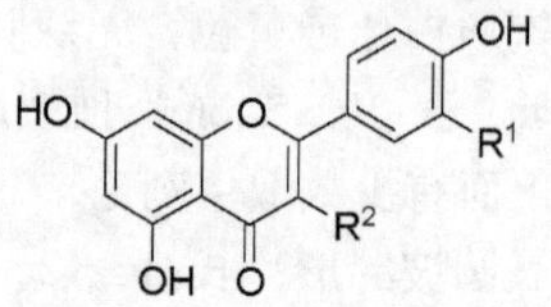

6 R¹ = H   R² = sophorose
7 R¹ = H   R² = glucose

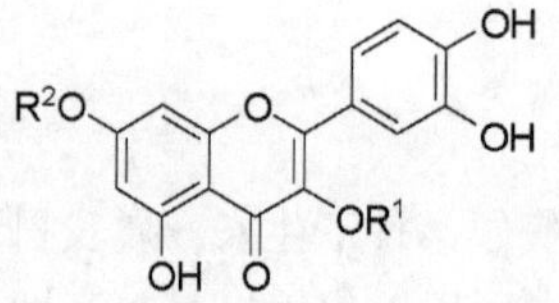

8 R¹ = glucoside   R² = glucoside
9 R¹ = sophoroside   R² = H
10 R¹ = H   R² = glucoside
11 R¹ = sophoroside   R² = glucoside

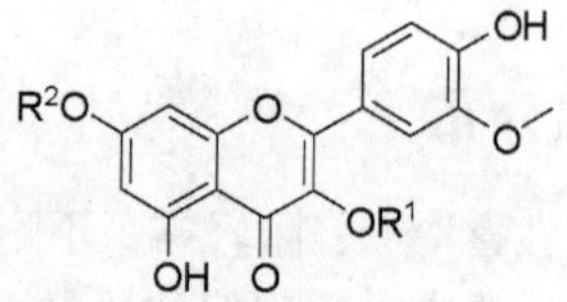

12 R¹ = glucose   R² = H
13 R¹ = H   R² = glucose
14 R¹ = glucopyranosyl   R² = gentian diglycoside
15 R¹ = glucoside   R² = glucoside
16 R¹ = H   R² = H

图 8-1　芜菁黄酮类化合物

2. 硫代葡萄糖苷类化合物

Kim 等[10]从芜菁叶中鉴定出了一个结构独特的硫代葡萄糖苷：4-(cystein-S-yl)butyl glucosinolate。Padilla 等[11]采用高效液相色谱法分析到了芜菁的嫩叶中含有硫代葡萄糖苷。孙文彦等[12]采用高效液相色谱国际标准方法对两个外观和口味差别较大的恰玛古品种红圆和白玉地上部、根部硫代葡萄糖苷（硫苷）组分与含量进行鉴定分析，结果显示，两种植物中都包括 6 种脂肪族硫苷：2-羟基-3-丁烯基硫苷、4-甲亚砜丁基硫苷、2-羟基-4-戊烯基硫苷、5-甲亚砜戊基硫苷、3-丁烯基硫苷、4-戊烯基硫苷；1 种芳香族硫苷：苯乙基硫苷；3 种吲哚族硫苷：4-羟基-3-吲哚甲基硫苷、4-甲氧-3-吲哚甲基硫苷和1-甲氧-3-吲哚甲基硫苷。化合物具体名称与结构分别见表 8-2 和图 8-2。

3. 其他类化合物

芜菁中还含有一些三萜类、脂肪酸类等其他类成分。此外，孙莲等[13]研究发现，芜菁种子中还含有苏氨酸、缬氨酸、脯氨酸、蛋氨酸、甘氨酸等 12 种游离氨基酸。化合物具体名称与结构分别见表 8-3 和图 8-3。

表 8-2 芜菁硫代葡萄糖苷类化合物

序号	名称	参考文献	序号	名称	参考文献
1	4-(cystein-*S*-yl)butyl glucosinolate	[10]	**9**	5-甲基亚磺酰戊基硫苷	[11]
2	2-(*R*)-羟基-3-丁烯基硫苷	[11]	**10**	3-丁烯基硫苷	[11]
3	2-(*S*)-羟基-3-丁烯基硫苷	[11]	**11**	4-戊烯基硫苷	[11]
4	3-甲基亚磺酰丙基硫苷	[11]	**12**	3-吲哚基甲基硫苷	[11]
5	3-甲硫基丙基硫苷	[11]	**13**	4-羟基-3-吲哚基甲基硫苷	[11]
6	4-甲基亚磺酰丁基硫苷	[11]	**14**	4-甲氧基-3-吲哚基甲基硫苷	[11]
7	4-甲硫基丁基硫苷	[11]	**15**	1-甲氧基-3-吲哚基甲基硫苷	[11]
8	2-羟基-4-戊烯基硫苷	[11]	**16**	苯乙基硫苷	[11]

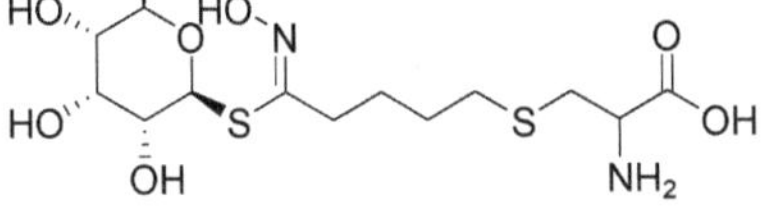

1

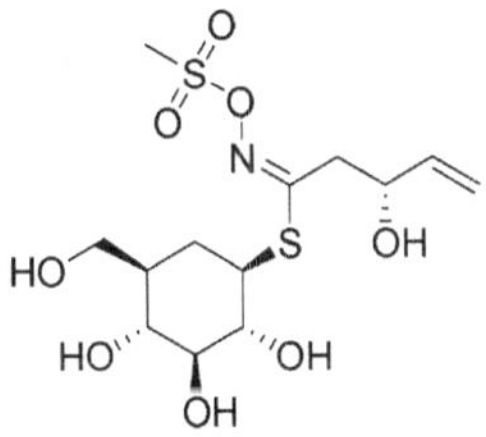

2

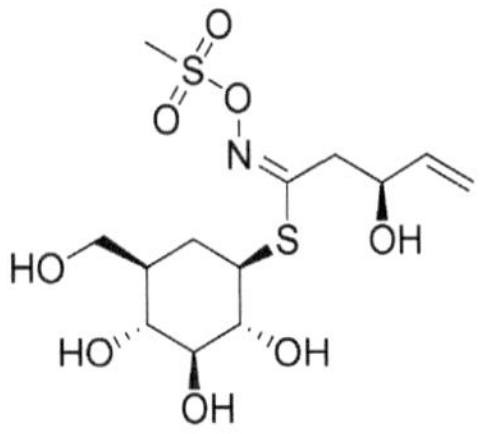

3

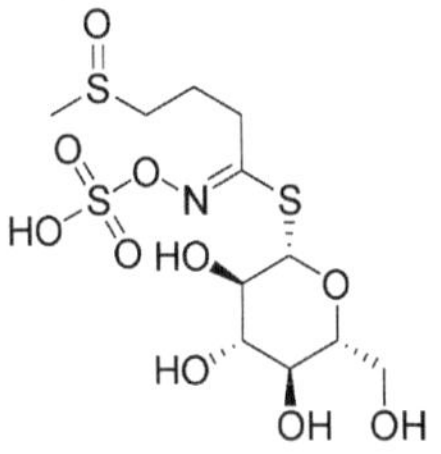

4

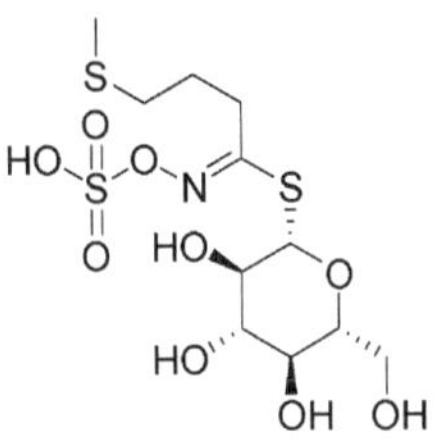

5

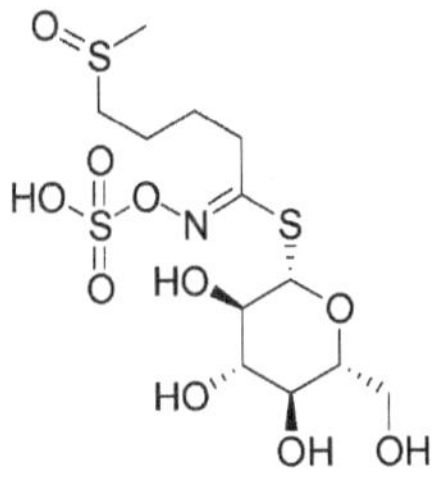

6

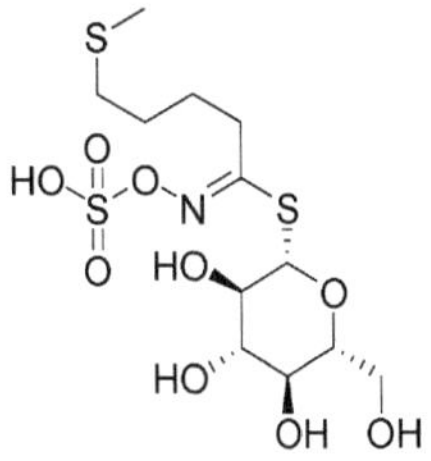

7

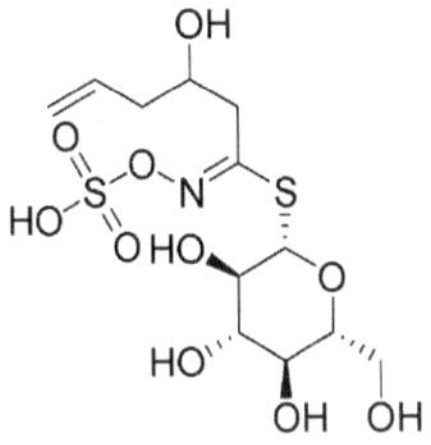

8

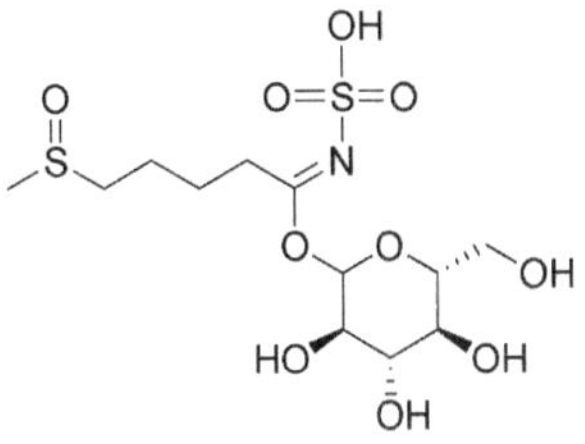

9

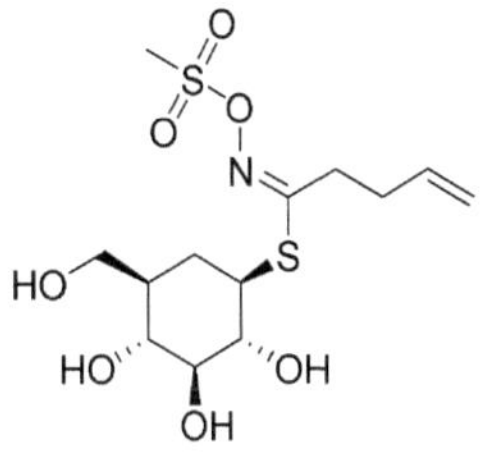

10

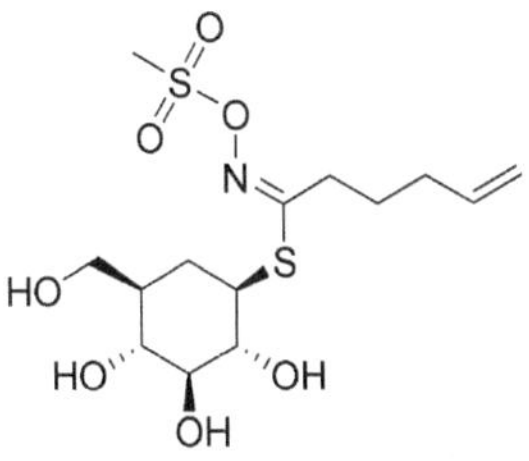

11

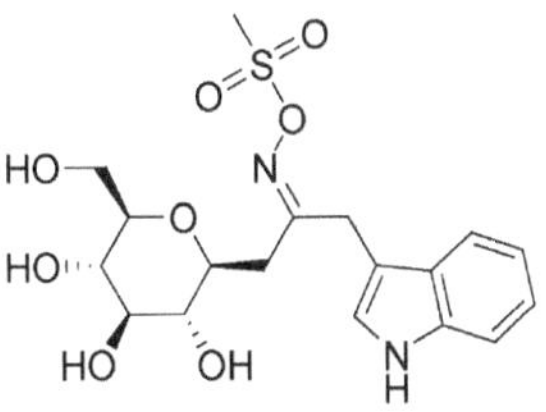

12

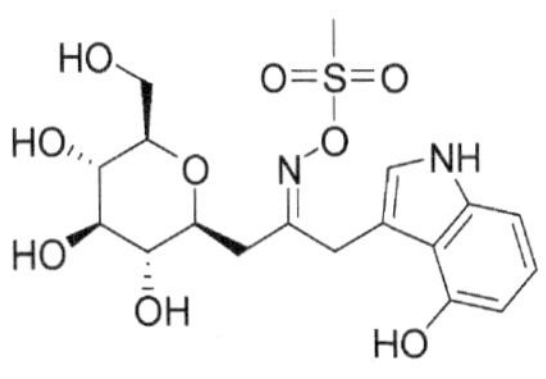

13

图 8-2

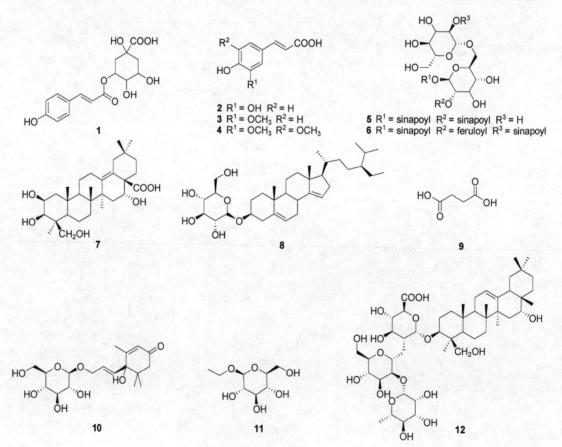

图 8-2　芜菁硫代葡萄糖苷类化合物

表 8-3　芜菁其他类成分

序号	名称	参考文献	序号	名称	参考文献
1	3-*p*-coumaroylquinic acid	[7]	8	胡萝卜苷	[14]
2	caffffeic acid	[7]	9	琥珀酸	[9]
3	ferulic acid	[7]	10	(6*S*,9*S*)-长寿花糖苷	[9]
4	sinapic acid	[7]	11	乙基-*β*-D-吡喃葡萄糖苷	[9]
5	1,2-disinapoylgentiobiose	[7]	12	蔓菁皂苷 A	[7]
6	1,20-disinapoyl-2-feruloylgentiobiose	[7]	13	桔梗皂苷 D	[14]
7	蔓菁酸	[14]	14	桔梗皂苷 E	[14]

2 R¹ = OH R² = H
3 R¹ = OCH₃ R² = H
4 R¹ = OCH₃ R² = OCH₃

5 R¹ = sinapoyl R² = sinapoyl R³ = H
6 R¹ = sinapoyl R² = feruloyl R³ = sinapoyl

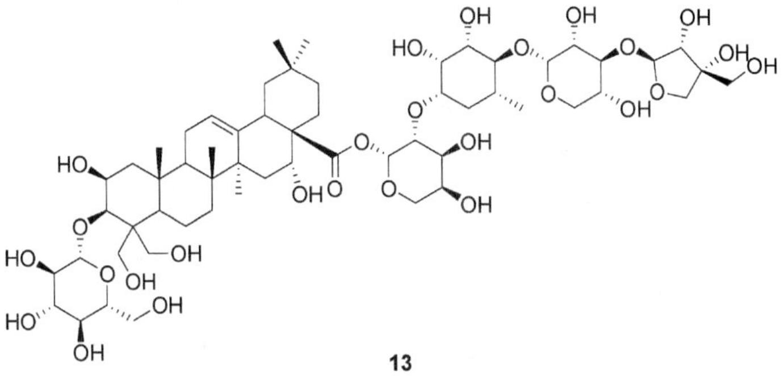

图 8-3　芜菁其他类成分

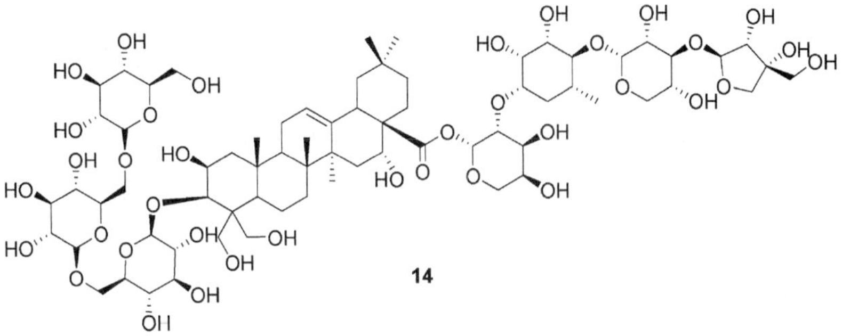

三、药理活性研究

1. 抗氧化

王花等[19~21]研究发现芜菁不同提取物对于 D-半乳糖诱发的亚急性衰老模型有明显的延缓衰老作用。经过芜菁提取物干预后，芜菁不同提取组和维生素 E 组，可降低衰老小鼠外周血血清 MDA 含量，提高 SOD 含量，增加肝组织中 GSH-Px 活性，醇提、醚提组疗效较优，其中醚提组和醇提组小鼠的一般状况好于其他组小鼠。后续实验，分别连续 42 天，灌胃芜菁醚提取物高剂量 40g/(kg·d)、中剂量 30g/(kg·d)、低剂量 20g/(kg·d)，以生理盐水和维生素 E 做对照组，发现芜菁醚提取物高中剂量组作用较好。

张旭等[16]用 FTC 法、还原力法、清除羟基自由基能力法、β-胡萝卜素-亚油酸法、DPPH 自由基的清除法五种方法来测定芜菁及抗氧化剂 BHT 对照组的抗氧化活性。结果表明，DPPH 自由基的清除率与 β-胡萝卜素-亚油酸法的抗氧化活性明显高于 BHT，而其他方法测定的结果稍低于 BHT。该结果说明芜菁具有一定的抗氧化能力。

李欢欢等[15]研究了芜菁中性多糖（BRNP）对 D-半乳糖致衰老小鼠模型的抗氧化作用，研究发现经过 BRNP 处理后，与模型组小鼠相比，BRNP 组小鼠血清以及全脑、肝脏匀浆中的 SOD、T-AOC、CAT、GSH、GSH-Px 的活性明显升高，MDA 含量显著降低。这表示 BRNP 能有效提高 D-半乳糖致衰老小鼠模型抗氧化能力，以达到延缓衰老的作用。

张丽静等[17]通过 DPPH、ABST+自由基清除试验和细胞存活率试验测定芜菁膏的抗氧化活性。结果发现，芜菁膏对 DPPH 和 ABST+自由基的半数清除率分别为 277.54μg/mL 和 381.26μg/mL，同时发现，芜菁膏对 H_2O_2 诱导的 RAW 264.7 细胞氧化应激损伤有一定的改善作用，可使细胞的存活率提高到 82.57%，表明了芜菁膏具有一定的抗氧化活性。

胡尔西丹·伊麻木等[18]优化了芜菁蛋白的提取工艺，并发现当芜菁蛋白质溶液质量浓度为 25mg/mL 时，对 DPPH 自由基的清除率可达 99.3%，清除能力弱于抗坏血酸。

2．降血糖

刘浩等[22]将芜菁用 70%乙醇加热提取，之后用正丁醇萃取，测定其正丁醇萃取物中的总皂苷的质量分数为（31.5±1.7）%，并连续 7 天，用 500 和 1000mg/kg 的总皂苷灌胃糖尿病模型小鼠，发现小鼠血糖显著降低，并且其脏器指数显著改善，且 500mg/kg 剂量的总皂苷可以显著提高糖尿病模型小鼠的耐糖量。陈湘宏等[23]研究发现高原植物芜菁可显著改善因链脲佐菌素致的糖尿病小鼠症状，与模型组比较，用药 14 天后，芜菁各提取物组小鼠血糖值显著降低；芜菁水提物高、低剂量组（40g/kg、20g/kg）和芜菁醇提物高剂量组（40g/kg）SOD 活性显著增强；芜菁各提取物组 MDA 含量显著减少；除芜菁醇提物低剂量组外，各用药组胸腺指数、脾脏指数显著升高。后续实验中，发现高、低剂量的芜菁挥发油（40g/kg、20g/kg）均可使 2 型糖尿病模型小鼠的血糖水平及血清中糖化血红蛋白水平显著降低，血清中胰岛素水平升高，甘油三酯及总胆固醇水平明显降低。该结果表明了芜菁有明显的降血糖效果[25]。

姚星辰等[24]通过用芜菁正丁醇提取物处理四氧嘧啶糖尿病模型小鼠，结果发现，用药 7 天、14 天后芜菁正丁醇提取物组可明显降低小鼠血糖值，MDA 含量，显著增强小鼠 SOD 活性。这表明芜菁具有一定的降血糖以及抗氧化作用。张发斌等[26]研究发现芜菁正丁醇提取物对链脲佐霉素造成小鼠糖尿病模型有提高胰岛素和降血糖、血脂与胆固醇的作用。海仁古丽·麦麦提等[27]研究发现芜菁中性多糖高、中、低剂量均可明显改善链脲佐霉素与高糖饲料所致糖尿病大鼠的糖代谢功能，显著降低模型大鼠血糖，多饮多尿症状明显改善，可显著增加大鼠的糖耐量。

3．抗肿瘤

陈卓尔等[28]研究发现新疆芜菁水提物（BAE）对 Lewis 肿瘤具有抑制作用。结果显示，新疆芜菁水提物可以抑制肿瘤的生长，从而延长生存时间，另外，相关数据显示，BAE 对小鼠体外淋巴细胞转化也有一定增强作用。阿依夏古丽·巴卡斯等[29]研究发现芜菁多糖毒性作用低，对 Lewis 肺癌细胞具有抑制作用。与模型组比，芜菁酸性多糖 BRAP-2 各剂量组和顺铂（DDP）组的瘤重均显著降低，芜菁多糖可显著抑制瘤的生长，芜菁酸性多糖 BRAP-2 高、中、低剂量组和 DDP 组抑瘤率分别为 51.45%、46.57%、19.53%和 76.83%。

4．其他

袁志坚等[30]研究芜菁乙醇提取液对博来霉素致肺纤维化大鼠的治疗作用，研究发现，与模型组相比，25g/kg、50g/kg 恰玛古组大鼠体重明显增加，肺纤维化大鼠症状显著改善，进食量明显增加，体重保持增长；另外，在抗炎和抗纤维化方面，实验结果显示，恰玛古组可以从肺组织形态和功能上改善肺纤维化的病理进程，降低肺组织中炎症因子 TNF-α、IL-6 含量，抑制炎症反应，同时降低肺组织中 I 型胶原、III 型胶原含量，抑制肺组织纤维化。

张谦筱等[31]通过 ELISA 结合 Western Blot 检测证明，芜菁多糖能显著增强巨噬细胞中 TNF-α 分泌和表达水平并活化核转录因子 κB(NF-κB)信号通路，使巨噬细胞呈现出典型的 M1 极化特征。另外，芜菁多糖可以促进巨噬细胞增殖、增强其吞噬活性、促进巨噬细胞产生 NO，从而提高机体免疫力。

王建玲等[32]采用水蒸气蒸馏法、溶剂萃取法和同时蒸馏萃取法提取芜菁子挥发油，并对各方法提取的挥发油进行了抑菌测试，研究发现，芜菁子挥发油对大肠杆菌、金黄色葡萄球菌、绿脓杆菌均有一定的抑制作用，且水蒸气蒸馏法提取的挥发油的抑菌效果最好，并推测可能与其中含有异硫氰酸酯类和腈类化合物有关。

骆芷寒等[33]研究发现芜根提取液具有提高血清乳酸脱氢酶活性、降低小鼠血清乳酸含量的作用，但对小鼠血糖水平无影响，并推测芜根对乳酸脱氢酶的表达量和活性的影响可能是分别通过差异表达基因中 HIF1A 和 ABCC9 的表达实现的。长期服用芜根提取液可通过提高血清乳酸脱氢酶活性而加快血清乳酸的清除，从而达到与红景天相似的抗疲劳效果。

参考文献

[1] 杨永昌. 藏药志[M]. 西宁: 青海人民出版社, 1991.

[2] 李时珍. 本草纲目[M]. 北京: 中国医药科技出版社, 2011.

[3] 中国科学院中国植物志编辑委员会. 中国植物志: 第三十三卷. 北京: 科学出版社, 1987.

[4] 王丽萍, 李国玉, 张志诚, 等. 维药恰玛古的性状和显微鉴别[J]. 沈阳药科大学学报, 2013, 30(8): 641-645, 662.

[5] 次仁德吉, 米玛. 浅谈芜菁研究现状[J]. 西藏农业科技, 2021, 43(1): 89-92.

[6] 马国财, 干玉茹, 轩正英. 新疆芜菁不同品种营养成分分析与比较[J]. 食品工业科技, 2016, 37(4): 360-364.

[7] Fernandes F, Valentao P, Sousa C, *et al.* Chemical and antioxidative assessment of dietary turnip (*Brassica rapa* var. *rapa* L.)[J]. Food Chemistry, 2007, 105(3): 1003-1010.

[8] Francisco M, Moreno D A, Cartea M E, *et al.* Simultaneous identification of glucosinolates and phenolic compounds in a representative collection of vegetable *Brassica rapa*[J]. Journal of Chromatography A, 2009, 1216(38): 6611-6619.

[9] 王涵, 司函瑞, 焦玉凤, 等. 大白菜的化学成分研究[J]. 天然产物研究与开发, 2020, 32(8): 1343-1347.

[10] Kim S J, Kawaharada C, Jin S, *et al.* Structural elucidation of 4-(cystein-*S*-yl)butyl glucosinolate from the leaves of *Eruca sativa*[J]. Bioscience Biotechnology & Biochemistry, 2007, 71(1): 114-121.

[11] Padilla G, Cartea M E, Velasco P, *et al.* Variation of glucosinolates in vegetable crops of *Brassica rapa*[J]. Phytochemistry, 2007, 68(4): 536-545.

[12] 孙文彦, 何洪巨, 张宏彦, 等. 不同品种芜菁地上部和根部硫代葡萄糖苷组分及含量[J]. 中国蔬菜, 2009, (4): 35-39.

[13] 孙莲, 张煊, 王岩, 等. 柱前衍生化 RP-HPLC 测定芜菁子中的 12 种游离氨基酸[J]. 华西药学杂志, 2008, 23(4): 490-491.

[14] 杜琳, 黄清东, 陈聪地, 等. 蔓菁中两个新的三萜化合物及其抗癌活性研究[J]. 药学学报, 2019, 54(11): 2049-2054.

[15] 李欢欢, 陈春丽, 海力茜·陶尔大洪. 芜菁中性多糖对 D-半乳糖致衰老小鼠的抗氧化作用[J]. 食品科技, 2021, 46(5): 168-173.

[16] 张旭, 张华芳, 刘阳, 等. 川西高原芜根化学成分及抗氧化活性研究[J]. 食品科技, 2019, 44(2): 104-110.

[17] 张丽静, 付劢, 张文会, 等. 芜菁膏超声提取工艺优化及其抗氧化活性研究[J]. 西北农林科技大学学报(自然科学版), 2021, 49(10): 1-9.

[18] 胡尔西丹·伊麻木, 李亚童, 乔丽洁, 等. 响应面法优选芜菁中蛋白质的提取工艺及蛋白质抗氧化活性的评估[J]. 食品安全质量检测学报, 2020, 11(13): 4482-4488.

[19] 王花. 高原植物芜菁不同提取物抗衰老作用的实验研究[D]. 西安: 青海大学, 2012.

[20] 王花, 吴萍, 文绍敦. 高原玉树地区药食两用植物芜菁的抗衰老作用[J]. 中国老年学杂志, 2012, 32(11): 2328-2329.

[21] 王花, 乜国雁, 张萍, 等. 高原药食两用植物芜菁醚提取物对衰老小鼠免疫器官和 SOD、MDA、GSH-Px 水平的影响[J]. 时珍国医国药, 2014, 25(1): 58-60.

[22] 刘浩, 蒋思萍, 杨玲玲, 等. 芜根粗总皂苷对糖尿病小鼠的降血糖作用[J]. 西北农林科技大学学报(自然科学版), 2012, 40(6): 23-27.

[23] 陈湘宏, 文绍敦, 吴萍, 等. 芜菁不同提取物对糖尿病模型小鼠降血糖作用的研究[J]. 中国药房, 2013, 24(7): 596-598.

[24] 姚星辰, 陈湘宏, 段雅彬, 等. 芜菁正丁醇提取物对四氧嘧啶型糖尿病小鼠血糖的影响[J]. 天然产物研究与开发,

2015, 27(4): 706-709, 731.

[25] 陈湘宏, 刘燕, 翁裕馨, 等. 芜菁挥发油对高脂高糖小鼠降血糖的作用机制[J]. 山东大学学报(医学版), 2014, 52(12): 20-23.

[26] 张发斌, 陈湘宏, 王树林, 等. 高原植物芜菁正丁醇提取物对糖尿病模型小鼠相关生化指标的影响[J]. 西部中医药, 2017, 30(11): 15-17.

[27] 海仁古丽·麦麦提, 祖丽皮艳·阿布力米特, 海力茜·陶尔大洪. 芜菁中性多糖降血糖作用研究的初步探讨[J]. 食品安全质量检测学报, 2020, 11(2): 387-392.

[28] 陈卓尔, 古娜娜·对山别克, 乌英, 等. 新疆芜菁水提物抗肿瘤活性初步研究[J]. 西北药学杂志, 2016, 31(3): 264-267.

[29] 阿依夏古丽·巴卡斯, 胡晟, 陈莉, 等. 芜菁酸性多糖BRAP-2体内抗Lewis肺癌活性研究[J]. 食品安全质量检测学报, 2019, 10(15): 5111-5116.

[30] 袁志坚, 吴小瑜, 黄寅, 等. 恰玛古乙醇提取物对博来霉素致肺纤维化大鼠的作用及其机制[J]. 环境与职业医学, 2020, 37(10): 999-1004.

[31] 张谦筱. 维药恰玛古中多糖组分调节巨噬细胞免疫功能的研究[D]. 乌鲁木齐: 新疆医科大学, 2017.

[32] 王建玲, 刘素辉, 段矗, 等. 芜菁子挥发油、多糖的组成及挥发油抗菌活性的研究[J]. 食品安全质量检测学报, 2020, 11(4): 1207-1214.

[33] 骆芷寒, 彭博, 王禹蒙, 等. 芜根提取液抗疲劳作用的实验研究[J]. 西部医学, 2020, 32(5): 652-656.

第二节

新疆圆柏实

新疆圆柏实（*Sabina vulgaris*）为柏科圆柏属新疆圆柏球果，亦称沙地柏、叉子圆柏、臭柏、新疆圆柏、天山圆柏、双子柏及爬地柏等[1]。以枝叶入药，《维吾尔药志》记载圆柏实的枝叶具有活血止痛、祛风镇静的功效，用于治疗类风湿性关节炎、迎风流泪、小便不顺等疾病[2]。现代研究表明，圆柏属植物具有抗炎、抗菌、抗氧化等多种生物活性，包含有萜类、木脂素、香豆素和黄酮等化学成分。

一、生物学特征及资源分布

1. 生物学特征

圆柏实为常绿匍匐针叶灌木，植株一般无明显主干，大多丛生，灌丛中心高1.0～2.0m。枝条可分为两种类型：一种是沿地面生长的匍匐茎，另一种是直立型的枝条。叶两型，壮龄树上多为鳞叶，交互对生，相互紧贴，斜方形；幼龄树上多为刺形叶，长3～7mm，排列紧密，向上伸展，常交互对生或三枚轮生，上面凹，下面拱圆。一般雌雄异株，少雌雄同株。花为球形，雄球花椭圆形或矩圆形，于第一年8月出现；雌球花垂直或先期直立而后俯垂，于当年4月下旬至5月初出现，5月上中旬为盛花期，随后转入果期。球果生于向下弯曲的小枝顶端，近球形或不规则卵形，果径6～7mm，长7～9mm，果皮被有白色蜡粉，中果皮肉质，呈黄绿色或灰绿色，球果3年成熟，1年生球果为绿色，翌年为黄色，第三年变为褐色至紫蓝色或黑色即表示成熟，成熟的球果一般不会立即脱落，经过1个冬季后开始脱落，有的甚至可在枝上保留

4～5 年，便于采种。脱落的球果在埋土或与表土充分接触一段时间后，才能加速腐化脱出种子，球果内大多含 2 粒种子，个别为 3～4 粒，种子卵圆形，稍扁，具棱脊[1,3]。

2．资源分布

圆柏实为沙生植物，耐贫瘠，能在钙质土壤、微酸性土壤、微碱性土壤上生长[4]。生于海拔 1100～2800（青海可达 3300）m 地带的多石山坡，或生于针叶树或针叶树阔叶树混交林内，或生于沙丘上。在我国主产于新疆天山至阿尔泰山、宁夏贺兰山、内蒙古、青海东北部、甘肃祁连山北坡及古浪、景泰、靖远等地以及陕西北部榆林。国外主要分布在欧洲大陆南部、高加索山、远东和西伯利亚等地。模式标本采自欧洲南部[1]。

二、化学成分研究

1．木脂素类

圆柏实中含有多种木脂素类化合物，其中以鬼臼毒素类最具代表性。王武宝等[5]从新疆圆柏实枝叶的 80%乙醇提取物中，经硅胶柱、制备性薄层色谱分离、纯化，首次分离得到了鬼臼毒素；冯瑞红等[6]从圆柏实果实乙醇浸膏提取物氯仿萃取段 A7-A11 中分离一个新天然木脂素类化合物 4-acetyl yatein。Jenis 等[7]从圆柏实地上部分的正己烷馏分经各种柱色谱分离得到了两个新的木脂素类化合物 sabinaperins A、sabinaperins B；Feliciano 等[8-9]首次从圆柏实叶正己烷的组分中分离木脂素类化合物 junaphtoic acid、(−)3-O-demethylyatein、podorhizol acetate、2'-methoxypicropodophyllotoxin、2'-methoxyepipicropodophyllotoxin。化合物具体名称与结构分别见表 8-4 和图 8-4。

表 8-4　新疆圆柏实木脂素类化合物

序号	化合物名称	参考文献	序号	化合物名称	参考文献
1	鬼臼毒素	[5]	16	表鬼臼毒素	[6]
2	(−)-hibalactone	[6]	17	鬼臼酯酮	[6]
3	脱氧鬼臼毒素	[6]	18	sabinaperin A	[7]
4	苦鬼臼毒素	[6]	19	sabinaperin B	[7]
5	脱氢鬼臼毒素	[6]	20	β-peltatin B-methyl ether	[7]
6	异丁基表鬼臼醚	[6]	21	junaphtoic acid	[8]
7	yatein	[6]	22	(−)3-O-demethylyatein	[8]
8	β-足草叶素-A-甲醚	[6]	23	2'-methoxypicropodophyllotoxin	[9]
9	3'-O-demethylyatein	[6]	24	2'-methoxyepipicropodophyllotoxin	[9]
10	表鬼臼乙醚	[6]	25	podorhizol acetate	[9]
11	4'-去甲鬼臼毒素	[6]	26	3-O-demethylyatein	[8]
12	乙酰表鬼臼酯	[6]	27	(+)-epipinoresinol	[8]
13	脱氧苦鬼臼毒素	[6]	28	epoxylignans	[8]
14	乙酰苦鬼臼毒素	[6]	29	2'-methoxypodophyllotoxin	[9]
15	4-acetyl yatein	[6]			

2. 二萜类

圆柏实中含有大量的二萜类化合物，主要有半日花烷型、松香烷型及海松烷型等几种结构

1

2

3

4

5

6

7

8

9

10

11

12

13

14

15

16

17

18

19

20

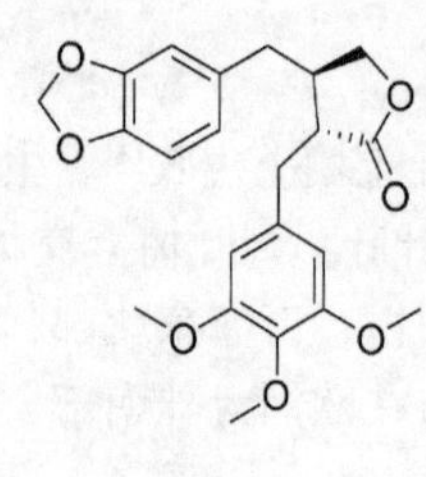

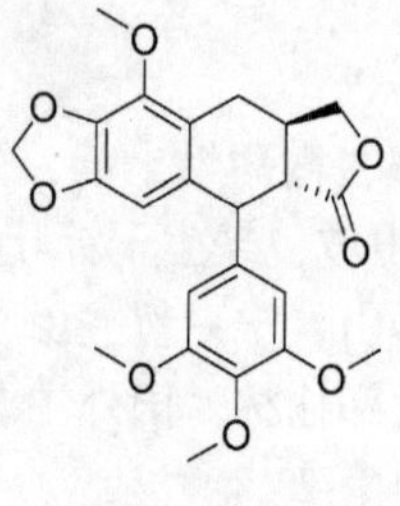

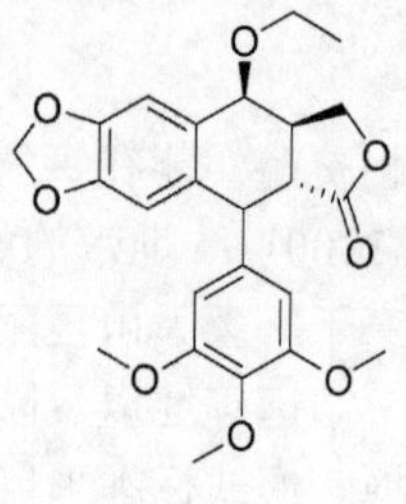

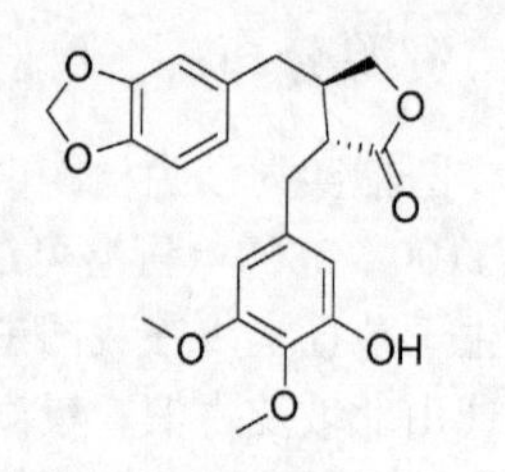

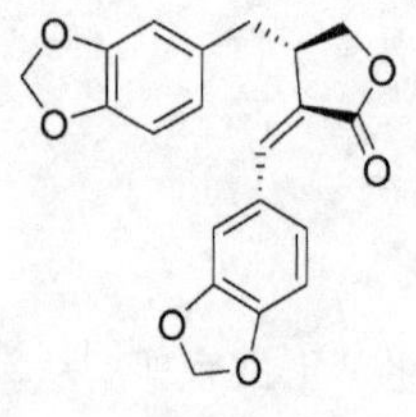

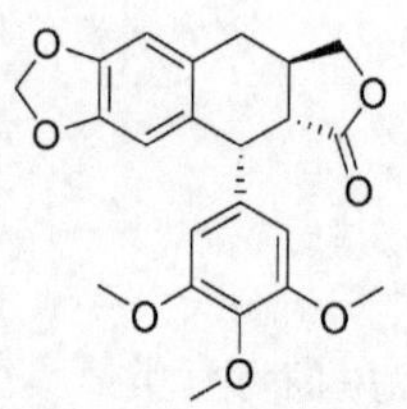

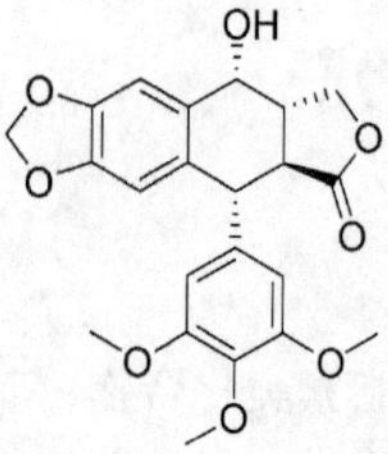

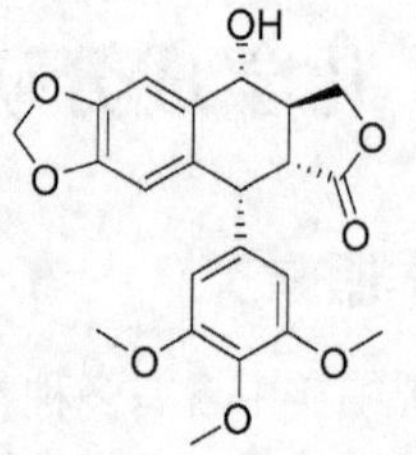

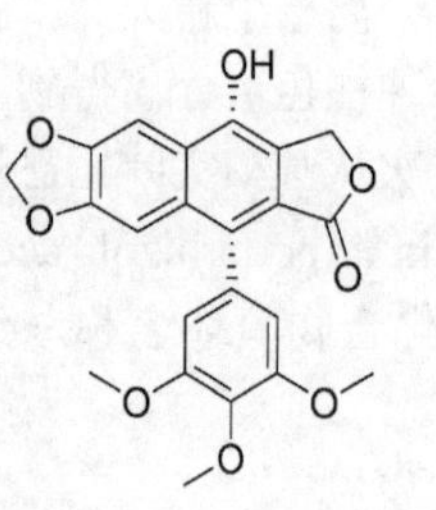

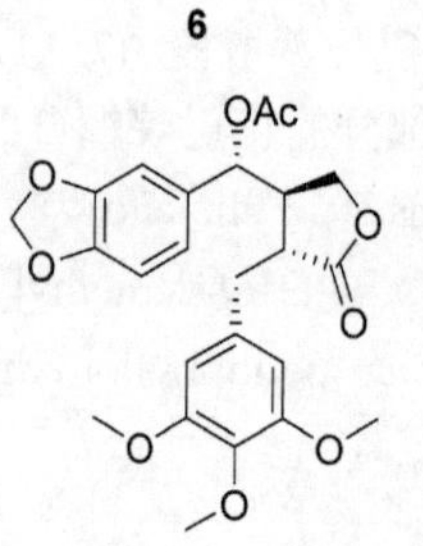

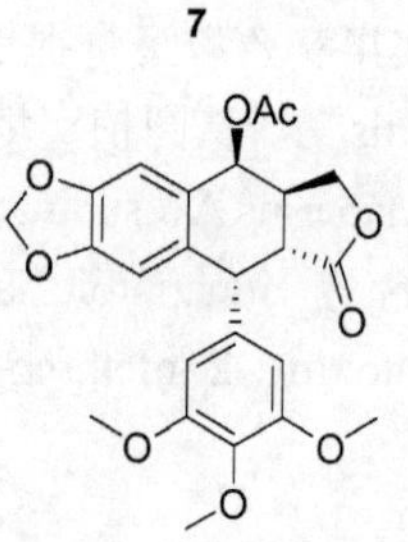

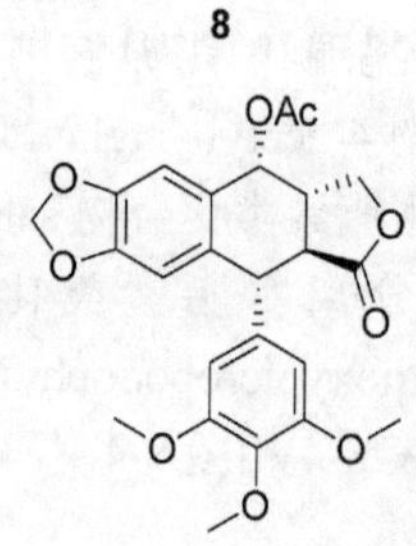

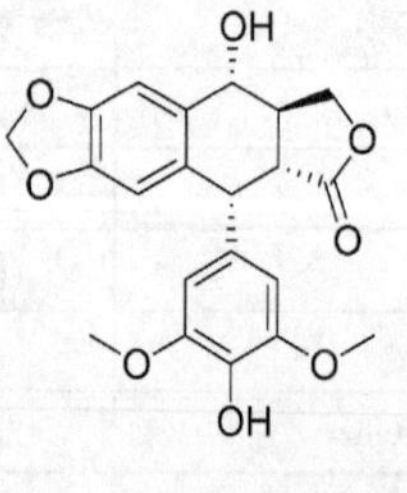

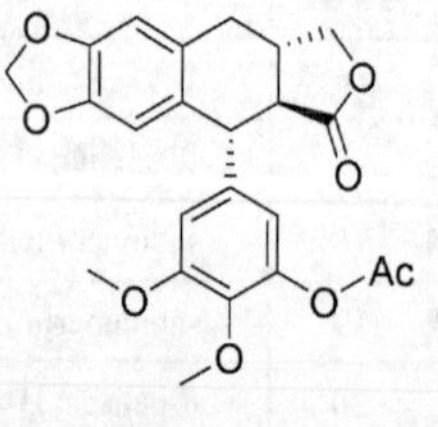

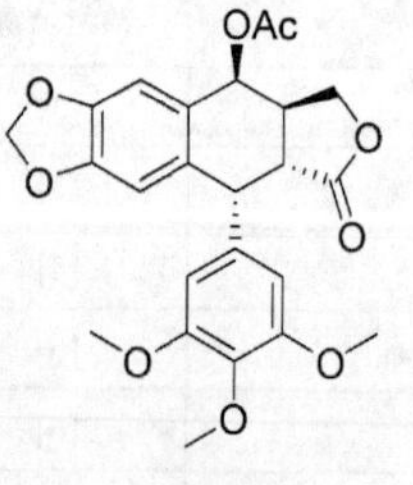

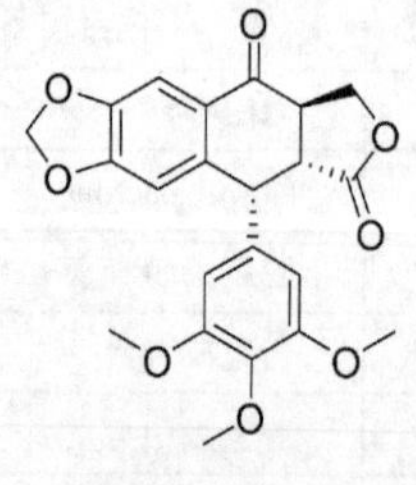

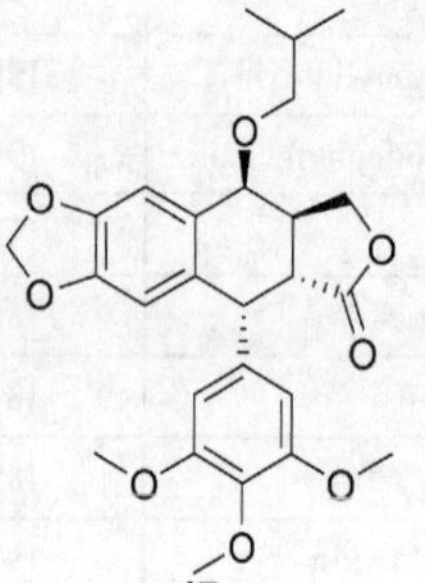

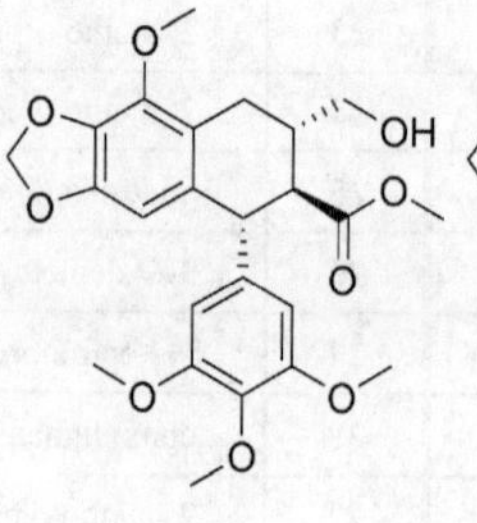

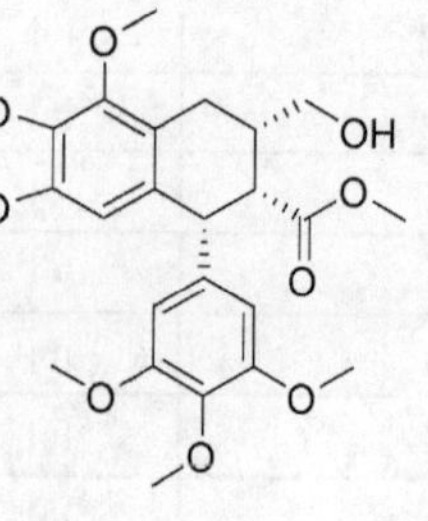

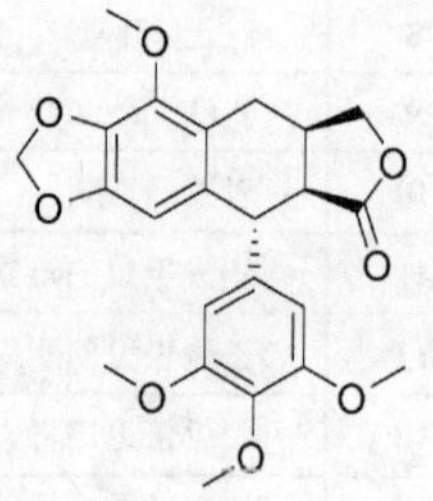

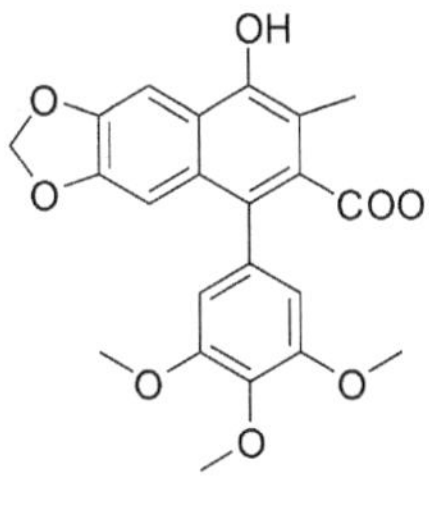

21 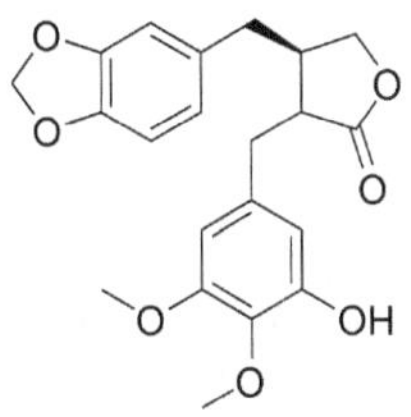　**22** 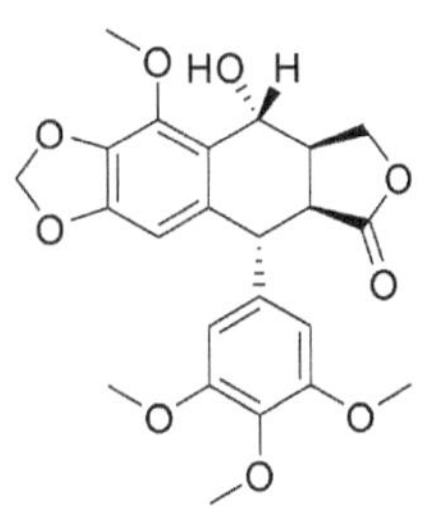　**23** 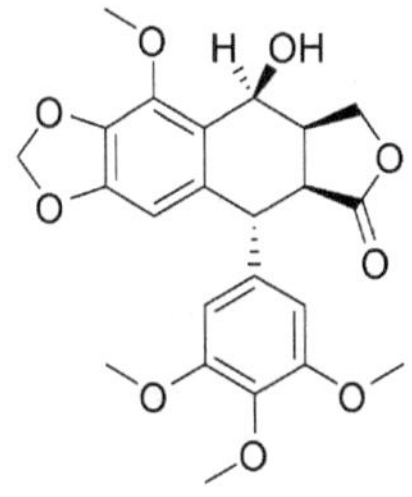　**24**

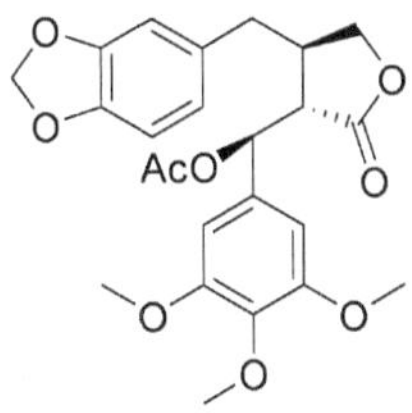

25 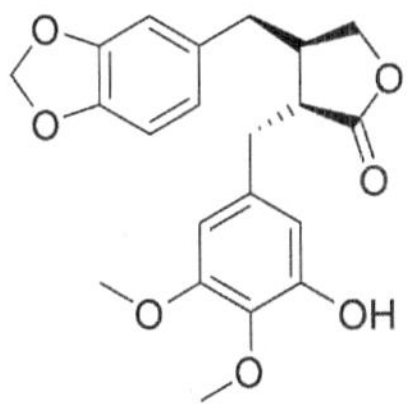　**26** 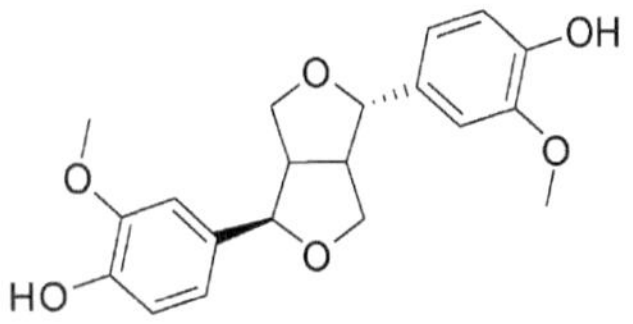　**27**

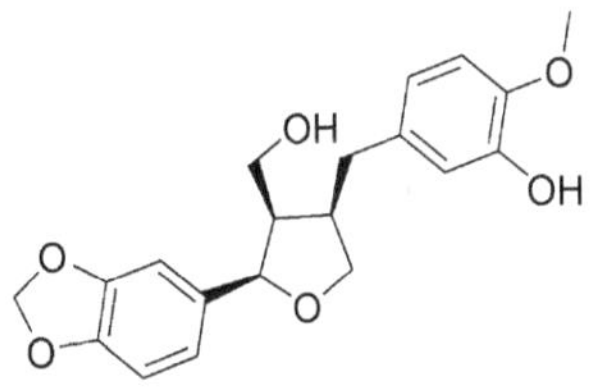

28 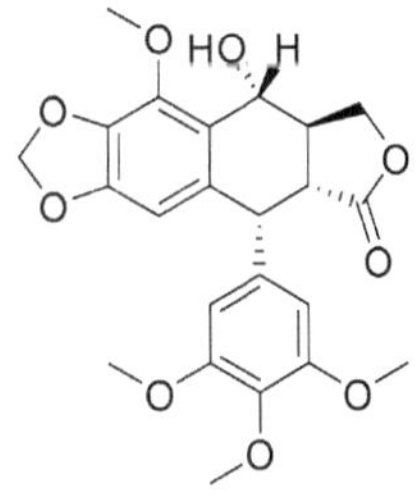　**29**

图 8-4　新疆圆柏实木脂素类化合物

类型。朱海云等[10]从圆柏实果实中分离出 2 种二萜化合物，经 MS、¹HNMR 和 ¹³CNMR 鉴定为 4-表-松香醛、7,13-松香二烯-3-酮。闫海燕等[11-12]从圆柏实果实乙醇提取物氯仿萃取段及石油醚萃取段中分离鉴定了 8 种二萜类化合物。方圣鼎[13]等从圆柏实树皮中提取分离得到了的二萜类化合物反式璎珞柏酸、顺式璎珞柏酸、山达海松酸、异柏油酸、柳杉酚、12-羟基-6,7-断松香烷-8,11,13-三烯-6,7 二醛。Pascual 等[14]从圆柏实果的正己烷提取物中分离鉴定出 14 个二萜。Feliciano 等[15]从圆柏实的正己烷提取物中分离得到了 2 个新的二萜类化合物。Janar 等[16]用硅胶和 ODS 柱对其组分进行色谱分离，并用高效液相色谱进一步分离，从圆柏实地上部分分离到 6 种新的二萜 sabiperones A-F，并发现 sabiperone F 对 5 种人癌细胞均有一定抑制作用。化合物具体名称与结构分别见表 8-5 和图 8-5。

表 8-5　新疆圆柏实二萜类化合物

序号	化合物名称	参考文献	序号	化合物名称	参考文献
1	4-表-松香醛	[10]	5	$9\beta,13\beta$-endoperoxide -8(14)-abieten-3-one	[11]
2	7,13-松香二烯-3-酮	[10]	6	$13\beta,14\beta$-epoxyabiet -7-en-19,6β-olide	[11]
3	4-表-松香醇	[11]	7	7,13-dihydroxy-8(14)-abieten-3-one	[11]
4	日本扁柏酮	[11,12]	8	15-methoxy-abieta-7,13-dien-3-one	[11]

序号	化合物名称	参考文献	序号	化合物名称	参考文献
9	7α-hydroabieta-8,11,13-triene-3-one	[11]	24	4-*epi*-neoabietate	[14]
10	19-acetoxy-13-epimanoyl oxide	[11]	25	sandaracopimaral	[14]
11	反式璎珞柏酸	[13]	26	sandaracopimarol	[14]
12	顺式璎珞柏酸	[13]	27	myrcecommunate	[14]
13	山达海松酸	[13]	28	*trans*-biformene	[14]
14	异柏油酸	[13]	29	4-*epi*-palustral	[14]
15	柳杉酚	[13]	30	oplopenone	[14]
16	12-羟基-6,7-断松香烷-8,11,13-三烯 6,7-二醛	[13]	31	labd-*E*-13-ene-8,15-diol	[14]
17	abieta-7,13-dien-3-one	[14]	32	sandaracopimarate	[15]
18	4-*epi*-abietic acid	[14]	33	sabiperone A	[16]
19	4-*epi*-dehydroabietol	[14]	34	sabiperone B	[16]
20	methyl-7-oxo-callitrisate	[14]	35	sabiperone C	[16]
21	methyl-7α-hydroxycallitrisate	[14]	36	sabiperone D	[16]
22	abietol	[14]	37	sabiperone E	[16]
23	abieta-7,13-diene	[14]	38	sabiperone F	[16]

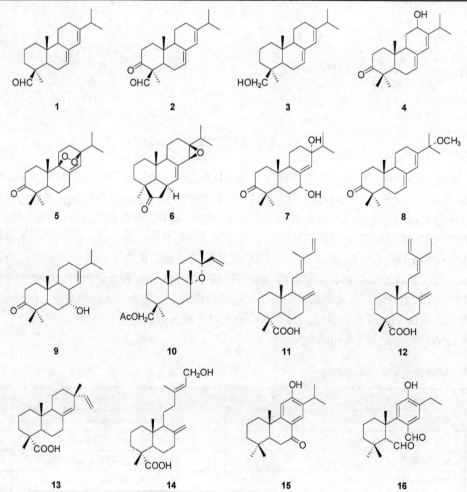

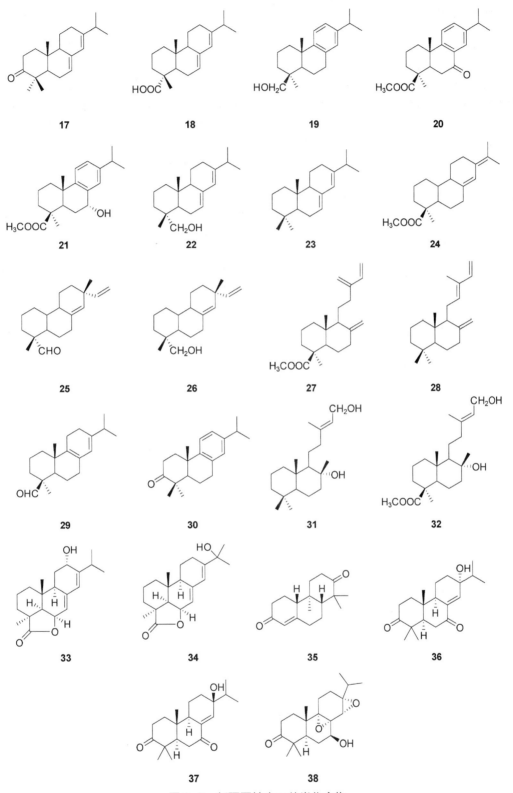

图 8-5 新疆圆柏实二萜类化合物

3. 黄酮类化合物

赵军等[17]采用硅胶、Sephadex LH-20 柱等色谱手段，对新疆圆柏实叶的黄酮类成分进行了研究，分离得到的黄酮类化合物为柏木双黄酮、柏木双黄酮 4′,4-二甲醚、异高黄芩素 7-O-β-D-木糖苷、杨梅素 3-O-β-D-葡萄糖苷。许芳等[18]采用硅胶柱色谱、反相硅胶 C_{18} 柱、凝胶柱色谱等方法，从新疆圆柏实枝叶正丁醇部位首次分离得到了 3 个黄酮类化合物：槲皮素-3-O-(6″-O-乙酰基)-β-D-吡喃葡萄糖苷、海波拉亭-7-O-β-D-吡喃葡萄糖苷、异槲皮苷。Zhao 等[19]利用各柱色谱进行分离，NMR 和 ESI-MS 等波谱方法鉴定，从圆柏实嫩枝和叶片的乙醇提取物中分离得到一个新的黄酮苷类化合物。化合物具体名称和结构分别见表 8-6 和图 8-6。

表 8-6　新疆圆柏实黄酮类化合物

序号	化合物名称	参考文献	序号	化合物名称	参考文献
1	柏木双黄酮	[17]	8	海波拉亭-7-O-β-D-吡喃葡萄糖苷	[18]
2	柏木双黄酮 4′,4-二甲醚	[17]	9	异槲皮苷	[18]
3	穗花杉双黄酮	[17]	10	芹菜苷元	[5]
4	罗汉松双黄酮 A	[17]	11	扁柏双黄酮	[5]
5	异高黄芩素 7-O-β-D-木糖苷	[17]	12	isoscutellarein 7-O-β-D-rhamnopyr-anosyl-(1→3)-α-L-xylopyranoside	[19]
6	杨梅素 3-O-β-D-葡萄糖苷	[17]			
7	槲皮素-3-O-(6″-O-乙酰基)-β-D-吡喃葡萄糖苷	[18]			

4. 其他成分

圆柏实中的其他化学成分主要包括香豆素化合物、有机酸和甾醇类化合物。王武宝等[5]通过硅胶柱色谱与制备性薄层色谱分离首次从新疆圆柏枝叶中分离得苦松苷。化合物具体名称和结构分别见表 8-7 和图 8-7。

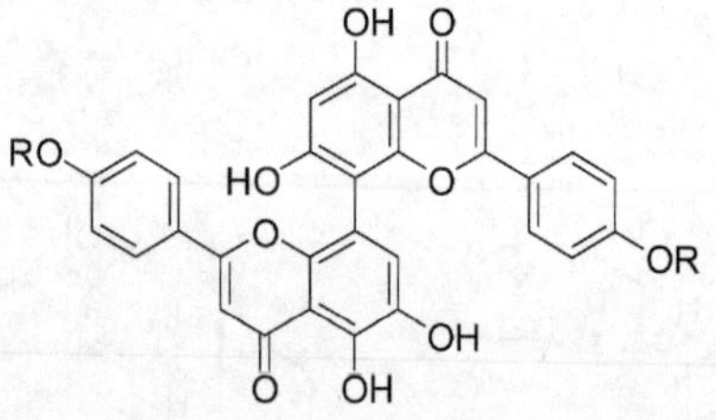

1 R = H
2 R = CH₃

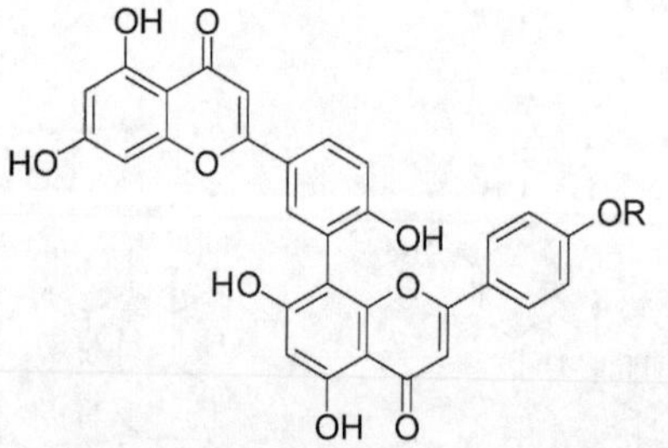

3 R = H
4 R = CH₃

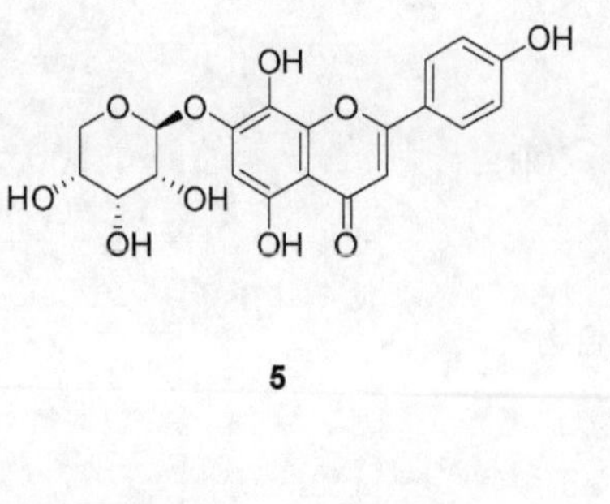

5

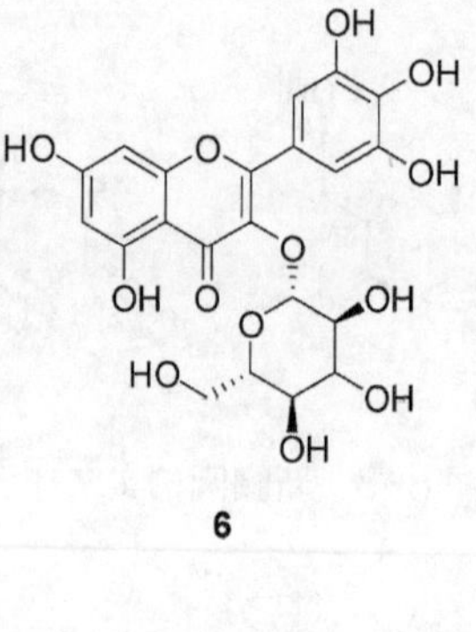

6

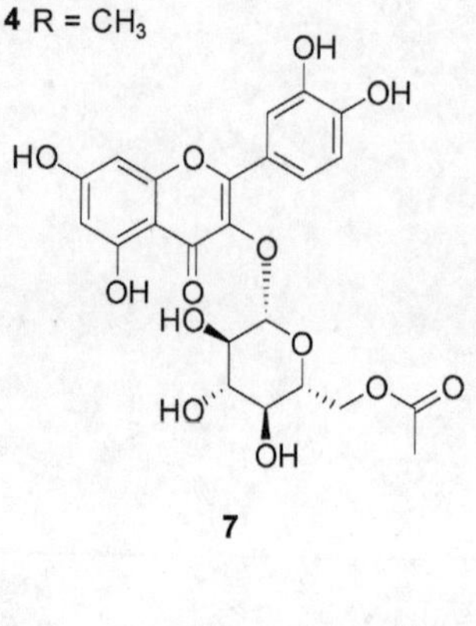

7

8

9

10

11

12

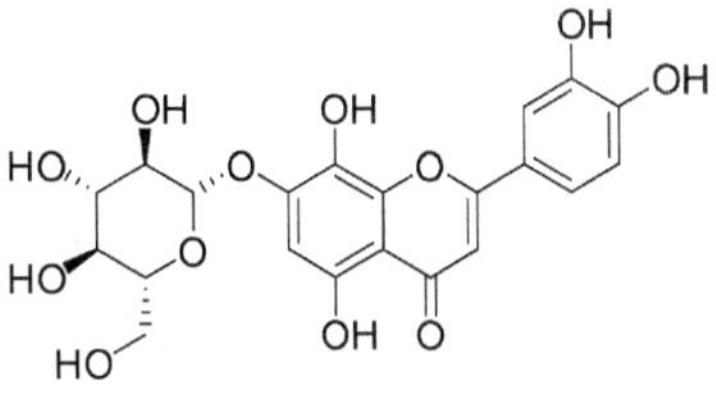

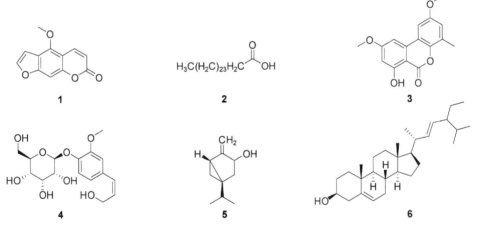

图 8-6　新疆圆柏实黄酮类化合物

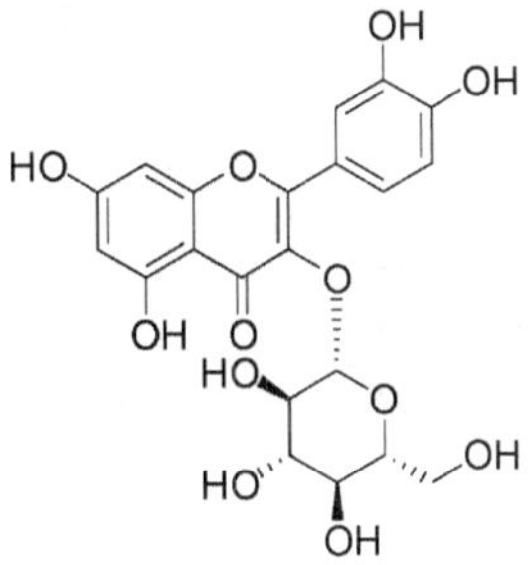

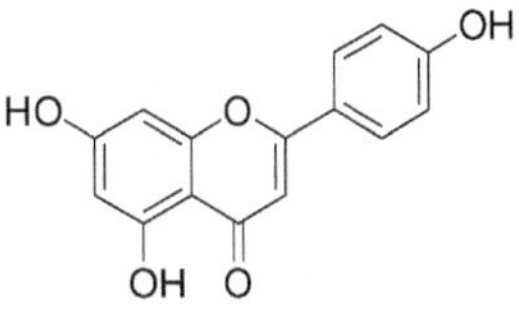

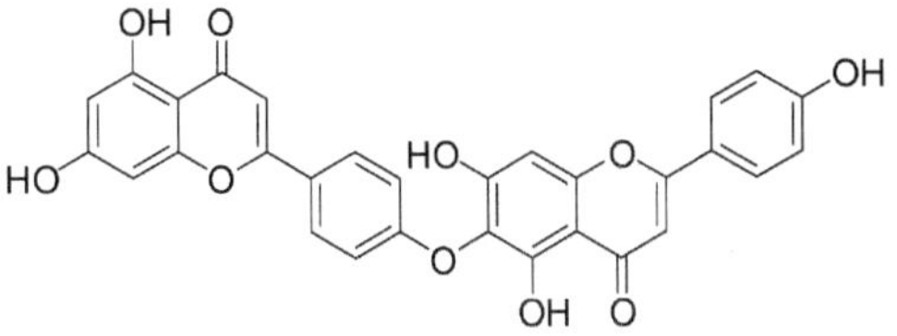

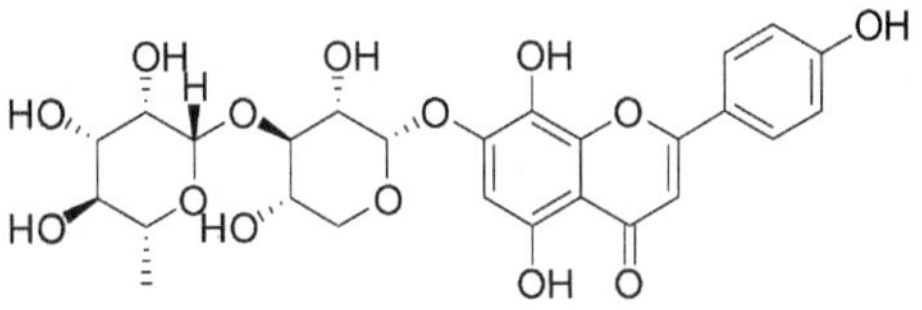

表 8-7　新疆圆柏实其他类化合物

序号	化合物名称	参考文献	序号	化合物名称	参考文献
1	佛手内酯	[13]	4	苦松苷	[5]
2	蜡酸	[13]	5	圆柏醇	[5]
3	圆柏内酯	[13]	6	豆甾醇	[12]

1

2

3

4

5

6

图 8-7　新疆圆柏实其他类化合物

三、药理活性研究

1．抗菌、抗炎

方圣鼎等[13]研究发现从圆柏实中分离得到的顺式和反式璎珞柏酸、柳杉酚等 5 种二萜化合物对白血病 P-388 细胞具有明显的抑制作用；对鬼臼毒素和脱氧鬼臼毒素进行了初步抑菌测试，结果表明，鬼臼毒素对油菜菌核、脱氧鬼臼毒素对辣椒疫霉活性最好，其抑制率分别为 87.42%和 85.7%。郭秀艳等[20]采用水蒸馏法对圆柏实的精油进行了提取，并对其进行了抗菌活性检测，结果表明，不同生长季节（分别采于 5 月、7 月、8 月、9 月、11 月）的圆柏实精油的抑菌程度不同，其 8 月份的圆柏实精油对不同菌种的最低抑菌浓度为枯草芽孢杆菌最低，对金黄色葡萄球菌的抑菌浓度最高；且采用自然沉降法研究其对室内空气微生物的抑菌活性，结果表明：圆柏实精油（以 8 月份提取精油为例），抑菌效果具有明显规律性变化：真菌>细菌>放线菌；且抑菌能力随处理时间的增加而增加，30min>20min>10min，但 20min 后，抑菌效果增强不明显。张海芳等[21]采用纸片法测试了圆柏实精油废液对食品污染细菌的抑菌效果，数据表明，该精油废液可抑制大肠杆菌、金黄色葡萄球菌、沙门菌的生长，尤其对大肠杆菌和沙门菌的抑制效果较好；水蒸气蒸馏后的废液比共水蒸馏后的废液抑菌效果好；随着蒸馏次数的增加，抑菌效果越好。

奥斯曼江等[22]发现圆柏实总黄酮具有明显的抗炎镇痛效果。结果表明，圆柏实总黄酮低、中、高剂量（125mg/kg、250mg/kg、500mg/kg）均能明显减轻二甲苯致小鼠耳廓肿胀程度、小鼠腹腔毛细血管通透性反应、棉球引起的大鼠肉芽肿胀、蛋清和角叉菜胶诱导的大鼠足趾肿胀，且能明显降低醋酸引起的小鼠扭体反应次数以及明显延长小鼠热板痛阈值。

2. 农用杀虫

研究证明，圆柏实提取物杀虫谱广，且作用方式多样，机理独特，环境生态安全性良好，具有良好的开发价值[23]。

苏柳等[24]研究发现圆柏实精油可显著抑制枸杞木虱成虫离体 Na-K-ATP 酶，且随着浓度的增加，效果越好，最高浓度处对应的酶抑制率达到 37.87%。冯瑞红等[25]分别采用小叶碟添加法和浸叶法测定了从圆柏实果实中获得鬼臼毒素类化合物的杀虫活性。结果表明，鬼臼毒素、脱氧鬼臼毒素、苦鬼臼毒素、乙酰苦鬼臼毒素、乙酰表鬼臼毒素和脱氧苦鬼臼毒素对 3 龄黏虫 *Mythimna separata* Walker 幼虫的拒食活性以及对 4 龄菜青虫 *Pieris rapae* Linnaeus 幼虫和 3 龄小菜蛾 *Plutella xylostella* Linnaeus 幼虫均具有一定的杀虫活性，且鬼臼毒素和脱氧鬼臼毒素的杀虫活性相对较高，乙酰苦鬼臼毒素的杀虫活性相对较低。

3. 其他

Feliciano 等[26]测试了圆柏实中环化木脂素的抗癌和抗病毒活性，结果表明，其多对老鼠血癌细胞 P-388、人肺腺癌细胞 A549、结肠腺癌细胞 HT-29 及 HSV/CV-1、VSV/BHK 病毒具有较强的抑制活性，其中脱氧鬼臼毒素和 β-盾叶鬼臼 A 甲酯活性最高。

李龙等[27]研究发现通过采用 DPPH、超氧阴离子、羟自由基的清除能力、总抗氧化能力及三价铁离子（Fe^{3+}）还原能力的测定等来评价圆柏实多酚抗氧化能力。发现圆柏实多酚对 DPPH 自由基的抑制率和 Fe^{3+} 还原能力的维生素 C 当量质量浓度分别为 9.4μg/mL、30.09μg/mL，对超氧阴离子和羟自由基的清除能力分别为 151.83U/mL、204.59U/mL，总抗氧化能力为 72.68U/mL，这说明了圆柏实多酚具有一定的抗氧化能力。

有研究表明，圆柏实具有较好的肝保护作用。Abdel-Kader 等[28]分别用 200mg/kg、400mg/kg 低、高剂量的圆柏实总提取物处理大鼠，以正常大鼠、仅用 CCl_4 处理的大鼠和用 CCl_4 和水飞蓟素处理的大鼠为对照，结果发现，高剂量组圆柏实地上部总醇提取物（400mg/kg）血清 AST、ALT、GGT、ALP 和胆红素水平分别下降 47%、50%、38%、17%和 42%。这表明，圆柏实总提物对大鼠肝、肾组织中 NP-SH 含量、总蛋白含量和 MDA 含量显著降低。组织病理学研究显示肝细胞和肾细胞的结构具有一定的改善。

参考文献

[1] 中国科学院中国植物志编委会. 中国植物志: 第七卷[M]. 北京: 科学出版社, 1978.

[2] 刘勇民. 维吾尔药志[M]. 乌鲁木齐: 新疆科技卫生出版社, 1999.

[3] 赵娜, 古松, 刘龙会, 等. 沙地柏(*Sabina vulgaris* Antoine)的研究进展[J]. 内蒙古农业大学学报(自然科学版), 2010, 31(1): 311-318.

[4] 朱海云. 砂地柏果实中生物活性成分的进一步分离[D]. 咸阳: 西北农林科技大学, 2004.

[5] 王武宝, 巴杭, 阿吉艾克拜尔, 等. 新疆圆柏化学成分研究[J]. 天然产物研究与开发, 2005, 17(5): 59-62.

[6] 冯瑞红. 砂地柏中木脂素类化合物的分离及杀虫活性研究[D]. 咸阳: 西北农林科技大学, 2007.

[7] Jenis, Janar, Alfarius, *et al.* Sabinaperins A and B, two new lignans from *juniperus sabina*[J]. Heterocycles: An International Journal for Reviews and Communications in Heterocyclic Chemistry, 2012, 84(2): 1259-1263.

[8] Feliciano A S, Corral J M M D, Gordaliza M, *et al.* Acidic and phenolic lignans from *Juniperus sabina*[J]. Phytochemistry, 1991, 30(10): 3483-3485.

[9] Feliciano A S, Corral J M M D, Gordaliza M, *et al.* Lignans from *Juniperus sabina*[J]. Phytochemistry, 1990, 29(4): 1335-1338.

[10] 朱海云, 李广泽, 廉应江, 等. 砂地柏果实中 2 种二萜类杀虫活性成分的分离[J]. 西北农林科技大学学报(自然科学版), 2005, (2): 79-82.

[11] 闫海燕. 砂地柏中具杀虫活性的二萜类及香豆素类化合物的分离[D]. 西北农林科技大学, 2007.

[12] 闫海燕, 冯瑞红, 陈利标, 等. 砂地柏中 6 种萜烯类化合物分离鉴定及其杀虫活性研究[J]. 西北植物学报, 2007, 4(1): 163-167.

[13] 方圣鼎, 顾去龙, 俞汉钢, 等. 叉子圆柏中的抗肿瘤化学成分[J]. 植物学报, 1989, 31 (5): 382-388.

[14] Pascual J D, Feliciano A S, Corral J M M D, *et al.* Terpenoids from *Juniperus sabina*[J]. Phytochemistry, 1983, 22(1): 300-301.

[15] Feliciano A S, Corral J M M D, Gordaliza M, *et al.* Two diterpenoids from leaves of *juniperus sabina*[J]. Phytochemistry, 1991, 30(2): 695-697.

[16] Janar J, Nugroho A E, Wong C P, *et al.* Sabiperones A-F, new diterpenoids from *Juniperus sabina*[J]. Chemical & Pharmaceutical Bulletin, 2012, 43(27): 154-159.

[17] 赵军, 闫明, 黄毅, 等. 新疆圆柏黄酮类成分的研究[J]. 林产化学与工业, 2008, 28(2): 33-37.

[18] 许芳, 赵军, 徐芳, 等. 新疆圆柏枝叶化学成分研究[J]. 中药材, 2013, 36(12): 1957-1959.

[19] Zhao J, Fang X, Ji T, *et al.* A new flavone glycoside from twigs and leaves of *Juniperus sabina*[J]. Chemistry of Natural Compounds, 2015, 51(3): 448-450.

[20] 郭秀艳. 臭柏、油松精油的提取与抑菌活性[D]. 呼和浩特: 内蒙古农业大学, 2009.

[21] 张海芳, 石晓红, 王林和, 等. 臭柏精油提取废液对食品污染细菌的抑制作用(英文)[J]. Agricultural Science & Technology, 2016, 17(2): 414-416.

[22] 奥斯曼江·麦提图尔荪, 刘涛, 赵军, 等. 砂地柏总黄酮抗炎镇痛作用实验研究[J]. 新疆医科大学学报, 2017, 40(4): 512-515.

[23] 张兴, 冯俊涛, 陈安良, 等. 砂地柏杀虫作用研究概况[J]. 西北农林科技大学学报(自然科学版), 2002, 4(4): 130-134.

[24] 苏柳, 邵东华, 段立清, 等. 砂地柏精油对枸杞木虱成虫离体 Na-K-ATP 酶活力的影响[J]. 农业与技术, 2016, 36(14): 250-251.

[25] 冯瑞红, 闫海燕, 马志卿, 等. 砂地柏中6种鬼臼毒素类化合物的分离鉴定及其杀虫活性研究[J]. 西北农林科技大学学报(自然科学版), 2007, 4(9): 117-122.

[26] Feliciano A, Gordaliza M, Del Corral J, *et al.* Antineoplastic and antiviral activities of some Cyclolignans[J]. Planta Medica, 1993, 59(3): 246-249.

[27] 李龙, 宣贵达, 陈平. 沙地柏多酚的纯化及其抗氧化活性测定[J]. 浙江大学学报(医学版), 2014, 43(2): 175-179.

[28] Abdel-Kader M S, Alanazi M T, Saeedan A, *et al.* Hepatoprotective and nephroprotective activities of *Juniperus sabina* L. aerial parts[J]. Journal of Pharmacy & Pharmacognosy Research, 2017, 5(1): 29-39.

第三节

甘松

甘松（*Nardostachys chinensis*）为败酱科甘松属多年生草本植物的根和根茎，又名香松、甘香松，新疆维吾尔自治区常用维药，具有理气止痛、开郁醒脾、祛湿消肿的功效，常用于脘腹胀满、厌食、恶心呕吐；外用可用于治疗牙痛、脚气肿毒等[1~2]。现代化学表明，甘松植物内含有倍半萜类、黄酮类、香豆素类等活性成分；现代药理研究报道其具有抗心律失常、降血压、舒张平滑肌、抗心肌缺血等作用。

一、生物学特征及资源分布

1. 生物学特征

多年生草本，高 7~30（~46）cm；根状茎歪斜，覆盖片状老叶鞘，有烈香。基出叶丛生，线状狭倒卵形，长 4~14cm，宽 0.5~1.2cm，主脉平行 3~5 出，前端钝，基部渐狭，下延为叶柄，全缘，仅边缘有时具疏睫毛。花茎旁出，茎生叶 1~2 对，对生，无柄，长圆状线形。聚伞花序头状，顶生，花后主轴及侧轴常明显伸长，使聚伞花序成总状排列。总苞片披针形，长 0.5~2cm，宽 0.2~0.4cm，苞片和小苞片常为披针状卵形或宽卵形。花萼小，5 裂，裂片半圆形，无毛，全缘，厚，脉不明显。花冠紫红色，钟形，长 7~11mm，筒外微被毛，基部偏突；花冠裂片 5，宽卵形，前端钝圆，长 3~4.5mm，宽 2~4mm；花冠筒喉部具长髯毛；雄蕊 4，伸出花冠裂片外，花丝具柔毛；子房下位，花柱与雄蕊近等长，柱头头状。瘦果倒卵形，长约 3mm，无毛；宿萼不等 5 裂，裂片半圆形至宽三角形，长 0.8~1.2mm，光滑无毛[3]。

2. 资源分布

主产于四川、甘肃、青海、西藏、云南等地。生于沼泽草甸、河漫滩和灌丛草坡，海拔 3200~4050m。有文献报道，模式标本采自四川贡嘎山[3]。

二、化学成分

1. 倍半萜类

甘松中含有多种具有生物活性的倍半萜，其中有马兜铃烷型、甘松新酮型、愈创木烷型、lemnalane 型等倍半萜。Koichi 等[14]首次从甘松中分离得到的倍半萜类化合物为 eudesm-11-en-2,4α-diol。Bagchi 等[10~12]首次从甘松中分离得到的倍半萜类化合物为 kanshone A、kanshone B、kanshone C、kanshone D、kanshone E。Takaya 等[15]从甘松根中分离到三种愈创木烷型倍半萜 nardoperoxide、isonardoperoxide 和 nardooxide；Liu 等[24]从甘松中分离得到了 9 个倍半萜类化合物。目前已从甘松中分离得到了 60 多种倍半萜类。化合物具体名称和结构分别见表 8-8 和图 8-8。

表 8-8　甘松中倍半萜类化合物

序号	化合物	参考文献	序号	化合物	参考文献
1	desoxo-narchinol A	[13]	19	dinardokanshone B	[29]
2	nardosinone	[13]	20	gansongone	[21]
3	debilon	[13]	21	kanshone A	[10]
4	nardosinonediol	[13]	22	kanshone B	[10]
5	eudesm-11-en-2,4α-diol	[14]	23	kanshone C	[11]
6	nardoperoxide	[15]	24	kanshone D	[12]
7	isonardoperoxide	[15]	25	kanshone E	[12]
8	nardoxide	[15]	26	nardoguaianone A	[16]
9	nardochinone A	[24]	27	nardoguaianone B	[16]
10	nardochinone B	[24]	28	nardoguaianone E	[17]
11	nardoeudesmol A	[24]	29	nardoguaianone F	[17]
12	nardoeudesmol B	[24]	30	nardoguaianone J	[7]
13	nardoaristolone A	[25]	31	nardoguaianone K	[7]
14	nardoaristolone B	[23]	32	spathulenol	[31]
15	nardoaristolone C	[34]	33	narchinol A	[32]
16	nardosinanone A	[26]	34	nardostachone	[33]
17	nardosinanone B	[26]	35	isonardosmone	[27]
18	dinardokanshone A	[29]			

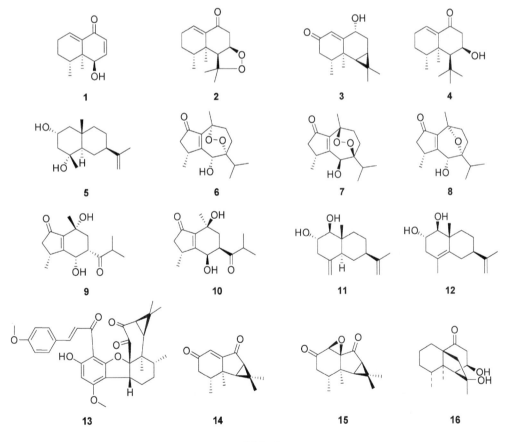

图 8-8

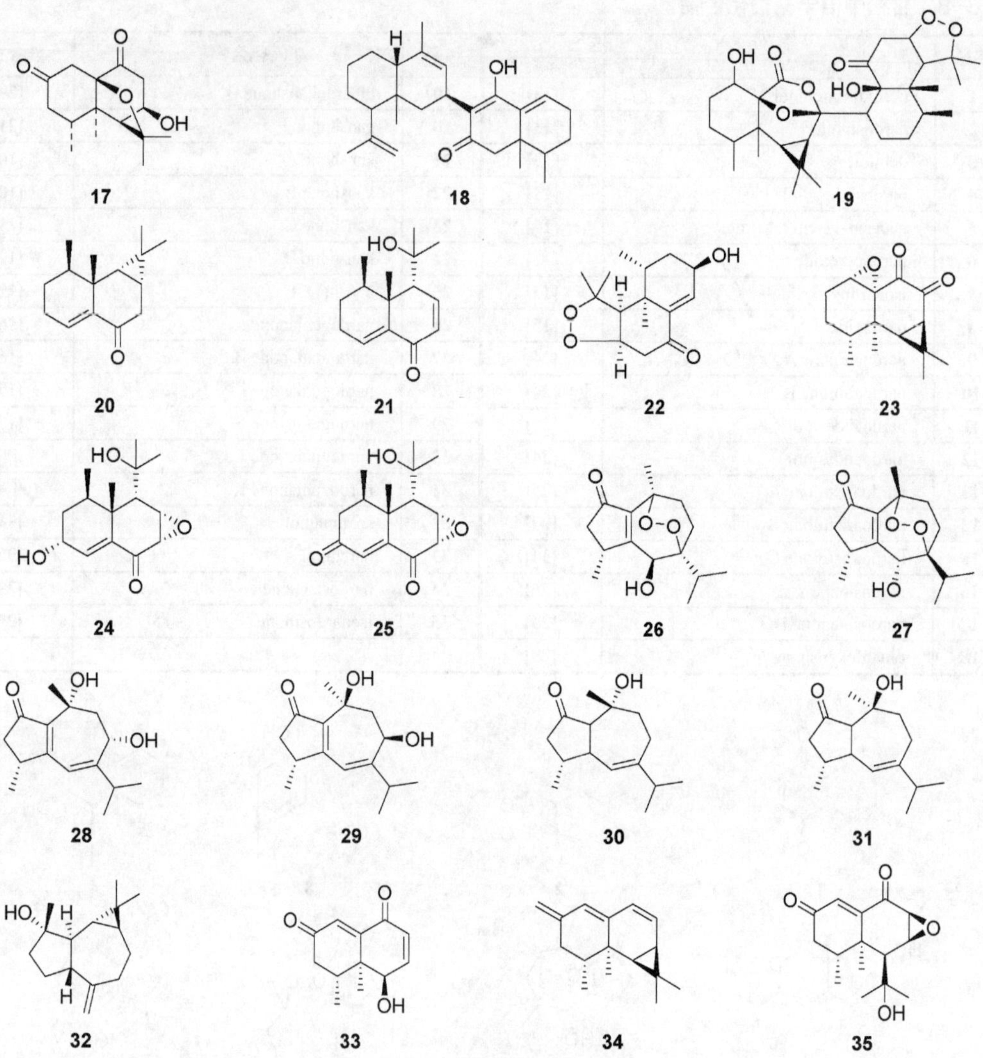

图 8-8　甘松中倍半萜类化合物

2．黄酮类化合物

胡明娟等[6]从甘松 95%乙醇提取物中分离得到的黄酮类化合物为 5,3'-dihydroxy-7,4'-dimethoxyflavanone、7-O-methyl naringenin；张毅等[21]首次从甘松根和茎中分离得到的黄酮类化合物为 naringenin、acacetin；Chen 等[33]从甘松中分离得到的黄酮类化合物为 naringenin 4',7-dimethylether。化合物具体名称和结构分别见表 8-9 和图 8-9。

表 8-9　甘松中黄酮类化合物

序号	化合物	参考文献	序号	化合物	参考文献
1	5,3'-dihydroxy-7,4'-dimethoxyflavanone	[6]	4	acacetin	[21]
2	7-O-methyl naringenin	[6]	5	naringenin 4',7-dimethylether	[33]
3	naringenin	[21]			

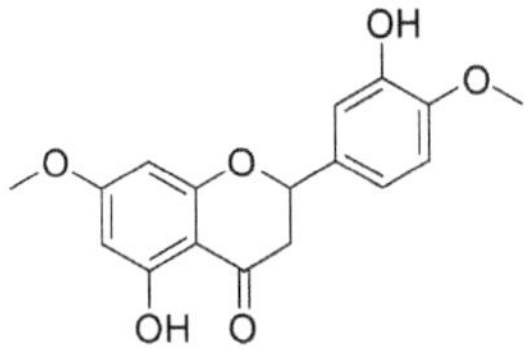

图 8-9　甘松中黄酮类化合物

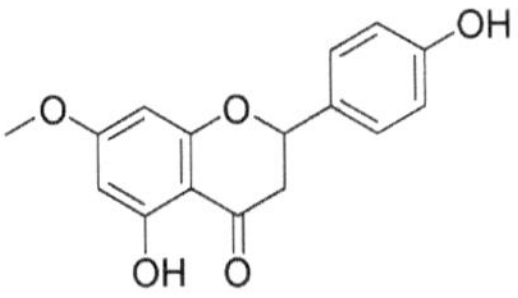

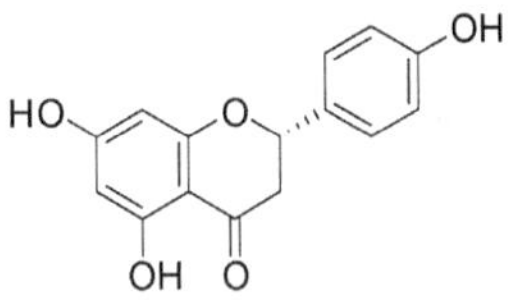

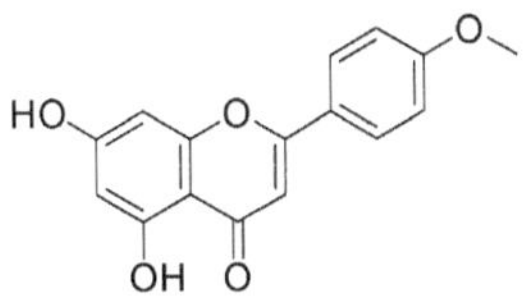

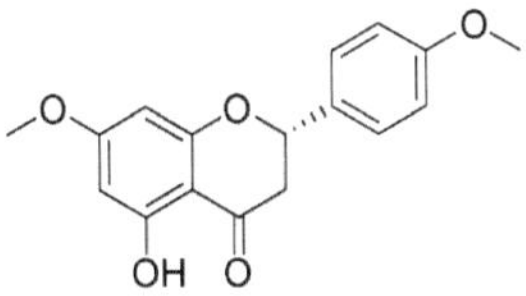

3．其他类化合物

　　从甘松中分离的化合物还包括二萜类、单萜、木脂素类、酚酸类等成分，此外，甘松中还含有大量的挥发油成分。具体名称和结构分别见表 8-10 和图 8-10。

表 8-10　甘松中其他类化合物

序号	化合物	参考文献	序号	化合物	参考文献
1	10-isopropyl-2,2,6-trimethyl-2,3,4,5-tetrahydronaphtha[1,8-*bc*]oxocine-5,11-diol	[19]	11	nardonaphthalenone A	[30]
			12	nardonaphthalenone B	[30]
2	6-hydroxy-7-(hydroxymethyl)-4-methylenehexahydrocyclopenta[*c*]pyran-1(3*H*)-one	[19]	13	epoxyconiferyl alcohol	[32]
			14	*p*-coumaric acid	[32]
3	ursolie acid	[20]	15	vanillic acid	[33]
4	oleanolic acid	[20]	16	(−)-neonardochinone A	[5]
5	(+)-licarin A	[33]	17	(+)-neonardochinone A	[5]
6	urceolide	[30]	18	nardostiridoid A	[4]
7	8-羟基松脂醇-4′-*O*-β-D-吡喃葡萄糖苷	[22]	19	8α-6,7-dihydroapodantheroside acetate	[4]
8	8-羟基松脂醇-4-*O*-(β-D-吡喃葡萄糖基)-4′-*O*-β-D-吡喃葡萄糖苷	[22]	20	nardostiridoid B	[4]
			21	α-viniferin	[28]
9	环橄榄脂素-6-*O*-β-D-吡喃葡萄糖苷	[22]	22	kobophenol A	[28]
10	nardostachin	[9]	23	ampelopsin A	[28]

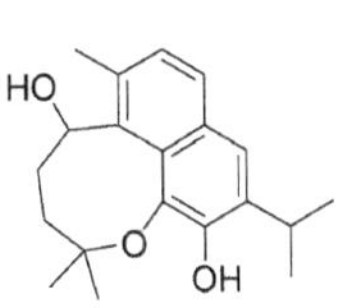

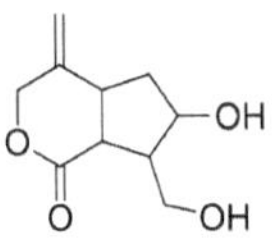

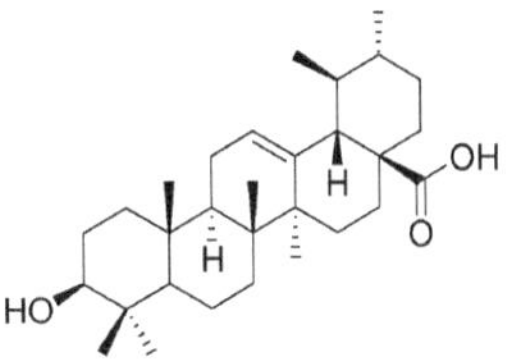

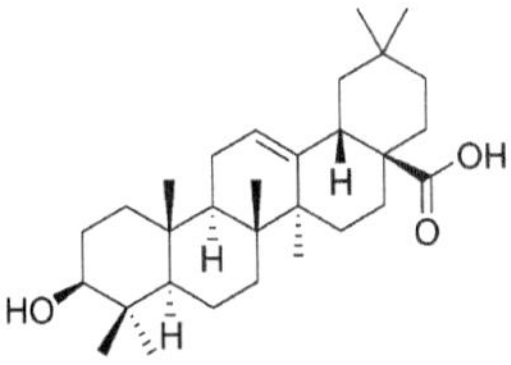

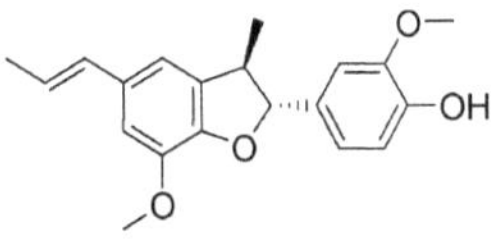

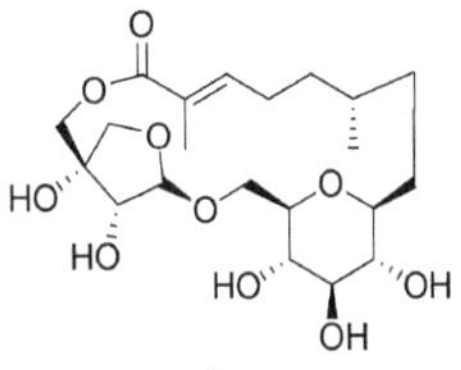

图 8-10

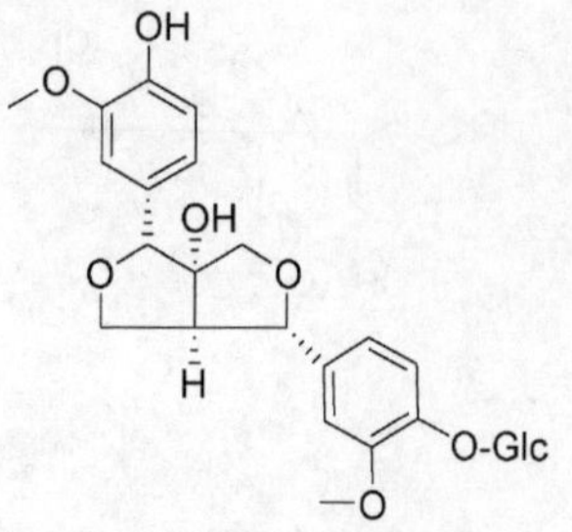

图 8-10　甘松中其他类化合物

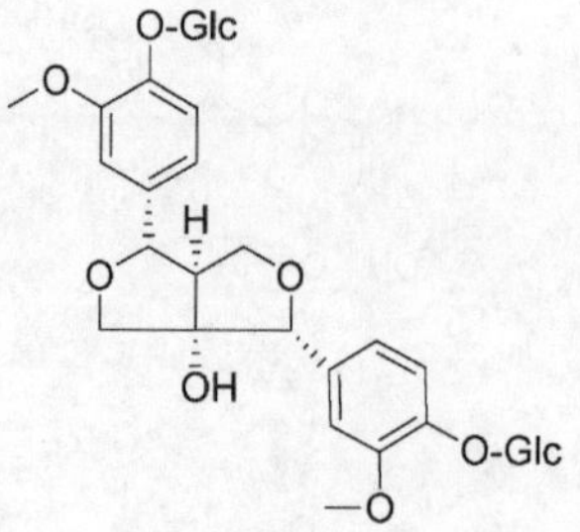

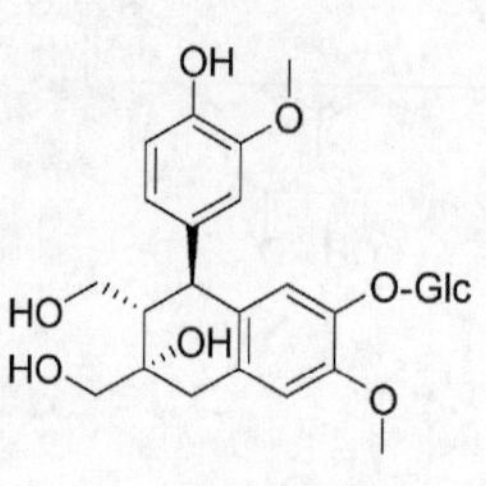

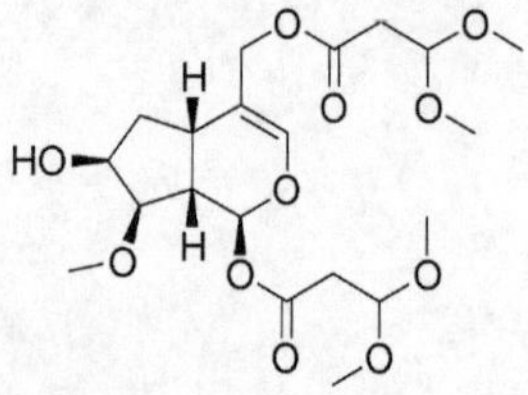

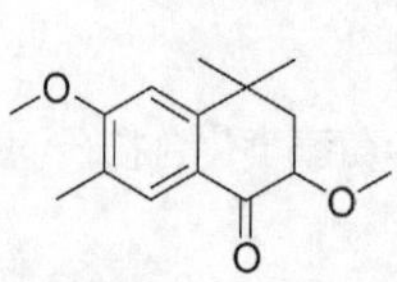

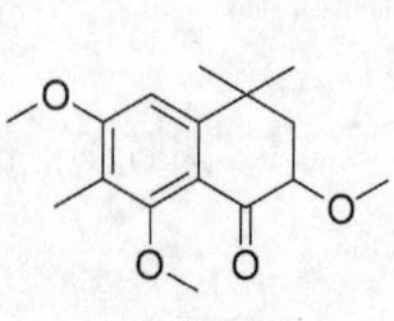

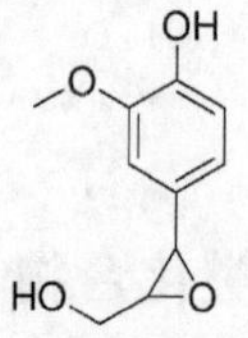

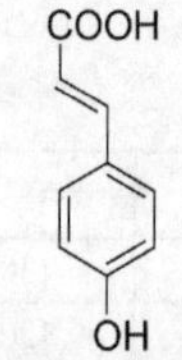

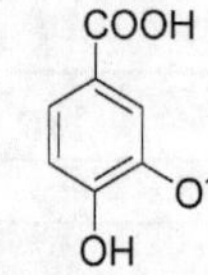

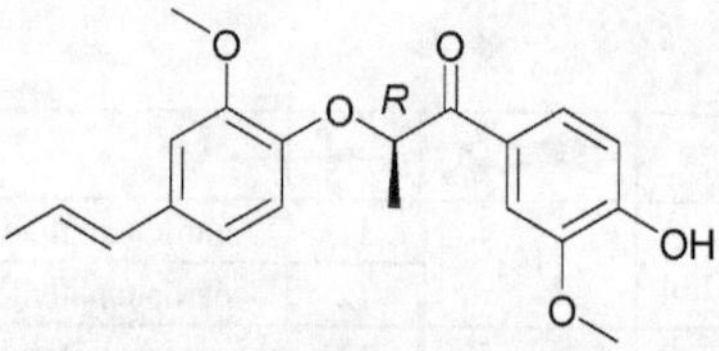

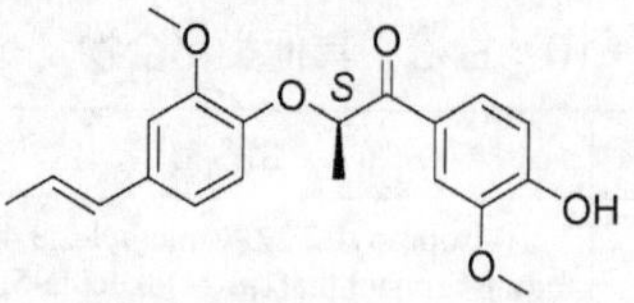

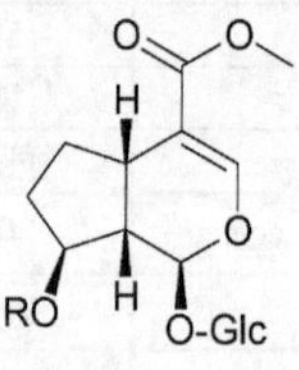

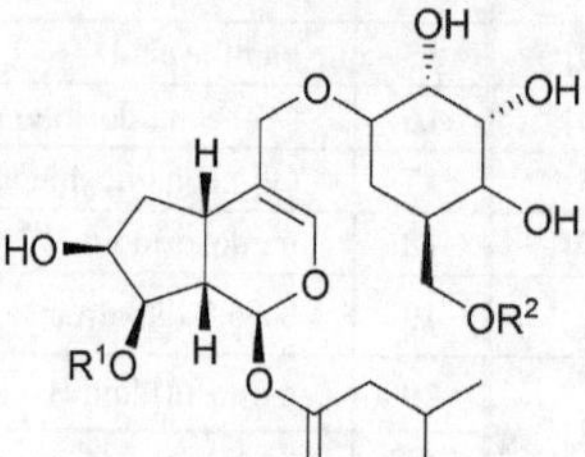

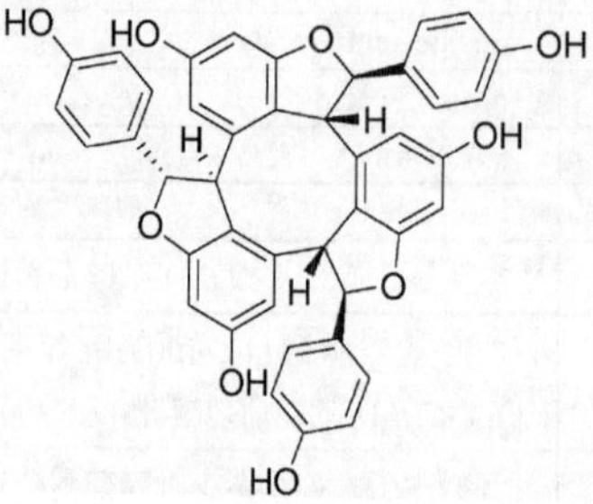

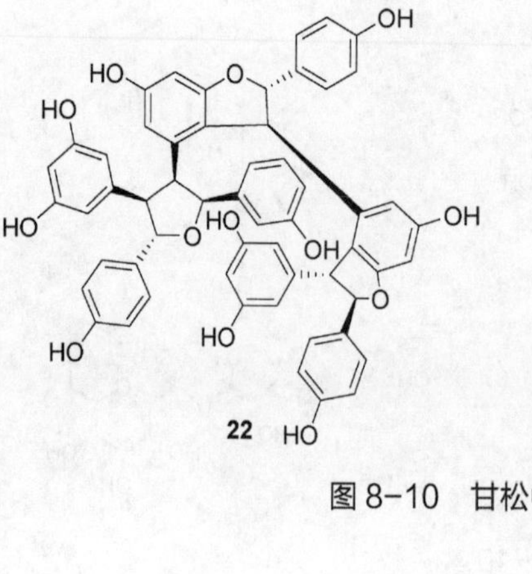

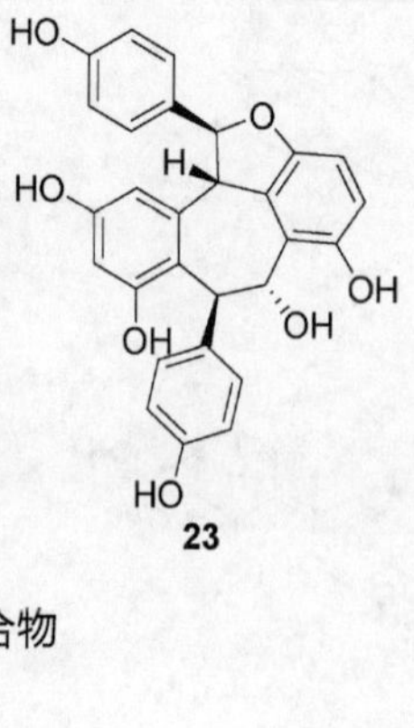

三、药理活性研究

1．抗氧化

景临林等[35]采用 DPPH、ABTS、羟自由基、超氧阴离子和还原力五种体外抗氧化测定方法，评价了甘松不同极性部位提取物的抗氧化活性，发现 95%乙醇提取物、乙酸乙酯萃取物、正丁醇萃取物均具有一定的抗氧化活性，且与总多酚和总黄酮含量呈显著相关。数据表明，乙酸乙酯萃取物的总多酚和总黄酮分别达到了（99.43±1.23）mg/g、（157.22±1.89）mg/g，乙酸乙酯萃取物清除 DPPH、ABTS、超氧阴离子和羟自由基的 IC_{50} 分别为（0.20±0.02）mg/mL、（0.15±0.01）mg/mL、（0.29±0.02）mg/mL 和（0.35±0.02）mg/mL。表明了甘松的乙酸乙酯萃取物具有较好的抗氧化活性。卢靖等[36]采用 DPPH 自由基清除法和还原能力法测定甘松精油的抗氧化活性，发现其具有一定的抗氧化能力。

2．抗菌、抗炎

卢靖等[36]研究发现甘松精油对木霉、酿酒酵母、枯草芽孢杆菌、大肠杆菌、金黄色葡萄球菌均具有抑制作用，且其最低抑菌浓度分别为 50g/L、25g/L、25g/L、50g/L、12.5g/L；且对热处理有较高的稳定性，紫外处理对其抑菌活性影响不大，紫外处理 40min 后抑菌活性才略有减弱。何跃等[37]将大鼠随机分为各组，1 次/天灌胃给药处理，连续进行 5 天，最后一次给药后 90min，各组每只大鼠均灌胃 95%乙醇 1mL，进而观察各药物组预防乙醇所致大鼠急性胃炎及胃溃疡的作用。研究发现，甘松水提浸膏高剂量组、甘松水提浸膏低剂量与挥发油低剂量组、甘松水提浸膏高剂量与挥发油低剂量组、甘松水提浸膏高剂量加挥发油高剂量组在改善胃炎方面显著优于生理盐水组及西咪替丁对照组；其中，甘松水提浸膏高剂量组、甘松水提浸膏高剂量与挥发油低剂量组、甘松水提浸膏高剂量加挥发油高剂量组的溃疡抑制率分别为 37.11%、78.38%、95.06%，高于西咪替丁对照组（35.99%）。这说明甘松不同提取成分组合给药可显著抑制胃溃疡，对急性胃炎也有一定的预防作用。Sun 等[38]研究甘松乙酸乙酯提取物（EN）对 HO-1 上调沙门菌脂多糖（LPS）或金黄色葡萄球菌脂磷壁酸（LTA）刺激的 BV2 小胶质细胞的抗神经炎症作用的影响时发现，EN 通过 Nrf-2/抗氧化反应元件（ARE）信号通路抑制促炎细胞因子的产生，并诱导 HO-1 转录和翻译；EN 显著抑制 LPS 和 LTA 诱导的核因子 κB（NF-κB）的激活，以及丝裂原活化蛋白激酶（MAPKs）和信号转导和转录激活因子（STAT）的磷酸化。此外，EN 可以保护 HT22 细胞免受 LPS-和 LTA 处理的小胶质细胞间接的神经毒性作用。因此，EN 可以作为一种天然的抗神经炎症和神经保护剂。Yao 等[40]研究发现从甘松中分离得到的 nardochinoid B（NAB）可对 LPS 诱导的炎症反应起作用，NAB 通过抑制诱导型一氧化氮合酶（iNOS）蛋白和 mRNA 的表达而不是抑制环氧化酶-2（COX-2）蛋白和 mRNA 的表达来抑制 LPS 诱导的炎症反应，这表明 NAB 可能比非甾体抗炎药（NSAIDs）副作用更低。此外，NAB 在发挥抗炎作用的同时，上调了血红素加氧酶 HO-1 的蛋白和 mRNA 表达。此外，NAB 通过增加 LPS 刺激的 RAW264.7 细胞中 HO-1 的表达来抑制 NO 的产生。且 NAB 对 NO 的抑制作用与阳性药物地塞米松相似，这提示 NAB 在开发治疗炎症性疾病的新药方面具有很大的潜力。Ckla 等[39]研究发现从甘松的根和根茎中分离出来的 nardosinanone N（NAN），可能是一种新的抗炎药物，且其副作用比非甾体抗炎药少。数据表明，NAN 下调一氧化氮（NO）、诱导型一氧化氮合酶（iNOS）和前列腺素 E_2（PGE_2）的水平，而不下调环氧化酶-2（COX-2）的水平；另外

NAN 降低了 M1 巨噬细胞表型，增加了 M2 巨噬细胞表型。此外，机制研究表明，NAN 激活核因子 Nrf2 信号通路，进而提高抗氧化蛋白血红素加氧酶-1（HO-1）的表达，达到抗炎作用。

3. 抗心律失常、改善心肌损伤

邓雅文等[46]用网络药理学筛选甘松心律失常干预中的重要成分及其作用靶点，获得了甘松与之相关的成分 108 个，其中 9 个重要成分，关键蛋白 14 个，甘松用来治疗其疾病的靶点 4 个，并发现通路涉及的有 cAMP、Rap1、cGMP-PKG、FoxO 等信号通路，还包括过氧化酶、心肌细胞肾素信号等。Min 等[44]研究甘松（NC）的心脏保护和抗心律失常作用的动物实验和细胞实验时，发现甘松通过抑制心肌凋亡、炎症和氧化应激对心肌保护有显著作用，其中 12 项研究表明 NC 主要通过调节离子通道（I_k、I_{k1}、I_{Na}、I_{Ca-L}、I_{to}）对心律失常具有显著的有益作用。钱薇等[45]研究发现当甘松新酮浓度为≥3μmol/L 时，SD 大鼠心室肌细胞钠离子通道电流（I_{Na}）的 I-V 曲线明显向上移动，稳态失活曲线明显左移；甘松新酮显著改变了 SD 大鼠心室肌细胞 I_{Na} 失活及失活后恢复动力学特征，加速了 I_{Na} 失活速率，延长了 I_{Na} 从失活状态向激活状态的过渡时间。这些数据提示，甘松新酮能抑制 SD 大鼠心室肌细胞的 I_{Na}，从而起到抗心律失常的作用。李翔宇等[42]研究发现甘松挥发油可呈浓度依赖性抑制正常大鼠心室肌细胞膜 I_k 电流，随着浓度增加阻断作用增强；且可使正常大鼠心室肌细胞 I_k 的电流-电压曲线（I-V 曲线）下移；使其激活曲线右移；失活曲线左移。并且，同浓度的甘松挥发油对肥厚心室肌细胞的作用要弱于对正常心室肌细胞的抑制作用。杨涛等[49]研究发现甘松挥发油对大鼠心肌细胞膜钠通道电流的抑制作用呈浓度依赖性，且在甘松挥发油浓度为(4.95±0.61)μg/g 时可将 I_{Na} 抑制 50%；同时，可使心肌细胞钠电流-电压曲线上移，但激活电位、峰电位及反转电位无改变；且对不同膜电位水平的钠通道电流抑制作用均匀，激活曲线向右移动，即向正电位方向移动，$V_{1/2}$ 从（−43.65±0.98）mV 右移至（−40.25±1.01）mV（$n=6$, $P<0.05$），失活曲线向左移动，即向负电位方向变化，$V_{1/2}$ 从（−100.92±0.68）mV 左移至（−111.20±0.86）mV（$n=6$, $P<0.05$）。曹明[48]研究发现甘松挥发油浓度不一样的时候对大鼠心室肌细胞膜 L 型钙通道的影响不同。结果表明，甘松挥发油对 I_{Ca-L} 的抑制呈浓度依赖性，在浓度为 10μg/g 时，给药后电流密度抑制约为(45.7±3.5)%（$n=5$, $P<0.01$）；甘松挥发油还可使 I-V 曲线向上移动，但对 I_{Ca-L} 的激活电位、峰值电位和反向电位没有改变，说明甘松挥发油对 I_{Ca-L} 在不同膜电位下均有抑制作用。另外，甘松挥发油也可使激活曲线向右移动，$V_{1/2}$ 从（−5.47±0.50）mV 右移至（−2.77±0.49）mV（$n=5$, $P<0.05$），使失活曲线向左移动，$V_{1/2}$ 从（−20.82±0.48）mV 左移至（−29.44±1.03）mV（$n=5$, $P<0.05$），表明甘松挥发油同时作用于 L 型钙通道的激活态和失活态，使 L 型钙通道的活化速度减慢，失活速度加快。

杨涛[43]研究发现与模型组相比较，经甘松挥发油处理后的组血清 IL-6 和 TNF-α 含量、血清 CK-MB 和 cTnT 水平、心肌梗死面积均明显减少（$P<0.05$）；其中，甘松挥发油在心肌缺血前进行干预的效果较再灌注前进行干预的效果好（$P<0.05$）。这提示甘松挥发油可以通过阻滞钙通道、抑制炎症反应、延长心肌细胞有效不应期等来改善大鼠心肌缺血再灌注损伤。杨涛等[50]研究发现大鼠心肌缺血再灌注损伤经甘松挥发油后处理后，大鼠心肌损伤可明显改善。研究结果表明，与缺血再灌注组（IR 模型组）相比较，甘松挥发油高剂量组的大鼠心肌梗死面积、心肌肌钙蛋白（cTnT）、血肌酸激酶同工酶 MB（CK-MB）的表达量均显著降低（$P<0.05$）；eNOS/磷酸化 eNOS（p-eNOS）蛋白、GSK-3β/磷酸化 GSK-3β（p-GSK-3β）、Akt/磷酸化 Akt（p-Akt）的表达量明显增加（$P<0.05$）。这说明了其作用机制可能与激活 PI3K-AKT 通路有关。李红艳等[47]研究发现，500μmol/L 的 $CoCl_2$ 可抑制约 50%细胞生长，而经 50μmol/L 的 nardosinone 预处

理后，$CoCl_2$ 诱导的细胞凋亡明显降低，其 MDA、LDH 和 CK 的表达量也显著降低；此外，nardosinone 通过增加 LC3II/LC3I 和 Beclin-1 的表达，促进 P62 的降解来激活自噬，但自噬抑制剂 3-MA 的预处理逆转了这一过程；3-MA 预处理还逆转了 nardosinone 对 $CoCl_2$ 诱导的 H9C2 细胞凋亡和氧化损伤的保护作用。孙杨等[51]研究发现甘松乙酸乙酯部位（EFNC）可通过清除过量自由基、激活 Nrf2/HO-1 信号途径、缓解机体氧化应激等途径来对高原缺氧小鼠心肌组织起到保护作用。研究数据表明，中、高剂量组小鼠生存时间较模型组生存时间显著增加（$P<0.05$，$P<0.01$），且高剂量组的生存时间长于芦丁组；与模型组相比，经过 EFNC 和芦丁预处理的小鼠 LDH、CK 和 CK-MB 的活力、H_2O_2 和 MDA 水平可显著降低（$P<0.01$），GSH 水平和 SOD、CAT、GSH-Px 活力显著升高（$P<0.01$），另外，经 EFNC 和芦丁预处理后的高原缺氧小鼠心肌组织中 Nrf2 和 HO-1 的蛋白表达进一步升高。这些数据表明，甘松乙酸乙酯部位可明显改善低压和低氧诱导的心肌组织损伤。

4．其他

刘文静等[52]研究发现，ZDF 大鼠作对照，甘松饮可在分子水平上调 miR-26a、Smad7 的 mRNA 表达，下调 TGF-β1、Smad3-m 的 RNA 表达，这提示甘松饮可通过调控 miR-26a 的表达，进而来抑制 TGF-β1/Smads 通路来进行对糖尿病肾病大鼠的肾脏起到保护作用，同时，达到了抗肾纤维化的作用。热依兰·艾沙等[53]研究发现甘松醇提取物（NCBEE）和甘松水提取物（NCBAE）可提高 Ang II 损伤的 CMVECs 活性，抑制细胞凋亡，其机制可能与上调 Bcl-2、下调 caspase-3 表达，调节 NO、MDA 浓度和 LDH、SOD、GSH-Px 活性有关，从而在细胞中起保护作用。另外，发现 NCBEE、NCBAE 可通过调节血压、血清 NO、LDH、SOD、GSH-Px、MDA，调节 Bcl-2、caspase-3 蛋白的表达来发挥心脏保护作用，并在一定程度上逆转左心室肥厚，从而改善心功能。Rayile 等[41]研究甘松水提液（NCBAE）对双肾一夹（2K1C）高血压大鼠血压和心肌肥厚的影响时发现，与 2K1C 组相比，NCBAE 治疗可降低 SBP、LVPWd、LVPWs、IVSd、IVSs、LVW/BW 比值，增加 LVEF，抑制 2K1C 诱导的血清 NO 降低和 LDH 升高。经 NCBAE 处理后，左心室组织中 Bcl-2 表达显著增加，caspase-3 表达水平显著降低，且呈剂量依赖性。这表明 NCBAE 具有降压的特性和对 2K1C 诱导的心肌肥厚具有保护作用，特别是剂量为 630mg/（kg·d）时作用较显著。孙杨等[54]研究发现甘松乙酸乙酯提取物可明显改善高原缺氧诱导脑组织损伤。研究数据表明，与低压低氧组相比，经 EFNC 处理后，可明显降低小鼠脑组织中的 H_2O_2 和 MDA 水平（$P<0.01$），显著增加 GSH 含量，显著增加 SOD、CAT 和 GSH-Px 的活力，另外，小鼠脑组织中 ATP 含量、Na^+-K^+-ATPase 和 Ca^{2+}-Mg^{2+}-ATPase 的活力均明显增加（$P<0.01$），且小鼠脑组织中 Nrf2 和 HO-1 的表达量进一步增加（$P<0.01$）。

参考文献

[1] 鲁玉梅, 袁玲, 张昊东, 等. 甘松性味归经与功效文献研究[J]. 山西中医, 2020, 36(11): 54-55.

[2] 国家药典委员会. 中华人民共和国药典一部[S]. 北京: 中国医药科技出版社, 2010.

[3] 中国科学院中国植物志编辑委员会. 中国植物志: 第七十三卷第一分册[M]. 北京: 科学出版社, 1986.

[4] Xue G M, Zhao C G, Xue J F, et al. Iridoid glycosides isolated from *Nardostachys chinensis* batal. with NO production inhibitory activity[J]. Natural Product Research, 2020, (5): 1-7.

[5] Wu P Q, Li B, Yu Y F, et al. (±)-Neonardochinone A, a pair of enantiomeric neoligans from *Nardostachys chinensis* with their anti-Alzheimer's disease activities[J]. Phytochemistry Letters, 2020, 39: 39-42.

[6] 胡明娟, 唐榆, 冯盎盎, 等. 甘松化学成分的研究[J]. 中成药, 2019, 41(7): 1597-1601.

[7] Tanitsu M A, Takaya Y, Akasaka M, *et al*. Guaiane and aristolane-type sesquiterpenoids of *Nardostachys chinensis* roots[J]. Phytochemistry, 2002, 59(8): 845-849.

[8] Schulte K E, Glauch G, Rücker G. Nardosinone, a new constituent of *Nardostachys chinensis* Batalin].[J]. Tetrahedron letters, 1965, 6(35): 3083-3084.

[9] Bagchi A, Oshima Y, Hikino H. Nardostachin, an iridoid of *Nardostachys chinensis*.[J]. Planta Medica, 1988, 54(1): 87-88.

[10] Bagchi A, Oshima Y, Hikino H. Kanshones A and B, sesquiterpenoids of *Nardostachys chinensis*[J]. Phytochemistry, 1988, 27(4): 3667-3669.

[11] Bagchi A, Oshima Y, Hikino H. Kanshone C, a sesquiterpenoid of *Nardostachys chinensis* roots[J]. Phytochemistry, 1988, 27(9): 2877-2879.

[12] Bagchi A, Oshima Y, Hikino H. Kanshones D and E, sesquiterpenoids of *Nardostachys chinensis* roots[J]. Phytochemistry, 1988, 27(11): 3667-3669.

[13] Itokawa H, Masuyama K, Morita H, *et al*. Cytotoxic sesquiterpenes from *Nardostachys chinensis*.[J]. Chemical & Pharmaceutical Bulletin, 1993, 41(6): 1183-1184.

[14] Koichi M, Hiroshi M, Koichi T, *et al*. Eudesm-11-en-2,4α-diol from *Nardostachys chinensis*[J]. Phytochemistry, 1993, 34(2): 567-568.

[15] Takaya Y, Kurumada K I, Takeuji Y, *et al*. Novel antimalarial guaiane-type sesquiterpenoids from *Nardostachys chinensis* roots[J]. Tetrahedron Letters, 1998, 39(11): 1361-1364.

[16] Takaya Y, Takeuji Y, Akasaka M, *et al*. ChemInform abstract: novel guaiane endoperoxides, nardoguaianone A-D, from *Nardostachys chinensis* roots and their antinociceptive and antimalarial activities.[J]. ChemInform, 2000, 56(39): 7673-7678.

[17] Takaya Y, Akasaka M, Takeuji Y, *et al*. Novel guaianoids, nardoguaianone E-I, from *Nardostachys chinensis* roots[J]. Tetrahedron, 2000, 56(39): 7679-7683.

[18] Tanitsu M A, Takaya Y, Akasaka M, *et al*. Guaiane and aristolane type sesquiterpenoids of *Nardostachys chinensis* roots[J]. Phytochemistry, 2002, 59(8): 845-849.

[19] Zhang Y, Lu Y, Zhang L, *et al*. Terpenoids from the roots and rhizomes of *Nardostachys chinensis*[J]. Journal of Natural Products, 2005, 68(7): 1131-1133.

[20] 张旭, 兰洲, 董小萍, 等. 甘松有效成分研究[J]. 中药材, 2007, 30(1): 38-41.

[21] 张毅, 林佳, 徐丽珍, 等. 甘松化学成分的研究(Ⅱ)[J]. 中草药, 2007, 38(6): 823-825.

[22] 刘春力, 段营辉, 戴毅, 等. 甘松根茎化学成分研究[J]. 中药材, 2011, 34(8): 1216-1219.

[23] Liu M L, Duan Y H, Hou Y L, *et al*. Nardoaristolones A and B, two terpenoids with unusual skeletons from *Nardostachys chinensis* Batal[J]. Organic Letters, 2013, 15(5): 1000-1003.

[24] Liu M L, Duan Y H, Zhang J B, *et al*. Novel sesquiterpenes from *Nardostachys chinensis* Batal[J]. Tetrahedron, 2013, 69(32): 6574-6578.

[25] Wang P C, Ran X H, Luo H R, *et al*. Nardokanshone A, a new type of sesquieterpenoid-chalcone hybrid from *Nardostachys chinensis*[J]. Tetrahedron Letters, 2013, 54(33): 4365-4368.

[26] Zhang J B, Liu M L, Duan Y H, *et al*. Novel nardosinane type sesquiterpenoids from *Nardostachys chinensis* Batal[J]. Tetrahedron, 2014, 70(30): 4507-4511.

[27] Zhang J B, Liu M L, Li C, *et al*. Nardosinane-type sesquiterpenoids of *Nardostachys chinensis* Batal[J]. Fitoterapia, 2015, 100:195-200.

[28] 王忠平, 陈应鹏, 梁爽, 等. 中药甘松中的白藜芦醇低聚体类成分[J]. 天然产物研究与开发, 2014, 26(10): 1548-1551.

[29] Wu H H, Chen Y P, Ying S S, *et al*. Dinardokanshones A and B, two unique sesquiterpene dimers from the roots and rhizomes of *Nardostachys chinensis*[J]. Tetrahedron Letters, 2015, 56(43): 5851-5854.

[30] Deng X, Wu Y J, Chen Y P, *et al*. Nardonaphthalenones A and B from the roots and rhizomes of *Nardostachys chinensis* Batal.[J]. Bioorganic & Medicinal Chemistry Letters, 2017, 27(4): 875-879.

[31] Takemoto H, Ito M, Asada Y, *et al*. Inhalation administration of the sesquiterpenoid aristolen-1(10)-en-9-ol from *Nardostachys chinensis* has a sedative effect via the GABA ergic system[J]. Planta Medica, 2015, 81(5): 343-347.

[32] Bang Y H, Al E. Inhibitory constituents of *Nardostachys chinensis* on nitric oxide production in RAW 264.7 macrophages[J]. Cheminform, 2012, 43(21): 706-708.

[33] Chen Y P, Ying S S, Zheng H H, *et al*. Novel serotonin transporter regulators: Natural aristolane and nardosinane types of sesquiterpenoids from *Nardostachys chinensis* Batal[J]. Scientific Reports, 2017, 7(1): 15114.

[34] Shen X Y, Yu Y, Chen G D, *et al*. Six new sesquiterpenoids from *Nardostachys chinensis* Batal.[J]. Fitoterapia, 2017, 119: 75-82.

[35] 景临林, 马慧萍, 范小飞, 等. 甘松不同溶剂提取物的抗氧化活性研究[J]. 化学研究与应用, 2014, 26(10): 1591-1596.

[36] 卢靖, 张丽珠, 王秀萍, 等. 甘松精油抑菌活性及抗氧化活性研究[J]. 食品工业, 2014, 35(4): 91-94.

[37] 何跃, 杨松涛, 胡晓梅, 等. 甘松不同提取成分组合给药预防大鼠急性胃炎的实验研究[J]. 实用医院临床杂志, 2011, 8(1): 27-29.

[38] Sun Y P, Kim Y H, Park G. Anti-neuro-inflammatory effects of *Nardostachys chinensis* in lipopolysaccharide-and lipoteichoic acid-stimulated microglial cells[J]. Chinese Journal of Natural Medicines, 2016, 14(5): 343-353.

[39] Ckla B, Jflab C, Xys D, *et al*. Nardosinanone N suppresses LPS-induced macrophage activation by modulating the Nrf2 pathway and mPGES-1[J]. Biochemical Pharmacology, 2020, 173: 113639.

[40] Yao Y D, Shen X Y, Machado J, *et al*. Nardochinoid B inhibited the activation of RAW264.7 macrophages stimulated by lipopolysaccharide through activating the Nrf2/HO-1 pathway[J]. Molecules, 2019, 24(13): 1-16.

[41] Rayile A, Yu Z, Zhang X, *et al*. The effects of aqueous extract from *Nardostachys chinensis* Batalin on blood pressure and cardiac hypertrophy in two-kidney one-clip hypertensive rats[J]. Evidence Based Complementary & Alternative Medicine, 2017(11): 1-11.

[42] 李翔宇. 中药甘松挥发油对正常及肥厚大鼠心室肌细胞延迟整流钾电流(I_k)的影响[D]. 南昌: 南昌大学, 2013.

[43] 杨涛, 叶媛, 许美霞, 等. 不同时点应用甘松挥发油对大鼠心肌缺血再灌注损伤的影响[J]. 中国医院药学杂志, 2012, 32(23): 1897-1899, 1932.

[44] Min L, Xue X, Yang X, *et al*. The cardioprotective and antiarrhythmic effects of *Nardostachys chinensis* in animal and cell experiments[J]. BMC Complementary and Alternative Medicine, 2017, 17(1): 1-10.

[45] 钱薇, 邹丽, 王秀秀, 等. 甘松新酮对 SD 大鼠心室肌细胞钠离子通道电流的影响[J]. 当代医药论丛, 2019, 17(16): 2-5.

[46] 邓雅文, 陈恒文, 武庆娟, 等. 基于网络药理学探讨甘松干预心律失常的作用机制[J]. 中国现代中药, 2020, 22(9): 1485-1493.

[47] 李红艳, 赵思涵, 梅显运, 等. 甘松新酮对 H9C2 心肌细胞低氧损伤的作用及其机制[J]. 华南师范大学学报(自然科学版), 2021, 53(2): 51-58.

[48] 曹明, 葛郁芝, 罗骏, 等. 中药甘松挥发油对大鼠心室肌细胞膜 L 型钙通道的影响[J]. 时珍国医国药, 2010, 21(9): 2264-2266.

[49] 杨涛, 葛郁芝, 罗骏, 等. 甘松挥发油对大鼠心室肌细胞膜钠通道的影响[J]. 时珍国医国药, 2010, 21(2): 284-286.

[50] 杨涛, 汪小鹏, 徐李钢, 等. 甘松挥发油对大鼠心肌缺血再灌注损伤及磷脂酰肌醇-3-激酶通路的影响[J]. 实用临床医药杂志, 2018, 22(15): 14-17.

[51] 孙杨, 魏崇莉, 赵彤, 等. 甘松乙酸乙酯部位改善低压和低氧诱导的心肌组织损伤作用及机制[J]. 中国现代中药, 2021, 23(1): 83-88.

[52] 刘文静, 南一, 鲁玉梅. 甘松饮调控 ZDF 糖尿病肾病大鼠中 miR-26a 介导的 TGF-β1/Smads 分子机制研究[J]. 山西中医, 2021, 37(4): 50-53.

[53] 热依兰·艾沙(Rayile Aisa). 甘松干预 Ang Ⅱ 损伤心脏微血管内皮细胞、2K1C 高血压心脏损害机制研究及基于 NMR 代谢组学分析[D]. 乌鲁木齐: 新疆医科大学, 2017.

[54] 孙杨, 魏崇莉, 赵彤, 等. 甘松乙酸乙酯提取物对高原缺氧诱导脑组织损伤的保护作用[J]. 现代中药研究与实践, 2020, 34(3): 13-17.

第四节

罗勒

罗勒（*Ocimum basilicum*）为唇形科罗勒一年生草本植物, 又名甜罗勒、零陵香、兰香、香菜、光明子等，为维族常用药食两用药材。全草可入药，其性温味辛，有疏风行气、化湿消食、活血、解毒之功能，主治中暑、感冒头痛、动脉硬化、发热咳嗽、食积不化、腹泻等症[1~2]。

一、生物学特性及资源分布

1．生物学特性

一年生草本，高 20～80cm，具圆锥形主根及自其上生出的密集须根。茎直立，钝四棱形，上部微具槽，基部无毛，上部被倒向微柔毛，绿色，常染有红色，多分枝。叶卵圆形至卵圆状长圆形，长 2.5～5cm，宽 1～2.5cm，先端微钝或急尖，基部渐狭，边缘具不规则牙齿或近于全缘，两面近无毛，下面具腺点，侧脉 3～4 对，与中脉在上面平坦下面多少明显；叶柄伸长，长约 1.5cm，近于扁平，向叶基多少具狭翅，被微柔毛。总状花序顶生于茎、枝上，各部均被微柔毛，通常长 10～20cm，由多数具 6 花交互对生的轮伞花序组成，下部的轮伞花序远离，彼此相距可达 2cm，上部轮伞花序靠近；苞片细小，倒披针形，长 5～8mm，短于轮伞花序，先端锐尖，基部渐狭，无柄，边缘具纤毛，常具色泽；花梗明显，花时长约 3mm，果时伸长，长约 5mm，先端明显下弯。花萼钟形，长 4mm，宽 3.5mm，外面被短柔毛，内面在喉部被疏柔毛。花冠淡紫色，或上唇白色下唇紫红色，伸出花萼，长约 6mm，外面在唇片上被微柔毛，内面无毛。花期通常 7～9 月，果期 9～12 月[1]。

2．资源分布

罗勒喜温暖湿润、阳光充足的生长环境，耐旱不耐涝，耐热不耐寒。主产于新疆、吉林、河北、浙江、江苏、安徽、江西、湖北、湖南、广东、广西、福建、台湾、贵州、云南及四川，其中主要为栽培，南部各省区也有野生的。非洲至亚洲温暖地带也有[1,3]。

二、化学成分研究

罗勒的化学成分复杂，主要有挥发油、黄酮、香豆素、甾体化合物等，其中挥发油的含量最大[4]。

1．黄酮类化合物

Kelm 等[5]从罗勒新鲜的茎和叶的氯仿部分通过薄层制备法、硅胶柱色谱法制备纯化，得到了以下黄酮类化合物：cirsilineol、cirsimaritin、isothymusin、isothymonin、芹菜素。尹锋等[6]从罗勒地上部位氯仿部分以及 70%和 95%乙醇部分分别通过反复硅胶柱色谱、Sephadex LH-20 柱色谱、MCI 柱色谱等手段分离得到了 7 个黄酮类化合物。米仁沙·牙库甫[7]从罗勒乙醇提取正丁醇可溶的部分，后经过凝胶色谱法、硅胶色谱法和重结晶等方法进行化学成分的分离，首次从该植物中分离得到了芦丁和槲皮素-3-β-D-葡萄糖苷 2 个黄酮类化合物。帕丽达·阿不力孜等[8]首次从罗勒全草中分离鉴定了两个黄酮类化合物：槲皮素-3-O-β-D-葡萄糖苷、山奈酚-3-O-β-D-葡萄糖苷。王绍云等[9]用 70%甲醇提取干燥罗勒叶粉末得到了黄酮类化合物：石吊兰素。化合物具体名称和结构分别见表 8-11 和图 8-11。

表 8-11　罗勒黄酮类成分

序号	名称	参考文献	序号	名称	参考文献
1	cirsilineol	[5]	8	槲皮素-3-O-α-L-鼠李糖苷	[6]
2	cirsimaritin	[5]	9	异杨梅树皮苷	[6]
3	isothymusin	[5]	10	槲皮素-3-β-D-葡萄糖苷	[7]
4	isothymonin	[5]	11	槲皮素-3-O-β-D-葡萄糖苷	[8]
5	槲皮素-3-O-β-D-半乳糖苷	[6]	12	山奈酚-3-O-β-D-葡萄糖苷	[8]
6	槲皮素-3-O-β-D-葡萄糖苷-2″-没食子酸酯	[6]	13	石吊兰素	[9]
7	槲皮素-3-O-(2″-没食子酰基)-芸香苷	[6]			

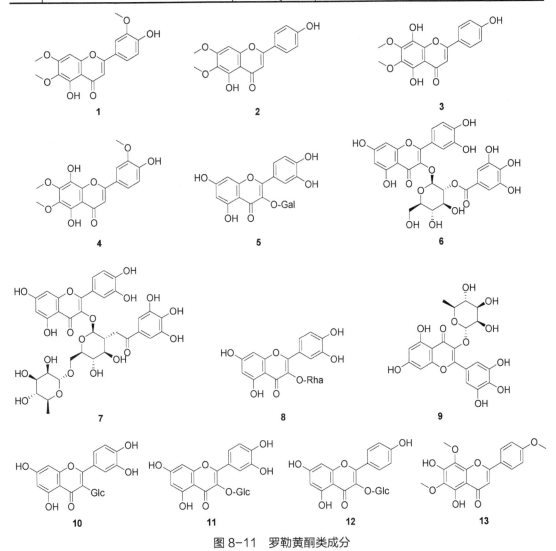

图 8-11　罗勒黄酮类成分

2. 其他类化合物

研究表明，罗勒中还含有甾体、萜类、苯丙素类等成分。尹锋等[6]从罗勒地上部位氯仿部分通过反复硅胶柱色谱（氯仿-甲醇梯度洗脱）、重结晶、Sephadex LH-20 柱色谱、MCI 柱色谱及 ODS 反相硅胶色谱等手段分离得到一个新化合物(17R)-3β-羟基-22,23,24,25,26,27-六去甲达玛烷-20-酮。米仁沙·牙库甫等[7]从罗勒的乙醇提取氯仿可溶部分，经各柱色谱等方法进行对其进行分离，首次从该植物中分离得到了 β-谷甾醇、胡萝卜苷、豆甾醇、豆甾醇-3-β-D-葡萄糖苷 4 个甾体类化合物。Runyoro 等[10]采用气相色谱和气相色谱-质谱法分析测定其罗勒挥发油的成分，鉴定出了多种化合物，其主要成分有熊果酸、germacrene-D, E-myroxide, germacrene-B 等。化合物具体名称和结构分别见表 8-12 和图 8-12。

表 8-12　罗勒其他类成分

序号	名称	参考文献	序号	名称	参考文献
1	(17R)-3β-羟基-22,23,24,25,26,27-六去甲达玛烷-20-酮	[6]	6	7-羟基-6-甲氧基香豆素	[6]
			7	(6S,9S)-长寿花糖苷	[6]
2	软脂酸 1-甘油单酯	[6]	8	丁香苷	[6]
3	germacrene-D	[10]	9	迷迭香酸（rosmarinic acid）	[5]
4	E-myroxide	[10]	10	豆甾醇-3-β-D-葡萄糖苷	[7]
5	germacrene-B	[10]			

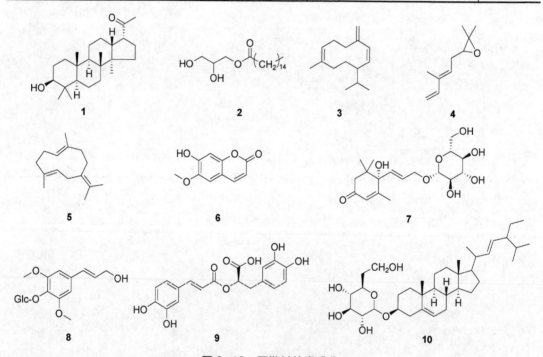

图 8-12　罗勒其他类成分

三、药理活性

1. 抗炎、抗菌

方茹等[11]指出罗勒挥发油具有抑菌作用，但不同浓度的挥发油抑菌效果不同，15.0%挥发油最好，其中当挥发油的浓度低于 1.0%或者高于 30.0%时不再有抑菌作用。罗勒粗多糖溶液也具有抑菌作用，但当溶液的浓度低于 18mg/mL 时对大肠杆菌不再有抑菌作用，低于 20mg/mL 时对金黄色葡萄球菌不再有抑菌作用。古兰·托来西等[12]研究发现与阳性对照组相比，罗勒乙酸乙酯提取物可显著抑制二甲苯所致小鼠耳肿胀以及角叉菜胶所致小鼠足肿胀、小鼠棉球肉芽肿的形成，表明了罗勒乙酸乙酯提取物具有明显的抗炎作用。米娜瓦尔·哈帕尔等[13]研究发现，罗勒可通过抑制环氧合酶-2 和 5-酯氧化酶的活性从而达到抗炎的效果。数据表明，经罗勒乙酸乙酯提取物和罗勒-正丁醇提取物干预后，可不同程度地抑制白三烯 B4（LTB4）和前列腺素 E2（PGE2），其中，两种处理对 LTB4 的最大抑制率分别为 42.78%、38.63%，对 PGE2 的最大有抑制率分别为 57.95%、51.0%；且罗勒乙酸乙酯提取物显著强于罗勒正丁醇提取物，相同浓度的药物对 PGE2 的抑制率明显大于 LTB4。

2．抗氧化

王庆等[14]发现用纤维素酶辅助提取疏毛罗勒挥发油高于温水浸泡预处理法和直接蒸馏法提取，且用紫外分光光度法测定疏毛罗勒挥发油对羟自由基的清除率发现，EC_{50}=4.846mg/mL，表明了疏毛罗勒挥发油具有较强的抗氧化活性。李煊等[15]采用 ABTS 和 DPPH 等方法评价了罗勒水和乙醇提取物的抗氧化活性，发现醇提取物的 DPPH 自由基清除能力以及 ABTS 自由基清除能力大小均优于水提取物，其中，DPPH 自由基的 EC_{50} 分别为 354.87μg/mL、451.53μg/mL，ABTS 自由基的 EC_{50} 分别为 18.03μg/mL、36.88μg/mL。郝文凤等[16]采用气相色谱-质谱（GC-MS）联用法对大型罗勒精油和柚子精油的化学成分进行分析，并采用 DPPH 自由基清除法、ABTS 自由基阳离子清除法对精油及其主要单体的抗氧化性能进行了研究。结果表明，大型罗勒精油和柚子精油对 DPPH·和 ABTS$^+$均具有清除活性，其中大型罗勒精油和柚子精油清除 DPPH·的 IC_{50} 值分别为 3.96mg/mL 和 23.22mg/mL；清除 ABTS$^+$的 IC_{50} 值分别为 1.61mg/mL 和 2.30mg/mL。因此，可知罗勒具有一定的抗氧化能力。

3．抗肿瘤

王婷等[17]通过一系列罗勒多糖抗卵巢肿瘤细胞实验，发现与对照组相比，乏氧（1%O_2、5%CO_2 和 94%N_2）环境下罗勒多糖能够促进人卵巢癌细胞株 SKOV3 的凋亡，抑制 SKOV3 细胞增殖，而常氧（21%O_2、5%CO_2）环境下罗勒多糖作用相反。Lv 等[18]研究发现罗勒多糖降低 SKOV3 细胞的侵袭，该作用与下调 OPN、CD44 和 MMP-9 的表达有关，进而调控 SKOV3 细胞和人单核细胞来源的树突状细胞（DCs）的侵袭。冯兵等[19]研究发现罗勒多糖能抑制肿瘤细胞株中控制基底膜的 mRNA 的表达，下调与金属蛋白酶相关的蛋白的表达，而不影响其他相关基因的表达，因此具有相对安全的抗肿瘤作用。Alkhateeb 等[20]研究发现罗勒花水提取物可通过诱导线粒体的分裂，从而诱导人乳腺癌细胞凋亡。此外，在低温条件下提取的花，与其他水提取物（使用煮沸的水溶剂）和醇提取物相比，具有较高的抗肿瘤和抗氧化活性的黄酮类化合物和酚类化合物的含量较高。

4．抗血栓

依巴代提·托合提等[21]研究发现罗勒水提物对二磷酸腺苷（ADP）和凝血酶诱导的大鼠血小板聚集有明显的抑制作用，其强度与阿司匹林相似，其中 300mg/kg 时的抑制率最大，分别为 60.16%和 60.43%。周文婷等[22]研究发现罗勒提取物能提高胶原蛋白-肾上腺素混合诱导的小鼠肺血栓的存活率，延长 $FeCl_3$ 诱导的大鼠颈动脉血栓形成，并能减轻血栓湿重，减轻结扎法引起的下腔静脉血栓湿质量。其中以乙醇为溶剂采用超声波法提取罗勒提取物效果最显著。

5. 降糖降脂

陈蓓等[23]等研究发现罗勒提取物具有显著的降糖降脂效果。结果表明，罗勒提取物可以显著降低大鼠肝组织的胆固醇、甘油三酯以及大鼠血清中的胆固醇、低密度脂蛋白胆固醇，升高高密度脂蛋白胆固醇。陈峰等[24]研究发现与模型组相比，罗勒水提取物和罗勒多糖的降糖作用无明显差异；罗勒多糖具有较弱的降血脂作用，罗勒水提取物低剂量组（0.105g/kg）、中剂量组（0.210g/kg）具有显著的降血脂作用。巴音桑等[25]通过网络药理学探究罗勒活性成分其作用靶点，研究发现罗勒的活性成分可能作用于 PI3K-Akt 信号通路、阿尔兹海默症（AD）信号通路和 TNF 信号通路等，改善细胞损伤、细胞膜的通透性以及抑制细胞凋亡，从而达到治疗 AD 的目的，体现了新疆罗勒多成分、多靶点、多通路的作用特点，为阐述其治疗 AD 的作用机制提供科学依据。Tandi 等[26]研究发现分别以 200mg/kg、400mg/kg、800mg/kg 的罗勒叶乙醇提取物处理因链脲佐菌素诱导的糖尿病大鼠 28 天，发现 400mg/kg 和 800mg/kg 均可显著降低血糖水平；组织学结果发现小鼠胰腺细胞再生。因此得出罗勒叶乙醇提取物是一种潜在的抗糖尿病物质。

6. 其他

Singh 等[27]研究发现罗勒精油对阿司匹林、酒精、组胺、利血平、5-羟色胺和应激性溃疡均有显著的抗溃疡活性。阿司匹林对幽门结扎大鼠胃溃疡和胃液分泌也有明显抑制作用。也有相关研究发现，在阿司匹林大鼠模型中，罗勒黄酮苷对模型大鼠胃蛋白酶含量和胃酸度有明显的抑制作用，表明罗勒黄酮苷有一定的抗溃疡活性[28]。

Batista 等[29]研究发现，罗勒花挥发油具有一定的镇痛作用，且在所有试验剂量中，口服挥发油均未显示任何急性毒性或行为效应。Limma-Netto 等[30]研究评价了罗勒精油对坦巴库幼体鱼的镇静、麻醉和恢复作用。结果发现，在所有浓度下，镇静时间都小于 30s，而 10μL/L 或 25μL/L 是其最经济的镇静剂量。当浓度为 300μL/L 时，罗勒精油最快麻醉时间和麻醉恢复时间分别为 113.90s 和 152.12s。

Yoshikawa 等[31]研究发现含迷迭香酸的罗勒提取物对活性氧（ROS）的化学清除能力相对较低，但在单一或重复 A 波段紫外线（UVA）照射后，可通过降低成纤维细胞内 ROS 和羰基化蛋白的水平，从而有效清除生物氧化应激。以重复 UVA 照射的成纤维细胞作为慢性阳光照射细胞的模型，发现基质金属蛋白酶-1 显著增加，I 型胶原合成减少，形成的胶原纤维数量减少。这表明，含有迷迭香酸的罗勒提取物可修复由重复 UVA 照射真皮成纤维细胞造成的胶原纤维破坏。

帕金森病的特点是多巴胺神经递质水平下降，这种下降是由于蛋白质单胺氧化酶 B（MAO-B）降解多巴胺导致的。Mubashir 等[32]利用结构基础（SB）和配体基础虚拟筛选（LBVS）方法，对罗勒中化学成分的含量进行了分析，并预测其活性。结果发现，在对接研究中，罗勒中发现的 108 种化合物全部对接到 MAO-B（PDB code: 4A79）的活性位点，表明了预测的最热门的靶点为 MAO-B 抑制剂，从而说明罗勒可进一步用于帕金森病治疗药物的开发。Jahejo 等[33]研究发现以 5g/kg 饲料添加罗勒可促进热应激肉鸡的生长，提高肠绒毛大小、饲料效率和免疫功能。

参考文献

[1] 中国科学院中国植物志编辑委员会. 中国植物志: 第 66 卷[M]. 科学出版社, 1977.

[2] 国家中医药管理局中华本草编委会. 中华本草[M]. 上海: 上海科学技术出版社, 1999.

[3] 鞠玉栋, 吴维坚, 杨敏, 等. 芳香植物罗勒生物学特性及栽培技术[J]. 现代农业科技, 2013, (23): 126.

[4] 买买提·努尔艾合买提, 吐尔洪·艾尔尔, 吾布力吐尔迪. 维吾尔药罗勒的现代研究进展[J]. 中国民族医药杂志, 2007, 4(4): 69-72.

[5] Kelm M A, Nair M G, Strasburg G M, et al. Antioxidant and cyclooxygenase inhibitory phenolic compounds from *Ocimum sanctum* Linn.[J]. Phytomedicine, 2000, 7(1): 7-13.

[6] 尹锋, 胡立宏, 楼凤昌. 罗勒化学成分的研究[J]. 中国天然药物, 2004, 4(1): 21-25.

[7] 米仁沙·牙库甫. 维吾尔药新疆罗勒的化学成分及生药学研究[D]. 乌鲁木齐: 新疆医科大学, 2006.

[8] 帕丽达·阿不力孜, 米仁沙, 丛媛媛, 等. 新疆罗勒化学成分的分离鉴定[J]. 华西药学杂志, 2007, 22(5): 489-490.

[9] 王绍云, 曹晖, 唐文华, 等. RP-HPLC 测定罗勒中石吊兰素的含量[J]. 光谱实验室, 2010, 27(2): 780-784.

[10] Runyoro D, Ngassapa O, Vagionas K, et al. Chemical composition and antimicrobial activity of the essential oils of four Ocimum species growing in Tanzania[J]. Food Chemistry, 2010, 119(1): 311-316.

[11] 方茹, 盛猛, 洪伟. 罗勒药用成分的抑菌作用[J]. 阜阳师范学院学报(自然科学版), 2007, 24(1): 53-55.

[12] 古兰·托来西, 依巴代提·吐乎提, 胡君萍, 等. 维吾尔药罗勒乙酸乙酯提取物抗炎作用的研究[J]. 海峡药学, 2011, 23(2): 23-25.

[13] 米娜瓦尔·哈帕尔, 依巴代提·吐乎提, 阿布力子·阿布杜拉, 等. 维药罗勒有效提取物在体外对细胞内花生四烯酸代谢途径的影响[J]. 时珍国医国药, 2013, 24(6): 1332-1334.

[14] 王庆, 赵冰, 陈娜. 疏毛罗勒挥发油纤维素酶辅助提取工艺及其抗氧化作用的研究[J]. 河南科技大学学报(医学版), 2017, 35(2): 97-99, 103.

[15] 李煊, 梁诗, 黄雯, 等. 薄荷和罗勒提取物体外抗氧化及保肝活性研究[J]. 亚热带植物科学, 2020, 49(6): 427-432.

[16] 郝文风, 田玉红, 董非, 等. 大型罗勒和柚子精油的成分分析及其抗氧化性[J]. 食品工业, 2021, 42(1): 206-211.

[17] 王婷, 朱莹, 闫实, 等. 低氧环境下罗勒多糖对卵巢癌细胞生物学行为的影响[J]. 辽宁中医杂志, 2010, 37(5): 939-941.

[18] Lv J, Shao Q Q, Wang H Y, et al. Effects and mechanisms of curcumin and basil polysaccharide on the invasion of SKOV3 cells and dendritic cells[J]. Molecular Medicine Reports, 2013, 8(5): 1580-1586.

[19] 冯兵, 朱莹, 贺嵩敏, 等. 罗勒多糖对肝癌细胞缺氧模型组蛋白去甲基化酶 LSD1、JMJD2B 及 JARID1B 表达的影响[J]. 时珍国医国药, 2015, 26(8): 1835-1840.

[20] Alkhateeb M A, Al-Otaibi W R, Algabbani Q, et al. Low-temperature extracts of purple blossoms of basil (*Ocimum Basilicum* L.) intervened mitochondrial translocation contributes prompted apoptosis in human breast cancer cells[J]. Biological Research, 2021, 54(1): 1-10.

[21] 依巴代提·托合提, 玛依努尔·吐尔逊, 毛新民, 等. 罗勒水提取物对 ADP、凝血酶诱导的大鼠血小板聚集的影响[J]. 新疆医科大学学报, 2005, (6): 526-527.

[22] 周文婷, 依把代提·托合提, 田树革, 等. 罗勒不同提取物对 3 种实验性血栓形成模型的影响[J]. 中药材, 2010, 33(12): 1922-1925.

[23] 陈蓓, 艾尼瓦尔·吾买尔, 依巴代提·托合提, 等. 罗勒提取物对高血脂症大鼠的实验研究[J]. 中成药, 2009, 31(6): 844-847.

[24] 陈峰, 谭银丰, 任守忠, 等. 罗勒水提物及其多糖在大鼠体内降血糖和降脂作用的研究[J]. 海南医学院学报, 2011, 17(11): 1441-1444.

[25] 巴音桑, 艾尼瓦尔·吾买尔, 阿地力江·萨吾提, 等. 基于网络药理学探讨新疆罗勒治疗阿尔兹海默症的作用机制[J]. 食品安全质量检测学报, 2021, 12(10): 4056-4064.

[26] Tandi J, Widodo A. Qualitative and quantitative determination of secondary metabolites and antidiabetic potential of *Ocimum basilicum* L. leaves extract[J]. Rasayan Journal of Chemistry, 2021, 14(1):622-628.

[27] Singh S. Evaluation of gastric anti-ulcer activity of fixed oil of *Ocimum basilicum* Linn. and its possible mechanism of action[J]. Indian Journal of Experimental Biology, 1999, 37(3): 253-257.

[28] Miraj S, Kiani S. Study of pharmacological effect of *Ocimum basilicum*: A review[J]. Der Pharmacia Lettre, 2016, 8(9): 276-280.

[29] Batista F, Araújo J I F D, Araújo S M B D, et al. Antinociceptive effect of volatile oils from *Ocimum basilicum* flowers on adult zebrafish[J]. Revista Brasileria de Farmacognosia, 2021, 31: 282-289.

[30] Limma-Netto J D, Sena A C, Copatti C E. Essential oils of *Ocimum basilicum* and *Cymbopogon flexuosus* in the sedation, anesthesia a nd recovery of tambacu (*Piaractus mesopotamicus* male x Colossoma macropomum Female)[J]. Boletim do Instituto de Pesca, 2016, 42(423): 727-733.

[31] Yoshikawa M, Okano Y, Masaki H. An *Ocimum basilicum* extract containing rosmarinic acid restores the disruption of collagen fibers caused by repetitive UVA irradiation of dermal fibroblasts[J]. Journal of Oleo Science, 2020, 69(11): 1487-1495.

[32] Mubashir N, Fatima R, Naeem S. Identification of novel phyto-chemicals from *Ocimum basilicum* for the treatment of parkinson's disease using in silico approach[J]. Current Computer-Aided Drug Design, 2020,16(40): 420-434.

[33] Jahejo A R, Rajput N, Tian W X, *et al*. Immunomodulatory and growth promoting effects of basil (*Ocimum basilicum*) and ascorbic acid in heat stressed broiler chickens[J]. Pakistan Journal of Zoology, 2019, 51(3): 801-807.

第五节
洋甘菊

洋甘菊（*Matricaria chamomilla*）为菊科母菊属的一年生或多年生草本，全草芳香，含有挥发性芳香油，是一种极具开发价值的药用植物和香料植物，具有消炎、抑制真菌、解痉等作用。洋甘菊挥发油是花序中最主要的有效成分，花中精油含量为 0.2%～0.8%，最高可达 1.9%。挥发油中含有蓝香油奥、合欢烯、甜没药萜醇等，其中蓝香油奥是挥发油中最有价值成分之一，常作为评定药材质量的标准[1]。

一、生物学特征与资源分布

德国洋甘菊又称母菊，为菊科母菊的一年生或二年生草本，高 30～60cm，茎直立，多分枝，光滑。叶互生，2～3 回羽状分裂，裂片窄线形，叶基部抱茎。头状花序，直径 1.2～1.5cm，顶生，有浓郁芳香气味；总苞片几等长，边缘膜质；花序托圆锥形，成长后中空；外层为舌状花，白色，先端 3 裂，雌性，盛开后花冠下垂；中央为管状花，花冠黄色，顶端 5 裂，两性，多数而聚成半球形；柱头 2 裂。花期 4～6 月。瘦果细小，长 0.8～1.2mm，稍弯曲，有 3～5 条细棱，不具冠毛，千粒重 0.026～0.053g[2]。

母菊原产欧洲及亚洲西部温带地区，野生于田野熟荒地、路旁或作栽培。适应性强，较耐寒。对土壤要求不严，但以近中性、较湿润的土壤为宜。生长最适温度为 20～30℃，瘦果在 6℃就能发芽，存放 6 年后仍有一定发芽力。上海地区秋播或野生者多在越冬前发芽并长成莲座状，翌年 4 月中旬以后便陆续开花，7～8 月枯死，生长期 8～10 个月；春播者从出苗到开花约需 2 个月，花期长 1～2 个月，生长期共 4 个月左右。秋播者次年开花要比冬播者早 15～20 天，比春播者早 20～30 天[3]。

二、化学成分

1. 挥发油类化合物

徐杨斌[4]利用气相色谱-飞行时间质谱，对德国洋甘菊油的挥发性成分进行了分析并确定出洋甘菊油中的 72 个成分，占其总挥发性成分的 88.35%，其主要成分为 α-红没药醇氧化物 B（16.17%）、双环大根香叶烯（15.35%）、α-红没药醇氧化物 A（10.11%）、蒿酮（8.23%）、大根香叶烯 D（7.01%）、α-红没药酮氧化物（6.08%）、β-罗勒烯（5.39%）、(E)-β-金合欢烯（2.56%）、斯巴醇（2.48%）等，其中萜类化合物及其衍生物共 42 个，占洋甘菊油总挥发性成分的 79.99%。Avonto[5] 从德国洋甘菊提取物中分离出三种化合物经鉴定为 tonghaosu、trans-glucome-thoxycinnamic acid 和 cis-glucomethoxycinnamic acid，而 tonghaosu 成分具有不稳定性，易转化1,6-dioxaspiro[4.4]non-3-en-2-one。叶琦[6] 通过正桐硅胶、反相硅胶、Sephadex LH-20、半制备高效液相色谱，从洋甘菊中分离得到 11 个化合物，通过波谱方法进行鉴定结构为山奈酚- 3-O-β-D-葡萄糖苷、木犀草素-3′-O-β-D-葡萄糖苷、6-羟基木犀草素-7-O-β-D-葡萄糖苷、异槲皮苷、5-羟基-4′,7-二甲基-6,8-二甲氧基黄酮、槲皮素-3′-O-β-D-葡萄糖苷、3-羟基苯甲醇、1-(4-羟基苯基)乙烷-1,2-二醇、2-(3-甲氧基-4-羟基苯基)-丙烷-1,3-二醇、2-(4-羟基乙基)乙醇、丁香酸。

2．黄酮类化合物

米热阿依·麦麦提[10] 以 70%乙醇为提取溶剂，采用液相色谱飞行时间质谱联用仪对纯化的洋甘菊总黄酮进行成分分析，并从中共鉴定出多个黄酮类化合物，包括金丝桃苷（hyperin）、矢车菊素-3-O-葡萄糖苷（cyanidin-3-O-glucoside）、野漆树苷（rhoifolin）、木犀草苷（luteoloside）、异鼠李素（isorhamnetin）等。赵一帆[11] 采用硅胶、凝胶、制备液相等色谱方法进行分离纯化，并利用核磁、质谱等现代波谱技术对化合物的结构进行鉴定出 18 个化合物，其中高良姜素、高车前素、6-甲氧基山奈酚、泽兰叶黄素、3-甲氧基槲皮素、3,4′-二甲氧基-5,7-二羟基黄酮、5,7,4′-三羟基-3,6-二甲氧基黄酮、bracteoside、7-O-(β-D-glucopyranosyl)-galactin 是首次从母菊属植物中分离得到的黄酮类化合物。赵一帆[12] 采用硅胶、C_18、Sephadex LH-20、MCI、HP-20 等色谱填料对维药洋甘菊提取物进行系统分离、纯化研究，并利用化合物的理化性质、UV、IR、MS、NMR、2D-NMR 等现代波谱技术鉴定了 quercetin、luteolin、kaempferol、kaempferol 3-O-glucoside 等 34 个化合物（表 8-13，图 8-13）。

表 8-13　洋甘菊黄酮类化合物

序号	名称	参考文献	序号	名称	参考文献
1	naringin	[12]	14	红车轴草素-7-O-D-葡萄糖苷	[10]
2	naringenin-7-O-neohesperoside	[12]	15	二水槲皮素	[10]
3	naringenin	[12]	16	羟基芫花素	[10]
4	catechin	[12]	17	金腰乙素 B	[10]
5	6-羟基-木犀草素-7-O-β-D-葡萄糖苷	[12]	18	山奈酚-3-O-(6″-3-羟基-3-甲基-戊二酰基)-β-D-吡喃葡萄糖苷	[13]
6	isoquercitrin	[12]			
7	5-羟基-4′,7-二甲基-6,8-二甲氧基黄酮	[12]	19	galangin	[11]
8	金丝桃苷	[10]	20	hispidulin	[11]
9	矢车菊素-3-O-葡萄糖苷	[10]	21	泽兰叶黄素	[11]
10	野漆树苷	[10]	22	3,4′-二甲氧基-5,7-二羟基黄酮	[11]
11	木犀草苷	[10]	23	5,7,4′-三羟基-3,6-二甲氧基黄酮	[11]
12	大波斯菊苷	[10]	24	bracteoside	[11]
13	槐角苷	[10]	25	7-O-(β-D-glucopyranosyl)-galactin	[11]

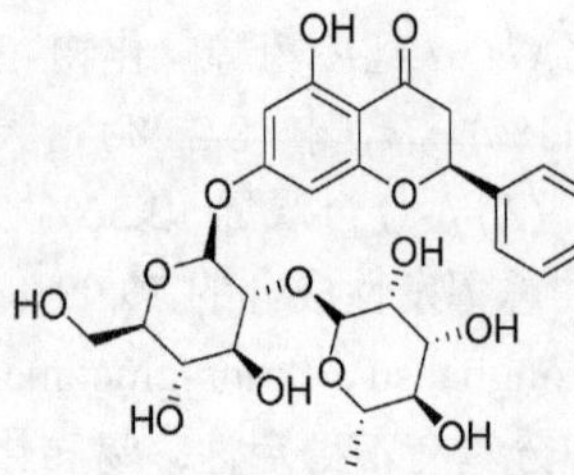

1 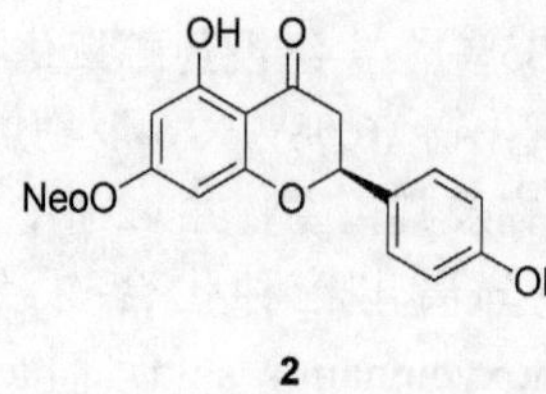 **2** 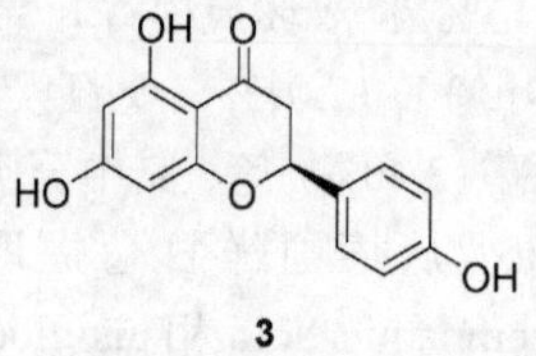 **3**

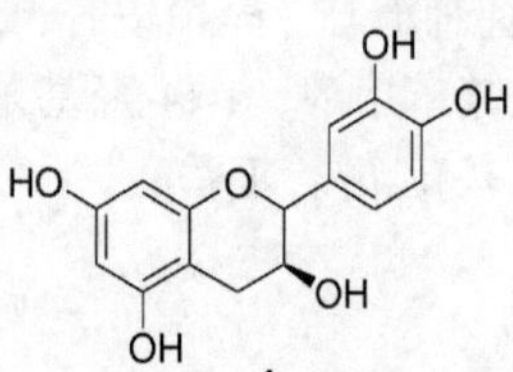

4 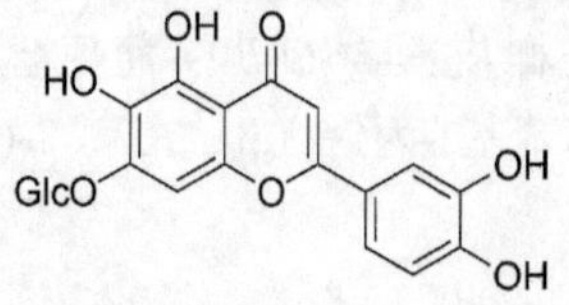 **5** 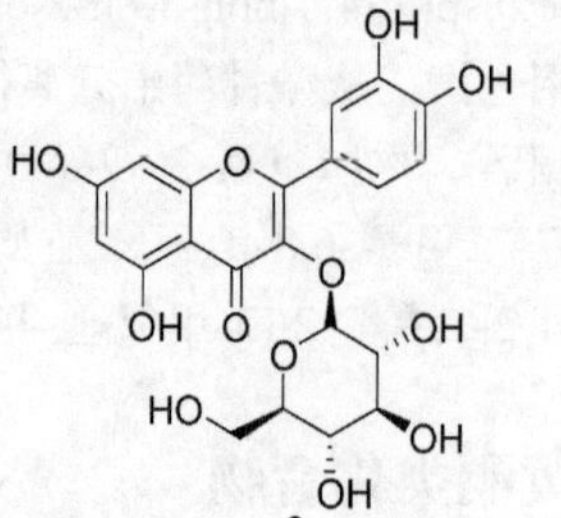 **6**

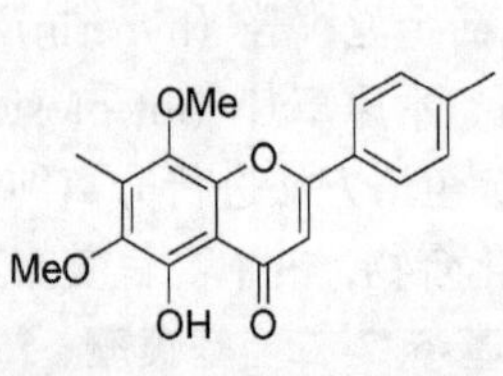

7 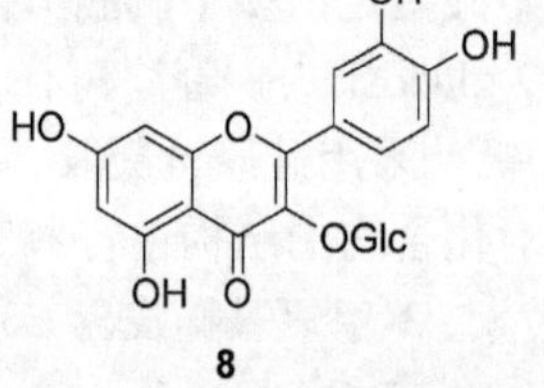 **8** 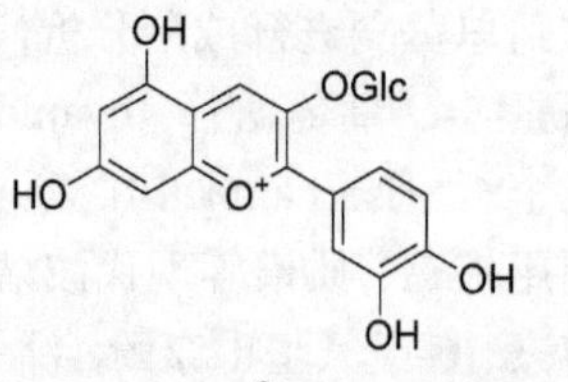 **9**

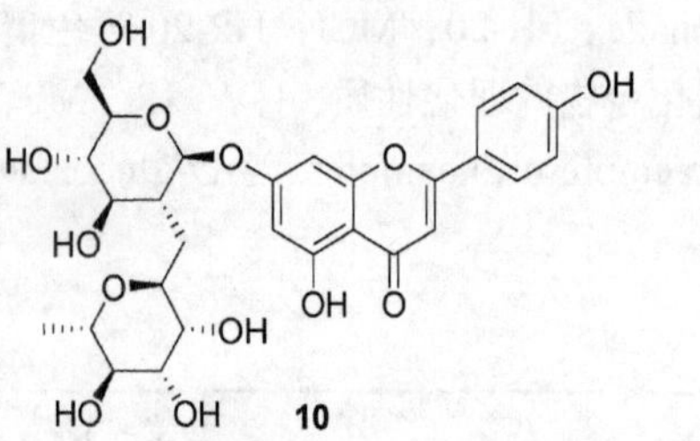

10 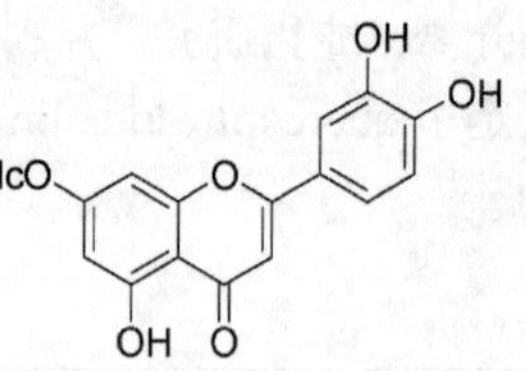 **11** 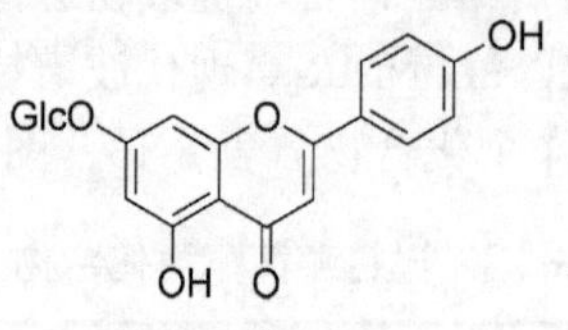 **12**

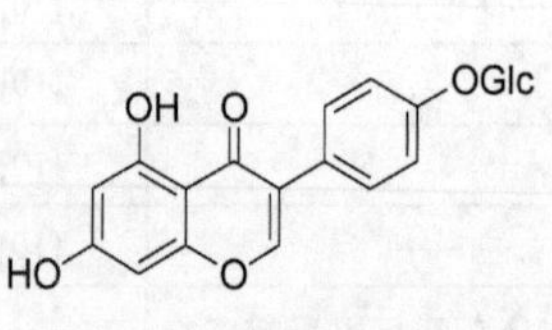

13 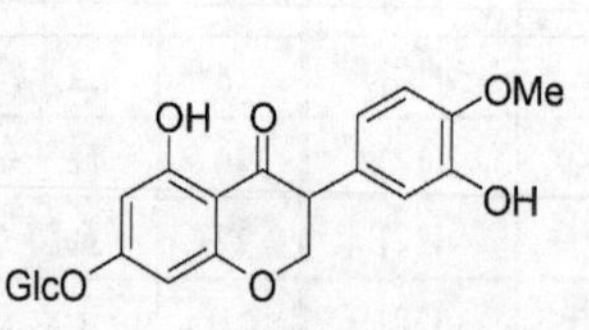 **14** 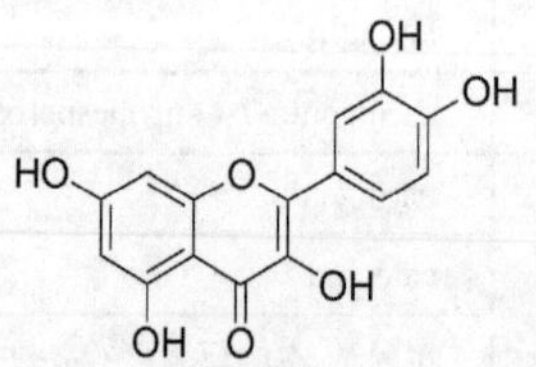 **15**

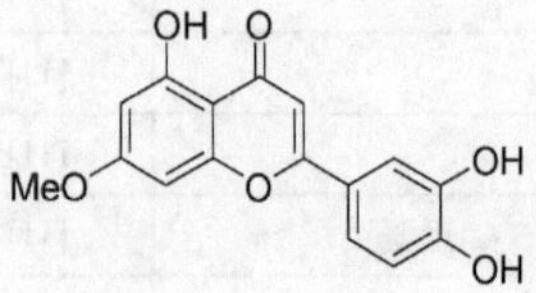

16 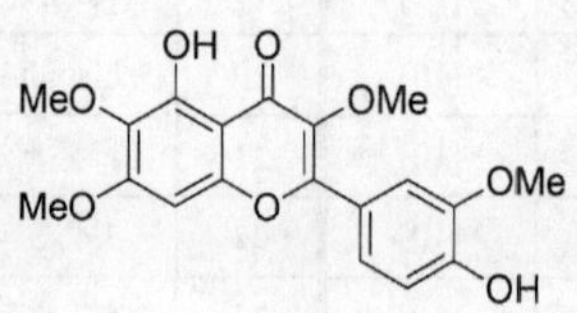 **17** 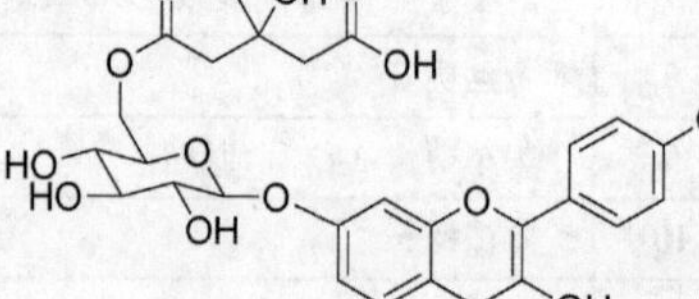 **18**

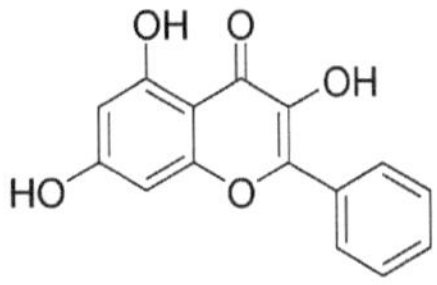

19

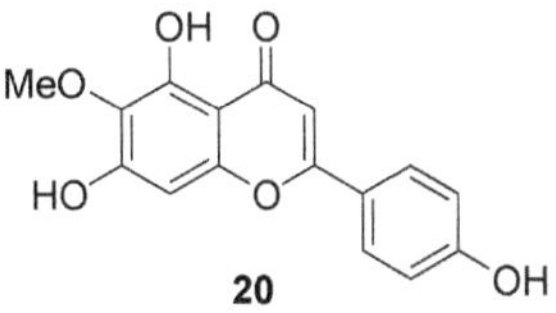

20

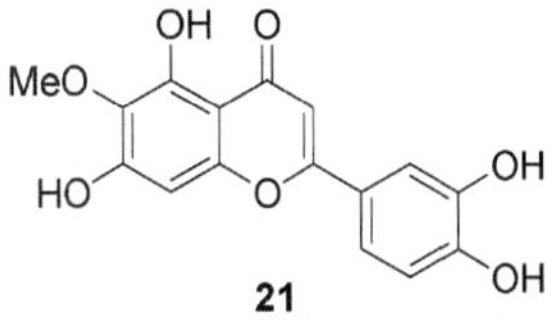

21

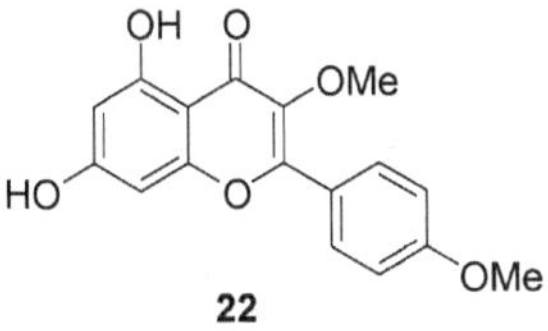

22

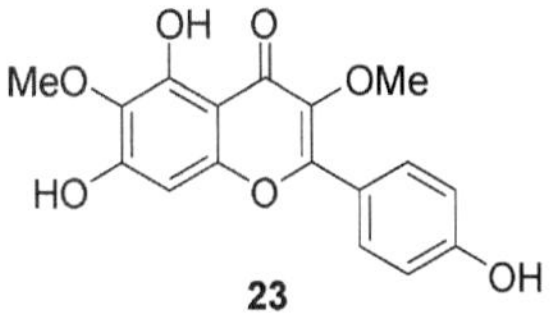

23

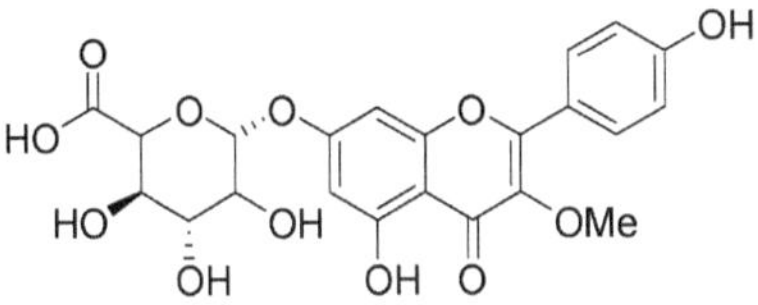

24

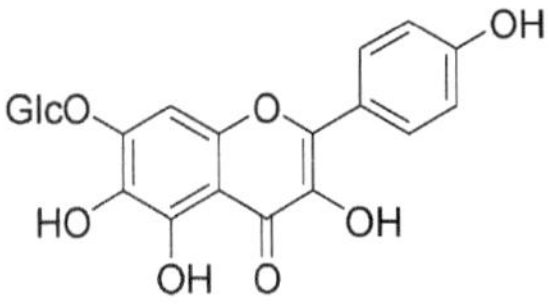

25

图 8-13　洋甘菊黄酮类化合物

3．木脂素及香豆素类化合物

赵一帆[11]采用硅胶、凝胶、制备液相等色谱方法进行分离纯化，并利用核磁、质谱等现代波谱技术对化合物的结构进行鉴定出 18 个化合物，其中异绿原酸 B 和异绿原酸 C 是首次从母菊属植物中分离得到的木脂素类化合物。Aleksandra[14]对洋甘菊在不同温度下得到的 12 个酚酸类化合物进行了定性及定量分析，其中 aesculin、caffeic acid、sinapic acid、cinnamic acid、5-*O*-caffeoylquinic acid、*p*-coumaric acid、coniferyl aldehyde 是木脂素类化合物（表 8-14，图 8-14）。

表 8-14　洋甘菊木脂素及香豆素类化合物

序号	名称	参考文献	序号	名称	参考文献
1	新绿原酸	[10]	8	aesculin	[14]
2	秦皮甲素	[10]	9	sinapic acid	[14]
3	绿原酸	[10]	10	5-*O*-caffeoylquinic acid	[14]
4	东莨菪苷	[10]	11	*p*-coumaric acid	[14]
5	异绿原酸 B	[11]	12	coniferyl aldehyde	[14]
6	洋蓟素	[10]	13	异绿原酸 C	[11]
7	(1*S*,2*R*,3*R*,5*S*,7*R*)-7-[(*E*)-咖啡酰甲氧基]-2,3-二[(*O*)-咖啡酯]-6,8-二氧杂双环-[3.2.1]辛烷-5-羧酸	[13]			

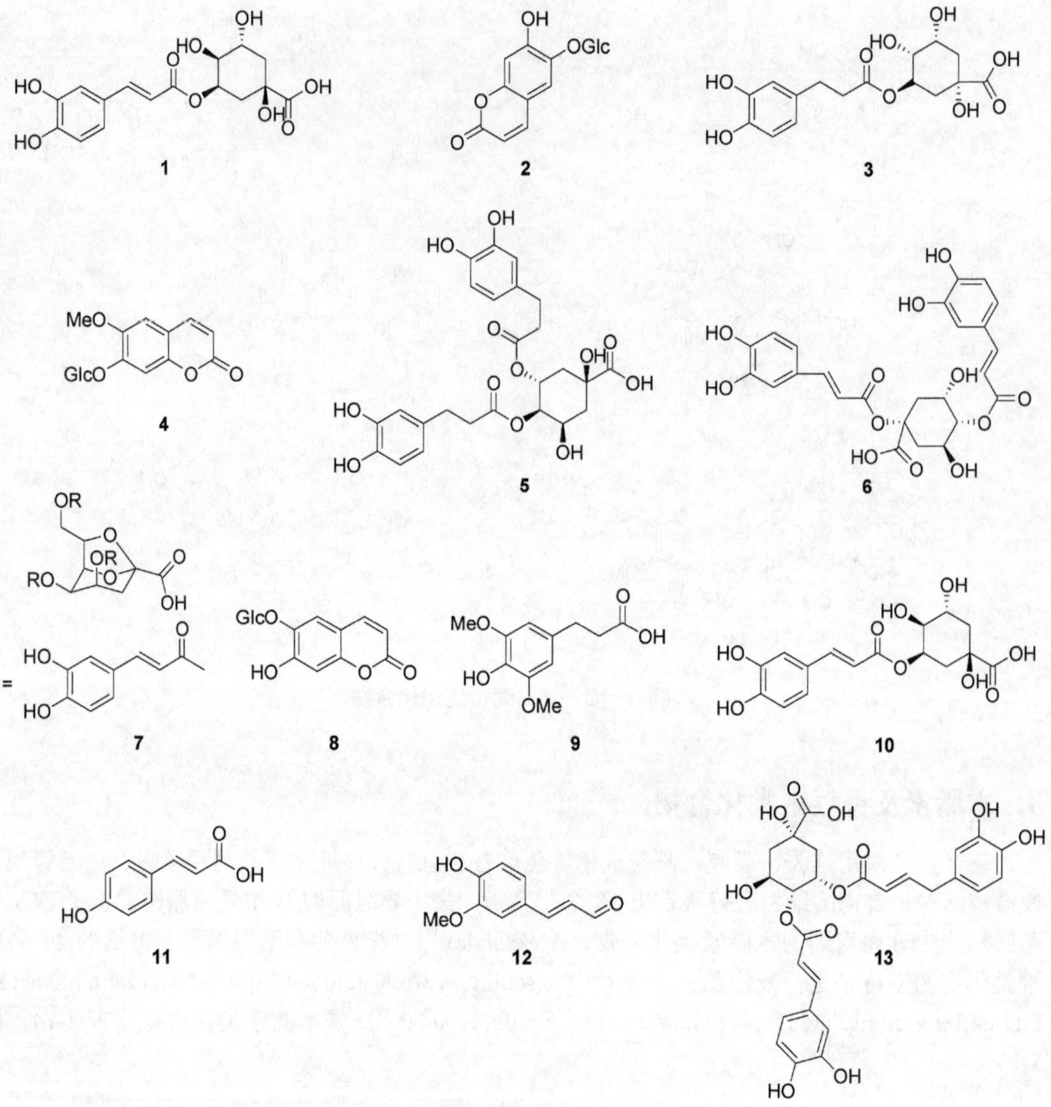

图 8-14　洋甘菊木脂素及香豆素类化合物

4. 酚酸类化合物

Aleksandra[14]对洋甘菊在不同温度下得到的多个酚酸类化合物，进行了定性及定量分析，包括 ellagic acid、p-hydroxybenzoic acid、protocatechuic acid（表 8-15，图 8-15）。

表 8-15　洋甘菊酚酸类化合物

序号	名称	参考文献
1	ellagic acid	[14]
2	p-hydroxybenzoic acid	[14]
3	protocatechuic acid	[14]

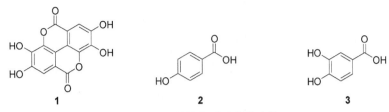

图 8-15　洋甘菊酚酸类化合物

5．其他化合物

米热阿依·麦麦提[10]以 70%乙醇为提取溶剂，对洋甘菊总黄酮样品溶液进行 LC-TOF-MS/MS 检测，共鉴定出 38 个化合物，包含腺苷（adenosine）、奎宁酸（quinic acid）、去氢骆驼蓬碱（harmine）、白藜芦醇三甲醚、白术内酯Ⅰ（atractylenolide Ⅰ）等（表 8-16，图 8-16）。

表 8-16　洋甘菊其他化合物

序号	名称	参考文献
1	腺苷	[10]
2	奎宁酸	[10]
3	去氢骆驼蓬碱	[10]
4	白藜芦醇三甲醚	[10]
5	白术内酯Ⅰ	[10]

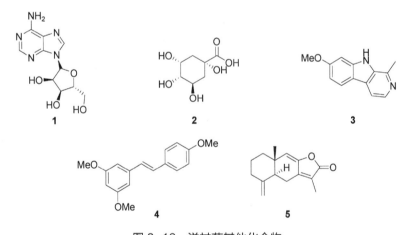

图 8-16　洋甘菊其他化合物

三、药理活性

1．抗氧化

Roby[15]发现洋甘菊挥发油中存在 15 种主要单萜，其中反式茴香醚、雌二醇、芬酚酮和柠檬烯含量较高，挥发油含量为 0.73%，并采用 DPPH 自由基清除法评价其抗氧化活性，结果表明以甲醇提取的洋甘菊的抗自由基能力最高。Shati[16]通过探讨德国洋甘菊对丁苯磺酸所致雄性 Wistar 大鼠肝肾毒性的改善作用，发现其能够使丁苯乙酯中毒大鼠血清总蛋白含量明显降低，升高的血清 AST、ALT、APL、尿酸、尿素和肌酐恢复正常，并以剂量依赖的方式降低了二苯乙酯诱导的脂质过氧化和氧化应激，表明洋甘菊提取物具有清除自由基和抗氧化活性，可最大限度地降低二苯丙酮酸的毒性。夏娜[17]对洋甘菊多糖、黄酮进行提取，测定这两种成分对 DPPH、羟自由基以及 ABTS 的清除能力，以及对亚硝化作用的抑制。结果表明，洋甘菊中多糖与黄酮能有效地清除亚硝酸盐和阻断亚硝胺合成，随反应浓度增加清除率和阻断率增大。表明洋甘菊中多糖与黄酮具有抗氧化活性并具有抑制亚硝化作用，多糖抑制亚硝化作用强于黄酮。Osman[18]采用 80℃水浸提法，在酸性、中性和碱性三种不同浓度条件下提取洋甘菊种子，并用二苯基苦基肼自由基清除活性法测定提取物的抗氧化活性，结果表明，所有提取物的抗氧化活性均为中等。Mierina[19]在不同的溶剂（96%、70%和40%乙醇）和提取方法（室温暗光浸渍、日光照射和回流）下，对洋甘菊等三种植物的总多酚含量及抗自由基活性进行了研究，结果发现薄荷和洋甘菊96%乙醇提取物的抗自由基活性最高。陆娟[20]以水作为提取溶剂，对洋甘菊多糖进行抗氧化活性分析，结果发现洋甘菊多糖对羟基、DPPH 自由基均有较显著的清除作用，清除能力随着多糖质量浓度的增大而增大，表明洋甘菊多糖具有较好的抗氧化作用。楚秉泉[21]采用 DPPH、ABTS、超氧自由基清除能力和 FRAP 抗氧化功能测试方法，对比研究了洋甘菊醇提物不同极性萃取组分的抗氧化活性，结果发现洋甘菊乙酸乙酯萃取组分的抗氧化能力最强，对 DPPH、ABTS 和超氧自由基的 IC_{50} 分别为 25.6mg/mL、30.6mg/mL 和 83.3mg/mL，表明洋甘菊具有较强的抗氧化活性。叶琦[6]从洋甘菊中分离鉴定了 11 个化合物，经 DPPH 清除自由基活性筛选，发现化合物山奈酚-3-O-β-D-葡萄糖苷、6-羟基木犀草素-7-O-β-D-葡萄糖苷、木犀草素-3'-O-β-D-葡萄糖苷、5-羟基-4',7-二甲基-6,8-二甲氧基黄酮、槲皮素-3'-O-β-D-葡萄糖苷具有明显的抗氧化活性。Sotiropoulou[22]采用 DPPH 法测定在 3 种不同温度（25℃、80℃、100℃）下制备的洋甘菊水提液的总酚含量、抗氧化活性和潜在毒性，结果发现洋甘菊的主要酚类物质为芦丁三水、阿魏酸、绿原酸和芹菜素 7-O-葡萄糖苷，且其水提取物在 80℃具有显著的抗氧化活性。谢东雪[23]采用 DPPH、羟基自由基清除实验对洋甘菊多糖进行体外抗氧化评价，结果表明，十个均一多糖都具有显著的 DPPH 和 OH 清除能力，且清除能力随着多糖浓度升高而增强，实验结果表明提取方法对多糖的糖键类型和构象没有显著影响，可能会通过影响均一多糖的分子量及糖醛酸含量等从而间接影响多糖的生物活性。

2. 抗炎

袁艺[24]采用动物体内抗炎实验模型观察洋甘菊挥发油的体内抗炎作用，结果发现洋甘菊发油能抑制蛋清致大鼠足肿胀炎症渗出液 TNF-α 及 IL-1β 的量，表明洋甘菊挥发油对蛋清致大鼠足肿胀、棉球植入法致大鼠肉芽增生及二甲苯致小鼠耳肿胀具有抑制作用。Wu[25]研究了德国洋甘菊挥发性和非挥发性成分的抗炎和抗过敏作用，结果发现其对角叉菜胶诱导的大鼠足肿胀、二甲苯诱导的小鼠耳肿胀、HAC 诱导的小鼠腹腔毛细血管通透性增加有明显抑制作用，表明德国洋甘菊挥发油和非挥发油成分均具有显著的抗炎和抗过敏作用，其中挥发油效果最显著。Drummond[26]将洋甘菊水提取物和分离的多酚化合物（芹菜素、槲皮素和水杨酸，0.100mmol/L）与 THP1 巨噬细胞孵育，测定白细胞介素（IL）-1b、IL-6 和肿瘤坏死因子-α（TNF-α），首次发现证明了其提取物的抗炎能力，且 MTT 线粒体活性测定表明，最低有效抗炎浓度无细胞毒性。

임은경[27]采用 DPPH 法证明了洋甘菊提取物的抗氧化作用。Asghar[28]研究洋甘菊水醇提取物对博莱霉素诱导的大鼠肺纤维化的影响，结果发现给予洋甘菊水醇提取物可以剂量依赖的方式减少这种肺组织损伤，且以 1500/（kg·d）的洋甘菊水醇提取液的效果最佳，表明洋甘菊水醇提取物可减轻博莱霉素对肺组织的毒性作用，并可归因于这种植物的成分具有抗炎和抗氧化的特性。Mohamed[29]用 γ 射线照射大鼠，诱导大鼠产生肠黏膜炎，口服洋甘菊提取物后发现细胞色素 C、caspase 3 增加，线粒体 B 细胞淋巴瘤 2/Bax 比值减少，大部分组织学改变和相关参数的紊乱在很大程度上被洋甘菊提取物所阻止，表明洋甘菊提取物对辐射诱导的肠黏膜炎有保护作用。陆娟[30]对洋甘菊多糖进行了分离纯化，并对得到的多糖的抗氧化活性进行分析，体外清除自由基试验结果显示 MCP-1-1 和 MCP-2-1 对 DPPH 自由基和 OH 自由基均有清除作用，而且清除能力与均一多糖的质量浓度呈正相关。Aleksandra[14]发现洋甘菊多酚类提取物具有明显的抗氧化活性，其对 ABTS 自由基的 IC_{50} 值为 7.3～16.8g/mL。袁艺[31]采用水蒸气蒸馏法提取德国洋甘菊挥发油，检测其对 DPPH、ABTS 自由基的清除作用，结果发现挥发油浓度为 30mg/mL 时，DPPH 自由基清除率达到最大值 96.2%，挥发油浓度为 150μg/mL 时，ABTS 自由基清除率达到最大值94.9%。Stanojevic[32]研究了采用 DPPH 法测定洋甘菊挥发油的抗氧化活性，结果发现洋甘菊精油在孵育 90min 后表现出最佳的抗氧化性能，EC_{50} 值为 2.07mg/mL。Cvetanovic[33]利用洋甘菊的自发酵法实现了芹菜素-糖苷的酶解转化，并对其羟基自由基的清除能力和对脂质过氧化的抑制作用。结果表明，在浓度为 0.84mg/mL 时能抑制 50%的羟基自由基，抑制脂质过氧化的 IC_{50}值为 5.21mg/mL。

3．抑菌

Roby[15]测定了洋甘菊提取物和精油的抑菌活性，结果发现精油对黄曲霉、白色念珠菌、蜡样芽孢杆菌和金黄色葡萄球菌的 MIC 值最低，且呈剂量依赖性。Aleksandra[34]利用天然洋甘菊酶对洋甘菊进行发酵，将芹菜素结合形式水解为游离苷元，测定发酵和非发酵样品中芹菜素和芹菜素-7-O-β-葡萄糖苷的含量，并对发酵和未发酵的洋甘菊样品的抗氧化、抗菌和细胞毒性进行了比较，结果发现这些提取物对金黄色葡萄球菌、寻常葡萄球菌和奇异变形杆菌的抑菌活性最强。采用 MTT 法测定其对 Hep2c、RD 和 L2OB 细胞的抗癌活性发现所测样品在体外对靶细胞具有较高的细胞毒活性，IC_{50} 值为 9.12～100.92μg/mL。Alkuraishy[35]对洋甘菊醇提物进行了体外抑菌活性测定，结果发现洋甘菊对铜绿假单胞菌、粪肠球菌、金黄色葡萄球菌、大肠杆菌和肺炎克雷伯菌等多种细菌均具有显著而有效的抑菌活性，其中洋甘菊醇提物对肺炎克雷伯菌的抑菌圈较大，对粪肠球菌的抑菌圈较小。Osman[18]采用 80℃水浸提法，在酸性、中性和碱性三种不同浓度条件下提取甘菊种子后采用琼脂扩散法筛选其抗真菌作用，结果发现在 40μg/盘的浓度下，水提液及相应的硫酸盐对两株黑曲霉和柠檬青霉的抑菌活性与对照灰黄霉素相同。Stanojevic[32]采用琼脂扩散法测定了洋甘菊精油的抑菌活性，其抑菌圈直径为 13.33mm（对单核增生李斯特菌）至 40.00mm（对金黄色葡萄球菌），抑菌效果显著，然而洋甘菊挥发油对铜绿假单胞菌无抑菌活性。Maitê[36]通过测定微生物活力研究不同浓度洋甘菊水醇提取物对白色念珠菌和阴沟肠杆菌生物膜的抑制作用，结果发现 300mg/mL 洋甘菊提取物能显著降低阴沟肠杆菌的生物膜，但对白念珠菌无明显影响。Cvetanovic[33]利用洋甘菊的自发酵法实现了芹菜素-糖苷的酶解转化，通过测定 8 株微生物菌株的最小抑菌浓度（MIC）值来测定其抗菌活性，其 MIC 值为 9.75～156.25μg/mL，表明该提取物具有较强的抑菌和抗真菌活性。

4．抗肿瘤

Fukunag[9]研究了德国洋甘菊提取物中的主要成分 bisabololoxide A（BSBO）的细胞毒活性，结果发现 1～10μmol/L 的 BSBO 能够抑制 a23187 诱导的大鼠胸腺细胞致死性的增加，30～100μmol/L 的 BSBO 对大鼠胸腺细胞具有细胞毒性和促凋亡作用，结果表明，低微摩尔浓度的 BSBO 对钙超载具有细胞保护作用。Osman[18]采用 80℃水浸提法，在酸性、中性和碱性三种不同浓度条件下提取洋甘菊种子并采用细胞癌生存能力实验测定其抗肿瘤作用，结果发现所有提取物对腹水癌细胞的生长均有一定的抑制作用。兰卫[37]采用 CCK-8 法测定不同浓度不同时间下洋甘菊提取物作用后 Hela 细胞存活率，探讨其对宫颈癌 Hela 细胞体外增值抑制的作用，结果发现药物浓度为 670μg/mL 时，Hela 细胞抑制率为 29.35%；当最高药物浓度达到 1500μg/mL 时，Hela 细胞抑制率为 82.18%，表明洋甘菊提取物对宫颈癌 Hela 细胞的增殖有明显的抑制作用。

5．降血糖

兰卫[38]观察洋甘菊提取物对正常小鼠血糖的影响，同时进行葡萄糖耐量实验（OGTT），结果发现洋甘菊提取物对正常小鼠糖耐量的改善作用，能明显降低正常小鼠空腹血糖含量，表明洋甘菊提取物对正常小鼠有降血糖作用。Farzad[39]探讨 14 周跑台运动和洋甘菊提取物（CFE）对链脲佐菌素烟酰胺（STZ NA）诱导的糖尿病大鼠血清 GPC-4、GPLD1 和胰岛素水平的影响，结果发现，耐力训练和 CFE 可能下调 STZ NA 诱导的糖尿病大鼠血清 GPLD1 水平，与血清胰岛素水平相关。杨玉玲[40]为研究德国洋甘菊中总黄酮对糖尿病小鼠的降血糖作用，对小鼠连续灌胃给药 4 周后，测定其体重、空腹血糖、糖化血清蛋白、血清胰岛素值，结果发现小鼠体重增加，糖耐量降低，糖化血清蛋白（GSP）水平降低，胰岛素增加，表明德国洋甘菊总黄酮对糖尿病小鼠有一定的治疗作用。

6．降血压

郭玉婷[41]以高脂模型大鼠为对象，研究洋甘菊提取物对高脂模型大鼠血脂的影响，结果发现给予洋甘菊提取物 4 周后，给予高、中剂量洋甘菊提取物的动物血清总胆固醇和甘油三酯含量明显下降，但高密度脂蛋白胆固醇含量无变化，表明洋甘菊提取物对血脂有一定的调节作用。郭玉婷[42]以自发高血压大鼠为研究对象，研究洋甘菊提取物对自发高血压大鼠血压的影响，结果发现给予洋甘菊提取物 4 周后，自发高血压大鼠血压明显低于对照组，表明洋甘菊提取物对大鼠血压有一定的调节作用。兰卫[43]选取造模成功的高血脂症大鼠研究德国洋甘菊对实验性高血脂大鼠的降脂作用，结果发现大鼠血液 TC、TG、LDL-C 值降低，表明德国洋甘菊醇提物对实验性高血脂大鼠有较好的降脂作用。

7．毒性

王莹[44]通过小鼠灌胃进行急性毒性试验，结果表明洋甘菊毒性较低，在规定剂量下服用是安全的。Alsaffar[45]研究了洋甘菊水提物对白化小鼠膈肌组织结构的影响，G3、G4、G5 组膈肌切片镜检结果显示，肌原纤维大小差异的断裂对肌肉组织有退行性影响，大多数肌纤维细胞核变性和它们向肌纤维内部迁移，发现这些治疗导致肌纤维变性肌纤维的改变，因此，低浓度洋甘菊水提液对主要呼吸肌肉有副作用，但副作用较小，可用于呼吸系统疾病的有益治疗，但治疗时间不会延长。Ubessi[46]采用 10g/L 和 40g/L 的洋甘菊挥发油评价其对洋葱细胞周期的遗传毒性潜力，结果发现其能够降低洋葱的有丝分裂指数，增强洋葱细胞周期的抗增殖活性，表明使用洋甘菊挥发油时不会产生遗传毒性效应。Mohamed[47]评估洋甘菊精油对雄性大鼠急性乙酰氨基酚肝毒性的保护作用，结果发现洋甘菊精油对乙酰氨基酚中毒大鼠丙氨酸转氨酶水平的升高有轻微的抑制作用，表明洋甘菊油可部分抑制急性乙酰氨基酚肝毒性。

8. 其他

Avonto[5]德国洋甘菊从洋甘菊中分离鉴定四个化合物，其中通过局部淋巴结试验（LLNA）进一步证实了 1,6-dioxaspiro[4.4]non-3-en-2-one 是一种潜在的皮肤增敏剂。임은경[27]研究表明洋甘菊提取物能抑制 TNF-α 诱导的 IL-1β、IL-6、IL-8 和 COX-2 基因的 mRNA 表达水平。袁艺[31]用胶带法测定洋甘菊挥发油防晒作用，结果发现在 280～320nm 处吸光度均大于 1，结果表明在一定浓度范围内，洋甘菊挥发油具有防晒作用。王国林[13]对洋甘菊进行分离鉴定得到五个主要化合物，通过抑制酪氨酸酶实验对这五个化合物的活性进行检测，结果表明，化合物 (1S,2R,3R,5S,7R)-7-[(E)-咖啡酰甲氧基]-2,3-二[(O)-咖啡酯]-6,8 二氧杂双环-[3.2.1]辛烷-5-羧酸的 IC_{50} 值为 0.191mg/mL，化合物山奈酚-3-O-β-D-吡喃葡萄糖苷的 IC_{50} 值为 0.300mg/mL，这两个化合物均具有较强的酪氨酸酶抑制作用。

参考文献

[1] 小林义典. 母菊提取物的止痒作用[J]. 国外医学(中医中药分册), 2003, 25(3): 173-174.

[2] 第二军医大学药学研究室. 中国药用植物图鉴[M]. 上海教育出版社, 1990.

[3] 郑汉臣, 全山丛, 张虹, 等. 值得重视的归化药用和香料植物——母菊(洋甘菊)[J]. 中草药, 1996, 27(9): 568-571.

[4] 徐杨斌, 王凯, 冒德寿, 等. 气相色谱-飞行时间质谱法分析德国洋甘菊油中的挥发性成分[J]. 香料香精化妆品, 2014, 4(2): 17-21.

[5] Avonto C, Rua D, Lasonkar P B, et al. Identification of a compound isolated from German chamomile (Matricaria chamomilla) with dermal sensitization potential [J]. Toxicology and Applied Pharmacology, 2017, 3(318): 16-22.

[6] 叶琦, 汪洋, 李思婵,等. 维药洋甘菊化学成分及 DPPH 自由基清除活性研究[J]. 天然产物研究与开发, 2019, 31(11): 1907-1911.

[7] Tschiggerl C, Bucar F. Guaianolides and Volatile Compounds in Chamomile Tea[J]. Plant Foods for Human Nutrition, 2012, 67(2): 129-135.

[8] Michael D, Bharathi A, YanHong W, et al. Investigating sub-2 μm particle stationary phase supercritical fluid chromatography coupled to mass spectrometry for chemical profiling of chamomile extracts[J]. Analytica Chimica Acta, 2014, (847): 61-72.

[9] Fukunag E, Hirao Y, Ogataikeda I, et al. Bisabololoxide A, one of the constituents in German chamomile extract, attenuates cell death induced by calcium overload[J]. Phytotherapy Research, 2014, 28(5): 685-691.

[10] 米热阿依·麦麦提, 王莹, 等. 洋甘菊总黄酮成分分析及其对胰脂肪酶的抑制作用[J]. 化学与生物工程, 2021, 38(6): 62-67.

[11] 赵一帆, 张东, 梁彩霞, 等. 维药洋甘菊化学成分研究 I （英文）[J]. 中国药学 (英文版), 2018, 27(5): 324-331.

[12] 赵一帆. 维药洋甘菊化学成分与质量标准研究[D]. 北京: 中国中医科学院, 2018.

[13] 王国林. 洋甘菊美白与保湿活性成分研究[D]. 无锡: 江南大学, 2016.

[14] Aleksandra C, Jaroslava Š G, Zoran Z, et al. The influence of the extraction temperature on polyphenolic profiles and bioactivity of chamomile (Matricaria chamomilla L.) subcritical water extracts[J]. Food Weekly Focus, 2019, 1(271): 328-337.

[15] Roby M H, Sarhan M A, Selim A H, et al. Antioxidant and antimicrobial activities of essential oil and extracts of fennel (Foeniculum vulgare L.) and chamomile (Matricaria chamomilla L.)[J]. Industrial Crops & Products, 2013, 1(44): 437-445.

[16] Shati A A, Kott F E. Phytoprotective and antioxidant effects of German chamomile extract against dimpylate-induced hepato-nephrotoxicity in rats[J]. Advances in Life Science and Technology, 2014, (19): 2224-7181.

[17] 夏娜, 陶海燕, 赵丽凤. 洋甘菊中多糖与黄酮粗提物抗氧化及抑制亚硝化作用研究[J]. 食品工业, 2014, 35(11): 293-296.

[18] Osman M, Taie H, Helmy W, et al. Screening for antioxidant, antifungal, and antitumor activities of aqueous extracts of chamomile (Matricaria chamomilla)[J]. Egyptian Pharmaceutical Journal, 2016, 15(2): 55-61.

[19] Mierina I, Jakaite L, Kristone S, et al. Extracts of peppermint, chamomile and lavender as antioxidants[J]. Key Engineering Materials, 2018, (762): 31-35.

[20] 陆娟, 常清泉, 谢东雪, 等. 洋甘菊多糖超声提取工艺优化及清除自由基能力研究[J]. 中国食品添加剂, 2018, 125(3): 124-130.

[21] 楚秉泉, 方若思, 李玲, 等. 洋甘菊各萃取相抗氧化活性及其有效成分分析[J]. 食品工业科技, 2019, 40(8): 1-6.

[22] Sotiropoulou N S, Megremi S F, Tarantilis P. Evaluation of antioxidant activity, toxicity, and phenolic profile of aqueous extracts of chamomile (Matricaria chamomilla L.) and sage (Salvia officinalis L.) prepared at different temperatures[J]. Applied Sciences, 2020, 10(7): 1-14.

[23] 谢东雪. 洋甘菊、杭白菊多糖分离纯化及抗氧化活性研究[D]. 长春: 长春师范大学, 2020.

[24] 袁艺, 龙子江, 杨俊杰, 等. 洋甘菊挥发油抗炎作用的研究[J]. 药物生物技术, 2011, 18(1): 52-55.

[25] Wu Y N, Xu Y, Yao L. Anti-inflammatory and anti-allergic effects of German chamomile (Matricaria chamomilla L.)[J]. Journal of Essential Oil Bearing Plants, 2012, 15(1): 75-83.

[26] Drummond E M, Harbourne N, Marete E, et al. Inhibition of proinflammatory biomarkers in THP1 macrophages by polyphenols derived from chamomile, meadowsweet and willow bark[J]. Phytotherapy Research, 2013, 27(4): 588-594.

[27] 임은경, 김근태, 김보민, et al. Study of anti-microbial activities and anti-inflammatory effects of chamomile (Matricaria chamomilla) extracts in HaCaT cells[J]. Korean Society for Biotechnology and Bioengineering Journal, 2017, 32(1): 9-15.

[28] Asghar H A, Amir J, Parastoo K. Effect of chamomile hydroalcoholic extract on bleomycin-induced pulmonary fibrosis in rat[J]. Tanaffos, 2018, 17(4): 264-271.

[29] Mohamed T K, Heinrich K M, Michael K, et al. Effect of a chamomile extract in protecting against radiation-induced intestinal mucositis[J]. Phytotherapy Research, 2019, 33(3): 728-736.

[30] 陆娟, 谢东雪, 贺柳洋, 等. 洋甘菊多糖的分离纯化、性质结构及抗氧化活性分析[J]. 食品与发酵工业, 2021, 47(3): 72-78.

[31] 袁艺, 王丹, 孙宝新, 等. 洋甘菊挥发油应用研究[J]. 安徽农业科学, 2020, 48(23): 211-213.

[32] Stanojevic L P, Marjanovic Z R, Kakaba V D, et al. Chemical composition, antioxidant and antimicrobial activity of chamomile flowers essential oil (Matricaria chamomilla L.)[J]. Journal of Essential Oil Bearing Plants, 2016, 19(8): 2017-2028.

[33] Cvetanovic A, Zekovic Z, Zengin G, et al. Multidirectional approaches on autofermented chamomile ligulate flowers: antioxidant, antimicrobial, cytotoxic and enzyme inhibitory effects[J]. South African Journal of Botany, 2018, 1(120): 112-118.

[34] Aleksandra C, Jaroslava Š, Zoran Z, et al. Comparative analysis of antioxidant, antimicrobiological and cytotoxic activities of native and fermented chamomile ligulate flower extracts[J]. Planta, 2015, 242(3): 721-732.

[35] Alkuraishy H M, Algareeb A I, Albuhadilly A K, et al. In vitro assessment of the antibacterial activity of Matricaria chamomile alcoholic extract against pathogenic bacterial strains[J]. Microbiology Research Journal International, 2015, 7(2): 55-61.

[36] Maitê A P, Marissa R S, Isabela A, et al. Matricaria recutita extract (chamomile) to reduce Candida albicans and entrobacter cloacae biofilms: in vitro study[J]. Revista Gaúcha de Odontologia, 2018, 66(2): 122-128.

[37] 兰卫, 郭玉婷, 陈阳, 等. 维药洋甘菊体外抑制宫颈癌 Hela 细胞增殖作用研究[J]. 云南中医中药杂志, 2016, 37(5): 54-55.

[38] 兰卫, 郭玉婷, 陈阳, 等. 维药洋甘菊对正常小鼠血糖及其糖耐量的影响[J]. 云南中医学院学报, 2016, 39(1): 10-12.

[39] Farzad A, Ali H. The response of serum glypican-4 levels and its potential regulatory mechanism to endurance training and chamomile flowers' hydroethanolic extract in streptozotocin-nicotinamide-induced diabetic rats[J]. Acta Diabetologica, 2018, 384(55): 935-942.

[40] 杨玉玲, 王莹, 马红梅, 等. 德国洋甘菊总黄酮对糖尿病小鼠的降血糖作用研究[J]. 食品安全质量检测学报, 2020, 11(5): 1524-1528.

[41] 郭玉婷, 兰卫. 维药洋甘菊提取物对高脂大鼠血脂的影响[J]. 山东轻工业学院学报(自然科学版), 2013, 27(2): 17-19.

[42] 郭玉婷, 兰卫. 维药洋甘菊提取物对原发性高血压大鼠血压的影响[J]. 山东轻工业学院学报(自然科学版), 2013, 27(1): 27-29.

[43] 兰卫, 王莹, 郝宇薇, 等. 德国洋甘菊对实验性高血脂症大鼠的降脂作用[J]. 新疆医科大学学报, 2018, 41(2): 208-210, 215.

[44] 王莹, 郭玉婷, 陈阳, 等. 维药洋甘菊急性毒性实验研究[J]. 吉林中医药, 2016, 36(10): 1036-1038.

[45] Alsaffar S, Alqaisy N. A study of histological changes in the diaphragm of male albino mice administered with aqueous extract of chamomile flowers Chamomillarecutita[J]. Baghdad Science Journal, 2017, 14(3): 489-496.

[46] Ubessi C, Tedesco S B, Silva D, et al. Antiproliferative potential and phenolic compounds of infusions and essential oil of chamomile cultivated with homeopathy[J]. Journal of Ethnopharmacology, 2019, (239): 111907.

[47] Mohamed E E. Essential oils of green cumin and chamomile partially protect against acute acetaminophen hepatotoxicity in rats[J]. Anais da Academia Brasileira de Ciencias, 2018, 90(2): 1-2.

第六节
一枝蒿

一枝蒿, 为菊科植物岩蒿 (*Artemisia rupestris* L.) 的全草, 具有祛风解表、健胃消积、活血散淤之功效。用于风寒感冒、食积、跌打淤肿、风疹、蛇伤。

一、生物学特性及资源分布

多年生草本。根状茎木质, 常横卧或斜向上, 具多数营养枝, 营养枝略短, 密生多数营养叶。茎通常多数, 稀少数或单一, 直立或斜向上, 高 20～50cm, 褐色或红褐色, 下部半木质化, 初时微有短柔毛, 后脱落无毛, 上部密生灰白色短柔毛; 不分枝或茎上部有少数短的分枝。叶薄纸质, 初时叶两面被灰白色短柔毛, 后脱落无毛; 茎下部与营养枝上叶有短柄, 中部叶无柄, 叶卵状椭圆形或长圆形, 长 1.5～3(～5)cm, 宽 1～2(～2.5)cm, 二回羽状全裂, 每侧具裂片 5～7 枚, 上半部裂片常再次羽状全裂或 3 出全裂, 下半部裂片通常不再分裂, 基部小裂片半抱茎, 小裂片短小, 栉齿状的线状披针形或线形, 长 1～6mm, 宽 0.5～1.5mm, 先端常有短的硬尖头; 上部叶与苞片叶羽状全裂或 3 全裂。头状花序半球形或近球形, 直径 4～7mm, 具短梗或近无梗, 下垂或斜展, 基部常有羽状分裂的小苞叶, 在茎上排成穗状花序或近于总状花序, 稀由于茎上部有短的分枝, 而头状花序在茎上排成狭窄的穗状花序状的圆锥花序; 总苞片 3～4 层, 外层、中层总苞片长卵形、长椭圆形或卵状椭圆形, 背面有短柔毛, 边缘膜质, 撕裂状, 内层总苞片椭圆形, 膜质; 花序托凸起, 半球形, 具灰白色托毛; 雌花 1 层, 8～16 朵, 花冠近瓶状或狭圆锥状, 檐部具 3～4 裂齿, 内面常有退化雄蕊的花丝痕迹, 花柱略伸出花冠外, 先端分叉略长, 叉端钝尖; 两性花 5～6 层, 30～70 朵, 花冠管状, 花药线形, 先端附属物尖, 长三角形, 基部圆钝, 花柱与花冠等长, 先端分叉, 叉端截形。瘦果长圆形或长圆状卵形, 顶端常有不对称的膜质冠状边缘。花果期 7～10 月[1]。生于海拔 1100～2900 m 的干山坡、荒漠草原、草甸、冲积平原及干河谷地带，分布于我国新疆等地[2]。

二、化学成分

1. 倍半萜类化合物

徐广顺[3]从新疆一枝蒿脂溶性部分分得一种新倍半萜晶体，根据紫外光谱、红外光谱、质谱、核磁共振氢谱及碳谱等分析，确定了结构，命名为一枝蒿酮酸。徐广顺[4]从新疆一枝蒿中分得一个新成分，命名为异一枝蒿酮酸，根据 IR、UV、MS、NMR、X 射线晶体衍射及 CD 等分析手段，确定其结构及绝对构型，并修正了一枝蒿酮酸的绝对构型。Chen[5]从一枝蒿全植物中分离得到 6 个新的愈创木烷型倍半萜类化合物，即 rupestonic acids B-G。Zhang[6]对一枝蒿进行分离纯化，通过质谱和核磁共振光谱数据分析确定了它们的结构，得到一个新的倍半萜 rupestrisin A。Hou[7]从一枝蒿的乙醇提取物中分离鉴定了三个新的倍半萜烯，命名为 (1R,7R,10S)-1-hydroxy-3-oxoguaia-4,11(13)-dien-12-oic acid 等。贺飞[8]对一枝蒿叶中化学成分进行了研究，通过柱色谱以及制备 HPLC 等分离手段，并通过波谱数据分析，鉴定出 2 个倍半萜苷类，分别为 3-氧代-α-紫罗兰醇-β-D-葡萄糖苷、byzantionoside B。赵宗政[9]对新疆一枝蒿全草的 95%乙醇提取物进行化学成分研究，利用反复硅胶色谱、ODS 色谱柱、Sephadex LH-20 色谱柱、HPLC 等技术共分离得到 17 个化合物，综合运用 MS、UV、IR、NMR 等波谱方法鉴定了 16 个化合物的结构，倍半萜化合物主要有 antiquorin、strobilactones A-B 等，其中 1α,5α-epoxy-4α-hydroxyl-4β,10β-dimethl-7αH,10αH-guaia-11(13)-en-12-oic acid 和化合物 1α-hydroxyl-10β-methyl-7αH,10αH-guaia-4(15),11(13)-en-12,5-oic acid 都是新化合物。Xie[10]从一枝蒿 95%乙醇提取物中分离得到一些化合物，用不同的光谱方法鉴定，鉴定了两个新的倍半萜类化合物和五个已知化合物，命名为 (1β,5β)-1-hydroxyguaia-4(15),11(13)-dieno-12,5-lactone 和 1,5-epoxy-4-hydroxyguaia-11(13)-en-12-oic acid（表 8-17，图 8-17）。

表 8-17　一枝蒿倍半萜类化合物

序号	名称	参考文献	序号	名称	参考文献
1	针叶春黄菊酸	[3]	16	antiquorin	[9]
2	一枝蒿酮酸	[3]	17~18	strobilactones A-B	[9]
3	一枝蒿酸	[3]	19	1α,5α-epoxy-4α-hydroxy-4β,10β-dimethl-7αH,10αH-guaia-11(13)-en-12-oic acid	[9]
4	异一枝蒿酮酸	[4]			
5~10	rupestonic acids B-G	[5]	20	1α-hydroxyl-10β-methyl-7αH,10αH-guaia-4(15),11(13)-en-12,5-oic acid	[9]
11	loliolide	[5]			
12	rupestrisin A	[6]	21	(1β,5β)-1-hydroxyguaia-4(15),11(13)-dieno-12,5-lactone	[10]
13	(1R,7R,10S)-1-hydroxy-3-oxoguaia-4,11(13)-dien-12-oic acid	[7]			
14	3-氧代-α-紫罗兰醇-β-D-葡萄糖苷	[8]	22	1,5-epoxy-4-hydroxyguaia-11(13)-en-12-oic acid	[10]
15	byzantionoside B	[8]			

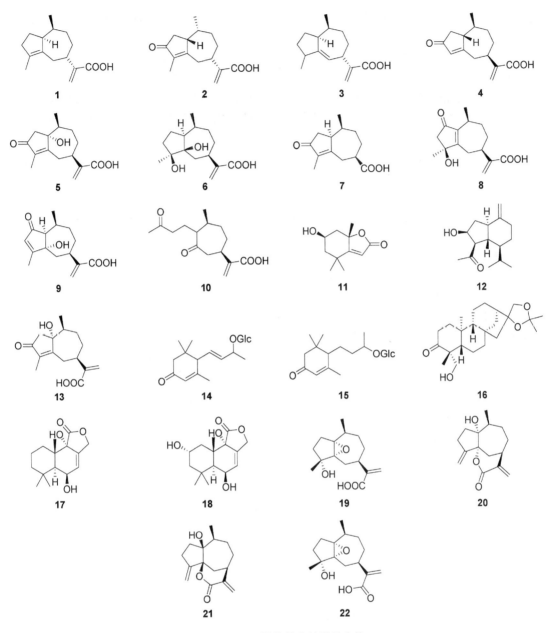

图 8-17　一枝蒿倍半萜类化合物

2.黄酮类化合物

Hou[7]从一枝蒿的乙醇提取物中分离鉴定了多个化合物，其中黄酮类化合物主要有刺槐素 7-O-β-D-葡萄糖苷、木犀草素 7-O-β-D-葡萄糖苷等。赵宗政[9]对新疆一枝蒿全草的 95%乙醇提取物进行化学成分研究，利用反复硅胶色谱、ODS 色谱柱、Sephadex LH-20 色谱柱、HPLC 等技术共分离得到 17 个化合物，综合运用 MS、UV、IR、NMR 等波谱方法鉴定了 16 个化合物的结构，黄酮化合物主要有小麦黄素苷、山奈甲黄素、山奈甲黄素苷、5-羟基-2',3',4',7',8'-五甲氧基黄酮、5,6,8,4'-四甲基-7,3'-二甲氧基黄酮，均为首次从该植物中分离得到。王燕[11]以新疆一枝蒿全草为研究对象，从醇提浸膏中分离得到了9种单体化合物，并用化学和波谱方法（UV、NMR、2D-NMR、MS）等，对其中8种化合物进行了结构鉴定，紫花牡荆素为新疆一枝蒿中首次得到，1-双键氧-2-氧-5-羟基-4-甲氧基-双氢异黄酮-7-*O*-*β*-D-葡萄糖苷和 1-双键氧-2-氧-5,7-二氢基-4′-甲氧基-双氢异黄酮经多种波谱解析，为天然界新骨架黄酮（新成分）类化合物。吉腾飞[12]研究新疆一枝蒿全草的化学成分，采用硅胶柱色谱、聚酰胺柱色谱、Sephadex LH-20 色谱等方法进行分离纯化，采用波谱分析和理化常数对照等方法对所得化合物进行结构鉴定，结果从新疆一枝蒿的丙酮部位分离鉴定了 11 个化合物，分别为槲皮素、蒙花苷、田蓟苷等，所有化合物为首次从该植物中分离得到。Aisa[13]从陈蒿中分离得到一个新的黄酮，命名为 6-demethoxy-4′-*O*-methylcapillarisin，通过波谱数据分析确定了该化合物的结构。Zhao[14]从一枝蒿正丁醇提取物中分离得到一种新的 2-苯氧色酮苷，根据波谱数据确定其结构为 6-demethoxy-4′-*O*-methylcapillarisin-7-*O*-*β*-glucoside。He[15]针对一枝蒿含黄酮的抗真菌组分进行了化学成分研究，经硅胶等柱色谱分离，得到 7 种黄酮，其中金合欢素、3,5,4′-三羟基-6,7,3′-三甲氧基黄酮、槲皮素-3,3′,4′,7′-四甲醚、槲皮素-3,3′,7′-三甲醚为首次从该植物中分离得到。杨建波[16]采用硅胶、聚酰胺和 Sephadex LH-20 色谱等方法进行新疆一枝蒿全草化学成分进行分离纯化，采用波谱分析和理化常数对照等方法对所得化合物进行结构鉴定，结果从新疆一枝蒿的乙酸乙酯部分离得到 6 个化合物，分别是一枝蒿苷、芦丁、金圣草黄素等，其中一枝蒿苷 A 为新化合物。杨建波[17]对一枝蒿进行分离纯化，使用波谱分析技术和理化常数对照等方法对得到的化合物进行结构鉴定，结果从新疆一枝蒿的氯仿提取部分分离得到 8 个化合物，其中山奈素-3,3,′4′-三甲醚和岳桦素等为首次从该植物中分离得到。汪豪[18]对新疆一枝蒿干燥地上部位的醇提物进行分离纯化，得到 16 个化合物，通过 ^{1}H NMR、^{13}C NMR 等波谱技术对结构进行鉴定，其中 5,7-二羟基-3′,4′-二甲氧基黄酮、木犀草素 7-*O*-[*α*-L-木糖-(1→6)-*β*-D-葡萄糖]等 8 个化合物均为首次从该植物中分离得到（表 8-18，图 8-18）。

表 8-18　一枝蒿黄酮类化合物

序号	名称	参考文献	序号	名称	参考文献
1	紫花牡荆素	[11]	**12**	刺槐素	[13]
2	蒙花苷	[12]	**13**	一枝蒿苷	[16]
3	田蓟苷	[12]	**14**	金圣草黄素	[16]
4	6-demethoxy-4′-*O*-methylcapillarisin	[13]	**15**	小麦黄素	[16]
5	6-demethoxy-4′-*O*-methylcapillarisin-7-*O*-*β*-glucoside	[14]	**16**	1-双键氧-2-氧-5,7-二氢基-4′-甲氧基-双氢异黄酮	[11]
6	金腰乙素	[15]	**17**	小麦黄素苷	[9]
7	金合欢素	[15]	**18**	山奈甲黄素	[9]
8	3,5,4′-三羟基-6,7,3′-三甲氧基黄酮	[15]	**19**	山奈甲黄素苷	[9]
9	异山奈甲黄素	[15]	**20**	洋槐苷	[12]
10	5,7-dihydroxy-4′,6,8-trimethoxy flavone	[7]	**21**	岳桦素	[17]
			22	木犀草素 7-*O*-[*α*-L-木糖-(1-6)-*β*-D-葡萄糖	[18]
11	刺槐素 7-*O*-*β*-D-葡萄糖苷	[7]	**23**	pachypodol	[13]

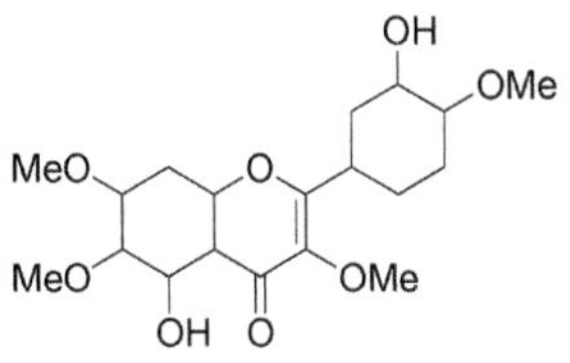

1

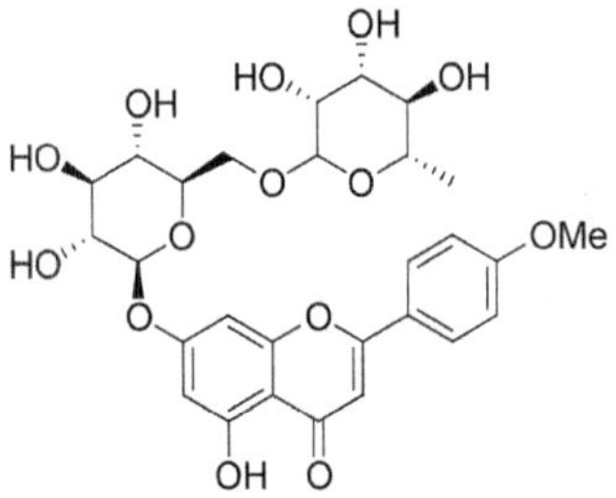

2

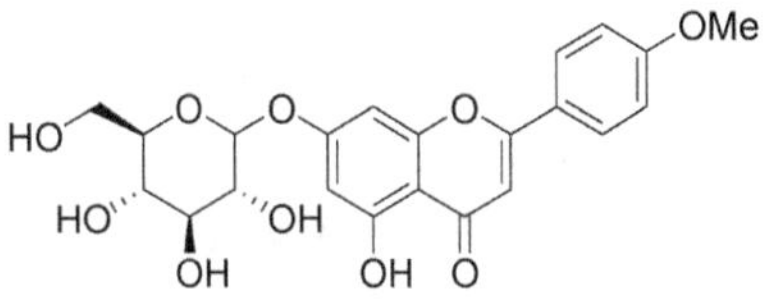

3

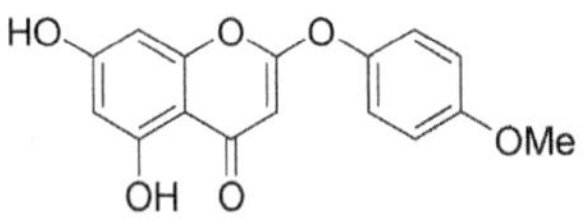

4

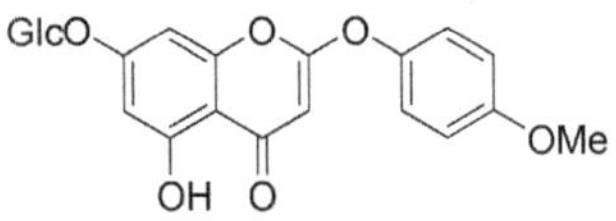

5

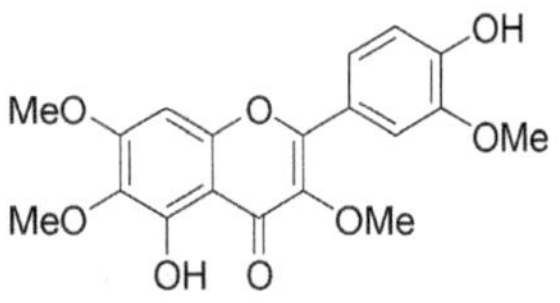

6

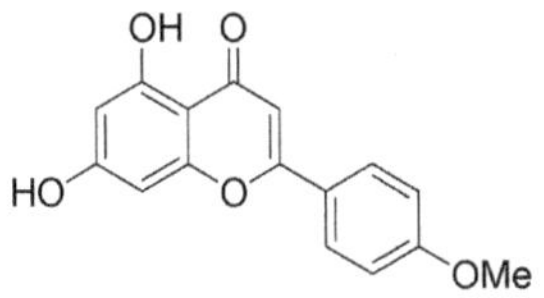

7

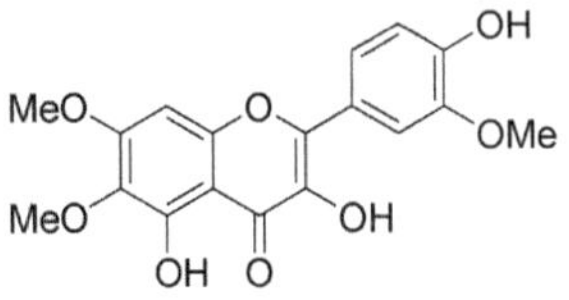

8

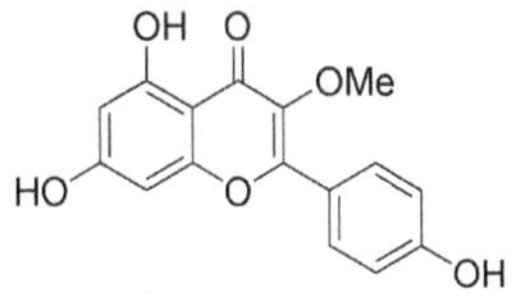

9

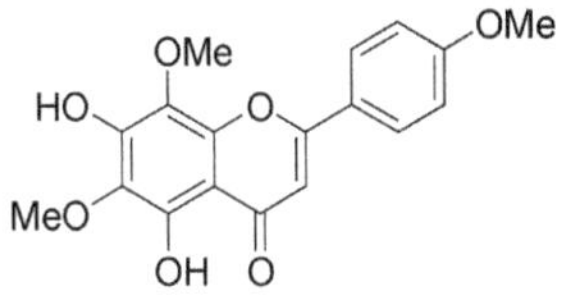

10

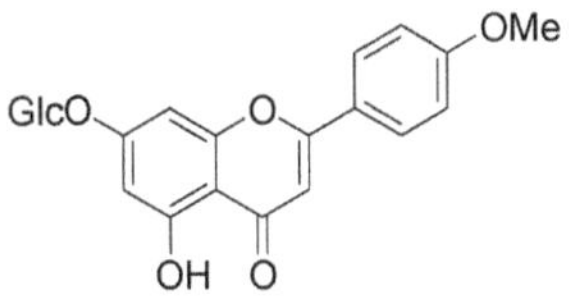

11

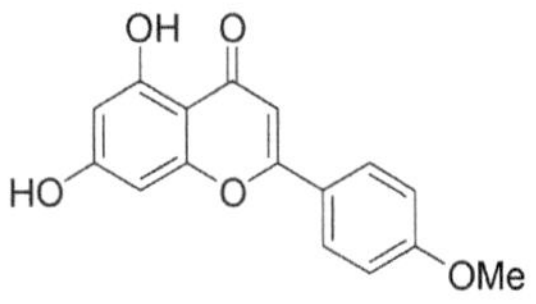

12

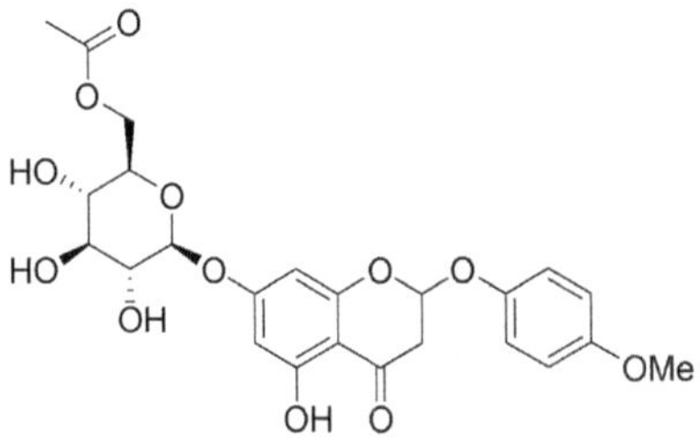

13

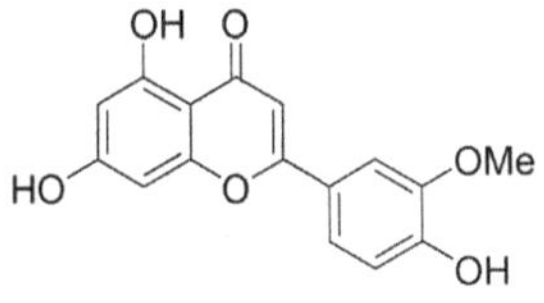

14

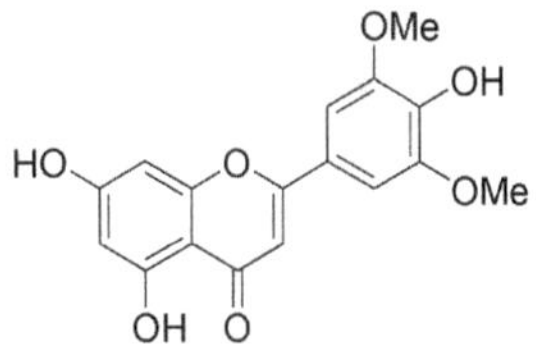

15

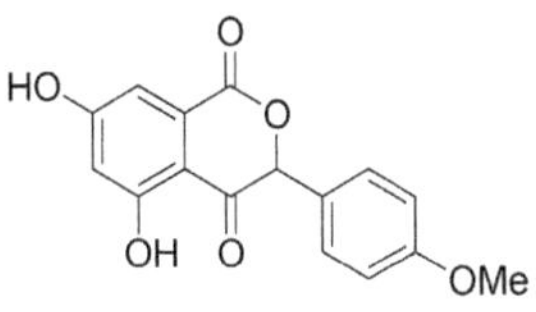

16

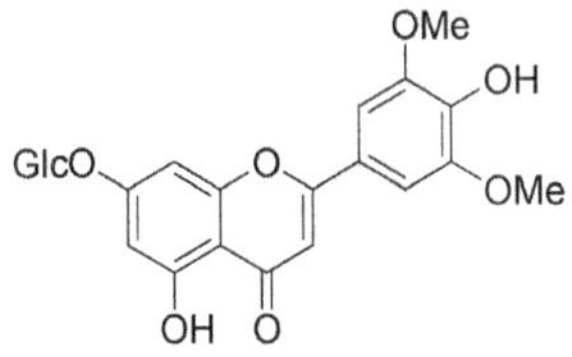

17

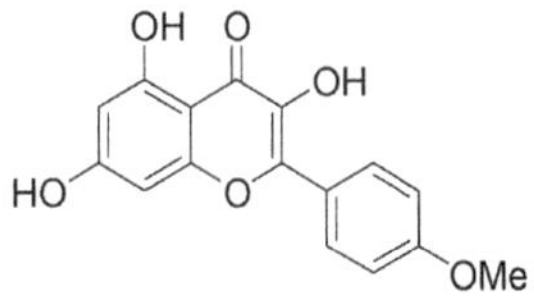

18

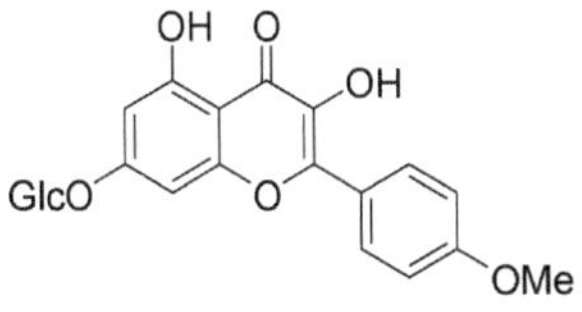

19

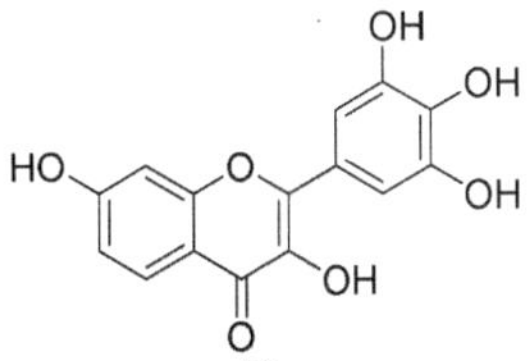

20

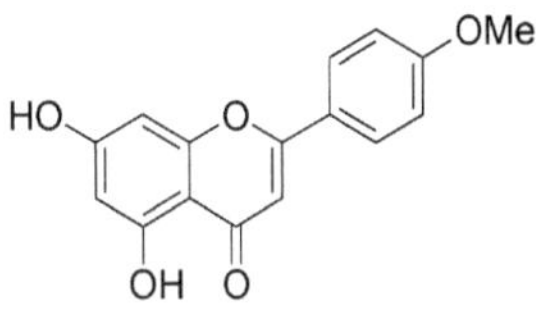

21

图 8-18

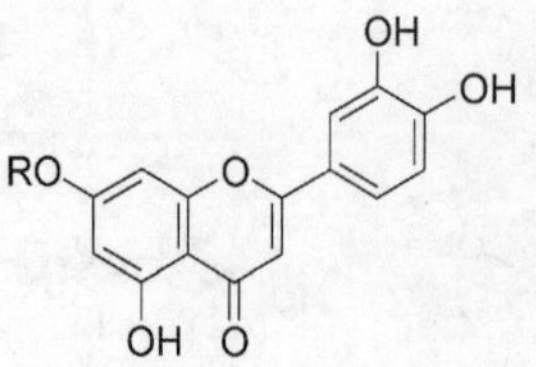

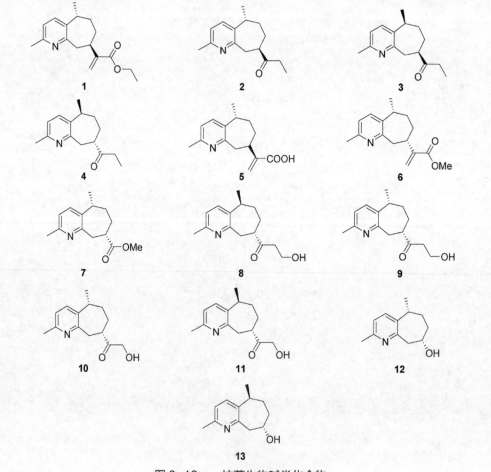

R = α-L-木糖-(1-6)-β-D-葡萄糖

22　**23**

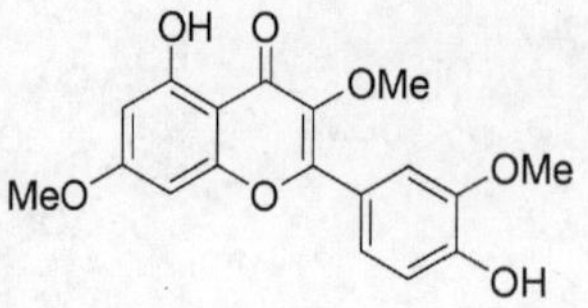

图 8-18　一枝蒿黄酮类化合物

3．生物碱类化合物

Zhen[19]从一枝蒿中分离鉴定了 5 个新的倍半萜烯生物碱，rupestines A-E，并通过单晶 X 射线衍射确定了它们的绝对构型。Fei[20]从一枝蒿愈伤组织中分离得到 8 个新的倍半萜生物碱，并对其结构和绝对构型进行了鉴定，分别为 rupestines F-M（表 8-19，图 8-19）。

表 8-19　一枝蒿生物碱类化合物

序号	名称	参考文献	序号	名称	参考文献
1~5	rupestines A-E	[19]	6~13	rupestines F-M	[20]

1　**2**　**3**

4　**5**　**6**

7　**8**　**9**

10　**11**　**12**

13

图 8-19　一枝蒿生物碱类化合物

4．其他化合物

吉腾飞[12]采用硅胶柱色谱、聚酰胺柱色谱、Sephadex LH-20 色谱等方法对新疆一枝蒿全草的化学成分进行分离纯化，采用波谱分析和理化常数从其丙酮部位分离鉴定了陆地棉苷等 11 个化合物，所有化合物为首次从该植物中分离得到。He[15]针对一枝蒿含黄酮的抗真菌组分进行了化学成分研究，经硅胶柱色谱等技术分离，得到洋艾素等 7 个化合物。曹雪琴[21]对一枝蒿药材中鉴定的化合物进行了归纳总结，其中有倍半萜类化合物 30 余种、黄酮类 50 余种，除此之外，还有多种其他类型化合物，反式咖啡酸、3-吲哚甲酸、香草醛、绿原酸、棕榈酸属于有机酸类化合物，七叶内酯、7-甲氧基香豆素属于香豆素类化学成分，橙皮素 A、alaschanioside C、acorniferin、枸橼苦素属于木脂素类化合物（表 8-20，图 8-20）。

表 8-20　一枝蒿其他化合物

序号	名称	参考文献	序号	名称	参考文献
1	陆地棉苷	[12]	5	7-甲氧基香豆素	[21]
2	洋艾素	[15]	6	橙皮素 A	[21]
3	反式咖啡酸	[21]	7	alaschanioside C	[21]
4	七叶内酯	[21]			

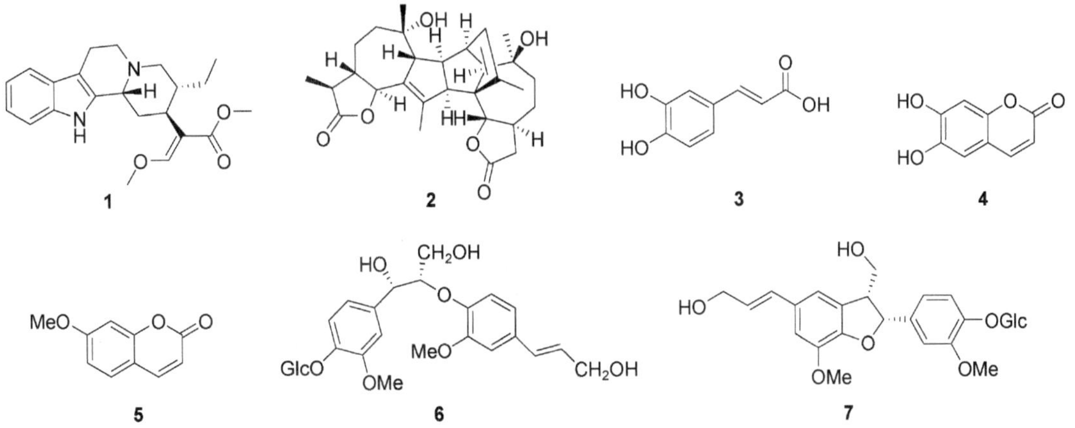

图 8-20　一枝蒿其他化合物

三、药理活性

1．调节免疫

马俊鹏[22]通过 MTT 比色法测定脾细胞的增殖研究一枝蒿提取物对小鼠免疫功能的调节作用，结果表明一枝蒿提取物能使 IL-1 和 IL-2 的生物活性提高，对正常小鼠脾细胞增殖有促进作用，且与刀豆球蛋白 A 合用有协同作用，表明一枝蒿具有调节小鼠机体免疫功能的作用。Zhang[23]研究表明，一枝蒿水提物（AERA）可以作为一种有效的疫苗免疫刺激剂，通过 TLR4 信号通路促进树突状细胞（DCs）成熟，减少调节性 T 细胞（Treg）活性，显著增强特异性免疫应答。Wang[24]的小鼠实验表明，AERA 可以通过增加来自脾细胞的树突状细胞上的共刺激分子

（CD40、CD86、CD80 和 MHC-II）的表达水平和降低调节性 T 细胞的活性来激活 DCs 成熟，表明 AEAR 能增强口蹄疫病毒（FMDV）疫苗引起的体液和细胞免疫应答，尤其是 th1 型免疫应答。

2．抗氧化

李君[25]采用超声波辅助提取法对一枝蒿中的黄酮类化合物进行提取，采用邻二氮菲-Fe^{2+}氧化法、DPPH 法和普鲁士蓝法进行体外抗氧化活性评价，结果表明，一枝蒿黄酮提取物的羟基自由基的清除率高达 73.47%，DPPH 自由基的清除率比羟基自由基高 16.93%，普鲁士蓝法测定总抗氧化结果为 0.125%。徐鑫[26]采用分光光度法测定新疆一枝蒿多糖的体外抗氧化作用，结果发现，在新疆一枝蒿多糖浓度为 0.75mg/mL 时总还原能力与维生素 C 相当，表明新疆一枝蒿多糖能够清除自由基，具有一定的抗氧化及防衰老作用。李默[27]采用微波辅助水提醇沉法提取对提取到的新疆一枝蒿多糖进行抗氧化活性分析，结果发现其清除 OH 自由基与 DPPH 自由基的效率可分别达 77.23%和 65.43%。

3．抗菌、抗病毒

赛福丁·阿不让[28]为研究一枝蒿的多糖、黄酮、多酚、生物碱、挥发油的抗鸡新城疫病毒的活性，采用多种提取方法并通过 MTT 法测定一枝蒿各种成分对鸡成纤维细胞的安全浓度，结果表明多糖的抗鸡新城疫活性较好，其次是挥发油。方美珠[29]通过体外抑菌实验研究了新疆一枝蒿的水提物及醇提物对 10 种供试菌的抑制活性，结果表明，新疆一枝蒿的水提物及醇提物具有广谱的抗菌作用，无水乙醇提取物的抗菌效果最好。

4．抗炎

Hou[7]从一枝蒿乙醇提取物中得到了三个新愈创木烷型倍半萜和多个 12 种已知化合物，对其进行体外一氧化氮（NO）的抑制活性研究，结果表明其抗炎作用部分归因于愈创木酚倍半萜类和黄酮类化合物。蔡晓翠[30]研究了新疆一枝蒿不同极性提取物及洗脱物对细胞上清液中一氧化氮（NO）、肿瘤坏死因子（TNF-α）、白介素-6、白介素-10 和转录因子（NF-κB）的抑制作用，比较其抗炎活性差异，体外抗炎结果显示，不同极性提取物及洗脱部位的抗炎作用存在显著差异，其中 50%乙醇提取物的 30%洗脱部位对体外炎症因子的抑制作用最强。

5．其他

孟繁龙[31]通过筛选四氯化碳（CCl_4）致小鼠急性肝损伤最佳模型研究一枝蒿有效部位（AR）对 CCl_4 所致小鼠急性肝损伤的保护作用，结果表明，AR 对 CCl_4 所致急性肝损伤的小鼠有保护作用。王泳鑫[32]采用小鼠脾淋巴细胞模型，研究新疆一枝蒿对 THlfrH2 细胞平衡状态的影响，结果表明新疆一枝蒿具有一定的抗 I 型过敏作用，其作用机制可能为抑制肥大细胞脱颗粒，抑制 IL-4、TNF-α 的分泌，维持 THlfrH2 细胞的动态平衡。王斌[33]研究了一枝蒿水提物对小鼠胃肠运动的影响及其作用机制，结果表明一枝蒿水提物能有效改善小鼠的胃肠动力。韩梦婷[34]研究了一枝蒿提取物对胃食管反流大鼠模型的治疗作用及其治疗胃食管反流所致气道高反应的机制，结果表明一枝蒿能促进小鼠胃肠功能，改善大鼠胃食管反流所致的气道高反应，降低胃食管反流大鼠炎症指标，5-HT 迷走神经通路可能是一枝蒿改善胃食管反流所致气道高反应的主要途径。

参考文献

[1] 中国科学院中国植物志编辑委员会. 中国植物志: 第七十六卷第一分册[M]. 北京: 科学出版社. 1983.

[2] 南京中医药大学. 中药大辞典[M]. 上海: 上海科学技术出版社, 2006.

[3] 徐广顺, 陈希元, 于德泉. 新疆一枝蒿新倍半萜成分——一枝蒿酮酸的结构[J]. 药学学报, 1988, 23(2): 122-125.

[4] 徐广顺, 赵文, 吴丹, 等. 异一枝蒿酮酸的结构[J]. 药学学报, 1991, 26(7): 505-509.

[5] Chen Z, Wang S, Zeng K W, et al. Rupestonic acids B-G, NO inhibitory sesquiterpenoids from *Artemisia rupestris*[J]. Bioorganic & Medicinal Chemistry Letters, 2014, 24(17): 4318-4322.

[6] Zhang C, Liu B Y, Zeng K W, et al. New sesquiterpene and thiophene derivatives from *Artemisia rupestris*[J]. Journal of Asian Natural Products Research, 2015, 17(12): 1129-1136.

[7] Hou J Q, Dong H J, Yan M, et al. New guaiane sesquiterpenes from *Artemisia rupestris* and their inhibitory effects on nitric oxide production-ScienceDirect[J]. Bioorganic & Medicinal Chemistry Letters, 2014, 24(18): 4435-4438.

[8] 贺飞. 新疆一枝蒿化学成分及 HPLC 指纹谱图研究[D]. 北京: 中国科学院, 2012.

[9] 赵宗政. 新疆一枝蒿化学成分的研究[D]. 南京: 南京大学, 2012.

[10] Xie Z Y, Lin T T, Yao M C, et al. Unusual guaiane sesquiterpenoids from *Artemisia rupestris*[J]. Helvetica Chimica Acta, 2013, 96(6): 1182-1187.

[11] 王燕. 新疆一枝蒿化学成分的基础研究[D]. 乌鲁木齐: 新疆医科大学, 2004.

[12] 吉腾飞, 杨建波, 宋卫霞, 等. 新疆一枝蒿化学成分研究 II [J]. 中国中药杂志, 2007, 32(12): 1187-1189.

[13] Aisa H A, Yun Z, He C. A 2-phenoxychromone from *Artemisia rupestris*[J]. Chemistry of Natural Compounds, 2006, 42(1): 16-18

[14] Zhao Y, Su Z, Aisa H A. 2-Phenoxychromone flavonoid glycoside from *Artemisia rupestris*[J]. Chemistry of Natural Compounds, 2009, 45(1): 24-26.

[15] He F, Aisa H A. Flavones from *Artemisia rupestris*[J]. Chemistry of Natural Compounds, 2012, 48(4): 685-686.

[16] 杨建波, 吉腾飞, 宋卫霞, 等. 新疆一枝蒿化学成分的研究[J]. 中草药, 2008, 39(8): 1125-1127.

[17] 宋卫霞, 吉腾飞, 司伊康, 等. 新疆一枝蒿化学成分的研究[J]. 中国中药杂志, 2006, 31(21): 1790-1792.

[18] 汪豪, 杜慧斌, 朱峰妍, 等. 新疆一枝蒿化学成分的研究[J]. 中国药科大学学报, 2011, 42(4): 310-313.

[20] Fei H, Nugroho A E, Wong C P, et al. Rupestines F-M, new guaipyridine sesquiterpene alkaloids from *Artemisia rupestris*[J]. Cheminform, 2012, 43(32): 1365-1369.

[21] 曹雪琴, 王文文, 李晶, 等. 新疆特有药用植物一枝蒿的研究进展[J]. 西北药学杂志, 2021, 36(2): 345-349.

[22] 马俊鹏, 朱卫江, 卢冬梅. 一枝蒿提取物调节小鼠免疫功能的研究[J]. 西北药学杂志, 2009, 24(3): 197-199.

[23] Zhang A, Yang Y, Wang Y, et al. Adjuvant-active aqueous extracts from *Artemisia rupestris* L. improve immune responses through TLR4 signaling pathway[J]. Vaccine, 2017, 35(7): 1037-1045.

[24] Wang D, Cao H, Li J, et al. Adjuvanticity of aqueous extracts of *Artemisia rupestris* L. for inactivated foot-and-mouth disease vaccine in mice[J]. Research in Veterinary Science, 2019, 124(2019): 191-199.

[25] 李君, 张玲, 赵婧, 等. 新疆一枝蒿黄酮提取物抗氧化活性分析[J]. 光谱实验室, 2012, 29(4): 2218-2221.

[26] 徐鑫, 晁群芳, 方美珠, 等. 新疆一枝蒿多糖的体外抗氧化性研究[J]. 食品科技, 2011, 36(12): 202-206.

[27] 李默, 包瑛, 王坤, 等. 新疆一枝蒿多糖的结构鉴定及清除自由基活性[J]. 中央民族大学学报(自然科学版), 2018, 27(4): 83-92.

[28] 赛福丁·阿不拉, 阿依姑丽·买买提明, 努尔艾力·麦提尼亚孜, 等. 一枝蒿不同粗提物抗鸡新城疫病毒体外试验[J]. 中国兽医学报, 2018, 38(5): 889-894.

[29] 方美珠, 晁群芳, 兰雁, 等. 新疆一枝蒿提取物抑菌作用的研究[J]. 食品科技, 2011, 36(1): 160-162.

[30] 蔡晓翠, 毛艳, 贺金华, 等. 新疆一枝蒿不同极性部位体外抗炎作用的谱-效关系分析[J]. 药物分析杂志, 2019, 39(9): 1580-1589.

[31] 孟繁龙, 李治建, 斯拉甫·艾白, 等. 一枝蒿有效部位对四氯化碳致小鼠急性肝损伤的保护作用[J]. 医药导报, 2010, 29(10): 1266-1268.

[32] 王泳鑫, 徐建国, 李红玲, 等. 新疆一枝蒿治疗 I 型过敏的药效学及其作用机制研究[J]. 新疆中医药, 2013, 31(5): 124-126.

[33] 王斌, 李治建, 斯拉甫, 等. 一枝蒿提取物对小鼠胃肠运动的影响[J]. 中国中医药信息杂志, 2011, 18(12): 42-43.

[34] 韩梦婷. 一枝蒿提取物对胃食管反流致气道高反应的药效作用及机制研究[D]. 新疆医科大学, 2019.

第七节

唇香草

唇香草（*Ziziphora clinopodioides* Lam.）气芳香，味辛，性寒。具有疏散风热、清利头目、宁心安神、利水清热、壮骨强身、清胃消食等功能，主治感冒发热、目赤肿痛、头痛、咽痛、心悸、失眠、水肿、疮疡肿毒、软骨病、阳痿、腻食不化等。

一、生物学特征及资源分布

唇香草，多年生草本，高 15～30cm。全株有强烈的薄荷香气。根木质。茎由基部丛生，具四棱，表面带紫色，有短柔毛。叶对生；具短柄；叶片长圆形或宽披针形，全缘，长 0.5～2cm，宽 0.3～1cm，有腺点。轮伞花序顶生，集成头状；萼筒长 5～7mm；花冠唇形，长 10～12mm，被短柔毛，蓝紫色。小坚果长卵形。生于低山坡草地。我国分布于新疆；国外苏联、蒙古有分布。

二、化学成分

Tiang[1]建立了快速液相色谱法同时测定唇香草中咖啡酸和迷迭香酸的方法。施洋[2]建立了HPLC 快速测定唇香草中齐墩果酸、熊果酸含量的测定方法（表 8-21，图 8-21）。

表 8-21　唇香草化学成分

序号	名称	参考文献	序号	名称	参考文献
1	咖啡酸	[1]	3	齐墩果酸	[2]
2	迷迭香酸	[1]	4	熊果酸	[2]

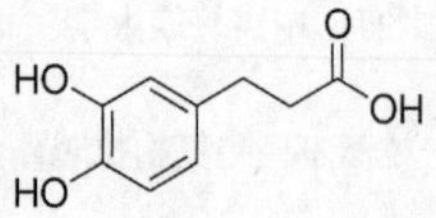

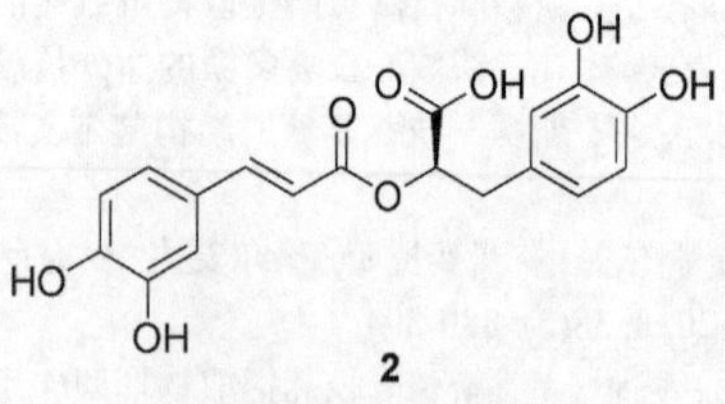

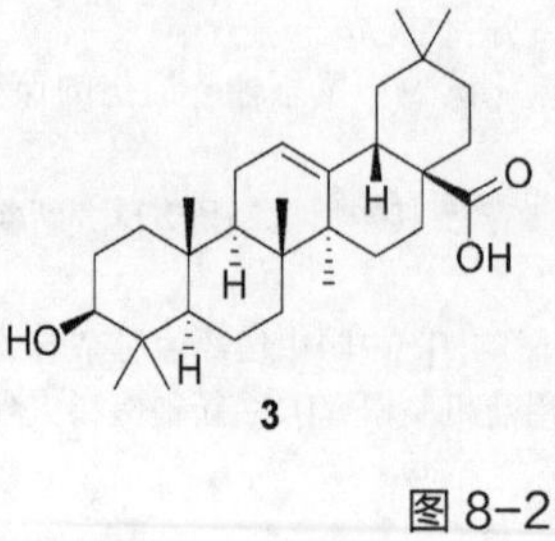

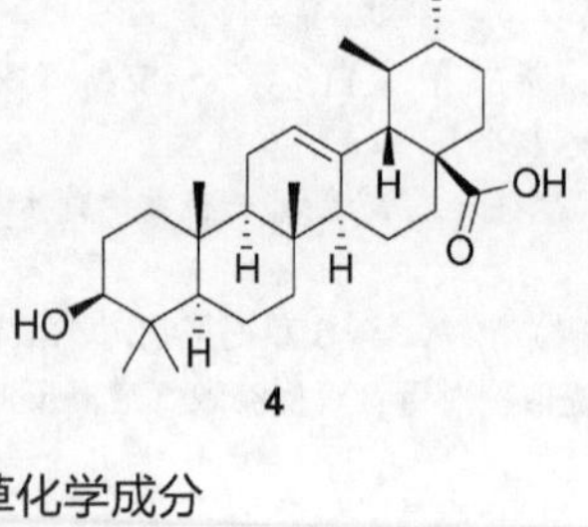

图 8-21　唇香草化学成分

三、药理活性

1. 抗心肌缺血

Neilkaplowitz[3]研究表明唇香草水煎液对豚鼠离体心脏具有明显的增加冠流量的作用，且其作用与剂量呈正相关。Yang[4]建立 HPLC 检测方法，研究唇香草地上部分乙醇提取的总黄酮对新生大鼠心肌细胞的保护作用，结果表明其可通过降低脂质过氧化和增强抗氧化活性，保护新生儿心肌细胞免受缺氧/复氧应激的损伤。

2. 抗炎杀菌

沙爱龙[5]采用二甲苯致小鼠耳廓肿胀及甲醛致小鼠足跖肿胀的方法，观察唇香草水提物的抗炎、镇痛作用及其急性毒性，结果发现 0.5g/kg、1g/kg、2g/kg 对二甲苯致小鼠耳廓肿胀、甲醛致小鼠足肿胀及醋酸致小鼠扭体均有显著抑制作，表明唇香草具有明显的抗炎镇痛作用。张洪平[6]采用蒸馏法提取唇香草挥发油研究其抗炎、止咳、祛痰、平喘及镇痛作用，结果表明具有显著的抗炎、止咳、祛痰、镇痛作用，且其抗炎、止咳、祛痰及镇痛作用均呈明显的剂量依赖关系。周晓英[7]采用纸片琼脂扩散法和对倍稀释法对唇香草水提取物与挥发油进行抑菌实验研究，结果发现唇香草挥发油对白假丝酵母菌有较强的抑制作用，水提取物对金黄色葡萄球菌有较强的抑制作用，而对大肠杆菌、铜绿假单胞菌的抑制作用较弱。季志红[8]采用水蒸气蒸馏法提取唇香草挥发油，测定其不同极性部位提取物对变异链球菌的生长及其生物膜形成的影响，结果挥发油和胡薄荷酮能有效抑制变异链球菌的生长，正丁醇萃取层、蒙花苷和地奥司明对变异链球菌生长有一定影响，表明唇香草提取物的抑菌活性是多种成分的共同作用。Shahbazi[9]研究表明唇香草挥发油具有较强的体外抗菌和抗氧化活性。Shahla[10]采用气相色谱-质谱联用（GC-MS）方法对唇香草地上部位挥发油的化学组成进行分析，结果显示其具有良好的抑菌活性。

3. 舒张血管

张洪平[11]研究唇香草醇提物（EEZ）对大鼠离体胸主动脉血管环的舒张作用，结果发现 EEZ 对 PE 预收缩的血管环具有浓度依赖性和平滑肌依赖性的舒张作用，且其机制可能是通过抑制电压依赖性钙通道（VDCCs）的方式来抑制外钙内流和胞质内钙释放，从而干扰胞质内钙离子平衡。郭玉婷[12]研究了唇香草挥发油对自发性高血压大鼠（SHR）的降压作用，结果表明唇香草挥发油对 SHR 大鼠具有显著的降压作用。Senejoux[13]利用大鼠离体胸主动脉环体外模型，对唇香草舒张血管作用的活性成分进行追踪分离，结果从中分离出的 7 个酚类化合物，结果表明其具有舒张作用，可能是唇香草治疗高血压的一个药理基础。

4. 抗氧化

Upor[14]研究表明唇香草乙酸乙酯提取物具有良好的抗氧化作用，且含有较多的多酚类化合物（19.27%）和黄酮类化合物（65.61%）。姜君君[15]采用 3 种抗氧化实验模型（清除 DPPH 自由基、羟基自由基、超氧阴离子自由基）研究唇香草乙醇提取物的抗氧化活性，结果发现当唇香草乙醇提取物浓度为 5mg/mL 时，对 DPPH 自由基清除率为 91.14%，IC_{50} 为 1.4mg/mL；当唇香草乙醇提取物浓度为 5mg/mL 时，对羟基自由基清除率为 86.32%，IC_{50} 为 2.6mg/mL；当唇香草乙醇提取物浓度为 2.5mg/mL 时，对超氧阴离子自由基清除率为 86.90%，IC_{50} 为 1.2mg/mL，因此唇香草乙醇提取物具有较好的抗氧化活性。

参考文献

[1] Tiang S, Wang D, Zhang H, *et al*. Simultaneous determination of caffeic acid and rosmarinic acid in *Ziziphora clinopodioides* Lam. from different sources in Xinjiang by a novel rapid resolution liquid chromatography method[J]. Latin American Journal of Pharmacy, 2011, 30(8): 1651-1655.

[2] 施洋, 徐暾海, 田树革. HPLC 测定新疆不同产地唇香草中齐墩果酸和熊果酸的含量[J]. 中国实验方剂学杂志, 2010, 16(16): 33-35.

[3] Neilkaplowitz C J. Hyperhomocysteinemia, endoplasmic reticulum stress, and alcoholic liver injury[J]. 世界胃肠病学杂志: 英文版(电子版), 2004, 10(12): 1699-1708.

[4] Yang W J, Liu C, Gu Z Y, *et al*. Protective effects of acacetin isolated from *Ziziphora clinopodioides* Lam. (Xintahua) on neonatal rat cardiomyocytes[J]. Chinese Medicine, 2014, 9(1): 1-6.

[5] 沙爱龙, 陈红玲, 孟庆艳. 维药芳香新塔花水提物的抗炎镇痛作用及其急性毒性[J]. 中国实验方剂学杂志, 2012, 18(4): 202-204.

[6] 张洪平, 周月, 李得新. 维吾尔药唇香草挥发油抗炎、止咳、祛痰和镇痛的药效学研究[J]. 中华中医药学刊, 2017, 35(8): 2010-2012.

[7] 周晓英, 施洋, 马秀敏, 等. 唇香草抑菌活性筛选及挥发油类化学成分分析[J]. 现代中药研究与实践, 2011, 25(2): 44-47.

[8] 季志红, 于谦, 周晓英, 等. 唇香草提取物抑制变异链球菌实验的初步研究[J]. 新疆医科大学学报, 2012, 35(8): 1031-1034.

[9] Shahbazi, Yasser. Chemical compositions, antioxidant and antimicrobial properties of *Ziziphora clinopodioides* Lam. essential oils collected from different parts of Iran[J]. Journal of Food Science & Technology, 2017, 54(2017): 3491–3503.

[10] Shahla S N. Chemical composition and in vitro antibacterial activity of *Ziziphora linopodioides* Lam. Essential oil against some pathogenic bacteria[J]. African Journal of Microbiology Research, 2012, 6(7): 1504-1508.

[11] 张洪平, 罗婷婷, 姜敏, 等. 维药唇香草醇提物对大鼠离体胸主动脉血管环的舒张作用[J]. 中国药房, 2015, 26(28): 3926-3929.

[12] 郭玉婷, 兰卫, 吴燕妮, 等. 唇香草挥发油对自发性高血压大鼠降压作用的研究[J]. 新疆医科大学学报, 2014, 37(3): 257-260.

[13] Senejoux F, Demougeot C, Kerram P, *et al*. Bioassay-guided isolation of vasorelaxant compounds from *Ziziphora clinopodioides* Lam.(Lamiaceae)[J]. Fitoterapia, 2012, 83(2): 377-382.

[14] Upor H, Tian S, Shi Y, *et al*. Total polyphenolic (flavonoids) content and antioxidant capacity of different *Ziziphora clinopodioides* Lam. extracts[J]. Pharmacognosy Magazine, 2011, 7(25): 65-68.

[15] 姜君君, 王莹, 施洋, 等. 维药唇香草乙醇提取物抗氧化活性研究[J]. 新疆医科大学学报, 2017, 40(9): 1138-1141.

第八节
菊苣

菊苣，系维吾尔族习用药材，为菊科植物菊苣 *Cichorium intybus* L.的干燥地上部分或根。夏、秋二季采割地上部分或秋末挖根，除去泥沙和杂质，晒干。

一、生物学特征及资源分布

多年生草本，高 40～100cm。茎直立，单生，分枝开展或极开展，全部茎枝绿色，有条棱，被极稀疏的长而弯曲的糙毛或刚毛或几无毛。基生叶莲座状，花期生存，倒披针状长椭圆形，包括基部渐狭的叶柄，全长 15～34cm，宽 2～4cm，基部渐狭有翼柄，大头状倒向羽状深裂或羽状深裂或不分裂而边缘有稀疏的尖锯齿，侧裂片 3～6 对或更多，顶侧裂片较大，向下侧裂片渐小，全部侧裂片镰刀形或不规则镰刀形或三角形。茎生叶少数，较小，卵状倒披针形至披针形，无柄，基部圆形或戟形扩大半抱茎。全部叶质地薄，两面被稀疏的多细胞长节毛，但叶脉及边缘的毛较多。头状花序多数，单生或数个集生于茎顶或枝端，或 2～8 个为一组沿花枝排列成穗状花序。总苞圆柱状，长 8～12mm；总苞片 2 层，外层披针形，长 8～13mm，宽 2～2.5mm，上半部绿色，草质，边缘有长缘毛，背面有极稀疏的头状具柄的长腺毛或单毛，下半部淡黄白色，质地坚硬，革质；内层总苞片线状披针形，长达 1.2cm，宽约 2mm，下部稍坚硬，上部边缘及背面通常有极稀疏的头状具柄的长腺毛并杂有长单毛。舌状小花蓝色，长约 14mm，有色斑。瘦果倒卵状、椭圆状或倒楔形，外层瘦果压扁，紧贴内层总苞片，3～5 棱，顶端截形，向下收窄，褐色，有棕黑色色斑。冠毛极短，2～3 层，膜片状，长 0.2～0.3mm。花果期 5～10 月。

国内分布于北京、黑龙江、辽宁、山西、陕西、新疆、江西。国外分布于欧洲、亚洲、北非。生于滨海荒地、河边、水沟边或山坡[1]。

二、化学成分

1. 倍半萜类化合物

（1）愈创木烷型内酯类　Kisiel[2]从菊苣中分离鉴定的愈创木烷型内酯类有山莴苣素、山莴苣苦素等，其中 3,4-二氢-15-脱氢山莴苣苦素为新的天然产物，ixerisoside D 为首次从该植物中分离得到，同时对化合物 cichopumilide 和 11β,13-dihydrocichopumilide 的结构进行了修订。Baixinho[3]利用 CO_2 超临界提取法从菊苣根中收集了丰富的倍半萜内酯组分，包括 11β,13-dihydrolactucin、lactucin、11β,13-dihydrolactucopicrin、lactucopicrin（表 8-22，图 8-22）。

表 8-22　菊苣愈创木烷型内酯类

序号	名称	参考文献	序号	名称	参考文献
1	山莴苣素	[2,3]	8	假还阳参苷 B	[2]
2	山莴苣苦素	[2,3]	9	菊苣萜苷 B	[2]
3	8-脱氧山莴苣素	[2]	10	山莴苣苦素甲酯	[2]
4	假还阳参苷 A	[2]	11	3,4-二氢-15-脱氢山莴苣苦素	[2]
5	jacquinelin	[2]	12	cichopumilide	[2]
6	11β,13-二氢山莴苣素	[2,3]	13	11β,13-dihydrocichopumilide	[2]
7	11β,13-二氢山莴苣苦素	[2,3]	14	ixerisoside D	[2]

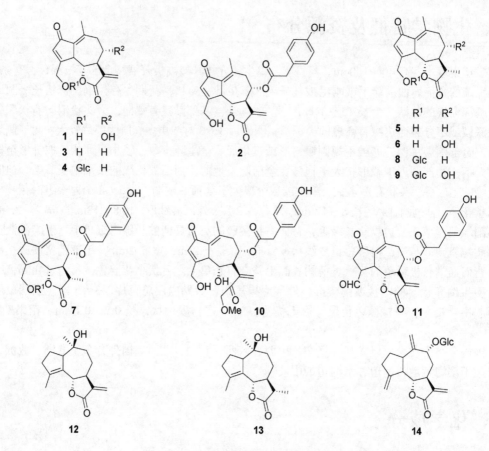

图 8-22　菊苣愈创木烷型内酯类化合物

（2）桉烷型内酯类　Kisiel[2]从菊苣中分离鉴定的桉烷型内酯类包括菊苣内酯 A、苦苣菜苷 C 苷元、菊苣萜苷 A 等。Seto[4]从菊苣的甲醇提取物中分离鉴定了菊苣内酯 A，是一种新的桉烷型倍半萜内酯。Ferioli[5]以冷冻干燥菊苣叶为实验样本，研究了从中提取倍半萜内酯的新方法，并对其提取溶剂体系进行了优化，对 santonin 等多个倍半萜内酯进行了定性分析（表 8-23，图 8-23）。

表 8-23　菊苣桉烷型内酯类化合物

序号	名称	参考文献	序号	名称	参考文献
1	菊苣内酯 A	[4]	**6**	artesin	[2]
2	苦苣菜苷 C 苷元	[2]	**7**	木兰属内酯葡萄糖苷	[2]
3	菊苣萜苷 A	[2]	**8**	artesin glycoside	[2]
4	苦苣菜苷 C	[2]	**9**	santonin	[5]
5	木兰属内酯	[2]			

（3）吉马烷型内酯类　Kisiel[2]从菊苣中分离鉴定的吉马烷型内酯类包括苦苣菜苷 A 等。Seto[4]从菊苣的甲醇提取物中分离鉴定了多个倍半萜，其中两种已知的吉马烷型倍半萜苷分别为菊苣萜苷 C 和毛连菜苷 B（表 8-24，图 8-24）。

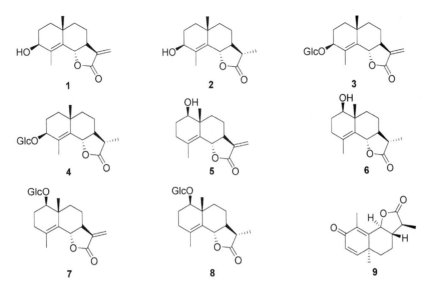

图 8-23　菊苣桉烷型内酯类化合物

表 8-24　菊苣吉马烷型内酯类化合物

序号	名称	参考文献	序号	名称	参考文献
1	苦苣菜苷 A	[2]	3	毛连菜苷 B	[4]
2	菊苣萜苷 C	[4]			

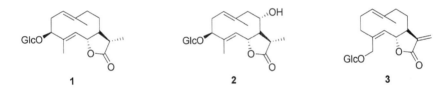

图 8-24　菊苣吉马烷型内酯类化合物

2.黄酮类化合物

De myanenko[6]对菊苣叶柄的乙醇水提部位进行物质基础研究，采用聚酰胺等柱色谱进行分离纯化，得到 5 个黄酮类化合物，通过紫外光谱以及其他理化性质的分析鉴定为芹菜素、木犀草素-7-O-葡萄糖苷、芹菜素-7-O-阿拉伯糖苷等。Heimler[7]对菊苣的多酚含量和抗自由基活性进行了研究，通过 HPLC/直接分析子离子（DADI）质谱法分析鉴定出 8 种黄酮类化合物，主要有槲皮素、山奈酚和矢车菊素。Aboulela[8]从菊苣中分离得到槲皮素苷、异高山黄芩素、山奈酚等化合物，并应用紫外、红外、质谱、^{1}H-NMR、^{13}C-NMR、2D-NMR 等分析技术与现有的参考材料进行比较鉴定了其结构。Ferioli[5]以冷冻干燥菊苣叶为实验样本，从中对多个化合物进行定性分析，黄酮类化合物有 keracyanin、芦丁等（表 8-25，图 8-25）。

3.苯丙素类化合物

菊苣中含有常见的苯丙素类化合物，如香豆素、伞形花内酯、秦皮乙素、秦皮甲素、野莴

表 8-25　菊苣黄酮类化合物

序号	名称	参考文献	序号	名称	参考文献
1	槲皮素	[7]	**4**	金丝桃苷	[6]
2	异高山黄芩素	[8]	**5**	keracyanin	[5]
3	矢车菊素-3-O-葡萄糖苷	[8]			

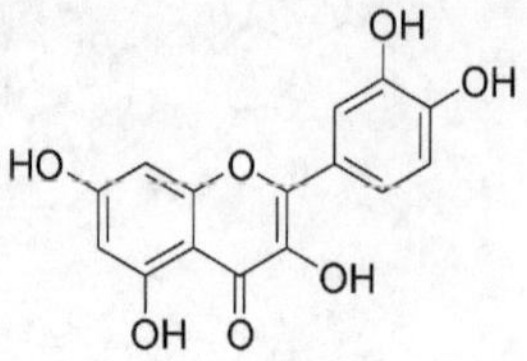

图 8-25　菊苣黄酮类化合物

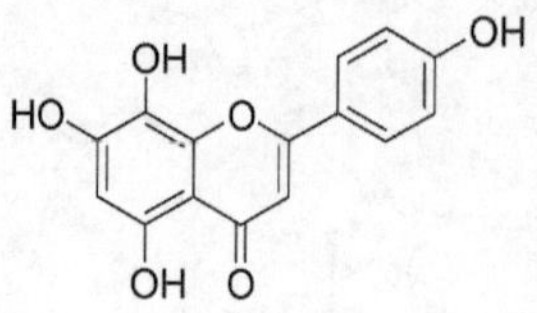

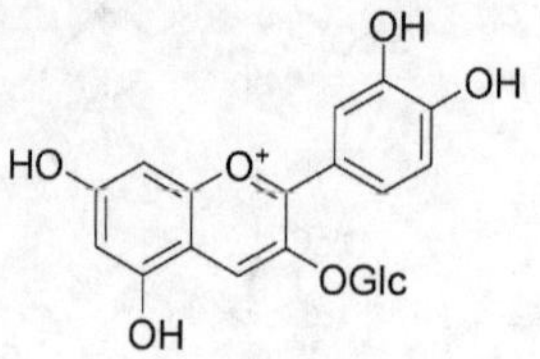

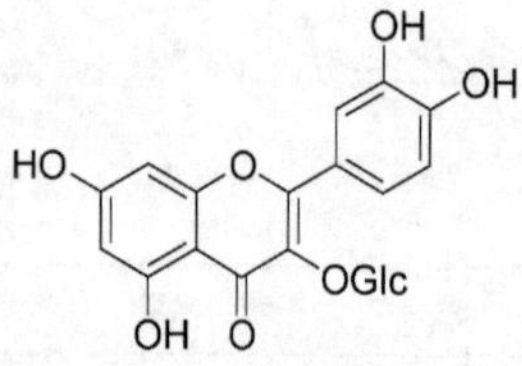

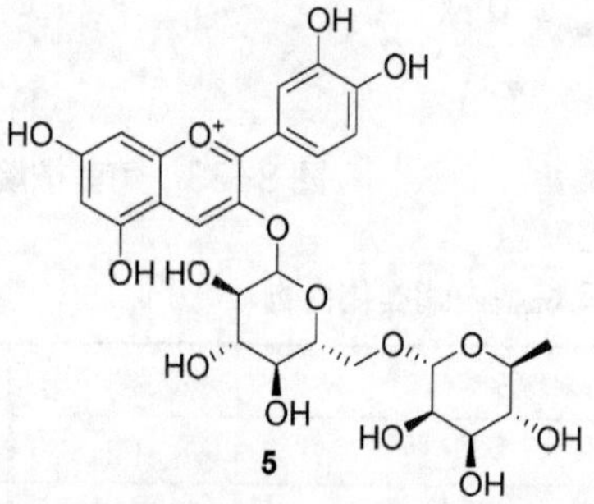

苣苷、东莨菪内酯等[9,10]。Malarz[11]从菊苣的毛状根中分离得到一种新木脂素苷，结合一维 NMR、二维 NMR 技术和 CD 数据，鉴定为(7S,8R)-3′-去甲基-去氢二松柏醇-3′-O-β-吡喃葡萄糖苷。Kisiel[12]从菊苣根中分离得到多种类型化合物，其中 4α-4′-O-hydroxysyring-aresinol、4α-hydroxy-syringaresinol-4′-O-β-glucopyranosides、4β-hydroxy-syringaresinol-4′-O-β-glucopyranosides 和 4-氧代丁香脂素葡萄糖苷为苯丙素类化合物（表 8-26，图 8-26）。

表 8-26　菊苣苯丙素类化合物

序号	名称	参考文献	序号	名称	参考文献
1	香豆素	[9,10]	7	(7S,8R)-3′-去甲基-去氢二松柏醇-3′-O-β-吡喃葡萄糖苷	[11]
2	伞形花内酯	[9,10]			
3	秦皮乙素	[9,10]	8	紫丁香苷	[9,10]
4	秦皮甲素	[9,10]	9	4α-4′-O-hydroxysyring-aresinol	[12]
5	野莴苣苷	[9,10]	10	4-氧代丁香脂素葡萄糖苷	[12]
6	东莨菪内酯	[9,10]			

4. 酚酸类化合物

Ferioli[5]对冷冻干燥菊苣叶中咖啡酸、菊苣酸等多个酚酸类成分进行了定性分析。Malarz[11]从菊苣的毛状根中分离出了四种已知的酚酸类化合物，分别为咖啡酸、绿原酸、3,5-二咖啡酰奎尼酸和 4,5-二咖啡酰奎尼酸（表 8-27，图 8-27）。

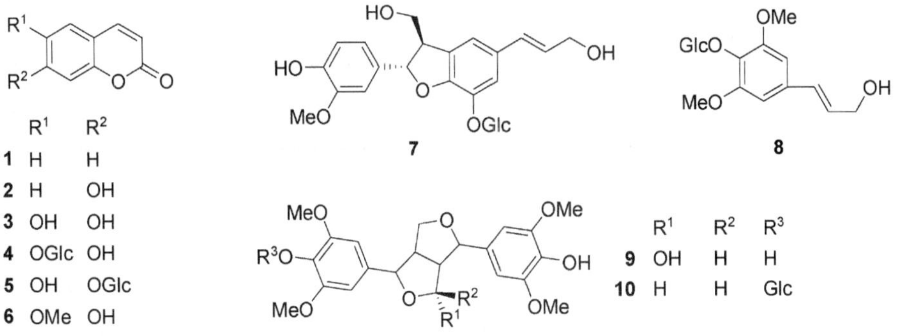

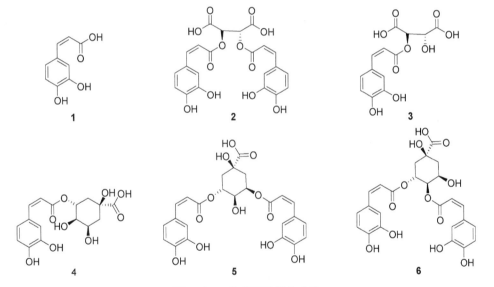

图 8-26　菊苣苯丙素类化合物

表 8-27　菊苣酚酸类化合物

序号	名称	参考文献	序号	名称	参考文献
1	咖啡酸	[5,11]	4	绿原酸	[11]
2	菊苣酸	[5]	5	3,5-二咖啡酰奎尼酸	[11]
3	单咖啡酰酒石酸	[5]	6	4,5-二咖啡酰奎尼酸	[11]

图 8-27　菊苣酚酸类化合物

5．萜类及甾体化合物

杜海燕[13]对菊苣根的化学成分进行研究，采用溶剂提取和硅胶柱色谱法分离成分，根据化合物的理化性质和波谱数据鉴定其结构，结果分离得到 7 个三萜类化合物，鉴定了其中 4 个，分别为 α-香树脂醇、蒲公英萜酮、伪蒲公英甾醇和乙酸降香萜烯醇酯，均为首次从该植物中分得。Khan[14]从菊苣中分离出 3 个已知甾体化合物，即 β-谷甾醇、胡萝卜苷和豆甾醇（表 8-28，图 8-28）。

表 8-28　菊苣萜类及甾体化合物

序号	名称	参考文献	序号	名称	参考文献
1	乙酸降香萜烯醇酯	[13]	4	伪蒲公英甾醇	[13]
2	α-香树脂醇	[13]	5	豆甾醇	[14]
3	蒲公英萜酮	[13]			

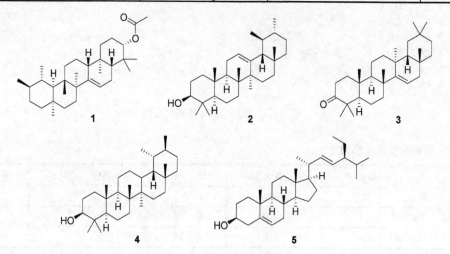

图 8-28　菊苣萜类及甾体化合物

6. 其他化合物

Khan[14]从菊苣中分离出两个新的萘衍生物，即 cichorin D 和 cichorin E，以及蒽醌 cichorin F，通过波谱数据确定了它们的结构（表 8-29，图 8-29）。

表 8-29　菊苣其他化合物

序号	名称	参考文献	序号	名称	参考文献
1	cichorin D	[14]	3	cichorin F	[14]
2	cichorin E	[14]			

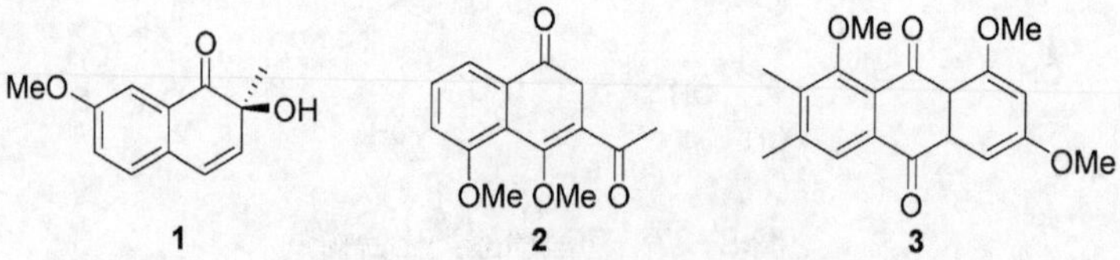

图 8-29　菊苣其他化合物

二、药理活性

1. 保肝

Neha[15]研究鉴定了菊苣叶水醇部分中黄酮类物质，并对过氧化氢诱导的 HepG2 细胞的肝保护活性进行了测试,结果表明当用不同浓度(10～20g/L)的水醇馏分处理过氧化氢暴露的 HepG2 细胞时, 活力/恢复效果呈剂量依赖性增加。Zafar[16]比较了菊苣天然根和根愈伤组织提取物对四氯化碳致大鼠肝损伤的抗肝毒性作用, 结果表明, 与天然根提取物相比, 菊苣根愈伤组织提取物对四氯化碳诱导的细胞损伤具有更好的保护作用。秦冬梅[17]研究菊苣提取物对小鼠急性酒精性肝损伤的保护作用, 结果发现其可不同程度地改善肝脏病理组织性损伤, 表明菊苣对小鼠急性酒精性肝损伤具有保护作用。Kim[18]用大鼠为实验对象, 研究了菊苣根提取物对酒精性肝病的治疗作用结果表明, 摄入菊苣根提取物可抑制酒精性肝损伤, 表明其能够治疗酒精性肝损伤。Mrm[19]研究表明菊苣水醇提取物显著降低凝血酶原时间 (PT) 及血清 AST、ALT、TNF-α 和 NO 水平, 表明其对梗阻性胆汁淤积引起的肝脏损伤具有保护作用。

2．抗菌

Nandagopal[20]用琼脂孔扩散法测定了菊苣根提取物对革兰阳性细菌 (枯草芽孢杆菌、金黄色葡萄球菌、黄体微球菌) 和革兰阴性菌 (大肠杆菌、伤寒沙门菌) 的抑制活性, 结果表明菊苣根的正己烷和乙酸乙酯提取物的抑制作用明显强于氯仿、石油醚和水提取物, 根提取物对枯草芽孢杆菌、金黄色葡萄球菌和伤寒沙门菌的抑制作用强于黄体微球菌和大肠杆菌。Petrovic[21]研究表明菊苣水、乙醇和乙酸乙酯提取物均表现出抑菌活性, 其中乙酸乙酯提取物的抑菌活性最高。徐雅梅[22]采用离体的试验方法测定了菊苣根的石油醚、乙酸乙酯和乙醇提取物对 7 种植物病原真菌和 3 种细菌的抑制活性, 结果表明, 乙醇和乙酸乙酯提取物均有一定的抑制植物病原真菌和细菌活性, 且乙酸乙酯提取物效果更佳。Ghosh[23]通过硅胶柱色谱得到菊苣根的乙酸乙酯部位, 结果表明其对革兰阳性菌的抑菌作用大于革兰阴性菌, 另外也能够抑制酵母和霉菌的生长。

3．降血糖

Pushparaj[24]发现菊苣乙醇提取物显著降低了肝脏葡萄糖-6-磷酸酶活性, 表明其可以降低肝脏葡萄糖的产生, 从而降低糖尿病大鼠的血糖浓度。Tousch[25]研究了从菊苣中纯化的 chicoric acid (CRA) 对葡萄糖摄取和胰岛素分泌的影响, 结果表明, CRA 和绿原酸 (CGA) 增加了 L6 肌肉细胞的葡萄糖摄取, 且都能刺激 INS-1E 胰岛素分泌细胞系和大鼠胰岛的胰岛素分泌。Azay-Milhau[26]从菊苣根中提取的天然菊苣酸提取物 (NCRAE) 具有抗高血糖的作用, 主要是由于其对肌肉葡萄糖摄取的外周影响。Muthusamy[27]分析了菊苣甲醇提取物对 3T3-L1 细胞葡萄糖转运和脂肪细胞分化的影响, 结果表明其可以降低血糖水平, 而不会诱导 3T3-L1 脂肪细胞发生脂肪生成。

4．降血脂

鲁友均[28]研究了菊苣提取物和菊粉对血清脂质、蛋黄总脂和胆固醇的影响, 结果表明菊苣提取物和菊粉均具有降血脂活性, 但菊苣提取物比菊粉活性更强, 菊苣提取物还具有降低蛋黄总脂和胆固醇的作用。张泽生[29]研究发现菊苣根水提物和醇提物对高脂血症仓鼠血脂水平均具有降低作用, 并有抑制脂质过氧化的作用, 且醇提物在降低总胆固醇 (TC)、甘油三酯 (TG) 水平方面略优于水提物, 而水提物对于高密度脂蛋白胆固醇 (HDL-C) 水平的升高作用则更加明显。Wu[30]从菊苣根中提取菊苣多糖, 口服其可显著降低非酒精性脂肪性肝病 (NAFLD) 大鼠体重和肝脏指数。

5. 抗高尿酸

孔悦[31]观察菊苣提取物对高尿酸高甘油三酯血症鹌鹑血脂血尿酸的影响，结果发现菊苣提取物大、中、小剂量均可显著降低高尿酸高甘油三酯血症鹌鹑血清中的 UA 和 TG 含量，对血清中 TC 含量影响不大，表明菊苣提取物具有降低血清中尿酸和甘油三酯的功能，但其作用机理有待进一步研究。萨翼[32]观察菊苣提取物 N2 对模型血清中尿酸、甘油三酯、黄嘌呤氧化酶、一氧化氮的作用，研究菊苣提取物对高尿酸高甘油三酯血症鹌鹑血尿酸血脂的影响，结果表明菊苣提取物具有降低高尿酸高甘油三酯血症鹌鹑血尿酸、血脂的作用。朱春胜[33]通过研究菊苣降尿酸作用的药效物质基础，发现菊苣地上部分具有较好的降尿酸药效，并通过菊苣 HPLC 指纹图谱与其降尿酸药效偏最小二乘法（PLS）分析可知，菊苣降尿酸作用与其所含的多种成分有关。

6. 抗氧化

Shad[34]以 DPPH 自由基清除能力和还原能力评价各部位甲醇提取物的抗氧化能力，叶提取物对 DPPH 的抑制作用 IC_{50} 较低，还原能力较强，菊苣叶具有良好的生化、植物化学和抗氧化成分。薛山[35]测定了所提菊苣根粗多糖体外羟自由基清除能力和还原力，结果表明菊苣根粗多糖具备羟自由基清除能力（IC_{50} 值为 1.36mg/mL）和 Fe^{3+} 还原力（3mg/mL 对应吸光值 0.21），且与浓度呈正相关。陈永平[36]利用响应面法优化了菊苣根总黄酮的提取工艺，并验证了菊苣根总黄酮有着较好的体外抗氧化活性。

7. 消炎镇痛

Minaiyan[37]研究表明菊苣水醇提取物对实验性急性胰腺炎有一定的保护作用，其作用呈剂量依赖性，且在注射后更为显著。

8. 提高免疫功能

Kim[38]以 ICR 小鼠为实验对象，研究了菊苣醇提物对乙醇免疫毒性的影响，结果表明，菊苣醇提物治疗可明显恢复或预防乙醇引起的免疫毒性。陈瑞奇[39]研究了菊苣酸诱导人急性髓系白血病细胞株 HL-60 凋亡的作用并初步探讨其机制，结果发现浓度为 10～100μmol/L 的菊苣酸能呈浓度依赖性降低 HL-60 细胞增殖活性和增加凋亡等，表明菊苣酸具有抑制白血病细胞株 HL-60 增殖活性和诱导其凋亡作用，其机制与降低抗凋亡蛋白 Bcl-2 表达及增强 caspase-3 活性有关。

9. 其他

Süntar[40]实验研究表明，菊苣提取物具有创面愈合作用，其中 β-谷甾醇是其活性物质。Dorostghoal[41]探讨了菊苣叶乙醇提取物对铅诱导的雄性大鼠睾丸氧化应激的保护作用，结果发现菊苣叶提取物具有预防铅致睾丸毒性和抑制铅对男性生殖健康的不良影响的作用。Woolsey[42]用小隐孢子虫感染人结肠腺癌（HCT-8）细胞观察菊苣叶和根提取物对植物生长的影响，结果发现抗寄生虫活性与菊苣中的倍半萜内酯（SL）含量有关，在 300μg/mL 时，SL 含量较低的提取物表现出较高的抑制作用。Migliorini[43]在 pH 为 2.5 的水溶液中提取红菊苣中的花青素，结果发现提取物对 DPPH 抗氧化活性的 EC_{50}（半最大有效浓度）值为 0.363，对应于 39.171mol/L

的花青素浓度，其降解花青素的活化能为 84.88kJ/mol。Hasaunejad[44]研究表明菊苣提取物对吡啶诱导的周围神经病变有良好的抑制作用。

参考文献

[1] 中国科学院中国植物志编辑委员会. 中国植物志: 第八十卷第一分册[M]. 北京: 科学出版社, 1997.

[2] Kisiel W, Zielinska K. Guaianolides from *Cichorium intybus* and Structure Revision of Cichorium sesquiterpene lactones[J]. Phytochemistry, 2001, 57(4): 523-527.

[3] Baixinho J P, Anastácio J D, Ivasiv V, *et al*. Supercritical CO_2 extraction as a tool to isolate anti-inflammatory sesquiterpene lactones from *Cichorium intybus* L. roots[J]. Molecules, 2021, 26(9): 2583.

[4] Seto M, Miyase T, Umehara K, *et al*. Sesquiterpene lactones from *Cichorium endivia* L. and C. *intybus* L. and cytotoxic activity[J]. Chemical & Pharmaceutical Bulletin, 1988, 36(7): 2423-2429.

[5] Ferioli F, Dantuono L F. An update procedure for an effective and simultaneous extraction of sesquiterpene lactones and phenolics from chicory[J]. Food Chemistry, 2012, 135(1): 243-250.

[6] Demyanenko V G, Dranil L I. Flavonoids of *Cichorium intybus*[J]. Chemistry of Natural Compounds, 1973, 9(1): 115.

[7] Heimler D, Isolani L, Vignolini P, *et al*. Polyphenol content and antiradical activity of *Cichorium intybus* L. from biodynamic and conventional farming[J]. Food Chemistry, 2009, 114(3): 765-770.

[8] Aboulela M A, Abdulghani M M, Elfiky F K, *et al*. Chemical constituents of *Cirsium syriacum* and *Cichorium intybus*(Asteraceae) growing in Egypt[J]. Journal of Pharmacy and Pharmaceutical Sciences, 2002, 16(2): 152-156.

[9] 凡杭, 陈剑, 梁呈元, 等. 菊苣化学成分及其药理作用研究进展[J]. 中草药, 2016, 47(4): 680-888.

[10] Rastogi R P, Mehhrotra B N. Glossary of indian medicinal plants[M]. New Delhi: Nat Sci Commun Inf Res, 2002.

[11] Malarz J, Stojakowska A, Szneler E, *et al*. A new neolignan glucoside from hairy roots of *Cichorium intybus*[J]. Phytochemistry Letters, 2013, 6(1): 59-61.

[12] Kisiel W, Michalska K. Root constituents of *Cichorium pumilum* and rearrangements of some lactucin-like guaianolides[J]. Zeitschrift Fur Naturforschung C, 2003, 58(11-12): 789-792.

[13] 杜海燕, 江佩芬. 菊苣的化学成分研究[J]. 中国中药杂志, 1998, 23(11): 682-683.

[14] Khan M F, Nasr F A, Noman O M, *et al*. Cichorins D-F: three new compounds from *Cichorium intybus* and their biological effects[J]. Molecules, 2020, 25(18): 4160.

[15] Neha M, Deepshikha P K, Vidhu A, et al. Determination of antioxidant and hepatoprotective ability of flavanoids of *Cichorium intybus*[J]. International Journal of Toxicological and Pharmacological Research, 2014, 6(4): 107-1112.

[16] Zafar R, Ali S M. Anti-hepatotoxic effects of root and root callus extracts of *Cichorium intybus* L.[J]. Journal of Ethnopharmacology, 1998, 63(3): 227.

[17] 秦冬梅, 胡利萍, 曹文疆, 等. 维药菊苣提取物对小鼠急性酒精性肝损伤的保护作用[J]. 中国实验方剂学杂志, 2011, 17(7): 128-131.

[18] Kim J, Kim M J, Lee J H, *et al*. Hepatoprotective effects of the *Cichorium intybus* root extract against alcohol-induced liver injury in experimental rats[J]. Evidence-based Complementary and Alternative Medicine, 2021, 5: 1-11.

[19] Mrm A, Kh B, Ma C, *et al*. Hepatoprotective effect of the hydroalcoholic extract of *Cichorium intybus* in a rat model of obstructive cholestasis[J]. Arab Journal of Gastroenterology, 2020, 22(1): 34-39.

[20] Nandagopal S, Kumari B. Phytochemical and antibacterial studies of chicory (*Cichorium intybus* L.)——A multipurpose medicinal plant[J]. Advances in Biological Research, 2007, 1(1-2): 17-21.

[21] Petrovic J, Stanojkovic A, Lj C, *et al*. Antibacterial activity of *Cichorium intybus*[J]. Fitoterapia, 2004, 75(7-8): 737-739.

[22] 徐雅梅, 呼天明, 张存莉, 等. 菊苣根提取物的抑菌活性研究[J]. 西北植物学报, 2006, 26(3): 615-619.

[23] Ghosh S, Roy A. Isolation of antimicrobial compounds from chicory(*Cichorium intybus* L.) root[J]. International Journal of Research in Pure and Applied Microbiology, 2011, 1(2): 13-18.

[24] Pushparaj P N, Low H K, Manikan Da N J, *et al*. Anti-diabetic effects of *Cichorium intybus* in streptozotocin-induced diabetic rats[J]. Journal of Ethnopharmacology, 2007, 111(2): 430-434.

[25] Tousch D, Lajoix A D, Hosy E, *et al*. Chicoric acid, a new compound able to enhance insulin release and glucose uptake[J]. Biochemical and Biophysical Research Communications, 2008, 377(1): 131-135.

[26] Azay-Milhau J, Ferrare K, Leroy J, *et al*. Antihyperglycemic effect of a natural chicoric acid extract of chicory (*Cichorium intybus* L.): A comparative *in vitro* study with the effects of caffeic and ferulic acids[J]. Journal of

Ethnopharmacology, 2013, 150(2): 755-760.

[27] Muthusamy V S, Anand S, Sangeetha K N, et al. Tannins present in *Cichorium intybus* enhance glucose uptake and inhibit adipogenesis in 3T3-L1 adipocytes through PTP1B inhibition[J]. Chem Biol Interact, 2008, 174(1): 69-78.

[28] 鲁友均, 呼天明, 张存莉, 等. 菊苣提取物和菊粉降脂活性研究[J]. 西北植物学报, 2007, 27(6): 1147-1150.

[29] 张泽生, 吴瑕, 王超, 等. 菊苣仔根提取物对高脂血症仓鼠血脂的影响[J]. 食品工业科技, 2013, 34(9): 352-355.

[30] Wu Y, Feng Z, Jiang H, et al. Chicory (*Cichorium intybus* L.) polysaccharides attenuate high-fat diet induced non-alcoholic fatty liver disease *via* AMPK activation[J]. International Journal of Biological Macromolecules, 2018, 2018(115): 886-895.

[31] 孔悦, 刘小青, 张冰, 等. 菊苣提取物对高尿酸高甘油三酯血症鹌鹑血尿酸血脂的影响[J]. 北京中医药大学学报, 2004, 27(5): 29-31.

[32] 萨翼, 张冰, 刘小青, 等. 菊苣提取物对鹌鹑血尿酸血脂的影响[J]. 中药新药与临床药理, 2004, 15(4): 227-229.

[33] 朱春胜, 林志健, 张冰, 等. 菊苣降尿酸作用的谱效关系研究[J]. 中草药, 2015, 46(22): 3386-3389.

[34] Shad M A, Nawaz H, Rehman T, et al. Determination of some biochemicals, phytochemicals and antioxidant properties of different parts of *Cichorium intybus* L.: A comparative study[J]. Journal of Animal and Plant Sciences, 2013, 23(4): 1060-1066.

[35] 薛山, 巩子童, 林靖娟, 等. 芽球菊苣根粗多糖提取工艺优化及其体外抗氧化活性和相对分子量分析[J]. 食品工业科技, 2021, 42(10): 138-145.

[36] 陈永平, 张艺鐻, 吴雨龙, 等. 复合酶辅助超声波提取菊苣根总黄酮的工艺优化及其抗氧化活性[J]. 食品工业科技, 2021, 42(8): 164-171.

[37] Minaiyan M, Ghannadi A R, Mahzouni P, et al. Preventive effect of *Cichorium Intybus* L. two extracts on cerulein-induced acute pancreatitis in mice[J]. International Journal of Preventive Medicine, 2012, 3(5): 351-357.

[38] Kim J H, Mun Y J, Woo W H, et al. Effects of the ethanol extract of *Cichorium intybus* on the immunotoxity by ethanol in mice[J]. International Immunopharmacology, 2002, 2(6): 733-744.

[39] 陈瑞奇, 罗桂芳, 张宗利, 等. 菊苣酸诱导人白血病细胞 HL-60 凋亡作用及机制研究[J]. 中南药学, 2014, 12(12): 1208-1210.

[40] Süntar, Akkol E K, Keles H, et al. Comparative evaluation of traditional prescriptions from *Cichorium intybus* L. for wound healing: stepwise isolation of an active component by *in vivo* bioassay and its mode of activity[J]. Journal of Ethnopharmacology, 2012, 143(1): 299-309.

[41] Dorostghoal M, Seyyednejad S M, Nejad M. *Cichorium intybus* L. extract ameliorates testicular oxidative stress induced by lead acetate in male rats[J]. Clinical and Experimental Reproductive Medicine, 2020, 47(3): 160-166.

[42] Woolsey I D, Valente A H, Williams A R, et al. Anti-protozoal activity of extracts from chicory(*Cichorium intybus*) against Cryptosporidium parvum in cell culture[J]. Scientific Reports, 2019, 9(9): 1-9.

[43] Migliorini A A, Piroski C S, Daniel T G, et al. Red chicory (*Cichorium intybus*) extract rich in anthocyanins: chemical stability, antioxidant activity, and antiproliferative activity in vitro[J]. Journal of Food Science, 2019, 84(3): 990-1001.

[44] Hasannejad F, Ansar M M, Rostampour M, et al. Improvement of pyridoxine-induced peripheral neuropathy by *Cichorium intybus* hydroalcoholic extract through GABAergic system[J]. The Journal of Physiological Sciences, 2019, 69(3): 465-476.

第九节
蒺藜

蒺藜为蒺藜科植物蒺藜（*Tribulus terrestris* L.）的干燥成熟果实，又称刺蒺藜、硬蒺藜、白蒺藜等[1]。蒺藜性微温，味辛苦，有小毒。具有平肝解郁、活血祛风、明目、止痒的功效[2]。研究表明，蒺藜茎叶粗皂苷制剂有抗心肌梗塞和抗血小板聚集等功效，临床可用于治疗冠心病、脑动脉硬化和脑血栓形成后遗症等[3~4]。

一、生物学特征及资源分布

一年生草本。茎平卧，无毛，被长柔毛或长硬毛，枝长20～60cm，偶数羽状复叶，长1.5～5cm；小叶对生，3～8对，矩圆形或斜短圆形，长5～10mm，宽2～5mm，先端锐尖或钝，基部稍偏科，被柔毛，全缘。花腋生，花梗短于叶，花黄色；萼片5，宿存；花瓣5；雄蕊10，生于花盘基部，基部有鳞片状腺体，子房5棱，柱头5裂，每室3～4胚珠。果有分果瓣5，硬，长4～6mm，无毛或被毛，中部边缘有锐刺2枚，下部常有小锐刺2枚，其余部位常有小瘤体。花期5～8月，果期6～9月[5]。生长于沙地、荒地、山坡、居民点附近。全球温带都有。生长于田野、路旁及河边草丛。各地均产。主产于河南、河北、山东、安徽、江苏、四川、山西、陕西[5]。

二、化学成分

1．黄酮类成分

曲宁宁等[6]对蒺藜全草黄酮类化学成分进行了研究，并通过采用聚酰胺柱色谱和硅胶柱色谱进行分离，波谱分析鉴定结构等方法，从蒺藜全草中分离得到了黄酮类化合物 quercetin、kaempferol、quercetin-3-O-β-D-glucoside、quercetin-3-O-gentiobioside、kaempferol-3-O-gentiobioside、kaempferol-3-O-β-D-glucoside 和 luteolin。Saleh 等[7]从蒺藜全草中分离鉴定得到了 isoquercitrin 和 rutin。Bhutani 等[8]采用石油醚和乙醇连续提取了蒺藜的叶和果实，从醇提物中分离得到了多种化合物。通过在硅胶上进行色谱分析，鉴定得到了 kaempferol-3-rutinoside 和 tribuloside [kaempferol-3-β-D-(6″-p-coumaroyl)glucoside]（表8-30，图8-30）。

表8-30 蒺藜黄酮类成分

序号	名称	参考文献	序号	名称	参考文献
1	quercetin-3-O-β-D-glucoside	[6]	5	isoquercitrin	[7]
2	quercetin-3-O-gentiobioside	[6]	6	kaempferol-3-rutinoside	[8]
3	kaempferol-3-O-gentiobioside	[6]	7	tribuloside	[8]
4	kaempferol-3-O-β-D-glucoside	[6]			

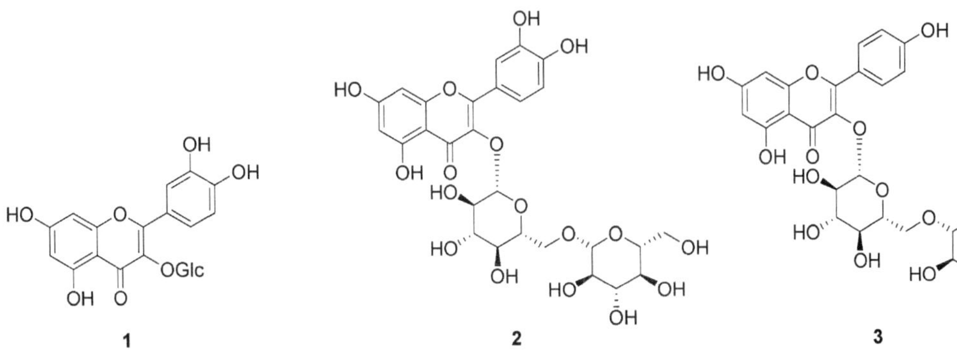

图 8-30

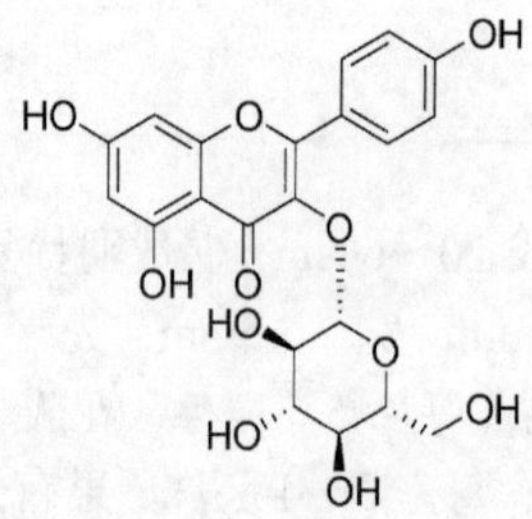

图 8-30 蒺藜黄酮类成分

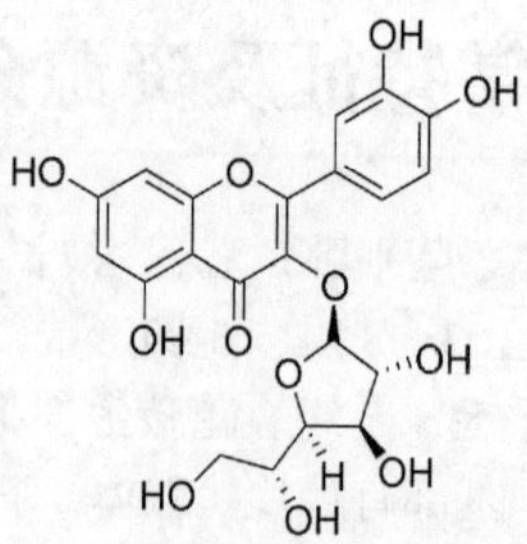

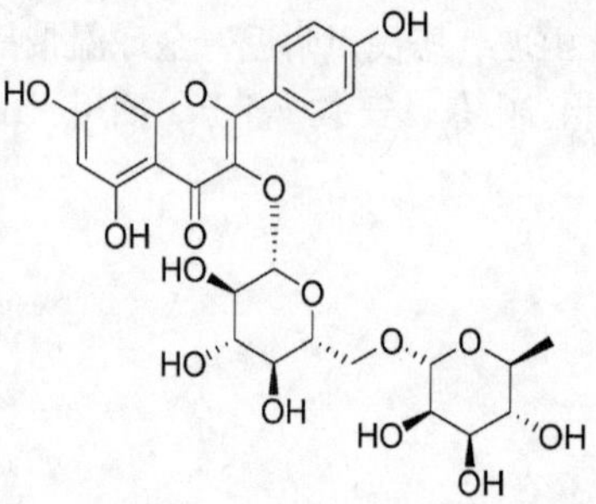

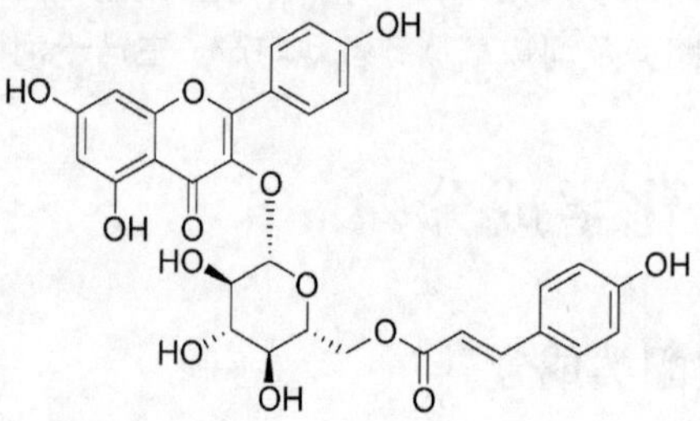

2. 生物碱类成分

吕阿丽[9]对蒺藜果实乙醇提取物的氯仿及乙酸乙酯萃取部分的化学成分进行了较为系统的研究，从中分离得到多 18 个化合物，经理化性质和波谱学方法鉴定了其中 15 个化合物的结构，其中生物碱类成分有 *N-trans*-caffeoyltyramine、tribulusimide C 和 tribulusin A。Li 等[10]从蒺藜果实的乙醇提取物中用乙酸乙酯萃取分离得到了多种化学成分，并通过 2D-NMR 光谱等手段，鉴定了其结构，生物碱成分包括 harmane、harmol、*β*-carboline、tribulusamide A、tribulusamide B、*N-trans*-feruloyltyramine、terrestriamide 和 *N-trans*-coumaroyltyramine（表 8-31，图 8-31）。

表 8-31 蒺藜生物碱类成分

序号	名称	参考文献	序号	名称	参考文献
1	*N-trans*-caffeoyltyramine	[9]	**5**	harmol	[10]
2	tribulusimide C	[9]	**6**	*β*-carboline	[10]
3	tribulusin A	[9]	**7**	tribulusamide A	[10]
4	harmane	[10]			

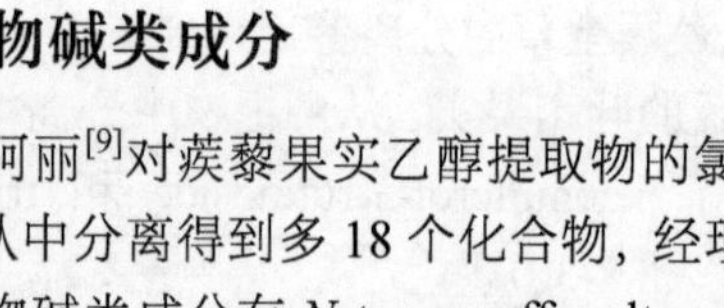

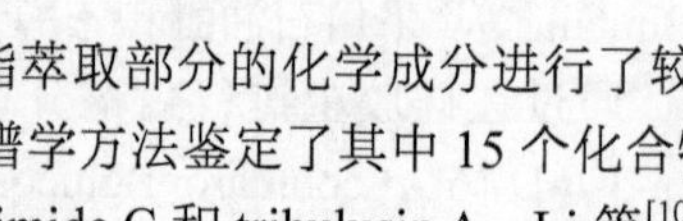

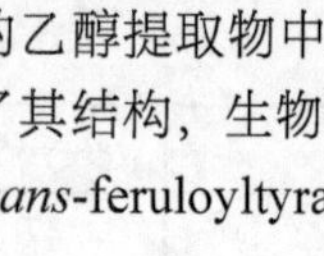

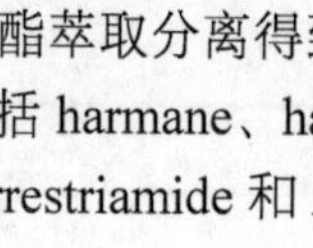

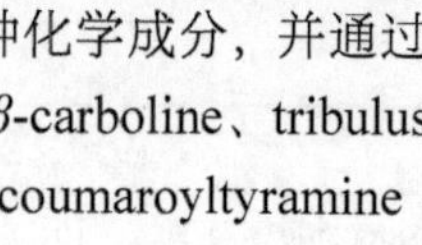

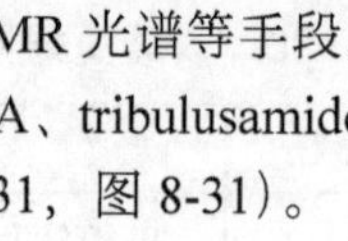

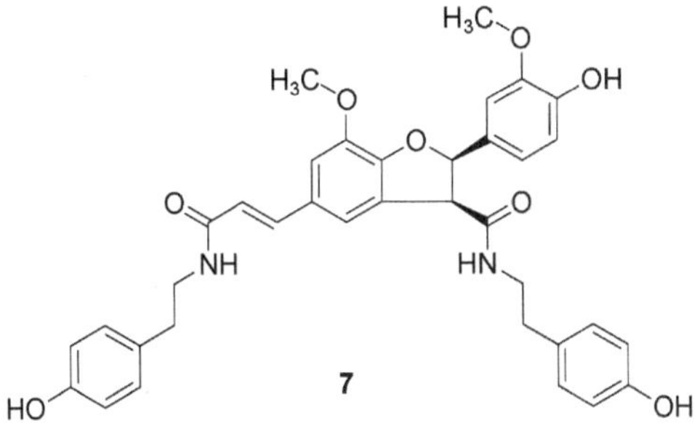

图 8-31　蒺藜生物碱类成分

3．甾体皂苷类成分

Wang 等[11]对蒺藜果实成分进行了研究，并通过波谱分析和化学反应，阐明了新皂苷和已知皂苷的结构，分别为 terrestrosins A-K、hecogenin、desgalactotigonin、gitonin、F-gitonin 和 desglucolanatigonin。杨俊英等人[12]对蒺藜果实中的呋甾皂苷进行了分离纯化及结构鉴定，从中药蒺藜果中分离出 2 种呋甾皂苷类成分，并进一步通过现代波谱技术鉴定呋甾皂苷化合物的结构，分别为 (25S)-5α-furost 20(22)-en-12-onc-3β,26-diol-26-O-β-D-glucopyranoside 和 26-O-β-D-glucopyranosyl-(25S)-5α-furost-20(22)-en-2α,3β,26-triol-3-O-β-D-galactopyranosyl(1→2)-β-D-glucopyranosyl(1→2)-β-D-galactopyranoside。Liu 等[13]从蒺藜果实中分离得到两种新的甾体皂苷，经波谱和化学分析鉴定为 (23S,24R,25R)-5α-spirostane-3β,23,24-triol-3-O-{α-L-rhamnopyranosyl-(1→2)-[β-D-glucopyranosyl-(1→4)]-β-D-galactopyranoside} 和 (23S,24R,25S)-5α-spirostane-3β,23,24-triol-3-O-{α-L-rhamnopyranosyl-(1→2)-[β-D-glucopyranosyl-(1→4)]-β-D-galactopyranoside}。Xu 等[14]通过对蒺藜化学成分进行研究，在化学和 1D NMR 光谱技术的基础上分离得到了 tigogenin、gitogenin、hecogenin、hecogenone、(5α,25R)spirostane-3,6,12-trione、25R-spirostane-4-ene-3,12-dione 和 25R-spirostane-4-ene-3,6,12-trione。Mahato 等[15]从蒺藜地上部分分离得到了两种新的甾体皂苷 neotigogenin 和 protogracillin。Wang 等[16]从蒺藜中分离得到 12 个新的甾体皂苷，新化合物的结构由 1D NMR 和 2D NMR 和高分辨电喷雾电离质谱（HRESIMS）确定为 terrestrinins J-U。Kang 等[17]从蒺藜中分离得到 16 种甾体皂苷，采用一维 NMR、二维 NMR、质谱和化学方法确定了皂苷的结构，terrestrinins C-I。Kostova 等人[18]通过 1D 和 2D（DQF-COSY、TOCSY、HSQC-TOCSY、HSQC、HMBC、ROESY）NMR 数据，ESI 质谱和化学转化鉴定了从蒺藜地上部分分离得到的新化合物的结构，为 methylprototribestin 和 prototribestin。张悦[19]对蒺藜茎叶用 40%乙醇回流提取，通过柱色谱、制备高效液相色谱等手段，再利用 NMR、HR-MS、IR 等波谱学手段结合其理化性质，鉴定了化合物的化学结构为 (25R)-5α-螺甾-12-酮-3β,24-二醇-24-O-β-D-吡喃葡萄糖苷、(25R)-呋甾-4(5)-烯-3-酮-12,22α,26-三醇-26-O-β-D-吡喃葡萄糖苷和海柯酮皂苷元。王文姣[20]从蒺藜的水提物中分离得到多个单体化合物，利用 NMR、MS、IR 等波谱学手段，结合其理化性质鉴定出其结构为 26-O-β-D-吡喃葡萄糖基-(25R)-5α-呋甾-2α,3β,22α,26-四醇-3-O-β-D-吡喃葡萄糖基(1→4)-β-D-吡喃半乳糖苷、26-O-β-D-吡喃葡萄糖基-(25S)-5α-呋甾-2α,3β,22α,26-四醇-3-O-β-D-吡喃葡萄糖基(1→4)-β-D-吡喃半乳糖苷、吉托皂苷元-3-O-β-D-吡喃葡萄糖基-(1→4)-β-D-吡喃半乳糖苷和曼诺皂苷元-3-O-β-D-吡喃葡萄糖基-(1→2)-β-D-吡喃葡萄糖基-(1→4)-β-D-吡喃半乳糖苷（表 8-32，图 8-32）。

表 8-32 蒺藜甾体皂苷类成分

序号	名称	参考文献	序号	名称	参考文献
1	terrestrosin A	[11]	12	gitogenin	[14]
2	terrestrosin B	[11]	13	hecogenin	[14]
3	desgalactotigonin	[11]	14	hecogenone	[14]
4	gitonin	[11]	15	(5α,25R)-spirostane-3,6,12-trione	[14]
5	F-gitonin	[11]	16	25R-spirostane-4-ene-3,12-dione	[14]
6	desglucolanatigonin	[11]	17	25R-spirostane-4-ene-3,6,12-trione	[14]
7	(25S)-5α-furost-20(22)-en-12-one-3β,26-diol-26-O-β-D-glucopyranoside	[12]	18	neotigogenin	[15]
			19	protogracillin	[15]
8	26-O-β-D-glucopyranosyl-(25S)-5α-furost-20(22)-en-2α,3β,26-triol-3-O-β-D-galactopyranosyl(1→2)-β-D-glucopyranosyl(1→2)-β-D-galactopyranoside	[12]	20	terrestrinin J	[16]
			21	terrestrinin K	[16]
			22	terrestrinin C	[17]
9	(23S,24R,25R)-5α-spirostane-3β,23,24-triol-3-O-{α-L-rhamnopyranosyl-(1→2)-[β-D-glucopyranosyl-(1→4)]-β-D-galactopyranoside}	[13]	23	terrestrinin D	[17]
			24	methylprototribestin	[18]
			25	prototribestin	[18]
10	(23S,24R,25S)-5α-spirostane-3β,23,24-triol-3-O-{α-L-rhamnopyranosyl-(1→2)-[β-D-glucopyranosyl-(1→4)]-β-D-galactopyranoside}	[13]	26	海柯酮皂苷元	[19]
11	tigogenin	[14]	27	26-O-β-D-吡喃葡萄糖基-(25R)-5α-呋甾-2α,3β,22α,26-四醇-3-O-β-D-吡喃葡萄糖基(1→4)-β-D-吡喃半乳糖苷	[20]

1

2

3

4

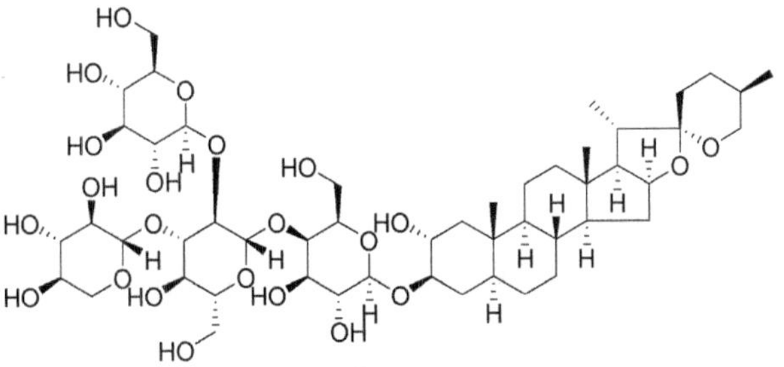

图 8-32

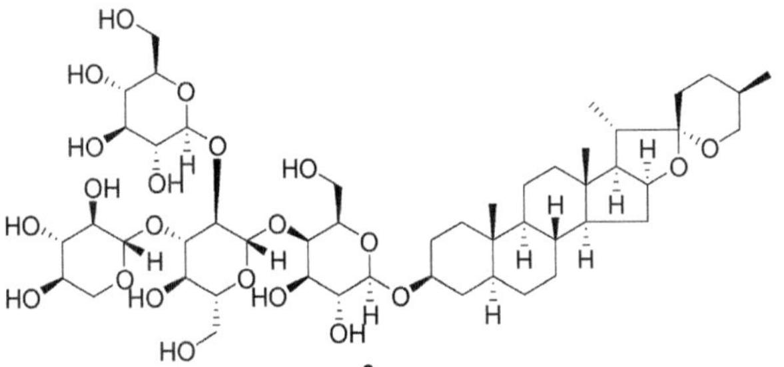

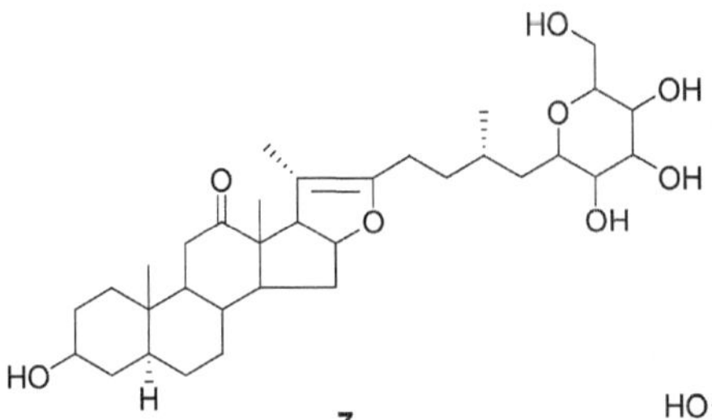

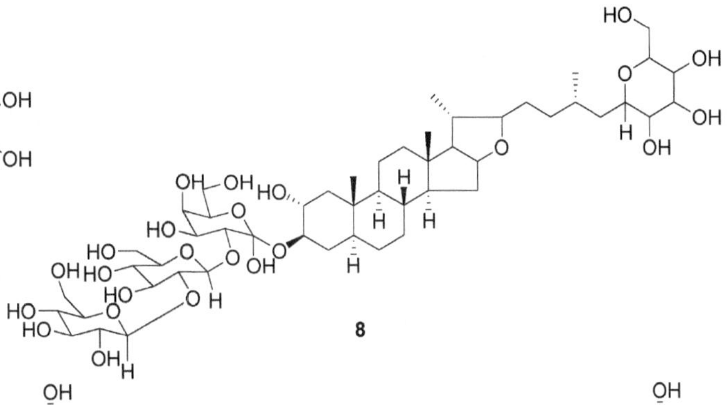

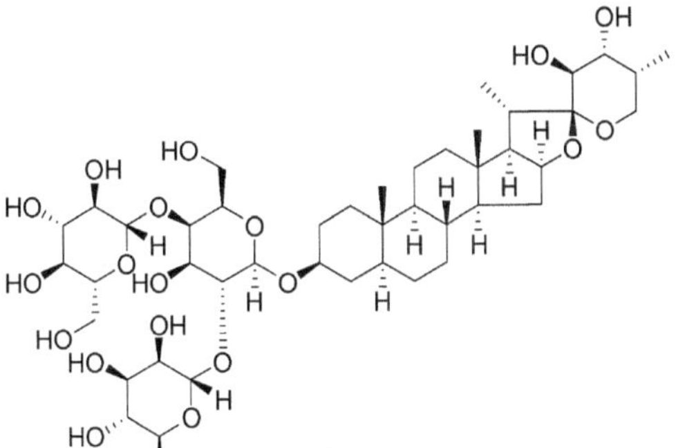

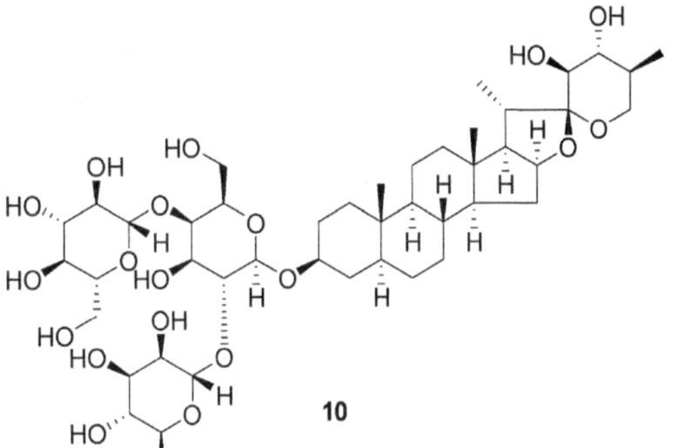

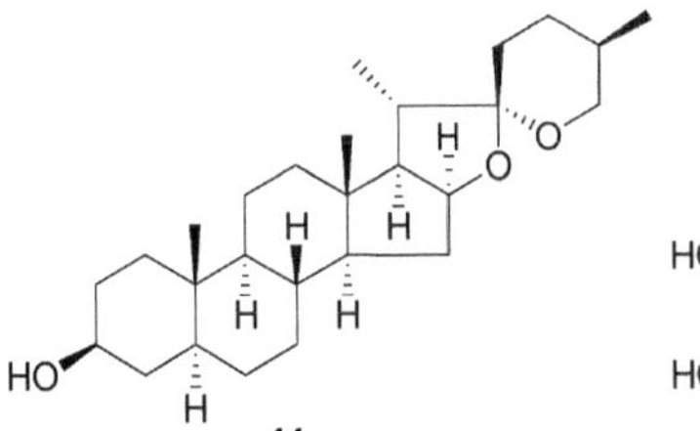

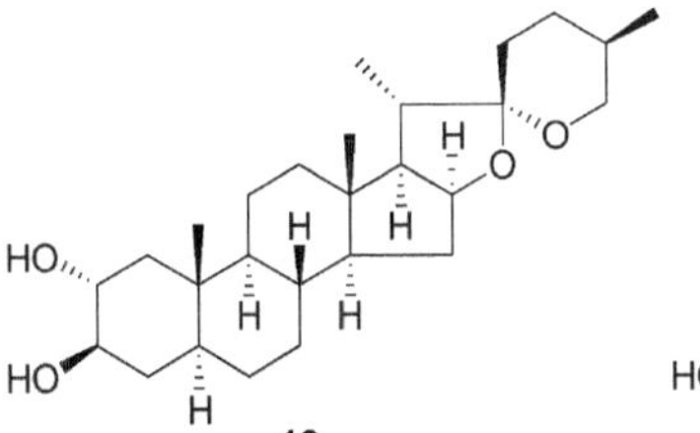

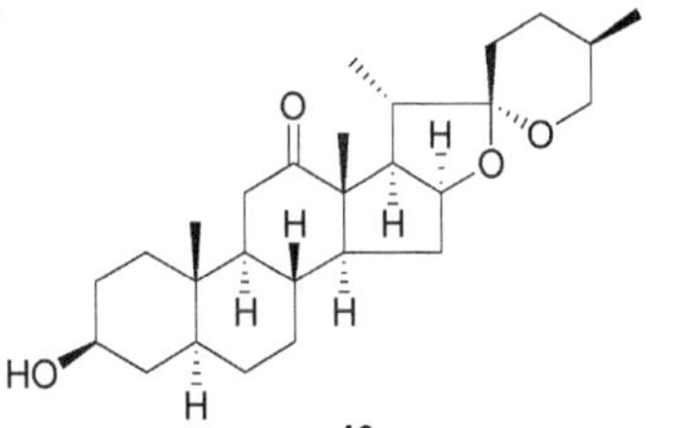

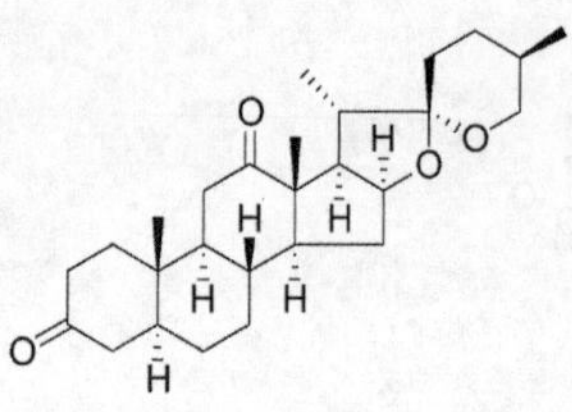

14

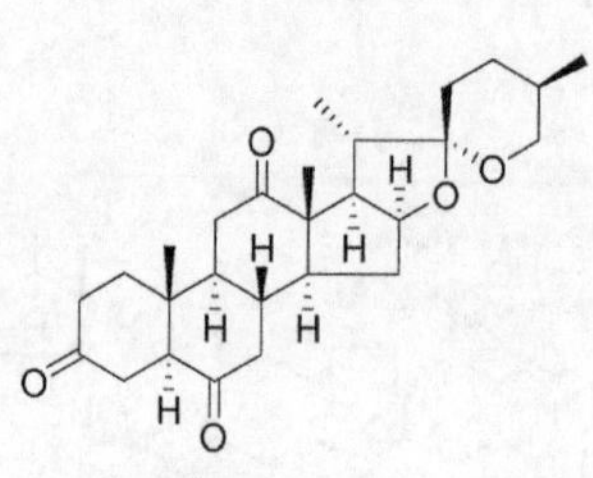

15

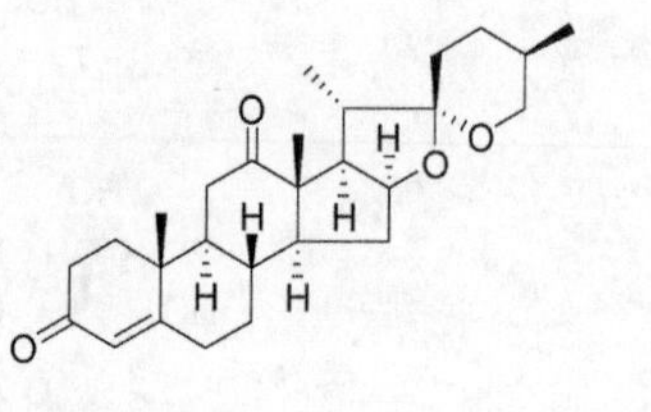

16

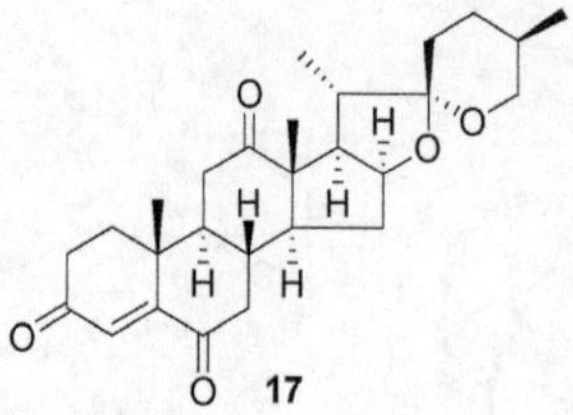

17

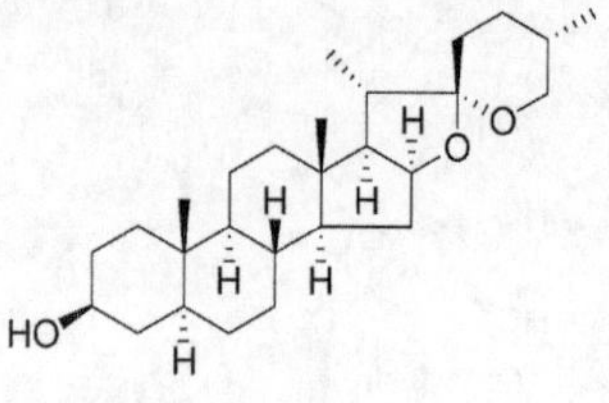

18

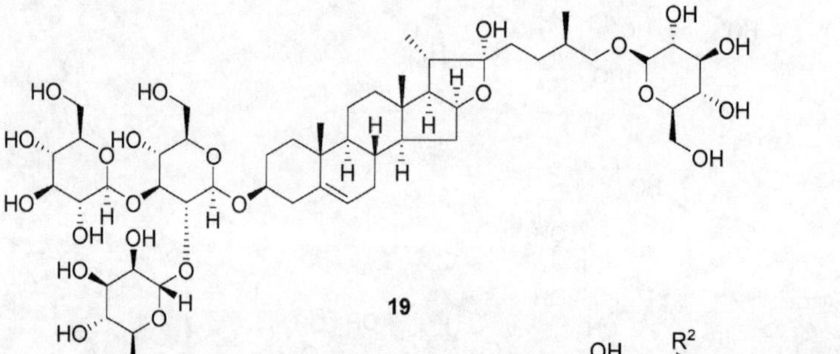

19

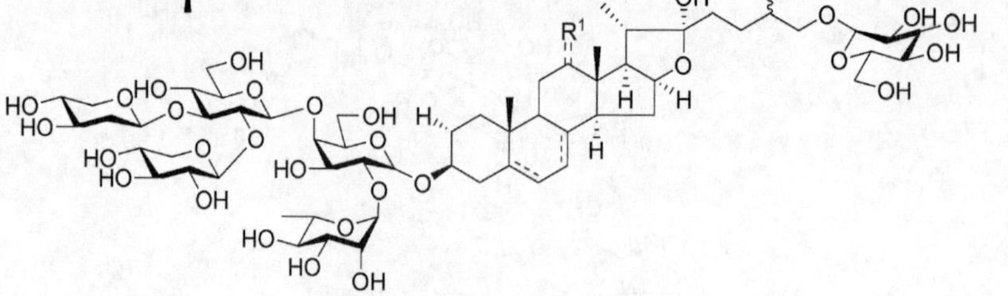

20 R^1 = H, H; R^2 = Me(25R) 7-ene
21 R^1 = H, H; R^2 = Me(25R) 5-ene

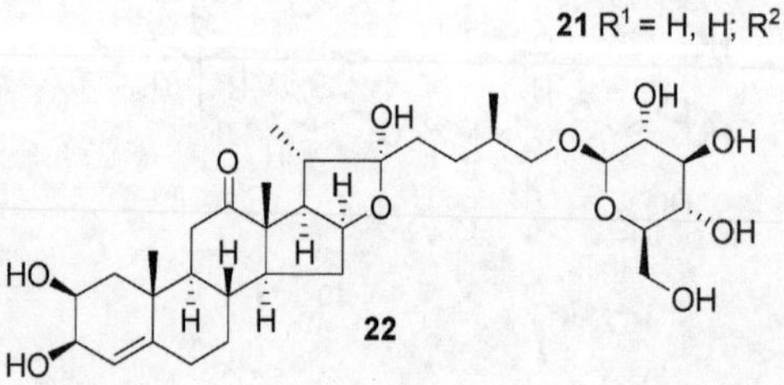

22

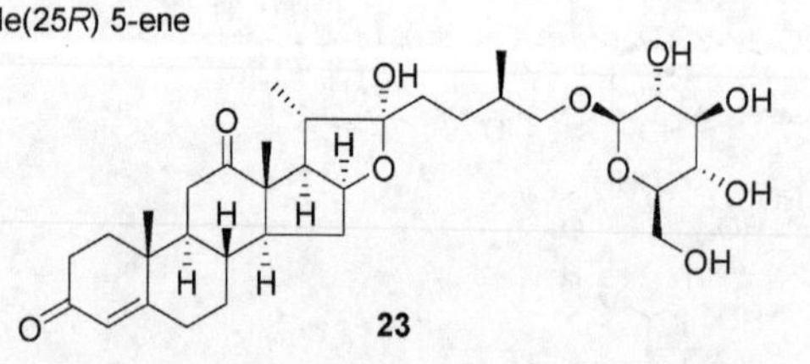

23

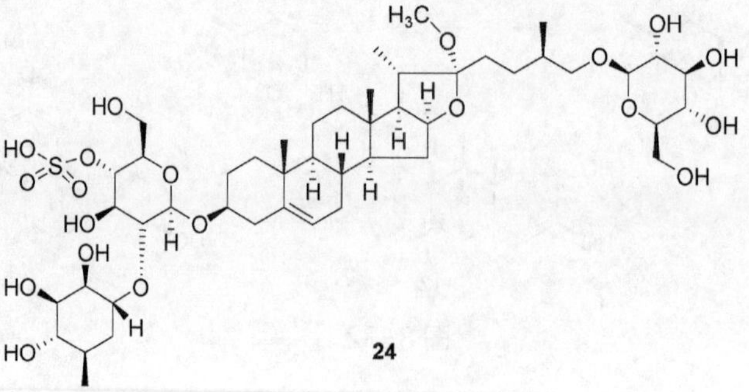

24

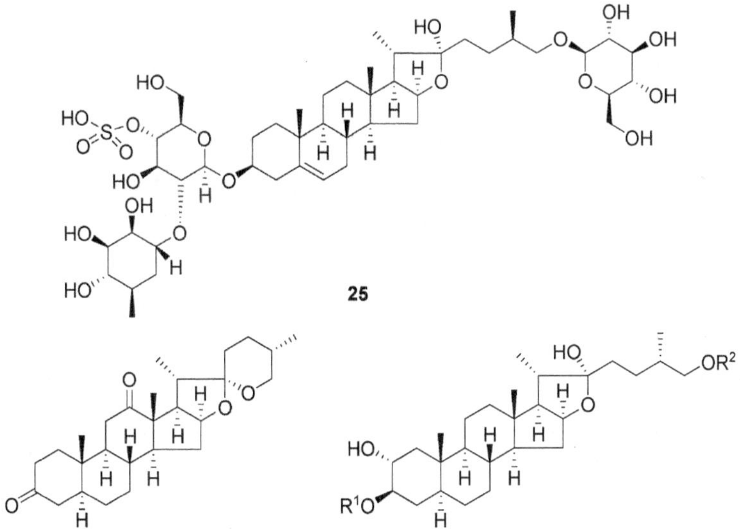

25

26　　　**27** R¹ = *β*-D-Gal(4→1)-*β*-D-Glc; R² = *β*-D-Glc

图 8-32　蒺藜甾体皂苷类成分

4．其他类成分

蒺藜中还含有有机酸、氨基酸等其他成分。据报道蒺藜根部含有 22 种游离氨基酸，以丙氨酸、苏氨酸、谷氨酸、谷氨酰胺、天冬氨酸为主[6]。

三、药理活性

1．抗血栓

王云等[21]选用不同药物浓度，采用体外血液灌流的方法，在低切变率下观察血小板在胶原蛋白表面上的黏附形态，并计算黏附面积；利用血小板聚集仪，以二磷酸腺苷诱导大鼠血小板聚集，测定血小板最大聚集率。结果表明不同浓度的蒺藜总黄酮均能明显降低血小板在胶原蛋白表面上的黏附面积（$P<0.01$），血小板最大聚集率在蒺藜总黄酮高、中剂量组也显著下降（$P<0.01$）。研究表明蒺藜总黄酮具有显著抑制血小板黏附和聚集的作用。

张小丽等[22]将大鼠随机分为对照组、模型组、川芎嗪组和蒺藜总皂苷（高、中、低剂量）组，各组灌胃给予相应药物来观察蒺藜总皂苷对血淤模型大鼠的血液流变学及血栓形成的影响。除对照组外，其余 5 组建立血淤模型，随后测定各组血液流变学及体外血栓形成指标。结果表明模型组血液黏度增加、红细胞电泳时间延长、纤维蛋白原含量增加，血栓形成的长度及重量增加；与模型组比较，蒺藜总皂苷组血液黏度、红细胞电泳时间、纤维蛋白原含量及血栓的湿重、干重和长度均显著降低（$P<0.05$ 或 $P<0.01$）。因此蒺藜总皂苷对血淤模型大鼠的血液流变学指标及血栓形成均有显著改善作用。

2．抗衰老

成之福等[23]研究了蒺藜皂苷对 D-半乳糖所致小鼠学习记忆能力下降和各项衰老指标的对

抗作用。以 D-半乳糖衰老模型小鼠为实验对象，以其体质量、免疫器官质量、肝脑丙二醛（MDA）和脂褐素（LF）的含量、全血谷胱甘肽过氧化氢酶（GSH-Px）、红细胞过氧化氢酶（CAT）和脑中超氧化物歧化酶（SOD）的活力为指标，全面考察蒺藜皂苷的抗衰老作用。结果表明蒺藜皂苷（50mg/kg、100mg/kg）能对抗连续 6 周给 D-半乳糖所致小鼠脑组织中脂质过氧化物（LPO）、LF 含量的升高，提高全血 GSH-Px、红细胞 CAT 和脑中 SOD 的活力，并对抗小鼠体质量、脾脏及胸腺指数下降。以上研究结果表明蒺藜皂苷能有效地对抗 D-半乳糖所致的小鼠多项衰老指标的出现，促进衰老小鼠的学习记忆能力。

Figueiredo 等[24]对蒺藜中草药标准提取物（TtSE）和富皂苷提取物（TtEE）进行了抗糖基化活性评价。并通过电泳（RME）、游离氨基（OPA）和晚期糖基化终产物（AGEs）进行荧光测定。采用 DPPH 自由基清除试验测定抗氧化活性。采用抗糖基化试验（RME 法、OPA 法和 AGEs 荧光法），以 BSA 为蛋白，以核糖为糖基化剂，进行抗氧化试验（DPPH 试验）。结果表明，两种提取物均具有抗糖基化和抗氧化活性。研究结果表明，标准类型、富皂苷的蒺藜中草药提取物均对人肿瘤细胞具有抗糖基化、抗氧化和抗增殖作用。与标准类型相比，富含皂苷的提取物具有更强的抗糖基化和抗氧化活性。

3．抗肿瘤

Shu 等[25]发现蒺藜果实[TT-(fr)]和苍耳果实提取物对 SAS 和 TW2.6 口腔癌细胞均有抑制作用。此外，蒺藜果实对口腔癌细胞增殖的作用也存在差异。此外，蒺藜果实阻碍了口腔癌细胞的迁移和侵袭。结果表明，TT-(fr)提取物能持续抑制口腔癌细胞的自噬通量、细胞生长和转移特性，提示 TT-(fr)可能含有抑制口腔癌细胞的功能成分。

孙斌[26]选用蒺藜全草提取皂苷，在细胞水平和分子水平层面上着重研究了蒺藜皂苷对人乳腺癌细胞 Bcap-37 和肝癌细胞 BEL-7402 的体外抑制效应及其机理。首先应用 MTT 法、考马斯亮蓝测蛋白法、SRB、生长曲线法观察了蒺藜皂苷（STT）体外对于 Bcap-37 和 BEL-7402 细胞生长的抑制作用，发现 STT 能够在体外显著抑制人乳腺癌细胞 Bcap-37 和肝癌细胞 BEL-7402 的增殖，且该作用具有显著的剂量依赖效应。

伍锡栋等[27]研究了蒺藜总螺甾皂苷对人卵巢透明细胞癌荷瘤裸鼠肿瘤的抑制作用。采用人卵巢透明细胞癌接种裸鼠待长出实体瘤后，用第二代实体瘤按每鼠约 1mm^3 瘤组织块移植裸鼠皮下建立人卵巢透明细胞癌裸鼠模型；用蒺藜总螺甾皂苷（高剂量 0.42mg/mL、中剂量 0.21mg/mL）分别给实验组裸鼠灌胃。每周测量体质量和肿瘤大小 2 次，给药 30 天后处死小鼠，解剖称肿瘤重量，计算抑瘤率，评价蒺藜总螺甾皂苷（高剂量、中剂量）对裸鼠荷瘤的抑制作用；结果表明蒺藜总螺甾皂苷高剂量和蒺藜总螺甾皂苷中剂量对人卵巢透明细胞癌荷瘤裸鼠有抑制肿瘤作用，抑瘤率分别 87.61%和 95.26%，其中中剂量抑制肿瘤与对照组比较有显著性差异（$P<0.01$），高剂量组有统计学意义（$P<0.05$）；蒺藜总螺甾皂苷（高剂量、中剂量）均能起到抑制人卵巢透明细胞癌荷瘤裸鼠肿瘤作用。

4．其他

徐雅娟[28]采用线栓法建立大脑中动脉局灶性脑缺血模型，观察了蒺藜果皂苷（GZG）对脑缺血大鼠的神经症状、脑梗死面积以及血清 GSH-Px 和 SOD、MDA、NO、游离脂肪酸（FFA）等生化指标的影响，结果表明 GZG 可明显改善局灶性脑缺血大鼠神经损害症状，减少脑梗死面积，提高血清中 GSH-Px 和 SOD 活性，降低 MDA、NO、FFA 含量。

参考文献

[1] 肖培根. 新编中药志[M]. 北京: 科学出版社, 2001.

[2] 中华人民共和国药典委员会. 中华人民共和国药典: 一部[S]. 广州: 广东科学技术出版社, 1995.

[3] Qi P, Zheng Y, Shen Y, et al. Characterization and discrimination of steroidal saponins in *Tribulus terrestris* L. and its three different aerial parts by cheimical profiling with chemometrics analysis[J]. Journal of Separation Science, 2018, 41(22): 4212-4221.

[4] 陈志伟, 梅庆步, 张琪, 等. 蒺藜皂苷对人卵巢癌细胞 SKOV3 增殖的影响[J].中国老年学杂志, 2013, 33(18): 115-117.

[5] 国家中医药管理局《中华本草》编委会. 中华本草[M]. 上海: 上海科学技术出版社, 1999.

[6] 曲宁宁, 杨松松. 蒺藜黄酮类化学成分的分离和鉴定[J]. 辽宁中医药大学学报, 2007, 9(3): 182-183.

[7] Saleh N, Ahmed A A, Abdalla M F. Flavonoid glycosides of *Tribulus pentandrus* and *T. Terrestris*[J]. Phytochemistry, 1982, 21(8): 1995-2000.

[8] Bhutani S P, Chibber S S, Seshadri T R. Flavonoids of the fruits and leaves of *Tribulus terrestris*: constitution of tribuloside[J]. Phytochemistry, 1969, 8(1): 299-303.

[9] 吕阿丽. 蒺藜果实的化学成分研究[D]. 沈阳: 沈阳药科大学, 2007.

[10] Li J, Shi Q, Xiong Q B, et al. Tribulusamide A and B, new hepatoprotective lignanamides from the fruits of *Tribulus terrestris*: indications of cytoprotective activity in murine hepatocyte culture[J]. Planta Medica, 1998, 64(7): 628-631.

[11] Wang Y, Kazlhiro O, Ryojy K, et al. Steroida sapoinins from fruits of *Tribulus terrstris*[J]. Phytochemistry, 1996, 42(5): 1417-1422.

[12] 杨俊英, 徐雅娟, 王丽丽. 蒺藜果化学成分研究[J]. 中国民族民间医药杂志, 2011, 4(20): 42-43.

[13] Liu T, Lu X, Wu B, et al. Two new steroidal saponins from *Tribulus terrestris* L.[J]. Journal of Asian Natural Products Research, 2010, 12(1): 30-35.

[14] Xu Y X, Chen H S, Liu W Y, et al. Two sapogenins from *Tribulus terrestris*[J]. Phytochemistry, 1998, 49(1): 199-201.

[15] Mahato S B, Sahu N P, Ganguly A N, et al. Steroidal glycosides of *Tribulus terrestris* Linn[J]. Journal of The Chemical Society-Perkin Transactions 1, 1981, 12: 2405-2410.

[16] Wang Z F, Wang B B, Zhao Y, et al. Furostanol and spirostanol saponins from *Tribulus terrestris*[J]. Molecules, 2016, 21(4): 1-14.

[17] Kang L P, Wu K L, Yu H S, et al. Steroidal saponins from *Tribulus terrestris*[J]. Phytochemistry, 2014, 107: 182-189.

[18] Kostova I, Dinchev D, Rentsch G H, et al. Two new sulfated furostanol saponins from *Tribulus terrestris*[J]. Zeitschrift für Naturforschung C, 2015, 57(1): 33-38.

[19] 张悦. 蒺藜茎叶化学成分及生物活性研究[D]. 长春: 吉林大学, 2019.

[20] 王文姣. 蒺藜化学成分及生物活性研究[D]. 长春: 吉林大学, 2018.

[21] 王云, 韩继举, 赵晓民, 等. 蒺藜总黄酮对大鼠血小板黏附和聚集功能的影响[J]. 中国医院药学杂志, 2011, 31(20): 1714-1716.

[22] 张小丽, 张静云, 范引科, 等. 蒺藜总皂苷对血瘀模型大鼠血液流变学和体外血栓形成的影响[J]. 中国药房, 2005, (11): 826-828.

[23] 成之福, 张桂英, 祝英坤, 等. 蒺藜皂苷对 D-半乳糖衰老模型小鼠的作用[J]. 中国医院药学杂志, 2007, 27(9): 1228-1230.

[24] Figueiredo C, Gomes A C, Granero F O, et al. Antiglycation and antitumoral activity of *Tribulus terrestris* dry extract[J]. Avicenna Journal of Phytomedicine, 2021, 11(3): 224-237.

[25] Shu C W, Weng J R, Chang H W, et al. *Tribulus terrestris* fruit extract inhibits autophagic flux to diminish cell proliferation and metastatic characteristics of oral cancer cells[J]. Environmental Toxicology, 2021, (1): 1173-1180.

[26] 孙斌. 蒺藜皂苷和沙棘籽渣黄酮对乳腺癌和肝癌细胞的抑制作用[D]. 上海: 华东师范大学, 2004.

[27] 伍锡栋, 褚芳, 黎砚书, 等. 蒺藜总螺甾皂苷对人卵巢透明细胞癌荷瘤裸鼠肿瘤抑制作用的实验研究[J]. 实验动物科学, 2015, 32(1): 17-19, 24.

[28] 徐雅娟. 蒺藜果甾体皂苷成分鉴定及其对脑缺血损伤保护作用研究[D]. 长春: 吉林大学, 2007.

第十节
天仙子

天仙子（*Hyoscyamus niger*）为茄科天仙子属二年生草本植物，又名莨菪、牙痛子、牙痛草、黑莨菪、马铃草等，维族民间常用药。天仙子性温，味苦、辛，有大毒，具有定痫、止痛、安神、平喘的功效，常用于治疗胃脘挛痛、癫狂、咳喘等症。亦可外用，燃烟熏之，用于治疗牙痛，种子油也可供制肥皂[1]。现代化学与药理学研究表明，天仙子中含有生物碱类、香豆素类、甾体类等成分，具有抗炎、抗菌、保护心血管等功能。

一、生物学特征及资源分布

1．生物学特征

二年生草本，高达 1m，全体被黏性腺毛。根较粗壮，肉质而后变纤维质，直径 2～3cm。一年生的茎极短，自根茎发出莲座状叶丛，卵状披针形或长矩圆形，长可达 30cm，宽达 10cm，顶端锐尖，边缘有粗牙齿或羽状浅裂，主脉扁宽，侧脉 5～6 条直达裂片顶端，有宽而扁平的翼状叶柄，基部半抱根茎；第二年春茎伸长而分枝，下部渐木质化，茎生叶卵形或三角状卵形，顶端钝或渐尖，无叶柄而基部半抱茎或宽楔形，边缘羽状浅裂或深裂，向茎顶端的叶成浅波状，裂片多为三角形，顶端钝或锐尖，两面除生黏性腺毛外，沿叶脉并生有柔毛，长 4～10cm，宽2～6cm。花在茎中部以下单生于叶腋，在茎上端则单生于苞状叶腋内而聚集成蝎尾式总状花序，通常偏向一侧，近无梗或仅有极短的花梗。花萼筒状钟形，生细腺毛和长柔毛，长 1～1.5cm，5 浅裂，裂片大小稍不等，花后增大成坛状，基部圆形，长 2～2.5cm，直径 1～1.5cm，有 10条纵肋，裂片开张，顶端针刺状；花冠钟状，长约为花萼的一倍，黄色而脉纹紫堇色；雄蕊稍伸出花冠；子房直径约 3mm。蒴果包藏于宿存萼内，长卵圆状，长约 1.5cm，直径约 1.2cm。种子近圆盘形，直径约 1mm，淡黄棕色。夏季开花、结果[2]。

2．资源分布

分布于我国华北、西北及西南，华东有栽培或逸为野生；蒙古、苏联、欧洲、印度亦有。常生于平原及山区、路旁、村旁、田野及河边沙地[2~3]。

二、化学成分研究

1．生物碱

Asano 等[4]将干燥后的天仙子用热水浸提，冷却后加入等量的乙醇，离心，取上清液，后利用 Dowex l-X2 (OH⁻)、Amberlite CG-50(NH₄⁺)进行色谱分离得到了 7 种生物碱：calystegine N₁、calystegine A₆、calystegine B₂、calystegine B₁、calystegine A₃、calystegine A₅、calystegin B₃。李

军等[5~6]取天仙子种子，用乙醇回流提取，得天仙子总浸膏，总浸膏先用蒸馏水溶解分散，用石油醚、乙酸乙酯萃取，取乙酸乙酯层浸膏，乙酸乙酯层浸膏经硅胶柱色谱、制备液相色谱纯化得到了 2 个新化合物：6-methoxy-7-hydroxy-1-(3-methoxy-4-hydroxyphenyl)-2-[(4-hydroxyphenyl)-ethyl]-2,3-naphthalimide、2-(4-hydroxy-3-methoxyphenyl)-3-[N-2-(4-hydroxyphenyl)ethyl]carbamoyl-5-[N-2-(4-hydroxyphenyl)ethyl]carbamoylethylidene-7-methoxydihydrobenzofuran。Zhang 等[7]采用 MCI 柱、硅胶柱、Sephadex LH-20、ODS 柱等各种柱色谱以及制备型高效液相色谱法，采用核磁共振技术以及高分辨率电喷雾质谱等分析方法鉴定，从天仙子的氯仿部分得到了 3 个新的木脂素酰胺类生物碱：cis-cannabisin E、cannabisin K、cannabisin L。Ma 等[8]通过硅胶柱、凝胶柱、ODS 柱、薄层制备等方法从天仙子种子中分离出来了一个新结构：hyoscyamide。Sharova 等[9]从天仙子的地上部分检测出 hyoscyamine、hyoscine、α-belladonnine、tropine、skimmianine 等多种生物碱。化合物具体名称和结构分别见表 8-33 和图 8-33。

表 8-33 天仙子生物碱类成分

序号	化合物名称	参考文献	序号	化合物名称	参考文献
1	calystegine N$_1$	[4]	5	cannabisin E	[7]
2	calystegine A$_3$	[4]	6	hyoscyamide	[7]
3	6-methoxy-7-hydroxy-1-(3-methoxy-4-hydroxyphenyl)-2-[(4-hydroxyphenyl)-ethyl]-2,3-naphthalimide	[5]	7	cannabisin G	[8]
			8	N-trans-feruloyl tyramine	[8]
4	2-(4-hydroxy-3-methoxyphenyl)-3-[N-2-(4-hydroxyphenyl)ethyl]carbamoyl-5-[N-2-(4-hydroxyphenyl)ethyl]carbamoylethylidene-7-methoxydihydrobenzofuran	[6]	9	hyoscyamine	[9]
			10	hyoscine	[9]

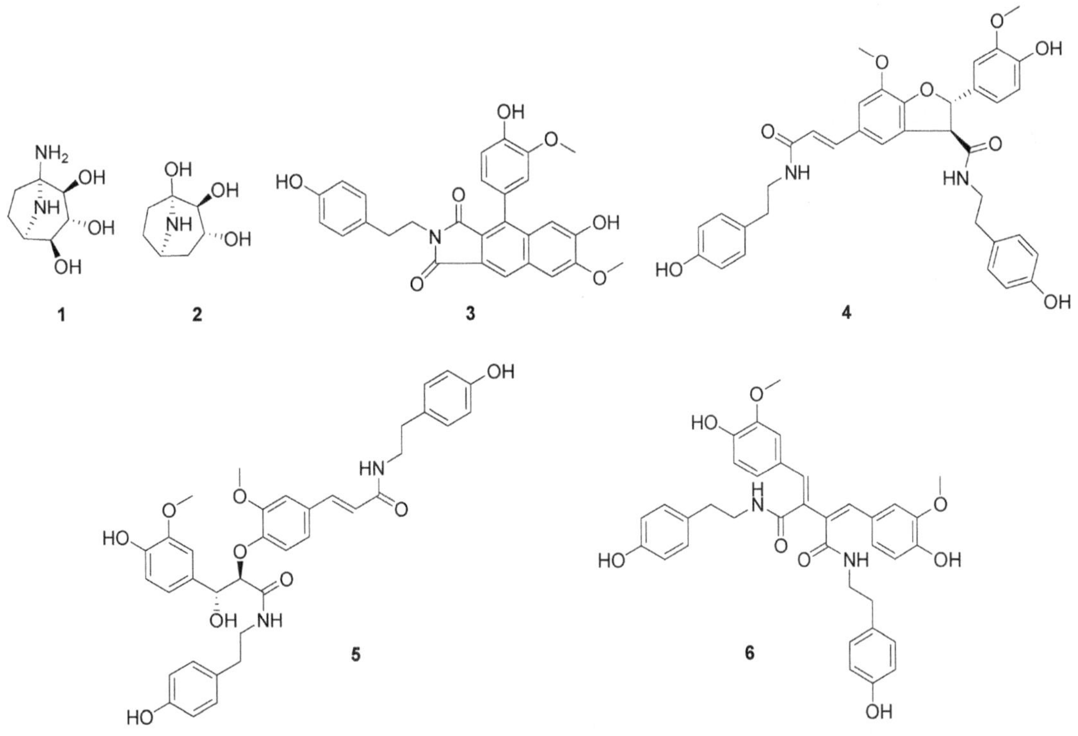

图 8-33

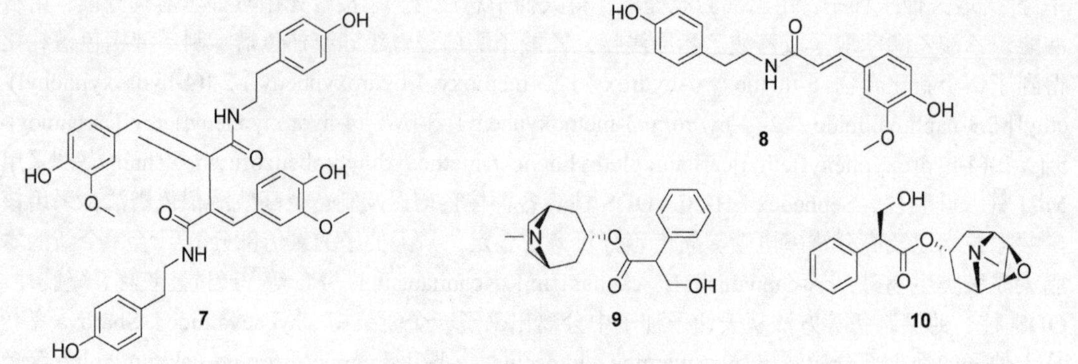

图 8-33 天仙子生物碱类成分

2. 香豆素类

Begum 等[10]将天仙子种子用甲醇提取，经减压浓缩，后用氯仿萃取，后经硅胶柱反复分离、纯化得到了 cleomiscosin A、cleomiscosin B、cleomiscosin A-9′-acetate、cleomiscosin B-9′-acetate、cleomiscosin B methyl ether，以及一个新香豆素类化合物 cleomiscosin A methyl ether。Begum 等[11]采用硅胶柱色谱以及制备型高效液相法，从天仙子的种子的甲醇提取物中分离得到了一种新的香豆素化合物 hyosgerin。化合物具体名称和结构分别见表 8-34 和图 8-34。

表 8-34 天仙子香豆素类成分

序号	化合物名称	参考文献	序号	化合物名称	参考文献
1	cleomiscosin A methyl ether	[10]	4	venkatasin	[11]
2	cleomiscosin A	[10]	5	hyosgerin	[11]
3	cleomiscosin B	[10]			

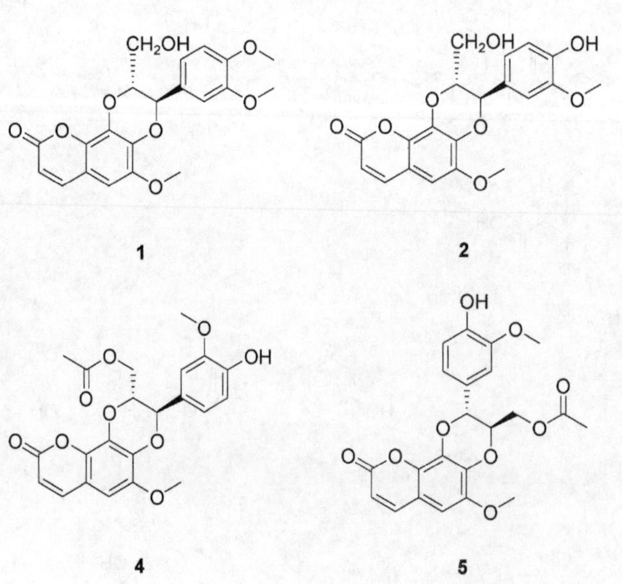

图 8-34 天仙子香豆素类成分

3．甾体及其苷类

Zhang 等[12]用 95%乙醇回流提取天仙子种子，浓缩后用石油醚和氯仿进行萃取，得到的浸膏采用大孔树脂 D101 柱色谱、MCI 凝胶色谱、ODS 柱色谱和中压制备液相色谱等手段，分离得到了一个新型甾体苷类化合物 hyoscyamoside G。Lunga 等[13]将天仙子种子采用正丁醇-水提取，后用氯仿萃取浓缩得到浸膏，部分提取物采用硅胶柱进行柱色谱，后用 C18 色谱柱，在等温条件下以 65% 甲醇-水对其进行制备，得到了两个新的螺甾烷苷类化合物：(25R)-5α-spirostane-3β-ol 3-O-β-D-glucopyranosyl-(1→3)-β-D-galactopyranoside、(25R)-5α-spirostane-3β-ol 3-O-β-D-glucopyranosyl-(1→3)-[β-D-glucopyranosyl-(1→2)]-β-D-galactopyranoside。1999 年，Ma 等[14]从天仙子氯仿组分中经硅胶色谱、结晶法等手段，分离纯化得到了 2 个甾体 daturalactone-4、hyoscyamilactol，以及一个新化合物 16 α-acetoxyhyoscyamilactol。化合物具体名称和结构分别见表 8-35 和图 8-35。

表 8-35　天仙子甾体及其苷类成分

序号	化合物名称	参考文献	序号	化合物名称	参考文献
1	hyoscyamoside F₁	[12]	4	(25R)-5α-spirostane-3β-ol 3-O-β-D-glucopyranosyl-(1→3)-[β-D-glucopyranosyl-(1→2)]-β-D-galactopyranoside	[13]
2	hyoscyamoside E	[12]	5	atroposide E	[14]
3	atroposide A	[14]	6	atroposide C	[14]

4．其他类化合物

研究表明，天仙子中还含有木脂素、脂肪酸类、黄酮类等成分。Ma 等[8]通过硅胶柱、凝胶

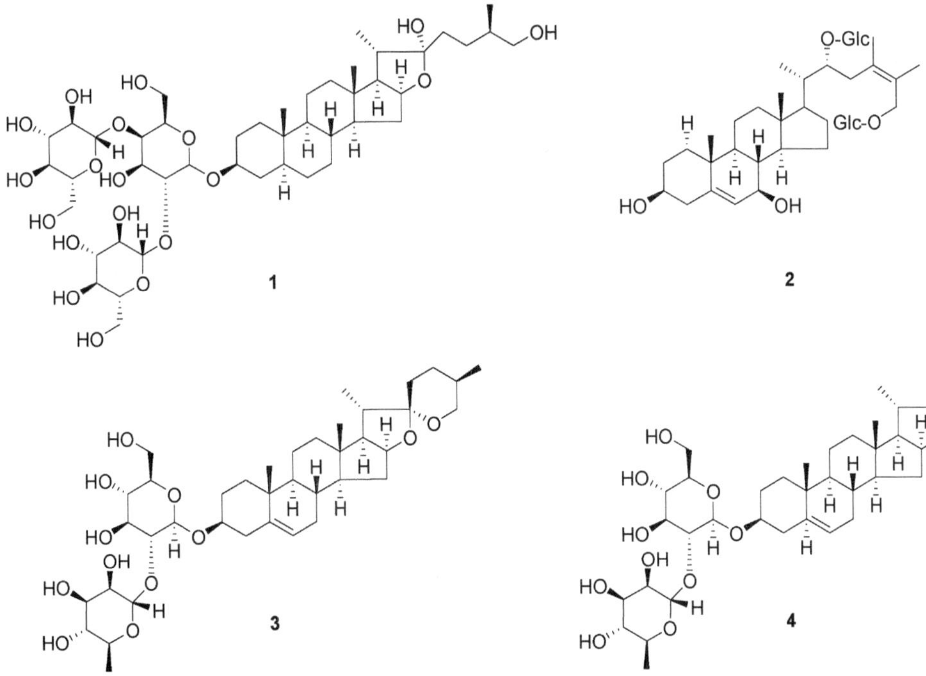

图 8-35

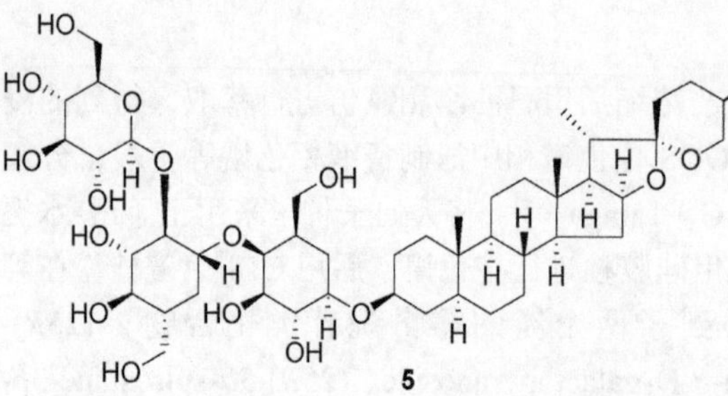

图 8-35　天仙子甾体及其苷类成分

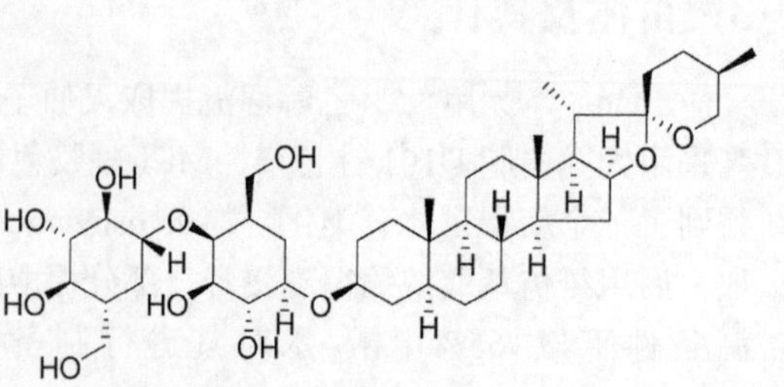

柱、ODS 柱、薄层制备色谱等方法从天仙子种子中分离出来的新结构有 1,24-tetracosanediol diferulate、1-*O*-(9*Z*,12*Z*-octadecadienoyl)-3-*O*-nonadecanoyl glycerol。Begum 等[15]采用硅胶柱、液相制备、结晶法等，首次从天仙子种子甲醇提取物中分离得到了 hyoscyamal、balanophonin、pongamoside C、pongamoside D。2010 年，Begum 等[16]又通过液相制备分离出了一个新的木脂素化合物 hyosmin。化合物具体名称和结构分别见表 8-36 和图 8-36。

表 8-36　天仙子其他类成分

序号	化合物名称	参考文献	序号	化合物名称	参考文献
1	hyoscyamal	[15]	5	hyosmin	[16]
2	pongamoside C	[15]	6	1,24-tetracosanediol diferulate	[8]
3	pongamoside D	[15]	7	1-*O*-(9*Z*,12*Z*-octadecadienoyl)-3-*O*-nonadecanoyl glycerol	[8]
4	balanophonin	[15]			

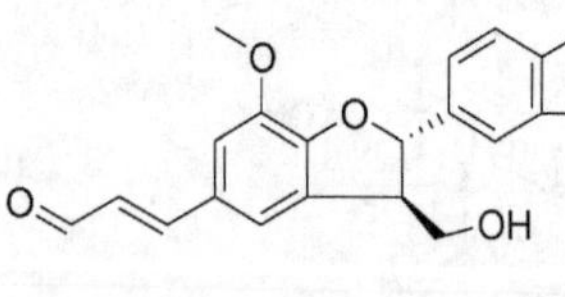

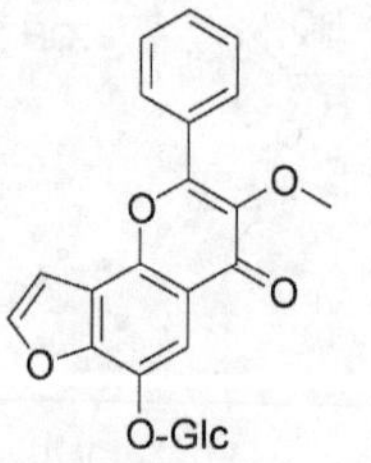

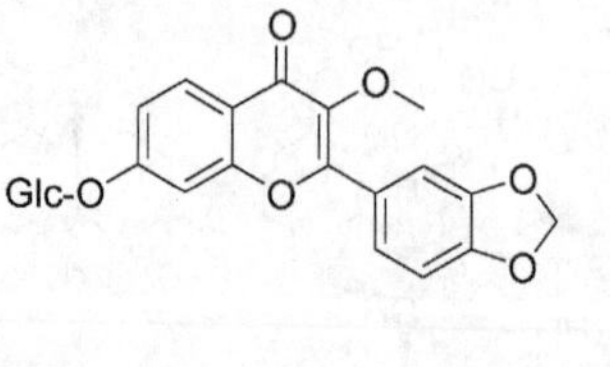

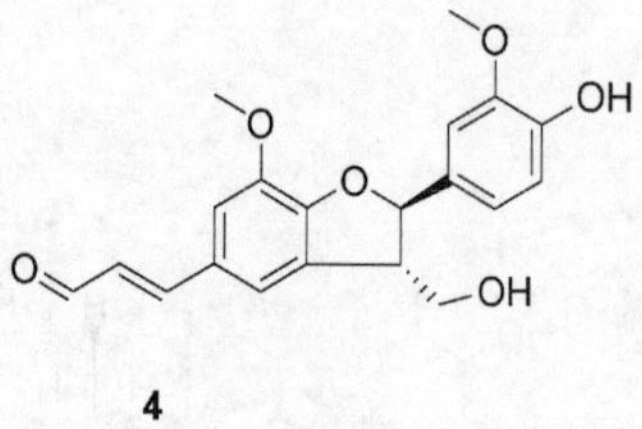

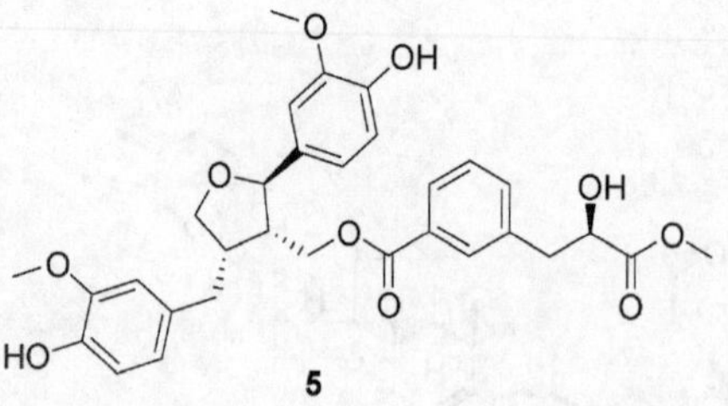

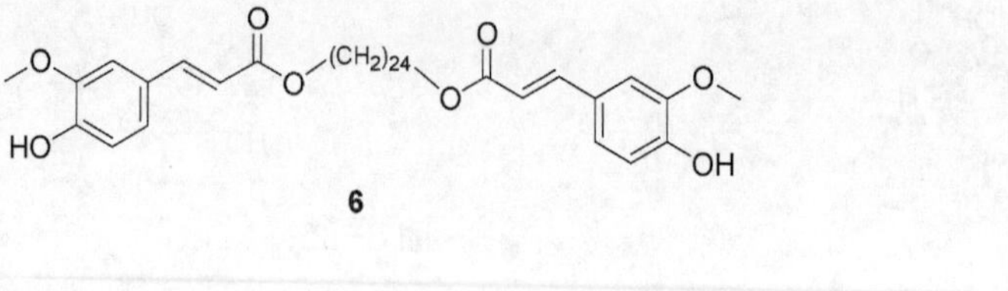

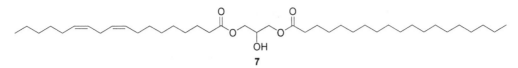

图 8-36　天仙子其他类成分

三、药理活性研究

1．抗菌

Hajipoor 等[17]研究发现天仙子甲醇提取物及其挥发油具有抑菌的作用。实验采取纸片扩散法、井扩散法、微量稀释法进行。结果发现，井扩散法比圆盘扩散法抑制作用更好且更敏感；革兰阳性菌比革兰阴性菌更敏感。帕孜来提·拜合提等[18]研究发现新疆天仙子的总黄酮提取物对大肠杆菌表现出一定的抑菌活性，而对于枯草杆菌、金黄色葡萄球菌和短小杆菌的抑菌作用不明显。黄红芳等[19]研究发现同浓度下的天仙子煎剂的抗菌强度为：金黄色葡萄球菌>大肠杆菌>乙型副伤寒杆菌。10%天仙子煎剂纸片对大肠杆菌和金黄色葡萄球菌表现出中度抑菌，对乙型副伤寒杆菌表现出轻度抑菌；90%天仙子煎剂纸片对大肠杆菌和金黄色葡萄球菌表现出高度抑菌，对乙型副伤寒杆菌表现出中度抑菌；而 10%～100%天仙子煎剂纸片对链球菌无抑菌作用。Dulger 等[20]研究发现天仙子种子甲醇提取物对金黄色葡萄球菌具有较强的抑菌活性，抑菌圈为25.0mm，最低 MIC 和最低杀菌浓度分别为 16μg/mL、32μg/mL。

2．其他

Begum 等[10]研究发现经过天仙子种子甲醇提取物干预的小鼠在热板反应时间上显著增加，扭动反应减少；且降低了因角叉菜胶诱导的急性和慢性炎症和棉花颗粒肉芽肿的程度，且化合物 cleomiscosin A 是负责抗炎活性的重要成分；在酵母致热模型中还发现了一定的解热作用。这说明了天仙子种子的甲醇提取物具有镇痛、抗炎、解热的活性。

Gilani 等[21]研究发现天仙子种子的粗提物可完全松弛家兔空肠的自主收缩，而阿托品则有部分松弛作用；粗提物还可以抑制由卡巴胆碱和 K+诱发的家兔离体空肠，豚鼠回肠收缩，家兔膀胱组织收缩，并使卡巴胆碱曲线右移，其作用与双环胺相类似，但与维拉帕米和阿托品不同。提取物可以使 Ca2+浓度反应曲线右移，与维拉帕米和双环胺相同。该提取物使豚鼠回肠的乙酰胆碱反应曲线平行右移，随后在更高浓度时，使曲线非平行右移，并使最大反应降低，其效果与双环胺相类似，但与维拉帕米和阿托品不同。表明天仙子除具有抗胆碱作用外，还具有钙通道阻滞作用。提取物的有机物部分具有钙通道阻滞作用，而水提物和有机物部分均具有抗胆碱作用。β-谷甾醇具有 Ca2+通道阻滞作用，生物碱类成分能竞争性拮抗乙酰胆碱，产生抗胆碱和副交感作用。这些事实说明，其解痉作用有抗胆碱与 Ca2+拮抗双重机制。

Khan 等[22]研究发现天仙子甲醇提取物可导致麻醉大鼠的动脉血压下降（10～100mg/kg），且呈剂量依赖性；天仙子甲醇提取物还可抑制豚鼠心房的心率和自主收缩力；该提取物还可松弛由苯肾上腺素和高 K+诱导的离体家兔主动脉收缩；另外，天仙子甲醇提取物的血管扩张作用是不依赖于血管内皮的。这说明天仙子可能通过 Ca2+的内流和释放来降低血压。

吕耕苏等[23]通过临床观察发现天仙子联合湿润烧伤膏治疗化疗性静脉炎能够提高治疗率，缩短治疗时间；联合用药组有效率达 98.27%，且无不良反应，而单用湿润烧伤膏治疗总有效率只有 77.18%，联合用药组优于单用湿润烧伤膏组。

　　Patil 等[24]研究发现天仙子对抑郁症小鼠具有一定的抗抑郁作用。实验采用小鼠强迫游泳试验（FST）和悬尾试验（TST）研究抗抑郁活性。结果发现，天仙子的乙醇提取物 50mg/kg、100mg/kg、200mg/kg 和 400mg/kg 均能显著缩短小鼠 FST 和 TST 的静止时间。且当大剂量的服用时，还表现出抗焦虑的活性。

参考文献

[1]　崔国静, 贺蕾, 江肖肖. 安神止痛的天仙子[J]. 首都食品与医药, 2016, 23(13): 60.

[2]　中国科学院中国植物志编辑委员会. 中国植物志: 第六十七卷第一分册[M]. 北京: 科学出版社, 1978.

[3]　新疆植物志编委会. 新疆植物志: 第四卷[M]. 乌鲁木齐: 新疆科学技术出版社, 2004.

[4]　Asano N, Kato A, Yokoyama Y, et al. Calystegin N₁, a novel nortropane alkaloid with a bridgehead amino group from *Hyoscyamus niger* : structure determination and glycosidase inhibitory activities[J]. Cheminform, 1996, 27(2): 169-178.

[5]　李军, 门启鸣, 杨丹. 一种天仙子中新化合物和制备方法及应用[P]. 辽宁: CN102702071A, 2012-10-03.

[6]　李军. 一种中药天仙子中提取的木脂素类化合物[P]. 辽宁: CN102532076A, 2012-07-04.

[7]　Zhang W N, Luo J G, Kong L Y. Phytotoxicity of lignanamides isolated from the seeds of *Hyoscyamus niger*.[J]. Journal of Agricultural & Food Chemistry, 2012, 60(7): 1682-1687.

[8]　Ma C Y, Liu W K, Che C T. Lignanamides and nonalkaloidal components of *Hyoscyamus niger* seeds[J]. Journal of Natural Products, 2002, 65(2): 206-209.

[9]　Sharova E G, Arinova C Y, Abdilalimov O A. Alkaloids of *Hyoscyamus niger* and *Datura stramonium*[J]. Chemistry of Natural Compounds, 1977, 13(1): 117-118.

[10]　Begum S, Saxena B, Goyal M, et al. Study of anti-inflammatory, analgesic and antipyretic activities of seeds of *Hyoscyamus niger* and isolation of a new coumarinolignan[J]. Fitoterapia, 2010, 81(3): 178-184.

[11]　Begum, Sajeli, Mahendra, et al. Hyosgerin, a new optically active coumarinolignan from the seeds of *Hyoscyamus niger*[J]. Chemical & Pharmaceutical Bulletin, 2006, 54(4): 538-541.

[12]　Zhang W, Wei Z, Luo J, et al. A new steroidal glycoside from the seeds of *Hyoscyamus niger*[J]. Natural Product Research, 2013, 27(21): 1971-1974.

[13]　Lunga I, Bassarello C, Kintia P, et al. Steroidal glycosides from the seeds of *Hyoscyamus niger* L[J]. Natural Product Communications, 2008, 3(5): 731-734.

[14]　Ma C Y, Williams I D, Che C T. Withanolides from *Hyoscyamus niger* seeds[J]. Journal of Natural Products, 1999, 62(10):1445-1447.

[15]　Begum A S, Verma S, Sahai M, et al. Hyoscyamal, a new tetrahydrofurano lignan from *Hyoscyamus niger* Linn.[J]. Natural Product Research, 2009, 23(7): 595-600.

[16]　Begum A S, Verma S, Sahai M, et al. Hyosmin, a new lignan from *Hyoscyamus niger* L.[J]. Journal of Chemical Research, 2010, 2006(10): 675-677.

[17]　Hajipoor K, Sani A M. antibacterial activity of methanol extract and essential oil of *Hyoscyamus niger* against selected pathogenic bacteria[J]. International Journal of Biology, Pharmacy and Allied Sciences, 2015, 4(6): 4016-4026.

[18]　帕孜来提·拜合提, 祖拉也提·艾再孜, 阿依努尔·库完江. 新疆天仙子总黄酮的提取及抑菌活性研究[J]. 新疆师范大学学报(自然科学版), 2010, 29(3): 88-93.

[19]　黄红芳. 天仙子煎剂的抑菌作用研究[J]. 右江民族医学院学报, 2009, 31(2): 186-187.

[20]　Dulger B, Goncu B S, Gucin F. Antibacterial activity of the seeds of *Hyoscyamus niger* L. (Henbane)[J]. Asian Journal of Chemistry, 2010, 22(9): 6879-6883.

[21]　Gilani A H, Arif-ullah Khan, Raoof M, et al. Gastrointestinal, selective airways and urinary bladder relaxant effects of *Hyoscyamus niger* are mediated through dual blockade of muscarinic receptors and Ca^{2+} channels[J]. Fundamental & Clinical Pharmacology, 2008, 22(1): 87-99.

[22]　Khan A U, Gilani A H. Cardiovascular inhibitory effects of *Hyoscyamus niger*[J]. Methods & Findings in Experimental & Clinical Pharmacology, 2008, 30(4): 295-300.

[23]　吕耕苏, 徐宁红, 龙爱武. 天仙子联合湿润烧伤膏治疗化疗性静脉炎的疗效观察[J]. 当代护士(专科版), 2011, (4): 140-142.

[24] Patil A D, Patil A Y, Raje A A. Antidepressant like property of *Hyoscyamus niger* Linn. in mouse model of depression[J]. Innovations in Pharmaceuticals and Pharmacotherapy, 2013, 1(2): 60-69.

第十一节
金丝草

金丝草[*Pogonatherum crinitum* (Thunb.) Kunth]是禾本科金发草属多年生草本植物。全株入药，有清凉散热、解毒、利尿通淋之药效。中国民间用其可治吐血、咳血、衄血、血崩等症，还可避瘴气、解瘴气，解诸药毒，对尿路感染、肾炎、水肿、糖尿病、黄疸型肝炎、感冒高热也有疗效，又是牛马羊喜食的优良牧草[1]。

一、生物学特征及资源分布

较低矮而细硬的多年生草本，秆丛生，直立或基部稍倾斜，高 10～30cm，径 0.5～0.8mm，具纵条纹，粗糙，通常 3～7 节，少可在 10 节以上，节上被白色髯毛，少分枝。叶鞘短于或长于节间，向上部渐狭，稍不抱茎，边缘薄纸质，除鞘口或边缘被细毛外，余均无毛，有时下部的叶鞘被短毛；叶舌短，纤毛状；叶片线形，扁平，稀内卷或对折，长 1.5～5cm，宽 1～4mm，顶端渐尖，基部为叶鞘顶宽的 1/3，两面均被微毛而粗糙。

穗形总状花序单生于秆顶，长 1.5～3cm（芒除外），宽约 1mm，细弱而微弯曲，乳黄色；总状花序轴节间与小穗柄均压扁，长为无柄小穗的 1/3～2/3，两侧具长短不一的纤毛；无柄小穗长不及 2mm，含 1 两性花，基盘的毛长约与小穗等长或稍长；第一颖背腹扁平，长约 1.5mm，先端截平，具流苏状纤毛，具不明显或明显的 2 脉，背面稍粗糙；第二颖与小穗等长，稍长于第一颖，舟形，具 1 脉而呈脊，沿脊粗糙，先端 2 裂，裂缘有纤毛，脉延伸成弯曲的芒，芒金黄色，长 15～18mm，粗糙；第一小花完全退化或仅存一外稃；第二小花外稃稍短于第一颖，先端 2 裂，裂片为稃体长的 1/3，裂齿间伸出细弱而弯曲的芒，芒长 18～24mm，稍糙；内稃宽卵形，短于外稃，具 2 脉；雄蕊 1 枚，花药细小，长约 1mm；花柱自基部分离为 2 枚；柱头帚刷状，长约 1mm。颖果卵状长圆形，长约 0.8mm。有柄小穗与无柄小穗同形同性，但较小。花果期 5～9 月。

生于海拔 2000m 以下的田埂、山边、路旁、河、溪边、石缝瘠土或灌木下阴湿地。国内分布于安徽、浙江、江西、福建、台湾、湖南、湖北、广东、海南、广西、四川、贵州、云南诸省区；国外分布于日本、中南半岛、印度等地。

二、化学成分

1. 黄酮类化合物

Zhu[2~3]等应用硅胶柱色谱、Sephadex LH-20 柱色谱和聚酰胺柱色谱方法分离并鉴定出 4 个黄酮类化合物，分别为芹菜素-6-*C*-*β*-波依文糖-7-*O*-*β*-葡萄糖苷、苜蓿素、槲皮素-7-*O*-鼠李糖，木犀草素-6-*C*-*β*-波依文糖-7-*O*-*β*-葡萄糖苷。陈国伟[4]等用聚酰胺柱色谱、结晶纯化法从金丝草70%的乙醇水溶液中得到一个黄酮类化合物 3′,4′,5′,5,7-五甲氧基黄酮，为首次从金发草属中分离得到。赵桂琴等[5]从金丝草的乙醇水溶液中分离出 6 个黄酮醇苷类化合物，分别是山奈酚-7-*O*-*α*-L-吡喃鼠李糖苷、山奈酚-3-*O*-*β*-D-芸香糖苷、山奈酚-3,7-二-*O*-*β*-D-吡喃葡萄糖苷、槲皮素-3-*O*-*β*-D-吡喃葡萄糖苷、异鼠李素-7-*O*-*β*-D-龙胆双糖苷、异鼠李素-3,7-二-*O*-*β*-D-吡喃葡糖苷，这 6 个化合物均为首次从金发草属中分离得到。刘丽佳等[6]采用大孔吸附树脂柱色谱、硅胶柱色谱、聚酰胺柱色谱、Sephadex LH-20 柱色谱、甲醇重结晶等方法对金丝草正丁醇部位进行了分离，得到七个黄酮类化合物，其中 4 个为首次从该植物中分离得到，分别木犀草素、芹菜素、木犀草素-6-*C*-*β*-波依文糖苷、木犀草素-6-*C*-*β*-葡萄糖苷。孙传鑫[7]从金丝草乙醇提取物的正丁醇层中分离出二氢芹菜素、芹菜素-6-*C*-*β*-波依文糖苷。王慧娜[8]从金丝草 70%乙醇提取物的正丁醇层中分离出一种新的黄酮类化合物，为 5-羟基-4′-甲氧基黄酮-7-*O*-芸香糖苷。袁晓旭[9]采用大孔树脂、硅胶、聚酰胺、Sephadex LH-20 等柱色谱技术，结合重结晶、HPLC 等方法，从金丝草 70%乙醇提取物的乙酸乙酯及正丁醇萃取部位分离得到了 5 种新的黄酮类化合物，分别是 6,8,4′-三羟基-7,3′-二甲氧基异黄酮、槲皮素-7,4′-二甲醚-5-*O*-*β*-D-吡喃葡萄糖苷、8-[1-(3,4-二羟基苯基)乙基]槲皮素、金圣草素-7-*O*-*α*-L-吡喃鼠李糖基-(1→2)-*β*-D-吡喃葡萄糖苷、山奈酚-3-*O*-(2″,3″-二-*O*-E-p-香豆酰基)-*α*-L-吡喃鼠李糖苷。尹志峰[10]从金丝草干燥全草的 60%乙醇提取物中分离得木犀草素-6-*C*-*β*-D-鸡纳糖苷。雷绍南[11]从金丝草水提取物的乙酸乙酯萃取部分首次分离得到两种化合物：小麦黄素-7-*O*-*β*-D-吡喃葡萄糖苷、槲皮素。张月珠[12]从金丝草的水溶性部分分离出 8 种新的黄酮类化合物，分别是芹菜素-6-*C*-*β*-D-吡喃葡萄糖苷-8-*C*-*α*-L-吡喃阿拉伯糖苷、木犀草素-6-*C*-*β*-D-吡喃葡萄糖苷-8-*C*-*α*-L-吡喃阿拉伯糖苷、异鼠李素-3-*O*-芸香糖苷、苜蓿素-7-*O*-*β*-D-吡喃葡萄糖苷、苜蓿素-7-*O*-[*β*-D-芹糖(1→2)]-*β*-D-葡萄糖苷、黄芩苷、黄芩素、花旗松素（表 8-37，图 8-37）。

表8-37　金丝草黄酮类化合物

序号	名称	参考文献	序号	名称	参考文献
1	芹菜素-6-*C*-*β*-波依文糖-7-*O*-*β*-葡萄糖苷	[2]	**10**	5-羟基-4′-甲氧基黄酮-7-*O*-芸香糖苷	[8]
2	苜蓿素	[2]	**11**	6,8,4′-三羟基-7,3′-二甲氧基异黄酮	[9]
3	木犀草素-6-*C*-*β*-波依文糖-7-*O*-*β*-葡萄糖苷	[3]	**12**	槲皮素-7,4′-二甲醚-5-*O*-*β*-D-吡喃葡萄糖苷	[9]
4	3′,4′,5′,5,7-五甲氧基黄酮	[4]	**13**	木犀草素-6-*C*-*β*-D-鸡纳糖苷	[10]
5	异鼠李素-7-*O*-*β*-D-龙胆双糖苷	[5]	**14**	小麦黄素-7-*O*-*β*-D-吡喃葡萄糖苷	[11]
6	异鼠李素-3,7-二-*O*-*β*-D-吡喃葡糖苷	[5]	**15**	黄芩苷	[12]
7	木犀草素-6-*C*-*β*-波依文糖苷	[6]	**16**	黄芩素	[12]
8	二氢芹菜素	[7]	**17**	花旗松素	[12]
9	芹菜素-6-*C*-*β*-波依文糖苷	[7]			

2. 酚酸类化合物

徐瑞[13]应用硅胶柱色谱、大孔吸附树脂 AB-8 型柱色谱、Sephadex LH-20 柱色谱、制备薄层色谱（PTLC）以及重结晶等分离纯化技术，从 70%乙醇提取物的正丁醇部位分离得到咖啡酸、对羟基苯甲酸和间羟基苯甲酸，均为首次从该植物中分离得到。

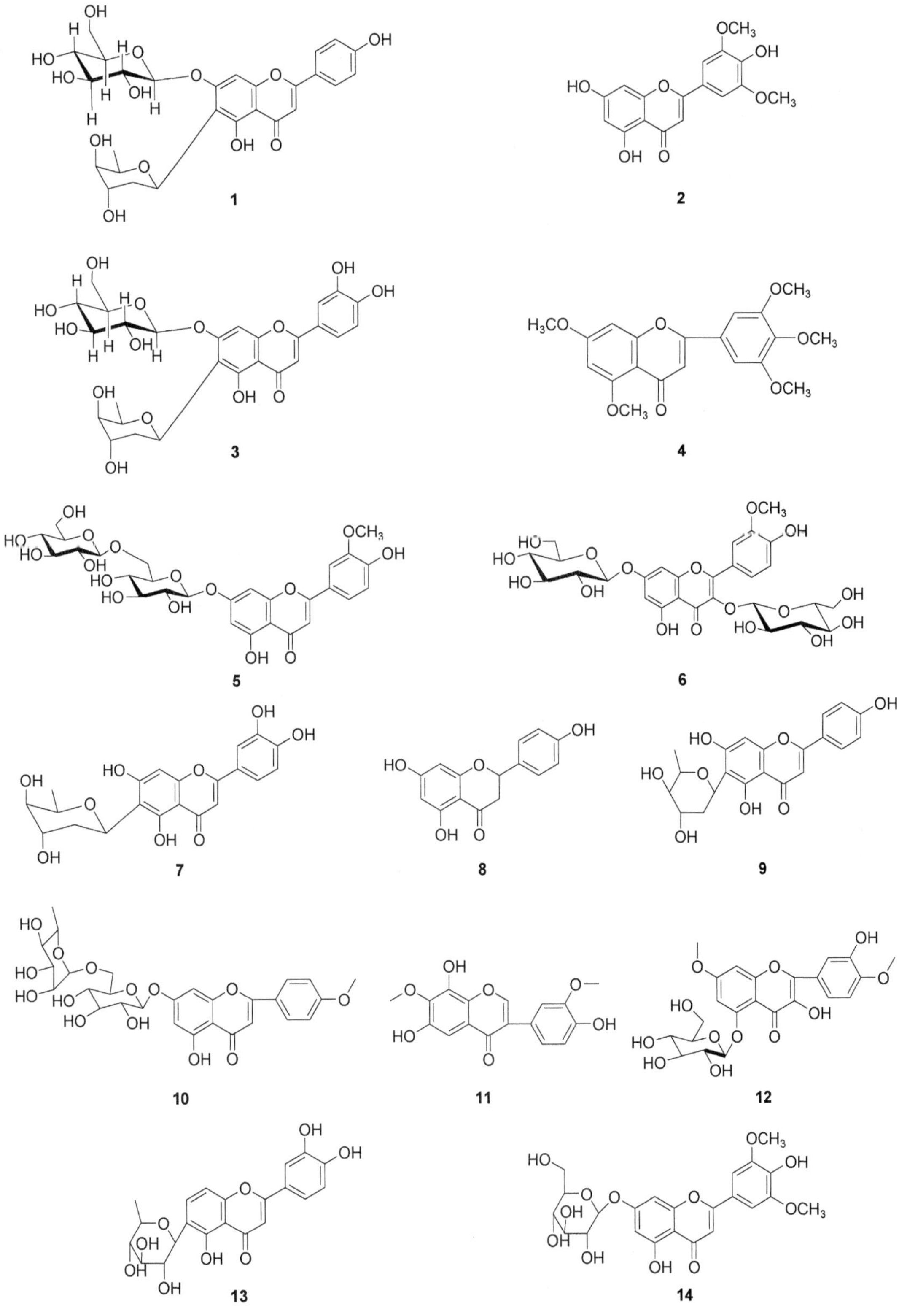

图 8-37

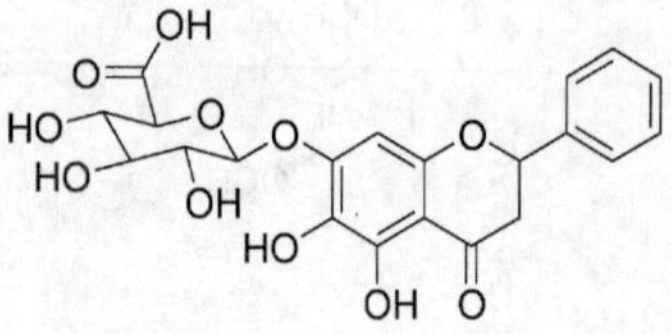

图 8-37　金丝草黄酮类化合物

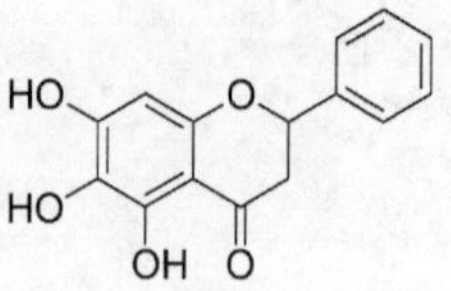

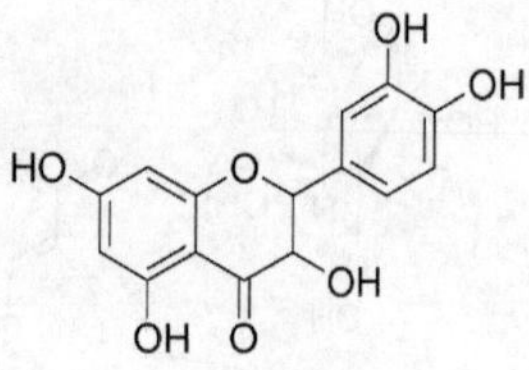

3．甾体类化合物

徐瑞[13]应用硅胶柱色谱、大孔吸附树脂 AB-8 型柱色谱、Sephadex LH-20 柱色谱、PTLC 以及重结晶等分离纯化技术，从 70%乙醇提取物的正丁醇部位分离得到 β-豆甾醇。陈国伟[4]等用聚酰胺柱色谱分离，结晶法纯化从金丝草 70%的乙醇水溶液中分离得到 β-谷甾醇、胡萝卜苷。

4．其他类化合物

刘丽佳[6]等从金丝草正丁醇部位分离得到三种化合物：二十五烷酸、2-羟基-十二烷酸甲酯，金丝草苷元 A。徐瑞[13]从 70%乙醇提取物的正丁醇部位分离得到间羟基苯甲醇。尹志峰[10]从金丝草干燥全草的 60%乙醇提取物中分离得到 D-甘露醇。雷绍南[11]从金丝草水提取物的乙酸乙酯萃取部分首次分离得到留兰香木脂素 B、β-腺苷、1,2,4-三羟基苯酚、1,2-二羟基-4-甲氧基苯。袁晓旭[9]从金丝草 70%乙醇提取物的乙酸乙酯及正丁醇萃取部位分离得到了 1,3,7-三羟基咕吨酮-2-C-β-D-吡喃葡萄糖苷。张月珠[12]从金丝草水溶性正丁醇萃取部位中分离鉴定出 6 种化合物：3,5-二甲氧基-4-O-β-D-葡萄糖苷-苯丙烯醇、咖啡酸乙酯、原儿茶酸、对羟基苯甲醇、香草醛、对羟基苯甲醛。王慧娜[8]对金丝草 70%乙醇提取物正丁醇萃取部位化学成分进行分离纯化得到四种化合物：1,7-二羟基-3,8-二甲氧基咕吨酮、N-乙酰苯丙氨酸、焦谷氨酸甲酯、杜鹃花酸（表8-38，图 8-38）。

表 8-38　金丝草其他类化合物

序号	名称	参考文献
1	金丝草苷元 A	[6]
2	D-甘露醇	[10]
3	留兰香木脂素 B	[11]
4	β-腺苷	[11]
5	1,3,7-三羟基咕吨酮-2-C-β-D-吡喃葡萄糖苷	[9]
6	3,5-二甲氧基-4-O-β-D-葡萄糖苷-苯丙烯醇	[12]
7	香草醛	[12]
8	1,7-二羟基-3,8-二甲氧基咕吨酮	[8]
9	N-乙酰苯丙氨酸	[8]
10	焦谷氨酸甲酯	[8]
11	杜鹃花酸	[8]

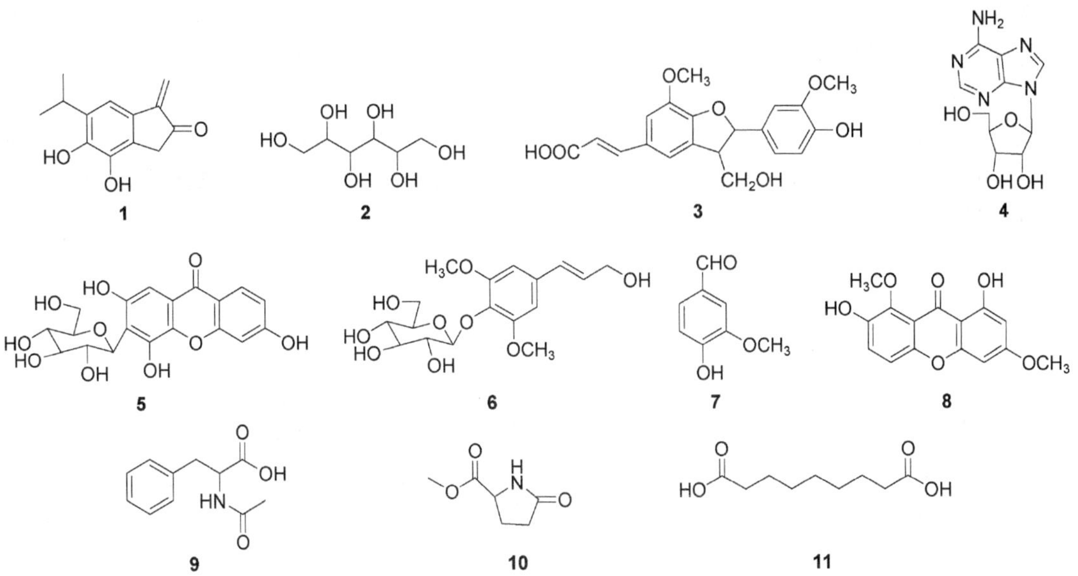

图 8-38　金丝草其他类化合物

三、药理活性

1. 抗乙型肝炎病毒（HBV）

王慧娜[14]等发现化合物 N-乙酰苯丙氨酸对 HepG2.2.15 细胞分泌表面抗原（HbsAg）及 e 抗原（HbeAg）有一定的抑制作用，IC$_{50}$ 分别为 55.5μg/mL、69.5μg/mL，化合物 N-乙酰苯丙氨酸有一定的体外抗 HBV 活性。袁晓旭[9]等从金丝草 70%乙醇提取物的乙酸乙酯和正丁醇部位分离出的化合物 8-[1-(3,4-二羟基苯基)乙基]槲皮素、山奈酚-3-O-(2″,3″-二-O-E-p-香豆酰基)-α-L-吡喃鼠李糖苷、木犀草素-6-C-β-D-吡喃波依文糖苷、木犀草素-6-C-β-D-吡喃葡萄糖苷均有一定的体外抗 HBV 活性。徐瑞[13]从金丝草 70%乙醇提取物的正丁醇部位分离筛选得到三种化合物具有抗 HBV 活性，其中木犀草素-6-C-β-波依文糖苷对 HBsAg 和 HBeAg 抑制合成分泌的 IC$_{50}$ 值分别为 4.74μg/mL、16.55μg/mL，具有显著的抗 HBV 活性；木犀草素-6-C-β-葡萄糖苷对 HBsAg 和 HBeAg 抑制合成分泌的 IC$_{50}$ 值分别为 12.38μg/mL、22.61μg/mL，具有较强的抗 HBV 活性。木犀草素-6-C-β-波依文糖-7-O-β-葡萄糖苷对 HBsAg 抑制合成分泌的 IC$_{50}$ 值为 33.47μg/mL，具有抗 HBV 活性。

2. 抑菌

张月珠[12] 研究了金丝草水溶性部位对 17 种植物病原菌的菌丝生长抑制作用，结果表明金丝草水溶性部位对以上病原菌菌丝生长都具有抑制作用。金丝草水溶性部位对禾谷镰刀菌、瓜果腐霉菌和玉米小斑病菌具有明显的抗真菌活。其中对瓜果腐霉菌和玉米小斑病菌的菌丝生长抑制作用最好。进一步分析得出其中化合物木犀草素 6-C-β-D-吡喃葡萄糖苷-8-C-α-L-吡喃阿拉伯糖苷、苜蓿素-7-O-β-D-吡喃葡萄糖苷、黄芩苷、黄芩素、咖啡酸乙酯、香草醛、对羟基苯甲醛均具有明显的抗真菌活性。木犀草素 6-C-β-D-吡喃葡萄糖苷-8-C-α-L-吡喃阿拉伯糖苷对玉米小斑病菌和瓜果腐霉菌的 EC_{50} 值分别为 130.31mg/L 和 79.88mg/L。木犀草素 6-C-β-D-吡喃葡萄糖苷-8-C-α-L-吡喃阿拉伯糖苷对瓜果腐霉菌的抑制效果明显优于玉米小斑病菌,对玉米小斑病菌的毒力略高于市售商品丁子香酚的毒力(EC_{50} 值为 156.96mg/L),而对瓜果腐霉菌的毒力则略低于丁子香酸(EC_{50} 值为 69.40mg/L),具有较好的抗真菌活性。雷绍南[11]的实验结果显示木犀草素-6-C-β-波依文糖-7-O-β-葡萄糖苷、芦丁、槲皮素、咖啡酸和留兰香木脂素 B 对棉花立枯丝核菌和辣椒疫霉均具有良好的抑菌活性。

3. 抗氧化

贤景春[15]采用乙醇浸取法对金丝草中的多酚进行提取,并对其抗氧化性进行研究,抗氧化性研究显示金丝草提取物有很强清除 OH 自由基的能力。当加入提取液为 6mL 时,清除率可达 55.51%。林燕如[16]用超声波辅助提取金丝草总黄酮,并采用水杨酸法测定其清除羟自由基能力、邻苯三酚自氧化法测定其清除超氧自由基能力和普鲁士蓝法测定还原能力。结果表明,金丝草黄酮提取物对羟自由基和超氧自由基呈现出清除作用,还原能力则随着浓度的增加而增强。

4. 其他

涂秋金[17]研究金丝草总黄酮对腺嘌呤致慢性肾功能衰竭(CRF)大鼠、小鼠治疗作用,采用聚酰胺和大孔吸附树脂富集金丝草总黄酮,发现金丝草总黄酮具有降低腺嘌呤致慢性肾衰大鼠血清肌酐(SCr)、尿素氮(BUN)的效果,其中高剂量效果较好,优于阳性对照药尿毒清,说明金丝草总黄酮能有效改善慢性肾衰中的氮质血症;金丝草总黄酮亦能调节电解质平衡,改善钙磷失衡;金丝草同时可以改善肾衰大鼠肾脏肥大,改善水代谢障碍,减轻水潴留;金丝草总黄酮能够显著提高慢性肾衰大鼠的 γ-谷氨酰转肽酶(γ-GT)含量,改善肾脏实质,其中高剂量组效果尤佳,接近尿毒清组。金丝草总黄酮能有效缓解慢性肾衰大鼠的功能及代谢障碍,改善肾实质,从而起到治疗慢性肾衰的作用。王秀芳[18]研究了复方金丝草对大鼠慢性肾衰(CRF)治疗作用,在进行治疗给药实验时,以中成药尿毒清作为金丝草复方的阳性对照,对两者的疗效进行比较。实验结果显示,两者均可以降低 BUN、SCr,随着给药时间的延长,金丝草复方降低 BUN、SCr 的能力优于尿毒清,且该复方 S_1 的 8g/kg 的剂量组疗效最为明显。大鼠血液中 BUN、SCr 值与黄酮含量的关系表现为随着黄酮含量的增加,BUN、SCr 值呈下降趋势,说明金丝草复方中的黄酮类物质有可能是治疗慢性肾衰的药效成分。

参考文献

[1] 中国科学院中国植物志编辑委员会. 中国植物志: 第十卷第二分册[M]. 北京: 科学出版社, 1997.
[2] Zhu D, Yang J, Deng X T, et al. A new C-glycosylflavone from *Pogonatherum crinitum*[J]. Chinese Journal of Natural Medicines, 2009, 7(3): 184-186.
[3] Zhu D, Yang J, Lai M X, et al. A new C-glycosylflavone from *Pogonatherum crinitum*[J]. Chinese Journal of Natural Medicines, 2010, 8(6): 411-413.
[4] 陈国伟, 李鑫, 史志龙, 等. 金丝草脂溶性化学成分研究[J]. 承德医学院学报, 2010, 27(2): 216-217.
[5] 赵桂琴, 刘丽艳, 毛晓霞, 等. 金丝草黄酮醇苷类化学成分研究[J]. 中国新药杂志, 2011, 20(5): 467-470.
[6] 刘丽佳. 金丝草的化学成分研究 I [D]. 哈尔滨: 黑龙江中医药大学, 2013.
[7] 孙传鑫. 金丝草的化学成分研究 II [D]. 哈尔滨: 黑龙江中医药大学, 2013.
[8] 王慧娜. 基于体外抗 HBV 活性的金丝草化学成分初步研究[D]. 承德: 承德医学院, 2019.
[9] 袁晓旭. 金丝草化学成分及体外抗 HBV 活性研究[D]. 承德: 承德医学院, 2018.

民族植物资源
化学与生物活性研究

[10] 尹志峰, 高大昕, 王宏伟, 等. 金丝草化学成分[J]. 中国实验方剂学杂志, 2014, 20(20): 104-107.

[11] 雷绍南. 金丝草抑菌活性成分研究[D]. 福州: 福建农林大学, 2017.

[12] 张月珠. 金丝草水溶性部位抗真菌活性成分研究[D]. 福州: 福建农林大学, 2018.

[13] 徐瑞. 中草药回回蒜子和金丝草抗 HBV 活性成分研究[D]. 北京: 中国人民解放军军事医学科学院, 2011.

[14] 王慧娜, 尹志峰, 尹鑫, 等. 金丝草化学成分及其体外抗 HBV 活性[J]. 中成药, 2019, 41(6): 1308-1312.

[15] 贤景春, 林敏. 金丝草总多酚提取工艺及抗氧化性研究[J]. 安徽农业大学学报, 2014, 41(2): 299-302.

[16] 林燕如, 陈宜菲, 李粉玲. 金丝草总黄酮的提取与抗氧化性研究[J]. 韩山师范学院学报, 2013, 34(06): 58-63.

[17] 涂秋金. 金丝草总黄酮对腺嘌呤致 CRF 大鼠、小鼠治疗作用实验研究[D]. 福州: 福建农林大学, 2016.

[18] 王秀芳. 复方金丝草对大鼠慢性肾衰治疗作用的研究[D]. 福州: 福建农林大学, 2007.

民族植物资源

化学与生物活性

Research Progress on
Chemistry and Bioactivity
of
Ethnobotany
Resources

研究

第九章

苗族药物

苗族是我国五十六个民族之一，主要聚居于贵州、湖南、云南、湖北、广西等省区，其中以贵州苗族人口最多，占到全国苗族人口的约 50%。苗族同胞多居住在我国西南边远山区，气候温和，雨量充沛，自然资源种类丰富，为苗族人民与疾病作斗争提供了丰富的自然资源，为苗族医药的形成奠定了基础。历史上由于战乱等原因，苗族同胞几经迁徙，在区间隔离的变迁中，苗医药文化出现分化，经长期积淀、传承和发展，苗族医药形成了东部、中部、西部三个医药文化区域圈，东部以湘西为代表，中部以贵州黔东南为代表，西部以黔、滇、川边苗区为代表。

因为没有本族文字记载，许多苗族口承医药文化已经失传，但也有很多宝贵的医药遗产以口传心授的方式得以传承。此外，关于苗族医药的记载也散见于一些汉族典籍中，从而使苗族医药这一祖国医药的宝贵财富得以传承至今并在现代继续发挥作用。据不完全统计，苗族药物（以下简称苗药）约有 2000 种左右，常用苗药约 400 种，如观音草、米槁、艾纳香、八爪金龙、仙桃草、旱莲草、活血丹、大丁草、重楼等。近几十年以来，关于苗药的研究取得一些成果，产生了一些苗医药的著作，如《苗族药物学》《苗族医药学》《贵州苗族医药研究与开发》《苗族医药》等，推动了苗医药文化的传承和发展。借助现代科学、现代药学的技术和方法，苗药物质基础及作用机理的研究也取得一系列成果。2008 年出版的《贵州十大苗药研究》对十种常用苗药，包括米槁、余甘子、金铁锁、黑骨藤、吴茱萸、吉祥草、飞龙掌血、双肾草、艾纳香、天麻的研究状况进行了系统归纳和整理。与此同时，苗药的开发利用也取得了可喜的成就。以贵州省为例，近年来，贵州苗药的开发涌现出神奇、百灵、益佰、汉方等一批知名苗药制造企业，诞生了一批有影响力的苗药品牌，如咳速停、抗妇炎胶囊、热淋清、醒脾、宁必泰胶囊、强力枇杷露、泻停封胶囊、黑骨藤胶囊等。

本章选取八种常用苗药，包括吉祥草（俗名观音草，苗药名锐油沙），大果木姜子（苗药名米槁），大丁草（俗名加苏、苦白菜，苗药名加噶本九），小花清风藤（苗药名傻豆老你），头花蓼（苗药名梭洞学），艾纳香（苗药名档窝凯），草玉梅（苗药名真溜朗收），刺梨根（苗药名龚笑多），对其化学成分和药理活性研究的最新进展进行系统归纳总结。

第一节

吉祥草

吉祥草 [*Reineckia carnea* (Andr.) Kunth.] 为百合科吉祥草属植物，又名观音草[1]，是我国西南苗族地区常用的传统草药之一[2]，全草均可入药，该药味苦，性平，具有清肺止咳、凉血止血、解毒利咽、接骨续筋等功效[3]。在我国江苏、浙江、安徽、江西、湖南、湖北、河南、陕西（秦岭以南）、四川、云南、贵州、广西、广东等地均有分布[4]。

一、生物学特征及资源分布

1. 生物学特征

匍匐根状茎圆柱形，绿白色，分枝长约 10cm，多节，节间长 1～2cm，节上有膜质鳞叶 1

枚；鳞叶与节间近等长，下半部筒状抱茎，上半部与茎分离，三角形。叶簇生根状茎末端，由于茎的连续生长，有时在茎中部也有叶簇，簇间距离数厘米至 10cm 不等，叶簇基部有革质鳞叶 3～4，淡绿色，长卵状披针形，长 1～5cm。叶每簇 3～8，线形至披针形，绿色，长 10～38cm，宽 0.3～3.5cm，先端渐尖，基部渐狭成柄状，对折；中肋在上面下凹，背面隆起。花葶近圆柱形，淡绿色，粗约 3mm，连花序长 5～15cm；穗状花序长 2～7cm，轴紫色、花密，10～20 朵；苞片膜质，淡紫色，卵形，基部的长 8mm，宽 6mm，向上渐小。花芳香，粉红色；花被管长约 4mm，径约 2mm；裂片 6，长圆形，白色，近肉质，背面带紫色，长约 7mm，宽 2～3mm，先端钝，向外反卷；雄蕊 6，与花被裂片对生，花丝长约 5mm，白色；花药褐色，长圆形，两端微凹，长 1.5～2mm；子房绿白色，上位，近圆形，粗约 2mm，花序上部的花常无雌蕊；花柱细长，下部紫色，上部白色，长 1.2cm，柱头小，紫色，星状 3 浅裂。浆果紫红色，球形，径 0.5～1.0cm，种子每室 2，有时 1 枚不育，卵形，长约 4mm，种皮海绵状，白色。花期 7～8月，果期 10 月至翌年 3 月，可在母株保留 5～6 个月而不脱落[5]。

2. 资源分布

吉祥草喜欢温暖、湿润的环境，较耐寒阴凉，对土壤的要求低，适应性强，以排水良好肥沃壤土为宜。多生长于山沟阴处、林边、草坡及疏林下，尤以低山地区为多，分布我国长江以南，以西南各地最为常见。产于云南、贵州、广东、广西、四川、福建等地[4]。

二、化学成分

1. 甾体及皂苷类成分

Zheng 等[6]从吉祥草的根中分离出多个新的甾体类成分，它们的结构确定为(25S)-26-O-β-D-glucopyranosyl-5β-furostan-20(22)-en-1β,3β,14β,26-tetraol-1-O-α-L-rhamnopyranosyl-(1→2)-β-D-xylopyranoside、25(S)-5β-spirostan-1β,3β-diol-1-O-α-L-rhamnopyranosyl-(1→2)-β-D-xylopyranoside、25(S)-5β-spirostan-1β,3β,14β-triol-1-O-α-L-rhamnopyranosyl-(1→2)-β-D-xylopyranoside 、25(S)-26-O-β-D-glucopyranosyl-5β-furostan-3β,26-diol 和 25(R)-26-O-β-D-glucopyranosyl-5β-furostan-3β,26-diol-3-O-β-D-glucopyranoside。Xu 等[7]从该植物中分离得到 3 个新皂苷(17,20-S-trans)-5β-pregn-16-en-1β,3β-diol-20-one-1-O-α-L-rhamnopyranosyl-(1→2)-β-D-fucopyranosyl-3-O-α-L-rhamnopyranoside、3β,16α,23-trihydroxy-11,13(18)-dien-28-methylketone-oleane-3-O-β-D-glucopyranosyl-(1→3)-β-D-fucopyranoside 和 1β,3β,26-trihydroxy-16,22-dioxo-cholestane-1-O-α-L-rhamnopyranosyl-(1→2)-β-D-xylopyranosyl-3-O-α-L-rhamnopyranoside。Zhang 等[8]从全草中获得了两种新的皂苷 (17,20-S-trans)-5β-pregn-16-en-1β,3β-ol-20-one-1-O-β-D-xylopyranosyl-(1→2)-α-L-rhamnopyranoside-3-O-α-L-rhamnopyranoside、(17,20-S-trans)-pregna-5,16-dien-3β-ol-20-one-3-O-β-D-glucopyranosyl-(1→2)-O-[β-D-xylopyranosyl-(1→3)]-O-β-D-glucopyranosyl-(1→4)-O-β-D-galactopyranoside 和两个已知的皂苷 (22S)-cholest-1β,3β,16β,22-tetraol-1-O-β-D-glucopyrannoside-16-O-β-D-glucopyrannoside 和(22S)-cholest-1β,3β,16β,22-tetraol-1-O-α-L-rhamnopyranosyl-(1→2)-β-D-glucopyrannoside-16-O-β-D-glucopyrannoside。Zheng 等[9]从吉祥草的全草中分离得到两种新的皂苷元，分别为(25R)-5β-spirostane-(1α, 3α)-diol 和(25R)-5β-spirostane-(1α, 3α)-diol，并通过化学和波谱方法对其结构进行了鉴定。Han 等[10]从吉祥草中分离得到了两种新的甾体皂苷 1α,3α-dihydroxy-

5*β*-pregn-16-en-20-one-3-*O*-*α*-L-rhamnopyranoside 和 1*β*,3*β*,27-trihydroxy-cholest-16-en-22-one 1,3-di-*O*-*α*-L-rhamnoside，通过对其一维、二维核磁共振和质谱的详细分析确定了其结构。Xu 等[11]从吉祥草的全草中分离得到一个新的成分 1*β*,2*β*,3*β*,4*β*,5*β*,6*β*-hexolhydroxy-pregn-16-en-20-one 以及九个已知成分 ophiopogonin T、(25*S*)-5*β*-spirostane-1*β*,2*β*,3*β*,4*β*,5*β*-pentol-5-*O*-*β*-D-glucopyranoside、kitigenin-5-*O*-*β*-D-glucopyranoside、(20*S*,22*R*)-spirostane-25(27)-en-1*β*,2*β*,3*β*,4*β*,5*β*-pentaol-5-*O*-*β*-D-glucopyranoside、(20*S*,22*R*)-spirostane-25(27)-en-1*β*,3*β*,4*β*,5*β*-tetraol-5-*O*-*β*-D-glucopyranoside、(17,20-*S*-trans)-5*β*-pregn-16-en-1*β*,3*β*-diol-20-one-1-*O*-*β*-D-xylopyranosyl-(2→1)-[*α*-L-rhamnopyranosyl]-3-*O*-*α*-L-rhamnopyranoside、(1*β*,3*β*,16*β*,22*S*)-cholest-5-ene-1,3,16,22-tetrol 1,16-di(*β*-D-glucopyranoside)、(1*β*,3*β*,16*β*,22*S*)-cholest-5-ene-1,3,16,22-tetrol-1-[*O*-*α*-L-rhamnopyranosyl-(1→2)-*β*-D-glucopyranoside]16-(*β*-D-glucopyranoside) 和 dioscin。Song 等[12]从吉祥草中获得了 1-*O*-*β*-D-fucopyranosyl-(1→2)-[*α*-L-rhamnopyranosyl]-3-*O*-*α*-L-rhamnopyranoside 和 26-*O*-*β*-D-glucopyranosyl-(25*S*)-20-*O*-methyl-5*β*-furost-22(23)-en-1*β*,3*β*,20*α*,26-tetraol-1-*O*-*β*-D-xylopyranosyl-(1→2)-[*α*-L-rhamnopyranosyl]-3-*O*-*α*-L-rhamnopyranoside。王艺纯等人[13]采用反复硅胶柱、Sephadex LH-20 凝胶柱、ODS 柱色谱及反相制备型 HPLC 等方法进行分离纯化，得到了羽扇豆醇、3-羟基齐墩果烯、白桦脂酸甲酯、薯蓣皂苷元、*β*-谷甾醇、胡萝卜苷、*β*-豆甾醇（表 9-1，图 9-1）。

表 9-1　吉祥草甾体及皂苷类成分

序号	名称	参考文献
1	(25*S*)-26-*O*-*β*-D-glucopyranosyl-5*β*-furostan-20(22)-en-1*β*, 3*β*,14*β*,26-tetraol-1-*O*-*α*-L-rhamnopyranosyl-(1→2)-*β*-D-xylopyranoside	[6]
2	25(*S*)-5*β*-spirostan-1*β*,3*β*,14*β*-triol-1-*O*-*α*-L-rhamnopyranosyl-(1→2)-*β*-D-xylopyranoside	[6]
3	25(*S*)-5*β*-spirostan-1*β*,3*β*-diol-1-*O*-*α*-L-rhamnopyranosyl-(1→2)-*β*-D-xylopyranoside	[6]
4	25(*S*)-26-*O*-*β*-D-glucopyranosyl-5*β*-furostan-3*β*, 26-diol	[6]
5	25(*R*)-26-*O*-*β*-D-glucopyranosyl-5*β*-furostan-3*β*,26-diol-3-*O*-*β*-D-glucopyranoside	[6]
6	(17,20-*S*-trans)-5*β*-pregn-16-en-1*β*,3*β*-diol-20-one-1-*O*-*α*-L-rhamnopyranosyl-(1→2)-*β*-D-fucopyranosyl-3-*O*-*α*-L-rhamnopyranoside	[7]
7	3*β*,16*α*,23-trihydroxy-11,13(18)-dien-28-methylketone-oleane-3-*O*-*β*-D-glucopyranosyl-(1→3)-*β*-D-fucopyranoside	[7]
8	1*β*,3*β*,26-trihydroxy-16,22-dioxo-cholestane-1-*O*-*α*-L-rhamnopyranosyl-(1→2)-*β*-D-xylopyranosyl-3-*O*-*α*-L-rhamnopyranoside	[7]
9	(17,20-*S*-trans)-5*β*-pregn-16-en-1*β*,3*β*-ol-20-one-1-*O*-*β*-D-xylopyranosyl-(1→2)-*α*-L-rhamnopyranoside-3-*O*-*α*-L-rhamnopyranoside	[8]
10	(22*S*)-cholest-1*β*,3*β*,16*β*,22-tetraol-1-*O*-*β*-D-glucopyrannoside-16-*O*-*β*-D-glucopyranoside	[8]
11	(25*R*)-5*β*-spirostane-(1*α*, 3*α*)-diol	[9]
12	(25*R*)-5*β*-spirostane-(1*α*,2*α*,3*α*,4*α*)-tetrol	[9]
13	1*α*,3*α*-dihydroxy-5*β*-pregn-16-en-20-one-3-*O*-*α*-L-rhamnopyranoside	[10]
14	1*β*,3*β*,27-trihydroxy-cholest-16-en-22-one 1,3-di-*O*-*α*-L-rhamnoside	[10]
15	l*β*,2*β*,3*β*,4*β*,5*β*,6*β*-hexolhydroxy-pregn-16-en-20-one	[11]
16	ophiopogonin T	[11]
17	(25*S*)-5*β*-spirostane-1*β*,2*β*,3*β*,4*β*,5*β*-pentol-5-*O*-*β*-D-glucopyranoside	[11]
18	kitigenin-5-*O*-*β*-D-glucopyranoside	[11]
19	(17,20-*S*-trans)-5*β*-pregn-16-en-1*β*,3*β*-diol-20-one-1-*O*-*β*-D-xylopyranosyl-(2→1)-[*α*-L-rhamnopyranosyl]-3-*O*-*α*-L-rhamnopyranoside	[11]

序号	名称	参考文献
20	(1β,3β,16β,22S)-cholest-5-ene-1,3,16,22-tetrol-1-[O-α-L-rhamnopyranosyl-(1→2)-β-D-glucopyranoside]-16-(β-D-glucopyranoside)	[11]
21	dioscin	[11]
22	薯蓣皂苷元	[13]

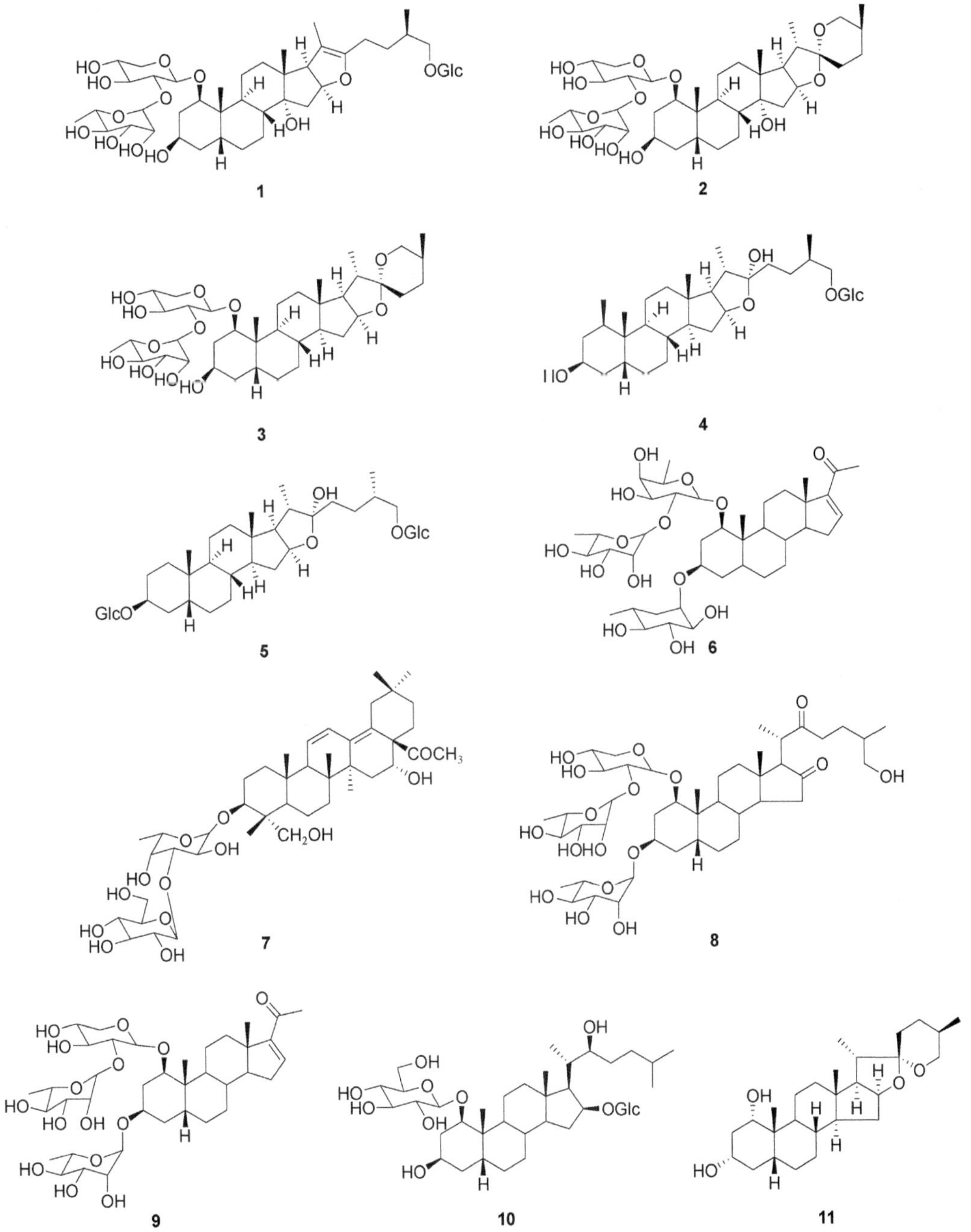

图 9-1

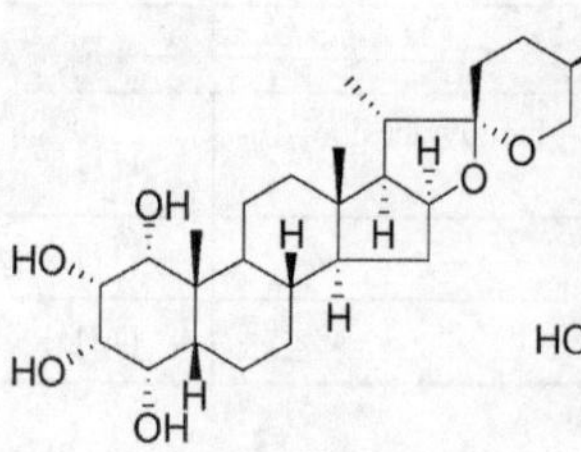

12

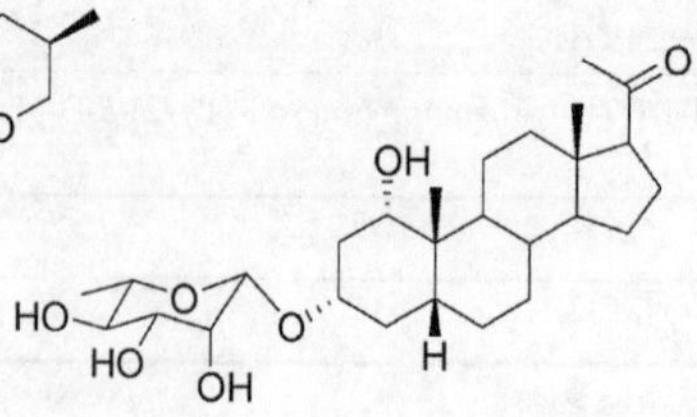

13

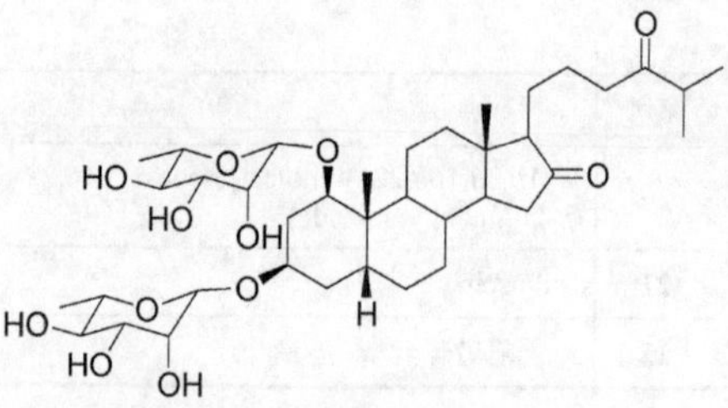

14

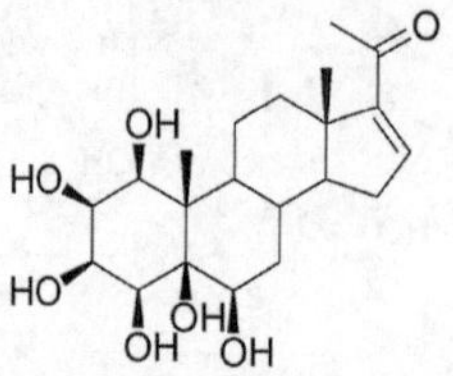

15

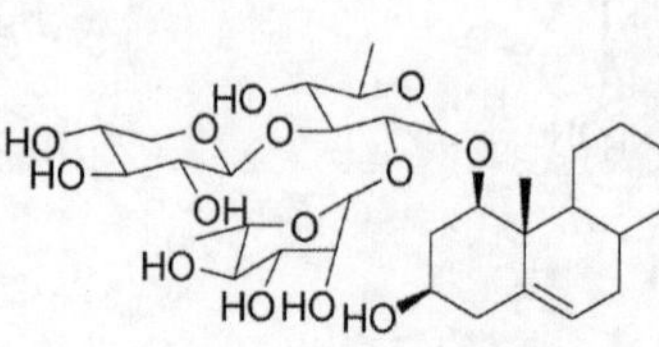

16

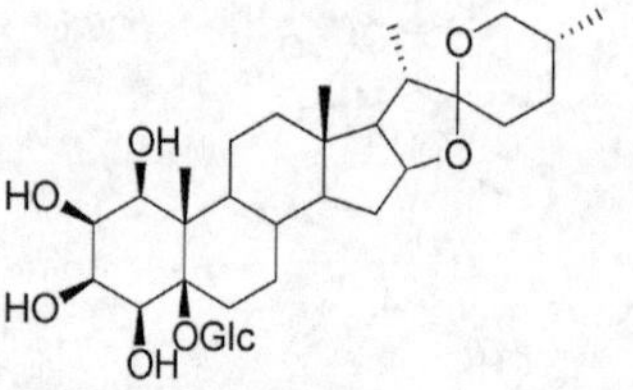

17

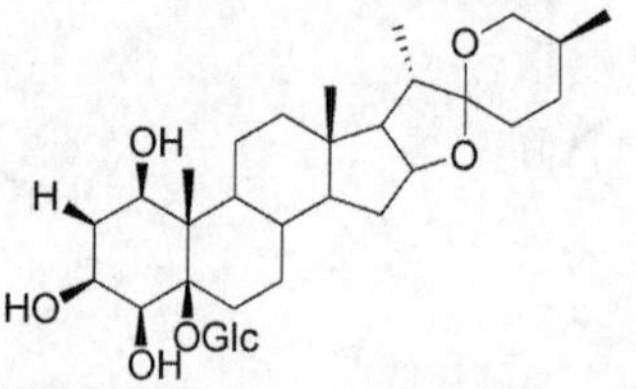

18

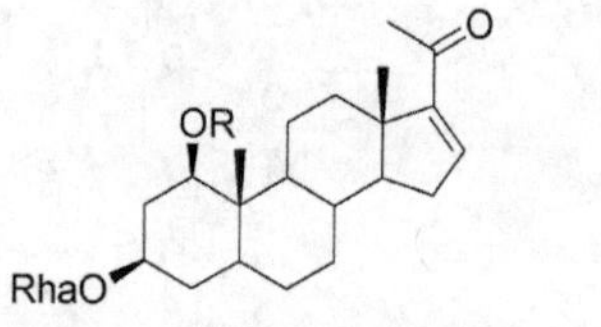

19 R = Xyl-(1→2)-*α*-L-Rha

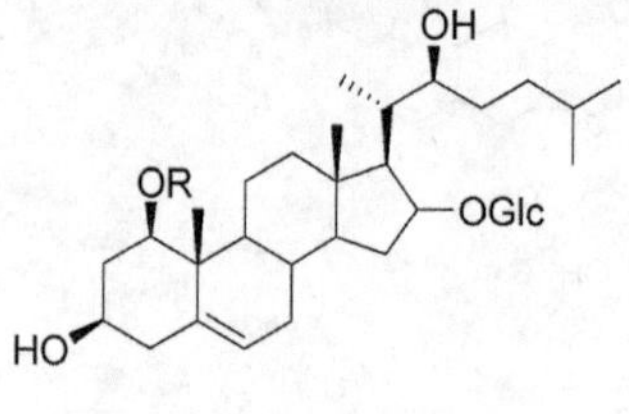

20 R = Glc-(1→2)-*α*-L-Rha

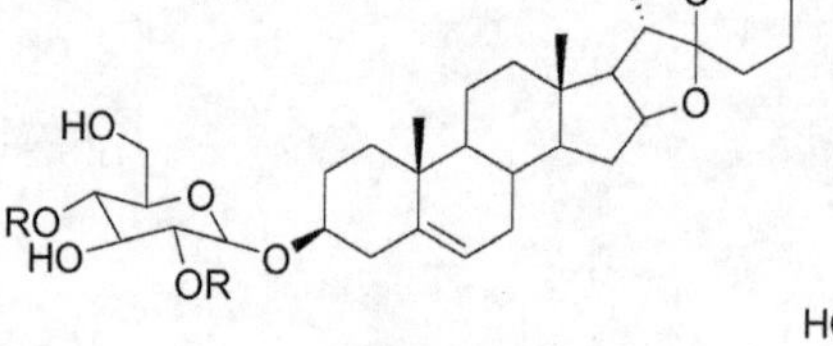

21

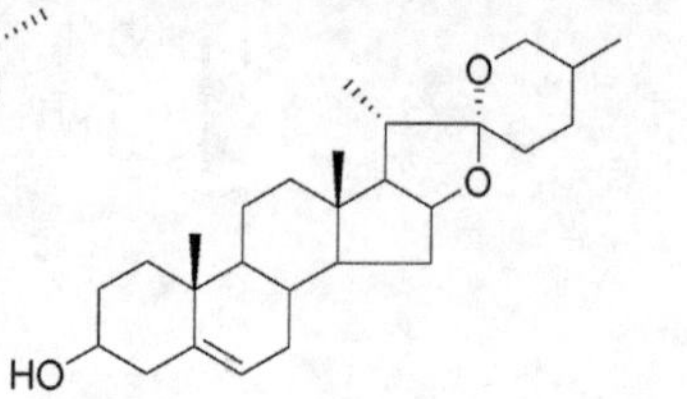

22

图 9-1　吉祥草甾体及皂苷类成分

2．黄酮及屾酮类成分

陈苓丽等[14]对吉祥草大孔吸附树脂中 60%（体积分数）乙醇洗脱部分进行了分离纯化，通过理化常数测定和波谱分析确定了这些化合物的结构得到了黄酮类成分大豆素和 3′-羟基大豆苷元。杨建琼等[15]研究了吉祥草的化学成分，运用柱色谱的方法从中分离得到多个化合物，其中(*R*-)-8-甲基柚皮素和 4′,5,7-三羟基-6,8-二甲基黄酮为黄酮类成分。周欣等[16]从吉祥草中分离得到了 7-甲氧基-8-甲基-4*β*-羟基-黄酮。徐旭等[17]用 95%乙醇提取吉祥草，萃取后利用常规硅胶柱、大孔树脂、ODS C_{18}、Sephadex LH-20 及 Pre-HPLC 等进行分离纯化，通过理化性质、HR-ESI-MS 和核磁波谱进行结构鉴定，从吉祥草的正丁醇部位分离得到木犀草素、杜鹃素、柚皮素、4′,5,7-三羟基-6,8-二甲基黄酮和 1,2,8-trihydroxy-5,6-dimethoxyxanthone。王艺纯等[13]分离得到了芦丁、槲皮素、1,8-dihydroxy-3,4,5-trimethoxyxanthone 和 1-hydroxy-3,7,8-trimethoxyxanthone（表 9-2，图 9-2）。

表 9-2　吉祥草黄酮及山酮类成分

序号	名称	参考文献	序号	名称	参考文献
1	大豆素	[14]	6	4′,5,7-三羟基-6,8-二甲基黄酮	[15,17]
2	3′-羟基大豆苷元	[14]	7	1,8-dihydroxy-3,4,5-trimethoxyxanthone	[13]
3	(R-)-8-甲基柚皮素	[15]	8	1-hydroxy-3,7,8-trimethoxyxanthone	[13]
4	7-甲氧基-8-甲基-4β-羟基-黄酮	[16]	9	1,2,8-trihdroxy-5,6-dimethoxyxanthone	[17]
5	杜鹃素	[17]			

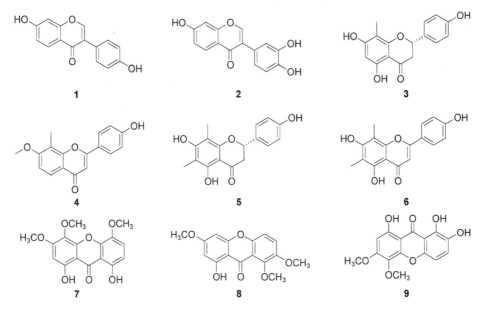

图 9-2　吉祥草黄酮及山酮类成分

3. 其他类成分

有研究表明，吉祥草中还含有挥发性成分，如松油酮、桃金娘醛、樟脑等[18]。张东东等[19]采用硅胶、Sephadex LH-20 等色谱技术进行分离纯化，通过理化方法和波谱数据进行分析和结构鉴定，从吉祥草中分离鉴定得到了棕榈酸、三十烷酸、熊果酸等。

三、药理活性

1. 抗肿瘤

Yang 等[20]首次从吉祥草中分离到一种甾体皂苷 gracillin。gracillin 能显著抑制 A_{549} 细胞增殖，其 IC_{50} 值为 2.54μmol/L，并能诱导细胞形态改变，且呈浓度和时间依赖性。Gracillin 可通过线粒体途径诱导 A_{549} 细胞凋亡，这可能与调节细胞内钙浓度、线粒体膜电位以及 Bax、Bcl-2、caspase-3、cleaved caspase-3、细胞色素 C 的表达水平有关。

颜为红等[21]通过体外培养人宫颈癌 Caski 细胞系，以吉祥草中甾体皂苷 RCE-4 为治疗因子，采用 MTT 法检测细胞增殖活力，流式细胞术检测细胞周期分布。Real-time PCR 检测 P16 细胞周期蛋白 D1 和 CDK4M RNA 的表达水平。Western blot 分析总蛋白质及磷酸化蛋白表达水平，RAS/ERK 信号通路显示 RCE-4 剂量依赖性地抑制 Caski 细胞增殖，RCE-4 的 IC_{50} 值为 12.33μmol/L，表明 RCE-4 能抑制 Caski 细胞的增殖。

杨小姣等 [22]为研究甾体皂苷 RCE-4 对裸鼠宫颈癌移植瘤的抑制作用，采用传统方法对 RCE-4 进行分离鉴定。建立小鼠宫颈癌移植瘤模型，连续给药 4 周。裸鼠在最后一次注射后的第二天处死。称量裸鼠体质量和肿瘤质量，测量肿瘤体积，计算肿瘤抑制率。结果表明 RCE-4 （25mg/kg、50mg/kg、100mg/kg）能显著降低宫颈癌裸鼠移植瘤的体积和质量（$P<0.05$，$P<0.01$），RCE-4 对裸鼠宫颈癌移植瘤生长有明显抑制作用。

2．溶血、止咳、化痰及镇痛抗炎

付雪娇等 [23]采用细菌脂多糖（LPS）体外刺激 PMA 诱导的 THP-1 单核细胞检测干预前后上清中促炎细胞因子分泌，检测角叉菜胶对佐剂性关节炎模型小鼠脚爪水肿肿胀抑制率，检测组织和血清中 NO 含量。结果表明，它能显著降低促炎因子（$P<0.001$），抑制角叉菜胶诱导的小鼠足爪水肿（$P<0.05$），降低佐剂性关节炎模型组织和血清中 NO 含量（$P<0.01$），抑制具有时间和剂量依赖性。

张元等[24]采用二甲苯致小鼠耳壳肿胀法和小鼠腹腔毛细血管通透法观察吉祥草总皂苷（TSRC）的抗炎作用。结果显示，TSRC 注射液能明显抑制二甲苯所致小鼠耳肿胀，并具有一定的抗炎作用，但灌胃给药效果不明显。

Han 等 [25]还研究了吉祥草提取物的体内镇咳祛痰活性，发现 60%乙醇提取物和 90%乙醇提取物在高剂量（0.570g/kg）和中剂量（0.372g/kg）时具有较好的镇咳祛痰活性。杨晓琴[26]采用脂多糖（LPS）诱导人支气管上皮细胞炎症建立模型。采用 ELISA 法测定细胞上清中 IL-6 和 TNF-α 的分泌量，研究吉祥草的体外抗呼吸道炎症作用。发现醇提物及醇提物的四个极性部位均能抑制 LPS 诱导的人支气管上皮细胞炎症反应中 TNF-α 和 IL-6 的释放，且抑制作用呈浓度依赖性。

3．抗氧化

王慧等[27]采用盐酸-镁粉法测定了吉祥草中总黄酮含量，采用 1,1-二苯基-2-苦基肼（DPPH）法和铁离子还原法测定了抗氧化体系活性，采用 FRAP 法评价总黄酮提取物的抗氧化活性。发现总黄酮提取物和脂溶性成分的 EC_{50} 为（0.253±0.009）g/L，FRAP 值为（0.964±0.028）mmol/g。以上结果表明吉祥草总黄酮具有较强的抗氧化活性。

曾文等 [28]研究了吉祥草中 5 种提取物（RC-1、RC-2、RC-3、RC-4、RC-5）对神经细胞的抗氧化活性，建立了过氧化氢（H_2O_2）诱导人神经母细胞瘤株 SH-SY5Y 细胞氧化应激损伤模型，采用 MTT 法检测 RC-1、RC-2、RC-3、RC-4 和 RC-5 的细胞毒性及抗氧化保护作用。结果表明，RC-1、RC-2、RC-3、RC-4 均表现出一定的抗氧化活性，在 10μg/mL 时，RC-2、RC-3 和 RC-4 分别比模型对照组存活率高 42.8%，42.9%和 47.9%。

4．其他

陈剑波[29]探讨了吉祥草水提物对小鼠慢性阻塞性肺疾病（COPD）的作用及机制，发现吉祥草水提物能有效治小鼠因吸烟引起的 COPD 症状。其机制可能与抑制炎症因子的表达和修复

COPD 小鼠肺脏病理损害有关。

骆彩虹等[30]探究了吉祥草对慢性阻塞性肺疾病(COPD)急性加重期患者血清白介素（IL-1β）、前列腺素（PGE2）、环氧合酶（COX-2）水平的影响。将 72 例 COPD 急性加重期患者按随机数字表法分为对照组和治疗组，治疗 15 天后，治疗组患者血清 IL-1β、COX-2、PGE2 明显下降（$P<0.01$），显著低于对照组（$P<0.05$，$P<0.01$），发现吉祥草能显著降低 COPD 急性加重期患者血清 IL-1β、COX-2 和 PGE2 水平。

参考文献

[1] 邱德文, 杜江. 中华本草(苗药卷)[M]. 贵阳: 贵州科技出版社, 2005.

[2] 徐宏, 杜江. 苗药观音草在民间的使用及开发应用情况[J]. 中国民族医药杂志, 2006, 12(5): 43-44.

[3] 全国中草药汇编写组. 全国中草药汇编[M]. 北京: 人民卫生出版社, 1982.

[4] 杜江, 田华咏, 张景梅. 苗医药发展史[M]. 北京: 中医古籍出版社, 2006.

[5] 杨春澍. 药用植物学[M]. 上海: 上海科学技术出版社, 1997.

[6] Zheng J Y, Wang Q, Zhao X L, et al. Two new steroidal glycosides with unique structural feature of 14α-hydroxy-5β-steroids from *Reineckia carnea*[J]. Fitoterapia, 2016, 115: 19-23.

[7] Xu X, Tan T, Zhang J, et al. Isolation of chemical constituents with anti-inflammatory activity from *Reineckia carnea* herbs[J]. Journal of Asian Natural Products Research, 2020, 22(4): 303-315.

[8] Zhang D D, Wang W, Ll Y Z, et al. Two new pregnane glycosides from *Reineckia carnea*[J]. Phytochemistry Letters, 2016, 15: 142-146.

[9] Zheng L F, Zhang D D, Li Y Z. Three new steroidal components from the roots of *Reineckia carnea*[J]. Natural Product Research, 2019, 33(1): 1-8.

[10] Han N, Chen L L, Wang Y, et al. Steroidal glycosides from *Reineckia carnea* herba and their antitussive activity.[J]. Planta Medica, 2013, 79(9): 788-791.

[11] Xu X, Bei W, Zhan Y, et al. Steroids from herbs of *Reineckia carnea* and their anticomplement activities[J]. Natural Product Research, 2018, 33(11): 1-7.

[12] Song X M, Zhang D D, He H. Steroidal glycosides from *Reineckia carnea*[J]. Fitoterapia, 2015, 105: 240-245.

[13] 王艺纯, 张春玲, 黄婷, 等. 观音草的化学成分研究[J]. 中国药物化学杂志, 2010, 20(2): 119-124.

[14] 陈苓丽, 韩娜, 王艺纯, 等. 吉祥草化学成分的分离与鉴定[J]. 沈阳药科大学学报, 2011, 28(11): 875-878.

[15] 杨建琼, 汪冶, 晏晨, 等. 吉祥草化学成分的研究[J]. 天然产物研究与开发, 2010, 22(2): 245-247.

[16] 周欣, 刘英, 龚小见, 等. 吉祥草中的一个新黄酮[J]. 中国药学杂志, 2010, 45(1): 16-18.

[17] 徐旭, 吴蓓, 李艳, 等. 贵州苗族药吉祥草化学成分的分离鉴定[J]. 中国实验方剂学杂志, 2018, 24(22): 56-61.

[18] 刘海, 周欣, 张怡莎, 等. 吉祥草挥发油化学成分的研究[J]. 分析测试学报, 2008, 27(5): 560-562.

[19] 张东东, 许欢, 姜祎, 等. 吉祥草化学成分研究[A]//第二十届全国色谱学术报告会及仪器展览会论文集（第三分册）[C]. 西安: 2015.

[20] Yang J Q, Cao L, Li Y M. Gracillin isolated from *Reineckia carnea* induces apoptosis of A$_{549}$ cells via the mitochondrial pathway[J]. Drug Design, Development and Therapy, 2021, 15: 233-243.

[21] 颜为红, 邹坤, 贺海波, 等. 吉祥草中甾体皂苷 RCE-4 对人宫颈癌 Caski 细胞 Ras/Erk 和 p16/cyclinD1/CDK4 通路的影响[J]. 中国临床药理学与治疗学, 2018, 23(3): 247-254.

[22] 杨小姣, 白彩虹, 邹坤, 等. 吉祥草中甾体皂苷 RCE-4 对宫颈癌裸鼠移植瘤的抑制作用[J]. 第三军医大学学报, 2016, 38(5): 476-482.

[23] 付雪娇, 邹坤, 王桂萍, 等. 吉祥草乙酸乙酯提取物抗炎作用及机制研究[J]. 时珍国医国药, 2013, 24(4): 822-825.

[24] 张元, 杜江, 许建阳, 等. 吉祥草总皂苷溶血、止咳、化痰、抗炎作用的研究[J]. 武警医学, 2006, 17(4): 282-284.

[25] Han N, Chang C L, Wang Y C, et al. The in vivo expectorant and antitussive activity of extract and fractions from *Reineckia carnea*[J]. Journal of Ethnopharmacology, 2010, 131(1): 220-223.

[26] 杨晓琴. 吉祥草对呼吸道炎症的作用及其机制研究[D]. 贵阳: 贵州大学, 2019.

[27] 王慧, 林奇润, 赵春杰. 吉祥草总黄酮提取物的抗氧化活性评价[J]. 沈阳药科大学学报, 2014, 31(1): 17-20.

[28] 曾文, 毕玉婷, 孔玉珊, 等. 吉祥草中 5 种提取物对神经细胞的抗氧化活性研究[J]. 时珍国医国药, 2014, 25(7): 1549-1551.

[29] 陈剑波, 张丽娟, 邱念念, 等. 吉祥草水提物对小鼠慢性阻塞性肺疾病的作用和机制[J]. 贵州医科大学学报, 2020, 45(12): 1412-1416.

[30] 骆彩虹, 刘炜, 王江江, 等. 苗药吉祥草对慢性阻塞性肺疾病急性加重期患者血清 IL-1β、COX-2、PGE2 水平的影响[J]. 湖南中医药大学学报, 2018, 38(2): 193-195.

第二节

大果木姜子

大果木姜子为樟科樟属植物米槁（*Cinnamomum Migao* H.W.Li.）的干燥成熟果实, 在苗语中被称为大果木姜子, 主要分布于我国的云南、贵州和广西等地[1]。米槁性味苦、辛, 性温, 能够温中散寒, 行气止痛。常用于治疗胃痛、腹痛、风湿关节炎、胸闷和哮喘等[2]。目前, 该药已被收录在《贵州省中药材、民族药材质量标准》中, 是贵州省的传统药材[3]。近年来以大果木姜子为君药已经开发出心胃丹胶囊、米槁心乐滴丸、米槁精油滴丸等国家二、三类新药。

一、生物学特性及资源分布

1．生物学特性

大果木姜子芽小, 卵珠状, 芽鳞呈宽卵形, 外被灰白色微柔毛。老枝近圆柱形, 纤细, 干时呈红褐色, 具纵向条纹, 无毛, 幼枝略扁, 具棱, 呈淡褐色, 被灰白微柔毛。叶互生, 卵圆形至卵圆状长圆形, 长 4.5～16cm, 宽 2.5～7cm, 先端急尖至短渐尖, 基部宽楔形, 两侧近相等, 坚纸质, 干时上面呈黄绿色, 稍亮, 下面呈灰绿色, 晦暗, 两面沿中脉及侧脉多少带红色, 上面无毛, 下面被极细的灰白微柔毛或老时变无毛, 边缘略内卷, 羽状脉, 中脉直贯叶端, 两面凸起, 侧脉每边 4～5 条, 弧曲, 近叶缘处消失, 两面多少明显, 侧脉脉腋上面不明显隆起, 下面腺窝不明显, 细脉网状, 在放大镜下隐约可见; 叶柄纤细, 长 1.3～3cm, 腹凹背凸, 近基部被极细的灰白微柔毛。果序圆锥状, 腋生, 着生在幼枝中下部, 长 3.5～7.5cm, 具梗, 总梗长为 1～4cm, 与各级序轴被极细的灰白微柔毛。果球形, 直径 1.2～1.3cm, 鲜时呈绿色, 干时为黄褐色; 果托为高脚杯状, 长约 1.2cm, 顶部盘状增大, 宽约 1cm, 具圆齿, 下部突然收缩成柱状, 基部宽约 1.5mm, 外面被极细灰白微柔毛和纵向沟纹。果期 11 月[4]。

2．资源分布

大果木姜子主产于云南东南部及广西西部, 多生于海拔约 500m 的林中。

二、化学成分

目前, 有关大果木姜子化学成分的报道主要集中于其挥发油成分: 如罗君等[5]研究发现,大果木姜子挥发油主要含有 α-柠檬醛、桉叶油醇、香茅醛、柠檬醛等成分；梁光义等[6]研究发现，大果木姜子挥发油主要含有 α-松油醇、柠檬烯、香桧烯、1,8-桉叶素等成分。

1. 萜类成分

Muhammad 等[7]通过植物化学鉴定，分离鉴定了 10 种新的愈创木烷型倍半萜 miganoids A-J 和 1 种新的倍半萜 7(S)-(hydroxypropanyl)-3-methyl-2-(4-oxopentyl)-cyclohex-2-en-1-one，并通过 HR-ESI-MS、2D NMR 等证实了这些化合物的结构。赵立春等[8]采用超临界 CO_2 萃取方法从大果木姜子果实中提取挥发油，并运用气相色谱-质谱-计算机联用技术对其化学成分进行了鉴定，结果共分离鉴定了 58 个化学成分，占总挥发油成分的 51.95%，其中主要成分是古巴烯（7.73%）、桉树脑（3.24%）、斯巴醇（3.20%）、β-人参萜烯（3.11%）（表 9-3，图 9-3）。

表 9-3　大果木姜子萜类成分

序号	名称	参考文献	序号	名称	参考文献
1	miganoid A	[7]	4	桉树脑	[8]
2	miganoid B	[7]	5	古巴烯	[8]
3	7(S)-(hydroxypropanyl)-3-methyl-2-(4-oxopentyl)-cyclohex-2-en-1-one	[7]	6	斯巴醇	[8]
			7	β-人参萜烯	[8]

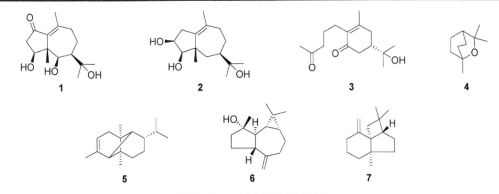

图 9-3　大果木姜子萜类成分

2. 黄酮及黄酮苷类成分

沈丽等[9]从大果木姜子枝叶乙醇提取物中分离得到了一系列低极性化合物，通过波谱分析等手段，鉴定出 7 种化合物，其中黄酮类成分有(+)-儿茶素和 5,7,4'-三羟基二氢黄酮。赵立春等人[10]从大果木姜子叶的乙酸乙酯和正丁醇提取物中分离得到 3 个黄酮苷类化合物（表 9-4，图 9-4）。

表 9-4　大果木姜子黄酮及黄酮苷类成分

序号	名称	参考文献	序号	名称	参考文献
1	(+)-儿茶素	[9]	3	5,7,4'-trihydroxyflavanol-3-(glc-gal)glycoside	[10]
2	5,7,4'-三羟基二氢黄酮	[9]			

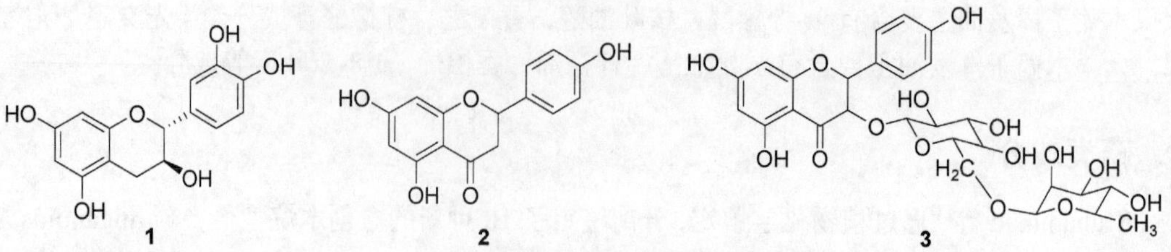

图 9-4　大果木姜子黄酮及黄酮苷类成分

3．甾体及香豆素类成分

沈丽等[9]从大果木姜子枝叶乙醇提取物中分离得到了一系列较低极性化合物，通过波谱分析等手段，鉴定出甾体类成分 β-谷甾醇和胡萝卜苷，香豆素类成分东莨菪内酯和 6,8-二甲氧基-7-氧-β-D-葡萄糖香豆素（表 9-5，图 9-5）。

表 9-5　大果木姜子甾体及香豆素类成分

序号	名称	参考文献	序号	名称	参考文献
1	东莨菪内酯	[9]	**2**	6,8-二甲氧基-7-氧-β-D-葡萄糖香豆素	[9]

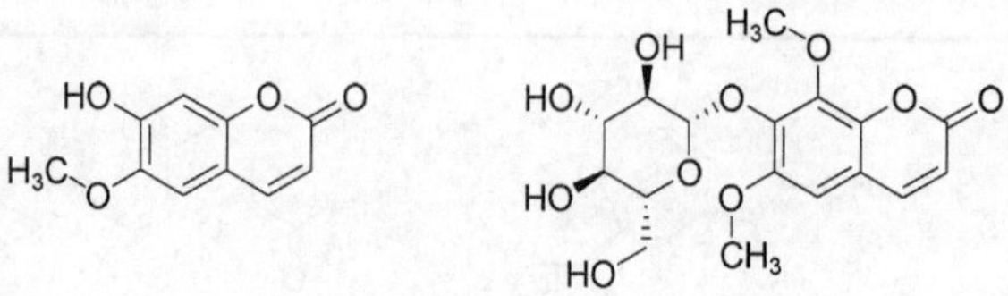

图 9-5　大果木姜子甾体及香豆素类成分

三、药理活性

1．镇痛作用

刘同祥等[11]将昆明种小鼠随机分为正常对照组、安慰剂组、阿司匹林组、曲马多组和大果木姜子石油醚、二氯甲烷、正丁醇提取部位的高、中、低剂量组。除正常组外，各组灌胃给药，安慰剂组灌服生理盐水。通过扭体法、热板法、甲醛法研究了大果木姜子镇痛作用的成分和机制。结果发现大果木姜子各提取部位对醋酸诱发小鼠扭体反应有显著的镇痛作用，与安慰剂组比较，石油醚提取部位对小鼠的扭体次数减少明显（$P<0.01$）；大果木姜子石油醚提取部位、二氯甲烷提取部位对热板法致痛有显著的镇痛作用，与安慰剂组比较，能显著提高小鼠的痛阈值（$P<0.01$）；大果木姜子石油醚提取部位对甲醛致痛有显著的镇痛作用，能明显减少小鼠 5～10min（Ⅰ相）和 20～30min（Ⅱ相）的痛觉反应时间，与安慰剂组比较，镇痛效果有显著性差异（$P<0.05$ 或 $P<0.01$）。以上研究结果表明大果木姜子脂溶性成分具有镇痛作用。

2．心肌缺血的保护作用

李亚辉等[12]研究了贵州大果木姜子对急性心肌缺血损伤的保护作用。采用皮下多点注射盐酸异丙肾上腺素建立大鼠心肌缺血模型，测定大果木姜子对大鼠血清中天冬氨酸氨基转移酶（AST）、乳酸脱氢酶（LDH）、肌酸激酶（CK）的含量，检测体内总抗氧化能力（T-AOC）、谷胱甘肽（GSH）的含量。病理组织学观察心肌组织的形态结构变化。发现大果木姜子可显著降低 LDH 和 CK 水平（$P<0.05$），增加体内总抗氧化能力及谷胱甘肽的含量，有效改善心肌组织的病理组织形态。以上研究结果表明大果木姜子可能通过作用于抗氧化系统起到对急性心肌缺血损伤的保护作用，但是高、中、低剂量没有呈现剂量依赖性，其中以低剂量效果最突出。

研究表明，大果木姜子挥发油（CV-3）对离体内脏平滑肌和心血管平滑肌有松弛作用。孙学惠等[13]采用结扎猫冠状动脉左前降支致急性实验性心肌缺血来观察其抗心肌缺血作用。大果木姜子挥发油 0.2mL/kg 经十二指肠给药后，心外膜电图 ST 段偏移总和Σ-ST 及偏移总导联数（N-ST）较生理盐水（NS）组显著减少。氯化硝基四氮唑蓝（NBT）染色显示心肌梗塞范围较 N8 组缩小（$P<0.01$），并能降低梗塞后血清乳酸脱氢酶水平，表明 CV-3 对猫急性心肌缺血具有保护作用。

钱斌等[14]研究发现大果木姜子口服乳剂（CV-KF）和静脉乳剂（CV-JM）对心血管平滑肌具有松弛作用。采用结扎大鼠冠状动脉左前降支致急性心肌缺血，以观察抗心肌缺血作用。CV-KF 和 CV-JM 给药以后，抑制心电图Ⅱ导 ST 段抬高幅度。氯化硝基四氮唑蓝染色显示心肌梗死范围较 NS 组缩小，并能降低梗死后肌酸激酶（CK）、乳酸脱氢酶（LDH）的水平，表明 CV-KF 和 CV-JM 对大鼠心肌缺血具有保护作用。

3．抗病毒作用

杨佃志等[15]通过细胞培养法对复方大果木姜子软膏Ⅰ号、Ⅱ号、Ⅲ号 3 个制剂处方水提、醇提物进行了体外抗 HSV-1 病毒作用的研究，采用观察细胞病变（CPE）和噻唑蓝（MTT）比色法检测细胞活性，观察复方大果木姜子软膏提取物抗 HSV-1 病毒感染的作用；以治疗指数（TI）为评价指标，比较各处方的抗病毒活性强弱。结果发现复方大果木姜子软膏Ⅰ号、Ⅱ号、Ⅲ号三个处方其水煎液及醇提液都有不同程度的体外抑制 HSV-1 在 Hep-2 细胞中增殖的作用；其中Ⅱ号处方的水提取物作用最强。

胡万福等[16]对复方大果木姜子软胶囊进行细胞培养实验，对体外抗流感病毒实验进行了研究。发现复方大果木姜子软胶囊在 MDCK 细胞中的半数中毒浓度（TC_{50}）为 1.248mg/mL，预防组抗流感病毒的半数有效浓度（EC_{50}）为 0.117mg/mL；治疗指数（TI）为 10.67；感染病毒 0.7h 后均有明显地抑制 FM1 在 MDCK 细胞中增殖的作用。研究结果表明复方大果木姜子软胶囊对流感病毒 FM1 在 MDCK 细胞中的增殖具有明显的抑制作用。

4．抑菌作用

吴碧清等[17]研究了大果木姜子挥发油对幽门螺杆菌的体外抑菌作用。采用水蒸气蒸馏法提取大果木姜子挥发油，以幽门螺杆菌国际标准菌株 ATCC26695 为实验菌株，采用纸片法测定抑菌圈大小，倍比稀释法测定最低抑菌浓度（MIC）和最低杀菌浓度（MBC）。结果发现大果木姜子挥发油得油率为 6.4%，不同稀释浓度下，抑菌圈直径为 7.80～26.04mm，幽门螺杆菌的MIC 值为 6.25mg/mL，MBC 值为 12.5mg/mL。结果表明大果木姜子挥发油具有抗幽门螺杆菌作用。

陈达等[18]以体外药物的抗菌强度为测评指标，把以大果木姜子精油为主药与其他抗菌药物组成的Ⅰ号、Ⅱ号、Ⅲ号三个处方进行优选，确定最佳的处方组成和提取方法。采用琼脂扩散管碟法定性、试管法定量对三个处方水提物及醇提物的体外抗菌强度进行测定比较。结果发现Ⅲ号处方的醇提液具有较好的体外杀菌作用。

5. 其他作用

Muhammad 等[7]通过测定脂多糖诱导的一氧化氮的生成来确定所报道的化合物的抗炎性能。研究发现，miganoid C 被证实是最有效的化合物，其 NO 抑制率约为 89%。此外，miganoid C、miganoid E 和 miganoid G 对促炎细胞因子（TNF-α、IL-1β 和 IL-6）也有一定的抑制作用。

参考文献

[1] 中国科学院植物研究所. 中国高等植物科属检索表[M]. 北京: 科学出版社, 1979.
[2] 全国中草药汇编编写组, 全国中草药汇编: 下册[M]. 北京: 人民卫生出版社, 1978.
[3] 贵州省药品监督管理局. 贵州省中药材、民族药材质量标准[S]. 贵阳: 贵州科技出版社, 2003.
[4] 邱德文, 李鸿玉, 赵山, 等. 米槁的本草学研究[J]. 中华中医药杂志, 1993, 8(2): 19-20.
[5] 罗君, 朱迪, 廖秀, 等. 基于苗药"鲜用理论"的大果木姜子挥发油成分对比研究[J]. 时珍国医国药, 2019, 30(3): 68-70.
[6] 梁光义, 邱德文, 魏慧芬, 等. 大果木姜子精油化学成分的研究[J]. 天然产物研究与开发, 1992, 4(2): 67-70.
[7] Muhammad I, Luo W, Shoaib R M, *et al*. Guaiane-type sesquiterpenoids from *Cinnamomum migao* H. W. Li: and their anti-inflammatory activities[J]. Phytochemistry, 2021, 190(5): 1-10.
[8] 赵立春, 邱明华, 邱德文. 超临界 CO_2 萃取苗药大果木姜子果实挥发化学成分研究[J]. 环球中医药, 2009, 2(6): 442-444.
[9] 沈丽, 马琳, 朱海燕, 等. 大果木姜子的化学成分[J]. 中国实验方剂学杂志, 2011, 17(15): 108-110.
[10] 赵立春, 何颖, 邱明华, 等. 苗药米槁叶子化学成分研究[J]. 中国民族民间医药杂志, 2009, 14: 13-14.
[11] 刘同祥, 刘庆山, 申刚义, 等. 大果木姜子镇痛作用活性部位筛选[J]. 北京中医药大学学报, 2010, 33(8): 550-554.
[12] 李亚辉, 杨欣. 贵州大果木姜子对急性心肌缺血损伤的保护作用[J]. 中医药信息, 2020, 37(3): 4-8.
[13] 孙学惠, 隋艳华, 邱德文. 大果木姜子油对猫急性实验性心肌缺血的保护作用[J]. 中国药学杂志, 1995, 4(6): 341-344.
[14] 钱斌, 李江. 苗药大果木姜子口服乳剂和静脉乳剂对大鼠实验性心肌缺血的保护作用[J]. 贵阳中医学院学报, 2009, 31(3): 43-45.
[15] 杨佃志, 张永萍. 复方大果木姜子乳膏体外抗 HSV-1 病毒的实验研究[J]. 时珍国医国药, 2007, 4(5): 1154-1155.
[16] 胡万福, 张永萍, 邱德文. 复方大果木姜子软胶囊抗流感病毒作用的体外实验研究[J]. 时珍国医国药, 2006, 4(10): 2121-2122.
[17] 吴碧清, 吴贤倩, 陈丽玄, 等. 苗药大果木姜子挥发油对幽门螺杆菌的体外抑菌实验研究[J]. 中国民族民间医药, 2020, 29(24): 7-11.
[18] 陈达, 杨佃志. 大果木姜子不同组方提取物体外抗菌试验研究[J]. 中国民族民间医药, 2010, 19(18): 42, 44.

第三节

大丁草

大丁草 [*Gerbera anandria* (Linn.)Sch.-Bip.] 为菊科大丁草属多年生草本，别名烧金草、豹子药、苦马菜、米汤菜、鸡毛蒿、白小米菜、踏地香、龙根草、翻白叶、小火草、臁草等[1,2]。大丁草全草入药，具有清热利湿、解毒消肿、止咳、止血、生肌、利尿等功效。大丁草含有香豆素类、黄酮类、甾体类、脂肪油等成分，现代药理学研究表明大丁草具有抗菌抑菌、镇痛等作用。

一、资源分布及生物学特征

1．资源分布

大丁草生长在海拔 650～2580m 处，它主要生长在山顶、山谷丛林、荒坡、沟边或风化的岩石上。大丁草分布范围广泛，在台湾、黑龙江、内蒙古、宁夏、广东、广西、云南、贵州等多个省区均有分布，此外，在俄罗斯、日本、朝鲜也有分布[2]。

2．生物学特征

大丁草属多年生草本，植株具春秋二型之别。春型者根状茎短，根茎多少为枯残的叶柄所围裹；根簇生，粗而略带肉质。叶基生，莲座状，于花期全部发育，叶片形状多变异，通常为倒披针形或倒卵状长圆形，长 2～6cm，宽 1～3cm，顶端钝圆，常具短尖头，基部渐狭、钝、截平或有时为浅心形，边缘具齿、深波状或琴状羽裂，裂片疏离，凹缺圆，顶裂大，卵形，具齿，上面被蛛丝状毛或脱落近无毛，下面密被蛛丝状绵毛；侧脉 4～6 对，纤细，顶裂基部常有 1 对下部分枝的侧脉；叶柄长 2～4cm 或有时更长，被白色绵毛；花葶单生或数个丛生，直立或弯垂，纤细，棒状，长 5～20cm，被蛛丝状毛，毛愈向顶端愈密；苞叶疏生，线形或线状钻形，长 6～7mm，通常被毛。头状花序单生于花葶之顶，倒锥形，直径 10～15mm。秋型者植株较高，花葶长可达 30cm，叶片大，长 8～15cm，宽 4～6.5cm，头状花序外层雌花管状二唇形，无舌片。花期春、秋二季[3]。

二、化学成分研究

1．香豆素类化合物

谷黎红等从春季采收的大丁草乙醇提取物中分离得到了 5 种香豆素化合物：大丁双香豆精、大丁纤维二糖苷、大丁龙胆二糖苷、大丁苷、大丁苷元[4]；随后谷黎红等又从秋季采收的大丁草乙醇提取物中分离得到三种新的香豆精化合物：3,8-二羟基-4-甲氧基香豆精、3,8-二羟基-4-甲氧基-5-羧基-香豆精、5,8-二羟基-7-(4-羟基-5-甲基-香豆精-3-)香豆精[5]。朱延儒等从大丁草醇提液提取出一种新的糖苷类化合物，命名为 5-methyl-eoumarin-4-O-β-D-glueoside[6]。它们的化合物结构如表 9-6 所示，结构如图 9-6 所示。

表 9-6 大丁草香豆素类化合物

序号	化合物名称	参考文献	序号	化合物名称	参考文献
1	大丁双香豆精	[4]	**5**	大丁苷元	[4]
2	大丁纤维二糖苷	[4]	**6**	3,8-二羟基-4-甲氧基香豆精	[5]
3	大丁龙胆二糖苷	[4]	**7**	5-methyl-eoumarin-4-O-β-D-glueoside	[6]
4	大丁苷	[4]			

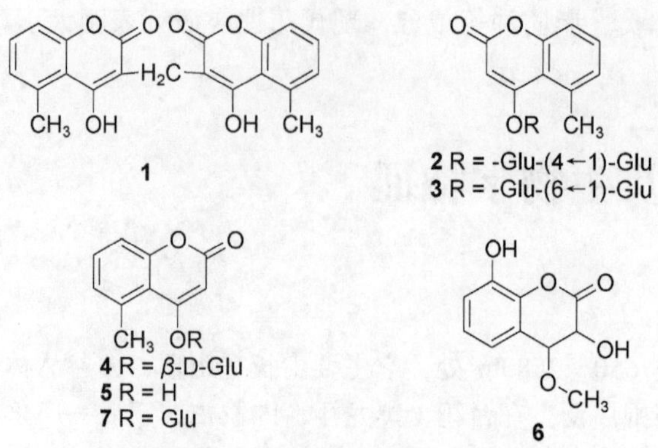

图 9-6　大丁草香豆素类化合物

2. 其他类化合物

大丁草中还含有甾体类、黄酮类、脂肪油等其他化合物，其中甾体类化合物有 β-谷甾醇、豆甾醇；黄酮类化合物有 quercetin、木犀草素 7-β-D-葡萄糖苷。王一等人研究了大丁草的脂肪油成分，从大丁草根、叶中提取得到了根脂肪油和叶脂肪油，并将两种脂肪油进行了甲酯化，然后通过 GC-MS 从根脂肪油和叶脂肪油中分别鉴定出 16 和 15 种成分，且发现两种脂肪油的含量、组成上有很大的差别[7]。此外，还有一些酮类及酸类化合物，如琥珀酸、methyl hexadecanoate、2-hydroxy-6-methylbenzoic acid 等[8]。它们的化合物名称如表 9-7 所示，化合物结构如图 9-7 所示。

表 9-7　大丁草其他类化合物

序号	化合物名称	参考文献
1	琥珀酸	[8]
2	methyl hexadecanoate	[8]

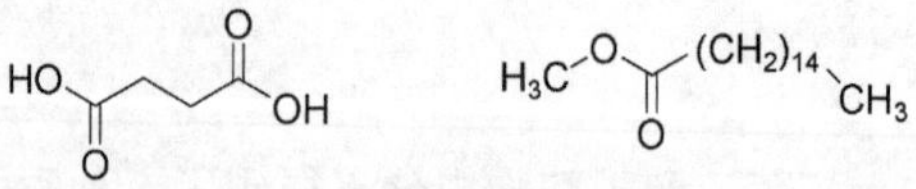

图 9-7　大丁草其他类化合物

三、药理活性

1. 镇痛抗炎

高长久等对大丁草的水提物和醇提物进行了镇痛疗效的研究，实验首先确立了两种提取物的低剂量和高剂量有效剂量，它们的最低有效剂量均为 3.2g/kg，高剂量有效剂量均为 6.4g/kg。实验通过利用两种剂量的大丁草水提物和醇提物对小鼠进行醋酸扭体实验，以及热板仪致小鼠疼痛实验对大丁草的镇痛效果进行评价，结果发现，大丁草水提物和醇提物两种剂量组均有明显的镇痛效果，且也发现在同等剂量组条件下，大丁草水提物与醇提物相比，大丁草水提物的镇痛效果要更好[9]。随后，他们对大丁草的水提物和醇提物进行了抗炎实验，通过采取二甲苯致小鼠耳肿胀实验以及小鼠腹腔通透性实验进行了研究，结果发现，与生理盐水相比，大丁草的水提物和醇提物对小鼠耳廓肿胀均有明显的抑制作用，且水提物的抑制作用要强于醇提物。大丁草水提物以及醇提物对小鼠腹腔通透性增加有一定的抑制作用，其中，高剂量组的水提物和醇提物与生理盐水组相比，差异较为显著，且发现大丁草水提物与醇提物对小鼠腹腔通透性抑制效果没有差异[10]。

2．对肾脏的影响

苗绪红等研究了大丁草对慢性肾功能衰竭大鼠 TGF-β1 和 ET-1mRNA 表达的影响，实验通过采用 Wistar 大鼠灌胃 4 周制作了大鼠慢性肾衰模型，对其进行生化指标监测、肾脏病理学检查以及观察转化生长因子-β1(TGF-β1)和内皮素-1(ET-1)mRNA 表达的效果。结果发现，经大丁草处理后的大鼠与对照组相比，其慢性肾衰症状明显得到改善，其生化指标（血肌酐、尿素氮、尿酸浓度）与建模组相比有明显下降，灌胃大丁草水煎液后，其基因表达受到抑制，从而来抑制肾小球硬化和肾功能损伤[11]。

3．抑菌

谷黎红等研究了大丁草中的几种代谢物在体外对金黄色葡萄球菌的抑菌性，发现大丁双香豆精以及大丁苷元抑菌浓度分别为 0.125mg/mL、0.25mg/mL，且这两种成分是大丁草抑菌作用的最主要成分，而大丁纤维素二糖苷和大丁龙胆二糖苷最小抑菌浓度只有 0.5mg/mL，大丁苷在体外则不具有抑菌性[12]。谷黎红等人对大丁苷在大鼠体内、外的代谢进行了研究，经过大鼠胃液和肠内容物的培养，观察其代谢物的变化，结果发现大丁苷在大鼠肠道内发生了转化，转化物主要为大丁双香豆精及大丁苷元，且发现经口服效果会更好[13]。冯玉书等人研究了大丁草水煎剂、大丁苷进行了体外抗菌实验，实验采用杯碟法对 50%大丁草水煎剂、10%大丁草水煎剂、$5\times10^{-4}\sim2\times10^{-3}$mg/mL 的大丁苷以及苷元进行了绿脓杆菌、大肠杆菌、伤寒杆菌等 8 种菌种的体外抗菌实验，结果发现，大丁草水煎剂、大丁苷对大肠杆菌没有抑制作用，但对其他的 7 种菌种均有一定的抑制作用；他们也研究了大丁草水煎剂、醇浸剂以及大丁苷对绿脓杆菌的体内感染实验，结果发现，大丁草水煎剂及大丁苷具有良好的抑菌性，并随剂量增大疗效增加，但大丁草醇浸剂可能具有药物毒性，小鼠存活率极低；他们也进行了大丁苷抗绿脓杆菌体内感染实验，通过改良寇氏法计算大丁苷的半数致死量为 46.2mg/kg[14]。朱延儒等人从大丁草中发现的 5-甲基-香豆精-4-O-β-D-葡萄糖苷对于金黄色葡萄球菌以及绿脓菌均具有抑菌效果[15]。

4．毒性

冯玉书等对大丁草中有效成分大丁苷进行了毒性测定，实验选取了小鼠进行了急性毒性测定，对小鼠注射了 200～5000mg/kg 的大丁苷，观察三天小鼠无死亡，但在解剖注射 1000mg/kg 的小鼠中发现有尚未吸收的部分；实验对家兔连续七天静脉注射 0.2%的大丁苷水溶液 20mg/kg，与生理盐水作对比，结果发现，给药前后，家兔的红细胞、白细胞总数及尿常规无明显差异，表明大丁苷无明显毒副作用[14]。

5．其他

冯玉书等通过小鼠炭末法以及家兔刚果红法研究大丁苷对网状内皮系统吞噬功能的影响，

结果发现，对小鼠和家兔腹腔注射一定量的大丁苷后，它们的网状内皮系统吞噬能力均得到了提升[14]。

参考文献

[1] 国家中医药管理局. 中华本草[M]. 上海: 上海科学技术出版社, 1999.

[2] 中国科学院中国植物志编辑委员会. 中国植物志: 第七十九卷[M]. 北京:科学出版社, 1996.

[3] 滕崇德, 李继瓒, 杨懋琛. 大丁草[J]. 山西医药杂志, 1976, 4(S1): 29.

[4] 谷黎红, 王素贤, 李铣, 等. 大丁草中抗菌活性成分的研究[J].药学学报, 1987, 4(4): 272-277.

[5] 谷黎红, 李铣, 阎四清, 等. 大丁草中抗菌活性成分的研究IV[J]. 药学学报, 1989, 4(10): 744-748.

[6] 朱廷儒, 苏世文, 王素贤. 大丁草中一种新葡糖苷的分离和鉴别[J]. 沈阳药学院学报, 1981, 4(14): 36-38.

[7] 王一, 王淼, 何法, 等. GC-MS 法分析大丁草根与叶中脂肪油成分[J]. 沈阳药科大学学报, 2013, 30(12): 940-943.

[8] He F, Wang M, Gao M, *et al*. Chemical composition and biological activities of *Gerbera anandria*[J]. Molecules, 2014, 19(4): 4046-4057.

[9] 高长久, 张朝立, 李洁, 等. 中草药大丁草水和醇提取物的镇痛作用[J]. 中国中医药现代远程教育, 2019, 17(12): 95-97.

[10] 高长久, 张朝立, 李洁, 等. 大丁草 2 种提取物对二甲苯所致耳肿胀炎症模型小鼠的抗炎作用[J]. 中国中医药现代远程教育, 2019, 17(13): 114-116.

[11] 苗绪红, 苏冠男, 饶冠华, 等. 大丁草（*Gerbera anandria*（L.）Sch Bip.）对腺嘌呤诱导的慢性肾功能衰竭大鼠 TGF-*β*1 和 ET-1 mRNA 表达的影响[J]. 南开大学学报（自然科学版）, 2009, 42(1): 101-106.

[12] 谷黎红, 李铣, 陈英杰, 等. 大丁草中抗菌活性成分的研究: 人肠道微生物对大丁甙及其类似物的代谢产物[J]. 药学学报, 1988, 23(7): 511-515.

[13] 谷黎红, 李铣, 朱廷儒. 大丁草中抗菌活性成分的研究(Ⅲ)——大丁苷在白大鼠体内、外的代谢研究[J]. 沈阳药学院学报, 1989, 4(2): 11-14.

[14] 冯玉书, 施一鸣. 大丁草及大丁苷抗菌作用的实验研究[J]. 沈阳药学院学报, 1981, 4(14): 39-42.

[15] 朱廷儒, 苏世文, 王素贤, 等. 大丁草中抑菌成分的研究[J]. 中草药, 1985, 16(7): 14.

第四节
小花清风藤

小花清风藤（*Sabia parviflora* Wall. ex Roxb.）为清风藤科木质藤本植物或攀援灌木，别名黄眼药、小黄药、黄种药等[1]，其根、茎、叶均可入药，有祛风除湿、消炎镇痛的功效。现代药理学研究发现小花清风藤能够治疗急性黄疸肝炎、乙肝以及具有抗病毒的作用。

一、资源分布及生物学特征

1. 资源分布

小花清风藤主要分布在广西、云南、贵州等地，多生于海拔 550～2800m 的疏林、灌木林、溪边以及山谷，石沟或岩石隙也可生长[2-3]。

2．生物学特征

小花清风藤为常绿木质攀援缠绕藤本；幼枝叶紫红色，小枝细长，嫩时被短柔毛，老时无毛；芽鳞卵形，先端长尖，背面有中肋，有缘毛。叶纸质或近薄革质，革质卵状披针形，狭长圆形或长圆状椭圆形，长5～12cm，宽1～3cm，先端渐尖，基部圆形或宽楔形，叶面深绿色或榄绿色，有时有光泽，叶背灰绿色，两面均无毛；侧脉每边5～8条，在离叶缘3～10mm处开叉网结，叶柄长0.5～2cm，有稀疏柔毛或无毛。聚伞花序集成圆锥花序式，无毛或被稀疏柔毛，有花10～20朵，直径2～5cm，长3～7cm，总花梗长2～6cm，带紫红色，花梗长3～6mm，带紫红色，花绿色或黄绿色，萼片5，卵形或长圆状卵形，长约0.8mm，先端尖，有缘毛；花瓣5片，长圆形或长圆状披针形，长2～3mm，先端急尖或钝，有红色脉纹；雄蕊5枚，花丝粗而扁平，长1～1.5mm，花药外向开裂，花盘杯状，边缘5深裂，花柱狭圆锥形，长1～1.5mm。子房无毛，幼果绿色，近成熟时为紫红色，成熟时为蓝色。分果爿近圆形，直径5～7mm，无毛，核中肋不明显，两侧面有不明显的蜂窝状凹穴，腹部圆。花期3～5月，果期7月至次年2月[3]。

二、化学成分

1．三萜类化合物

陈谨等人从小花清风藤的地上部分分离出了11个三萜类化合物，其中有两个新的三萜类化合物1α,3β-dihydroxyl-olean-12-en-28-oic acid和1α,2α,3β-trihydroxyl-olean-12-en-28-oic acid，九种已知的三萜类化合物经鉴别为：齐墩果酸、羽扇豆醇、3α-羟基-齐墩果酸甲酯、阿江三萜酸、3-氧化-齐墩果酸甲酯、2β,3β,19α-三羟基-乌苏-12-烯-28-酸、古柯三萜二醇、反-山楂酸、vergatic acid[4-5]。陈艳等从小花清风藤茎叶提取物中分离得到了七种三萜类化合物，分别为木栓酮、(20S)-3-oxo-20-hydroxytaraxastane、桦木酸、3-氧代齐墩果酸、古柯三萜二醇、桦木酸甲酯、20-hydroxy-lupan-3-one[6]。樊东辉等从小花清风藤70%乙醇提取物中分离得到了8种三萜类化合物：柴胡皂苷A、柴胡皂苷B2、6″-O-acetyl-saikosaponin B2、柴胡皂苷B1、柴胡皂苷D、6″-O-acetyl-saikosaponin B1、1α,3β-dihydroxyl-olean-12-en-28-oic acid、2α-羟基齐墩果酸[7]。三萜类化合物名称如表9-8所示，结构如图9-8所示。

表9-8　小花清风藤三萜类化合物

序号	化合物名称	参考文献	序号	化合物名称	参考文献
1	1α,3β-dihydroxyl-olean-12-en-28-oic acid	[4]	5	2β,3β,19α-三羟基-乌苏-12-烯-28-酸	[5]
2	1α,2α,3β-trihydroxyl-olean-12-en-28-oic acid	[4]	6	(20S)-3-oxo-20-hydroxytaraxastane	[6]
3	阿江三萜酸	[5]	7	20-hydroxy-lupan-3-one	[6]
4	3-氧化-齐墩果酸甲酯	[5]	8	柴胡皂苷B2	[7]

2．生物碱类化合物

林佳等最早从小花清风藤的地上部分分离出5-氧阿朴菲碱生物碱成分[8]。陈瑾等从小花清风藤中分离得到一种新的生物碱：1,2,3,4-tetrahydro-5-hydroxyl-8-methoxyl-2-methyl-4′-methoxyl-benzylisoquinoline[9]。他们随后从小花清风藤的地上部分分离出三个生物碱：5-氧阿朴菲碱、β-

黑瑞亭、原阿片碱[10]。陈艳等从小花清风藤茎叶提取物中分离得到了 4 种生物碱类化合物，分别为 N-formyldehydroanonain、dehydroformouregine、N-formylannonain(Z)、N-formyl-O-methylisopiline[6]。朱仝飞等从小花清风藤叶片甲醇提取物中分离得到了七种生物碱化合物，分别为 N-反式阿魏酰酪胺、N-顺式阿魏酰酪胺、N-反式-对-香豆酰酪胺、N-顺式-对-香豆酰酪胺、N-反式-对-香豆酰章鱼胺、N-顺式-对-香豆酰章鱼胺、5-氧阿朴菲碱[11]。樊东辉等人从小花清风藤发现了生物碱化合物：木兰花碱[7]。Fan 等从小花清风藤中分离得到 cannabisins D-E、cis-grossamide K、dihydroisoflavipucine 四种生物碱成分[12]。林材从小花清风藤中发现了脱镁叶绿甲酯酸[13]。生物碱类化合物名称如表 9-9 所示，结构如图 9-9 所示。

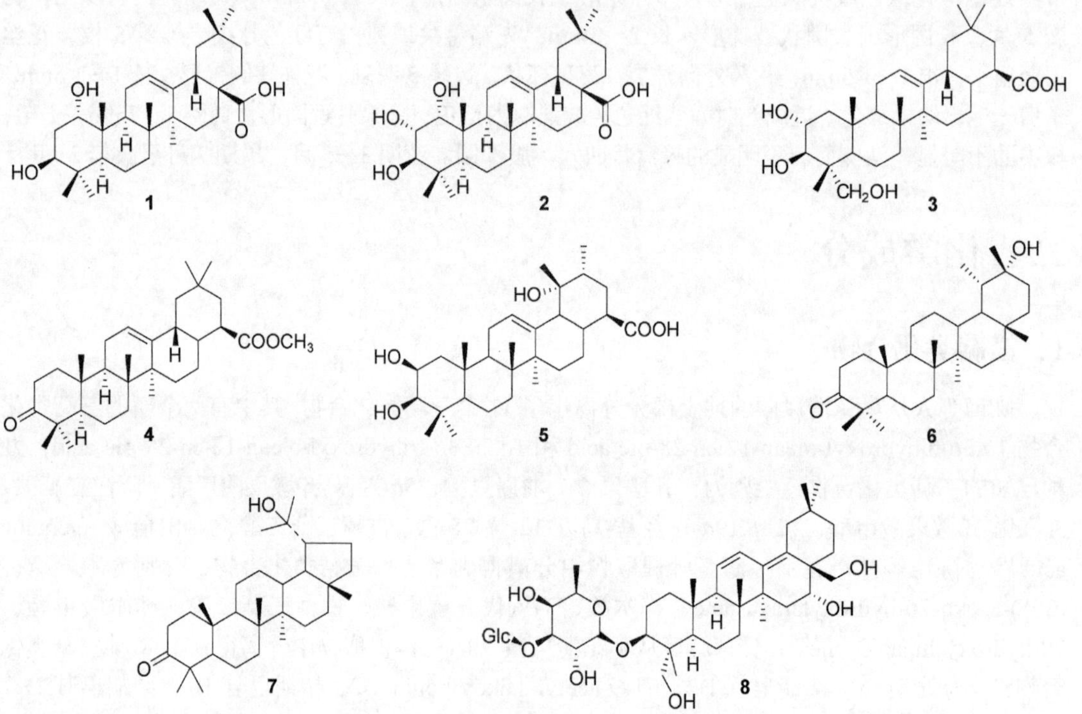

图 9-8　小花清风藤三萜类化合物

表 9-9　小花清风藤生物碱类化合物

序号	化合物名称	参考文献	序号	化合物名称	参考文献
1	5-氧阿朴菲碱	[8,10,11]	5	N-formyl-dehydroanonain	[6]
2	1,2,3,4-tetrahydro-5-hydroxyl-8-methoxyl-2-methyl-4′-methoxyl-benzylisoquinoline	[9]	6	dehydroformouregine	[6]
			7	木兰花碱	[7]
3	β-黑瑞亭	[11]	8	dihydroisoflavipucine	[12]
4	原阿片碱	[11]	9	脱镁叶绿甲酯酸	[13]

3．黄酮类成分

潘国吉等从小花清风藤干燥茎叶的甲醇提取物中分离出 7 种黄酮类化合物：槲皮素-3-O-龙胆双糖苷、camellianoside、芦丁、tsubakioside A、山奈酚-3-O-芸香糖苷、异鼠李素-3-O-芸香糖苷、山奈酚[14]。Sun 等从小花清风藤中分离出一种新的黄酮类化合物，命名为 sabiapside A，此外还分离出了 isobariclisin-3-*O*-rutinoside 等已知的化合物[15]。黄酮类化合物名称如表 9-10 所示，结构如图 9-10 所示。

1

2

3

4

5

6

7

8

9

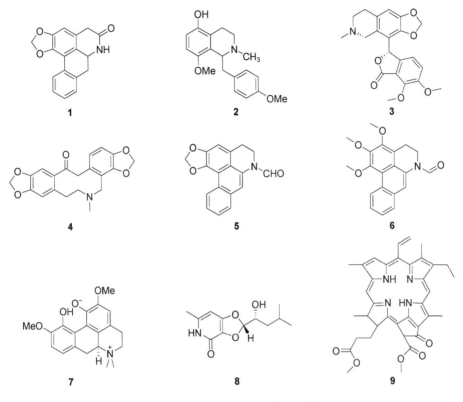

图 9-9　小花清风藤生物碱类化合物

表 9-10　小花清风藤黄酮类化合物

序号	化合物名称	参考文献	序号	化合物名称	参考文献
1	camellianoside	[14]	3	sabiapside A	[15]
2	tsubakioside A	[14]	4	isobariclisin-3-*O*-rutinoside	[15]

1 R^1 = OH, R^2 = Glu-Rha-Xyl

2 R^1 = H, R^2 = Glu-Rha-Xyl

3 R = Glu-Rha-Xyl

4 R = Glu-Rha

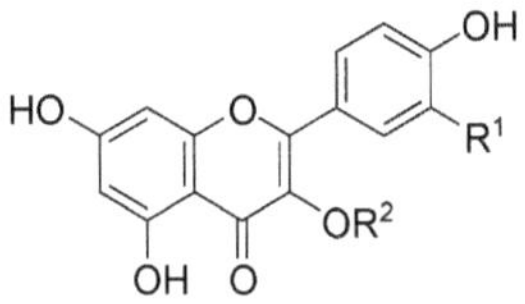

图 9-10　小花清风藤黄酮类化合物

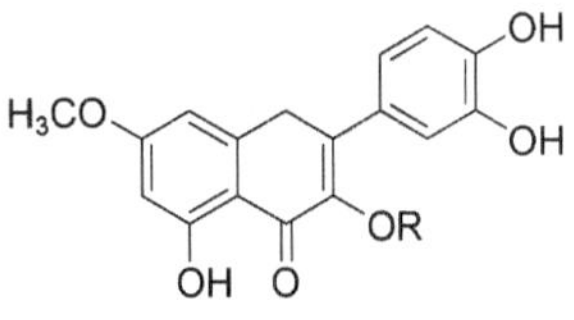

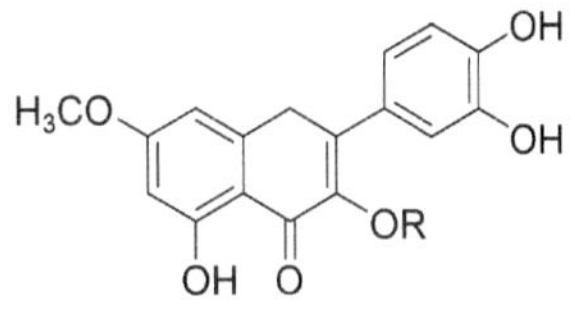

4．其他类成分

此外，从小花清风藤中还发现了甾体类、酰胺类、醛类等其他类化合物。林佳等从小花清风藤的地上部分分离出二十五烷酸、*β*-谷甾醇[8]。朱仝飞等从小花清风藤叶片甲醇提取物中分离得到阿魏酸、芹菜素、木犀草素、咖啡酸[11]。Fan 等从小花清风藤中分离得到 4 种新的化合物：

sabianins A-D [12]。陈艳等从小花清风藤中得到了 9-芴酮、棕榈酸[6]。赵兰君等从小花清风藤茎叶中提取分离得到了 15 个化合物，经分离鉴定为邻苯二甲酸二(2-乙基己)酯、邻苯二甲酸二丁酯、豨莶精醇、蔗糖、丁香醛、香草醛、黄花菜木脂素 C、克罗酰胺、(−)-lyoniresinol、狗牙花脂素、丁香树脂醇、seslignanoccidentaliol A、左旋丁香树脂醇-4-O-β-D-葡萄糖苷、(−)-simulanol、(−)-7R,8S-dehydrodiconiferyl alcohol[16]。李建桥等还通过水蒸气蒸馏法提取了小花清风藤中的挥发油成分，并采用 GC-MS 技术鉴定出 19 种化合物，其主要成分为烷烃类化合物[17]。其他类化合物名称如表 9-11 所示，结构如图 9-11 所示。

表 9-11　小花清风藤其他类化合物

序号	化合物名称	参考文献
1	sabianin A	[13]
2	sabianin B	[13]
3	9-芴酮	[6]
4	豨莶精醇	[16]
5	黄花菜木脂素 C	[16]
6	(−)-lyoniresinol	[16]

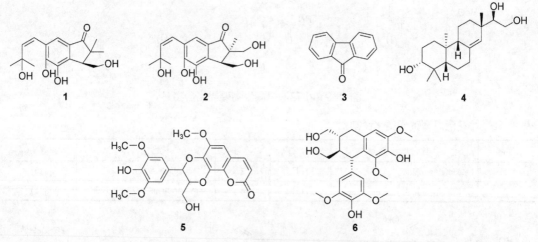

图 9-11　小花清风藤其他类化合物

三、药理活性

1．保肝

　　杨龙飞等采用四氯化碳、α-萘异硫氰酸酯、D-氨基半乳糖、卡介苗联合脂多糖四种肝损伤模型，结果发现，小花清风藤能够显著减轻四种模型所引起的大鼠肝脏损伤，且对肝脏损伤有一定的保护作用；此外，他们还研究了小花清风藤肝损伤炎症干预作用机制，对细胞因子表达、肝细胞凋亡、肝损伤模型肝组织核转录因子表达以及肝组织中基因表达的影响。结果发现，小花清风藤能够抑制肝损伤后出现的炎性细胞因子，抑制肝细胞凋亡，同时能够一定程度上阻碍核基因 NF-κB 的异常活化以及肝组织中 p38MAPK 和 c-myc mRNA 的表达[18]。刘易蓉、邱晓春等对小花清风藤进行了一些保肝作用实验的研究，实验通过四氯化碳、扑热息痛建立了小鼠肝损伤模型，通过对进行血清谷丙转氨酶（ALT）以及谷草转氨酶（AST）活性的测定，对其肝脏作肝脏病理组织学检查，结果发现，小花清风藤提取物对两个模型组中 ALT 和 AST 的活性均有一定的降低作用，且发现高剂量的小花清风藤提取物对 CCl₄ 肝损伤模型小鼠肝脏病变具有明显的改善作用，证实了小花清风藤具有一定的保肝作用[19]。李曼姝等采用四唑盐（MTT）法测试了石油醚萃取物和分离得到的化合物对 CCl₄ 损伤的正常肝细胞（LO2）的保护作用，结果表明经提取分离得到的化合物能够显著提高 LO2 肝细胞的存活率，小花清风藤石油醚提取物也具有良好的保护肝细胞作用[20]。李玉玲等通过用四氯化碳制作小鼠肝损伤模型，研究了小花清风藤不同药用部位及溶剂提取物对四氯化碳致小鼠急性损伤的保护作用，对其进行 20mL/kg 的灌胃给药一次，连续 7 天，并在末次给药两小时后按 10mL/kg 的剂量腹腔注射 0.5% 的橄榄油溶液，而正常组注射同剂量的 0.5% 的羧甲基纤维素钠，末次给药两小时后注射橄榄油，测量其肝脏质量并计算肝脏指数，同时测定肝脏中谷丙转氨酶（ALT）、谷草转氨酶（AST）、谷胱甘肽过氧化物酶（GSH-Px）、超氧化物歧化酶（SOD）四种酶的活性，还测定了丙二醛（MDA）的含量。结果发现，在给药后，小鼠肝组织中 ALT、AST 活性降低、肝组织中 SOD 和 GSH-Px 含量升高，肝组织中 MDA 含量降低。结果表明小花清风藤水提物的保肝作用效果最好，也发现小花清风藤可明显减轻由四氯化碳对肝脏的脂质过氧化损伤，其作用机制与抗氧化作用有关[21]。Zhang 等人研究了小花清风藤水提物的保肝作用，实验对水提物再经由 30%、60%、90% 乙醇进行沉淀，对其上清液通过 LO2 细胞存活率来检测肝细胞保护活性，发现 60% 乙醇醇沉物含量较高且具有较好的保肝活性，并对 60% 乙醇提取液进一步进行分离纯化得到小花清风藤多糖(SPS60)，对其进行了保肝作用的研究，结果发现，SPS60 治疗组存活率明显高于对照组与模型组，具有明显的保肝活性[22]。

2．抗流感病毒

曲新艳等研究了小花清风藤水提物的体内抗流感病毒活性，实验观察了小花清风藤水提物对流感病毒性肺炎小鼠生存率、生存时间、肺指数以及肺组织的影响，结果发现，当小花清风藤水提物剂量为 6.5g/kg 时，与模型组相比，小鼠生存率能提高 30%，小鼠的存活时间延长，且小鼠肺组织炎症病变以及肺指数和肺匀浆中病毒滴度明显减少，表明小花清风藤提取物具有一定的抗流感病毒的作用[23]。

3．抗炎

王茂林等研究了小花清风藤对类风湿关节炎的治疗作用，通过建立模型组，在连续用药 20 天后，对大鼠关节血清及滑膜组织进行免疫组化和苏木精-伊红（HE）染色，结果发现，小花清风藤能够影响类风湿关节炎大鼠血清及滑膜组织中 TNF-α 和 MMP-9 的表达，从而起到治疗类风湿关节炎的效果[24]。胡祚俊等人对小花清风藤治疗病毒型肝炎进行了临床实验，将小花清风藤茎叶鲜品制成冲剂，每包含鲜品 75g，在治疗病毒性肝炎甲型和乙型有良好的疗效，其有效率达到了 93%，且用药后对人体的毒副作用小，病人易于接受，是一种治疗病毒性肝炎的良好用药[25]。

[1] 李朝斗. 贵州产清风藤科入药植物[J]. 中国中药杂志, 1987, 12(8): 451-452.

[2] 邹坤, 邓张双, 汪鋆植. 小花清风藤[J]. 生物资源, 2018, 40(6): 554.

[3] 唐继方, 邓朝义, 卢永成. 黔西南州小花清风藤资源分布及利用状况调查[J].贵州林业科技, 2002, 30(3): 8-10, 18.

[4] Chen B, Chen J. Two new pentacyclic triterpenes from *Sabia parviflora*[J]. Chinese Chemical Letters, 2002, 13(4): 345-348.

[5] 陈谨, 邓赟, 唐天君, 等. 小花清风藤三萜成分的研究[J]. 中草药, 2004, 35(1): 20-21.

[6] 陈艳, 黄滔, 苑春茂, 等. 小花清风藤化学成分的研究[J]. 中草药, 2015, 46(21): 3146-3150.

[7] 樊东辉, 李志峰, 赵兰君, 等. 小花清风藤茎叶的化学成分研究[J]. 中药材, 2018, 41(6): 1372-1375.

[8] 林佳, 郝小江, 梁光义, 等. 小花清风藤化学成分的研究[J]. 中草药, 1999, 30(5): 334-335.

[9] Chen J, Chen B, Tian J, *et al*. A new benzylisoquinoline alkaloid from *Sabia parviflora*[J]. Chinese Chemical Letters, 2002, 13(5): 426-427.

[10] 陈谨, 陈斌, 郑颖, 等. 小花清风藤生物碱成分的研究[J]. 天然产物研究与开发, 2003, 15(4): 322-323.

[11] 朱仝飞, 李萍, 孙庆文, 等. 小花清风藤叶的化学成分研究[J]. 广西植物, 2019, 39(4): 511-515.

[12] Fan D H, Wang Q, Wang Y, *et al*. New compounds inhibiting lipid accumulation from the stems of *Sabia parviflora*[J]. Fitoterapia, 2018, 128: 218-223.

[13] 林材. 清风藤等中药化学成分的研究[D]. 贵阳: 贵州大学, 2006.

[14] 潘国吉, 孙庆文, 徐文芬, 等. 小花清风藤中黄酮类成分的研究[J]. 中成药, 2020, 42(3): 662-665.

[15] Sun Q W, Pan G J, Xu W F, *et al*. Isolation and structure elucidation of a new flavonol glycoside from *Sabia Parviflora*[J]. Natural Product Research, 2021, 35(14): 2408-2413.

[16] 赵兰君, 王玉伟, 李志峰, 等. 小花清风藤化学成分的分离与鉴定[J]. 中草药, 2018, 49(3): 544-548.

[17] 李建桥, 胡建忠, 李小聪, 等. 小花清风藤挥发油化学成分研究[J]. 生物资源, 2018, 40(6): 499-502.

[18] 杨龙飞. 复方小花清风藤浸膏抗急性肝损伤作用及对炎症干预作用的机制研究[D]. 北京: 北京中医药大学, 2006.

[19] 刘易蓉, 邱晓春, 陈惠. 小花清风藤保肝作用实验研究[J]. 中国药房, 2008, 19(30): 2341-2342.

[20] 李曼姝, 李建桥, 胡建忠, 等. 小花清风藤的化学成分及其对肝细胞的保护作用[J]. 生物资源, 2018, 40(6): 491-494.

[21] 李玉玲, 李建桥, 胡建忠, 等. 小花清风藤不同药用部位及溶剂提取物对四氯化碳致小鼠急性损伤的保护作用[J]. 三峡大学学报(自然科学版), 2019, 41(3): 102-107.

[22] Zhang X X, Li J Q, Li M S, *et al*. Isolation, structure identification and hepatoprotective activity of a polysaccharide from *Sabia parviflora*[J]. Bioorganic and Medicinal Chemistry Letters, 2021, 32(1): 127719.

[23] 曲新艳, 张会敏, 张晓娟, 等. 小花清风藤水提物体内抗流感病毒的研究[J]. 生物技术通讯, 2015, 26(6): 802-804.

[24] 王茂林, 王永萍, 杨奕樱, 等. 小花清风藤对类风湿关节炎大鼠 TNF-α 和 MMP-9 表达的影响[J]. 湖南中医杂志, 2018, 34(3): 154-157.

[25] 胡祚俊, 徐少文, 徐耀中. 小花清风藤治疗病毒性肝炎 84 例临床总结[J]. 贵州医药, 1989, (1): 47-48.

第五节

头花蓼

头花蓼（*Polygonum capitatum* Buch.-Ham. ex D. Don）为蓼科蓼属多年生草本植物，又名四季红、石莽草、水绣球、太阳草、红酸杆等[1]。头花蓼的入药部位为干燥全草或其地上部分，具有清热利湿、解毒止痛、利尿通淋等功效[2]。现代研究表明，头花蓼具有抗氧化、抗菌、抗炎、解热镇痛和调血脂的药理活性，其化学成分主要有黄酮类、木脂素类、酚类等。

一、资源分布及生物学特征

1．资源分布

头花蓼多成片生长于山坡、沟边、田边阴湿处及山谷湿地等，海拔为 600～3500m。分布广泛，在我国主要产自江西、湖南、湖北、四川、贵州、云南等地，在国外，主要分布于印度北部、尼泊尔、不丹、缅甸及越南等地[1]。

2．生物学特征

头花蓼为多年生草本，茎匍匐，丛生，节上有腺毛或近于无毛，高 15～25cm。单叶互生；叶片卵形或椭圆形，长 1.5～7cm，宽 1～5cm，先端急尖，基部楔形，全缘，边缘具腺毛，两面疏生腺毛，上面有时具黑褐色新月形斑点，边缘叶脉常带红色；叶柄长 2～3mm，或近无柄，基部有时具叶耳；托叶鞘筒状，膜质，具腺毛，顶端截形，有缘毛；花序头状，单生或成对，顶生；花序梗具腺毛；苞片长卵形，膜质；花小，淡红色，花被 5 深裂，裂片椭圆形，先端略钝；雄蕊 6～8，比花被短；子房上位，花柱 3，中下部合生；柱头头状。瘦果长卵形，具 3 棱，密生小点，长 1.5～2mm，黑色，有光泽，包于宿存化被内。花期 4～9 月，果期 8～11 月[2]。

二、化学成分研究

1．黄酮类化合物

于明等从头花蓼干燥带花地上部分乙醇提取物中分离得到 4 种黄酮类化合物：槲皮素、山奈酚、槲皮苷、5,7-二羟基色原酮-7-O-β-D-(6'-O-没食子酰基)-吡喃葡萄糖苷[3]。Huang 等从头花蓼乙醇提取物中分离得到 10 个黄酮类化合物：quercetin、taxifolin、quercetin 3-methyl ether、quercitroside、hirsutrin、kaempferol-3-O-β-D-glucopyranoside、quercetin-3-O-(4″-methoxy)-α-L-rhamnopyranosyl、2″-O-galloyl quercitrin、2″-O-galloyl hirsutrin、kaempferol-3-O-α-Lrhamnopyranoside[4]。张丽娟等从头花蓼的乙醇提取物中分离得到 7 种黄酮类化合物：5,7-二羟基色原酮、杨梅苷、芦丁、槲皮素-3-O-(2″-O-没食子酰基)-β-D-吡喃葡萄糖苷、槲皮素-3-O-(3″-O-没食子酰基)-β-D-吡喃葡萄糖苷、槲皮素-3-O-(2″-O-没食子酰基)-α-L-吡喃鼠李糖苷、槲皮素-3-O-(3″-O-没食子酰基)-α-L-吡喃鼠李糖苷[5]。荆文光等从头花蓼水提物中分离得到木犀草素、水飞蓟宾、大豆苷[6]。陈旭冰等从头花蓼干燥带花全草乙醇提取物中分离得到 7-O-(6'-没食子酰基)-β-D-葡萄糖基-5-羟基色原酮[7]。Yang 等从头花蓼全草乙醇提取物中分离得到 silybin A、2,3-dehydrosilybin、2,3-dehydrosilychristin 等黄酮类化合物[8]。刘志军等从头花蓼乙醇提取物中分离得到槲皮素-3-O-β-D-葡萄糖苷、槲皮素、槲皮苷[9]（表 9-12，图 9-12）。

表 9-12　头花蓼黄酮类化合物

序号	化合物名称	参考文献	序号	化合物名称	参考文献
1	槲皮苷	[3,4,9]	3	taxifolin	[4]
2	5,7-二羟基色原酮-7-O-β-D-(6'-O-没食子酰基)-吡喃葡萄糖苷	[3]	4	quercetin 3-methyl ether	[4]
			5	hirsutrin	[4]

序号	化合物名称	参考文献	序号	化合物名称	参考文献
6	2″-O-galloyl quercitrin	[4]	12	水飞蓟宾	[6]
7	2″-O-galloyl hirsutrin	[4]	13	大豆苷	[6]
8	5,7-二羟基色原酮	[5]	14	7-O-(6′-没食子酰基)-β-D-葡萄糖基-5-羟基色原酮	[7]
9	杨梅苷	[3]			
10	槲皮素-3-O-(3″-O-没食子酰基)-β-D-吡喃葡萄糖苷	[5]	15	silybin A	[8]
			16	2,3-dehydrosilybin	[8]
11	槲皮素-3-O-(3″-O-没食子酰基)-α-L-吡喃鼠李糖苷	[5]	17	2,3-dehydrosilychristin	[8]

2．酚类化合物

张丽娟等从头花蓼地上部分乙醇提取物中分离得到酚类化合物：1-O-β-D-(6′-O-没食子酰基)-吡喃葡萄糖基-3-甲氧基-5-羟基苯、丁香酸、儿茶酚、3,5-二羟基-4-甲氧基苯甲酸、原儿茶

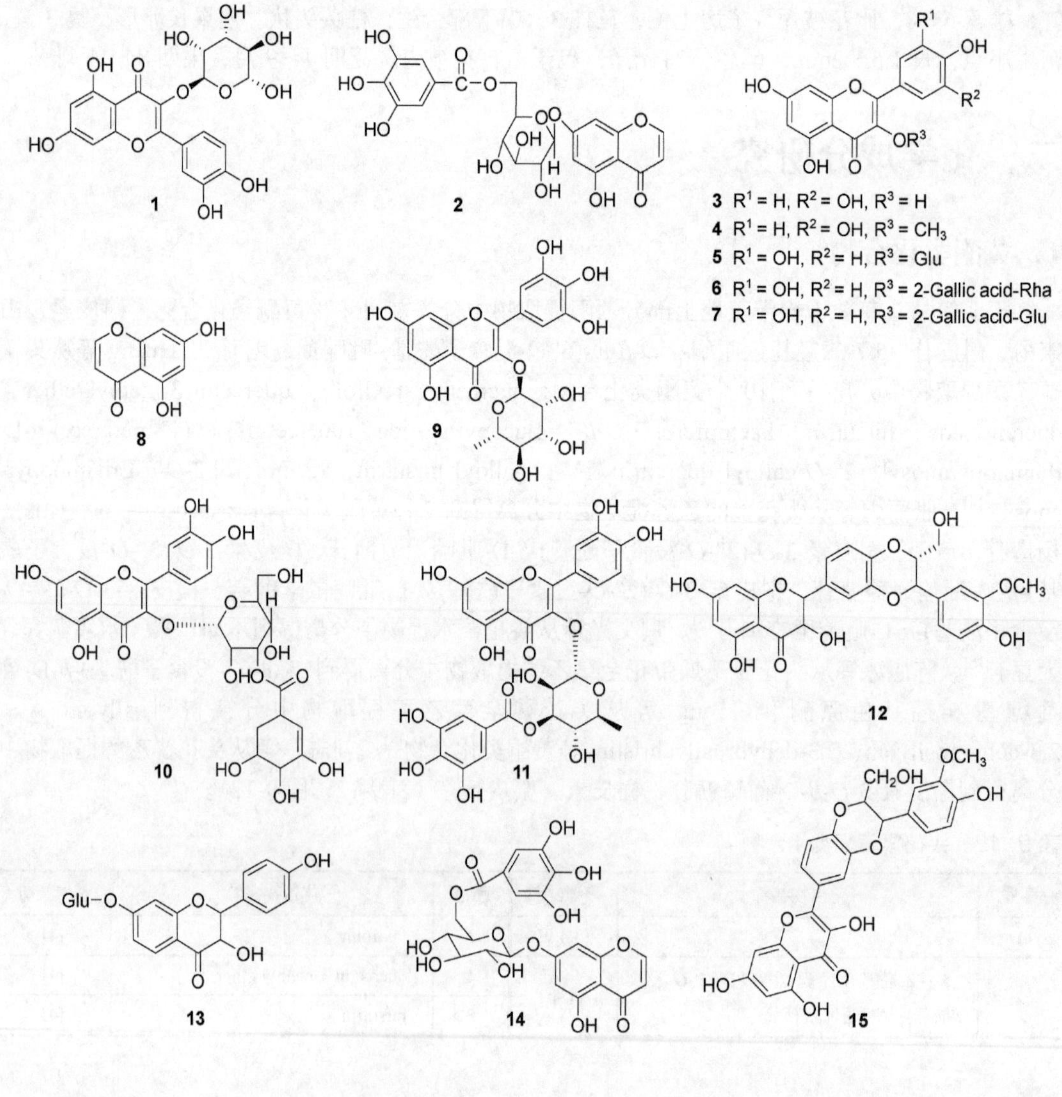

3 R¹ = H, R² = OH, R³ = H
4 R¹ = H, R² = OH, R³ = CH₃
5 R¹ = OH, R² = H, R³ = Glu
6 R¹ = OH, R² = H, R³ = 2-Gallic acid-Rha
7 R¹ = OH, R² = H, R³ = 2-Gallic acid-Glu

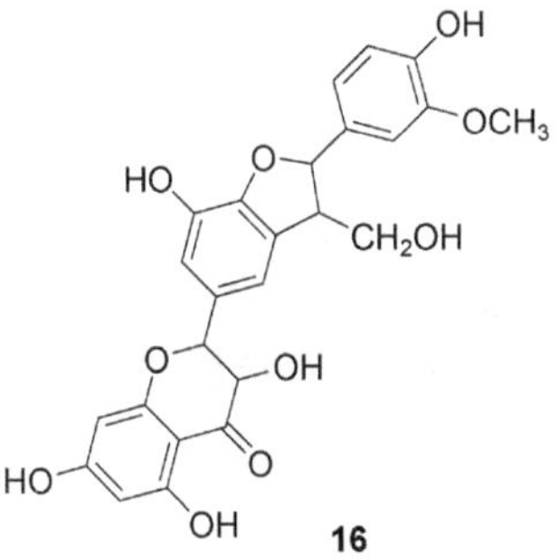

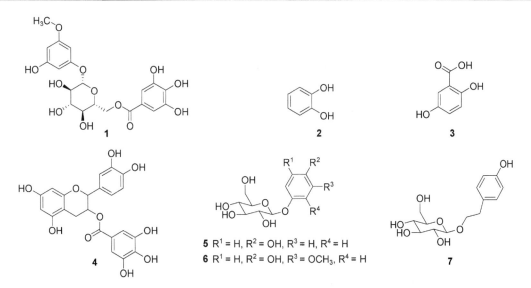

图 9-12 头花蓼黄酮类化合物

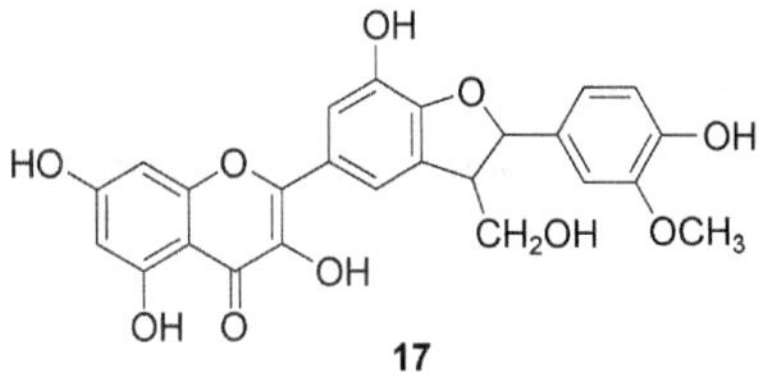

酸乙酯、没食子酸乙酯、没食子酸、原儿茶酸，其中，丁香酸、儿茶酚和 3,5-二羟基-4-甲氧基苯甲酸三种化合物是首次从头花蓼中分离得到的[5,10]。荆文光等从头花蓼水提物中分离得到龙胆酸、没食子酸甲酯、儿茶素[6]。Huang 等从头花蓼乙醇提取物中分离得到 9 个酚类化合物；(+)-catechin、ethyl gallate、(−)-epicatechin-3-O-gallate、arbutin、2-methoxyl-1,4-benzenediol-4-O-β-D-glucopyranoside、2-methoxyl-1,4-benzenediol-1-O-β-D-glucopyranoside、5-methoxyl-1,3-benzene-diol-1-O-β-D-glucopyranoside、1,3-dimethoxyl-2,5-benzenediol-5-O-β-D-glucopyranoside、salidroside[4]。所得的化合物名称如表 9-13 所示，结构如图 9-13 所示。

表 9-13　头花蓼酚类化合物

序号	化合物名称	参考文献	序号	化合物名称	参考文献
1	1-O-β-D-(6′-O-没食子酰基)-吡喃葡萄糖基-3-甲氧基-5-羟基苯	[5]	5	arbutin	[4]
2	儿茶酚	[10]	6	2-methoxyl-1,4-benzenediol-4-O-β-D-glucopyranoside	[4]
3	龙胆酸	[6]	7	salidroside	[4]
4	(−)-epicatechin-3-O-gallate	[4]			

图 9-13　头花蓼酚类化合物

3. 木脂素类化合物

赵焕新从头花蓼正丁醇提取物中分离得到了 4 个木脂素类化合物：schizandriside、(−)-isolariciresinol-2α-O-β-D-xylopyranoside、(−)-5′-methoxyisolariciresinol-2α-O-β-D-xylopyranoside 和 nudiposide，它们均是首次从该属植物中分离得到[11]。叶全知等从头花蓼全草乙醇提取物中分离得到 7 个木脂素类成分：(+)异落叶松脂醇、(−)-南烛木树脂酚-2α-O-[6-O-(4-羟基-3,5-二甲氧基)-苯甲酰基]-β-D-葡萄糖苷、(−)-异落叶松脂素-2α-O-β-D-吡喃木糖苷、(+)-5′-甲氧基异落叶松脂素-9-O-β-D-吡喃木糖苷、(−)-异落叶松脂素-3α-O-β-D-葡萄糖苷、nudiposide、lyoniside，其中，化合物(+)异落叶松脂醇、(−)-南烛木树脂酚-2α-O-[6-O-(4-羟基-3,5-二甲氧基)-苯甲酰基]-β-D-木糖苷、(−)-异落叶松脂素-3α-O-β-D-木糖苷、lyoniside 为首次从该植物中分离得到[12]。所得的化合物名称如表 9-14 所示，结构如图 9-14 所示。

表 9-14　头花蓼木脂素类化合物

序号	化合物名称	参考文献	序号	化合物名称	参考文献
1	schizandriside	[11]	5	(+)异落叶松脂醇	[12]
2	(−)-isolariciresinol-2α-O-β-D-xylopyranoside	[11]	6	(−)-南烛木树脂酚-2α-O-[6-O-(4-羟基3,5-二甲氧基)-苯甲酰基]-β-D-葡萄糖苷	[12]
3	(−)-5′-methoxyisolariciresinol-2α-O-β-D-xylopyranoside	[11]	7	lyoniside	[12]
4	nudiposide	[11]			

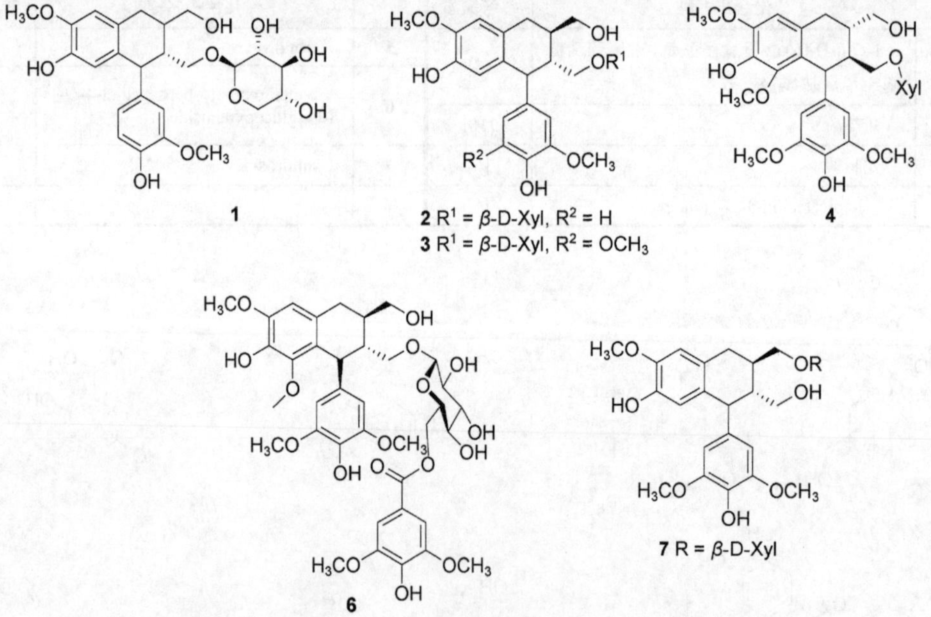

图 9-14　头花蓼木脂素类化合物

4. 烷基糖苷类化合物

杨阳等从头花蓼全草正丁醇部位中分离得到7个烷基糖苷类化合物，分别为：1-O-丁基-β-D-吡喃葡萄糖苷、1-O-丁基-α-D-呋喃葡萄糖苷、1-O-丁基-β-D-呋喃葡萄糖苷、2-O-丁基-β-D-吡喃果糖苷、3-O-丁基-β-D-吡喃果糖苷、2-O-丁基-α-D-呋喃果糖苷、2-O-丁基-β-D-呋喃果糖苷[13]。所得的化合物名称如表 9-15 所示。

表 9-15　头花蓼烷基糖苷类化合物

序号	化合物名称	参考文献	序号	化合物名称	参考文献
1	1-O-丁基-β-D-吡喃葡萄糖苷	[13]	5	3-O-丁基-β-D-吡喃果糖苷	[13]
2	1-O-丁基-α-D-呋喃葡萄糖苷	[13]	6	2-O-丁基-α-D-呋喃果糖苷	[13]
3	1-O-丁基-β-D-呋喃葡萄糖苷	[13]	7	2-O-丁基-β-D-呋喃果糖苷	[13]
4	2-O-丁基-β-D-吡喃果糖苷	[13]			

5．其他类化合物

头花蓼还有萜类、甾醇类、蒽酮类、有机酸等其他化合物。于明等从头花蓼地上部分的乙醇提取物中分离得到：香草酸、1,5,7-三羟基-3-甲基蒽醌、β-谷甾醇、胡萝卜苷、琥珀酸、5-羟甲基糠醛等化合物，它们均是首次从头花蓼中分离得到的[14]。Huang 等从头花蓼乙醇提取物中分离得到 2 个三萜类化合物熊果酸、齐墩果酸以及 1 个蒽醌类化合物大黄素[4]。杨阳等从头花蓼干燥全草乙醇提取物的石油醚萃取部位分离得到两种三萜类化合物：齐墩果酸、乌苏酸和 β-谷甾醇；此外，他们还从中分离得到了二十三烷醇、二十五烷醇、二十二烷酸、二十四烷酸、十六烷酸-2,3-二羟基丙酯、二十二烷酸-2,3-二羟基丙酯、二十八烷基-1,27-二烯、阿魏酸二十二酯、二十三烷、十六烷酸、亚油酸[13,17]。杨蓓蓓等从头花蓼乙醇提取物中分离得到一种鞣质类成分 davidiin[15]。马靖怡从头花蓼乙醇提取物中分离得到一种鞣质类成分 FR429[16]。荆文光等从头花蓼水提物中分离得到尿嘧啶、苯丙氨酸[6]。高玉琼等用水蒸汽蒸馏法提取头花蓼挥发性成分，分离出 88 个成分，确定了 51 个化合物，结果发现含量最高的化合物为 1-辛烯-3-醇[18]。所分离的部分化合物名称及结构分别如表 9-16、图 9-15 所示。

表 9-16　头花蓼其他类化合物

序号	化合物名称	参考文献	序号	化合物名称	参考文献
1	1,5,7-三羟基-3-甲基蒽醌	[14]	3	davidiin	[16]
2	大黄素	[4]	4	FR429	[16]

三、药理活性

1．抗炎

Liao 等研究了头花蓼提取物的抗炎活性，采用二甲苯致小鼠耳肿胀模型评价了其抗炎活性，结果发现，头花蓼黄酮类以及其三萜和甾体类具有明显的抗炎活性[19]。Zhang 等研究了头花蓼黄酮苷类化合物的抗炎作用，实验采用幽门螺杆菌建立了小鼠胃炎模型，测定了头花蓼黄酮苷类对炎症细胞、蛋白表达等的影响，并通过 HE 染色评估感染程度。结果发现，经黄酮类苷治疗的小鼠胃黏膜形态正常，且炎症细胞减少，基因表达受到抑制，表明头花蓼具有治疗胃炎和保护胃损伤的作用,且头花蓼的黄酮苷类化合物有开发为治疗幽门螺杆菌性胃炎药物的潜力[20]。

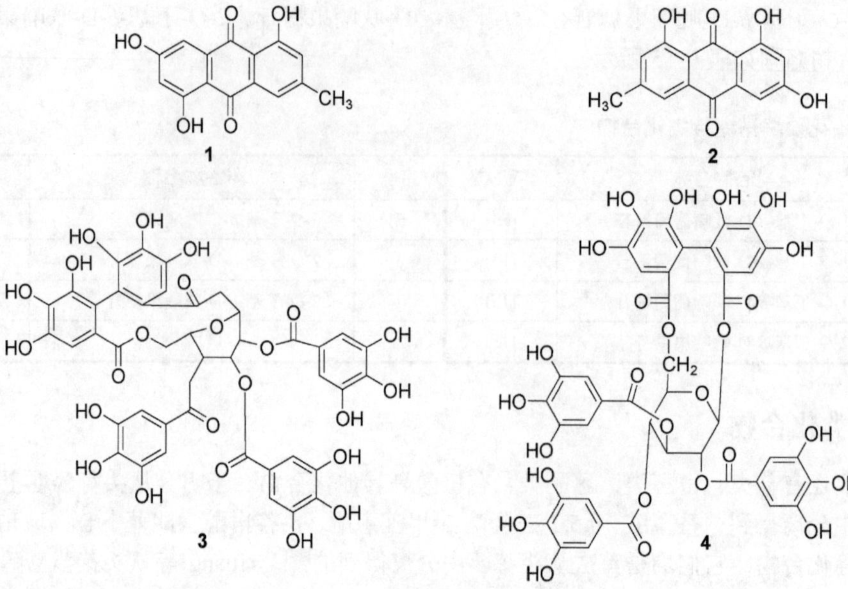

图 9-15 头花蓼其他类化合物

张伟等建立了小鼠 ACD（变应性接触性皮炎）模型，观察头花蓼对 ACD 模型小鼠的影响，结果发现，经头花蓼治疗后，ACD 模型小鼠的皮肤形态明显得到改善，真皮层中中性粒细胞和单核细胞等炎症细胞减少，且血清 IL-4 和 TNF-α 水平显著降低[21]。徐丹等研究了头花蓼水提物、水提醇沉提取物、水提醇沉沉淀物及热淋清颗粒含药血清对巨噬细胞释放炎症因子的影响，结果发现，它们均能显著抑制 LPS 刺激的 RAW264.7 细胞释放炎症因子 NO、TNF-α 和 IL-6，其中，头花蓼水提醇沉提取物抑制作用最强，为头花蓼主要的抗炎有效提取物[22]。冯海潮等通过研究发现头花蓼能够通过抑制幽门螺杆菌生长、降低 IFN-γ 等致炎因子水平来减轻大鼠胃黏膜炎症反应[23]。江明礼等发现头花蓼抑制幽门螺杆菌相关性胃炎（HAG）的机制是通过上调 PTEN（人类胃组织第 10 号染色体同源丢失性磷酸酶张力蛋白基因）蛋白的表达、干预 PI3K/AKT 信号通路来达到抗炎作用[24]。薛鑫宇研究发现头花蓼醇提物和水提物在质量浓度小于 250 mg/L 时无细胞毒性，且均具有 RAW264.7 细胞的炎症抑制作用，存在一定的量效关系，且通过谱效关系分析得出槲皮苷、鞣花酸、金丝桃苷对头花蓼的抗炎药效有巨大作用[25]。

2. 抗菌

Liao 等实验采用纸片扩散试验初步评价了头花蓼提取物对革兰阳性菌和革兰阴性菌的体外抑菌活性，并通过最低抑菌浓度（MIC）和最低杀菌浓度（MBC）活性部位的体外抑菌效果，结果表明，头花蓼黄酮类和单宁类化合物均具有抑菌和杀菌性能[19]。刘瑜新等研究了头花蓼水提物以及乙醇提取物对多重耐药金黄色葡萄球菌的抗菌作用，实验通过测定头花蓼提取物对耐药金黄色葡萄球菌的抑菌圈、最低抑菌浓度（MIC）和最低杀菌浓度（MBC）、半数抑制质量浓度（IC$_{50}$）。结果发现，60%醇提物的抑菌圈大于水提物和阳性对照药没食子酸，而两种提取物 MIC、MBC、IC$_{50}$ 均小于没食子酸，提示头花蓼中还存在着除没食子酸之外的其他抗菌活性成分[26]。Zhang 等研究了头花蓼黄酮苷类化合物的抗菌作用，结果发现，头花蓼黄酮苷类最多可杀灭 89%的幽门螺杆菌，且抑菌效果与黄酮苷类和阿莫西林联用相近，表明头花蓼黄酮苷类具有良好的抗幽门杆菌活性[20]。张姝等花蓼对幽门螺杆菌（Hp）有明显的抗菌作用，并推测其作用机制可能是通过干扰和抑制 Hp 蛋白表达水平和 mRNA 水平来达到抗菌效果[27]。任艳君研究了头花蓼对幽门螺杆菌（Hp）生长代谢及其相关基因的表达的影响，结果发现，头花蓼对 Hp 最低抑菌浓度 MIC 为 4g/L，头花蓼组生长代谢相关基因及基因 mRNA 和生长曲线趋势均呈下降趋势，这表明头花蓼在体外对 Hp 具有明显抑制作用，可通过影响细菌生长代谢相关基因的表达来抑制 Hp 的生长[28]。云成悦等研究头花蓼不同极性萃取物的抑菌性，发现头花蓼乙酸乙酯萃取物对大肠杆菌、金黄色葡萄球菌均有较好的抑菌活性，对其进一步研究发现过 MCI 柱后的乙酸乙酯萃取物 20%组分、60%组分、80%组分效果较好，通过对组分分析发现 20%、60%、80%组分的主要成分分别为没食子酸、槲皮苷、槲皮素[29]。张丽艳等采用药敏纸片法检测头花蓼提取物的不同部位对淋球菌的抑菌活性。并通过 UPLC-TOF-MS 对头花蓼提取物中具有抗淋球菌作用的有效部位进行鉴别。结果发现，头花蓼提取物的 35%甲醇洗脱物具有良好的抗淋球菌作用，其主要成分为三没食子酰葡萄糖[30]。杨沛等测定头花蓼黄酮提取物对金黄色葡萄球菌、黑曲霉、大肠杆菌、枯草杆菌的抑菌圈直径、最小抑菌浓度和最低杀菌浓度，研究发现头花蓼黄酮提取物对各菌种的抑菌效果顺序为金黄色葡萄球菌>黑曲霉>枯草杆菌>大肠杆菌，最小抑菌浓度分别为 3.40mg/mL、5.30mg/mL、6.20mg/mL 和 7.30mg/mL，最低杀菌浓度分别 4.60mg/mL、7.70mg/mL、7.90mg/mL 和 6.70mg/mL，说明头花蓼黄酮提取物对有些细菌具有良好的抑菌作用[31]。任光友等研究发现头花蓼水提物能明显改善由大肠杆菌造成的肾盂肾炎，降低大肠杆菌感染小鼠的死亡率，且发现给药后的动物尿液仍具有良好的抑菌性[32]。也有学者研究发现头花蓼对淋病奈瑟菌、变形链球菌有良好的抑制效果[33-34]。

3．抗氧化

闫杏莲等研究了头花蓼石油醚、乙酸乙酯、甲醇提取物的抗氧化活性，实验通过清除 DPPH 自由基、清除 ABTS 自由基和铁离子还原/抗氧化能力测定法（FRAP）测定进行了活性评价，研究发现头花蓼甲醇提取物具有很好的抗氧化能力[35]。龚金炎等通过 ABTS 自由基清除实验以及 DPPH 自由基清除实验研究了头花蓼水提物的抗氧化性，结果发现，经醇沉后，花蓼活性成分富集明显，头花蓼水提物的抗氧化活性随着质量浓度的升高而增强[36]。李潇彬对经大孔树脂纯化后的头花蓼总多酚不同极性萃取物进行了抗氧化活性测定，实验采用了羟自由基法、DPPH 自由基法、ABTS 自由基法。结果表明乙酸乙酯萃取物的抗氧化能力最强，其清除自由基能力与总酚的含量具有正相关性,实验还通过 HPLC 法确定乙酸乙酯相的主要抗氧化成分是槲皮苷[37]。

4．降血糖

叶全知等对头花蓼乙醇提取物中分离得到的木脂素化合物进行了体外 α-淀粉酶抑制活性实验，结果发现(+)异落叶松脂醇、(+)-5′-甲氧基异落叶松脂素-9-O-β-D-木吡喃糖苷、(−)-南烛木树脂酚-2α-O-[6-O-(4-羟基-3,5-二甲氧基)-苯甲酰基]-β-D-葡萄糖苷这三种化合物都具有较好的体外 α-淀粉酶抑制活性[12]。童南森研究了头花蓼提取物（PCB）的降糖作用及机制，实验研究了 PCB 作用后对 Hep G2 细胞、INS-1 细胞、α-葡萄糖苷酶的葡萄糖消耗及相关因子变化、氧化应激指标及相关凋亡蛋白表达变化以及其对 α-葡萄糖苷酶的抑制作用。结果发现，PCB 能够显著促进人源肝癌 HepG2 细胞对上清液中葡萄糖的吸收，且可显著上调过氧化物酶体增殖物激活受体-α(PPAR-α)、葡萄糖转运蛋 4（GLUT4）表达，并推测高剂量下头花蓼提取物与 α-葡萄糖苷酶形成的竞争抑制效应可能是其发挥降血糖作用的途径之一[38]。刘伯宇等研究了头花蓼提取物对 2 型糖尿病肥胖模型 db/db 小鼠糖尿病的影响,实验测定了 db/db 小鼠血糖、血脂、胰岛素(INS)等指标的变化。结果发现,在头花蓼给药 4 周后,小鼠体重、空腹血糖值逐渐降低,且对口服糖耐量有明显改善,血清中 INS 含量减少,此外,鼠肝脏和骨骼肌中 T-CHO、TG 水平和血液内 MDA 含量明显降低,SOD 水平升高。这表明头花蓼能够明显改善 2 型糖尿病,且作用机制可能与改善 db/db 小鼠的胰岛素抵抗、糖脂代谢紊乱、清除自由基及抗脂质过氧化有关[39]。云成悦等探究了头花蓼提取物萃取部位对 α-葡萄糖苷酶的抑制活性,发现对 α-葡萄糖苷酶的抑制活性较好的为头花蓼正丁醇部位,通过 HPLC 测定及 α-葡萄糖苷酶的抑制活性实验推断,其含有的槲皮素和槲皮苷是头花蓼对 α-葡萄糖苷酶的抑制活性的活性成分[29]。

5. 解热镇痛

任光友研究了头花蓼水提物对家兔体温的影响,测量结果发现头花蓼对正常家兔的体温无影响,但能够显著降低发热家兔的体温,具有良好的解热功效[32]。刘明等通过醋酸扭体以及二甲苯致小鼠耳肿胀实验研究了头花蓼水提物的镇痛效果,研究发现,头花蓼提取物具有良好的镇痛作用,在一定程度上能够抑制小鼠扭体和二甲苯所致的小鼠耳廓肿胀[40]。

6. 其他

王智谦等研究发现头花蓼提取物中黄酮类化合物具有一定的调血脂的药理功效,可改善高脂模型和动脉粥样硬化(AS)模型大鼠的血脂水平,降低 AS 模型大鼠的血脂及炎性因子水平等[41]。于文晓研究发现头花蓼能够抑制大鼠草酸钙结石,保护肾脏,其作用机制可能是通过 PI3K-AKT 通路影响了 OPN 蛋白表达的途径实现的[42]。

参考文献

[1] 中国科学院中国植物志编辑委员会. 中国植物志: 第二十五卷[M]. 北京: 科学出版社, 1998.
[2] 邱德文, 杜江. 中华本草: 苗药卷[M]. 贵阳: 贵州科技出版社, 2005.
[3] 于明. 黑果腺肋花楸和头花蓼的化学成分及其生物活性的研究[D]. 沈阳: 沈阳药科大学, 2006.
[4] Huang G H, Gao Y, Wu Z J, et al. Chemical constituents from *Polygonum capitatum* Buch-Ham. ex D. Don[J]. Biochemical Systematics & Ecology, 2015, 59: 8-11.
[5] 张丽娟, 王永林, 王珍, 等. 头花蓼活性组分化学成分研究[J]. 中药材, 2012, 35(9): 1425-1428.
[6] 荆文光, 赵叶, 张开عز, 等. 头花蓼水提取物化学成分研究[J]. 时珍国医国药, 2015, 26(1): 47-50.
[7] 陈旭冰, 刘晓宇, 陈光勇, 等. 头花蓼化学成分研究[J]. 安徽农业科学, 2011, 39(23): 14025-14026.
[8] Yang Y, Wu Z J, Chen W S. Chemical constituents of *Polygonum capitatum*[J]. Chemistry of Natural Compounds, 2015, 51(2): 332-335.
[9] 刘志军, 戚进, 朱丹妮, 等. 头花蓼化学成分及抗氧化活性研究[J]. 中药材, 2008, 31(7): 995-998.
[10] 张丽娟, 廖尚高, 詹哲浩, 等. 头花蓼酚酸类化学成分研究[J]. 时珍国医国药, 2010, 21(8): 1946-1947.
[11] 赵焕新, 白虹, 李巍, 等. 头花蓼木脂素类化学成分研究[J]. 中药材, 2010, 33(9): 1409-1411.
[12] 叶全知, 黄光辉, 黄豆豆, 等. 头花蓼中木脂素类降糖活性成分的研究[J]. 中药材, 2017, 40(1): 107-110.
[13] 杨阳, 王志鹏, 高守红, 等. 头花蓼全草正丁醇部位的烷基糖苷类化学成分研究[J]. 中药材, 2017, 40(8): 1846-1848.
[14] 于明, 李占林, 李宁, 等. 头花蓼的化学成分[J]. 沈阳药科大学学报, 2008, 25(8): 633-635.
[15] 杨蓓蓓, 冯茹, 王维聪, 等. HPLC/DAD/MS 法同时测定苗药头花蓼中 3 种有效成分的含量[J]. 药物分析杂志, 2008, 28(11): 1793-1796.
[16] 马婧怡. 苗药头花蓼活性鞣质成分 FR429 的代谢特征研究[D]. 北京: 北京协和医学院, 2013.
[17] 杨阳, 蔡飞, 杨琦, 等. 头花蓼化学成分的研究(Ⅰ)[J]. 第二军医大学学报, 2009, 30(8): 937-940.

[18] 高玉琼, 代泽琴, 刘建华, 等. 头花蓼挥发性成分研究[J]. 生物技术, 2005, 15(3): 55-56.

[19] Liao S G, Zhang L J, Sun F, *et al*. Antibacterial and anti-inflammatory effects of extracts and fractions from *Polygonum capitatum*[J]. Journal of Ethnopharmacology, 2011, 134(3): 1006-1009.

[20] Zhang S, Fei M, Luo Z, *et al*. Flavonoid glycosides of *Polygonum capitatum* protect against inflammation associated with helicobacter pylori infection[J]. Plos One, 2015, 10(5): e0126584.

[21] 张伟, 余珊珊, 陈爱明. 头花蓼治疗变应性接触性皮炎小鼠的疗效及作用机制探讨[J]. 现代中西医结合杂志, 2015, 24(18): 1958-1960, 1963.

[22] 徐丹, 赵菲菲, 杨馨, 等. 基于血清药理学方法的头花蓼抗炎有效提取物筛选[J]. 安徽农业科学, 2016, 44(17): 134-136, 150.

[23] 冯海潮, 孙朝琴, 张姝, 等. 头花蓼对幽门螺杆菌胃炎大鼠血清干扰素-γ 和白细胞介素-4 含量的影响[J]. 贵州医科大学学报, 2016, 41(9): 1037-1041.

[24] 江明礼, 莫非, 渠巍, 等. 苗药头花蓼对幽门螺杆菌相关性胃炎大鼠胃黏膜 PTEN、PI3K、AKT 表达的影响[J]. 贵州医科大学学报, 2018, 43(8): 884-888.

[25] 薛鑫宇, 刘昌孝, 周英, 等. 基于 UPLC-MS 联用技术的头花蓼抗炎谱效关系初探[J]. 中草药, 2018, 49(21): 5134-5141.

[26] 刘瑜新, 宋晓勇, 康文艺, 等. 头花蓼对多重耐药金黄色葡萄球菌抗菌作用研究[J]. 中成药, 2014, 36(9): 1817-1821.

[27] 张姝, 罗昭逊, 莫非, 等. 头花蓼对幽门螺杆菌抗菌作用分析[J]. 中国医院药学杂志, 2015, 35(2): 113-118.

[28] 任艳君, 莫非, 张姝, 等. 头花蓼对幽门螺杆菌生长及代谢相关基因的影响[J]. 贵阳医学院学报, 2016, 41(2): 175-178.

[29] 云成悦. 苗药头花蓼活性成分的提取及鉴定研究[D]. 贵阳: 贵州师范大学, 2018.

[30] 张丽艳, 刘昌孝, 唐靖雯, 等. 头花蓼提取物中具抗球菌作用的有效部位研究[J]. 中草药, 2019, 50(2): 436-440.

[31] 杨沛, 刘碧林, 杨洋, 等. 头花蓼中总黄酮的提取及对鸡脯肉的抑菌效果[J]. 食品工业, 2021, 42(7): 142-145.

[32] 任光友, 常风岗, 卢素琳, 等. 石莽草的药理研究[J]. 中国中药杂志, 1995, 20(2): 107-109, 128.

[33] 徐英春, 张小江, 谢秀丽, 等. 热淋清颗粒对淋病奈瑟球菌体外抑菌活性的研究[J]. 临床泌尿外科杂志, 2001, 16(6): 287.

[34] 代芸洁, 倪莹, 李蕙兰, 等. 苗药头花蓼对变形链球菌生长和黏附影响的体外实验研究[J]. 贵州医药, 2019, 43(3): 355-357.

[35] 闫杏莲, 李昌勤, 刘瑜新, 等. 头花蓼抗氧化活性研究[J]. 中国药房, 2010, 21(39): 3659-3661.

[36] 龚金炎, 陈丽春, 张蕾, 等. 乙醇沉淀法对头花蓼水提物活性成分和抗氧化活性的影响研究[J]. 中成药, 2014, 36(5): 1072-1074.

[37] 李潇彬. 头花蓼总多酚提取、纯化工艺以及抗氧化作用的研究[D]. 贵阳: 贵州师范大学, 2017.

[38] 童南森, 吴梅佳, 王娟, 等. 头花蓼体外降糖作用及机制研究[J]. 中草药, 2017, 48(16): 3401-3407.

[39] 刘伯宇, 童南森, 李雅雅, 等. 头花蓼提取物对2型糖尿病自发模型 db/db 小鼠的降糖机制研究[J]. 中国药学杂志, 2017, 52(5): 384-390.

[40] 刘明, 罗春丽, 张永萍, 等. 头花蓼、飞龙掌血的镇痛抗炎及利尿作用研究[J].贵州医药, 2007, 31(4): 370-371.

[41] 王智谦. 头花蓼中黄酮类化合物对大鼠血脂紊乱、肝损伤和动脉粥样硬化的保护[D]. 武汉: 武汉大学, 2018.

[42] 于文晓. 头花蓼类中药对草酸钙结石的临床疗效观察及作用机制研究[D]. 北京: 北京中医药大学, 2021.

第六节
艾纳香

艾纳香 (*Blumea balsamifera* DC.) 是菊科多年生草本或亚灌木植物, 别名大风艾、再风艾、大骨风、牛耳艾、冰片艾、大黄草、土冰片、艾粉、真金草、山大艾等[1]。艾纳香的药用部位为其枝叶或其嫩枝根，具有温中活血、杀虫、祛风消肿的功效。现代药理学研究表明，艾纳香具有镇痛、抗菌、抗肿瘤、抗氧化等疗效。艾纳香化学成分有黄酮类、挥发油类、甾醇类、萜类等。

一、资源分布及生物学特征

1. 资源分布

艾纳香多自然生长于河床谷地、林缘、草地、村头、田埂、路旁等环境中，适宜热带和亚热带气候，喜偏温暖、湿润环境。艾纳香通常分布于海拔高度在 1000 m 以下的区域，能耐旱却不耐寒。艾纳香的分布范围十分广泛，国内主要分布于我国云南、贵州、广西、广东、海南、台湾等地，国外则分布于印度、巴基斯坦、泰国、缅甸、马来西亚、印度尼西亚以及菲律宾等东南亚国家[2~3]。

2. 生物学特征

艾纳香属多年生草本或亚灌木。茎粗壮，直立，高 1～3m，基部径约 1.8cm，或更粗，茎皮灰褐色，有纵条棱，木质部松软，白色，有径约 12mm 的髓部，节间长 2～6cm，上部的节间较短，被黄褐色密柔毛。下部叶宽椭圆形或长圆状披针形，长 22～25cm，宽 8～10cm，基部渐狭，具柄，柄两侧有 3～5 对狭线形的附属物，顶端短尖或钝，边缘有细锯齿，上面被柔毛，下面被淡褐色或黄白色密绢状绵毛，中脉在下面凸起，侧脉 10～15 对，弧状上升，不抵边缘，有不明显的网脉；上部叶长圆状披针形或卵状披针形，长 7～12cm，宽 1.5～3.5cm，基部略尖，无柄或有短柄，柄的两侧常有 1～3 对狭线形的附属物，顶端渐尖，全缘、具细锯齿或羽状齿裂，侧脉斜上升，通常与中脉成锐角。头状花序多数，径 5～8mm，排列成开展具叶的大圆锥花序；花序梗长 5～8mm，被黄褐色密柔毛；总苞钟形，长约 7mm，稍长于花盘；总苞片约 6 层，草质，外层长圆形，长 1.5～2.5mm，顶端钝或短尖，背面被密柔毛，中层线形，顶端略尖，背面被疏毛，内层长于外层 4 倍；花托蜂窝状，径 2～3mm，无毛。花黄色，雌花多数，花冠细管状，长约 6mm，檐部 2～4 齿裂，裂片无毛；两性花较少数，与雌花几等长，花冠管状，向上渐宽，檐部 5 齿裂，裂片卵形，短尖，被短柔毛。瘦果圆柱形，长约 1mm，具 5 条棱，被密柔毛。冠毛红褐色，糙毛状，长 4～6mm。花期几乎全年[4]。

二、化学成分研究

1. 黄酮类化合物

胡永等从艾纳香叶中分离得到 9 个黄酮类化合物 4′-甲氧基二氢槲皮素、柽柳黄素、3,3′-二甲氧基槲皮素、7,4′-二甲氧基二氢槲皮素、(2α,3β)-二氢鼠李素、艾纳香素、sterubin、eriodictyol、二氢槲皮素[5]。李正钰等从艾纳香风干全草乙醇提取物中分离得到 5 个黄酮类化合物：3,7-dihydroxy-5,4′-dimethoxyflavone、quercetin-3,7,3′,4′-tetramethyl ether、商陆素、sakuranetin、eriodictyol-7,3′-dimethyl ether[6]。石少瑜等从艾纳香的正丁醇萃取物中分离得到了 6 个黄酮类化合物：木犀草素-7-O-β-D-葡萄糖醛酸甲酯、木犀草素、木犀草素-7-O-β-D-葡糖醛酸苷、木犀草素-7-O-β-D-葡萄糖苷、芹菜素、木犀草素-7-O-β-D-葡萄糖(4→1)-α-L-鼠李糖苷[7]。袁媛从艾纳香叶片乙酸乙酯提取物中分离得到多种黄酮类化合物：3,3',5,7-四羟基-4'-甲氧基-二氢黄酮、7-甲氧基紫衫叶素、木犀草素-7-甲醚、咖啡酸、北美圣草素、槲皮素、木犀草素[8]。王鸿发等从艾纳香乙酸乙酯部位中分离得到 15 个黄酮类化合物：3,3',5-三羟基-4',7-二甲氧基二氢黄酮、4',5-二羟基-3,3',7-三甲氧基黄酮、艾纳香素、3,5,3',4'-四羟基-7-甲氧基黄酮、香叶木素、3',4',5-三羟基-3,7-二甲氧基黄酮、异鼠李素、chrysosplenol C、金丝桃苷、异槲皮苷、3',5,7-三羟基-4'-甲氧基二氢黄酮、sakuranetin、pilloin、5,7,3',4'-四羟基-3-甲氧基黄酮、5-羟基-3,7,3',4'-四甲氧基黄酮，其中化合物异鼠李素、3',5,7-三羟基-4'-甲氧基二氢黄酮、sakuranetin 和 pilloin 为首次从艾纳香中分得[9]。周立强等从艾纳香地上部分乙醇提取物中分离得到了 12 个黄酮类化合物：7,3',4'-三甲基槲皮素、4',5-二羟基-3',7-二甲氧基黄酮、木犀草素-7-甲醚、鼠李素、(2R,3R)-3,3',5,7-四羟基-4'-甲氧基二氢黄酮、(2R,3R)-二氢槲皮素-7-甲醚、槲皮素、木犀草素、圣草酚、异半皮桉苷、异槲皮苷、3-甲氧基槲皮素，且异半皮桉苷是首次从艾纳香属植物中得到的[10]。李璞等从艾纳香乙醇提取物中分离得到甘草素和华良姜素两种黄酮类化合物[11]。所得的化合物名称如表 9-17 所示，化合物结构如图 9-16 所示。

表 9-17　艾纳香黄酮类化合物

序号	化合物名称	参考文献	序号	化合物名称	参考文献
1	4'-甲氧基二氢槲皮素	[5]	10	北美圣草素	[8]
2	柽柳黄素	[5]	11	香叶木素	[9]
3	艾纳香素	[5]	12	chrysosplenol C	[9]
4	sterubin	[5]	13	sakuranetin	[9]
5	商陆素	[6]	14	pilloin	[9]
6	sakuranetin	[6]	15	圣草酚	[10]
7	eriodictyol-7,3'-dimethyl ether	[6]	16	异半皮桉苷	[10]
8	木犀草素-7-O-β-D-葡萄糖醛酸甲酯	[7]	17	甘草素	[11]
9	7-甲氧基紫衫叶素	[8]	18	华良姜素	[11]

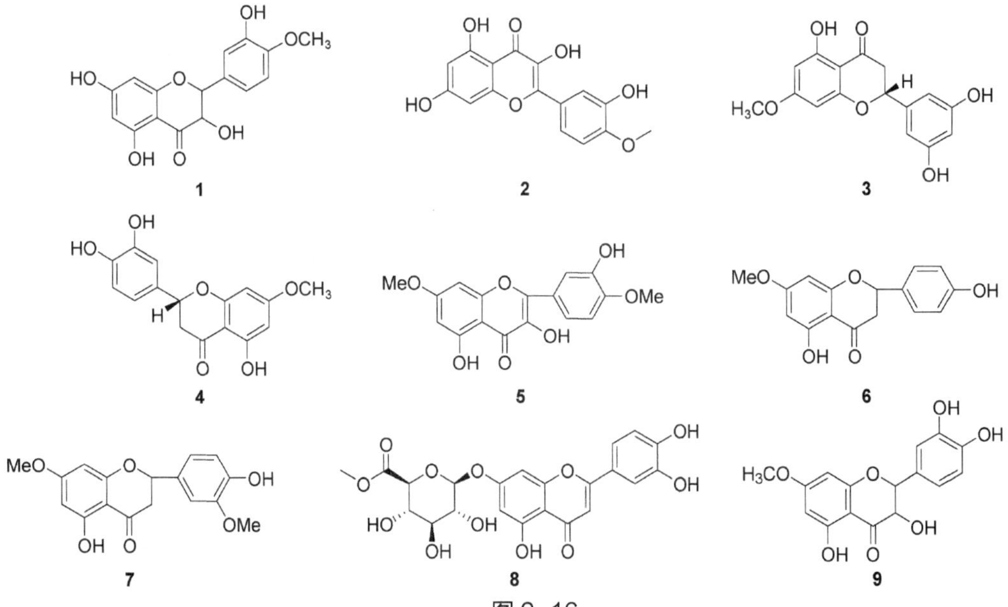

图 9-16

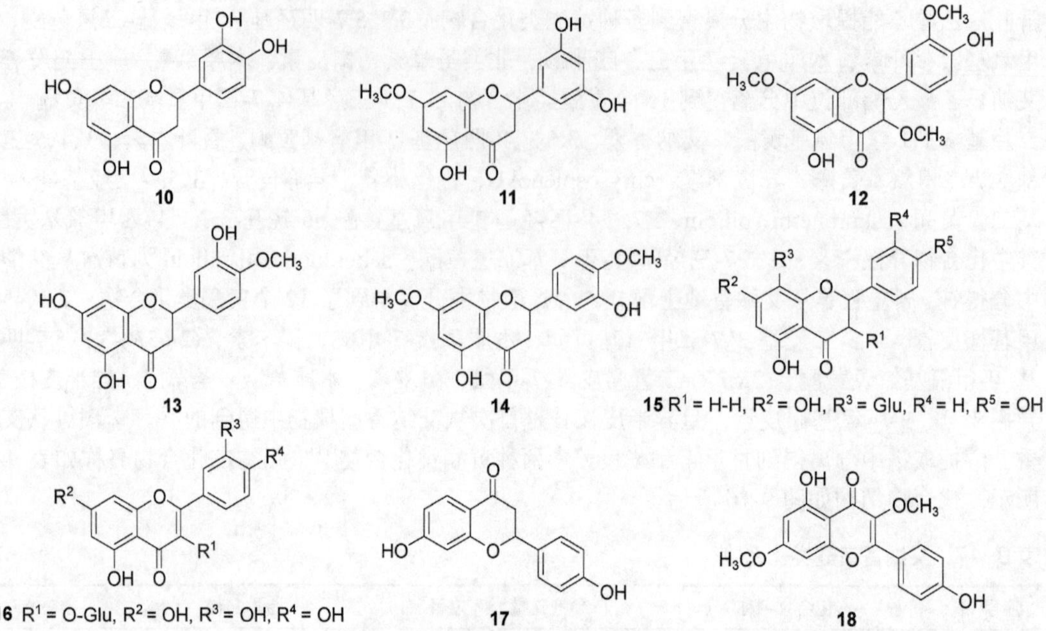

图 9-16　艾纳香黄酮类化合物

2．挥发油类化合物

张颖等共检测出 45 个化合物，其中主要化学成分 14 种，为 2-莰醇、反式石竹烯、D-樟脑、石竹素等[12]。李亮星等对不同产地的两种艾纳香中分别鉴定了 57、53 种化合物，占各自挥发性成分总量的 98.32%和 98.14%，其中共有化合物为 52 种，其中樟脑、（-）龙脑、β-石竹烯、α-蒎烯、β-蒎烯、莰烯这 6 种成分占纳艾纳香挥发油的 86.31%[13]。郝文风等通过 GC-MS 方法从艾纳香精油中分离鉴定出 38 种化合物，其中含量较高的有龙脑、β-石竹烯、花椒油素（8.08%）和 β-石竹烯氧化物[14]。Wang 等采用改良水蒸馏法（EO）从艾纳香叶片中分离精油，同时采用加氢蒸馏-溶剂萃取法（HDSE）和同时蒸馏萃取法（SDE）对艾纳香叶挥发油进行了提取，发现丁香油的主要化合物 caryophyllene、xanthoxylin、γ-eudesmol、α-cubenene[15]。

3．苯丙素类化合物

袁媛从艾纳香叶片乙酸乙酯提取物中分离得到咖啡酸[8]。庞玉新等从艾纳香乙酸乙酯部位分离得到 6,7-二羟基香豆素、反式对羟基桂皮酸、咖啡酸乙酯 3 种苯丙素类化合物[16]。元超等从艾纳香的甲醇提取物中分离得到了 6 个绿原酸类化合物：3,5-O-二咖啡酰奎尼酸乙酯、3,5-O-二咖啡酰奎尼酸甲酯、3,4-O-二咖啡酰奎尼酸甲酯、3,4-O-二咖啡酰奎尼酸、3,5-O-二咖啡酰奎尼酸、1,3,5-O-三咖啡酰奎尼酸[17]。所得的化合物名称如表 9-18 所示，化合物结构如图 9-17 所示。

表 9-18　艾纳香苯丙素类化合物

序号	化合物名称	参考文献	序号	化合物名称	参考文献
1	6,7-二羟基香豆素	[16]	3	3,5-O-二咖啡酰奎尼酸乙酯	[17]
2	反式对羟基桂皮酸	[16]			

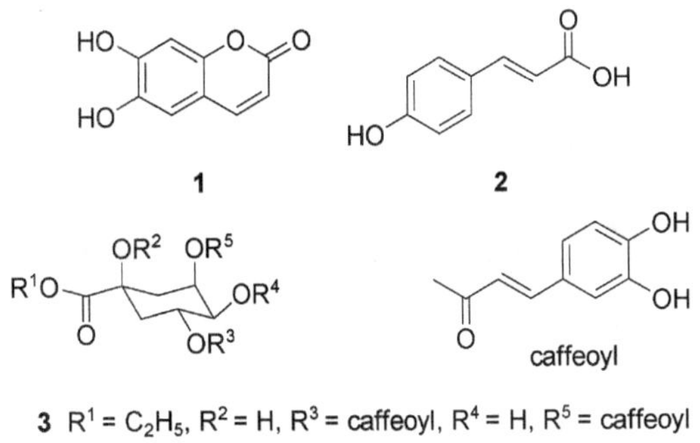

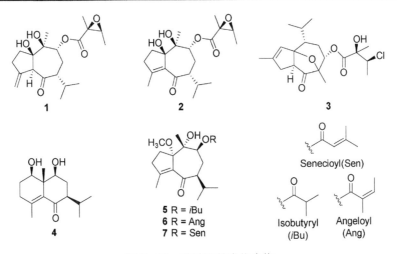

3 R¹ = C₂H₅, R² = H, R³ = caffeoyl, R⁴ = H, R⁵ = caffeoyl

图 9-17　艾纳香苯丙素类化合物

4．萜类化合物

　　胡永等从艾纳香不同部位中分离得到艾纳香烯 N 和艾纳香烯 F，且艾纳香烯 N 为新发现的倍半萜内酯类化合物[18]。Xu 等从艾纳香地上部分的甲醇提取物中分离得到 10 种新的倍半萜类物质 balsamiferines A-J 和 1 种已知的倍半萜类化合物 [19]。所得的化合物名称如表 9-19 所示，化合物结构如图 9-18 所示。

表 9-19　艾纳香萜类化合物

序号	化合物名称	参考文献
1	艾纳香烯 N	[18]
2	艾纳香烯 F	[18]
3	balsamiferine A	[19]
4	balsamiferine B	[19]
5	balsamiferine E	[19]
6	balsamiferine F	[19]
7	balsamiferine G	[19]

图 9-18　艾纳香萜类化合物

5．其他类化合物

艾纳香中还含有甾体、有机酸、酯等其他类化合物。庞玉新等人从艾纳香乙酸乙酯部位分离得到：蚱蜢酮、双（4-羟苄基）醚、原儿茶酸、原儿茶醛、3-(hydroxyucetyl) indole、sterebin A、eugenyl-*O*-*β*-D-glucoside、4-allyl-2, 6-dimethoxyphenol glucoside，且它们均是首次从艾纳香中发现的[16]。周立强等首次从艾纳香属植物中分离得到熊果酸、熊果酸内酯、过氧麦角甾醇、2-羟基-4,6-二甲氧基苯乙酮、2,4-二羟基-6-甲氧基苯乙酮、丹参素甲酯、熊果酸内酯、丹参素甲酯[10]。李正钰等从艾纳香风干全草乙醇提取物中分离得到左旋龙脑、cryptomeridiol、1*β*-ang-4*β*,7*α*-dihydroxy eudesmane、9*α*-ang-1*β*,10*β*-dihydroxy-4(14)-ene-6-one guaiane、austroinulin、6,7-isopropylidendioxy-austroinulin、ursolic acid、*α*-tocopherolquinone、stigmast-4,22-dien-3,6-dione、*β*-谷甾醇、daucosterol、1-monopalmitin[6]。李璞等从艾纳香乙醇提取物中分离得到 glycyrol、isoglycyrol、咖啡酸二十二酯等物质[11]。所得的化合物名称如表 9-20 所示，化合物结构如图 9-19 所示。

表 9-20　艾纳香其他类化合物

序号	化合物名称	参考文献
1	蚱蜢酮	[16]
2	双（4-羟苄基）醚	[16]
3	4-allyl-2, 6-dimethoxyphenol glucoside	[16]
4	过氧麦角甾醇	[10]
5	丹参素甲酯	[10]
6	*α*-tocopherolquinone	[6]
7	stigmast-4,22-dien-3,6-dione	[6]

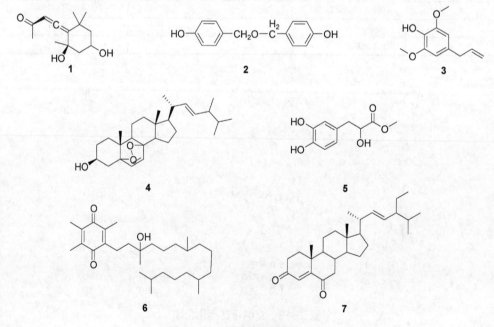

图 9-19　艾纳香其他类化合物

三、药理活性

1. 抗炎

蔡亚玲等通过离体致敏豚鼠回肠法对提取到的含量较高的 14 种艾纳香挥发油成分进行了抗炎活性的初步筛选，然后通过小鼠急性毒性实验及对小鼠耳廓肿胀的影响结果进一步筛选出了(–)-龙脑、(–)-芳樟醇、反式-石竹烯三种具有良好抗炎作用的化合物，研究了 3 种化合物对大鼠佐剂关节炎、RAW264.7 细胞分泌炎症介质、RAW264.7 细胞炎症相关蛋白的 mRNA 表达以及 RAW264.7 细胞核转录因子 p65 蛋白表达水平的影响。结果发现，在用药剂量相同时，(–)-芳樟醇和反式-石竹烯能够显著抑制大鼠足趾肿胀，且对炎症介质、细胞因子及基因的表达有抑制作用，而(–)-龙脑对大鼠足趾肿胀抑制效果不显著，且(–)-龙脑虽然对炎症介质、细胞因子及基因的表达表现出一定的抑制作用，但剂量依赖性不好[20]。马青松等人通过小鼠耳二甲苯致炎性实验研究了艾纳香油的抗炎作用，实验测定了艾纳香油高（40%）、中（20%）、低（10%）三个剂量组里致炎耳组织中前列腺素 E2（PGE2）以及血清中丙二醛（MDA）的含量和血清 SOD 活性。结果发现，艾纳香油高、中、低剂量组均能够显著抑制小鼠耳肿胀，且呈现出明显的剂量依赖性关系，艾纳香油剂量越高，其抑制作用越明显；也发现艾纳香油三个剂量组均能够降低 PGE2 和 MDA 的含量其中，低剂量艾纳香油能使显著降低 PGE2 含量，而三个剂量组艾纳香油均能提高 SOD 活性，高剂量组和低剂量组表现显著[21]。王万林等通过研究 NF-κB、Nrf2/HO-1 通路来阐明艾纳香油（BBO）的抗炎作用机制，实验建立了利用 LPS 诱导的 RAW264.7 巨噬细胞炎症模型，检验了 BBO 对炎性 RAW264.7 细胞毒性、形态、炎症介质，细胞的 COX-2、5-LOX 和 NF-κB、Nrf2/HO-1 相关蛋白表达。结果发现，不同浓度 BBO 可以减轻 LPS 诱导的细胞形态学改变，并缓解细胞凋亡的发生比例，还能有效抑制 LPS 诱导的 COX-2、5-LOX 蛋白表达，减少炎性介质的产生[22]。Xu 等人研究了艾纳香甲醇提取物的抗炎性，实验用 Griess 法测定了 11 种化合物对 LPS 诱导的小鼠 BV-2 小胶质细胞 NO 生成的抑制活性。结果发现，所有化合物均对 LPS 诱导的 NO 产生有抑制作用，化合物 balsamiferine D、balsamiferine F、balsamiferine G 和 balsamiferine J 具有较强的 NO 抑制活性，其中化合物 balsamiferine G 对 NO 产生的抑制作用最大，且通过 MTT 测定表明，所有化合物在抑制 NO 生成的有效浓度下对 BV-2 细胞没有显著的细胞毒性[19]。

2. 抗菌

闻庆等用石油醚、三氯甲烷、乙酸乙酯、正丁醇对艾纳香提取艾片后的残渣（艾渣）乙醇提取物进行萃取得到不同提取部位，研究了它们的体外抑菌活性。实验测定了艾渣不同提取部位的抑菌圈直径以及它们的最低抑菌浓度（MIC）和最低杀菌浓度（MBC），结果发现，艾渣乙醇提取物以及萃取物对金黄色葡萄球菌、大肠埃希菌、肺炎克雷伯菌、白色念珠菌、铜绿假单胞菌及乙型溶血性链球菌有不同程度的抑制作用，且发现艾渣三氯乙烷萃取部位的抑菌活性最强，对乙型溶血性链球菌、大肠埃希菌表现出明显的杀菌和抑菌作用[23]。王鸿发等研究了艾纳香石油醚、乙酸乙酯的萃取物的抗菌活性，采用了菌丝生长法对六种菌株 *Botrytis cinerea*（ACCC 37347）、*Verticillium dahliae*（ACCC 36916）、*Fusarium oxysporum*（ACCC 37438）、*Alternaria solani*（ACCC 36023）、*Fusarium gramineum*（ACCC 36249）和 *Rhizoctonia solani*（ACCC 36124）进行了抑菌活性评价。结果发现，艾纳香石油醚萃取物对 ACCC 36249、ACCC 36023、

ACCC 37438 有很强的抑菌效果，艾纳香乙酸乙酯萃取物对 ACCC 36023、ACCC 36249、ACCC 36916、ACCC 36124 有很好的抑菌效果，且发现艾纳香乙酸乙酯萃取物的抑制效果与其剂量存在着明显的依赖关系[24]。王鸿发等利用金黄色葡萄球菌、大肠埃希菌和枯草芽孢杆菌 3 种菌株对艾纳香乙酸乙酯提取物进行了抗菌活性评价，结果发现，3,3′,5-三羟基-4′,7-二甲氧基二氢黄酮、3′,4′,5-三羟基-3, 7-二甲氧基黄酮对 3 种菌株的抑菌性较弱，艾纳香素对金黄色葡萄球菌呈现出较强的抑制活性，其 MIC 为 32μg/mL，sakuranetin 对枯草芽孢杆菌呈现出较强的抑制活性，其 MIC 为 64μg/mL，而其他化合物则没有抑菌活性[9]。庞玉新等人采用 96 孔板法对艾纳香的乙酸乙酯提取物进行了抗菌活性评价，实验的供试菌株为金黄色葡萄球菌、枯草芽孢杆菌以及大肠埃希菌三种菌株，结果发现，双（4-羟苄基）醚对枯草芽孢杆菌具有较强的抑制活性，其最低抑菌浓度为 64μg/mL，且双（4-羟苄基）醚对大肠埃希菌也有一定的抑菌作用，而咖啡酸乙酯对三种菌株均有一定的抑制作用，此外，原儿茶酸、4-allyl-2,6-dimethoxyphenol glucoside、blumeaene K 对金黄色葡萄球菌以及 6,7-二羟基香豆素对枯草芽孢杆菌均有一定的抑制作用，原儿茶醛则对枯草芽孢杆菌以及大肠埃希菌均有一定的抑制作用[16]。袁媛等人采用微量倍比稀释法对艾纳香乙酸乙酯提取物进行了抑菌活性测定，结果发现，7-甲氧基紫杉叶素和木犀草素-7-甲醚对金黄色葡萄球菌具有较好的抑菌活性，其测定的 MIC 值均为 64μg/mL，对大肠杆菌也有一定的抑菌活性，其测定的 MIC 值为 128μg/mL[8]。

Wang 等研究了改良水蒸馏法、加氢蒸馏-溶剂萃取法和同时蒸馏萃取法三种提取方法下艾纳香叶挥发油和精油的抗菌性，实验通过对测定 4 种真菌和 6 种细菌（2 种革兰阳性菌和 4 种革兰阴性菌）的最低抑菌浓度（MIC）和抑菌带（IZ）来评价了精油和 2 种挥发油的抑菌活性，结果发现，不同提取方法得到的挥发油和精油具有不同的抗菌活性，艾纳香叶片挥发油具有广谱的抗菌活性[15]。Yang 等研究艾纳香精油（BBO）对金黄葡萄球菌的影响，结果发现，BBO 能够破坏细胞膜的通透性，抑制细菌核酸和蛋白质的合成，从而达到良好的抗菌效果[25]。Ragasa 等对从艾纳香中分离出的乙酸乙烯酯与隐柳二醇的抗菌效果进行了评价，结果表明两种化合物的抗菌活性不同，乙酸乙烯酯对白色念珠菌、黑曲霉和毛癣菌的活性效果较为显著，隐柳二醇对白念珠菌、黑曲霉和绿脓杆菌有较低的抗炎性[26]。Pang 等不同浓度（20%、50%、100%）的用橄榄油稀释的艾纳香挥发油对肝脏的破坏作用，结果表明高浓度组的毒性标志物增加，而肝脏组织病理学无明显变化，伤口组中用挥发油治疗可以降低血清毒性指数，这表明其有一定的抗菌能力[27]。

3. 抗氧化

黄梅等研究了艾纳香水蒸馏提取后的残渣的抗氧化活性，残渣用石油醚、氯仿、乙酸乙酯、正丁醇、水依次萃取，实验通过紫外分光光度计测定了五种不同极性部位的总黄酮含量，同时也进行了 DPPH 自由基清除率测定、ABTS 自由基清除率测定以及铁还原能力测定三种抗氧化实验，结果发现，艾渣中黄酮类物质多富集于乙酸乙酯及氯仿部位，艾渣的五种萃取物均有一定的抗氧化性，乙酸乙酯部位的 DPPH 及 ABTS 清除率最高，而水层还原 Fe^{3+} 的能力最强，艾渣石油醚部位抗氧化性在三个抗氧化实验测定中均表现出较弱的氧化性[28]。胡永等人采用 DPPH 自由基清除实验对艾纳香叶片中的 9 个黄酮类化合物进行了抗氧化活性筛选，并对清除率高达 50% 的化合物进行了复筛，计算了半数有效浓度(IC_{50})。结果发现，柽柳黄素、($2\alpha,3\beta$)-二氢鼠李素、艾纳香素、sterubin、enodicytol、二氢槲皮素 6 种化合物在 100μg/mL 的浓度下呈现出良好的 DPPH 自由基清除能力，它们的 IC_{50} 均高于阳性对照维生素 C 的 IC_{50}，且发现它们的 DPPH 自由基清除率随着化合物质量浓度的提高而增强。其中，柽柳黄素的抗氧化能力最好，其 DPPH 自由基清除达到了 96.05%[5]。梁艺瑶等测定了艾纳香残渣中总黄酮的抗氧化性，对其进行了 DPPH 自由基清除率和羟基自由基清除率实验，结果表明，艾纳香残渣总黄酮对 DPPH 自由基和羟基自由基的 IC_{50} 分别为 41.093μg/mL、0.144mg/mL，且在 13.92～69.60μg/mL 范围内，随着艾纳香残渣总黄酮质量浓度的增加，DPPH 和羟基自由基清除率均明显增加[29]。Wang 等研究了改良水蒸馏法、加氢蒸馏-溶剂萃取法和同时蒸馏萃取法三种提取方法下艾纳香叶挥发油和精油的抗氧化性，实验采用 DPPH 自由基清除试验、β-胡萝卜素漂白抑制试验和硫代巴妥酸反应来测定。结果发现，经改良水蒸馏法提取过的精油具有较高的抗氧化活性[15]。Wang 等设计了一种带有 cleventer 装置的改良水蒸馏法成功采集了 9 月至次年 2 月九个不同月份的艾纳香叶片精油，并研究了它们的抗氧化性。结果发现，10～12 月采集的艾纳香精油具有较高的抗氧化活性[30]。

4．抗肿瘤、抗癌

李璞等采用 MTT 法研究了艾纳香石油醚层、二氯甲烷层、水层、甲醇层以及艾纳香甲醇提取分离的化合物对 A549 细胞增殖作用的影响，结果发现，艾纳香抗肿瘤活性部位最好的是艾纳香二氯甲烷层，其次是石油醚层、正丁醇层、水；化合物甘草素、glycyrol、华良姜素、isoglycyrol、咖啡酸二十二酯、inuchinenolide B、neogaillardin 均具有不同程度的抗肿瘤活性，除咖啡酸二十二酯外，其余几种化合物具有明显的量效关系[11]。石少瑜等人研究了艾纳香正丁醇萃取物及分离纯化的化合物对人肺腺癌细胞 A549、NCI-H1299 的增值作用，实验采用 CKK-8 法测定了细胞抑制率。结果发现，艾纳香正丁醇萃取物对两种癌细胞均有一定的抑制增殖作用，且细胞增殖抑制程度与萃取物浓度呈正相关；他们发现木犀草素和芹菜素两种化合物的抑制 A549 细胞增殖作用最强[7]。

5．降血糖

胡永等采用 PNPG 法对艾纳香叶片中的 9 个黄酮类化合物的体外 α-葡萄糖苷酶抑制活性筛选，并对抑制率大于 50% 的化合物进行复筛，计算半数有效浓度（IC_{50}）。结果发现，4′-甲氧基二氢槲皮素、柽柳黄素、3,3′-二甲氧基槲皮素、(2α,3β)-二氢鼠李素、二氢槲皮素 5 种化合物具有很好的 α-葡萄糖苷酶抑制活性，它们的 IC_{50} 均高于阳性对照阿卡波糖的 IC_{50}，且发现这 5 种化合物抑制 α-葡萄糖苷酶的活性随着化合物质量浓度的提高而增强，其中二氢槲皮素的 α-葡萄糖苷酶抑制活性最高，其抑制率为 98.92%[5]。韦睿斌等测定了艾纳香功能叶、嫩叶以及嫩茎的多酚及总黄酮含量，并通过清除 DPPH 和 ABTS 自由基能力实验研究了它们的抗氧化活性，结果发现，艾纳香功能叶的多酚及总黄酮含量最高，其抗氧化性越高，嫩叶次之。在一定的浓度范围内，艾纳香中多酚及总黄酮含量越高，其抗氧化性越强[31]。

6．细胞毒性

胡永等采用 MTT 法对艾纳香烯 N 和艾纳香烯 F 进行了细胞毒性筛选，结果发现，艾纳香烯 N 对宫颈癌（HeLa）细胞株、乳腺腺癌（MCF-7）细胞株、肺腺癌（A549）细胞株、胃癌（MGC-803）细胞株、结肠癌（COLO-205）细胞株均具有明显的抑制活性，其中，艾纳香烯 N 对 HeLa 细胞株的生长抑制活性最强，而艾纳香烯 F 仅对于 MCF-7 细胞株有微弱的抑制活性[18]。

7. 其他

李小婷等研究了艾纳香油对紫外线诱导小鼠皮肤晒伤的保护作用,实验通过建立晒伤模型、通过 HE 染色观察了晒伤皮肤组织病理变化,测定了小鼠血清中超氧化物歧化酶(SOD)活性以及皮肤组织中丙二醛(MDA)和还原型谷胱甘肽(GSH)含有量,并通过酶联免疫吸附法与免疫组化法研究了艾纳香油对紫外线诱导小鼠皮肤晒伤的保护作用机制。研究发现,经艾纳香油处理过的小鼠皮肤中 SOD 活性、GSH 和 MDA 含有量得到恢复,艾纳香油的保护作用机制与增强氧化作用,抑制 NF-κB 信号通路和抑制 P53、PCNA 等水平有关[32]。许罗凤等人研究了艾纳香总黄酮对大鼠皮肤创伤愈合的影响及其作用机制,实验进行了创面愈合率测定,同时通过 HE 观察了皮肤的组织病理结构,并通过 ELISA 试剂盒检测了 IL-1、TNF-α 的表达水平。研究发现,艾纳香总黄酮随药物剂量的增加能够提高创面愈合百分率,缩短愈合时间,且发现艾纳香总黄酮促进大鼠皮肤创伤的愈合机制可能是增加分泌创伤早期炎症因子的量有关[33]。

周立强等采用酪氨酸酶催化左旋多巴(L-DOPA)氧化速率的方法对艾纳香乙醇提取物进行了酪氨酸酶抑制活性,发现槲皮素、熊果酸、熊果酸内酯、2-羟基-4,6-二甲氧基苯乙酮和 2,4-二羟基-6-甲氧基苯乙酮在 100μg/mL 的浓度下表现出较好的酪氨酸抑制剂活性,且它们对左旋多巴的清除率与浓度呈正的量效关系[10]。许实波等研究了艾纳香及其四种结构修饰所得黄烷酮化合物对急性肝损伤活性的影响,结果表明艾纳香素对 CCl₄、ACM(扑热息痛)与 TAA(硫代乙酰胺)引起的急性肝损伤均有显著保护作用[34-35]。Noor 等也发现艾纳香根和茎的甲醇提取物对恶性疟原虫 D10 株(敏感株)具有一定的抗疟原虫活性[36]。此外,周辉等人发现艾纳香油湿敷外擦可用于治疗湿疹[37]。

参考文献

[1] 马海霞, 杨广安, 谭琪明, 等. 艾纳香化学成分及药理活性研究进展[J]. 化工管理, 2021(10): 69-70, 72.

[2] 《中华本草》编委会. 中华本草: 第七册[M]. 上海:上海科学技术出版社, 1999.

[3] 谢小丽, 陈振夏, 庞玉新, 等. 艾纳香资源研究进展[J]. 世界科学技术-中医药现代化, 2017, 19(12): 2024-2029.

[4] 中科院中国植物志编辑委员会. 中国植物志: 第七十五卷第一分册[M]. 北京: 科学出版社, 1979.

[5] 胡永, 李亚男, 李霞, 等. 艾纳香中的黄酮类化合物及其抗氧化与 α-葡萄糖苷酶抑制活性研究[J]. 天然产物研究与开发, 2018, 30(11): 1898-1903.

[6] 李正钰. 山藿香和艾纳香的化学成分及其生物活性研究[D]. 兰州: 兰州大学, 2017.

[7] 石少瑜. 彝族"黄药"艾纳香正丁醇部位化学成分分离及其抗 A549、NCI-H1299 细胞活性[D]. 北京: 中央民族大学, 2020.

[8] 袁媛, 庞玉新, 元超. 艾纳香乙酸乙酯部位抗菌活性成分研究[J]. 热带作物学报, 2018, 39(6): 1195-1199.

[9] 王鸿发, 元超, 庞玉新. 艾纳香中的黄酮类化合物及其抗菌活性[J]. 热带作物学报, 2019, 40(9): 1810-1816.

[10] 周立强, 熊燕, 陈俊磊, 等. 艾纳香地上部分化学成分及其抗氧化与酪氨酸酶抑制活性研究[J]. 天然产物研究与开发, 2021, 33(7): 1112-1120.

[11] 李璞. 彝药"黄药"化学成分及其抑制肺癌 A549 细胞增殖作用研究[D]. 北京: 中央民族大学, 2013.

[12] 张颖, 李翔, 宋婷, 等. 艾纳香挥发油的化学成分及抗细菌活性研究[J]. 北京农业, 2015, (17): 224-226.

[13] 李亮星, 史云东, 李明, 等. 顶空固相微萃取法结合气相色谱-质谱联用法分析 2 种滇产艾纳香的挥发性成分[J]. 食品安全质量检测学报, 2020, 11(8): 2475-2480.

[14] 郝文凤, 田玉红, 张倩, 等. 艾纳香与马尾松精油的成分分析及抗氧化研究[J]. 中国调味品, 2021, 46(3): 34-39, 44.

[15] Wang Y H, Yu X Y. Biological activities and chemical compositions of volatile oil and essential oil from the leaves of *Blumea balsamifera*[J]. Journal of Essential Oil Bearing Plants, 2018, 21(6): 1511-1531.

[16] 庞玉新, 元超, 胡璇, 等. 黎药艾纳香化学成分研究[J]. 中药材, 2019, 42(1): 91-95.

[17] 元超, 王鸿发, 胡璇, 等. 艾纳香中绿原酸类化学成分研究[J]. 热带作物学报, 2019, 40(6): 1176-1180.

[18] 胡永, 段玉书, 苑春茂, 等. 艾纳香中1个新倍半萜内酯及其细胞毒活性研究[J]. 中草药, 2019, 50(14): 3274-3278.

[19] Xu J, Jin D Q, Liu C Z, et al. Isolation, characterization, and NO inhibitory activities of sesquiterpenes from *Blumea balsamifera*[J]. Journal of Agricultural and Food Chemistry, 2012, 60(32): 8051-8058.

[20] 蔡亚玲, 廖加美, 彭俊超, 等. 艾纳香油中抗炎成分的筛选及其对炎性因子的影响[J]. 天然产物研究与开发, 2021, 33(3): 402-409.

[21] 马青松, 王丹, 庞玉新, 等. 艾纳香油对小鼠耳肿胀的抗炎效果[J]. 贵州农业科学, 2016, 44(4): 100-102.

[22] 王万林, 高月, 廖加美, 等. 艾纳香油对NF-κB及Nrf2/HO-1信号通路的作用研究[J]. 畜牧兽医学报, 2021, 52(4): 976-986.

[23] 闻庆, 庞玉新, 胡璇, 等. 艾纳香残渣不同提取部位体外抑菌活性研究[J]. 广东药学院学报, 2015, 31(6): 713-716.

[24] 王鸿发, 胡璇, 于福来, 等. 艾纳香抗植物病原菌活性成分研究[J]. 中国农学通报, 2018, 34(35): 105-110.

[25] Yang H, Gao Y, Long L, et al. Antibacterial effect of *Blumea balsamifera*(L.) DC. essential oil against *Staphylococcus aureus*[J]. Archives of Microbiology, 2021, 203(7): 3981-3988.

[26] Ragasa C Y, Co A L K C, Rideout J A. Antifungal metabolites from *Blumea balsamifera*[J]. Natural product research, 2005, 19(3): 231-237.

[27] Pang Y X, Fan Z W, Dan W, et al. External application of the volatile oil from *Blumea balsamifera* may be safe for liver-a study on its chemical composition and hepatotoxicity[J]. Molecules, 2014, 19(11): 18479-18492.

[28] 黄梅, 胡璇, 庞玉新, 等. 艾渣不同极性部位的体外抗氧化活性[J]. 香料香精化妆品, 2018, (5): 27-32, 35.

[29] 梁艺瑶, 任宁晴, 吴玉玲, 等. 艾纳香残渣总黄酮抗氧化作用的研究[J]. 广东化工, 2019, 46(23): 13, 12.

[30] Wang Y H, Zhang Y R. Variations in compositions and antioxidant activities of essential oils from leaves of Luodian *Blumea balsamifera* from different harvest times in China[J]. PLos One, 2020, 15(6): e0234661.

[31] 韦睿斌, 杨全, 庞玉新, 等. 艾纳香不同部位多酚和黄酮类抗氧化活性研究[J]. 天然产物研究与开发, 2015, 27(7): 1242-1247, 1286.

[32] 李小婷, 庞玉新, 王丹, 等. 艾纳香油对紫外线诱导小鼠皮肤晒伤的保护作用[J]. 中成药, 2017, 39(1): 26-32.

[33] 许罗凤, 王丹, 庞玉新, 等. 艾纳香总黄酮对大鼠皮肤创伤愈合的作用及机制研究[J]. 热带农业科学, 2017, 37(1): 75-79, 83.

[34] 许实波, 林永成. 艾纳香素对实验性肝损伤的保护作用[J]. 中国药理学报, 1993, 14(4): 376-378.

[35] 许实波, 胡莹, 林永成, 等. 艾纳香素对护肝及血小板聚集的作用[J]. 中山大学学报论丛, 1994, (6): 48-53.

[36] Noor R A, Khozirah S, Ridzuan M, et al. Antiplasmodial properties of some Malaysian medicinal plants[J]. Tropical Biomedicine, 2007, 24(1): 29-35.

[37] 周辉, 邹纯礼. 中药湿敷、苗药艾纳香油外擦治疗婴幼儿湿疹35例的疗效观察[J]. 贵阳中医学院学报, 2011, 33(2): 1.

第七节

草玉梅

草玉梅（*Anemone rivularis* Buch.-Ham.）为毛茛科银莲花属多年生草本植物，别名有溪畔银莲花、鬼打青、水乌头、虎掌草、见风清、五倍叶等[1]。草玉梅具有清热解毒、活血舒筋、消肿止痛的功效，其药用部位为根状茎及叶。现代研究表明，草玉梅具有抗肿瘤、抗炎等药理活性。

一、资源分布及生物学特征

1．资源分布

草玉梅生长于海拔 850～4900m，山地草坡和溪边湖畔处。草玉梅分布范围广泛，国内外均有分布，国内主要分布在西南及甘肃、青海、湖北和广西，国外则分布在尼泊尔、不丹、印度、斯里兰卡等地[2]。

2．生物学特征

植株高（10）15～65cm。根状茎木质，垂直或稍斜，粗 0.8～1.4cm。基生叶 3～5，有长柄；叶片肾状五角形，长（1.6～）2.5～7.5cm，宽（2～）4.5～14cm，三全裂，中全裂片宽菱形或菱状卵形，有时宽卵形，宽（0.7～）2.2～7cm，三深裂，深裂片上部有少数小裂片和牙齿，侧全裂片不等二深裂，两面都有糙伏毛；叶柄长（3～）5～22cm，有白色柔毛，基部有短鞘。花葶 1（～3），直立；聚伞花序长（4～）10～30cm，（1～）2～3 回分枝；苞片 3（～4），有柄，近等大，长（2.2～）3.2～9cm，似基生叶，宽菱形，三裂近基部，一回裂片多少细裂，柄扁平，膜质，长 0.7～1.5cm，宽 4～6mm；花直径（1.3～）2～3cm；萼片（6～）7～8，白色，倒卵形或椭圆状倒卵形，（0.6～）0.9～1.4cm，宽（3.5～）5～10mm，外面有疏柔毛，顶端密被短柔毛；雄蕊长约为萼片之半，花药椭圆形，花丝丝形；心皮 30～60，无毛，子房狭长圆形，有拳卷的花柱。瘦果狭卵球形，稍扁，长 7～8mm，宿存花柱钩状弯曲。5 月至 8 月开花[2]。

二、化学成分研究

1．三萜类化合物

彭树林等从草玉梅全草的乙醇提取物中分离得到了 2 个三萜类化合物乌苏酸、草玉梅苷 A，其中，草玉梅苷 A 是首次从草玉梅中分离得到的[3]。Mizutani 等从草玉梅根中分离得到从草玉梅中分离得到 4 个新的三萜类化合物，命名为 huzhangosides A-D[4]。廖循等从草玉梅根部和地上部分甲醇提取物中分离得到 8 个三萜类化合物：齐墩果酸-3-O-α-L-吡喃阿拉伯糖苷、eleutheroside K、prosapogenin CP4、cauloside D、huzhangoside B、huzhangoside D、草玉梅内酯、草玉梅苷 B[5]。Minh 等从草玉梅甲醇提取物中分离得到 5 个三萜类化合物：anemonerivulariside A、prosapogenin CP6、huzhangoside A、huzhangoside C、oleanoic acid[6]。Zhao 从草玉梅根中分离得到一个新的三萜和六个已知的三萜，经鉴别为：olean-9(11),12-dien-3-O-palmitate、lupeol、betulin、betullic acid、oleanolic acid、ursolic acid 和 β-amyrin[7]。所得的三萜类化合物名称如表 9-21 所示，结构如图 9-20 所示。

表 9-21　草玉梅三萜类化合物

序号	名称	参考文献
1	草玉梅苷 A	[3]
2	huzhangoside A	[4]

序号	名称	参考文献
3	huzhangoside B	[4]
4	eleutheroside K	[5]
5	prosapogenin CP4	[5]
6	cauloside D	[5]
7	草玉梅内酯	[5]
8	anemonerivulariside A	[6]
9	prosapogenin CP6	[6]
10	olean-9(11),12-dien-3-O-palmitate	[7]
11	lupeol	[7]
12	betulin	[7]

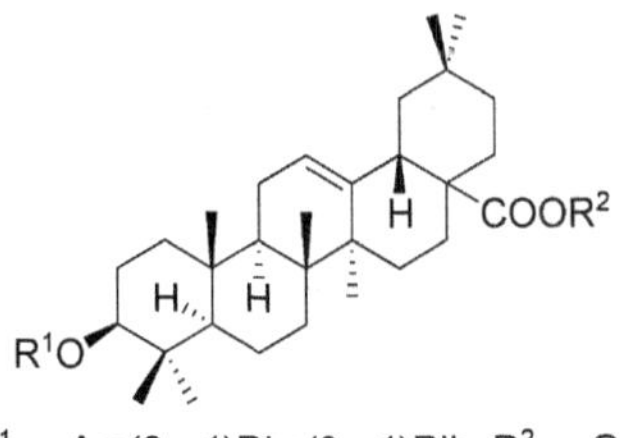

1 R^1 = -Ara(2→1)Rha(3→1)Rib, R^2 = -Glc(4→1)Rha

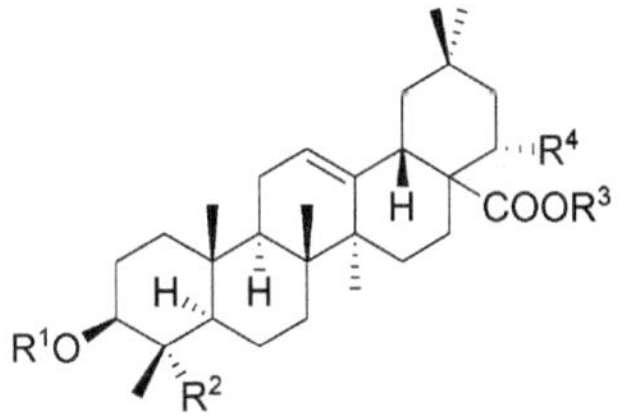

2 R^1 = -Xyl-(2→1)-Rha-(3→1)-Rib, R^2 = CH$_2$OH, R^3 =H

3 R^1 = -Ara-(2→1)-Rha-(3→1)-Rib,
   R^2 = -Glc-(6→1)-Glc-(4→1)-Rha, R^3 = H

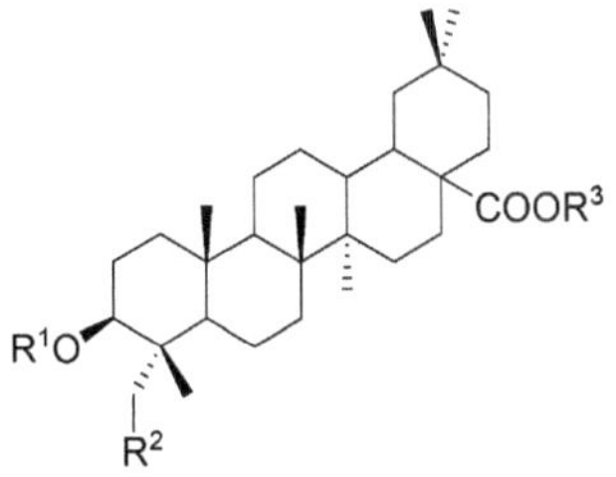

4 R^1 = Ara-(2→1)-Rha, R^2 = H, R^3 = H

5 R^1 = -Ara-(2→1)-Rha-(3→1)-Rib, R^2 = H, R^3 = H

6 R^1 = -Ara, R^2 = OH, R^3 = -Glc-(6→1)-Glc-(4→1)-Rha

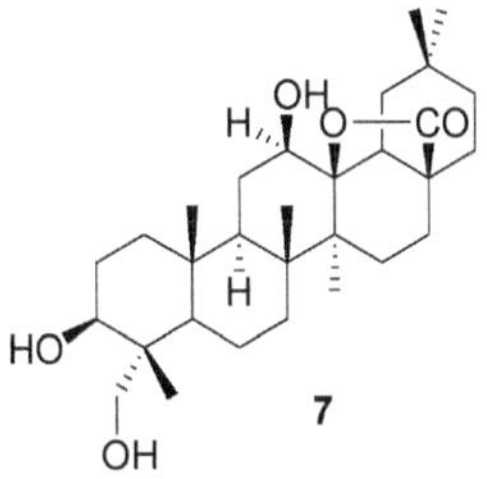

7

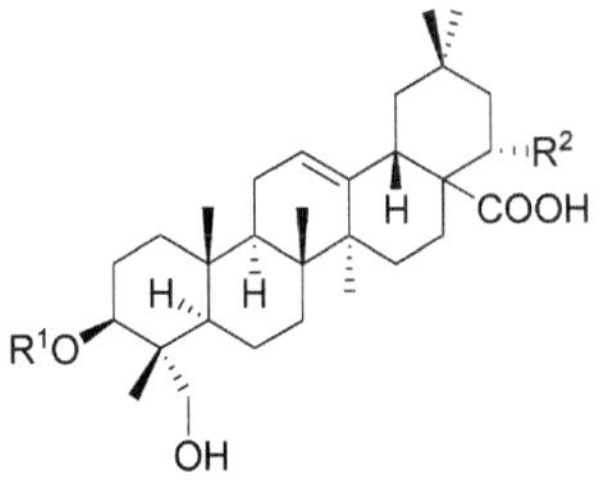

8 R^1 = Rib-(1→3)-Rha-(1→2)-Ara, R^2 = OH

9 R^1 = Rib-(1→3)-Rha-(1→2)-Ara, R^2 = H

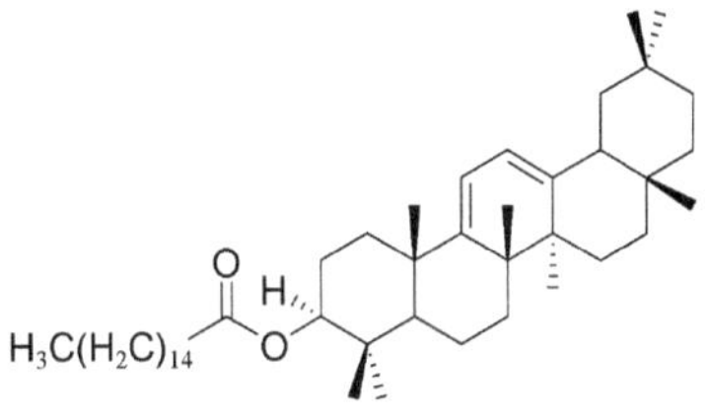

10

图 9-20 草玉梅三萜类化合物

2．其他类化合物

草玉梅还含有其他类化合物，如甾体类、苯丙素类、酚酸类、挥发油类等。

彭树林等从草玉梅全草的乙醇提取物中分离得到 β-谷甾醇[3]。Minh 等从草玉梅甲醇提取物中分离得到 2 个甾体类化合物(22E,24R)-5α,8α-epidioxy-24-methyl-cholesta-6,9(11),22-trien-3β-ol、ergosterol peroxide，2 个苯丙素类化合物 2-propenoic acid [3-(4-hydroxy-3-methoxy phenyl)]、1-O-caffeoyl-β-D-glucopyranoside，以及 13-hydroxy-7-oxo-8,11,13-podocarpatriene[6]。邵建华从草玉梅乙醇提取物的乙酸乙酯萃取物中分离得到了 2 个酚酸类化合物 4-羟基苯甲酸、3-羟基-4-甲氧基苯甲酸，2 个苯丙素类化合物香豆酸和咖啡酸，且这些化合物均是从该属植物中首次分离得到[8]。此外，Shi 等采用水蒸气蒸馏法从草玉梅根中提取精油，从中分析鉴别出了 19 个化合物，占总化合物的 96.1%，发现草玉梅根精油的主要成分为苯乙酮、3-乙基-2-甲基-正己烷、5,6-二甲基-癸烷和 4,5-二乙基-辛烷[9]。有学者研究了虎掌草皂苷的化学组成，发现其由三种皂苷组成，含量较大的为虎掌草皂苷乙和皂苷甲。其中，皂苷甲为齐墩果酸和鼠李糖、树胶醛糖和木糖结合而成；皂苷乙为齐墩果酸和鼠李糖、树胶醛糖和葡萄糖结合而成，但未确定糖连接次序[10]。所得的部分其他类化合物名称如表 9-22 所示，结构如图 9-21 所示。

表 9-22　草玉梅其他类化合物

序号	名称	参考文献
1	(22E,24R)-5α,8α-epidioxy-24-methyl-cholesta-6,9(11),22-trien-3β-ol	[6]
2	ergosterol peroxide	[6]
3	2-propenoic acid [3-(4-hydroxy-3-methoxy phenyl)]	[6]
4	1-O-caffeoyl-β-D-glucopyranoside	[6]
5	13-hydroxy-7-oxo-8,11,13-podocarpatriene	[6]
6	3-羟基-4-甲氧基苯甲酸	[8]

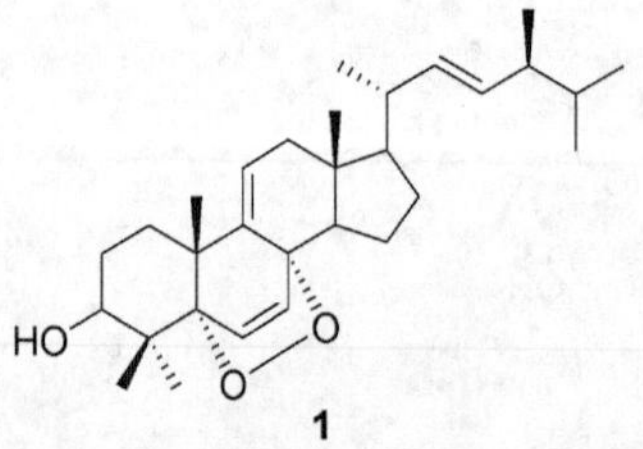

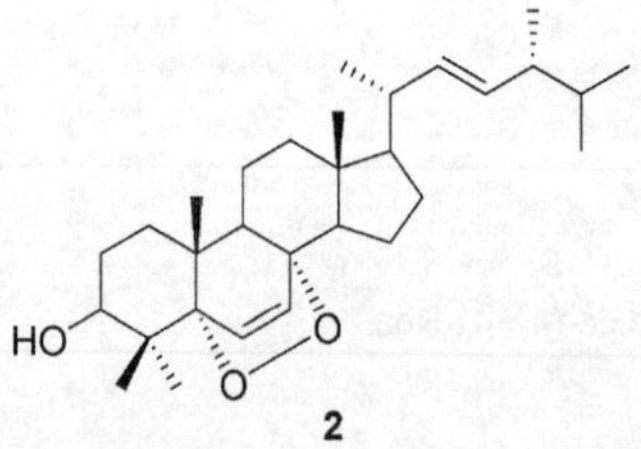

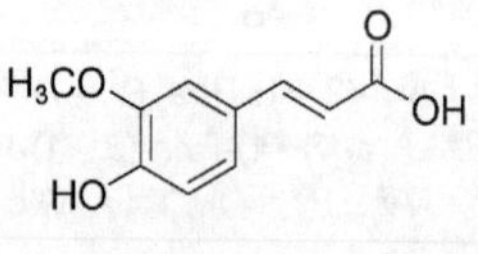

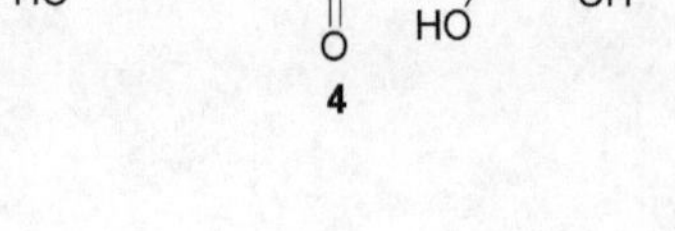

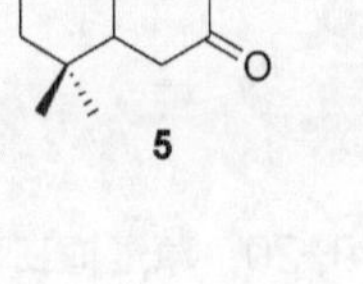

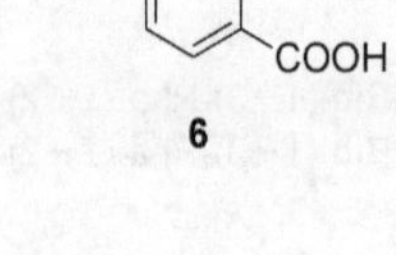

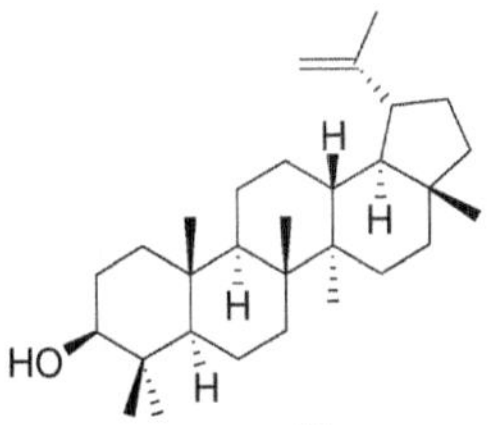

图 9-21 草玉梅其他类化合物

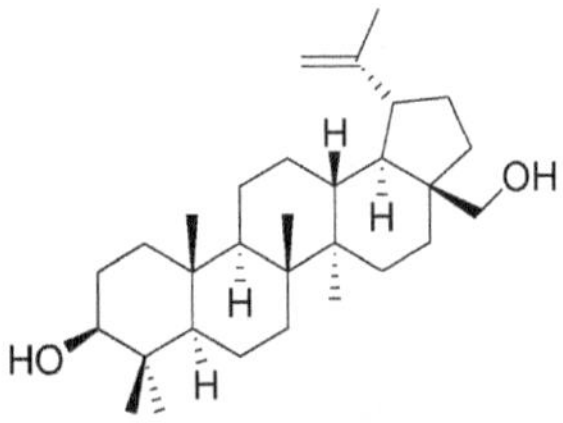

三、药理活性

1. 抗肿瘤

邵建华等测定了草玉梅根茎乙醇提取物三种萃取物（石油醚萃取物、乙酸乙酯萃取物和正丁醇萃取物）的抗肿瘤活性，实验采用四甲基偶氮唑盐比色法（MTT）进行评价了草玉梅三种萃取物对人肝癌细胞株（QGY-7703）、人结肠癌细胞（COLO-205）和人肺癌细胞（A549）。结果发现，三种萃取物具有不同程度的抗肿瘤活性，在测定的浓度范围内具有良好的剂量依赖关系[8]。Chung等通过对草玉梅乙醇提取物（ARE）进行体外及细胞 PDHK 活性测定来评价其抗肿瘤活性。实验通过采用 MTT 法测定了 ARE 对多种肿瘤细胞 [人结肠癌 HT29 细胞、DLD-1 细胞和小鼠 Lewis肺癌（LLC）细胞、人乳腺癌 MDAMB231 细胞、人肝癌 Hep3B 细胞、人慢性骨髓性白血病 K562细胞] 活性的影响，并通过 Western blot 检测磷酸化 PDH、PDH 和 PDHKI 的表达以及通过肿瘤体积和重量评估了 ARE 的体内抗肿瘤效果。结果发现，ARE 能够抑制这 6 种癌细胞的活性，ARE增加了 ROS 的产生和线粒体损伤，并通过线粒体介导的细胞凋亡抑制体外肿瘤生长，且发现 ARS在体外和体内均有抑制丙酮酸脱氢（酶）激酶（PDHK）活性和肿瘤生长的作用，可作为抗癌药物的潜在候选药物[11]。吴德松等人研究了草玉梅醇提物的抗肿瘤活性，实验采用改良 MTT 法检测了草玉梅醇提物对人人肝癌 HepG-2、人慢性骨髓性白血病 K562、人肺癌 A549 和人前列腺癌PC-3 细胞株的增殖抑制活性，并通过小鼠移植性肿瘤模型研究了草玉梅醇提物对小鼠肝癌 H22生长的影响。结果发现，草玉梅醇提物可明显抑制 4 种人肿瘤细胞株的增殖和小鼠肝癌 H22 肿瘤的生长，这表明草玉梅醇提物具有明显的体内、外抗肿瘤活性[12]。

2. 抗菌

云南省药物研究所防治慢性气管炎小组用药敏纸片方法测定草玉梅中内酯、黄酮、总皂苷3 种成分的抑菌作用，发现抗菌作用强的成分均为皂苷，苷元均为齐墩果酸[10]。Zhao 等人研究了草玉梅中三萜化合物进行了体外抗菌活性评价，实验采用柯比-鲍尔纸片扩散法测定了抗菌活性，通过肉汤宏观稀释法测定了化合物对菌株的 MIC 值。结果表明，olean-9(11),12-dien-3-O-palmitate 这个化合物对枯草芽孢杆菌和金黄色葡萄球菌具有中等活性，对大肠杆菌、鼠伤寒杆菌和铜绿假单胞菌具有较强的活性。结果发现对革兰阳性枯草芽孢杆菌和金黄色葡萄球菌具有中等活性[7]。Shi 等采用水蒸气蒸馏法从草玉梅根中提取精油，采用圆盘扩散法和 96 孔稀释法对不同浓度的 4 种细菌进行了抑菌试验，结果发现，100μg/盘的抑菌圈和最低抑菌浓度分别为 11.0～20.0mm 和 125～250g/mL，表明草玉梅精油具有一定的抗菌能力[9]。

3．免疫调节

吴德松等研究了草玉梅醇提物对荷瘤小鼠免疫功能的影响，实验通过免疫器官称重法检测了草玉梅醇提物对荷瘤小鼠免疫器官指数的影响，并通过 ELISA 法检测荷瘤小鼠血清 IL-2 和 TNF-α 水平。结果发现，对小鼠体重无明显影响，小鼠胸腺指数和脾脏指数、血清 TNF-α 和 IL-2 水平明显提升，小鼠的免疫功能得到了提升[12]。

4．抗氧化

Shi 等采用清除 DPPH 自由基和抑制脂质过氧化的方法评价草玉梅精油的体外抗氧化活性，结果发现，草玉梅精油对 DPPH 自由基的 IC_{50} 值较低（265.8μg/mL），然而对 $FeSO_4$、H_2O_2 和 CCl_4 诱导的脂质过氧化具有较强的清除活性，IC_{50} 值分别为 158.8μg/mL、125.5μg/mL 和 325.6μg/mL[9]。

5．其他

吴德松等人对草玉梅醇提物进行了急性毒性实验，发现小鼠灌胃给药 LD_{50} 为 6.218g/kg，95%可信限为 5.104～7.526g/kg，并推测其毒性可能与组织、器官、系统为中枢神经、神经肌肉、自主神经和肺脏功能损伤有关[12]。司晓文等人采用复方草玉梅汤并配合穴位注射对确诊喉源性咳嗽的 40 例患者进行治疗，其治疗总有效率达到了 95%，结果表明草玉梅具有良好的止咳疗效[13]。司晓雯等人研究了复方草玉梅含片对牙龈炎、牙周炎的治疗效果，结果发现，在对 30 例患者用药 5 天内，症状体征明显减轻，且治愈率达到了 100%[14]。

参考文献

[1] 国家中医药管理局《中华本草》编委会. 中华本草[M]. 上海: 科学技术出版社, 1999.

[2] 中国科学院中国植物志编辑委员会. 中国植物志: 第二十八卷[M]. 北京: 科学出版社, 1980.

[3] 彭树林, 丁立生, 王明奎, 等. 草玉梅化学成分的研究[J]. 植物学报, 1996, 38(9): 757-760.

[4] Mizutani K, Ohtani K, Wei J X, et al. Saponins from *Anemone rivularis*[J]. Planta Medica, 1984, 50(4): 327-331.

[5] 廖循, 李伯刚, 王明奎, 等. 草玉梅中的化学成分[J]. 高等学校化学学报, 2001, 22(8): 1338-1341.

[6] Minh C, Khoi N M, Thuong P T, et al. A new saponin and other constituents from *Anemone rivularis* Buch.-Ham.[J]. Biochemical Systematics & Ecology, 2012, 44: 270-274.

[7] Zhao C C, Shao J H, Fan J D. A new triterpenoid with antimicrobial activity from Anemone rivularis[J]. Chemistry of Natural Compounds, 2012, 48(5): 803-805.

[8] 邵建华, 赵春超, 刘墨祥. 草玉梅抗肿瘤活性成分的分离与鉴定[J]. 扬州大学学报(自然科学版), 2011, 14(2): 48-50.

[9] Shi B J, Liu W, Chen C C, et al. Chemical composition, antibacterial and antioxidant activity of the essential oil of *Anemone rivularis*[J]. Journal of Medicinal Plants Research, 2012, 6(25): 4221-4224.

[10] 云南省药物研究所防治慢性气管炎小组. 虎掌草皂苷的化学研究[J]. 中草药通讯, 1974, (2): 24-30, 67.

[11] Chung T W, Lee J H, Choi H J, et al. *Anemone rivularis* inhibits pyruvate dehydrogenase kinase activity and tumor growth[J]. Journal of Ethnopharmacology, 2017, 203: 47-54.

[12] 吴德松, 刘佳, 韦迪, 等. 虎掌草醇提物抗肿瘤活性及免疫调节作用研究[J]. 云南中医中药杂志, 2015, 36(7): 58-60.

[13] 司晓文. 复方草玉梅汤加穴位注射治疗顽固性喉源性咳嗽 40 例[J]. 中医杂志, 2004, 45(12): 1.

[14] 司晓雯, 汪毅. 复方草玉梅含片治疗急性牙龈炎 30 例临床观察[J]. 贵阳中医学院学报, 1996, 18(3): 42.

第八节
刺梨根

刺梨根为蔷薇科多年生落叶灌木缫丝花（*Rosa roxbunghii* Tratt.）的根。缫丝花又名山王果、刺毒果、佛朗果、茨梨、木梨子，别名刺菠萝、送春归、刺梨、刺酸梨子、九头鸟、文先果。为药食同源植物，根、叶以及果实入药，用于消食健脾、止泻、解暑等功效，可治疗积食腹胀、高血脂、肠炎、高血压、夜盲症、维生素 C 缺乏症等疾病[1~2]。现代研究表明，刺梨根中含有黄酮、萜类、有机酸等成分，具有抗氧化、抗癌、降血脂、降血糖、助消化等药理作用。

一、生物学特征及资源分布

1．生物学特征

灌木，高 1.0～2.5m，树皮灰褐色，成片状脱落；小枝圆柱形，斜向上升，基部稍扁而成对皮刺。小叶 9～15 片，连叶柄长 5～11cm，椭圆形或长圆形，稀倒卵形，长 1～2cm，宽 6～12mm，先端急尖或圆钝，基部宽楔形，边缘有细锐锯齿，两面无毛，背部叶脉突起，网脉明显，叶轴和叶柄有散生小皮刺；托叶大部贴生于叶柄，离生部分呈钻形，边缘有腺毛。花单生，稀 2～3 簇生，直径 4～6cm；花梗短，小苞片 2～3 枚，卵形，边缘有腺毛；萼片通常宽卵形，先端渐尖，有羽状裂片，内面密被绒毛，外面密被针刺；花单瓣，粉红色至深红色，微香，倒卵形，直径 4～6cm，雄蕊多数着生在杯状萼筒边缘；心皮多数着生在花托底部；花柱离生，被毛，不外伸，短于雄蕊。蔷薇果为花托发育膨大形成的假果，扁球形或圆锥形，稀纺锤形，直径 2～4cm，熟时黄色，外面密被针刺；萼片宿存，直立。花期 4～6 月，果期 8～9 月[3~4]。

2．资源分布

广泛分布于暖温带及亚热带地区，多分布于海拔 1000～1600m 的山区和丘陵地带。原产我国，在贵州、云南、四川、重庆、湖南、安徽、广西、湖北、陕西等地均有野生分布[5]。

二、化学成分研究

1．黄酮类成分

Liu 等[6]利用 UFLC/Q-TOF-MS 从刺梨根甲醇提取物中鉴定出芦丁、isoquercitrin、quercitrin、quercetin、kaempferol、luteolin 等共 16 种黄酮类物质。张晓玲[7]采用 HPLC 法检测分析了黄酮类成分及其含量，发现刺梨果实水解液中含有杨梅素、槲皮素和山奈素三种苷元。化合物具体名称和结构分别见表 9-23 和图 9-22。

表 9-23　刺梨根黄酮类成分

序号	化合物名称	参考文献
1	quercetin-3-O-xyloside	[6]
2	kaempferol 3-O-[(X-O-3-hydroxy-3-methylglutaryl)-β-galactoside]	[6]
3	杨梅素	[7]
4	原花青素 B₁	[6]

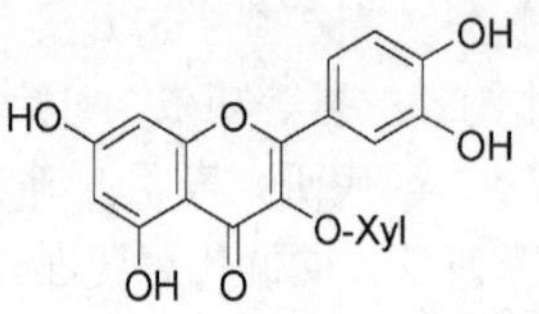

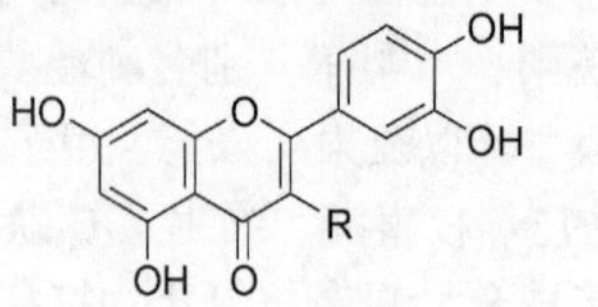

2 R = (X-O-3-hydroxy-3-methylglutaryl)-β-galactoside

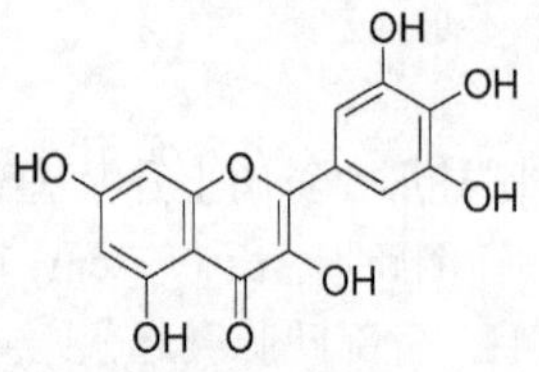

图 9-22　刺梨根黄酮类成分

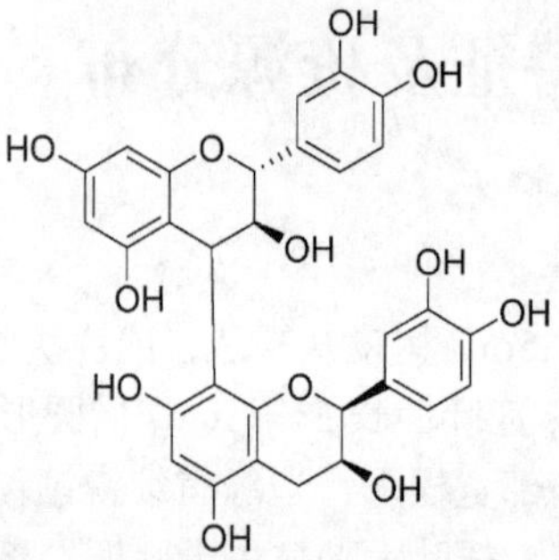

2．三萜类成分

梁光义[8]经多次反复硅胶柱色谱，首次从刺梨根干果中得到的三萜类化合物蔷薇酸与委陵菜酸。田源等[9]经硅胶柱色谱、Sephadex LH-20 凝胶柱及制备薄层色谱手段进行分离纯化，首次从刺梨叶的乙醇提取液中分离得到萜类化合物刺梨苷、野蔷薇苷。代甜甜等[10]利用硅胶柱色谱、凝胶柱色谱、高效液相色谱等分离技术对其抗氧化活性部位的化学成分进行分离纯化，首次从刺梨乙酸乙酯萃取部位分离出的三萜类化合物 arjunetin、1-β-羟基蔷薇酸。李齐激等[11]首次从刺梨中分离得到的五环三萜类化合物 2-oxo-pomolic acid、arjunic acid、2α,3α,19α- trihydroxyolean-12-en-28-oicacid-28-O-β-D-glucopyranoside、2α,3α,19α,24-tetrahydroxyolean-12-en-28-oic-acid-28-O-β-D-glucopyranosyl ester。梁梦琳等[12]采用正相硅胶柱色谱、反相制备液相色谱等分离方法对贵州新鲜刺梨的化学成分进行分离，首次从该植物中分离得到三萜类化合物 1α,2β,3β,19α-tetrahydroxyurs-12-en-28-oic acid、potentilanoside B。化合物具体名称和结构分别见表 9-24 和图 9-23。

表 9-24　刺梨根三萜类成分

序号	化合物名称	参考文献
1	polygalacic acid-3-O-β-D- glucopyranoside	[6]
2	蔷薇酸	[8]
3	委陵菜酸	[8]

续表

序号	化合物名称	参考文献
4	刺梨苷	[9]
5	野蔷薇苷	[9]
6	arjunetin	[10]
7	2*α*,3*α*,19*α*-trihydroxy-olean-12-en-28-oic acid-28-*O*-*β*-D-glucopyranoside	[11]
8	2*α*,3*α*,19*α*,24-tetrahydroxyolean-12-en-28- oic- acid-28-*O*-*β*-D-glucopyranosyl ester	[11]
9	1*α*,2*β*,3*β*,19*α*-tetrahydroxyurs-12-en-28-oic acid	[12]
10	potentilanoside B	[12]

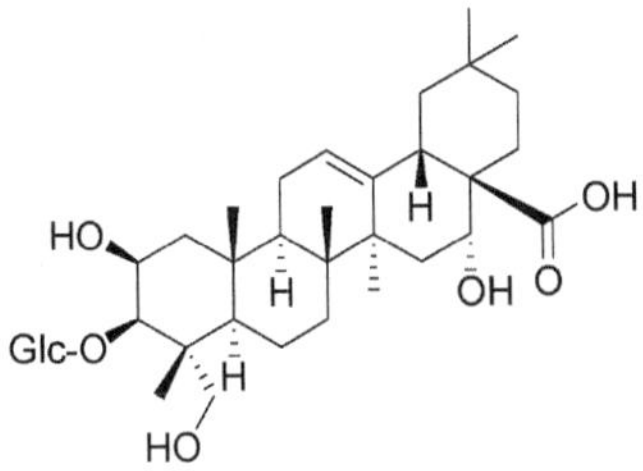

1

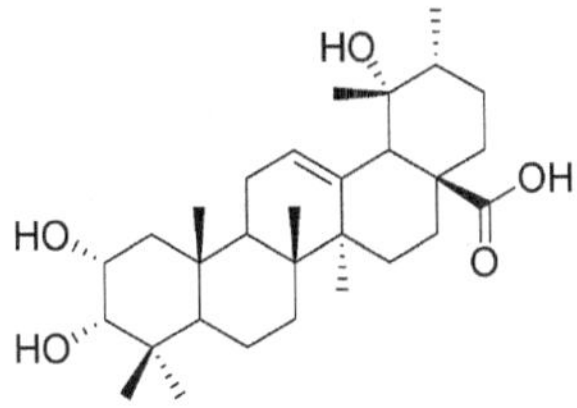

2

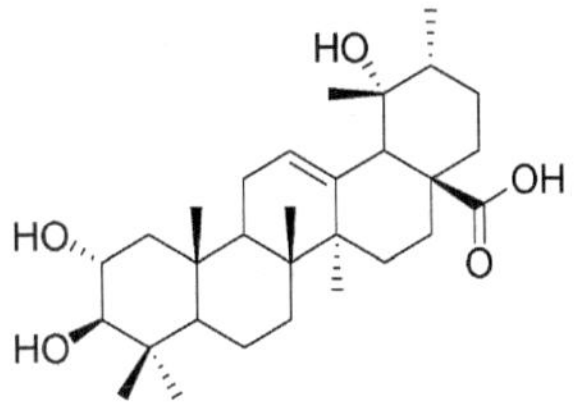

3

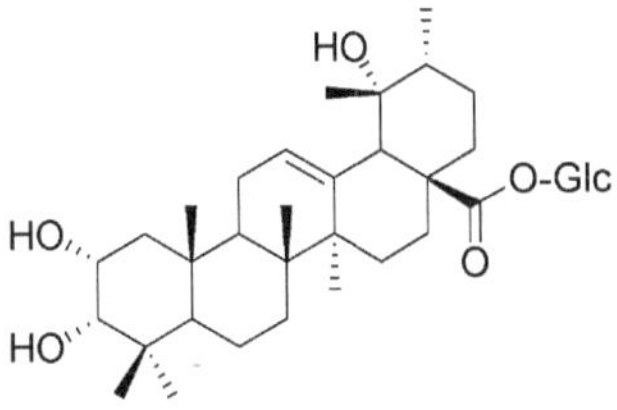

4

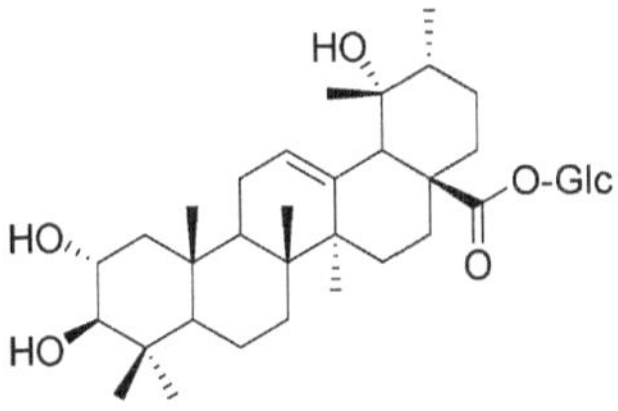

5

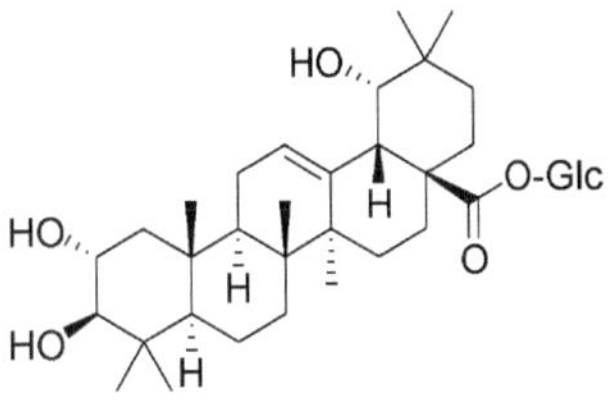

6

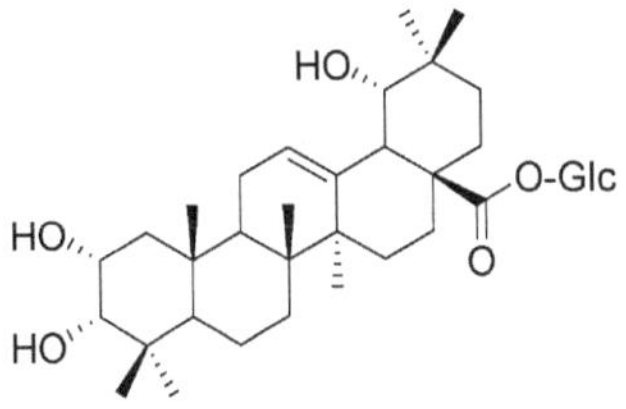

7

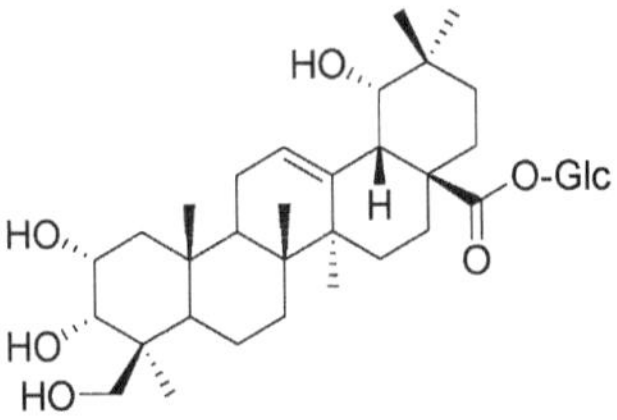

8

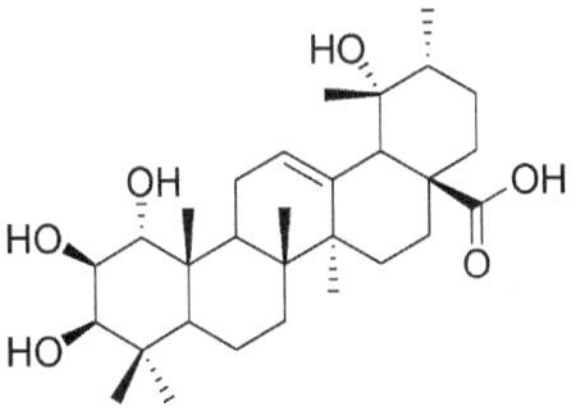

9

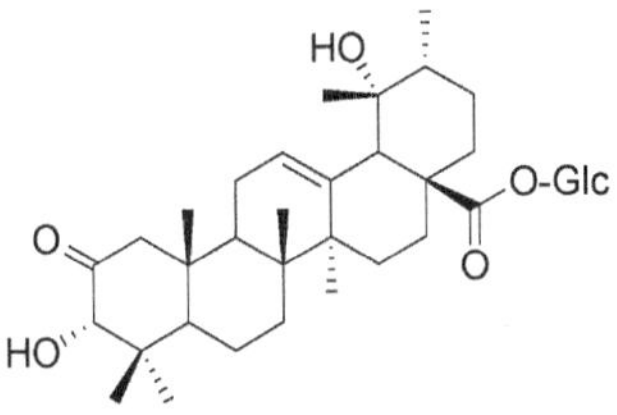

10

图 9-23　刺梨根三萜类成分

3．其他类化合物

研究表明，刺梨根中还含有有机酸类、甾体类、酚类、蒽醌类等化学成分。田源等[9]首次从刺梨叶中分离得到了 β-谷甾醇、β-胡萝卜苷、大黄素甲醚、棓酸乙酯。李齐激等[11]首次从刺梨中分离得到了焦性没食子酸、1,2-癸二醇。朱海燕等[13]利用 GC/MS 联用仪对刺梨籽乙醚提取物中的化学成分进行了分析，发现其主要成分为香草醛（21.06%）、苧烯（16.20%）、(Z)-2-庚烯醛（7.95%）、香草醇（7.45%）、(E,E)-2,4-癸二烯醛（5.98%）。

三、药理活性研究

1．抗氧化

陈庆等[14]研究发现刺梨中制备出的多糖 RSPs-40 和 RSPs-60，体外抗氧化实验结果表明，RSPs-40 和 RSPs-60 有较好的 DPPH 自由基清除活性和 ABTS 自由基清除活性，且 RSPs-60 抗氧化活性优于 RSPs-40。李美东等[15]对恩施市野生刺梨的刺梨籽黄酮通过体外抗氧化活性实验结果发现，刺梨籽黄酮提取物具有一定的抗氧化活性。方玉梅等[16]研究发现刺梨根、茎、叶中黄酮具有一定的抗氧化能力，数据表明，刺梨根、茎、叶黄酮对 DPPH 自由基的清除率分别是 11.3%、5.2%、66.9%；对 ABTS 自由基清除率分别是 61.1%、28.9%、89.3%；对羟基自由基的清除率分别是 58.1%、19.3%、81.5%；对超氧自由基的清除率分别是 48%、42%、50%。

2．抗肿瘤

周毓[17]通过研究推测刺梨汁可能通过加速细胞进入 G_2 期，降低 Bcl-2/Bax 比值，提高细胞 NO 的表达量等，来达到对人卵巢癌细胞株 COC2、人单核白血病细胞株 U937 的促凋亡作用。戴支凯等[18~20]发现刺梨提取物对胃癌 SGC -7901 与 MNK -45 细胞的体外生长具有一定的抑制作用，并且刺梨提取物具有一定的体内外抗肿瘤作用。研究还发现，刺梨三萜化合物 CL1 具有体外抗人子宫内膜腺癌（JEC）作用。黄姣娥等[21]研究发现刺梨三萜具有体外抗 SMMC-7721 作用，其机制可能通过下调 Bad mRNA 的表达而诱导细胞分化，而与抑制细胞增殖和诱导细胞凋亡无关。唐健波等[22]研究发现在灌胃剂量 200mg/kg 时，热水浸提刺梨多糖对 S_{180} 肿瘤小鼠的抑瘤率为（50.61±1.06）%，较超声辅助提取刺梨多糖活性更强，并能显著提高肿瘤小鼠的白细胞数量、胸腺指数和脾脏指数。这表明，在此工艺提取下，该刺梨多糖具有一定的抗肿瘤活性。

3．抗动脉粥样硬化

戴尧天等[23]研究发现摄入鲜刺梨果原汁可有效降低鹌鹑血浆 TC 和 TC/HDL-C 比值，延缓和阻断动脉粥样硬化斑块的形成和发展。简崇东等[24~26]研究发现脂质过剩和高脂血症是导致动脉粥样硬化的主要因素，而刺梨可通过降低血脂和氧化作用对动脉内膜的损伤，从而防止动脉内膜粥样化斑块的形成。且后续临床实验证明，脑梗死患者口服刺梨汁能有效改善患者的动脉粥样硬化症状，降低患者的复发率，具有良好的临床效果。

4．降血糖

陈小敏等[27]研究发现刺梨汁对 I 型糖尿病小鼠具有一定的降糖作用。数据表明，连续灌胃 28 天后，患病小鼠多饮多食的症状明显好转，体重下降受到抑制；与模型组相比，刺梨汁高、中、低剂量组的空腹血糖（FBG）分别下降了 39.80%、18.18%、7.18%；糖化血红蛋白（GHb）

降低了 29.85%、16.04%、10.52%；糖化血清蛋白（GSP）降低了 18.52%、9.80%、6.32%；胰岛素（INS）分别升高了 26.13%、20.60%、14.21%；血糖时间曲面下的面积（AUC）分别降低 44.43%、22.62%、14.07%，肝糖原分别增加了 1.39、1.10 和 1.02 倍，表明刺梨汁对 I 型糖尿病小鼠具有辅助治疗作用。陈超等[28]研究发现刺梨冻干粉、刺梨总多糖提取物、刺梨总黄酮提取物均对 T2DM 小鼠糖脂代谢紊乱有改善的效果，且刺梨总黄酮提取物>刺梨总多糖提取物>刺梨冻干粉。数据表明，通过各组处理，与模型组相比，刺梨冻干粉组、刺梨总多糖提取物组、刺梨总黄酮提取物组的进食量、饮水量、脏器指数、白色脂肪含量、FBG 下降，体重、棕色脂肪含量上升，血清 TC、TG、LDL-C 水平明显下降，HDL-C 水平明显上升；肝脏 MDA、PPAR-γ 水平明显下降，CAT、SOD、GK 活性和肝糖原含量明显增加，病理损伤明显改善。周笑犁等[29]研究发现刺梨渣多糖对 α-淀粉酶活性有抑制作用，且呈剂量依赖性。α-淀粉酶的抑制率随时间和 pH 值的增加先升高后降低，随温度的升高而降低。这表明刺梨渣多糖对 α-淀粉酶的抑制具有一定的热敏性，在弱酸性条件下抑制效果更好。该结果说明刺梨渣多糖在控制血糖的稳定方面有潜在应用价值。

安玉红等[30]探讨了刺梨果酒对链脲佐菌素（STZ）诱导的 I 型糖尿病大鼠糖代谢紊乱的影响及其作用机制，结果表明，与模型组相比，刺梨果酒高、中、低剂量组多饮多食的症状明显好转，体重下降受到抑制；刺梨果酒高、中、低剂量可显著降低空腹血糖，分别下降了 21.20%、36.14%和 8.75%；果糖胺降低了 11.32%、16.65%和 8.33%；血清胰岛素水平分别上升了 39.69%、45.87%和 17.82%。与模型组相比，刺梨果酒高、中、低剂量组均可显著升高肝脏 PI3K、PKB 和 GLUT2 及骨骼肌 GLUT4 mRNA 相对表达量。本实验说明一定量的刺梨果酒具有改善 STZ 诱导的 I 型糖尿病大鼠糖代谢紊乱，其中中剂量效果更明显。

5. 其他

黄颖等[31]研究发现刺梨口服液对急性醉酒小鼠具有一定解酒作用，有较显著的护肝作用。经过刺梨口服液处理后的小鼠与模型组相比，高剂量组小鼠血液中乙醇浓度降低 33.54%，且 ALDH 活力、肝脏 ADH 活力上升，血清 ALT、AST 活力下降，肝脏指数下降，肝脏 SOD 活力升高，肝脏 GSH 含量增加。周宏炫等[32]研究也发现刺梨多酚（RRTP）可能通过加速酒精代谢、增强机体抗氧化能力，从而对急性酒精中毒大鼠起到较好的解酒护肝效果。与模型组比较，RRTP 各剂量组均能降低血液中酒精的浓度、肝脏丙二醛含量、ALT、AST、TG 水平，提高乙醇脱氢酶、乙醛脱氢酶、超氧化物歧化酶、谷胱甘肽过氧化物酶、过氧化氢酶和谷胱甘肽含量，上调 Nrf2、HO-1 mRNA 表达量，并改善肝组织病理变化。

涂永丽等[33]研究发现刺梨汁具有促消化的作用。数据表明，与模型组相比，刺梨汁中、高剂量组小鼠小肠推进率提高了 45.83%、51.35%；与正常组相比，刺梨中、高剂量组大鼠胃蛋白酶活性增强了 41.38%、33.41%，胃蛋白酶排出量提高了 38.19%、32.53%。刘思彤等[34]研究发现在慢性注射 D-半乳糖诱发的皮肤衰老的小鼠模型中，刺梨能显著增加皮肤水含量，增强皮肤中 SOD 活力，减少脂质过氧化产物（MDA）的积累，增加羟脯氨酸（HYP）和透明质酸（HA）水平，改善衰老皮肤的组织结构。

郝明华等[35]研究发现刺梨黄酮可以降低辐射后骨髓细胞 G2 期的细胞比例及增高 G1、S 期的细胞所占比例，对 γ 射线所致骨髓细胞损伤有一定防护作用，且在一定浓度范围内防护效果呈浓度依赖性。杨阳等[36]利用纸片扩散法测定芦丁对不同菌的抑制效果，发现芦丁对大肠杆菌、金黄色葡萄球菌、枯草芽孢杆菌具有明显的抑菌效果。郭银雪等[37]研究发现刺梨冻干粉和 SIRT1

激动剂（白藜芦醇）均能降低单侧输尿管结扎肾间质纤维化大鼠的肾组织脂质过氧化物的产生，同时增加抗氧化酶的含量，保护受损肾小管上皮细胞。有效改善肾纤维化。其机制可能与富含维生素 C、SOD、刺梨类黄酮等抗氧化成分有关。

参考文献

[1] 张春妮, 周毓, 汪俊军. 刺梨药理研究的新进展[J]. 医学研究生学报, 2005, 18(11): 93-95.
[2] 吕佳敏, 刘同亭, 田瑛. 刺梨的主要医学功效及应用研究进展[J]. 实用医药杂志, 2018, 35(4): 370-372.
[3] 樊卫国, 安华明, 刘国琴, 等. 刺梨的生物学特性与栽培技术[J]. 林业科技开发, 2004, 18(4): 45-48.
[4] 叶光伟, 李淼, 王德敏. 刺梨病虫害防治技术[J]. 现代农业科技, 2014, (5): 175-176.
[5] 张丽婷, 聂祥志, 塞黎. 野生刺梨种质资源的 SWOT 分析[J]. 现代园艺, 2017, 5(9): 37-38.
[6] Liu M H, Zhang Q, Zhang Y H, *et al.* Chemical analysis of dietary constituents in *Rosa roxburghii* and *Rosa sterilis* fruits[J]. Molecules, 2016, 21(9): 1204.
[7] 张晓玲. 刺梨黄酮及其生物学活性研究[D]. 上海: 华东师范大学, 2005.
[8] 梁光义. 刺梨化学成分的研究[J]. 中草药, 1986, 17(11): 4-6.
[9] 田源, 曹佩雪, 梁光义, 等. 刺梨叶化学成分研究[J]. 山地农业生物学报, 2009, 28(4): 366-368.
[10] 代甜甜, 李齐激, 南莹, 等. 刺梨抗氧化活性部位的化学成分[J]. 中国实验方剂学杂志, 2015, 21(21): 62-65.
[11] 李齐激, 南莹, 秦晶晶, 等. 药食两用植物刺梨的化学成分研究[J]. 中国中药杂志, 2016, 41(3): 451-455.
[12] 梁梦琳, 李清, 龙勇兵, 等. 刺梨的化学成分鉴定及其抗菌活性[J]. 贵州农业科学, 2019, 47(5): 10-13.
[13] 朱海燕, 张旭, 杨小生. 刺梨籽中低极性化学成分分析[J]. 贵州大学学报(自然科学版), 2006, 23(1): 91-93.
[14] 陈庆, 李超, 黄婷, 等. 刺梨多糖的理化性质、体外抗氧化和 α-葡萄糖苷酶抑制活性[J]. 现代食品科技, 2019, 35(11): 114-119, 253.
[15] 李美东, 罗凯, 黄秀芳. 超声波辅助提取刺梨籽黄酮工艺优化及其体外抗氧化活性研究[J]. 湖北民族大学学报(自然科学版), 2020, 38(1): 7-12, 63.
[16] 方玉梅, 韩世明. 刺梨根、茎、叶中黄酮的抗氧化活性[J]. 北方园艺, 2021(14): 51-54.
[17] 周毓. 刺梨汁、诺丽汁体外抗肿瘤研究[D]. 南京: 南京理工大学, 2005.
[18] 戴支凯, 余丽梅, 杨小生, 等. 刺梨提取物 CL 对胃癌细胞的抑制作用[J]. 贵州医药, 2005, 29(9): 20-23.
[19] 戴支凯, 余丽梅, 杨小生. 刺梨提取物(CL)抗肿瘤作用[J]. 中国中药杂志, 2007, 32(14): 1453-1457.
[20] 戴支凯, 余丽梅, 杨小生, 等. 刺梨三萜化合物 CL1 体外抗人子宫内膜腺癌作用[J]. 时珍国医国药, 2011, 22(7): 1656-1658.
[21] 黄姣娥, 江晋渝, 罗勇, 等. 刺梨三萜对人肝癌 SMMC-7721 细胞增殖的影响[J]. 食品科学, 2013, 34(13): 275-279.
[22] 唐健波, 吕都, 潘牧, 等. 刺梨水溶性多糖提取工艺优化及其抗肿瘤活性评价[J]. 食品科学, 2021, 46(7): 185-193.
[23] 戴尧天, 张昭, 高于芬, 等. 刺梨降低鹌鹑血脂和阻断动脉粥样硬化形成的作用[J]. 营养学报, 1994, 16(2): 200-203.
[24] 简崇东, 唐雄林, 黄晓华, 等. 脑梗死患者口服刺梨汁抗动脉粥样硬化临床研究[J]. 亚太传统医药, 2017, 13(3): 136-137.
[25] 简崇东, 陆婉杏, 唐雄林, 等. 刺梨抗动脉粥样硬化作用研究[J]. 亚太传统医药, 2015, 11(8): 10-11.
[26] 简崇东, 李雪斌, 黄建敏, 等. 刺梨汁抗动脉粥样硬化作用与超氧化物歧化酶的关系研究[J]. 内蒙古中医药, 2015, 34(6): 108.
[27] 陈小敏, 谭书明, 黄颖, 等. 刺梨汁对 I 型糖尿病小鼠的降糖作用[J]. 现代食品科技, 2019, 35(8): 13-20.
[28] 陈超, 谭书明, 王画, 等. 刺梨及其活性成分对 2 型糖尿病小鼠糖脂代谢的影响[J]. 食品科学, 2021, 1-14.
[29] 周笑犁, 阳桥美, 孔艳秋, 等. 刺梨果渣多糖对 α-淀粉酶活性的抑制作用[J]. 食品科技, 2020, 45(10): 207-212.
[30] 安玉红, 陆敏涛, 卢秀, 等. 刺梨果酒通过胰岛素介导的 PI3K 途径改善 1-型糖尿病大鼠机体糖代谢紊乱[J]. 现代食品科技, 2020, 36(7): 25-33.
[31] 黄颖, 谭书明, 陈小敏, 等. 刺梨口服液对急性醉酒小鼠的解酒护肝作用[J]. 现代食品科技, 2019, 35(7): 18-23.
[32] 周宏炫, 黄颖, 谭书明, 等. 刺梨多酚对急性酒精中毒大鼠的解酒护肝作用[J]. 食品科学, 2021, 1-10.
[33] 涂永丽, 周宏炫, 谭书明, 等. 刺梨促消化功能研究[J]. 食品与发酵工业, 2020, 46(24): 85-89.
[34] 刘思彤, 尹日凤, 韦玥吟, 等. 刺梨预防 D-半乳糖诱发小鼠皮肤衰老的作用研究[J]. 食品研究与开发, 2020, 41(9): 1-5.

[35] 郝明华, 徐萍, 李亚娜, 等. 刺梨黄酮对辐射损伤骨髓细胞周期的影响[J]. 新乡医学院学报, 2016, 33(12): 1044-1046.

[36] 杨阳, 李祥松, 郭倩. 刺梨中芦丁的提取及其抑菌效果的研究[J]. 生物化工, 2019, 5(6): 28-30.

[37] 郭银雪, 葛平玉, 马娟, 等. 贵州苗药刺梨调控 SIRT1-TGFβ/Smads 信号途径延缓肾纤维化的机制[J]. 中国老年学杂志, 2020, 40(9): 1922-1926.

民族植物资源

化学与生物活性

研究

Research Progress on
Chemistry and Bioactivity
of
Ethnobotany
Resources

第十章

蒙古族药物

蒙古族医药是蒙古族人民在生活实践中长期积累下来的智慧结晶和宝贵财富，是蒙古族民族文化的一部分，也是祖国医药学的重要组成部分，已被列为国家级非物质文化遗产。蒙古族人民从古代就开始从长期的实践中积累解毒、减轻或治疗疾病的经验，一直到公元13世纪，蒙医药学知识的起源和发展经历了一段漫长的积累期。成吉思汗统一蒙古后，蒙古族有了统一的文字，伴随着经济和文化的发展，蒙药医疗理论得到进一步丰富和发展，至16世纪，初步形成了蒙药医疗理论体系。同时，蒙古族人民在与其他民族的交流中汲取了包括中医药学、藏医药学、阿拉伯医药学以及古印度医药学等医药学理论和实践精华，进一步丰富和完善了蒙医药理论体系，形成了完整的、具有鲜明民族特点和地域特点的蒙医药理论体系。

据统计，目前我国蒙古族药物（以下简称蒙药）品种2200余种，常用蒙药材450余种。蒙药在全国各地均有分布，但大宗或特色蒙药材的主要产地在内蒙古自治区的广阔草原和荒漠地区，如甘草、黄芪、麻黄、肉苁蓉、锁阳、黄花黄芩、沙棘、多叶棘豆、蒙古山萝卜花、冷蒿等。其中，一些蒙药材是中蒙药、蒙藏药或者是与其他民族药的交叉品种。随着我国药用植物资源需求的急剧增长，很多野生蒙药资源遭到过度采集，甚至濒临灭绝。为了保护药物资源，蒙药甘草、黄芩、远志、肉苁蓉、秦艽、膜荚黄芪、长柄扁桃、文冠果、贺兰山丁香、条叶龙胆、阿拉善脓疮草、草苁蓉等特色蒙药已被列为国家保护的野生药材物种。与此同时，"十一五"期间，内蒙古自治区选定10～15个品种建设优质道地药材生产示范基地，在各盟市旗县栽培种植沙棘、甘草、麻黄、黄芪、肉苁蓉、肋柱花、赤芍等多个特色蒙药材品种。随着现代科学技术的发展，蒙药的相关研究也逐渐深入，在炮制方法、化学成分、质量控制、药理作用和制剂等方面都得到迅速发展。蒙药的现代研究主要是以蒙医药基本理论为基础，借鉴中药和天然药物研究的现代技术方法展开的，包括蒙药材研究和蒙成药研究，进行化学成分、药理药效及作用机制的研究。

近年来对部分单味蒙药的物质基础研究已经不断展开，取得一定成效。本章选取多叶棘豆（地上部分入药，蒙药名那不其日哈格-奥日道扎），苦豆子（根入药，蒙药名胡兰-布亚），冷蒿（地上部分入药，蒙药名阿给），条叶龙胆（蒙药名少布给日-朱力根-其木格），香青兰（蒙药名毕日阳古），肋柱花（蒙药名哈毕日干-地格达）6种特色蒙药，对它们的化学成分和药理活性近年来的研究进展进行了归纳总结，以了解其最新研究成果。

第一节
多叶棘豆

多叶棘豆 [*Oxytropis myriophylla* (Pall.) DC.] 是豆科棘豆属多年生草本植物，以全草入药，有清热解毒、消肿、祛风湿、止血之功效。

一、生物学特征及资源分布

多年生草本，高20～30cm，全株被白色或黄色长柔毛。根褐色，粗壮，深长。茎缩短，丛生。轮生羽状复叶长 10～30cm；托叶膜质，卵状披针形，基部与叶柄贴生，先端分离，密被黄色长柔毛；叶柄与叶轴密被长柔毛；小叶 25～32 轮，每轮 4～8 片或有时对生，线形、长圆形或披针形，长 3～15mm，宽 1～3mm，先端渐尖，基部圆形，两面密被长柔毛。多花组成紧密或较疏松的总状花序；总花梗与叶近等长或长于叶，疏被长柔毛；苞片披针形，长 8～15mm，被长柔毛；花长 20～25mm；花梗极短或近无梗；花萼筒状，长 11mm，被长柔毛，萼齿披针形，长约 4mm，两面被长柔毛；花冠淡红紫色，旗瓣长椭圆形，长 18.5mm，宽 6.5mm，先端圆形或微凹，基部下延成瓣柄，翼瓣长 15mm，先端急尖，耳长 2mm，瓣柄长 8mm，龙骨瓣长 12mm，喙长 2mm，耳长约 15.2mm；子房线形，被毛，花柱无毛，无柄。荚果披针状椭圆形，膨胀，长约 15mm，宽约 5mm，先端喙长 5～7mm，密被长柔毛，隔膜稍宽，不完全 2 室。花期 5～6月，果期 7～8 月[1]。

多叶棘豆返青较早，在春季，马、牛、羊均采食，山羊较喜食。多叶棘豆为轴根型地面芽植物，根系发达，入土深达 1m 左右，根茎粗壮且多分枝，呈丛生状。多叶棘豆植株矮小，耐践踏，不仅营养繁殖力与再生力均较强，而且有性繁殖力也较强。每个成柱株的根茎可长出数枚总状花序，每个总状花序可多达二十几朵受精花，每个荚果内可多达数十粒种子。荚果果皮坚硬，成熟风干后种皮开裂，借助于风力摇动花序来传播种子，种子多散布在母株附近，第二年在适宜的条件下萌发生长[2]。

国内分布于黑龙江、吉林、辽宁、内蒙古、河北、山西、陕西及宁夏等地；俄罗斯（东西伯利亚）、蒙古也有分布。生长在砂地、平坦草原、干河沟、丘陵地、轻度盐渍化沙地、石质山坡或海拔 1200～1700m 的低山坡[2]。

二、化学成分

1．黄酮类化合物

Blinova[3]经酸碱水解反应从多叶棘豆总黄酮中分离得到多种黄酮醇糖苷，经红外光谱和紫外光谱鉴定分别鉴定为山柰酚和三个山柰酚苷四种中间产物。Lu[4]从多叶棘豆中分离得到 8 个化合物，其结构鉴定为 myriophyllosides B-F，这五个黄酮均为新化合物。李翠玲[5]利用常压硅胶柱色谱、HP-20 型吸附树脂、MCI 吸附树脂、Sephadex LH-20 柱色谱等方法对多叶棘豆的乙醇提取物进行分离与纯化，并利用现代波谱技术鉴定单体化合物的结构，黄酮类化合物有 quercetin-7-O-α-L-rhamnopyranoside、quercetin 及其苷类、linarin、diosmin 等。李志军[6]分离得到 7 个化合物，通过氢谱、碳谱、质谱鉴定得到 4 个黄酮类化合物，其中 4′-hydroxy-2′-methoxy chalcone 和 2′-hydroxy-4′-methoxy chalcone 属于查尔酮，3′,7-dihydroxy-2′,4′-dimethoxy isoflavan 属于黄烷酮类化合物，另外，(-)-7-hydroxy-dihydroflavone 和 4′-hydroxy-2′-methoxy chalcone 均为首次从该植物中分离得到。She[7]对多叶棘豆 70%醇提物进行化学研究，并通过 NMR、UV、IR 和 MS 数据进行了全面的光谱鉴定，得到了新天然产物新橙皮苷二氢查尔酮和已知的 phloretin-4′-O-β-D-glucopyranoside，后者首次从棘豆属植物中报道。She[8]从多叶棘豆中分离得到三种新的黄酮类化合物，myriophyllosides Ⅰ-Ⅲ 和四种已知的黄酮类苷类化合物。孟根小[9]从多叶棘豆中分离纯化 10 个黄酮类化合物，经各种波谱分析法鉴定其结构分别为 4,4′-二甲氧基-2′-羟基查尔酮、2′,4′-二羟基-4-甲氧基查尔酮、7,8-二羟基二氢黄酮、4,2′,4′-三羟基查尔酮、2′,4′-二羟基二氢查尔酮、4′-羟基二氢黄酮-7-O-β-D-葡萄糖苷、2′,4′-二羟基查尔酮、芹菜素、芹菜素-7-O-β-D-葡萄糖醛酸苷，均为首次从该植物中分离。海平[10]从多叶棘豆全草氯仿和乙酸乙酯萃取物分离得到 11 个化合物,其中 5-羟基-7,4′-二甲氧基黄酮为首次从该植物中分离得到(表 10-1,图 10-1)。

表 10-1　多叶棘豆黄酮类化合物

序号	名称	参考文献	序号	名称	参考文献
1	kaempferol 7-O-rhamnoside	[3]	9	neohesperidin dihydrochalcone	[7]
2	myriophylloside B	[4]	10	phloretin-4′-O-β-D-glucopyranoside	[7]
3	myriophylloside C	[4]	11	myriophylloside Ⅰ	[8]
4	linarin	[5]	12	myriophylloside Ⅱ	[8]
5	diosmin	[5]	13	myriophylloside Ⅲ	[8]
6	4′-hydroxy-2′-methoxy chalcone	[6]	14	isorhamnetin-3-O-β-D-glucoside	[8]
7	(−)-7-hydroxy-dihydroflavone	[6]	15	4,4′-二甲氧基-2′-羟基查耳酮	[9]
8	3′,7-dihydroxy-2′,4′-dimethoxy isoflavan	[6]	16	5-羟基-7,4′-二甲氧基黄酮	[10]

2. 三萜类化合物

Okawa[11]通过多种柱色谱对多叶棘豆全株的甲醇提取物进行分离纯化,得到五种三萜苷类化合物,包括 4 个新的三萜类苷,myriosides A-D,和 1 个已知的齐墩烯双糖苷,并通过核磁等方法鉴定其结构(表 10-2,图 10-2)。

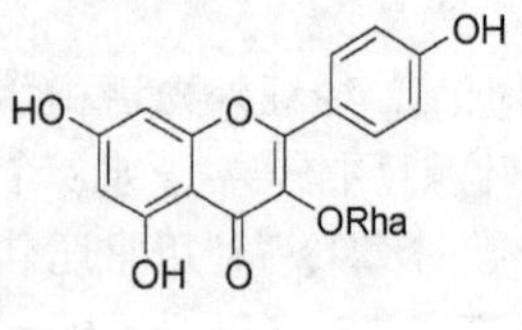

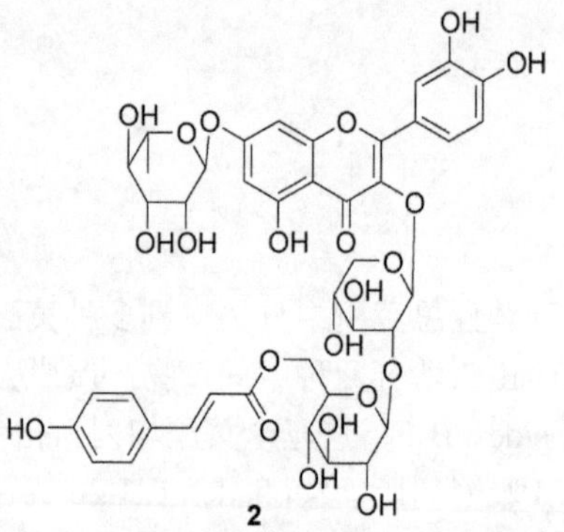

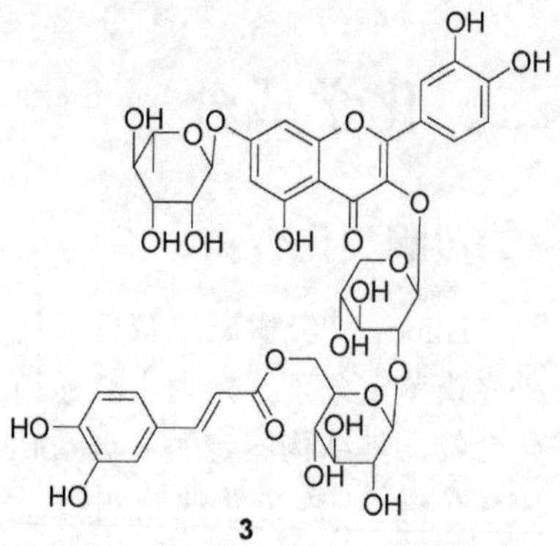

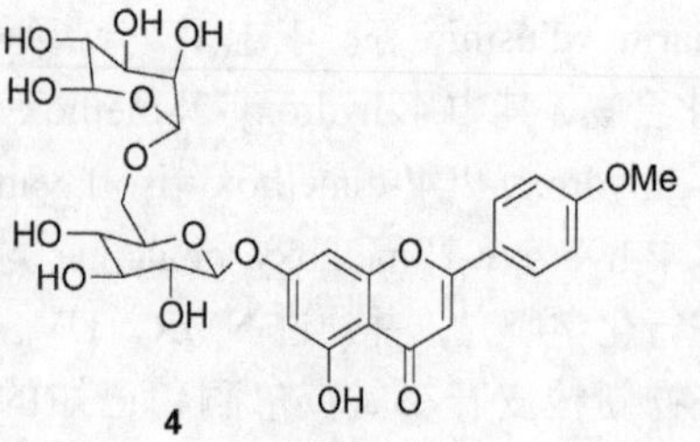

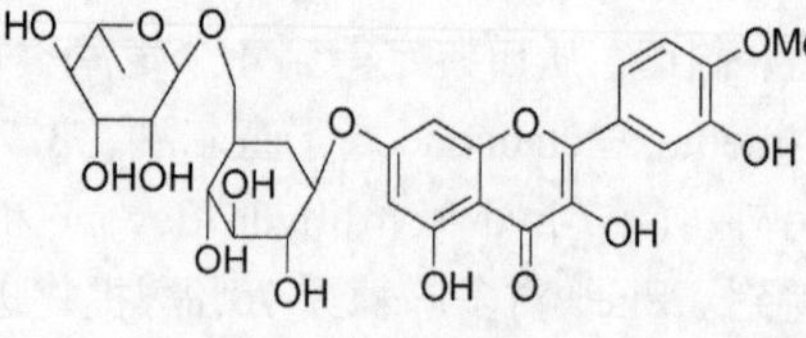

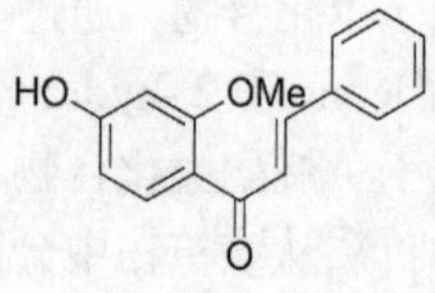

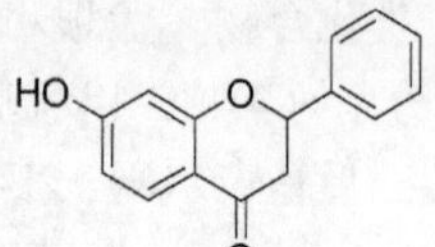

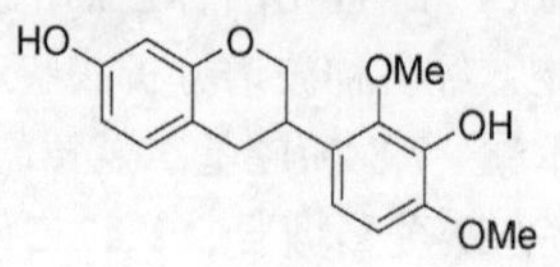

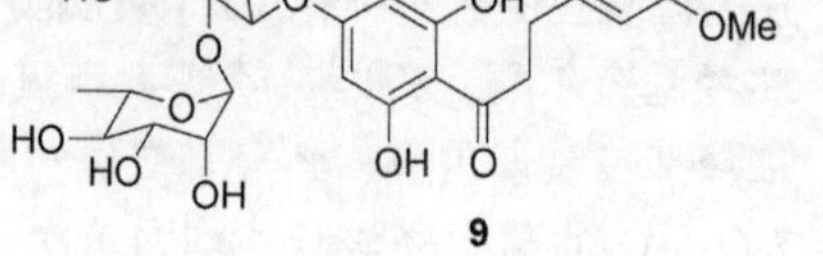

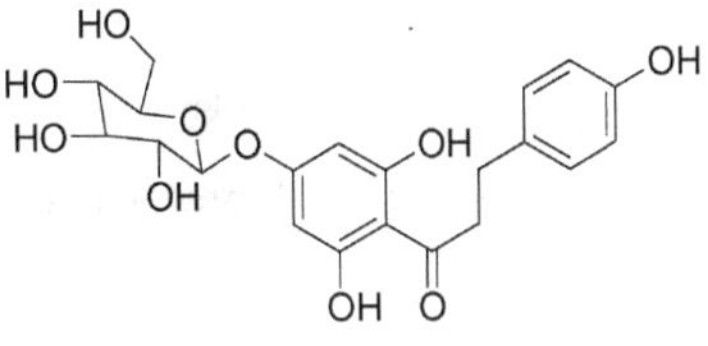

10

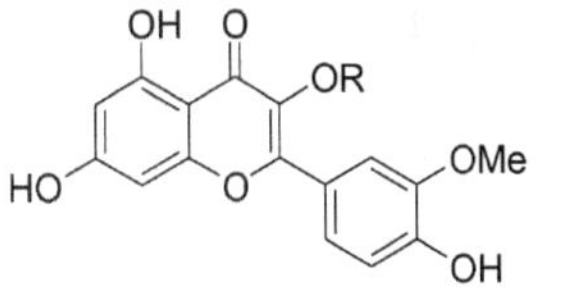

11 R = -*α*-L-rhamnopyranosyl(1→2)[*α*-L-arabinopyranosyl(1→6)]*β*-D-glucopyranoside

12 R = -*O*-*α*-L-rhamnopyranosyl(1→2)[(2'''', 3''''-acetoxy)-*α*-L-arabinopyranosyl(1→6)]-*β*-D-glucopyranoside

13 R = -3-*O*-*α*-L-arabinofuranosyl(1→6)-*β*-D-glucopyranoside

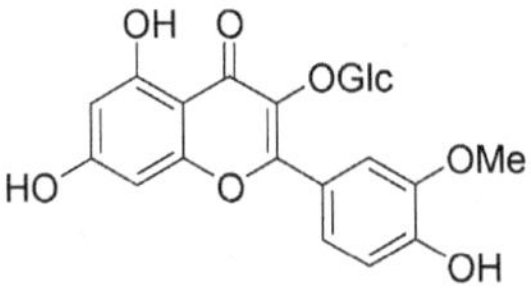

14

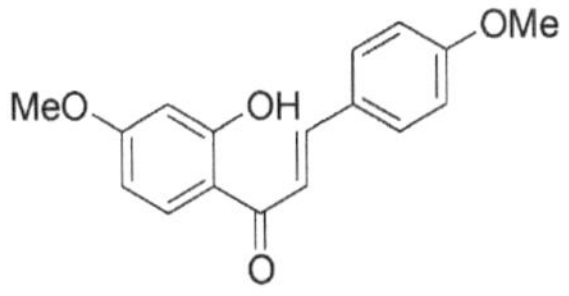

15

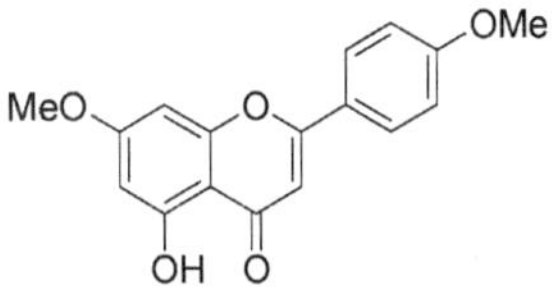

16

图 10-1　多叶棘豆黄酮类化合物

表 10-2　多叶棘豆三萜类化合物

序号	名称	参考文献	序号	名称	参考文献
1	myrioside B	[11]	3	myrioside D	[11]
2	myrioside C	[11]	4	pericarsaponin Pk	[11]

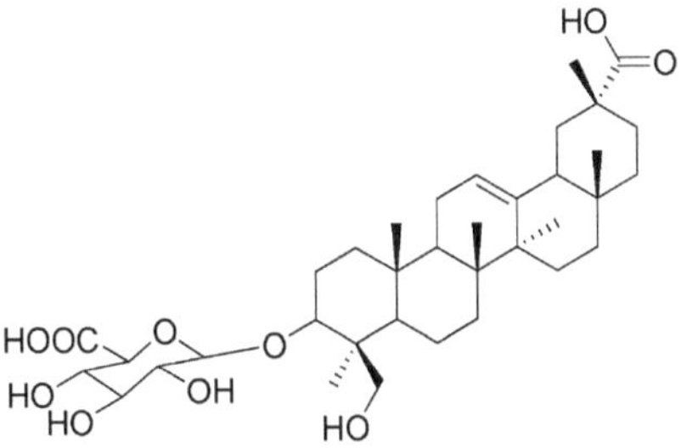

1

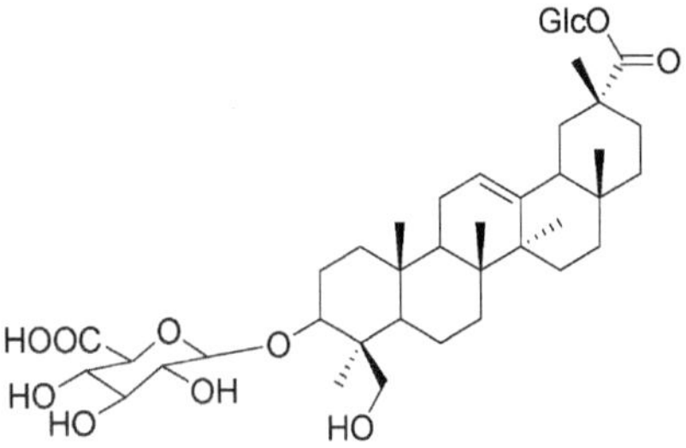

2

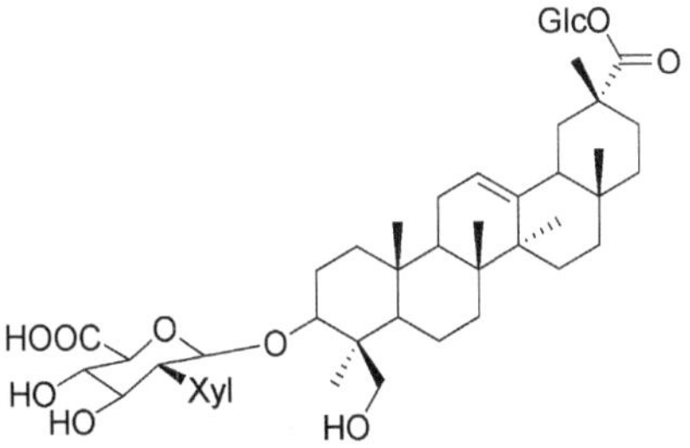

3

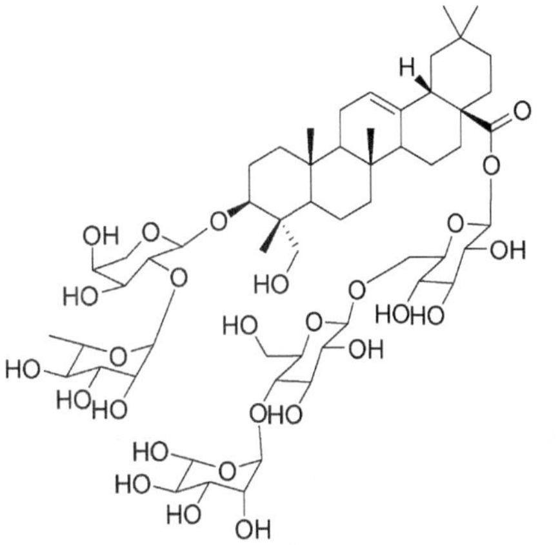

4

图 10-2　多叶棘豆三萜类化合物

3. 酚酸类化合物

Lu[12]用色谱法从多叶棘豆的 95%乙醇提取物中分离得到三个化合物，对其结构进行了鉴定，其中 2-methoxy-4-(3′-hydroxy-*n*-butyl)-phenol-1-*O*-*β*-D-glucopyranoside 是新化合物，syringin 和 2-methoxy-4-(3′-hydroxy-propenyl)-phenol-1-*O*-*β*-D-glucopyranoside 是首次从该植物中分离得到。李翠玲[5]对多叶棘豆的乙醇提取物进行分离与纯化，鉴定了 salicylic acid、protocatechuic acid、gallic acid 和 D-3-*O*-methyl inositol 四个酚酸类化合物（表 10-3，图 10-3）。

表 10-3 多叶棘豆酚酸类化合物

序号	名称	参考文献
1	2-methoxy-4-(3′-hydroxy-*n*-butyl)-phenol-1-*O*-*β*-D-glucopyranoside	[12]
2	syringin	[12]
3	2-methoxy-4-(3′-hydroxy-propenyl)-phenol-1-*O*-*β*-D-glucopyranoside	[12]
4	salicylic acid	[5]
5	protocatechuic acid	[5]

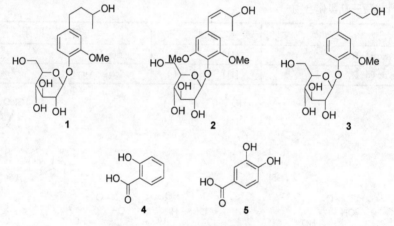

图 10-3 多叶棘豆酚酸类化合物

4. 甾体类化合物

李翠玲[5]鉴定了 *β*-sitosterol 和 daucosterol 两个甾体类化合物。She[13]从多叶棘豆 70%乙醇提取物中分离鉴定了 6,9-epoxy-ergosta-7,22-dien-3-ol 等多个化合物（表 10-4，图 10-4）。

表 10-4 多叶棘豆甾体类化合物

序号	名称	参考文献
1	6,9-epoxy-ergosta-7,22-dien-3-ol	[13]

5. 其他化合物

Lu[4]从多叶棘豆中分离得到 8 个化合物，(6*R*,9*R*)-roseoside、(6*R*,9*S*)-roseoside 和 adenosine

这三个已知化合物均为首次从该植物中分离得到。李志军[6]分离得到 7 个化合物，通过氢谱、碳谱、质谱鉴定得到 phenethyl cinnamide 等多个化合物。海平[10]从多叶棘豆全草氯仿和乙酸乙酯萃取物分离得到 11 个化合物，苯乙酮-4-*O*-β-D-葡萄糖苷和 2-羟基-6-甲氧基苯乙酮-4-*O*-β-D-葡萄糖苷为首次从棘豆属植物中分离得到。Keisuke[14]研究表明多叶棘豆乙醇提取物中含有 5 种生物碱成分，经鉴定分别为 *N*-benzoyl-β-phenylethylamine 等（表 10-5，图 10-5）。

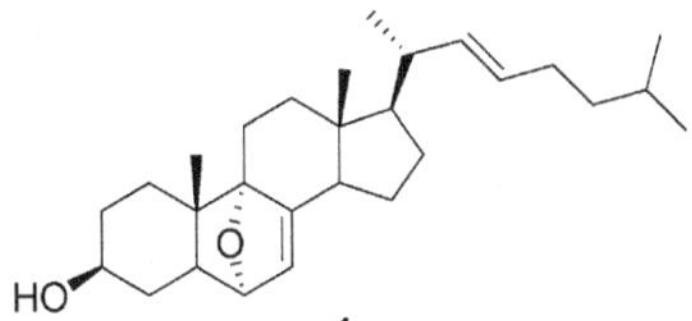

图 10-4　多叶棘豆甾体类化合物

表 10-5　多叶棘豆其他化合物

序号	名称	参考文献	序号	名称	参考文献
1	(6*R*,9*R*)-roseoside	[4]	5	苯乙酮-4-*O*-β-D-葡萄糖苷	[10]
2	(6*R*,9*S*)-roseoside	[4]	6	2-羟基-6-甲氧基苯乙酮-4-*O*-β-D-葡萄糖苷	[10]
3	adenosine	[4]	7	*N*-benzoyl-β-phenylethylamine	[14]
4	phenethyl cinnamide	[6]	8	*N*-benzoyl-β-hydroxyphenylethylamine	[14]

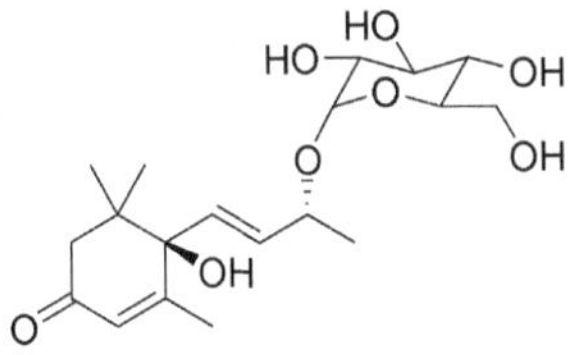

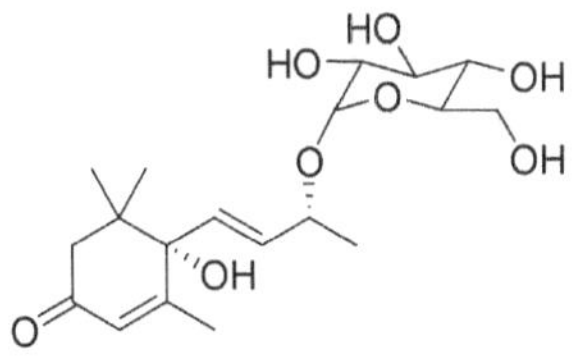

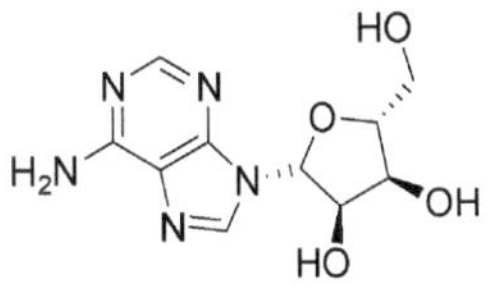

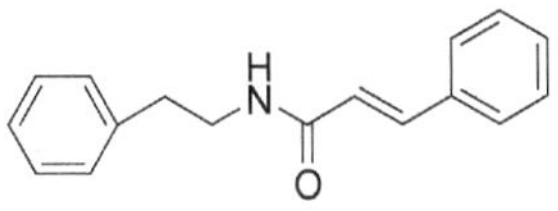

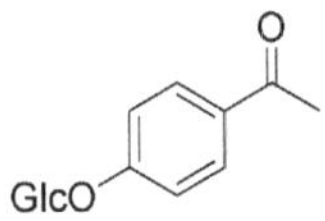

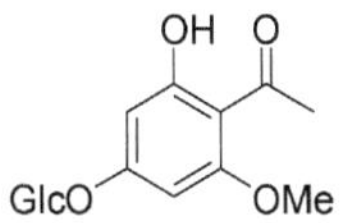

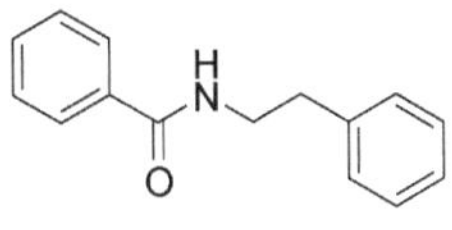

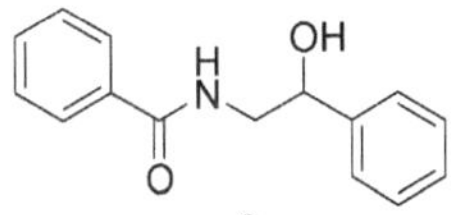

图 10-5　多叶棘豆其他化合物

三、药理活性

1. 抗菌

李志军[6]以左氧氟沙星为阳性对照，对多叶棘豆提取物、苯乙基肉桂酰胺、4′-羟基-2′-甲氧基查耳酮的体外抗菌活性进行了实验研究，结果显示三者均有抗菌活性，且抗菌活性相似，但是对粪肠球菌抗菌活性较差。孟根小[15]用微孔板二倍稀释 TTC 法和琼脂平板稀释法测定石油醚、二氯甲烷、乙酸乙酯、正丁醇不同溶剂的多叶棘豆提取物的抑菌活性，结果发现多叶棘豆 4 种提取物均有体外抗菌作用，其中乙酸乙酯提取物抗菌作用最强，对金黄色葡萄球菌的 MIC 和 MBC 分别为 0.02mg/mL 和 1.25mg/mL，且多叶棘豆体外抗菌作用与黄酮类成分密切相关。

2. 抗氧化

折改梅[16]采用清除 DPPH 和 ABTS 自由基的方法对多叶棘豆乙醇提取物不同极性部位以及 AB-8 大孔吸附树脂柱不同乙醇浓度洗脱部位进行清除自由基能力的评价，结果发现多叶棘豆提取物 AB-8 大孔吸附树脂柱的 50%乙醇洗脱部位对 DPPH 自由基和 ABTS 自由基均有较强的清除能力，其清除 DPPH 自由基能力强于同浓度的 L-抗坏血酸，表明 AB-8 大孔吸附树脂柱色谱技术对多叶棘豆的清除自由基活性物质有分离富集作用，以 50%乙醇洗脱部位活性最为突出。苏雅乐其其格[17]采用分光光度法测定多叶棘豆叶、茎、花、根多糖的体外抗氧化作用，结果发现多叶棘豆叶、花、茎、根多糖对羟基自由基、亚硝酸根均有清除作用，其中对羟基自由基的清除作用较强，而对亚硝酸根的清除作用较弱，且随着多糖浓度增大，其抗氧化性逐渐增强，其中，根的清除能力最强，其次是茎，而叶和花的清除能力相对弱。

3. 治疗呼吸系统疾病

李婧[18]利用中药数据库（TCMID）基于中医异病同治理论探讨棘豆止咳散中多叶棘豆治疗呼吸系统疾病的网络药理机制，分析多叶棘豆治疗急性支气管炎、哮喘的作用机制，结果共得到 86 个多叶棘豆治疗急性支气管炎、哮喘的作用靶点，富集分析其生物过程与细胞缺氧反应、炎症反应最为密切，京都基因和基因组数据库（KEGG）分析肿瘤坏死因子（TNF）信号通路最为显著，靶点肿瘤坏死因子 α 与有强烈的结合活性，预测出棘豆止咳散中多叶棘豆治疗急性支气管炎、哮喘具有多成分-多靶点-多通路的特点，为棘豆止咳散的基础研究、临床应用提供了理论依据。

参考文献

[1] 中国科学院中国植物志编辑委员会. 中国植物志: 第四十二卷 第二分册[M]. 北京: 科学出版社, 1998.
[2] 中国饲用植物志编辑委员会. 中国饲用植物志: 第五卷[M]. 北京: 中国农业出版社, 1989.
[3] Blinova K F, Tkhuan' B T. Oxytroside from *Oxytropis myriophylla*[J]. Chemistry of Natural Compounds, 1976, 12(1): 89-90.
[4] Lu J H, Liu Y, Zhao Y Y, *et al*. New flavonoids from *Oxytropis myriophylla*[J]. Chemical & Pharmaceutical Bulletin, 2004, 52(2): 276-278.
[5] 李翠玲. 蒙药多叶棘豆化学成分及质量研究[D]. 开封: 河南大学, 2009.
[6] 李志军. 蒙药多叶棘豆化学成分研究[D]. 开封: 河南大学, 2010.

[7] She G, Wang S, Liu B. Dihydrochalcone glycosides from *Oxytropis myriophylla*[J]. Chemistry Central Journal, 2011, 5(1): 71.

[8] She G, Sun F, Liu B. Three new flavonoid glycosides from *Oxytropis myriophylla*[J]. Journal of Natural Medicines, 2012, 66(1): 208-212.

[9] 孟根小, 王青虎, 郭玉海, 等. 蒙药多叶棘豆中的黄酮类化学成分[J]. 天然产物研究与开发, 2014, 26(10): 1614-1617.

[10] 海平, 苏雅乐其其格. 蒙药多叶棘豆化学成分的研究[J]. 中草药, 2015, 46(21): 3162-3165.

[11] Okawa M, Yamaguchi R, Delger H, *et al*. Five triterpene glycosides from *Oxytropis myriophylla*[J]. Chemical and Pharmaceutical Bulletin, 2002, 50(8): 1097-1099.

[12] Lu J H, Liu Y, Tu G Z, *et al*. Phenolic glucosides from *Oxytropis myriophylla*[J]. Journal of Asian Natural Products Research, 2002, 4(1): 43-46.

[13] She G, Sun F, Liu B. A new lignan from *Oxytropis myriophylla*[J]. Natural product research, 2011, 26(14): 1285-1290.

[14] Keisuke Kojima, Purevsuren S, Narantuya S, *et al*. Alkaloids from *Oxytropis myriophylla* (Pall) DC.[J]. Scientia Pharmaceutica, 2017, 69(4): 680.

[15] 孟根小, 奥·乌力吉, 霍万学, 等. 多叶棘豆体外抗菌作用部位的筛选研究[J]. 中国中医药信息杂志, 2016, 23(12): 51-54.

[16] 折改梅, 孙芳芳, 吕海宁, 等. 多叶棘豆清除自由基活性研究[J]. 中国实验方剂学杂志, 2010, 16(18): 91-94.

[17] 苏雅乐其其格, 海平. 多叶棘豆不同部位多糖体外抗氧化活性比较研究[J]. 辽宁中医杂志, 2016, 43(10): 2168-2169.

[18] 李婧, 盛松, 徐凤芹, 等. 基于中医异病同治理论探讨蒙药多叶棘豆治疗呼吸系统疾病的网络药理机制[J]. 世界中西医结合杂志, 2021, 16(2): 316-320.

第二节

苦豆子

苦豆子（*Sophora alopecuroides*）是豆科多年生草本植物，其全草、根及种子可入药，俗名苦豆根、苦甘草、布亚（维吾尔名）、胡兰-宝雅（蒙古名）等[1]，是常用的一种维药和蒙药材。味苦性寒，有清热解毒、祛风燥湿、杀虫止痛等作用[2]。苦豆子含有生物碱、黄酮、氨基酸、有机酸、蛋白质和多糖等成分，其中生物碱是其重要的活性成分[3]。现代研究表明，苦豆子具有免疫调节、抗肿瘤、抑菌、抗病毒、抗炎、镇静、镇痛、抗惊厥、抗心律失常、降血脂等作用[4]。

一、生物学特征及资源分布

1. 生物学特征

苦豆子为多年生草本，或基部木质化成亚灌木状，高约 1 m。枝被白色或淡灰白色长柔毛或贴伏柔毛。羽状复叶；叶柄长 1～2cm；托叶着生于小叶柄的侧面，钻状，长约 5mm，常早落；小叶 7～13 对，对生或近互生，纸质，披针状长圆形或椭圆状长圆形，长 15～30mm，宽约 10mm，先端钝圆或急尖，常具小尖头，基部宽楔形或圆形，上面被疏柔毛，下面毛被较密，中脉上面常凹陷，下面隆起，侧脉不明显。总状花序顶生；花多数，密生；花梗长 3～5mm；苞片似托叶，脱落；花萼斜钟状，5 萼齿明显，不等大，三角状卵形；花冠白色或淡黄色，旗瓣形状多变，通常为长圆状倒披针形，长 15～20mm，宽 3～4mm，先端圆或微缺，或明显呈倒心形，基部渐狭或骤狭成柄，翼瓣常单侧生，稀近双侧生，长约 16mm，卵状长圆形，具三角形耳，皱褶明显，龙骨瓣与翼瓣相似，先端明显具突尖，背部明显呈龙骨状盖叠，柄纤细，长约为瓣片的二分之一，具 1 三角形耳，下垂；雄蕊 10，花丝不同程度连合，有时近两体雄蕊，连合部分疏被极短毛，子房密被白色近贴伏柔毛，柱头圆点状，被稀少柔毛。荚果串珠状，长 8～13cm，直，具多数种子；种子卵球形，稍扁，褐色或黄褐色。花期 5～6 月，果期 8～10 月[5]。

2．资源分布

苦豆子产于内蒙古、山西、陕西、宁夏、甘肃、青海、新疆、河南、西藏。多生于干旱沙漠和草原边缘地带。苏联、阿富汗、伊朗、土耳其、巴基斯坦和印度北部也有分布。

苦豆子耐旱耐碱性强，生长快，在黄河两岸常栽培以固定土沙；甘肃一些地区有作为药用。适生于荒漠化草原地带和荒漠区内较湿润的地带，如河曲较湿的风沙地、阶地，地下水位较高的低湿地，地下水溢出带，湖盆沙地，半固定沙丘和固定沙丘之间的低湿处，绿洲边缘及垦区的沟旁和农田边[6]。

二、化学成分研究

1．生物碱类化合物

姚雯[7]等从苦豆子的种子部位 95%乙醇提取物中分离得到了苦参碱、氧化苦参碱、槐果碱、氧化槐果碱等生物碱类化合物，并首次得到一种非生物碱化合物 3-吲哚甲醛。万传星[8]等采用 732 强酸性阳离子交换树脂法、Hydromatrix 为基质的固相萃取法和有机溶剂液-液萃取法制备新疆苦豆子总碱，并用气相色谱-质谱联用（GC-MS）法分析总碱中生物碱的组分槐定碱、莱曼碱、槐胺碱、新槐胺碱、异槐胺碱等。刘斌[9]等分离得到了氧化苦参碱、氧化槐定碱等，并首次从苦豆子种子中获得生物碱 lehmannine。Atta-ur-Rahman[10]等分离得到 14β-羟基苦参碱等已知生物碱，并首次分离到 7α-羟基槐胺碱。李国玉[11]等对新疆苦豆子种子中生物碱类化学成分进行研究，首次分离到 9α-羟基苦参碱。何直升[12]等分离得到 3α-羟基槐定碱。赵博光[13]等从苦豆子干燥的地上部分分离得到金雀花碱、N-甲基金雀花碱、苦豆碱等生物碱。Zhang[14~15]等从苦豆子种子的 95%乙醇提取物中分离得到生物碱 sophalines A-I。Chun-Lin[16]等分离得到生物碱 alopecuroides A-E。Wang[17]等从苦豆子种子中分离得到生物碱 alopecines A-E。张兰珍[18]等用石油醚对苦豆子种子进行脱脂，再通过大孔树脂技术结合液滴逆流色谱法首次分离得到尼古丁（表 10-6，图 10-6）。

表 10-6　苦豆子生物碱类成分

序号	名称	参考文献	序号	名称	参考文献
1	苦参碱	[7]	**7**	13,14-去氢槐定碱	[7]
2	氧化苦参碱	[7,9]	**8**	槐定碱	[8]
3	槐果碱	[7]	**9**	槐胺碱	[8]
4	氧化槐果碱	[7]	**10**	新槐胺碱	[8]
5	9α-羟基槐果碱	[7]	**11**	异槐胺碱	[8]
6	9α-羟基槐胺碱	[7]	**12**	氧化槐定碱	[9]

序号	名称	参考文献	序号	名称	参考文献
13	莱曼碱	[9]	21	sophaline A	[14]
14	14β-羟基苦参碱	[10]	22	sophaline B	[14]
15	7α-羟基槐胺碱	[10]	23	alopecuroide A	[16]
16	9α-羟基苦参碱	[11]	24	alopecuroide B	[16]
17	3α-羟基槐定碱	[12]	25	alopecine A	[17]
18	金雀花碱	[13]	26	alopecine B	[17]
19	N-甲基金雀花碱	[13]	27	尼古丁	[18]
20	苦豆碱	[13]			

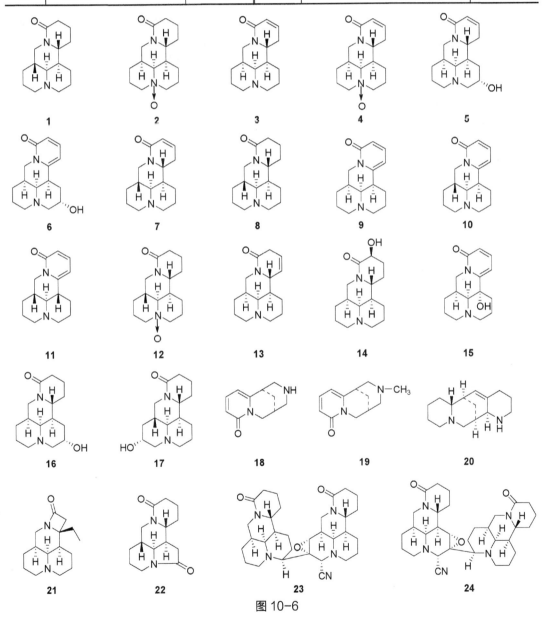

图 10-6

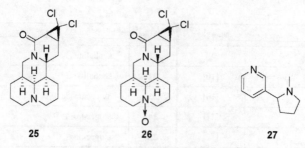

图 10-6 苦豆子生物碱类成分

2．黄酮类成分

Iinuma[19]等用丙酮对苦豆子根部位进行提取，首次分离得到七个黄酮类成分 alopecurones A-G，还分离得到 sopho aflavanone G、leachianone A、vexibidin 三个已知化合物。Wan[20]等对苦豆子根 75%乙醇水提物进行植物化学研究，首次分离得到五个黄酮类成分 alopecurones H-L。热孜古丽·克依木[21]分离得到 7,3′-二羟基二氢黄酮-4′-O-β-D-吡喃葡萄糖苷、3′,4′-二羟基异黄酮-7-O-β-D-吡喃葡萄糖苷。卞海涛[22]等首次分离得到 5,6-二羟基-3,7,3′,4′-四甲氧基黄酮、3′-甲氧基木犀草素，还分离得到紫铆查耳酮等化合物。王桂云[23]等用 95%乙醇对苦豆子种子进行提取，首次分离得到 7,3′,4′-三羟基黄酮、紫铆因-4′-O-β-D-吡喃葡萄糖苷、7-羟基-3′,4′-二氧亚甲基异黄酮等黄酮类成分（表 10-7，图 10-7）。

表 10-7 苦豆子黄酮类成分

序号	名称	参考文献	序号	名称	参考文献
1	alopecurone A	[19]	7	alopecurone I	[20]
2	alopecurone B	[19]	8	7,3′-二羟基二氢黄酮-4′-O-β-D-吡喃葡萄糖苷	[21]
3	sopho aflavanone G	[19]			
4	leachianone A	[19]	9	紫铆查耳酮	[22]
5	vexibidin	[19]	10	紫铆因-4′-O-β-D-吡喃葡萄糖苷	[23]
6	alopecurone H	[20]			

3．其他类成分

苦豆子中还含有甾类、脂肪酸、挥发油类等其他类成分。马别厚[24]等利用索氏提取器从苦豆子种子中提取出豆籽油，利用 GC-MS 手段对其化学成分进行分析，从中得到了多种甾体化

1

2

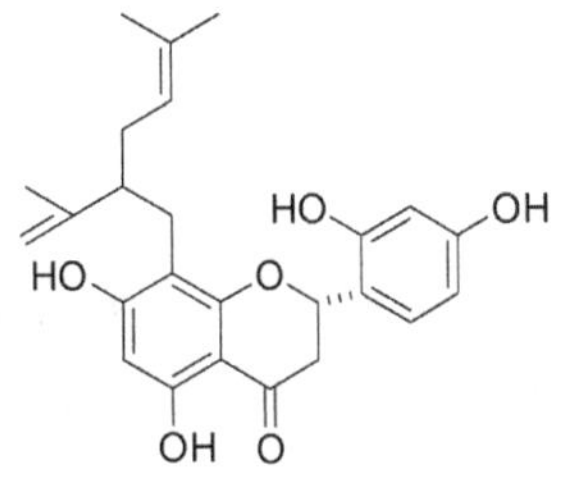

图 10-7 苦豆子黄酮类成分

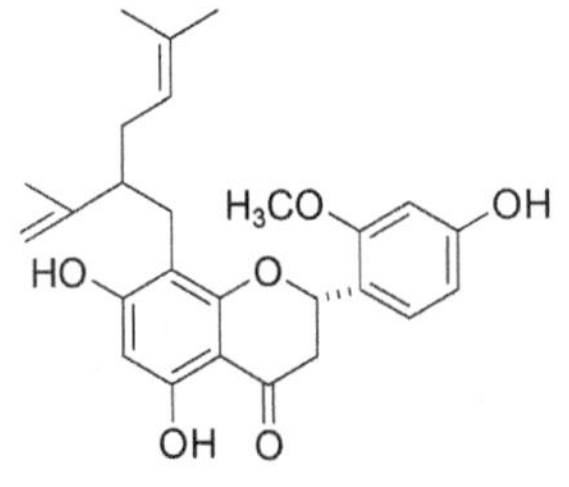

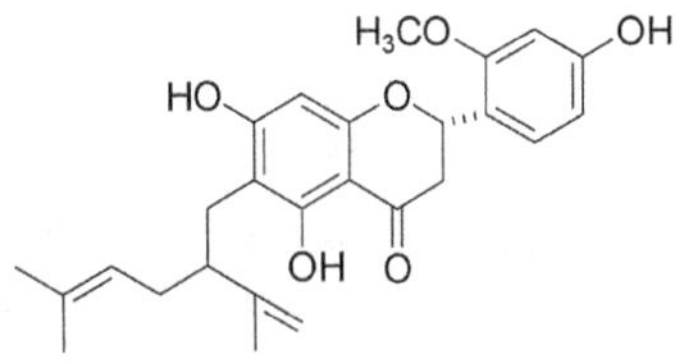

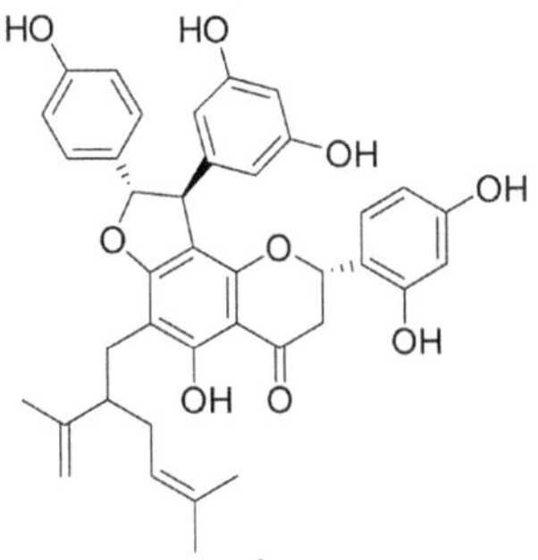

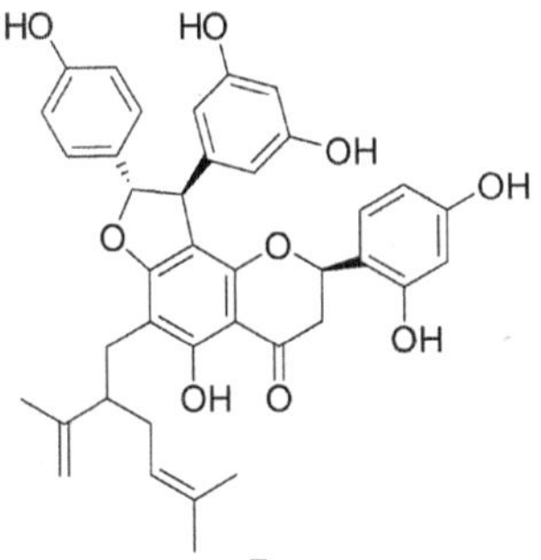

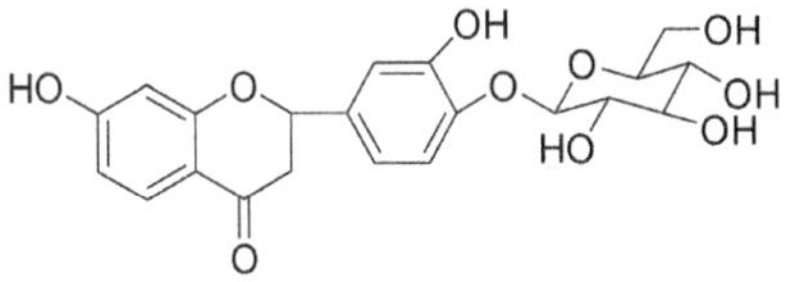

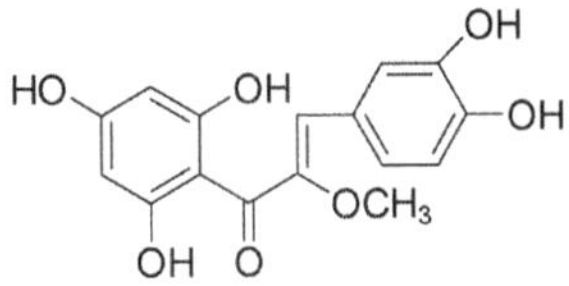

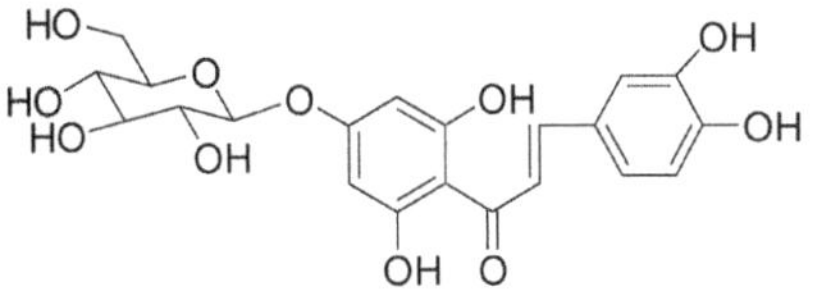

合物：麦角甾醇、豆甾醇、γ-谷甾醇等。陈文娟[25]等对宁夏苦豆子不同部位的挥发油成分进行分析，发现种子中含有的挥发油成分最多，从中得到了 30 种成分：己醛、苯乙醇、3-甲基-5-乙基庚烷等。

三、药理活性

1．抗肿瘤活性

Chang[26]等研究表明苦豆子提取物可以对 H22 荷瘤小鼠的发挥抗肿瘤作用。采用剂量 50 mg/(kg·d)、100mg/(kg·d)、200mg/(kg·d)治疗 7 天后，与对照组相比，苦豆子提取物可以显著降低 H22 肿瘤重量，对 H22 荷瘤小鼠的免疫器官产生影响，此外高剂量的提取物能显著降低小鼠的脾脏和胸腺指数。Lu[27]等采用 MTT 法和流式细胞术评价苦豆子剂量 1.5g/kg、3g/kg 和 4.5g/kg 对人骨肉瘤细胞系 OS732 的抑制作用，发现其抑制率为分别为 18.4%、27.4%和 52.8%。焦河玲[28]等研究了苦豆子总碱对 S180 荷瘤小鼠的抑瘤作用，并对其作用机制做了初步研究，结果发现苦豆子总碱可以提高荷瘤小鼠血清 TNF-α 和 IL-6 的水平，从而起到抑制肿瘤的作用。梁磊[29]等对苦豆子中的总生物碱、苦参碱、氧化苦参碱、槐果碱、槐定碱等进行初步抗结肠癌的体外筛选。结果显示，这 5 种生物碱对结肠癌 SW620 细胞株均有不同程度的增殖抑制作用，其作用效果：总生物碱＜氧化苦参碱＜槐果碱＜苦参碱＜槐定碱。

2．抗炎活性

张为民等[30]选用 0.3mL 不同浓度（0.5mg/mL、1.0mg/mL、1.5mg/mL）的苦豆子生物碱注射剂研究苦豆子生物碱的抗炎作用。结果表明，1.0mg/mL 浓度对二甲苯所致小鼠耳壳肿胀、小鼠棉球肉芽肿及小鼠 CMC 囊中的白细胞游出均有极显著的抑制作用（$P<0.01$），且作用与浓度呈正相关性。Yuan[31]等研究发现苦豆子碱对由 2,4-二硝基氟苯引起的 BALB/c 鼠变异性接触性皮炎具有明显的抗炎作用。Zhao[32]等报道苦豆总生物碱对右旋糖酐硫酸钠所致慢性结肠炎的保护作用，这种作用可能与抑制 NF-κB 激活和阻断促炎性介质基因的 NF-κB 调节转录激活有关。

3．抗菌、抗病毒活性

苦豆子生物碱对大肠埃希菌、无乳链球菌、鼠伤寒沙门菌、金黄色葡萄球菌、多杀性巴氏杆菌均有一定的抑制作用[30]。于天丛[33]等通过实验表明，苦豆碱对灰霉病菌的有效终浓度（EC_{50}）为 188.28mg/L，与多菌灵相当。杨红文[34]等实验研究表明，苦豆子根对副伤寒沙门菌的抑菌作用强，最小抑菌浓度（MIC）为 6.25%。氧化苦参碱可直接抗乙型肝炎病毒（HBV）活性，亦可治疗慢性丙型肝炎[35]。

4．对心血管系统的作用

苦豆子总碱具有明显降压作用，能够通过拮抗 Ca^{2+} 通道，降低胞浆内的 Ca^{2+} 浓度从而舒张家兔肺动脉血管，并呈现量效依赖性[36]。彭涛[37]以对大鼠血液流动学的影响来评价苦豆子总碱对心血管系统的影响，结果发现苦豆子总碱具有减慢大鼠心律，降低动脉血压抑制心肌收缩和舒张功能的作用。研究表明苦豆子中槐果碱、苦参碱、氧化苦参碱具有抗心律失常的作用[38~39]，且苦参碱对心肌梗死后的心律失常有效，具有保护作用。

5．其他生物活性

苦豆子生物碱对中枢神经系统表现为镇静催眠和镇痛降温等作用，其镇痛特征是以中枢性为主，没有成瘾性和耐药性[40]。张颖[41]等研究发现苦豆子总碱具有抗辐射作用。陈根强[42]等发现苦豆子生物碱对椰心叶甲有一定的杀卵作用。

参考文献

[1] 刘勇民. 维吾尔药志(上)[M]. 乌鲁木齐: 新疆科技卫生出版社, 1999.

[2] 江苏新医学院. 中药大辞典[M]. 上海: 上海科技出版社, 1986.

[3] 单晓菊, 邸明磊, 陶遵威. 苦豆子化学成分及药理研究进展[J]. 中国中医药信息杂志, 2011, 18(3): 105-107.

[4] 杨巧丽, 顾政一, 黄华. 中药苦豆子的研究进展[J]. 西北药学杂志, 2011, 26(3): 232-236.

[5] 中国科学院中国植物志编辑委员会. 中国植物志: 第四十卷[M]. 北京: 科学出版社, 1994.

[6] 史伟, 陈志国. 苦豆子的开发与利用[J]. 草业与畜牧, 2007, (1): 57-59.

[7] 姚雯, 孙培环, 徐晓敏, 等. 苦豆子种子生物碱类化学成分及细胞毒活性[J]. 中国实验方剂学杂志, 2014, 20(22): 95-99.

[8] 万传星, 刘明月, 孙红专, 等. GC-MS 分析苦豆子总碱中的 13 种生物碱[J]. 华西药学杂志, 2009, 24(6): 587-590.

[9] 刘斌, 李金亮, 元英进. 苦豆子种子中生物碱的分离及 lehmannine 的结构确定[J]. 中草药, 2001, 32(4): 7-10.

[10] Atta-Ur-Rahman A U, Choudhary M I, Parvez K, *et al*. Quinolizidine alkaloids from *Sophora alopecuroides*[J]. Journal of Natural Products, 2000, 63(2): 190-192.

[11] 高红英, 李国玉, 王航宇, 等. 新疆苦豆子种子中生物碱类化学成分的研究[J]. 石河子大学学报(自然科学版), 2011, 29(1): 75-78.

[12] 何直升. 苦豆子中生物碱:3-α-羟基槐定[J]. 国外医学参考资料. 药学分册, 1974, (5): 310-311.

[13] 赵博光. 苦豆草生物碱的研究[J]. 药学学报, 1980, (3): 182-183.

[14] Zhang Y B, Zhang X L, Chen N H, *et al*. Four matrine-based alkaloids with antiviral activities against HBV from the seeds of *Sophora alopecuroides*[J]. Organic Letters, 2017, 19(2): 424-427.

[15] Zhang Y B, Li Y, Ding L, *et al*. Sophalines E–I, five quinolizidine-based alkaloids with antiviral activities against the hepatitis B virus from the seeds of *Sophora alopecuroides*[J]. Organic Letters, 2018, 20(18): 5942-5946.

[16] Fan C L, Zhang Y B, Chen Y, *et al*. Alopecuroides A-E, matrine-type alkaloid dimers from the aerial parts of *Sophora alopecuroides*[J]. Journal of Natural Products, 2019, 82(12): 3227-3232.

[17] Wang X F, Zhu Z D, Hao T T, *et al*. Alopecines A-E, five chloro-containing matrine-type alkaloids with immunosuppressive activities from the seeds of *Sophora alopecuroides*[J]. Bioorganic Chemistry, 2020, 99: 103812.

[18] 张兰珍, 李家实, 皮特·豪佛顿, 等.苦豆子种子生物碱成分研究[J]. 中国中药杂志, 1997, 12(22): 36-39, 60.

[19] Iinuma M, Ohyama M, Tanaka T. Six flavonostilbenes and a flavanone in roots of *Sophora alopecuroides*[J]. Phytochemistry, 1995, 38(2): 519-525.

[20] Wan C X, Luo J G, Ren X P, *et al*. Interconverting flavonostilbenes with antibacterial activity from *Sophora alopecuroides*[J]. Phytochemistry, 2015, 116: 290-297.

[21] 热孜古丽·克依木. 新疆苦豆子种子的生药学及黄酮类化学成分研究[D]. 乌鲁木齐: 新疆医科大学, 2012.

[22] 卞海涛, 赵军, 黄华. 苦豆子化学成分研究[J]. 中药材, 2014, 37(1): 72-73.

[23] 王桂云, 马超. 苦豆子酚性成分的研究[J]. 中国中药杂志, 2009, 34(10): 1238-1240.

[24] 马别厚, 张尊听. 苦豆子豆籽油化学成分研究[J]. 天然产物研究与开发, 2003, 15(2): 133-134.

[25] 陈文娟, 杨敏丽. GC-MS 分析宁夏苦豆子不同部位挥发油的化学成分[J]. 华西药学杂志, 2006, 21(4): 334-336.

[26] Chang A H, Cai Z, Wang Z H, *et al*. Extraction and isolation of alkaloids of *Sophora alopecuroides* and their anti-tumor effects in H22 tumor-bearing mice.[J]. African Journal of Traditional Complementary & Alternative Medicines Ajtcam, 2014, 11(2): 245-248.

[27] Lu X, Lin B, Tang J, *et al*. Study on the inhibitory effect of total alkaliods of *Sophora alopecuroides* on osteosarcoma cell growth.[J]. African Journal of Traditional Complementary & Alternative Medicines Ajtcam, 2014, 11(1): 172-175.

[28] 焦河玲, 邓虹珠, 王晓娟, 等. 苦豆子总碱对 S180 荷瘤小鼠的抑瘤作用[J]. 中国实验方剂学杂志, 2011, 17(2): 163-165.

[29] 梁磊, 王晓燕, 张绪慧, 等. 苦豆子生物碱抗结肠腺癌细胞株 SW620 的作用筛选[J]. 中药材, 2008, 11(6): 866-869.

[30] 张为民, 张彦明, 张涛, 等. 苦豆子生物碱抑菌抗炎作用研究[J]. 动物医学进展, 2005, 26(10): 82-85.

[31] Yuan X Y, Liu W, Zhang P, *et al*. Effects and mechanisms of aloperine on 2,4-dinitrofluorobenzene-induced allergic contact dermatitis in BALB/c mice[J]. European Journal of Pharmacology, 2010, 629(1-3): 147-152.

[32] Zhao W C, Song L J, Deng H Z. Protective effect of total alkaloids of *Sophora alopecuroides* on dextran sulfate sodium-induced chronic colitis[J]. Chinese Journal of Integrative Medicine, 2011, 17(8): 616-624.

[33] 于天丛, 闫磊, 丁君, 等. 苦豆子 7 种生物碱对瓜类炭疽病菌的室内毒力测定[J]. 农药科学与管理, 2006, 25(7): 23-25, 34.

[34] 杨红文, 艾玲, 雒秋江. 苦豆子等新疆中草药的体外抑菌试验[J]. 安徽农业科学, 2008, 36(29): 12745-12746.

[35] 杨志伟, 周娅, 曹秀琴. 苦豆总碱、苦参总碱体外抗柯萨奇 B3 病毒的作用[J]. 宁夏医学杂志, 2002, 24(12): 707-710.

[36] 牛彩琴, 买文丽, 张团笑. 苦豆子总碱对家兔离体肺动脉血管作用机制的研究[J]. 时珍国医国药, 2010, 21(11): 2910-2911.

[37] 彭涛, 马晓燕, 王英华, 等. 苦豆子总碱对大鼠血流动力学的影响[J]. 宁夏医学院学报, 2005, 27(3): 194-195, 200.

[38] 刘静, 罗维林. 苦豆子生物碱现代药学研究进展[J]. 海峡药学, 2014, 26(9): 1-4.

[39] 刘艳明, 王雪芳. 氧化苦参碱对缺血缺氧致兔心律失常保护作用及机制研究[J]. 河北医药, 2015, 37(9): 1308-1310.

[40] 张明发, 沈雅琴. 苦参碱类生物碱的镇痛作用研究进展[J]. 药物评价研究, 2018, 41(5): 904-911.

[41] 张颖. 苦豆子总碱对低剂量照射小鼠的辐射防护效应研究[J]. 中国辐射卫生, 2008, 17(3): 305-306.

[42] 陈根强, 冯岗, 胡梅, 等. 苦豆子 7 种生物碱对椰心叶甲的生物活性[J]. 河南科技大学学报(自然科学版), 2011, 32(4): 57-59, 64, 111.

第三节
冷蒿

冷蒿（*Artemisia frigida*）为菊科蒿属多年生草本植物，别名小白蒿、阿给（蒙语名）、杭姆巴（蒙药名）。全草入药，味苦，性凉、涩、钝、燥，有止痛、消炎、镇咳作用。《晶珠本草》中记载其有祛风、消肿、止血的功效，主治各种出血、月经不调、肾热、胆囊炎、疮痈、关节肿胀、类风湿[1]。现代研究表明，冷蒿的化学成分主要为香豆素、倍半萜、黄酮等化合物，具有抗肿瘤、抗氧化及促凝血、抗炎及杀虫等作用[2]。

一、生物学特征及资源分布

1. 生物学特征

多年生草本，有时略成半灌木状。主根细长或粗，木质化，侧根多；根状茎粗短或略细，有多条营养枝，并密生营养叶。茎直立，数枚或多数常与营养枝共组成疏松或稍密集的小丛，稀单生，高 30～70cm，稀 10～20cm，基部多少木质化，上部分枝，枝短，稀略长，斜向上，或不分枝；茎、枝、叶及总苞片背面密被淡灰黄色或灰白色、稍带绢质的短绒毛，后茎上毛稍脱落。茎下部叶与营养枝叶长圆形或倒卵状长圆形，长、宽 0.8～1.5cm，二（至三）回羽状全裂，每侧有裂片(2～)3～4 枚，小裂片线状披针形或披针形，叶柄长 0.5～2cm；中部叶长圆形或倒卵状长圆形，长、宽 0.5～0.7cm，一至二回羽状全裂，每侧裂片 3～4 枚，中部与上半部侧裂片常再 3～5 全裂，下半部侧裂片不再分裂或有 1～2 枚小裂片，小裂片长椭圆状披针形、披针形或线状披针形，长 2～3mm，宽 0.5～1.5mm，先端锐尖，基部裂片半抱茎，并成假托叶状，无柄；上部叶与苞片叶羽状全裂或 3～5 全裂，裂片长椭圆状披针形或线状披针形。头状花序半球形、球形或卵球形，直径 2～4mm，在茎上排成总状花序或为狭窄的总状花序式的圆锥花序；总苞片 3～4 层，外层、中层总苞片卵形或长卵形，背面密被短绒毛，有绿色中肋，边缘膜质，内层总苞片长卵形或椭圆形，背面近无毛，半膜质或膜质；花序托有白色托毛；雌花 8～13 朵，花冠狭管状，檐部具 2～3 裂齿，花柱伸出花冠外，上部 2 叉，叉枝长，叉端尖；两性花 20～30 朵，花冠管状，花药线形，先端附属物尖，长三角形，基部圆钝，花柱与花冠近等长，先端 2 叉，叉端截形。瘦果长圆形或椭圆状倒卵形，上端圆，有时有不对称的膜质冠状边缘。花果期 7～10 月[3]。

2. 资源分布

产于黑龙江（西部）、吉林（西部）、辽宁（西部）、内蒙古、河北（北部）、山西（北部）、陕西（北部）、宁夏、甘肃、青海、新疆、西藏等地；东北、华北省区分布在海拔 1000～2500m，西北省区分布在海拔 1000～3800m，西藏分布在海拔 4000m 附近。分布广，适应性强，在我国森林草原、草原、荒漠草原及干旱与半干旱地区的山坡、路旁、砾质旷地、固定沙丘、戈壁、高山草甸等地区都有，常构成山地干旱与半干旱地区植物群落的建群种或主要伴生种。蒙古、土耳其、伊朗、苏联（中亚、西伯利亚及欧洲部分地区）、加拿大北部，以及美国西部、中部及西南部都有[3]。

二、化学成分研究

1．倍半萜类化合物

Liu[4]等从采自美国北达科他州的冷蒿地上部分分离得 6 个倍半萜类化合物 1,10α-epoxy-8α-hydroxyachillin、anhydrogrossmisin、canin、artecanin、ridentin、8α-hydroxyachillin。Bohlmann[5]等从采自蒙古的冷蒿地上部分分离得 4 个愈创木烷型倍半萜内酯：2β-hydroxy-8desoxy-11α,13-dihydrorupicolin B、11α,13-dihydro-estafiatin、2α,3α-epoxy-11α,13-dihydro-dehydrocostusla-ctone、8-desoxy-cumambrin B。Wang[6]等从采自内蒙古通辽的冷蒿地上部分分离得 2 个倍半萜内酯苷：3β-(β-D-glucopyranosyloxy)-(p-hydroxyphenylacetyloxy)-4(15), 10-(14),11(13)-guaiatrien-1α,5β,6β,7αH-12,6-olide、3β-(β-D-glucopyranosyloxy)8β-(2-hydroxy-3-methylbutanoyloxy)-4(15),10(14),11(13)-guaiatrien-1α,5β,6β,7αH-12,6-olide。Zhang 等[7]从采自河北南皮的冷蒿地上部分分离得 1 个新的倍半萜内酯 1α,3α-dihydroxy-7α,11αH-germacra-4Z,10(14)-dien-12,6α olide。Li 等[8]从采自河北南皮的冷蒿地上部分分离得 1 个新的倍半萜类化合物 4α,5αH,6α,7β,10β,11α-1,15-dioxoeudesman-12,6-olide。Borchuluun[9]等从采自内蒙古通辽的冷蒿地上部分提取得到的挥发油中分离得 5 个倍半萜类化合物：(+)-(S)-dihydro-ar-curcumene、(+)-(S)-ar-curcumene、(+)-(S)-dihydro-ar-turmerone、(+)-(S)-ar-turmerone、artefrigin（表 10-8，图 10-8）。

表 10-8 冷蒿倍半萜类成分

序号	名称	参考文献	序号	名称	参考文献
1	1,10α-epoxy-8α-hydroxyachillin	[4]	6	1α,3α-dihydroxy-7α,11αH-germacra-4Z,10(14)-dien-12,6α-olide	[7]
2	anhydrogrossmisin	[4]			
3	canin	[4]	7	4α,5αH,6α,7β,10β,11α-1,15-dioxoeudesman-12,6-olide	[8]
4	11α,13-dihydroestafiatin	[5]			
5	8-desoxy-cumambrin B	[5]	8	(+)-(S)-dihydro-ar-curcumene	[9]
			9	(+)-(S)-ar-curcumene	[9]

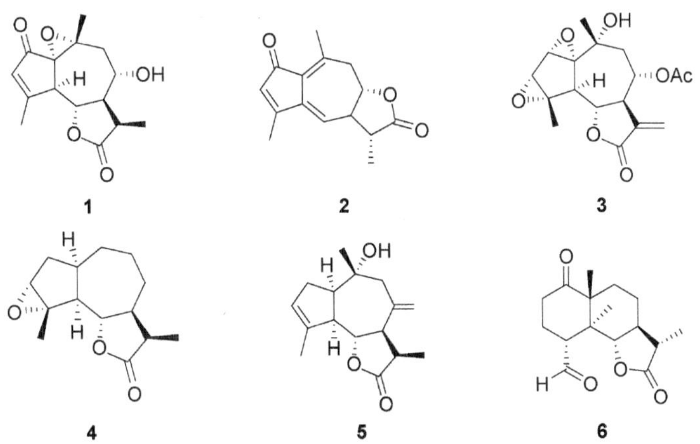

图 10-8

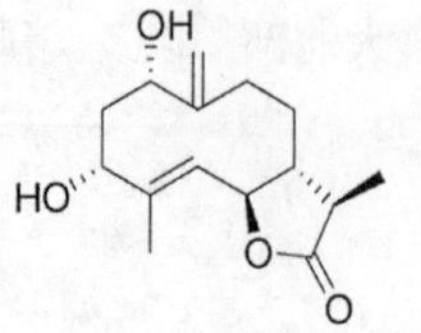

图 10-8　冷蒿倍半萜类成分

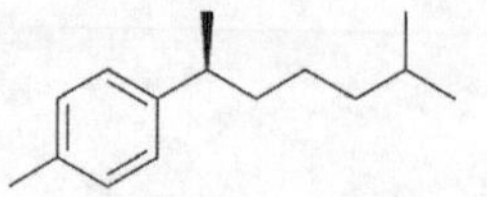

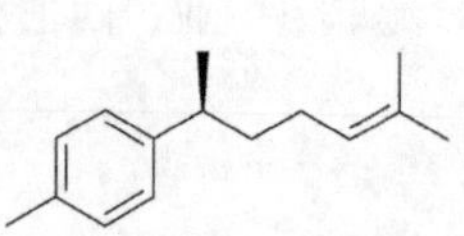

2. 黄酮类成分

Liu[10~11]等从冷蒿地上部分离得多个黄酮类化合物: 5,7,4′-trihydroxy-6,3′,5′-trimethoxyflav-one、5,7,3′-trihydroxy-6,4′,5′-trimethoxyflavone、5,7,3′,4-tetrahydroxy-6,5′-dimethoxyflavone、que-rcetagetin 3,6,3′,4′-tetramethyl ether、eupatilin、jaceosidin、hispidulin、eupafolin。Wang[12]等从冷蒿地上部分分离得到多个黄酮苷: 5,7-dihydroxy-3′,4′,5′-trimethoxyflavone-7-O-β-D-glucuronide、5,7-dihydroxy-3′,4′,5′-trimethoxyflavone-7-O-β-D-glucuronyl-(1→2)-O-β-D-glucuronide、5,7-dihydro-xy-3′,4′-dimethoxyflavone-7-O-β-D-glucuronide、chrysoer-iol-4′-O-β-D- glucoside。Wang[13]等从冷蒿中分离得到多个黄酮苷: 3′,4′,5′-trimethoxyflavone-5-O-β-D-glucuronyl-7-O-β-D-glucuronyl-(1→2)-O-β-D-glucuronide、5-hydroxy-3′,5′-dimethoxyflavone-7-O-[β-D-glucuronyl-1→2)O-β-D-glucuronyl]-4′-O-β-D-glucoside、5,3′,5′-trihydroxy-6,8-dimethyl flavone-7-O-β-D-glu- ronyl-4′-O-β-D-glucoside、5,7-dihydroxy-3′,4′,5′-trimethoxy flavone-7-O-β-D-glucu-ronyl-(1→2)O-β-D-glucuronide、5,7-dihy-droxy-3′,4′-dimethoxyflavone-7-O-β-D-glucuronide、5,7-dihydroxy-3′,4′,5′-trimethoxyflavone-7-O-β-D-glucuronide，并采用高效液相色谱 HPLC 对不同来源冷蒿中六种黄酮苷的含量进行了分析。Wang[14]等冷蒿地上部分正丁醇萃取部位中分离得到 2 个黄酮苷: 5′-hydroxyluteolin-7-O-β-glucuronide、8-O-8‴-biluteolin-7,7‴-O-β-glucuronide。Wang[15]等对总黄酮的 HPLC 分析和 NMR 鉴定结果表明包含了多种黄酮类化合物: 5,3′-dihydroxy-3,6,7,4′-tetramethoxyflavone、5,7,3′-trihydroxy-6,4′-dimethoxyflavone、5,3′-dihydroxy-6,7,4′-trimethoxyflavone、5,3′-dihydroxy-3,6,7,4′-tetramethoxyflavone（表 10-9，图 10-9）。

表 10-9　冷蒿黄酮类成分

序号	名称	参考文献	序号	名称	参考文献
1	5,7,4′-trihydroxy-6,3′,5′-trimethoxyflavone	[10]	6	5,7-dihydroxy-3′,4′,5′-trimethoxyflavone-7-O-β-D-glucuronide	[12]
2	eupatilin	[11]	7	chrysoer-iol-4′-O-β-D-glucoside	[12]
3	jaceosidin	[11]	8	5,7-dihydroxy-3′,4′,5′-trimethoxyflavone-7-O-β-D-glucuronide	[13]
4	hispidulin	[11]			
5	eupafolin	[11]	9	5′-hydroxyluteolin-7-O-β-glucuronide	[14]
			10	5,3′-dihydroxy-3,6,7,4′-tetramethoxyflavone	[15]

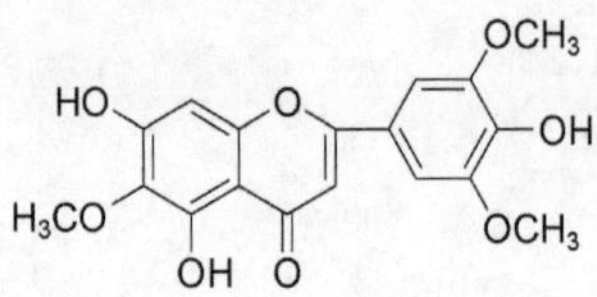

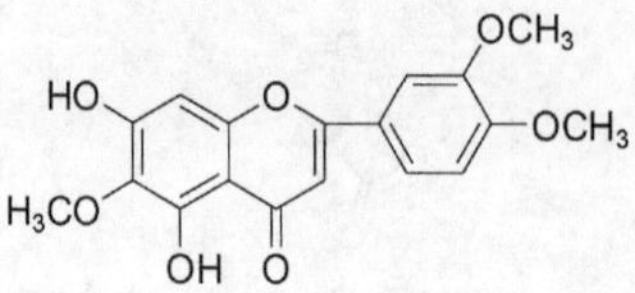

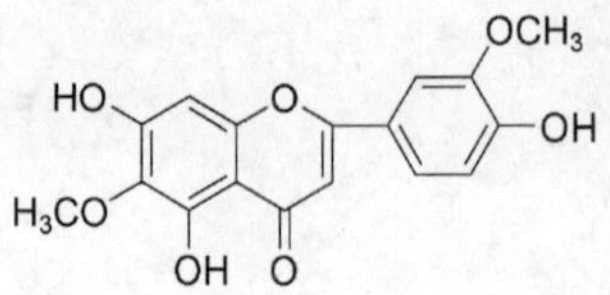

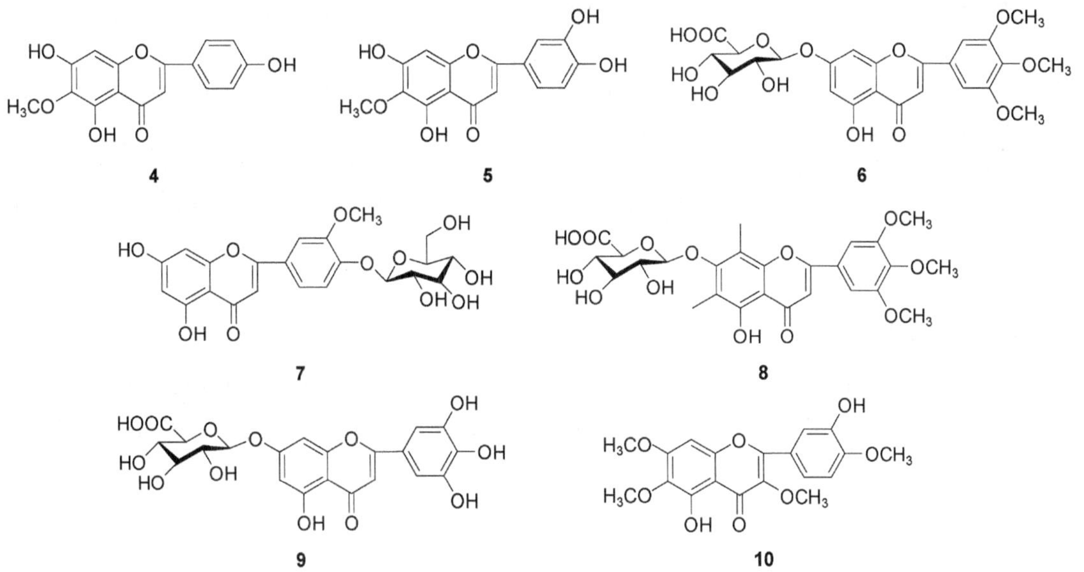

图 10-9　冷蒿黄酮类成分

3．其他类成分

冷蒿中还有苯丙素类[16~17]（阿魏酸、7-羟基香豆素、6,7-二羟基香豆素、7-甲氧基香豆素、7-羟基-5,6-二甲氧基香豆素等）、甾醇类[17]（β-谷甾醇等）、酚酸类[17]（咖啡酸）等成分。

三、药理活性

1．抗肿瘤

陈进军[18]等利用 MTT 比色法检测冷蒿中 5 种倍半萜内酯化合物对人肿瘤细胞增殖活性的影响。去氢-姜黄烯（Ⅰ）对子宫颈肿瘤细胞、人脑神经胶质细胞、人肝癌细胞和人和色素瘤细胞的增殖有明显的抑制作用；二氢去氢木香内酯有中等的增殖抑制作用。李明[19]等利用 MTT 比色法检测冷蒿中分离纯化的倍半萜内酯化合物对人乳腺癌细胞增殖活性的影响，实验结果显示去氢-β-姜黄烯对人乳腺癌细胞的增殖有明显的抑制作用，其他实验用倍半萜内酯即使在 $100\mu mol/L$ 的高浓度下，对人乳腺癌肿瘤细胞的增殖不显示抑制活性，倍半萜内酯化合物抑制人肿瘤细胞增殖活性与其直型和角型结构无关，不饱和内酯是抑制肿瘤细胞增殖活性的必需基团。

2．抗氧化和促凝血

钟伯雄[20]等观察阿给生药和炒炭后对止血作用的影响。阿给生药及阿给炭药的止血、促凝机制可能与外源性凝血途径无关。阿给炭药能明显缩短家兔的活化部分凝血酶原时间（APTT）、凝血酶时间（TT），延长伏球蛋白溶解时间（ELT），由此可解释其能激活内源性凝血途径相关因子直接作用于凝血酶。通过抑制凝血酶的活性，阻止凝血酶催化的纤维蛋白原降解，并通过纤维素蛋白溶解来促进凝血。张力[21]等通过 Fenton 反应测定了冷蒿黄酮类化合物提取液清除羟基自由基的能力，发现羟基自由基清除能力随黄酮类化合物的含量增高而增加。海平[22]等测定小白蒿总黄酮对超氧阴离子自由基、羟自由基及二苯代苦味酰基苯肼自由基的清除率，发现小白蒿总黄酮有较强的抗氧化能力。薛焱[23]等测试了不同提取方法冷蒿提取液和不同极性萃取部位对小鼠的止血作用，结果表明冷蒿的正丁醇部位和乙酸乙酯部位可以极显著缩短小鼠的出血和凝血时间，且水煎提取组比植株混煎组效果更好，因此起止血作用的有效成分可能是冷蒿中极性较大的苷类物质。

3．抗炎和杀虫

Wang[14~15]等采用不同炎症模型观察小白蒿总黄酮及其分离得到部分黄酮类化合物的抗炎作用，结果小白蒿总黄酮在高剂量 400mg/kg 和分离得到部分黄酮类化合物在 30mg/kg 剂量时具有良好的抗炎作用。花拉[24]等研究小白蒿总黄酮对大鼠腹腔白细胞多功能活性的影响，探讨其抗炎机理。结果在 2.0～10.0μg/mL 的浓度范围内，小白蒿总黄酮可剂量依赖性地抑制完整中性白细胞中 LTB4 的生物合成。另外，小白蒿总黄酮对人工三肽（f MLP）激发的白细胞内游离钙升高具有抑制作用，并促进细胞内 c AMP 水平提高。Liu[25]等对小白蒿挥发油的杀虫作用进行了研究，小白蒿挥发油在 69.46mg/L 和 1.25mg/L 时，对 *S. zeamais* 和 *L. bostrychophila* 有明显杀虫作用。

参考文献

[1] 帝玛尔·丹增彭措. 晶珠本草[M]. 上海: 上海科学技术出版社, 1968.

[2] 图布兴, 代那音台, 韩那仁超克图, 等. 蒙药小白蒿的研究概况[J]. 中国民族民间医药, 2017, 26(12): 63-68.

[3] 中国科学院中国植物志编辑委员会. 中国植物志: 第七十六卷第二分册[M]. 北京: 科学出版社, 1991.

[4] Liu Y L, Mabry T J. Sesquiterpene lactones from *Artemisia frigida*[J]. Journal of Natural Products, 1981, 44(6): 722-728.

[5] Bohlmann F, Ang W, Trinks C, et al. Dimeric guaianolides from *Artemisia sieversiana*[J]. Phytochemistry, 1985, 24(5): 1009-1015.

[6] Wang Q H, Sha Y, Ao W L J, et al. Two new sesquiterpene lactone glycosides from *Artemisia frigida* Willd [J]. Journal of Asian Natural Products Research, 2011, 13(7): 645-651.

[7] Zhang M, Ni Z, Li C, et al. A new germacrane sesquiterpenolide isolated from *Artemisia frigida*[J]. Chemistry of Natural Compounds, 2013, 49(4): 626-628.

[8] Li C F, Zhang M L, Wang Y F, et al. Arteminal, a new eudesmane sesquiterpenolide from *Artemisia frigida*[J]. Chemistry of Natural Compounds, 2013, 49(5):872-874.

[9] Borchuluun S, Wang Q H, Xu Y H, et al. Structure elucidation and NMR assignments of a new sesquiterpene of volatile oil from *Artemisia frigida* Willd.[J]. Natural Product Research,2019, 35(14): 1-5.

[10] Liu Y L, Mabry T J. Two methylated flavones from *Artemisia frigida*[J]. Pergamon,1981, 20(2): 309-311.

[11] Liu Y L, Mabry T J. Flavonoids from *Artemisia frigida*[J]. Pergamon,1981, 20(6): 1389-1395.

[12] Wang Q H, Ao W L J, Wang X L, et al. Two new flavonoid glycosides from *Artemisia frigida* Willd.[J]. Journal of Asian Natural Products Research, 2010, 12(11): 950-954.

[13] Wang Q H, Ao W L J, Dai N Y T. Structural elucidation and HPLC analysis of six flavone glycosides from *Artemisia frigida* Willd.[J]. Chemical Research in Chinese Universities, 2013, 29(3): 439-444.

[14] Wang Q H, Wu J S, Wu X L, et al. Anti-inflammatory effects and structure elucidation of flavonoid and biflavonoid glycosides from *Artemisia frigida* Willd[J]. Monatshefte für Chemie-Chemical Monthly, 2015, 146(2): 383-387.

[15] Wang Q H, Jin J M, Dai N Y T, et al. Anti-inflammatory effects, nuclear magnetic resonance identification, and high-performance liquid chromatography isolation of the total flavonoids from *Artemisia frigida*[J]. Journal of food and drug analysis, 2016, 24(2): 385-391.

[16] 王青虎, 武晓兰, 王金辉. 蒙药小白蒿化学成分的研究(Ⅱ)[J]. 中草药, 2011, 42(6): 1075-1078.

[17] 王青虎, 王金辉, 额尔登巴格那, 等.蒙药小白蒿化学成分的研究[J].中草药, 2009, 40(10): 1540-1543.

[18] 陈进军, 王思明, 李存芳, 等. 冷蒿中五种倍半萜内酯化合物抑制人肿瘤细胞增殖活性及构效关系研究[J]. 中药药理与临床, 2011, 27(2): 24-26.

[19] 李明, 刘霞, 郭书翰, 等. 土木香和冷蒿中倍半萜内酯化合物抑制人乳腺癌细胞增殖活性及构-效关系研究[J]. 天然产物研究与开发, 2013, 25(4): 555-557, 529.

[20] 钟伯雄, 张婉, 刘伟志, 等. 蒙药阿给炒炭前后的止血作用及其机制研究[J]. 中药材, 2011, 34(6): 872-876.

[21] 张力, 包玉敏, 王书妍, 等. 蒙药材冷蒿中黄酮类化合物的测定及体外抗氧化性研究[J]. 光谱实验室, 2011, 28(2): 774-776.

[22] 海平, 苏雅乐其其格. 蒙药小白蒿中总黄酮的提取及其抗氧化活性研究[J]. 中国实验方剂学杂志, 2012, 18(3): 59-63.

[23] 薛焱, 王同智. 蒙药材阿给(冷蒿)止血活性部位的药效学筛选研究[J]. 青岛医药卫生, 2012, 44(1): 40-42.

[24] 花拉, 王青虎, 代那音台, 等. 小白蒿总黄酮对大鼠腹腔白细胞内白三烯 B4、5-羟二十碳四烯酸、游离钙和环一磷酸腺苷水平的影响[J]. 天然产物研究与开发, 2016, 28(4): 591-595, 600.

[25] Liu X C, Li Y L, Wang T J, et al. Chemical composition and insecticidal activity of essential oil of *Artemisia frigida* Willd against two grain sorage insects [J]. Tropical Journal of Pharmaceutical Research, 2014, 13(4): 587-592.

第四节
条叶龙胆

条叶龙胆（*Gentiana manshurica* Kitag）为龙胆科多年生草本植物，干燥根及根状茎入药，可清热燥湿、泻肝胆火。用于湿热黄疸、阴肿阴痒、带下、湿疹瘙痒、肝火目赤、耳鸣耳聋、胁痛口苦、强中、惊风抽搐，为临床常用中药[1]。

一、生物学特征及资源分布

多年生草本，高 20～30cm。根茎平卧或直立，短缩或长达 4cm，具多数粗壮、略肉质的须根。花枝单生，直立，黄绿色或带紫红色，中空，近圆形，具条棱，光滑。茎下部叶膜质；淡紫红色，鳞片形，长 5～8mm，上部分离，中部以下连合成鞘状抱茎；中、上部叶近革质，无柄，线状披针形至线形，长 3～10cm，宽 0.3～1.4cm，愈向茎上部叶愈小，先端急尖或近急尖，基部钝，边缘微外卷，平滑，上面具极细乳突，下面光滑，叶脉 1～3 条，仅中脉明显，并在下面突起，光滑。花 1～2 朵，顶生或腋生；无花梗或具短梗；每朵花下具 2 个苞片，苞片线状披针形与花萼近等长，长 1.5～2cm；花萼筒钟状，长 8～10mm，裂片稍不整齐，线形或线状披针形，长 8～15mm，先端急尖，边缘微外卷，平滑，中脉在背面突起，弯缺截形；花冠蓝紫色或紫色，筒状钟形，长 4～5cm，裂片卵状三角形，长 7～9mm，先端渐尖，全缘，褶偏斜，卵形，长 3.5～4mm，先端钝，边缘有不整齐细齿；雄蕊着生于冠筒下部，整齐，花丝钻形，长 9～12mm，花药狭矩圆形，长 3.5～4mm；子房狭椭圆形或椭圆状披针形，长 6～7mm，两端渐狭，柄长 7～9mm，花柱短，连柱头长 2～3mm，柱头 2 裂。蒴果内藏，宽椭圆形，两端钝，柄长至 2cm；种子褐色，有光泽，线形或纺锤形，长 1.8～2.2mm，表面具增粗的网纹，两端具翅。花果期 8～11 月。

生于海拔 100～1100m，山坡草地、湿草地、路旁。产于内蒙古、黑龙江、吉林、辽宁、河南、湖北、湖南、江西、安徽、江苏、浙江、广东、广西，朝鲜也有分布[2]。

二、化学成分

1. 环烯醚萜类化合物

周艳丽[3]用 D101 大孔吸附树脂柱色谱、硅胶柱色谱、凝胶柱色谱纯化等技术从条叶龙胆 95%乙醇提取物中分离得到了 9 个环烯醚萜类成分，分别是天目地黄苷 A、天目地黄苷 E、6-酮基-8-乙酰钩果草苷、6,7-去氢-8-乙酰钩果草苷、齿叶玄参苷 A、大花木巴戟苷 C、3′-O-β-D-吡喃葡萄糖基獐牙菜苷、地黄新苷 B 和地黄新苷 C。罗集鹏等[4]用聚酰胺柱色谱法从条叶龙胆的甲醇溶液中分离出龙胆苦苷、当药苦苷。Liu[5]等采用柱色谱法从条叶龙胆的甲醇提取物中分离出 9 种环烯醚萜类化合物：4″-O-β-D-glucosyl-6′-O-(4-O-β-D-glucosylcaffeoyl)linearoside、6′-O-acetylsweroside、6′-O-acetyl-3′-O-[3-(β-D-glucopyranosyloxy)-2-hydroxybenzoyl]sweroside、6′-O-[3-(β-D-glucopyranosyloxy)-2-hydroxybenzoyl]sweroside、trifloroside、scabraside、gentiopicroside、swertimarin、4″-O-β-D-glucopyranosyllinearoside（表 10-10，图 10-10）。

表 10-10　条叶龙胆环烯醚萜类化合物

序号	名称	参考文献	序号	名称	参考文献
1	天目地黄苷 A	[3]	**9**	地黄新苷 C	[3]
2	天目地黄苷 E	[3]	**10**	龙胆苦苷	[4]
3	6-酮基-8-乙酰钩果草苷	[3]	**11**	当药苦苷	[4]
4	6,7-去氢-8-乙酰钩果草苷	[3]	**12**	trifloroside	[5]
5	齿叶玄参苷 A	[3]	**13**	scabraside	[5]
6	大花木巴戟苷 C	[3]	**14**	gentiopicroside	[5]
7	3′-O-β-D-吡喃葡萄糖基獐牙菜苷	[3]	**15**	swertimarin	[5]
8	地黄新苷 B	[3]			

2. 黄酮类化合物

周艳丽[6]等采用硅胶柱色谱分离法从条叶龙胆根及根茎的 95%乙醇水溶液提取物中乙酸乙酯和正丁醇部分离出九种化合物：acremoxanthone D、sporormielloside、artomandin、oliganthaxanthone A、oliganthaxanthone B、pinetoxanthone、polyhongkongenoside A、1,5-dihydroxy-2,3,4-trimethoxyxanthone、bannaxanthone Ⅰ（表 10-11，图 10-11）。

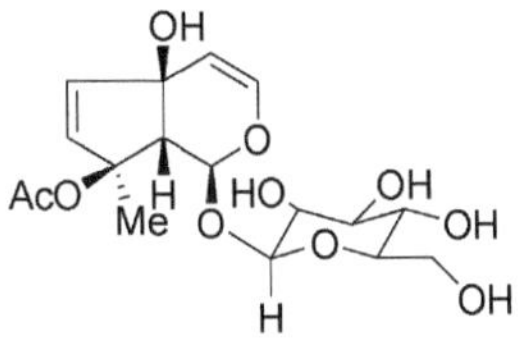

图 10-10 条叶龙胆环烯醚萜类化合物

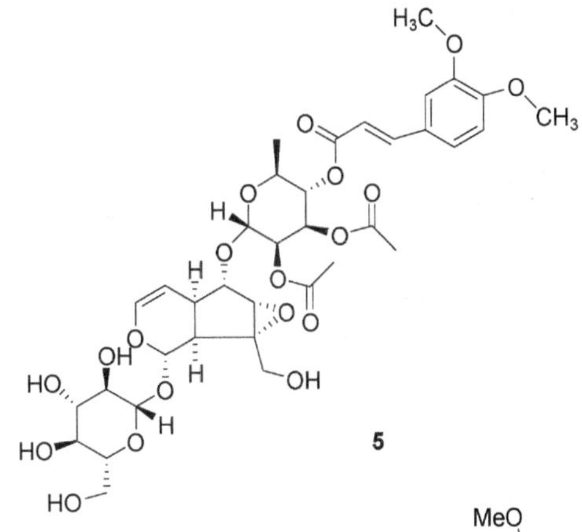

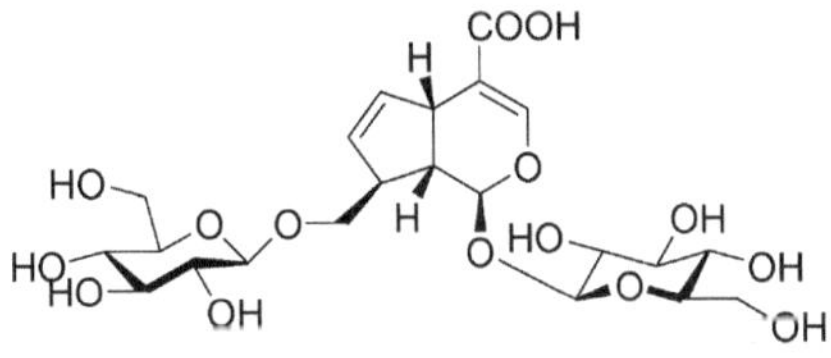

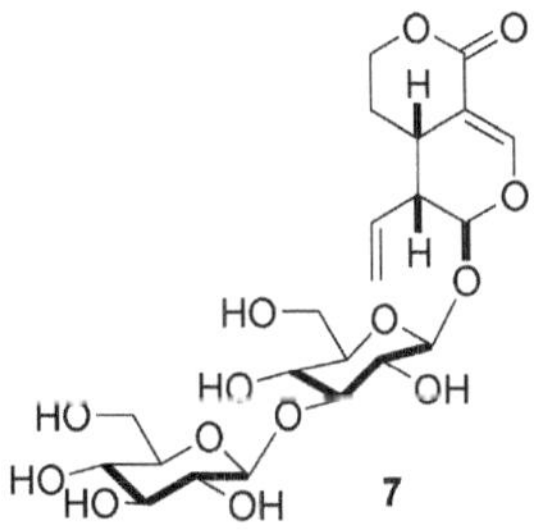

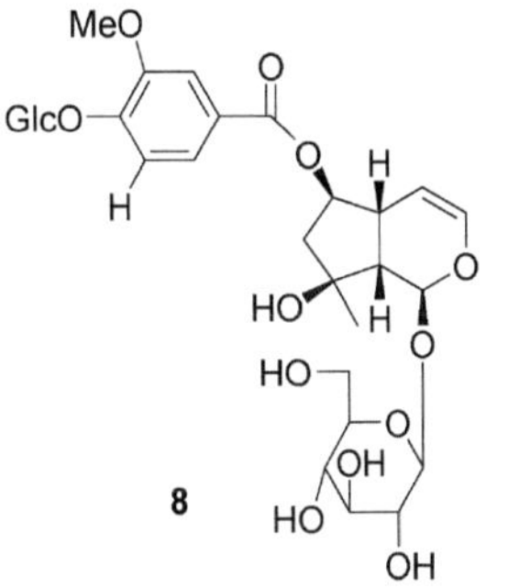

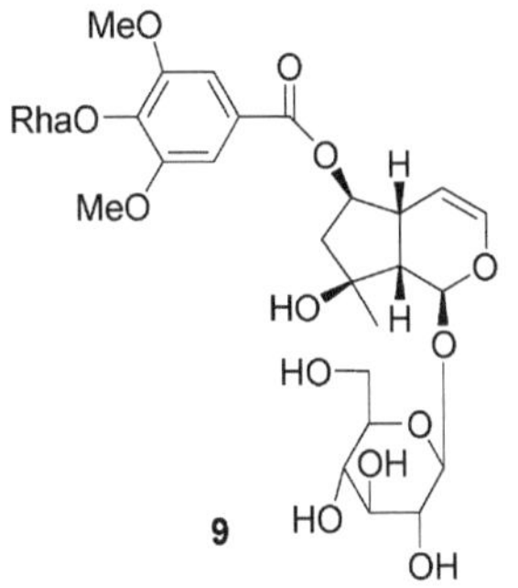

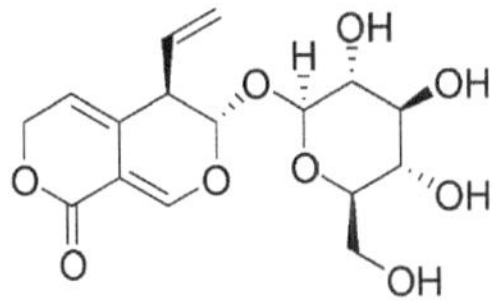

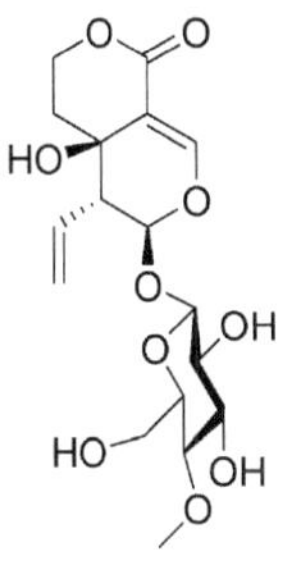

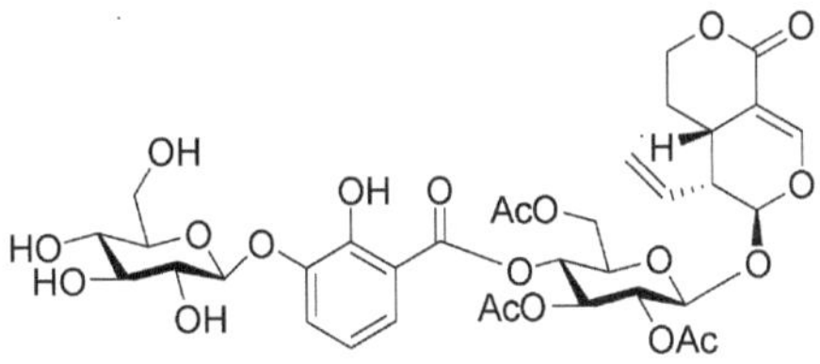

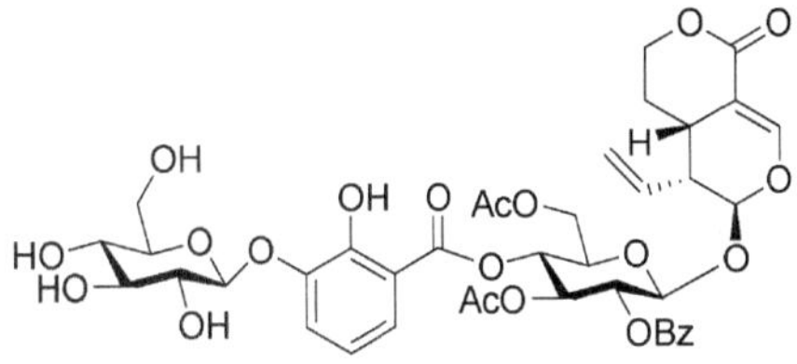

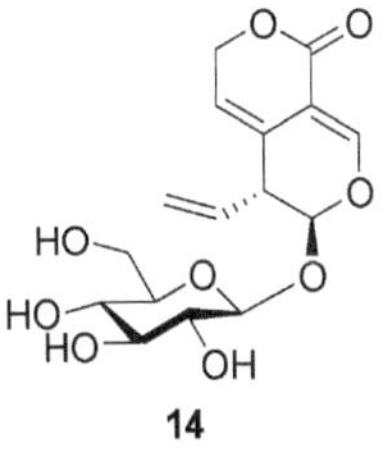

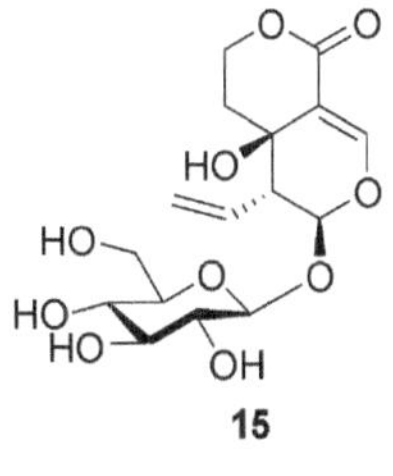

表 10-11　条叶龙胆黄酮类化合物

序号	名称	参考文献	序号	名称	参考文献
1	acremoxanthone D	[6]	**6**	pinetoxanthone	[6]
2	sporormielloside	[6]	**7**	polyhongkongenoside A	[6]
3	artomandin	[6]	**8**	1,5-dihydroxy-2,3,4-trimethoxyxanthone	[6]
4	oliganthaxanthone A	[6]	**9**	bannaxanthone I	[6]
5	oliganthaxanthone B	[6]			

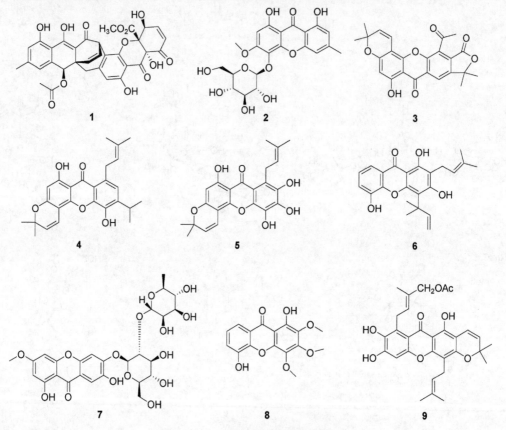

图 10-11　条叶龙胆黄酮类化合物

3. 三萜类化合物

Liu[5]等采用柱色谱法从条叶龙胆的甲醇提取物中分离出 5 种三萜类化合物：ursolic acid、3,24-dihydroxyurs-12-en-28-oic acid、chiratenol、lup-20(29)-en-3-one、lupeol（表 10-12，图 10-12）。

表 10-12　条叶龙胆三萜类化合物

序号	名称	参考文献
1	3,24-dihydroxyurs-12-en-28-oic acid	[5]
2	chiratenol	[5]

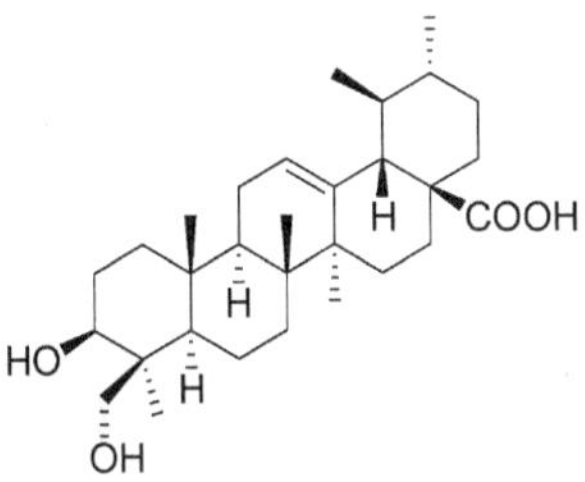

图 10-12　条叶龙胆三萜类化合物

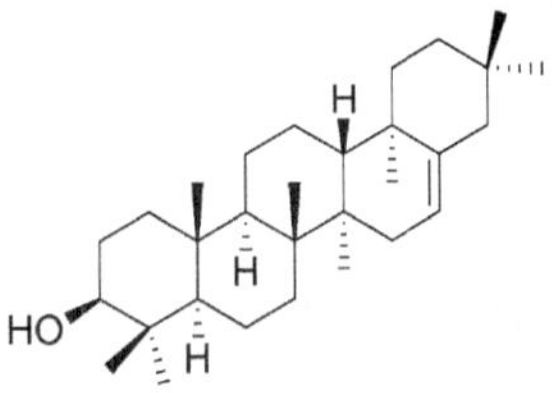

三、药理活性

1．抑制肿瘤细胞增殖

周艳丽[3]等在条叶龙胆的 95%乙醇水溶液的乙酸乙酯和正丁醇部分分离得到 9 个环烯醚萜苷类化合物，其中天目地黄苷 A、6,7-去氢-8-乙酰钩果草苷、齿叶玄参苷 A、地黄新苷 B 对人源肝癌细胞 Hep G2 增殖呈现出一定的抑制活性，其 IC_{50} 值分别为 13.6μmol/L、12.0μmol/L、7.5μmol/L、9.0μmol/L，阳性药紫杉醇 IC_{50} 值为 0.003μmol/L。程玉鹏[7]等通过 MTT 法考察评价了条叶龙胆愈伤组织萃取物体外抗肿瘤活性，以对 Hep G-2 细胞具有很好抑制作用的紫杉醇为阳性对照药，IC_{50} 值为 17.28μg/mL，发现条叶龙胆愈伤组织的石油醚、乙酸乙酯萃取物对体外培养的 Hep G-2 细胞均具有显著的增殖抑制作用，且呈现良好的浓度-效应依赖关系，IC_{50} 分别为 62.83μg/mL 和 73.06μg/mL。马爱萍[8]对条叶龙胆愈伤组织有机溶剂提取物进行研究，通过 MTT 法检测，结果表明，不同浓度条叶龙胆愈伤组织提取物作用于肺癌细胞 A549 和胃癌细胞 SGC7901，24h 后，均表现出生长抑制作用，且呈效应-剂量依赖关系，IC_{50} 分别为 75.16μg/mL 和 105.1μg/mL，说明条叶龙胆愈伤组织提取物对肺癌细胞 A549 的抑制作用更强。

2．保肝

朱正兰[9]采用条叶龙胆地上部分浸膏对小鼠 CCl_4 急性肝损伤模型处理，发现条叶龙胆地上部分可使四氯化碳引起的肝损伤转氨酶有下降作用，对硫代乙酰胺（TAA）肝损伤组处理结果表明龙胆地上部分浸膏能降低 TAA 对肝脏的侵害作用，条叶龙胆地上部分可以保护肝细胞膜，保护细胞的离子环境不被破坏，抑制肝细胞坏死。

3．其他

Lv[10]等研究发现条叶龙胆中主要活性成分之一的龙胆苦苷，通过口服给药途径，可能通过抑制炎症介质的释放和 NF-κB p65 蛋白表达，显著减少血清淀粉酶和脂肪酶活性，减少胰腺质量/体重指数，组织水肿，肿瘤坏死因子 TNF-α 和 IL-1β 浓度，有效减轻大鼠胆总管逆行注射牛磺胆酸钠制备的实验性急性胰腺炎。Chen[11]等研究探讨龙胆苦苷对核因子-κB 受体激活体配体（RANKL）诱导的破骨细胞形成的作用及其机制。结果表明，龙胆苦苷预处理可明显抑制 RANKL 诱导的小鼠骨髓巨噬细胞破骨细胞的形成。此外，龙胆苦苷抑制 RANKL 诱导的 BMMs 中 JNK 和 NF-κB 信号通路的激活，能有效抑制 RANKL 刺激的骨髓巨噬细胞（BMMs）中破骨细胞相关标记基因的表达。因此，龙胆苦苷可能是一种很有前途的治疗骨质疏松症的药物。Xiao[12]等研究发现龙胆苦苷（GPS）可显著逆转 G 蛋白偶联胆汁酸受体 Gpbar1（TGR5）的下调，并抑制高糖（HG）暴露的肾小球系膜细胞（GMC）中纤维连接蛋白（FN）、转化生长因子 β1（TGF-β1）、细胞间黏附分子-1（ICAM-1）和血管黏附分子-1（VCAM-1）的过度产生。GPS 通过 TGR5 激活促进 β-arrestin2 与 IκBα 的相互作用，从而增强 IκBα 的稳定性，这有助于抑制 NF-κB 信号通路。此外，GPS 增加了 TGR5 蛋白水平，促进了 IκBα 和 β-arrestin2 之间的相互作用，从而抑制了 STZ 诱导的糖尿病小鼠肾脏 IκBα 的减少并阻断了 NF-κB p65 的核转位，以防止糖尿病小鼠肾脏炎症，并最终改善糖尿病肾纤维化。Xia[13]等采用乙醇灌胃小鼠建立体内模型，研究表明 GPS 通过 P2x7R-NLRP3 炎症体介导激活 LKB1/AMPK 信号，调节固醇调节元件结合蛋白-1（Srebp1）、过氧化物酶体增殖物激活受体 α（PPARα）和乙酰辅酶 A 羧化酶（ACC）的表达。同时 GPS 抑制核苷酸结合寡聚结构域样受体蛋白 3（NLRP3）、半胱天冬酶-1 的表达，导致白细胞介素-1β（IL-1β）的产生，降低血清氨基转移酶和甘油三酯的积累。GPS 也能通过 P2x7R-NLRP3 炎症体激活减少脂质生成并促进脂质氧化，治疗酒精性肝脂肪。

参考文献

[1] 国家药典委员会. 中华人民共和国药典(一部)[M]. 北京: 中国医药科技出版社, 2015.

[2] 中国科学院中国植物志编辑委员会. 中国植物志: 第六十二卷[M]. 北京: 科学出版社, 1998.

[3] 周艳丽, 张艳, 李硕熙, 等. 条叶龙胆中环烯醚萜类化学成分及细胞毒活性研究[J]. 中国现代中药, 2017, 19(9): 1240-1244.

[4] 罗集鹏, 楼之岑. 中药龙胆中龙胆苦苷、当药苦苷和当药苷的分离与鉴定[J]. 中草药, 1986, 17(4): 1-5.

[5] Liu Q, Chou G X, Wang Z T. New iridoid and secoiridoid glucosides from the roots of *Gentiana manshurica*[J]. Helvetica Chimica Acta, 2012, 95(7): 1094-1101.

[6] 周艳丽, 张艳, 李英琴, 等. 条叶龙胆根和根茎中𠮩酮类化学成分研究[J]. 中国现代中药, 2017, 19(7): 960-964.

[7] 程玉鹏, 王洪月, 马爱萍, 等. 条叶龙胆愈伤组织抗 HepG-2 活性研究[J]. 中医药信息, 2018, 35(4): 27-29.

[8] 马爱萍. 条叶龙胆组培体系优化及其抗肿瘤活性研究[D]. 哈尔滨: 黑龙江中医药大学, 2017.

[9] 朱正兰. 条叶龙胆地上部分保肝作用研究[J]. 中国水运(学术版), 2006, (6): 247-248.

[10] Lv J, Gu W L, Chen C X. Effect of gentiopicroside on experimental acute pancreatitis induced by retrograde injection of sodium taurocholate into the biliopancreatic duct in rats[J]. Fitoterapia, 2015, 102: 127-133.

[11] Chen F, Xie L, Kang R, *et al*. Gentiopicroside inhibits RANKL-induced osteoclastogenesis by regulating NF-κB and JNK signaling pathways[J]. Biomedicine & Pharmacotherapy, 2018, 100: 142-146.

[12] Xiao H M, Sun X H, Liu R B, *et al*. Gentiopicroside activates the bile acid receptor Gpbar1 (TGR5) to repress NF-kappaB pathway and ameliorate diabetic nephropathy[J]. Pharmacological Research, 2020, 151: 104559.

[13] Xia L, Zhang Y, Xia K L, *et al*. Gentiopicroside ameliorates LKB1/AMPK-dependent alcoholic hepatosteatosis via P2x7R-NLRP3 inflammasome[J]. 中国药理学与毒理学杂志, 2018, 32(4): 265-266.

第五节

肋柱花

肋柱花为龙胆科植物辐状肋柱花 [*Lomatogonium rotatum* (L.) Fries ex Nym] 的全草，是蒙医临床习用的清 "协日" 特色蒙药。也有人认为原植物是加地肋柱花 Lomatogonium carinthiacum(Wulf) Reichb。味苦，性寒，具有清热利湿、解毒的功能，主治黄疸型肝炎、外感头痛发热等症[1~2]。现代化学和药理学研究表明，肋柱花主要含有黄酮类、萜类等活性成分，具有抗炎、抗菌、保肝、减脂等药理作用。

一、生物学特性及资源分布

1．生物学特性

一年生草本，高 3～30cm。茎带紫色，自下部多分枝，枝细弱，斜升，几四棱形，节间较叶长。基生叶早落，具短柄，莲座状，叶片匙形，长 15～20mm，宽 6～8mm，基部狭缩成柄；茎生叶无柄，披针形、椭圆形至卵状椭圆形，长 4～20mm，宽 3～7mm，先端钝或急尖，基部钝，不合生，仅中脉在下面明显。聚伞花序或花生分枝顶端；花梗斜上升，几四棱形，不等长，长达 6cm；花 5 数，大小不相等，直径常 8～20mm；花萼长为花冠的 1/2，萼筒长不及 1mm，裂片卵状披针形或椭圆形，长 4～11mm，宽 1.5～2.5mm，先端钝或急尖，边缘微粗糙，叶脉 1～3 条，细而明显；花冠蓝色，裂片椭圆形或卵状椭圆形，长 8～14mm，先端急尖，基部两侧各具 1 个腺窝，腺窝管形，下部浅囊状，卜部具裂片状流苏；花丝线形，长 5～7mm，花药蓝色，矩圆形，长 2～2.5mm，子房无柄，柱头下延至子房中部。蒴果无柄，圆柱形，与花冠等长或稍长；种子褐色，近圆形，直径 1mm。染色体 $2n=40$。花果期 8～10 月[2]。

2．资源分布

肋柱花属植物为北温带分布型，分布于欧洲、亚洲及北美洲，全世界有 18 种，而在我国就有 16 种，分布于西藏、黑龙江、云南西北部、内蒙古、四川、辽宁、青海、甘肃、新疆、山西、河北。生于山坡、草坡、灌丛、河滩草地、高山草甸，海拔为 430～5400m。欧洲（模式标本产地）、亚洲、北美洲的温带以及大洋洲也有分布[2~3]。

二、化学成分研究

1．黄酮类

李玉林等[4]通过硅胶柱、Sephadex LH-20 柱等柱色谱手段，首次从肋柱花全草的乙醇提取物的正丁醇萃取部位分离得到了 7 个黄酮类化合物：芒果苷、当药醇苷、异牡荆苷、当药黄素、swertipunicoside、7-O-[α-L-吡喃鼠李糖-(1→2)-β-D-吡喃木糖]-1,8-二羟基-3-甲氧基㕲酮。Li 等[5]首次从肋柱花全草乙醇提取物中分离得到了：2-(3′-O-β-D-glucopyranosyl)benzoyloxygentisic acid。Chen 等[6]将肋柱花乙酸乙酯浸膏通过硅胶柱色谱法，Sephadex LH-20 柱色谱法来进行分离纯化，最后用半制备高效液相色谱制备出了两个新的黄酮：5-O-β-D-glucopyranosyl-1,3,8-trihydroxy-5,6,7,8-tetrahydroxanthone、1,3,5,8-tetrahydroxy-5,6,7,8-tetrahydroxanthone。Khishgée 等[7]通过硅胶柱色谱从肋柱花氯仿部位分离出的黄酮类化合物 1,8-dihydroxy-3,5-dimethylxanthone、6-C-β-D-glucopyranosylluteolin。2010 年，贾凌云等[8]首次从肋柱花中分离得到了 1,8-dihydroxy-3, 4, 5-trimethoxyxanthone、1-hydroxy-3,7,8-trimethoxyxanthone、8-hydroxy-

1,3,5-trimethoxyxanthone、1-hydroxy-3,5,8-trimeth- oxyxanthone、5,7,3′,4′,5′-pentahydroxyflavone、quercetin 等化合物；2011 年贾凌云等[9]又从肋柱花中分离得到的黄酮类化合物 kaempferol、luteolin-7-O-glucoside、apigenin-7-O-glucoside。Wang 等[10]从肋柱花全草的正丁醇粗提物分离得到一种具有新的碳骨架的双黄酮苷 carinoside A。Bao 等[11]从肋柱花地上部分的正丁醇粗提物中分离得到 3 种新的双黄酮苷，命名为 carinoside B、carinosideC、carinosideD。Ba-gen-na 等[12]从肋柱花全株中分离得到了 2 个新的黄酮：1,8-dihydroxy-4,5-dimethoxy-6,7-methylenedioxy-xanthone、1,4,8-trimethoxyxanthone-6-O-β-D-glucoronyl-(1→6)-O-β-D-glucoside。陈玉兰等[13]从肋柱花氯仿提取物中分离得到的黄酮类化合物 1-dihydroxy-3,5,8-trimethoxyxanthone。化合物具体名称和结构分别见表 10-13 和图 10-13。

表 10-13　肋柱花黄酮类成分

序号	化合物名称	参考文献
1	异荭草苷	[4]
2	芒果苷	[4]
3	当药黄素	[4]
4	当药醇苷	[4]
5	异牡荆苷	[4]
6	7-O-[α-L-吡喃鼠李糖-(1→2)-β-D-吡喃木糖]-1,8-二羟基-3-甲氧基屾酮	[4]
7	swertipunicoside	[4]
8	2-(3′-O-β-D-glucopyranosyl)benzoyloxygentisic acid	[5]
9	5-O-β-D-glucopyranosyl-1,3,8-trihydroxy-5,6,7,8-tetrahydroxanthone	[6]
10	1,3,5,8-tetrahydroxy-5,6,7,8-tetrahydroxanthone	[6]
11	6-C-β-D-glucopyranosylluteolin	[7]
12	1,8-dihydroxy-3,5-dimethylxanthone	[7]
13	1,8-dihydroxy-3,4,5-trimethoxyxanthone	[8]
14	5,7,3′,4′,5′-pentahydroxyflavone	[8]
15	carinoside A	[10]
16	carinoside B	[11]
17	1,8-dihydroxy-4,5-dimethoxy-6,7-methylenedioxyxanthone	[12]
18	1,4,8-trimethoxyxanthone-6-O-β-D-glucoronyl-(1→6)-O-β-D-glucoside	[12]
19	1-dihydroxy-3,5,8-trimethoxyxanthone	[13]

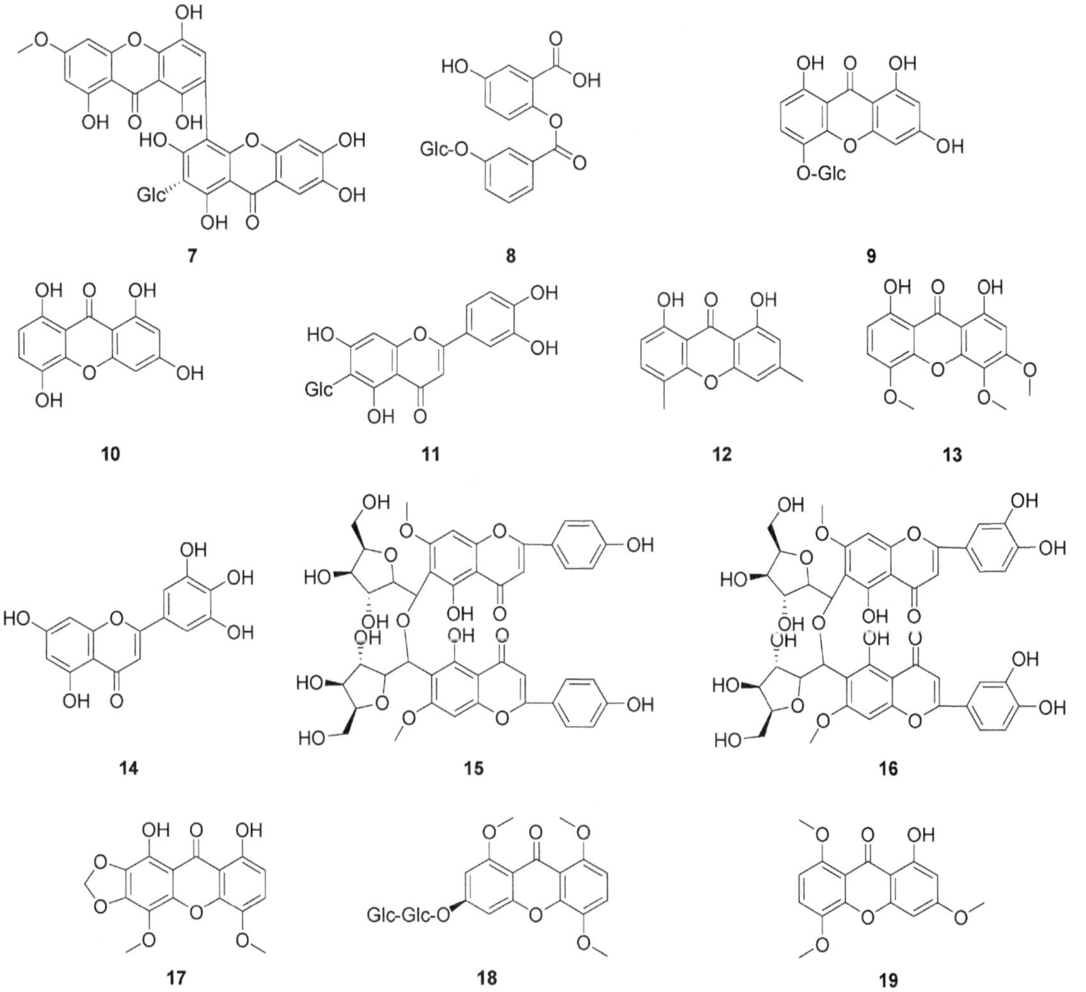

图 10-13　肋柱花黄酮类成分

2．萜类

贾凌云等[9]首次从肋柱花中分离得到了 2α-羟基齐墩果酸。Wang 等[14]依次经硅胶柱色谱、Sephadex LH-20 柱色谱、半制备高效液相色谱法，从肋柱花氯仿萃取物中分离得到了两个新的单萜苷衍生物 lomacarinoside A、lomacarinoside B。化合物具体名称和结构分别见表 10-14 和图 10-14。

表 10-14　肋柱花萜类成分

序号	化合物名称	参考文献	序号	化合物名称	参考文献
1	swertiamarin	[9]	3	lomacarinoside B	[14]
2	lomacarinoside A	[14]			

3．其他类化合物

研究表明，肋柱花里面还有有机酸、甾体、内酯类等化合物。贾凌云等[9]从肋柱花中分离得到了 11,12-dehydroursolic acid lactone、ferulic acid、胡萝卜苷。

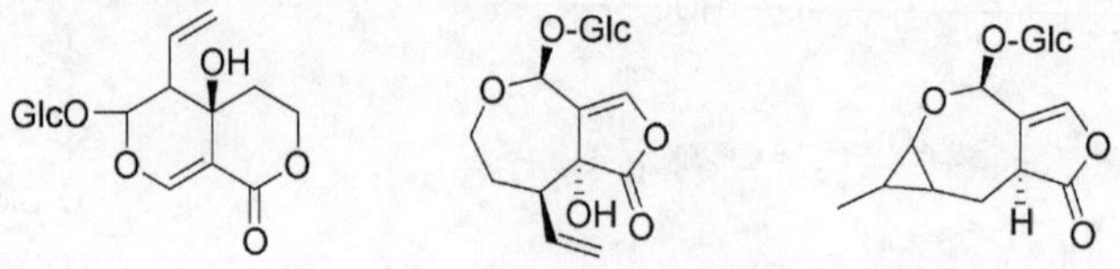

图 10-14　肋柱花萜类成分

三、药理活性研究

1．抗炎杀菌

白梅荣等[15]通过 MTT 法、ELISA 法、实时荧光定量 PCR 法等手段来研究肋柱花粉剂体外抗乙型肝炎病毒（HBV）的作用。研究发现，该粉剂对 HepG2.2.15 细胞株毒性低，对细胞分泌 HBsAg、HBeAg 无抑制作用，对细胞内 HBVDNA 拷贝数有一定的抑制作用。孙建军等[16]研究发现蒙药中肋柱花的抗炎活性部位主要为乙酸乙酯部位，对金黄色葡萄球菌、耐药性金黄色葡萄球菌、白色葡萄球菌、大肠埃希菌、痢疾杆菌、绿脓杆菌 6 种菌活性都较强；肋柱花药材的石油醚部位对耐药金黄色葡萄球菌的活性较强；正丁醇部位对大肠埃希菌活性较强，对痢疾杆菌、耐药金黄色葡萄球菌也有部分活性作用。

2．保肝

何那拉等[17]研究发现肋柱花石油醚、乙酸乙酯、乙醇提取物可以使小鼠耳肿胀度减轻，说明具有一定的抗炎作用；肋柱花石油醚、乙醇提取物可以使小鼠开始扭体时间和减少扭体次数增加，说明具有一定的镇痛作用；肋柱花石油醚、乙酸乙酯、乙醇提取物可降低血清 AST，且二氯甲烷：乙酸乙酯：乙醇提取物配伍组（1：2：9）可显著降低小鼠血清 AST、ALT 作用，说明了具有一定的保肝活性。

包明兰等[18]研究发现肋柱花水提物对 D-半乳糖胺（D-Gla N）或 CCl₄ 致小鼠急性肝损伤有一定保护作用。数据表明，与正常组比较，两种模型组小鼠肝细胞明显坏死或变性；血清中 AST、ALT、碱性磷酸酶（ALP）活性升高，胆碱酯酶（CHE）含量减少；且 D-Gla N 模型组肝脏指数升高，CCl₄ 模型组肝脏指数降低。与 D-Gla N 模型组比较，肋柱花水提物各剂量组小鼠血清 AST、ALT、ALP 活性及肝脏指数降低，CHE 含量增加；肝组织病理形态改善。与 CCl₄ 模型组比较，肋柱花水提物低剂量组小鼠血清 ALT 活性降低，CHE 含量增加，肝脏指数升高；肋柱花水提物中剂量组小鼠血清 CHE 含量减少，肝脏指数升高；肋柱花水提物高剂量组小鼠血清 AST、ALT、ALP 活性降低，CHE 含量增加。肋柱花水提物各剂量组小鼠肝组织病理形态都得到一定改善。2019 年，包明兰等[19]又通过体外 MTT 实验结果发现：含肋柱花血清 20%、肋柱花水提物 0.13μg/μL、獐牙菜苦苷 0.40μg/μL 浓度时对 Hela 细胞的正常生长无明显影响，随着药物浓度的增加，Hela 细胞的增殖活力有所下降、抑制作用增强。同时在安全浓度下部分实验药物表现出不同程度的抗 CCl₄ 所致 HSC-T6 细胞损伤作用。与模型组相比，细胞培养液中的 AST 或 ALT 含量及 TGF-β1、Col-1 或 α-平滑肌肌动蛋白在部分实验药物的作用下表达明显下降。这表明了蒙药肋柱花水提物对 CCl₄ 致大鼠肝星形细胞损伤具有保护作用，且药效物质基础除了獐牙菜苦苷主要移行成分，还与其他体内移行成分有关。

3. 降脂和预防肥胖

Bao 等[20]研究发现肋柱花中的黄酮类化合物具有降血脂的作用。数据表明，与模型组相比，黄酮类化合物喂养大鼠其附睾脂肪组织变轻；服用黄酮类化合物 12 周后，空腹血糖、瘦素水平下降；血清中 TG 和胆固醇水平降低，血清 HDL-C 水平升高。此外，高果糖饲粮显著提高脂肪酸合成酶 mRNA 和蛋白表达水平，而黄酮类化合物显著降低 FAS 蛋白表达水平。且黄酮类化合物还能增强肝脏裂解液中 AMPK 的苏氨酸-172 磷酸化，所有黄酮类化合物都能成功下调瘦素水平，大多数黄酮类化合物降低附睾脂肪组织的相对重量。因此，黄酮类化合物可能通过肝激酶 B1 途径刺激肝细胞 AMPK 抑制 FAS 活性，进而发挥作用。

包特日格乐[21]研究发现肋柱花低剂量组、中剂量组对大鼠体重有明显降低作用；肋柱花中、高剂量组对大鼠胃排空有明显延缓作用，对两种提取物各剂量组的进食量有明显降低作用，说明了大鼠是由于胃排空的延缓产生饱腹感而降低其食欲。另外，肋柱花中剂量组分别可显著降低肥胖大鼠肾脏周围脂肪及附睾周围脂肪重量；低剂量组显著降低肠系膜脂肪重量、TG 及 LDL-C 水平，中剂量组可显著降低 TC。该结果表明，肋柱花有一定的减肥作用。

参考文献

[1] 国家药典委员会. 中华人民共和国卫生部药品标准: 蒙药分册[S]. 北京: 人民卫生出版社, 1998.

[2] 中国科学院中国植物志编辑委员会. 中国植物志: 第六十二卷[M]. 北京: 科学出版社, 1988.

[3] 刘尚武, 何廷农. 肋柱花属的系统研究[J]. 植物分类学报, 1992, 30 (4): 289.

[4] 李玉林, 丁晨旭, 王洪伦, 等. 辐状肋柱花的苷类成分[J]. 西北植物学报, 2006 26(1): 197-200.

[5] Li Y L, Suo Y R, Liao Z X, et al. The glycosides from Lomatogonium rotatum[J]. Natural Product Research, 2008, 22(3): 198-202.

[6] Chen Y, Wang Q, Bao B. Structure elucidation and NMR assignments of two unusual xanthones from Lomatogonium carinthiacum (Wulf) Reichb[J]. Magnetic Resonance in Chemistry: MRC, 2014. 52(1): 37-39.

[7] D. Khishgéé, O. Puréb. Xanthones and flavonoids of Lomatogonium rotatum[J]. Chemistry of Natural Compounds, 1993, 29(5): 681-682.

[8] 贾凌云, 李倩, 袁久志, 等. 蒙药肋柱花化学成分的分离与鉴定[J]. 沈阳药科大学学报, 2010, 27(9): 704-706, 714.

[9] 贾凌云, 袁久志, 孙启时. 蒙药肋柱花化学成分的分离与鉴定(2)[J]. 沈阳药科大学学报, 2011, 28(4): 260-262, 278.

[10] Wang Q, Han N, Wu X, et al. A biflavonoid glycoside from Lomatogonium carinthiacum (Wulf) Reichb[J]. Natural Product Research, 2015, 29(1): 77-81.

[11] Bao B, Wang Q, Wu X, et al. The isolation and structural elucidation of three new biflavonoid glycosides from Lomatogonium carinthiacum[J]. Natural Product Research, 2015, 29(14): 1358-1362.

[12] Ba-gen-na, Chen Y L, Baderihu, et al. Two new xanthones from Lomatogonium carinthiacum[J]. Chinese Journal of Natural Medicines, 2014, 12(9): 693-696.

[13] 陈玉兰, 佟玉凤, 叶日贵, 等. 蒙药肋柱花氯仿提取物的化学成分研究[J]. 北方药学, 2014, 11(10): 69-70.

[14] Wang Q H, Dain Y T, Han N. The structural elucidation and antimicrobial activities of two new monoterpene glucoside derivatives from Lomatogonium carinthiacum (Wulf) Reichb[J]. Magnetic Resonance in Chemistry: MRC, 2014, 52(9): 511-514.

[15] 白梅荣, 高玉峰, 巴根那. 肋柱花粉剂抗乙型肝炎病毒体外实验研究[J]. 中药材, 2010, 33(5): 789-791.

[16] 孙建军, 冬颖, 于东升, 等. 蒙药肋柱花的抗炎活性部位研究[J]. 内蒙古医科大学学报, 2014, 36(5): 452-454.

[17] 何那拉. 肋柱花不同溶剂提取物抗急性肝损伤药理作用研究[D]. 通辽: 内蒙古民族大学, 2016.

[18] 包明兰, 巴根那, 辛颖, 等. 蒙药肋柱花水提物对 D-GlaN 和 CCl₄ 致小鼠急性肝损伤的保护作用研究[J]. 中国药房, 2016, 27(10): 1329-1332.

[19] 包明兰, 苏日嘎拉图, 阿丽沙, 等. 蒙药肋柱花抗体外 CCl₄ 致大鼠肝星形细胞损伤作用研究[J]. 中国民族医药杂

志, 2019, 25(3): 42-45.

[20] Bao L, Hu L, Zhang Y, *et al.* Hypolipidemic effects of flavonoids extracted from *Lomatogonium rotatum*[J]. Experimental & Therapeutic Medicine, 2016, 11(4): 1417-1424.

[21] 包特日格乐. 苦味蒙药地格达对高脂高能量饮食诱导肥胖症大鼠的减肥作用研究[D]. 通辽: 内蒙古民族大学, 2019.

第六节
香青兰

香青兰（*Dracocephalum moldavica* L.）是唇形科青兰属植物，以干燥地上部分入药，别名青兰、摩眼子、枝子花、山薄荷、炒面花、山香等[1]。香青兰为蒙古族常用药，蒙古名为"勃日阳古""吉布贼""昂给勒莫勒""毕日阳古"[2]，用于补脑安神、镇咳止喘、强心利尿等症的治疗。我国资源十分丰富，主要分布于华北、东北、西北地区，新疆以南疆和东疆栽培较多[3]。该药材味苦、甜。性凉、钝、轻、糙、腻，具有清胃肝热、止血、愈合伤口、燥协日乌苏的功效[4]。研究表明，香青兰具有抑菌、心肌保护、抗氧化等药理作用。

一、生物学特征及资源分布

1. 生物学特征

香青兰为一年生草本，高 22～40cm；直根圆柱形，径 2～4.5mm。茎数个，直立或渐升，常在中部以下具分枝，不明显四棱形，被倒向的小毛，常带紫色。基生叶卵圆状三角形，草质，先端圆钝，基部心形，具疏圆齿，具长柄，很快枯萎；下部茎生叶与基生叶近似，具与叶片等长之柄，中部以上者具短柄，柄为叶片之 1/4～1/2 以下，叶片披针形至线状披针形，先端钝，基部圆形或宽楔形，长 1.4～4cm，宽 0.4～1.2cm，两面只在脉上疏被小毛及黄色小腺点，边缘通常具不规则至规则的三角形牙齿或疏锯齿，有时基部的牙齿成小裂片状，分裂较深，常具长刺。

轮伞花序生于茎或分枝上部 5～12 节处，占长度 3～11cm，疏松，通常具 4 花；花梗长 3～5mm，花后平折；苞片长圆形，稍长或短于萼，疏被贴伏的小毛，每侧具 2～3 对小齿，齿具长2.5～3.5mm 的长刺。花萼长 8～10mm，被金黄色腺点及短毛，下部较密，脉常带紫色，2 裂近中部，上唇 3 浅裂至本身 1/4～1/3 处，3 齿近等大，三角状卵形，先端锐尖，下唇 2 裂近本身基部，裂片披针形。花冠淡蓝紫色，长 1.5～2.5cm，喉部以上宽展，外面被白色短柔毛，冠檐二唇形，上唇短舟形，长约为冠筒的 1/4，先端微凹，下唇 3 裂，中裂片扁，2 裂，具深紫色斑点，有短柄，柄上有 2 突起，侧裂片平截。雄蕊微伸出，花丝无毛，先端尖细，药平叉开。花柱无毛，先端 2 等裂。小坚果长约 2.5mm，长圆形，顶平截，光滑[5]。

2. 资源分布

香青兰生长在海拔 220～1600m（中国青海至 2700m），生于干燥山地、丘陵、草地林缘、山坡、路旁梯田地埂、山崖等地。喜温暖阳光充足，耐干旱，耐瘠薄但不耐涝（浸灌积水 3～

4h 出现部分根烂死）。分布区内年平均气温 6～10℃，最低温可达–30℃，其一年生苗及自然脱落的种子可以安全越冬，土壤由黏至沙均有生长。苗期要求土壤湿润，成株较耐旱。

分布于中国、俄罗斯、东欧、中欧，南延至克什米尔地区等。在中国分布于黑龙江、吉林、辽宁、内蒙古、河北、山西、河南、陕西、甘肃及青海[6]。

二、化学成分

1．三萜及甾体类成分

王亚俊[7]通过 MCI 柱色谱、硅胶柱色谱、Sephadex LH-20 柱色谱从香青兰地上全草乙醇提取物中分离得到多个三萜类成分，经波谱学方法鉴定为熊果酸、齐墩果酸、乌发醇、白桦脂醇、白桦脂酸、白桦脂醇-28-乙酯和 3β,24-dihydroxyurs-12-en-28-oic acid 以及甾体类成分豆甾醇。Yang 等[8]从香青兰地上部分分离出三萜类成分 23-hydroxyursolic acid。阿衣努尔·热合曼等[9]从香青兰中分离并鉴定甾体类成分 β-谷甾醇和胡萝卜苷。表 10-15 和图 10-15 列举了部分三萜类成分。

表 10-15　香青兰三萜成分

序号	名称	参考文献	序号	名称	参考文献
1	乌发醇	[7]	3	3β,24-dihydroxyurs-12-en-28-oic acid	[7]
2	白桦脂醇-28-乙酯	[7]	4	23-hydroxyursolic acid	[8]

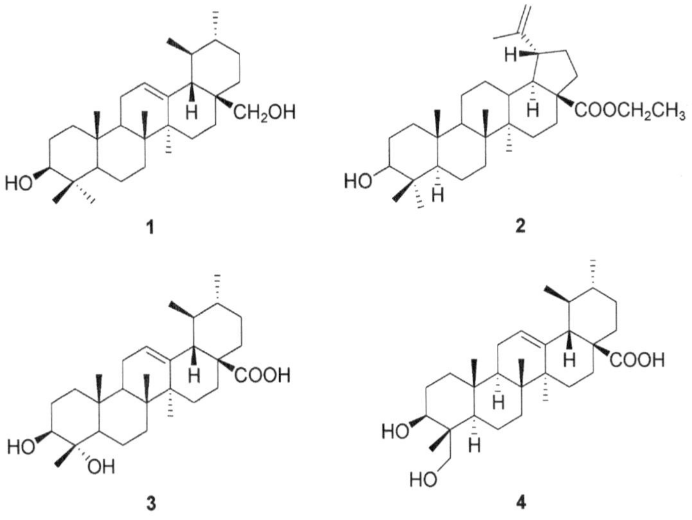

图 10-15　香青兰三萜类成分

2．黄酮类成分

王亚俊[7]通过 MCI 柱色谱、硅胶柱色谱、Sephadex LH-20 柱色谱从香青兰地上全草乙醇提取物中分离得到多个黄酮类成分，经波谱学方法鉴定为芹菜素、芹菜素-7-O-β-D-吡喃葡萄糖苷、芹菜素-7-O-β-D-吡喃半乳糖苷、木犀草素、木犀草素 7-O-β-D-吡喃葡萄糖苷、金合欢素、acacetin-6″-glucuronide、栀子素乙、玄参黄酮、鼠尾草素、异鼠李草素、藿香苷、acacetin-7-O-glucoside-(6″-O-malonyl ester)、takakin-8-O-β-D-glucopyranoside、山奈酚、山奈酚-3-O-β-D-

(6″-O-对羟基桂皮酰)-吡喃半乳糖苷、山柰酚-3-O-β-D-(6″-O-对羟基反式香豆酰基)- 吡喃葡萄糖苷和 2″-对羟基肉桂酰氧基黄芪苷。丁文政等[10]从中鉴定得到黄酮类成分田蓟苷。Yang 等[8]对香青兰地上部分进行了系统的植物化学研究，分离出多个化合物。经波谱分析鉴定黄酮类成分有 acacetin-7-O-(4″-acetyl)-glucopyranoside、acacetin-7-O-(6″-acetyl)-glucopyranoside、acacetin-7-O-(3″-acetyl)-glucopyranoside、gardenin B、salvigenin、scrophulein、kaempferol-3-O- glucopyranoside、kaempferol-7-O-glucopyranoside 和 quercetin-3-O-glucopyranoside。Martínez- Vázquez 等[11]通过 HPLC-ESI-MS 法测得香青兰总黄酮中的金合欢素-7-O-β-D-(6″-O-丙二酰基)-葡萄糖苷、金合欢素-7-O-β-D-葡萄糖苷和 8-羟基-鼠尾草素。于宁等[12]通过反相高效液相色谱方法同时测定了香青兰不同部位中芹菜素-7-O-β-D-葡萄糖醛酸苷和香叶木素-7-O-β-D-葡萄糖醛酸苷含量。Sultan 等[13]从香青兰的醇提物中分离到了金圣草素（表 10-16，图 10-16）。

表 10-16　香青兰黄酮类成分

序号	名称	参考文献	序号	名称	参考文献
1	acacetin-6″-glucuronide	[7]	10	田蓟苷	[10]
2	栀子素乙	[7]	11	acacetin-7-O-(4″-acetyl)-glucopyranoside	[8]
3	玄参黄酮	[7]	12	gardenin B	[8]
4	鼠尾草素	[7]	13	salvigenin	[8]
5	藿香苷	[7]	14	scrophulein	[8]
6	acacetin-7-O-glucoside-(6″-O-malonyl ester)	[7]	15	金合欢素-7-O-β-D-(6″-O-丙二酰基)-葡萄糖苷	[11]
7	takakin-8-O-β-D-glucopyranoside	[7]
8	山柰酚-3-O-β-D-(6″-O-对羟基反式香豆酰基)-吡喃葡萄糖苷	[7]	16	香叶木素-7-O-β-D-葡萄糖醛酸苷	[12]
9	2″-对羟基肉桂酰氧基黄芪苷	[7]	17	8-羟基-鼠尾草素	[11]

民族植物资源
604　　化学与生物活性研究

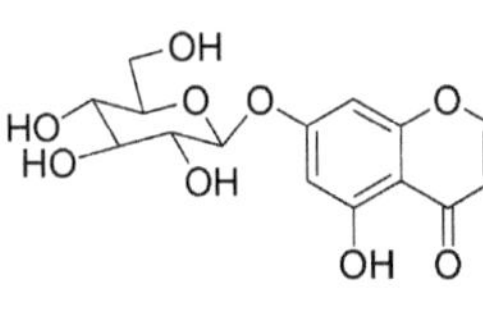

10 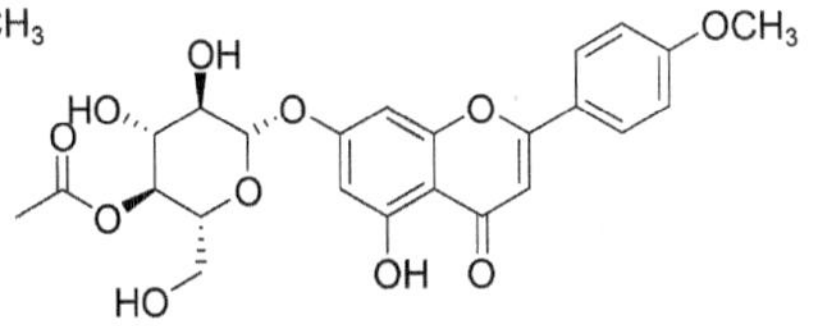　　　　　　　　11 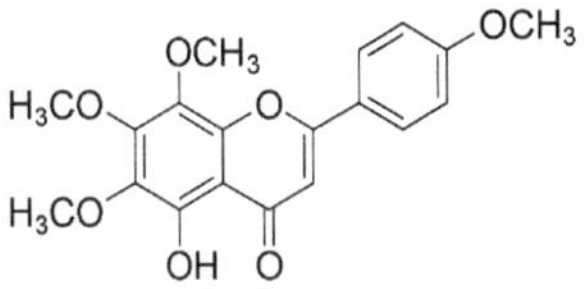　　　　　　　　12

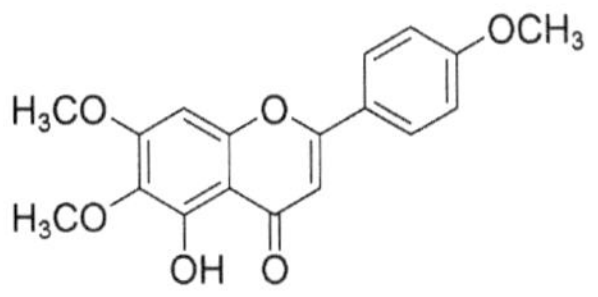

13 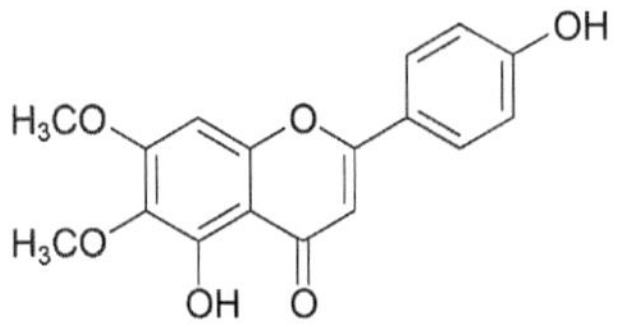　　　　　　　　14 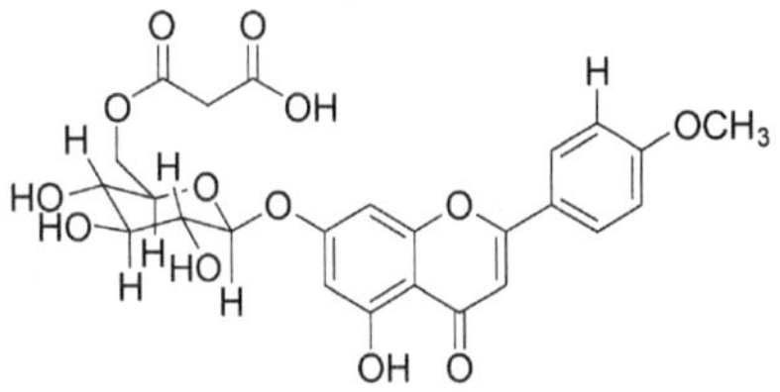　　　　　　　　15

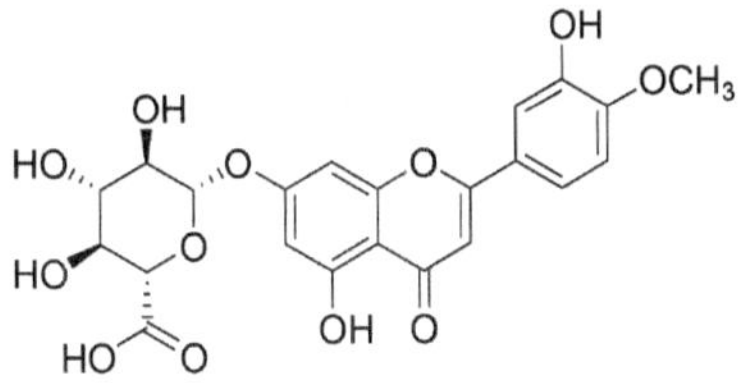

16 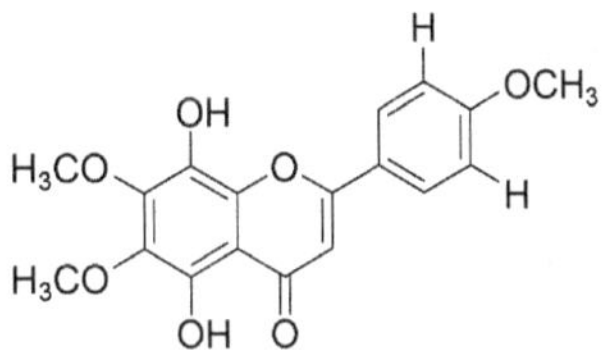　　　　　　　　17

图 10-16　香青兰黄酮类成分

3．苯丙素类

　　王亚俊[7]从香青兰地上全草乙醇提取物中分离得到多个化学成分，经波谱学方法鉴定其中苯丙素类成分为迷迭香酸乙酯和迷迭香酸甲酯。戴晓庆等[14]从香青兰叶醇提液正丁醇萃取部位分离得到化合物七叶内酯。Dastmalchi 等人[15]对香青兰各提取物进行了植物化学和体外抗氧化活性研究，从中得到苯丙素类成分绿原酸、对香豆酸、二氢咖啡酸，并通过标定曲线进行了定量。吴小军等[16]从香青兰乙醇提取物乙酸乙酯部位中分离得到阿魏酸和迷迭香酸。麦路德木•麦麦吐逊[17]从香青兰水提取物正丁醇萃取部位中分离得到苯丙素类成分咖啡酸。张华然[18]对香青兰乙醇提取物大孔树脂色谱的 40%和 60%乙醇洗脱部分进行了系统分离，得到了苯丙素类成分为丁香脂素、丁香脂素-4-O-β-D-葡萄糖苷、丁香脂素-4-O-双-β-D-葡萄糖苷（表 10-17，图 10-17）。

表 10-17　香青兰苯丙素类成分

序号	名称	参考文献	序号	名称	参考文献
1	迷迭香酸乙酯	[7]	3	丁香脂素	[18]
2	七叶内酯	[14]	4	迷迭香酸	[16]

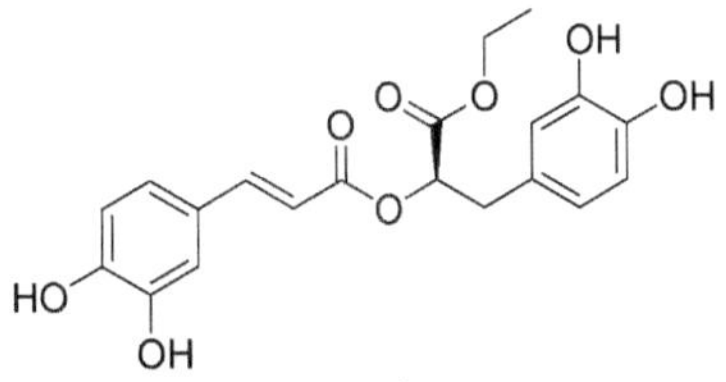

1 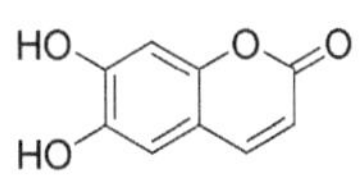　　　　　　　　　　　　　　2

图 10-17

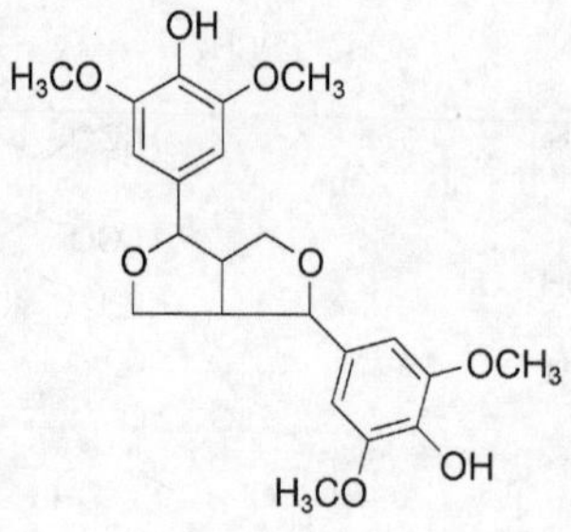

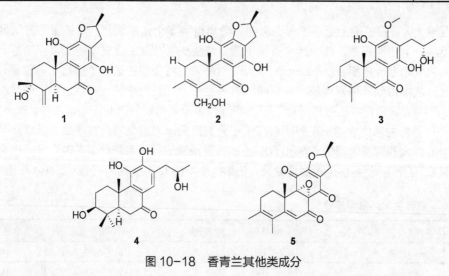

图 10-17　香青兰苯丙素类成分

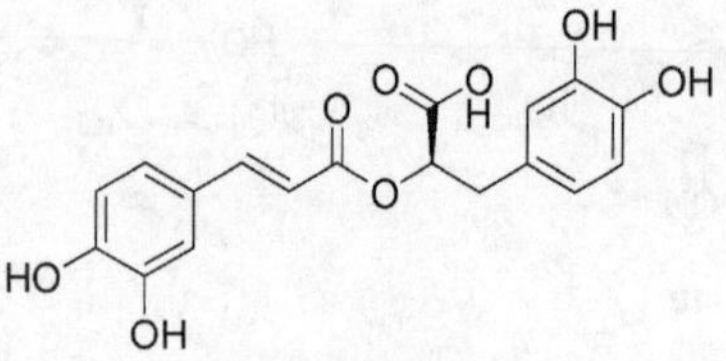

4．其他类成分

Nie 等[19]从香青兰地上部分的乙醇提取物中分离得到 5 个新的二萜 dracocephalumoids A-E 和 6 个已知的类似物（表 10-18，图 10-18）。

表 10-18　香青兰其他类成分

序号	名称	参考文献	序号	名称	参考文献
1	dracocephalumoid A	[19]	4	dracocephalumoid D	[19]
2	dracocephalumoid B	[19]	5	dracocephalumoid E	[19]
3	dracocephalumoid C	[19]			

图 10-18　香青兰其他类成分

三、药理活性

1．抑菌

刘云等[20]将香青兰药材经 65%乙醇提取后，依次以石油醚、二氯甲烷、乙酸乙酯、正丁醇萃取，得不同极性萃取部位。以肺炎克雷伯菌、金黄色葡萄球菌等临床常见多重耐药病原菌为对象，采用纸片扩散法测定不同萃取部位的抑菌圈直径，筛选抑菌活性部位；采用琼脂倍比稀释法检测抑菌活性部位对上述病原菌的最小抑菌浓度（MIC）。结果表明香青兰石油醚、二氯甲烷、乙酸乙酯、正丁醇部位对革兰阴性杆菌均无明显抑制作用，乙酸乙酯部位对金黄色葡萄球菌、表皮葡萄球菌等多种革兰阳性球菌均具有不同程度的抑制活性（抑菌圈直径为 10～16mm），为抑菌活性部位。该部位对金黄色葡萄球菌、表皮葡萄球菌、人葡萄球菌的 MIC 均为 0.7813mg/mL，对腐生葡萄球菌的 MIC 为 0.3907mg/mL，对溶血葡萄球菌和金黄色葡萄球菌标准菌株的 MIC 均为 1.5625mg/mL。以上研究结果表明香青兰乙酸乙酯部位为抑菌活性部位。

骆红飞等[21]测定了香青兰挥发油最小抑菌浓度（MIC）。以流感病毒滴鼻制备肺炎模型，计算肺指数及肺指数抑制率，并观察各组小鼠的死亡率和存活时间。结果表明香青兰挥发油对大肠杆菌、痢疾杆菌、变形杆菌、枯草杆菌具有较好的抑制作用；25mg/kg、45mg/kg、90mg/kg 剂量组可明显降低流感病毒感染小鼠的肺指数，延长小鼠的存活时间。以上研究结果表明香青兰挥发油具有抑菌及抗流感病毒作用。

2．心肌保护

Jiang 等[22]通过研究发现与缺血再灌注（I/R）组相比，给药组（5μg/mL 总黄酮）预处理可改善心率和冠状动脉流量，提高左心室发展压力，降低冠状动脉肌酸激酶、乳酸脱氢酶水平。与 I/R 组相比，香青兰总黄酮治疗组心肌梗死面积/缺血危险面积较小；综上所述，总黄酮对心肌 I/R 损伤具有明显的保护作用。

赵云丽等[23]研究了香青兰总黄酮（TFDM）对腺苷酸活化蛋白激酶（AMPK）/沉默信息调节因子 1（SIRT1）/过氧化物酶体增殖物激活受体 γ 辅激活因子 1α（PGC-1α）信号通路的影响。结果发现与假手术组比较，模型组大鼠心肌纤维排列紊乱、横向条纹消失，细胞肿胀破裂、坏死，细胞核变形移位；心肌组织中 ATP、NAD^+ 含量和 AMPK、SIRT1、PGC-1α m RNA 表达水平以及 SIRT1、PGC-1α 蛋白表达水平均显著降低（$P<0.05$ 或 $P<0.01$），ADP、AMP 含量及 AMPK 蛋白的磷酸化水平均显著升高（$P<0.01$）。与模型组比较，TFDM 组大鼠心肌病理学形态明显改善；心肌组织中 ATP、NAD^+ 含量和 AMPK、SIRT1、PGC-1α m RNA 表达水平以及 AMPK 蛋白的磷酸化水平和 SIRT1、PGC-1α 蛋白表达水平均显著升高（$P<0.05$ 或 $P<0.01$），ADP、AMP 含量均显著降低（$P<0.01$）。与 TFDM 组比较，AMPK+TFDM 组和 EX-527+TFDM 组大鼠上述指标的改善作用均被逆转（$P<0.05$ 或 $P<0.01$）。以上研究结果表明 TFDM 可能是通过激活 AMPK/SIRT1/PGC-1α 信号通路，调节能量代谢，从而发挥其对心肌的保护作用。

3．抗氧化

尤努斯江·吐拉洪等[24]通过实验发现香青兰中总黄酮能够显著清除体系中已产生的羟自由基、DPPH 自由基和超氧阴离子自由基，它们的半抑制浓度（IC_{50}）分别为 35.6μg/mL、9.6μg/mL 和 56.0μg/mL，分别相当于维生素 C 的 3 倍、3.4 倍和 0.5 倍。在一定范围内，清除效果随添加质量浓度的升高而加强，具有明显的量效关系。香青兰黄酮的还原力随其质量浓度的增大而增大，其还原力约比维生素 C 大 1 倍。

Jiang 等[22]研究了香青兰地上部分甲醇粗提物的抗基因毒性和抗氧化活性。体外抗氧化实验表明，其对 DPPH[$EC_{50} = (23.10\pm0.10)$g/mL]、ABTS[$EC_{50} = (8.0\pm0.10)$g/mL]和超氧阴离子自由基 [$EC_{50} = (445.5\pm2.3)$g/mL]具有显著的清除作用。该提取物具有较高的亚铁离子螯合活性[$EC_{50} =$

(35.70±0.40)g/mL]，具有较强的还原能力，并具有良好的羟基自由基清除能力。

4．其他

杨彩玉等[25]采用大鼠离体胸主动脉灌流技术，观察了香青兰总黄酮的血管舒张作用。结果表明 10.0～40.0mg/L 香青兰总黄酮对去甲肾上腺素（NE，10μmol/L）所致的内皮完整和去内皮血管均有浓度依赖性的舒张作用，对内皮完整血管的舒张作用更强；一氧化氮合酶抑制剂左旋硝基精氨酸甲酯 L-NAME（0.1mmol/L）、鸟苷酸环化酶抑制剂亚甲蓝（10μmol/L）和环氧合酶抑制剂吲哚美辛（10μmol/L）预处理均可一定程度上抑制香青兰总黄酮的血管舒张作用，表明血管内皮合成的一氧化氮（NO）信号通路和前列环素（PGI2）信号通路参与了香青兰总黄酮的血管舒张作用。香青兰总黄酮预处理去内皮血管环可以抑制细胞外钙内流所致的血管收缩。上述结果表明，香青兰总黄酮一方面可通过活化内皮依赖性的 NO 和 PGI2 通路舒张血管，另一方面通过抑制血管平滑肌细胞膜上受体依赖性钙通道产生血管舒张作用。

参考文献

[1] 国家中医药管理局. 中华本草·蒙药卷[M]. 上海：上海科技出版社, 2004.

[2] 白清云. 中国医学百科全书·蒙医学(上)[M]. 赤峰：内蒙古科学技术出版社, 1987.

[3] 刘勇民主编. 维吾尔药志(上册)[M]. 乌鲁木齐：新疆科技卫生出版社, 1999.

[4] 内蒙古自治区卫生厅. 内蒙古蒙药材标准[S]. 赤峰：内蒙古科学技术出版社, 1987.

[5] 谢宗万, 余友芩. 全国中草药名鉴(上)[M]. 北京：人民卫生出版社, 1993.

[6] 中国医学科学院药用植物资源开发研究所. 中药志：第四册[M]. 北京：人民卫生出版社, 1988.

[7] 王亚俊. 青兰属植物香青兰化学成分及活性研究[D]. 济南：山东大学, 2010.

[8] Yang S, Wang L M, Guo X J, et al. A new flavonoid glycoside and other constituents from *Dracocephalum moldavica*[J]. Natural Product Research, 2013, 27(3): 201-207.

[9] 阿衣努尔·热合曼, 麦路德木·麦麦吐逊, 热西旦木·托乎提, 等. 香青兰化学成分分离纯化及结构鉴定[J]. 新疆医科大学学报, 2011, 34(4): 366-369.

[10] 丁文政, 俞桂新, 程雪梅, 等. 香青兰子化学成分的初步研究[J]. 西北药学杂志, 2016, 31(2): 122-124.

[11] Martínez-Vázquez M, Estrada-Reyes R, Martínez-Laurrabaquio A, et al. Neuropharmacological study of *Dracocephalum moldavica* L. (Lamiaceae) in mice: sedative effect and chemical analysis of an aqueous extract[J]. Journal of Ethnopharmacology, 2012, 141(3): 908-917.

[12] 于宁, 姜雯, 帕依曼·玄米提, 等. 高效液相色谱法同时测定香青兰不同部位中 5 种化学成分的含量[J]. 中国药学杂志, 2016, 51(7): 583-587.

[13] Sultan A, Bahang, Aisa H A, et al. Flavonoids from *Dracocephalum moldavica*[J]. Chemistry of Natural Compounds, 2008, 44(3): 366-367.

[14] 戴晓庆, 汪豪, 叶文才, 等. 维药香青兰叶的化学成分研究[J]. 药学与临床研究, 2010, 18(3): 267-268.

[15] Dastmalchi K, Dorman H, Laakso I, et al. Chemical composition and antioxidative activity of Moldavian balm (*Dracocephalum moldavica* L.) extracts[J]. LWT-Food Science and Technology, 2007, 40(9): 1655-1663.

[16] 吴小军, 宋建晓, 赵爱华, 等. 香青兰酚酸性化学成分的研究[J]. 天然产物研究与开发, 2011, 23(3): 446-448.

[17] 麦路德木·麦麦吐逊. 维吾尔药香青兰有效成分以及定量分析[D]. 乌鲁木齐：新疆医科大学, 2009.

[18] 张华然. 香青兰的化学成分及生物活性研究[D]. 济南：山东大学, 2019.

[19] Nie L, Li R, Huang J, et al. Abietane diterpenoids from *Dracocephalum moldavica* L. and their anti-inflammatory activities *in vitro*[J]. Phytochemistry, 2021, 184(7): 1-8.

[20] 刘云, 刘敏, 于慧, 等. 香青兰提取物对临床来源病原菌的抑制活性及生物信息学研究[J]. 中国药房, 2020, 31(6): 666-670.

[21] 骆红飞, 申屠乐. 香青兰挥发油抗菌、抗流感病毒作用的实验研究[J]. 中国中医药科技, 2013, 20(2): 264-265.

[22] Jiang J, Yuan X, Wang T, *et al.* Antioxidative and cardioprotective effects of total flavonoids extracted from *Dracocephalum moldavica* L. against acute ischemia/reperfusion-induced myocardial injury in isolated rat heart[J]. Cardiovascular Toxicology, 2014, 14(1): 74-82.

[23] 赵云丽, 袁勇, 马晓莉, 等. 基于AMPK/SIRT1/PGC-1α信号通路研究香青兰总黄酮对大鼠心肌缺血再灌注损伤的保护机制[J]. 中国药房, 2021, 32(3): 278-283.

[24] 尤努斯江·吐拉洪, 吐尔洪·买买提. 超声提取香青兰中黄酮及其抗氧化活性[J]. 食品科学, 2012, 33(24): 72-76.

[25] 杨彩玉, 安希文, 付伟, 等. 香青兰总黄酮对大鼠离体胸主动脉的舒张作用[J]. 生物物理学报, 2010, 26(4): 334-340.

民族植物资源

化学与生物活性

研究

Research Progress on
Chemistry and Bioactivity
of
Ethnobotany
Resources

第十一章

藏族药物

藏族医药（简称为藏医药）文化源远流长，凝聚了藏族人民在生活中长期与疾病作斗争的宝贵经验，具有独特的理论体系和民族特色，在藏族人民的生命健康中起到了巨大的作用，做出了巨大的贡献。藏族医药不仅凝聚着藏族人民和历代藏医药学家的智慧和汗水，它的形成、发展过程中也受到其他传统医药的影响，如中医药、印度医药等，尤其受中医药的影响很大。历史上，唐朝与吐蕃的联姻促进了西藏文化的发展，藏医药理论也在文化交流中得到进一步丰富。藏医药先后出现了一些集大成的著作，如成书于公元八世纪的《月王药诊》，是现存最早的藏医药学著作之一；著名的藏医药巨著《四部医典》，奠定了完整的、具有民族特色的藏医药体系；《晶珠本草》记载了2294种药物，是当时最完整的藏药本草学专著。

藏族药物（以下简称藏药）是藏医药体系的重要组成部分，藏药资源主要分布于西藏自治区、青海、甘肃甘南藏族自治州、四川甘孜藏族自治州与阿坝藏族羌族自治州和云南迪庆藏族自治州等高原地区。这些地区与其他地区相比，气候差异显著，紫外线强，日照时间长，造就了丰富而独特的药材资源。据统计，藏药约有3000余种，包括植物药2272种，青藏高原特产藏药86种。藏药与中药交叉的现象十分普遍，有些药物既是中药，又是藏药，但因各自医药理论的不同，对药物的认识和用法也不同。如诃子，在中药中属于收涩药，使用频率不高；而在藏药中诃子使用频率非常高，与毛诃子、余甘子并称藏药"三大果"。

藏药是祖国医学宝库中的瑰宝，有大量的宝藏亟待进一步研究和开发。中华人民共和国成立后，党和国家高度重视中医药和民族医药的发展，藏医药的发展迎来了新的契机。藏药药效物质基础以及作用机理的研究是藏药标准化、现代化的关键。近年来，围绕藏药药效物质基础、质量标准、作用机理等方面的研究逐渐深入，取得了很多可喜的研究成果，加快了藏药的标准化和现代化进程。

本章选取9种常用藏药，分别是诃子（阿如热）、余甘子（居如热）、土木香（玛奴巴扎）、甘青青兰（唐古特青兰、知羊故）、波棱瓜子（塞季美朵）、广枣（娘肖夏）、大托叶云实（甲木哲）、蒺藜子（寨卡）和石榴子（塞珠），对近年来针对以上藏药的化学成分和药理活性方面的研究进行系统总结，以把握其相关研究的最新进展。

第一节
诃子

诃子为使君子科诃子属诃子（*Terminalia chebula* Retz.）的干燥成熟果实。以干燥成熟果实入药，有涩肠止泻、敛肺止咳、降火利咽之药效。常用于久泻久痢、便血脱肛、肺虚喘咳、久嗽不止、咽痛音哑，在我国民间用药极其广泛，在藏药中甚至被视为"药中之王"，可用于多种疾病的治疗[1]。

一、生物学特征及资源分布

乔木，高可达30m，径达1m，树皮灰黑色至灰色，粗裂而厚，枝无毛，皮孔细长，明显，白色或淡黄色；幼枝黄褐色，被绒毛。叶互生或近对生，叶片卵形或椭圆形至长椭圆形，长 7～14cm，宽 4.5～8.5cm，先端短尖，基部钝圆或楔形，偏斜，边全缘或微波状，两面无毛，密被细瘤点，侧脉 6～10 对；叶柄粗壮，长 1.8～2.3cm，稀达 3cm，距顶端 1～5mm 处有 2(～4)腺体。穗状花序腋生或顶生，有时又组成圆锥花序，长 5.5～10cm；花多数，两性，长约 8mm；花萼杯状，淡绿而带黄色，干时变淡黄色，长约 3.5mm，5 齿裂，长约 1mm，三角形，先端短尖，外面无毛，内面被黄棕色的柔毛；雄蕊 10 枚，高出花萼之上；花药小，椭圆形；子房圆柱形，长约 1mm，被毛，干时变黑褐色；花柱长而粗，锥尖；胚珠 2 颗，长椭圆形。核果，坚硬，卵形或椭圆形，长 2.4～4.5cm，径 1.9～2.3cm，粗糙，青色，无毛，成熟时变黑褐色，通常有 5 条钝棱。花期 5 月，果期 7～9 月。在我国云南、西藏、广西和广东等地，国外印度、缅甸等均有分布[2]。

二、化学成分研究

1．鞣质类化合物

丁岗等[3]利用硅胶、凝胶色谱技术对诃子的化学成分进行分离、纯化，从诃子果实 70%丙酮室温提取物中首次分离得到：3,6-di-O-galloyl-D-glucose、6-O galloyl-D-glucose、1,2,6-tri-O-galloyl-β-D-glucose、2,3-(S)-HHDP-D-glucose。Lin 等[4]采用 Sephadex LH-20 柱色谱从诃子水溶性部分中分离 punicalagin、terflavin A、terchebulin、terflavin B、punicalin、terflavin C、terflavin D。Lee 等[5]采用硅胶和 Sephadex LH-20 柱色谱从诃子乙酸乙酯部位分离得到 chebulic acid。杨俊荣等[6]从诃子果实乙醇提取物中首次分离得到诃子次酸三乙酯。张秋楠等[7]利用 UPLC-Q-Orbitrap-MS 技术系统对诃子的甲醇提取物的化学成分进行分析，其中属于诃子的鞣质类化合物有 HHDP-glucose、punicalagin A、punicalagin B、phyllanemblinin D、terflavin A、tellimagrandin I、neochebulagic acid、casuarinin、chebulanin、corilagin、tetragalloylglucose、digalloylchebuloylglucose、chebulinic acid、casuarinin（表 11-1，图 11-1）。

表 11-1　诃子鞣质类化合物

序号	名称	参考文献	序号	名称	参考文献
1	3,6-di-O-galloyl-D-glucose	[3]	8	punicalin	[4]
2	6-O-galloyl-D-glucose	[3]	9	诃子次酸三乙酯	[6]
3	1,2,6-tri-O-galloyl-β-D-glucose	[3]	10	HHDP-glucose	[7]
4	punicalagin	[4]	11	punicalagin A	[7]
5	terflavin A	[4]	12	phyllanemblinin D	[7]
6	chebulic acid	[5]	13	tellimagrandin I	[7]
7	terchebulin	[4]	14	tetragalloylglucose	[7]

2．酚酸类化合物

张海龙等[8]从诃子果实 95%乙醇提取物的乙酸乙酯部分中分离得到 gallic acid、ethyl gallate。卢普平等[9]采从诃子果实 95%乙醇提取物的石油醚部位分离得到莽草酸（shikimic acid）。阳小勇等[10]从诃子果实乙醇浸出物的乙酸乙酯部分分离得到莽草酸甲酯（methyl shikimate）、trans-cinnamic acid、benzoic acid、protocatechuic acid、methyl gallate。张秋楠等[7]利用 UPLC-Q-

Orbitrap-MS 技术系统分析了诃子的甲醇提取物中的化学成分 ellagic acid（表 11-2，图 11-2）。

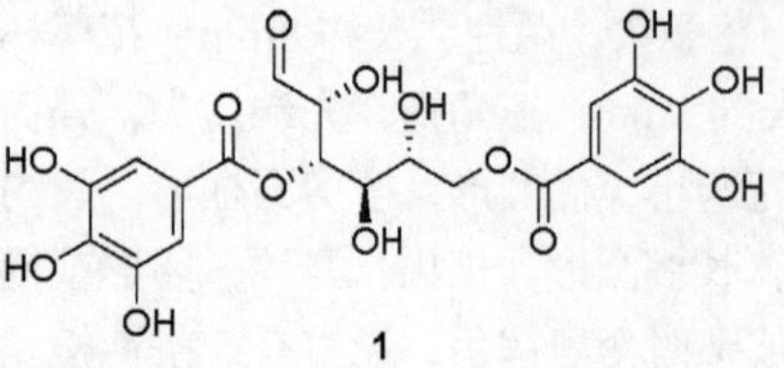

民族植物资源
化学与生物活性研究

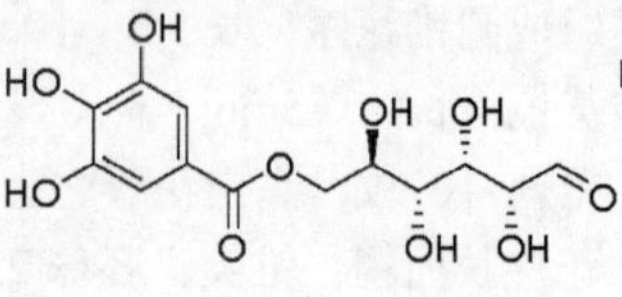

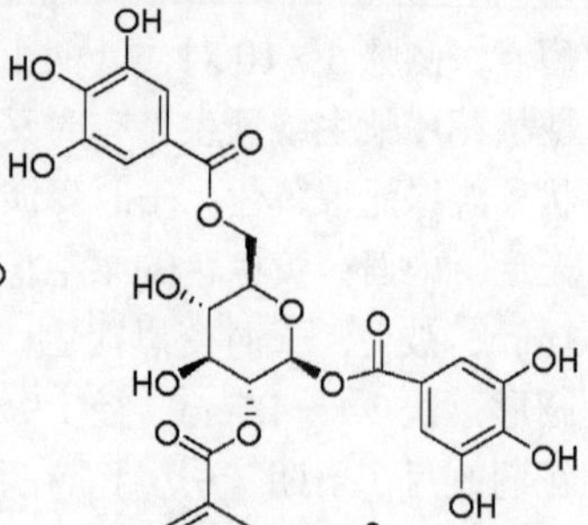

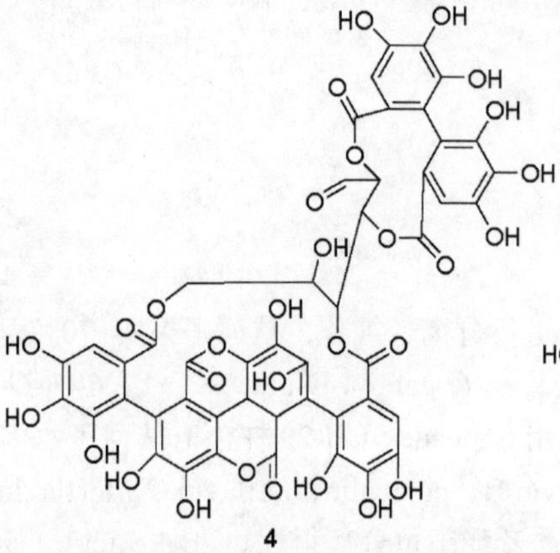

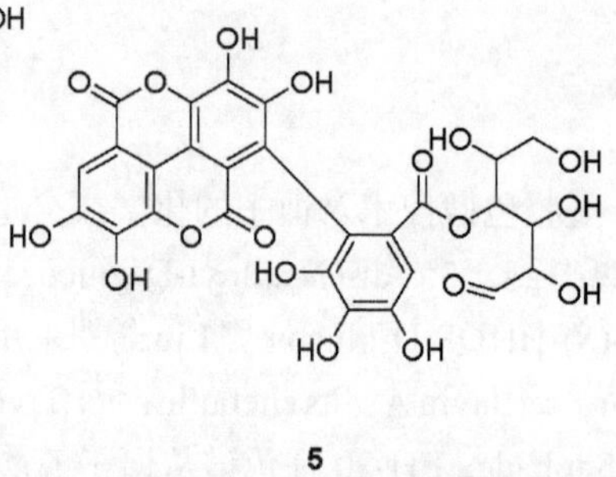

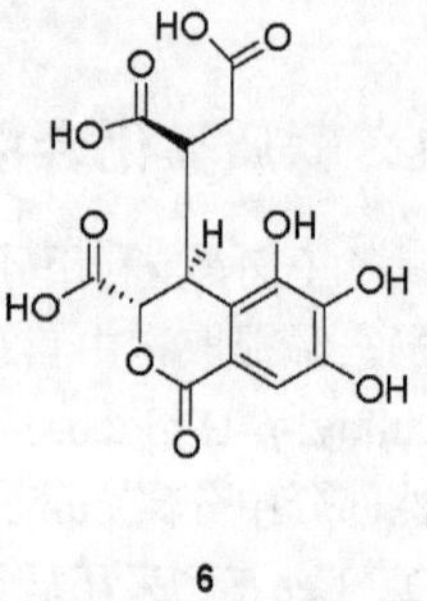

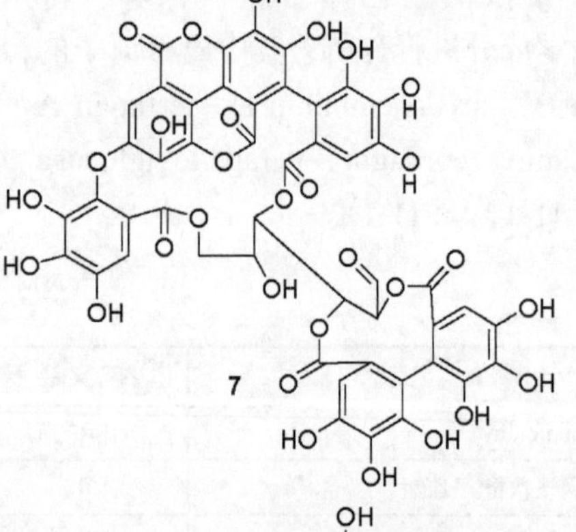

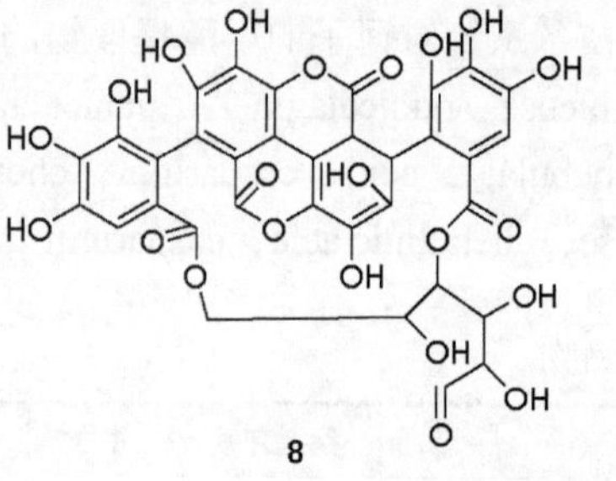

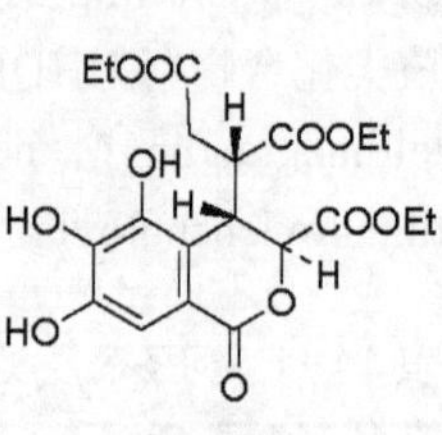

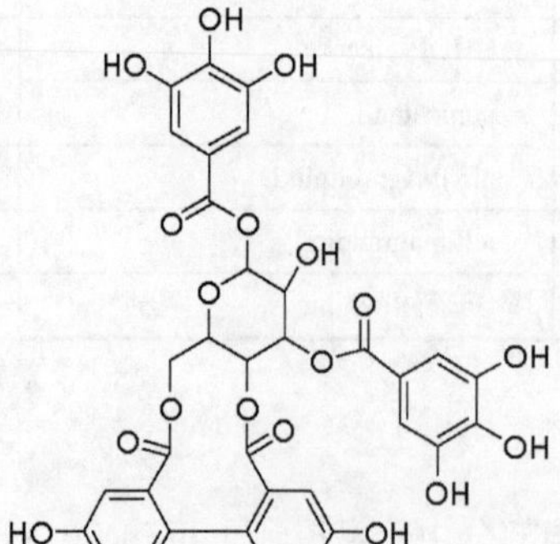

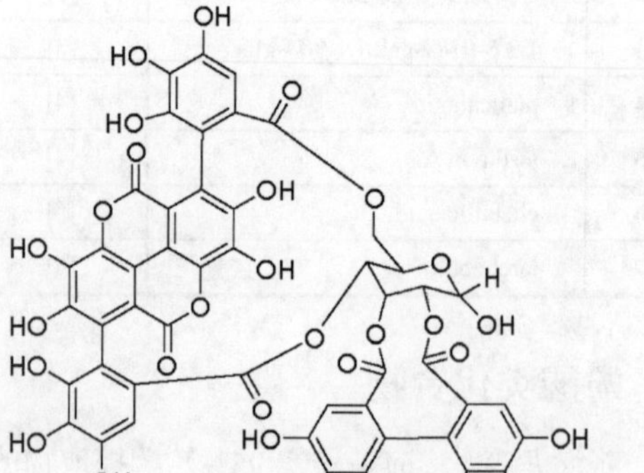

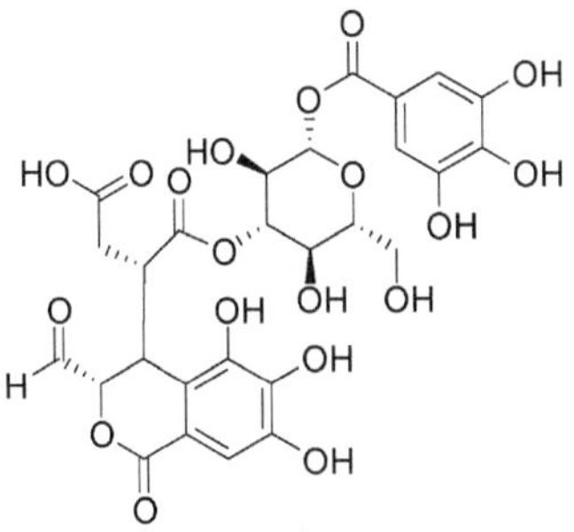

12

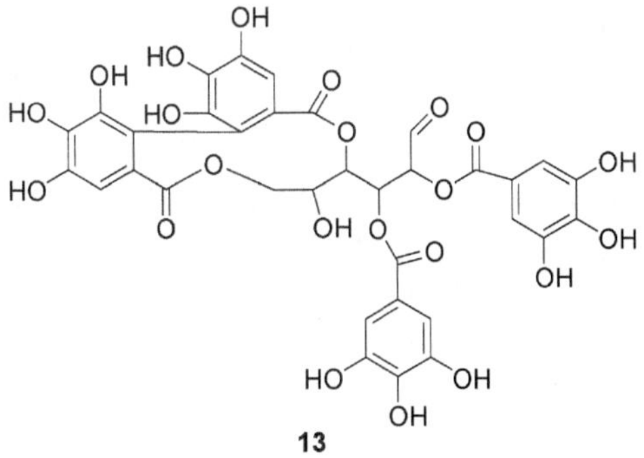

13

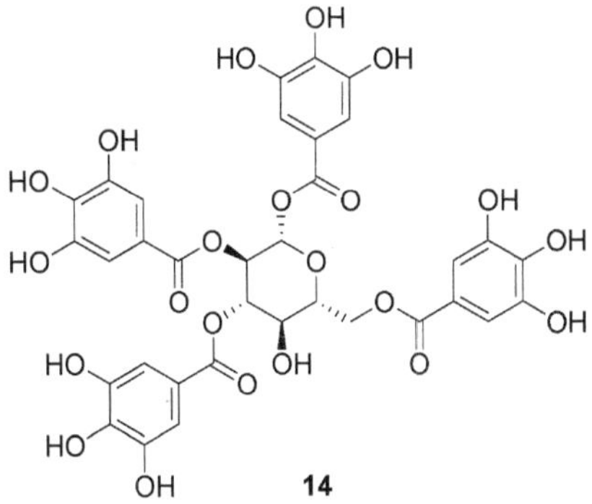

14

图 11-1　诃子鞣质类化合物

表 11-2　诃子酚酸类化合物

序号	名称	参考文献	序号	名称	参考文献
1	gallic acid	[8]	**4**	methyl shikimate	[10]
2	ethyl gallate	[8]	**5**	ellagic acid	[7]
3	shikimic acid	[9]			

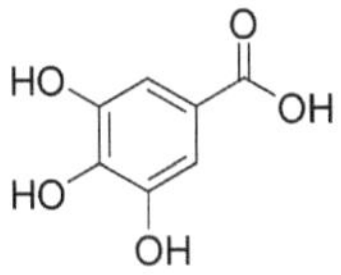

1

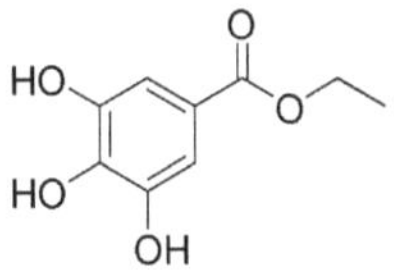

2

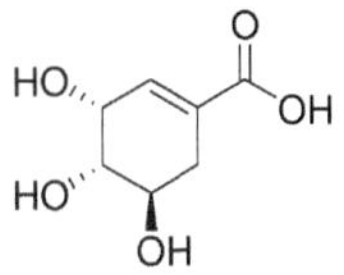

3

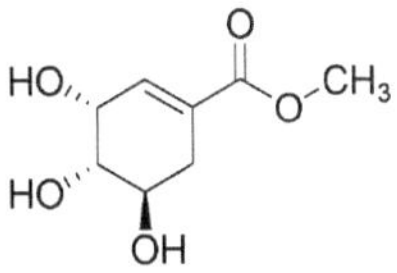

4

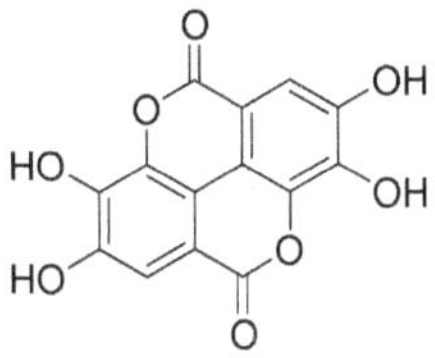

5

图 11-2　诃子酚酸类化合物

3．三萜类化合物

杨俊荣等[6]从诃子果实乙醇提取物中分离得到 arjunic acid、arjugenin。Kundu 等[11]从诃子果实甲醇提取物的正丁醇部分中分离得到阿江榄仁葡萄糖苷（arjunglucoside）。卢普平等[9]从采用硅胶柱色谱从诃子果实 95%乙醇提取物的乙醚部位分离得到三萜类化合物榄仁萜酸（terminoic acid）、chebupentol。Kim 等[12]从诃子乙醚提取物中分离得到 chebuloside-Ⅱ、2*α*-hydroxymicromeric acid、maslinic acid。Singh[13]从诃子乙醇提取物的正丁醇半部分中分离得到 2*α*-hydroxyursolic acid（表 11-3，图 11-3）。

表 11-3　诃子三萜类化合物

序号	名称	参考文献	序号	名称	参考文献
1	arjunic acid	[6]	**5**	chebupentol	[9]
2	arjugenin	[6]	**6**	chebuloside-Ⅱ	[12]
3	arjunglucoside	[11]	**7**	2*α*-hydroxyursolic acid	[13]
4	terminoic acid	[9]			

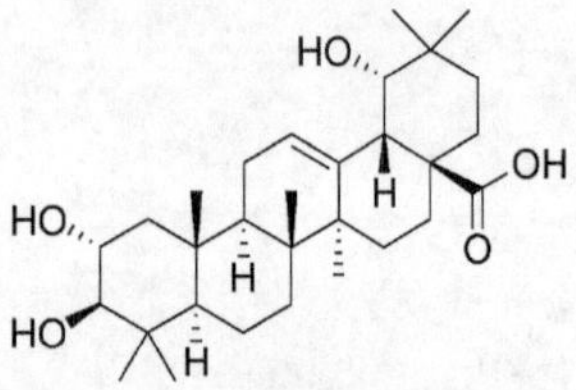

1

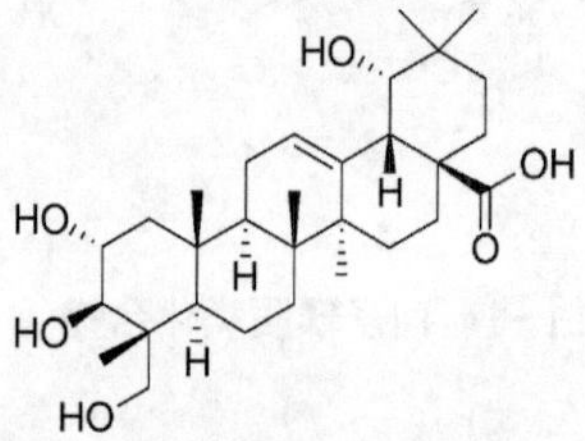

2

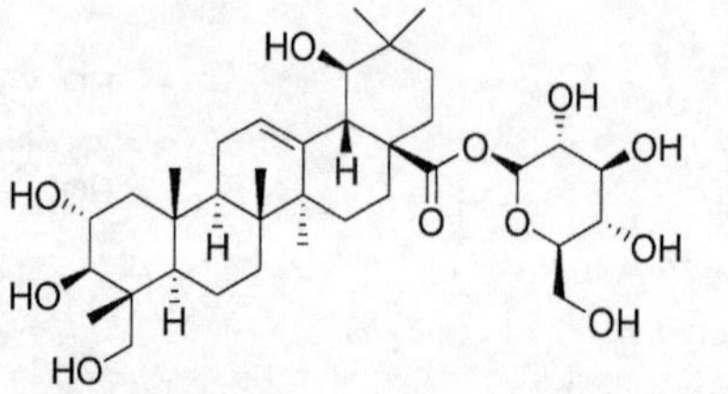

3

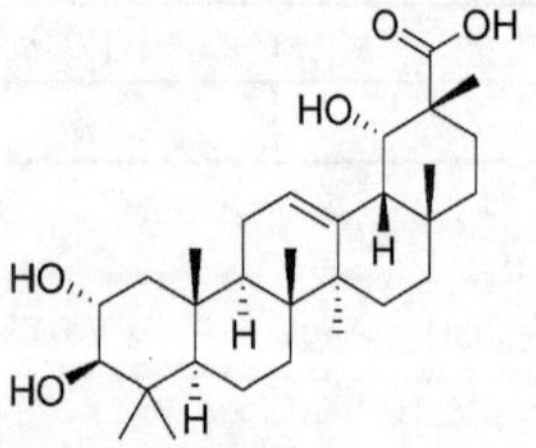

4

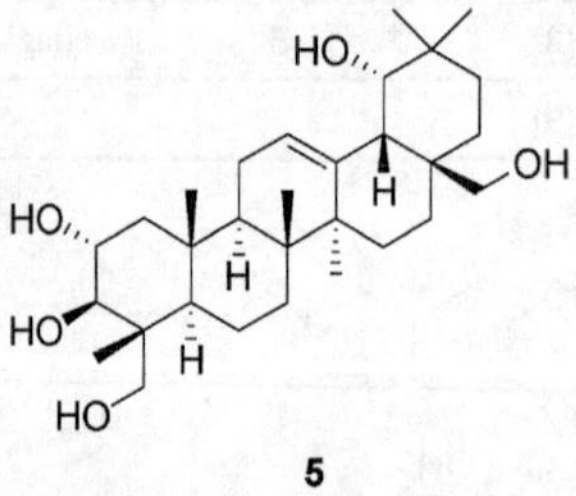

5

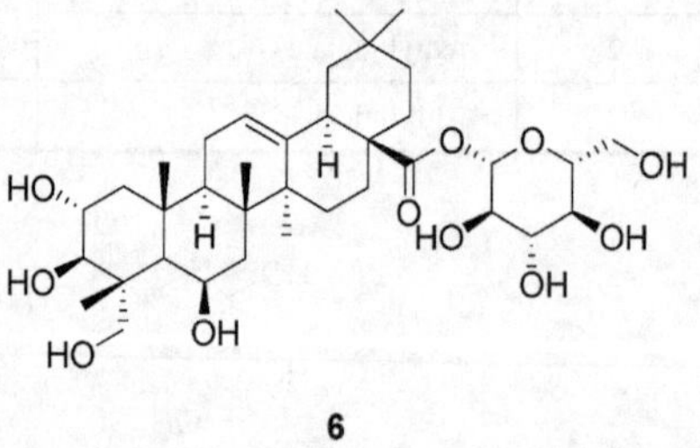

6

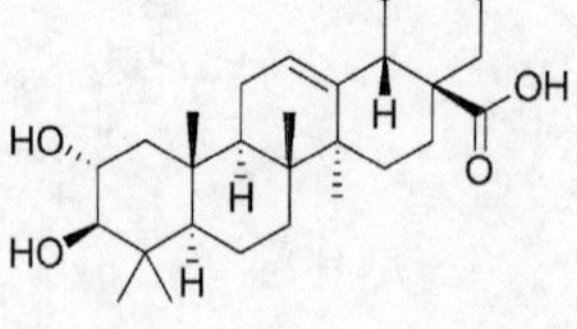

7

图 11-3　诃子三萜类化合物

4. 黄酮类化合物

阳小勇等[10]采用硅胶色谱法从云南临沧产诃子果实乙醇浸出物的乙酸乙酯部分分离得到 quercetin、quercetin-3-*O*-rhamnoside。张秋楠等[7]利用 UPLC-Q-Orbitrap-MS 技术系统鉴别出黄酮类化合物 kaempferol-3-*O*-rutinoside（表 11-4，图 11-4）。

表 11-4　诃子黄酮类化合物

序号	名称	参考文献	序号	名称	参考文献
1	quercetin	[10]	3	kaempferol-3-*O*-rutinoside	[7]
2	quercetin-3-*O*-rhamnoside	[10]			

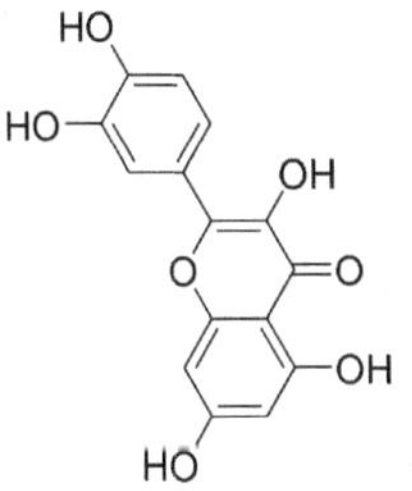

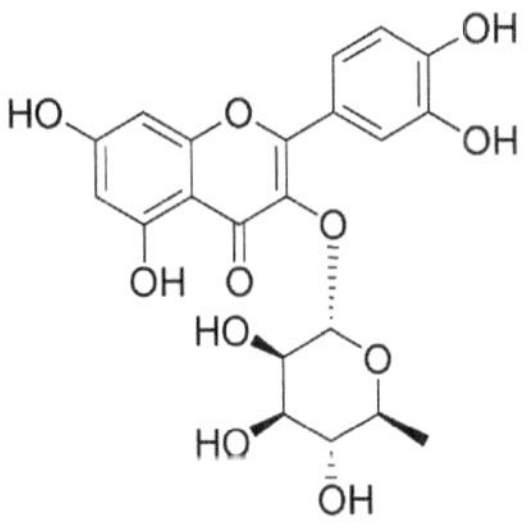

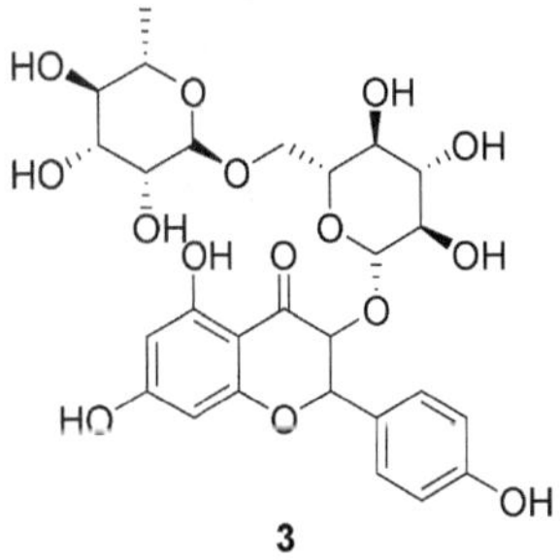

图 11-4　诃子黄酮类化合物

5. 其他化合物

林励等[14]从诃子的水蒸气蒸馏品中分离鉴别出 palmitic acid、linoleic acid、*n*-pentadecane、butylated hydroxytoluene、hexadecane（表 11-5，图 11-5）。

表 11-5　诃子其他化合物

序号	名称	参考文献	序号	名称	参考文献
1	palmitic acid	[14]	3	*n*-pentadecane	[14]
2	linoleic acid	[14]	4	butylated hydroxytoluene	[14]

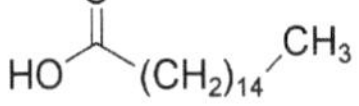

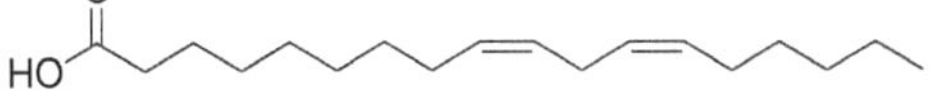

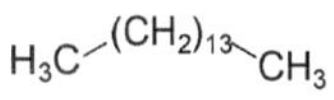

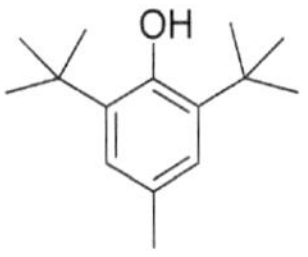

图 11-5　诃子其他化合物

三、药理活性研究

1. 抗氧化

刘仁绿等[15]采用 Cu^{2+}体外诱导 LDL 氧化，以硫代巴比妥酸反应物（TBARS）含量为指标评价氧化修饰程度，对诃子 50%乙醇提取物进行抗氧化性评价，结果显示，不同浓度诃子粗提物（0.5mg/mL、0.9mg/mL、2.7mg/mL）抗 LDL 修饰抑制率分别为 64.31%、77.22%和 82.66%，表明诃子具有很强的抗 LDL 氧化修饰能力,为后期开发抗 LDL 氧化及抗动脉粥样硬化功能食品奠定了基础。王金华等[16]研究表明诃子乙醇提取物 12.5μg/mL 对 MDA 的抑制率达 55.12%,同样浓度的诃子醇提物的抗氧化能力强于维生素 E（23.06%）。Ramgopal 等[17]建立高血脂大鼠模型，发现诃子醇提物能够提高模型大鼠肝组织中超氧化物歧化酶（SOD）和过氧化氢酶（CAT）的活力。Sharma 等[18]和 Chang 等[19]利用二甲肼氟安定诱导小鼠肝内质网应激损伤，结果表明，使用诃子复方制剂能明显降低肝微粒体脂质过氧化，在一定程度上具有抗氧化应激损伤作用。

2．抗肿瘤

Saleem 等[20]研究表明诃子醇提物对人和鼠的乳腺癌细胞株 MCF-7 和 S115、前列腺癌细胞株 PC-3 和人骨肉瘤细胞 HOS.1 等肿瘤细胞具有生长抑制作用。包志强等[21]探讨诃子水提物对人肺癌细胞 A549 体外增值的影响和作用机制，利用 MTT 法检测不同剂量组的诃子水提物对肺癌 A549 细胞增殖的影响，结果显示，诃子水提物对肺癌 A549 的抑制作用，在一定程度上呈时间-效应关系和剂量-效应关系，诃子水提物作用肺癌 A549 细胞 72h 的 IC_{50} 为 6.23μg/ml。Ravi 等[22]研究发现，诃子乙醇提取物可对人类乳腺癌细胞系 MCF-7 和肺癌细胞系 A-549 产生细胞毒性，具有抗乳腺癌、肺癌等活性。Messeha 等[23]研究发现，诃子乙醇提取物可通过抑制神经母细胞瘤中跨膜糖蛋白（CD147）的表达和影响单羧酸转运蛋白的功能，阻止乳酸盐被运送到细胞外，从而破坏神经母细胞瘤内液平衡；另外还发现诃子提取物对神经母癌细胞具有抑制生长、促进凋亡的作用，说明诃子中含有可对抗神经母细胞瘤的成分。Kar 等[24]研究发现，诃子提取物以及没食子酸、诃子鞣酸、诃子酸化合物可通过提高芬顿反应对脱氧核苷、脱氧核苷单磷酸、脱氧核苷三磷酸等的损伤能力，减慢肿瘤细胞快速分裂时的 DNA 复制，从而达到抗肿瘤的目的。Achari 等[25]研究发现，诃子鞣酸与阿霉素在抑制人类肝癌细胞生长方面具有良好的协同作用，且诃子鞣酸可通过下调多重耐药基因 1（MDR-1）的表达而降低肝癌细胞对阿霉素的耐药性，还能通过提高阿霉素在肝癌细胞周围的浓度而减少后者的给药剂量。

3．抗菌

Lee 等[26]采用分子生物学方法研究发现，诃子乙醇提取物能够抑制牙菌斑细菌的生长，降低细菌中炎症因子含量并抑制蛋白激酶活性和前列腺素 E（2 PGE2）、环氧合酶 2（COX-2）的表达；牙周致病菌产生的脂多糖能够激发口腔上皮细胞致炎因子，引发炎症反应，加快骨吸收，而诃子乙醇提取物可通过抑制脂多糖生物活性而抑制骨吸收，可用于治疗牙菌斑细菌引起的牙周炎。Kesherwani 等[27]研究发现，细菌外膜上外排泵过度表达是造成细菌多重耐药性的重要原因，多药与毒素外排（MATE）转运体是近年来公认的独特的外排系统，可将抗菌药物和治疗药物从细菌胞内排出。而诃子中的化合物具有天然的耐药淋病奈瑟菌外排泵阻断作用，可用于治疗多重耐药性淋病奈瑟菌引起的性传播疾病。Patel 等[28]采用虚拟高通量筛选技术优选对野生型结核分枝杆菌 DNA 促旋酶具有良好抑制效果的化合物，结果显示诃子酸具有非常高的额外精度（XP）对接分数，是非常有效的结核分枝杆菌 DNA 促旋酶抑制剂，能有效对抗结核杆菌。Acharyya 等[29]研究发现，没食子酸甲酯可在痢疾杆菌细胞内大量聚集，使其内外膜彻底解体，达到抗痢疾杆菌的目的，有望用于治疗痢疾杆菌引起的重症感染。Nayak 等[30]研究发现，诃子提取物能有效抑制变异链球菌引起的蔗糖黏附、葡聚糖聚合和糖酵解；用诃子提取物制成的漱

民族植物资源
化学与生物活性研究

口剂对链球菌具有很好的抗菌活性，可作为一种安全、有效的防龋剂。

4．解毒

王梦德等[31]对草乌、草乌配伍诃子水煎液中双酯型二萜类生物碱（乌头碱、中乌头碱、次乌头碱）的含量进行测定，结果表明 3 种生物碱溶出率分别降低 22.7%、66.3%、98.4%，证实诃子可以解草乌毒。杨畅等[32]通过比较诃子制草乌水煎液中生物碱含量，进一步阐明诃子解毒机制，结果表明诃子解草乌毒并不是由于在炮制或配伍过程中直接降低了双酯型生物碱的含量，而是诃子中的鞣质成分与生物碱结合生成难溶物质，该难溶物质在水煎煮的过程中可缓慢释放、水解，降低毒性。

5．强心

马丽杰等[33]研究诃子醇提物对离体豚鼠心房肌电生理特性的影响，证实诃子醇提物在正常台氏液和低钙台氏液中均可使带窦房结的豚鼠右心房肌收缩频率加快，收缩幅度加大，使右心房肌的收缩功能加强，显示正性肌力作用。离体实验显示诃子果皮提取物具有强心作用，诃子树皮乙酸乙酯和正丁醇提取物也有很好的强心作用。马渊[34]采用诃子提取物对小鼠心脏功能的研究显示，诃子的水提物及醇提物均可拮抗乌头碱所致的心律失常，表明诃子具有一定的抗心律失常和强心的作用。

6．保护神经

Park 等[35]研究发现，诃子提取物可以通过维持沙鼠受损海马体中 SOD 和脑源性神经营养因子（BDNF）的水平，减少小胶质细胞的活化，从而避免其海马体因短暂脑缺血而发生缺血性损伤。Shen 等[36]研究发现，诃子甲醇提取物、水提取物以及鞣花酸对 β-淀粉样蛋白 23-25（Aβ23-25）所诱导的嗜铬细胞瘤细胞损伤表现出很强的保护活性，且鞣花酸对过氧化氢诱导的嗜铬细胞瘤细胞损伤也有一定保护作用，因此推测诃子有望作为治疗阿尔茨海默病的一种优良的药物资源。Sadeghnia 等[37]在喹啉酸（QA）诱导的细胞损伤模型中发现，诃子乙醇提取物可以显著提高少突胶质前体细胞系 OLN-93 的活性，减少细胞中活性氧累积、脂质过氧化反应和DNA 损伤。Kim 等[38]研究发现，诃子鞣酸对人神经母细胞瘤细胞株 SH-SY5Y 具有良好的自噬增强效应，能加速细胞中异常蛋白质的自我降解，有望用于预防或治疗由异常蛋白质积累而引起的帕金森病等。Uzar 等[39]对糖尿病模型大鼠给予鞣花酸后发现，与未给药组比较，给药组大鼠脑组织和坐骨神经中的丙二醛（MDA）、总氧化状态（TOS）、氧化应激指标（OSI）和一氧化氮（NO）的水平明显降低，说明鞣花酸可通过抗氧化机制起到保护大鼠神经的作用。

参考文献

[1] 中华人民共和国卫生部药典委员会. 中华人民共和国药典（一部）[S]. 北京:化学工业出版社,2000.

[2] 中国科学院中国植物志编辑委员会.中国植物志: 第五十三卷第一分册[M]. 北京: 科学出版社,1984.

[3] 丁岗, 刘延泽, 宋毛平, 等. 诃子中的多元酚类成分[J]. 中国药科大学学报, 2001, (3): 35-38.

[4] Lin T, Nonaka G, Nishioka, *et al*. Tannins and related compounds. CII. structures of Terchebulin, an ellagitannin having a novel tetraphenylcarboxylic acid（terchebulic acid）moie, and biogenetically related tannins from *Terminalia chebula* Retz[J]. Chemical & Pharmaceutical Bulletin, 1990, 38(11): 3004-3008.

[5] Lee H S, Jung S H, Yun B S, et al. Isolation of chebulic acid from Terminalia chebula Retz. and its antioxidant effect in isolated rat hepatocytes[J]. Archives of Toxicology, 2007, 81(3): 211.

[6] 杨俊荣, 孙芳云, 李志宏, 等. 诃子的化学成分研究[J]. 天然产物研究与开发, 2008, 20(3): 450-451.

[7] 张秋楠, 常子豪, 叶婷, 等. 基于 UPLC-Q-Orbitrap-MS 整合网络药理学研究藏药大三果化学成分及作用机制[J]. 世界科学技术-中医药现代化, 2021, 23(6): 1850-1866.

[8] 张海龙, 陈凯, 裴月湖, 等. 诃子化学成分的研究[J]. 沈阳药科大学学报, 2001, 18(6): 417-418.

[9] 卢普平, 刘星墀, 李兴从, 等. 诃子三萜成分的研究[J]. 植物学报, 1992, 34(2): 126-132.

[10] 阳小勇, 唐荣平. 诃子化学成分的研究[J]. 西昌学院学报(自然科学版), 2012, 26(2): 65-66.

[11] KunduA P, Mahato S B. Triterpenoids and their glycoside from Terminalia chebula[J]. Phytochemistry, 1993, 32(4): 999-1002.

[12] Kim J, Lee G, Kuon J. Antioxidative effectiveness ofether extract in Crataegus pinnatifida Bunge and Terminalia chebula Retz[J]. Journal of the Korean Agricultural Chemical Society, 1993, 36(3): 203-207.

[13] Singh C. 2α-Hydroxymicromeric acid, a pentacyclic triterpene from Terminalia chebula[J]. Phytochmistry, 1990, 29(7): 2348-2350.

[14] 林励, 徐鸿华, 刘军民, 等. 诃子挥发性成分的研究[J]. 中药材, 1996, 19(9): 462-463.

[15] 刘仁绿, 肖敏, 江卫青, 等. 诃子粗提物及不同极性部位抑制低密度脂蛋白氧化修饰的研究[J]. 食品工业科技, 2013, 34(16): 100-104.

[16] 王金华, 孙芳云, 袁东亚, 等. 诃子乙醇提取物的抗氧化作用研究[J]. 中药药理与临床, 2012, 28(5): 124-126.

[17] Ramgopal M, Kruthika B S, Surekha D, et al. Terminalia paniculata bark extract attenuates non alcoholic fatty liver via down regulation of fatty acid synthase in high fat diet fed obese rats[J]. Lipids in Health and Disease, 2014, 13(1): 58-64.

[18] Sharma A, Shana K K. Chemo protective role of triphala against 1,2-dimethylhyrazine dihydrochloride induced carcinogenic damage to mouse liver[J]. Indian Journal of Clinical Biochemistry, 2011, 26(3): 290-295.

[19] Chang C L, Che S L. Phytochemical composition, antioxidant activity, and neuroprotective effect of Terminalia chebula Retzius extracts[J]. Evidence-Based Complementary and Alternative Medicine, 2012, 1-7.

[20] Saleem A, Husheem M, Harkonen P, et al. Inhibition of cancer cell growth by crude extract and the phenolics of Terminalia chebula Retz. fruit[J]. Journal of Ethnopharmacology, 2002, 81(3): 327-336.

[21] 包志强, 韩浩, 杨丽敏, 等. 诃子水提取物对肺癌 A549 细胞抑制作用的实验研究[J]. 现代肿瘤医学, 2012, 20(9): 1783-1786.

[22] Ravi S B E, Ramachandra Y L. Rajan S S, et al. Evaluating the anticancer potential of ethanolic gall extract of Terminalia chebula (Gaertn.) Retz. (combretaceae)[J]. Pharmacognosy Research, 2016, 8(3): 209-212.

[23] Messeha S S, Zarmouh N O, Taka E, et al. The role of monocarboxylate transporters and their chaperone CD147 in lactate efflux inhibition and the anticancer effects of Terminalia chebula in neuroblastoma cell line N2-A[J]. European Journal of Medicinal Plants, 2016, 12(4): 1-24.

[24] Kar I, Chattopadhyaya R. Effect of seven Indian plant extracts on Fenton reaction-mediated damage to DNA constituents[J]. Journal of Biomolecular Structure & Dynamics, 2016, 35(14): 2997-3011.

[25] Achari C, Reddy G V, Mrt C, et al. Chebulagic acid synergizes the cytotoxicity of doxorubicin in human hepatocellular carcinoma through COX-2 dependant modulation of MDR-1[J]. Medicinal Chemistry, 2011, 7(5): 432-442.

[26] Lee J, Nho Y H, Yun SK, et al. Use of ethanol extracts of Terminalia chebula to prevent periodontal disease induced by dental plaque bacteria[J]. BMC Complementary and Alternative Medicine, 2017, 17(1): 113-119.

[27] Kesherwani M, Gromiha M M, Fukui K, et al. Identification of novel natural inhibitor for NorM-a multidrug and toxic compound extrusion transporter -an insilico molecular modeling and simulation studies[J]. Journal of Biomolecular Structure and Dynamics, 2017, 35(1): 58-77.

[28] Patel K, Tyagi C, Goyal S, et al. Identification of chebulinic acid as potent natural inhibitor of M. tuberculosis DNA gyrase and molecular insights into its binding mode of action[J]. Computational Biology and Chemistry, 2015, 59: 37-47.

[29] Acharyya S, Sarkar P, Saha D R, et al. Intracellular and membrane-damaging activities of methyl gallate isolated from Terminalia chebula against multidrug-resistant Shigella spp[J]. Journal of Medical Microbiology, 2015, 64(8): 901-909.

[30] Nayak S S, Ankola A V, Metgud S C, et al. An in vitro study to determine the effect of Terminalia chebula extract and its formulation on Streptococcus mutans[J]. Journal of Contemporary Dental Practice, 2014, 15(3): 278.

[31] 王梦德, 张述禹, 包存刚, 等. 诃子对草乌水煎液双酯型二萜类生物碱溶出率的影响[J]. 中国民族医药杂志, 2001, 7(3): 29-30.

[32] 杨畅, 李飞, 侯跃飞, 等. 诃子草乌配伍与诃子制草乌水煎液中生物碱含量的比较——诃子制草乌炮制原理探讨 II[J]. 中国实验方剂学杂志, 2013, 19(4): 130-132.

[33] 马丽杰, 马渊, 张述禹, 等. 诃子醇提物对离体豚鼠心房肌电生理特性的影响[J]. 中国民族医药杂志, 2006, 12(5): 55-56.

[34] 马渊. 诃子的药效学研究——诃子提取物对实验动物心脏功能的研究[D]. 呼和浩特: 内蒙古医学院,1999.

[35] Park J H, Han S J, Yoo K Y, et al. Extract from *Terminalia chebula* seeds protect against experimental ischemic neuronal damage via maintaining SODs and BDNF levels[J]. Neurochemical Research, 2011, 36(11): 2043-2050.

[36] Shen Y C, Juan C W, Lin C S, et al. Neuroprotective effect of *Terminalia chebula* extracts and ellagic acid in pc12 cells[J]. African Journal of Traditional Complementary & Alternative Medicines, 2017, 14(4): 22-30.

[37] Sadeghnia H R, Jamshidi R, Afshari A R, et al. *Terminalia chebula* attenuates quinolinate-induced oxidative PC12 and OLN-93 cell death[J]. Multiple Sclerosis and Related Disorders, 2017, 14: 60-67.

[38] Kim H J, Kim J, Kang K S, et al. Neuroprotective effect of chebulagic acid via autophagy induction in SH-SY5Y cells[J]. Biomolecules & Therapeutics, 2014, 22(4): 275-281.

[39] Uzar E, Alp H, Cevik M U, et al. Ellagic acid attenuates oxidative stress on brain and sciatic nerve and improves histopathology of brain in streptozotocin-induced diabetic rats[J]. Neurological Sciences, 2012, 33(3): 567-574.

第二节
余甘子

余甘子为大戟科叶下珠属余甘子（*Phyllanthus emblica* Linn）的干燥果实[1]。藏药名居如拉，别名昂荆旦、麻甘腮、牛甘子、喉甘子、鱼木果（广西）、橄榄子（四川）、油柑子（广东）[2]。初食味酸涩，良久乃甘，故名"余甘子"，为藏族习用药材[3,4]。余甘子可通过控制便秘来改善整体消化过程，能用于退烧，缓解哮喘和咳嗽，改善心脏健康。此外，它具有抗炎、解热、抗氧化、抗癌症、抗糖尿病、益智、抗菌等功效，有报道证实了治疗 HIV、疱疹病毒和单纯疱疹病毒的疗效[5]。

一、资源分布及生物学特征

1. 资源分布

产于江西、福建、台湾、广东、海南、广西、四川、贵州和云南等省区，生于海拔 200～2300m 山地疏林、灌丛、荒地或山沟向阳处。分布于印度、斯里兰卡、中南半岛、印度尼西亚、马来西亚和菲律宾等[4]。余甘子为常见的散生树种，在四川省金阳县金沙江河谷地带，海拔 600～1000m 的向阳干旱山坡地，仍保存着大片余甘子天然林[4]。

2. 生物学特征

乔木，高达 23m，胸径 50cm；树皮浅褐色；枝条具纵细条纹，被黄褐色短柔毛。叶片纸质至革质，二列，线状长圆形，长 8～20mm，宽 2～6mm，顶端截平或钝圆，有锐尖头或微凹，基部浅心形而稍偏斜，上面绿色，下面浅绿色，干后带红色或淡褐色，边缘略背卷；侧脉每边

4～7 条；叶柄长 0.3～0.7mm；托叶三角形，长 0.8～1.5mm，褐红色，边缘有睫毛。多朵雄花和 1 朵雌花或全为雄花组成腋生的聚伞花序；萼片 6。雄花：花梗长 1～2.5mm；萼片膜质，黄色，长倒卵形或匙形，近相等，长 1.2～2.5mm，宽 0.5～1mm，顶端钝或圆，边缘全缘或有浅齿；雄蕊 3，花丝合生成长 0.3～0.7mm 的柱，花药直立，长圆形，长 0.5～0.9mm，顶端具短尖头，药室平行，纵裂；花粉近球形，具 4～6 孔沟，内孔多长椭圆形；花盘腺体 6，近三角形。雌花：花梗长约 0.5mm；萼片长圆形或匙形，长 1.6～2.5mm，宽 0.7～1.3mm，顶端钝或圆，较厚，边缘膜质，多少具浅齿；花盘杯状，包藏子房达一半以上，边缘撕裂；子房卵圆形，长约 1.5mm，3 室，花柱 3，长 2.5～4mm，基部合生，顶端 2 裂，裂片顶端再 2 裂。花期 4～6 月，果期 7～9 月[4]。果实本质上为核果，几乎为球形，在两极上有小的锥形凹痕，可食用的光滑肉质中果皮外观为浅黄色到黄绿色，味道酸涩，而内果皮是坚硬的石质，种子被包裹在里面，内果皮在成熟时变成黄褐色[1]。通常，从幼苗发育而来的树木在种植后大约 8 年开始结果，浆果一般在秋季开始成熟，每颗重 60～70g[3]。

二、化学成分

1. 鞣质类化合物

目前，从该植物中分离得到的鞣质类化合物主要是缩合型鞣质。Luo 等[6]从该植物中分离纯化了鞣花酸（ellagic acid）、isocorilagin、chebulanin、chebulagic acid 和 mallotusinin，其中，mallotusinin 是首次从余甘子中发现。Kumaran 等[7]通过 Sephadex LH-20 柱色谱从余甘子的乙酸乙酯活性提取物中分离得到 5 个化合物 methyl gallate, gallic acid, corilagin, furosin 和 geraniin。Yang 等[8]从余甘子的乙醇提取物中分离出一种新的化合物 phyllanthunin 以及 8 个已知化合物，包括 cinnamic acid 和 ellagic acid。Zhang 等[9]从余甘子中分离鉴定了 chebulagic acid、corilagin、L-malic acid 2-O-gallate、mucic acid 2-O-gallate 和 1-O-galloyl-β-D-glucose。Kumaran 等[10]用甲醇提取余甘子果皮，采用 Sephadex LH-20 色谱分离和纯化乙酸乙酯部分，分离到的化合物包括 corilagin、furosin 和 geranin。Liu 等[11]用甲醇对余甘子干果进行提取，用乙醚、乙酸乙酯、丁醇和水进行分离，采用 Sephadex LH-20 色谱和反相高效液相色谱对乙酸乙酯部分进行分离纯化，分别得到 6 个化合物，包括 geraniin、isocorilagin、quercetin 3-β-D-glucopyranoside 和 kaempferol 3-β-D-glucopyranoside。Zhang 等[12]从余甘子中分离鉴定了 chebulagic acid、1(β),2,3,6-tetra-O-galloylglucose、chebulanin、elaeocarpusin、mallonin、tercatain、punicafolin、putranjivain A、phyllanemblinin A。Suresh 等[13]用甲醇和水提取余甘子果实，从中分离的化合物包括原诃子酸（terchebin）。Ghosal 等[14]从余甘子新鲜果肉中分离得到 4 个水解单宁：punigluconin、pedunculagin、emblicanin A、emblicanin B（表 11-6，图 11-6）。

表 11-6　余甘子中鞣质类化合物

序号	化合物名称	参考文献	序号	化合物名称	参考文献
1	emblicanin A	[1]	**6**	corilagin	[7,9,10]
2	emblicanin B	[1]	**7**	1(β),2,3,6-tetra-O-galloylglucose	[15]
3	punigluconin	[14]	**8**	chebulanin	[6,12]
4	pedunculagin	[14]	**9**	elaeocarpusin	[12]
5	chebulagic acid	[6,9,12]	**10**	furosin	[7,10]

续表

序号	化合物名称	参考文献	序号	化合物名称	参考文献
11	geraninic acid	[15]	**14**	carpinusnin	[16]
12	isostrictinin	[6]	**15**	mallotusinin	[6]
13	terchebin	[13]			

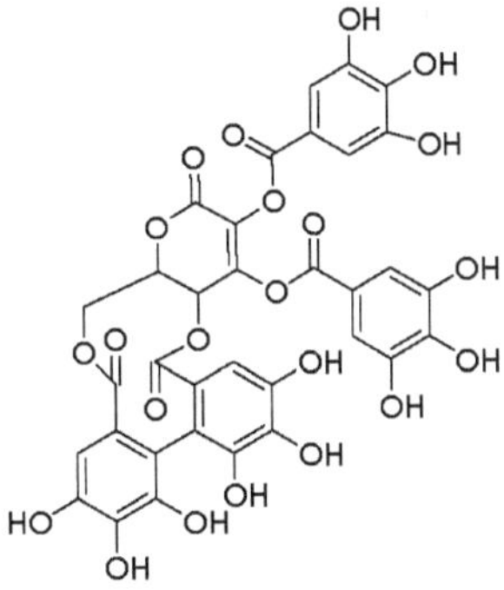

1

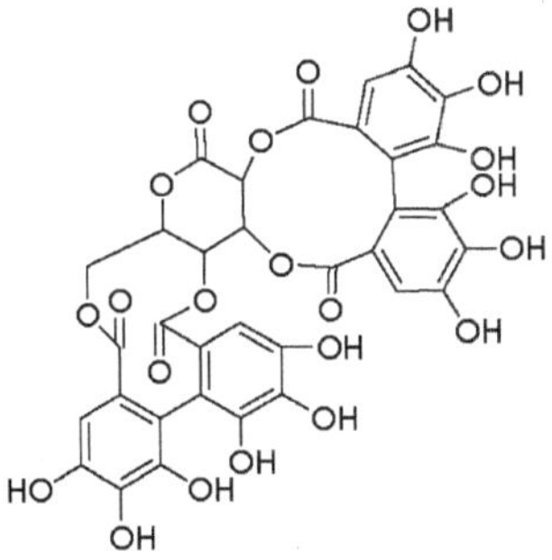

2

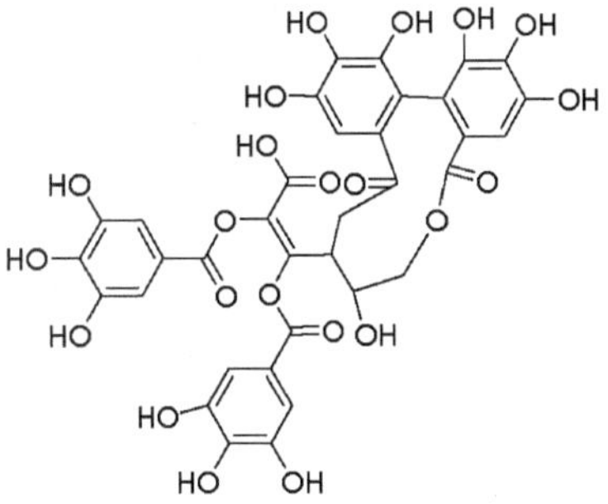

3

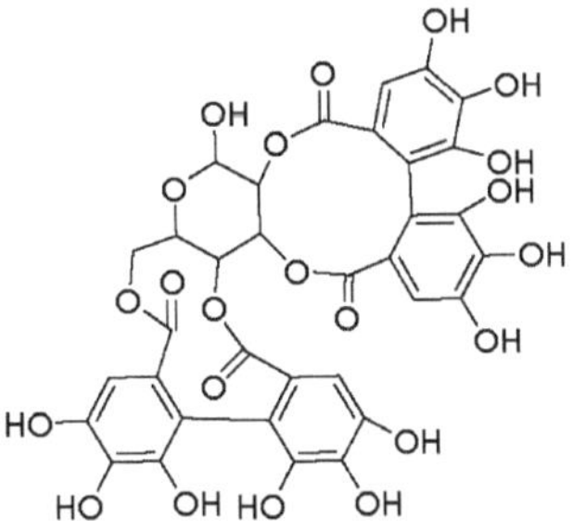

4

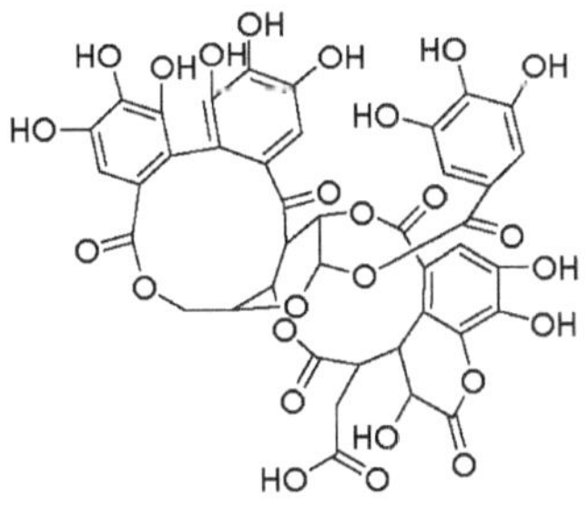

5

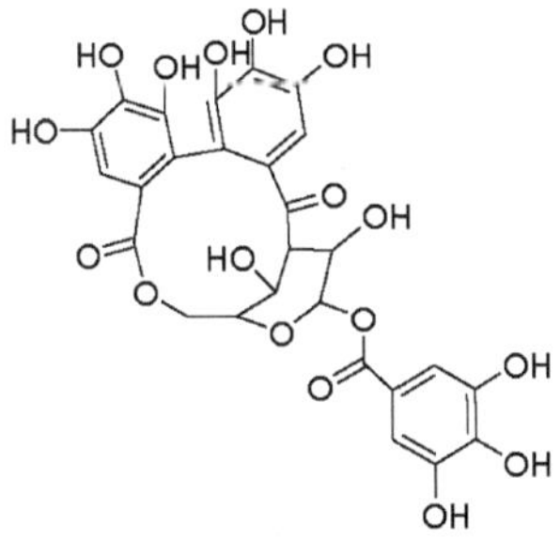

6

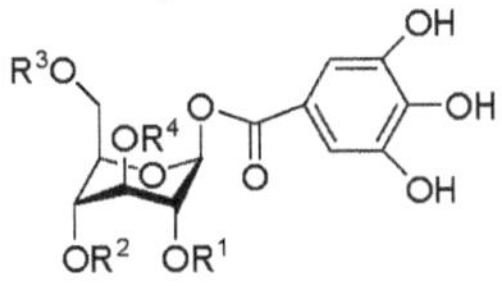

7：$R^1 = R^3 = R^4$ = galloyl, R^2 = H
8：$R^1 = R^2$ = chebuloyl, $R^3 = R^4$ = H
9：$R^1 = R^2$ = elaeocarpusinoyl, $R^3 = R^4$ = HHDP
10：$R^1 = R^2$ = DHHDP, $R^3 = R^4$ = H
11：R^1 = H, R^2 = HHDP′, $R^3 = R^4$ = HHDP
12：$R^1 = R^4$ = H, $R^2 = R^3$ = HHDP

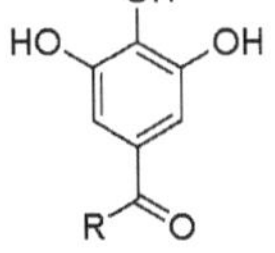

(galloyl)

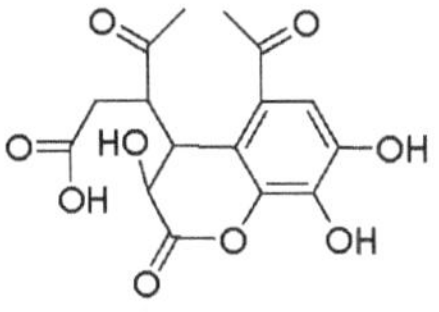

(chebuloyl)

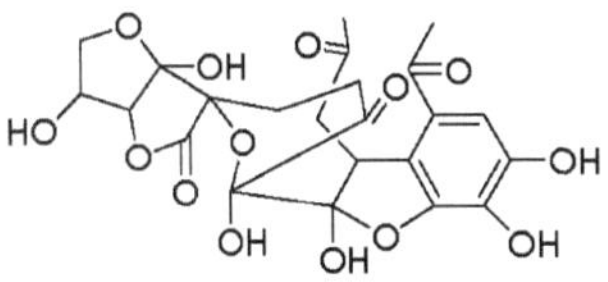

(elaeocarpusinoyl)

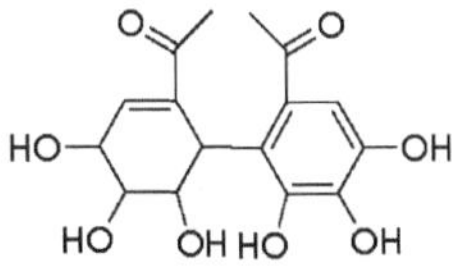

(HHDP)

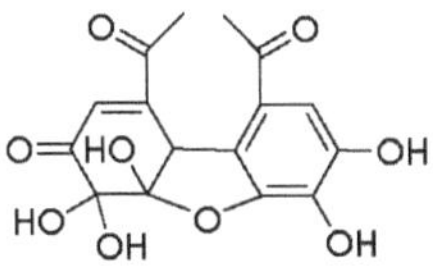

(DHHDP)

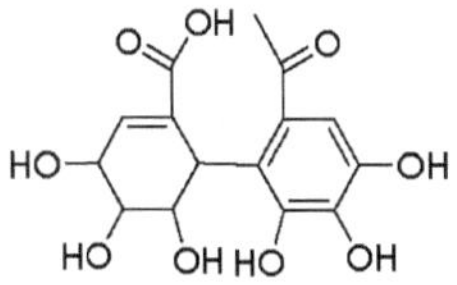

(HHDP′)

图 11-6

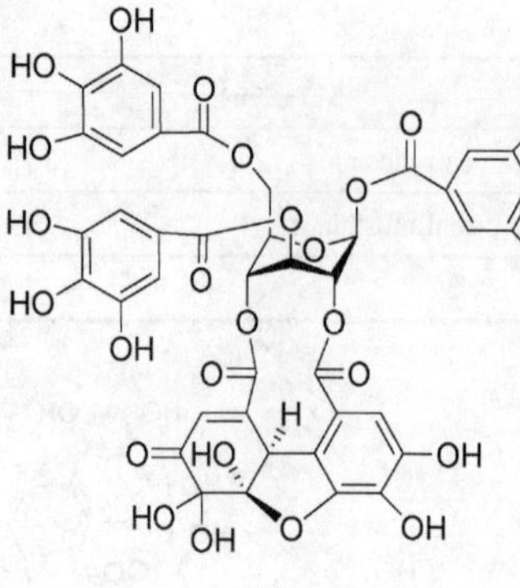

图 11-6　余甘子中鞣质类化合物

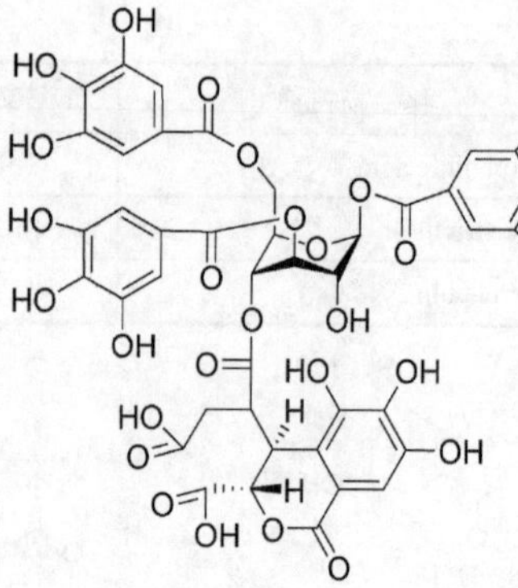

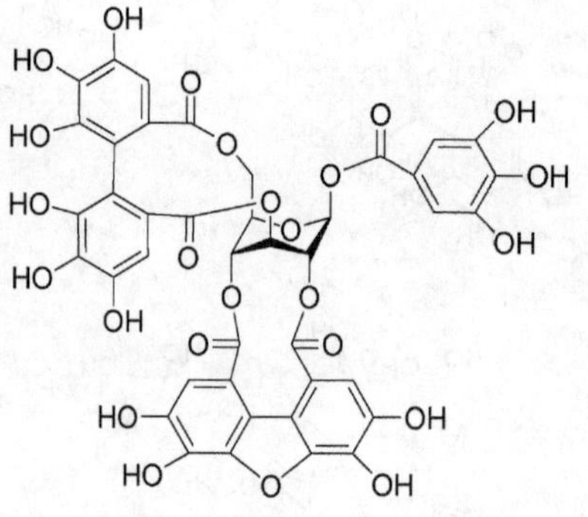

2．酚酸及其衍生物

郭晓江等[16]将余甘子粉碎后，用 80%乙醇浸泡提取得到粗提物浸膏，然后将粗提物悬浮于水中，分别用等体积的石油醚、乙酸乙酯、正丁醇萃取 3～5 次，减压回收得到石油醚浸膏、乙酸乙酯浸膏和正丁醇浸膏。乙酸乙酯浸膏经硅胶柱色谱、Sephadex LH-20 柱色谱、C$_{18}$ 反相柱色谱、MCI 柱色谱得到多个化合物，包括 12 个酚酸及其衍生物。Luo 等[6]从该植物中分离纯化并通过核磁共振波谱等方法鉴定了没食子酸（gallic acid）、mucic acid-1,4 lactone 3-O-gallate。Yang 等[8]从余甘子的乙醇提取物中分离出 9 个已知化合物，包括 ethyl gallate 和 gallic acid。Suresh 等[13]用甲醇和水提取余甘子果实，从中分离的化合物包括余甘子酚（emblicol）。张兰珍等[17]采用 70%丙酮对去核余甘子干果粗粉进行渗漉提取，40℃以下减压浓缩得到粗提取物，粗提物用水分散，乙酸乙酯反复萃取，并依次采用 Sephadex LH-20、Toyopeal HW-40、MCI gel CHP20 等凝胶色谱柱进行纯化，最终得到的化合物包括 1-O-没食子酰基-β-D-葡萄糖（1-O-galloyl-β-D-glucose）、诃子酸（chebulinic acid）。Mekkawy 等[18]从余甘子果实的甲醇提取物中分离得到 digallic acid。Kumaran 等[10]用甲醇提取余甘子果皮，鉴定出化合物 methyl gallate、gallic acid（表 11-7，图 11-7）。

表 11-7　余甘子中酚酸类化合物

序号	化合物名称	参考文献	序号	化合物名称	参考文献
1	cinnamic acid	[16]	3	ethyl gallate	[8]
2	methyl gallate	[10]	4	3-ethoxy-4,5-dihydroxy-benzoic acid	[16]

序号	化合物名称	参考文献	序号	化合物名称	参考文献
5	pyrogallol	[16]	12	mucic acid-1-methyl ester-6-ethyl ester	[16]
6	protocatechuic acid	[16]	13	2-carboxylmethylphenol-1-*O*-β-D-glucopyranoside	[16]
7	malic acid	[16]			
8	emblicol	[13]	14	3-*O*-methylellagic acid-4′-*O*-L-rhamnppyanside	[16]
9	L-malic acid-2-*O*-gallate	[16]			
10	decarboxyellagic acid	[16]	15	1-*O*-galloyl-β-D-glucose	[17]
11	mucic acid	[16]	16	双没食子酸（digallic acid）	[18]

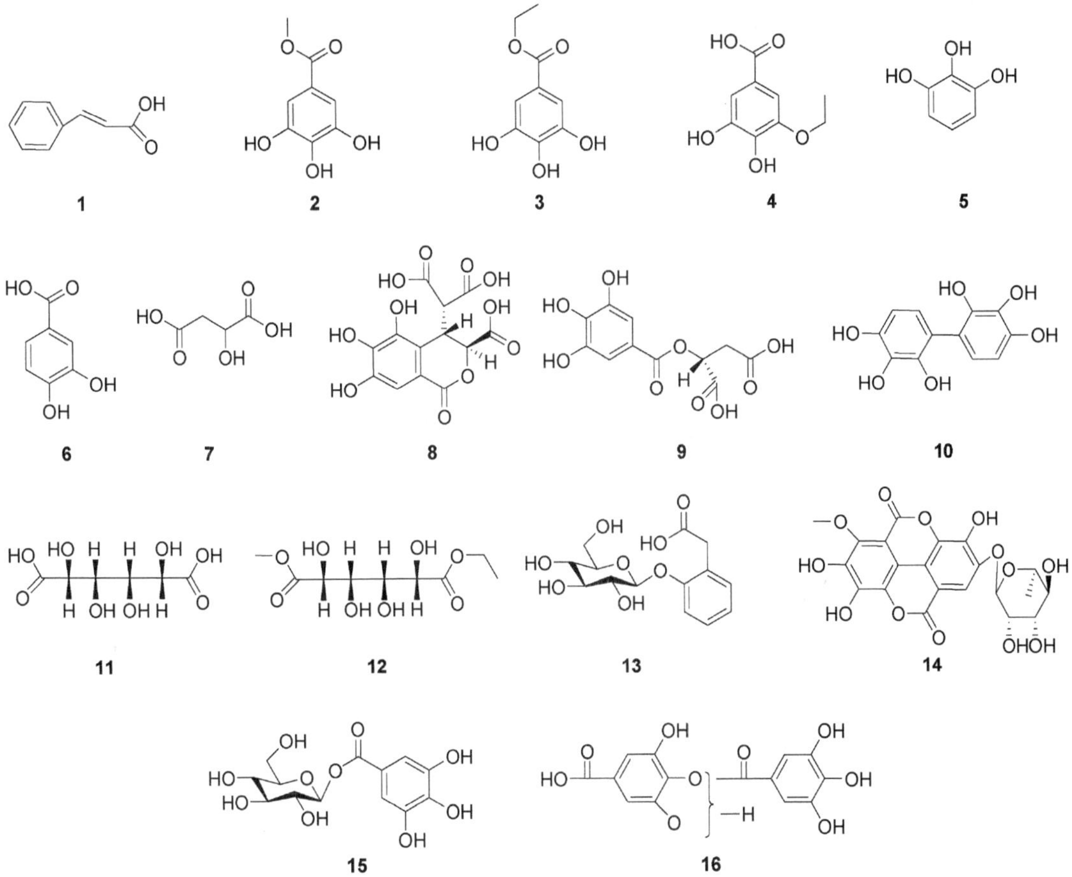

图 11-7　余甘子中酚酸类化合物

3．黄酮类化合物

黄酮类化合物普遍存在于余甘子各器官中。Liu 等[11]从余甘子干果甲醇提取物中纯化鉴定出 6 个化合物，包括 quercetin 和 kaempferol。Habib 等[19]在余甘子的植物化学研究中，分离出了两种新的黄酮类化合物：kaempferol-3-*O*-α-L-(6″-methyl)-rhamnopyranoside 和 kaempferol-3-*O*-α-L-(6″-ethyl)-rhamnopyranoside。Mekkawy 等[18]从余甘子果实的甲醇提取物中分离得到 kaempferol-3-*O*-β-D-glucoside 和 quercetin-3-*O*-β-D-glucoside（表 11-8，图 11-8）。

表 11-8　余甘子中黄酮类化合物

序号	化合物名称	参考文献	序号	化合物名称	参考文献
1	naringenin	[16]	6	naringenin 7-*O*-(6″-*O*-galloyl)-*β*-D-glucopyranoside	[16]
2	eriodictyol	[16]			
3	wogonin	[16]	7	(*S*)-eriodictyol 7-*O*-(6″-*O*-galloyl)-*β*-D-glucopyranoside	[16]
4	myricetin 3-*O*-rhamnoside	[16]			
5	delphinidin	[16]			

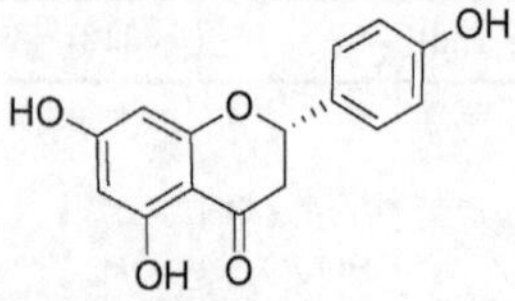

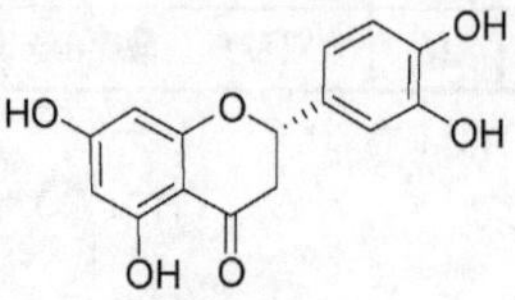

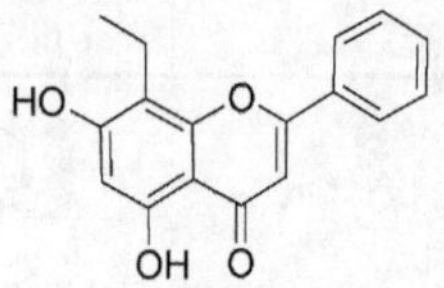

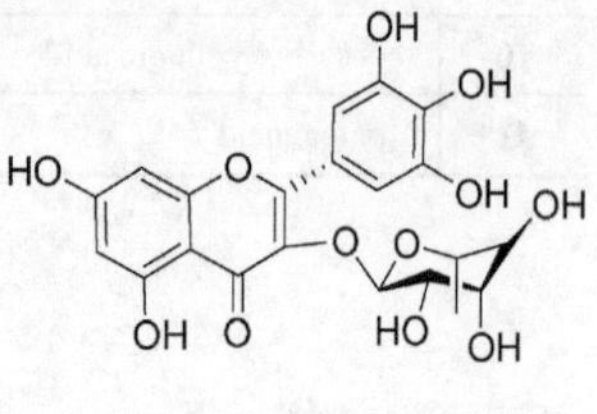

图 11-8　余甘子中黄酮类化合物

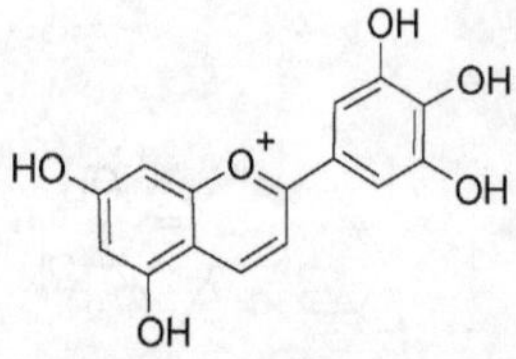

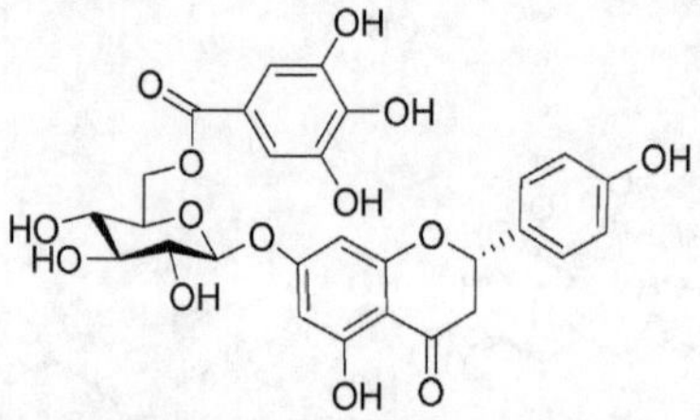

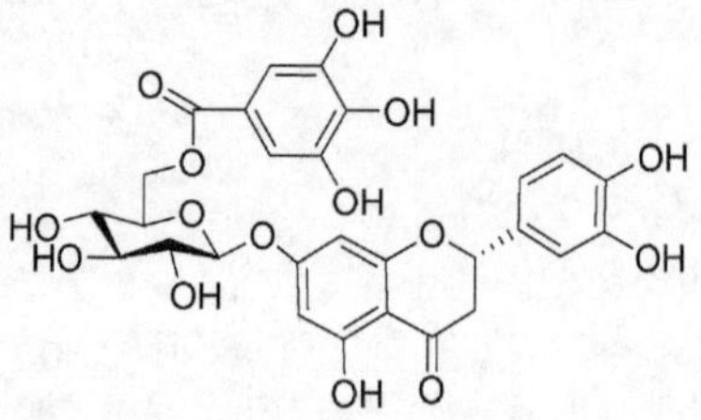

4．甾体类化合物

　　Yang 等[8]从余甘子的乙醇提取物中分离出 9 个已知化合物，包括 *β*-sitosterol、daucosterol。侯海燕等[20]依次采用硅胶柱色谱、大孔树脂色谱、凝胶柱色谱和制备薄层色谱，从中药余甘子干果的 90%乙醇提取物中分离得到胡萝卜苷（daucosterol）。郭晓江[16]也从余甘子中分离出一些甾体化合物（表 11-9，图 11-9）。

表 11-9　余甘子中甾体类化合物

序号	化合物名称	参考文献	序号	化合物名称	参考文献
1	5*α*,6*β*-dihydroxysitosterol	[16]	3	7-ketositosterol	[16]
2	7*β*-ethoxysitosterol	[16]	4	stigmast-4-en-3-one	[16]

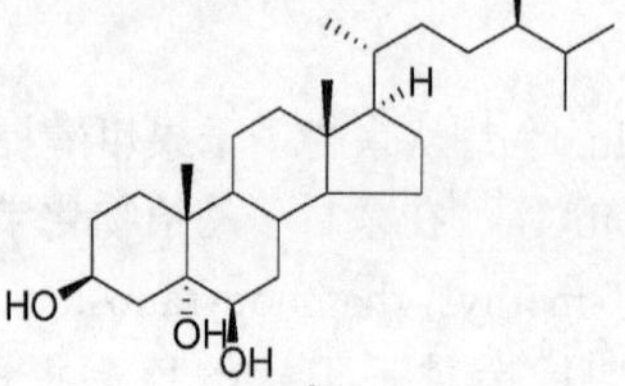

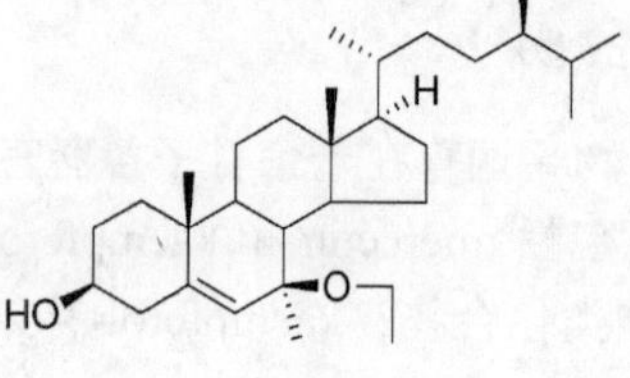

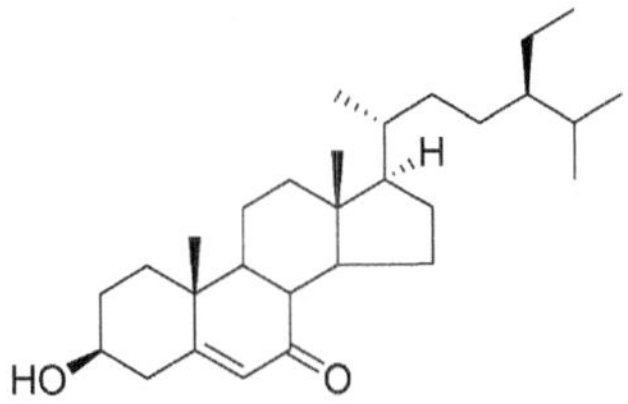

图 11-9　余甘子中甾体类化合物

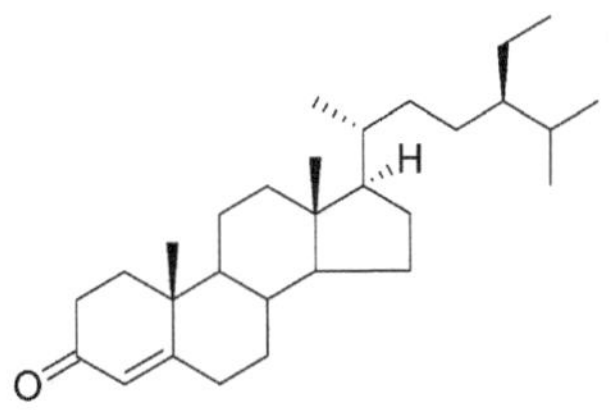

5. 木脂素类化合物

郭晓江等[16]对余甘子果实进行了系统的化学成分研究，共分离并鉴定了 28 个化合物，包括多个木脂素类化合物。具体信息见表 11-10，结构见图 11-10。

表 11-10　余甘子中木脂素类化合物

序号	化合物名称	参考文献	序号	化合物名称	参考文献
1	vermixocin A	[16]	4	杜仲树脂酚[(+)-medioresinol]	[16]
2	4-羰基松脂酚（4-ketopinoresinol）	[16]	5	鹅掌楸树脂酚 A（Ilrloresinol A）	[16]
3	丁香脂素（syringaresinol）	[16]	6	异落叶松树脂醇	[16]

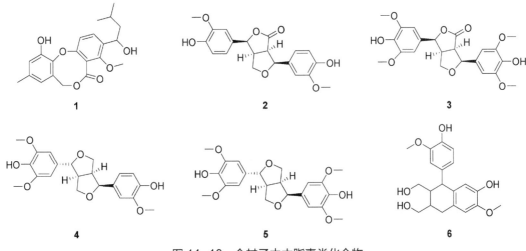

图 11-10　余甘子中木脂素类化合物

6. 脂肪酸类化合物

Yang 等[8]从余甘子的乙醇提取物中分离出 9 个化合物，包括 lauric acid、stearic acid。赵谋明等[22]用超临界 CO_2 萃取余甘子精油，对余甘子精油的抑菌作用成分进行了研究，并运用 GCMS 对其化学成分进行分析鉴定，从 20MPa 压力萃取的精油中鉴定出 30 种化学成分，其中主要成分为 β 波旁烯（β-bourbonene）、二十六烷、麝香草酚（thymol）和甲基丁香酚。

7. 其他类化合物

郭晓江等[16]对余甘子果实进行了系统的化学成分研究，共分离并鉴定了 28 个化合物，包括

1 个生物碱类化合物 divaricataester D（图 11-11，化合物 **1**），1 个糠醛类化合物 5-羟甲基糠醛（5-hydroxymethylfurfural）（图 11-11，化合物 **2**），1 个倍半萜类化合物 4-hydroxy phyllaemblic acid methyl ester（图 11-11，化合物 **8**）。还包括 2 个多元酸酯：黏酸-1-甲酯-6-乙酯（mucic acid-1-methy ester-6-ethyl ester）（图 11-11，化合物 **5**）和苹果酸二乙酯（diethyl malate）（图 11-11，化合物 **6**）。其中，化合物 **6** 为首次从该植物中分离得到。Suresh 等[13]用甲醇和水对余甘子果实中的化学成分进行提取分离，从中得到的化合物包括槲皮素-3-*O*-葡萄糖苷（图 11-11，化合物 **3**）、山奈酚-3-*O*-葡萄糖苷（kaempfenol-3-*O*-glucoside）（图 11-11，化合物 **4**）。侯海燕等[20]从中药余甘子干果的 90%乙醇提取物中分离得到 10 种化合物，包括黏酸二甲酯-2-*O*-没食子酰基（mucic acid dimethy ester-2-*O*-gallate）（图 11-11，化合物 **7**）、黏酸-1-甲酯-6-乙酯（mucic acid-1-methyl ester-6-ethyl ester）。

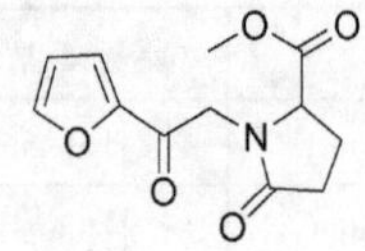

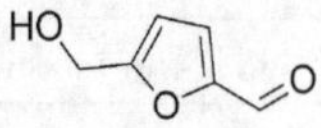

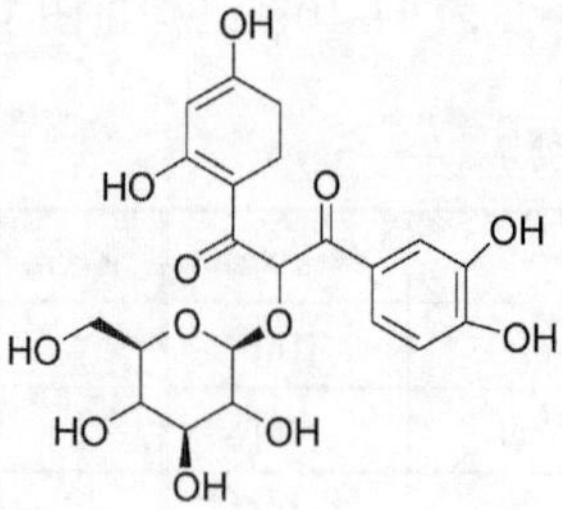

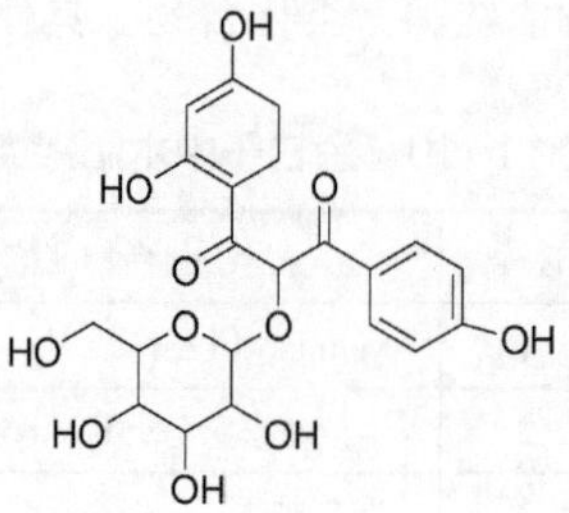

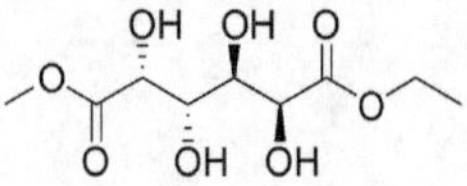

图 11-11　余甘子中其他类化合物结构

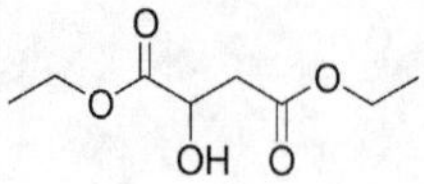

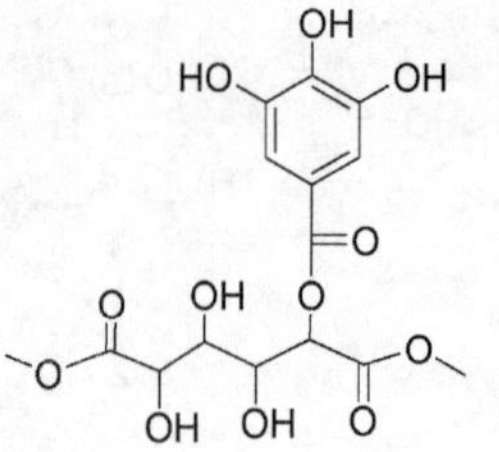

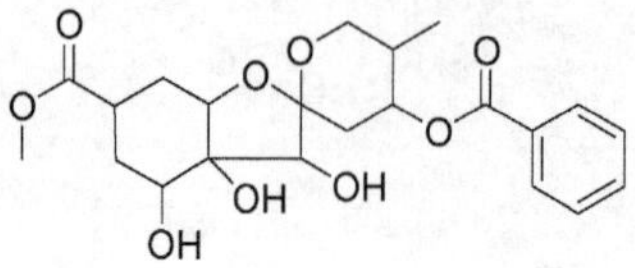

三、药理活性研究

1．抗菌

　　唐春红等[21]以抑菌效果作指标，对余甘子果实中的抑菌有效成分进行分离纯化，用 MTT 法来研究单体化合物对微生物细胞活力的影响，选用的指标菌为三种常见的食品腐败菌（大肠杆菌、枯草芽孢杆菌、金黄色葡萄球菌），发现其中三个化合物，即没食子酸、槲皮素和齐墩果酸具有一定的抑菌作用。赵谋明等[22]对超临界 CO_2 萃取的余甘子精油的抑菌作用进行研究，研究发现余甘子精油对枯草芽孢杆菌、金黄色葡萄球菌、大肠埃希杆菌、沙门菌、啤酒酵母和米曲霉等常见食品污染菌具有很好的抑制作用，其中 20MPa 力下萃取的精油对枯草芽孢杆菌、金黄色葡萄球菌、沙门菌、啤酒酵母、米曲霉及黑曲霉的抑制效果优于山梨酸钾对照品，初步推断 β-波旁烯和麝香草酚为主要的抑菌成分。

2. 抗氧化

Luo 等[6]通过体外清除超氧阴离子自由基、DPPH 自由基和 ABTS 自由基，铁离子螯合能力和抑制 Fe(Ⅱ)诱导的脂质过氧化能力模型，评价了这些化合物的抗氧化活性。结果表明，所测酚类化合物均具有较强的自由基清除能力、较好的螯合 Fe^{2+} 能力和较好的抗脂质过氧化能力，mucic acid-1,4 lactone-3-O-gallate 首次被报道具有抗氧化活性。此外，还检测了这些酚类物质对 MCF-7 乳腺癌细胞株的体外抗增殖活性，虽然不同酚类物质对 MCF-7 细胞的生长抑制作用不同，但所测酚类物质均具有明显的抑制 MCF-7 人癌细胞存活的能力。余甘子果实中的酚类物质均表现出较好的抗氧化活性和明显的抗增殖活性。mallotusinin 作为一种首次从叶下珠属植物中鉴定的酚类化合物，首次同时表现出抗氧化活性和离子结合活性，并表现出明显的抗增殖能力。Liu 等[11]采用甲醇对余甘子干果进行提取，用乙醚、乙酸乙酯、丁醇和水进行分离，乙酸乙酯部位清除 DPPH 自由基的活性最强。通过脂质过氧化和 DPPH 体系评价化合物的抗氧化活性，所得化合物均具有较强的抗氧化和自由基清除活性，与其他化合物相比，geraniin 显示抗氧化活性最好。

3. 降血糖

王锐等[23]通过检测余甘子多糖对 α-淀粉酶、α-葡萄糖苷酶抑制活性及对羟自由基、超氧自由基、DPPH 自由基的清除作用，来评价余甘子多糖降血糖及抗氧化活性，结果表明，余甘子多糖对两种酶具有剂量依赖性抑制活性，其最大抑制率均高于阿卡波糖，自由基清除测定表明余甘子多糖清除率总体上弱于维生素 C，但高浓度时对 DPPH 的清除作用与维生素 C 相当。余甘子多糖具有一定的降血糖和抗氧化活性，有很好的开发价值。李明玺等[24]通过研究余甘子提取物对 LO2 细胞葡萄糖转运蛋白 2（GLUT-2）和过氧化物酶体增殖物激活受体-γ(PPARγ) mRNA 表达及过氧化物酶体增殖物反应元件（PPER）和核转录因子 κB（NF-κB）活性的影响，来研究余甘子提取物的降血糖作用机制，结果表明，余甘子提取物可能是通过升高 GLUT-2 和 PPARγ 的表达和抑制相关炎症通路发挥降血糖作用，而没食子酸可能为其主要的活性成分。

4. 保肝护肝

李萍等[25]通过探讨余甘子对猪血清所致大鼠免疫性肝纤维化的影响，发现余甘子对猪血清所致大鼠肝纤维化模型具有较好的抗纤维化作用，其作用机制可能与其减少氧自由基，抑制细胞膜脂质过氧化反应，减少炎症因子释放等有关。Tasduq 等[26]通过观察利福平、异烟肼和吡嗪酰胺单独或联合用药引起的肝毒性的生化表现，在体外对大鼠肝细胞进行悬浮培养，同时对大鼠进行亚急性研究，对余甘子 50%水醇提取物对抗结核药物引起的肝损伤的保护作用进行研究，结果表明余甘子 50%水醇提取液能有效恢复细胞内酶性和非酶性抗氧化机制，预防肝损伤。李萍等[27]利用 D-半乳糖胺（D-Gal-N）1 次性腹腔注射诱发小白鼠急性肝损伤模型，通过测定血清谷丙转氨酶（ALT）、谷草转氨酶（AST）、碱性磷酸酶（ALP）、超氧化物歧化酶（SOD）、丙二醛（MDA）及肝糖原、肝脏系数，观察余甘子水提醇沉物对肝损伤的保护作用，结果表明余甘子水提醇沉物各剂量组成均能降低血清 ALT、AST、ALP、MDA 含量和肝脏系数，提高血清 SOD 活性及促进肝糖原合成，并可改善肝脏组织病理损伤，其作用呈剂量依赖性。余甘子水提醇沉物有一定程度抗自由基与抗脂质过氧化作用，对 D-Gal-N 所致的急性肝损伤具有明显的保护作用。张志毕等[28]对余甘子提取物对小鼠急性酒精肝损伤的预防保护作用和机制进行研究，结果表明余甘子提取物可以通过乙醇代谢酶活性调节、脂代谢调控、抗氧化损伤、抗炎和抗细胞凋亡来保护小鼠急性酒精肝损伤，具有开发为解酒护肝保健食品的前景。

5. 抗肿瘤

Sancheti 等[29]对余甘子提取物的抗肿瘤作用进行研究，结果表明，对照组（不经余甘子提取物处理）的肿瘤产量、肿瘤负担和乳头状瘤累积数量均高于实验动物（经余甘子提取物处理），证明了余甘子提取物对 DMBA 诱导的瑞士白化小鼠皮肤肿瘤的化学预防潜力。Pinmai 等[30]还考察了余甘子的提取物对人肝癌细胞（HepG2）和肺癌细胞（A549）的抑制作用，结果表明，余甘子提取物对两种癌细胞均有抑制作用，并具有一定的选择性。而余甘子提取物与治癌药物阿霉素或 cisplatin 共同作用两种癌细胞时，则在不同浓度下显示了协同增效作用。这说明在某些情况下，可以采用余甘子提取物与抗癌药物的联合疗法代替药物的单一疗法来提高抗癌疗效。徐国平等[31]对余甘果汁对胃癌高发区受试者内源性 N-亚硝基化合物（NOC）合成的阻断作用进行研究，结果表明，胃癌高发区人群合理饮用新鲜余甘果汁，对体内过高的亚硝化水平有较好的阻抑作用。

6. 其他

侯海燕等[20]通过对分离得到的 10 个化合物进行 HBV 抗原表达的检测，发现其中 4 个化合物具有较强的抗 HBV 活性，分别是化合物 1,6-二-O-没食子酰基-β-D-葡萄糖、elaeocarpusin、没食子酸和双没食子酸。郭晓江等[16]对余甘子中含量较大的化合物、没食子酸和没食子酸乙酯进行了自由基清除实验和细胞氧化损伤保护活性研究，结果表明，均具有潜在 Nrf2 诱导活性，没食子酸乙酯对 H_2O_2 引起的细胞氧化损伤具有显著保护作用。Kumaran 等[10]用甲醇提取余甘子果皮，分离出正己烷、乙酸乙酯和水馏分，与水和正己烷相比较，只有乙酸乙酯相具有较强的 NO 清除活性。Kim 等[32]采用大鼠实验对余甘子提取物的降低胆固醇作用进行研究，结果表明，余甘子作为一种天然药物可用于降低血液中胆固醇和甘油三酯水平，可以安全地防止动脉粥样硬化。Muhammad 等[33]通过比较普鲁卡因青霉素、余甘子提取物和椰子油对亚临床乳腺炎的治疗效果及其对泌乳期山羊乳汁成分的影响，发现余甘子提取物是治疗亚临床乳腺炎的一种可靠的药物来源，也可作为抗生素治疗的替代品生产无抗生素残留奶。

参考文献

[1] Variya B C, Bakrania A K, Patel S S. *Emblica officinalis* (Amla): A review for its phytochemistry, ethnomedicinal uses and medicinal potentials with respect to molecular mechanisms[J]. Pharmacological Research, 2016, 111: 180-200.

[2] 黄浩洲, 陈敬财, 张定堃, 等. 余甘子研究进展及质量标志物预测分析[J]. 中国中药杂志, 2021, 46(21): 5533-5544.

[3] Saikat G, Manisha M, Soumen B, *et al*. Advances in biotechnology of *Emblica officinalis* Gaertn. syn. *Phyllanthus emblica* L.: a nutraceuticals-rich fruit tree with multifaceted ethnomedicinal uses[J]. 3 Biotech, 2021, 11(2): 62.

[4] 中国科学院中国植物志编辑委员会. 中国植物志: 第四十四卷第一分册[M]. 北京: 科学出版社, 1994.

[5] Rupesh V. Chikhale, Saurabh K. Sinha b, Pukar Khanal, *et al*. Computational and network pharmacology studies of *Phyllanthus emblica* to tackle SARS-CoV-2[J]. Phytomedicine Plus, 2021, (7): 100095.

[6] Luo W, Zhao M, Yang B, *et al*. Antioxidant and antiproliferative capacities of phenolics purified from *Phyllanthus emblica* L. fruit[J]. Food Chemistry, 2011, 126(1): 277-282.

[7] Kumaran A, Karunakaran R J. Nitric oxide radical scavenging active components from *Phyllanthus emblica* L.[J]. Plant Foods for Human Nutrition, 2006, 61(1): 1.

[8] Yang C B, Zhang F, Deng M C, *et al*. A new ellagitannin from the fruit of *Phyllanthus emblica* L.[J]. Journal of the Chinese Chemical Society(Taipei, Taiwan), 2007, 54(6):1615-1618.

[9] Zhang Y J, Nagao T, Tanaka T, *et al*. Antiproliferative activity of the main constituents from *Phyllanthus emblica*[J]. Biological and Pharmaceutical Bulletin, 2004, 27(2): 251-255.

[10] Kumaran A, Karunakaran R J. Nitric oxide radical scavenging active components from *Phyllanthus emblica* L.[J]. Plant foods for human nutrition (Dordrecht, Netherlands), 2006, 61(1): 1-5.

[11] Liu X, Cui C, Zhao M, et al. Identification of phenolics in the fruit of emblica (*Phyllanthus emblica* L.) and their antioxidant activities[J]. Food Chemistry, 2008, 109(4): 909-915.

[12] Zhang Y Z, Tomomi A, Takashi T, et al. Phyllanemblinins A-F, new ellagitannins from *Phyllanthus emblica*[J]. Journal of Natural Products, 2001, 64(12): 1527-1532.

[13] Suresh K, Vasudevan D M. Augmentation of murine natural killer cell and antibody dependent cellular cytotoxicity activities by *Phyllanthus emblica*, a new immunomodulator[J]. Journal of Ethnopharmacol, 1994, 44(1): 55-60.

[14] Ghosal S. Active constituents of *Emblica officinalis*. Part 1. the chemistry and antioxidative effects of two new hydrolysable tannins, emblicanin A (Ia) and B (Ib)[J]. Indian Journal of Chemistry, 1996, 35: 941-948.

[15] Yang B, Liu P. Composition and biological activities of hydrolyzable tannins of fruits of *Phyllanthus emblica*[J]. Journal of Agricultural and Food Chemistry, 2014, 62(3): 529-541.

[16] 郭晓江. 两种药用植物的化学成分及生物活性研究[D]. 济南: 山东大学, 2013.

[17] 张兰珍, 赵文华, 郭亚健, 等. 藏药余甘子化学成分研究[J]. 中国中药杂志, 2003, (10): 46-49.

[18] Sahar E M, Meselhy R. M, Ines T K, et al. Inhibitory effects of Egyptian folk medicines on human immunodeficiency virus (HIV) reverse transcriptase[J]. Chemical & Pharmaceutical Bulletin, 1995, 43(4): 641-648.

[19] Habib U R, Yasin K A, Choudhary M A, et al. Studies on the chemical constituents of *Phyllanthus emblica*[J]. Natural Product Research: Formerly Natural Product Letters, 2007, 21(9): 775-781.

[20] 侯海燕. 中药余甘子抗 HBV 活性成分研究[D]. 北京: 中国人民解放军军事医学科学院, 2006.

[21] 唐春红, 陈冬梅, 陈岗, 等. 余甘子果实提取物活性成分分离及结构鉴定[J]. 食品科学, 2009, 30(9): 103-108.

[22] 赵谋明, 刘晓丽, 崔春, 等. 超临界 CO_2 萃取余甘子精油成分及精油抑菌活性[J]. 华南理工大学学报(自然科学版), 2007, 35(12): 116-120.

[23] 王锐. 余甘子多糖体外降血糖及抗氧化活性研究[J]. 食品研究与开发, 2018, 39(17): 189-192, 224.

[24] 李明玺, 黄卫锋, 姚亮亮, 等. 余甘子提取物降血糖活性及其主要成分研究[J]. 现代食品科技, 2017, 33(9): 96-101.

[25] 李萍, 杨政腾, 彭百承, 等. 余甘子抗大鼠免疫性肝纤维化作用(I)[J]. 中国实验方剂学杂志, 2010, 16(6): 171-173.

[26] Tasduq S A, Kaisar P, Gupta D K, et al. Protective effect of a 50% hydroalcoholic fruit extract of *Emblica officinalis* against anti-tuberculosis drugs induced liver toxicity[J]. Phytotherapy research: PTR, 2005, 19(3): 193-197.

[27] 李萍, 谢金鲜, 林启云. 余甘子对 D-半乳糖胺致小鼠急性肝损伤的影响[J]. 云南中医中药杂志, 2003, (1): 31-33.

[28] 张志毕, 张媛, 于浩飞, 等. 余甘子提取物对小鼠急性酒精肝损伤的保护作用研究[J]. 食品工业科技, 2017, 38(5): 350-356.

[29] Sancheti G, Jindal A, Kumari R, et al. Chemopreventive action of emblica officinalis on skin carcinogenesis in mice[J]. Asian Pacific journal of cancer prevention: APJCP, 2005, 6(2): 197-201.

[30] Pinmai K, Chunlaratthanabhorn S, Ngamkitidechakul C, et al. Synergistic growth inhibitory effects of *Phyllanthus emblica* and *Terminalia bellerica* extracts with conventional cytotoxic agents: doxorubicin and cisplatin against human hepatocellular carcinoma and lung cancer cells[J]. World Journal of Gastroenterology, 2008, (10): 1491-1497.

[31] 徐国平, 宋圃菊. 余甘果汁阻断胃癌高发区人群内源性 N-亚硝基化合物合成[J]. 中国食品卫生杂志, 1991, (4): 1-4.

[32] Kim H J, Yokozawa T, Kim H Y, et al. Influence of amla (*Emblica officinalis* Gaertn.) on hypercholesterolemia and lipid peroxidation in cholesterol-fed rats[J]. Center for Academic Publications Japan, 2005, 51(6): 413-418.

[33] Rizwan M, Durrani A Z, Ahmad T, et al. Comparative therapeutic efficacy of procaine penicillin, *Phyllanthus emblica* fruit extract and *Cocos nucifera* oil against subclinical mastitis[J]. Livestock Science, 2021, 251: 104655.

第三节

土木香

土木香为菊科植物土木香（*Inula helenium* L.）的干燥根，在秋季采挖，除去泥沙后晒干[1]。

土木香是藏、蒙地区民间常用药材，别名玛奴巴扎。土木香味辛、苦，性温，无毒。归肺、肝、脾经。具有健脾和胃、调气解郁、止痛安胎之功效。主治胸胁挫伤、脘腹胀痛、呕吐泻痢、疟疾、胎动不安[2]。迄今，土木香中已分离鉴定的化合物主要为倍半萜内酯类化合物，另外还含有菊糖以及少量的黄酮、氨基酸[3]。现代药理学研究表明，土木香具有镇痛、抗炎、抗病毒、抗菌、抗肿瘤、驱虫、降血糖等作用[4]。

一、生物学特性及资源分布

1．生物学特性

土木香多年生草本，高 60～150cm，可达 250cm。根茎块状，有分枝。茎直立，粗壮，径达 1cm，不分枝或上部有分枝，被开展的长毛。茎基部叶较疏，基部渐狭成具翅长达 20cm 的柄；叶片椭圆状披针形至披针形，长 10～40cm，宽 10～25cm，先端尖，边缘不规则的齿或重齿，上面被基部疣状的糙毛，下面被黄绿色密茸毛，叶脉在下面稍隆起，网脉明显；中部叶卵圆状披针形或长圆形，较小，基部心形，半抱茎；上部叶披针形，小。头状花序少数，径 6～8cm，排列成伞房状或总状花序；花序梗从极短到长达 12cm，为多数苞叶围裹；总苞 5～6 层，外层草质，宽卵圆形，先端钝，常反折，被茸毛，宽 6～9mm，内层长圆形，先端扩大成卵圆三角形，干膜质，背面具疏毛，有缘毛，较外层长达 3 倍，最内层线形，先端稍扩大或狭尖；舌状花黄色，舌片线形，舌片顶端有 3～4 个不规则齿裂，长 2～3cm，宽 2～2.5cm；筒状花长 9～10mm，有披针形裂片；冠毛污白色，长 8～10mm，有极多数具细齿的毛。瘦果四或五面形，长 3～4mm，有棱和细沟，无毛。花期 6～9 月[5]。

2．资源分布

土木香多野生于山沟、河谷以及田埂边，喜光照强烈的湿润环境。耐涝不耐旱，植株耐寒性较强。在–5℃左右的低温下也能正常越冬；对土壤要求不高，一般土壤就可以栽种[6]。林缘，森林草原，栽培，海拔 1800～2000m。

广泛分布于欧洲（中部、北部、南部）、亚洲（西部、中部）、苏联西伯利亚西部至蒙古北部和北美。在我国分布于新疆，其他许多地区常栽培[5]。

二、化学成分研究

1．倍半萜类化合物

Bourrel 等[7]通过 GC/MS 法从土木香中分离鉴定了多种倍半萜类化合物，其中 alantolactone、isoalantolactone 为桉烷型倍半萜。Kaur 等[8]为了进一步了解菊属植物倍半萜内酯之间的结构和生物活性关系，对该植物进行了系统的化学研究，得到两种新的倍半萜类内酯，分别命名为 inunal 和 isoalloalantolactone，并对几种已知倍半萜类内酯进行了分离鉴定。毛婷[9]采用硝酸银硅胶柱色谱法并结合 RP-HPLC 法从土木香中分离鉴定了多种化合物，其中 4β,5-dihydroxy-eudesma-11(13)-dien-12,8β-olide、5,6α-dihydroxy-eudesma-11(13)-dien-12,8β-olide、

1(10),4(5),11(13)-germacra-trien-12,8β-olide 为新化合物；首次在土木香中分离的化合物有 septuplinolide、1α-hydroxy-eudesma-4(5),11(13)-dien-12,8α-olide、1α-hydroxy-eudesma-3(4),11(13)-dien-12,8β-olide、racemosalactone A、3-oxo-eudesma-4(5),11(13)-dien-12,8β-olide、telekin、4α,15-epoxy-isoalantolactone、1(2),4(15),11(3)-eudesma-trien-12,8β-olide；已知化合物有 alloalantolactone、4α,5β-epoxy-1(10),11(13)-germacradiene-8,12-olide、racemosalactone A、igalane 等。Konishi 等[10] 对土木香环乙烷层制备分离得到多个倍半萜内酯，其中，11α,13-dihydroxy-alantolactone、11α,13-dihydroisoalantolactone、5α-epoxyalantolactone 为桉烷型倍半萜。Ma 等[11]用甲醇提取土木香中化学成分后用石油醚萃取，通过硅胶 Sephadex LH-20 和 ODS 色谱技术分离得到倍半萜类化合物 3-oxoalloalantolactone、dihydroepoxyalantolactone、dihydro-4(15)α-epoxyisoalantolactone、3β-hydroxy-11α,13-dihydroalantolactone、11α-hydroxyeudesm-5-en-8β,12-olide、11,13-dihydro-2α-hydroxyalantolactone、11,13-dihydroivalin、11βH-2α-hydroxyeudesman-4(15)-en-12,8β-olide、11,12,13-trinoreudesm-5-ene-7β,8α-diol。姜海龙[12]从土木香中共分离得到 17 个化合物，倍半萜类有 ialantolactone、trinoralantolactone、7S,1(10)Z-4,5-seco-guaia-1(10),11-diene-4,5-dioxo、4α,5α-eipoxy-germacr-1(10),11(13)-dien-12,8β-olide、5β-hydroxygermacr-1(10),4(15),11(13)-trien-12,8β-olide、4,5-seco-eudesma-11(13)-en-4,5-dioxo-12,8β-olide。许卉等[13]分离得到 13 个倍半萜类化合物，有脱氢木香内酯、木香烯内酯、11β,13-二氢木香烯内酯、reynosin、11β,13-dihydroreynosin、珊塔玛内酯、11β,13-二氢珊塔玛内酯、11β,13-二氢木香内酯、1β-hydroxycolartin 等（表 11-11，图 11-12）。

表 11-11　土木香倍半萜类成分

序号	名称	参考文献	序号	名称	参考文献
1	alantolactone	[7]	15	11,13-dihydroivalin	[11]
2	isoalantolactone	[7]	16	11,12,13-trinoreudesm-5-ene-7β,8α-diol	[11]
3	isoalloantolactone	[8]	17	7S,1(10)Z-4,5-seco-guaia-1(10),11-diene-4,5-dione	[12]
4	inunal	[8]			
5	isotelekin	[8]	18	4α,5α-epoxygermacr-1(10),11(13)-dien-12,8β-olide	[12]
6	alloalantolactone	[9]			
7	4β,5-dihydroxy-eudesma-11(13)-dien-12,8β-olide	[9]	19	脱氢木香内酯	[13]
			20	木香烯内酯	[13]
8	racemosalactone A	[9]	21	reynosin	[13]
9	telekin	[9]	22	11β,13-dihydroreynosin	[13]
10	igalane	[9]	23	珊塔玛内酯	[13]
11	5α-epoxyalantolactone	[10]	24	11β,13-二氢-β-环广木香内酯	[13]
12	3-oxoalloalantolactone	[11]	25	11β,13-二氢-α-环广木香内酯	[13]
13	dihydroepoxyalantolactone	[11]	26	1β-hydroxycolartin	[13]
14	11α-hydroxyeudesm-5-en-8β,12-olide	[11]			

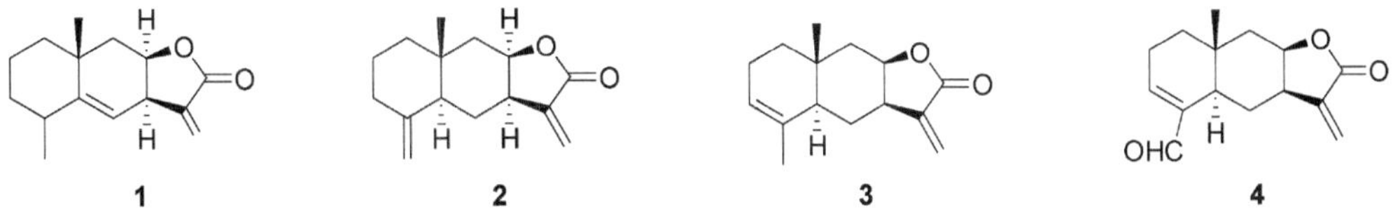

图 11-12

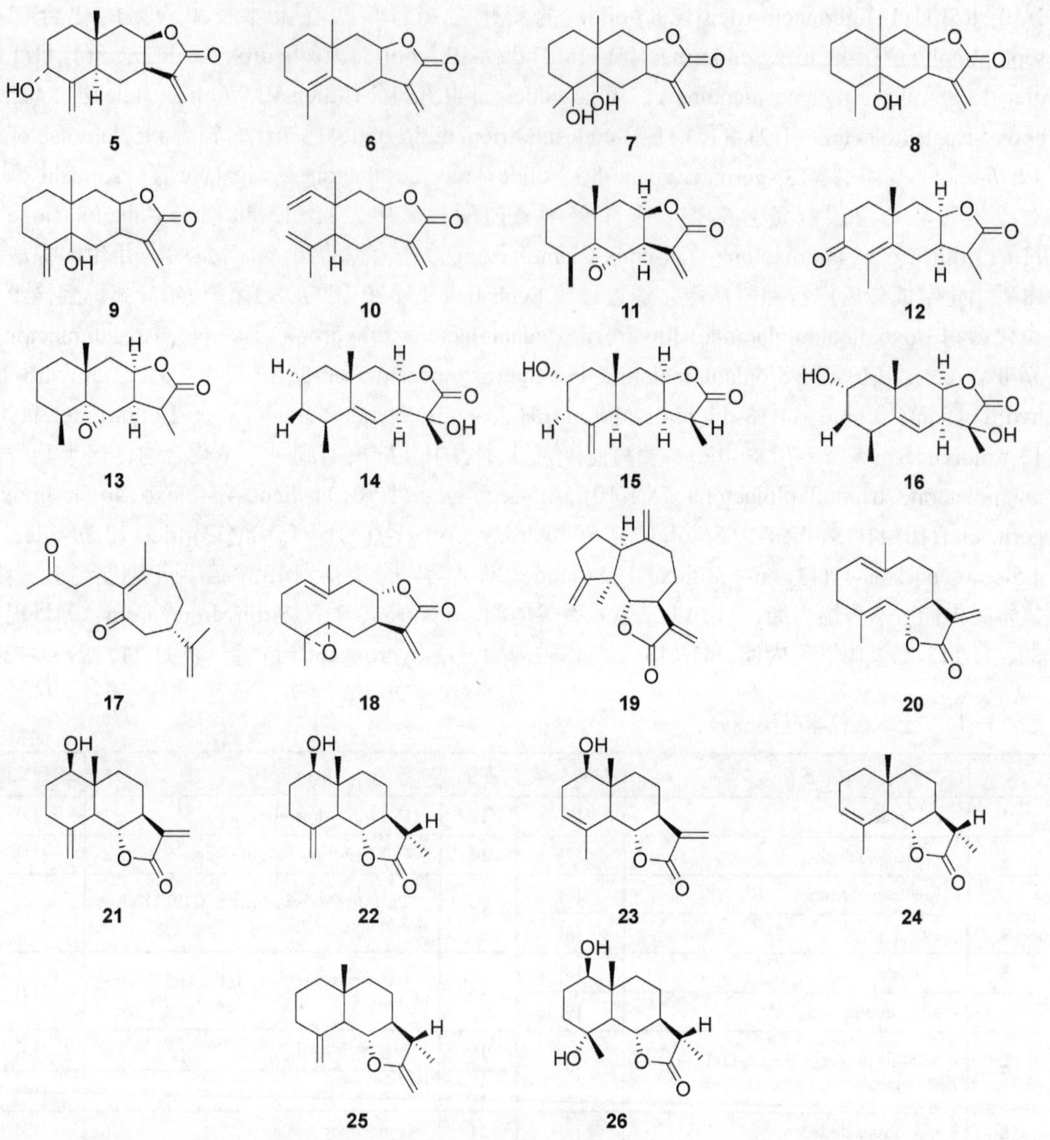

图 11-12 土木香倍半萜类成分

2. 其他类成分

土木香中除倍半萜主成分外，还有大量的菊糖，少量的黄酮类[14]、甾醇类[15]（β-谷甾醇等）、酚酸类[16]（咖啡酸、绿原酸等）、三萜类[17]（木栓酮、木栓醇、古柯二醇等）（表 11-12，图 11-13）。

表 11-12 土木香其他类成分

序号	名称	参考文献
1	木栓醇	[17]
2	古柯二醇	[17]

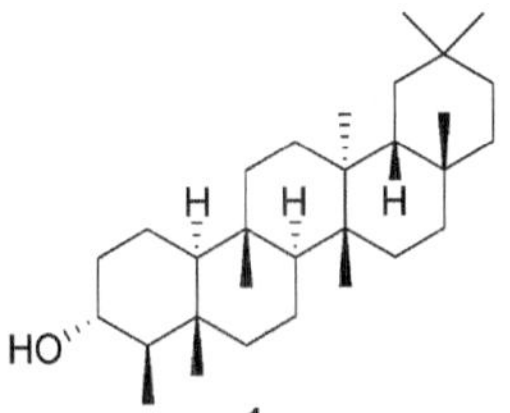

图 11-13　土木香其他类成分

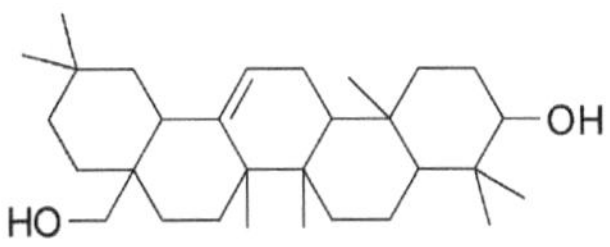

三、药理活性

1. 抗菌

张文渊等[18]发现，土木香石油醚部位提取物对黄瓜白粉菌、黄瓜霜霉病菌、黄瓜炭疽病菌、番茄灰霉菌、番茄叶霉病菌都有较强的抗菌活性。吴金梅[19]等对异土木香内酯的抗金黄色葡萄球菌肠毒素的活性进行了研究，发现在低质量浓度（1～8μg/mL）下，它能够降低金黄色葡萄球菌肠毒素 A（SEA）和金黄色葡萄球菌肠毒素 B（SEB）的表达，呈现出剂量依赖性。Blagojević[20]等通过构象分析方法，研究了土木香精油中 3 种桉叶烷型倍半萜内酯（土木香内酯、异土木香内酯、盾叶鬼臼树脂）的抗金黄色葡萄球菌活性。优势构象采用分子力学和量子化学经验法相互比较确定，应用 2D、3D 核磁共振法确定其构型。土木香内酯、异土木香内酯均为 U 构型（闭合环），盾叶鬼臼树脂为 S 构型（开环），通过抗菌活性试验，S 构型较 U 构型抗菌活性强。Claudia 等[21]研究了去氢木香内酯和木香烃内酯对不同人类细胞类型发挥各种抗炎和促进凋亡作用，结果表明二者降低人类角质形成细胞内 GSH 水平并抑制由 IL-22 或 IFN-γ 触发的 STAT3 和 STAT1 的磷酸化和激活，表明两种化合物在许多皮肤疾病中可能起重要作用。Coronado-Aceves 等[22]学者使用 MTT 法针对正常细胞系 L929 测试细胞毒性，鉴定了具有分枝杆菌活性的倍半萜内酯，reynosin 是具有最小抑菌浓度的活性化合物，对结合分枝杆菌菌株具有杀菌活性。

2. 抗肿瘤

Dorn 等[23]对土木香提取物的抗肿瘤活性进行了研究。结果表明，该化合物对 4 种不同的癌细胞株（HT-29、MCF-7、Capan-2 和 G1）具有高选择性的细胞毒作用，但对人体正常的周围血液淋巴细胞（PBLs）的毒性却非常小。在电子显微镜下观察了该提取物对这些肿瘤细胞的细胞毒性作用过程，发现它们的变化形态非常相似，并且在土木香提取物的作用下都发生了坏死，而不是凋亡。Chen 等[24]研究发现从土木香根中分离得到的倍半萜内酯 isocostunolide 能够诱导 A2058、HT-29 以及 HepG2 肿瘤细胞系的凋亡，其 IC_{50} 分别为 3.2μg/mL、5.0μg/mL、2.0μg/mL。进一步研究表明该化合物能够显著诱导 A2058 细胞中的线粒体膜的去极化，从而促进细胞色素 C 释放到细胞液中，表明化合物 isocostunolide 可能激活线粒体介导的细胞凋亡途径。为证实这一推论，作者研究发现 isocostunolide 诱导的线粒体膜的缺失可能是通过 Bcl-2 家族蛋白的调节实现的，而 A2058 细胞中并未发现活性氧簇（ROS）的产物。研究结果证明倍半萜内酯 isocostunolide 能够通过线粒体依赖途径诱导 A2058。陈进军[25]等报道，异土木香内酯具有较强的抗肝癌活性，并且增加机体的免疫能力可能是其抗肿瘤作用的机制之一。Li 等[26]对土木香中倍半萜内酯化合物抑制人乳腺癌细胞增殖的作用进行了考察，发现异土木香内酯的抑制活性较为明显。

李明等[27]研究了异土木香内酯抑制人乳腺癌细胞增殖活性，并根据实验结果推测倍半萜内酯化合物抑制人肿瘤细胞增殖活性与其直型和角型结构无关，α、β 不饱和五元内酯是抑制肿瘤细胞增殖活性的必需基团。Jing[28]等研究了异土木香内酯通过抑制 p38 MAPK/NF-κB 信号通路来抑制乳腺癌 MDA-MB-231 细胞的迁移和入侵，并探讨其潜在的作用机制。采用愈合实验及细胞侵袭实验表明异土木香内酯对于 MDA-MB-231 细胞具有抗黏附、抑制迁移和入侵的活性，对MMP-2 和 MMP-9 细胞的活性表达呈剂量依赖性向下调节。异土木香内酯显著降低 p-p38 MAPK 水平，对 p-ERK1/2 及 p-JNK1/2 细胞无显著影响。体外入侵试验显示 MMP-2 和 MMP-9 基因的蛋白表达和抑制可能与阻断 p38 MAPK 的通路活性有关。此外，异土木香内酯可以阻止 NF-κB p65 细胞从细胞质到细胞核的迁移。结果表明异土木香内酯可作为乳腺癌的替代疗法。

3．抗炎

Qiu 等[29]研究表明异土木香内酯可以保护小鼠免受金黄色葡萄球菌肺炎，且金黄色葡萄球菌在肺炎中的致病性可以通过抑制 α-毒素的产生而降低。Park[30]等通过土木香乙醇提取物激活 RAW264.7 细胞中 p38 MAPK/Nrf2 信号通路，诱导血红素氧合酶 1（HO-1）蛋白表达，减少 LPS-264.7 细胞和盲肠结扎穿孔术（CLP）诱导的脓毒血症大鼠中的炎症因子。实验表明，土木香乙醇提取物可显著降低 siNrf2 RNA 转染细胞中 HO-1 的表达，不仅可以抑制 LPS 激活细胞中 NF-κB 荧光素酶的活性及 IκBα 的磷酸化作用，也可显著抑制人类脐静脉内皮细胞激活 TNF-α 中的黏附分子（ICAM-1 和 VCAM-1）。

Park 等[31]通过实验证明去氢木香内酯通过 p38MAPK 依赖性诱导半氧合酶-1 在体外抑制 LPS 诱导的炎症并在体内改善 CLP 诱导的败血症小鼠的存活。Lim[32]等对土木香单体化合物的抗炎活性进行研究，结果表明土木香内酯通过阻止 HaCaT 细胞的 STAT1 磷酸化来抑制肿瘤坏死因子-α 和 IFN-γ 诱导的 RANTES 和 IL-8 产生，抑制炎症因子的产生从而起到抗炎作用。

4．保肝

Butturini 等[33]在 2014 年研究了 reynosin 的肝保护作用，reynosin 的处理可显著抑制原代大鼠肝细胞中硫代乙酰胺（TAA）诱导的凋亡和肝细胞 DNA 损伤。

5．其他生物

Tripathi 等[34]发现，土木香提取物对胰岛素有增敏作用，能降低血糖。土木香根制剂能促进胆汁分泌[35]。El Garhy[36]报道，5%浓度下的土木香水提物不到 20 天，就产生抗蛔虫卵作用；不到 40 天，就产生抗蛔虫幼虫作用。土木香乙醇提取物具有镇痛作用[37]。

参考文献

[1] 赵学敏. 本草纲目拾遗: 第二卷[M]. 北京: 中国中医药出版社, 2007.

[2] 国家药典委员会. 中华人民共和国药典: 2010 年版一部[S]. 北京: 中国医药科技出版社, 2010.

[3] 张乐, 方羽, 陆国红. 土木香化学成分及药理研究概况[J]. 中成药, 2015, 37(6): 1313-1316.

[4] 李文希. 土木香生物活性研究进展[J]. 世界最新医学信息文摘, 2019, 19(46): 80-81.

[5] 中国科学院中国植物志编辑委员会. 中国植物志: 第七十五卷[M]. 北京: 科学出版社, 1979.

[6] 孙伟, 刘玉章, 李敬, 等. 土木香引种栽培研究[J]. 现代中药研究与实践, 2010, 24(1): 7-8.

[7] Bourrel C, Vilarem G, Perineau F. Chemical analysis, bacteriostatic and fungistatic properties of the essential oil of

elecampane (*Inula helenium* L.)[J]. Journal of Essential Oil Research, 1993, 5(4): 411-417.

[8] Kaur B, Kalsi P S. Stereostructures of inunal and isoalloalantolactone, two biologically active sesquiterpene lactones from *Inula racemosa*[J]. Phytochemistry, 1985, 24(9): 2007-2010.

[9] 毛婷. 蒙药土木香化学成分研究及其倍半萜内酯类 Q-Exactive/MS 分析鉴别[D]. 呼和浩特: 内蒙古医科大学, 2017.

[10] Konishi T, Shimada Y, Nagao T, et al. Antiproliferative sesquiterpene lactones from the roots of *Inula helenium*.[J]. Biological & Pharmaceutical Bulletin, 2002, 25(10): 1370-1372.

[11] Ma Y Y, Zhao D G, Gao K. Structural investigation and biological activity of sesquiterpene lactones from the traditional Chinese herb *Inula racemosa*[J]. Journal of Natural Products, 2013, 76(4): 1269-1276 .

[12] 姜海龙. 中药甘肃丹参和土木香化学成分的研究[D]. 兰州: 兰州大学, 2012.

[13] 许卉, 杨小玲, 刘生生, 等. 土木香的倍半萜类化学成分研究[J]. 时珍国医国药, 2007(11): 2738-2740.

[14] 赵永明, 李素霞, 田亚汀, 等. 土木香根中总黄酮的提取工艺的正交实验法优化[J]. 时珍国医国药, 2012, 23(5): 1132-1133.

[15] 吴明. 土木香根化学成分研究与土木香倍半萜内酯的结构修饰[D]. 石家庄: 河北医科大学, 2010.

[16] Wang J, Zhao Y M, Zhang M L, et al. Simultaneous determination of chlorogenic acid, caffeic acid, alantolactone and isoalantolactone in *Inula helenium* by HPLC[J]. Journal of Chromatographic ence, 2014, (4): 1-5.

[17] 白丽明, 王剑, 付美玲, 等. 土木香化学成分研究[J]. 中草药, 2018, 49(11): 2512-2518.

[18] 张文渊, 王文桥, 张小凤, 等. 土木香对植物病原菌抑菌活性的初步研究[J]. 华北农学, 2007, 22(3): 115-118.

[19] 吴金梅, 邱家宾, 邓旭明. 异土木香内酯对金黄色葡萄球菌肠毒素表达的影响[J]. 中草药, 2010, 28(8): 51-55.

[20] Blagojević P D. Radulović N S. Conformational analysis of antistaphylococcal sesquiterpene lactones from *Inula helenium* essential oil[J]. Natural product communications 2012, 7(11):1407-1410.

[21] Claudia S, Elena B, Rosanna S, et al. Inhibition of inflammatory and proliferative responses of human keratinocytes exposed to the sesquiterpene lactones dehydrocostuslactone and costunolide[J]. PLoS One, 2014, 9(9): e107904.

[22] Coronado-Aceves E W, Velázquez C, Robles-Zepeda R E, et al. Reynosin and santamarine: two sesquiterpene lactones from *Ambrosia confertiflora* with bactericidal activity against clinical strains of *Mycobacterium tuberculosis*[J]. Pharmaceutical Biology (Abingdon, United Kingdom), 2016, 54(11): 2623-2628.

[23] Dorn D C, Alexenizer M, Hengstler J G, et al. Tumor cell spe-cific toxicity of *Inula helenium* extracts[J]. Phytotherapy Research, 2006, 20(11): 970-980.

[24] Chen C N, Huang H H, Wu C L, et al. Isocostunolide, a sesquiterpene lactone, induces mitochondrial membrane depolarization and caspase-dependent apoptosis in human melanoma cells[J]. Cancer Letters, 2007, 246(1-2): 237-252.

[25] 陈进军, 赵路, 董玫, 等. 土木香根中 5 种倍半萜化合物抗肝癌活性的研究[J]. 癌变·畸变·突变, 2010, 22(6): 440-444.

[26] Li Y, Ni Z Y, Zhu M C, et al. Antitumour activities of sesquit-erpene lactones from *Inula helenium* and *Inula japonica*[J]. Z. Naturforsch C, 2012, 67(7-8): 875-880.

[27] 李明, 刘霞, 郭书翰, 等. 土木香和冷蒿中倍半萜内酯化合物抑制人乳腺癌细胞增殖活性及构-效关系研究[J]. 天然产物研究与开发, 2013, 25(4): 555-557, 529.

[28] Jing W. Li C. Liang F. Isoalantolactone inhibits the migration and invasion of human breast cancer MDA-MB-231 cells via suppression of the p38 MAPK/NF-κB signaling pathway[J]. Oncology Reports, 2016, 36(3): 1269-1276.

[29] Qiu J, Luo M, Wang J, et al. Isoalantolactone protects against Staphylococcus Aureus pneumonia[J]. FEMS Microbiology Letters. 2011, 324(2): 147-155.

[30] Park E J. Kim Y M. Park S W. Induction of HO-1 through p38 MAPK/Nrf2 signaling pathway by ethanol extract of *Inula helenium* L. reduces inflammation in LPS-activated RAW 264.7 cells and CLP-induced septic mice[J]. Food & Chemical Toxicology, 2013, 55: 386-395.

[31] Park E J, Park S W, Kim H J, et al. Dehydrocostuslactone inhibits LPS-induced inflammation by p38MAPK-dependent induction of hemeoxygenase-1 in vitro and improves survival of mice in CLP-induced Sepsis invivo[J]. International Immunopharmacology, 2014, 22(2): 332-340.

[32] Lim H S, Jin S E, Kim O S, et al. Alantolactone from *Saussurea lappar*, exerts antiinflammatory effects by inhibiting chemokine production and STAT1 phosphorylation in TNF-α and IFN-γ-induced in Ha Ca T cells[J]. Phytotherapy Research, 2015, 29(7): 1088-1096.

[33] Butturini E, Di Paola R, Suzuki H, et al. Costunolide and dehydrocostuslactone, two natural sesquiterpene lactones, ameliorate the inflammatory process associated to experimental pleurisy in mice[J]. European Journal of Pharmacology, 2014, 730(1): 107-115.

[34] Tripathi S N, Upadhyaya B N, Gupka V K. Beneficial effect of *Inula racemosa* (Pushkarmoola) in angina pectoris: a prelimi-nary report[J]. Indian Journal of Physiology & Pharmacology, 1984, 28(1): 73-75.

[35] 王永兵, 王强, 毛福林, 等. 木香的药效学研究 [J]. 中国药科大学学报, 2001, 32(2): 146.

[36] El Garhy M F, Mahmoud L H. Anthelminthic efficacy of traditional herbs on *Ascaris lumbricoides*[J]. Journal of the Egyptian Society of Parasitology, 2002, 32(3): 893-900.

[37] 李雪莲, 朴惠善. 土木香的化学成分及药理作用研究进展 [J]. 中国现代中药, 2007, 9(6): 28-29, 50.

第四节

甘青青兰

甘青青兰，藏药名知羊格，唇形科植物唐古特青兰（*Dracocephalum tanguticum* Maxim）的干燥全草，具有清热利湿、化痰止咳之功效，用于黄疸型肝炎、胃炎、胃溃疡、气管炎[1]。

一、生物学特征及资源分布

多年生草本，有臭味。茎直立，高 35～55cm，钝四棱形，上部被倒向小毛，中部以下几无毛，节多，节间长 2.5～6cm，在叶腋中生有短枝。叶具柄，柄长 3～8mm，叶片轮廓椭圆状卵形或椭圆形，基部宽楔形，长 2.6～4 （～7.5) cm，宽 1.4～2.5 （～4.2) cm，羽状全裂，裂片 2～3 对，与中脉成钝角斜展，线形，长 7～30mm，宽 1～3mm，顶生裂片长 14～28 （～44) mm，上面无毛，下面密被灰白色短柔毛，边缘全缘，内卷。轮伞花序生于茎顶部 5～9 节上，通常具 4～6 花，形成间断的穗状花序；苞片似叶，但极小，只有一对裂片，两面被短毛及睫毛，长为萼长的 1/3～1/2。花萼长 1～1.4cm，外面中部以下密被伸展的短毛及金黄色腺点，常带紫色，2 裂至 1/3 处，齿被睫毛，先端锐尖，上唇 3 裂至本身 2/3 稍下处，中齿与侧齿近等大，均为宽披针形，下唇 2 裂至本身基部，齿披针形。花冠紫蓝色至暗紫色，长 2.0～2.7cm，外面被短毛，下唇长为上唇之二倍。花丝被短毛。花期 6～8 月或 8～9 月 （南部） [2]。

生于海拔 1900～4000m 的干燥河谷的谷岸、山坡路旁、草滩、高山草地或松林林缘。分布于甘肃、青海、四川、西藏等地[3]。

二、化学成分

1. 黄酮类化合物

Wang[4]从知羊格全株植物中分离得到 2 个新的黄酮类化合物 adanetin-6-*O*-β-(6″-*O*-acetyl)glucoside 和 pedalitin-3′-*O*-β-glucoside 以及 15 个已知化合物。张晓峰[5]从知羊格中分离到 8 种化合物，经化学和光谱分析鉴定，其中胡麻素为黄酮类化合物。Qi[6]从知羊格中分离鉴定了四个新化合物和 pectolarigenin 等三个已知化合物，通过 HR-ESI-MS 和 2D NMR 等光谱分析其结构进行了详细的鉴定，luteolin-7-methoxy-3′-*O*-(3″-*O*-acetyl)-β-D-glucopyranuronic

acid-6″-methyl ester 属于新的黄酮类化合物。Ma[7]从知羊格全植物中分离得到多个新化合物以及
5-hydroxy-4′-methoxyflavone-7-*O*-rutinoside 和 narirutin 两个已知黄酮类化合物，通过波谱数据分
析，并与相关文献进行比较，确定了化合物的结构（表 11-13，图 11-14）。

表 11-13　甘青青兰黄酮类化合物

序号	名称	参考文献	序号	名称	参考文献
1	ladanetin-6-*O*-β-(6″-*O*-acetyl)glucoside	[4]	6	pectolarigenin	[6]
2	pedalitin-3′-*O*-β-glucoside	[4]	7	luteolin-7-methoxy-3′-*O*-(3″-*O*-acetyl)-β-D-glucopyranuronic acid-6″-methyl ester	[6]
3	tilianin	[4]			
4	luteolin-7-*O*-β-D-glucuronide ethyl ester	[4]	8	5-hydroxy-4′-methoxyflavone-7-*O*-rutinoside	[7]
5	胡麻素	[5]	9	narirutin	[7]

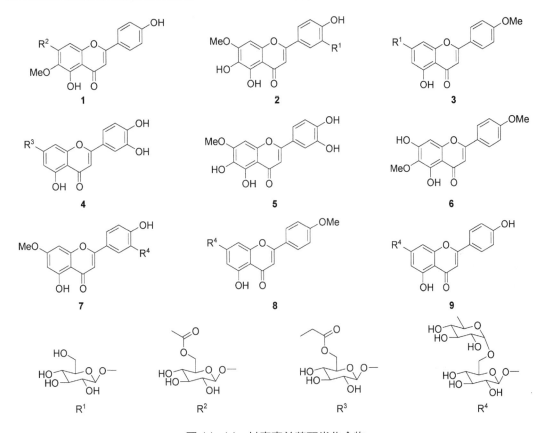

图 11-14　甘青青兰黄酮类化合物

2. 三萜类化合物

李霁昕[8]利用柱色谱、薄层色谱、重结晶等分离手段，从知羊格中分离得到 10 个化合物，
其中羽扇豆烷-20(29)-烯-3,28-二醇、齐墩果烷-12-烯-28-酸-3-酮、乌苏烷-12-烯-28-酸-2α,3β-二醇、
乌苏烷-12-烯-28-酸-3β,24 醇、豆甾-3-酮、β-谷甾醇-3-*O*-葡萄糖基(6→1)-十六烷酸苷为首次从该
属植物中分离得到，而化合物羽扇豆烷-20(29)-烯-28-酸-3-醇和 β-谷甾醇为首次从该植物中分离
得到。周雪杉[9]通过多种柱色谱、重结晶方法和 TLC、^{1}H-MNR、^{13}C-NMR 等分析测试手段从

知羊格中分离得到 6 个化合物，并鉴定了其中 4 个化合物结构，其中 α-香树脂醇、羽扇豆醇为首次从该化合物中分离得到（表 11-14，图 11-15）。

表 11-14　甘青青兰三萜类化合物

序号	名称	参考文献	序号	名称	参考文献
1	羽扇豆烷-20(29)-烯-3,28-二醇	[8]	3	α-香树脂醇	[9]
2	齐墩果烷-12-烯-28-酸-3-酮	[8]	4	3β,20α-二羟基乌苏烷-21(22)-烯-28-酸	[9]

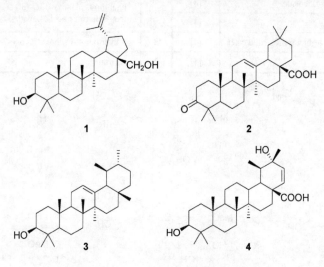

图 11-15　甘青青兰三萜类化合物

3．苯乙酰胺糖苷

Wang[10]从知羊格中分离得到四种新的苯乙酰胺糖苷 dracotanosides A-D，通过光谱和化学方法确定了其结构，包括绝对构型，为首次从该属植物在发现。Ma[7]从知羊格全植物中分离得到 3 个新的苯乙酰胺糖苷和 1 个已知苯乙酰胺糖苷，通过波谱数据分析，并与相关文献进行比较，确定了化合物的结构，分别为 dratanguticumides A-C 等（表 11-15，图 11-16）。

表 11-15　甘青青兰苯乙酰胺糖苷

序号	名称	参考文献	序号	名称	参考文献
1~4	dracotanosides A-D	[10]	7	dratanguticumide A	[7]
5~6	dratanguticumides B-C	[7]			

4．其他化合物

李干鹏[11]从知羊格中分离得到 6 个化合物，分别为迷迭香酸、迷迭香酸甲酯、2,3-2H-3-羟基-咖啡酸甲酯、咖啡酸、对羟基苯甲酸和原儿茶酸。Qi[6]从知羊格中分离得到了 7 个化合物，对其结构进行了详细的鉴定，其中 benzyl-6-[(2E)-2-butenoate]-β-D-glucopyranoside、2-methoxy-4-(2-propen-1-yl)penyl-6-acetate-β-D-glucopyranoside 和 2-methoxy-4-(2-propen-1-yl) penyl-6-[(2E)-2-butenoate]-β-D-glucopyranoside 为新的天然产物（表 11-16，图 11-17）。

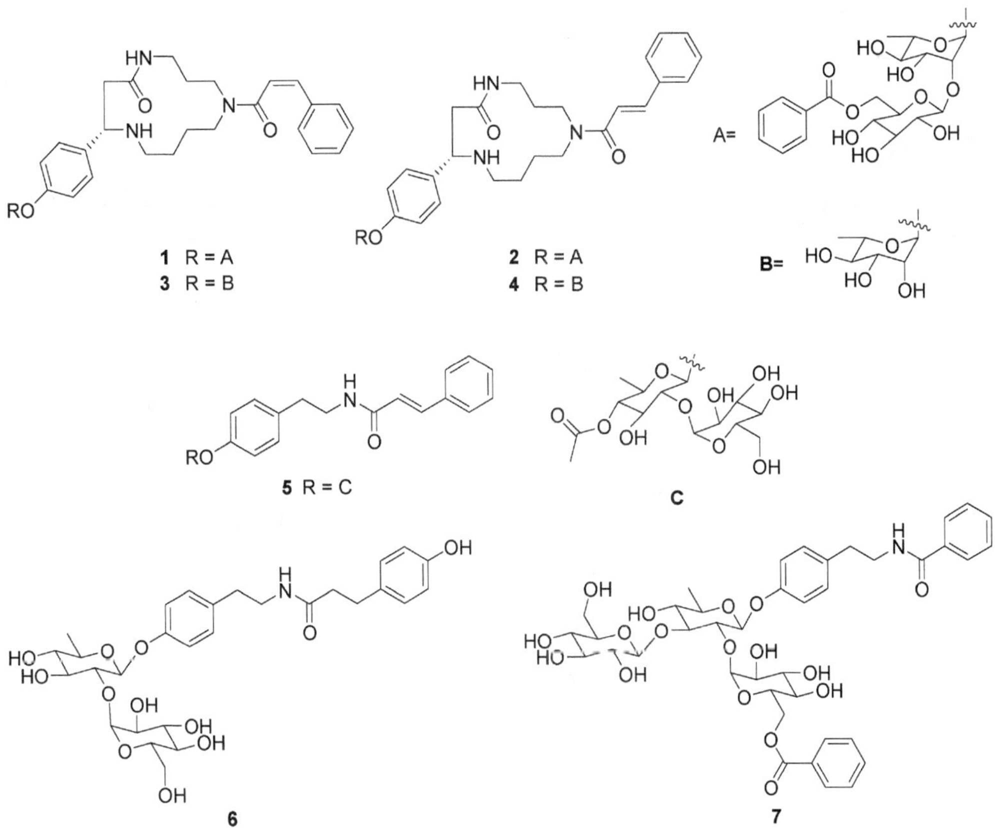

图 11-16　甘青青兰苯乙酰胺糖苷

表 11-16　甘青青兰其他化合物

序号	名称	参考文献
1	迷迭香酸	[11]
2	benzyl-6-[(2*E*)-2-butenoate]-*β*-D-glucopyranoside	[6]
3	2-methoxy-4-(2-propen-1-yl)penyl-6-acetate-*β*-D-glucopyranoside	[6]
4	2-methoxy-4-(2-propen-1-yl)penyl-6-[(2*E*)-2-butenoate]-*β*-D-glucopyranoside	[6]

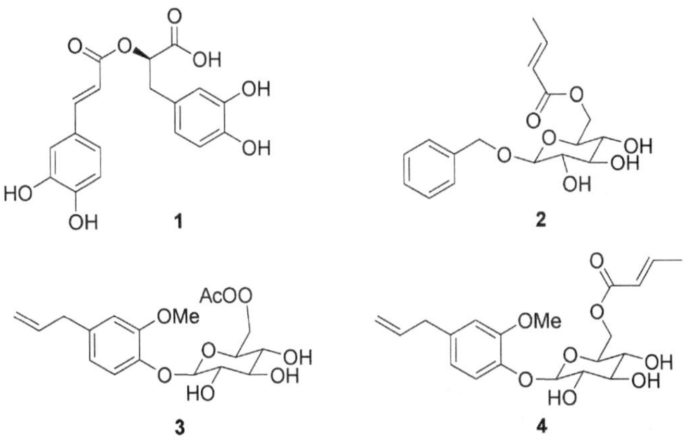

图 11-17　甘青青兰其他化合物

三、药理活性

1．抗缺氧

李永芳[12]将大鼠置于低压氧舱内，模拟海拔5000m高原连续缺氧4周，建立低氧性肺动脉高压的动物模型，研究藏药知羊格对大鼠慢性低氧性肺动脉高压的影响，结果发现知羊格能显著降低低氧性肺动脉高压大鼠的平均肺动脉压（mPAP）、右心室肥厚指数（RVHI）及肺组织MDA含量，明显改善肺小动脉管壁增厚和管腔狭窄，显著升高肺组织SOD、GSH-Px活性，表明知羊格对低氧性肺动脉高压具有一定的防治作用。李永芳[13]在研究知羊格对低氧性肺动脉高压大鼠内皮素1（ET-1）和一氧化氮的影响过程中，其发现知羊格各剂量组大鼠的mPAP、右心室质量指数（RW/BW）和ET-1含量明显降低，NO和内皮型一氧化氮合酶（eNOS）含有量明显升高，表明知羊格对低氧性肺动脉高压具有防治作用，且其作用是通过降低ET-1含有量，促进eNOS表达，增加NO含有量，调节NO/ET-1的平衡而发挥的。李永慧[14]通过检测大鼠血清丙氨酸氨基转移酶（ALT）和天冬氨酸氨基转移酶（AST）活性、肝脏指数、肝组织丙二醛（MDA）含量、超氧化物歧化酶（SOD）和谷胱甘肽过氧化物酶（GSH-Px）活性探讨藏药知羊格对高原缺氧大鼠肝损伤的作用，结果发现知羊格对高原低氧引起的肝脏损伤具有防治作用，其作用是通过抑制脂质过氧化反应，增强机体抗氧化能力而发挥的。

2．抗菌及抗病毒

胡君茹[15]通过体外抑菌实验研究藏药甘青青兰4种不同提取物对4种临床常见标准菌株的抑菌活性，结果发现甘青青兰（炒制）水提取物、生药材水提取物、生药材乙醇提取物在一定浓度（0.15g/mL、0.2g/mL）对金黄色葡萄球菌有抑菌或杀菌作用，甘青青兰（炒制）的乙醇提取物对金黄色葡萄球菌无抑菌作用，高浓度甘青青兰（炒制）的水提取物和乙醇提取物对铜绿假单胞菌有抑菌作用，且乙醇提取物的抑菌效果更好。吉守祥[16]采用细胞病变效应法从32种藏药提取物中筛选具有抗单纯疱疹病毒Ⅰ型（HSV-Ⅰ）活性的成分，结果从32种藏药提取物中找到了2种含有抗单纯疱疹病毒Ⅰ型的活性成分，其中包括藏药甘青青兰。

3．抗氧化

谢建锋[17]探讨了甘青青兰总黄酮的还原能力以及对羟基自由基和超氧阴离子的清除能力，结果发现总黄酮提取物的还原能力略低于抗坏血酸，而对羟基自由基和超氧阴离子的清除率高于抗坏血酸，表明甘青青兰总黄酮具有明显的抗氧化活性。Wang[4]从甘青青兰的全植物中分离得到 ladanetin-6-O-β-D-glucopyranoside 和 pedalitin-3′-O-β-glucoside 两种新的黄酮类化合物，活性实验结果表明，它们具有较强的抗氧化作用。

4．降血糖

Ma[7]从甘青青兰全草中分离得到3个新的苯乙酰胺苷，对其进行了抗高血糖活性评价，结果表明，在最终浓度为25μmol/L时，所有化合物均表现出中等活性。顾健[18]通过测定其血糖、血脂、血清胰岛素和肝细胞膜的胰岛素受体的含量研究唐古特青兰挥发油对实验性Ⅱ型糖尿病模型大鼠的作用并探讨其作用机制，结果发现唐古特青兰挥发油高剂量组能明显降低糖尿病小鼠的血糖水平，改善血脂水平，使胰岛素水平恢复正常，增加肝细胞膜胰岛素受体数目，表明唐古特青兰挥发油高剂量对实验性Ⅱ型糖尿病模型大鼠有显著治疗作用，其作用机制可能与改善胰岛素受体水平，增加肝细胞膜胰岛素受体数目有关。张亮亮[19]采用四氧嘧啶糖尿病小鼠模型研究唐古特青兰挥发油、醇提物和水提物对实验动物的降血糖作用，结果发现唐古特青兰挥发油高剂量组和醇提物高剂量组能明显降低糖尿病小鼠的血糖水平，可提高肝糖原含量和血清SOD活性，并降低血清MDA含量。

5. 其他

刘凤云[20]建立冠脉结扎致急性心肌缺血模型，观察藏药唐古特青兰（DtM）水提部分抗大鼠急性心肌缺血作用，结果发现DtM水提液可以显著减少大鼠急性心肌缺血面积，显著降低心肌缺血造成的心电图ST段位移，降低T波幅度，减少血清LDH的释放量，表明DtM水溶液对冠脉结扎所致大鼠急性心肌缺血有明显保护作用。

郑思建[21]运用MTT法对两个肝癌细胞株HepG2和SMMC-7721进行100种藏药材环己烷、乙酸乙酯和甲醇提取物的抗肝癌活性测试，结果显示100种常用藏药中有良好的抗肝癌活性，其IC_{50}值均小于150μg/mL，其中甘青青兰乙酸乙酯提取物可能是通过诱导HepG2细胞凋亡而显示抗癌活性。

Qi[6]从甘青青兰中分离得到了多个新化合物，并对其进行了NO抑制活性，结果表明其可产生一氧化氮的抑制作用。

参考文献

[1] 国家中医药管理局《中华本草》编委会. 中华本草[M]. 上海: 上海科学技术出版社, 1999.

[2] 中国科学院中国植物志编辑委员会. 中国植物志: 第六十五卷第二分册[M]. 北京: 科学出版社, 2004.

[3] 刘红星. 青海地道地产药材的现代研究[M]. 西安: 陕西科学技术出版社, 2007.

[4] Wang S Q, Han X Z, Xia L, et al. Flavonoids from Dracocephalum tanguticum and their cardioprotective effects against doxorubicin-induced toxicity in H9c2 cells[J]. Cheminform, 2010, 20(22): 6411-6415.

[5] 张晓峰, 胡伯林. 唐古特青兰的化学成分[J]. 植物学报:英文版, 1994, 36(8): 645-648.

[6] Qi Z, Chang R, Qin J, et al. New glycosides from Dracocephalum tanguticum Maxim[J]. Archives of Pharmacal Research, 2011, 34(12): 2015-2020.

[7] Ma E G, Wu H Y, Hu L J, et al. Three new phenylacetamide glycosides from Dracocephalum tanguticum Maxim and their anti-hyperglycemic activity[J]. Natural Product Research, 2019, 34(13): 1-9.

[8] 李霁昕, 贾忠建. 甘青青兰化学成分的研究[J]. 西北植物学报, 2006, 26(1): 188-192.

[9] 周雪杉, 武尉杰, 和静萍, 等. 藏药甘青青兰石油醚部位化学成分研究[J]. 现代中药研究与实践, 2014, 28(3): 27-29.

[10] Wang S Q, Ren D M, Feng X, et al. Dracotanosides A-D, spermidine glycosides from Dracocephalum tanguticum: structure and amide rotational barrier[J]. Journal of Natural Products, 2009, 72(6): 1006-1010.

[11] 李干鹏, 左杨, 田罗, 等. 青兰属植物甘青青兰化学成分研究[J]. 云南民族大学学报(自然科学版), 2015, 24(2): 101-103.

[12] 李永芳, 杨梅, 李瑞莲. 藏药唐古特青兰对大鼠低氧性肺动脉高压的作用研究[J]. 中药材, 2015, 38(8): 1714-1717.

[13] 李永芳, 李延斌, 杨梅, 等. 唐古特青兰对低氧性肺动脉高压大鼠ET-1和NO的影响[J]. 中成药, 2016, 38(10): 2260-2262.

[14] 李永慧, 李永芳, 杨梅. 唐古特青兰对高原低氧大鼠肝损伤的保护作用[J]. 高原医学杂志, 2016, 36(2): 6-9.

[15] 胡君茹, 姜华, 李喜香. 对藏药甘青青兰4种提取物抑菌作用的研究[J]. 西部中医药, 2014, 27(6): 10-12.

[16] 吉守祥, 周建青, 李深, 等. 32种藏药提取物抗单纯疱疹Ⅰ型病毒的活性筛选[J]. 华西药学杂志, 2011, 26(1): 30-31.

[17] 谢建锋, 朱林燕, 孔子铭, 等. 唐古特青兰总黄酮的提取及其体外抗氧化活性的研究[J]. 华西药学杂志, 2015,

30(4): 422-424.

[18] 顾健, 张亮亮, 罗小文, 等. 唐古特青兰挥发油抗Ⅱ型糖尿病机理研究[J]. 西南民族大学学报(自然科学版), 2010, 36(6): 992-995.

[19] 张亮亮, 顾健, 姚峰, 等. 唐古特青兰降血糖作用的实验研究[J]. 中药药理与临床, 2010, 26(2): 58-60.

[20] 刘凤云, 王守宝, 海平, 等. 藏药唐古特青兰对冠脉结扎大鼠急性心肌缺血的保护作用[J]. 中国高原医学与生物学杂志, 2011, 32(1): 35-39.

[21] 郑思建, 徐婵, 杨洁, 等. 藏药抗肝癌活性研究[J]. 华中师范大学学报(自科版), 2017, 51(3): 328-334.

第五节
波棱瓜子

波棱瓜子（*Herpetospermum caudigerum* Wall.）为葫芦科植物，以种子入药，具有清热解毒、柔肝的功效，主治黄疸型传染性肝炎、胆囊炎、消化不良。

一、生物学特征及资源分布

一年生攀援草本。茎枝纤细，有棱沟；初时具疏柔毛，最后变得无毛。叶互生；叶柄长4～10cm，具有茎枝一样的毛被，后渐脱落；卷须2歧；叶片膜质，卵状心形，长6～12cm，宽4～9cm，先端尾状渐尖，基部心形，两面均粗糙，初时被黄褐色长柔毛，后渐脱落；边缘具细圆齿或有不规则的角，叶脉在叶背隆起，具长柔毛。雌雄异株；雄花通常单生或与同一总状花序并生，花梗长10～16cm，具5～10朵花的总状花序长12～40cm，有疏柔毛；花梗长2～6cm，疏生长柔毛；花萼筒部膨大成漏斗状，下部成管状，长2～2.5cm，裂片披针形；花冠黄色，裂片椭圆形，急尖，长2～2.2cm，宽1.2～1.3cm；雄蕊花丝丝状；退化雌蕊近钻形；雌花单生，花被与雄花同，有3枚退化雄蕊或无；子房长圆状，3室。果实阔长圆形，三棱状，被长柔毛，成熟时3瓣裂至近基部，里面纤维状，长7～8cm，宽3～4cm，种子淡灰色，长圆形，基部截形，具小尖头，顶部不明显3裂，长约12mm，宽5mm，厚2～3mm。花、果期6～10月。主要分布于云南、西藏等地。生于海拔2300～3500m的山坡灌丛及林缘[1]。

二、化学成分

1. 木脂素类化合物

Kaouadji[2]从波棱瓜子中分离得到两个新的化合物，分别为herpetriol和herpetetrol。Kaouadji[3]从波棱瓜子的种子甲醇提取物中分离出含苯骈呋喃环的二聚体herpetol，经鉴定为一种新的次级代谢产物。徐冰[4]对藏药波棱瓜子进行化学成分的研究，分离获得了herpetolide A和B两个新化合物，另外，7,8′-didehydroherpetotriol为首次从该植物中分离得到。Yang[5]从波棱瓜子中分离鉴定了herpepropenal，为一种抑制乙型肝炎病毒的新木脂素。Cong[6]采用反相高效液相色谱法同时测定了波棱瓜子中 7 种具有生物活性的木脂素，分别为 *ent*-isolariciresinol、herpetrione、herpetin 等。王慧[7]对波棱瓜子抗肝损伤活性部位进行了化学成分研究，从该部位分离出三种单体化合物，鉴定为波棱芬酮（herpetfluorenone）、波棱酮（herpetone）和波棱酚（herpetenol），三种化合物均首次从该属植物中得到，且均为新化合物。Yu[8]从波棱瓜子 95% 乙醇提取物中分离鉴定了两个新木脂素类，命名为(+)-(7'S,7″S,8'R,8″R)-4,4',4″- trihydroxy-3,5',3″-trimethoxy-7-oxo-8-ene[8-3',7'-*O*-9″,8'-8″,9'-*O*-7″]lignoid 和(1S)-4-hydroxy-3-[2- (4-hydroxy-3-methoxy-phenyl)-1-hydroxymethyl-2-oxo-ethyl]-5-methoxy-benzaldehyde，通过光谱和 CD 分析确定了新化合物的结构，包括绝对构型。黄丹[9]从波棱瓜子乙酸乙酯萃取部位中分离得到 2 个已知木脂素类化合物，phyllanglaucin B 和 buddlenol E，均为首次从波棱属植物中分离得到。戴宇轩[10]通过采用多种柱色谱和重结晶的方法分离纯化波棱瓜子乙酸乙酯部位中 7 个酚性成分，其中木脂素(9R)-9-hydroxylariciresinol 为首次从该植物中分离得到（表 11-17，图 11-18）。

表 11-17　波棱瓜子木脂素类化合物

序号	名称	参考文献	序号	名称	参考文献
1	herpetriol	[2]	9	3-furanmethanol-4[(3,4-dimethoxyphenypl)methyl]tetrahydro-2-(4-hydroxy-3-methoxyphenyl)	[11]
2	herpetetrol	[2]			
3	herpetrione	[6]	10	*ent*-isolariciresinol	[6]
4	herpetone	[7]	11	herpetenol	[7]
5	herpetol	[3]	12	herpetfluorenone	[7]
6	herpepropenal	[5]	13	phyllanglaucin B	[9]
7	7,8'-didehydroherpetotriol	[4]	14	buddlenol E	[9]
8	herpetin	[6]	15	(9R)-9-hydroxylariciresinol	[10]

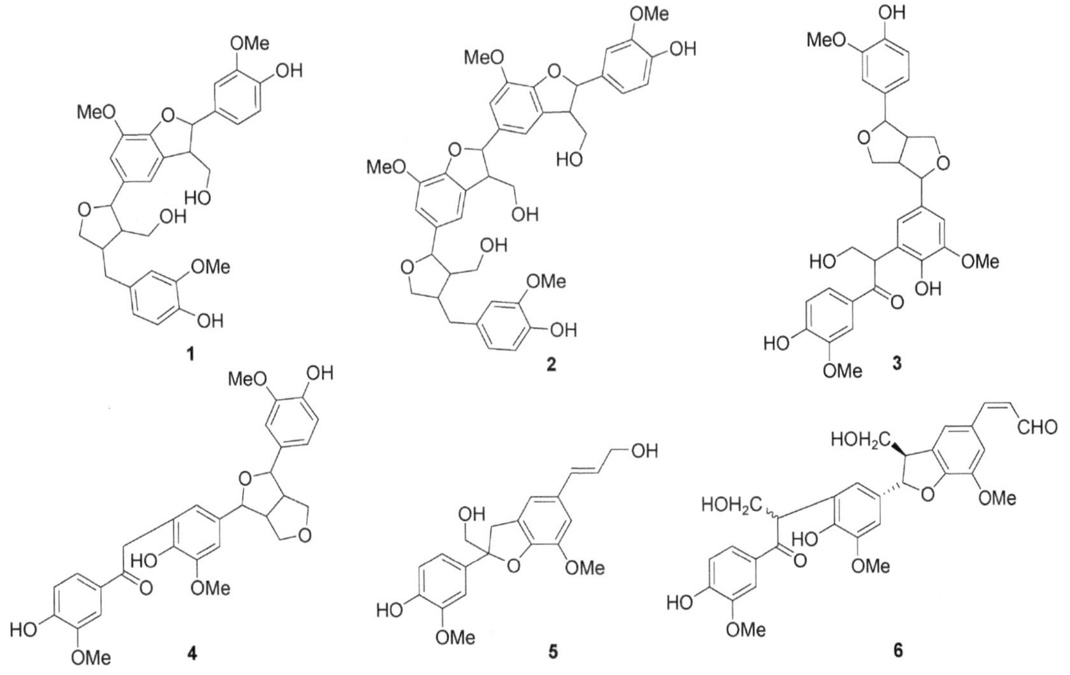

图 11-18

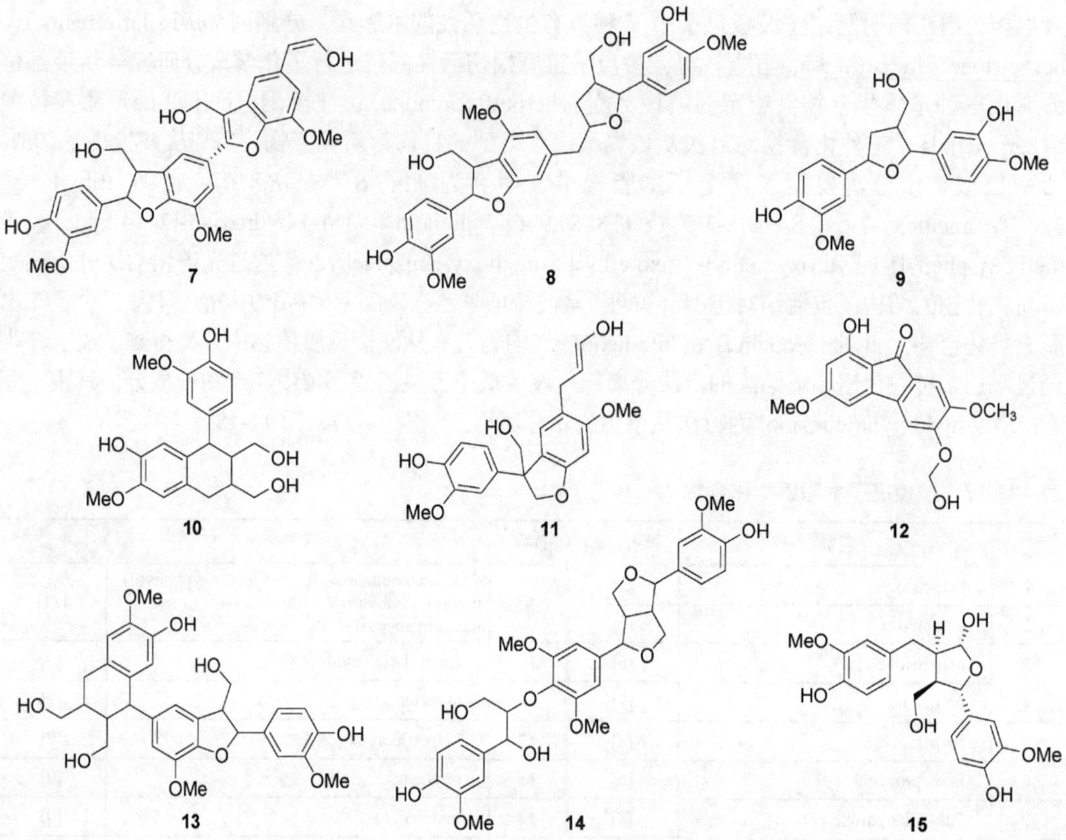

图 11-18　波棱瓜子木脂素类化合物

2．香豆素类化合物

徐冰[4]对藏药波棱瓜子进行化学成分的研究，共分离得到四个香豆素类化合物，其中 herpetospin C 和 herpetospin D 为新化合物，herpetospin A 和 herpetospin B 为首次从该植物中分离得到。黄丹[9]从波棱瓜子乙酸乙酯萃取部位中分离得到 1 个新的香豆素类化合物，经 NMR、HR-ESI-MS 等波谱数据鉴定为波棱内酯（herpetolide H）（表 11-18，图 11-19）。

表 11-18　波棱瓜子香豆素类化合物

序号	名称	参考文献	序号	名称	参考文献
1	herpetospin C	[4]	**4**	herpetospin B	[4]
2	herpetospin D	[4]	**5**	herpetolide H	[9]
3	herpetospin A	[4]			

3．其他化合物

徐冰[4]从藏药波棱子中分离鉴定得到多个化合物，其中 herpetosin A、1-acetate-arbutin、kaempferitrin、dodecanoic acid 均为首次从该植物中分离得到。张梅[12]研究了藏药波棱瓜子脂肪油成分，结果发现其主要含各类不饱和脂肪酸，亚麻酸 12.08%，亚油酸 22.9%。刘军[13]从波棱瓜子分离得到了豆甾醇等 7 个单体化合物，其中 spinasterol glycoside 为首次从该植物中分得。董召月[14]从波棱瓜子 95%乙醇提取物的石油醚部位中分离纯化得到 9 个化合物的结构，其中9,11,15-十八碳三烯酸、甘油三亚油酸酯、α-菠甾醇为首次从该植物中分离得到。戴宇轩[10]对波棱瓜子乙酸乙酯部位进行分离纯化，共鉴定了 7 个酚性成分（evofolin B 等）和黄酮 kaempferol3,7-*O*-α-L-dirhamnoside（表 11-19，图 11-20）。

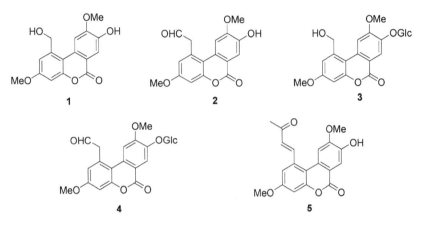

图 11-19　波棱瓜子香豆素类化合物

表 11-19　波棱瓜子其他化合物

序号	名称	参考文献	序号	名称	参考文献
1	herpetosin A	[4]	6	spinasterol glycoside	[13]
2	arbutin 1-acetate	[4]	7	α-spinasterol	[14]
3	kaempferitrin	[4]	8	Evofolin B	[10]
4	dodecanoic acid	[4]	9	kaempferol 3,7-*O*-α-L-dirhamnoside	[10]
5	uracil	[13]			

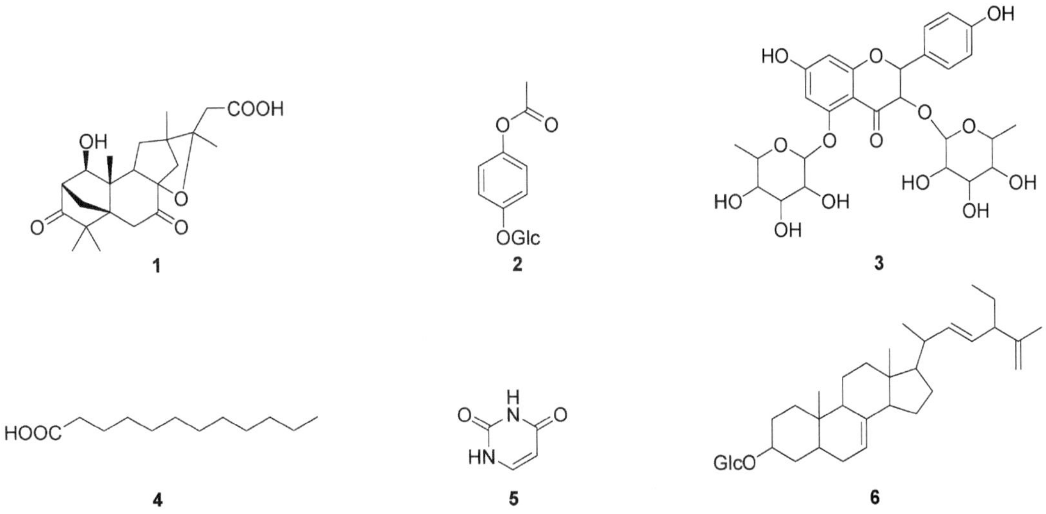

图 11-20

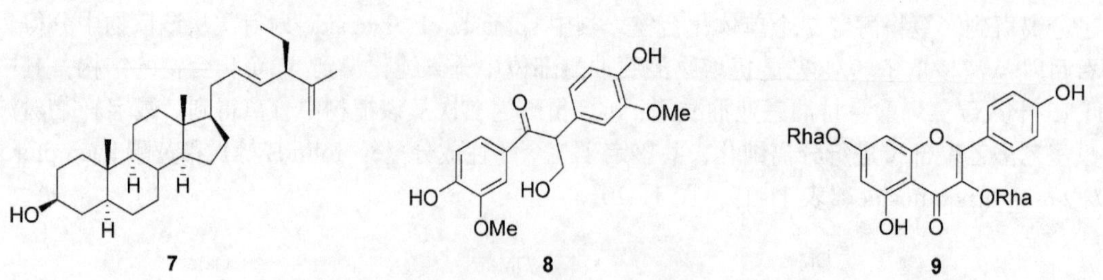

图 11-20　波棱瓜子其他化合物

三、药理活性

1．抗肝损伤

张洪彬[15]将波棱瓜子的乙酸乙酯提取物部位分得的化合物，波棱内酯Ⅰ、波棱酮、去氢双松柏醇、2,4-dihydroxypyrimidine 进行体外抗肝损伤活性试验研究，结果表明其对二甲基亚砜（DMSO）所造成的损伤有细胞保护作用。张梅[16]研究发现了一种新化合物波棱内酯及其制备方法和用途，可用于制备抗肝损伤、抗肿瘤的药物，揭示了波棱瓜子治疗肝病作用物质基础。姜泅[17]研究了波棱瓜子提取液对四氯化碳所致小鼠急性肝损伤的保护作用，并对其作用机理进行初步分析，结果表明，波棱瓜子提取液对四氯化碳所致的小鼠急性肝损伤具有一定的保护作用，其作用机理与抑制炎性细胞因子的表达等有关。Li[18]为证实波棱瓜子（HCW）对 CCl_4 诱导的大鼠肝损伤的保护作用及其机制，采用腹腔注射 CCl_4 诱导小鼠肝纤维化，结果表明，HCW可通过改善氧化应激，修复受损能量代谢，逆转受损氨基酸和核酸代谢等途径治疗肝纤维化。马琦[19]研究了木脂素治疗酒精性肝损伤在 TGF-β/Smads 和结缔组织生长因子（CTGF）通路上的作用机制，结果发现波棱瓜子木脂素组大鼠肝组织的损伤程度明显减轻，肝匀浆 SOD 的浓度明显升高，大鼠的肝脏系数明显降低，肝组织中 TGF-β、CTGF 的含量也显著降低，肝匀浆 SOD的含量显著增高，肝脏损伤程度减轻，胶原纤维的生成减少，实验表明波棱瓜子木脂素对酒精性肝损伤大鼠的肝组织具有明显的保护作用，对损伤的肝组织有明显的修复作用，对胶原纤维的生成具有明显的抑制作用。刘伟[20]通过体外培养大鼠肝枯否细胞和肝星状细胞探讨波棱瓜子总木脂素抗肝纤维化的作用机制，体外细胞实验表明，藏药波棱瓜子总木脂素部位对肝纤维化的保护作用与其可以抑制肝星状细胞的增殖并诱导肝星状细胞的凋亡有关。同时可能与其可以抑制枯否细胞分泌促肝纤维化的相关细胞因子 TGF-β1 和 TNF-α 有关，而波棱瓜子总木脂素抑制肝星状细胞的增殖与其可以降低相关蛋白 NF-κB 和 Bcl-2 有关。

2．抗氧化

方清茂[21]分别采用体内和体外实验考察波棱瓜子提取物的抗氧化作用及其自由基清除活性，结果发现波棱瓜子的 $CHCl_3$ 提取物具有较强的清除 DPPH 自由基的能力，IC_{50} 为 49.69μg/mL，能显著抑制由 CCl_4 引起的脂质过氧化，使 MDA 的含量显著下降，能不同程度提高肝细胞中SOD、GSH-Px 的活性，表明波棱瓜子提取物具有较强的抗氧化活性，且有较强的自由基清除活性。

3. 抗疲劳耐缺氧

靳世英[22]通过观察小鼠疲劳游泳时间及耐缺氧存活时间来研究波棱瓜子提取物对小鼠抗疲劳的效果，结果发现波棱瓜子提取物能显著提高小鼠抗疲劳耐缺氧能力。

4. 抗炎

黄丹[9]对分离到的新香豆素 herpetolide H 进行体外抗炎活性测试，结果表明，herpetolide H 对 LPS 诱导的 RAW 264.7 细胞有一定的 NO 抑制活性，其 IC_{50} 为 $(46.57\pm3.28)\mu mol/L^{-1}$。

5. 抑菌

戴宇轩[10]对波棱瓜子乙酸乙酯部位鉴定的 7 个酚性成分，选用白色念珠菌、耻垢分歧杆菌、新型隐球酵母和枯草芽孢杆菌对其进行了抗菌活性测试，结果发现化合物 herpetin 和 herpetrione 对白色念珠菌具有一定的抑制活性，MIC 分别为 10.5 和 $9.2\mu mol/L$。

参考文献

[1] 国家中医药管理局《中华本草》编委会. 中华本草[M]. 上海: 上海科学技术出版社, 1999.

[2] Kaouadji M, Favre-Bonvin J, Mariotte A M. Herpetriol and herpetetrol, new lignoids isolated from *Herpetospermum caudigerum* Wall[J]. Zeitschrift Für Naturforschung C, 1979, 34(12): 1129-1132.

[3] Kaouadji M, Favre-Bonvin J. Herpetol, a new dimeric lignoid. from *Herpetospermum caudigerum* Wall[J]. Zeitschrift für Naturforschung C, 1984, 39(3-4): 307-308.

[4] 徐冰. 藏药波棱瓜子化学成分研究[D]. 重庆: 西南大学, 2012.

[5] Yang F, Zhang H J, Zhang Y Y, *et al*. A hepatitis B virus inhibitory neolignan from *Herpetospermum caudigerum*[J]. Chemical & Pharmaceutical Bulletin, 2010, 58(3): 402-404.

[6] Cong L B, Yuan H L, Qi W, *et al*. Simultaneous determination of seven bioactive lignans in *Herpetospermum caudigerum* by RP-HPLC method[J]. Biomedical Chromatography, 2008, 22(10): 1084-1090.

[7] 王慧. 藏药波棱瓜有效部位化学成分及指纹图谱初步研究[D]. 成都: 成都中医药大学, 2005.

[8] Yu J Q, Hang W, Duan W J, *et al*. Two new anti-HBV lignans from *Herpetospermum caudigerum*[J]. Phytochemistry Letters, 2014, (10): 230-234.

[9] 黄丹, 马英雄, 韦琳, 等. 波棱瓜子中 1 个新的香豆素[J]. 中国中药杂志, 2021,46(10): 2514-2518.

[10] 戴宇轩, 胡沙, 蒋合众, 等. 藏药波棱瓜子中酚性成分的研究[J]. 天然产物研究与开发, 2019, 31(2): 280-283, 291.

[11] 周雪杉. 藏药波棱瓜子木脂素类成分系统研究[D]. 成都: 西南交通大学, 2014.

[12] 张梅, 董小萍, 王慧, 等. 藏药波棱瓜子脂肪油成分的气相色谱-质谱分析[J]. 成都中医药大学学报, 2004, 27(4): 49-52.

[13] 刘军, 陈兴, 张伊, 等. 藏药波棱瓜子乙酸乙酯部位化学成分研究[J]. 中药与临床, 2010, 1(3): 15-18.

[14] 董召月, 王红, 马英雄, 等. 波棱瓜子化学成分的研究[J]. 中成药, 2019, 41(2): 341-344.

[15] 张洪彬. 波棱瓜子抗肝损伤有效部位化学成分及其活性研究[D]. 成都: 成都中医药大学, 2007.

[16] 张梅, 邓赟, 张洪彬, 等. 波棱内酯及其制备方法和用途[P]. CN 200710049171, 2008.

[17] 姜泅. 藏药波棱瓜子提取液对四氯化碳致小鼠急性肝损伤保护作用的研究[D]. 武汉: 华中农业大学, 2010.

[18] Li M H, Feng X, Chen C, *et al*. Hepatoprotection of *Herpetospermum caudigerum* Wall. against CCl_4 -induced liver fibrosis on rats[J]. Journal of Ethnopharmacology, 2019, 229: 1-14.

[19] 马琦. 波棱瓜子木脂素对酒精性肝损伤大鼠肝组织在 TGF-β/Smads、CTGF 通路表达的影响[D]. 成都: 西南民族大学, 2020.

[20] 刘伟. 藏药波棱瓜子总木脂素对肝纤维化的保护作用及机制探讨[D]. 成都: 西南民族大学, 2018.

[21] 方清茂, 张浩, 曹毓. 藏药波棱瓜子提取物对肝损伤大鼠的抗氧化作用[J]. 华西药学杂志, 2008, 23(2): 24-26.

[22] 靳世英, 吕俊兰, 袁海龙, 等. 波棱瓜子提取物对小鼠抗疲劳耐缺氧作用[J]. 解放军药学学报, 2011, 27(5): 47-48.

第六节

广枣

广枣，是漆树科南酸枣属植物南酸枣 [*Choerospondias axillaris* (Roxb.) Burtt et Hill.] 的干燥成熟果实，为落叶乔木，多生于海拔 300～2000m 的山坡、丘陵或沟谷林中。因其成熟核果成椭圆形或倒卵状椭圆形，顶端具 5 个小孔，所以也被称为五眼果、五眼睛果，除此之外，在云南、广西、广东、湖北等被称为山枣，在广西还被称为山桉果、鼻涕果，在广东还被称为花心木、醋酸果、棉麻树等。

一、生物学特征及资源分布

落叶乔木，高 8～20m；树皮灰褐色，片状剥落，小枝粗壮，暗紫褐色，无毛，具皮孔。奇数羽状复叶长 25～40cm，有小叶 3～6 对，叶轴无毛，叶柄纤细，基部略膨大；小叶膜质至纸质，卵形或卵状披针形或卵状长圆形，长 4～12cm，宽 2～4.5cm，先端长渐尖，基部多少偏斜，阔楔形或近圆形，全缘或幼株叶边缘具粗锯齿，两面无毛或稀叶背脉腋被毛，侧脉 8～10 对，两面突起，网脉细，不显；小叶柄纤细，长 2～5mm。雄花序长 4～10mm，被微柔毛或近无毛；苞片小；花萼外面疏被白色微柔毛或近无毛，裂片三角状卵形或阔三角形，先端钝圆，长约 1mm，边缘具紫红色腺状睫毛，里面被白色微柔毛；花瓣长圆形，长 2.5～3mm，无毛，具褐色脉纹，开花时外卷；雄蕊 10，与花瓣近等长，花丝线形，长约 1.5mm，无毛，花药长圆形，长约 1mm，花盘无毛；雄花无不育雌蕊；雌花单生于上部叶腋，较大；子房卵圆形，长约 1.5mm，无毛，5 室，花柱长约 0.5mm。核果椭圆形或倒卵状椭圆形，成熟时黄色，长 2.5～3cm，径约 2cm，果核长 2～2.5cm，径 1.2～1.5cm，顶端具 5 个小孔。分布于印度、中南半岛和日本[1]。我国主要产于西藏、云南、贵州、广西、广东、湖南、湖北、江西、福建、浙江、安徽[2]。

二、化学成分

1. 黄酮类化合物

连珠[3]对广枣进行了系统研究，应用聚酰胺柱色谱、硅胶柱色谱、凝胶 Sephadex LH-20 柱色谱和高效液相制备等技术，从中分离出 10 种化合物，其中双氢槲皮素为首次从该植物中分离得到。唐丽[4]对广枣 70%乙醇提取物采用大孔树脂、硅胶、聚酰胺柱色谱进行反复分离、纯化，并用波谱方法对分离所得的单体成分进行结构鉴定，结果分离并鉴定了 15 个化合物，分别为儿茶素、山奈酚和金丝桃苷等，其中金丝桃苷为首次从广枣中分离得到。杨凌鉴[5]利用液质联用技术结合数据库检索和文献比对，首次在广枣中发现槲皮素-3-阿拉伯糖-7-葡萄糖苷等黄酮类化合物。杨璐萌[6]在正离子模式下，共分析并鉴定出 6 个黄酮类成分，分别是二聚儿茶素、儿茶素等，其中槲皮素-3-O-鼠李糖苷为首次在广枣中发现。杨云舒[7]采用液相色谱-飞行时间质谱串联（LC-Q-TOF-MS）结合液相色谱-三重四级杆质谱串联（LC-QQQ-MS/MS）对广枣中的化合物进行定性分析，通过对比标准品或相关文献的保留时间及质谱碎片鉴定出多种化合物，其中黄酮类化合物有异槲皮苷、槲皮苷和紫云英苷等。向萍[8]从广枣核的乙醇提取物分离得到一个二氢黄酮类化合物柚皮素，并用 UV、ESI-MS、^{1}H-NMR、^{13}C-NMR 等鉴定了结构，且其为首次从该植物中分离鉴定（表 11-20，图 11-21）。

表 11-20　广枣黄酮类化合物

序号	名称	参考文献	序号	名称	参考文献
1	双氢槲皮素	[3]	4	紫云英苷	[7]
2	槲皮素-3-阿拉伯糖-7-葡萄糖苷	[5]	5	柚皮素	[8]
3	二聚儿茶素	[6]			

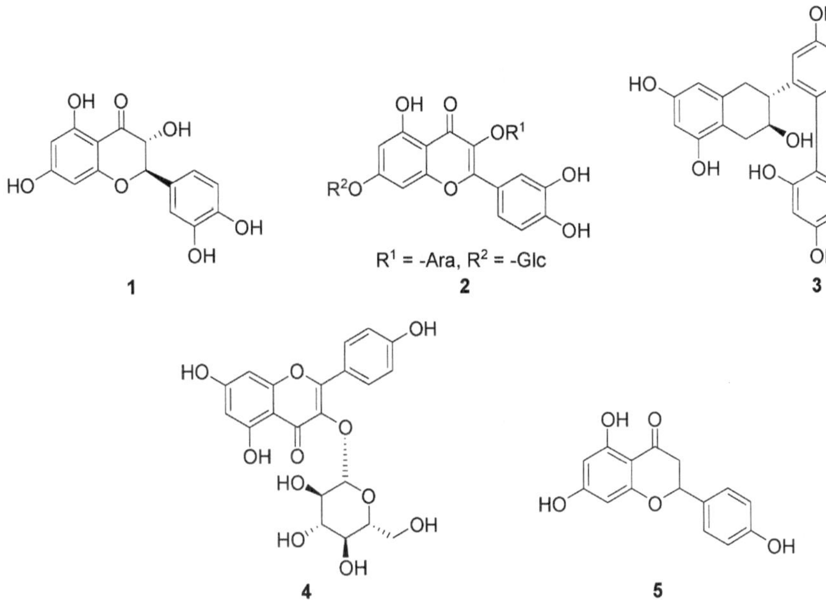

R^1 = -Ara, R^2 = -Glc

图 11-21　广枣黄酮类化合物

2．酚酸类化合物

连珠[3]对广枣进行了系统研究，鉴定出原儿茶酸、没食子酸、3,3′-二甲氧基鞣花酸。申旭霁[9]利用多种色谱方法进行成分分离，结果分离得到 8 个化合物，分别鉴定为鞣花酸、丁香醛和香草酸等，其中丁香醛和香草酸为首次从南酸枣属植物中分离得到。杨凌鉴[5]利用液质联用技术结合数据库检索和文献比对，首次在广枣中发现 17 个成分，酚酸类化合物包括诃子次酸、原儿茶醛、间羟基苯甲酸等。杨云舒[7]采用液相色谱-飞行时间质谱串联（LC-Q-TOF-MS）结合液相色谱-三重四级杆质谱串联（LC-QQQ-MS/MS）对广枣中的化合物进行定性分析，鉴定出 10 种酚酸类物质和 5 种黄酮类物质，酚酸类化合物包括奎尼酸等。向萍[8]利用常压硅胶柱色谱、HP20型大孔吸附树脂、Sephadex LH-20 柱色谱、ODS、MCI 等色谱方法从广枣核的乙醇提取物分离得到多个化合物，首次从该植物分离鉴定的酚酸类化合物有异香草醛、脱氢双没食子酸和 3,3′-二甲氧基鞣花酸-4-*O*-β-D-葡萄糖（表 11-21，图 11-22）。

表 11-21　广枣酚酸类化合物

序号	名称	参考文献	序号	名称	参考文献
1	3,3′-二甲氧基鞣花酸	[3]	**6**	奎尼酸	[7]
2	鞣花酸	[9]	**7**	异香草醛	[8]
3	对苯二酚	[10]	**8**	脱氢双没食子酸	[8]
4	邻苯二甲酸二（2-乙基-己基）酯	[4]	**9**	3,3′-二甲氧基鞣花酸-4-O-β-D-葡萄糖	[8]
5	诃子次酸	[5]			

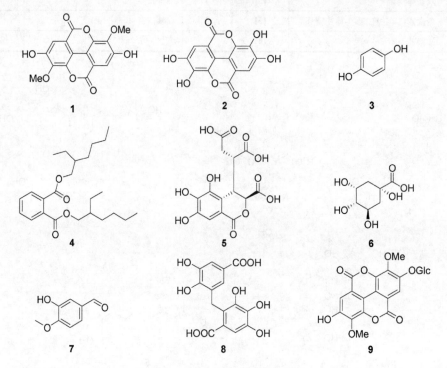

图 11-22　广枣酚酸类化合物

3．苯丙素及木脂素类化合物

杨云舒[7]对广枣中的化合物进行定性分析，通过对比标准品或相关文献的保留时间及质谱碎片鉴定了 1-咖啡酰奎尼酸。向萍[8]利用常压硅胶柱色谱、HP20 型大孔吸附树脂、Sephadex LH-20 柱色谱、ODS、MCI 等色谱方法从广枣核的乙醇提取物分离得到三个木脂素类化合物，其中蛇菰宁和(-)-(7R,8S)-二氢脱氢双松柏基醇，均为首次从该植物中分离得到，利用现代波谱技术（UV、ESI-MS、1H-NMR、13C-NMR 等）和理化方法鉴定了其结构（表 11-22，图 11-23）。

表 11-22　广枣苯丙素及木脂素类化合物

序号	名称	参考文献
1	1-咖啡酰奎尼酸	[7]
2	蛇菰宁	[8]
3	(−)-(7R,8S)-二氢脱氢双松柏基醇	[8]

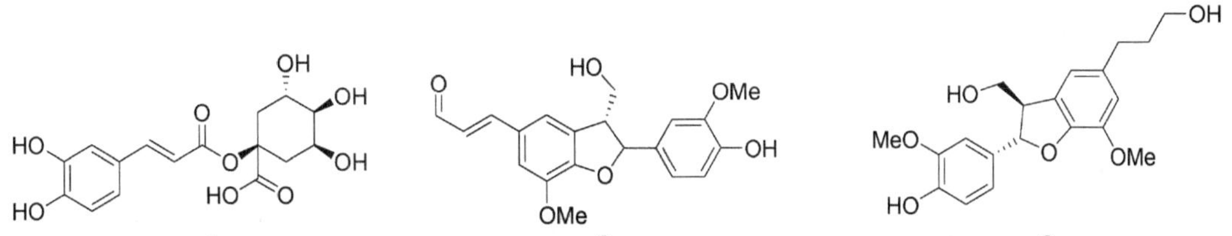

图 11-23　广枣苯丙素及木脂素类化合物

4．其他化合物

连珠[3]从广枣中分离出 β-谷甾醇和胡萝卜苷等化合物。唐丽[4]采用大孔树脂、硅胶、聚酰胺柱色谱对广枣 70%乙醇提取物进行反复分离、纯化，并用光谱方法对分离所得的单体成分进行结构鉴定，结果分离并鉴定了 15 个化合物，分别为 2-羟基-1,2,3-丙烷三羧酸-2-甲酯和 2-羟基-1,2,3-丙烷三羧酸-2-乙酯等，且这两个化合物均为首次从广枣中分离得到。杨凌鉴[5]利用液质联用技术结合数据库检索和文献比对，鉴定出广枣药材果肉提取物中 42 个化学成分，其中首次在广枣中发现的成分有 17 个，包括柠檬酸单甘油酯等。杨云舒[7]对广枣中的化合物进行定性分析，鉴定出柠檬酸等多种化合物。向萍[8]从广枣核的乙醇提取物中首次分离鉴定出棕榈油酸（表 11-23，图 11-24）。

表 11-23　广枣其他化合物

序号	名称	参考文献
1	5-甲基-3′,5′-二-*O*-(对氯苯甲酰基)-2′-脱氧尿苷	[11]
2	柠檬酸	[7,10]
3	2-羟基-1,2,3-丙烷三羧酸-2-甲酯	[4]
4	柠檬酸单甘油酯	[5]
5	2-异丙基苹果酸	[5]
6	棕榈油酸	[8]

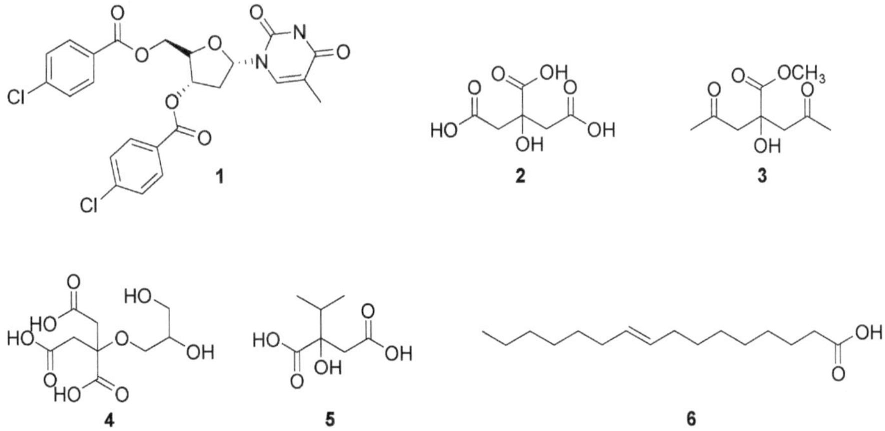

图 11-24　广枣其他化合物

三、药理活性

1．抗心律失常

覃建民[12]研究表明广枣总黄酮（TFC）可显著对抗培养大鼠心肌细胞团自发性搏动节律失常，并使 CaCl₂ 累积量-效曲线右移，最大反应降低，抑制 CaCl₂ 和异丙肾上腺素对培养大鼠心肌细胞的正性频率效应，但与心得安的作用不同，表明 TFC 在整体或细胞水平的抗心律失常作用，主要是对心肌细胞的直接作用，其抗心律失常的机制可能与 TFC 拮抗 Ca²⁺内流及 β 受体阻滞作用有关。徐继辉[13]采用 Langendouff 灌流法观察广枣总黄酮抗心律失常的作用机制，结果表明 TFC 的抗心律失常作用与提高心肌电稳定性，降低心室易颤性有关。杨玉梅[14]通过观察广枣总黄酮对大鼠心室肌细胞 L-型钙通道电流（ICa）和瞬时外向钾通道电流（Ito）以及对心肌细胞内游离钙浓度（[Ca²⁺]i）的影响探讨其抗心律失常作用机制，结果发现广枣总黄酮对心肌细胞 ICa 无显著影响，可显著抑制瞬时外向钾通道 Ito，并可明显降低心肌细胞收缩期和静息期细胞[Ca2+]i 浓度，且可能是其抗心律失常和保护缺血心肌的主要作用机制。刘冠男[15]研究表明广枣总黄酮可以降低心室肌动作电位幅值，延长动作电位时程。王凤华[16]研究表明广枣乙醇提取乙酸乙酯萃取层和其乙醇提取、NKA 树脂分离、10%乙醇淋洗浓缩液均能对抗乌头碱所导致心律失常，而乙醇提取、NKA 树脂分离、70%乙醇淋洗浓缩液可促进乌头碱所导致心律失常的发生。

2．改善心肌缺血

唐丽[17]通过构建结扎冠状动脉前降支造成大鼠心肌缺血模型，探讨广枣乙醇提取物对动物急性实验性心肌缺血的影响，结果表明广枣对大鼠急性心肌缺血损伤有明显的保护作用，其作用机制与调节各种酶活性平衡有关。张琪[18]应用表面增强激光解吸离子化蛋白质芯片技术检测了经广枣总黄酮处理后的缺血心肌组织和未经广枣总黄酮处理后的缺血心肌组织中的蛋白质谱，探讨广枣总黄酮对缺血心肌的保护作用及其相关蛋白表达谱的改变，结果发现广枣总黄酮在缺血心肌组织中可调节相关蛋白表达谱，从而产生保护作用。汤喜兰[19]采用体内动物实验考察广枣中总有机酸对心肌缺血再灌注损伤的保护作用，结果表明广枣总有机酸对心肌缺血再灌注损伤具有保护作用，其中柠檬酸、L-苹果酸、琥珀酸、酒石酸等小分子有机酸是其抗心肌缺血再灌注损伤的物质基础之一。

3．抗氧化

张昕原[20]通过广枣总黄酮（TFFC）抗自由基作用，结果表明 TFFC 有抗 O₂⁻·引起红细胞（RBC）溶血作用和抑制血红蛋白氧化的作用，可能与广枣能够显著降低小鼠耗氧量、耗氧速度，提高耐缺氧的能力有关。包保全[21]研究广枣总黄酮能使阿霉素（ADR）模型升高的心肌 LDH、AST、肌酸激酶（CK）含量降低，而心、肝、红细胞中抗氧化酶 SOD、GSH-Px、CAT 上升，脂质过氧化物（MDA）下降，并降低 ADR 损伤的培养心肌细胞中 LDH 及 MDA 含量，表明 TFFC 通过抗自由基、抗氧化对氧合血红蛋白及心肝产生保护作用。乌日娜[22]以"心酶谱"、抗氧化酶作为检测指标研究广枣总黄酮对阿霉素（ADR）引起大鼠心肌过氧化损伤保护作用的研究，结果表明广枣总黄酮能抑制 ADR 所引起大鼠心肌过氧化损伤。孙福祥[23]利用阿霉素作用于大白鼠产生过氧化损伤研究广枣总黄酮（TFFC）的抗氧化作用，结果表明 TFFC 有清除自由基，抑制过氧化损伤的作用，且呈剂量依赖性。乌日娜[24]以红细胞为靶细胞，利用自氧化和激活氧化的方法研究广枣总黄酮（TFFC）的抗氧化作用，结果表明 TFFC 具有抗自由基及抗氧化作用，可能与其分子结构中的酚羟基团有关。郭英[25]用硫代巴比妥酸（TBA）分光光度法研究广枣提取物对·OH 诱发卵磷脂脂质过氧化损伤的抑制作用，结果表明广枣提取物能有效清除活性氧自由基，对卵磷脂脂质过氧损伤有显著抑制作用。Hua[26]采用 D-半乳糖致小鼠衰老模型研究了广枣水提物的体内抗氧化活性，包括对超氧阴离子自由基 $O_2^{-}\cdot$、DPPH 自由基、·OH 的清除作用，实验表明，该提取物具有较强的抗氧化作用。狄建军[27]研究表明利用不同的提取方法得到的广枣提取物具有不同的抗氧化活性，广枣粗提物及离子交换色谱提取物的还原性以及清除羟基自由基的能力都较高，而离子交换色谱提取物去除超氧阴离子自由基的能力很弱。杨云舒[7]利用细胞模型法测定广枣黄酮的抗氧化能力，包括清除 DPPH 自由基、羟基自由基以及超氧阴离子自由基的能力，结果显示，广枣黄酮在 1～500μg/mL 的浓度范围内对小鼠巨噬细胞（RAW264.7）无毒性，且表现出明显的抗氧化能力。蒋彤[28]采用超高效液相色谱串联四极杆飞行时间质谱技术，对广枣果皮酿造的不同批次的果醋和苹果醋的化学成分进行了比较研究，发现广枣皮果醋具有更优越的体外抑制 α-葡萄糖苷酶和抗氧化活性。

4．增强免疫

王玉珍[29]证实广枣总黄酮 40.32mg/kg 和 20.16mg/kg 均可明显增强正常小鼠和环磷酰胺所致免疫功能抑制小鼠的细胞免疫和体液免疫功能，表现为增加免疫器官重量，使溶血素、溶菌酶含量明显增加，再次抗原刺激抗体的效价明显升高，增加淋巴细胞 ANAE（+）细胞的百分率，促进腹腔巨噬细胞吞噬功能等。侯慧英[30]发现广枣总黄酮 20.16mg/kg、40.32mg/kg 可以显著增加小鼠免疫器官脾和胸腺的重量，增加小鼠血清溶菌酶的含量，提高小鼠血清抗体水平，表明广枣总黄酮具有显著增加小鼠体液免疫功能的作用。李嫔[31]通过动态研究广枣总黄酮（TFC）对小鼠免疫细胞的促增殖作用，从而估测其免疫增强作用，结果发现小鼠胸腺细胞与 TFC 共同培养时，于培养早期见到明显的促增殖作用，从而推测 TFC 具有免疫增强作用。李嫔[32]研究广枣总黄酮对地塞米松（DEX）诱导的小鼠胸腺细胞凋亡及胸腺细胞内腺苷脱氨酶（ADA）活性降低的免疫调节作用，结果发现 TFC 可促进胸腺萎缩小鼠的胸腺细胞内 ADA 活性恢复，表明 TFC 有提高机体免疫功能作用。

5．抗病毒

刘小玲[33]采用差速贴壁法研究广枣总黄酮（TFFC）体外抗柯萨奇 B 组 3 型病毒（CVB3）作用及其作用机制，结果发现 TFFC 可明显抑制 CVB3 相关基因 c-Myc、TNF-α、Fas 的表达，表明 TFFC 在体外细胞培养物上具有抗 CVB3 病毒活性作用。刘爽[34]建立病毒性心肌炎的体外模型，研究广枣总黄酮抗病毒的效果，结果发现广枣总黄酮在 HeLa 细胞和乳鼠心肌细胞实验中可有效抑制 CVB3 病毒引起的细胞病变数，对病毒繁殖及细胞凋亡有抑制作用，表明广枣总黄酮对心肌细胞有保护作用，且能抑制心肌细胞凋亡。

6．保肝

刘霞[35]采用梯度浓度酒精、分次少量灌胃的方法建立大鼠慢性酒精性肝病模型探讨广枣提取物对酒精性肝病大鼠的作用，结果发现广枣提取物能够使大鼠血清 ALT、AST、TG、胆固醇（CHO）水平和肝组织中 MDA 含量明显降低，肝组织中 SOD、GSH-Px 活性明显升高，表明广枣提取物对酒精性肝病具有一定的保护作用。刘霞[36]研究广枣提取物（CAE）干预对酒精性肝病大鼠血脂代谢、肝细胞凋亡及内质网应激（ERS）相关蛋白表达的影响，结果发现 CAE 能明显改善大鼠肝脏组织病变范围与程度，使炎性细胞浸润减少，表明 CAE 保肝功效可能与其抗氧化活性和抑制 ERS 诱导的肝细胞凋亡有关。

7. 抗增殖

Li[37]研究从广枣果皮中分离得到 5 个不同组分，并对其抗 Caco-2 细胞增殖作用进行了研究。MALDI-TOF-MS 结果表明，组分由原花青素组成，且所有组分均可诱导 Caco-2 细胞活力呈剂量和时间依赖性降低，IC_{50} 值分别为 240、143、87、44.3 和 42.8μg/mL，表明广枣是一种潜在的治疗大肠癌的天然化学防治剂。

参考文献

[1] 国家中医药管理局《中华本草》编辑委员会. 中华本草: 第七卷[M]. 上海: 上海科学技术出版社, 1999.

[2] 中国科学院中国植物志编辑委员会. 中国植物志[M]. 北京: 科学出版社, 2004, 45(1): 86.

[3] 连珠, 张承忠, 李冲, 等. 蒙药广枣化学成分的研究[J]. 中药材, 2003, 26(1): 23.

[4] 唐丽, 李国玉, 杨柄友, 等. 广枣化学成分的研究[J]. 中草药, 2009, 40(4): 541-543.

[5] 杨凌鉴, 贾璞, 兰薇, 等. 基于 HPLC-ESI-Q-TOF/MS 的广枣果肉化学成分研究//第二十届全国色谱学术报告会及仪器展览会[C]. 西安: 2015.

[6] 杨璐萌, 杨凌鉴, 贾璞, 等. 基于 HPLC-Q-TOF-MS/MS 的广枣果肉化学成分分析[J]. 第二军医大学学报, 2016, 37(2): 159-166.

[7] 杨云舒. 广枣中黄酮类化合物的成分分析及抗氧化性研究[D]. 天津: 天津商业大学, 2016.

[8] 向萍. 广枣核化学成分与广枣质量控制研究[D]. 呼和浩特: 内蒙古医科大学, 2017.

[9] 申旭霁, 格日力, 王金辉. 广枣的化学成分[J]. 河南大学学报(医学版), 2009, 28(3): 196-199.

[10] 王乃利, 倪艳, 陈英杰, 等. 广枣活血有效成分的研究 I[J]. 沈阳药学院学报, 1987, 4(3): 203.

[11] 樊海燕, 宋一亭, 赛音. 广枣中一种胸腺嘧啶脱氧尿苷的分离与鉴定[J]. 中国天然药物, 2005, 3(2): 83-85.

[12] 覃建民, 杨玉梅, 许翠英, 等. 蒙药广枣总黄酮对培养大鼠心肌细胞的作用[J]. 中国民族医药杂志, 2000, 6(4): 41-42.

[13] 徐继辉, 杨玉梅, 覃建民, 等. 蒙药广枣总黄酮对大鼠离体心脏的抗心律失常作用[J]. 中国民族医药杂志, 2001, 7(2): 25-26.

[14] 杨玉梅, 覃建民, 徐继辉, 等. 广枣总黄酮对大鼠心室肌细胞 ICa、Ito 和细胞[Ca^{2+}]i 的影响[J]. 中国药理学通报, 2004, 20(7): 784-788.

[15] 刘冠男, 陈国权, 赵明. 广枣总黄酮对豚鼠心室肌细胞动作电位的作用研究[J]. 当代医学, 2009, 15(4): 38-39.

[16] 王凤华, 杨玉梅, 徐继辉, 等. 蒙药广枣 3 种黄酮类成分对乌头碱所致心律失常的作用比较[J]. 中国中药杂志, 2005, 30(14): 1096-1098.

[17] 唐丽, 韩华, 杨炳友, 等. 广枣对大鼠急性心肌缺血保护作用的研究[J]. 中医药学报, 2003, 31(3): 50-51.

[18] 张琪, 杨玉梅, 刘凤鸣, 等. 广枣总黄酮对大鼠缺血心肌组织蛋白质表达的影响[J]. 中国药理学通报, 2006, 22(11): 1344-1348.

[19] 汤喜兰, 刘建勋, 李磊, 等. 广枣模拟总有机酸对心肌缺血再灌注损伤的保护作用[J]. 中国实验方剂学杂志, 2013, 19(4): 168-172.

[20] 张昕原, 孙丽燕, 巴根那, 等. 广枣总黄酮抗氧化作用的研究[J]. 中国民族医药杂志, 1999, (S1): 112-113.

[21] 包保全, 张昕原, 乌日娜, 等. 广枣总黄酮抗氧化作用的实验研究[J]. 中药药理与临床, 2001, 17(2): 8-10.

[22] 乌日娜, 张昕原, 张维兰, 等. 广枣总黄酮对阿霉素引起大鼠心肌过氧化损伤的保护作用[J]. 中草药, 2001, 2001(6): 527-529.

[23] 孙福祥, 杨明霞, 娜仁花, 等. 广枣总黄酮对阿霉素所致红细胞过氧化的抑制作用[J]. 中成药, 2001, 23(8): 62-63.

[24] 乌日娜, 李大力, 娜仁花. 广枣总黄酮对红细胞氧化损伤的抑制作用[J]. 时珍国医国药, 2002, 13(11): 653-654.

[25] 郭英, 贝玉祥, 王雪梅, 等. 广枣提取物体外清除活性氧自由基及抗氧化作用研究[J]. 微量元素与健康研究, 2008, 25(5): 22-24.

[26] Hua W, Xiang D G, Gao C Z, et al. In vitro and in vivo antioxidant activity of aqueous extract from *Choerospondias axillaris* fruit [J]. Food Chemistry, 2008, 106(3): 888-895.

[27] 狄建军, 昝桂丽, 王颖, 等. 蒙药广枣提取物体外抗氧化活性研究[J]. 安徽农业科学, 2010, 38(34): 19325-19630.

[28] 蒋彤, 吕新林, 李祥溦, 等. 广枣皮果醋和苹果醋的功能成分、抗氧化及抑制 α-葡萄糖苷酶活性比较研究[J]. 中国中药杂志, 2020, 45(5): 1180-1187.

[29] 王玉珍, 任建梅, 王若愚, 等. 广枣总黄酮对小鼠免疫功能的影响[J]. 中国药理学通报, 1991, 7(3): 214-217.

[30] 侯慧英, 秦荣, 王玉珍. 蒙药广枣总黄酮对小鼠体液免疫功能影响的研究[J]. 中国民族医药杂志, 1998, 4(4): 39-40.

[31] 李嫔, 及金华, 林娜. 广枣总黄酮体外促小鼠胸腺细胞增殖作用的动态观察[J]. 内蒙古医学杂志, 1998, 6(30): 22-24.

[32] 李嫔, 田国才, 林娜及, 等. 广枣总黄酮对小鼠胸腺细胞凋亡及腺苷脱氨酶(ADA)活性的影响[J]. 中华微生物学和免疫学杂志, 1998, 18(5): 53-58.

[33] 刘小玲, 梁彬, 张勇, 等. 广枣总黄酮体外抗 CVB3 病毒活性[J]. 中国医院药学杂志, 2007, 27(12): 1637-1642.

[34] 刘爽. 广枣总黄酮对 CVB3 病毒引起细胞凋亡的影响 [J]. 中医药导报, 2011, (3): 87-89.

[35] 刘霞, 李伟, 邓春芳, 等. 广枣提取物对大鼠酒精性肝病的保护作用[J]. 赣南医学院学报, 2016, 36(3): 355-357.

[36] 刘霞, 廖梅香, 范小娜. 广枣提取物对内质网应激参与的大鼠酒精性肝损伤的保护作用[J]. 中国当代医药, 2019, 26(21): 8-11.

[37] Li Q, Liu C, Li T, et al. Comparison of phytochemical profiles and antiproliferative activities of different proanthocyanidins fractions from *Choerospondias axillaris* fruit peels[J]. Food Research International, 2018, 113: 298-308.

第七节
大托叶云实

大托叶云实为豆科云实属植物刺果苏木（*Caesalpinia crista*）的成熟种子是常用藏药材，藏文名尖木折（甲木哲），又名刺果苏木。大托叶云实广泛分布于世界热带地区，我国主要产于广东、广西和台湾等地[1]。具有祛淤止痛、清热解毒的功效，常用于治疗急慢性胃炎、胃溃疡、痈疮疔肿等病症。现代药理研究表明，大托叶云实具有抑菌、抗肿瘤、降糖等作用[2]。

一、生物学特征及资源分布

1. 生物学特征

刺果苏木为有刺藤本，各部均被黄色柔毛；刺直或弯曲。叶长 30～45cm；叶轴有钩刺；羽片 6～9 对，对生；羽片柄极短，基部有刺 1 枚；托叶大，叶状，常分裂，脱落；在小叶着生处常有托叶状小钩刺 1 对；小叶 6～12 对，膜质，长圆形，长 1.5～4cm，宽 1.2～2cm，先端圆钝而有小凸尖，基部斜，两面均被黄色柔毛。总状花序腋生，具长梗，上部稠密，下部稀疏；花梗长 3～5mm；苞片锥状，长 6～8mm，被毛，外折，开花时渐脱落；花托凹陷；萼片 5，长约 8mm，内外均被锈色毛；花瓣黄色，最上面一片有红色斑点，倒披针形，有柄；花丝短，基部被绵毛；子房被毛。荚果革质，长圆形，长 5～7cm，宽 4～5cm，顶端有喙，膨胀，外面具细长针刺；种子 2～3 颗，近球形，铅灰色，有光泽。花期 8～10 月；果期 10 月至翌年 3 月[3]。

2．资源分布

常生于山坡、灌丛、沟谷、路旁，生于石灰岩山地灌丛中。世界热带地区均有分布，在我国主产于广东、广西和台湾[1]。

二、化学成分

1．二萜类成分

Wu 等[4]从大托叶云实种子中分离得到了 caesall H 和 caesall I。Linn[5]从大托叶云实种子的二氯甲烷提取物中分离得到了二萜类成分 caesalpinin D 和 caesalpinin G。Kalauni 等[6]从大托叶云实种子的二氯甲烷提取物中分离得到了 caesalpinin MM 和 caesalpinin MN。Kinoshita 等[7]从大托叶云实的叶中分离得到了 neocaesalpin I。Kalaimi 等[8]从大托叶云实中分离得到了 caesalpinin ML。肖方[9]运用了多种色谱分离技术（包括 MCI 树脂、正相硅胶、Sephadex LH-20 凝胶、制备型高效液相色谱等）对刺果苏木进行了化学成分的系统分离，并运用各种波谱技术和单晶衍射等手段对分离得到的化学成分进行结构鉴定，其中二萜类成分为 caesalbonducins GA-GG、caesalbonducins HA-HE、caesalbonducins IA-II、caesalbonducin JA、caesalbonducin JB、caesalbonducins KA-KC、bonducamides AA-AC。李慧红[10]从大托叶云实种子中分离得到了 caesalpinbond A、caesalpinbond B、caesalmin C 和 neocaesalpin AH（表 11-24，图 11-25）。

表 11-24　大托叶云实二萜类成分

序号	名称	参考文献	序号	名称	参考文献
1	caesall H	[4]	**9**	caesalbonducin GA	[9]
2	caesall I	[4]	**10**	caesalbonducin HA	[9]
3	caesalpinin D	[5]	**11**	caesalbonducin IA	[9]
4	caesalpinin G	[5]	**12**	caesalbonducin JA	[9]
5	caesalpinin MM	[6]	**13**	bonducamide AA	[9]
6	caesalpinin MN	[6]	**14**	caesalpinbond A	[10]
7	neocaesalpin I	[7]	**15**	neocaesalpin AH	[10]
8	caesalpinin ML	[8]			

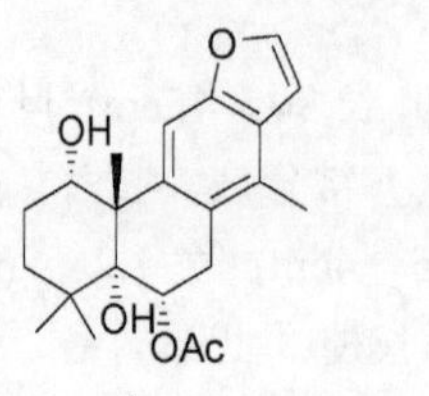

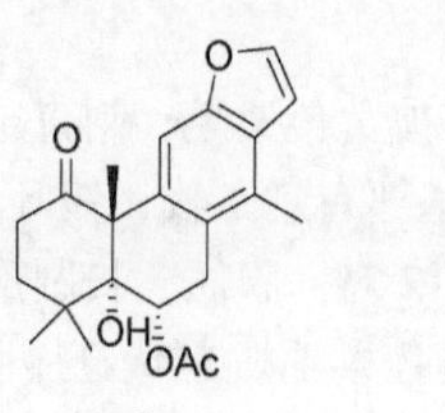

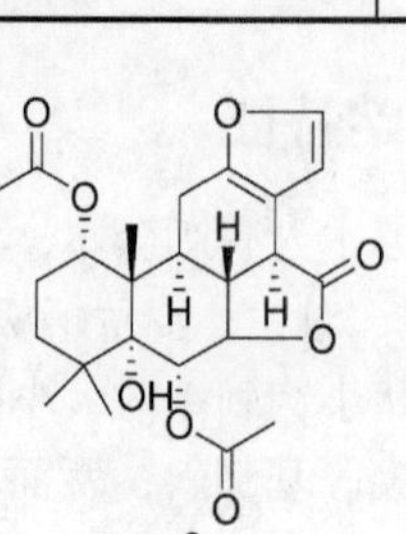

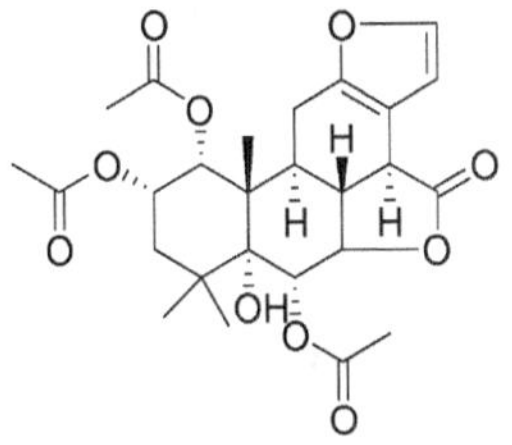
4

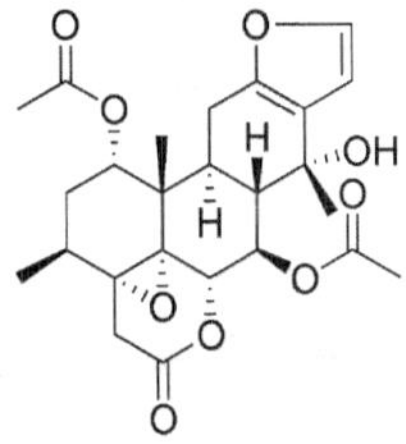
5

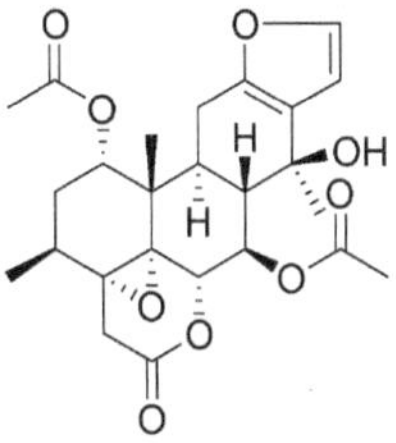
6

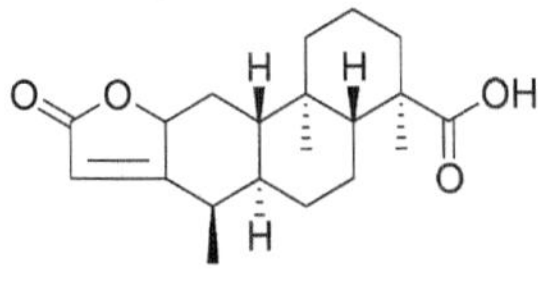
7

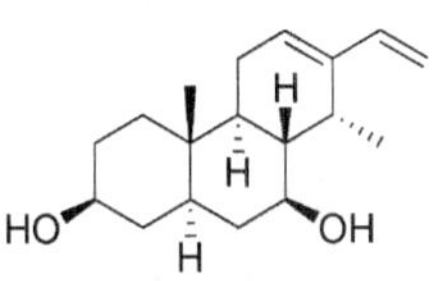
8

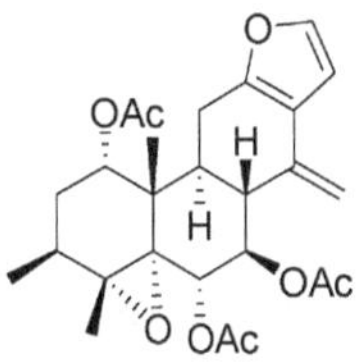
9

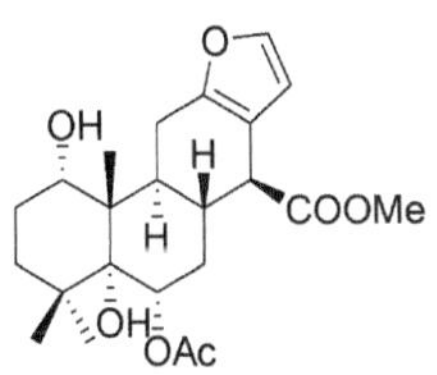
10

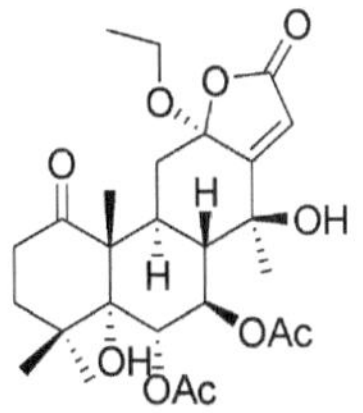
11

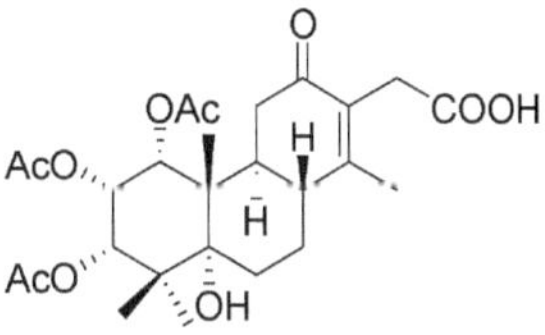
12

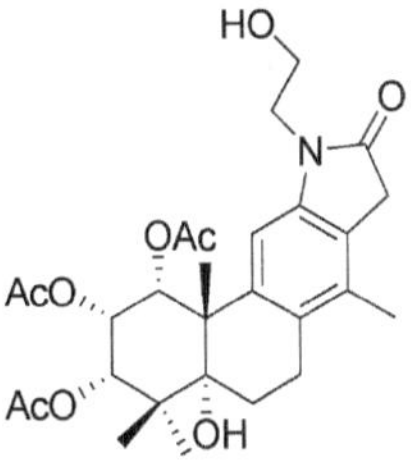
13

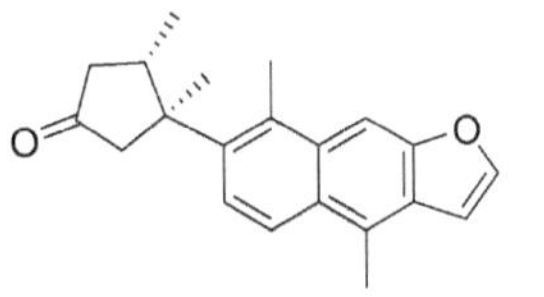
14

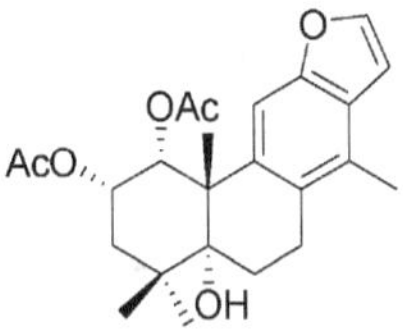
15

图 11-25　大托叶云实二萜类成分

2．三萜及其他成分

李慧红[10]从大托叶云实种子中分离得到了 cycloeucalenol。研究表明，大托叶云实还含有 2-hydroxytrideca-3,6-dienyl-pentanoate、octacosa-12,15-diene 等成分[11]。

三、药理活性

1．抑菌

Ankit 等[11]对大托叶云实的甲醇提取物进行了体外抑菌活性评价，结果表明对金黄色葡萄球菌和耐甲氧西林金黄色葡萄球菌均有显著的抑制活性（最低抑菌浓度为 64～512μg/mL）。

Mobin 等[12]将相思子和大托叶云实的种皮粗提物分别纯化为酚酸、黄酮醇、黄烷醇和花青素 4 个不同组分，并对其多酚含量和抗菌性能进行了研究。结果表明，除花青素部分外，其余部分对所有菌株均有显著的抑菌活性。酚酸和黄酮醇组分具有较强的抑菌作用，证明了两个样品的抗真菌能力。其中，酚酸部分对所有菌株均有活性。

2. 降血糖

Nakul 等[13]研究了大托叶云实种子乙醇提取物和水提取物的抗糖尿病活性。采用链脲佐菌素诱导的 2 日龄犬糖尿病模型，测定乙醇提取物和水提取物的抗糖尿病活性。在给予链脲佐菌素 3 个月后，幼犬患上糖尿病，然后再进行进一步的治疗。治疗 3 周后测定血糖、胆固醇、甘油三酯等生物学指标，记录体重、饮水量和食物摄入量。采用组织病理学方法研究不同组动物胰岛的结构。与糖尿病未处理组相比，植物提取物处理 3 周后，生物指标（血糖、胆固醇和甘油三酯）显著降低。与未处理组相比，处理后犬体重下降、食物摄入量和水摄入量增加。结果表明，水提物具有一定的抗糖尿病活性，与乙醇提取物相比，其效果更为显著。

3. 抗疟疾

Linn 等[5]从大托叶云实中发现了多种二萜，结果证明这些二萜能够抑制恶性疟原虫 FCR-3/A2 的生长。

参考文献

[1] 中国科学院中国植物志编辑委员会. 中国植物志: 第三十九卷[M]. 北京: 科学出版社, 1988.

[2] Simin K, Khaliq-Uz-Zaman S M, Ahmad V U. Antimicrobial activity of seed extracts and bondenolide from *Caesalpinia bonduc* (L.) Roxb[J]. Phytotherapy Research, 2001, 15(5): 437-440.

[3] 中国科学院西北高原生物研究所. 藏药志[M]. 西宁: 青海人民出版社, 1991.

[4] Wu L, Wang X B, Shan S M, *et al*. New cassane-type diterpenoids from *Caesalpinia bonduc*[J]. Chemical and Pharmaceutical Bulletin, 2014, 62(7): 729-733.

[5] Linn T Z, Awale S, Tezuka Y, *et al*. Cassane-and Norcassane-Type Diterpenes from *Caesalpinia crista* of Indonesia and their antimalarial Activity against the Growth of *Plasmodium falciparum*[J]. Journal of Natural Products, 2005, 68(5): 706-710.

[6] Kalauni S K, Awale S, Tezuka Y, *et al*. Methyl migrated cassane-type furanoditerpenes of *Caesalpinia crista* from Myanmar[J]. Chemical and Pharmaceutical Bulletin, 2005, 53(10): 1300-1304.

[7] Kinoshita T, Haga Y, Narimatsu S, *et al*. The isolation and structure elucidation of new cassane diterpene-acids from *Caesalpinia crista* L.(Fabaceae) and review on the nomenclature of some *Caesalpinia* species[J]. Chemical and Pharmaceutical Bulletin, 2005, 53(6): 717-720.

[8] Kalaimi S K, Awale S, Tezuka Y, *et al*. New cassane-type diterpenes of *Caesalpinia crista* from Myanmar[J].Chemical and Pharmaceutical Bulletin, 2005, 53(2): 214-218.

[9] 肖方. 三种药用植物的化学成分和生物活性研究[D]. 上海: 中国科学院上海药物研究所, 2016.

[10] 李慧红. 鸡骨香和大托叶云实的化学成分与生物活性研究[D]. 兰州: 兰州大学, 2015.

[11] Ankit K, Vikas G, Anurag C, *et al*. Isolation, characterisation and antibacterial activity of new compounds from methanolic extract of seeds of *Caesalpinia crista* L. (Caesalpinaceae)[J]. Natural Product Research, 2013, 28(4):230-238.

[12] Mobin L, Saeed S A, Ali R , *et al*. Antibacterial and antifungal activities of the polyphenolic fractions isolated from the seed coat of *Abrus precatorius* and *Caesalpinia crista*[J]. Natural Product Research, 2017, 9: 1-5.

[13] Nakul G. Antidiabetic activity of seed extracts of *Caesalpinia crista* Linn. in experimental animals[J]. African Journal of Pharmacy & Pharmacology, 2013, 7(26): 1808-1813.

第八节

菥蓂子

菥蓂子为十字花科植物菥蓂（*Thlaspi arvense* L.）的干燥成熟种子，是常用藏药材，藏文名塞卡；别名苏败酱、遏蓝菜、野榆钱、瓜子草、犁头草、菥目等[1]。我国各地均有分布，尤以川藏地区资源最为丰富[2]。菥蓂味辛、微温、无毒，入肝、脾、肾三经，其全草和种子均可入药，全草清热解毒、消肿排脓；嫩苗和中益气、利肝明目；种子利肝明目。研究表明，菥蓂子还具有抗抑郁的功效[3]。

一、生物学特性及资源分布

1．生物学特性

菥蓂为一年生草本，高 9～60cm，无毛。茎直立，不分枝或分枝，具棱。基生叶叶柄长 1～3cm；叶片倒卵状长圆形，长 3～5cm，宽 1～1.5cm，先端圆钝或急尖，基部抱茎，两侧箭形，边缘具疏齿。总状花序顶生；花白色；萼片 4，直立，卵形，先端圆钝；花瓣长圆状倒卵形，长 2～4mm，先端圆钝或微凹；雄蕊 6，分离；雌蕊 1，子房 2 室，柱头头状，近 2 裂，花柱短或长。短角果近圆形或倒宽卵形，长 8～16mm，扁平，边缘有翅，先端有深凹缺。种子每室 2～8 个，卵形，长约 1.5mm，稍扁平，棕褐色，表面有同心环状条纹。花期 3～4 月，果期 5～6月[1]。

2．资源分布

菥蓂子广布于全国各省区。生于山地路旁、沟边、田畔及山谷草地中，亚洲、欧洲以及非洲北部均有分布，分布范围广[4]。

二、化学成分

1．黄酮类成分

于金英等[5]通过高效液相色谱-电喷雾质谱联用技术，对菥蓂中的主要黄酮成分进行分析鉴定，分析鉴定出黄酮类化合物异牡荆素-7-*O*-葡萄糖苷、异牡荆素 7,2″-二-*O*-β-吡喃葡萄糖苷、异荭草素（异荭草苷）、当药黄素、木犀草素 7-硫酸酯和芹菜素 7-硫酸酯。宋文静等[6]从菥蓂子中分离得到黄酮类化合物木犀草素、芹菜素、香叶木素、当药黄素和新橙皮苷。潘正等[7]从该植物 95%乙醇提取物中分离得到木犀草素-7-*O*-β-D-葡萄糖苷和蒙花苷。李清文[8]将菥蓂用95%的乙醇加热回流萃取，溶液浓缩至浸膏，从乙酸乙酯萃取部位分离得到了川陈皮素。程丽媛[9]从菥蓂药材的水提浸膏的正丁醇萃取部位分离得到了黄酮类化合物 5,7-二羟基-4′-*O*-(6″-*O*-β-D-葡萄糖)-β-D-葡萄糖黄酮、异肥皂草苷、异荭草苷、牡荆苷、木犀草苷、大波斯菊苷和 8-甲氧基异牡荆苷（表 11-25，图 11-26）。

表 11-25　荠荑子黄酮类成分

序号	名称	参考文献	序号	名称	参考文献
1	异牡荆素-7-O-葡萄糖苷	[5]	7	5,7-二羟基-4'-O-(6″-O-β-D-葡萄糖)-β-D-葡萄糖黄酮	[9]
2	木犀草素 7-硫酸酯	[5]			
3	香叶木素	[6]	8	异肥皂草苷	[9]
4	新橙皮苷	[6]	9	牡荆苷	[9]
5	蒙花苷	[7]	10	8-甲氧基异牡荆苷	[9]
6	川陈皮素	[8]			

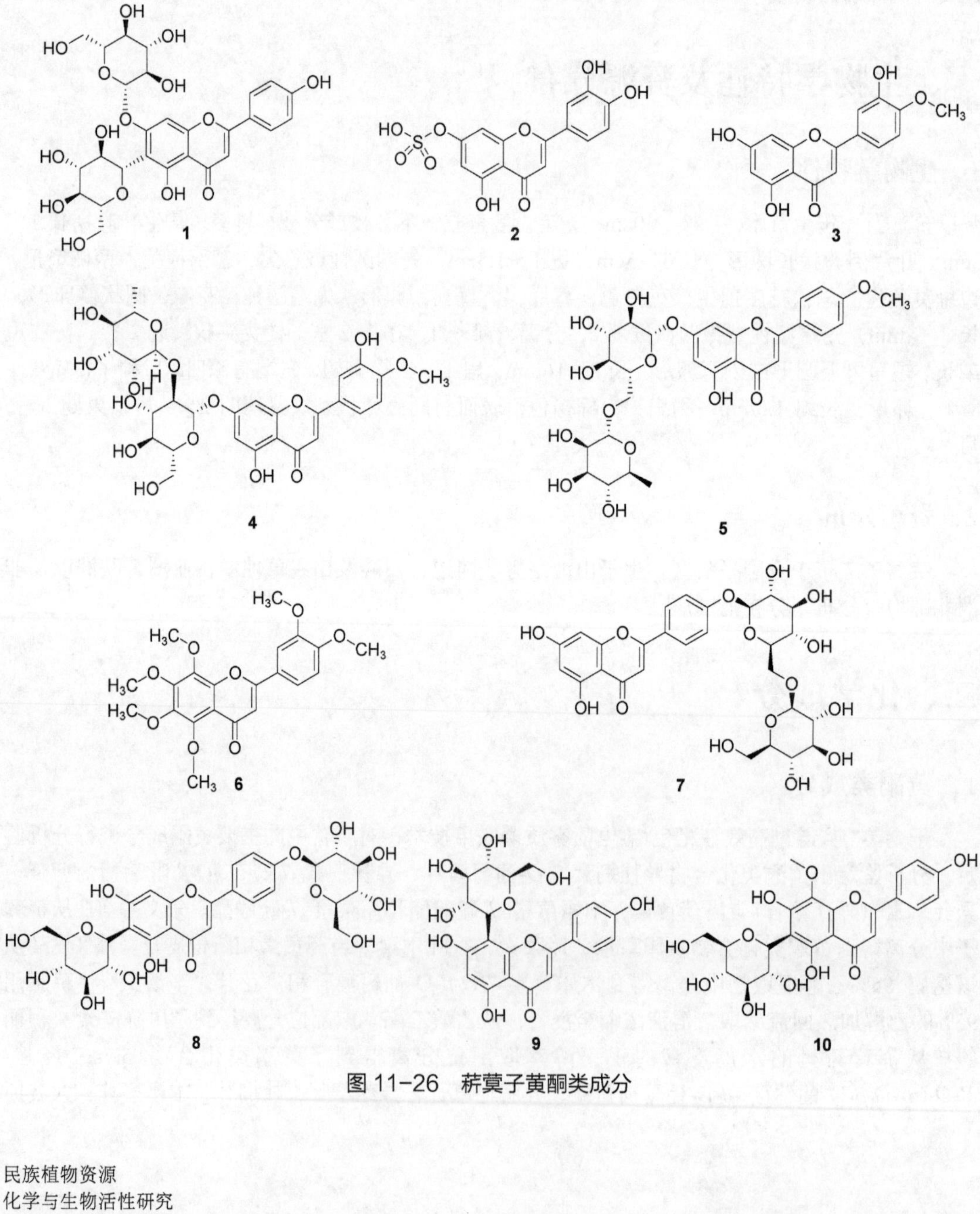

图 11-26　荠荑子黄酮类成分

2. 芥子油苷类成分

于金英等[16]通过高效液相色谱-电喷雾质谱联用技术，从菥蓂中分析鉴定出 1-propenyl glucosinolate、sinigrin、4-butenyl glucosinolate、*n*-butyl glucosinolate、isobutyl glucosinolate、2-keto-4-pentenyl glucosinolate、benzyl-glucosinolate、*n*-pentyl glucosinolate、2-methyl butyl glucosinolate 和 isopentyl glucosinolate（表 11-26，图 11-27）。

表 11-26　菥蓂子芥子油苷类成分

序号	名称	参考文献	序号	名称	参考文献
1	1-propenyl glucosinolate	[16]	5	isobutyl glucosinolate	[16]
2	sinigrin	[16]	6	2-keto-4-pentenyl glucosinolate	[16]
3	4-butenyl glucosinolate	[16]	7	benzyl-glucosinolate	[16]
4	*n*-butyl glucosinolate	[16]			

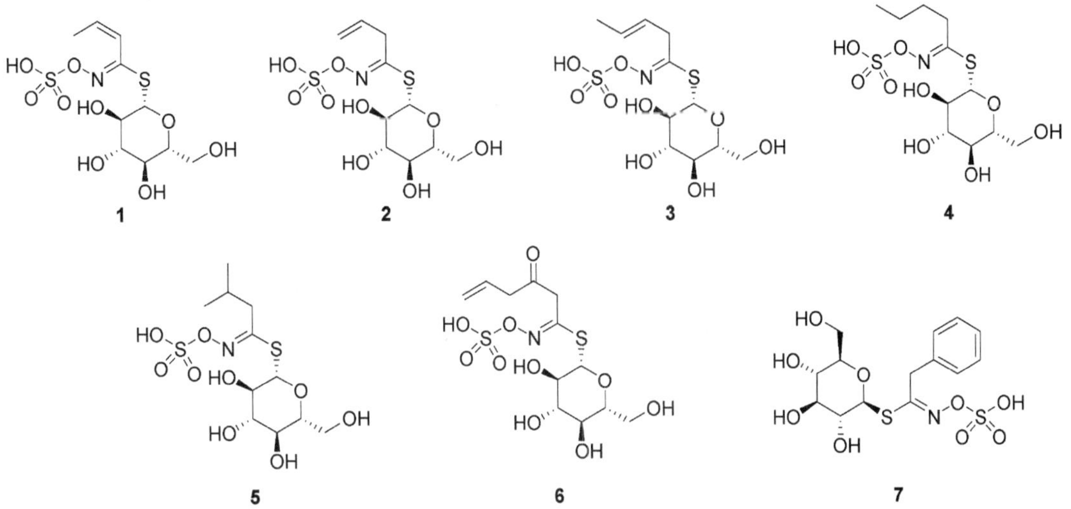

图 11-27　菥蓂子芥子油苷类成分

3. 有机酸类成分

于金英等[16]通过高效液相色谱-电喷雾质谱联用技术，对菥蓂中的主要有机酸成分进行分析鉴定，分析鉴定出有机酸类化合物 D-(+)-malic acid、L-(−)-malic acid、citric acid、isocitric acid、pinellic acid、ostopanic acid、9,16-dioxo-10,12,14-octadecatrienoic acid、9-octadecenedioic acid、octadecanedioic acid、9-oxo-10,12-octadecadienoic acid 和 13-oxo-9,11-octadecadienoic acid。潘正等[7]从 95%菥蓂乙醇提取物中分离得到 *n*-hexadecanoic acid 和 tridecanoic acid（表 11-27，图 11-28）。

表 11-27　菥蓂子有机酸类成分

序号	名称	参考文献	序号	名称	参考文献
1	ostopanic acid	[16]	3	*n*-hexadecanoic acid	[7]
2	octadecanedioic acid	[16]	4	tridecanoic acid	[7]

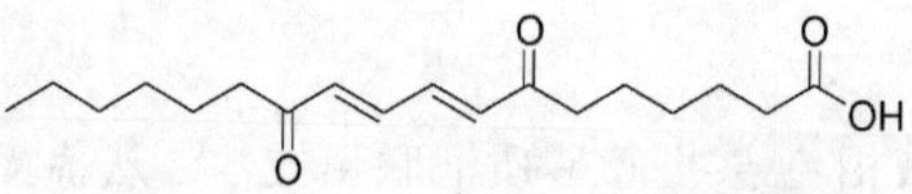

图 11-28　荠苨子有机酸类成分

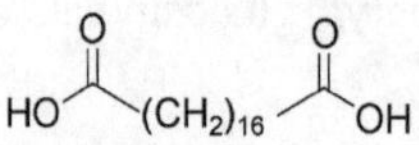

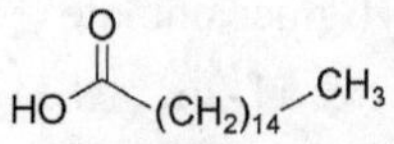

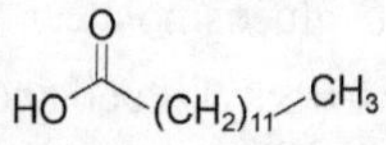

4．其他类成分

研究表明，荠苨子还含有倍半萜类成分去氢吐叶醇、吐叶醇，木脂素类成分留兰香木脂素以及香豆素类成分等[8]。

三、药理活性

1．抑菌、抗炎

李清文等[8]采用滤纸片法测定抑菌活性。发现在不同 pH 值萃取荠苨提取液中，氯仿萃取的 pH3 部位对大肠杆菌和枯草芽孢杆菌具有显著的抑菌活性，pH4、pH5、pH6、pH7、pH8 和 pH9 对两种菌的抑菌效果不明显或没有。不同极性溶剂萃取的荠苨提取物，其中乙酸乙酯层和二氯甲烷层对大肠杆菌具有显著的抑菌活性，而对枯草芽孢杆菌的抑菌活性不明显，石油醚层、正丁醇层和空白对照对两种菌没有抑菌活性，以上研究结果表明荠苨提取物的部位对大肠杆菌和枯草芽孢杆菌均有抑菌活性，乙酸乙酯部位和二氯甲烷部位对大肠杆菌有抑菌活性，为追踪荠苨药材中的活性化学成分奠定了基础。

段曼[10]以花红片和地塞米松作为阳性对照，采用二甲苯致小鼠耳廓肿胀试验和角叉菜胶致小鼠足趾肿胀试验进行了抗炎活性部位追踪。结果表明，荠苨乙酸乙酯萃取层部位、正丁醇萃取部位、乙醇洗脱部位对二甲苯所致小鼠耳肿胀和角叉菜胶致小鼠足趾肿胀无明显影响，与空白组比较，均无显著性差异（$P > 0.05$），无抗炎作用；其余各部位与空白组比较，存在显著性差异（$P < 0.05$ 或 $P < 0.01$），有明显的抗炎作用。其中，在二甲苯所致小鼠耳肿胀实验中，大孔树脂分离的乙醇洗脱部位抑制率为 81.55%，与花红片（抑制率 49.51%）比较存在显著性差异（$P < 0.05$），抗炎能力显著。

Walter 等[11]评价了荠苨全草乙醇提取物（EWETA）及其合成甲酯衍生物（EA-ome）中芥酸（EA）的抗疟原虫活性，并证实了其体内活性。EA 和 EA-ome 对恶性疟原虫氯喹（CQ）敏感株（IC_{50} 分别为 5.80μg/mL 和 6.25μg/mL）和 CQ 耐药株（IC_{50} 分别为 6.07g/mL 和 8.58g/mL）表现出较强的体外活性。两种化合物对 HeLa 细胞和正常真皮成纤维细胞均无毒，选择性指数高。EA 和 EA-ome 在体内表现出中等的抑制活性。此外，EWETA 在抑制试验中显示，与感染对照组相比，使治疗组小鼠的存活时间延长。此外，该药还表现出相当的预防和治疗活性，化疗抑制率分别为 91.75%和 91.93%。

2. 抗肿瘤

李艳等[12]采用甲醇萃取、酸性氧化铝柱色谱和谱图分析对寨卡有效部位进行分离提取和鉴定，采用 S180 荷瘤小鼠模型和 CT-26 荷瘤小鼠模型，探讨寨卡有效部位提取物的抗肿瘤活性。结果提取分离得到了寨卡中有抗肿瘤活性的有效部位，并经谱图分析鉴定该部位为硫代葡萄糖苷类。经抑瘤实验表明，其能明显抑制 S180 荷瘤小鼠和 CT-26 荷瘤小鼠的肿瘤增殖。表明硫代葡萄糖苷是寨卡抑制肿瘤增殖的有效部位，具有一定的抗肿瘤活性。

江南等[13]以寨卡提取物作用于人结肠癌 LoVo 细胞，采用 MTT 法分析寨卡提取物对 LoVo 肿瘤细胞的抑制生长作用；采用 Annexin V-FITC 荧光染色实验，考察细胞在药物作用下的质膜变化，对提取物诱导 LoVo 细胞凋亡进行检测；采用比色法测定寨卡提取物对人大肠癌 LoVo 肿瘤细胞内还原型谷胱甘肽（GSH）的耗竭作用和对谷胱甘肽 S-转移酶（GST）的诱导作用；同时利用 DCFH-DA 探针，检测 LoVo 肿瘤细胞给药后的活性氧水平；应用 Western 蛋白印迹法检测 Caspase-3 和 Caspase-9 蛋白的表达。结果寨卡提取物具有明显的体外抗肿瘤活性，并呈剂量依赖关系，IC_{50} 为 550μg/mL。该药物可通过改变细胞质膜，耗竭细胞内谷胱甘肽含量，增加谷胱甘肽-S 转移酶含量，上调肿瘤细胞内活性氧水平等途径，提高 Caspase-3 和 Caspase-9 蛋白的表达，诱导 LoVo 细胞发生凋亡。

3. 抗抑郁

刘高阳[3]通过建立抑郁动物模型，对菥蓂子水煎液的药效进行研究，研究发现菥蓂子水煎液具有显著的抗抑郁作用，并初步确定了有效剂量。

李春晓[14]通过研究发现菥蓂子提取物 JDCC 对小鼠自发活动无明显影响，表明其对中枢神经系统无明显的兴奋或抑制作用，能明显减少小鼠悬尾和强迫游泳的不动时间，具有良好的抗抑郁作用。

4. 其他

许晓燕等[15]用 H_2O_2 作用 PC12 细胞建立氧化应激损伤模型，采用 MTT 法测定细胞活力，活性氧检测试剂盒（DCFH-DA）检测细胞内活性氧，线粒体膜电位检测试剂盒（JC-1）检测细胞线粒体膜电位，TUNEL 法检测细胞凋亡。发现菥蓂子乙醇提取物能够保护 H_2O_2 诱导的 PC12 细胞活力损伤，抑制 H_2O_2 所致胞内 ROS 水平升高，抑制 H_2O_2 导致的线粒体膜电位下降，减少细胞凋亡的发生。以上研究结果表明菥蓂子乙醇提取物能够抑制 H_2O_2 诱导 PC12 细胞氧化损伤，在神经细胞氧化损伤保护方面具有较好的应用价值。

参考文献

[1] 中国科学院中国植物志编辑委员会. 中国植物志: 第三十三卷[M]. 北京: 科学出版社, 1987.

[2] 罗鹏, 张兆清, 杨毅, 等. 川西草原十字花科油料植物资源的研究和利用[J]. 自然资源学报, 1993, 8(3): 281-285.

[3] 刘高阳. 菥蓂子抗抑郁的物质基础与作用机理研究[D]. 成都: 四川大学, 2007.

[4] Vaughn S F, Isbell T A, Weisleder D, *et al*. Biofumigant compounds released by field pennycress (*Thlaspi arvense*) seed meal[J]. Journal Chemical Ecology, 2005, 31(1): 167-177.

[5] 于金英, 王云红, 刘国强, 等. HPLC-ESI-MS/MS 分析鉴定菥蓂中黄酮类成分[J]. 中成药, 2015, 37(3): 556-556.

[6] 宋文静, 张炜, 骆桂法. 藏药菥蓂子乙酸乙酯部位主要化学成分的研究[J]. 西北药学杂志, 2019, 34(4): 432-435.

[7] 潘正, 高运玲, 刘毅, 等. 菥蓂的化学成分研究[J]. 中成药, 2013, 35(5): 995-997.

[8] 李清文. 荠蓂的化学成分分离及其抗肿瘤和抑菌活性研究[D]. 南宁: 广西大学, 2013.

[9] 程丽媛. 荠蓂黄酮类成分分离、分析及抗炎活性研究[D]. 南宁: 广西大学, 2016.

[10] 段曼. 荠蓂总黄酮提取工艺、抗氧化抗炎活性研究及其含量分析[D]. 南宁: 广西大学, 2012.

[11] Walter N S, Gorki V, Singh R, et al. Exploring the antiplasmodal efficacy of erucic acid and its derivative isolated from Thlaspi arvense D. C. (Brassicaceae)[J]. South African Journal of Botany, 2021, 139: 158-166.

[12] 李艳, 江南, 罗霞, 等. 藏药寨卡有效部位的分离鉴定及其抗肿瘤活性研究[J]. 时珍国医国药, 2008, 19(5): 1118-1120.

[13] 江南, 曾瑾, 清源, 等. 寨卡提取物体外对人结肠癌细胞凋亡的诱导作用及其作用机制研究[J]. 时珍国医国药, 2009, 20(10): 2605-2608.

[14] 李春晓. 多酚类化合物荠蓂子提取物抗抑郁及记忆障碍研究[J]. 医学信息(上旬刊), 2011, 24(7): 4634-4634.

[15] 许晓燕, 余梦瑶, 魏巍, 等. 荠蓂子乙醇提取物对 H_2O_2 诱导 PC12 细胞损伤的保护作用[J]. 四川中医, 2016, 34(7): 58-61.

[16] 于金英, 王云红, 刘国强, 等. LC-ESI-MS/MS 鉴定荠蓂中芥子油苷及有机酸类成分[J]. 天然产物研究与开发, 2015, 27: 67-72.

第九节
石榴子

石榴子为石榴科植物石榴（*Punica granatum* L.）的干燥种子。藏药名为赛朱, 亦称色珠、青奈吉扎、帕拉达嘎、玛乎拉, 也可写作石榴籽。石榴子味酸、甘, 性温、润, 入肾、大肠经[1]; 温中健胃, 用于食欲不振、胃寒痛、胀满、消化不良等症的治疗[2]。

一、生物学特征及资源分布

1．生物学特征

石榴为灌木或小乔木, 高达 7m。树皮灰褐色, 幼枝略带 4 棱, 先端常成刺尖。叶多对生, 有柄叶片长方窄椭圆形或近倒卵形, 长 2~9cm, 宽 1~2cm, 先端圆钝, 基部楔形, 全缘, 上面有光泽, 侧脉不明显。夏季开红色花, 单生枝顶叶腋间, 两性, 常有多花子房退化不育, 有短梗; 花萼肥厚肉质, 红色, 管状钟形, 顶端 5~7 裂; 花瓣与萼片同数, 宽倒卵形, 质地柔软多皱; 雄蕊多数, 着生萼筒上半部, 子房下位, 子房室分为相叠二层, 浆果近球形, 果皮厚革质, 顶端有直立宿存花萼; 种子多数, 有肉质外种皮[3], 为具棱角的小颗粒, 一端较大, 有时由多数种子粘连成块状。

2．资源分布

原产巴尔干半岛至伊朗及邻近地区, 全世界的温带和热带都有种植。现广为栽培, 在地中海地区已栽种, 在西藏东部澜沧江边山坡上多成半野生状[4]。我国南北各省都有栽培, 以江苏、河南、四川等地种植面积较大[5]。

二、化学成分

1. 脂肪酸类成分

聂阳等[6]采用索氏提取法和超临界萃取法提取石榴子油,以 GC-MS 法分析两种方法提取的油成分,从中分离得到了棕榈酸、硬脂酸、油酸、亚油酸、石榴酸(PA)、花生酸、山嵛酸和 11-花生烯酸。Kyralan[7]对 15 个重要的石榴品种的石榴子进行了油含量和脂肪酸组成进行了测定,从正己烷部分检测出了鳕酸。Zahra 等[8]在分析突尼斯石榴子油脂肪酸组成时,从正己烷部分检测到五种共轭亚麻酸成分,主要成分是石榴酸(PA),其次是 β-桐酸、α-桐酸和梓树酸,此外还包括少量的蓝花楹酸。Dadashi 等[9]在分析伊朗石榴籽油的脂肪酸组成时,还检测到少量的月桂酸、肉豆蔻酸(表 11-28,图 11-29)。

表 11-28 石榴子脂肪酸类成分

序号	名称	参考文献	序号	名称	参考文献
1	鳕油酸	[7]	6	月桂酸	[9]
2	石榴酸	[6,8]	7	肉豆蔻酸	[9]
3	α-桐酸	[8]	8	蓝花楹酸	[8]
4	梓树酸	[8]	9	11-花生烯酸	[6]
5	β-桐酸	[8]			

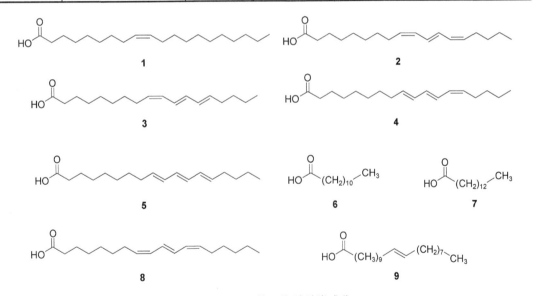

图 11-29 石榴子脂肪酸类成分

2. 三萜类及木脂素类成分

闵勇等[10,11]采用硅胶凝胶柱色谱的方法从石榴子乙酸乙酯部位分离到多个三萜及木脂素类化合物,通过核磁共振谱、质谱、旋光等波谱方法鉴定为罗汉松脂苷、牛蒡子苷、连翘脂素、罗汉松脂素、2α,3β-二羟基-12-烯-28-乌索酸、乌索酸和齐墩果酸。部分木脂素类成分见表 11-29

和图 11-30。

表 11-29 石榴子木脂素类成分

序号	名称	参考文献	序号	名称	参考文献
1	罗汉松脂苷	[10]	3	连翘脂素	[11]
2	牛蒡子苷	[10]	4	罗汉松脂素	[11]

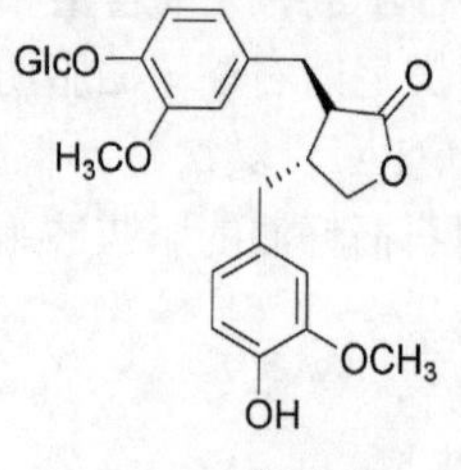

1

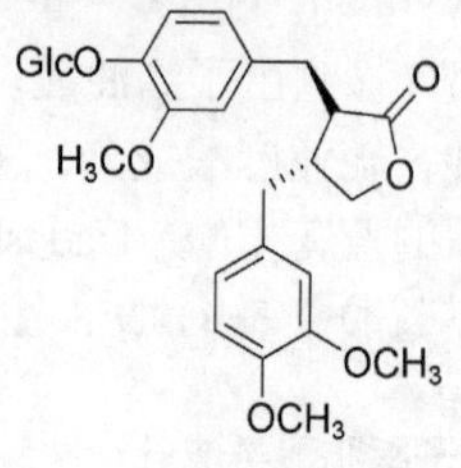

2

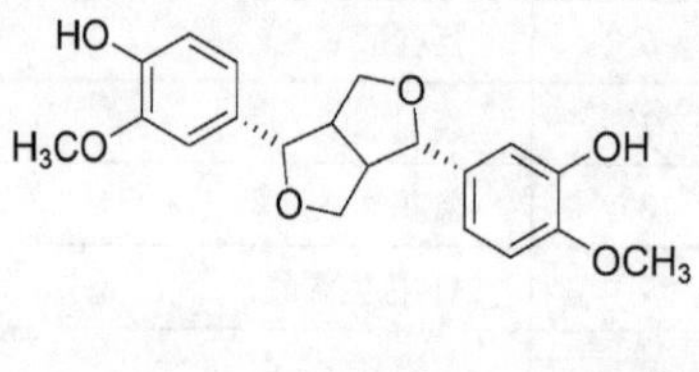

3

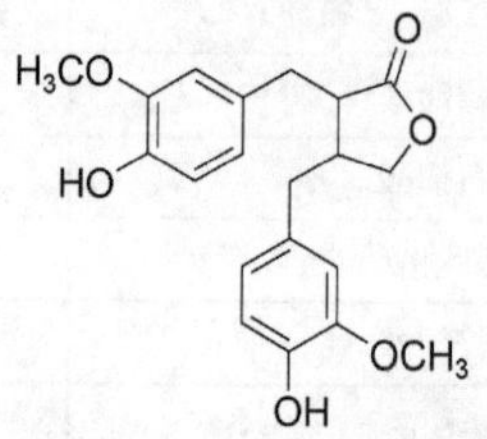

4

图 11-30 石榴子木脂素类成分

3．甾醇和酚酸类成分

Fernandes 等[12]以西班牙产 9 个石榴品种为材料，测定了其种子油中主要的生物活性脂类成分，其中甾醇类成分有 *β*-谷甾醇、胡萝卜苷、菜油甾醇、谷甾烷醇、Δ5-燕麦甾醇和豆甾醇。高忠梅等[13]对 3 种石榴子的脂肪、蛋白质和多酚进行提取，并采用气相色谱-质谱法（GC-MS）、盐酸水解-氨基酸自动分析仪法及高效液相色谱法（HPLC）从中分离得到了酚酸类成分龙胆酸、对羟基苯甲酸、丁香酸、香草酸和阿魏酸（表 11-30，图 11-31）。

表 11-30 石榴子甾醇及酚酸类成分

序号	名称	参考文献	序号	名称	参考文献
1	菜油甾醇	[12]	3	Δ5-燕麦甾醇	[12]
2	谷甾烷醇	[12]	4	龙胆酸	[13]

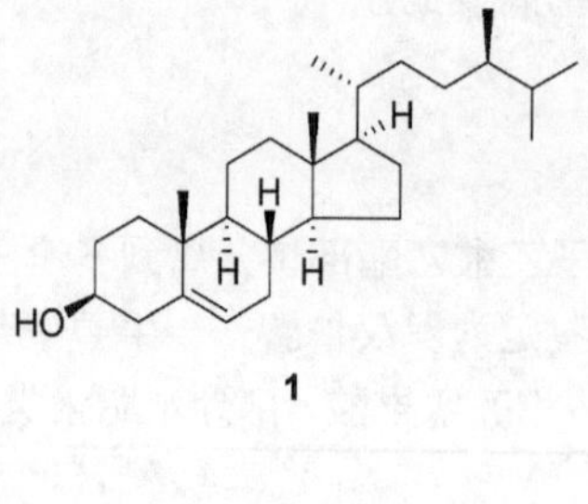

1

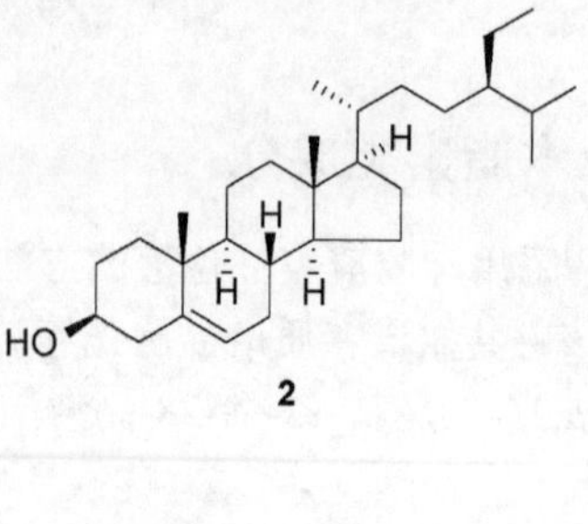

2

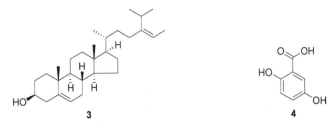

图 11-31　石榴子甾醇及酚酸类成分

4．其他类成分

王如峰等采用水蒸气蒸馏提取，经气相色谱-质谱联用分析鉴定技术，在石榴子挥发油中检测出 35 个成分，鉴定出正己醇、1-庚醇、1-辛烯-3-醇、13-烯-11-炔-1-十四醇等醇类成分；(E)-2-庚烯醛、(E)-2-辛烯醛、癸醛等醛类成分；十四碳烷、十七碳烷、二十碳烷、二十二碳烷、二十九碳烷等烷基化合物和 2, 6-二甲基-4-庚酮、2-正丁基呋喃、1-甲基-2-乙基环戊烯等 22 个化合物[14]。

三、药理活性

1．抗氧化

Mukherjee 等[15]研究了 PA 在大鼠模型中的抗氧化性，发现以 0.6%的剂量喂食大鼠，其抗氧化效果显著；以 2.4%的剂量喂食大鼠，血糖中总胆固醇和低密度脂蛋白胆固醇显著降低。

王毓宁等[16]以吩嗪硫酸甲酯-还原型辅酶Ⅰ-氮蓝四唑系统产生超氧阴离子自由基和羟基自由基诱导 DNA 及蛋白质氧化损伤为模型，考察石榴子油对超氧阴离子自由基的清除能力以及对 DNA 和蛋白质氧化损伤的保护作用。通过建立 H_2O_2 诱导 PC12 细胞损伤氧化应激损伤模型，采用甲氮甲唑蓝法检测细胞存活率和细胞损伤程度，硫代巴比妥酸法测定丙二醛含量，超氧化物歧化酶及过氧化氢酶试剂盒测定细胞的氧化应激变化，研究不同浓度石榴子油对 H_2O_2 刺激的 PC12 细胞中超氧化物歧化酶、过氧化氢酶活力及丙二醛含量的影响。结果表明，石榴子油清除自由基的能力以及对 DNA 和蛋白质损伤的保护作用随着石榴籽油浓度的升高而增强。

2．抗糖尿病

Vroegrijk 等[17]研究了石榴子油对高脂膳食诱导的肥胖和胰岛素抵抗的影响，高脂膳食组用棕榈油制备，而石榴籽油组以 1g 石榴子油代替高脂膳食中的 1g 棕榈油，喂食小鼠 12 周后，发现石榴子油组小鼠的体重和体内脂肪增加量（分别为 5.7g±2.9g 和 3.3g±2.3g）均低于高脂膳食组（分别为 8.5g±3.1g 和 6.7g±2.7g），充分说明了石榴子油降低肥胖的特性；进一步分析小鼠体内胰岛素水平，发现膳食石榴子油不影响肝胰岛素敏感性，但能明显改善外周胰岛素敏感性，表明膳食石榴子油可以改善饮食引起的肥胖和胰岛素抵抗。

Miranda 等[18]研究了 PA 对致肥胖饮食喂养的大鼠脂肪积累和血糖控制的影响。结果表明，0.5%PA 不会减少脂肪在肝脏或骨骼肌中的蓄积，也不会改善胰岛素抵抗，但相比对照组，PA 组大鼠体内血糖值明显下降。

3. 抗肿瘤

付国强等[19]研究发现 MCF-7/MDA-MB-231 细胞经不同浓度的石榴子油干预 96h 后，能不同程度地使细胞发生凋亡，与阴性对照组相比有显著性差异（$P<0.05$），且呈现浓度依赖性。石榴子油可显著下调乳腺癌细胞中 Cox-2、Bcl-2 的表达水平，上调 Bax、Caspase-3 的表达水平，上调 MCF-7 中 p53 的表达水平或下调在 MDA-MB-231 中的表达水平。石榴子油干预 MCF-7/MDA-MB-231 细胞后，同一时间点，石榴子油浓度与细胞迁移率成反相关，作用 72 h 后，分别与对照组比较，细胞迁移率差异具有统计学意义（$P<0.05$）。

Gasmi 等[20]研究了石榴中发现的 13 种化合物在雄激素依赖的 LNCaP 人前列腺癌细胞中的生长抑制、抗雄激素和促凋亡作用。石榴子的主要成分石榴酸对雄激素依赖性的 LNCaP 细胞具有较强的生长抑制活性，其抑制作用可能是由抗雄激素和促凋亡机制介导的。

4. 免疫调节

Yamasaki[21]用含 0.12%和 1.2%石榴子油的饲料分别喂食小鼠，3 周后与对照组相比，小鼠重量和各个器官组织的重量没有显著差异，但石榴子油组小鼠脾细胞中免疫球蛋白 G 和 M 都显著增加，表明石榴子油具有提高机体免疫力的作用。

参考文献

[1] 西藏、青海、四川、甘肃、云南、新疆卫生局. 藏药标准[S]. 西宁: 青海人民出版社, 1979.

[2] 罗达尚. 中华藏本草[M]. 北京: 民族出版社, 1997.

[3] 吴晓青, 张艺. 藏药色珠的文献考证初探[J]. 中国民族医药杂志, 2005, 11(2): 41-43.

[4] 吴征镒. 西藏植物志: 第一卷[M]. 北京: 科学出版社, 1983.

[5] 中国科学院中国植物志编辑委员会. 中国植物志: 第五十二卷第二分册[M]. 北京: 科学出版社, 1983.

[6] 聂阳, 熊红仔, 甘柯林, 等. GC-MS 比较两种提取方法石榴籽油的化学成分[J]. 中国现代中药, 2009, 11(12): 18-20.

[7] Kyralan M, Lükcü M G, Tokg Z H. Oil and conjugated linolenic acid contents of seeds from important pomegranate cultivars (*Punica granatum* L.) grown in Turkey[J]. Journal of the American Oil Chemists Society, 2009, 86(10): 985-990.

[8] Zahra A, Houda L A, Manel M, et al. Oil characterization and lipids class composition of Pomegranate seeds[J]. Biomed Research International, 2017, (4): 1-8.

[9] Dadashi S, Mousazadeh M, Emam D Z, et al. Pomegranate (*Punica granatum* L.) seed: A comparative study on biochemical composition and oil physicochemical characteristics[J]. International Journal of Advanced Biological and Biomedical Research, 2013, 1(4): 351-363.

[10] 闵勇, 张丽, 郭俊明, 等. 石榴籽化学成分研究[J]. 安徽农业科学, 2006, 34(12): 2635-2637.

[11] 闵勇. 石榴籽中 2 个木脂素的分离与鉴定[J]. 安徽农业科学, 2007, 35(23): 7151-7152.

[12] Fernandes L, Pereira J A, Lopéz-Cortés I, et al. Fatty acid, vitamin E and sterols composition of seed oils from nine different pomegranate (*Punica granatum* L.) cultivars grown in Spain[J]. Journal of Food Composition & Analysis, 2015, 39: 13-22.

[13] 高忠梅, 刘邻渭, 李旋, 等. 3 种石榴籽的主要成分分析[J]. 食品研究与开发, 2015, 36(22): 138-141.

[14] 王如峰, 邢东明, 王伟, 等. 石榴籽中挥发油成分的气-质联用分析[J]. 中国中药杂志, 2005, 30(5): 399-400.

[15] Mukherjee C, Bhattacharyya S, Ghosh S, et al. Dietary effects of punicic acid on the composition and peroxidation of rat plasma lipid[J]. Journal of Oleo Science, 2002, 51(8): 513-522.

[16] 王毓宁, 何静, 李鹏霞, 等. 石榴籽油自由基清除能力及对 H_2O_2 诱导 PC12 细胞损伤的保护作用[J]. 中国食品学报, 2016, 16(5): 32-37.

[17] Vroegrijk I, Diepen J, Berg S, et al. Pomegranate seed oil, a rich source of punicic acid, prevents diet-induced obesity and insulin resistance in mice[J]. Food & Chemical Toxicology, 2011, 49(6): 1426-1430.

[18] Miranda J, Aguirre L, Fernández-Quintela A, et al. Effects of pomegranate seed oil on glucose and lipid metabolism-related organs in rats fed an obesogenic diet[J]. Journal of Agricultural & Food Chemistry, 2013, 61(21): 5089-5096.

[19] 付国强. 石榴籽油抑制乳腺癌细胞恶性生物学行为的研究[D]. 西安: 第四军医大学, 2015.

[20] Gasmi J, Sanderson J T. Growth inhibitory, antiandrogenic, and pro-apoptotic effects of punicic acid in LNCaP human prostate cancer cells[J]. Journal of Agricultural & Food Chemistry, 2010, 58(23): 12149-12156.

[21] Yamasaki M, Kitagawa T, Koyanagi N, et al. Dietary effect of pomegranate seed oil on immune function and lipid metabolism in mice[J]. Nutrition, 2006, 22: 54-59.